한국교통안전공단 시행

항공정비사 실기
표준서 해설

이형진 지음

BM (주)도서출판 성안당

■ 도서 A/S 안내

성안당에서 발행하는 모든 도서는 저자와 출판사, 그리고 독자가 함께 만들어 나갑니다.

좋은 책을 펴내기 위해 많은 노력을 기울이고 있으나 혹시라도 내용상의 오류나 오탈자 등이 발견되면 "좋은 책은 나라의 보배"로서 우리 모두가 함께 만들어 간다는 마음으로 연락주시기 바랍니다. 수정 보완하여 더 나은 책이 되도록 최선을 다하겠습니다.

성안당은 늘 독자 여러분들의 소중한 의견을 기다리고 있습니다. 좋은 의견을 보내주시는 분께는 성안당 쇼핑몰의 포인트(3,000포인트)를 적립해 드립니다.

잘못 만들어진 책이나 부록이 파손된 경우에는 교환해 드립니다.

도서 문의 e-mail : hjinlee8@hanmail.net(이형진)

본서 기획자 e-mail : coh@cyber.co.kr(최옥현)

홈페이지 : http://www.cyber.co.kr   전화 : 031) 950-6300

머리말

　국토교통부는 국내외 여행수요 증가와 저가 항공사 운항 확대 등에 힘입어 2016년도 항공교통량이 지난해 대비 9.0% 증가한 73만 8천여 대(일평균 2,018대)를 기록했다고 밝혔다. 우리나라 공항을 이용하여 국제구간을 운항하는 교통량이 지난해 대비 12.6% 증가했으며, 국내구간도 4.4% 증가한 것으로 집계되었다. 특히 최근 5년간(2012~2016년)은 연 7.6% 증가하여 세계교통량 평균 증가 예측치(4.7%)를 훌쩍 뛰어넘었다.

　이와 같이 국내 항공교통량의 증가와 함께 항공종사자의 수요 증가에 발맞추어 국내의 많은 대학교와 전문대학교 및 항공직업전문학교에서 항공종사자(조종사, 정비사, 관제사 등)를 양성하기 위한 교육과정을 설립하여 운영하고 있다.

　항공정비 분야에 종사하기 위해서는 기본면장인 '항공정비사' 자격증명이 필수이다. '항공정비사' 자격증명을 취득하기 위하여 필기시험 합격 후 응시하는 실기시험에 도움을 주고자 발간한 본 교재는 한국교통안전공단에서 공개한 항공정비사 자격증명『실기시험표준서』에 제시된 평가항목을 국토교통부에서 발간한『항공정비사 표준교재』를 참고하여 작성하였다.
　『실기시험표준서』는 총 27개의 과목과 세부과목, 그리고 평가항목으로 되어 있다. 본 교재는 세부과목별 평가항목에 관한 내용을 아래와 같이 자세하게 서술하였다.

[한국교통안전공단 항공정비사『실기시험표준서』예시]

과 목	세 부 과 목	평 가 항 목	실시방법	
			구술	실기
8. 연료 계통	1. 연료 보급	1. 연료량 확인 및 보급절차 체크 2. 연료의 종류 및 차이점	○	
	2. 연료 탱크	1. 연료 탱크의 구조, 종류 2. leak 시 처리 및 수리방법 3. 탱크 작업 시 안전 주의사항	○	

[평가항목 서술 내용 예시]

　　항공정비사 자격증명 실기시험에 응시하고자 하는 수험생들은 본 교재의 각 과목별 평가항목에 대한 내용을 숙지하여 실기시험관이 질문하는 평가항목의 핵심내용을 간단하고도 명확하게 답변할 수 있도록 실력을 갖추어야 한다. 본 교재가 항공정비사 자격증명 실기시험을 준비하는 수험생 여러분에게 좋은 지침서가 되기를 바란다.

　　끝으로 이 교재의 출간을 허락하여 주신 성안당 출판사 이종춘 회장님과 출판에 도움을 주신 차정욱 본부장님에게 진심으로 감사의 마음을 전한다.

차 례

I 항공정비사 자격증명 소개 1

II 항공종사자 자격증명 실기시험 표준서 7

III 항공정비사(비행기) 실기시험 채점표 25

IV 실기시험 표준서 해설 29
   1. 정비작업 범위 31
   2. 정비방식 50
   3. 판금작업 58
   4. 연결작업 99
   5. 항공기 재료 취급 144
   6. 기체 취급 176
   7. 조종계통(비행기만 해당) 201
   8. 연료계통 217
   9. 유압계통 250
  10. 착륙장치계통 272
  11. 추진계통(비행기만 해당) 293
  12. 회전익 항공기계통(회전익 항공기만 해당) 309
  13. 발동기계통 333
  14. 항공기 취급 381
  15. 법규 및 규정 410
  16. 감항증명 439
  17. 벤치작업 451
  18. 계측작업 474
  19. 전기전자작업 485
  20. 공기조화계통 515
  21. 객실계통 538
  22. 화재탐지 및 소화계통 542
  23. 산소계통 560
  24. 동결방지계통 570
  25. 통신항법계통 583
  26. 전기조명계통 642
  27. 전자계기계통 661

V 과년도 구술평가 종합 697

▶ 참고문헌 772

AIRCRAFT MAINTENANCE

I 항공정비사 자격증명 소개

> 항공정비사

항공정비사 자격증명 소개

　항공정비사는 항공안전법 제2조(정의)에서 항공종사자의 범주에 포함되며 항공종사자는 항공안전법 제34조 제1항에 따른 항공종사자 자격증명을 받은 사람을 말한다.

　항공종사자 자격증명은 1944년 시카고조약에서 각국의 의무사항으로 개인의 기량과 지식수준을 평가하여 발행하도록 하면서 국제표준의 기틀이 마련되었으며 국제민간항공협회(ICAO)에서도 1949년 5월 부속서 1권을 항공종사자 면허업무에 관한 기준으로 규정하였다. 그동안 개정내용의 특징을 살펴보면, 50년대에는 신체적·정신적 건강이 주요 이슈였고, 60년대에는 항공종사자의 심리학 및 생리학 발전에 관한 규정의 개정이 있었으며, 80년대에는 항공기 항법장비의 개선과 항공기 기술의 전반적인 발전에 의해 기관사의 탑승이 필요 없는 상황에 따른 대대적인 개정과 동시에 조종사의 인적요인에 대한 연구가 지속적으로 진행되었다.

　2000년대 들어서는 인적요인이 조종사뿐만 아니라 정비사에게도 적용되는 개정이 이루어졌다. 최근의 항공종사자 자격증명제도는 교육과정 분석을 통한 효과적인 항공종사자 양성과 인적요인에 의한 사고예방에 초점을 맞추고 있다.

　항공종사자 자격증명제도는 개인의 기량과 지식수준을 평가하여 해당 항공업무를 수행할 수 있는 자격을 부여하는 제도로, 세계 각국은 국제적인 기준을 바탕으로 자국의 실정에 알맞도록 자격증명제도를 운영하고 있다.

1　자격증명 신청

　항공정비사 자격증명은 기본자격에 해당하는 자격증명 시험과 자격증명을 취득하고 일정한 기간이 경과한 후 응시할 수 있는 한정심사가 있다. 항공정비사 자격증명을 취득하기 위해서는 2단계 시험을 실시한다. 1단계는 학과시험이고 2단계는 학과시험 합격자만 응시할 수 있는 실기시험이다. 항공정비사 자격증명 신청은 응시하고자 하는 한정에 따라 분류되는데 한정은 항공기의 종류와 정비업무 범위에 따라 구분된다.

2　응시자격

　항공정비사 자격증명을 취득하기 위한 응시자격은 항공안전법 제34조에 따라 나이가 18세 이상이고, 항공안전법 제43조에 따른 자격증명 취소처분을 받고 그 취소일로부터 2년이 지나야 가능하다. 이외에도 항공정비사 자격증명을 취득하기 위해서는 항공안전법 시행규칙에 근거하여 한정별로 다음에 해당하는 경력을 보유하여야 한다.

■ **항공안전법 시행규칙 [별표 4] 항공종사자・경량항공기 조종사 자격증명 응시경력**

■ 항공기 종류 한정이 필요한 항공정비사 자격증명을 신청하는 경우에는 다음의 어느 하나에 해당하는 사람

1. 4년 이상의 항공기 정비업무경력(자격증명을 받으려는 항공기가 활공기인 경우에는 활공기의 정비와 개조)이 있는 사람. 다만, 자격증명을 받으려는 항공기와 동급 이상의 것에 대한 6개월 이상의 경력이 포함되어야 한다.
2. 「고등교육법」에 따른 대학・전문대학(다른 법령에서 이와 동등한 수준 이상의 학력이 있다고 인정되는 교육기관을 포함한다) 또는 「학점인정 등에 관한 법률」에 따라 학습하는 곳에서 [별표 5] 제1호에 따른 항공정비사 학과시험의 범위를 포함하는 각 과목을 이수하고, 자격증명을 받으려는 항공기와 동등한 수준 이상의 것에 대하여 교육과정 이수 후의 정비실무경력이 6개월 이상이거나 교육과정 이수 전의 정비실무경력이 1년 이상인 사람
3. 국토교통부장관이 지정한 전문교육기관에서 해당 항공기 종류에 필요한 과정을 이수한 사람(외국의 전문교육기관으로서 그 외국정부가 인정한 전문교육기관에서 항공기 정비에 필요한 과정을 이수한 사람을 포함한다). 이 경우 해당 항공기 종류에 필요한 과정을 이수한 사람은 해당 경량항공기 종류에 필요한 과정을 이수한 것으로 본다.
4. 외국정부가 발급한 해당 항공기 종류 한정 자격증명을 받은 사람

■ 정비분야 한정이 필요한 항공정비사 자격증명을 신청하는 경우에는 다음의 어느 하나에 해당하는 사람

1. 항공기 전자・전기・계기 분야에서 4년 이상의 정비실무경력이 있는 사람
2. 국토교통부장관이 지정한 전문교육기관에서 항공기 전자・전기・계기 정비에 필요한 과정을 이수한 사람으로서 항공기 전자・전기・계기 분야에서 정비실무경력이 2년 이상인 사람

■ 자격증명 한정심사를 신청하는 경우에는 다음 각 목의 어느 하나에 해당하는 사람

1. 항공기 종류 한정의 경우 항공정비사 자격증명 취득일부터 해당 항공기 종류에 대한 6개월 이상의 정비실무경력이 있는 사람
2. 전기・전자・계기 분야 한정의 경우 항공정비사 자격증명 취득일부터 항공기 전기・전자・계기 분야에 대한 2년 이상의 정비실무경력이 있는 사람

주) 1. 항공안전법 개정: 법률 제16566호, 2019. 8. 27. 공포, 2020. 2. 28. 시행
주) 2. 항공안전법 시행규칙 제81조 제5항, 별표 4, 별표 5 및 별표 7의 개정규정은 공포 후 1년이 경과한 날부터 시행 예정
주) 3. "정비실무"를 "정비실무(수리, 개조, 검사를 포함한다)"로 개정

3 응시절차

　항공정비사 자격증명을 받으려는 사람은 항공안전법에 따라서 국토교통부령으로 정하는 바에 따라 항공업무에 종사하는 데 필요한 지식 및 능력에 관하여 국토교통부장관이 실시하는 학과시험 및 실기시험에 합격하여야 한다.

　국토교통부장관은 항공안전법에 따라 자격증명시험업무 및 자격증명 한정심사업무와 자격증명서의 발급에 관한 업무를 한국교통안전공단에 위탁하여 운영하고 있어 실제 모든 항공종사자 자격증명시험은 한국교통안전공단에서 실시하고 있다.

　이에 따라 한국교통안전공단 이사장은 항공안전법 시행규칙에 따라서 자격증명시험 및 한정심사를 실시하려는 경우에는 매년말까지 자격증명시험 및 한정심사의 학과시험 및 실기시험의 일정, 응시자격, 응시과목 등을 포함한 다음 연도의 계획을 공고하여야 한다. 그러나 항공종사자 시험의 경우 학과시험제도를 전용 전산망과 연결된 컴퓨터 방식인 상시원격 학과시험 시스템을 도입하여 응시횟수를 대폭 확대하여 자격증명시험 및 한정심사의 학과시험 일정에 관한 다음 해 계획의 공고를 생략하고 있다.

　항공정비사 자격증명시험 또는 한정심사에 응시하려는 사람은 항공안전법 시행규칙에 따라 항공종사자 자격증명시험(한정심사) 응시원서에 응시할 수 있는 경력과 면제 받을 수 있는 자격 또는 경력 등이 있음을 증명하는 서류를 첨부하여 한국교통안전공단 이사장에게 제출하여야 한다. 다만, 경력이 있음을 증명하는 서류는 실기시험 응시원서 접수 시까지 제출할 수 있다.

　항공안전법 시행규칙에 따르면 항공종사자 자격증명시험 또는 한정심사의 학과시험의 일부 과목 또는 전 과목에 합격한 사람이 같은 자격의 자격증명을 받기 위하여 같은 종류의 항공기에 대하여 자격증명시험 또는 한정심사에 응시하는 경우에는 시행규칙에 따른 합격 통보가 있는 날(전 과목을 합격한 경우에는 최종 과목의 합격 통보가 있는 날)부터 2년 이내에 실시(시험 또는 심사 접수 마감일 기준)하는 시험 또는 심사에서 그 합격을 유효로 한다.

　학과시험에 합격한 사람은 이전의 학과시험 응시절차와 동일한 절차로 실기시험을 위한 항공종사자 자격증명시험(한정심사) 응시원서를 한국교통안전공단의 이사장에게 제출하여야 한다. 이때 명시하여야 할 사항은 시험에 응시할 수 있는 경력이 있음을 증명하는 서류를 학과시험 시 제출하지 않았다면 응시자격에 필요한 경력증명서를 첨부하여 심사를 먼저 실시하여야 한다. 한국교통안전공단은 실기시험을 위하여 시험에 필요한 장비 및 자료를 항공종사자 전문교육기관 또는 항공관련 교육기관이나 연구기관 등을 활용하여 준비한다. 실기시험은 자격별 실무를 수행할 수 있는 능력 유무를 판정할 수 있는 장비로 실시하며, 실기시험의 일부를 면제 받는 응시자에게는 실기시험 채점표에 의하여 구술로 실시할 수 있다.

　실기시험의 방법은 응시자 1명에 대하여 실기시험위원 1명이 실시함을 원칙으로 하며 실기시험 중 구술로 진행하는 시험의 시간은 90~180분을 원칙으로 한다. 실기시험위원은 실기시험 표준서를 기준으로 응시자가 신청한 자격종류에 해당하는 업무를 수행할 수 있는 지식과 기량을 보유하고 있는지 여부를 평가하며 해당 채점표에 의한 실기시험결과가 실기시험위원별로 모든 항목이 S(만족, Satisfied)등급이어야 한다.

AIRCRAFT MAINTENANCE

항공종사자 자격증명 실기시험 표준서

Practical Test Standards

Ⅱ

항공종사자 자격증명 실기시험 표준서

항공정비사

항공정비사
(Aircraft Maintenance Mechanic)

- 비행기(Airplane)
- 헬리콥터(Helicopter)

제1장 총 칙

1. 목적

이 표준서는 항공종사자 자격증명 항공정비사 실기시험의 신뢰와 객관성을 확보하고 항공정비사의 지식 및 기량 등의 확인과정을 표준화하여 실기시험 응시자에 대한 공정한 평가를 목적으로 한다.

2. 구성

항공정비사 실기시험표준서는 PART Ⅰ(항공기체·발동기) 및 PART Ⅱ(항공전자·전기·계기·장비)별로 3개의 실기영역으로 나누어지며 각 실기영역은 해당 영역의 과목들로 구성되어 있다. 또한 실기영역별로 평가할 과목에 대하여 심사하여야 할 세부과목과 평가항목을 기술하여 표준화된 실기시험 지침으로 활용할 수 있도록 구성하였다.

3. 용어의 정의

가. "실기시험"이라 함은 자격증명 학과시험에 합격한 자(또는 면제된 자)에게 실시하는 시험으로서 구술시험과 실기시험을 총칭한다.

나. "실기영역"은 항공기 정비 업무에 필요한 관련지식과 작업에 관련된 기술 내용들을 모아 놓은 것을 말한다.

다. "과목"은 실기영역 내의 관련 정비업무와 작업종류를 말하는 것으로 세부과목으로 분류하였으며 평가의 기본항목으로 사용할 수 있다.

라. "평가항목"은 응시자가 실기과목을 수행하면서 그 능력을 만족스럽게 보여주어야 할 중요한 요소들을 열거한 것으로 다음과 같은 내용을 포함하고 있다.
   1) 실기과목에서 수행되어야 할 사항
   2) 기본적인 작업 기술 및 안전 절차
   3) 자격 관련하여 수행능력이 요구되는 항목

마. "실시방법"은 실기시험을 실시하는 방법을 말하며 문답형태로 평가하는 구술(시험)과 실제로 작업을 수행하면서 평가하는 실기(시험)로 구분할 수 있다. 여기에서 실기시험이라 함은 별도 구분이 없을 경우 구술(시험)과 실기(시험)를 모두 포함한다.

바. "구술(시험)"은 작업 목적, 절차, 주의사항 등 작업에 관한 전반적인 지식을 문답 형태로 평가하는 것을 말한다.

사. "실기(시험)"는 관련 작업을 실제로 수행하게 하고 작업절차와 작업동작, 작업기술, 안전절차 준수 여부 등을 관찰하면서 평가하는 것을 말한다.

아. "시험위원"이라 함은 본 표준서를 지침으로 하여 실기시험을 실시하는 시험관으로서 실기시험 응시자의 자격을 평가하고 합격·불합격을 판정하는 자를 말한다.

4. 실기시험표준서의 사용

가. 본 표준서는 항공정비사 자격을 심사하는 데 표준으로 사용하기 위한 실기영역과 과목, 세부 평가항목을 제시하고 있다. 그러나 실기시험위원은 시험 진행의 효율성을 기하기 위하여 본 표준서에 제시된 순서를 반드시 따를 필요는 없으며 특정 과목을 결합하여 실시하거나 진행순서를 변경할 수 있다.

나. 항공기나 장비 및 기타 시험 진행상 수행하기 어려운 요소가 있을 때에는 실기시험위원의 재량으로 생략할 수 있다. 그러나 항공종사자로서의 업무를 수행함에 있어 기본적인 자격을 갖추었는지는 평가하여야 한다.

5. 실기시험표준서의 적용

가. 실기시험위원은 실기시험을 실시함에 있어 구술(시험)과 실기(시험)를 병행 또는 각각 별도로 시행할 수 있다. 또한 실기시험위원의 판단에 따라 실기(시험)를 구술(시험)로 대체할 수도 있다.

나. 기술지식뿐만 아니라 기술력과 작업과정에 대한 평가가 요구되는 항목에 대해서는 응시자들에게 지식에 대한 구술(시험)과 병행하여 실기실습 또는 실제작업을 하도록 하고 판정하여야 한다.

6. 실기시험의 평가기준

가. 응시자의 항공관련 업무지식과 기술이 표준서에 제시된 각 과목의 목적과 표준에 적합한지를 객관적이고 공정한 기준으로 평가하여야 한다.

나. 특정 과목에 대하여 집중적으로 질문하여 평가하는 것을 피하여야 한다.

다. 응시자의 숙련된 정비, 기술력을 평가하는 것이 아니라 일반적인 기본지식과 작업방법, 그에 따른 주요 절차 등을 평가하여야 한다.

라. 법규와 안전에 관한 절차 및 규제사항 등에 대하여는 정확한 지식을 가지고 합당한 절차를 따르는지 평가하여야 한다.

마. 실기(시험)로 평가가 곤란한 사항은 반드시 구술(시험)로 평가하여야 한다.

7. 시험위원의 책임

가. 실기시험위원은 시험장에서 응시자의 인적사항을 확인하여야 한다. 다만, 한국교통안전공단에서 이미 확인한 경우에는 제외할 수 있다.
  1) 최근 24개월 이내에 학과시험에 합격한 증빙서류
  2) 해당 자격에 필요한 적정교육을 이수하거나 항공법규에서 요구하는 경력관련 증빙서류
  3) 학과시험의 면제자인 경우, 해당 과목의 면제사유를 제시하는 증빙서류
  4) 실기시험의 일부 면제자(구술만 실시)의 경우 면제사유를 제시하는 증빙서류

나. 실기시험위원은 실기시험 표준서에 제시된 세부과목과 평가항목을 기준으로 하여 실기시험을 실시하여야 한다. 또한 실기평가에 필요한 관련 자료를 별도로 준비하여 효율적이고 공정한 평가가 이루어질 수 있도록 활용하여야 한다.

1) 참고도서
2) 모의장치 또는 교육용 보조기구
3) 비행기 또는 실물장치
4) 기타 보조 기자재

다. 실기시험위원은 실기시험 평가에 있어 반드시 실기(작업)로 평가하고자 할 때에는 그에 필요한 실기용 기자재를 확보하여야 한다. 단, 실기시험용 기자재의 이동이 불가할 시는 한국교통안전공단과 사전 협의하여 실기 실시장소를 별도로 지정할 수 있다.

8. 실기시험 합격수준

실기시험의 합격수준이라 함은 응시자가 해당 자격시험의 전 과목을 수행하는 데 있어 다음 각 호의 판정기준을 만족시켜야 하며, 또한 자격 응시분야의 작업을 하는 데 있어 신체적인 장애나 심리적인 위험요소가 없어야 한다.

가. 본 표준서에서 제시한 실기영역을 수행할 기술적인 지식(knowledge)
나. 본 표준서의 평가항목을 수행할 작업 능력(skill)

9. 실기시험 불합격의 경우

실기시험위원은 다음 각호의 1에 해당하는 경우 실기시험을 중지하고 불합격 처리를 할 수 있다. 단, 시험을 중지할 때에는 시험 중지 사유를 설명하고 응시자의 요청에 의하여 시험은 계속될 수 있으나 실기시험은 불합격 처리한다.

가. 항공법규 등 제반규정에 위반되는 행위가 있을 때
나. 응시자가 부정한 행위를 하거나 시험위원의 지시에 따르지 않을 때
다. 실기영역의 과목과 평가항목에서 기준에 미달하여 그 이상의 시험을 계속할 필요가 없다고 판정한 경우

10. 참고도서

가. 국내 항공법규, 동법 시행령 및 시행규칙과 부속서
나. 국토교통부 발간 항공종사자(항공정비사) 표준교재
다. 고등교육법에 의한 공업계 고등학교의 기술교육 교재
라. 미연방항공청(FAA) 발행 기술도서 및 부속서(Advisory Circular)
마. 항공기 및 부분품 제작회사 발행 기술도서 및 기술회보

제2장 실기영역 및 세부기준

제1절 실기영역(Areas of Operation)

[Part 1 항공기체 및 발동기]

1. 법규 및 관계 규정
    - 가. 정비작업 범위
    - 나. 정비방식

2. 기본작업
    - 가. 판금작업
    - 나. 연결작업
    - 다. 항공기재료 취급

3. 항공기 정비작업
    - 가. 기체 취급
    - 나. 조종계통(비행기만 해당)
    - 다. 연료계통
    - 라. 유압계통
    - 마. 착륙장치계통
    - 바. 추진계통(비행기만 해당)/헬리콥터일반계통(헬리콥터만 해당)
    - 사. 발동기계통
    - 아. 항공기 취급

[Part 2 항공전자·전기·계기]

1. 법규 및 관계규정
    - 가. 법규 및 규정
    - 나. 감항증명

2. 기본작업
    - 가. 벤치작업
    - 나. 계측작업
    - 다. 전기전자작업

3. 항공기 정비작업
    - 가. 공기조화계통
    - 나. 객실계통

다. 화재탐지 및 소화계통
라. 산소계통
마. 동결방지계통
바. 통신항법계통
사. 전기조명계통
아. 전자계기계통

제2절 실기영역 세부기준

[Part 1 항공기체 및 발동기]

1. 법규 및 관계규정
   가. 정비작업범위
      1) 항공종사자의 자격 (구술 평가)
         가) 자격증명 업무범위(항공안전법 제36조, 별표)
         나) 자격증명의 한정(항공안전법 제37조)
         다) 정비확인 행위 및 의무(항공안전법 제32조, 제33조)
      2) 작업 구분 (구술 평가)
         가) 감항증명 및 감항성 유지(항공안전법 제23조, 제24조), 수리와 개조(항공안전법 제30조), 항공기등의 검사 등(항공안전법 제31조)
         나) 항공기정비업(항공사업법 제2절), 항공기취급업(항공사업법 제3절)
   나. 정비방식
      1) 항공기 정비방식 (구술 평가)
         가) 비행전후 점검, 주기점검(A,B,C,D 등)
         나) Calendar 주기, flight time 주기
      2) 부분품 정비방식 (구술 평가)
         가) 하드 타임(Hard Time) 방식
         나) 온 컨디션(On Condition) 방식
         다) 컨디션 모니터링(Condition Monitoring) 방식
      3) 발동기 정비방식 (구술 평가)
         가) HSI(Hot Section Inspection)
         나) CSI(Cold Section Inspection)

2. 기본작업
   가. 판금작업
      1) 리벳의 식별 (구술 또는 실기 평가)
         가) 사용목적, 종류, 특성
         나) 열처리 리벳의 종류 및 열처리 이유
      2) 구조물 수리작업 (구술 또는 실기 평가)
         가) 스톱홀(stop hole)의 목적, 크기, 위치 선정
         나) 리벳 선택(크기, 종류)
         다) 카운터 성크(counter sunk)와 딤플(dimple)의 사용구분
         라) 리벳의 배치(ED, pitch)
         마) 리벳작업 후의 검사
         바) 용접 및 작업 후 검사
      3) 판재 절단, 굽힘작업 (구술 또는 실기 평가)
         가) 패치(patch)의 재질 및 두께 선정기준
         나) 굽힘 반경(bending radius)
         다) 셋백(setback)과 굽힘 허용치(BA)
      4) 도면의 이해 (구술 또는 실기 평가)
         가) 3면도 작성
         나) 도면 기호 식별
      5) 드릴 등 벤치공구 취급 (구술 또는 실기 평가)
         가) 드릴 절삭, 에지각, 선단각, 절삭속도
         나) 톱, 줄, 그라인더, 리마, 탭, 다이스
         다) 공구 사용 시의 자세 및 안전수칙
   나. 연결작업
      1) 호스, 튜브작업 (구술 또는 실기 평가)
         가) 사이즈 및 용도 구분
         나) 손상검사 방법
         다) 연결 피팅(fitting, union)의 종류 및 특성
         라) 장착 시 주의사항
      2) 케이블 조정 작업(rigging) (구술 또는 실기 평가)
         가) 텐션미터와 라이저(riser)의 선정
         나) 온도 보정표에 의한 보정
         다) 리깅 후 점검
         라) 케이블 손상의 종류와 검사방법

3) 안전결선(safety wire) 사용작업 (구술 또는 실기 평가)
　가) 사용목적, 종류
　나) 안전결선 장착 작업(볼트 혹은 너트)
　다) 싱글랩(single wrap) 방법과 더블랩(double wrap) 방법 사용 구분
4) 토큐(torque)작업 (구술 또는 실기 평가)
　가) 토큐의 확인 목적 및 확인 시 주의사항
　나) 익스텐션 사용 시 토큐 환산법
　다) 덕트 클램프(clamp) 장착작업
　라) cotter pin 장착 작업
5) 볼트, 너트, 와셔 (구술 평가)
　가) 형상, 재질, 종류 분류
　나) 용도 및 사용처

다. 항공기재료 취급
1) 금속재료 (구술 평가)
　가) AL합금의 분류, 재질 기호 식별
　나) AL합금판(alclad) 취급(표면손상 보호)
　다) Steel 합금의 분류, 재질 기호
　라) Alodine 처리
2) 비금속재료 (구술 평가)
　가) 열가소성과 열경화성 구분
　나) 고무제품의 보관
　다) 실런트 등 접착제의 종류와 취급
　라) 복합소재의 구성 및 취급
3) 비파괴검사 (구술 평가)
　가) 비파괴검사의 종류와 특징
　나) 비파괴검사 방법 및 주의사항

3. 항공기 정비작업

가. 기체 취급
1) station number 구별 (구술 평가)
　가) station no. 및 zone no. 의미와 용도
　나) 위치 확인요령
2) 잭업(jack up) 작업 (구술 평가)
　가) 자중(empty weight), zero fuel weight, payload 관계
　나) 웨잉(weighing)작업 시 준비 및 안전절차

3) 무게중심(C.G) (구술 또는 실기 평가)
    가) 무게중심의 한계의 의미
    나) 무게중심 산출작업(계산)

나. **조종계통(비행기만 해당)**
1) 주조종장치(aileron, elevator, rudder) (구술 또는 실기 평가)
    가) 조작 및 점검사항 확인
2) 보조조종장치(flap, slat, spoiler, horizontal stabilizer 등) (구술 평가)
    가) 종류 및 기능
    나) 작동 시험 요령

다. **연료계통**
1) 연료보급 (구술 평가)
    가) 연료량 확인 및 보급절차 체크
    나) 연료의 종류 및 차이점
2) 연료탱크 (구술 평가)
    가) 연료탱크의 구조, 종류
    나) leak 시 처리 및 수리방법
    다) 탱크 작업 시 안전 주의사항

라. **유압계통**
1) 주요 부품의 교환작업 (구술 또는 실기 평가)
    가) 구성품의 장탈착 작업 시 안전 주의사항 준수 여부
    나) 작업의 실시요령
2) 작동유 및 accumulator air 보충 (구술 평가)
    가) 작동유의 종류 및 취급 요령
    나) 작동유의 보충작업

마. **착륙장치계통**
1) 착륙장치 (구술 평가)
    가) 메인 스트러트(main strut or oleo cylinder)의 구조 및 작동원리
    나) 작동유 보충시기 판정 및 보급방법
2) 제동계통 (구술 또는 실기 평가)
    가) 브레이크 점검(마모 및 작동유 누설)
    나) 브레이크 작동 점검
    다) 랜딩기어에 휠과 타이어 부속품 제거, 교환 장착
3) 타이어계통 (구술 또는 실기 평가)
    가) 타이어 종류 및 부분품 명칭
    나) 마모, 손상 점검 및 판정기준 적용
    다) 압력 보충 작업(사용 기체 종류)
    라) 타이어 보관

바. 추진계통(비행기만 해당)
  1) 프로펠러 (구술 평가)
    가) 블레이드(blade) 구조 및 수리방법
    나) 작동절차(작동 전 점검 및 안전사항 준수)
    다) 세척과 방부처리 절차
  2) 동력전달장치 (구술 평가)
    가) 주요 구성품 및 기능점검
    나) 주요 점검사항 확인

※ 헬리콥터일반계통(헬리콥터만 해당)
  1) 동체일반 (구술 평가)
    가) 동체의 특징(구조 및 사용재료)
  2) 주회전 날개(main rotor) (구술 평가)
    가) 블레이드의 형상, 재질
    나) 주요 점검사항 확인
  3) 조종장치(pitch control) (구술 평가)
    가) collective pitch control
    나) cyclic pitch control
  4) 동력전달장치(power train) (구술 평가)
    가) 엔진과 회전날개의 구동방법(normal과 auto rotation 시 관계 포함)
    나) 동력전달장치 구조 및 주요 점검사항
  5) 꼬리 회전날개(tail rotor) (구술 평가)
    가) 구조 및 기능 점검
  6) 헬리콥터 종류 (구술 평가)
    가) 종류구분 및 그 원리(복수날개, no rotor 항공기 등)

사. 발동기계통
  1) 왕복엔진 (구술 또는 실기 평가)
    가) 작동원리, 주요 구성품 및 기능
    나) 점화장치 작업 및 작업안전사항 준수 여부
    다) 윤활장치 점검(기능, 작동유 점검 및 보충)
    라) 주요 지시계기 및 경고장치 이해
    마) 연료계통 기능(점검, 고장탐구 등)
    바) 흡입, 배기 계통
  2) 가스터빈엔진 (구술 또는 실기 평가)
    가) 작동원리, 주요 구성품 및 기능
    나) 점화장치 작업 및 작업안전사항 준수 여부
    다) 윤활장치 점검(기능, 작동유 점검 및 보충)

라) 주요 지시계기 및 경고장치 이해
마) 연료계통 기능(점검, 고장탐구 등)
바) 흡입 및 공기흐름 계통
사) exhaust 및 reverser 시스템
아) 세척과 방부처리 절차
자) 보조동력장치계통(APU)의 기능과 작동

아. 항공기 취급
1) 시운전 절차(engine run up) (구술 평가)
가) 시동절차 개요 및 준비사항
나) 시운전 실시
다) 시운전 도중 비상사태 발생 시(화재 등) 응급조치방법
라) 시운전 종료 후 마무리작업 절차
2) 동절기 취급절차(cold weather operation) (구술 평가)
가) 제빙유 종류 및 취급요령(주의사항)
나) 제빙유 사용법(혼합률, 방빙 지속시간)
다) 제빙작업 필요성 및 절차(작업안전수칙 등)
라) 표면처리(세척과 방부처리) 절차
3) 지상운전과 정비 (구술 또는 실기 평가)
가) 항공기 견인(towing) 일반절차
나) 항공기 견인(towing) 시 사용 중인 활주로 횡단 시 관제탑에 알려야 할 사항
다) 항공기 시동 시 지상운영 taxing의 일반절차 및 관련된 위험요소 방지절차
라) 항공기 시동 시 및 지상작동(taxing 포함) 상황에서 표준 수신호 또는 지시봉(light wand) 신호의 사용 및 응답방법

[Part 2 항공전자·전기·계기]

1. 법규 및 관계규정
가. 법규 및 규정
1) 항공기 비치서류 (구술 평가)
가) 감항증명서 및 유효기간
나) 기타 비치서류(항공안전법 제52조 및 규칙 제113조)
2) 항공일지 (구술 평가)
가) 중요 기록사항(항공안전법 제52조 및 규칙 제108조)
나) 비치장소
3) 정비규정 (구술 평가)
가) 정비 규정의 법적 근거(항공안전법 제93조)

　　　　나) 기재사항의 개요
　　　　다) MEL, CDL
　나. 감항증명
　　1) 감항증명 (구술 평가)
　　　　가) 항공법규에서 정한 항공기
　　　　나) 감항검사 방법
　　　　다) 형식증명과 감항증명의 관계
　　2) 감항성 개선명령 (구술 평가)
　　　　가) 감항성 개선지시(Airworthiness Directive)의 정의 및 법적 효력
　　　　나) 처리결과 보고절차

2. 기본작업
　가. 벤치작업
　　1) 기본 공구의 사용 (구술 또는 실기 평가)
　　　　가) 공구 종류 및 용도
　　　　나) 기본자세 및 사용법
　　2) 전자전기 벤치작업 (구술 또는 실기 평가)
　　　　가) 배선작업 및 결함 검사
　　　　나) 전기회로 스위치 및 전기회로 보호장치
　　　　다) 전기회로의 전선규격 선택 시 고려사항
　　　　라) 전기 시스템 및 구성품의 작동상태 점검
　나. 계측작업
　　1) 계측기 취급 (구술 또는 실기 평가)
　　　　가) 국가교정제도의 이해(법령, 단위계)
　　　　나) 유효기간의 확인
　　　　다) 계측기의 취급, 보호
　　2) 계측기 사용법 (구술 또는 실기 평가)
　　　　가) 계측(부척)의 원리
　　　　나) 계측대상에 따른 선정 및 사용절차
　　　　다) 측정치의 기입요령
　다. 전기전자작업
　　1) 전기선 작업 (구술 또는 실기 평가)
　　　　가) 와이어 스트립(strip) 방법
　　　　나) 납땜(soldering) 방법
　　　　다) 터미널 크림핑(crimping) 방법
　　　　라) 스플라이스(splice) 크림핑(crimping) 방법
　　　　마) 전기회로 스위치 및 전기회로 보호장치 장착

2) 솔리드저항, 권선 등의 저항측정 (구술 또는 실기 평가)
　　가) 멀티미터(multimeter) 사용법
　　나) 메가테스터(megameter) 사용법
　　다) 휘트스톤 브리지(wheatstone bridge) 사용법
3) ESDS 작업 (구술 평가)
　　가) ESDS 부품 취급 요령
　　나) 작업 시 주의사항
4) 디지털회로 (구술 평가)
　　가) 아날로그 회로와의 차이
5) 위치표시 및 경고계통 (구술 평가)
　　가) Anti-skid 시스템 기본구성
　　나) Landing gear 위치/경고 시스템 기본 구성품

3. 항공기 정비작업

가. 공기조화계통
1) 냉난방 시스템 개요(aircondition system) (구술 평가)
　　가) 공기순환기(air cycle machine)의 작동원리
　　나) 온도 조절방법
2) 냉동장치(refrigeration system) (구술 평가)
　　가) 주요 부품의 구성 및 기능
　　나) 냉각수 종류 및 취급요령(보관, 보충)
3) 여압조절장치(cabin pressure control system) (구술 평가)
　　가) 주요 부품의 구성 및 작동원리
　　나) 지시계통 및 경고장치

나. 객실계통
1) 장비현황(조종실, 객실, 주방, 화장실, 화물실 등) (구술 평가)
　　가) seat의 구조물 명칭
　　나) PSU(Pax Service Unit) 기능
　　다) emergency equipment 목록 및 위치
　　라) 객실여압 시스템과 시스템 구성품의 검사

다. 화재탐지 및 소화 계통
1) 화재탐지 및 경고장치 (구술 또는 실기 평가)
　　가) 종류 및 작동원리
　　나) 계통(cartridge, circuit) 점검방법 체크
2) 소화기계통 (구술 평가)
　　가) 종류(A, B, C, D) 및 용도구분
　　나) 유효기간 확인 및 사용방법 체크

라. 산소계통
   1) 산소장치 작업(crew, passenger, portable oxygen, bottle) (구술 평가)
      가) 주요 구성부품의 위치
      나) 취급상의 주의사항
      다) 사용처

마. 동결방지계통
   1) 시스템 개요(날개, 엔진, 프로펠러 등) (구술 평가)
      가) 방·제빙하고 있는 장소와 그 열원 등
      나) 작동시기 및 이유
      다) 동압(pitot) 및 정압(static)계통, 결빙방지계통 검사
      라) 전기 wind shield 작동 점검
      마) Pneumatic de-icing boot 정비 및 수리

바. 통신항법계통
   1) 통신장치(HF, VHF, UHF 등) (구술 또는 실기 평가)
      가) 사용처 및 조작방법
      나) 법적 규제에 대한 지식
      다) 부분품 교환작업
      라) 항공기에 장착된 안테나의 위치 및 확인
   2) 항법장치(ADF, VOR, DME, ILS/GS, INS/GPS 등) (구술 평가)
      가) 작동원리
      나) 용도
      다) 자이로(gyro)의 원리
      라) 위성통신의 원리
      마) 일반적으로 사용되는 통신/항법 시스템 안테나 확인방법
      바) 충돌방지등과 위치지시등의 검사 및 점검

사. 전기조명계통
   1) 전원장치(AC, DC) (구술 평가)
      가) 전원의 구분과 특징, 발생원리
      나) 발전기의 주파수 조정장치
   2) 배터리 취급 (구술 또는 실기 평가)
      가) 배터리 용액 점검 및 보충작업
      나) 세척 시 작업안전 주의사항 준수 여부
      다) 배터리 정비 및 장·탈착 작업
      라) 배터리 시스템에서 발생하는 일반적인 결함
   3) 비상등 (구술 평가)
      가) 종류 및 위치

아. 전자계기계통
   1) 전자계기류 취급 (구술 또는 실기 평가)
      가) 전자계기류 종류
      나) 전자계기 장·탈착 및 취급 시 주의사항 준수 여부
   2) 동정압(pitot-static tube)계통 (구술 평가)
      가) 계통 점검 수행 및 점검 내용 체크
      나) 누설 확인 작업
      다) vacuum/pressure, 전기적으로 작동하는 계기의 동력 시스템 검사 고장탐구

AIRCRAFT MAINTENANCE

Ⅲ 항공정비사 (비행기) 실기시험 채점표

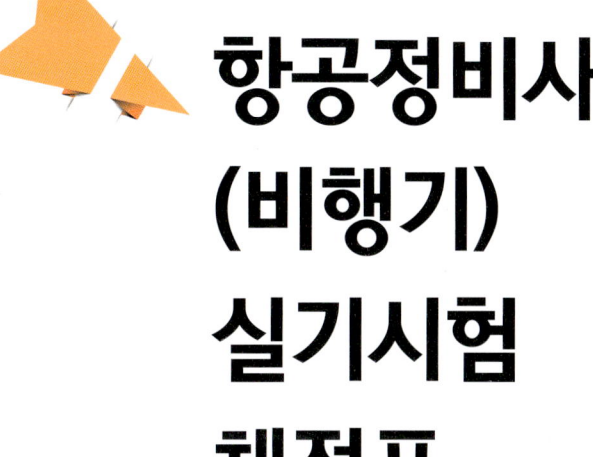

항공정비사(비행기) 실기시험 채점표

실기시험 채점표
항공정비사(비행기)

등급표기
S : 만족(Satisfactory)
U : 불만족(Unsatisfactory)

응시자성명		판 정	
시험일시		시험장소	

구분 순번	영역 및 과목	등급
	[Part 1 항공기체·발동기]	
	법규 및 관계규정	
1	정비작업 범위	
2	정비방식	
	기본작업	
3	판금작업	
4	연결작업	
5	항공기재료 취급	
	항공기 정비작업	
6	기체 취급	
7	조종계통	
8	연료계통	
9	유압계통	
10	착륙장치계통	
11	추진계통	
12	발동기계통	
13	항공기 취급	

	[Part 2 항공전자·전기·계기]	
	법규 및 관계규정	
14	법규 및 규정	
15	감항증명	
	기본작업	
16	벤치작업	
17	계측작업	
18	전기·전자작업	
	항공기 정비작업	
19	공기조화계통	
20	객실계통	
21	화재탐지 및 소화 계통	
22	산소계통	
23	동결방지계통	
24	통신항법계통	
25	전기조명계통	
26	전자계기계통	

실기시험위원 의견

실기시험위원		자격증명 번호	

AIRCRAFT MAINTENANCE

IV 실기시험 표준서 해설

1 정비작업 범위

1.1 항공종사자의 자격

1.1.1 자격증명 업무범위(항공안전법 제36조, 별표)

항공안전법 제34조(항공종사자 자격증명 등) ① 항공업무에 종사하려는 사람은 국토교통부령으로 정하는 바에 따라 국토교통부장관으로부터 항공종사자 자격증명(이하 "자격증명"이라 한다)을 받아야 한다. 다만, 항공업무 중 무인항공기의 운항 업무인 경우에는 그러하지 아니하다.

② 다음 각 호의 어느 하나에 해당하는 사람은 자격증명을 받을 수 없다.

1. 다음 각 목의 구분에 따른 나이 미만인 사람
   가. 자가용 조종사 자격: 17세(제37조에 따라 자가용 조종사의 자격증명을 활공기에 한정하는 경우에는 16세)
   나. 사업용 조종사, 부조종사, 항공사, 항공기관사, 항공교통관제사 및 항공정비사 자격: 18세
   다. 운송용 조종사 및 운항관리사 자격: 21세
2. 제43조 제1항에 따른 자격증명 취소처분을 받고 그 취소일부터 2년이 지나지 아니한 사람(취소된 자격증명을 다시 받는 경우에 한정한다)

③ 제1항 및 제2항에도 불구하고 「군사기지 및 군사시설 보호법」을 적용받는 항공작전기지에서 항공기를 관제하는 군인은 국방부장관으로부터 자격인정을 받아 항공교통관제 업무를 수행할 수 있다.

항공안전법 제35조(자격증명의 종류) 자격증명의 종류는 다음과 같이 구분한다.

1. 운송용 조종사
2. 사업용 조종사
3. 자가용 조종사
4. 부조종사
5. 항공사
6. 항공기관사
7. 항공교통관제사
8. 항공정비사
9. 운항관리사

항공안전법 제36조(업무범위) ① 자격증명의 종류에 따른 업무범위는 별표와 같다.

② 자격증명을 받은 사람은 그가 받은 자격증명의 종류에 따른 업무범위 외의 업무에 종사해서는 아니 된다.

③ 다음 각 호의 어느 하나에 해당하는 경우에는 제1항 및 제2항을 적용하지 아니한다.
1. 국토교통부령으로 정하는 항공기에 탑승하여 조종(항공기에 탑승하여 그 기체 및 발동기를 다루는 것을 포함한다. 이하 같다)하는 경우
2. 새로운 종류, 등급 또는 형식의 항공기에 탑승하여 시험비행 등을 하는 경우로서 국토교통부령으로 정하는 바에 따라 국토교통부장관의 허가를 받은 경우

[별표] 자격증명별 업무범위(제36조 제1항 관련)

자 격	업무범위
운송용 조종사	항공기에 탑승하여 다음 각 호의 행위를 하는 것 1. 사업용 조종사의 자격을 가진 사람이 할 수 있는 행위 2. 항공운송사업의 목적을 위하여 사용하는 항공기를 조종하는 행위
사업용 조종사	항공기에 탑승하여 다음 각 호의 행위를 하는 것 1. 자가용 조종사의 자격을 가진 사람이 할 수 있는 행위 2. 무상으로 운항하는 항공기를 보수를 받고 조종하는 행위 3. 항공기사용사업에 사용하는 항공기를 조종하는 행위 4. 항공운송사업에 사용하는 항공기(1명의 조종사가 필요한 항공기만 해당한다)를 조종하는 행위 5. 기장 외의 조종사로서 항공운송사업에 사용하는 항공기를 조종하는 행위
자가용 조종사	부상으로 운항하는 항공기를 보수를 받지 아니하고 조종하는 행위
부조종사	비행기에 탑승하여 다음 각 호의 행위를 하는 것 1. 자가용 조종사의 자격을 가진 사람이 할 수 있는 행위 2. 기장 외의 조종사로서 비행기를 조종하는 행위
항공사	항공기에 탑승하여 그 위치 및 항로의 측정과 항공상의 자료를 산출하는 행위
항공기관사	항공기에 탑승하여 발동기 및 기체를 취급하는 행위(조종장치의 조작은 제외한다)
항공교통관제사	항공교통의 안전·신속 및 질서를 유지하기 위하여 항공기 운항을 관제하는 행위
항공정비사	다음 각 호의 행위를 하는 것 1. 제32조 제1항에 따라 정비 등을 한 항공기등, 장비품 또는 부품에 대하여 감항성을 확인하는 행위 2. 제108조 제4항에 따라 정비를 한 경량항공기 또는 그 장비품·부품에 대하여 안전하게 운용할 수 있음을 확인하는 행위
운항관리사	항공운송사업에 사용되는 항공기 또는 국외운항항공기의 운항에 필요한 다음 각 호의 사항을 확인하는 행위 1. 비행계획의 작성 및 변경 2. 항공기 연료 소비량의 산출 3. 항공기 운항의 통제 및 감시

1.1.2 자격증명의 한정(항공안전법 제37조)

항공안전법 제37조(자격증명의 한정) ① 국토교통부장관은 다음 각 호의 구분에 따라 자격증명에 대한 한정을 할 수 있다.

1. 운송용 조종사, 사업용 조종사, 자가용 조종사, 부조종사 또는 항공기관사 자격의 경우: 항공기의 종류, 등급 또는 형식
2. 항공정비사 자격의 경우: 항공기의 종류 및 정비분야

② 제1항에 따라 자격증명의 한정을 받은 항공종사자는 그 한정된 항공기의 종류, 등급 또는 형식 외의 항공기나 한정된 정비분야 외의 항공업무에 종사해서는 아니 된다.

③ 제1항에 따른 자격증명의 한정에 필요한 세부사항은 국토교통부령으로 정한다.

항공안전법 시행규칙 제81조(자격증명의 한정) ① 국토교통부장관은 법 제37조 제1항 제1호에 따라 항공기의 종류·등급 또는 형식을 한정하는 경우에는 자격증명을 받으려는 사람이 실기시험에 사용하는 항공기의 종류·등급 또는 형식으로 한정하여야 한다.

② 제1항에 따라 한정하는 항공기의 종류는 비행기, 헬리콥터, 비행선, 활공기 및 항공우주선으로 구분한다.

③ 제1항에 따라 한정하는 항공기의 등급은 다음 각 호와 같이 구분한다. 다만, 활공기의 경우에는 상급(활공기가 특수 또는 상급 활공기인 경우) 및 중급(활공기가 중급 또는 초급 활공기인 경우)으로 구분한다.
1. 육상 항공기의 경우: 육상단발 및 육상다발
2. 수상 항공기의 경우: 수상단발 및 수상다발

④ 제1항에 따라 한정하는 항공기의 형식은 다음 각 호와 같이 구분한다.
1. 조종사 자격증명의 경우에는 다음 각 목의 어느 하나에 해당하는 형식의 항공기
   가. 비행교범에 2명 이상의 조종사가 필요한 것으로 되어 있는 항공기
   나. 가목 외에 국토교통부장관이 지정하는 형식의 항공기
2. 항공기관사 자격증명의 경우에는 모든 형식의 항공기

⑤ 국토교통부장관이 법 제37조 제1항 제2호에 따라 항공기·경량항공기 항공정비사의 자격증명을 한정하는 항공기와 경량항공기의 종류는 다음 각호와 같다.
1. 항공기의 종류
   가. 비행기 분야. 다만, 비행기에 대한 정비업무경험이 4년(국토교통부장관이 지정한 전문교육기관에서 비행기 정비에 필요한 과정을 이수한 사람은 2년) 미만인 사람은 최대이륙중량 5,700kg 이하의 비행기로 한정한다.
   나. 헬리콥터 분야. 다만, 헬리콥터 정비업무경험이 4년(국토교통부장관이 지정한 전문교육기관에서 헬리콥터 정비에 필요한 과정을 이수한 사람은 2년) 미만인 사람은 최대이륙중량 3,175kg 이하의 헬리콥터로 한정한다.
2. 경량항공기의 종류
   가. 경량비행기 분야: 타면조종형비행기, 체중이동형비행기 또는 동력패러슈트
   나. 경량헬리콥터 분야: 경량헬리콥터 또는 자이로플레인

⑥ 국토교통부장관이 법 제37조 제1항 제2호에 따라 항공정비사의 자격증명을 한정하는 정비분야 범위는 전자·전기·계기 분야이다.

1.1.3 정비확인 행위 및 의무(항공안전법 제32조, 제33조)

항공안전법 제31조(항공기등의 검사 등) ① 국토교통부장관은 제20조부터 제25조까지, 제27조, 제28조, 제30조 및 제97조에 따른 증명·승인 또는 정비조직인증을 할 때에는 국토교통부장관이 정하는 바에 따라 미리 해당 항공기등 및 장비품을 검사하거나 이를 제작 또는 정비하려는 조직, 시설 및 인력 등을 검사하여야 한다.

② 국토교통부장관은 제1항에 따른 검사를 하기 위하여 다음 각 호의 어느 하나에 해당하는 사람 중에서 항공기등 및 장비품을 검사할 사람(이하 "검사관"이라 한다)을 임명 또는 위촉한다.

1. 제35조 제8호의 항공정비사 자격증명을 받은 사람
2. 「국가기술자격법」에 따른 항공분야의 기사 이상의 자격을 취득한 사람
3. 항공기술 관련 분야에서 학사 이상의 학위를 취득한 후 3년 이상 항공기의 설계, 제작, 정비 또는 품질보증 업무에 종사한 경력이 있는 사람
4. 국가기관등 항공기의 설계, 제작, 정비 또는 품질보증 업무에 5년 이상 종사한 경력이 있는 사람

③ 국토교통부장관은 국토교통부 소속 공무원이 아닌 검사관이 제1항에 따른 검사를 한 경우에는 예산의 범위에서 수당을 지급할 수 있다.

항공안전법 제32조(항공기등의 정비 등의 확인) ① 소유자 등은 항공기등, 장비품 또는 부품에 대하여 정비등(국토교통부령으로 정하는 경미한 정비 및 제30조 제1항에 따른 수리·개조는 제외한다. 이하 이 조에서 같다)을 한 경우에는 제35조 제8호의 항공정비사 자격증명을 받은 사람으로서 국토교통부령으로 정하는 자격요건을 갖춘 사람으로부터 그 항공기등, 장비품 또는 부품에 대하여 국토교통부령으로 정하는 방법에 따라 감항성을 확인받지 아니하면 이를 운항 또는 항공기등에 사용해서는 아니 된다. 다만, 감항성을 확인받기 곤란한 대한민국 외의 지역에서 항공기등, 장비품 또는 부품에 대하여 정비등을 하는 경우로서 국토교통부령으로 정하는 자격요건을 갖춘 자로부터 그 항공기등, 장비품 또는 부품에 대하여 감항성을 확인받은 경우에는 이를 운항 또는 항공기등에 사용할 수 있다.

② 소유자등은 항공기등, 장비품 또는 부품에 대한 정비등을 위탁하려는 경우에는 제97조 제1항에 따른 정비조직인증을 받은 자 또는 그 항공기등, 장비품 또는 부품을 제작한 자에게 위탁하여야 한다.

항공안전법 제33조(항공기 등에 발생한 고장, 결함 또는 기능장애 보고 의무) ① 형식증명, 부가형식증명, 제작증명, 기술표준품형식승인 또는 부품등제작자증명을 받은 자는 그가 제작하거나 인증을 받은 항공기등, 장비품 또는 부품이 설계 또는 제작의 결함으로 인하여 국토교통부령으로 정하는 고장, 결함 또는 기능장애가 발생한 것을 알게 된 경우에는 국토교통부령으로 정하는 바에 따라 국토교통부장관에게 그 사실을 보고하여야 한다.

② 항공운송사업자, 항공기사용사업자 등 대통령령으로 정하는 소유자등 또는 제97조 제1항에 따른 정비조직인증을 받은 자는 항공기를 운영하거나 정비하는 중에 국토교통부령으로 정하는 고장, 결함 또는 기능장애가 발생한 것을 알게 된 경우에는 국토교통부령으로 정하는 바에 따라 국토교통부장관에게 그 사실을 보고하여야 한다.

항공안전법 시행규칙 제69조(항공기등의 정비등을 확인하는 사람) 법 제32조 제1항 본문에서 "국토교

통부령으로 정하는 자격요건을 갖춘 사람"이란 다음 각 호의 어느 하나에 해당하는 사람을 말한다.
1. 항공운송사업자 또는 항공기사용사업자에 소속된 사람: 국토교통부장관 또는 지방항공청장이 법 제93조(법 제96조 제2항에서 준용하는 경우를 포함한다)에 따라 인가한 정비규정에서 정한 자격을 갖춘 사람으로서 제81조 제2항에 따른 동일한 항공기 종류 또는 제81조 제6항에 따른 동일한 정비분야에 대해 최근 24개월 이내에 6개월 이상의 정비경험이 있는 사람
2. 법 제97조 제1항에 따라 정비조직인증을 받은 항공기정비업자에 소속된 사람: 제271조 제1항에 따른 정비조직절차교범에서 정한 자격을 갖춘 사람으로서 제81조 제2항에 따른 동일한 항공기 종류 또는 제81조 제6항에 따른 동일한 정비분야에 대해 최근 24개월 이내에 6개월 이상의 정비경험이 있는 사람
3. 자가용항공기를 정비하는 사람: 해당 항공기 형식에 대하여 제작사가 정한 교육기준 및 방법에 따라 교육을 이수하고 제81조 제2항에 따른 동일한 항공기 종류 또는 제81조 제6항에 따른 동일한 정비분야에 대해 최근 24개월 이내에 6개월 이상의 정비경험이 있는 사람
4. 제작사가 정한 교육기준 및 방법에 따라 교육을 이수한 사람 또는 이와 동등한 교육을 이수하여 국토교통부장관 또는 지방항공청장으로부터 승인을 받은 사람

항공안전법 시행규칙 제70조(항공기등의 정비등을 확인하는 방법) 법 제32조 제1항 본문에서 "국토교통부령으로 정하는 방법"이란 다음 각 호의 어느 하나에 해당하는 방법을 말한다.
1. 법 제93조 제1항(법 제96조 제2항에서 준용하는 경우를 포함한다)에 따라 인가받은 정비규정에 포함된 정비프로그램 또는 검사프로그램에 따른 방법
2. 국토교통부장관의 인가를 받은 기술자료 또는 절차에 따른 방법
3. 항공기등 또는 부품등의 제작사에서 제공한 정비매뉴얼 또는 기술자료에 따른 방법
4. 항공기등 또는 부품등의 제작국가 정부가 승인한 기술자료에 따른 방법
5. 그 밖에 국토교통부장관 또는 지방항공청장이 인정하는 기술자료에 따른 방법

항공안전법 시행규칙 제71조(국외 정비확인자의 자격인정) 법 제32조 제1항 단서에서 "국토교통부령으로 정하는 자격요건을 갖춘 자"란 다음 각 호의 어느 하나에 해당하는 사람으로서 국토교통부장관의 인정을 받은 사람(이하 "국외 정비확인자"라 한다)을 말한다.
1. 외국정부가 발급한 항공정비사 자격증명을 받은 사람
2. 외국정부가 인정한 항공기정비사업자에 소속된 사람으로서 항공정비사 자격증명을 받은 사람과 동등하거나 그 이상의 능력이 있는 사람

항공안전법 시행규칙 제72조(국외 정비확인자의 인정신청) 제71조에 따른 인정을 받으려는 사람은 다음 각 호의 사항을 적은 신청서에 외국정부가 발급한 항공정비사 자격증명 또는 외국정부가 인정한 항공기정비사업자임을 증명하는 서류 및 그 사업자에 소속된 사람임을 증명하는 서류와 사진 2장을 첨부하여 국토교통부장관에게 제출하여야 한다.
1. 성명, 국적, 연령 및 주소
2. 경력
3. 정비확인을 하려는 장소
4. 자격인정을 받으려는 사유

항공안전법 시행규칙 제73조(국외 정비확인자 인정서의 발급) ① 국토교통부장관은 제71조에 따른

인정을 하는 경우에는 별지 제33호서식의 국외 정비확인자 인정서를 발급하여야 한다.
② 국토교통부장관은 제1항에 따라 국외 정비확인자 인정서를 발급하는 경우에는 국외 정비확인자가 감항성을 확인할 수 있는 항공기등 또는 부품등의 종류·등급 또는 형식을 정하여야 한다.
③ 제1항에 따른 인정의 유효기간은 1년으로 한다

1.1.4 항공정비사 의무사항

항공안전법 제57조(주류 등의 섭취·사용제한) ① 항공종사자(제46조에 따른 항공기 조종연습 및 제47조에 따른 항공교통관제연습을 하는 사람을 포함한다. 이하 이 조에서 같다) 및 객실승무원은 「주세법」 제3조 제1호에 따른 주류, 「마약류 관리에 관한 법률」 제2조 제1호에 따른 마약류 또는 「화학물질관리법」 제22조 제1항에 따른 환각물질 등(이하 "주류등"이라 한다)의 영향으로 항공업무(제46조에 따른 항공기 조종연습 및 제47조에 따른 항공교통관제연습을 포함한다. 이하 이 조에서 같다) 또는 객실승무원의 업무를 정상적으로 수행할 수 없는 상태에서는 항공업무 또는 객실승무원의 업무에 종사해서는 아니 된다.
② 항공종사자 및 객실승무원은 항공업무 또는 객실승무원의 업무에 종사하는 동안에는 주류등을 섭취하거나 사용해서는 아니 된다.
③ 국토교통부장관은 항공안전과 위험 방지를 위하여 필요하다고 인정하거나 항공종사자 및 객실승무원이 제1항 또는 제2항을 위반하여 항공업무 또는 객실승무원의 업무를 하였다고 인정할 만한 상당한 이유가 있을 때에는 주류등의 섭취 및 사용 여부를 호흡측정기 검사 등의 방법으로 측정할 수 있으며, 항공종사자 및 객실승무원은 이러한 측정에 응하여야 한다.
④ 국토교통부장관은 항공종사자 또는 객실승무원이 제3항에 따른 측정 결과에 불복하면 그 항공종사자 또는 객실승무원의 동의를 받아 혈액 채취 또는 소변 검사 등의 방법으로 주류등의 섭취 및 사용 여부를 다시 측정할 수 있다.
⑤ 주류등의 영향으로 항공업무 또는 객실승무원의 업무를 정상적으로 수행할 수 없는 상태의 기준은 다음 각 호와 같다.
1. 주정성분이 있는 음료의 섭취로 혈중알코올농도가 0.02퍼센트 이상인 경우
2. 「마약류 관리에 관한 법률」 제2조 제1호에 따른 마약류를 사용한 경우
3. 「화학물질관리법」 제22조 제1항에 따른 환각물질을 사용한 경우
⑥ 제1항부터 제5항까지의 규정에 따라 주류등의 종류 및 그 측정에 필요한 세부 절차 및 측정기록의 관리 등에 필요한 사항은 국토교통부령으로 정한다.

항공안전법 제59조(항공안전 의무보고) ① 항공기사고, 항공기준사고 또는 항공안전장애를 발생시켰거나 항공기사고, 항공기준사고 또는 항공안전장애가 발생한 것을 알게 된 항공종사자 등 관계인은 국토교통부장관에게 그 사실을 보고하여야 한다.
② 제1항에 따른 항공종사자 등 관계인의 범위, 보고에 포함되어야 할 사항, 시기, 보고 방법 및 절차 등은 국토교통부령으로 정한다.

항공안전법 제60조(사실조사) ① 국토교통부장관은 제59조 제1항에 따른 보고를 받은 경우 이에 대한 사실 여부와 이 법의 위반사항 등을 파악하기 위한 조사를 할 수 있다.

② 제1항에 따른 사실조사의 절차 및 방법 등에 관하여는 제132조 제2항 및 제4항부터 제9항까지의 규정을 준용한다.

항공안전법 제61조(항공안전 자율보고) ① 항공안전을 해치거나 해칠 우려가 있는 사건·상황·상태 등(이하 "항공안전위해요인"이라 한다)을 발생시켰거나 항공안전위해요인이 발생한 것을 안 사람 또는 항공안전위해요인이 발생될 것이 예상된다고 판단하는 사람은 국토교통부장관에게 그 사실을 보고할 수 있다.

② 국토교통부장관은 제1항에 따른 보고(이하 "항공안전 자율보고"라 한다)를 한 사람의 의사에 반하여 보고자의 신분을 공개해서는 아니 되며, 항공안전 자율보고를 사고예방 및 항공안전 확보 목적 외의 다른 목적으로 사용해서는 아니 된다.

③ 누구든지 항공안전 자율보고를 한 사람에 대하여 이를 이유로 해고·전보·징계·부당한 대우 또는 그 밖에 신분이나 처우와 관련하여 불이익한 조치를 해서는 아니 된다.

④ 국토교통부장관은 항공안전위해요인을 발생시킨 사람이 그 항공안전위해요인이 발생한 날부터 10일 이내에 항공안전 자율보고를 한 경우에는 제43조 제1항에 따른 처분을 하지 아니할 수 있다. 다만, 고의 또는 중대한 과실로 항공안전위해요인을 발생시킨 경우와 항공기사고 및 항공기준사고에 해당하는 경우에는 그러하지 아니하다.

⑤ 제1항부터 제4항까지에서 규정한 사항 외에 항공안전 자율보고에 포함되어야 할 사항, 보고방법 및 절차 등은 국토교통부령으로 정한다.

항공안전법 제33조(항공기 등에 발생한 고장, 결함 또는 기능장애 보고 의무) ① 형식증명, 부가형식증명, 제작증명, 기술표준품형식승인 또는 부품등제작자증명을 받은 자는 그가 제작하거나 인증을 받은 항공기등, 장비품 또는 부품이 설계 또는 제작의 결함으로 인하여 국토교통부령으로 정하는 고장, 결함 또는 기능장애가 발생한 것을 알게 된 경우에는 국토교통부령으로 정하는 바에 따라 국토교통부장관에게 그 사실을 보고하여야 한다.

② 항공운송사업자, 항공기사용사업자 등 대통령령으로 정하는 소유자등 또는 제97조 제1항에 따른 정비조직인증을 받은 자는 항공기를 운영하거나 정비하는 중에 국토교통부령으로 정하는 고장, 결함 또는 기능장애가 발생한 것을 알게 된 경우에는 국토교통부령으로 정하는 바에 따라 국토교통부장관에게 그 사실을 보고하여야 한다.

항공안전법 제148조(무자격자의 항공업무 종사 등의 죄) 다음 각 호의 어느 하나에 해당하는 사람은 2년 이하의 징역 또는 1천만원 이하의 벌금에 처한다.
1. 제34조를 위반하여 자격증명을 받지 아니하고 항공업무에 종사한 사람
2. 제36조 제2항을 위반하여 그가 받은 자격증명의 종류에 따른 업무범위 외의 업무에 종사한 사람
3. 제43조(제46조 제4항 및 제47조 제4항에서 준용하는 경우를 포함한다)에 따른 효력정지명령을 위반한 사람
4. 제45조를 위반하여 항공영어구술능력증명을 받지 아니하고 같은 조 제1항 각 호의 어느 하나에 해당하는 업무에 종사한 사람

항공안전법 시행규칙 제74조(항공기 등에 발생한 고장, 결함 또는 기능장애 보고) ① 법 제33조 제1항 및 제2항에서 "국토교통부령으로 정하는 고장, 결함 또는 기능장애"란 [별표 20]의 2 제5호에

따른 항공안전장애(이하 "고장 등"이라 한다)를 말한다.
② 법 제33조 제1항 및 제2항에 따라 고장 등이 발생한 사실을 보고할 때에는 별지 제34호 서식의 고장·결함·기능장애 보고서 또는 국토교통부장관이 정하는 전자적인 보고방법에 따라야 한다.
③ 제2항에 따른 보고는 고장 등이 발생한 것을 알게 된 때([별표 20]의 2 제5호 마목 및 바목의 항공안전장애인 경우에는 보고 대상으로 확인된 때를 말한다)부터 96시간 이내(해당 기간에 포함된 토요일 및 법정공휴일에 해당하는 시간은 제외한다)에 하여야 한다.

1.2 작업구분

1.2.1 감항증명 및 감항성 유지(항공안전법 제23조, 제24조)

항공안전법 제23조(감항증명 및 감항성 유지) ① 항공기가 감항성이 있다는 증명(이하 "감항증명"이라 한다)을 받으려는 자는 국토교통부령으로 정하는 바에 따라 국토교통부장관에게 감항증명을 신청하여야 한다.
② 감항증명은 대한민국 국적을 가진 항공기가 아니면 받을 수 없다. 다만, 국토교통부령으로 정하는 항공기의 경우에는 그러하지 아니하다.
③ 누구든지 다음 각 호의 어느 하나에 해당하는 감항증명을 받지 아니한 항공기를 운항하여서는 아니 된다.
1. 표준감항증명: 해당 항공기가 형식증명 또는 형식증명승인에 따라 인가된 설계에 일치하게 제작되고 안전하게 운항할 수 있다고 판단되는 경우에 발급하는 증명
2. 특별감항증명: 해당 항공기가 제한형식증명을 받았거나 항공기의 연구, 개발 등 국토교통부령으로 정하는 경우로서 항공기 제작자 또는 소유자등이 제시한 운용범위를 검토하여 안전하게 운항할 수 있다고 판단되는 경우에 발급하는 증명
④ 국토교통부장관은 제3항 각 호의 어느 하나에 해당하는 감항증명을 하는 경우 국토교통부령으로 정하는 바에 따라 해당 항공기의 설계, 제작과정, 완성 후의 상태와 비행성능에 대하여 검사하고 해당 항공기의 운용한계(運用限界)를 지정하여야 한다. 다만, 다음 각 호의 어느 하나에 해당하는 항공기의 경우에는 국토교통부령으로 정하는 바에 따라 검사의 일부를 생략할 수 있다.
1. 형식증명, 제한형식증명 또는 형식증명승인을 받은 항공기
2. 제작증명을 받은 자가 제작한 항공기
3. 항공기를 수출하는 외국정부로부터 감항성이 있다는 승인을 받아 수입하는 항공기
⑤ 감항증명의 유효기간은 1년으로 한다. 다만, 항공기의 형식 및 소유자등(제32조 제2항에 따른 위탁을 받은 자를 포함한다)의 감항성 유지능력 등을 고려하여 국토교통부령으로 정하는 바에 따라 유효기간을 연장할 수 있다.
⑥ 국토교통부장관은 제4항에 따른 검사 결과 항공기가 감항성이 있다고 판단되는 경우 국토교통부령으로 정하는 바에 따라 감항증명서를 발급하여야 한다.

⑦ 국토교통부장관은 다음 각 호의 어느 하나에 해당하는 경우에는 해당 항공기에 대한 감항증명을 취소하거나 6개월 이내의 기간을 정하여 그 효력의 정지를 명할 수 있다. 다만, 제1호에 해당하는 경우에는 감항증명을 취소하여야 한다.
1. 거짓이나 그 밖의 부정한 방법으로 감항증명을 받은 경우
2. 항공기가 감항증명 당시의 항공기기술기준에 적합하지 아니하게 된 경우
⑧ 항공기를 운항하려는 소유자등은 국토교통부령으로 정하는 바에 따라 그 항공기의 감항성을 유지하여야 한다.
⑨ 국토교통부장관은 제8항에 따라 소유자등이 해당 항공기의 감항성을 유지하는지를 수시로 검사하여야 하며, 항공기의 감항성 유지를 위하여 소유자등에게 항공기등, 장비품 또는 부품에 대한 정비등에 관한 감항성 개선 또는 그 밖의 검사·정비등을 명할 수 있다.

항공안전법 제24조(감항승인) ① 우리나라에서 제작, 운항 또는 정비등을 한 항공기등, 장비품 또는 부품을 타인에게 제공하려는 자는 국토교통부령으로 정하는 바에 따라 국토교통부장관의 감항승인을 받을 수 있다.
② 국토교통부장관은 제1항에 따른 감항승인을 할 때에는 해당 항공기등, 장비품 또는 부품이 항공기기술기준 또는 제27조 제1항에 따른 기술표준품의 형식승인기준에 적합하고, 안전하게 운용할 수 있다고 판단하는 경우에는 감항승인을 하여야 한다.
③ 국토교통부장관은 다음 각 호의 어느 하나에 해당하는 경우에는 제2항에 따른 감항승인을 취소하거나 6개월 이내의 기간을 정하여 그 효력의 정지를 명할 수 있다. 다만, 제1호에 해당하는 경우에는 그 감항승인을 취소하여야 한다.
1. 거짓이나 그 밖의 부정한 방법으로 감항승인을 받은 경우
2. 항공기등, 장비품 또는 부품이 감항승인 당시의 항공기기술기준 또는 제27조 제1항에 따른 기술표준품의 형식승인기준에 적합하지 아니하게 된 경우

1.2.2 수리와 개조(항공안전법 제30조)

항공안전법 제30조(수리·개조승인) ① 감항증명을 받은 항공기의 소유자등은 해당 항공기등, 장비품 또는 부품을 국토교통부령으로 정하는 범위에서 수리하거나 개조하려면 국토교통부령으로 정하는 바에 따라 그 수리·개조가 항공기기술기준에 적합한지에 대하여 국토교통부장관의 승인(이하 "수리·개조승인"이라 한다)을 받아야 한다.
② 소유자등은 수리·개조승인을 받지 아니한 항공기등, 장비품 또는 부품을 운항 또는 항공기등에 사용해서는 아니 된다.
③ 제1항에도 불구하고 다음 각 호의 어느 하나에 해당하는 경우로서 항공기기술기준에 적합한 경우에는 수리·개조승인을 받은 것으로 본다.
1. 기술표준품형식승인을 받은 자가 제작한 기술표준품을 그가 수리·개조하는 경우
2. 부품등제작자증명을 받은 자가 제작한 장비품 또는 부품을 그가 수리·개조하는 경우
3. 제97조 제1항에 따른 정비조직인증을 받은 자가 항공기등, 장비품 또는 부품을 수리·개조하는 경우

1.2.3 항공기 등의 검사 등(항공안전법 제31조)

항공안전법 제31조(항공기등의 검사 등) ① 국토교통부장관은 제20조부터 제25조까지, 제27조, 제28조, 제30조 및 제97조에 따른 증명·승인 또는 정비조직인증을 할 때에는 국토교통부장관이 정하는 바에 따라 미리 해당 항공기등 및 장비품을 검사하거나 이를 제작 또는 정비하려는 조직, 시설 및 인력 등을 검사하여야 한다.
② 국토교통부장관은 제1항에 따른 검사를 하기 위하여 다음 각 호의 어느 하나에 해당하는 사람 중에서 항공기등 및 장비품을 검사할 사람(이하 "검사관"이라 한다)을 임명 또는 위촉한다.
1. 제35조 제8호의 항공정비사 자격증명을 받은 사람
2. 「국가기술자격법」에 따른 항공분야의 기사 이상의 자격을 취득한 사람
3. 항공기술 관련 분야에서 학사 이상의 학위를 취득한 후 3년 이상 항공기의 설계, 제작, 정비 또는 품질보증 업무에 종사한 경력이 있는 사람
4. 국가기관등항공기의 설계, 제작, 정비 또는 품질보증 업무에 5년 이상 종사한 경력이 있는 사람

③ 국토교통부장관은 국토교통부 소속 공무원이 아닌 검사관이 제1항에 따른 검사를 한 경우에는 예산의 범위에서 수당을 지급할 수 있다.

1.2.4 항공기 정비업(항공사업법 제2절)

항공사업법 제34조(항공기사용사업의 양도·양수) ① 항공기사용사업자가 항공기사용사업을 양도·양수하려는 경우에는 국토교통부령으로 정하는 바에 따라 국토교통부장관에게 신고하여야 한다.
② 국토교통부장관은 제1항에 따라 양도·양수의 신고를 받은 경우 양도인 또는 양수인이 다음 각 호의 어느 하나에 해당하면 양도·양수 신고를 수리해서는 아니 된다.
1. 양수인이 제9조 각 호의 어느 하나에 해당하는 경우
2. 양도인이 제40조에 따라 사업정지처분을 받고 그 처분기간 중에 있는 경우
3. 양도인이 제40조에 따라 등록취소처분을 받았으나 「행정심판법」 또는 「행정소송법」에 따라 그 취소처분이 집행정지 중에 있는 경우

③ 국토교통부장관은 제1항에 따른 신고를 받으면 국토교통부령으로 정하는 바에 따라 이를 공고하여야 한다. 이 경우 공고의 비용은 양도인이 부담한다.
④ 제1항에 따라 신고가 수리된 경우에 양수인은 양도인인 항공기사용사업자의 이 법에 따른 지위를 승계한다.

항공사업법 제35조(법인의 합병) ① 법인인 항공기사용사업자가 다른 항공기사용사업자 또는 항공기사용사업 외의 사업을 경영하는 자와 합병하려는 경우에는 국토교통부령으로 정하는 바에 따라 국토교통부장관에게 신고하여야 한다.
② 제1항에 따라 신고가 수리된 경우에 합병으로 존속하거나 신설되는 법인은 합병으로 소멸되는 법인인 항공기사용사업자의 이 법에 따른 지위를 승계한다.

항공사업법 제36조(상속) ① 항공기사용사업자가 사망한 경우 그 상속인(상속인이 2명 이상인 경우 협의에 의한 1명의 상속인을 말한다)은 피상속인인 항공기사용사업자의 이 법에 따른 지위를 승계한다.

② 제1항에 따른 상속인은 피상속인의 항공기사용사업을 계속하려면 피상속인이 사망한 날부터 30일 이내에 국토교통부장관에게 신고하여야 한다.

③ 제1항에 따라 항공기사용사업자의 지위를 승계한 상속인이 제9조 각 호의 어느 하나에 해당하는 경우에는 3개월 이내에 그 항공기사용사업을 타인에게 양도할 수 있다.

항공사업법 제37조(항공기사용사업의 휴업) ① 항공기사용사업자가 휴업하려는 경우에는 국토교통부령으로 정하는 바에 따라 국토교통부장관에게 신고하여야 한다.

② 제1항에 따른 휴업기간은 6개월을 초과할 수 없다.

항공사업법 제38조(항공기사용사업의 폐업) ① 항공기사용사업자가 폐업하려는 경우에는 국토교통부령으로 정하는 바에 따라 국토교통부장관에게 신고하여야 한다.

② 제1항에 따른 폐업을 할 수 있는 경우는 다음 각 호와 같다.
1. 폐업일 이후 예약 사항이 없거나, 예약 사항이 있는 경우 대체 서비스 제공 등의 조치가 끝났을 것
2. 폐업으로 항공시장의 건전한 질서를 침해하지 아니할 것

항공사업법 제39조(사업개선 명령) 국토교통부장관은 항공기사용사업의 서비스 개선을 위하여 필요하다고 인정되는 경우에는 항공기사용사업자에게 다음 각 호의 사항을 명할 수 있다.
1. 사업계획의 변경
2. 항공기 및 그 밖의 시설의 개선
3. 「항공안전법」 제2조 제6호에 따른 항공기사고로 인하여 지급할 손해배상을 위한 보험계약의 체결
4. 항공에 관한 국제조약을 이행하기 위하여 필요한 사항
5. 그 밖에 항공기사용사업 서비스의 개선을 위하여 필요한 사항

항공사업법 제40조(항공기사용사업의 등록취소 등) ① 국토교통부장관은 항공기사용사업자가 다음 각 호의 어느 하나에 해당하면 그 등록을 취소하거나 6개월 이내의 기간을 정하여 그 사업의 전부 또는 일부의 정지를 명할 수 있다. 다만, 제1호·제2호·제4호·제13호 또는 제15호에 해당하면 그 등록을 취소하여야 한다.
1. 거짓이나 그 밖의 부정한 방법으로 등록한 경우
2. 제30조 제1항에 따라 등록한 사항을 이행하지 아니한 경우
3. 제30조 제2항에 따른 등록기준에 미달한 경우. 다만, 다음 각 목의 어느 하나에 해당하는 경우는 제외한다.
    가. 등록기준에 일시적으로 미달한 후 3개월 이내에 그 기준을 충족하는 경우
    나. 「채무자 회생 및 파산에 관한 법률」에 따라 법원이 회생절차개시의 결정을 하고 그 절차가 진행 중인 경우
    다. 「기업구조조정 촉진법」에 따라 금융채권자협의회가 채권금융기관 공동관리절차 개시의 의결을 하고 그 절차가 진행 중인 경우
4. 항공기사용사업자가 제9조 각 호의 어느 하나에 해당하게 된 경우. 다만, 다음 각 목의 어느 하나에 해당하는 경우는 제외한다.
    가. 제9조 제6호에 해당하는 법인이 3개월 이내에 해당 임원을 결격사유가 없는 임원으로 바꾸어 임명한 경우

나. 피상속인이 사망한 날부터 3개월 이내에 상속인이 항공기사용사업을 타인에게 양도한 경우
4의 2. 제30조의 2 제1항을 위반하여 보증보험등에 가입 또는 예치하지 아니한 경우
5. 제32조 제1항을 위반하여 사업계획에 따라 사업을 하지 아니한 경우 및 같은 조 제2항에 따라 인가를 받지 아니하거나 신고를 하지 아니하고 사업계획을 변경한 경우
6. 제33조를 위반하여 타인에게 자기의 성명 또는 상호를 사용하여 사업을 경영하게 하거나 등록증을 빌려 준 경우
7. 제34조 제1항을 위반하여 신고를 하지 아니하고 사업을 양도·양수한 경우
8. 제35조 제1항을 위반하여 합병신고를 하지 아니한 경우
9. 제36조 제2항을 위반하여 상속에 관한 신고를 하지 아니한 경우
10. 제37조 제1항 및 제2항을 위반하여 신고 없이 휴업한 경우 및 휴업기간이 지난 후에도 사업을 시작하지 아니한 경우
11. 제39조 제1호 또는 제3호에 따른 사업개선 명령을 이행하지 아니한 경우
12. 제62조 제6항을 위반하여 요금표 등을 갖추어 두지 아니하거나 항공교통이용자가 열람할 수 있게 하지 아니한 경우
13. 「항공안전법」 제95조 제2항에 따른 항공기 운항의 정지명령을 위반하여 운항정지기간에 운항한 경우
14. 국가의 안전이나 사회의 안녕질서에 위해를 끼칠 현저한 사유가 있는 경우
15. 이 조에 따른 사업정지명령을 위반하여 사업정지기간에 사업을 경영한 경우
② 제1항에 따른 처분의 기준 및 절차와 그 밖에 필요한 사항은 국토교통부령으로 정한다.

항공사업법 제41조(과징금 부과) ① 국토교통부장관은 항공기사용사업자가 제40조 제1항 제3호, 제4호의 2, 제5호부터 제12호까지 또는 제14호의 어느 하나에 해당하여 사업의 정지를 명하여야 하는 경우로서 사업을 정지하면 그 사업의 이용자 등에게 심한 불편을 주거나 공익을 해칠 우려가 있는 경우에는 사업정지처분을 갈음하여 10억원 이하의 과징금을 부과할 수 있다.
② 제1항에 따라 과징금을 부과하는 위반행위의 종류와 위반 정도에 따른 과징금의 금액과 그 밖에 필요한 사항은 대통령령으로 정한다.
③ 국토교통부장관은 제1항에 따른 과징금을 내야 할 자가 납부기한까지 과징금을 내지 아니하면 국세 체납처분의 예에 따라 징수한다.

항공사업법 제42조(항공기정비업의 등록) ① 항공기정비업을 경영하려는 자는 국토교통부령으로 정하는 바에 따라 국토교통부장관에게 등록하여야 한다. 등록한 사항 중 국토교통부령으로 정하는 사항을 변경하려는 경우에는 국토교통부장관에게 신고하여야 한다.
② 제1항에 따른 항공기정비업을 등록하려는 자는 다음 각 호의 요건을 갖추어야 한다.
1. 자본금 또는 자산평가액이 3억원 이상으로서 대통령령으로 정하는 금액 이상일 것
2. 정비사 1명 이상 등 대통령령으로 정하는 기준에 적합할 것
3. 그 밖에 사업 수행에 필요한 요건으로서 국토교통부령으로 정하는 요건을 갖출 것
③ 다음 각 호의 어느 하나에 해당하는 자는 항공기정비업의 등록을 할 수 없다.
1. 제9조 제2호부터 제6호(법인으로서 임원 중에 대한민국 국민이 아닌 사람이 있는 경우는 제외한다)까지의 어느 하나에 해당하는 자

2. 항공기정비업 등록의 취소처분을 받은 후 2년이 지나지 아니한 자. 다만, 제9조 제2호에 해당하여 제43조 제7항에 따라 항공기정비업 등록이 취소된 경우는 제외한다.

항공사업법 제43조(항공기정비업에 대한 준용규정) ① 항공기정비업의 명의대여 등의 금지에 관하여는 제33조를 준용한다.
② 항공기정비업의 양도·양수에 관하여는 제34조를 준용한다.
③ 항공기정비업의 합병에 관하여는 제35조를 준용한다.
④ 항공기정비업의 상속에 관하여는 제36조를 준용한다.
⑤ 항공기정비업의 휴업 및 폐업에 관하여는 제37조 및 제38조를 준용한다.
⑥ 항공기정비업의 사업개선 명령에 관하여는 제39조(같은 조 제3호는 제외한다)를 준용한다.
⑦ 항공기정비업의 등록취소 또는 사업정지에 관하여는 제40조를 준용한다. 다만, 제40조 제1항 제4호(항공기정비업자가 제9조 제1호에 해당하게 된 경우에 한정한다), 제4호의 2, 제5호 및 제13호는 준용하지 아니한다.
⑧ 항공기정비업에 대한 과징금의 부과에 관하여는 제41조를 준용한다. 이 경우 제41조 제1항 중 "10억원"은 "3억원"으로 본다.

항공안전법 제30조(수리·개조승인) ① 감항증명을 받은 항공기의 소유자등은 해당 항공기등, 장비품 또는 부품을 국토교통부령으로 정하는 범위에서 수리하거나 개조하려면 국토교통부령으로 정하는 바에 따라 그 수리·개조가 항공기기술기준에 적합한지에 대하여 국토교통부장관의 승인(이하 "수리·개조승인"이라 한다)을 받아야 한다.
② 소유자등은 수리·개조승인을 받지 아니한 항공기등, 장비품 또는 부품을 운항 또는 항공기등에 사용해서는 아니 된다.
③ 제1항에도 불구하고 다음 각 호의 어느 하나에 해당하는 경우로서 항공기기술기준에 적합한 경우에는 수리·개조승인을 받은 것으로 본다.
1. 기술표준품형식승인을 받은 자가 제작한 기술표준품을 그가 수리·개조하는 경우
2. 부품등제작자증명을 받은 자가 제작한 장비품 또는 부품을 그가 수리·개조하는 경우
3. 제97조 제1항에 따른 정비조직인증을 받은 자가 항공기등, 장비품 또는 부품을 수리·개조하는 경우

항공안전법 시행규칙 제65조(항공기등 또는 부품등의 수리·개조승인의 범위) 법 제30조 제1항에 따라 승인을 받아야 하는 항공기등 또는 부품등의 수리·개조의 범위는 항공기의 소유자등이 법 제97조에 따라 정비조직인증을 받아 항공기등 또는 부품등을 수리·개조하거나 정비조직인증을 받은 자에게 위탁하는 경우로서 그 정비조직인증을 받은 업무 범위를 초과하여 항공기등 또는 부품등을 수리·개조하는 경우를 말한다.

항공안전법 시행규칙 제66조(수리·개조승인의 신청) 법 제30조 제1항에 따라 항공기등 또는 부품등의 수리·개조승인을 받으려는 자는 별지 제31호서식의 수리·개조승인 신청서에 다음 각 호의 내용을 포함한 수리계획서 또는 개조계획서를 첨부하여 작업을 시작하기 10일 전까지 지방항공청장에게 제출하여야 한다. 다만, 항공기사고 등으로 인하여 긴급한 수리·개조를 하여야 하는 경우에는 작업을 시작하기 전까지 신청서를 제출할 수 있다.
1. 수리·개조 신청사유 및 작업 일정

2. 작업을 수행하려는 인증된 정비조직의 업무범위
3. 수리・개조에 필요한 인력, 장비, 시설 및 자재 목록
4. 해당 항공기등 또는 부품등의 도면과 도면 목록
5. 수리・개조 작업지시서

항공안전법 시행규칙 제67조(항공기등 또는 부품등의 수리・개조승인) ① 지방항공청장은 제66조에 따른 수리・개조승인의 신청을 받은 경우에는 수리계획서 또는 개조계획서를 통하여 수리・개조가 항공기기술기준에 적합한지 여부를 확인한 후 승인하여야 한다. 다만, 신청인이 제출한 수리계획서 또는 개조계획서만으로 확인이 곤란한 경우에는 수리・개조가 시행되는 현장에서 확인한 후 승인할 수 있다.

② 지방항공청장은 제1항에 따라 수리・개조승인을 하는 때에는 별지 제32호서식의 수리・개조 결과서에 작업지시서 수행본 1부를 첨부하여 제출하는 것을 조건으로 신청자에게 승인하여야 한다.

항공안전법 시행규칙 제68조(경미한 정비의 범위) 법 제32조 제1항 본문에서 "국토교통부령으로 정하는 경미한 정비"란 다음 각 호의 어느 하나에 해당하는 작업을 말한다.
1. 간단한 보수를 하는 예방작업으로서 리깅(Rigging) 또는 간극의 조정작업 등 복잡한 결합작용을 필요로 하지 아니하는 규격장비품 또는 부품의 교환작업
2. 감항성에 미치는 영향이 경미한 범위의 수리작업으로서 그 작업의 완료 상태를 확인하는 데에 동력장치의 작동 점검과 같은 복잡한 점검을 필요로 하지 아니하는 작업
3. 그 밖에 윤활유 보충 등 비행 전후에 실시하는 단순하고 간단한 점검작업

항공안전법 제97조(정비조직인증 등) ① 제8조에 따라 대한민국 국적을 취득한 항공기와 이에 사용되는 발동기, 프로펠러, 장비품 또는 부품의 정비등의 업무 등 국토교통부령으로 정하는 업무를 하려는 항공기정비업자 또는 외국의 항공기정비업자는 그 업무를 시작하기 전까지 국토교통부장관이 정하여 고시하는 인력, 설비 및 검사체계 등에 관한 기준(이하 "정비조직인증기준"이라 한다)에 적합한 인력, 설비 등을 갖추어 국토교통부장관의 인증(이하 "정비조직인증"이라 한다)을 받아야 한다. 다만, 대한민국과 정비조직인증에 관한 항공안전협정을 체결한 국가로부터 정비조직인증을 받은 자는 국토교통부장관의 정비조직인증을 받은 것으로 본다.

② 국토교통부장관은 정비조직인증을 하는 경우에는 정비등의 범위・방법 및 품질관리절차 등을 정한 세부 운영기준을 정비조직인증서와 함께 해당 항공기정비업자에게 발급하여야 한다.

③ 항공기등, 장비품 또는 부품에 대한 정비등을 하는 경우에는 그 항공기등, 장비품 또는 부품을 제작한 자가 정하거나 국토교통부장관이 인정한 정비등에 관한 방법 및 절차 등을 준수하여야 한다.

항공안전법 제98조(정비조직인증의 취소 등) ① 국토교통부장관은 정비조직인증을 받은 자가 다음 각 호의 어느 하나에 해당하는 경우에는 정비조직인증을 취소하거나 6개월 이내의 기간을 정하여 그 효력의 정지를 명할 수 있다. 다만, 제1호 또는 제5호에 해당하는 경우에는 그 정비조직인증을 취소하여야 한다.
1. 거짓이나 그 밖의 부정한 방법으로 정비조직인증을 받은 경우
2. 제58조 제2항을 위반하여 다음 각 목의 어느 하나에 해당하는 경우
   가. 업무를 시작하기 전까지 항공안전관리시스템을 마련하지 아니한 경우

나. 승인을 받지 아니하고 항공안전관리시스템을 운용한 경우
　　다. 항공안전관리시스템을 승인받은 내용과 다르게 운용한 경우
　　라. 승인을 받지 아니하고 국토교통부령으로 정하는 중요 사항을 변경한 경우
　3. 정당한 사유 없이 정비조직인증기준을 위반한 경우
　4. 고의 또는 중대한 과실에 의하거나 항공종사자에 대한 관리·감독에 관하여 상당한 주의의무를 게을리함으로써 항공기사고가 발생한 경우
　5. 이 조에 따른 효력정지기간에 업무를 한 경우
② 제1항에 따른 처분의 기준은 국토교통부령으로 정한다.

항공안전법 제99조(정비조직인증을 받은 자에 대한 과징금의 부과) ① 국토교통부장관은 정비조직인증을 받은 자가 제98조 제1항 제2호부터 제4호까지의 어느 하나에 해당하여 그 효력의 정지를 명하여야 하는 경우로서 그 효력을 정지하는 경우 그 업무의 이용자 등에게 심한 불편을 주거나 공익을 해칠 우려가 있는 경우에는 효력정지처분을 갈음하여 5억원 이하의 과징금을 부과할 수 있다.
② 제1항에 따른 과징금 부과의 구체적인 기준, 절차 및 그 밖에 필요한 사항은 대통령령으로 정한다.
③ 국토교통부장관은 제1항에 따라 과징금을 내야 할 자가 납부기한까지 과징금을 내지 아니하면 국세 체납처분의 예에 따라 징수한다.

항공안전법 시행규칙 제270조(정비조직인증을 받아야 하는 대상 업무) 법 제97조 제1항 본문에서 "국토교통부령으로 정하는 업무"란 다음 각 호의 어느 하나에 해당하는 업무를 말한다.
1. 항공기등 또는 부품등의 정비등의 업무
2. 제1호의 업무에 대한 기술관리 및 품질관리 등을 지원하는 업무

항공안전법 시행규칙 제271조(정비조직인증의 신청) ① 법 제97조에 따른 정비조직인증을 받으려는 자는 별지 제98호서식의 정비조직인증 신청서에 정비조직절차교범을 첨부하여 지방항공청장에게 제출하여야 한다.
② 제1항의 정비조직절차교범에는 다음 각 호의 사항을 적어야 한다.
1. 수행하려는 업무의 범위
2. 항공기등·부품등에 대한 정비방법 및 그 절차
3. 항공기등·부품등의 정비에 관한 기술관리 및 품질관리의 방법과 절차
4. 그 밖에 시설·장비 등 국토교통부장관이 정하여 고시하는 사항

항공안전법 시행규칙 제272조(정비조직인증서의 발급) 지방항공청장은 법 제97조 제1항에 따라 정비조직인증기준에 적합한지 여부를 검사한 결과 그 기준에 적합하다고 인정되는 경우에는 법 제97조 제2항에 따른 세부 운영기준과 함께 별지 제99호서식의 정비조직인증서를 신청자에게 발급하여야 한다.

항공안전법 시행규칙 제273조(정비조직인증의 취소 등의 기준) ① 법 제98조 제1항 제2호 라목에서 "국토교통부령으로 정하는 중요 사항"이란 제130조 제3항 각 호의 사항을 말한다.
② 법 제98조 제2항에 따른 정비조직인증 취소 등의 행정처분기준은 [별표 38]과 같다.

[별표 38]

정비조직인증 취소 등 행정처분기준(제273조 제2항 관련)

위반행위	근거 법조문	처분내용
1. 거짓이나 그 밖의 부정한 방법으로 정비조직인증을 받은 경우	법 제98조 제1항제1호	인증취소
2. 법 제98조에 따른 업무정지 기간에 업무를 한 경우	법 제98조 제1항제5호	인증취소
3. 법 제58조 제2항을 위반하여 다음 각 목의 어느 하나에 해당하는 경우 　가. 업무를 시작하기 전까지 항공안전관리시스템을 마련하지 아니한 경우 　나. 승인을 받지 아니하고 항공안전관리시스템을 운용한 경우 　다. 항공안전관리시스템을 승인받은 내용과 다르게 운용한 경우 　라. 승인을 받지 아니하고 제130조 제3항으로 정하는 중요 사항을 변경한 경우	법 제98조 제1항제2호	 업무정지(10일) 업무정지(10일) 업무정지(10일) 업무정지(10일)
4. 정당한 사유 없이 법 제97조 제1항에 따른 정비조직인증기준을 위반한 경우 　가. 인증받은 범위 외의 다음의 정비등을 한 경우 　　1) 인증받은 정비능력을 초과하여 정비등을 한 경우 　　2) 인증받은 형식 외의 항공기등에 대한 정비등을 한 경우 　　3) 인증받은 장비품·부품 외의 장비품·부품의 정비등을 한 경우 　나. 인증받은 정비시설 또는 정비건물 등의 위치를 무단으로 변경하여 정비등을 한 경우 　다. 인증받은 장소가 아닌 곳에서 정비등을 한 경우 　라. 인증받은 범위에서 정비등을 수행한 후 법 제35조 제8호의 항공정비사 자격증명을 가진 자로부터 확인을 받지 않은 경우 　마. 정비등을 하지 않고 거짓으로 정비기록을 작성한 경우 　바. 세부 운영기준에서 정한 정비방법·품질관리절차 및 수행목록 등을 위반하여 정비등을 한 경우(가목부터 마목까지의 규정에 해당되지 않는 사항을 말한다) 　사. 가목부터 바목까지의 규정 외에 정비조직인증기준을 위반한 경우	법 제98조 제1항제3호	 업무정지(10일) 업무정지(15일) 업무정지(10일) 업무정지(7일) 업무정지(10일) 업무정지(15일) 업무정지(7일) 업무정지(5일) 업무정지(3일)
5. 고의 또는 중대한 과실에 의하여 또는 항공종사자에 대한 관리·감독에 관하여 상당한 주의의무를 게을리함으로써 항공기 사고가 발생한 경우 　가. 해당 항공기 사고로 인한 사망자가 200명 이상인 경우 　나. 해당 항공기 사고로 인한 사망자가 150명 이상 200명 미만인 경우 　다. 해당 항공기 사고로 인한 사망자가 100명 이상 150명 미만인 경우	법 제98조 제1항제4호	 업무정지(180일) 업무정지(150일) 업무정지(120일)

위반행위	근거 법조문	처분내용
라. 해당 항공기 사고로 인한 사망자가 50명 이상 100명 미만인 경우		업무정지(90일)
마. 해당 항공기 사고로 인한 사망자가 10명 이상 50명 미만인 경우		업무정지(60일)
바. 해당 항공기 사고로 인한 사망자가 10명 미만인 경우		업무정지(30일)
사. 해당 항공기 사고로 인한 중상자가 10명 이상인 경우		업무정지(30일)
아. 해당 항공기 사고로 인한 중상자가 5명 이상 10명 미만인 경우		업무정지(20일)
자. 해당 항공기 사고로 인한 중상자가 5명 미만인 경우		업무정지(15일)
차. 해당 항공기 사고로 인한 항공기 또는 제3자의 재산 피해가 100억원 이상인 경우		업무정지(90일)
카. 해당 항공기 사고로 인한 항공기 또는 제3자의 재산 피해가 50억원 이상 100억원 미만인 경우		업무정지(60일)
타. 해당 항공기 사고로 인한 항공기 또는 제3자의 재산피해가 10억원 이상 50억원 미만인 경우		업무정지(30일)
파. 해당 항공기 사고로 인한 항공기 또는 제3자의 재산피해가 1억원 이상 10억원 미만인 경우		업무정지(20일)
하. 해당 항공기 사고로 인한 항공기 또는 제3자의 재산피해가 1억원 미만인 경우		업무정지(10일)

비고
위 표의 제5호에 따른 정비등의 업무정지처분을 하는 경우 인명피해와 항공기 또는 제3자의 재산피해가 같이 발생한 경우에는 해당 정비등의 업무정지기간을 합산하여 처분하되, 합산하는 경우에도 정비등의 업무정지기간이 180일을 초과할 수 없다.

항공안전법 시행규칙 제69조(항공기등의 정비등을 확인하는 사람) 법 제32조 제1항 본문에서 "국토교통부령으로 정하는 자격요건을 갖춘 사람"이란 다음 각 호의 어느 하나에 해당하는 사람을 말한다.

1. 항공운송사업자 또는 항공기사용사업자에 소속된 사람: 국토교통부장관 또는 지방항공청장이 법 제93조(법 제96조 제2항에서 준용하는 경우를 포함한다)에 따라 인가한 정비규정에서 정한 자격을 갖춘 사람으로서 제81조 제2항에 따른 동일한 항공기 종류 또는 제81조 제6항에 따른 동일한 정비분야에 대해 최근 24개월 이내에 6개월 이상의 정비경험이 있는 사람
2. 법 제97조 제1항에 따라 정비조직인증을 받은 항공기정비업자에 소속된 사람: 제271조 제1항에 따른 정비조직절차교범에서 정한 자격을 갖춘 사람으로서 제81조 제2항에 따른 동일한 항공기 종류 또는 제81조 제6항에 따른 동일한 정비분야에 대해 최근 24개월 이내에 6개월 이상의 정비경험이 있는 사람
3. 자가용항공기를 정비하는 사람: 해당 항공기 형식에 대하여 제작사가 정한 교육기준 및 방법에 따라 교육을 이수하고 제81조 제2항에 따른 동일한 항공기 종류 또는 제81조 제6항에 따른 동일한 정비분야에 대해 최근 24개월 이내에 6개월 이상의 정비경험이 있는 사람
4. 제작사가 정한 교육기준 및 방법에 따라 교육을 이수한 사람 또는 이와 동등한 교육을 이수하여 국토교통부장관 또는 지방항공청장으로부터 승인을 받은 사람

항공안전법 시행규칙 제70조(항공기등의 정비등을 확인하는 방법) 법 제32조 제1항 본문에서 "국토교통부령으로 정하는 방법"이란 다음 각 호의 어느 하나에 해당하는 방법을 말한다.
1. 법 제93조 제1항(법 제96조 제2항에서 준용하는 경우를 포함한다)에 따라 인가받은 정비규정에 포함된 정비프로그램 또는 검사프로그램에 따른 방법
2. 국토교통부장관의 인가를 받은 기술자료 또는 절차에 따른 방법
3. 항공기등 또는 부품등의 제작사에서 제공한 정비매뉴얼 또는 기술자료에 따른 방법
4. 항공기등 또는 부품등의 제작국가 정부가 승인한 기술자료에 따른 방법
5. 그 밖에 국토교통부장관 또는 지방항공청장이 인정하는 기술자료에 따른 방법

항공안전법 시행규칙 제71조(국외 정비확인자의 자격인정) 법 제32조 제1항 단서에서 "국토교통부령으로 정하는 자격요건을 갖춘 자"란 다음 각 호의 어느 하나에 해당하는 사람으로서 국토교통부장관의 인정을 받은 사람(이하 "국외 정비확인자"라 한다)을 말한다.
1. 외국정부가 발급한 항공정비사 자격증명을 받은 사람
2. 외국정부가 인정한 항공기정비사업자에 소속된 사람으로서 항공정비사 자격증명을 받은 사람과 동등하거나 그 이상의 능력이 있는 사람

항공안전법 시행규칙 제72조(국외 정비확인자의 인정신청) 제71조에 따른 인정을 받으려는 사람은 다음 각 호의 사항을 적은 신청서에 외국정부가 발급한 항공정비사 자격증명 또는 외국정부가 인정한 항공기정비사업자임을 증명하는 서류 및 그 사업자에 소속된 사람임을 증명하는 서류와 사진 2장을 첨부하여 국토교통부장관에게 제출하여야 한다.
1. 성명, 국적, 연령 및 주소
2. 경력
3. 정비확인을 하려는 장소
4. 자격인정을 받으려는 사유

항공안전법 시행규칙 제73조(국외 정비확인자 인정서의 발급) ① 국토교통부장관은 제71조에 따른 인정을 하는 경우에는 별지 제33호서식의 국외 정비확인자 인정서를 발급하여야 한다.
② 국토교통부장관은 제1항에 따라 국외 정비확인자 인정서를 발급하는 경우에는 국외 정비확인자가 감항성을 확인할 수 있는 항공기등 또는 부품등의 종류·등급 또는 형식을 정하여야 한다.
③ 제1항에 따른 인정의 유효기간은 1년으로 한다

1.2.5 항공기취급업(항공기사업법 제3절)

항공사업법 제44조(항공기취급업의 등록) ① 항공기취급업을 경영하려는 자는 국토교통부령으로 정하는 바에 따라 신청서에 사업계획서와 그 밖에 국토교통부령으로 정하는 서류를 첨부하여 국토교통부장관에게 등록하여야 한다. 등록한 사항 중 국토교통부령으로 정하는 사항을 변경하려는 경우에는 국토교통부장관에게 신고하여야 한다.
② 제1항에 따른 항공기취급업을 등록하려는 자는 다음 각 호의 요건을 갖추어야 한다.
1. 자본금 또는 자산평가액이 3억원 이상으로서 대통령령으로 정하는 금액 이상일 것
2. 항공기 급유, 하역, 지상조업을 위한 장비 등이 대통령령으로 정하는 기준에 적합할 것

3. 그 밖에 사업 수행에 필요한 요건으로서 국토교통부령으로 정하는 요건을 갖출 것

③ 다음 각 호의 어느 하나에 해당하는 자는 항공기취급업의 등록을 할 수 없다.

1. 제9조 제2호부터 제6호(법인으로서 임원 중에 대한민국 국민이 아닌 사람이 있는 경우는 제외한다)까지의 어느 하나에 해당하는 자
2. 항공기취급업 등록의 취소처분을 받은 후 2년이 지나지 아니한 자. 다만, 제9조 제2호에 해당하여 제45조 제7항에 따라 항공기취급업 등록이 취소된 경우는 제외한다.

항공사업법 제45조(항공기취급업에 대한 준용규정) ① 항공기취급업의 명의대여 등의 금지에 관하여는 제33조를 준용한다.

② 항공기취급업의 양도·양수에 관하여는 제34조를 준용한다.

③ 항공기취급업의 합병에 관하여는 제35조를 준용한다.

④ 항공기취급업의 상속에 관하여는 제36조를 준용한다.

⑤ 항공기취급업의 휴업 및 폐업에 관하여는 제37조 및 제38조를 준용한다.

⑥ 항공기취급업의 사업개선 명령에 관하여는 제39조(같은 조 제3호는 제외한다)를 준용한다.

⑦ 항공기취급업의 등록취소 또는 사업정지에 관하여는 제40조를 준용한다. 다만, 제40조 제1항 제4호(항공기취급업자가 제9조 제1호에 해당하게 된 경우에 한정한다), 제4호의 2, 제5호 및 제13호는 준용하지 아니한다.

⑧ 항공기취급업에 대한 과징금의 부과에 관하여는 제41조를 준용한다. 이 경우 제41조 제1항 중 "10억원"은 "3억원"으로 본다.

정비방식

2.1 항공기 정비방식

정비방식은 정비 프로그램(maintenance program)이라고도 하며, 항공기 정비작업을 효율적으로 수행하여 정비의 기본 목적을 달성할 수 있도록 유지하는 정비체계를 말한다. 정비의 기본 목적을 달성하기 위해서는 정비방법(maintenance method) 및 정비 요목(maintenance requirement) 등의 각 역할과 상호 관계에 의해 효율적으로 결정되는 정비방식을 갖추어야 한다.

2.1.1 정비방법

정비방법은 항공기 계통, 장비품 및 기체 구조 등에 따라 각 부위(zone)별로 구분하여 각 부위에 대한 정비 요목을 설정하기 위한 수단을 말한다. 이러한 정비방법으로는 정비방식 결정방법-Ⅰ, 정비방식 결정방법-Ⅱ 및 정비방식 결정방법-Ⅲ이 있다.

1) 정비방식 결정방법-Ⅰ

정비방식 결정방법-Ⅰ(MSG-Ⅰ: Maintenance Steering Group)은 1960년대 후반에 항공기 제작 회사, 항공기 운용 회사 및 항공 감항 당국이 공동으로 참여하여 그동안의 경험을 바탕으로 B747 항공기 정시 정비방식을 수립하기 위한 목적으로 개발된 정비방식 결정방법이다.

2) 정비방식 결정방법-Ⅱ

정비방식 결정방법-Ⅱ(MSG-Ⅱ)는 항공기 고유의 신뢰성을 유지할 수 있도록 미국항공운송협회(ATA: Air Transport Association of America)에서 개발한 정비방식 결정방법이다. 정비방식 결정방법-Ⅱ는 다음과 같은 정비방식으로 구분하여 지정한다.
① HT(Hard Time)
② OC(On Condition)
③ CM(Condition Monitoring)

3) 정비방식 결정방법-Ⅲ

정비방식 결정방법-Ⅲ(MSG-Ⅲ)은 새로운 항공기에 적용하기 위하여 정비방식 결정방법-Ⅱ를 개선한 정비작업(maintenance task) 위주의 정비방식 결정방법이다. 다시 말해 항공기의 계통, 기체 구조 및 부위(zone) 등의 기능상실(functional failure)을 분석하는 작업 위주의 정비방식 개발방법이다. 정비방식은 윤활·보급(LU/SV: Lubrication/Service), 작동 점검(OPC: Operational Check), 육안 점검(VC: Visual Check), 검사(IN: Inspection), 기능 점검(FC:

Functional Check), 복원 정비(RS: Restoration) 및 폐기(DS: Discard) 등으로 구분하여 지정한다.

2.1.2 정비 요목
1) 정비 요목은 정비방법에 의해 설정된 각각의 부위에 대한 점검 항목과 정비 실시 시기 및 정비 실시 방법 등을 정하는 것을 말한다.
2) 정비방식 결정방법-II의 정비 요목은 계통·장비품(system & components), 기체구조, 동력장치·보조동력장치(power plant & auxiliary power unit) 등으로 분류한다. 정비방식 결정방법-III의 정비 요목은 계통·장비품, 기체구조 및 부위별(zonal)로 분류한다.
3) 정비 요목은 제작 회사에 의해 형식, 성능, 구조 및 기능이 설정되므로 항공기 운용 회사가 정비 요목을 설정할 때에는 반드시 이를 고려해야 한다. 그리고 제작 회사의 권고, 항공기의 사양, 항공기 운용 회사의 자료, 운용 실적 및 경험을 분석, 검토하여 운용하는 것이 바람직하다.

2.1.3 항공기 정비작업 구분
항공기의 정비작업(maintenance task)은 정상작업(regular work task)과 특별작업(project work task)으로 구분된다. 그리고 정상작업은 다시 계획 정비작업(scheduled maintenance task)과 비계획 정비작업(unscheduled maintenance task)으로 구분된다.

2.1.4 정상작업
2.1.4.1 계획 정비작업
계획 정비작업은 정비 요목에 의해 발행되는 작업 카드에 따라 일정 간격으로, 반복적으로 수행하는 정비작업을 말한다. 제작 회사에 의한 정비 요목에 개별적인 주기가 명시된 경우에는 별도의 그룹으로 정하여 운영한다.

1) 운항 정비
  (1) 중간 점검(transit check)
    연료의 보급과 기관 오일의 점검 및 항공기의 출발 태세를 확인하며, 필요에 따라 상태 점검과 액체, 기체 종류의 보급을 수행한다. 이 점검은 중간 기지에서 수행하는 것이 원칙이지만 출발 기지에서 운항편이 바뀔 때에 실시하기도 한다.
  (2) 비행 전·후 점검(pre/post flight check)
    • 조종사(pilot)는 항공기를 운항할 때 POH(Pilot's Operating Handbook)의 체크리스트에 따라야 한다.
    • 첫 번째 부분이 비행 전 검사이다. 이 체크리스트는 조종사가 항공기 주위를 걸어서 육안에 의해 항공기의 일반적 상태를 검사하는, 일명 "Workaround" 점검을 포함한다.
    • 조종사는 비행에 필요한 연료, 오일 등이 적정한지를 확인해야 한다.
    • 감항성 유지 여부를 확인하기 위해 탑재되어 있는 감항성 관련 증명서 확인과, 항공일지의

정비기록도 검토한다.
- 또한 매 비행을 완료한 후에는 운항 중 발생한 고장이나 결함 등을 정비사에게 제공하여 비행 후 점검에서 다음 비행 준비를 위한 수리나 보급작업이 이루어지도록 해야 한다.
- 다음은 경항공기의 비행 전 검사 내용이다.

⑺ 조종실
  ① 마그네토 스위치(magnetos switch)를 차단하여 기관의 정지 상태를 점검한다.
  ② 마스터 스위치를 켜서 조종실의 각종 계기 상태와 조종 장치의 트림상태를 확인한다.
  ③ 연료량을 확인한다.
  ④ 인터폰 스위치를 켜서 무선통신장치와 기내방송 상태를 확인한다.

⑻ 꼬리 날개 부분
  ① 수평 꼬리 날개 안정판의 장착 상태와 손상을 점검한다.
  ② 승강키의 장착 상태와 힌지, 핀, 케이블의 장착 상태를 점검한다.
  ③ 수직 꼬리 날개 안정판의 장착 상태와 손상을 점검한다.
  ④ 방향키의 장착 상태와 힌지, 핀, 케이블 상태를 점검한다.
  ⑤ 항법 등 및 수신기의 장착 상태를 점검한다.

⑼ 우측 날개
  ① 도움날개 및 플랩의 장착 상태와 힌지, 핀, 케이블 상태를 점검한다.
  ② 날개, 끝단 부분과 날개 앞전의 손상을 점검한다.
  ③ 피토관 등 먼지 덮개의 제거를 확인한다.

⑽ 연료 탱크 및 드레인 라인
  ① 연료 탱크의 외관 상태를 점검한다.
  ② 연료 드레인 라인의 상태를 점검한다.

⑾ 기수
  ① 엔진 방풍판의 장착 상태를 점검한다.
  ② 방풍창(windshield)의 균열 및 청소 상태를 확인한다.
  ③ 프로펠러의 장착 상태 및 균열을 점검한다.
  ④ 연료 라인과 클램프(clamps)의 장착 상태를 점검한다.
  ⑤ 기화기와 공기여과기(air filter)의 상태를 점검한다.
  ⑥ 엔진 오일의 상태와 엔진 오일량을 점검한다.

⑿ 좌측 날개
  ① 피토 튜브관의 장착 상태를 확인한다.
  ② 날개 앞전, 끝단 부분, 뒷전의 손상을 점검한다.
  ③ 도움날개 및 플랩의 장착 상태와 힌지, 핀, 케이블 상태를 점검한다.
  ④ 착륙 장치의 장착 상태와 타이어의 공기압을 점검한다.

(3) 주간 점검(weekly check)

항공기 내외의 손상, 누설, 부품의 손실, 마모 등의 상태에 대해 점검하는 것으로, 매 7일마다 실시하며, 항공기 출발 태세를 확인한다.

2) 정시 점검

정시 점검(scheduled maintenance)은 운항 정비 기간에 축적된 불량상태의 수리 및 운항 저해의 가능성이 많은 기능적인 모든 계통의 예방정비 및 감항성을 확인하는 것을 주 임무로 한다. 각 정시 점검에 속한 정비 요목은 정해진 주기 내에 수행 완료하여야 한다.

(1) A Check

항공기 운항에 직접적으로 관련된 빈도가 높은 정비 단계로, 항공기 안팎의 보행 검사(walk around inspection), 특별 장비의 육안 검사, 액체 및 기체 종류의 보충, 결함 수정, 기내 청소, 외부 세척 등을 실시한다.

(2) B Check

A Check의 점검 사항을 포함하여 실시할 수 있으며, 안팎의 육안 검사, 특정 장비품의 상태 점검 또는 작동 점검, 액체 및 기체 종류의 보충 등을 실시한다.

(3) C Check

항공기의 감항성을 유지하는 기체 점검을 말하며, A 및 B Check의 점검사항을 포함하여 실시할 수 있다. 제한된 범위 내에서 구조 및 모든 계통의 검사, 계통 및 장비품의 작동 점검, 계획된 보기 부품의 교환, 서비스 등을 실시한다.

(4) D Check

항공기의 감항성을 유지하는 기체 점검의 최고 단계를 말한다. 인가된 점검 주기 한계 내에서의 항공기 기체 구조 점검을 비롯한 장비품의 기능점검 및 계획된 부품의 교환, 잠재적 결함 교정과 서비스 등을 실시한다.

(5) 내부 구조 검사(ISI: Internal Structure Inspection)

항공기의 감항성에 1차적인 영향을 미칠 수 있는 기체 구조를 중심으로 검사하는 것을 말한다.

(6) 날짜 점검(CAL: Calendar check)

위에서 설명한 정비 단계에 속하지 않는 정비 요목으로, 고유의 비행시간, 비행 횟수 또는 날짜 주기를 가지고 개별적으로 반복 실시되는 점검을 말한다.

2.1.4.2 비계획 정비작업

1) 비계획 정비작업은 고장이 발생한 경우, 점검 또는 검사를 한 결과 불량 상태를 발견한 경우 및 기타 항공기, 장비품의 상황이 특정 조건에 해당되었을 경우 필요에 따라 수행하는 것을 말한다. 비계획 정비작업은 항공기의 감항성 회복 또는 성능 향상을 위하여 빠른 시일 내에 실시되어야 하지만, 실시가 곤란한 경우 감항성에 영향이 없을 때에는 수행 시한을 연장할 수 있다.

2) 점검 카드와 관련된 정비 이월(defer 또는 carry over) 사항은 우선적으로 종결하여, 점검 카드 수행에 차질이 없도록 조치한다.

2.1.4.3 Flight Time

1) 비행시간(time in service)은 항공기가 비행을 목적으로 이륙(바퀴가 땅에서 떨어지는 순간)부터 착륙(바퀴가 땅에 닿는 순간)할 때까지의 경과 시간을 말하며, 보통 "사용 시간"이라고도 한다. 정비 요목에서 말하는 시간 간격 및 시기는 비행시간을 기준으로 한다.
2) 한편, 작동시간(flight time 또는 block time)은 항공기가 이륙하기 위하여 자력으로 움직이기 시작한 시각부터 비행 완료 후에 정지한 시각까지의 총시간을 말한다. 승무원의 비행시간은 이 시간을 기준으로 한다.

2.2 부분품 정비방식

2.2.1 하드 타임(HT: Hard Time) 방식

일정한 사용 시간에 도달한 장비품 등을 항공기에서 장탈하여 정비하는 정비방식으로, 폐기(discard) 및 오버홀(overhaul) 등이 포함된다.

2.2.2 온 컨디션(OC: On Condition) 방식

기체, 기관 및 장비품 등을 일정한 주기로 점검하여 다음 점검 주기까지 감항성을 유지할 수 있다고 판단되면 계속 사용하고, 결함이 발견되면 수리 또는 장비품 등을 교환하는 정비방식이다.

2.2.3 컨디션 모니터링(CM: Condition Monitoring) 방식

감항성에 영향을 주지 않는 항공기 계통이나 장비품의 고장을 분석하여 그 원인을 제거하기 위한 적절한 조치를 취하는 품목을 대상으로 감항성을 지속적으로 유지하는 정비방식이다.

2.3 발동기(power plant) 정비방식

2.3.1 HSI(Hot Section Inspection)

Engine의 Hot Section은 연소실(Combustion Chamber), 터빈부분(Turbine Section), 배기부분(Exhaust Section)으로 엔진 작동 시 고열이 발생하는 부분을 정밀하게 점검하는 방식이 HSI이며, 정비절차는 엔진의 형식에 따라 차이가 있으나 일반적인 절차는 다음과 같다.

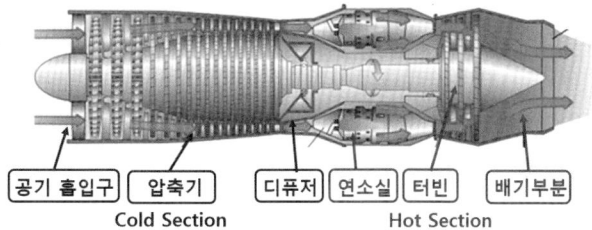

▲ 그림 2-1 터빈 엔진 내부 구조   ▲ 그림 2-2 터빈 엔진 cold section 및 hot section

1) 연소실(Combustion Chamber)
   (1) borescope 장비를 이용하여 연소실 내부를 육안 검사한다.
   (2) 연소실 내부의 균열, 비틀림, 불탄자리, 열점현상 등이 발견되면 엔진을 항공기에서 장탈하여 제작사의 정비지침서에 따라서 정비한다.
   (3) 연소실 조립작업 시 연소라이너의 조립이 잘못되면 연소효율과 엔진 성능에 중대한 영향을 끼치므로 조립상태를 borescope 장비로 검사한다.
   (4) 연료 노즐(fuel nozzle)의 분사 상태를 점검하여 불량하면 교환한다.
   (5) 점화 플러그(spark plug)의 점화 상태를 점검하여 불량하면 교환한다.

2) 터빈 부분(Turbine Section)
   (1) tail pipe를 통하여 터빈 부분을 검사하거나 borescope 장비로 육안 검사한다.
   (2) turbine nozzle의 균열, 비틀림, 불탄자리, 열에 의한 터짐 등의 결함이 있는지 육안 검사하여 결함 정도에 따라 엔진을 항공기에서 장탈하여 제작사의 정비지침서에 따라 정비한다.
   (3) turbine wheel을 검사하여 turbine blade의 앞면과 뒷면에 열응력에 의한 균열이 있는지 검사한다.
   (4) turbine blade의 균열은 허용되지 않으므로 turbine blade를 교환해주어야 한다.
   (5) turbine blade를 교환할 때는 turbine wheel의 균형을 위하여 moment weight가 같은 것으로 교환해 주어야 한다.
   (6) turbine blade 끝에 열에 의한 변색이나 뒷면의 잔물결 모양(rippling)이 있으면 과열 상태에 있는 것이므로, 제작사의 정비지침서를 참고하여 특별한 검사를 실시한다.
   (7) turbine blade가 크리프(creep) 현상으로 shroud ring과 접촉되어 손상된 부분은 없는지 검사하여 정비한다.(creep란 turbine blade 끝이 작동 중에 열 하중과 원심 하중에 의하여 늘어나는 것을 말한다.)
   (8) turbine blade의 creep 현상을 가속시키는 원인
      ① 과열 시동, 높은 배기가스온도(EGT)
      ② 높은 동력에서 오랜 작동을 할 경우(높은 EGT와 원심 하중)
      ③ 모래나 다른 FOD의 흡입으로 인한 Blade의 침식
   (9) turbine case(turbine frame)의 균열, 비틀림, 굽힘 등의 손상이 있는지 검사하여 정비한다.

3) 배기 부분(Exhaust Section)
   (1) 고온 고압가스가 흐르는 통로이기 때문에 열 응력으로 균열이 생기거나 비틀림 등의 결함이 생기기 쉬우므로 검사를 철저히 하여야 한다.
   (2) 후기 연소기(after burner)가 있는 배기부분은 그 구성품인 Flame Holder Spray Bar를 검사하여 정비한다.
   (3) 후기 연소기의 배기 노즐이 불량하면 제작회사의 정비지침서를 참고하여 정비한다.
   (4) EGT를 감지하는 thermocouple은 Jet Cal Tester로 시험하여 결함이 발견되면 교환해 준다.

2.3.2 CSI(Cold Section Inspection)

Engine의 Cold Section은 공기 흡입구 부분(Air Intake Section), 압축기 부분(Compressor Section), 디퓨저 부분(Diffuser Section)으로 정비 절차는 엔진 형식에 따라 차이가 있으나 일반적인 절차는 다음과 같다.

1) 공기 흡입구 부분(Air Intake Section)
   (1) 공기 흡입구 부분은 비행속도, 비행 상태 및 비행고도에 따라 항상 일정하게 공기가 흡입되어야 하고 압축기 실속 또는 터빈 온도의 과도한 상승을 방지하는 등 중요한 역할을 하기 때문에 결함이 발견되면 제작사의 정비 지침서에 따라 정비한다.
   (2) 손전등을 사용하여 Air Inlet Guide Vane에 침식 상태는 없는지 검사하여 정비한다.
   (3) Air Intake Section에 느슨해지고, 벗겨지고, 깨어진 부분은 없는지 검사하여 정비한다.
   (4) 압축기 전방부분에 윤활유의 누출 흔적은 없는지 육안 검사한다.

2) 압축기 부분(Compressor Section)
   (1) Compressor Section은 borescope 장비를 이용하여 Compressor Blade의 침식 상태와 결함 상태를 검사한다.
   (2) compressor blade에 결함이 발견되면 엔진을 항공기에서 장탈하여 결함 정도에 따라 정비 방법을 결정한다.
   (3) compressor stall을 방지하기 위하여 설치한 Air Bleed Valve와 Variable Static Vane의 작동상태를 점검하여 결함이 발견되면 제작사 정비지침서에 따라 리그작업(Rigging)을 한다.

3) 디퓨저 부분(Diffuser Section)
   Compressor Case와 Diffuser Section에서 공기의 누설이나 균열부분은 없는지 검사하여 결함이 발견되면 항공기에서 엔진을 장탈하여 제작사 정비지침서에 따라 정비한다.

2.3.3 보어스코프 검사(Borescope Inspection)

1) 보어스코프의 사용목적
   (1) 육안검사의 일종으로서, 복잡한 구조물을 파괴 또는 분해하지 않고 내부의 결함을 외부에서 직접 육안으로 관찰함으로써 분해 검사에서 오는 번거로움과 시간 및 인건비 등의 제반 비용을 절감하는 효과를 가진다.

(2) 왕복기관의 실린더 내부와 가스터빈 기관의 압축기, 연소실 및 터빈 부분의 내부를 관찰하여, 결함이 있을 경우에 미리 발견하여 정비함으로써 기관의 수명을 연장하고, 사고를 미연에 방지하는 데 있다.

2) 가스터빈 기관에서 보어스코프의 적용 시기
   (1) 기관 작동 중 F.O.D 현상이 있다고 예상될 때
   (2) 기관을 과열 시동했을 때
   (3) 기관 내부에 부식이 예상될 때
   (4) 기관 내부의 압축기 및 터빈 부분에서 이상음이 들릴 때
   (5) 주기검사를 했을 때
   (6) 기관을 장시간 사용했을 때
   (7) 정비작업을 하기 전에 작업방법을 결정할 때

3) 안전 및 유의사항
   (1) 제작회사의 지침서를 참고한다.
   (2) 광케이블을 비틀거나 충격을 주어서 찌그러지게 하지 않는다.
   (3) 보어스코프를 액체에 담그지 않는다.
   (4) 보어스코프를 보관 시에는 전용 보관용 상자에 넣어 보관한다.
   (5) 보어스코프를 82℃ 이상 되는 고온에 장시간 노출시키지 않는다.
   (6) 보어스코프의 접안렌즈 조절부를 조작할 때에는 무리하게 힘을 가하지 않도록 주의한다.
   (7) 보어스코프를 기관의 내부에 삽입할 때에는 굴절부 부분이 똑바르게 들어가는지 확인한다.
   (8) 보어스코프로 기관 내부를 검사할 때에는 안전수칙을 지켜야 한다.

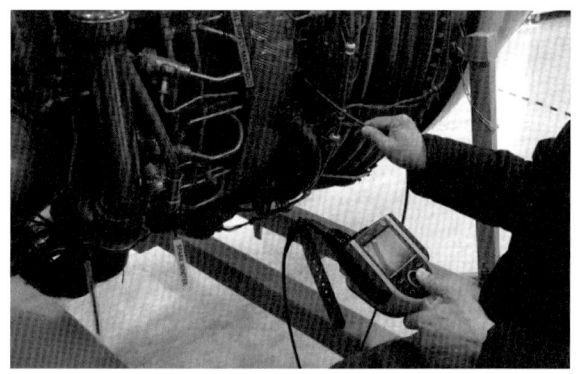

▲ 그림 2-3 보어스코프 장비를 사용한 엔진 내부 검사

3 판금작업

3.1 리벳(Rivet)의 식별

- 리벳 : 금속 판재를 영구 결합하는 데 사용
- 사용 목적, 종류, 특성에 따라 분류 - 솔리드, 카운트싱크, 블라인드 리벳

3.1.1 사용목적, 종류, 특성

3.1.1.1 머리모양에 따른 분류

1) 둥근머리 리벳(round head rivet, AN 430, AN435, MS 20435)은 부재가 인접해서 여유 공간이 없는 곳을 제외한 항공기 내부에 사용한다. 둥근머리 리벳은 상단 표면이 두껍고, 둥근 모양으로, 상단표면 머리는 구멍 주위의 판재를 압착하고 동시에 인장하중에 저항할 만큼 충분히 커야 한다.

2) 납작머리 리벳(flat head rivet, AN441, AN442)은 둥근머리 리벳과 마찬가지로 내부구조에 사용한다. 이것은 최대 강도가 필요한 곳과 둥근머리 리벳을 사용하기에 충분한 여유 공간이 없는 곳에 사용한다. 가끔 드물기는 하지만 외부에 사용하기도 한다.

3) 브레지어 헤드 리벳(brazier head rivet, AN 455, AN 456)은 얇은 판재를 접합하는 데 알맞도록 머리 지름이 크고 두께가 얇은 리벳이다. 브레지어 헤드 리벳은 공기저항이 적게 발생하기 때문에, 항공기 외피, 특히 후방동체나 꼬리부분 외피의 리벳 작업에 자주 사용한다. 이 리벳은 프로펠러 후류에 노출되는 얇은 판재를 접합하기 위한 리벳작업에 사용한다. 개량된 브레지어 헤드 리벳은 머리의 지름을 감소시켜 개선한 리벳이다.

4) 유니버설 헤드 리벳(universal rivet, AN 470, MS 20470)은 둥근머리, 납작머리, 브레지어 헤드가 조합된 형태이다. 이 리벳은 항공기 제작과 수리에서 내부와 외부 모두에 사용한다. 돌출머리 리벳(둥근머리, 납작머리, 브레지어 헤드 등)의 교환이 필요할 때, 유니버설 헤드 리벳으로 교체할 수 있다.

5) 접시머리 리벳(count sunk rivet, AN 420, AN 425, AN 426)은 카운터성크(countersunk)나 딤플링한(dimpled) 구멍 안에 맞도록 머리 윗면은 평평하고 생크쪽으로 경사진 면을 가지고 있어서 결합한 부품의 표면과 일치되는 리벳이다. 머리의 경사 각도는 78°~120°까지 다양하며, 100° 접시머리 리벳이 가장 많이 사용된다. 이 리벳은 고정된 판재 위에 또 다른 판재를 고정하거나 부품을 얹어야 하는 곳에 사용한다. 이 리벳은 공기저항이 거의 없으며, 난류 발생을 최소로 하기 때문에 항공기 외부 표면에 사용한다.

6) 리벳 머리에 있는 기호는 리벳의 재질, 즉 리벳의 강도를 표시한다. 머리에 아무런 표시가 없는 경우는 세 가지가 있는데, 그런 경우 재질을 색상으로 구별하는 것이 가능하다. 1100은 알루미늄색이고, 연강은 전형적인 철강색이고, 구리 리벳은 구리색이다.

재질	머리 표시	AN 재질코드	AN425 78° 접시머리	AN426 100° 접시머리 MS20426*	AN427 100° 접시머리 MS20427*	AN430 둥근머리 MS20470*	AN435 둥근머리 MS20613* MS20615*	AN441 평머리	AN442 평머리 MS20470*	AN455 브래지어 머리 MS20470*	AN456 브래지어 머리 MS20470*	AN470 유니버설 머리 MS20470*	사용전 열처리	전단력	내력
1100	평면	A	X	X		X			X	X	X	X	No	10,000	25,000
2117T	오목점	AD	X	X		X			X	X	X	X	No	30,000	100,000
2017T	볼록점	D	X	X		X			X	X	X	X	Yes	34,000	113,000
2017T-HD	볼록점	D	X	X		X			X	X	X	X	No	38,000	126,000
2024T	볼록 대시 2개	DD	X	X		X			X	X	X	X	Yes	41,000	136,000
5056T	볼록 십자	B	X	X		X			X	X	X	X	No	27,000	90,000
7075-T73	볼록 대시 3개			X		X							No		
탄소강	오목 삼각형				X		X MS20613*	X					No	35,000	90,000
내식강	오목 대시	F			X		X MS20613*						No	65,000	90,000
구리	평면	C			X		X	X					No	23,000	
모넬	평면	M			X			X					No	49,000	
모넬 (니켈 구리 합금)	오목점 2개	C					X MS20615*						No	49,000	
동	평면						X MS20615*						No		
티타늄	크고 작은 오목점 2개						MS20426						No	95,000	

▲ 그림 3-1 리벳 식별 도표

3.1.1.2 리벳 부품번호

1) 리벳 종류는 부품번호를 통해 식별하며, 정비사는 이 번호를 통해 작업에 필요한 정확한 리벳을 선택할 수 있다. 리벳 머리의 종류는 AN 또는 MS 표준 규격번호로 식별한다. 선택된 번호는 계열별로 되어 있고 각각의 계열 번호는 머리모양을 나타낸다. 대표적인 리벳의 머리 종류와 규격번호는 다음과 같다.

   ① AN426 or MS20426 countersunk head rivets (100°)
   ② AN430 or MS20430 roundhead rivets
   ③ AN441 flathead rivets
   ④ AN456 brazier head rivets
   ⑤ AN470 or MS20470 universal head rivets

2) 또한, 부품번호에 부가되는 문자와 숫자가 있는데, 문자는 합금성분을 표시하고 숫자는 리벳 지름과 길이를 표시한다. 합금성분을 표시하기 위해 사용하는 문자는 다음과 같다.

   ① A aluminum alloy, 1100 or 3003 composition
   ② AD aluminum alloy, 2117-T composition
   ③ D aluminum alloy, 2017-T composition
   ④ DD aluminum alloy, 2024-T composition
   ⑤ B aluminum alloy, 5056 composition
   ⑥ C copper
   ⑦ M monel

3) AN 표준 규격번호 뒤에 아무런 문자도 없다면, 연강으로 제조된 리벳임을 의미한다.

4) 합금 성분을 나타내는 문자 다음에 첫 번째 숫자는 리벳 생크의 지름을 1/32 inch 단위로 표현한 것이다. 예를 들어, 3이 오면 3/32 inch, 5는 5/32 inch임을 의미한다.

5) 리벳 생크의 지름을 의미하는 앞의 숫자와 대시(-)로 구분된 마지막 숫자는 리벳 생크의 길이를 1/16 inch 단위로 표현한 것이다. 예를 들어, 3이 오면 생크 길이가 3/16 inch, 7은 7/16 inch, 11은 11/16 inch임을 의미한다.

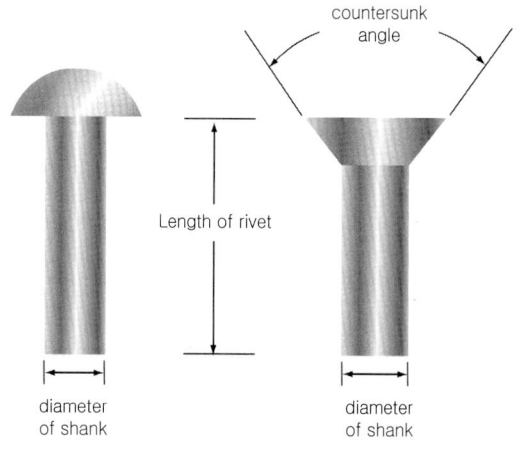

▲ 그림 3-2 리벳 측정방법

6) 다음은 알루미늄 합금 리벳의 규격 표시에 대한 예이다.

> 예) 코드번호 AN470AD3-5
> ① AN = AN 표준규격
> ② 470 = 유니버설 헤드 리벳
> ③ AD = 2117-T 알루미늄 합금
> ④ 3 = 3/32 inch 지름
> ⑤ 5 = 5/16 inch 길이

3.1.1.3 블라인드 리벳(Blind Rivet)

항공기에는 리벳작업을 위해 구조물이나 부품의 양쪽에서 접근하는 것이 불가능하거나, 버킹 바(bucking bar)의 사용이 불가능한 곳이 많이 있다. 또한, 항공기 내부 장식, 바닥(flooring), 제빙 부츠(deicing boots)와 같이 강도가 큰 솔리드섕크 리벳을 사용하지 않아도 될 비구조 부분도 많이 있다. 이런 곳에 사용하기 위해 특수 리벳이 개발되었다. 이 리벳들은 때로는 샵 헤드(shop head)를 볼 수 없는 장소에서 사용되기 때문에, "블라인드 리벳(blind rivet)"이라고도 부른다. 사용목적을 만족시킴에도 불구하고 솔리드섕크 리벳보다 경량이다.

3.1.1.3.1 기계적 확장 리벳(Mechanically Expanded Rivet)

기계적 확장 리벳은 다음과 같이 두 가지로 분류할 수 있다.

1) 비구조용(Non-Structural)
   ① 셀프 플러깅(self-plugging, friction lock) 리벳
   ② 풀 스루(pull-thru) 리벳

2) 기계 고정(Mechanical Lock), 플러시 프랙처링(Flush Fracturing), 셀프 플러깅(Self Plugging) 리벳
   (1) 셀프 플러깅 리벳(self-plugging rivet(friction lock))
      ① 셀프 플러깅(마찰고정) 리벳은 속이 빈 섕크(shank) 또는 슬리브(sleeve)를 가지고 있는 리벳 머리 부분과 속이 빈 섕크 안을 통과하는 스템(stem) 부분으로 구성된다.
      ② 셀프 플러깅(마찰고정) 리벳의 대표적인 머리모양은 유니버설 헤드(MS20470)와 유사한 돌출머리, 100° 접시머리 두 가지이다.
      ③ 장착 시 올바른 리벳을 선정하기 위해 고려해야 하는 요소
         (1) 장착 위치, (2) 체결 부품의 재질, (3) 체결 부품의 두께, (4) 요구되는 강도 등
      ④ 그림 3-4에 나타난 것과 같이, 체결할 부품의 두께에 따라 리벳 섕크의 전체 길이가 결정된다. 일반적으로, 리벳의 섕크는 체결 부품의 전체 두께보다 약 3/64 inch에서 1/8 inch 이상 길어야 한다.

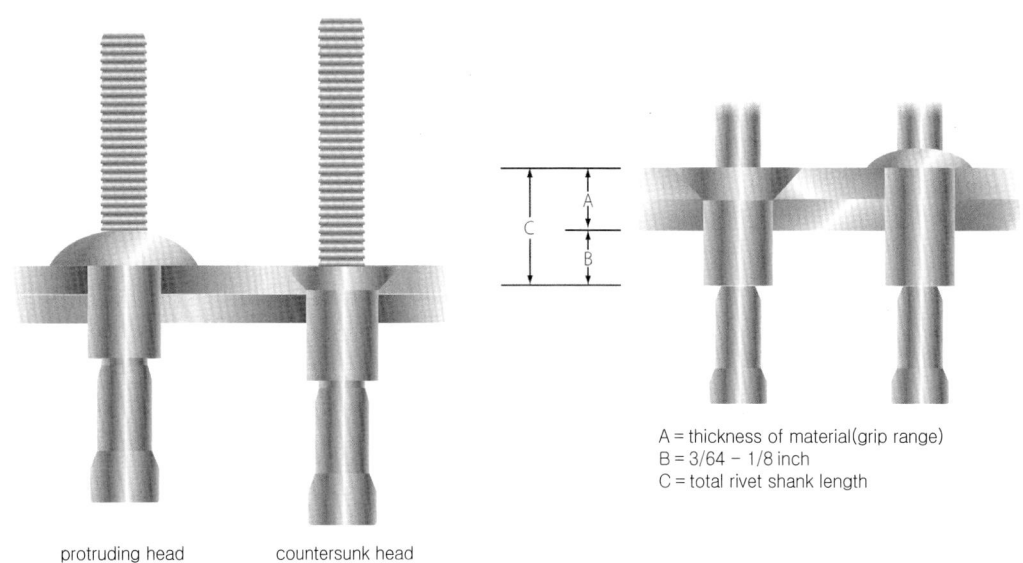

▲ 그림 3-3 셀프 플러깅 리벳(마찰고정)　　▲ 그림 3-4 마찰고정 리벳 길이 결정

(2) 풀 스루 리벳(pull-thru rivet)
① 풀 스루 블라인드 리벳은 속이 빈 섕크 또는 슬리브를 갖고 있는 리벳 머리 부분과, 그리고 속이 빈 섕크 안에 들어가는 스템(stem) 부분으로 구성된다. 그림 3-5에는 돌출머리와 접시머리 풀 스루 리벳을 나타냈다.
② 풀 스루 리벳(pull-thru rivet)의 대표적인 머리모양은 유니버셜 헤드(MS20470)와 비슷한 돌출머리, 그리고 100° 접시머리 두 가지이다.

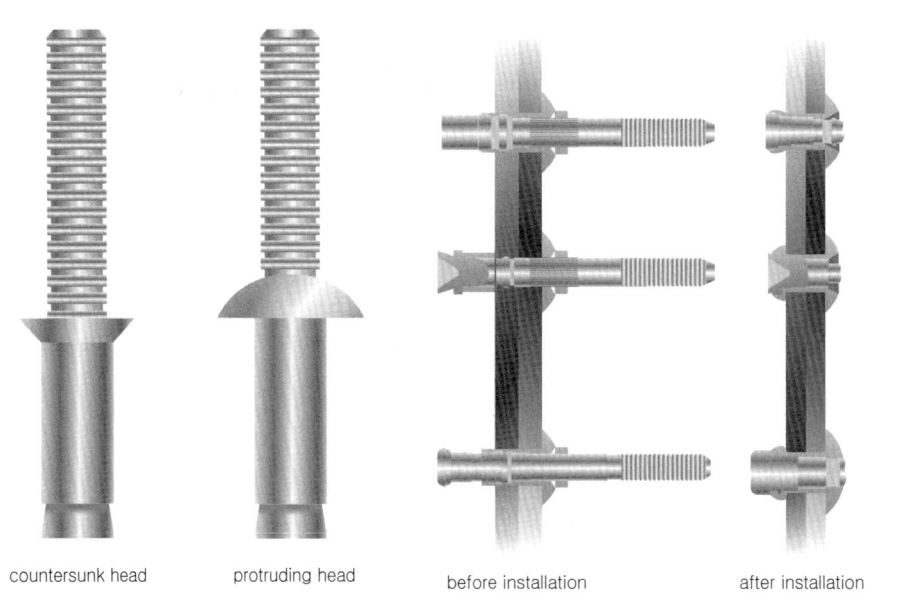

▲ 그림 3-5 풀 스루 리벳　　▲ 그림 3-6 셀프 플러깅(기계 고정) 리벳

(3) 셀프 플러깅(기계 고정) 리벳(self-plugging rivet(mechanical lock))
  ① 셀프 플러깅(기계 고정) 리벳은 스템을 리벳 슬리브에 고정하는 방법을 제외하면, 셀프 플러깅(마찰고정) 리벳과 비슷하다.
  ② 셀프 플러깅(기계 고정) 리벳은 솔리드 섕크 리벳의 모든 강도 특성을 가지고 있기 때문에 대부분 솔리드 섕크 리벳을 이 리벳으로 대체할 수 있다.
(4) 벌브 체리 고정 리벳(bulbed cherry-lock rivet)
  ① 그림 3-7에 나타난 것과 같이, 이 체결 부품의 큰 블라인드 머리 때문에 '벌브(bulb)'라는 이름이 붙었다.
  ② 큰 스템 절단하중이 만들어내는 잔여 하중으로 인해, 피로강도 측면에서 구조계통의 솔리드 리벳과 교환할 수 있는 유일한 블라인드 리벳(blind rivet)이다.

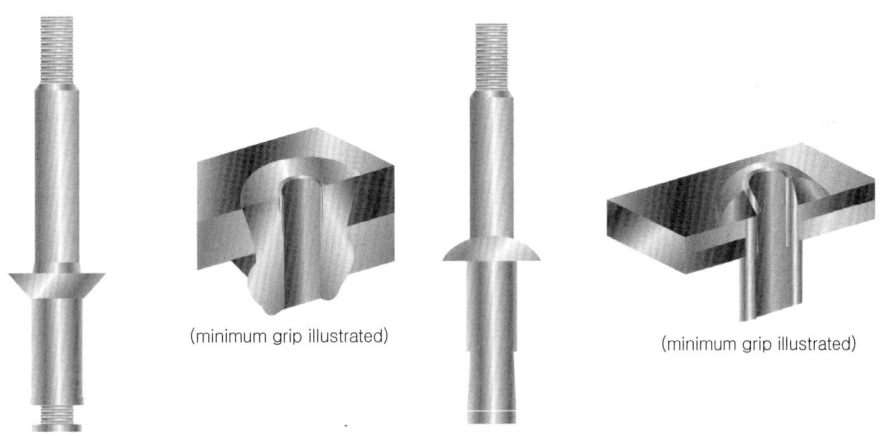

▲ 그림 3-7 벌브 체리 고정 리벳   ▲ 그림 3-8 와이어드로 체리 고정 리벳

(5) 와이어드로 체리 고정 리벳(wiredraw cherry-lock rivet)
  그림 3-8에 나타난 것과 같이 크기, 재질, 그리고 강도 등에서 폭넓게 선택할 수 있다. 이 체결 부품은 특히 밀폐작용(sealing)과 매우 두꺼운 판재의 체결에 적합하다.
(6) 허크 기계고정 리벳(huck mechanical locked rivet)
  셀프 플러깅(기계 고정) 리벳은 2개 부분으로 제조된다. 즉, 원추형의 오목한 곳에 고정 컬러를 담고 있는 머리와 섕크 부분, 섕크 안을 통과하는 톱니 모양의 스템 부분이다. 마찰고정 리벳(friction lock rivet)과는 다르게, 기계고정 리벳(mechanical lock rivet)은 리벳의 머리 부분에 스템을 확실하게 고정할 수 있는 고정 컬러를 갖추고 있다. 이 컬러는 리벳 장착 시 고정 위치에 안착된다.

3.1.1.3.2 재질(Material)
1) 셀프 플러깅(기계적인 고정) 리벳의 섕크, 즉 슬리브(슬리브)는 2017과 5056 알루미늄 합금, 모넬 또는 스테인리스강으로 제조한다.

2) 셀프 플러깅 리벳에서 기계고정형은 마찰 고정형과 똑같이 사용되며, 추가로 더 큰 스템 고정능력 때문에 진동이 심한 곳에 적합하다.

3) 마찰고정 리벳에서처럼 기계고정 리벳의 선택에서도 일반적인 요구사항은 충족시켜야 한다. 체결하고자 하는 부품의 재질 성분에 따라 리벳 슬리브(rivet sleeve)의 재질을 결정한다. 예를 들어, 대부분 알루미늄 합금에는 2017 알루미늄 합금 리벳을 사용하고, 마그네슘에는 5056 알루미늄 합금 리벳이 사용된다.

3.1.1.3.3 장착 절차(Installation Procedure)

그림 3-9에는 전형적인 기계 고정 블라인드 리벳의 장착 순서를 나타내었다. 형태와 기능은 블라인드 리벳의 종류에 따라 약간씩 차이가 있으므로 구체적인 내용은 제조사의 지시를 따라야 한다.

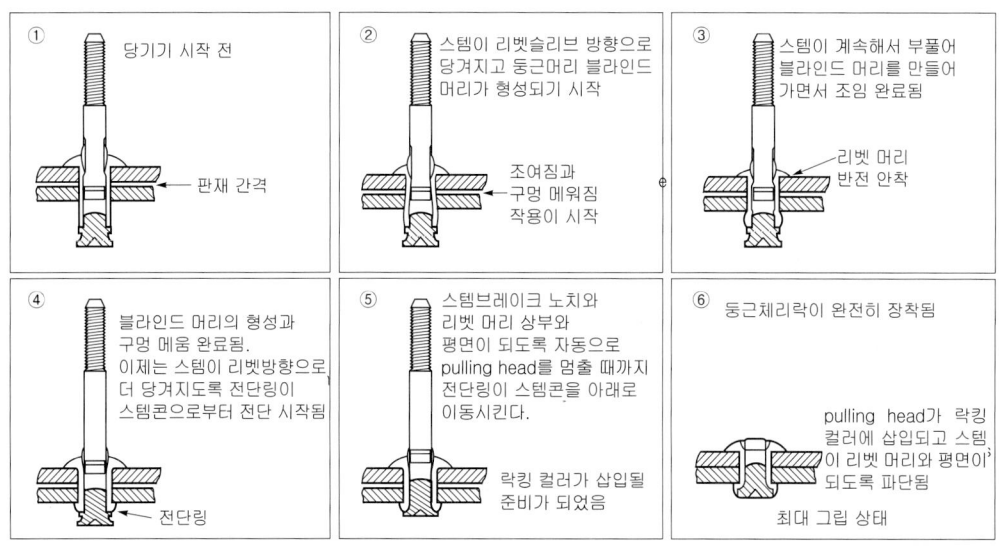

▲ 그림 3-9 체리 고정리벳 장착

3.1.1.3.4 머리모양(Head Style)

그림 3-10에 나타난 것과 같이, 셀프 플러깅(기계고정) 블라인드 리벳은 장착 요구조건에 따라 몇 가지 머리모양이 이용되고 있다.

1) 리벳 생크 지름(Diameter)

생크 지름은 1/32 inch 단위로 증가하며, 규격번호의 첫 번째 대시 번호로 식별한다. 즉, -3은 생크 지름이 3/32 inch임을 나타내고, -4는 지름이 1/8 inch임을 의미한다. 규격번호와 일치하는 크기와 1/64 inch 오버사이즈 지름(oversize diameter)을 사용할 수 있다.

100° countersunk(100° 접시머리)
MS 20426
for countersunk applications
접시머리 적용

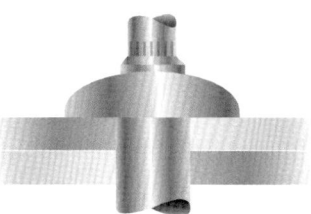
universal(유니버셜 머리)
MS 20470
for protruding head applications
돌출머리 적용

100° countersunk(100° 접시머리)
NAS 1097
for thin top sheet machine countersunk applications
얇은 상판기구 접시머리 적용

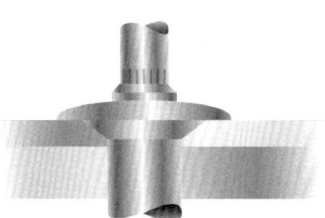
unisink
A combination countersunk and protruding head for use in very thin top sheets. stength equal to double-dimpling without the high cost.
매우 얇은 상판을 위한 접시머리와 돌출머리
저비용으로 이중 딤플링과 동급의 강도

156° countersunk(156° 접시머리)
NAS 1097
A large diameter, shallow countersunk head providing wide area for honeycomb applications
허니컴 복합재료 적용을 위해 직경이 크고 속이 빈 접시머리가 넓은 면적에 적용

▲ 그림 3-10 체리 고정리벳 머리

2) 그립 길이(Grip Length)
① 그림 3-11에 나타난 것과 같이, 그립 길이는 리벳을 체결하고자 하는 전체 판재의 최대두께에 따라 결정되며, 1/16 inch 단위씩 증가한다. 이것은 일반적으로 두 번째 대시 번호(dash number)를 통해 표시한다.
② 별도로 표시하지 않았다면, 대부분 블라인드 리벳은 리벳 머리에 최대 그립 길이를 표시하며, 1/16 inch 단위의 전체 그립 범위(total grip range)를 갖는다.
③ 리벳으로 체결하고자 하는 부품의 두께는 리벳 생크의 전체 길이를 결정한다. 일반적으로, 리벳 생크 길이는 부품의 두께보다 약 3/64 inch에서 1/8 inch 이상 길어야 한다.

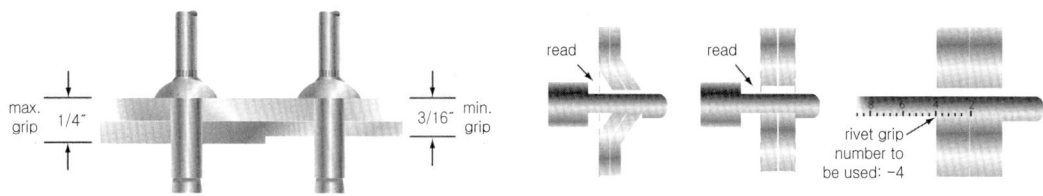

▲ 그림 3-11 전형적인 그립 길이   ▲ 그림 3-12 그립 게이지 사용

3.1.1.3.5 리벳의 식별(Rivet Identification)

1) 셀프 플러깅(마찰 고정) 리벳을 제조하는 각각의 회사는 부품의 두께에 따라, 장착에 적합한 리벳의 그립 범위를 선택할 수 있도록 사용자에게 도움을 주기 위해 코드 번호를 부여한다. 부가적으로, MS 규격번호는 식별 목적으로 사용된다.
2) 표 3-1부터 표 3-4까지에는 각각의 대표적인 셀프 플러깅(마찰 고정) 리벳에 대한 부품번호의 예를 나타내었다.

▼ 표 3-1 Huck 제조 회사

Huck Manufacturing Comany

9SP-B A 6 3

- 9SP-B | Head Style
  - 9SP-B = brazier or universal head
  - 9SP-100 = 100° countersunk head
- A | Material composition of shank
  - A = 2017 aluminium alloy
  - B = 5056 aluminium alloy
  - R = mild steel
- 6 | Shank diameter in 32nds of an inch:
  - 4 = $\frac{1}{8}$ inch   6 = $\frac{3}{16}$ inch
  - 5 = $\frac{5}{32}$ inch   8 = $\frac{1}{4}$ inch
- 3 | Grip range (material thickness) in 16ths of an inch

▼ 표 3-2 Olympic 스크루 및 리벳 회사

Olympic Screw and Rivet Corporation

RV 2 0 0 4 2

- RV | Manufacturer
  - Olympic Screw and Rivet Corporation
- 2 | Rivet type
  - 2 = self plugging (friction lock)
  - 5 = holow pull thru
- 0 | Material composition of shank
  - 0 = 2017 aluminium alloy
  - 5 = 5056 aluminium alloy
  - 7 = mild steel
- 0 | Head style
  - 0 = universal head
  - 1 = 100° countersunk
- 4 | Shank diameter in 32nds of an inch:
  - 4 = $\frac{1}{8}$ inch   6 = $\frac{3}{16}$ inch
  - 5 = $\frac{5}{32}$ inch   8 = $\frac{1}{4}$ inch
- 2 | Grip range in 16ths of an inch

▼ 표 3-3 MS 규격번호

Military Standard Number

MS 20600 B 4 K 2

- **MS** | Military Standard
- **20600** | Type of rivet and head style:
  20600 = self-plugging (friction lock) protruding head
  20600 = self-plugging (friction lock) 100° countersunk head
- **B** | Material composition of sleeve:
  AD = 2117 aluminium alloy
  B = 5056 aluminium alloy
- **4** | Shank diameter in 32nds of an inch:
  4 = $\frac{1}{8}$ inch   6 = $\frac{3}{16}$ inch
  5 = $\frac{5}{32}$ inch   8 = $\frac{1}{4}$ inch
- **K** | Type of stem:
  K = knot head stem
  W = serrated stem
- **2** | Grip range (material thickness) in 16ths of an inch

▼ 표 3-4 Townsend 회사, 체리리벳 분류

Townsend Company, Cherry Rivet Division

CR 163 6 6

- **CR** | Cherry rivet
- **163** | Series number
  Designates rivet material, type of rivet, and head style (163 = 2117 aluminium alloy, self-plugging (friction lock) rivet, protruding head)
- **6** | Shank diameter in 32nds of an inch:
  4 = $\frac{1}{8}$ inch   6 = $\frac{3}{16}$ inch
  5 = $\frac{5}{32}$ inch   8 = $\frac{1}{4}$ inch
- **6** | Grip range (material thickness):
  knob stem in 32nds of an inch; serrated stem in 16ths of an inch

3.1.1.4 특수 및 구조용 파스너(Special Shear and Bearing Load Fastener)

특수 파스너는 경량으로 고강도를 만들어내고, 전통적인 AN 볼트와 너트를 대신하여 사용할 수 있다. AN 볼트를 너트로 잠글 때 볼트는 늘어나서 가늘어지고, 더 이상 구멍에 밀착되지 않는다. 특수 파스너는 압착되는 컬러에 의해 고정하기 때문에 이런 헐거운 결합이 생기지 않는다. 파스너는 장착 시에 볼트에서처럼 인장하중이 작용하지 않는다. 또한, 특수 파스너는 경량항공기에 광범위하게 사용된다. 항상 항공기 제작사의 요구사항을 따라야만 한다.

3.1.1.4.1 핀 리벳(Pin Rivet)

1) 핀 리벳, 즉 고전단 리벳(hi-shear rivet)은 특수 리벳으로 분류되지만, 블라인드형은 아니기 때문에 리벳 체결을 위해서는 부품의 양쪽으로 접근할 수 있어야 한다. 같은 지름의 볼트와 같은 전단 강도를 갖는 핀 리벳은 볼트 무게의 약 40%에 불과하고, 볼트, 너트, 와셔를 조합해서 장착하는 데 소요되는 시간의 약 1/5 정도면 체결이 가능하다. 핀 리벳은 솔리드 섕크리벳보다 약 3배 정도 강하다.

2) 핀 리벳은 본질적으로 나사산이 없는 볼트이다. 그림 3-13과 같이, 핀의 한쪽 끝에는 머리가 있고 다른 쪽에는 원주방향으로 홈이 파여 있다. 금속컬러를 이 홈 위에 압착시켜 고착시킨다. 핀 리벳은 다양한 재질로 제조되지만, 반드시 전단하중만이 작용하는 곳에 사용해야 한다. 이 핀 리벳은 그립 길이가 섕크 지름보다 적은 곳에 사용해서는 절대로 안 된다.

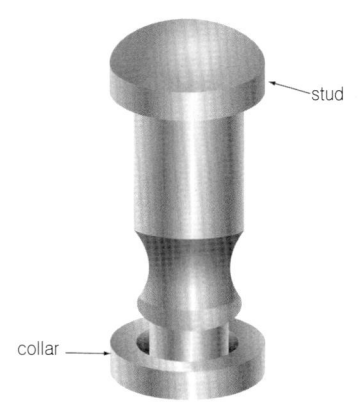
▲ 그림 3-13 핀 리벳(고전단)

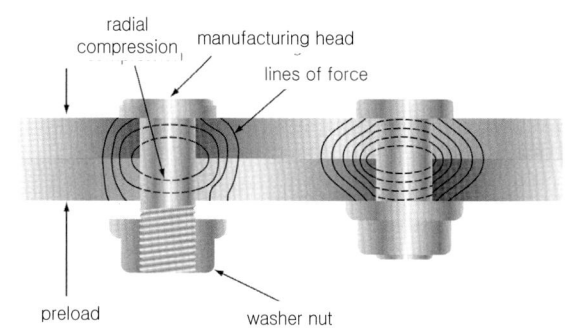
▲ 그림 3-14 테이퍼 락 특수 파스너

3.1.1.4.2 테이퍼 락(Taper-lok)

1) 그림 3-14와 같이, 가장 강한 특수 파스너인 테이퍼 락(taper-lock)은 항공기 주 구조계통에 사용한다. 테이퍼 락은 테이퍼 형태 때문에 구멍의 내벽에 밀착된다.
2) 테이퍼 락은 리벳과 다르게 섕크는 변형되지 않으면서 구멍을 꽉 채운다. 대신에 와셔 머리너트(washer head nut)는 테이퍼 형태의 구멍 벽에 대단히 큰 힘으로 금속을 밀착시킨다. 이것이 압착되면 섕크 주위에 원주방향 압축력과 수직방향 압축력이 함께 만들어지며, 이 힘의 조합에 의해 다른 어떤 파스너보다 높은 강도를 발생시킨다.

3.1.1.4.3 하이 티구(Hi-tigue)

1) 하이 티구 특수 파스너는 파스너의 섕크 아래쪽을 둘러싼 비드(bead)를 갖고 있다. 접합 강도를 증가시키는 비드는 그것이 채워진 구멍에 프리로드(pre-load)가 발생한다. 체결하면, 비드는 구멍의 옆쪽 벽에 압력을 가하고, 주변을 강화시키는 원주방향 힘이 발생한다. 프리로드가 작용하고 있기 때문에 접합부분이 일정한 순환 작용에 의해 냉간가공 되고 결국 고장이 발생하는 것을 막아준다.
2) 그림 3-15와 같이, 하이 토크 파스너는 알루미늄, 티타늄, 스테인리스강합금 등으로 만든다. 밀봉형과 비밀봉형 두 가지 종류가 있으며, 호환되는 금속으로 만든다. 하이 락처럼 이 하이 토크도 알렌 렌치와 박스 엔드 렌치를 이용하여 장착할 수 있다.

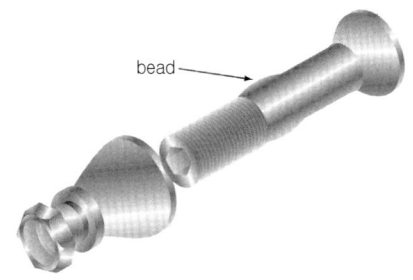
▲ 그림 3-15 하이 티구 특수 파스너

3.1.1.4.4 고정 파스너(Captive Fastener)

고정 파스너는 엔진나셀, 점검 패널, 기타 빠르고 쉽게 접근할 필요가 있는 곳을 신속하게 분리하기 위해 사용한다. 종속 파스너는 그것이 설치된 곳에서 스터드를 회전시켜 풀더라도 그것을 잡고 있는 부품으로부터 떨어져 나가지 않는다.

1) 턴록 파스너(Turn-lock Fastener)

턴록 파스너는 항공기의 문, 기타 분리할 수 있는 패널을 부착하기 위해 사용한다. 턴록 파스너는 응력패널 파스너라고도 부른다. 이들 파스너의 우수한 특징은 검사와 정비를 위해 점검패널을 쉽고 빠르게 분리하는 것이 가능하다는 것이다.

(1) 주스 파스너(dzus fastener)

① 주스 파스너는 스터드, 그로밋(grommet), 그리고 스프링으로 구성된다. 그림 3-16에는 장착된 주스 파스너와 구성품에 대하여 설명하였다.

② 그로밋은 알루미늄 또는 알루미늄 합금 재질로 만든다. 그것은 스터드를 잡아주는 역할을 한다. 만약 정상적인 제품을 구입할 수 없다면, 그로밋은 1100 알루미늄 튜브로 제조할 수도 있다.

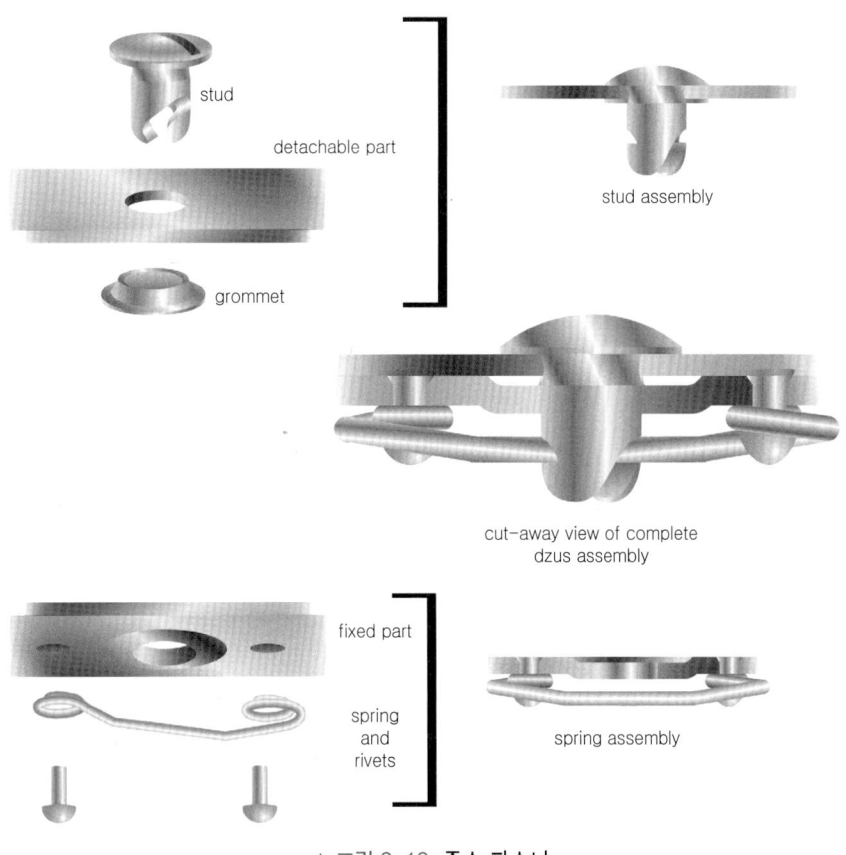

▲ 그림 3-16 주스 파스너

F = flush head

6 1/2 = body diameter in 16ths of an inch

.50 = length(50/100 of an inch)

▲ 그림 3-17 주스 파스너 식별

③ 스프링(spring)은 부식을 방지하기 위해 카드뮴이 도금된 강으로 만든다. 스프링의 탄성은 스터드와 결합되었을 때, 스터드를 고정시키거나 붙잡아주는 역할을 한다.

④ 스터드는 강으로 제조하고 카드뮴 도금 처리한다. 스터드는 세 가지 머리모양이 있는데, 나비형(wing), 플러시형(flush), 타원형(oval) 등이다. 그림 3-17과 같이, 스터드의 머리에 몸통지름, 길이, 머리형을 표시함으로써 식별하거나 구분한다. 지름은 항상 1/16 inch 단위로 나타낸다. 스터드의 길이는 1/100 inch 단위로 나타내며, 스터드 머리에서부터 스프링 구멍 아래까지의 거리이다. 스터드를 1/4바퀴 정도 시계방향으로 회전시키면 파스너는 잠기고, 반시계방향으로 회전시키면 풀린다.

⑤ 주스 키(dzus key) 또는 특수 지상용 스크루드라이버(screwdriver)를 이용하여 파스너를 잠그거나 풀어준다.

(2) 캠록 파스너(cam-loc fastener)

① 캠록 파스너는 다양한 모양으로 설계되고 만들어진다. 가장 널리 사용되는 것으로는 일선 정비용으로 2600, 2700, 40S51, 4002 계열이고, 중정비용(heavy-duty line)으로 응력패널형 파스너가 있다. 후자는 구조하중을 받치고 있는 응력패널에 사용한다.

② 그림 3-18과 같이 캠록 파스너는 항공기 카울링과 페어링을 장착할 때 사용한다. 캠록 파스너는 스터드 어셈블리, 그로밋, 리셉터클(receptacle)의 세 부분으로 구성된다. 리셉터클은 고정형과 유동형의 두가지 형태가 이용된다.

③ 스터드와 그로밋은 장탈이 가능한 부분에 장착하며, 리셉터클은 항공기의 구조물에 리벳으로 체결한다. 스터드와 그로밋은 장착 위치와 부품의 두께에 따라, 평형, 오목형(dimpled), 접시머리형, 또는 카운터보어 홀(counter-bored hole) 중 한 가지로 장착한다.

④ 스터드를 1/4바퀴 정도 시계방향으로 회전시키면 파스너는 잠기고, 반시계방향으로 회전시키면 풀린다.

(3) 에어록 파스너(air-loc fastener)

① 그림 3-19와 같이 에어록 파스너는 스터드, 크로스 핀(cross pin), 그리고 스터드 리셉터클(receptacle)의 세 부분으로 구성된다.

② 스터드는 강으로 제조하고 과도한 마모를 방지하기 위해 표면을 담금질하였다. 스터드 구멍은 크로스 핀의 압착식 조립을 위해 구멍을 넓혔다.

③ 장착할 스터드의 정확한 길이를 결정하기 위해서는 에어록 파스너로 부착시키고자 하는 부품의 전체 두께를 알아야만 한다.

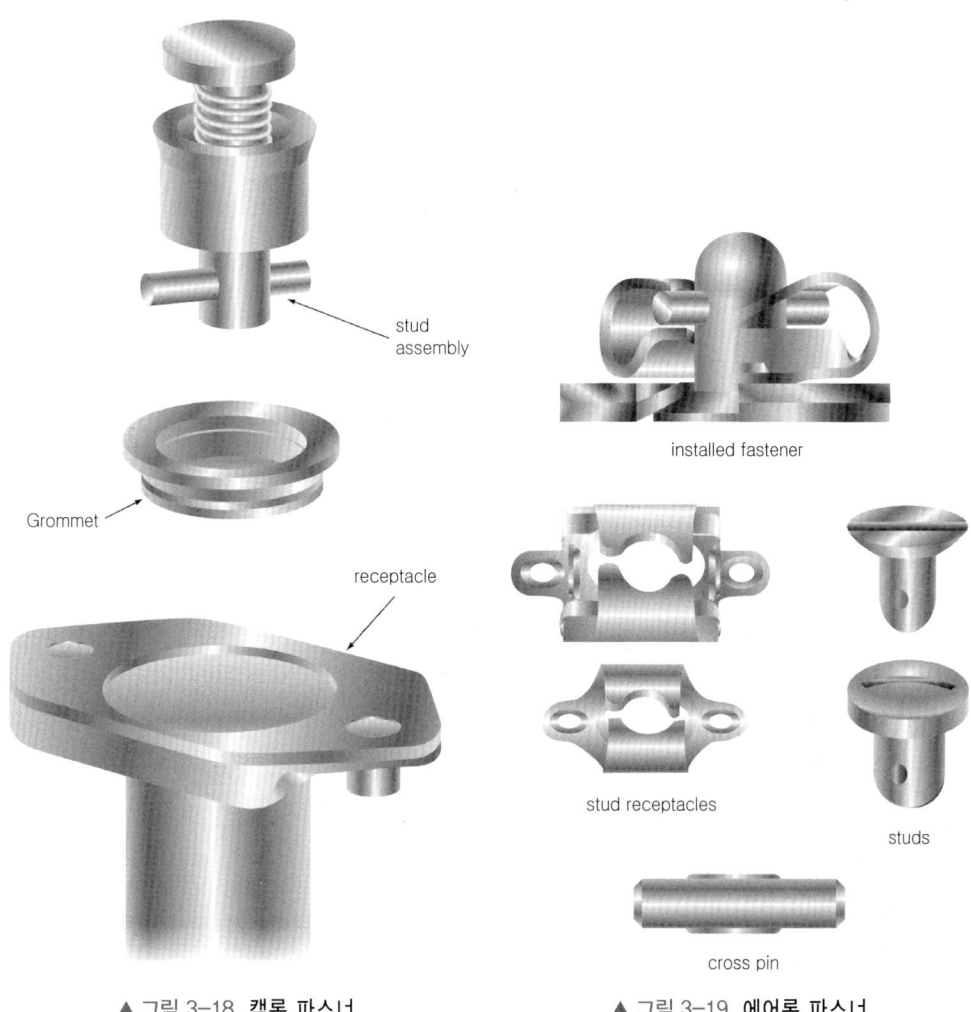

▲ 그림 3-18 캠록 파스너　　　　▲ 그림 3-19 에어록 파스너

④ 각각의 스터드로 안전하게 부착시킬 수 있는 부품의 전체 두께를 스터드의 머리에 새겨 넣었으며, 0.040, 0.070, 0.190 inch 등 1/1,000 inch 단위로 표시한다. 스터드는 플러시형, 타원형, 나비형의 세종류로 제조한다.

⑤ 크로스 핀은 크롬바나듐강으로 제조하며 최대 강도, 내마모성, 지지력을 증가시키기 위해 열처리하였다. 이 크로스 핀을 재사용해서는 안 되며, 스터드와 분리한 경우는 새 핀으로 교체해야 한다.

⑥ 에어록 파스너에 대한 리셉터클은 고정형과 유동형의 두 가지 종류로 제조한다.

⑦ 크기는 No.2, No.5, 그리고 No.7과 같이 숫자로 분류한다. 이 에어록 파스너는 리셉터클의 리벳구멍 중심 사이의 거리에 따라 분류한다. 즉, No.2는 3/4 inch, No.5는 1 inch, No.7은 $1\frac{3}{8}$ inch 등이다. 리셉터클은 고탄소강을 열처리해서 제조한다.

3.1.2 열처리 리벳의 종류 및 열처리 이유

1) 열처리 리벳의 종류에는 2017-T와 2024-T 리벳이 있다. 2017-T는 같은 크기의 2117-T 리벳보다 더 큰 강도를 필요로 하는 알루미늄합금 구조물에 사용한다. "아이스박스 리벳(icebox rivet)"이라고도 알려져 있는 이 리벳들은 풀림처리(annealing)한 다음 사용할 때까지 냉동고에 보관해야 한다.
2) 상온에 노출시키면 몇 분 이내에 시효경화가 시작되므로 그들을 급랭처리한 후에는 냉장실에 보관하거나 즉시 사용해야 한다. 열처리한 리벳은 32°F 이하의 저온 냉장고에 보관한다.
3) 2017-T 리벳은 냉동고에서 꺼낸 다음 약 1시간 이내에 리벳작업을 끝내야 하고, 2024-T 리벳은 10~20분 이내에 끝내야 한다.
4) 아이스박스 리벳은 리벳작업 후 약 1시간이면 최대강도의 1/2에 도달하고 4일 정도 후에는 최대강도에 도달한다.
5) 2017-T 리벳은 1시간 이상 상온에 노출되었을 때는, 재열처리를 해야 한다. 또한, 10분 이상 상온에 노출된 2024-T 리벳도 마찬가지로 재열처리를 해야 한다.
6) 일단 한 번 냉장고에서 꺼내진 아이스박스 리벳은 냉장고에 있는 리벳과 섞어서는 안 된다. 만약 15분 이내에 사용할 수 있는 양보다 많은 양을 냉장고에서 꺼냈다면, 남은 리벳은 재열처리를 위해 다른 용기에 담아서 보관해야 한다.
7) 리벳의 열처리를 적절히 수행하였다면 몇 차례 반복할 수 있다. 표 3-5에는 열처리를 위한 적당한 가열시간과 온도를 나타내었다.

▼ 표 3-5 리벳 가열시간 및 온도

Heating Time-Air Furnace		
Rivet Alloy	Time at Temperature	Heat Treating Temperature
2024	1 hour	910°F~930°F
2017	1 hour	925°F~950°F
Heating Time-Salt Bath		
Rivet Alloy	Time at Temperature	Heat Treating Temperature
2024	30 minutes	910°F~930°F
2017	30 minutes	925°F~950°F

3.2 구조물 수리작업

3.2.1 스톱홀(stop hole)의 목적, 크기, 위치 선정
1) 구조물의 skin에 균열이 발생하였을 때, 이 균열은 그대로 내버려두면 시간이 지나면서 점점 그 크기가 발전해 나갈 수 있다.
2) stop hole이란 균열의 진행을 지연 또는 정지시키기 위하여 균열 끝부분에 드릴로 구멍을 내는 것을 말한다.
3) Stop Hole의 크기와 위치
   ① 위치 : 균열의 연장선상에 있어야 하며 hole은 균열로부터 1/16 inch 떨어져서 위치
   ② 크기 : 재질에 따라서 달라질 수 있으므로 크기는 제작사 사용설명서 참조하여 결정

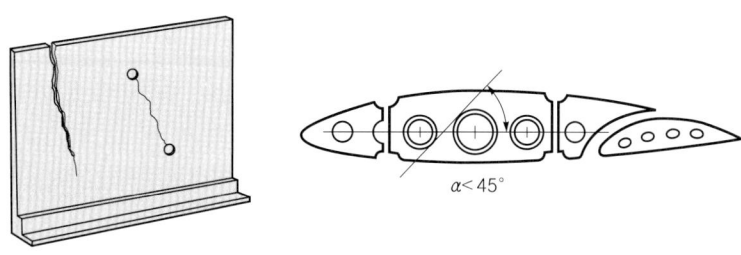

▲ 그림 3-20 **스톱 홀**　　▲ 그림 3-21 **경감구멍**(lightening hole)

3.2.1.1 판금 작업에 적용되는 Hole의 종류
1) Relief Hole : 판재를 굽힐 때 겹치는 직각 부분에 응력이 집중되는 것을 막기 위해 뚫는 구멍
2) Lightening Hole : 판재 구조재 등에 구멍을 뚫어 무게 경감 및 응력 증가
   경감 구멍의 간격 → 인접한 구멍과의 접선 기울기가 45° 이하가 되도록 설계
3) Pilot Hole : 판재에 드릴 작업 시 정확한 드릴작업을 위해 일차적으로 구멍을 뚫는 작업

3.2.2 리벳의 선택(크기, 종류)

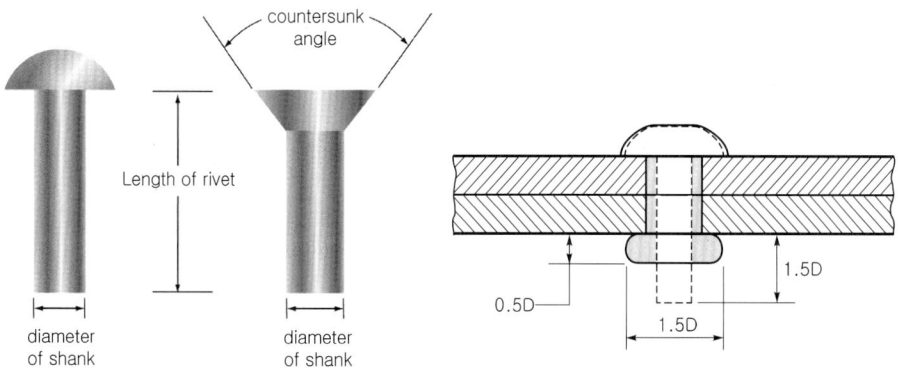

▲ 그림 3-22 리벳의 지름과 길이

1) 리벳 지름 결정 : 장착하고자 하는 판재 중 두꺼운 판재의 3배가 적당($D = 3t$)
2) 리벳 길이 결정 : $L = G + 1.5D$ (여기서, G : 판재의 두께, D : 리벳의 지름)

3.2.3 카운터 성크(counter sunk)와 딤플(dimple)의 사용 구분

두 리벳을 작업하는 데에는 부재를 카운터 성크나 딤플링하는 2가지 방법이 있다. 원칙적으로 카운터 성크하여 리벳팅할 수 있는 것은 헤드의 높이보다도 결합해야 할 판재 쪽이 두꺼운 경우에만 적용할 수 있다. 또 판재가 헤드보다 얇은 경우에는 딤플링을 적용한다.

3.2.3.1 카운터 성크(counter sunk)

1) 접시형 구멍을 가공하는 것으로서, 앞 공정에서 뚫어 놓은 구멍 주위를 경사지게 가공하여 접시 모양으로 만드는 것
2) 드릴링(drilling) 작업의 일종으로, 접시머리 볼트나 작은 나사를 사용하는 경우 공작물에 접시 구멍, 즉 구멍 가장자리를 원뿔형으로 절삭 가공하는 방법이다.
3) 카운터 성크에 사용하는 커터는 파일롯 핀이 붙어 있어 중심이 정확하게 잡혀야 하며, 실제 작업에 있어서는 스커트가 붙은 이른바 마이크로 스톱 카운터싱킹 공구(micro stop countersinking tool)에 장착하여 사용한다. 이 스커트는 접시머리 구멍의 깊이를 임의로 만들 수 있도록 미세한 조절이 가능하게 되어 있다.

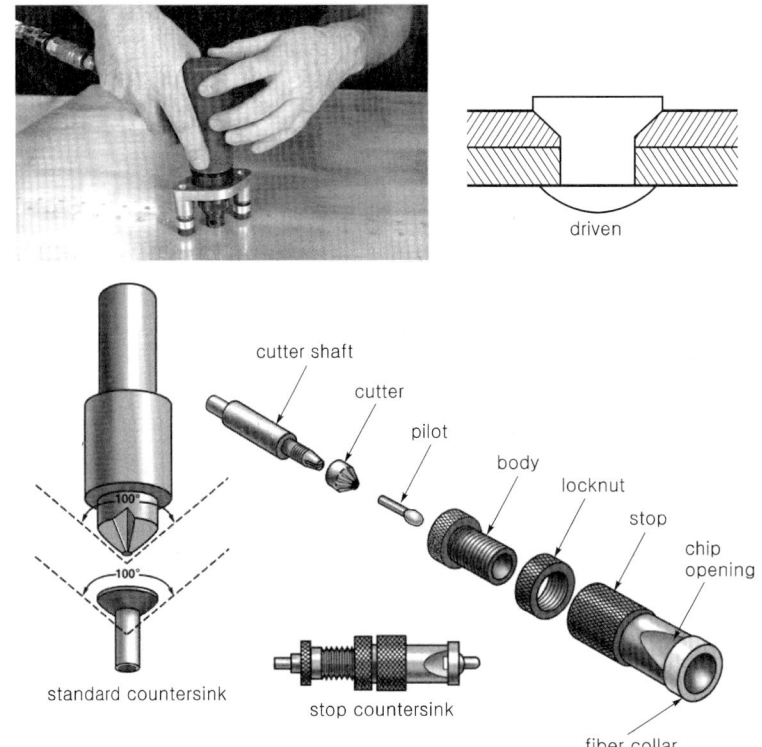

▲ 그림 3-23 카운터싱킹 작업 장면과 공구

3.2.3.2 딤플링(Dimpling)

1) 판의 두께가 0.040 inch 이하일 때 dimpling machine 사용
2) dimpling을 만드는 방법은 punch와 die를 사용
3) 일반적으로는 coin dimpling 방법을 사용하나, coin dimpling 방법을 사용할 수 없는 경우에는 radius dimpling 방법을 사용한다.
4) 7계열 알루미늄 합금, 마그네슘 합금, 그 외 티타늄 합금은 홀 딤플링을 적용하지 않으면 균열을 일으킨다.
5) 판을 2장 이상 겹쳐서 동시에 딤플링하는 방법은 가능한 삼가하며, 반대 방향으로 다시 딤플링해서도 안 된다.
6) 제작 부품과 같은 재료, 판 두께의 시험편에 딤플링을 해보고 균열의 발생이나 다른 일치 여부를 확인하고 본 작업에 착수한다.

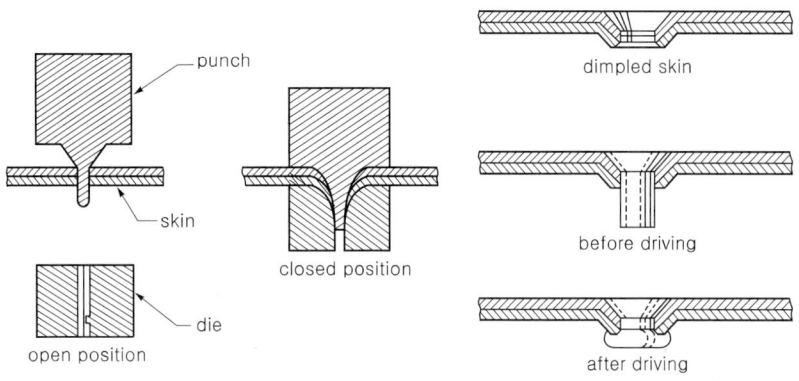

▲ 그림 3-24 딤플링

3.2.4 리벳의 배치(ED, pitch)

rivet의 배열은 일반적으로 손상부분의 주위에 배치되며, 응력 분포를 균일하게 하기 위하여 가능한 대칭적으로 배열하는 것이 원칙이다.

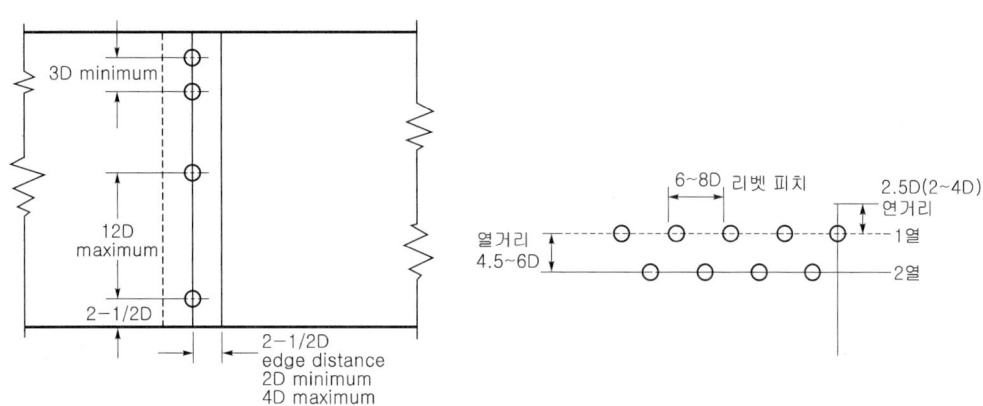

▲ 그림 3-25 리벳의 배치

3.2.4.1 연거리(Edge Distance)
1) 연거리는 판재의 가장자리에서 가장 가까운 rivet hole의 중심까지의 거리를 말함
2) 일명 edge margin이라고도 함
3) ED는 rivet 지름의 2배~4배(접시머리 리벳은 2.5배~4배)

3.2.4.2 피치(Pitch)
1) 같은 열에 있는 인접하는 리벳 중심 간의 거리를 말함
2) 리벳 직경의 3~12배까지 허용되나, 6~8배로 하는 것이 적절
3) 수리 작업 시는 인접하는 주변의 배열을 참조하는 것이 바람직함
4) 횡단 pitch : rivet 열 간의 거리를 말하며, pitch와 같게 하거나 pitch의 75%로 하는 것이 바람직함

3.2.5 리벳작업 후의 검사
1) riveting은 pneumatic hammer, rivet squeezer, 또는 hand riveting에 의한 방법이 있으며, 어떤 경우든 driven head(buck tail이라고도 함)는 규정치 $1.5d \times 0.5d$에 맞게 해야 함
2) riveting 작업이 완료된 후 모든 rivet에 대해 검사해야 하는데, 만약 부적당한 rivet이 발견되면 교환해야 하며, 보통의 원인은 bucking bar의 조작 미숙이나 rivet gun 사용의 미숙에 의해 발생
3) 불량 rivet 제거 시 1/32 inch 작은 drill을 사용해야 원래 hole을 유지할 수 있다. rivet hole이 커지거나 손상이 있을 경우에는 oversize rivet을 사용

3.2.5.1 손상 분류 및 검사
1) 무시해도 좋은 손상
   적은 요철부나 균열 또는 작은 구멍 등은 rivet hammer 등을 사용하여 두들겨내며, 균열부는 스톱 홀(stop hole)을 균열 끝 부분에 뚫어 균열이 더 커지지 않게 한다. 즉, 타 재료를 사용하지 않고 수리함을 말한다.

2) 수리 가능 손상
   patch를 대거나 삽입물을 넣어서 기본 강도를 감소하지 않게끔 수리할 수 있는 손상

3) 손상의 검사
   ① 손상에 대한 검사는 간단하게 생각하지 말고 다각적인 시야에서 면밀히 검사해야 한다.
   ② 외부로 드러나는 손상이 있는가 하면 부식에 의한 손상이 있고, 이·착륙과 비행 중에 미치는 부하 응력에 의한 손상 등이 있다.
   ③ 그러므로 이러한 손상 등을 찾아내기 위해서 전체적인 구멍 체를 감시하기도 하지만 rivet과 취급 구조 등에까지 세심한 관심을 가지고 검사해야 한다.

3.2.5.2 리벳팅의 실패

1) 공구 마크(Tool Mark)

   돌출 헤드 리벳을 리벳팅할 때 스냅이 떨어져 헤드에 상처를 내는 것으로 허용되지 않는다.

2) 오픈 헤드(Open Head)

   리벳 헤드와 판금재료 사이에 틈이 부분적 혹은 전면적으로 발생된 것으로 허용되지 않는다.

3) 플러쉬 헤드 머리 높이는 카운터 성크 구멍과 딤플링한 곳의 표면 이하로 들어갈 수 없고 0.002~0.006 inch 정도의 돌출은 무난하며 돌출부는 마이크로 세이버로 깎아낸다.

4) 부재에 대한 손상

   뉴메틱 해머의 타격이 강하거나 버킹바가 가벼우면 판의 변형이나 벌어짐이 생기는 데 허용되지 않는다. 그리고 리벳이 부재 사이에 파고 들어가 부재가 부푼 것도 실패한 작업이며, 침두 작업 시 편심이 나거나 유격의 발생 또는 각도가 맞지 않는 경우 등은 모두 실패된 작업으로 허용되지 않는다.

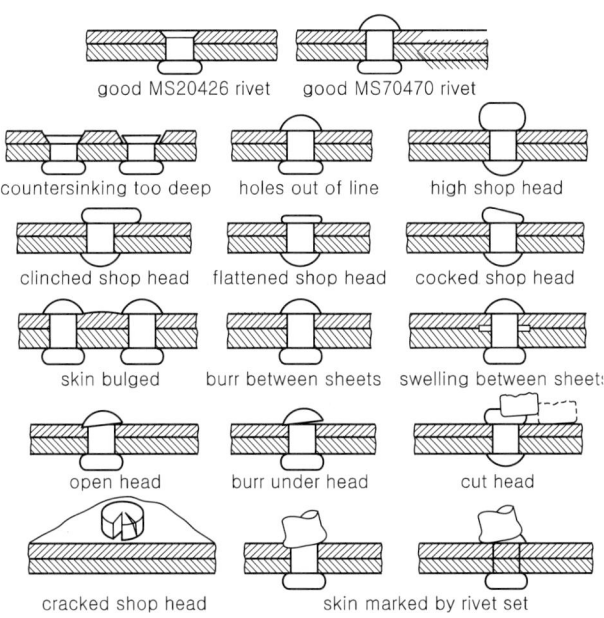

▲ 그림 3-26 리벳작업 후 손상 상태의 검사

3.2.5.3 리벳 Hole 작업 방법

1) rivet hole은 적당한 크기와 모양을 지니고 모서리에 burr를 제거해야 한다.
2) hole이 너무 작으면 리벳을 넣을 때 보호막이 제거되어 부식을 유발할 수 있고 주위 판재의 우그러짐이 발생할 수 있다.
3) 너무 크면 충분한 강도를 갖지 못하므로 rivet과 hole 사이의 적절한 간격인 0.002~0.004 inch를 유지해야 한다.

■ 작업형-판금작업

※ 다음 도면을 참고하여 리벳작업을 하시오.(항공산업기사 자격 실기시험 공개 문제)

(단위 : mm)

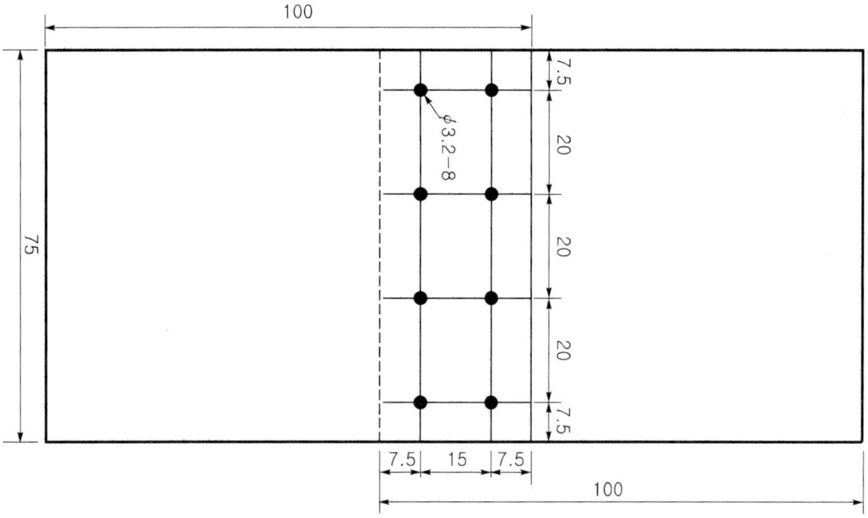

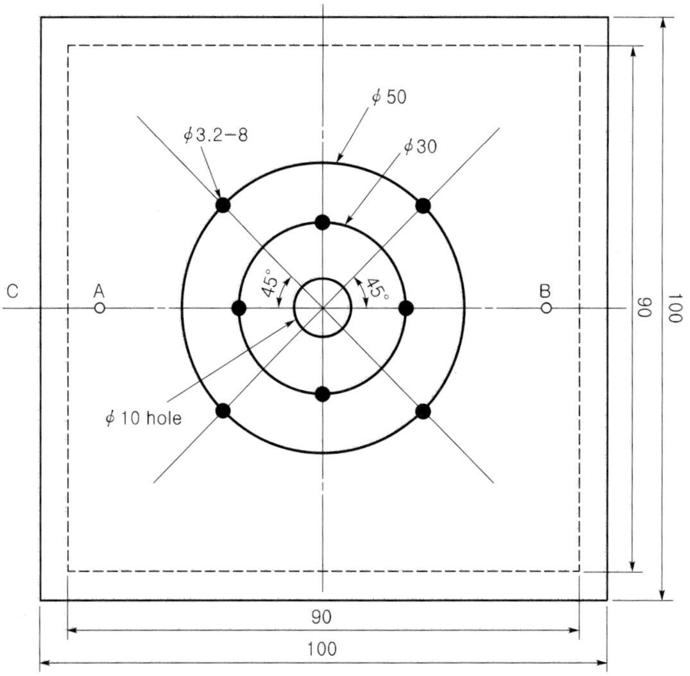

▲ 그림 3-27 판금작업 도면(산업기사 공개 문제)

1. 장비 및 공구
   - 공기압축기, 에어호스, 에어햄머(리벳건) 및 리벳 세트, 버킹바, 센터펀치, 망치, 리벳커터, 에어드릴건, 드릴날 세트, 가공홀 디브어 공구, 드릴작업용 나무판, 리머, 바이스 바이스그립 플라이어, 스크라이버, 강철자(12″) 평줄(소목), cleco plier 및 fastener, 목장갑
2. 소모품
   - 알루미늄판 : 2장
   - 리벳(둥근머리 혹은 브래지어헤드) : 1/8 inch dia, 8개
   - 종이테이프(masking tape 1 inch wide)
   - 네임펜
3. 안전공구
   - 보호장구 일체(보안경, 귀마개 등)

▲ 작업 착안 사항 및 평가 기준

1. 작업 착안사항
   ① 보호장구를 반드시 착용한다.
   ② 드릴 작업 시 절대 목장갑을 착용하지 않는다.
   ③ 반드시 규칙을 지키고 안전 절차에 따라 침착하게 작업을 실시한다.
   ④ 평소 교육기관에서 실습 시 사용하던 공구와 시험장 공구의 차이점을 숙지한다.
   ⑤ 판금작업용 공구가 분리되어 있으므로 조립하는 데 시간이 소요되어 작업을 완성하기에 시간이 부족할 수 있으므로 정해진 시간에 작업을 완성할 수 있도록 주의한다.
   ⑥ 제시된 작업 내용대로 작업도면을 작성한다.

2. 평가 기준
   ① 도면에 제시된 치수에 맞게 작업하는가?
   ② 판재의 모서리를 매끈하게 다듬는가?
   ③ 센터펀치의 사용법이 적절한가?
   ④ 드릴로 구멍을 뚫은 후 리이밍 작업을 하는가?
   ⑤ 리벳작업 시 버킹바 사용은 적절한가?
   ⑥ 판재 및 리벳 머리에 상처는 없는가?
   ⑦ 리벳(제거)작업 절차가 순서에 맞게 적합한가?
   ⑧ 안전사항을 준수하여 작업하는가?
   ⑨ 장비 사용이 적절하며 작업 후 주위 정리 정돈 상태가 양호한가?

3.2.6 용접 및 작업 후 검사

3.2.6.1 용접의 종류

1) 융접

① 모재의 접합부를 용융상태로 가열하여 접합하거나 용융체를 주입하여 융착시키는 방법(전기 아크 용접과 가스 용접이 있다)

② 가스 용접 : 산소 수소 용접은 Al합금 용접에 사용되며, 산소 아세틸렌 용접은 일반 용접 및 항공기에 사용된다. 보통 항공기에는 산소 아세틸렌 용접과 불활성 가스 아크 용접이 주로 사용된다.
③ 아크 용접 : 교류나 직류를 이용하여 모재와 용접봉 사이에 아크를 발생시켜 그 열원에 의한 용접으로 아크에 영향을 주는 요소는 전류의 세기, 전압, 전력이다.

2) 압접
접합부를 반 용융상태로 가열 또는 상온 상태에서 기계적 압력을 가하여 융착시키는 방법

3) 납땜
모재를 전혀 녹이지 않고 모재보다 용융점이 낮은 금속을 녹여 접합부에 넣어 표면 장력으로 접합

3.2.6.2 용접 작업

가스 토치 방향이 용접의 진행방향과 같은 것을 전진법(우진법)이라 하고 이와 반대 방향의 것을 후퇴법(좌진법)이라 한다. 전진법은 용접하기 쉬우나, 용접봉이 장해가 되어 화염의 분포가 균일하지 않으며, 또한 가열 범위가 넓어 변형이 많이 생기기 쉽다. 일반적으로 얇은 판재(5mm 이하)에는 주로 전진법을 사용하고 두꺼운 재료에는 후퇴법을 적용한다.

3.2.6.3 용접부 검사법(Inspection of Welds)

1) 용접이란 접합하고자 하는 2개 이상의 물체나 재료의 접합 부분 사이에 용융된 용가재를 첨가하여 접합시키는 것이다.
2) 용접작업은 작업 공정을 줄일 수 있으며, 이음 효율을 향상시킬 수 있다. 또, 주물의 파손부 등의 보수와 수리가 쉽고, 이종 재료의 접합이 가능하다.
3) 그러나 열로 인하여 제품의 변형과 잔류 응력이 발생할 수 있고, 품질 검사가 곤란하며, 작업 안전에 유의하여야 한다.
4) 용접부 검사에는 방사선 검사, 초음파 검사, 자분 검사, 형광 검사 등이 널리 사용된다. 용접 결함부위 검사에는 파면 검사, 마크로 조직 검사, 천공 검사, 음향 검사와 같은 방법도 이용되고 있다.
5) 용접한 부위의 외관은 용접 품질 판정의 중요한 길잡이 역할을 한다. 적절한 이음 용접 부위는 모재보다 더 강하다.
6) 그림 3-28과 같이 양호한 용접은 폭이 균일하고, 과열이 없었다면 탄 흔적도 없고, 깃털 모양의 잔물결 형태 기공, 다공성, 함유물이 없다.
7) 그림 3-28의 (b)의 비드 끝은 직선이 아니지만, 충분히 침투되어 있기 때문에 양호한 용접이다.

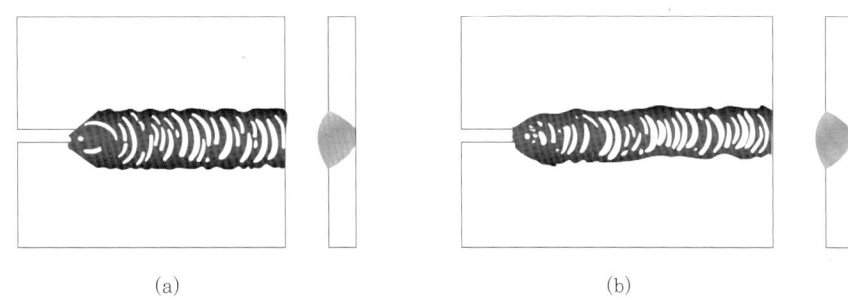

▲ 그림 3-28 Example of good weld

8) 용입의 길이는 용해의 깊이이다. 용입은 모재의 두께, 용접봉의 크기, 용접작업 등에 영향을 받는다. 맞대기 용접에서 비드의 크기는 모재 두께의 100%이어야 한다. T형 용접에서 비드 크기는 두께의 25~25%이다.
   ① 균열 : 균열은 용접부에 생기는 것과 모재의 변질부에 생기는 것이 있다. 용착금속 내에 생기는 것은 용접부 중앙을 용접선에 따라 생기든가 용접선과 일정 각도로 나타난다. 그리고 모재의 변질부에 생기는 균열은 재료의 경화, 적열취성 등에서 생긴다.
   ② 변형 및 잔류응력 : 용접할 때 모재와 용착금속은 열을 받아 팽창하고 냉각하면 수축하여 모재는 변형한다. 용접부에 변형이 일어나지 않게 하기 위하여 모재를 고정하고 용접하면 모재의 내부에 응력이 생기는데 이것을 구속응력이라 하고, 자유로운 상태에서 용접에 의한 응력이 생기는 것을 잔류응력이라 한다.
   ③ under cut : 모재 용접부의 일부가 지나치게 용해되든가 또는 녹아서 홈 또는 오목한 부분이 생기는데, 이것을 언더컷이라고 한다. 용접 표면에 노치 효과를 생기게 하여 용접부의 강도가 떨어지고, 용재(slag)가 남는 경우가 많다.
   ④ overlap : 운봉이 불량하여 용접봉 용융점이 모재 용융점보다 낮을 때에는 용입부에 과잉 용착금속이 남게 되는 현상이다.
   ⑤ blow hole : 용착금속 내부에 기공이 생긴 것을 말하며, 구상 또는 원주상으로 존재한다. 이것은 용착금속의 탈산이 불충분하여 응고할 때 탄산가스로 생긴 것과 수분이 함유된 용제를 사용하였을 때 수소가스 등이 발생 원인이다.
   ⑥ fish eye : 용착금속을 인장시험이나 벤딩 시험한 시편 파단면에 0.5~3.2mm 정도 크기의 타원형 결함으로, 기공이나 불순물로 둘러싸인 반점 형태의 결함으로 물고기의 눈과 같아 fish eye 또는 은점이라고 한다. 저수소 용접봉을 사용하면 이것을 방지할 수 있다.
   ⑦ 선상조직 : 용접할 때 생기는 특이조직으로서 보통 냉각속도보다 빠를 때 나타나기 쉽다. 이 조직은 약하고 기계적 성질이 불량하므로 이것을 방지하기 위해서는 급냉을 피하고, 크레이트 및 비이드의 층을 제거하고 저수소 용접봉을 사용해야 한다.
9) 그림 3-29의 (a)는 너무 빨리 용접할 때 나타난다. 과도한 양의 열 또는 산화불꽃에 의해 발생된다. 용접이 횡단면을 만들었다면, 기공, 다공성, 용재 혼입 등이 있다.
10) 그림 3-29의 (b)는 부절절한 비드가 형성된 용접이다. cold lap은 불충분한 열로 용접봉이나 모재가 충분히 녹지 않은 상태에서 융착된 상태이다.

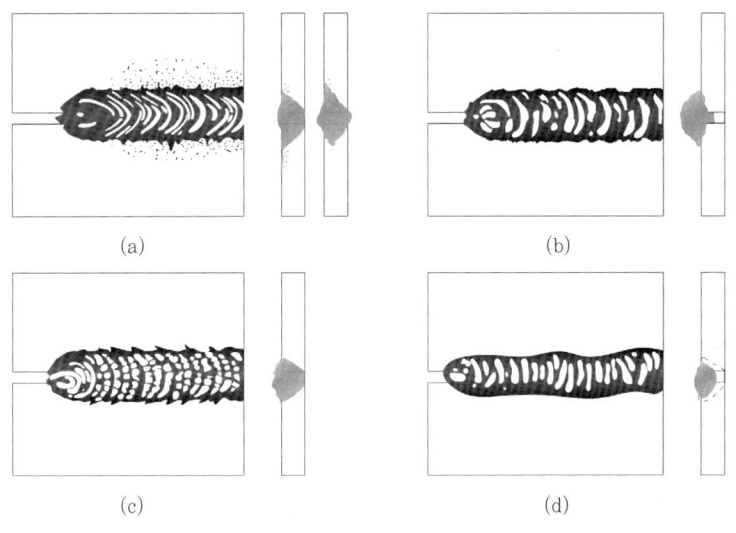

▲ 그림 3-29 Example of poor welds.

11) 그림 3-29의 (c)는 과도한 양의 아세틸렌 사용으로, 용접봉이나 모재가 녹은 상태에서 끓게 되어 작업 말미에 크레이터를 따라 융기 상태를 남기게 된다. 절단면을 보면 기공과 다공성이 보인다.
12) 그림 3-29의 (d)에서는 불규칙한 끝단과 비드 깊이가 불량한 용접이다.

3.3 판재 절단, 굽힘작업

3.3.1 패치(patch)의 재질 및 두께 선정 기준

1) 패치의 재질 : 알루미늄 합금판(2024-O, 2024-T3, 7075-O, 7075-T6, 6061, 5052 등)
2) 두께 선정 기준 : 판의 상태, 굽힘각도 등

3.3.1.1 판금수리의 기본원칙

1) 항공기 수리의 주목적은 손상된 부분을 원상태로 회복시키는 것이다. 교체는 대부분 가장 효율적으로 수리하는 유일한 방법이다. 손상된 부품의 수리가 가능할 때는 먼저 그 부품의 목적이나 기능을 완전히 이해할 수 있도록 한다.
2) 구조물의 수리에서는 본래의 강도를 유지하는 것이 가장 중요한 필요조건이다. 예를 들어, 카울링(cowling), 페어링(faring), 그리고 이와 유사한 부품들은 정연한 외형, 유선형, 그리고 접근성과 같은 특성을 갖추어야 한다. 또 수리가 필요조건에 부합되도록 손상된 부품의 본래 기능을 유지해야 한다.

3) 손상을 검사하고 필요한 수리 유형을 정확하게 추정하는 것은 구조손상을 수리하는 데 있어서 가장 중요한 단계다. 즉, 유형, 크기, 그리고 필요한 리벳의 수와 수리된 부재가 원래 부분보다 무겁지 않거나 또는 약간만 무겁게 하면서 원래의 재료만큼 강할 수 있게 필요한 재료의 강도, 두께 및 재료의 종류 등에 대한 추정이 포함된다.
4) 항공기의 손상을 조사할 때 구조물에 대한 광범위한 검사를 하는 것이 필요하다. 어떤 구성부품 또는 구성부품 그룹이 손상되었을 때, 손상된 부재와 부착된 구조물 모두 조사해야 한다. 때로는 손상력이 큰 규모로 원래의 손상된 지점으로부터 상당히 떨어진 곳으로까지 전달되었을 수 있기 때문이다. 파형외판, 늘어나거나 또는 손상된 볼트 또는 리벳 홀, 또는 부재의 비틀어짐은 통상적으로 그러한 손상의 근접 면적에 나타난다. 그리고 이와 같은 상황 중 어느 경우에 있어서도 인접 면적의 정밀검사가 필요하다. 어떤 균열 또는 마손에 대해 모든 외판, 움푹 들어간 곳, 그리고 주름진 곳을 점검한다.
5) 비파괴검사법(NDI)은 손상을 검사할 때 필요에 따라 사용한다. 비파괴검사법은 결점이 중대하거나 위험한 결함으로 전개되기 전에 알아내는 예방 수단으로 사용한다. 훈련되고 경험 있는 정비사는 높은 정밀도와 신뢰도로 흠 또는 결점을 찾아낸다. NDI에 의해 발견되는 결점 중 일부는 부식, 점식(pitting), 열/응력 균열, 그리고 금속의 불연속을 포함한다.
6) 손상을 조사할 때 과정은 다음과 같다.
    (1) 각각의 리벳, 볼트와 용접의 정확한 상황을 판단하기 위해 손상 면적과 그 주위에서 모든 오염, 그리스 및 페인트를 제거한다.
    (2) 넓은 규모에 걸쳐 외판 주름에 대해 검사한다.
    (3) 검사 면적에서 모든 움직일 수 있는 부품의 작동을 점검한다.
    (4) 수리가 최선의 절차인지 결정한다.
7) 항공기 판금 수리에서 다음의 사항이 매우 중요하다.
    (1) 원형 강도를 유지한다.
    (2) 원래 윤곽을 유지한다.
    (3) 무게를 최소화한다.

3.3.1.2 판금구조의 수리

정비사를 위해 사용할 수 있는 다음의 기준은 판금 구조물의 수리성을 결정한다.
(1) 손상의 유형
(2) 원래 재료의 유형
(3) 손상의 장소
(4) 필요한 수리의 유형
(5) 수리를 수행하기 위해 사용할 수 있는 공구와 장비

3.3.1.3 수리 인가

1) 항공기 수리에 대한 필요성이 요구될 때 Title 14 of the Code of Federal Regulation(14 CFR)은 인허가 절차를 정의한다. 14 CFR 부분 43, Section 43.13(a)는 항공기, 엔진, 프로펠러에서 정비, Alteration, 또는 예방 정비를 수행하는 개개인이 현재의 제작사 정비 매뉴얼(manufacturer's maintenance manual)에서 규정된 방법, 기술 그리고 실행을 이용하거나 제작사에 의해 준비된 지속적인 감항성을 위한 매뉴얼 또는, 관리자가 허용할 수 있는 다른 방법, 기술 및 실행을 사용해야 한다고 명시한다.
2) AC 43.13-1은 제작사 수리 또는 정비 매뉴얼이 없을 경우에 한정하여, 민간 항공기의 비여압 지역에서의 검사와 수리에 대해 관리자가 허용할 수 있는 방법, 기술 및 실행을 포함한다.
3) 이 자료는 일반적으로 소수리에 속한다. 이 AC에서 인정되는 수리는 대수리에 대한 FAA 인가를 위한 근거로서만 사용될 수 있다. 수리 자료는 아래와 같은 경우 인가된 자료와 FAA Form 337의 block 8에 열거된 AC chapter, page 그리고 paragraph로 사용된다.
   ⑴ 사용자는 수리하는 생산품에 적합한지 판단한다.
   ⑵ 수리에 직접적으로 적용할 수 있다.
   ⑶ 제작사 자료에 반하지 않는다.

3.3.1.4 응력외판(Stress Skin) 구조 수리

1) 항공기 구조에서 응력외판은 항공기 외부의 피복, 즉 외판이 주하중의 일부 또는 전부를 운반하는 구조의 형태이다. 응력외판은 고강도의 압연된 알루미늄 합금판재로 만든다. 응력외판은 항공기 구조에 부과된 하중의 큰 부분을 운반한다. 여러 가지의 특정한 외판 지역은 고임계, 중임계, 그리고 비임계로 구분된다. 이와 같은 면적에 대한 특정 수리요건을 결정하기 위해 해당 항공기 정비 매뉴얼을 참고한다.
2) 항공기 외측외판의 미미한 손상은 손상된 판재의 안쪽에 패치를 부착시키는 방법으로 수리할 수 있다. 손상된 외판 지역을 제거하면서 생긴 홀에는 필러 플러그(filler plug)가 장착되어야 한다. 이것은 홀을 막고 현재 항공기에서 공기역학상 필요한 매끄러운 외피표면을 형성한다. 패치의 크기와 모양은 일반적으로 수리에 필요한 리벳 개수로 결정된다. 다른 규정이 없다면 리벳 공식을 이용해서 필요한 리벳 개수를 산정한다. 원래 외판 재료와 같은 두께이거나 더 큰 두께의 판재조각을 사용한다.

3.3.1.5 패치(Patches)

외판은 두 가지 유형으로 구분된다.
① Lap 또는 Scab Patch
② Flush Patch

3.3.2 굽힘반경(bending radius)

1) 굽힘반경은 bending한 재료의 안쪽에서 측정한 반경을 말한다.
2) 최소굽힘반경은 판재가 본래의 강도를 유지한 상태로 bending될 수 있는 최소의 굽힘반경을 말한다.
3) 판재의 굽힘반경이 작을수록 굽힘부에 일어나는 응력과 비틀림 양은 커진다. 따라서 판재를 응력과 비틀림의 한계를 넘은 작은 반경에서 접어 구부리면 굽힘부의 강도 저하, 또는 균열을 일으킨다. 이와 같은 한계 범위는 판재 두께, 굽힘각도, 재료 및 판재 상태에 따라 달라진다.
4) 굽힘점(mold point): 외부 표면의 연장선이 만나는 점
5) 굽힘접선(bend tangent line): 굽힘의 시작점과 끝점에서의 선

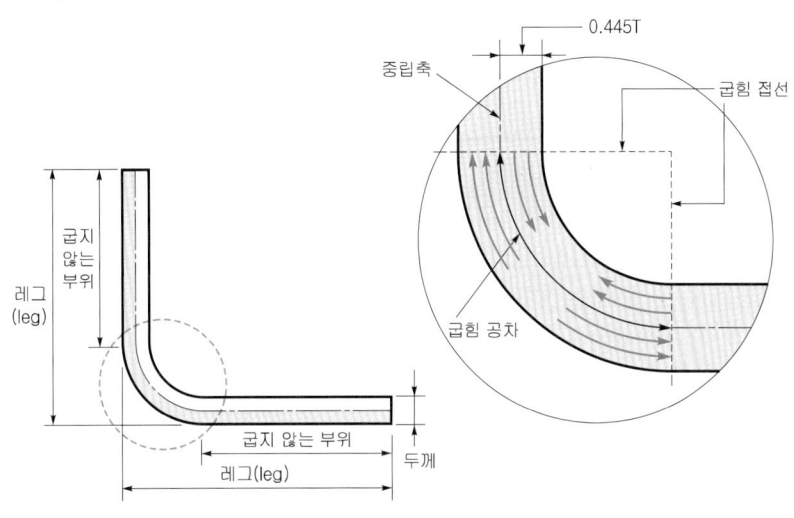

▲ 그림 3-30 굽힘접선과 굽힘공차

3.3.3 셋백(setback)과 굽힘 허용치(BA)

1) SB : setback은 굽힌 판 바깥면의 연장선의 교차점과 굽힘접선과의 거리

$$SB = \mathrm{Tan}\ N/2(R+T) = K(R+T)$$

여기서, N : 굽힘각도, R : 굽힘반경, T : 판재 두께, K : 굽힘각도에 따른 상수 → 90° 일 때 $K=1$

2) BA : bend allowance는 평판을 구부려서 부품을 만들 때에 완전히 직각으로 구부릴 수 없으므로 굽히는 데 소요되는 여유길이를 말한다.(R : 굽힘반경, T : 판재 두께)

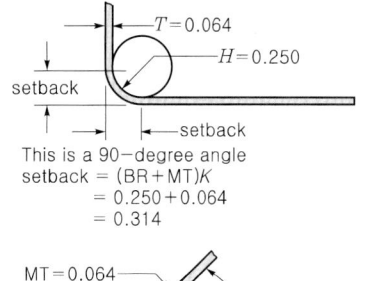

This is a 90-degree angle
setback = (BR+MT)K
       = 0.250+0.064
       = 0.314

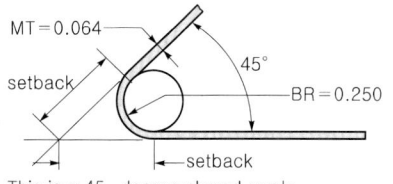

This is a 45-degree closed angle.
setback = (BR+MT)(K135=2.414)
       = (0.250+0.064)2.414
       = 0.758

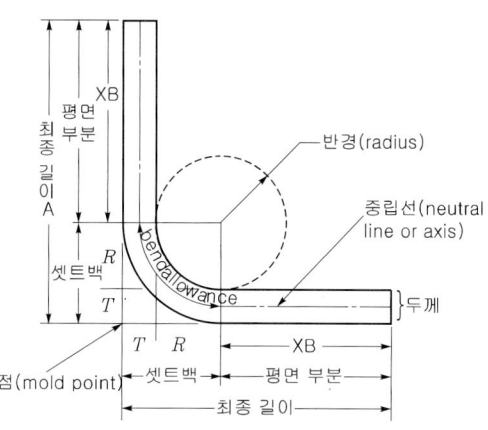

▲ 그림 3-31 Set Back과 Bend Allowance

$$\mathrm{BA} = 2\pi \times \left(R + \frac{T}{2}\right) \times \frac{\theta}{360}$$

※ 다음 그림과 같은 판재의 전체 길이를 구하면?
- 왼쪽 평면 A의 높이 : 25.4mm
- 가운데 평면 길이 : 51mm
- 오른쪽 평면 C의 높이 : 32mm
- 판재 두께 : 2mm
- 굽힘반경 : 4.8mm
- 굽힘각도 : 90도

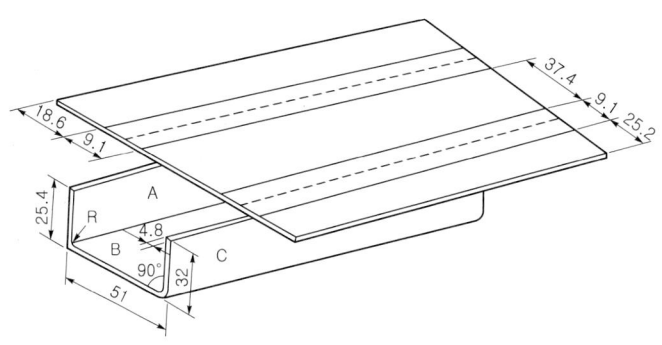

▲ 그림 3-32 판재 설계

풀이 ① 셋백 : 판의 두께 2mm, 굽힘반경 4.8mm를 더한 값 → 6.8mm
② 평면 A는 전체 길이 25.4mm에서 셋백 6.8을 뺀 값 → 18.6mm
③ 평면 B는 전체 길이 51mm, 양쪽 셋백 2×6.8mm를 뺀 값 → 37.4mm
④ 평면 C는 전체 길이 32mm에서 셋백 6.8mm를 뺀 값 → 25.2mm

⑤ 굽힘허용값(BA)은 식에 대입하면
$$BA = 2 \times 3.14 \times \left(4.8 + \frac{1}{2} \times 2\right) \times \frac{90}{360} = 9.106$$
⑥ 전체 길이는 평면 A, B 및 C의 길이와 굽힘허용값을 더한 값으로
18.6+37.4+25.2+(2×9.1) = 99.4mm
⑦ 전체 치수로 일감을 자른 후 판재 위에 꺾음 중심선을 그린다.
⑧ 세 평면 A, B, C의 길이 25.4mm, 51mm, 32mm를 모두 더하면 108.4mm

3.3.4 가공의 종류

1) 전단가공(Cutting)의 종류
   ① 블랭킹(blanking) : 필요한 부분을 잘라내는 작업
   ② 펀칭(punching) : 필요 없는 부분을 잘라내는 작업
   ③ 트리밍(trimming) : 필요 없는 부분을 따내는 작업
   ④ 세이빙(shaving) : 거친 부분을 다듬는 작업

2) 판재의 절단 및 굽힘가공
   ① 범핑 가공(bumping) : 가운데가 움푹 들어간 구형 면을 가공하는 작업
   ② 크림핑 가공(crimping) : 길이를 짧게 하기 위하여 판재를 주름지게 하는 작업
   ③ 플랜징 가공(flanging) : 원통의 가장자리 등을 늘려서 단을 짓는 작업

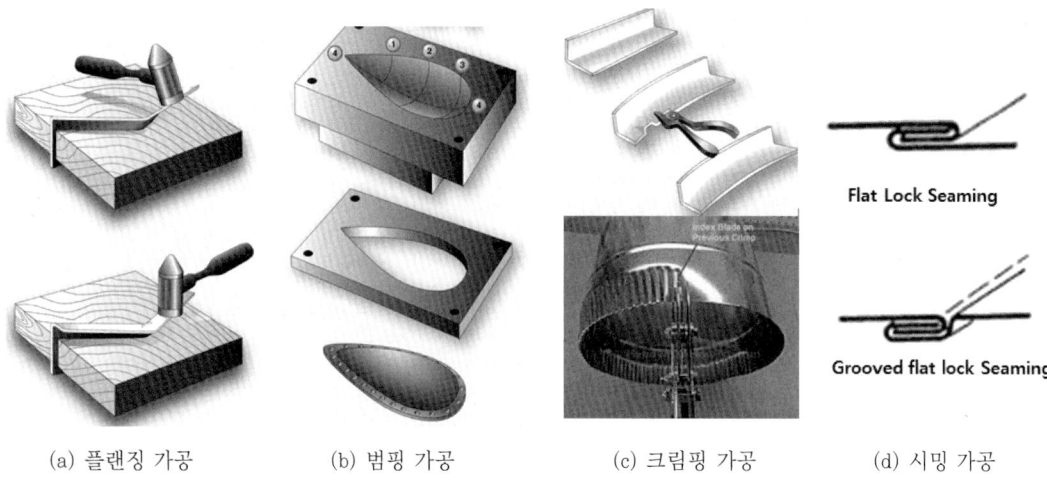

(a) 플랜징 가공   (b) 범핑 가공   (c) 크림핑 가공   (d) 시밍 가공

▲ 그림 3-33 판재의 가공

3) 이음작업 : 판금 작업으로 만든 부분을 합하여 완성품으로 만듦
   ① 시밍 가공(seaming) : 판과 판을 서로 접어서 접합
   ② 리벳 이음(riveting) : 리벳을 이용하여 접합
   ③ 용접 이음(welding) : 판을 녹여서 접합 또는 전기 저항열 이용

3.4 도면의 이해

3.4.1 3면도 작성

1) 정면도(Front/Main View)
   ① 물체 앞에서 바라본 모양을 도면에 나타낸 그림으로, 그 물체의 가장 기본이 되는 면
   ② 사물을 가장 잘 표현할 수 있는 그림이며 모든 단면도는 정면도로부터 파생

2) 평면도(Top View)
   ① 물체의 위에서 내려다본 모양을 도면에 표현한 그림을 말하며 상면도라 함
   ② 정면도와 함께 많이 사용

3) 우측면도(Right Side View)
   ① 우측면도는 물체의 오른쪽에서 바라본 모양을 도면에 나타낸 그림
   ② 정면도, 평면도와 함께 많이 사용

4) 좌측면도(Left Side View)
   ① 좌측면도는 물체의 왼쪽에서 바라본 모양을 도면에 표현한 그림

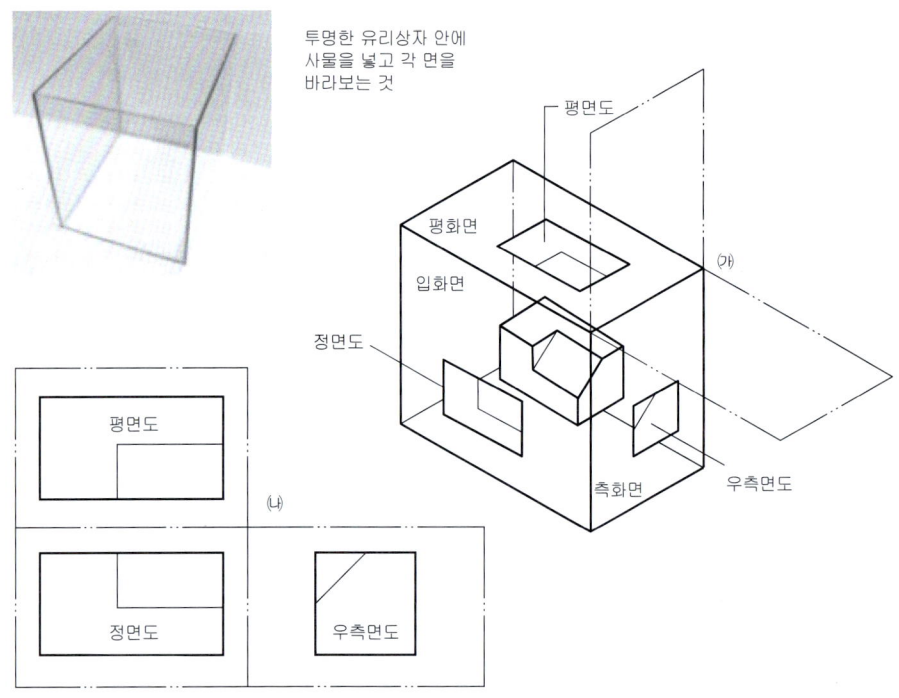

▲ 그림 3-34 3면도

3.4.2 도면 기호 식별
3.4.2.1 기하공차의 종류와 그 기호

작용하는 형체	기하공차의 종류		기호
단독 형체	모양공차	진직도(straightness)	—
		평면도(flatness)	⌒
		진원도(circularity, roundness)	○
		원통도(cylindricity)	⌀
단독 형체 또는 관련 형체		선의 윤곽도(profile of a line)	⌒
		면의 윤곽도(profile of a surface)	⌒
관련 형체	자세공차	평행도(parallelism)	//
		직각도(perpendicularity, squareness)	⊥
		경사도(angularity)	∠
	위치공차	위치도(position)	⊕
		동심도(concentricity), 동축도(coaxiality)	◎
		대칭도(symmetry)	≡
	흔들림공차	원주 흔들림(circular run out)	↗
		온 흔들림(total run out)	↗↗

3.4.2.2 선의 종류와 용도

명 칭	모 양	설명 및 적용	예
외형선	———	끊김 없는 굵은 실선 물체의 가시적인 외형을 지시하기 위해 사용	
은선	- - -	짧고 일정한 간격을 유지하는 대시(-) 형태의 선 물체의 숨겨진 외형을 표시하기 위해 사용	
중심선	—·—·—	길고 짧은 데시가 교대로 나타나고 길이에 변함이 없는 가는 선(일점 쇄선) 축에 대한 대칭과 중심의 위치를 표시하기 위해 사용	
치수선	↕ (ALT.)	선의 양쪽 끝이 화살표 머리로 된 가는 선 측정된 치수를 지시하기 위해 사용	

명 칭	모 양	설명 및 적용	예
치수 보조선		끊김 없는 가는 실선 치수가 기입될 지역의 시작과 끝을 지시하기 위해 사용	
지시선		선의 한쪽 끝이 화살표 머리로 된 가는 선 치수나 다른 것을 지시하기 위해 사용	1/4 X 20 UNC-2 THD
가상선 또는 기준선		한 개의 긴 데시와 두 개의 짧은 데시를 중간에 넣고 끝에 긴 데시를 붙인 선(이점쇄선) 부품의 교체 위치를 지시하기 위해 사용한다. 세부 자료를 지시하기 위해 반복한다.	
재봉선		짧은 대시가 고르게 간격을 두고 라벨을 붙인 단락의 중간 선 바느질이나 재봉선을 지시하기 위해 사용	STITCH
파단선 (큰 물체)	(WOOD)	손으로 그린 가는 지그재그 선 물체의 크기를 세부적으로 줄일 때 사용	
파단선 (작은 부품)		손으로 그린 굵은 선 작은 물건을 절단할 때 사용	
로드와 튜브의 파단선	ROD TUBE	중간 실선 절단하고자 하는 물체의 표면을 지시할 때 사용	ROD TUBE
절단면 선 임의의 절단면		굵은 실선과 화살표 절단면 또는 면이 보이거나 측정된 방향을 지시할 때 사용	
옵셋 또는 복합 절단면선		굵은 점선 화살표는 가상의 자를 곳을 암시하며 관측방향을 알려준다.	
해칭선		가는 사선 절단면을 나타내기 위해 사용	

3.4.3 Aircraft Drawings

항공기는 수많은 부품으로 구성되며, 이 항공기의 복잡한 구조를 완벽히 설계, 제작하고, 설계한 대로 조립되어야만 원하는 성능을 발휘하게 된다. 때문에 타 산업보다도 고도의 기술과 정밀한 작업이 요구된다. 기술 집약체인 항공기는 각 분야별 전문가들의 수많은 아이디어가 집약되어 하나의 완결체로 완성된다. 서로의 아이디어를 소통하기 위하여 말이나 글로써 표현할 때, 적절치 못한 단어의 선택으로 인하여 원래의 뜻으로부터 왜곡될 수 있다. 그래서 아이디어를 표현할 때는 이런 실수를 방지하기 위하여 도면을 사용한다. 도면에서는 물체의 구성 또는 조립에 대한 생각을 전달하기 위하여 상징화된 선, 주석, 약어, 그리고 기호를 이용한다. 항공기나 항공기 부품을 설계, 제작할 때 또는 이를 개량하고자 할 때는 제일 먼저 그 항공기나 부품에 대한 도면을 그린다.

3.4.4 도면의 종류(Types of Drawings)

도면에는 물체나 그 부품들의 크기와 모양, 사용하여야 하는 재료에 대한 부품명세서, 부품들을 어떻게 조립하여야 하며, 재료를 어떻게 마무리해야 하는지, 그 밖에 제작하거나 조립하는 데 필요한 정보가 담겨 있어야 한다. 도면은 (1) 상세도, (2) 조립도, (3) 설치도(장착도)로 나눌 수 있다.

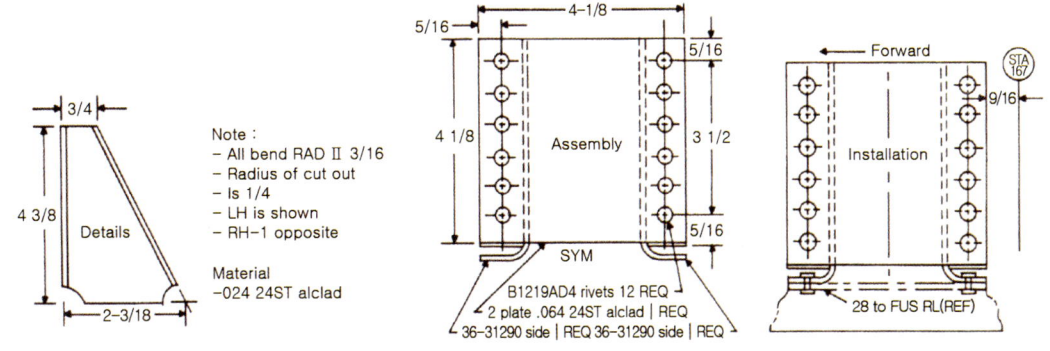

▲ 그림 3-35 도면의 종류(Types of Drawings)

3.4.4.1 상세도(Detail Drawing)

상세도는 만들고자 하는 단일 부품을 제작할 수 있도록 선, 주석, 기호, 설계명세서 등을 이용하여 그 부품의 크기, 모양, 재료 및 제작방법 등을 상세하게 표시한다. 부품이 비교적 간단하고 소형일 경우에는 여러 개의 상세도를 도면 한 장에 그릴 수도 있다.

3.4.4.2 조립도(Assembly Drawing)

조립도는 2개 이상의 부품으로 구성된 물체를 표시한다. 조립도는 보통 물체를 크기와 모양으로 나타낸다. 이 도면의 주목적은 서로 다른 부품들 사이의 상호관계를 보여주는 것이다. 조립도는 일반적으로 여러 부품의 상세도로 이루어지기 때문에 상세도보다 더 복잡하다.

3.4.4.3 설치도(Installation Drawing)

설치도(장착도)는 부품들이 항공기에 장착되었을 때의 최종적인 위치에 관한 정보를 나타내는 도면이다. 이 도면은 특정한 부품과 다른 부품과의 상호 위치에 대한 치수나 공장에서 다음 공정에 필요한 기준치수를 표시하고 있다.

3.4.4.4 단면도(Sectional View Drawings)

단면도는 물체의 한 부분을 절단하고 그 절단면의 모양과 구조를 보여주기 위한 도면이다. 절단 부품이나 부분은 단면선(해칭)을 이용하여 표시한다. 단면도는 물체의 보이지 않는 내부 구조나 모양을 나타낼 때 적합하다. 단면의 종류는 다음과 같다.

3.4.4.4.1 전단면(Full Section)

전단면은 외관상으로는 물체의 내부 구조나 특징을 나타낼 수 없을 때 사용한다.

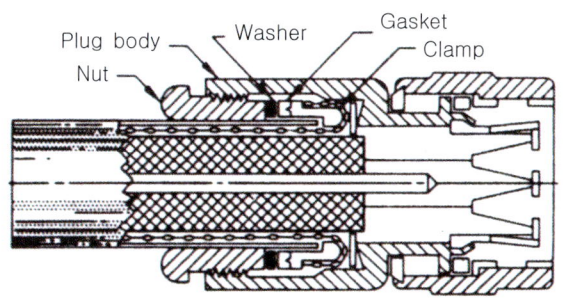

▲ 그림 3-36 Cable Connector 전단면

3.4.4.4.2 반 단면(Half Section)

반 단면은 물체의 절반을 절단면으로 나타내고, 나머지 절반을 절단면과 연장해서 그 물체의 외형으로 나타낸다. 반 단면은 대칭인 물체에서 내부와 외부를 한꺼번에 나타낼 수 있어 편리하다.

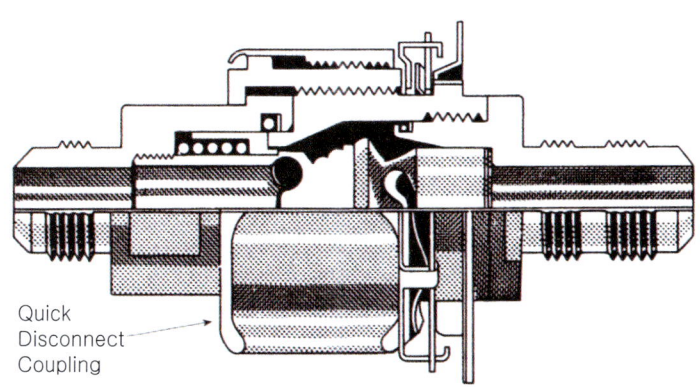

▲ 그림 3-37 Quick Disconnect Coupling 반 단면

3.4.4.4.3 회전 단면(Revolved Section)

회전 단면은 바퀴의 살(spoke)과 같은 구조에서 단면 모양을 회전시켜 외형상에 직접 그린다.

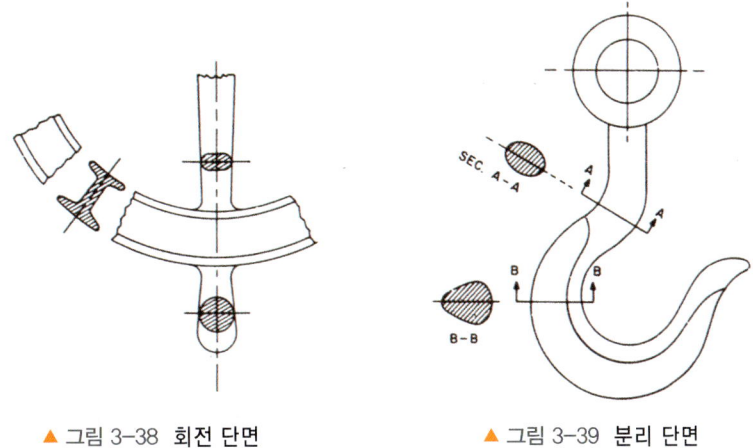

▲ 그림 3-38 회전 단면 ▲ 그림 3-39 분리 단면

3.4.4.4.4 분리 단면(Removed Section)

분리 단면은 물체의 특정한 부분을 구체적으로 나타낼 때 적합하다. 분리 단면은 회전 단면과 비슷하게 그리지만, 외형으로부터 옆으로 분리하여 그린다는 점이 다르다. 때에 따라 좀 더 상세하게 표현하고자 할 때는 더욱 큰 축적으로 확대한 분리 단면을 그리기도 한다. 그림의 단면 A-A는 A-A선을 따라 절단한 곳에서의 단면형상이고, 단면 B-B는 B-B선을 따라 절단한 곳에서의 단면형상이다. 이 단면도는 기본 도면에 적용되는 척도와 같은 축적으로 그리지만, 때에 따라서는 관련 항목을 세부적으로 나타내기 위해 더욱 큰 축적으로 확대하여 그리기도 한다.

3.5 드릴 등 벤치공구 취급

3.5.1 드릴 절삭, 엣지각, 선단각, 절삭 속도

1) Drilling : 회전하는 drill을 축방향으로 이송시켜 구멍을 뚫는 작업을 말한다.
2) drilling 작업중의 떨림으로 인하여 drilling 후의 hole은 일반적인 drill size보다 약간 크고 타원이 된다.

3.5.1.1 선단각(날끝각)

드릴 끝에서 두 개의 절삭날이 이루는 각으로 날끝각이라 하고 표준형은 118°이며, 선단각이 너무 크면 이송이 어렵고, 너무 작으면 날 끝의 수명이 짧아지므로 공작물의 재질에 따라 선단각을 증감해야 한다.

1) 주철, 베크라이트 등 : 90~118°
2) 알루미늄, 화동, 마그네슘, 연강 : 118°
3) 스테인리스강 : 118~135°
4) 니켈강, 고속도강, 열처리강 : 135°

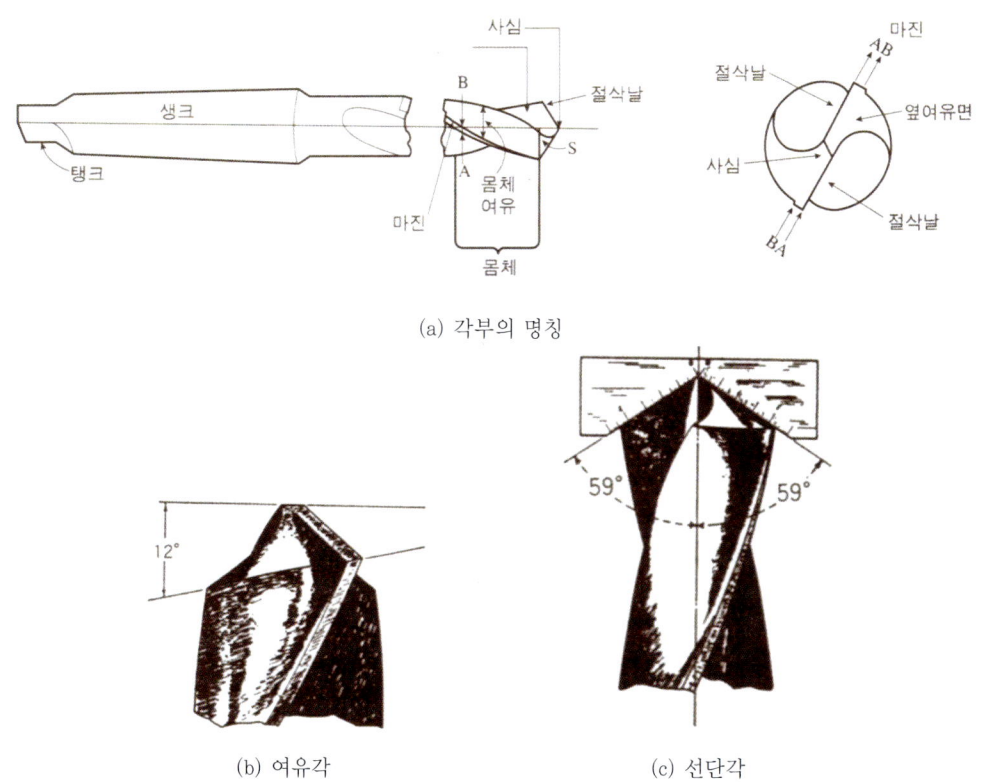

▲ 그림 3-40 드릴의 형상 및 각부 명칭

3.5.1.2 절삭 속도

1) 드릴 속도는 분당회전수로 측정한다.
   ① 단단한 재료에는 느린 RPM(저속) 드릴을 필요로 한다.
   ② hole 직경이 커지면, 드릴링 속도는 감소한다.

2) 드릴 이송은 드릴 비트가 분당 부품 속으로 이동하는 거리이다.
   ① 단단한 재료는 더 많은 압력을 필요로 한다.
   ② 티타늄과 강철합금 등을 드릴링 할 때는 특히 드릴이 절단을 계속 유지하도록 항상 충분한 힘을 가해야 한다.
   ③ 드릴 비트가 구부러지는 것을 방지하기 위해 가능한 짧은 드릴 비트를 사용하는 것이 권고된다.

3) 판의 두께와 재질에 따라 날끝각이나 속도가 달라진다.
   ① 경질 재료, 얇은판 : 118° → 저속
   ② 연질 재료, 두꺼운 판 : 90° → 고속

3.5.1.3 Drilling의 일반 규칙

1) 과도한 드릴 스피드는 재료에 과도한 열과, 다음을 차례로 발생시킨다.
   ① 재료 변색, 금속을 경화, 드릴 비트 커터의 수명 감소

2) 불충분한 드릴 스피드는 드릴 비트의 체류 시간을 증가시키고, 다음을 차례로 발생시킨다.
   ① 과도한 열 증가로 lead에 build up이 발생, 자재 절삭량 감소 초래
   ② 이송 압력의 증가 필요

3) 이상적인 알루미늄 구조물을 위한 드릴링 속도
   ① 2000RPM에서 6000RPM 사이

4) 이상적인 티타늄과 강철합금을 위한 드릴링 속도
   ① 250RPM에서 1000RPM 사이

5) 리이밍, 카운터싱킹, 카운터보링을 위해 요구되는 드릴 속도
   ① 드릴링 속도의 1/3에서 1/2

3.5.2 톱, 줄, 그라인더, 리머, 탭, 다이스

1) 톱(Saw)
   보통 쇠톱의 구성은 날, 틀, 손잡이로 되어 있다. 날의 양끝에 구멍이 있어 틀에 걸 수 있게 되어 있다. 날을 틀에 끼울 때는 잇 날의 끝이 앞을 향하게 한다. 날이 구부러지거나 휘청거리지 않도록 날의 장력을 조절한다. 절단 작업 시 사용한다.

2) 줄(File)
   대부분의 줄은 표면 경화 및 담금질 처리된 공구강으로 만든다. 줄의 tooth을 선택할 때는 작업 종류와 피 가공물의 재질이 고려되어야 한다. 줄은 모서리를 직각으로 또는 둥글게 가공하거나 피 가공물 burr의 제거, 구멍이나 홈을 내는 작업, 불규칙한 면을 smooth하게 하는 작업 등에 사용한다.

3) 그라인딩(Grinding)
   연삭숫돌의 고속 회전에 의한 입자의 절삭 작용으로 가공하는 방법으로서 금속표면의 정밀도를 높이는 가공이다. 연삭가공은 bite나 cutter와 같은 절삭 공구에 의한 가공에 비하여 금속 제거 율이 낮으나 연삭숫돌 입자의 경도가 높기 때문에 다른 절삭 공구로 가공이 어려운 경화강과 같은 경질 재료의 가공이 용이하며, 생성되는 chip이 매우 작아 가공 정밀도가 높다. 연삭숫돌 입자가 무디어져 연삭 저항이 증가하면 숫돌입자가 탈락되는 자생작용을 하므로 작업중 재 연마를 할 필요가 없어 연삭작업을 계속할 수 있다.

4) 리밍(Reaming)

드릴 등으로 가공된 hole은 정밀도나 가공 면이 좋지 않기 때문에 처음 hole은 드릴 등으로 가공하고, 이 기본 hole에 따라 구멍의 직경을 소정의 치수로 넓힘과 동시에 hole 지름의 치수 정밀도, 표면의 조도 등을 높이는 가공을 말한다. hole을 보다 정확하게 reaming하기 위해서는 드릴 가공된 hole을 boring endmill로 확장한 후 reaming을 해야 하며, 절삭 속도는 드릴보다 느리고 이송은 2~3배 빠르게 한다.

5) 태핑(Tapping)

tap을 사용하여 암나사를 가공하는 것을 말한다. tap hole은 나사의 골 지름보다 다소 크게 뚫어야 하며, 이때 사용하는 드릴은 tap drill이라 한다. tap을 내기 위한 hole이 너무 작으면 절삭 저항이 커져 가공된 나사면이 좋지 않고 tap이 부러질 우려가 있으며, 반대로 tap hole이 너무 크면 완전한 나사산이 가공되지 않고 나사강도가 저하된다.

6) 다이스(Dies)

die를 이용하여 수나사를 가공하는 것을 말한다.

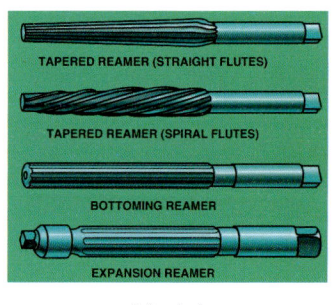
(a) 리머

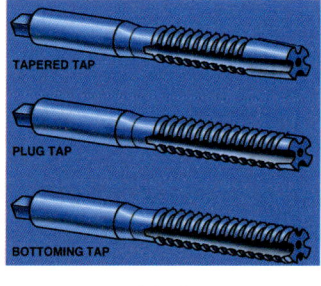
(b) 탭

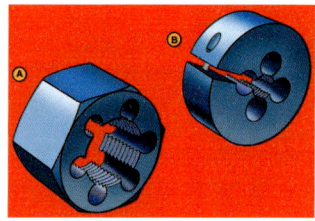
(c) 다이스

▲ 그림 3-41 리머, 탭, 다이스

3.5.3 공구 사용 시의 자세 및 안전 수칙

3.5.3.1 동력 공구 사용 시 주의사항

1) 압력 장비는 규정된 압력을 유지한다.
2) 동력 공구 사용 시에는 반드시 보호장구를 착용한다.
3) 작동 부분에는 항상 윤활유 또는 그리스로 윤활해야 한다.
4) 그라인더 장비는 회전시 소음과 진동의 상태를 점검한 후 사용한다.
5) 드릴 머신을 조작할 때에는 장갑을 끼어서는 안 된다.
6) 전동 공구는 케이블이나 본체의 누전으로 인한 감전에 주의한다.
7) 장비를 수리하거나 손질할 때에는 반드시 전원을 끈 후 작업한다.

3.5.3.2 수 공구(Hand Tool) 사용 시 주의사항

1) 정비작업에 사용되는 일반적인 hand tool을 이용하는 데 있어서 필요로 하는 기본지식의 윤곽은 정해질 수 있지만 완전한 지식을 줄 수는 없다. 손재주와 재능이 기본을 보충하는 경우가 많기 때문이다.
2) 공구의 사용법은 가볍게 생각할 수 있으나 공구 취급상의 안전, 주의 및 보관에 관한 좋은 습관에는 변함이 없다.
3) 공구로 인한 사고는 대개 그것을 잘못 사용함으로써 일어난다. 대부분의 작업자들은 공구라는 것은 교육을 받지 않아도 사용할 수 있는 간단하고 단순한 도구라고 생각하고 있다. 그러나 이런 생각은 잘못된 것이다. 공구는 적절하고 안전하게 사용될 때 보다 효과적인 작업을 수행할 수 있는 능력을 가지고 있다. 공구로 인한 사고를 방지하기 위해서는 작업장에서 적절한 교육과 훈련이 뒤따라야 한다.
4) 안전한 공구 사용을 위한 중요한 예방조치로서는 공구가 즉시 사용될 수 있을 만큼 좋은 상태에 있는가를 확인해야 한다. 사다리, platform, workstand 등 높은 곳에서 작업을 할 때는 해당 작업장에 필요한 만큼의 공구를 보관할 수 있는 공구가방을 사용해야 한다. 작업대 위로 공구통을 들어올려서는 안 된다.
5) 또 밑에 있는 항공기나 작업자에게 공구를 떨어뜨리지 않도록 특별히 유의해야 한다. 공구를 사용하고 있지 않을 때는 작업복 주머니에 넣고 다녀서는 안 된다.
6) 작업복 주머니에 공구를 넣고 다니면 본인과 주위 사람을 다치게 할 수도 있다.
7) grease나 오염된 공구를 사용해서는 안 된다. 만일 grease나 오염된 공구를 사용하게 되면 grip의 역할이 감소되어 본인이 다치거나 항공기에 손상을 입힐 수도 있다.
8) 공구 사용으로 인하여 metal chip같은 것이 생길 경우는 반드시 보호 안경을 착용해야 한다.
9) 화재의 위험이 도사리고 있거나 금속제의 공구 사용으로 인하여 폭발을 일으킬 수 있는 spark 현상이 있는 곳에서 작업을 할 때에는 주의해야 한다.
10) 작업자들은 공구를 사용하고 있지 않을 때 그 공구를 선반이나 개인 공구통에 보관한다. 또한 공구들을 깨끗이 닦아 놓으며, 아울러 녹을 방지하기 위해 공구 표면에 기름을 칠해 놓는다. 공구에 기름을 칠할 때에는 가벼운 윤활유나 방식유를 사용한다.
11) 파손되거나 결함이 있는 공구는 반납하거나 교환한다. 작업이 끝나면 분실된 공구가 없는지, 또는 공구의 상태는 양호한지 inventory해야 한다.

3.5.3.3 볼트와 너트 체결 시 올바른 공구 사용법

1) 볼트와 너트를 죄거나 풀 때에는, 치수에 맞는 공구를 사용하여 머리 부분이 손상되지 않도록 하여야 한다.
2) 볼트와 너트를 될 때, 처음에는 손으로 어느 정도 조인 다음, 렌치를 사용하여야 한다.
3) 각종 렌치를 사용할 때에는, 되도록 밀기보다는 당기는 방향으로 힘을 가하여야 하고, 작업중 손을 다치지 않도록 주의하여야 한다.
4) 오픈 엔드 렌치나 조정 렌치를 사용할 때에는, 힘을 가하는 방향에 유의하여야 한다.

5) 익스텐션 바를 사용할 때에는, 한 손으로 바를 잡고 작업을 하여야 한다.
6) 사용한 공구는 반드시 제자리에 놓은 다음, 다른 공구를 꺼내어 사용하여야 한다.
7) 토크 렌치를 사용할 때에는, 특별한 지시가 없는 한 볼트의 나사산에 절삭유를 사용하여서는 안 된다.
8) 토크값을 측정할 때에는, 바른 자세로 천천히 힘을 가해서 해야 한다.
9) 볼트나 너트가 어느 정도 죄어진 상태에서, 규정된 토크값으로 토크 렌치를 사용하여 죄어야 한다.
10) 규정된 토크값으로 조인 볼트나 너트에 안전 결선이나 고정 핀을 끼우기 위해서 볼트나 너트를 더 죄어서는 안 된다.

4 연결작업

4.1 호스, 튜브작업

4.1.1 사이즈 및 용도 구분

4.1.1.1 튜브(Tube)

1) 금속 튜브의 크기는 바깥지름(outside diameter, O.D.)을 측정하며 1 inch를 16등분한 분수로 표시한다.
2) 따라서 No.6 배관은 6/16 inch 또는 3/8 inch 배관으로 구분되고, No.8 튜브는 8/16 inch 또는 1/2 inch로 구분된다.
3) 튜브의 직경은 모든 휘지 않는 유체 튜브(rigid tube) 위에 상징적으로 프린트된다. 다른 분류법을 추가하거나 분류를 확인하기 위해서 다양한 튜브의 두께로 제작된다. 튜브를 장착할 때는 재질뿐만 아니라 바깥지름을 알고 튜브를 장착하는 것이 매우 중요하다.
4) 튜브의 두께는 1/1000 inch로 튜브 표면에 프린트된다.
5) 튜브의 안지름(I.D.)을 알기 위해 바깥지름으로부터 벽두께의 두 배를 뺀다.
6) 예를 들어 벽두께가 0.063 inch인 No.10 튜브는 0.625−2×0.063=0.499 inch의 안지름을 갖는다.

▼ 표 4-1 알루미늄 합금 튜브 컬러코드 식별

Aluminium Alloy Number	Color of Band
1100	White
3003	Green
2014	Gray
2024	Red
5052	Purple
6053	Black
6061	Blue and Yellow
7075	Brown and Yellow

4.1.1.2 유체 라인의 식별(Fluid Line Identification)

1) 항공기에 사용되는 각각의 유체 라인은 컬러 코드, 단어 그리고 기하학적인 모양의 부호로 구성된 표지에 의해서 식별할 수 있다. 이 표지는 각각의 유체 라인의 기능, 내용물 그리고 주요한

위험 요소를 표현해 준다. 그림 4-1은 튜브 내부의 유체의 종류와 그 계통의 종류를 구분하기 위해 사용되는 심벌과 컬러 코드이다.

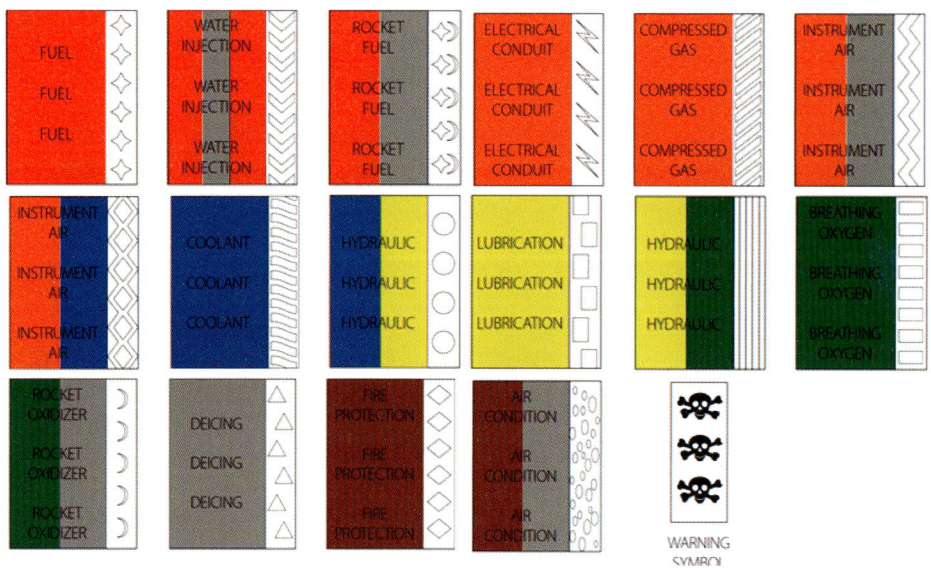

▲ 그림 4-1 항공기 유체 라인 식별 코드

2) 그림 4-2(a)처럼 유체 라인은 대부분의 경우 1 inch 테이프 또는 데칼(decal)로 주기된다. 직경이 4 inch 또는 그보다 큰 튜브, 기름에 노출되는 튜브, 뜨거운 튜브 또는 차가운 튜브는 그림 4-2(b)와 같이 데칼이나 테이프를 붙일 장소에 철제 태그를 붙여주기도 한다. 엔진 흡입구쪽으로 빨려들어 갈 수 있는 공간에 위치한 튜브에는 데칼이나 테이프 대신에 페인트를 사용하기도 한다.

3) 그림 4-2와 같이 위에 언급한 표시에 추가하여 계통 내의 특별한 기능을 표현하기 위해서 사용되기도 한다. 예를 들면 드레인, 벤트, 압력 또는 리턴 등이 해당한다. 연료를 공급하는 튜브에는 FLAM, 유독물질을 포함하는 튜브에는 TOXIC, 산소, 질소 또는 프레온과 같은 물리적으로 위험한 물질을 포함할 경우 PHDAN으로 표시한다.

4) 항공기 제작사, 엔진 제작사는 유체 라인의 식별을 위한 표식의 최초 장착에 대한 책임이 있지만 항공정비사는 그 표식을 유지 관리할 책임이 있다. 일반적으로 테이프와 데칼은 튜브의 양쪽

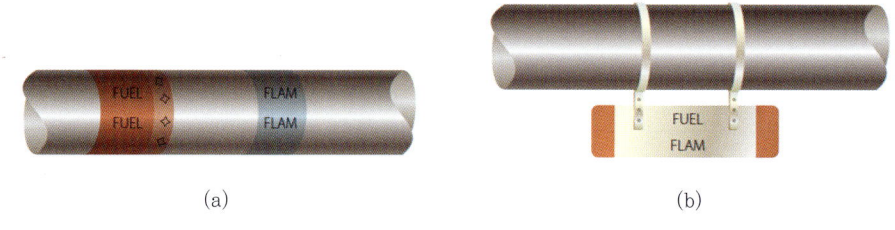

▲ 그림 4-2 유체 라인 식별 데칼

끝에 배치하고 적어도 튜브가 지나가는 각각의 격실에 한 개씩 배치시킨다. 또한 테이프나 데칼은 각각의 밸브, 조절기, 여과기 또는 튜브 라인 내의 액세서리에서 가까운 곳에 배치시킨다. 페인트나 태그가 사용되는 장소에는 테이프나 데칼의 요구조건이 동일하게 적용된다.

4.1.1.3 호스의 크기 표시법(Size Designation)

1) 호스는 호스의 크기와 관련된 데시 넘버(dash number)로 표시된다. 데시 넘버는 호스의 옆면에 등사되어 있고 호스에 적합한 배관의 크기를 인식할 수 있도록 한다. 데시 넘버는 호스의 안쪽 면 또는 바깥쪽 면의 지름을 표시하지는 않는다. 배관의 데시 넘버와 호스의 데시 넘버가 일치할 때 정확한 호스의 크기가 사용되는 것이다.

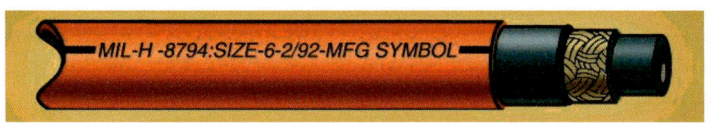

▲ 그림 4-3 호스의 식별

2) 그림 4-3에서 MIL-H-8794의 특정번호는 사용 압력을 말하고 치수번호 6은 3/8 inch의 외경을 가진 유관 대용으로 쓸 수 있다는 뜻이다. 그리고 2/92는 1992년 2/4분기에 제작되었음을 표시하는 것이며, 황색은 사용온도 범위를 표시하는 것으로 -65°F에서 160°F에 사용됨을 뜻하는 것이다.

3) 연성 고무호스는 합성고무 재질의 안쪽 튜브와 면, 철사 그리고 합성고무가 조합된 바깥쪽 층으로 구성되어 있다. 이렇게 만들어진 연성 고무호스는 연료, 오일, 냉매, 그리고 유압계통에 사용하는 것이 적당하며, 호스의 종류는 정상작동 조건에서 견디도록 설계된 압력의 크기에 따라 등급이 구분되어 있다.

4) 저압, 중압, 고압 호스(Low, Medium and High Pressure Hose)
저압 호스는 250psi 이하의 압력에서 사용 가능하며, 직물 보강제로 구성되어 있다. 중압 호스는 3000psi까지의 압력에서 사용 가능하며, 하나의 철사 층으로 보강되어 있고, 작은 크기의 호스는 3000psi까지 사용 가능하며 큰 크기의 호스는 1500psi까지 사용 가능하다. 고압 호스는 모든 크기의 호스로 3000psi까지 사용 가능하다.

5) 호스 식별(Hose Identification)
호스의 구분을 위한 표시는 그림 4-4와 같이 문자, 라인(line), 숫자로 호스 표면에 인쇄되어 있다. 대부분 유압 호스는 호스의 종류, 제작사를 구분하기 위한 5개 숫자로 된 코드와 제작년도, 분기가 표시되어 있다. 이러한 표시는 호스의 꼬임 상태를 판단하기 쉽도록 강조된 컬러의 글자와 글씨로 인쇄되어 있으며 9 inch 간격으로 반복되어 있다. 코드는 대체물을 추천하거나 같은 스펙의 호스로 교환할 때 도움을 준다. 보통 인산염 에스테르(phosphate ester)계 유압유에 사용하기 적합한 호스는 'skydrol use'라고 표현된다. 일부 몇 종류의 호스는 같은 용도로

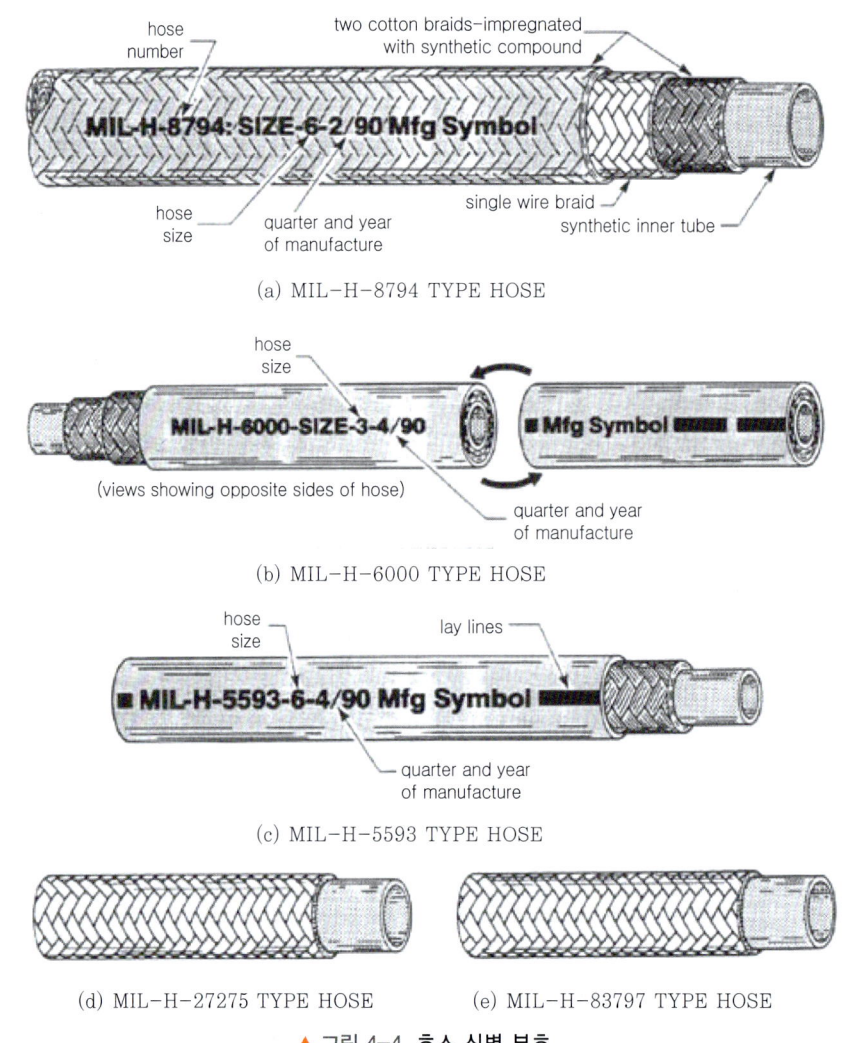

▲ 그림 4-4 호스 식별 부호

사용된다. 그러므로 정확한 호스의 선택을 위해서는 항상 항공기 정비 교범 또는 부품정비 교범을 참조하여야 한다.

6) 테프론(teflon)은 테트라플루오로에틸렌(tetrafluoroethylene)이라고 불리는 듀폰(Dupont)사의 상품명이다. 테프론은 −65~450℉까지의 넓은 범위의 사용 가능 온도 범위를 가지며 거의 대부분의 물질 또는 약품과 함께 사용 가능하다. 테프론은 약하게 흐름의 저항이 발생할 수 있지만 점착성, 점성물질이 달라붙지는 않을 것이다. 또 고무와 비교했을 때 팽창률이 적고 저장 기간과 사용 수명은 제한이 없다. 테프론 호스는 현존하는 항공기와 같은 높은 작동 온도와 높은 압력에 사용하기 위한 휘어지는 튜브로 디자인되었다. 성형된 테프론 호스는 똑바로 잡아당겨 사용하면 안 된다. 그림 4-5와 같이 미리 성형(preformed)된 테프론 호스는 절대로 똑바르게 보관하지 않는다. 만약 정비를 위해 장탈되었다면 지지 와이어(support wire)를 사용해야 한다.

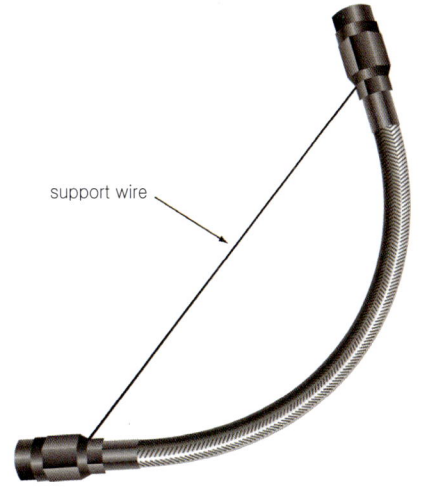

▲ 그림 4-5 성형된 테프론 호스 지지 와이어 상태

4.1.2 손상 검사방법

4.1.2.1 알루미늄 합금 튜브의 손상 검사방법

1) 일반적인 튜브 수리한계
   ① nick, dent, scratch, die는 tube의 heel 부분에는 허용되지 않는다.
   ② dent는 tube O.D.의 20% 미만은 알맞은 bullet으로 수정하여 재사용 가능하다.
   ③ nick, scratch는 tube wall thickness의 10% 미만은 burnishing하여 사용한다.
   ④ flat는 O.D.의 25% 이내 사용 가능하다.
2) 튜브의 구부러진 곡면을 제외한 나머지 부분에 발생한 튜브 직경의 20% 미만의 찌그러짐(dent)은 사용하는 데 이의가 제기되지 않는다. 작은 구슬(bullet)을 케이블에 매달아 튜브를 관통하게 하거나 기다란 로드를 이용해서 작은 구슬을 밀어 넣어 튜브의 찌그러짐을 제거한다. 작은 구슬은 볼 베어링(ball bearing) 또는 쇠구슬이나 경금속(hard-metal) 구슬이다. 그림 4-6과 같이 연성 재질의 알루미늄 합금 튜브의 경우 딱딱한 목재 구슬이나 작은 구슬을 사용한다. 심하게 손상된 튜브는 교환되어야 한다.

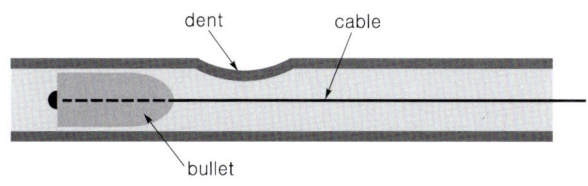

▲ 그림 4-6 구슬을 이용한 튜브 수리

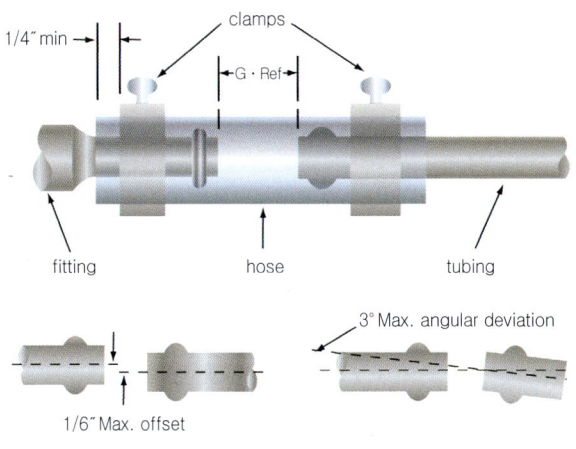

▲ 그림 4-7 연식 유체 라인 클램프 작업 및 비틀림 허용 각도

3) 경성 튜브를 교체할 때, 새로운 튜브는 기존에 장착되어 있던 튜브의 배치와 동일하게 유지해야 한다. 손상되거나 마모된 어셈블리는 장탈 후 더 손상되거나 형태의 변형이 일어나지 않게 주의하고 새로운 부품 제작을 위한 모양 틀로 활용한다. 만약 장탈된 튜브가 모양 틀로 활용할 수 없는 상태라면 철사로 모양 틀을 만들고 새로운 튜브의 필요한 모양을 따라 손으로 구부려 마무리한다. 그리고 철사로 만든 모양 틀을 따라 튜브를 굽힘 가공한다. 절대로 굽힘이 요구되지 않는 방향으로 가공하지 않도록 한다. 장착할 튜브는 절단하거나 플레어 가공을 할 수 없고, 튜브는 굽힘없이 장착되고 기계적인 변형으로부터 자유롭게 유지되기 위해서 정확하게 제작되어야 한다.

4) 튜브는 온도의 변화에서 오는 튜브의 수축과 팽창과 진동을 허용할 수 있도록 하는 기능을 위해서 굽힘이 필요하다. 만약 튜브 직경이 1/4 inch 이하일 경우, 손으로 굽힘 가공이 가능할 경우 심하지 않은 굽힘은 허용된다. 튜브가 기계장치로 가공되었다면 뚜렷한 굽힘은 직선으로 조립되지 않도록 만들어져야 한다. 플레어의 검사와 조립 과정에서 슬리브와 너트는 헐겁게 유지되어야 하기 때문에 피팅으로부터의 정확한 거리에서 굽힘 가공을 시작해야 한다. 모든 경우에 새로운 튜브는 커플링 너트를 이용해서 어셈블리의 정렬을 확인할 때 튜브가 잡아당겨지거나 뒤틀림이 발생하지 않도록 장착 전에 정확하게 가공되어야 한다.

4.1.2.2 연성 호스의 검사(Flexible Hose Inspection)

1) 각각의 점검 주기에 따라서 호스와 호스 어셈블리의 기능저하 등 상태 점검을 해야 한다. 누출, 튜브 안쪽면의 고무 또는 보강층의 분리, 균열, 경화, 유연성의 약해짐, 과도한 '저온유동(cold flow)' 등이 나타나면 기능이 저하되었다는 신호이며, 교체해야 하는 원인이 된다. 저온유동은 호스 클램프 또는 지지물의 압력에 의해 호스에 만들어진 영구적인 눌린 자국으로 설명된다.

2) 스웨이지로 처리된 피팅을 포함하고 있는 연성 호스에 결함(failure)이 발생하였을 때 전체 어셈블리가 교체되어야 하며, 정확한 크기와 길이의 새 호스를 확보하고 제작사에서 완성된 피팅으

로 마무리한다. 재사용이 가능한 엔드 피팅을 장착한 호스에 결함이 발생하였을 때는 제작사에서 제공된 조립 절차를 수행하는 데 필요한 적정 공구를 활용하여 교환튜브를 조립할 수 있다.

4.1.3 연결 피팅의 종류 및 특성

4.1.3.1 AN 규격 플레어 피팅(AN Flared Fitting)

1) 그림 4-8처럼 플레어 튜브 피팅은 슬리브와 너트로 이루어진다. 피팅이 조여졌을 때 너트는 슬리브 위쪽에 고정되고, 기밀 형성을 위해 수나사 피팅과 슬리브, 수나사 피팅을 맞닿는 방향으로 잡아당긴다. 수나사 피팅은 플레어의 안쪽 면과 같은 각도의 원추형 표면을 갖는다. 슬리브는 튜브를 지지해서 진동이 플레어 끝부분에 집중되지 않도록 하고, 가해지는 강도를 더 넓은 지역에 걸쳐 전단작용을 분산시키도록 튜브를 지지한다.
2) 서로 다른 합금으로 조립된 피팅의 조합은 이질금속 간 부식을 방지하기 위해 가능하면 피해야 한다. 모든 피팅의 결합은 피팅을 장착하는 동안 조여줄 때 조립, 정렬(alignment), 그리고 적절한 윤활제 적용 등을 확실하게 하여야 한다.
3) 규격 AN 피팅은 검정 또는 파랑색으로 식별된다. 모든 AN 철제 피팅은 검정색으로, 모든 알루미늄 피팅은 파랑색으로 착색되며 알루미늄 청동 피팅은 카드뮴 도금이 되고 보기에 자연스럽다.

4.1.3.2 MS 플레어레스 피팅(MS Flareless Fitting)

1) MS 플레어레스 피팅은 심한 진동과 움직임이 강한 압력을 받는 3000psi 고압 유압계통에 사용하도록 디자인되었다. 모든 플레어링을 제거한 플레어레스 피팅의 사용은 강하고 안전을 제공할 뿐 아니라 신뢰할 수 있는 튜브의 연결을 확보한다.

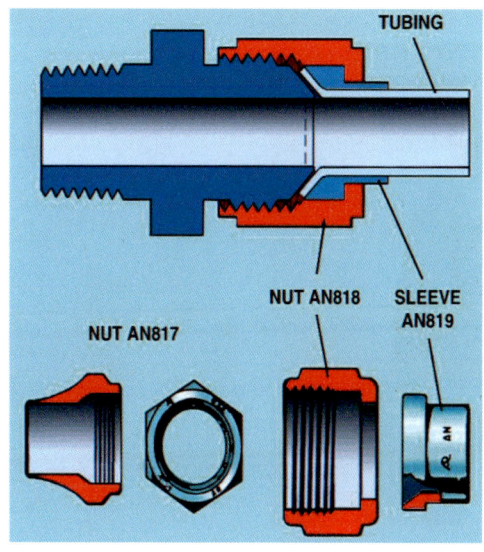

▲ 그림 4-8 플레어 튜브 피팅

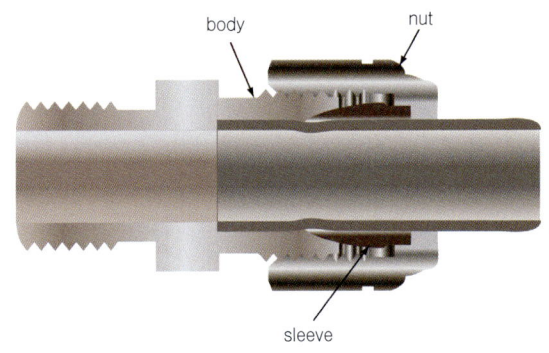

▲ 그림 4-9 플레어레스 피팅

2) 그림 4-9와 같이 피팅은 바디, 슬리브, 너트 등 세 가지 부품으로 구성되어 있다.

4.1.3.3 스웨이지 피팅(Swaged Fitting)

1) 운송급 항공기의 유압 튜브의 연결과 수리를 위한 일반적인 복구 계통은 퍼마스웨이지 피팅을 사용한다. 스웨이지된 피팅은 실질적으로 정비가 필요 없이 영구적인 연결을 제공한다. 스웨이지 피팅은 빈번하게 분리되지 않는 유압계통의 튜브에 일반적으로 사용되며, 티타늄이나 내식강 재질로 만들어진다.

2) 그림 4-10처럼 좁은 공간에서도 사용 가능하도록 작은 크기로 만들어졌으며, 이동용 유압 방식으로 작동된다. 이렇게 만들어진 스웨이지 피팅은 피팅을 분리해야 하는 경우 튜브 커터를 이용해서 잘라내야 한다. 특별한 장착 공구는 이동용 키트로 이용될 수 있다. 스웨이지 피팅을 장착하기 위해서는 언제나 제작사의 설명서에 따라 사용하여야 한다.

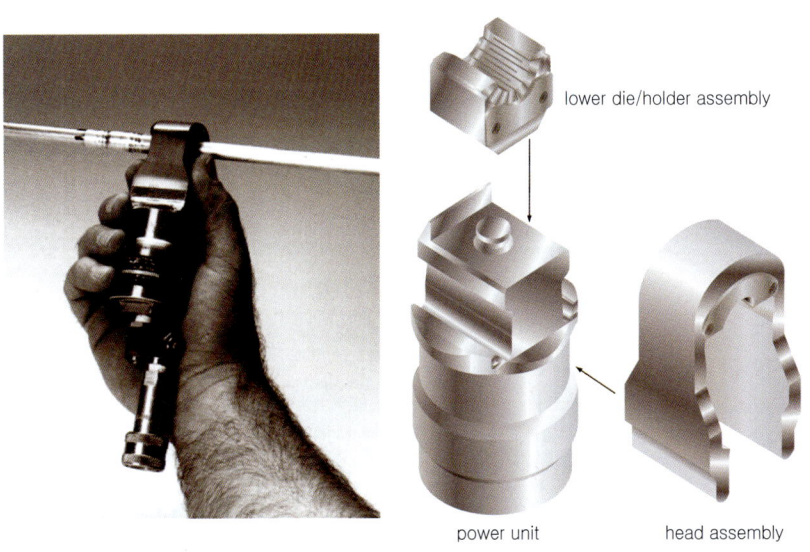

▲ 그림 4-10 스웨이지 피팅 공구

4.1.3.4 비딩(Beading)

1) 그림 4-11과 같이 튜브는 수동 비딩 공구, 기계식 비딩 롤러 또는 그립 다이(grip dies)에 의해 비드가 만들어진다. 비딩 방법은 튜브의 재질, 튜브의 두께 그리고 직경에 의해 결정된다. 수동 비딩 공구는 $\frac{1}{4} \sim 1$ inch 외경의 튜브에 사용된다. 비드는 장착된 롤러와 비더 프레임(beader frame)에 의해 성형된다. 비드를 만드는 동안 롤러 사이의 마찰을 줄이기 위해서 튜브 내부와 외부에 오일로 윤활한다.

▲ 그림 4-11 **수동 비딩작업**

2) 크기는 롤러로 비드를 만들기 위한 튜브의 외경에 대한 것으로 롤러에 1/16 inch 단위로 표시된다. 분리되는 롤러는 안쪽 면이 각 튜브 크기에 적절하게 맞아야 하며 정확한 크기의 부품들을 선택하여야만 한다. 수동 비딩 공구 사용 시 튜브 주위를 비딩공구가 회전하는 동안 롤러가 컷터처럼 조금씩 안쪽으로 조여들어간다. 추가적으로 작은 바이스는 키트로 구성된다.

3) 다양한 비딩 공구와 기계장치가 사용되기도 하지만 수동 비딩 공구가 빈번하게 사용된다. 대체로 비딩 기계장치는 특별한 롤러가 제공되지 않는 한 1-15/16 inch 이상의 큰 직경의 튜브 비딩에 사용되며 그립-다이(grip-die) 방법은 작은 직경의 튜브에 제한적으로 사용된다.

4.1.3.5 크리요핏 피팅(Cryofit Fitting)

1) 운송 항공기 유압계통 튜브 중 빈번한 분리가 요구되지 않는 부분에 그림 4-12와 같은 크리요핏 피팅이 많이 사용된다. 크리요핏 피팅은 저온 슬리브를 갖고 있는 표준형 피팅이다.

2) 이 저온 슬리브는 티넬(tinel)이라고 명명한 형상 기억 소재로 만들어져 있다. 슬리브는 3% 작게 제작된 후 액화질소 내에서 냉간 가공 처리가 되면서 사용되는 튜브보다 5% 더 큰 크기로 팽창된다.

▲ 그림 4-12 크리요핏 피팅

3) 장착 과정에서 크리요핏 피팅은 액화 질소로부터 건져진 후 연결을 위한 튜브에 삽입하여 10~15초 동안의 예열을 통해 3% 작은 원래의 크기로 수축하면서 기밀을 유지하는 형태로 만들어진다.
4) 크리요핏 피팅은 유압계통의 튜브의 교환 없이 스웨이지하는 것만으로 피팅을 교체할 수 있다는 여지를 남겨 두었지만 튜브에서 슬리브를 잘라내는 방법으로만 분리할 수 있다는 단점도 가지고 있다.
5) 크리요핏 피팅은 티타늄 튜브와 함께 사용된다. 이러한 형상기억 합금 기술은 피팅, 플레어 피팅 그리고 플레어 없는 피팅에 사용된다.

4.1.3.6 신속분리 커플링(Quick Disconnect Coupling)

1) 자체 밀폐형의 신속분리 커플링은 많은 유체계통의 여러 면에 쓰이고 있다.
2) 검사와 정비를 위하여 작동유 라인을 자주 분리하여야 하는 곳에 사용한다.
3) 신속분리 커플링은 각 계통에 있어 유체 손실이나 공기 흡입 없이 라인을 신속히 분리할 수 있도록 한다.

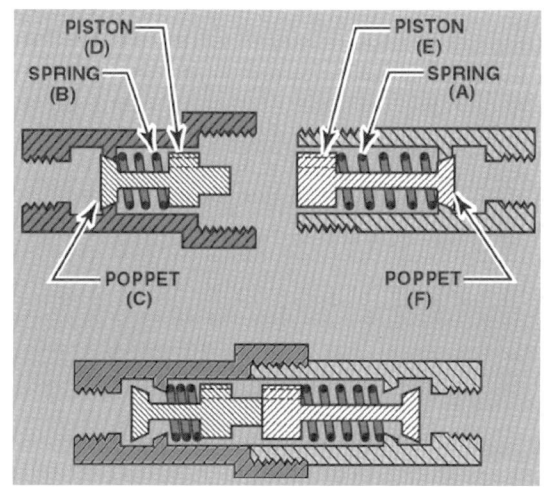

▲ 그림 4-13 Quick-Disconnect Valve의 연결 및 분리

4.1.4 장착 시 주의사항

4.1.4.1 연성 호스 어셈블리의 장착(Installation of Hose Assemblie)

1) 느슨함(Slack)

호스 어셈블리는 호스에 기계적인 로드(load)가 발생할 경우 일반적으로 장착하면 안 된다. 연성 호스를 장착할 때에는 압력을 가하고 발생할 수 있는 길이 변화를 보상하기 위한 총길이의 5~8%의 여유 길이, 즉 느슨함을 제공하여야 한다. 연성 호스에 압력이 가해지면 길이가 수축하고 직경이 확장된다. 모든 연성 호스를 과도한 열기로부터 보호하기 위해서는 영향을 받지 않도록 튜브 위치를 조정하거나 튜브 주변에 슈라우드(shroud)를 장착한다.

2) 휨(Flex)

호스 어셈블리가 심한 진동 또는 휨을 받을 때 휘지 않는 피팅(rigid fitting) 사이에 충분한 느슨함이 있어야 한다. 엔드 피팅에서 휨이 발생하지 않도록 호스를 장착하여야 하며, 적어도 엔드 피팅으로부터 호스 직경의 2배 정도는 직선을 이루고 있어야 한다. 호스의 휨을 방해하거나 줄이는 클램프의 장소를 피해야 한다.

Planning Hose Line Installations

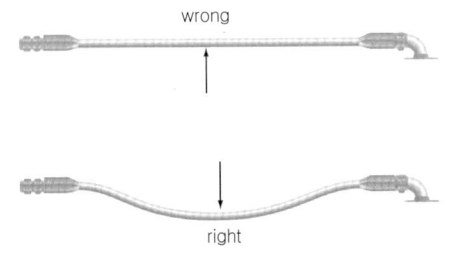

(a) 압력이 적용될 때 발생되는 길이의 변화를 주기 위하여 호스 라인에 늘어짐 또는 구부러짐을 주지 말아라.

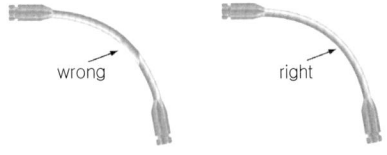

(b) 선의 선형을 점검하라. 호스가 비틀리지 않아야 한다. 비틀린 호스에 고압이 적용되면 고장이나 너트가 풀어질 수 있다.

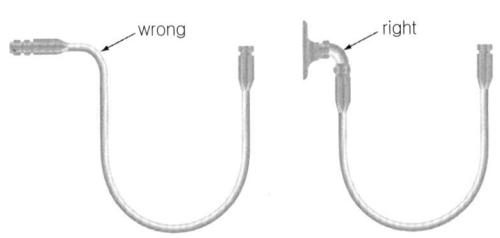

(c) 'Aeroquip' 엘보 또는 다른 어뎁터피팅의 사용으로 급격한 커브를 완화하고, 변형 또는 호스 손상을 방지하고 바르게 장착하라. 가능한 커다란 굴곡 반경을 주어라. 호스에 명시된 권장최소굽힘반경보다 작은 호스를 사용하지 말아라.

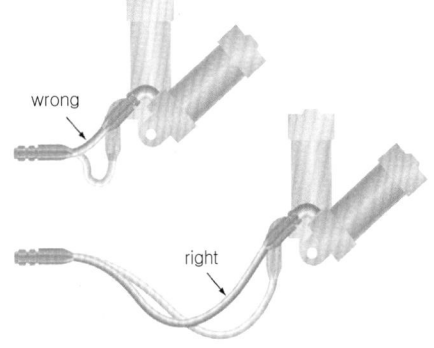

(d) 금속피팅은 유연하지 않다는 점을 감안하고 선이 굽혀질 수 있다면 추가적인 굽힘반경을 주어라. 호스 굽힘은 제한하지 않도록 라인 지지대 클램프를 배치하라.

▲ 그림 4-14 연성 호스 장착

3) 꼬임(Twisting)

호스의 파열 가능성을 피하거나 장착된 너트의 풀림을 방지하기 위해 호스를 꼬임 현상 없이 장착해야만 한다. 한쪽 끝이나 양쪽 끝에 스위벨(swivel)을 사용한다면 꼬임 스트레스를 경감시킬 수 있을 것이다. 꼬임은 호스 표면의 길이방향으로 표시된 라인의 상태를 보고 결정할 수 있으며, 이 라인은 호스의 주변을 휘감지 않아야 한다.

4) 굽힘(Bending)

그림 4-14와 같이 호스 어셈블리에서 급격한 굽힘을 피하기 위해 엘 보우 피팅, 엘 보우 타입 엔드 피팅과 호스, 적당한 굽힘반경을 사용한다. 급격한 굽힘은 휘어지는 호스의 파열 압력을 호스의 정격값 이하로 감소시킬 것이다.

5) 간격(Clearance)

호스 어셈블리는 모든 작동 조건에서 다른 튜브, 장비와 인접한 구조물에 닿지 않아야 한다. 연성 호스는 작동 조건에서 조금은 유동적으로 움직일 수 있도록 장착되어 있으며 적어도 24 inch마다 클램프 등과 같은 지지대를 장착하여 고정되어져야 한다. 가능하다면 좀 더 촘촘하게 고정시킬 것을 권고한다. 또한 연성 호스는 두 개의 피팅 사이가 팽팽하게 잡아당겨져서 장착되면 안 된다. 만약 클램프가 적정 값으로 조여졌음에도 불구하고 연결 부위가 정확하게 장착이 안 될 경우 파트를 교환해 주어야 하는데, 이것은 처음 장착할 때 적용되는 조건이며 풀린 클램프에 적용되지는 않는다. 사용되는 중간에 풀려진 클램프의 장착은 다음 절차를 따른다. 셀프 실링이 되지 않는 호스(non-self sealing hose)는 클램프 스크루가 손으로 조여지지 않을 경우 누출의 증거가 없으면 그대로 두고, 만약 누출의 흔적이 나타난다면 1/4바퀴 더 조여준다. 셀프 실링 호스(self sealing hose)는 손가락으로 단단히 조인 것보다 느슨하다면 가능한 손으로 꼭 조이고 추가로 1/4바퀴 더 조인다.

4.1.4.2 튜브

1) fitting에 사용한 재질이 tubing의 재질과 같은 것인지 확인한다. 예를 들면 강피팅에는 강튜브를, 알루미늄 합금 피팅에는 알루미늄 합금 튜브를 사용한다. 부식방지를 위하여 알루미늄 합금 튜브와 알루미늄 합금 피팅은 보통 양극 처리하여 사용한다. 스테인리스강이 아닌 강튜브나 강피팅은 녹이나 부식을 방지하기 위해서 도금을 한다.
2) 모든 fluid line은 가장 짧게 설치하여야 하며, 최소한 한 곳에 굽힘을 주어 진동과 팽창에 의한 응력을 흡수할 수 있게 장착한다.
3) duct에 부딪힐 위험이 있는 부분에는 클램프를 장착한다.

▼ 작업형-연결작업(튜브 굽힘작업)

※ 도면을 참고하여 튜브 굽힘작업을 실시하시오.
1. 튜브 굽힘작업 설계
    가. 도면에서의 굽힘작업이 된 부분의 굽힘반경을 확인하여 굽힘여유를 계산한다.

    공식 : $BA = \dfrac{2\pi(R+T/2)\theta}{360}$

    단, BA : 굽힘여유, R : 굽힘반경, T : 튜브 두께, θ : 굽힘각도

    나. 도면을 참고하여 제시된 치수와 구해진 굽힘여유를 모두 합하여 튜브 전체 길이를 구한다.
2. 튜브 굽힘작업 절차
    가. 튜브 커터를 이용하여 구해진 전체 길이 값으로 절단면을 절단하고 다듬는다.
    나. 구해진 부분의 치수에 맞도록 밴더를 사용하여 굽힘작업을 실시한다.
    다. 필요 시 플레어 작업을 실시한다.
    라. 제작된 튜브의 손상 유무를 검사한다.
3. 소요 공구
    - 튜브 밴더
    - 튜브 커터
    - 철 자
    - 플레어링 공구 세트
    - 유성펜
4. 소모품
    - 알루미늄 tube

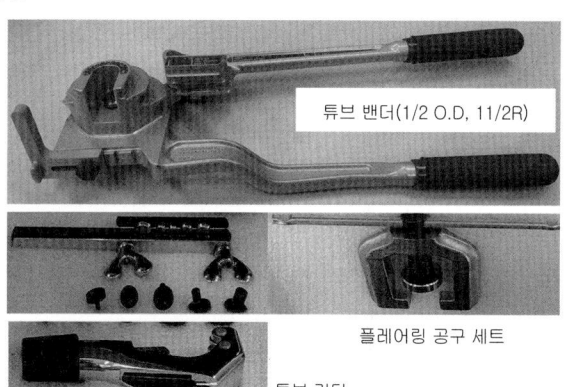
튜브 밴더(1/2 O.D, 11/2R)
플레어링 공구 세트
튜브 커터

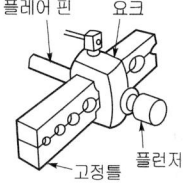
플레어 핀, 요크, 플런저, 고정틀

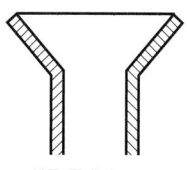
싱글 플레어 모양

▲ 그림 4-15 **튜브 작업 공구**

▲ 평가 기준
    ① 도면에 따른 굽힘여유와 전체길이의 계산은 바르게 하였는가?
    ② 튜브 커터의 사용은 안전하고, 자른 단면은 직선이며 매끈하게 다듬었는가?
    ③ 튜브 밴더의 사용은 적절하며 굽힘 지수는 정확한가?
    ④ 굽힘작업 완료 후 굽힘 부분의 주름이나 수평 상태 등의 검사는 수행했는가?
    ⑤ 튜브의 길이방향으로 뒤틀림이 없이 굽힘이 잘 되었는가?
    ⑥ 작업 후 사용 공구 및 장비의 정리 정돈은 하였는가?
    ⑦ 작업 완료 후 작업장 주위는 청결히 하였는가?

4.2 케이블 조정작업(Rigging)

4.2.1 텐션미터와 라이저의 선정

4.2.1.1 케이블 장력 측정방법(Tension Measurement of Cable)

케이블의 장력을 측정하기 위해 장력 측정계(tension meter)를 사용한다. 이 장력계가 바르게 교정되어 있으면 99%의 정밀도가 보증된다. 케이블의 장력은 앤빌(anvil)이라고 하는 담금질을 한 2개의 강 블록 사이에서 케이블에 오프세트(off set)를 주는 데 필요한 힘의 크기를 측정해서 정한다. 오프세트를 만들기 위해 라이저(riser) 또는 플런저(plunger)를 케이블에 장착한다. 현재 장력계는 몇 개 회사의 제품이 있지만 어느 것이나 다른 종류의 케이블, 케이블의 치수 및 장력에 사용할 수 있도록 설계된다.

4.2.1.2 장력 측정계 사용상의 주의사항(Usage Precaution of Tension Meter)

1) 장력 측정계는 사용 전에 검사 합격 표찰(label)이 붙어 있는지, 그리고 검사 유효 기간은 사용 가능한 일자에 있는지를 확인한다.
2) 장력 측정계의 일련번호(serial number)가 환산표와 동일한 지를 확인한다.
3) 장력 측정계의 지침과 눈금이 정확히 "0"에 일치되는지 확인한다.
4) 케이블 장력은 일반적으로 케이블 연결기구(턴버클, 스터드 터미널) 등에서 6 inch 이상 떨어진 곳에서 측정한다.

4.2.1.3 T-5형 장력계 측정방법(T-5 Type Tension Meter Measurement)

1) 케이블의 지름을 측정하기 위해서는 그림 4-16과 같은 사이즈 측정 공구에 측정하고자 하는 케이블을 밖에서부터 안으로 밀어넣어 정지하는 곳의 케이블 지름 지시값을 읽으면 된다.

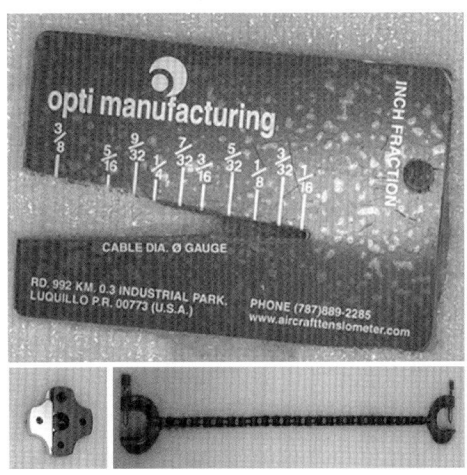

▲ 그림 4-16 케이블 외경 측정 공구 및 장력조절 공구

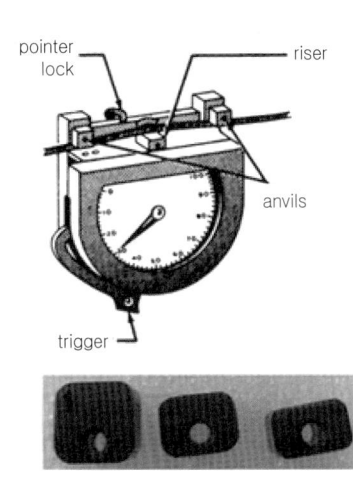

	SAMPLE ONLY				Example	
	NO. 1			RISER	NO. 2	NO. 3
Dia.	1/16	3/32	1/8	Tension lb.	5/32	3/16	7/32 1/4
	12	16	21	30	12	20	
	19	23	29	40	17	26	
	25	30	36	50	22	32	
	31	36	43	60	26	37	
	36	42	50	70	30	42	
	41	48	57	80	34	47	
	46	54	63	90	38	52	
	51	60	69	100	42	56	
				110	46	60	
				120	50	64	

▲ 그림 4-17 T-5 장력 측정계와 라이저 및 환산표

2) 케이블의 장력을 측정하려면 그림 4-17과 같은 T-5 장력계의 트리거(trigger)를 내리고 측정하는 케이블을 2개의 앤빌 사이에 넣는다. 그리고 트리거를 위로 움직여 조인다.
3) 케이블이 라이저와 앤빌 사이에서 밀착되면서 지시 바늘이 올라가 눈금을 지시한다.
4) 다른 사이즈의 케이블에는 다른 번호의 라이저를 사용한다. 각 라이저에는 식별 번호가 붙어 있어 쉽게 장력계에 삽입할 수 있다.
5) T-5 장력계는 눈금을 읽을 경우 그림 4-17의 환산표를 참고하여 파운드(lb)로 환산할 때 사용된다. 다이얼을 읽는 것은 다음과 같이 환산한다.
6) 직경 5/32 inch의 케이블의 장력을 측정할 때, No.2의 라이저를 사용해서 30이라고 읽었으면 왼쪽에 있는 숫자 70 lbs가 실제 장력을 나타낸다.
7) 케이블의 실제의 장력은 환산표로부터 70 lbs가 된다. (이 장력계는 7/32 또는 1/4 inch의 케이블에 사용되도록 만들어져 있지 않으므로 도표의 No.3 라이저의 란이 공란으로 되어 있다.)
8) 지침을 읽을 경우, 다이얼이 잘 안보일 때가 있다. 그 때문에 장력계에는 포인터 락이 달려 있다. 지침을 고정시킬 때에는 이 눈금고정(pointer lock)을 눌러 측정하고, 장력계를 케이블에서 떼어낸 뒤 수치를 읽는다.

4.2.1.4 C-8형 장력계 측정방법(C-8 Type Tension Meter Measurement)

그림 4-18의 C-8형 장력 측정계를 사용하여 케이블의 지름을 측정한 후 장력을 측정한다.
1) 손잡이 고정장치를 고정시킨다.
2) 케이블 지름 지시계를 반시계방향으로 멈출 때까지 돌린다.
3) 손잡이를 약간 누르고 케이블을 장력 측정기에 물린다.

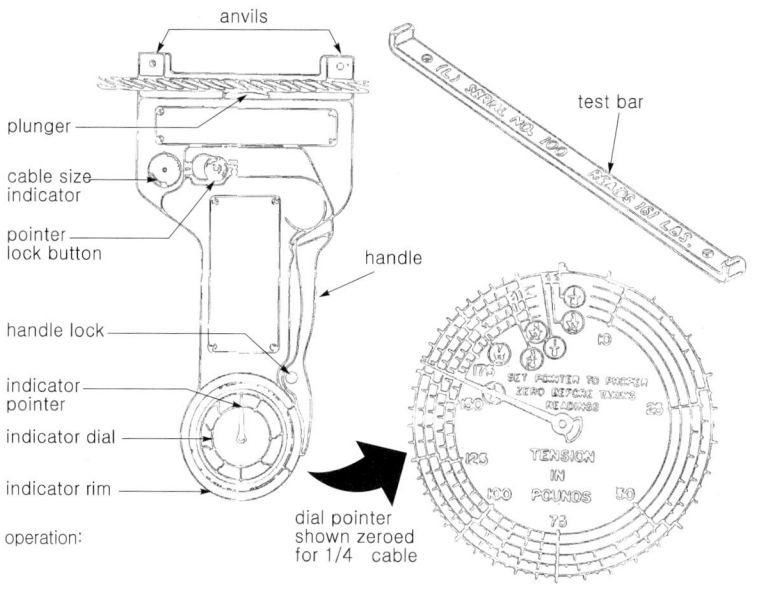

▲ 그림 4-18 C-8형 장력 측정계

4) 손잡이를 다시 눌러 고정시킨 후 케이블 지름 지시계에 표시된 지름을 읽는다.
5) 장력 지시계를 돌려 측정하는 지름의 지시판 눈금이 "0"점에 오도록 조절한다.
6) 케이블을 앤빌에 물리고 손잡이를 풀어서 눈금을 읽는다.
7) 이때 측정값을 읽기 어려우면 눈금고정단추(pointer lock button)를 누르고, 측정계를 케이블에서 분리하여 읽는다.
8) 3~4회 측정하여 평균값으로 한다.

4.2.2 온도 보정표에 의한 보정

1) 그림 4-19는 장력의 온도 변화 보정에 적용하는 케이블 장력조절 도표이다. 이것은 조종계통, 착륙장치 또는 그 밖의 모든 케이블 조작계통의 케이블의 장력을 정할 때 사용된다. 이 도표를 사용하려면 조절하는 케이블의 사이즈와 외기 온도를 알아야 한다.
2) 예를 들어 케이블은 7×19로 사이즈는 1/8 inch, 외기 온도는 85°F라고 가정한다. 85°F의 선을 윗쪽 1/8 inch의 케이블의 곡선과 만나는 교점에서 도표의 오른쪽 끝까지 수평선을 긋는다. 이 점의 값 70 lbs가 케이블이 조절되는 장력이다.

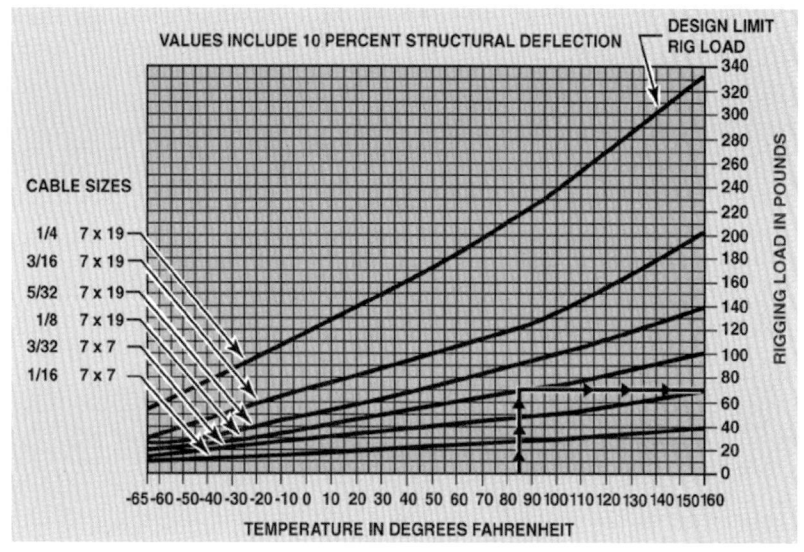

▲ 그림 4-19 케이블 장력조절 도표

4.2.3 리그작업(Rigging)

4.2.3.1 리그작업 절차(Rigging Procedure)

조종계통이 정상적으로 작동하기 위해서는 조종면이 정확히 조절되어 있어야 한다. 바르게 장착된 조종면은 규정된 각도로 움직여 조종장치의 움직임에 따라 운동한다.

어느 계통의 조종면을 조절하려면 정비 매뉴얼에 나와 있는 순서에 따라 실시하는 것이 중요하다. 대부분 비행기의 완전한 조절방법에는 상세하게 정해진 순서가 있어 몇 개의 조절이 필요하지만, 기본적인 방법은 다음 3단계이다.

1) 조종실의 조종 장치, 벨크랭크 및 조종면을 중립 위치를 고정한다.
2) 방향키, 승강키 또는 보조 날개를 중립 위치에 놓고 조종 케이블의 장력을 조절한다.
3) 비행기를 조립할 때에는 주어진 작동 범위 내에 조종면을 제한하기 위해 조종 장치의 스토퍼(stopper)를 조종한다.

4.2.3.2 리그작업과 점검(Rigging and Inspection)

1) 조종 장치와 조종면의 작동범위는 중립점에서 양방향으로 점검한다.
2) 트림 탭 계통의 조립도 마찬가지 방법으로 한다. 트림 탭의 조작장치는 중립 위치(트림되어 있지 않은)에 있을 때, 조종면의 탭이 보통 조종면과 일치하도록 조종된다. 그러나 비행기에 따라서는 중립 위치에 있을 때 약간 벗어나는 경우도 있다. 조종 케이블의 장력은 탭과 탭 조작장치를 중립 위치에 놓고 조절한다.
3) 그림 4-20과 같이, 리그 핀(rig pin)은 풀리, 레버, 벨크랭크 등을 그들의 중립 위치에 고정시키기 위해 사용한다. 리그 핀은 작은 금속제의 핀 또는 클립이다.

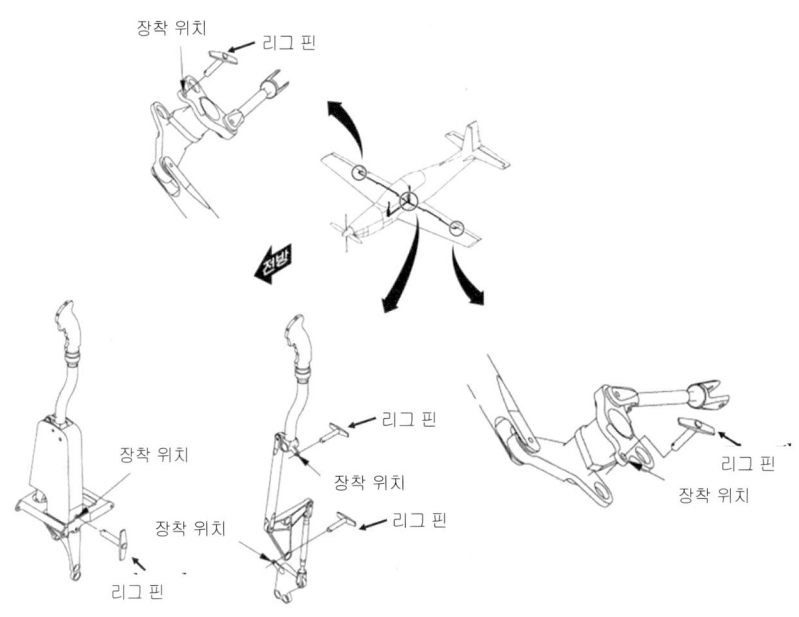

▲ 그림 4-20 경항공기 리그 핀 장착 위치

4) 최종적인 정렬(alignment)과 계통의 조절이 바르게 되었을 때에는 리그 핀을 쉽게 빼낼 수 있게 된다. 조절용 구멍에서 핀이 이상하게 빡빡하면 장력에 이상이 있거나 조절이 잘못되어 있는 것이다.
5) 계통을 조절한 후에 조종 장치의 전체 행정과 조종면의 움직임을 점검한다. 그림 4-21과 같이, 조종면의 각도 측정장비를 이용하여 조종면의 작동 범위를 점검할 때에 조종 장치는 조종면에서 움직이는 게 아니라 조종실에서 작동시켜야 한다. 조종 장치가 각각의 스토퍼에 닿으면 체인, 조종 케이블 등이 그들의 작동 한계에 달한 것이 아닌지 확인한다.
6) 리그작업이 완료되면 조종 기구를 점검하여 장착 상태를 확인하여야 한다.

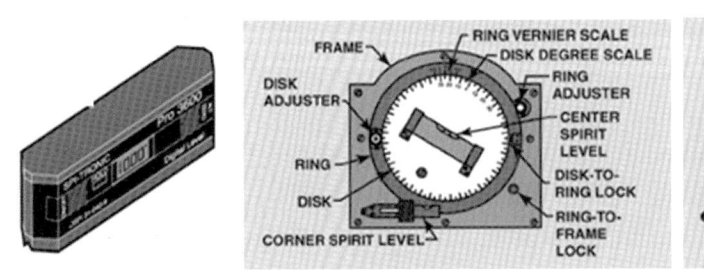 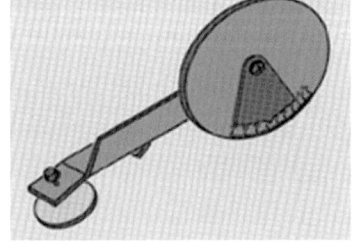

(a) 디지털 경사계　　　　　(b) 프로펠러 각도기　　　　　(c) 조종면 각도기

▲ 그림 4-21 조종면 작동 각도 측정 장비(그림 및 글자 수정)

4.2.3.3 리그작업 후 점검

1) rigging이 완료되면 조종기구를 점검하여 장착 상태를 확인하여야 한다.
2) control rod end는 조종 로드에 있는 검사 구멍에 핀이 들어가지 않을 정도까지 조종 로드에 장착해야 한다.
3) 턴버클 단자의 나사산이 턴버클 배럴 밖으로 3개 이상 나와서는 안 된다.
4) 케이블 안내 기구의 2인치 범위 내에는 케이블의 연결기구나 접합기구가 위치하지 않아야 한다.
5) 턴버클 배럴의 안전결선(safety wire) 시 wire 끝을 4회 이상 감아주어야 한다.

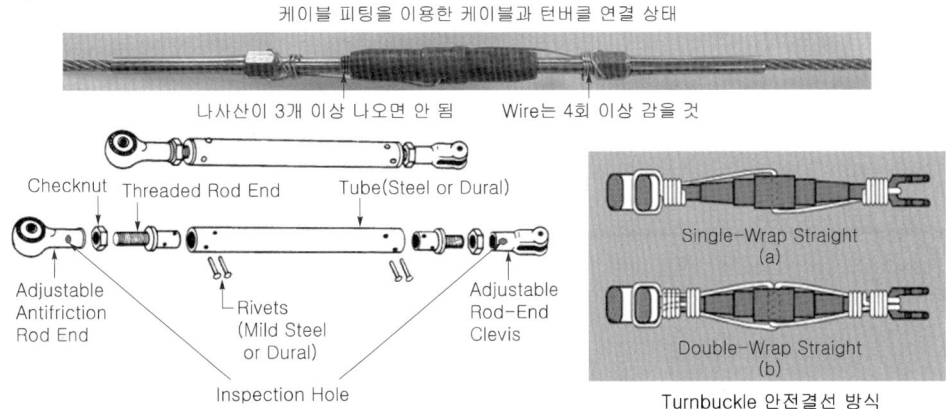

▲ 그림 4-22 리그 작업 후의 점검사항

4.2.4 케이블 손상의 종류와 검사방법

4.2.4.1 케이블 손상

1) 외부 마모 : 케이블이 움직이는 거리의 범위에 한쪽에만 일어난다.
2) 내부 마모 : 풀리와 쿼더런트 등의 위를 지나는 부분에 현저하게 일어난다. 내부에서 발생하기 때문에 발견하기 어렵다.
3) 부식 : 내부 부식이 있는 케이블은 모두 교환한다.
4) Kink Cable : 굽어져 영구 변형되어 있는 상태를 말한다.
5) Bird Cage : 비틀림이나 꼬기가 새장처럼 부푼 상태. 취급 불량에서 발생한다.
6) Peening : 두들김을 받아 생기는 손상

4.2.4.2 검사 방법

1) 발생하기 쉬운 곳 : fair lead 및 pulley 등을 통과하는 부분
2) 깨끗한 천으로 문질러서 끊어진 가닥을 감지
3) 필요한 경우 케이블을 느슨하게 구부려 검사
4) Wire 단선 : 케이블에 반복하여 구부림 응력을 가해지는 부분에 1개라도 단선이 발생하면, 점검 카드를 발행하여 경과를 관찰. 단선수가 6개에 이르기 전에 교환한다.

5) 부식 : 부식을 제거하고 wire 제한 값을 적용한다. 내부 부식은 교환한다.
6) 변형 : kink된 케이블은 교환, bird cage된 케이블은 교환, wire가 들뜬 것은 단선이라고 간주하고 wire 단선의 한계를 적용한다.

4.2.4.3 케이블 엔드 피팅(Cable End Fitting)의 종류

1) 엔드 피팅 : 엔드 피팅을 크게 구별하면 직선형(straight type)과 볼형(ball type)으로 나뉘고 각각 다음과 같은 종류가 있다.

2) 직선형
   ① 스터드 터미널(stud terminal) → (MS 21260)
   ② 스터드 터미널(stud terminal) → (MS 21259)
   ③ 포크 엔드 터미널(fork end terminal) → (MS 20667)
   ④ 아이 엔드 터미널(eye end terminal) → (MS 20668)
   ⑤ 스톱 엔드(stop end) → (BACT 14A)

3) 볼형
   ① 볼 엔드(ball end) → (BACT 14B)
   ② 싱글 섕크 볼 엔드(single shank ball end) → (MS 20664)
   ③ 더블 섕크 볼 엔드(double shank ball end) → (MS 20663)
   이 외에 베어링 엔드(bearing end) 등이 있다.

터미널 피팅 종류는 그림 4-23에, 터미널의 식별부호는 그림 4-24에 나타내었다.

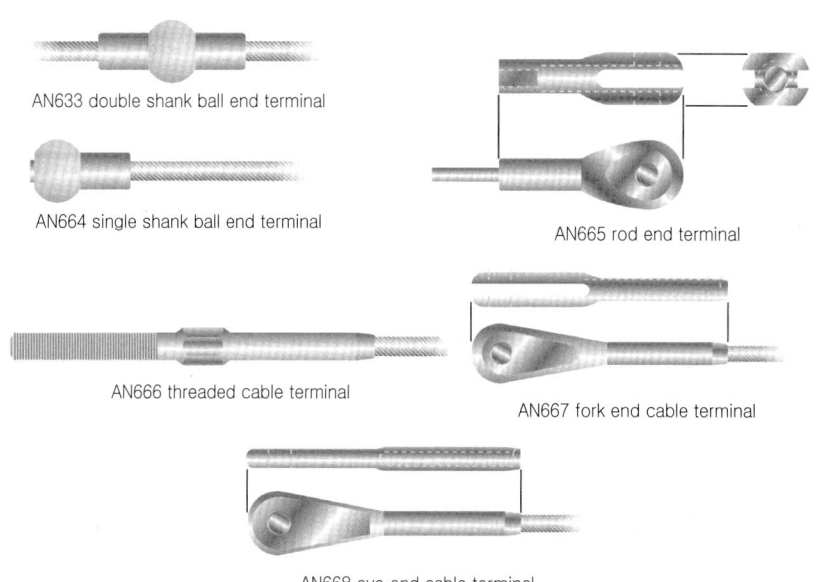

▲ 그림 4-23 **터미널 피팅 종류**

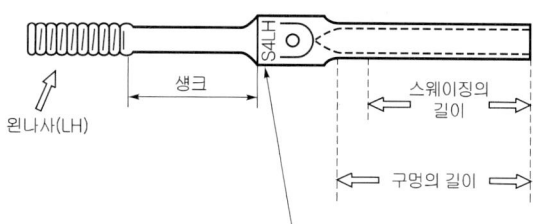

① S : 몸통 길이표시(L : long type, S : short type)
② 4 : 케이블 사이즈(터미널에 맞는 케이블의 직경이 4/32 inch)
③ LH : 나사 방향(LH : 왼나사, RH : 오른나사)

▲ 그림 4-24 터미널 식별부호

4.2.4.4 턴버클(Turnbuckle)

1) 그림 4-25와 같이, 턴버클은 나사산을 낸 2개의 터미널과 나사산을 낸 배럴(barrel)로 구성된 기계용 스크루 장치이다.

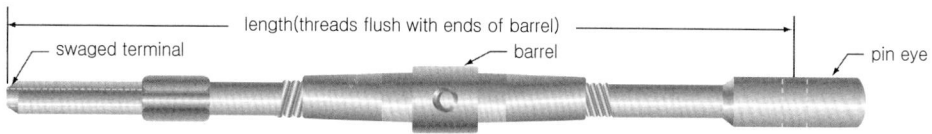

▲ 그림 4-25 전형적인 턴버클 조립

2) 턴버클은 케이블 길이를 미세하게 조절하고 이를 통해 케이블장력(cable tension)을 조정하는 케이블 연결장치이다. 터미널 중 하나는 오른나사이고 다른 하나는 왼나사이다. 배럴의 내부 양쪽 끝에는 오른나사와 왼나사가 나있다. 왼나사로 된 배럴 쪽에는 외부에 홈(groove)이나 마디(knurl)를 새겨서 왼나사와 오른나사를 구별할 수 있도록 하였다.

3) 조종계통에서 턴버클을 장착할 때, 터미널 양쪽의 나사산이 같은 회전수만큼 배럴 안으로 들어갈 수 있도록 회전시켜야만 한다. 또한, 모든 턴버클 배럴의 양쪽에서 터미널의 나사산이 3개 이상 노출되지 않도록 배럴 안으로 터미널을 충분히 잠그는 것이 대단히 중요하다.

4) 턴버클이 적절히 조정된 후에는 안전결선을 해야 한다. 턴버클 배럴의 식별부호는 그림 4-26과 같다.

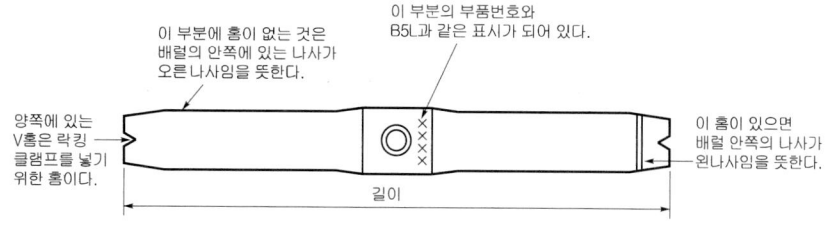

① B : 턴버클 재질(황동)
② 5 : 케이블 사이즈(턴버클에 맞는 케이블의 직경이 5/32 inch)
③ L : 턴버클 형식(몸통 길이표시, L : long type, S : short type)

▲ 그림 4-26 턴버클 배럴 식별부호

■ 작업형-연결작업(케이블 조정작업)

※ 항공기 조종케이블 장력 측정 및 턴버클 안전고정 작업을 실시하시오.
1. 장력 측정 작업절차
    가. 장력 측정 시 장력 측정계의 종류를 확인한다. → C-8 type 혹은 T-5 type
    나. 장력 측정계의 검사유효기간을 확인한다. → 유효기간 지난 장력계는 사용하지 않는다.
    다. 현재의 온도를 파악한다.
    라. 케이블의 장력을 측정하기 전에 먼저 케이블 사이즈를 측정한다.
    마. 장력을 측정한 후 현재의 온도와 매뉴얼에 제시된 장력값을 제시된 도표를 참고하여 확인한다.
    바. 도표에 제시된 장력과 측정값이 상이할 시 턴버클을 이용하여 장력을 맞춘다.
    사. Turnbuckle에 안전결선 작업 또는 고정클립을 사용하여 고정한다.
    아. 사용한 공구를 정리정돈한다.
2. 소요 공구
    - 항공기 or 장력 측정 moke-up
    - 온도 보정표
    - cable tension meter : C-8 or T-5 Type
    - 커터 플라이어
    - 배럴 회전공구
3. 소모품
    - 안전결선 : #32 Wire, 50cm 1가닥
    - turnbuckle locking(long type, short type)
    - 걸레(수건)
    - 면장갑

▲ 작업 착안사항 및 평가 기준
1. 작업 착안사항
    ① 실작업할 케이블 초기 장력값을 확인한다.
    ② C-8 또는 T-5 tension meter는 사용 전에 합격 라벨 부착 상태와 검사 유효기간을 확인한다.
    ③ 항공기상에서 장력 측정 시 온도를 측정하여 장력을 조절한다는 것을 인식한다.
    ④ manual상의 chart(온도 보정표)를 보고 온도에 맞는 장력조절 방법을 숙지한다.
    ⑤ 풀리나 페어리드 등 구부러지는 곳에서의 장력 측정 시 측정값의 변화를 고려하여 최소 간격유지를 한 후 장력을 3~4회 측정한다(최소 6인치 이상 떨어질 것)
    ⑥ 고정클립은 턴버클의 배럴 길이에 따라 두 종류가 보유하고 있으며 턴 배럴에 맞는 고정클립(long type, short type)을 확인한다.
    ⑦ 측정한 장력을 기록 시 단위를 정확하게 기록한다.
2. 평가 기준
    ① 장력 측정에 온도 보정표를 활용하는가?
    ② tension meter의 zero setting을 실시하는가?
    ③ tension meter를 사용하여 cable size를 측정하는가?
    ④ 장력 측정은 3~4회 반복하여 실시하는가?
    ⑤ 배럴 및 터미널 회전공구 사용법을 아는가?
    ⑥ turn buckle 배럴의 조임 상태(terminal fitting의 나사산 수 및 inspection hole)가 적당한가?
    ⑦ 요구한 장력값으로 조절하였는가?
    ⑧ Single Wrap(단선식) 안전결선 상태는 양호한가?
    ⑨ 고정클립 장착 상태는 양호한가?
    ⑩ 공구 및 장비의 정리 정돈과 안전사항은 준수하였는가?

4.3 안전결선(Safety Wire) 사용작업

안전결선은 다른 어떤 방법으로도 안전작업을 할 수 없는 캡 나사, 스터드, 너트, 볼트머리, 그리고 턴버클 배럴 등을 안전작업 할 수 있는 가장 확실하고 만족스러운 방법이다.

안전결선은 와이어의 장력으로 풀리려는 경향을 막아주는 방식이며, 2개 이상의 부품을 와이어로 서로 연결하는 방법이다.

4.3.1 사용 목적·종류

4.3.1.1 일반적인 안전결선방법(General Safety Wiring Rule)

안전작업을 위한 안전결선을 할 때에는 다음의 일반적인 규칙을 준수해야 한다.
1) 안전결선의 끝마무리로는 1/4~1/2 inch 길이에 3~6번 꼬임으로 된 피그 테일(pigtail)을 만들어야 한다. 이 피그 테일은 다른 어떤 것들과의 걸림을 방지하기 위하여 뒤쪽이나 아래쪽으로 구부려야 한다.
2) 한번 사용한 안전결선용 와이어는 재사용해서는 안 된다.
3) 캐슬 너트를 안전결선으로 고정할 때, 만약 다른 지시가 명시되지 않았다면, 규정된 토크 범위보다 낮은 값으로 너트를 조인다. 만약 필요하다면, 홈과 구멍이 일치할 때까지 조금만 더 조인다.
4) 정상적인 취급 또는 진동에 의해서 와이어가 끊어질 수 있는 인장하중 상태가 아니라면, 모든 안전결선은 작업완료 후, 팽팽하게 유지되어야한다.
5) 와이어에 의해 가해지는 모든 인장력이 너트나 볼트를 조이는 방향으로 작용하도록 결선되어야 한다.
6) 꼬임은 단단하고 균일해야 하며, 너트 사이의 와이어를 과도하게 꼬지 않아야 하며, 가능한 팽팽한 상태가 유지되어야 한다.
7) 안전지선의 끝은 항상 꼬여있어야 하고 볼트 머리 주위의 와이어 고리가 밑으로 내려져 있어야 한다. 와이어 고리가 볼트머리 위로 올라와서 느슨하게 풀어지지 않도록 장착되어 있어야 한다.

4.3.2 안전결선 장착작업

4.3.2.1 너트, 볼트, 스크루(Nut, Bolt, and Screw)

1) 너트, 볼트, 그리고 스크루에 대한 안전작업은 단선식(single-wire method) 또는 복선식(double twist method)으로 결선한다.
2) 복선식은 가장 일반적인 안전결선의 방법이다.
3) 단선식은 밀폐된 좁은 공간에 밀집되어 있는 작은 스크루, 전기 계통의 부품, 그리고 복선식으로 하기에는 대단히 곤란한 곳에서 사용된다.
4) 머리에 구멍이 있는 볼트, 스크루, 또는 다른 부품이 함께 모여 있을 때, 그것을 개별적으로 안전결선하는 것보다는 연속으로 하는 것이 더욱 편리하다.
5) 함께 안전결선하게 되는 너트, 볼트, 또는 스크루의 수는 상황에 따라 다르다. 예를 들어, 넓은 간격으로 있는 볼트를 복선식으로 안전결선할 때, 연속으로 할 수 있는 최대 수는 3개이다.

6) 밀접한 간격으로 있는 볼트를 안전결선할 때, 연속으로 안전결선할 수 있는 와이어의 최대 길이는 24 inch이다.
7) 와이어는 만약 볼트나 스크루가 풀어지려할 때, 와이어에 가해진 힘이 조이려는 방향으로 향하도록 배열시킨다.
8) 안전결선하고자 하는 부품은 안전결선 작업을 시도하기 전에 규정된 토크 범위 내에서 구멍이 적당한 위치에 오도록 조절한다. 안전작업 와이어 구멍을 적당한 위치로 맞추기 위해 과도하게 조이거나 토크(torque)작업이 완료된 너트를 풀어서는 절대로 안 된다.

4.3.2.1.1 볼트 안전결선절차(그림 4-27 참조)

1) 그림 4-27의 (a), (b) 그리고 (e)의 그림은 볼트, 스크루, 사각머리플러그, 그리고 이와 유사한 부품끼리 한 그룹으로 안전결선 하는 올바른 방법을 나타낸다.
2) 그림 4-27의 (c)는 몇 개의 구성요소를 연속해서 결선하는 방법을 나타낸다.
3) 그림 4-27의 (d)는 캐슬너트와 스터드를 결선하는 올바른 방법을 나타낸다. 너트 주위로 감지 않았다.
4) 그림 4-27의 (f)와 (g)는 하우징(housing)이나 러그(lug) 등의 주변 구조물과 결선하는 방법을 나타낸다.
5) 그림 4-27의 (h)는 기하학적으로 폐쇄된 공간 안에 밀집해서 배치된 몇 개의 구성요소를 단선식으로 결선하는 올바른 방법을 나타낸다.

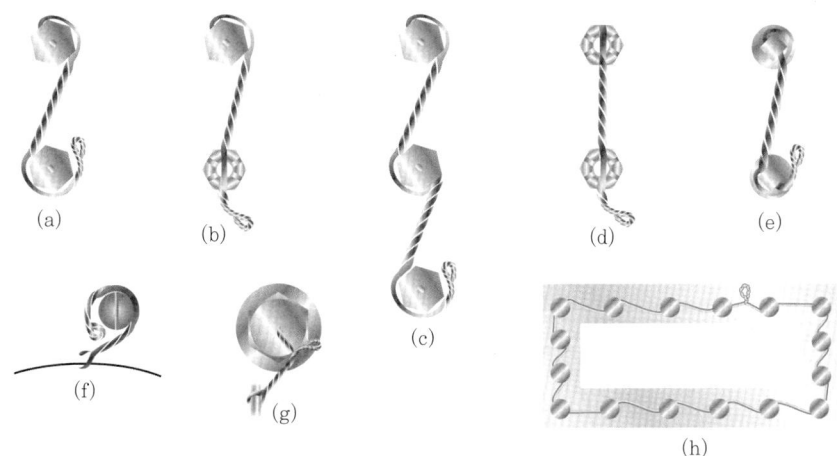

▲ 그림 4-27 안전결선방법

4.3.2.2 오일 캡, 드레인 콕 및 밸브(Oil Cap, Drain Cock, and Valve)

1) 그림 4-28에서는 오일 캡, 드레인 콕 및 밸브 부품에 대한 안전결선방법을 나타냈다. 오일 캡의 경우, 와이어를 인접한 필리스터 스크루에 고정시켰다.
2) 이런 방법은 개별적으로 안전결선을 해야 하는 다른 부품에도 적용된다. 보통 이런 부품 주변에는 안전결선을 편리하게 하도록 고정할 수 있는 고리나 구멍이 준비되어 있다. 그런 장치가 없을 때는 인접한 구조물의 적당한 부분에 안전작업을 위한 와이어를 고정시킨다.

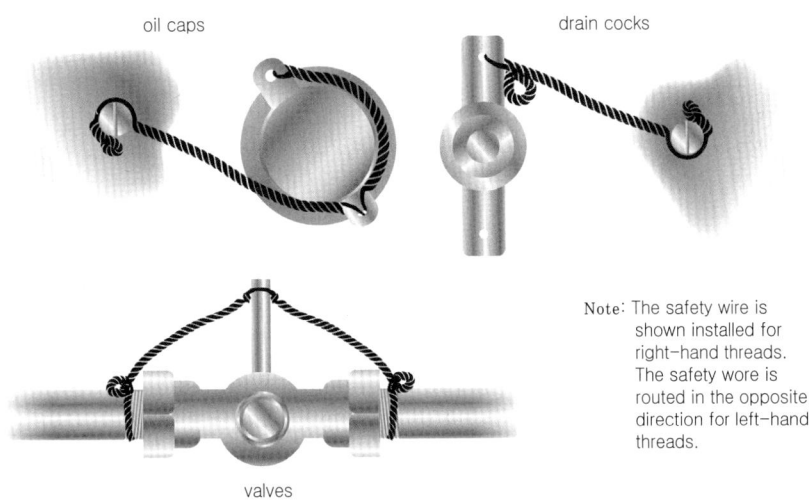

▲ 그림 4-28 오일 캡, 드레인 콕 및 밸브 안전결선

4.3.2.3 전기 커넥터(Electrical Connecter)

1) 심한 진동상태에서는 커넥터의 결합너트가 풀리게 되고, 진동이 계속되면 커넥터가 빠져서 분리된다. 이런 현상이 발생하면, 회로는 차단된다. 이런 사고를 방지하기 위한 적절한 방지대책은 그림 4-29와 같은 안전결선이다.
2) 안전결선은 가능한 짧아야 하고, 와이어에 의한 견인력이 플러그에 있는 너트를 조이는 방향으로 작용하도록 결선해야 한다.

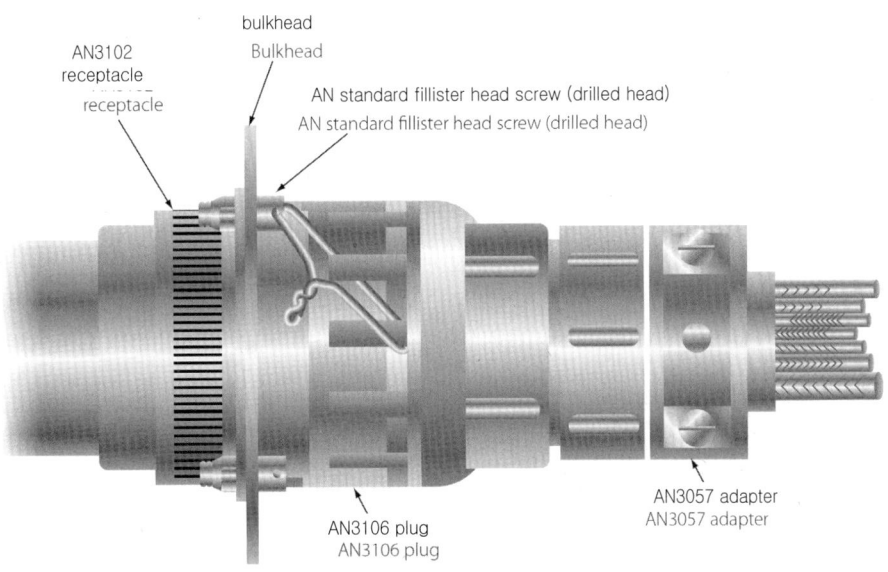

▲ 그림 4-29 전기 커넥터 안전결선

4.3.2.4 턴버클(Turnbuckle)

1) 턴버클을 케이블의 장력을 적당히 조절한 후, 진동 등의 원인에 의하여 다시 풀리지 않도록 안전결선을 해야 한다.
2) 최신의 항공기에서는 클립에 의한 고정(clip locking) 방법을 사용하고 있다. 아직도 구형의 항공기에는 와이어를 이용해서 안전결선을 해야 하는 턴버클을 사용하고 있다.

1) 복선식 결선방법(Double-wrap Method)

턴버클의 안전작업에 대해 안전지선(safety wire)을 사용하는 방법 중 단선식 결선방법도 만족스럽기는 하지만, 복선식 결선방법을 더 선호한다. 그림 4-30의 (b)에는 복선식 안전결선방법을 보여준다. 표 4-2에서는 턴버클 안전작업에 적당한 안전결선에 대하여 안내하고 있다.

▼ 표 4-2 턴버클 안전작업 안내

Cable size (in)	Type of Wrap	Diameter of Safety Wire (in)	Material (Annealed Conditional)
1/16	Single	.020	Stinless steel
3/32	Single	.040	Copper, brass[1]
1/8	Single	.040	Stainless steel
1/8	Double	.040	Copper, brass[1]
1/8	Single	.057min	Copper, brass[1]
5/32 and greater	Single	.057	Stainless steel

[1] Galvanized or tinned steel, or soft iron wires are also acceptable

와이어를 턴버클 배럴에 있는 구멍을 통과해서 길이의 1/2 정도 끼우고 서로 반대방향으로 구부린다. 그 다음 두 번째 와이어도 배럴에 있는 구멍을 통과시키고 첫 번째 와이어와 반대방향으로 배럴을 따라서 구부린다. 와이어 끝을 다시 케이블 아이 또는 케이블 포크에 있는 구멍을 통과시켜서 배럴이 있는 방향을 향해서 구부린다. 구멍을 통과한 와이어 하나의 와이어를 먼저 생크와 함께 모든 와이어를 겹쳐 감싸면서 4바퀴 감아준다. 첫 번째 와이어를 절단하고 계속 연이어서 두 번째 와이어도 4회 감아준다. 남은 와이어는 절단해서 제거한다.
턴버클의 반대쪽 끝도 같은 절차를 반복한다.
만약 스웨이징 터미널에 있는 구멍이 두 와이어가 모두 통과할 정도로 크지 않다면, 하나의 와이어만을 통과시키고 나머지 와이어와 생크의 중앙에서 겹치도록 꼬아준 다음 생크 주위로 각각 4번씩 감아준다. 남은 와이어는 절단해서 제거한다.

2) 단선식 결선방법(Single-wrap Method)

단선식 결선방법은 수용할 수 있는 방법이기는 하지만 복선식 결선방법과는 다르다. 하나의 와이어를 케이블 아이나 포크 또는 스웨이징 터미널에 있는 구멍에 끼운다. 끝에 해당하는 두 와이어가 서로 턴버클 배럴을 두 번 교차하도록 턴버클 배럴의 처음 반쪽 주위에 서로 반대방향이 되도록 나선형으로 감는다. 양쪽 끝의 와이어를 배럴 중앙에 있는 구멍 안에서 교차하도록 서로 반대방향으로 구멍에 끼운다. 다시 턴버클의 남은 반에 와이어를 두 번 교차하도록 두 와이어의 끝을 나선형으로 감는다. 그다음 하나의 와이어 끝을 케이블 아이나 포크 또는 스웨이징 터미널

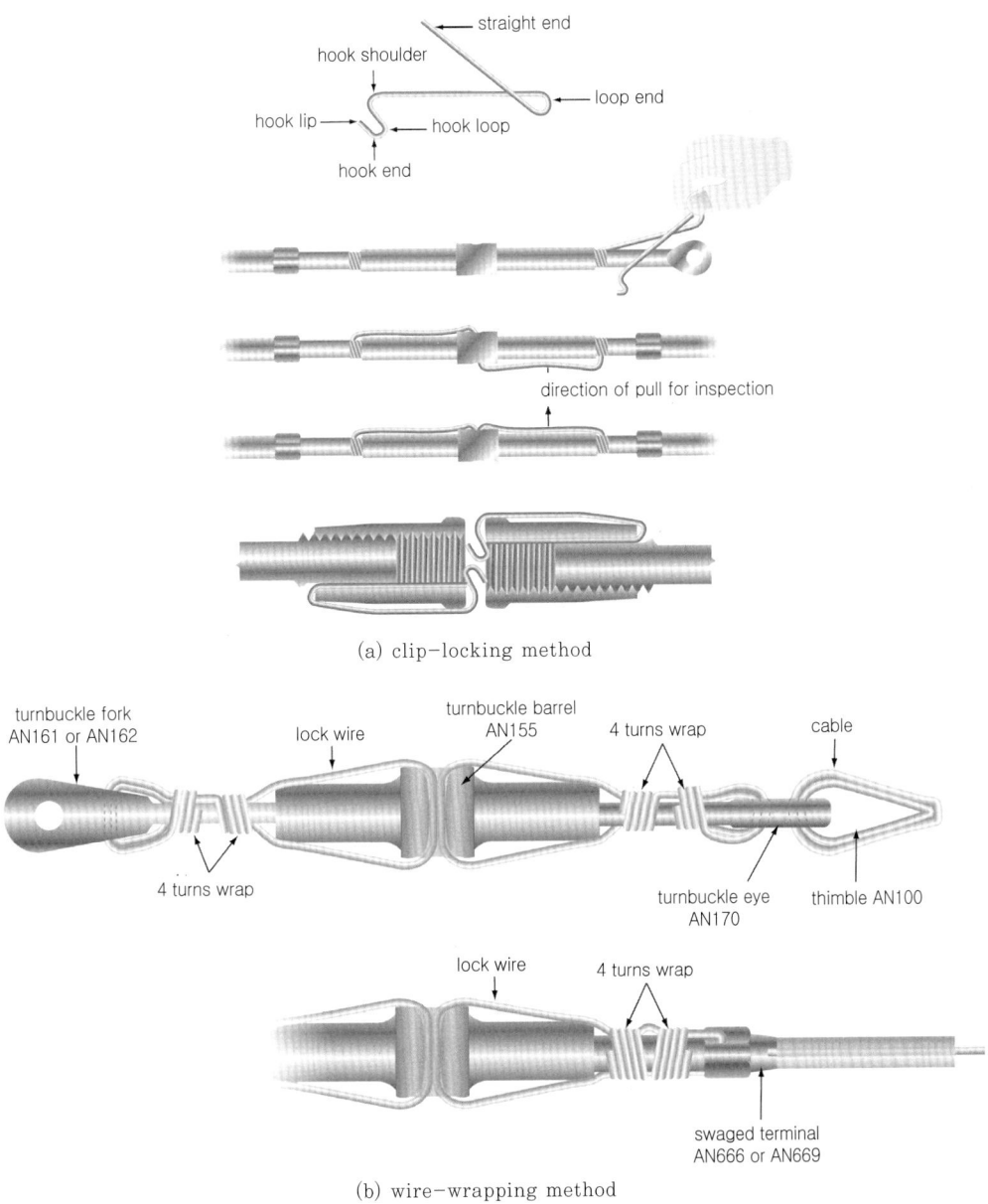

▲ 그림 4-30 **턴버클 안전작업**

에 있는 구멍에 끼운다. 서로 만난 두 와이어의 끝을 섕크 중앙에서 꼰 다음 섕크 주위로 각각 적어도 4바퀴 이상 돌아갈 수 있도록 감고 남은 와이어는 절단한다.

위 방법의 대체방법으로 턴버클의 중앙 구멍을 거쳐 하나의 와이어를 통과시킨 다음 서로 반대 방향의 끝으로 와이어를 구부린다. 그다음 케이블 아이, 포크, 또는 스웨이징 터미널에 있는 구멍에 각각의 와이어 끝을 통과시킨다. 통과한 와이어를 섕크 주위에 적어도 4바퀴 이상 감고, 여분의 와이어를 절단하여 제거한다. 안전작업을 한 후, 턴버클 배럴 밖으로 터미널의 나사산이 3개 이상 노출되어서는 안 된다.

4.4 토크(Torque)작업

4.4.1 토크의 확인 목적 및 확인 시 주의사항

1) 토크(toque)란 회전 방향으로 작용하는 moment을 말하며 토크 렌치를 통해 확인할 수 있다.

2) 확인 목적

체결 시 너무 꽉 조이면 체결부위에 load가 걸리고 덜 조이면 wear가 생기고 풀림이 우려되기 때문에 적절한 토크를 확인하여 체결해야 한다.

3) 주의사항

① 모든 절차는 해당 작업을 명기한 정비교범의 절차를 적용한다.
② 적정 범위의 토크 렌치를 선택하여 사용하여야 한다.
③ 모든 토크 렌치는 정확한 토크값을 얻기 위해서 적어도 한 달에 1번 또는 만약 필요하다면 더 자주 교정해야만 한다.
④ 사용 후 토크 렌치는 해당 토크 렌치의 가장 작은 값으로 되돌려 놓는다.
⑤ 토크 렌치의 길이가 변할 수 있으므로 보관은 지정된 box를 사용한다.
⑥ 사용 전 hardware의 규정 토크값이 맞는지 확인한다.
⑦ 반드시 정비교범에서 권고한 윤활을 적용한다.
⑧ 작업 시 왼손 나사인지 오른손 나사인지 확인한다.
⑨ high value의 토크작업 수행 시 렌치의 이탈로 인한 부품의 손상이나 인체의 손상을 주의한다.

4) 작업 절차

① 토크 렌치와 체결작업에 필요한 소켓(socket), 또는 어댑터(adapter)를 조립한다.
② 조립된 토크 렌치를 너트 또는 볼트에 장착하고 시계방향으로 천천히 안정되게 손잡이를 끌어당긴다.
③ 너무 빠르거나 갑작스런 움직임은 부적절한 토크값을 초래하게 된다.
④ 가해진 토크가 설정한 토크값에 도달하면, 손잡이가 자동적으로 풀리거나 살짝 꺾여 아주 잠깐 동안 자유롭게 움직인다.
⑤ 풀림과 자유로운 움직임은 쉽게 느낄 수 있으며, 토크 작업이 종료되면 요구하던 토크값을 만족하게 된다.
⑥ 플렉시블 빔 형 토크 렌치에 손잡이 길이를 연장해서 사용하는 것은 권장되지 않는다.
⑦ 손잡이 연장공구 자체는 측정에 영향을 주지 않는다.
⑧ 어떤 종류의 토크 렌치에서는 연장공구를 필수적으로 사용해야 하는 경우도 있다. 이런 경우 공식을 적용할 때, 측정이 취해지는 곳으로부터 토크 렌치 손잡이까지의 거리를 고려해야 한다. 만약 이렇게 하지 않으면, 얻어진 토크는 부정확하게 된다.

4.4.1.1 토크 렌치의 종류

1) Limit Type

렌치의 손잡이 부분을 돌려 토크값을 정하고 셋팅 후 셋팅 값이 변하지 않도록 locking하는 knob가 장착되어 있고 토크값에 도달하면 렌치의 head부분이 tilt되면 소리가 난다. indicator를 별도로 주시할 필요가 없는 장점이 있다.

2) Dial Gage Type

측정할 수 있는 dial gage가 달려 있어 pointer를 통해 목표값에 도달할 수 있다. 작업자가 항상 가해진 max 토크값을 알 수 있도록 되어 있다.
① 래칫(ratchet)형
② 리지드 프레임(rigid frame)
③ 플렉시블 빔(flexible beam)

래칫형을 사용하기 위해서, 그립의 잠금장치를 풀고 요구되는 마이크로미터형 눈금을 조정하여 토크값을 설정한 다음 토크작업을 한다.

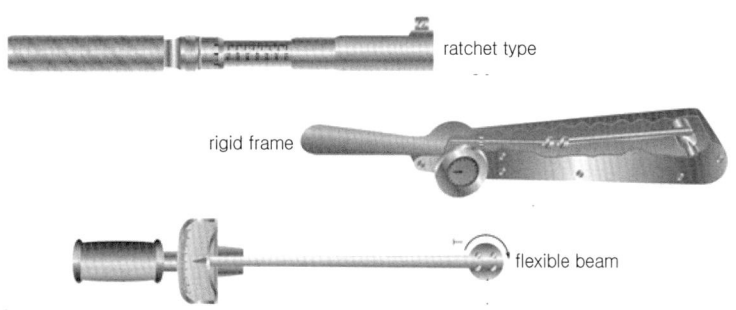

▲ 그림 4-31 **토크 렌치의 종류**

4.4.1.2 표준 토크값(Torque Table)

정비절차에 명확한 토크값이 나와 있지 않을 때는 체결되는 볼트, 너트, 스터드, 스크루 등의 규격에 맞는 표준 토크값은 표 4-3에 나타난 표준 토크 테이블(table)을 따른다.

토크 테이블의 정확한 사용을 위해 다음 규칙을 따라야 한다.

1) inch-pound 값을 12로 나누면 feet-pound 값이 얻어진다.
2) 내식강 부품 또는 별도로 지시하는 곳이 아니면, 너트나 볼트에 기름(윤활)을 바르지 않는다.
3) 토크작업을 할 때에는 가능하면 너트를 돌려서 잠근다. 공간적으로 볼트머리를 돌려 토크 작업을 해야 경우에는 정비교범에 지시된 토크 범위의 상한값을 적용하지만, 최대 허용 토크값을 초과해서는 안 된다.
4) 최대 토크 범위는 오직 결합되는 부품이 충분한 두께, 면적을 가지며, 끊김, 뒤틀림, 또는 다른 손상에 견딜 수 있는 충분한 강도일 때 적용해야 한다.
5) 내식강 너트는 전단형 너트에 대해 주어진 토크값을 적용한다.

6) 토크 렌치에 어떤 형식의 연장공구를 사용하였다면, 표준 토크 테이블에서 제시하는 실제 작용하는 값을 얻기 위해 요구되는 다이얼 지시값을 수정해야 한다. 연장공구를 사용할 때, 토크 렌치 지시값은 적절한 공식을 이용하면 계산할 수 있다.

▼ 표 4-3 표준 토크 테이블[inch-pound]

볼트, 스터드 또는 스크루 크기		너트 조임 시 토크값(Inch-Pound)			
		125,000 ~ 140,000psi의 인장강도를 가진 표준볼트, 스터드 그리고 스크루		140,000 ~ 160,000psi의 인장강도를 가진 표준볼트, 스터드 그리고 스크루	160,000psi의 인장강도를 가진 표준볼트, 스터드 그리고 스크루
		전단형 너트 (AN320, AN364 또는 등가물)	인장형 너트와 나사형 기계 부품(AN-310, AN365 또는 등가물)	전단형을 제외한 모든 너트	전단형을 제외한 모든 너트
8-32	8-36	7-9	12-15	14-17	15-18
10-24	10-32	12-15	20-25	23-30	25-35
1/4-20		25-30	40-50	45-49	50-68
	1/4-28	30-40	50-70	60-80	70-90
5/16-18		48-55	80-90	85-117	90-144
	5/16-24	60-85	100-140	120-172	140-203
3/8-18		95-110	160-185	173-217	185-248
	3/8-24	95-110	160-190	175-217	190-351
7/16-14		140-155	235-255	245-342	255-428
	7/16-20	270-300	450-500	475-628	500-756
1/2-13		240-410	400-480	440-628	480-792
	1/2-20	290-410	480-690	585-840	690-990
9/16-12		300-420	500-700	600-845	700-99
	9/16-18	480-600	800-1,000	900-1,200	1,000-1,440
5/8-11		420-540	700-900	800-1,125	900-1,350
	5/8-18	660-780	1,100-1,300	1,200-1,730	1,300-2,160
3/4-10		700-950	1,150-1,600	1,380-1,925	1,600-2,250
	3/4-16	1,300-1,500	2,300-2,500	2,400-3,500	2,500-4,500
7/8-9		1,300-1,800	2,200-3,000	2,600-3,570	3,000-4,140
	7/8-14	1,500-1,800	2,500-3,000	2,750-4,650	3,000-6,300
1"-8		2,200-3,000	3,700-5,000	4,350-5,920	5,000-6,840
	1"-14	2,200-3,300	3,700-5,500	4,600-7,250	5,500-9,000
1 1/8-8		3,300-4,000	5,500-6,500	6,000-8,650	6,500-10,800
	1 1/8-12	3,000-4,200	5,000-7,000	6,000-10,250	7,000-13,500
1 1/4-8		4,000-5,000	6,500-8,000	7,250-11,000	8,000-14,000
	1 1/4-12	5,400-6,600	9,000-11,000	10,000-16,750	11,000-22,500

4.4.1.3 코터핀 구멍 맞추기(Cotter Pin Hole Line-up)

1) 볼트에 캐슬 너트를 체결할 때, 코터핀 구멍이 권고된 범위에서 너트에 있는 홈과 정렬되지 않는 경우도 있다.
2) 매우 큰 응력을 받는 엔진부품을 제외하고, 너트는 토크 범위를 넘지 않도록 해야 한다. 이런 경우 와셔, 볼트 등의 하드웨어를 교체하여 구멍 위치를 재조정한다.
3) 제시되는 토크값은 거의 같은 나사산의 수와 같은 접촉면적을 갖는 고운나사 또는 거친나사 계열의 기름을 바르지 않은 카드뮴도금이나 강철너트 모두에 대해 적용하게 된다. 이 값은 정비매뉴얼에 특별한 토크 요구사항이 제시된 곳에는 적용하지 않는다.
4) 만약 너트가 아닌 볼트머리쪽에서 토크작업을 해야 한다면, 최대 토크값은 생크의 마찰에 따른 크기만큼 추가해야 한다. 추가하는 값은 너트가 체결되지 않은 상태에서 볼트만을 회전시켰을 때 토크 렌치에 측정된 토크값이다.

4.4.2 익스텐션 사용 시 토크 환산법

1) 토크 렌치에 익스텐션 바나 토크 어댑터를 사용할 때 실제 토크값은 공식에 대입하여 계산한다. 그러나 -90° 방향으로 연결 시 주어진 토크값 그대로 사용한다.
2) 그림 4-32는 연장공구 사용 시 토크값을 구하는 공식을 보여준다.

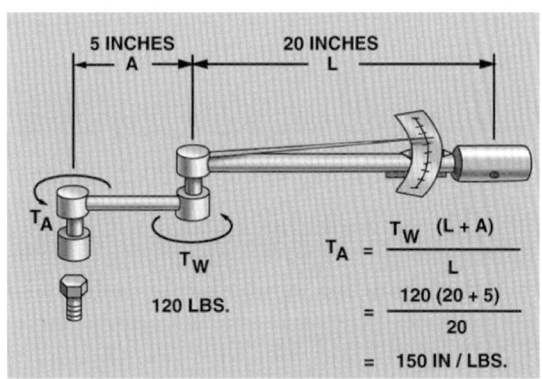

▲ 그림 4-32 연장공구 사용 시의 예

4.4.3 클램프 장착작업

1) 호스의 연결부위를 정확하게 장착하기 위해서 그리고 호스의 클램프가 손상되거나 잘려나가는 것을 방지하기 위해서 호스 클램프 장착 절차를 조심스럽게 준수해야 한다.
2) 토크 리미팅 렌치(torque limiting wrench)의 사용이 가능할 때는 그것을 사용해야 한다. 이 토크 리미팅 렌치는 15~25 in-lb의 교정 범위 안에서 사용 가능하다.
3) 토크 리미팅 렌치가 없을 경우에는 손으로 조여 주고 1/4 바퀴 더 조여 주는 장착방법을 활용한다.
4) 호스 클램프의 구조와 디자인의 변화로 표 4-4와 같은 대략의 토크값이 주어진다. 따라서 표 4-4의 값은 손으로 조여주고 1/4 바퀴 더 조여주는 장착방법으로 장착할 때 좋은 방법이다.

5) 호스를 연결하는 동안에 'Cold Flow' 또는 마무리 절차를 수행할 목적으로 장착 후 며칠 동안은 장착 결과를 점검하여야 한다.

▼ 표 4-4 호스 클램프 토크값

최소 장착만	Worm 스크루형 클램프 (inch당 10 나사산)	Clamps-radial 그리고 다른 형 (inch당 28 나사산)
자체밀봉호스 약 15 in-lb	손으로 조이고 추가적으로 완전한 2바퀴	손으로 조이고 추가적으로 완전한 $2\frac{1}{2}$바퀴
모든 다른 항에 호스 약 25 in-lb	손으로 조이고 추가적으로 완전한 $1\frac{1}{4}$바퀴	손으로 조이고 추가적으로 완전한 2바퀴

6) 지지용 클램프는 동체 구조 부분이나 엔진 구성품의 다양한 튜브를 안정적으로 지지하기 위하여 사용된다.
7) 지지용 클램프의 다양한 종류가 이러한 목적으로 사용된다. 가장 일반적으로 사용되는 클램프는 그림 4-33과 같은 고무 쿠션 클램프(rubber-cushioned) 그리고 평면(plain) 클램프이다.
8) 고무 쿠션 클램프는 튜브의 접촉을 방지하는 쿠션기능을 통해 진동을 잡아주기 위해 사용된다.

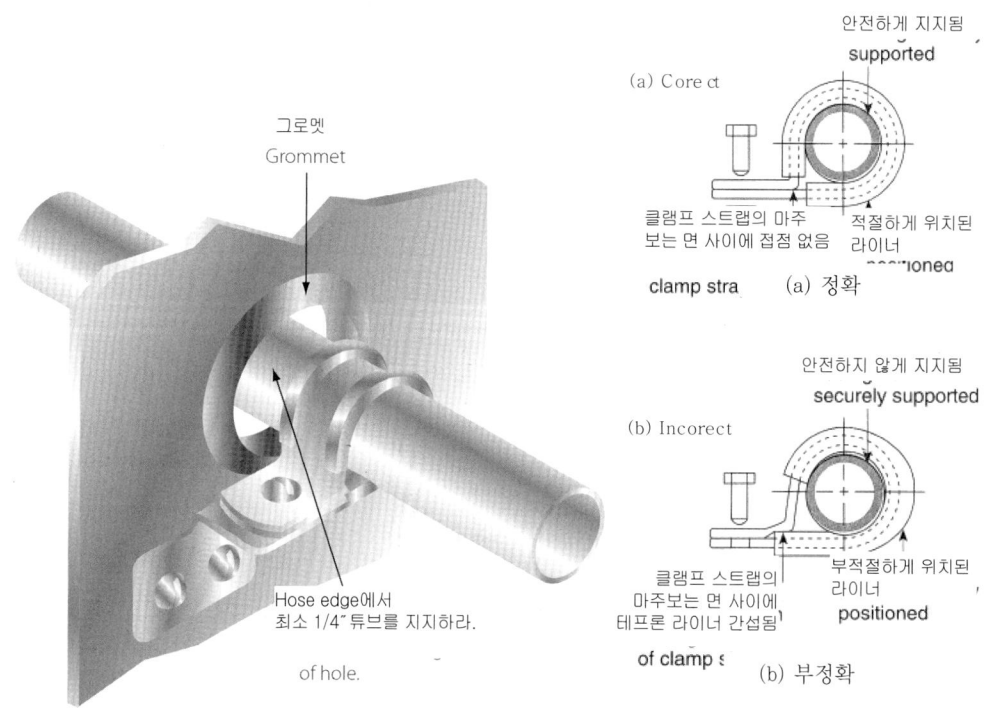

▲ 그림 4-33 고무 쿠션 클램프

9) 반면 평면 클램프는 진동 예방을 위한 방법을 적용하지 않는 튜브를 고정하는 데 사용한다.
10) 테프론 쿠션 클램프(teflon cushion clamp)는 연료, 유압유 등 오일에 의한 변형이 발생할 수 있는 부분에 사용된다. 그러나 테프론 쿠션 클램프는 회복력이 덜 하기 때문에 다른 충격 흡수 물질들의 쿠션효과를 제공하지 못한다.
11) 연료, 유압유, 오일 등과 같은 금속 튜브의 고정을 위해서는 본딩된 클램프를 사용한다.
12) 본딩되지 않은 클램프는 오직 와이어링(wiring)을 고정시키기 위한 목적으로만 사용해야 한다.
13) 튜브에서 본딩된 클램프가 장착되는 부분에는 아노다이징 또는 페인트를 벗겨내야 한다.
14) 정확한 크기의 클램프를 사용해야만 한다. 외경보다 작은 지지용 클립 또는 클램프는 호스를 통해 흐르는 흐름에 저항을 준다.
15) 모든 유체 튜브 라인은 정해진 간격으로 지지되어야한다. 휘어지지 않는 타입 튜브를 지지하기 위한 최대 거리값은 표 4-5에서 확인 가능하다.

▼ 표 4-5 유체 튜브 지지대의 최대 간격

Tube O.D. (in.)	Distance between supports (in.)	
	Aluminium Alloy	Steel
1/8	9 1/2	11 1/2
3/16	12	14
1/4	13 1/2	16
5/16	15	18
3/8	16 1/2	20
1/2	19	23
5/8	22	25 1/2
3/4	24	27 1/2
1	26 1/2	30

4.4.4 코터핀의 안전작업(Cotter Pin Safetying)

그림 4-34에서는 코터핀 장착상태를 보여준다. 캐슬 너트는 코터핀 장착을 위해 구멍이 뚫린 볼트와 함께 사용한다. 코터핀은 아주 약간의 마찰작용으로 구멍에 알맞게 체결되어야 한다.

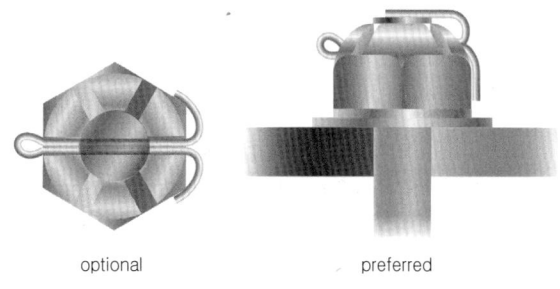

▲ 그림 4-34 코터핀 장착

다음은 코터핀 안전작업에 대한 일반적인 규칙이다.
1) 볼트 위로 구부러진 가닥은 볼트 지름을 초과해서는 안 되며, 만약 필요하다면 절단한다.
2) 아래쪽으로 구부러진 가닥은 와셔의 표면에 닿지 않는 범위에서 가능한 길어야 한다. 만약 필요하다면 절단한다.
3) 일반적으로 우선식(preferred)으로 코터핀 작업한다.
4) 만약 필요하다면 차선책(optional method)으로 볼트를 감싸듯 옆으로 돌리는 방법을 사용하며, 이 경우 가닥의 끝이 너트의 최대 바깥지름 밖으로 뻗어나가면 안 된다.
5) 모든 가닥은 적당한 곡률로 구부려져야 한다. 너무 급격한 굽힘은 끊어지기 쉽다. 고무해머(mallet) 등으로 가볍게 두드려서 구부리는 것이 가장 좋은 방법이다.

■ 작업형-연결작업(볼트 체결, 토크작업 및 안전결선)

※ 볼트와 너트 체결 후 토크(Torque) 작업과 안전결선(Safety wire) 작업을 실시하시오.

1. 소요 공구
   - 토크렌치(dial type), 익스텐션바(3/8″ drive, 6″ long), 컴비네이션 렌치(11/16″), 소켓렌치(11/16″) 및 라체트 핸들(3/8″ drive), 박스렌치(11/16″), 망치, 와이어트위스터, 커터플라이어, 바이스, 토크작업판(torque moke-up plate), 캐슬너트 및 드릴헤드 볼트, 드릴헤드 크래비스 볼트(단선식 안전결선 작업 시), 보안경

2. 소모품
   - 코터핀 : 1개, safety wire : #20 or #32 wire,

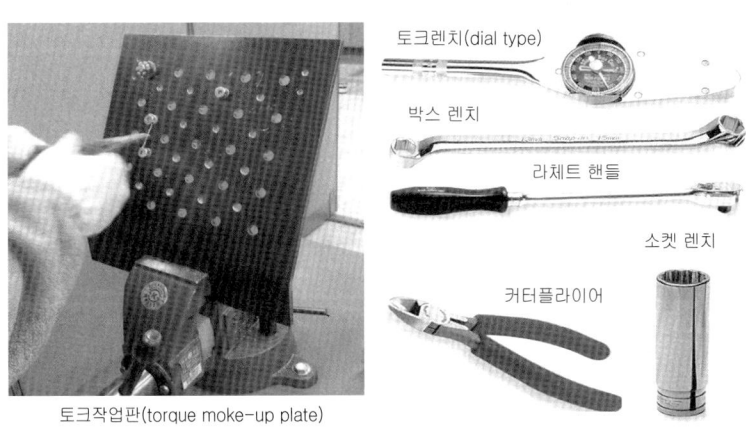

▲ 그림 4-35 토크작업 시 필요한 공구

▲ 토크작업 실시 전 반드시 수행해야 하는 사항

※ 4.4 토크(torque)작업
※ 4.4.1 토크의 확인 목적 및 확인 시 주의사항 참조
① 교정일자가 초과되지 않았는지 확인하여 사용 가능 여부를 판단한다.
② 적정 범위의 토크 렌치를 선택하여 사용하여야 한다.
③ 사용 전 hardware의 규정 토크값이 맞는지 확인한다.
④ 모든 절차는 해당 작업을 명기한 정비교범의 절차를 적용한다.

4.5 볼트(Bolt), 너트(Nut), 와셔(Washer)

4.5.1 나사의 구분(Classification of Thread)

1) 아메리카 나사 계열 : 1 inch 길이당 14개 나사산(1-14NF)
   ① NC(american national coarse) : 아메리카 거친 나사
   ② NF(american national fine) : 아메리카 가는 나사

2) 유니파이 나사계열 : 1 inch 길이당 12개 나사산(1-12UNF)
   ① UNC(american standard unified coarse) : 유니파이 거친 나사
   ② UNF(american standard unified fine) : 유니파이 가는 나사
   이들 계열의 나사는 주어진 지름의 볼트(bolt)나 스크루(screw)의 1 inch 길이당 나사산의 수로 표시한다. 예를 들어, 4-28 나사는 볼트 지름이 4/16 inch이고 1 inch당 28개의 나사산을 갖는다는 것을 의미한다.

3) 나사의 등급 : 끼워맞춤의 등급으로도 구분
   ① class 1(헐거운 끼워맞춤, loose fit) : 손으로 쉽게 장착
   ② class 2(느슨한 끼워맞춤, free fit) : 항공기용 스크루 나사
   ③ class 3(중간 끼워맞춤, medium fit) : 항공기용 볼트 나사
   ④ class 4(밀착 끼워맞춤, close fit) : 너트 장착 시 렌치(wrench) 공구 사용
   볼트와 너트는 또한 오른나사와 왼나사로도 구분한다. 일반적인 나사 방향인 오른나사는 시계방향으로 돌리면 조여지고, 왼나사는 반시계방향으로 돌려야 조여진다.

4.5.1.1 볼트

1) 용도
   매우 큰 하중을 받는 조립 부분에 사용한다. 즉, 큰 하중을 받는 부분을 반복해서 분해 조립할 필요가 있는 곳이나 또는 리벳이나 용접이 적당치 않는 부분을 조립하는 데 사용된다.

2) 재질
   대부분 Ni강(내식강, Al 합금강, Cd강, 특수강, Ti 합금강 등)

3) 종류
   ① 육각머리 볼트(AN 3~ AN 20) : 재질은 니켈강이며, 인장과 전단하중을 담당하는 구조부에 사용한다.
   ② 드릴 헤드 볼트(AN 73~AN 81) : safety wire를 위해 머리에 구멍이 나 있다.
   ③ 정밀 공차 볼트(AN 173~AN 181, NAS 673~NAS 678) : 일반 볼트보다 정밀하게 가공된 볼트로서 심한 반복운동과 진동을 받는 부분에 사용한다.

④ 내부 렌칭 볼트(NAS 144~NAS 158, MS 20004~20024) : 고강도강으로 만들며, 큰 인장력과 전단력이 작용하는 곳에 사용한다. 육각머리 볼트와 대치 사용 금지
⑤ 클레비스 볼트(clevis bolt, AN 21~AN 36) : 머리가 둥글고 스크루 드라이버를 사용하도록 머리에 홈이 파여 있다. 전단하중이 걸리고 인장하중이 작용하지 않는 조종계통에 사용한다.
⑥ 아이 볼트(eye bolt, AN 42~AN 49) : 인장하중이 작용하는 곳에 사용되며, 고리는 케이블 걸이 턴버클에 걸리도록 되어있다.

4) 볼트의 재질 식별

머리 부분은 대개 육각이며, 머리 부분의 식별기호로서 구별한다.
① Al 합금 : 쌍대시(- -)   ② 내식강 : 대시(-)
③ 특수 볼트 : spec   ④ 정밀 공차 볼트 : △

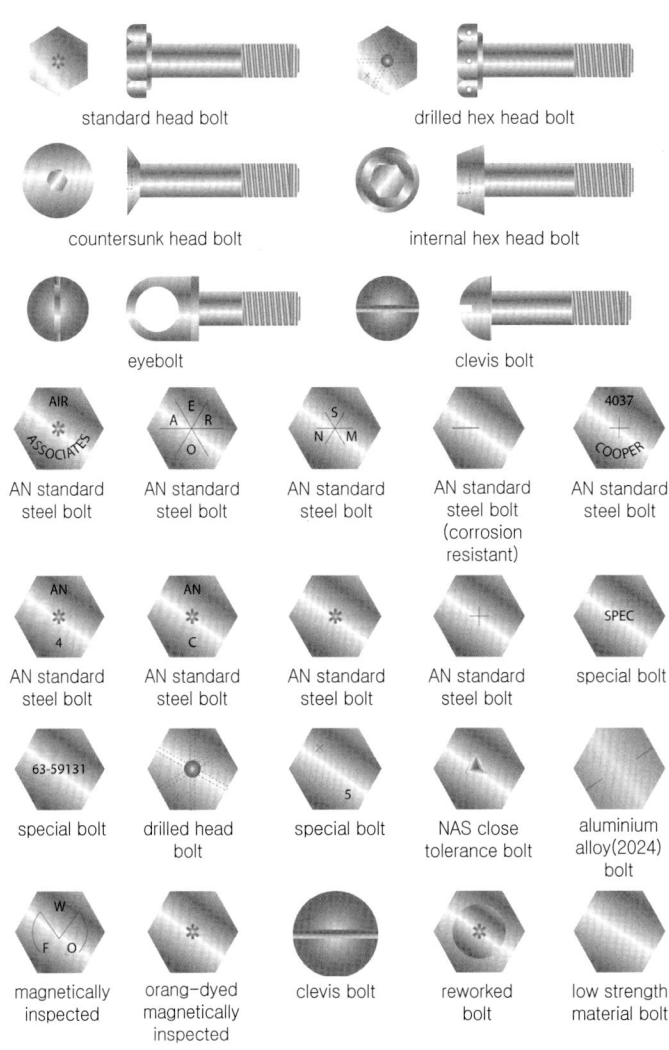

▲ 그림 4-36 bolt의 식별 표시

5) 볼트의 길이와 그립(Grip)

① 볼트의 길이 = 그립의 길이 + 나사의 길이

② 그립 = 볼트의 길이 중에서 나사가 나와 있지 않은 부분의 길이

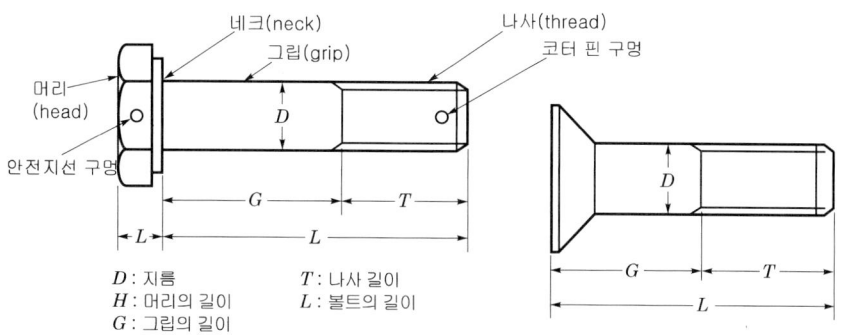

D : 지름
H : 머리의 길이
G : 그립의 길이
T : 나사 길이
L : 볼트의 길이

▲ 그림 4-37 **볼트 각 부의 명칭**

6) 지름 표시 및 길이 단위

① 지름 표시법 : No. 10 ~ 5/8 inch까지는 1/16 inch 단위, 3/4 ~ 1 1/2 inch까지는 1/8 inch 단위

② 길이 : 1/16 inch의 배수로 되어 있으나 AN 볼트는 1/8 inch의 배수로 되어 있는 것도 있다.

7) 부품 번호

① bolt의 재료, 머리의 형상, 치수, 또는 머리 및 나사 끝에 안전한 풀림 방지용 구멍이 있는지 없는지는 부품번호(parts number)에 나타나 있으므로 필요한 bolt를 신청할 수 있다.

> 예) 코드번호 AN 3 DD 5 A
> ① AN = 미공군–해군 규격 표준볼트
> ② 3 = 지름(1/16 inch 단위로 나눈 값), 즉 3/16 inch 지름
> ③ DD = 재질이 2024 알루미늄 합금("DD" 대신에 문자 "C"를 쓰면 내식강임을 나타내고, 그리고 문자가 쓰여 있지 않으면 카드뮴도금 강철 볼트임을 의미)
> ⑤ 숫자 5 = 볼트 길이(1/8 inch 단위로 나눈 값), 즉 5/8 inch 길이
> ⑥ A = 섕크에 구멍을 뚫지 않았다는 것을 의미(만약 문자 "H"가 "5" 앞쪽에 오고 뒤쪽에 "A"가 추가된다면, 볼트머리에 안전결선을 위해 구멍이 뚫려있음을 의미)
>
> 예) 코드번호 AN24-14A
> ① 2 = 클레비스 볼트
> ② 4 = 지름 4/16 inch
> ③ 14 = 길이 14/16 inch
> ④ A = 섕크에 코터핀 구멍 없음

8) Bolt의 취급
   ① bolt는 사용되는 장소에 따라 강도, 내식, 내열에 적합한 지정된 부품 번호의 bolt를 사용하여야 한다.
   ② 부식 방지면에서 일반적으로는 al 합금부에는 al 합금의 bolt 및 washer를 사용하며, 강재료에는 강으로 된 bolt 및 washer를 사용한다.
   ③ 높은 torque에는 Al 합금이나 강의 조임부에 상관없이 강의 bolt와 washer를 사용한다. Al 합금부에 강 bolt를 사용할 때는 부식 방지를 위해 Cd 도금된 bolt를 사용한다.(이질 금속의 접촉은 부식의 원인이 된다)

9) Bolt 길이의 결정
   ① grip의 길이는 부재의 두께와 같거나 약간 길어야 한다.
   ② grip 길이의 미세한 조정은 washer의 삽입으로서 가능하다.
   ③ 이 때는 한쪽 2장, 양쪽 3장까지가 최대이며, 그 이상에서는 bolt를 교환해야 한다.
   ④ 특히 전단력이 걸리는 부재(shear bolt)에서는 torque가 하나라도 부재에 걸려서는 안 된다.

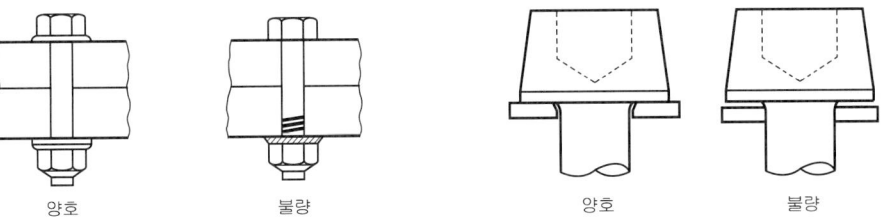

▲ 그림 4-38 bolt 길이의 결정   ▲ 그림 4-39 internal wrenching bolt 사용상의 주의

10) Bolt를 장착하는 방향
    ① 일반적으로 nut가 떨어져도 bolt가 빠지지 않도록 앞쪽에서 뒤쪽으로, 위에서 아래로, 안쪽에서 바깥쪽을 향해 장착해야 한다. 그러나, 구조용 이외의 유압, 전기계통의 clamp 장착 bolt는 지정이 없는 한 어느 쪽을 향해도 좋다.

11) Titanium 합금 Bolt 사용상의 주의
    ① titanium 합금 bolt는 600°F를 넘는 곳에서 은 도금된 self locking nut를 사용해서는 안 된다.
    ② titanium 합금의 bolt는 200°F를 넘는 곳에서 cadmium 도금된 nut를 사용해서는 안 된다.

12) 정밀 공차 Bolt 사용상의 주의
    ① bolt를 쳐서 박을 때에는 가죽을 두른 hammer 또는 plastic hammer 등을 사용한다.
    ② 또 bolt 장착이 매우 힘들 경우에는 구멍의 지름과 bolt의 지름을 재점검한다.
    ③ 접시머리가 아닌 정밀 공차 bolt를 장착할 때에는 bolt의 머리 쪽 구멍은 countersink를 한다.

13) Internal Wrenching Bolt 사용상의 주의
   ① bolt head 아래의 round에 맞도록 bolt 구멍을 countersink 작업을 하거나 고강도 countersink washer를 사용한다. 또 nut의 아래는 고강도 washer를 사용한다.
   ② countersink washer를 사용할 때에는 washer의 방향에 주의한다.
   ③ 이 bolt에는 고강도 nut를 사용한다.
   ④ MS와 NAS의 internal wrenching bolt의 호환성은 MS와 NAS로 교환이 불가능하나 NAS를 MS로는 교환이 가능한데 그 이유는 MS bolt는 fillet를 압연 가공하고 bolt head의 높이가 높아서 피로 강도가 크기 때문이다.

14) Thread의 종류와 사용 구분
   ① bolt thread 길이에는 long thread, short thread, full thread가 있고 사용 구분이 다르다.
   ② long thread는 인장력(tension)이 작용되는 곳에 사용하며, 전단력이 작용하는 곳에도 사용할 수 있다.
   ③ short thread는 전단력(short)이 작용하는 곳에 사용한다.
   ④ full thread는 인장력(tension)이 작용하는 곳에만 사용한다.

4.5.1.2 너트

1) 용도 : 볼트와 짝이 되는 암나사이다.

2) 재질 : 탄소강, 알루미늄 합금, 카드뮴 도금강으로 만든다.

3) 종류
   (1) 자동고정너트(self-locking nut) : 안전을 위한 보조방법이 필요 없고 구조 전체적으로 고정시키는 역할을 한다. 과도한 진동하에서 쉽게 풀리지 않는 강도를 요하는 연결부에 사용하며, 회전하는 부분에는 사용할 수 없다.
   ① 전금속형 자동고정너트 : 금속의 탄성을 이용한 것으로 너트 윗부분에 홈을 파서 구멍의 지름을 작게 한 것으로 심한 진동에도 풀리지 않는다.
   ② 파이버고정너트 : 너트 안쪽에 파이버 컬러를 끼워 탄성을 줌으로써 자체가 스스로 체결되고 동시에 고정 작업이 이루어지는 너트이다. 파이버의 경우 15회, 나일론의 경우 200회 이상 사용을 금지하며, 자동고정너트는 사용온도 한계가 121℃(250°F) 이하에서 제한된 횟수만큼 사용하지만 649℃(1200°F)까지 사용할 수 있는 것도 있다.
   (2) 비자동고정너트 : 코터 핀, 안전 결선, 고정 너트 등으로 체결하여야 한다.
   ① 캐슬너트(AN 310) : 볼트 생크에 안전핀 구멍이 있는 볼트에 사용하며, 코터 핀으로 고정하면 인장하중에 강하다.
   ② 캐슬전단너트(AN 320) : 캐슬너트보다 얇고 약하다. 주로 전단응력만 작용하는 곳에 사용한다.

③ 평너트(AN 315, AN 335) : 큰 인장하중에 사용한다.
④ 플레인체크너트(AN 350) : 평너트와 세트 스크루 끝부분의 나사가 난 로드에 장착하는 너트
⑤ 나비너트(AN 350) : 맨손으로 죌 수 있는 정도의 죔이 요구되는 부분

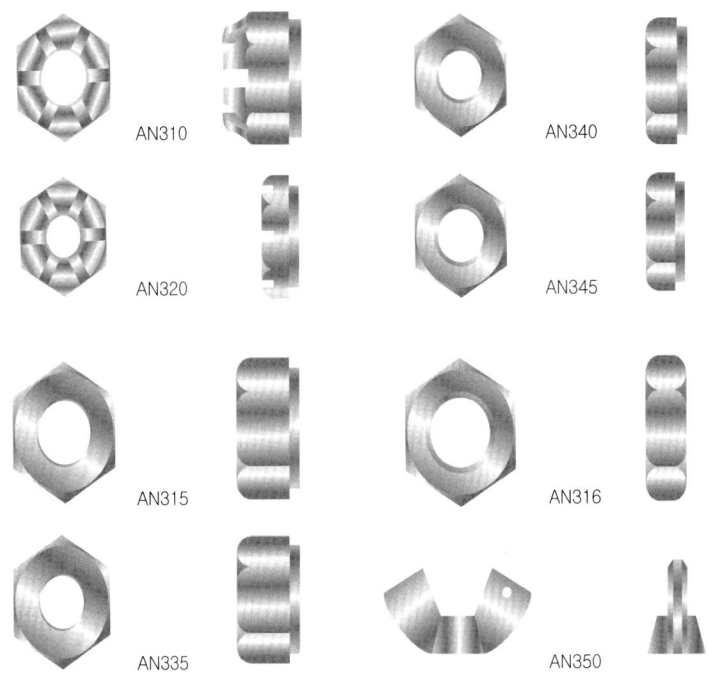

▲ 그림 4-40 non self locking nut

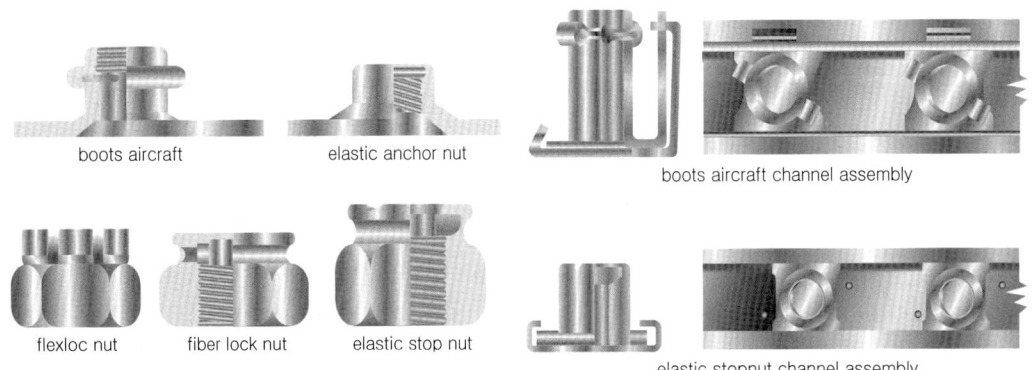

▲ 그림 4-41 self locking nut   ▲ 그림 4-42 **자동고정너트 베이스**

4) 너트 지름 : 나사의 골 지름이다.

5) Nut Part Number

part number에 의해 nut의 종류, 지름 그리고 경우에 따라 오른나사 또는 왼나사인지를 알 수 있다.

> 예) 코드번호 AN310D5R
> ① AN310 = 항공기용 캐슬너트
> ② D = 2024-T 알루미늄 합금
> ③ 5 = 5/16 inch 지름
> ④ R = 오른나사(1 inch당 24 나사산)
>
> 예) 코드번호 AN320-10
> ① AN320 = 항공기용 캐슬전단너트
> ② -(문자 없음) = 카드뮴도금 탄소강
> ③ 10 = 5/8 inch 지름, 1 inch당 18 나사산(일반적으로 오른나사)
>
> 예) 코드번호 AN350B1032
> ① AN350 = 항공기용 나비너트
> ② B = 황동
> ③ 10 = 10번 볼트에 사용
> ④ 32 = 1 inch당 32 나사산

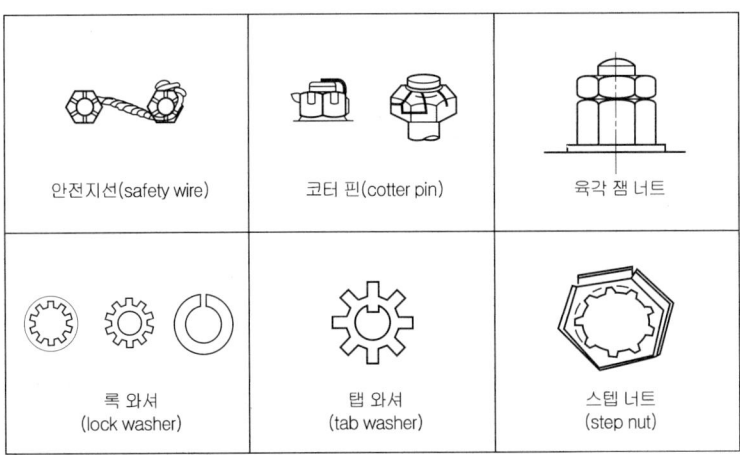

▲ 그림 4-43 non-self locking nut의 풀림 방지

6) Nut의 취급

① nut는 사용되는 장소에 따라 강도, 내식, 내열에 적합한 지정된 부품번호의 nut를 사용해야 한다.

② self locking nut를 bolt에 장착했을 때, bolt 나사 끝부분은 nut면보다 2산에 상당하는 길이 이상 나와 있어야 한다.

③ self locking nut를 가공하지 말 것

④ Cd 도금된 self locking nut는 Ti 또는 Ti합금의 bolt, nut, screw, stud에 사용해서는 안 된다.
⑤ 은도금된 self locking nut는 600°F를 넘는 곳에서 Ti 또는 Ti합금의 bolt, screw, stud에 사용해서는 안 된다.
⑥ 은도금된 self locking nut는 은도금된 bolt에 사용해서는 안 된다.
⑦ 지름이 1/4인치 이하이며, cotter pin hole이 있는 bolt에 self locking nut를 사용해서는 안 되며, 5/16인치 이상인 bolt에 대해서는 cotter pin hole을 확인한 뒤 nut를 장착한다.
⑧ self locking nut를 사용할 때는 nut를 고정하는 데 필요한 locking torque를 확인하여 허용값 이내인 것을 확인한다.
⑨ self locking nut를 이용하여 torque를 걸 때는 규정 torque값에 locking torque를 더한 값을 사용해야 한다.

7) Self Locking Nut를 사용해서는 안 되는 장소
① self locking nut의 느슨함으로 인한 bolt의 결손이 비행의 안전성에 영향을 주는 장소
② 회전력을 받는 곳(예 : pulley, bellcrank, lever, linkage, hinge pin, cam, roller 등)
③ bolt, nut, screw가 느슨해져 engine intake 내에 떨어질 우려가 있는 장소
④ 정비를 목적으로 수시로 여닫는 access panel이나 door 등

4.5.1.3 와셔

1) 용도
볼트, 너트 및 스크류를 체결할 때 알맞은 길이나 위치 조절 또는 결합 부위 손상 방지 및 결합력을 강화시키는 목적으로 사용한다.

2) 종류
(1) 평와셔
① 구조물이나 장착부품의 조이는 힘을 분산, 평균화한다.
② 볼트, 너트의 코터 핀 구멍 위치 등의 조정용 스페이서로 사용한다.
③ 볼트, 너트를 조일 때에 구조물, 장착부품을 보호한다.
④ 구조물, 장착부품의 조임면의 부식을 방지한다.
(2) 락크 와셔
자동고정너트나 코터 핀, 안전 결선을 사용할 수 없는 곳에 볼트, 너트 스크류의 느슨함 방지를 위해 사용한다.
(3) 특수 와셔
① 고강도 카운터 성크 및 고강도 평와셔 : 고장력 하중이 걸리는 곳에 인터널 렌칭 볼트와 같이 사용되며, 볼트 머리와 생크 사이의 큰 라운즈에 대해 구조물이나 부품의 파손을 방지함과 동시에 조임면에 대해 평편한 면을 갖게 한다.

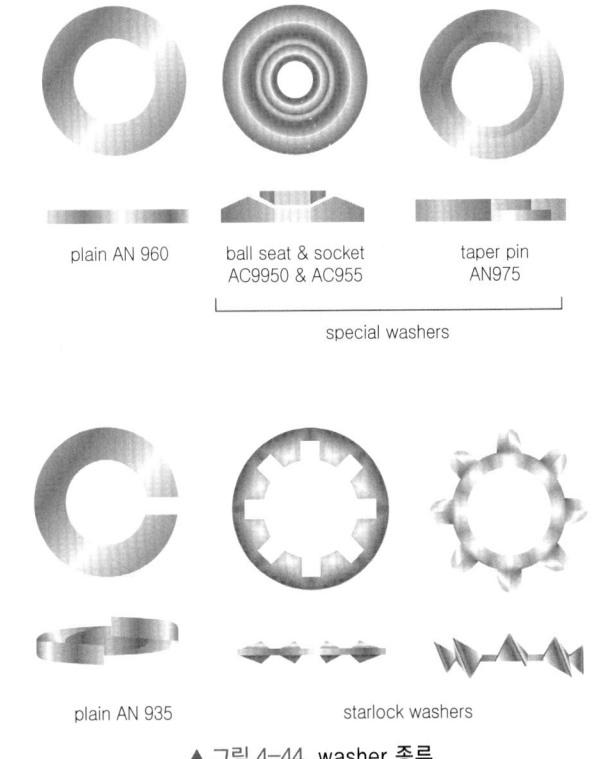

▲ 그림 4-44 washer 종류

② 테이퍼 핀 와셔 : 테이퍼 핀과 같이 사용되며, 평와셔에서는 변형될 우려가 있는 곳에 조정용 심 역할을 하며 너트 아래 장착한다.

③ 프리로드 지시 와셔(preload indicating washer) : 토크 렌치보다 더 정확한 조임이 필요한 곳에 사용한다.

3) Washer 사용 시 주의사항

① washer는 사용되는 장소에 따라 적합하게 지정된 부품 번호의 washer를 사용한다.

② washer의 사용 개수는 최대 3장까지 허용된다.(1개는 부재 표면 보호, 다른 2개는 bolt head 및 nut 쪽에 끼워 넣음) 이때 lock washer 및 특수 washer는 사용 개수에 포함되지 않는다.

③ washer는 원칙적으로 bolt와 같은 재질의 것을 사용한다. Al합금 또는 Mg합금의 구조부에 bolt나 nut를 장착하는 경우, Cd 도금된 탄소강 washer를 사용한다. Al합금 bolt의 조임에 있어서는 Al합금 또는 Cd 도금된 강 washer를 사용한다.

④ clamp 장착 시에는 flat washer를 사용할 필요가 없다.

⑤ lock washer는 1차, 2차 구조부, 또는 가끔 장탈하거나 부식되기 쉬운 곳에 사용해서는 안 된다.

⑥ Al합금, Mg합금에 lock washer를 사용할 경우, Cd 도금된 탄소강의 plain washer를 그 아래에 넣는다.
⑦ 기밀을 요하는 장소 및 공기의 흐름에 노출되는 표면에는 lock washer를 사용하지 않는다.
⑧ tab washer, preload 지지 washer는 재사용 할 수 없다.
⑨ 특수 washer는 그 용도에 따라 여러 종류가 있으므로 각각의 용도에 맞는 것을 사용해야 한다.

4.5.1.4 스크루(Screw)

1) 용도 및 특성
  ① 볼트에 비해 저강도의 재질이고 스크루 드라이버를 사용할 수 있도록 되어 있다.
  ② 체결되는 나사가 비교적 헐겁다.
  ③ 명확한 그립이 없다.

2) 종류
  ① 구조용 스크루(AN 509~AN 525, NAS 204~NAS 235)
   같은 크기의 볼트와 동일한 강도를 가지고 명확한 그립을 가지며, 머리모양은 둥근머리, 브래지어머리, 접시머리 등으로 되어 있다.
  ② 기계용 스크루
   저탄소강, 황동, 내식강이나 Al합금으로 만들고 가장 다양하게 사용되며, 납작머리, 둥근머리, 와셔머리 등이 있다.
  ③ 자동 탭핑 스크루(AN 504, AN 506, NAS 528)
   스스로 나사를 내면서 체결되는 부품으로 비구조재의 영구적인 접합이나 구조물에 얇은 판을 부착시키거나 리벳작업을 하기 위해 일시적으로 판재를 접합하는 곳에 사용한다.

3) Screw Head Recess에 의한 분류

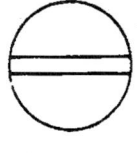 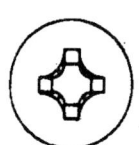  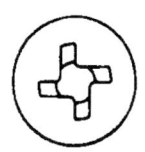 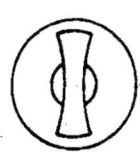

(a) slotted　　(b) phillips　　(c) tri-wing　　(d) torque set　　(e) hi torque

▲ 그림 4-45 **Screw Head Recess 구분**

① slotted recess : common driver, plat driver를 사용할 수 있도록 직선 홈을 만든 screw head, head diameter가 비교적 작은 fillister head에 많이 사용된다. recess가 잘 미끄러지는 것이 흠이다.
② phillips recess : cross point driver를 사용할 수 있도록 십자형의 홈이 패인 screw head, 일반적으로 structure screw나 machine screw에 많이 사용된다.

③ reed & prince recess : cross point driver를 사용하며, 비교적 강도를 필요로 하지 않는 전자, 전기/계기 부품에 많이 사용된다.

④ tri-wing recess : tri-wing recess는 조일 때 over torque가 되지 않도록, 반대로 풀 때는 큰 torque가 걸리도록 개량된 것이다. 공구로는 특별히 제작된 bit가 사용되며, douglass 계열 항공기에 많이 사용된다.

⑤ torque set recess : structure screw 중 특히 강도를 요하는 곳에 사용된다. tri-wing recess를 개량한 것이다.

⑥ high torque recess : 빈번한 장·탈착을 필요로 하지 않는 structure screw에 사용한다. NAS 계열 screw에 많다.

5 항공기 재료 취급

5.1 금속재료

5.1.1 알루미늄 합금의 분류, 재질기호 식별

5.1.1.1 가공용 알루미늄의 규격번호(Index System of Wrought Aluminum)

1) 가공용 알루미늄 또는 가공용 알루미늄 합금은 4자리수로 규격을 표시한다. 이 규격은 크게 세 그룹으로 나눠지는데, 1×××그룹, 2×××~8×××그룹, 그리고 현재는 사용되지 않는 9×××그룹이다.

2) 1×××그룹에서 끝의 두 자리는 금속의 순도가 99%를 초과한 정도를 1/100% 단위로 나타낼 때 사용된다. 예를 들어 끝의 두 자리가 30이라면, 순수 알루미늄 99%에 0.30%를 더해서 99.30% 순수 알루미늄이 된다. 이 그룹에 해당하는 합금의 예는 다음과 같다.
   ① 1100 99.00% 순수 알루미늄 1회 성능 개량하였음
   ② 1130 99.30% 순수 알루미늄 1회 성능 개량하였음
   ③ 1275 99.75% 순수 알루미늄 2회 성능 개량하였음

3) 2×××~8×××그룹에서, 첫 번째 자리는 다음과 같다.
   ① 2××× 구리
   ② 3××× 망간
   ③ 4××× 규소
   ④ 5××× 마그네슘
   ⑤ 6××× 마그네슘 규소
   ⑥ 7××× 아연
   ⑦ 8××× 그 밖의 원소표를 참조한다.

4) 2×××~8××× 합금그룹에서, 합금 규격번호의 두 번째 자릿수는 합금의 개량 여부를 나타낸다. 만약 두 번째 자릿수가 0이면, 그것은 원래의 합금임을 의미하고, 반면에 1~9 사이의 숫자는 합금의 개량 횟수를 나타낸다.

> 예) AA규격 2 0 2 4 - T3
>   ① 첫째 자릿수 : 주 합금의 종류(2, 구리)
>   ② 둘째 자릿수 : 개량부호(0, 개량 처리하지 않았음)
>   ③ 나머지 두 자리 숫자 : Alcoa 숫자(24, 합금의 성분 표시)
>   ④ 대시 문자 및 숫자 : 질별기호(T3, 담금질 한 후 냉간 가공한 것)

표 5-1에서는 네 자리 중 끝의 두 자리는 그룹에서 다른 합금 성분을 표시한다.

▼ 표 5-1 가공용 알루미늄 합금 성분 표시

합금 (Alloy)	합금섬유의 백분율 (알루미늄과 일반적인 불순물이 잔유물로 구성된다)								
	구리 (Copper)	실리콘 (Silicon)	망간 (Manganese)	마그네슘 (Magnesium)	아연 (Zinc)	니켈 (Nickel)	크롬 (Chromium)	납 (Lead)	비스무스 (Bismuth)
1100	-	-	-	-	-	-	-	-	-
3003	-	-	1.2	-	-	-	-	-	-
2011	5.5	-	-	-	-	-	-	0.5	0.5
2014	4.4	0.8	0.8	0.4	-	-	-	-	-
2017	4.0	-	0.5	0.5	-	-	-	-	-
2117	2.5	-	-	0.3	-	-	-	-	-
2018	4.0	-	-	0.5	-	2.0	-	-	-
2024	4.5	-	0.6	1.5	-	-	-	-	-
2025	4.5	0.8	0.8	-	-	-	-	-	-
4032	0.9	12.5	-	1.0	-	0.9	-	-	-
6151	-	1.0	-	0.6	-	-	0.25	-	-
5052	-	-	-	2.5	-	-	0.25	-	-
6053	-	0.7	-	1.3	-	-	0.25	-	-
6061	0.25	0.6	-	1.0	-	-	0.25	-	-
7075	1.6	-	-	2.5	5.6	-	0.3	-	-

5.1.1.2 알루미늄 합금의 분류(합금원소에 따른 영향)

1) 1000 계열

① 99% 이상의 순수 알루미늄, 우수한 내식성, 높은 열전도율과 전기전도성, 낮은 기계적 성질, 우수한 가공성 등의 장점을 가진다.
② 열처리에 의해 경화시킬 수 없고 냉간가공에 의해 약간의 강도를 증가시킬 수 있다.
③ 구조부재로는 부적합, 연료나 윤활유의 탱크, 파이프, 용접봉 등에 사용

2) 2000 계열

(1) 구리가 주 합금원소이다. 시효 경화되는 것이 특징인데 두랄루민, 초두랄루민으로 알려져 있다. 이 계열 중 가장 잘 알려진 합금은 2024이다.
(2) 2017
① 알루미늄의 대표적인 합금, 두랄루민이라고도 함
② 항공기에 많이 사용되었으나 현재는 2024로 대체됨
③ 주로 rivet 재료로 사용됨
④ Cu와 Mg의 함유량이 적고 경화능력이 낮으며 상온 시효한 상태로 riveting이 가능하므로 주로 연질의 rivet 재료로 사용된다.

(3) 2024
① 피로강도가 우수, 인장하중이 큰 wing lower skin이나 여압을 받는 동체 fuselage skin에 많이 사용
② super duralumin이라고도 함
③ 2224, 2324는 개량형인 새로운 합금으로 최신 항공기 b-767, b-747-400의 wing lower skin과 wing spar에 사용
④ 2024와 주성분은 같지만 Fe, Si 등의 불순물을 줄이고 첨가원소의 미세한 양을 조절하여 파괴인성과 피로특성을 더 개선한 것이다.
(4) 2218 : Al-Cu-Ni-Mg 합금으로 내열성을 개선하였으며 Y합금으로 유명하다.

3) 3000 계열
① 일반적으로 열처리 하지 않는 망간이 주 합금원소이다. 가장 대표적인 것은 3003이고, 가공특성이 우수하다.
② Mn을 1.0~1.5% 함유시켜 순 알루미늄의 내식성을 저하시키지 않고 강도를 향상시킨 합금 주로 가공 경화한 상태로 사용
③ 가공성, 용접성이 좋다. 1100과 비슷한 용도로 사용

4) 4000 계열
① 규소가 이 그룹의 주 합금원소이며, 다른 알루미늄 합금에 비해 더 낮은 용융온도를 갖는다. 주사용처는 용접과 납땜이다.
② 4032은 Al-Si 합금에 Cu, Mg, Ni을 약 1% 정도씩 첨가한 합금으로 Y합금보다 고온 강도는 낮지만 열팽창계수가 적으므로 피스톤용 합금으로 적합하다.

5) 5000 계열
① 마그네슘이 주 합금원소이다. 이 계열은 용접성이 양호하고 내식성이 우수한 특성을 갖는다. 150°F 이상의 고온 또는 과도한 냉간가공은 부식에 대한 저항을 감소시킨다.
② Al-Mg 합금으로 이루어짐. 내식성이 강하고 Mg의 증가에 따라 강도는 증가되나 가공성, 용접성은 떨어진다.
③ Cr, Mn이 소량 첨가되어 있어서 내식성을 유지하며 rivet 재료로는 5056이 사용된다.

6) 6000 계열
① 규소와 마그네슘이 주 합금원소이며, 열처리할 수 있는 합금인 마그네슘-규소 화합물을 형성한다. 이 계열의 대표적인 합금은 6061이다. 중간 정도의 강도, 우수한 성형가공성, 내식성 등의 특성을 갖는다.
② Al-Mg-Si의 합금, 열처리에 의해 강도를 높일 수 있으며 내식성이 양호하고 용접이 가능하다.
③ nose cowl, wing tip 등에 주로 사용된다.

7) 7000 계열
   ① 주 합금원소는 아연이다. 마그네슘을 함께 첨가하면 열처리할 수 있는 아주 높은 강도의 합금이 만들어진다. 이 합금에는 보통 구리와 크롬이 첨가된다. 대표적인 합금은 7075이다.
   ② 2024보다 강력한 재료로, Cu를 적게 하고 Zn을 5.6% 첨가한 열처리 강화형 합금으로 extra super duralumin이라고 한다.
   ③ wing skin이나 구조재료에 많이 사용
   ④ 이 합금은 용체화 처리 후 상온시효가 매우 늦어 인공시효한 상태(t6)에서 사용한다.
   ⑤ 이 상태에서는 깨지기 쉽고 가공성이 나빠 drilling, riveting의 경우 주의를 기울여야 한다.
   ⑥ 7150은 새로 개발된 합금으로 7075가 사용되었던 압축응력이 큰 곳에 사용한다.

5.1.2 Al 합금판(Alclad) 취급(표면손상 보호)

5.1.2.1 Alclad

1) 알클래드와 퓨어클래드(pureclad)란 용어는 알루미늄 합금 판재 양면에 약 5.5% 정도 두께로 순수한 알루미늄층을 코팅한 판재를 가리키는 말이다.
2) 순수한 알루미늄 코팅은 부식을 방지하고 긁힘이나 또 다른 마모의 원인으로부터 코어 금속을 보호하는 역할을 한다.
3) 알루미늄 합금 열처리에는 두 가지 방법이 적용된다. 한 가지는 용체화 처리(solution heat-treatment)라 부르고, 다른 한 가지는 석출 열처리(precipitation heat-treatment)라고 부른다.
4) 2017과 2024 같은 일부 합금은 용체화 처리 후 상온에서 약 4일의 시효경화를 거쳐야만 완전한 특성을 갖추게 된다. 2014와 7075 같은 합금은 두 가지 열처리 모두 실시해야 한다.
5) 석출 열처리, 즉 인공시효 처리(artificial aging)를 해야 하는 합금은 상온에서 시간이 지남에 따라 서서히 경화되어 완전한 강도를 갖추게 되며, 강도와 진행시간은 합금의 성분에 따라 좌우된다.
6) 어떤 합금은 수일 동안 자연시효 또는 상온시효처리를 해야만 그 금속의 최대강도에 도달한다. 이 경우 규격번호 뒤에 -T4 또는 -T3를 붙여 표시한다. 어떤 합금은 상당히 오랜 기간에 걸쳐 경화가 진행되는 경우도 있다.
7) 자연시효경화에서, -W 표시는 7057-W(0.5시간)와 같이, 시효처리 기간이 명시될 때만 기입한다. 그러므로 새롭게 담금질 처리를 한 -W 재료는 -T3나 -T4 재료와 기계적, 물리적 성질에서 중요한 차이가 있다.
8) 열처리에 의한 알루미늄 합금의 경화는 네 가지 단계로 구성된다.
   ① 명시된 온도까지 가열(heating)
   ② 명시된 온도에서 정해진 시간 동안 균열 처리(soaking)
   ③ 비교적 저온까지 신속하게 담금질 처리(quenching)
   ④ 상온에서 자연시효처리나 인공시효 처리 또는 석출경화(precipitation hardening)
9) 위에서 앞의 세 가지 단계는 용체화 처리라고 알려져 있긴 하지만, 짧게 열처리라고 부르기도 한다.
10) 상온에서 하는 시효경화를 자연시효라 하고 반면에 지정된 온도로 조절하고 수행하는 시효경화를 인공시효 또는 석출경화라고 한다.

5.1.2.2 표면 처리(Surface Preparation)

1) 항공기 부품은 언제나 제작사에서 표면 처리의 형태를 제시한다. 주목적은 내부식성을 제공하기 위한 것이지만 내마모성을 증가시키거나 페인트가 잘 달라붙도록 하는 목적을 가지고 있다.
2) 철제 부품에 대한 표면 처리는 오염물, 오일, 그리스, 산화물 그리고 습기 등 모든 흔적을 제거하기 위해 세척처리작업을 포함하고 있다.
3) 세척처리작업은 금속 표면의 마지막 마무리 작업 사이에 효과적인 표면 처리를 하기 위해 필요하며, 기계적 세척과 화학적 세척으로 구분한다.
4) 기계적 세척은 와이어 브러쉬, 모래분사(sandblasting) 또는 증기분사(vapor blasting)와 같은 방법이 사용된다.
5) 화학적 세척 방법은 모재가 세척 작업에 의해 벗겨지지 않기 때문에 기계적인 방법에 우선하여 선호된다. 현재 사용되는 여러 가지 화학적인 과정이 있고 재료, 이물질의 종류에 따라 세척액이 좌우된다.
6) 철 부품은 도금 전에 산화물, 녹 또는 다른 이물질을 제거하기 위해 묽은 산 용액으로 닦는다. 염산액 또는 황산액이 사용된다.
7) 산세척 용액은 도자기 탱크에 보관하고 보통 증기코일로 가열한다. 산세척 후 전기도금 시키지 않는 부품은 산세척 용액으로부터 산(acid)을 중화시키기 위해 석회조에 가라앉힌다.
8) 전해세정(electro-cleaning)은 그리스, 오일 또는 유기물질을 제거하기 위해 사용되며 또 다른 방법의 화학 세척방법이다.
9) 전해세정 과정에서 금속은 특수한 습윤제, 억제제 그리고 전기전도율을 마련하는 재료를 함유한 뜨거운 알칼리인(alkaline) 용액에 매단다. 그 다음 전기는 전기도금에서 사용되는 것과 유사한 방법으로 용액을 거쳐 지나간다.
10) 알루미늄과 마그네슘 부품 또한 전해세정 방법이 일부 사용된다.
11) 연마제를 사용하는 분사 세척 방법은 얇은 알루미늄 판재 특히 알크레드에 적합하지 않고 Steel Grit은 알루미늄 또는 내부식성 금속에 사용하지 않는다.
12) 금속표면의 마무리에는 연한 가죽으로 닦기, 착색, 연마 등이 주로 사용된다. 연마, 연한 가죽으로 닦는 작업은 전기도금을 위해 금속표면을 준비할 때 사용되고, 이 세 가지 방법은 금속표면의 광택 작업의 마무리를 필요로 할 때 사용된다.

5.1.3 Steel 합금의 분류, 재질 기호

5.1.3.1 강의 명명법(Steel Nomenclature)

1) 미국의 자동차기술자협회(SAE, society of automotive engineers)와 철강협회(AISI, american iron and steel institute)는 자동차 및 항공기 구조재로 사용되는 강을 분류하였다.
2) 강에 대한 SAE 규격에서 4자리 계열은 일반적인 탄소강과 합금강에 대하여 분류하였으며, 5자리 계열은 특수 합금강에 대하여 분류하였다.
3) 함유량이 소량인 원소는 그 양을 명시하지 않고 합금강으로서 제시된다. 이들 원소는 부수적인 것으로 간주되며, 구리(copper) 0.35[%], 니켈(nickle) 0.25[%], 크롬(chromium) 0.20[%], 몰리브덴(molybdenum) 0.06[%] 등과 같이 최대함유량을 나타낸다.

> 예) SAE 2 3 3 0
> ① 첫째 자릿수: 합금의 종류(2, 니켈강)
> ② 둘째 자릿수: 합금 원소의 함유량(3, 니켈 3% 함유)
> ③ 나머지 두 자리 숫자: 탄소의 평균함유량(30, 탄소함유 0.3%)

표 5-2는 SAE 규격번호에 대한 내용이다.

▼ 표 5-2 SAE 규격 번호

계열 명칭	종류
100xx	비유황 탄소강
11xx	재유황 탄소강(쾌삭강)
12xx	재인화 및 재유황 탄소강(쾌삭강)
13xx	망간 1.75%
*23xx	니켈 3.50%
*25xx	니켈 5.00%
31xx	니켈 1.25%, 크롬 0.65%
33xx	니켈 3.50%, 크롬 1.55%
40xx	몰리브덴 0.20 또는 0.25%
41xx	크롬 0.50 또는 0.95%, 몰리브덴 0.12 또는 0.20%
43xx	니켈 1.80%, 크롬 0.5 또는 0.80%, 몰리브덴 0.25%
44xx	몰리브덴 0.40%
45xx	몰리브덴 0.52%
46xx	니켈 1.80%, 몰리브덴 0.25%
47xx	니켈 1.05%, 크롬 0.45%, 몰리브덴 0.20 또는 0.35%
48xx	니켈 3.50%, 몰리브덴 0.25%
50xx	크롬 0.25 또는 0.40 또는 0.50%
50xxx	탄소 1.00, 크롬 0.50%
51xx	크롬 0.80, 0.90, 0.95 또는 1.00%
51xxx	탄소 1.00, 크롬 1.05%
52xxx	탄소 1.00, 크롬 1.45%
61xx	크롬 0.60, 0.80, 0.95%, 바나듐 0.12%, 0.10% 최소 또는 0.15% 최소
81xx	니켈 0.30%, 크롬 0.40%, 몰리브덴 0.12%
86xx	니켈 0.55%, 크롬 0.50%, 몰리브덴 0.20%
87xx	니켈 0.55%, 크롬 0.05%, 몰리브덴 0.25%
88xx	니켈 0.55%, 크롬 0.05%, 몰리브덴 0.35%
92xx	마그네슘 0.85%, 실리콘 2.00%, 크롬 0 또는 0.35%
93xx	니켈 3.25%, 크롬 1.20%, 몰리브덴 0.12%
94xx	니켈 0.45%, 크롬 0.40%, 몰리브덴 0.12%
98xx	니켈 1.00%, 크롬 0.80%, 몰리브덴 0.25%

5.1.3.2 강 합금의 종류, 특성과 용도(Type, Characteristic, and Use of Alloyed Steel)

1) 저탄소강(Low Carbon Steel)
   ① 탄소가 0.10~0.30[%] 함유된 강을 저탄소강으로 분류하고, SAE 규격번호로는 1010~1030이 여기에 해당한다.
   ② 이 탄소강은 안전결선, 너트, 케이블 부싱, 나사를 낸 봉 등과 같은 부품을 만들 때 사용한다.
   ③ 이 탄소강으로 만든 판재는 2차 구조부에 사용하며, 튜브 형태는 중간 정도의 응력을 받는 구조부품에 사용한다.

2) 중탄소강(Medium Carbon Steel)
   ① 탄소가 0.30~0.50[%] 함유된 강을 중탄소강으로 분류한다.
   ② 이 탄소강은 특히 기계가공 또는 단조가공용 재료로 사용하며, 표면경도를 요구하는 곳에 적합하다. 로드 엔드(rod end)와 경량 단조품 등은 SAE 1035 탄소강으로 만든다.

3) 고탄소강(High Carbon Steel)
   ① 탄소를 0.50~1.05[%] 함유하고 있는 강을 고탄소강으로 분류한다.
   ② 이 탄소강에 추가로 다른 원소를 적당량 첨가시키면 경도가 증가한다. 이 탄소강은 적절히 열처리하면 매우 단단해지고, 큰 전단하중이나 마모에 잘 견디고, 변형이 감소한다.
   ③ 이 탄소강은 항공기에 제한적으로 사용되는데, SAE 1095 탄소강은 판 형태로는 판스프링을 만들 때 사용하고, 절사 형태로는 코일스프링을 만들 때 사용한다.

4) 니켈강(Nickel Steel)
   ① 여러 가지 니켈강은 탄소강에 니켈을 첨가 시켜서 만든다. 3~3.75% 니켈을 함유하고 있는 강을 주로 사용한다.
   ② 니켈은 강의 연성을 감소시키지 않고 경도, 인장강도, 탄성한계 등을 증가시킨다. 또한, 열처리를 통해 경도를 증강시킨다.
   ③ SAE 2330 강은 볼트, 터미널, 키, 클레비스, 핀 등과 같은 항공기 부품에 주로 사용한다.

5) 크롬강(Chrome Steel)
   ① 크롬강(chrome-nickel steel)은 경도, 강도, 내식성이 우수하며, 일반적인 탄소강보다 더 큰 인성과 강도를 요구하는 열처리 단조품에 특히 적합하다.
   ② 이것은 마찰을 감소시키기 위한 베어링의 볼이나 롤러 등과 같은 부품을 만들 때 사용한다.

6) 스테인리스강(Stainless Steel, 내식강)
   ① 스테인리스강 또는 크롬-니켈강은 내식성이 큰 금속이다. 이 강의 내식성은 합금원소의 혼합, 온도, 농도 등에 따라 결정되며, 금속의 표면 상태에 따라 다르게 나타난다.
   ② 스테인리스강의 주 합금원소는 크롬이다. 항공기 구조재로 자주 사용되는 내식강(CRES; corrosion-resistant steel)은 18[%] 크롬과 8[%] 니켈을 함유하고 있는 18-8 스테인리스강이다.
   ③ 18-8 스테인리스강의 특징 중 하나는 냉간가공에 의해 강도가 증가한다는 것이다.

④ 스테인리스강은 다양한 형상으로 압연, 인발, 굽힘성형하는 것이 가능하다.
⑤ 이 스테인리스강은 연강보다 약 50[%] 더 팽창하며 약 40[%] 정도 열을 전도시키기 때문에, 용접하는 것이 매우 어렵다.
⑥ 항공기의 많은 부품에 일반적으로 배기관 구조부품과 기계 가공부품, 스프링, 주조품(casting), 타이 로드(tie rod), 그리고 조종케이블 등의 제작에 사용한다.

7) 크롬-바나듐강(Chrome-vanadium Steel)
① 크롬-바나듐강은 약 18[%] 바나듐과 약 1[%] 크롬으로 만든다. 열처리하면, 강도, 인성이 커지고 마모와 피로에 대한 저항이 우수해진다.
② 이 크롬-바나듐강에서 특수 등급은 판 형태로 된 복잡한 형상으로 냉간가공 하는 것이 가능하다. 이것은 파괴나 파손 현상 없이 접거나 펼칠 수 있다.
③ SAE 6150은 스프링을 만드는데 사용되고, 탄소함유량이 많은 크롬-바나듐강인 SAE 6195는 볼베어링과 롤러베어링 제작에 사용한다.

8) 몰리브덴강(Molybdenum Steel)
① 항공기에서는 크롬-바나듐강을 성형하기 위해 적은 양의 몰리브덴을 크롬에 첨가하여 다양하게 사용한다.
② 몰리브덴은 강한 합금원소로서, 연성이나 가공성에 영향을 주지 않고 강의 극한강도를 증가시킨다. 몰리브덴강은 단단하고 내마모성이 우수하며, 열처리되었을 때 완전히 경화된다.
③ 이 강은 특히 용접에 적합하기 때문에 용접으로 제작하는 구조부나 조립품에 사용한다.
④ 이 종류의 강은 탄소강을 대체해서 항공기 동체의 응력튜브, 엔진마운트, 착륙장치, 그리고 다른 구조부의 제작에 사용되고 있다. 예를 들어, 열처리된 SAE×4130 튜브는 같은 중량과 크기로 만든 SAE 1025 튜브보다 약 4배 더 강하다.

9) 크롬-몰리브덴강(Chrome-molybdenum Steel)
① 항공기 구조재로 가장 많이 사용되는 크롬몰리브덴강은 탄소 0.25~0.55[%], 몰리브덴 0.15~0.25[%], 크롬 0.50~1.10[%]를 포함하는 계열이다.
② 이 강은 적절히 열처리하면 완전히 경화되며, 기계가공이 쉽고, 가스나 전기를 이용한 용접이 용이하며, 특히 고온 부분 사용에 적합하다.

10) 인코넬(Inconel)
① 인코넬은 외형상 스테인리스강 즉 내식강과 거의 유사한 니켈-크롬-철 합금이다. 이 두 합금은 매우 비슷하기 때문에 항공기 배기계통에서 이들을 서로 대체하여 사용하기도 한다.
② 특별한 시험을 통해서 구분하며 그 방법 중 한 가지는 전기화학 분석방법을 통하여 합금에서의 니켈 함유량을 확인하는 것이다. 인코넬은 니켈함유량이 50[%] 이상이므로, 전기화학시험을 하면 니켈이 다량 검출된다.
③ 이 합금은 바닷물과 같은 염수에 대한 내식성이 우수하며 용접성이 좋고 내식강과 유사한 기계가공성을 갖는다.

5.1.4 알로다인(Alodine) 처리

5.1.4.1 알로다인
1) 알로다인은 내부식성과 페인트 접착성을 향상시키기 위한 간단한 화학처리 방법이다.
2) 절차는 산성 또는 알칼리성 클리너로 세척하는 전처리 작업이 필요하다. 전처리 작업에 사용된 클리너는 10~15초 동안 깨끗한 물로 헹굼 처리한다.
3) 완전히 헹구고 난 후 Alodine$^®$은 담그거나 뿌리거나 브러시하여 바른다. 얇거나 두껍거나 하는 코팅의 정도는, 합금에 구리 성분이 포함되지 않은 약한 무지개 빛깔에서부터 구리 성분이 포함된 올리브그린 색까지의 범위로 나타난다.
4) 알로다인 용액은 처음 15~30초 동안 냉수 또는 온수에 헹구고 나서 추가로 10~15초 동안 Deoxylyte$^®$ Bath에서 헹군다. 이 Bath는 알칼리성을 중화시키고 알로다인 표면을 얇게 만들어 건조하기 위한 목적으로 사용된다.

5.1.4.2 양극산화처리(Anodizing)
1) 양극산화처리, 아노다이징은 도금하지 않은 알루미늄 표면의 가장 일반적인 표면처리 방법이며, Mil-C-5541E 또는 AMS-C-5541에 의거해서 특별하게 설계된 시설물에서 수행한다.
2) 알루미늄 산화막을 형성하기 위해서 알루미늄합금 판재 또는 주조물은 전해조(electrolytic bath) 안에 (+)극을 형성한다.
3) 알루미늄의 산화는 자연적으로 표면보호 기능이 있으며, 아노다이징은 그 피막의 두께와 밀도를 증가시키는 역할을 한다.
4) 사용 중에 산화 보호막이 손상되면 부분적인 표면처리를 통해 복원할 수 있다.
5) 항공정비사는 부식을 제거하기 위해 세척할 경우 산화피막이 함께 제거되지 않도록 주의해야 한다.
6) 양극산화 처리된 피막의 코팅은 훌륭한 부식방지 기능을 한다. 피막 코팅은 부드럽고 쉽게 긁힐 수 있기 때문에 프라이머를 도포하기 전에 조심스럽게 다루어야 한다.
7) 알루미늄 섬유, 알루미늄 산화물을 포함한 나일론 띠, 연마 수세미 또는 섬유 털 브러시는 아노다이징 처리된 표면을 세척할 때 사용하며, 철제 와이어 브러시, 철섬유 등의 사용은 금지하여야 한다.
8) 반면에 아노다이징 처리된 표면은 다른 알루미늄의 마무리 작업과 동일한 방식을 적용한다. 추가적으로 아노다이징 처리가 마무리되면 프라이머와 페인트 작업이 바로 진행되어야 한다.
9) 양극산화 처리된 표면은 낮은 전도성 특징이 있으며, 본딩(bonding)의 연결이 필요할 경우 양극 산화 피막을 제거하고 장착하여야 한다.
10) 알크레드 표면에 페인트 도포가 필요할 경우 알크레드 표면에 양극산화 처리를 하고 페인트 도포작업을 함으로써 도료가 잘 달라붙도록 한다.

5.1.4.2 화학적 표면 처리와 억제제(Chemical Surface Treatment and Inhibitors)
1) 알루미늄 합금과 마그네슘 합금은 다양한 방법의 표면처리를 통해 기본적으로 보호된다. 철금속은 제작작업 동안 표면 처리가 된다.
2) 대부분 표면 코팅처리는 현장에서 실용적이지 않은 절차에 따라서만 복구할 수 있다. 그러나 보호막이 손상되어 부식이 발생된 부분은 다시 마무리작업을 하기 전에 몇 가지 처리 절차를 필요로 한다.
3) 표면처리용 화학제품의 용기에 붙여진 표식에는 그 성분이 가지고 있는 독성과 가연성에 대한 경고를 제공할 것이다. 그러나 그 표식에는 혼합 금기의 물질과 혼합된 경우 발생 가능한 위험까지 설명할 만큼 충분히 크지 못하다.
4) 또한 물질안전보건자료(MSDS, Material Safety Data Sheet)를 참고하여야 한다. 예를 들어 표면처리에 사용되는 일부 화학제품은 만약 부주의로 페인트 희석제와 섞였다면 격렬하게 반응할 것이다.
5) 화학적인 표면처리제는 매우 주의 깊게 취급되어야 하고 정확한 혼합방법이 적용되어야 한다.

5.1.4.3 크롬산 억제제(Chromic Acid Inhibitor)
1) 소량의 황산으로 활성화시킨 크롬산 10%의 용액은 노출되었거나 부식된 알루미늄 표면처리에 효과적이다.
2) 크롬산 용액은 또한 마그네슘의 부식을 처리할 때에도 사용된다. 이러한 부식방지처리는 보호피막을 복원시키는 데 도움이 된다.
3) 부식처리는 가능한 곧바로 페인트 마무리 절차가 수행되어야 하고, 크롬산 처리가 수행된 당일을 넘기지 말아야 한다.
4) 3산화크롬의 조각들은 강력한 산화성을 갖고 있는 산(acid)이다. 이것은 유기용제와 다른 인화물로부터 멀리 보관되어야 한다. 크롬산을 정리하는 데 사용된 걸레도 완전한 세탁을 하거나 폐기한다.

5.1.4.4 중크롬산나트륨(Sodium Dichromate Solution)
알루미늄의 표면처리를 위해 보다 작은 활동성의 약품은 중크롬산나트륨과 크롬산의 혼합물이다. 이 혼합물의 크롬산 억제제보다 금속표면을 덜 부식시킬 것이다.

5.1.4.5 화학물질의 표면처리(Chemical Surface Treatment)
다양한 공업용의 활성화된 크롬산 화합물은 손상되었거나 부식된 알루미늄 표면의 현장에서의 처리를 위해 Specification Mil-C-5541하에서 이용할 수 있다. 사용된 스펀지 또는 헝겊은 건조시킨 후 가능한 화재의 위험을 피하기 위해 완전히 헹구어졌다는 사실을 확인하여야 한다.

5.2 비금속재료(Plastic, FRP, Composite Material)

5.2.1 열가소성과 열경화성 구분

1) 열가소성 수지(Thermoplastic)

열가소성 수지는 가열하면 연해지고 냉각시키면 딱딱해진다. 이 재료는 유연해질 때까지 가열시킨 다음 원하는 모양으로 성형하고, 다시 냉각시키면 그 모양이 유지된다. 같은 플라스틱 재료를 가지고 재료의 화학적 손상을 일으키지 않고도 여러 차례 성형하는 것이 가능하다. 폴리에틸렌, 폴리스티렌, 폴리염화비닐 등이 여기에 속한다.

2) 열경화성 수지(Thermosetting)

열경화성 수지는 열을 가하면 연화되지 않고 경화된다. 이 플라스틱은 완전히 경화된 상태에서 다시 열을 가하더라도 다시 다른 모양으로 성형할 수 없다. 에폭시(epoxy) 수지, 폴리아미드 수지(polyimid resin), 페놀 수지(phenolic resin), 폴리에스테르 수지(polyester resin) 등이 열경화성 수지에 속한다.

3) 투명플라스틱 제조(Manufacture of Transparent Plastic)

항공에 사용되는 대부분 투명판재는 여러 가지의 군용규격(military specification)에 따라 제조된다. 투명플라스틱으로 새로 개발된 재질은 신축성이 있는 아크릴(acrylic)수지이다. 신축성이 있는 아크릴은 성형하기 전에 분자구조(molecular structure)의 재배열을 위하여 양방향으로 잡아당겨서 제조한 플라스틱의 일종이다.

4) 투명플라스틱 취급 및 보관(Handling and Storage of Transparent Plastic)

신축성 아크릴 판넬(acrylic panel)은 충격과 파손에 대해 큰 저항력을 가지며, 내화학 특성이 있다. 가장자리는 단순하며 잔금(crazing)이나 스크래치(scratch)가 적게 발생한다.

각각의 플라스틱 판재는 접착제가 첨가된 두터운 보호용 필름(masking film)으로 덮여있다. 이 필름은 저장과 취급 시 우연한 긁힘을 방지하는 데 도움을 준다. 취급 시 서로 비벼서 긁히거나 파손이 생기지 않도록 주의해야 하며, 거칠거나 더러운 작업대 위에서 작업하는 것은 피해야 한다. 만약 가능하다면, 판재를 수직면으로부터 약 10° 정도 경사진 선반에 보관한다. 만약 수평으로 보관해야 한다면, 쌓아올린 높이는 18인치 이상 되지 않아야 하고, 큰 판재가 받쳐져서 걸치는 것을 피하기 위해 작은 판재를 큰 판재 위에 쌓아야 한다. 플라스틱은 솔벤트, 증기(fume), 가열코일(heating coil), 방열기(radiator), 증기 파이프(steam-pipe) 등으로부터 떨어진, 차고 건조한 곳에 보관해야 한다. 보관장소의 온도는 120°F를 초과해서는 안 된다.

태양 직사광선은 아크릴플라스틱(acrylic plastic)을 손상시키지는 않지만, 보호용 필름의 접착제를 건조시키고 경화시키기 때문에 필름 제거하는 것을 어렵게 한다. 만약 필름이 쉽게 제거되지 않는다면, 판재를 250°F 정도 되는 오븐(oven)에 약 1분 정도 넣어 놓으면, 필름이 떨어지기 쉽게 열에 의해 보호용 접착제가 부드러워진다. 만약 오븐이 없다면, 지방족나프타(aliphatic naphtha)로 접착제를 연화시켜서 경화된 보호용 필름을 제거한다. 나프타로 흠뻑 적신 천으로 보호용 필름을 문지르면, 접착제가 연화되고 플라스틱으로부터 필름을 손쉽게 제거할 수 있다. 필름을 제거한 플라스틱 판재는 즉시 깨끗한 물로 씻고 표면이 긁히지 않도록 주의해야 한다. 지방족나프타는 플라스틱에 악영향을 미치는 방향족나프타나 기타 드라이클리닝용제(dry cleaning solvent)와 혼합해서는 안 된다. 또한 지방족나프타는 가연성이므로 가연성액체 사용에 따른 주의사항을 준수해야 한다.

5.2.1.1 열경화성 수지(Thermosetting Resin)

수지는 중합체(polymer)를 명명하기 위해 사용된 포괄적인 용어이다. 수지의 화학적인 성분과 물리적 성질은 복합재료의 처리과정, 구성(fabrication), 그리고 최종 특성(ultimate property)에 영향을 준다. 열경화성 수지는 인공적인 재료로 그 종류가 매우 다양하고 널리 사용되고 있다. 그것들은 어느 형상이 되건 간에 잘 스며들어 형상을 이루어 내고 대부분 다른 종류 소재들과 잘 조화를 이루며, 열 또는 경화제에 의해 불용성의 고형체 물체로 경화(cure)되는 성향이 있다. 열경화성 접착제는 또한 우수한 접착제로 물체를 부착시키는 물질이기도 하다.

1) 폴리에스테르 수지(Polyester Resin)

폴리에스테르 수지는 비교적 가격이 저렴하며, 신속한 접착 작업이 요구되는 곳에 널리 사용되고 있다. 이는 화재 발생 시 독성 연기를 적게 발생시켜 항공기 객실 내의 내장재에 널리 사용한다. 법 등이 있다.

2) 비닐에스테르 수지(Vinyl Ester Resin)

비닐에스테르 수지의 외관, 취급 특성, 그리고 굳히는 방법 등은 일반적으로 사용되는 폴리에스테르 수지와 동일하다. 그러나 비닐에스테르 수지를 사용해서 제작된 복합 소재는 내식성과 기계적 특성이 일반 폴리에스테르 수지를 사용한 복합 소재보다 훨씬 더 우수하다.

3) 페놀 수지(Phenolic Resin)

페놀 수지는 독성 가스 발생 및 인화성이 작아 객실 내장재에 사용되고 있다.

4) 에폭시(Epoxy) 수지

에폭시는 중합시킬 수 있는 열경화성 수지이며, 액체에서 고체 상태에 이르기까지의 다양한 점성으로 이용할 수 있다. 매우 다양한 종류의 에폭시가 있으며 정비사는 지정된 수리 작업에 대해 필요한 종류를 선정하기 위해서 정비 교범을 이용해야 한다.

에폭시는 수지의 용도로 널리 사용하고 있다. 에폭시의 장점으로는 고강도, 낮은 휘발성, 우수한 접착력, 낮은 수축률, 화학 물질에 대한 우수한 저항성, 그리고 용이한 가공성을 들 수 있다. 반면 주요 단점은 깨지기 쉽고, 습기 존재 시 물리적 특성이 급격히 감소한다.

5) 폴리미드(Polyimide) 수지

폴리미드 수지는 열에 대한 저항력, 산화에 대한 안정성, 낮은 열팽창 계수, 그리고 내용제성을 갖추고 있어 고온 환경에서 그 성능이 우수하다. 주요 사용처는 전원 차단 장치 패널 그리고 고온이 접촉되는 엔진 및 기체 구조물이다. 폴리미드는 일반적으로 550°F(290℃)를 초과하는 높은 굳히기 온도가 필요하다.

6) 폴리벤지미다졸(Polybenzimidazole : PBI) 수지

폴리벤지미다졸 수지는 내고온성이 매우 강해 고온 재료 작업에 사용한다. 이 수지는 접착 재료와 섬유 형태로 사용한다.

7) 비스멀에이미드(Bismaleimide : BMI) 수지

비스멀에이미드 수지는 에폭시 접착제보다 더 높은 고온용이며, 매우 강한 강도를 갖고 있고, 외기 온도 및 상승한 온도에 대한 우수한 성능을 제공해 준다. 사용방법은 에폭시 수지 사용방법과 유사하다. 이 수지는 항공기용 엔진 및 고온에 노출되는 부품에 사용되고 있다.

5.2.1.2 열가소성 수지(Thermoplastic Resin)

열가소성 물질은 온도의 높고 낮음에 따라 반복적으로 부드럽고 단단하게 할 수 있다. 빠른 처리 속도는 열가소성 물질의 최대 장점이다. 열가소성 물질을 성형하기 위해서 화학약품을 사용할 수 없고 재료가 부드럽게 되었을 때 금형(molding) 또는 사출성형 방식으로 형상을 제작할 수 있다.

1) 반결정열가소성 물질(Semi-crystalline Thermoplastic)

반결정열가소성 접착제는 고유한 난연성(flame-resistance), 우수한 견고성, 고온에 대한 내성, 충격에 대한 우수한 기계적 성질, 그리고 습기 흡수에 대한 우수한 성질을 갖고 있다. 이 물질들은 항공기에서 1차 구조물과 2차 구조물에 사용되고 있다. 강화 섬유와 결합되어 주입 금형 접착제, 압축 금형 형태 판재, 한 방향 테이프, 밧줄 형태의 수지침투가공재, 직조 형태의 수지침투가공재 등으로 이용된다. 반결정열가소성으로 생산된 섬유는 탄소, 니켈 합성 탄소, 아라미드, 유리, 석영(quartz) 등을 포함한다.

2) 비결정열가소성 물질(Amorphous Thermoplastic)

비결정열가소성 물질로는 필름, 필라멘트(filament), 그리고 분말 가루 형태 등 다양한 물리적 형태로 이용된다. 이들은 또한 강화 섬유와 결합되어 압축성 성형 판재 등으로 이용된다. 섬유는 주로 탄소, 아라미드, 그리고 유리 성분을 사용한다. 비결정열가소성 물질의 특수한 장점은 중합물에 의해 결정된다. 또한 쉽고 빠른 공정과 고온 능력, 우수한 물리적 특성, 강도 및 충격에 대한 우수성 그리고 화학적 안정성 등을 갖고 있다. 안정성 측면에서 보관 기간의 제한성을 없애주어 열경화성 수지 내장재의 저온 저장 조건이 요구되지 않는다.

3) 폴리에테르 에테르 켑톤(Polyether Ether Ketone : PEEK)

PEEK로 더 잘 알려진 폴리에테르 에테르 켑톤은 고온 열경화성 물질이다. 이 방향족 케톤(ketone)은 열 및 발화 가능성에 대한 저항 성능이 우수하여 이런 부위에 노출되는 부분 재료로 널리 사용되고, 솔벤트 및 유체에 대한 저항력이 우수하다. PEEK는 또한 유리 및 탄소 성분과 함께 사용될 때 그 성능이 더욱 강해진다.

5.2.2 고무제품의 보관

고무는 먼지나 습기 혹은 공기가 들어오는 것을 방지하고 액체, 가스 혹은 공기의 손실을 방지할 목적으로 사용한다. 또한, 진동을 흡수하고, 잡음을 감소시키며 충격 하중을 감소시키는 데도 사용된다. 고무라는 용어는 금속이라는 용어와 같이 포괄적인 의미를 가진다. 그러나 여기서의 고무는 천연고무뿐만 아니라 합성고무(synthetic rubber), 또는 실리콘고무(silicone rubber)까지 포함한다.

5.2.2.1 천연고무(Natural Rubber)

천연고무는 합성고무 또는 실리콘고무보다 더 좋은 가공성과 물리적 성질을 갖는다. 이들 성질은 신축성, 탄성, 인장강도, 전단강도, 유연성으로 인한 저온 가공성 등을 포함한다. 천연고무는 용도가 다양한 제품이다. 그러나 쉽게 변질되고 모든 영향에 대하여 저항성이 부족하기 때문에 항공용으로는 부적합하다. 비록 우수한 밀폐능력을 가지지만, 모든 항공기 연료나 나프타 등과 같은 용제에 의해 부풀거나 유연해지는 단점이 있다. 천연고무는 합성고무보다 훨씬 잘 변질된다. 이 고무는 물-메탄올계통(water-Methanol System)에서의 밀봉재(sealing material)로 사용하고 있다.

5.2.2.2 합성고무(Synthetic Rubber)

합성고무는 여러 종류로 만들어지고 있으며, 각각 요구되는 성질을 부여하기 위하여 여러 가지 재료를 합성해서 만든다. 가장 널리 사용되는 것으로는 부틸(butyl), 부나(buna), 네오프렌(neoprene) 등이 있다.

1) 부틸(Butyl)

부틸은 가스 침투에 높은 저항력을 갖는 탄화수소 고무이다. 이 고무는 또한 노화에 대한 저항성도 있지만 물리적인 특성은 천연고무보다 상당히 적다. 부틸은 산소, 식물성 기름, 동물성지방, 알카리, 오존 및 풍화작용에 견딜 수 있다. 부틸은 천연고무와 마찬가지로 석유나 콜타르용제(coal tar solvent)에 부풀어 오르며, 습기 흡입성은 낮으나 고온과 저온에는 좋은 저항력을 가지고 있다. 등급에 따라 -65°F에서 300°F의 온도 범위에서 사용이 가능하다. 부틸은 에스테르 유압유(skydrol), 실리콘 유체, 가스 케톤(ketone), 아세톤 등과 같은 곳에 사용한다.

2) 부나(Buna)-S

부나-S는 처리나 성능특성에 있어서 천연고무와 비슷하다. 천연고무와 같이 방수 특성을 가지며, 어느 정도 우수한 시효특성을 가지고 있다. 열에 대한 저항성은 강하나 유연성은 부족하다. 일반적으로 가솔린, 오일, 농축된 산(Acid), 솔벤트 등에는 취약한 저항성을 갖는다. 천연고무의 대용품으로 타이어나 튜브에 일반적으로 사용한다.

3) 부나(Buna)-N

부나-N은 탄화수소나 다른 솔벤트에 대한 저항력은 우수하지만 낮은 온도의 솔벤트에는 저항력이 약하다. 합성고무는 300°F 이상의 온도에서 좋은 저항성을 가지고 있으며 -75°F까지 온도에 적용되는 저온용도 있다. 균열이나 태양광, 오존에 대해 좋은 저항성을 가지고 있다. 또한, 금속과 접촉해서 사용될 때 내마모성과 절단특성이 우수하다. 유압피스톤의 밀폐시일(seal)로 사용될 때에도 실린더 벽(에 고착되지 않는다. 오일 호스나 가솔린 호스, 탱크내 벽의 개스킷(gasket) 및 시일에 사용된다.

4) 네오프렌(Neoprene, 합성고무의 일종)
네오프렌은 천연고무보다 더 거칠게 취급할 수 있고 더 우수한 저온 특성을 가지고 있다. 또한, 오존, 햇빛, 시효에 대한 특별한 저항성을 가지고 있다. 고무처럼 보이고 그렇게 느껴진다. 그러나 네오프렌은 부틸이나 부나보다 몇 가지 특성에서 고무와 같은 특성이 좀 부족하다. 인장강도, 신장력 등과 같은 네오프렌의 물리적 특성은 천연고무와 같지 않고 한정된 범위에서만 유사성을 가진다. 마모저항과 마찬가지로 균열저항도 천연고무보다는 조금 부족하다. 비록 변형에 대한 회복은 완전하게 이루어지나 천연고무처럼 신속하지 못하다.
네오프렌은 오일(oil)에 대해 우수한 저항성을 갖는다. 주로 기밀용 실, 창문틀, 완충패드, 오일 호스, 기화기 다이아프램에 주로 사용한다. 이것은 또한 프레온이나 규산염 에스테르(silicate ester) 윤활제와 함께 사용하기도 한다.

5) 폴리 황화고무(Poly-sulfide Rubber)
폴리 황화고무로도 알려진 티오콜(thiokol, 인조고무의 일종, 상표명)은 노화에 가장 높은 저항력을 갖지만, 그러나 물리적 성질에 있어서는 최하위를 차지한다. 일반적으로 티오콜은 석유, 탄화수소, 에스테르(ester), 알코올, 가솔린, 또는 물에 대하여 심각한 영향을 받지 않는다. 티오콜은 압축 방향, 인장강도, 탄성, 그리고 인열마멸저항과 같은 그런 물리적 성질에서 낮은 등급을 차지한다. 티오콜은 오일 호스, 탱크 내벽의 개스킷, 그리고 시일 등에 사용한다.

6) 실리콘 고무(Silicone Rubber)
실리콘 고무는 규소(silicon), 수소, 그리고 탄소로 만들어진 플라스틱 고무 재질에 속한다. 실리콘 고무는 우수한 열안정성과 저온에서의 유연성을 갖는다. 이 고무는 개스킷, 시일 또는 600°F까지의 고온이 작용하는 곳에 사용하기 적합하다. 실리콘 고무는 또한 -150°F에 이르는 저온에 대한 저항력을 갖는다. 실리콘 고무는 이 온도 범위에 걸쳐 경화되거나 끈끈하게 달라붙지 않으며, 유연성과 유용성이 유지된다. 비록 이 재료가 오일에는 우수한 저항력을 갖지만, 가솔린에는 좋지 못한 반응을 보인다. 가장 잘 알려진 실리콘 고무 중 한 가지인 실라스틱(silastic)은 전기계통과 전자 장비의 절연에 사용된다. 폭넓은 온도 범위에 걸쳐 유연하고 잔금이 생기지 않기 때문에 절연특성이 우수하다. 또한, 실라스틱은 특정 오일계통의 개스킷이나 시일로 사용하기도 한다.

5.2.2.3 시일(Seal)

시일은 그것이 사용되는 계통에서 공기, 오물(dirt) 등과 같은 유체의 흐름을 차단하거나, 누설을 방지하기 위해 사용한다. 항공기 시스템에서 유압과 공압의 사용빈도 증가로 인해 패킹(packing)과 개스킷(gasket)의 필요성도 증가하였고, 해당하는 운영속도와 온도에 알맞게 여러 가지 모양으로 설계된다. 같은 형상이나 종류의 시일로 모든 장치를 만족시킬 수는 없다. 이에 대한 몇 가지 이유로는 (1) 시스템의 작동 압력 (2) 시스템에 사용되는 유체 종류 (3) 인접한 부품 사이에 있는 금속의 거친 정도와 유격, 그리고 (4) 회전운동 또는 왕복운동과 같은 운동형태 등이다. 시일은 세 가지 종류인 패킹, 개스킷, 와이퍼(wiper)로 분류한다.

5.2.2.3.1 패킹(Packing)

그림 5-1에 나타낸 것과 같이, 패킹(packing)은 합성고무나 천연고무로 만들어진다. 패킹은 보통 "작동 시일"로서 작동실린더, 펌프, 선택밸브 등과 같이 움직이고 있는 부분의 기밀을 위해 사용된다. 패킹은 특수목적을 위해 설계한 O-링, V-링, 그리고 U-링 형태로 만든다.

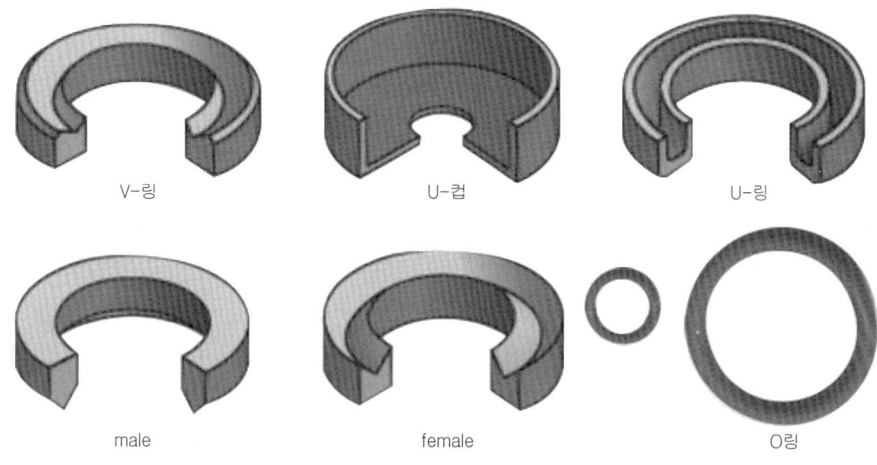

▲ 그림 5-1 패킹 링의 종류

1) 기능(Role)

O-링 패킹은 내부와 외부누설을 방지하기 위해 사용한다. 이 형태의 링을 가장 일반적으로 사용하고 있으며, 양쪽 방향 모두에 대한 기밀작용이 효과적이다. 1,500psi 이상의 압력으로 작동하는 장비에서, O-링이 밀려 나오는 것을 방지하기 위해 백업 링(backup ring)을 함께 사용된다. 작동실린더에서 O-링 양쪽에서 압력의 영향을 받을 때는 O-링의 양쪽에 각각 1개씩의 백업 링을 사용한다. 일반적으로 O-링의 한쪽에서만 압력이 작용할 때는 하나의 백업 링을 사용한다. 이런 경우, 백업 링의 위치는 항상 압력이 작용하는 O-링의 뒤쪽에 배치해야 한다.

2) 종류(Type)

O-링의 재질은 작동조건, 온도, 그리고 유체의 종류 등을 고려해서 여러 가지로 제작한다. 그러므로 O-링이 작동유체와 작동온도에 적합한 것이 아니라면 사용해서는 안 된다. 또한 움직이지 않는 정적인 시일로 설계된 O-링을 유압피스톤과 같이 움직이는 부분에 사용을 금지한다. MIL-H-5606 유압계통에 적용하는 O-링은 다음과 같다.

① AN6227, AN6230, 그리고 AN6290 : -65°F에서 +160°F까지의 온도범위 사용
② MS28775 계열 : -65°F에서 +275°F까지의 온도범위 사용

3) 컬러코드(Color Coding)

제작사는 일부 O-링에 컬러코드를 하지만, 이것만으로는 완벽한 식별이 불가능하다. 컬러코드로는 크기를 나타내지 못하지만, 계통에 사용되는 유체에 대한 적합성을, 그리고 어떤 경우는 제작사를 표시하기도 한다. MIL-H-5606 유체에 적합한 O-링의 컬러코드는 푸른색이지만, 적색이나 다른 색으로 표시할 수도 있다. 스카이드롤(Skydrol®) 유체에 적합한 패킹과 개스킷에는 항상 녹색줄무늬로 표시하도록 하고 있지만, 컬러코드 방법으로 청색, 적색, 녹색 또는 노란색 점을 찍어 표시하기도 한다. 탄화수소 유체에 적합한 O-링의 컬러코드는 항상 적색이며, 절대 청색으로 표시해서는 안 된다. 링의 주위에 둘러서 부호화된 줄무늬(stripe)는 O-링이 속이 비어있는 개스킷이란 것을 의미한다. 이 컬러코드 색상은 유체에 대한 적합성을 나타내는데, 연료에는 적색, 유압유에 청색이 적용된다.

일부 링에서는 표시가 영구적인 것이 아닐 수 있으며, 제작상 어려움 또는 작동에 대한 간섭으로 인하여 생략되기도 한다. 더구나 컬러코드 방법으로는 O-링의 사용수명이나 사용온도 한계를 입증하기 위한 수단이 마련되어 있지 않다. 컬러코드의 어려움 때문에, O-링은 밀봉한 봉투에 개별로 넣은 다음 관련된 모든 자료를 라벨(label)로 해서 붙인다. 장착을 위해 O-링을 선택할 때, 밀봉한 봉투에 쓰인 부품번호를 보면 대부분 식별할 수 있도록 되어 있다.

4) 검사(Inspection)

처음 겉보기에는 O-링이 완전한 것처럼 보일 수 있지만, 표면에 약간의 흠집이 존재할 수 있다. 가끔 이런 흠집이 항공기 계통의 다양한 작동압력하에서 O-링의 기능을 만족스럽게 발휘하지 못하도록 방해한다. 그러므로 O-링은 그 성능에 영향을 줄 수 있는 흠집이 있을 경우에는 제거하여야 한다. 그런 흠집을 발견하기란 매우 어렵기 때문에 항공기제작사에서는 O-링을 장착하기 전에 적당한 불빛 아래에서 ×4배율 정도의 확대경을 사용해서 검사할 것을 권장하고 있다. 검사용 콘(cone)이나 다우얼(dowel)에 링을 끼우고 회전시키면서 내경 표면에 균열이 있는지 여부를 검사한다. 또한, 누설이나 O-링의 수명을 단축시키는 원인이 될 수 있는 작은 흠집, 외부 이물질의 유무 등 다른 어떤 이상에 대하여 점검한다. 링을 뒤집어 비틀어 보면 링이 약간 늘어남으로 인해 드러나지 않았던 작은 흠집을 발견하는 데 도움이 될 것이다.

5.2.2.3.2 백업 링(Backup Ring)

백업 링(MS28782)은 시간이 지나도 노화되지 않는 테프론(TeflonTM)으로 만든다. 어떤 계통 유체나 증기에도 영향을 받지 않으며, 고압의 유압계통에 나타나는 높은 온도에 대해서도 잘 견딜 수 있다. 백업 링의 대시번호는 그 크기뿐만 아니라 치수상으로 적합한 O-링의 대시번호와 직접적인 관계를 나타낸다. 백업 링은 기본 부품 번호의 숫자로 찾을 수 있지만 그것이 적용되는 O-링을 지원하기 위해 적합한 치수인 경우 상호교환이 가능하다. 즉, 테프론 백업 링은 사용할 부분에 치수만 맞는다면 다른 테프론 백업 링으로 교환이 가능하다.

백업 링에는 컬러코드나 다른 표식이 되어 있지 않으면 포장에 있는 표시로 식별할 수 있다.

백업 링의 검사는 표면이 불규칙한 곳은 없는지, 모서리 윤곽이 깨끗하게 잘려서 예리한 상태인지, 그리고 끼워 맞추는(scarf) 부분의 절단면은 평행한지 등을 확인해야 한다. 나선형 테프론 백업

링(spiral backup ring)을 검사할 때는 자유로운 상태에서 코일의 1/4인치 이상 분리되지 않았는가를 확인해야 한다.

5.2.2.3.3 V-링 패킹(V-ring Packing)

V-링 패킹(AN6225)은 한쪽 방향 밀폐용 시일이며 항상 압력작용 방향을 향해서 "V"의 벌어진 부분이 향하도록 장착해야 한다. V형 링 패킹을 장착한 후 적당한 위치에 자리 잡아주는 한 쌍의 어댑터(adapter)가 있어야 한다. 또한, 해당 부품의 시일 리테이너(seal retainer)에 제작자가 제시한 규정값으로 토크작업하는 것이 필요하다. 그렇지 않으면 시일은 만족스러운 역할을 못하게 된다. V-링을 장착한 상태는 그림 5-2에서 볼 수 있다.

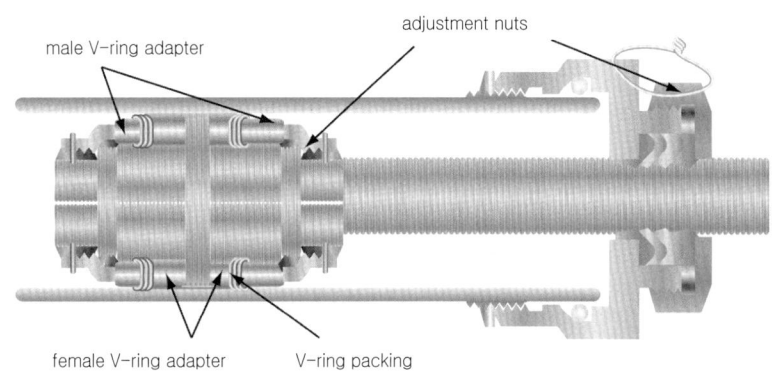

▲ 그림 5-2 V-링 장착 상태

5.2.2.3.4 U-링 패킹(U-ring Packing)

U-링 패킹(AN6226)과 U-캡 패킹은 브레이크 장치와 브레이크마스터실린더에 사용된다. U-링과 U-캡은 오직 작용하는 압력에 대하여 한쪽 방향만을 밀폐시키며, 그렇기 때문에 패킹의 열린 부분이 압력이 작용하는 방향을 향하도록 장착해야 한다. U-링은 원래 1,000psi 이하의 압력에 사용하는 저압용 패킹이다.

5.2.2.4 개스킷(Gasket)

개스킷은 고정된 또는 움직이지 않는 2개의 납작한 부품 사이를 밀폐시키기 위하여 사용된다.
개스킷 재질은 일반적으로 석면, 구리, 코르크(cork), 고무 등이다. 판형태의 석면 개스킷은 내열성을 필요로 하는 곳이면 어디든지 사용할 수 있으며, 배기계통의 개스킷으로 광범위하게 사용하고 있다. 대부분 배기계통 석면개스킷(asbestos exhaust gasket)은 수명을 연장시키기 위해 얇은 판에 구리테두리를 입힌다.
점화플러그 개스킷으로는 연소실의 밀폐를 위해 약간 연질인 구리와셔를 사용하고 있다.
코르크 개스킷은 엔진 크랭크케이스와 액세서리 사이의 오일 시일로 사용하고 있으며, 개스킷이 굽힘표면이나 울퉁불퉁하게 생긴 불규칙한 공간을 메꿔서 밀폐시켜야 하는 곳에 사용한다.
고무판 형태의 개스킷은 압축성 개스킷이 필요한 곳에 사용한다. 가솔린이나 오일이 접촉하는 부분에서 고무가 이 물질들과 접촉하면, 아주 빠르게 변질될 수 있기 때문에, 고무 개스킷을 사용

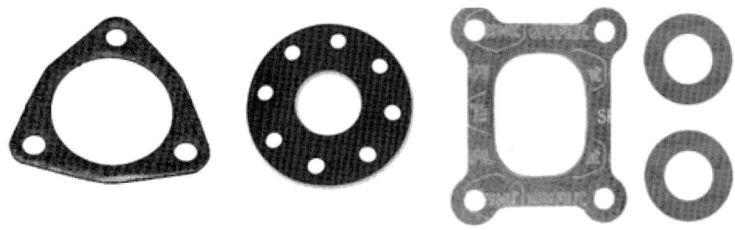

▲ 그림 5-3 Gasket의 종류

해서는 안 된다. 개스킷은 작동실린더, 밸브, 기타 구성부품 끝 덮개부분의 유체밀폐용으로도 사용한다. 이런 목적으로 사용하는 개스킷은 대체로 O-링 패킹과 비슷한 모양을 가지고 있다.

5.2.3 실란트(Sealant) 등 접착제의 종류와 취급

모든 항공기는 여압을 위하여 공기 누설을 방지하고, 연료의 누설이나 가스의 유입을 막기 위해, 또는 기후를 차단시키고 부식을 방지하기 위하여 해당 부분을 밀폐시킨다. 대부분 실란트(밀폐제, sealant)는 최상의 결과를 얻기 위해 2가지 이상의 성분을 적절한 비율로 혼합하여 사용한다. 어떤 재료는 포장된 상태의 것을 그대로 사용하는 것도 있고, 다른 것은 사용하기 전에 적절히 혼합해야 하는 것도 있다.

1) 단일 실란트(One-part Sealant)

단일 실란트는 바로 사용할 수 있도록 제조사에서 조제하여 포장한 것이다. 그러나 이 화합물 중 일부는 특별한 방법으로 사용할 수 있도록 농도를 조절하기도 한다. 만약 희석이 요구된다면 희석제(thinner)는 실란트 제조사에서 권고하는 것을 사용해야 한다.

2) 혼합 실란트(Two-part Sealant)

혼합 실란트는 기제(base compound)와 촉진제로 구분되며, 사용하기 전에는 경화되지 않도록 따로따로 포장한다. 이 실란트는 적절한 비율로 혼합하여 사용하며, 규정된 비율을 변경시키면 재료의 품질이 저하될 수 있다. 일반적으로 2부분 실란트는 기제와 촉진제의 무게비로 규정된 혼합비율에 맞춘다. 모든 실란트의 재료는 실란트 제조사의 권고에 따라 정확하게 무게를 측정해야 한다.

① 실란트 혼합(Compounds Mixing)

실란트 재료의 무게를 측정하기 전에, 기제와 촉진제는 충분히 저어서 섞어줘야 한다. 건조되었거나, 덩어리 진, 또는 조각이 된 촉진제를 사용해서는 안 된다. 무게를 측정해서 포장한 실란트 키트 전체를 혼합하고자 할 때에는 실란트와 촉진제의 무게를 다시 측정하지 않아도 된다.

기제 화합물과 촉진제의 적당한 양을 결정하고 난 다음에, 기제 화합물에 촉진제를 첨가해야 한다. 촉진제를 첨가한 후 즉시 휘젓거나 아래위로 흔들어서 그 재료의 농도에 맞게 섞음으로써 2개의 화합물이 충분히 섞이도록 해야 한다. 혼합물에 공기침투를 방지하기 위해 재료를 조심스럽게 섞어야 한다. 지나치게 과격하게 또는 오랫 동안 섞는 것은 혼합물에 열을 발생시키고 혼합된 실란트의 정상적인 경화시간과 작업가능 시간을 단축시키게 된다.

화합물이 잘 혼합되었는지 확인하기 위해, 평평한 금속 또는 유리판 위의 깨끗한 부분에 문질러서 검사한다. 만약 작은 부스러기나 덩어리가 발견된다면, 계속해서 혼합한다. 만약 작은 부스러기나 덩어리가 제거되지 않는다면, 그것은 버려야 한다.

② 실란트 작업(Compounds Application)

혼합된 실란트의 작업가능 시간은 30분부터 4시간까지인데, 이것은 실란트의 종류에 따라 다르다. 그러므로 혼합된 실란트는 가능한 빨리 사용해야 하며, 그렇지 않으면 냉동고에 보관한다. 표 5-3에는 여러 가지 실란트에 대한 일반적인 자료를 소개하였다.

혼합된 실란트의 양생률(curing rate)은 온도와 습도에 따라 변한다. 실란트의 양생(curing)은 온도가 60°F 이하일 때 가장 늦다. 대부분 실란트 양생을 위한 가장 이상적인 조건은 상대습도가 50%이고 온도는 77°F일 때이다.

양생은 온도를 증가시키면 촉진되지만, 양생하는 동안 언제라도 온도가 120°F을 초과해서는 안 된다. 열은 적외선램프나 가열한 공기를 이용해서 한다. 만약 가열한 공기를 사용한다면, 공기로부터 습기와 불순물을 여과해서 적절히 제거시켜야 한다.

모든 작업준비가 끝날 때까지 어떠한 실란트 접합면에라도 열을 가해서는 안 된다. 접합면에 영구적이거나 임시로 부착하는 모든 구조물들은 실란트의 사용제한시간 안에 결합시켜야 한다. 실란트는 점성이 없는 이형층으로 마무리하고 난 후 경화시켜야 한다. 실란트 위에 셀로판지(cellophane) 한 장을 덮어 마무리하면 달라붙지 않기 때문에 외형 필름을 쉽게 분리할 수 있다.

▼ 표 5-3 일반적인 실란트 자료

실란트 기재	촉진제 (촉매)	혼합비 (무게)	적용시간 (작업)	혼합 후 보관 수명 (유통)	비혼합 보관 수명 (유통)	온도범위	적응 및 제한사항
EC-801(black) MIL-S-7502A Class B-2	EC-807	12 parts of EC-807 to 100 parts of EC-801	2-4 hours	5 days at -20°F after flash freeze at -65°F	6 months	-65°F to 200°F	접합면 필렛 실과 밀봉
EC-800(red)	None	Use as is	8-12 hours	Not applicable	6-9 months	-65°F to 200°F	리벳 코팅
EC-612P (pink) MIL-P-20628	None	Use as is	Indefinite non-drying	Not applicable	6-9 months	-40°F to 200°F	최대 1/4 inch의 공동 메우기
PR-1302HT (red) MIL-S-8784	PR-1302HT-A	10 parts of PR-1302HT-A to 100 parts of PR-1302HT	2-4 hours	5 days at -20°F after flash freeze at -65°F	6 months	-65°F to 200°F	점검창 가스켓 실검
PR-727 potting compound MIL-S-8516B	PR-727A	12 parts of PR-727A to 100 parts of PR-727	1 1/2 hours minimum	5 days at -20°F after flash freeze at -65°F	6 months	-65°F to 200°F	전기연결과 벌크헤드 실 채움
HT-3 (greygreen)	None	Use as is	Solvent release, sets up in 2-4 hours	Not applicable	6-9 months	-65°F to 850°F	벌크헤드를 지나는 뜨거운 공기 덕트의 실링
EC-776 (clear amber) MIL-S-4383B	None	Use as is	8-12 hours	Not applicable	Indefinite in aortight containers	-65°F to 250°F	상부코팅

5.2.4 복합소재의 구성 및 취급

5.2.4.1 복합소재의 구성

1) 복합소재란 두 종류 이상의 물질을 인위적으로 결합하여 각각의 물질 자체보다 뛰어난 성질이나 아주 새로운 성질을 갖도록 만들어진 재료이다.
2) 하중을 담당하는 고체형태인 보강재(reinforcing material)와 이들을 결합시키는 액체형태인 모체(matrix)로 구성된다.
3) 강화제는 유리섬유, 탄고섬유, 아라미드, 보론섬유 등이 사용되고, 모체에는 열경화성 수지, 열가소성 수지, 금속, 세라믹 등이 사용된다.

5.2.4.1.1 복합재료의 장점(Advantage of Composite)

1) 중량비에 대하여 강도비가 높다.
2) 화학적 결합에 의해 응력이 천에서 천으로 전달된다.
3) 강성 대 밀도비가 강 또는 알루미늄의 3.5~5배이다.
4) 금속보다 수명이 길다.
5) 내식성이 매우 크다.
6) 인장강도는 강 또는 알루미늄의 4~6배이다.
7) 유연성이 커서 복잡한 형태의 제작이 가능하다.
8) 결합용 부품의 사용이 아닌 접합(bonded)에 이해 제작이 쉽고 구조가 단순하다.
9) 손쉽게 수리할 수 있다.

5.2.4.1.2 복합재료의 단점(Disadvantages of Composite)

1) 박리(delamination, 들뜸 현상)에 대한 탐지와 검사방법이 어렵다.
2) 새로운 제작방법에 대한 축적된 설계 자료(design database)가 부족하다.
3) 비용(cost)이 비싸다.
4) 공정 설비 구축에 많은 예산이 든다.
5) 제작방법의 표준화된 시스템이 부족하다.
6) 재료, 과정 및 기술이 다양하다.
7) 수리 지식과 경험에 대한 정보가 부족하다.
8) 생산품이 종종 독성(toxic)과 위험성을 가지기도 한다.
9) 제작과 수리에 대한 표준화된 방법이 부족하다.

5.2.4.2 복합재료의 검사(Inspection of Composites)

복합재료구조는 내부 복합재료 층(fly)의 분리, 중심과 외피의 접착이완(debonding), 습기와 부식 등에 의한 층분리(delamination)에 대해 검사한다. 초음파 시험, 음향방출시험, 그리고 방사선 검사가 항공기 제작사의 권고에 따라 사용한다. 복합재료 구조의 시험에 사용되는 가장 간단한 방법이 두드려보는 탭 시험(tap test)이다.

5.2.4.2.1 탭 시험(Tap Testing)

1) coin test라고도 부르는 이 시험방법은 얇은 층으로 갈라지는 층분리 또는 접착부분 이완의 존재 여부를 검사하는 데 폭넓게 사용된다.
2) 시험절차는 무게 2온스의 가벼운 헤머, 동전, 또는 다른 적당한 공구로 표면을 가볍게 두드려 불량이 있는 곳과 없는 곳의 소리를 듣고 판단한다.
3) 소기가 다르거나 무음지역은 결함 존재 우려가 있는 부분이다.
4) 이 방법은 두께 0.08인치 이하의 비교적 얇은 외피에 있는 결점을 찾아낼 때 효과적이다. 벌집모양 구조에서는 양면 모두를 시험해야 하며, 한쪽만 하는 경우에는 반대쪽의 접착이완과 같은 결함을 찾지 못한다.

5.2.4.2.2 전기적 전도율(Electrical Conductivity)

1) 복합재료 구조는 본질적으로 전기적인 전도성이 없다. 전기적 전도성이 저속 항공기에서는 문제점이 없으나, 고속, 고성능 제트 항공기에서는 전도성을 가진 복합재료 구조물, 즉 알루미늄을 여러 가지 방법으로 구조물 내에 삽입하여 전도성을 가진 구조로 만들어 사용한다. 알루미늄을 wire mesh, 스크린, Foil 형태로 복합재료 적층 사이에 끼워 넣는다.
2) 복합재료 구조를 수리하였다면 이 전도경로가 복원되었는지 검사를 해야 한다. 수리 시에 전도 물질이 포함되어야 하고, 교환된 전도체도 전도성이 복원되었는지 검사를 한다.
3) 전기전도율은 저항측정기로 점검하면 된다.

5.2.4.3 복합재료 취급 시 안전(Composite Safety)

복합재료 제품은 피부, 눈, 폐 등에 매우 해로울 수 있다. 인체 건강에 단기 또는 장기적으로, 심각한 자극과 해를 입을 수 있다. 개인 보호용구 착용이 때에 따라 덥고 불편하며, 착용에 어려움이 있을 수 있지만, 복합재료 작업에서 이 약간의 불편함이 건강 문제, 심지어 죽음까지도 막아줄 수 있다.

작은 유리 기포(glass bubble)나 섬유 조각으로 인한 폐의 영구적인 손상으로부터 신체를 보호하기 위해 방독면(respirator)을 착용하는 것은 매우 중요하다. 먼지마스크(dust mask)는 유리섬유 작업에 인가된 최소한의 필수품이며, 최선의 보호 방법은 먼지필터(dust filter)를 갖춘 방독면을 착용하는 것이다. 만약 주위의 공기가 그대로 흡입된다면, 마스크는 착용한 사람의 폐를 보호할 수 없기 때문에, 방독면이나 먼지마스크의 정확한 착용이 매우 중요하다. 수지 작업을 할 때, 발생하는 증기에 대한 보호를 위해 방독면을 착용하는 것은 매우 중요하다.

방독면에 있는 숯 여과기는 한동안 증기를 제거해준다. 만약 마스크를 뒤집어 놓고 휴식을 취한 다음 다시 착용하였을 때 수지 증기 냄새를 느낄 수 있다면, 곧바로 여과기를 교체해야 한다. 숯 여과기의 사용시간은 일반적으로 4시간 이하이다. 사용하지 않을 때는 밀폐된 가방에 방독면을 보관해야 한다. 만약 오랜 시간 동안 유독성물질로 작업을 해야 한다면, 두건(hood) 딸린 송풍식 마스크(supplied-air mask)를 사용하는 것이 좋다.

긴 바지와 장갑까지 내려오는 긴 소매를 입거나 보호크림(barrier cream)을 발라주면 섬유나 다른 미립자가 피부에 접촉되는 것을 방지할 수 있다. 보통 눈의 화학적인 손상은 회복될 수 없기 때문에 수지나 용제로 작업할 때는 통기구멍이 없는 누설방지 고글(goggle)을 착용하여 눈을 보호해야 한다.

5.2.4.3.1 수리 작업 시의 안전 사항(Repair Safety)

수지침투가공재, 수지, 세척용 솔벤트 및 접착재료 등 최신 복합재료를 구성하고 있는 재료들은 인체에 해로울 수 있으므로 적절한 개인 보호 장비를 사용해야 한다. 작업 시 사용하는 재료의 물질안전자료데이터(material safety data sheet : MSDS) 내용을 숙지해야 하며, 모든 화학약품, 수지, 그리고 섬유 등을 정확하게 취급하는 것은 중요하다. MSDS는 해당 재료의 유해성을 표시해 준다. 복합재료 작업 시 사용되는 재료들이 호흡기 계통 위험성, 발암성 및 기타 인체에 해로운 성분을 분출시킬 수 있다.

5.2.4.3.2 눈 보호(Eye Protection)

눈은 항상 화학약품과 날아다니는 물체로부터 보호되어야 한다. 작업 시에는 항상 보안경을 착용해야 한다. 그리고 산(acid) 성분의 물질을 혼합하거나 주입할 때에는 얼굴가리개를 착용한다. 작업장에서 보안경을 착용하더라도 콘텍트렌즈를 착용해서는 안 된다. 어떤 화학적 솔벤트는 렌즈를 녹이고 눈에 손상을 줄 수 있다. 작업 시 발생하는 미세먼지 등이 렌즈로 침투되어 위험을 초래할 수 있다.

5.2.4.3.3 호흡기 보호(Respiratory Protection)

탄소 섬유 분진은 인체에 해롭기 때문에 호흡하지 말아야 하고, 작업장은 환기가 잘되도록 해야 한다. 밀폐된 공간에서 작업을 수행할 경우에는 호흡에 도움을 주는 적절한 보호장구를 착용해야 한다. 연마 또는 페인트작업을 수행하는 경우에는 분진 마스크 또는 방독면을 착용해야 한다.

작업장의 환기는 하향 통풍 방식이 설치된 곳에서 실시해야 하며, 연마 및 연삭작업 시에는 유해 분진으로부터 작업자를 효과적으로 보호할 수 있어야 한다.

기계작업 시 발생하는 각종 분체들은 작업 후 즉시 수거하여 처리해야 한다. 하향 통풍 시설은 약 $100 \sim 150 \text{feet}^3/\text{min}$의 평균 면 속도(average face velocity)를 갖도록 커야 하고, 그 상태를 계속 유지시켜야 한다. 또한 관련 시설에 설치는 필터는 정기적으로 교환해야 한다.

5.2.4.3.4 피부 보호(Skin Protection)

복합재료작업 시 발생하는 여러 가지 재료의 분진은 민감한 피부에 자극을 줄 수 있으므로 적절한 장갑 또는 보호용 의복을 착용해야 한다.

5.2.4.3.5 화재 방지(Fire Protection)

복합재료 정비작업에 사용되는 대부분의 솔벤트는 가연성 물질이다. 모든 솔벤트 용기는 밀폐시키고 사용하지 않을 때 방염 캐비넷에 저장한다. 또한 정전기가 발생할 수 있는 지역에서 멀리 떨어진 곳에 보관해야 한다. 항상 화재 발생에 대비하여 소화기를 작업장에 비치해야 한다.

5.3 비파괴검사(Nondestructive Inspection/Testing)

5.3.1 비파괴검사 일반

1) 비파괴검사(Non-Destructive Testing : N.D.T)란 재료나 제품의 원형과 기능을 전혀 변화시키지 않고도 성질, 상태, 내부구조 등을 알아내는 모든 검사를 말한다.
   이러한 비파괴검사체계에 의해 측정하고 평가할 수 있는 특성들은 다음과 같다.
   ① 검사체 내의 결함검사
   ② 검사체의 구조
   ③ 크기 및 도량
   ④ 물리적, 기계적 특성
   ⑤ 화학적 분석 및 조성
   ⑥ 응력 및 외력에 따른 반응 등이다.
2) 비파괴검사의 장점은 감항성을 해치지 않고 검사하여 감항성을 판정하는 것이다. 이들 방법 중 일부는 약간의 추가 전문기술을 필요로 하는 간단한 것이지만, 일부 검사방법은 더 많은 훈련과 자격증을 필요로 한다.
3) 비파괴검사를 수행하기 전에, 검사의 형태 별 절차 및 단계를 따라야 한다. 검사 부위는 철저하게 세척되어야 한다. 일부 부품은 항공기 또는 엔진으로부터 장탈하여 검사한다. 도색제나 보호 코팅을 벗겨내는 것이 필요하다.
4) 검사 장비와 검사 절차에 대한 완벽한 이해가 필요하고 검사장비의 검·교정도 확인되어야 한다.

5.3.2 육안 검사(Visual Inspection)

1) 육안 검사는 주로 표면의 흠을 찾아내는 데 이용된다. 이 검사로는 균열이나 표면의 불규칙한 결함, 층의 분리와 표면이 부푼 결함 등을 찾아낼 수 있다.
2) 육안 검사에는 손전등, 확대경, 거울 등 검사 보조 장비를 이용할 수도 있다. 일부 결함은 표면 아래에 있거나, 확대경으로도 인간의 눈으로도 결함을 탐지할 수 없을 만큼 너무 작은 경우도 있다.

5.3.3 내시경 검사(Borescope Inspection)

1) 이 검사도 근본적으로 육안 검사이다. 내시경은 정밀한 광학 기계로 광원을 가지고 있다. 내시경의 종류는 다양하며, 직접 눈으로 확인할 수 없는 기체의 구조부나 엔진의 내부 등을 검사하는 데 효과적이다.
2) 이 장치는 렌즈의 초점 거리를 조절하여 상을 선명하게 볼 수 있고, 조절 핸들을 이용, 대물렌즈의 방향을 상하좌우로 조절함으로써 검사 구역의 모든 곳을 검사할 수 있다.
3) 내시경으로서 검사될 수 있는 예로서는 왕복엔진 실린더 내부이다. 내시경은 손상된 피스톤, 실린더 벽, 또는 밸브 상태를 보기 위해 점화플러그 장착용 구멍을 통하여 삽입한다. 터빈엔진의 경우 점화 플러그 장착 구멍과 검사용 플러그 구멍을 경유하여 터빈엔진의 연소실이나 압축기와 터빈 내부를 검사할 수 있다.

5.3.4 액체침투 검사(Liquid Penetrant Inspection : PT)

1) 액체침투 검사는 표면에 존재하는 불연속을 검출하는 비파괴검사방법이다. 액체침투에 사용되는 침투액은 낮은 표면장력과 높은 모세관 현상의 특성이 있어 검사체에 적용하면 표면의 불연속성, 즉 균열이나 미세한 등에 쉽게 침투하게 된다.
2) 모세관 현상으로 침투액이 불연속부로 침투하게 되고, 침투하지 못한 침투액을 제거한 후 현상액을 적용하면 불연속부에 들어있는 침투액이 현상액 위로 흡착되어 침투액이 침투되어 있는 부위를 나타내게 되어 불연속부의 위치 및 크기를 알 수 있다.
3) 침투 검사는 부품 표면에 노출되어 있는 결함에 대한 비파괴 시험이다. 그것은 알루미늄, 마그네슘, 황동, 구리, 주철, 스테인리스강, 그리고 티타늄과 같은 금속 부품뿐만 아니라 세라믹, 플라스틱, molded rubber, 유리 등에도 사용한다.
4) 침투 검사는 표면균열 또는 다공성 결함을 탐지할 수 있다. 이러한 결함은 피로균열, 수축균열, 수축기공, 연마된 표면, 열처리 균열, 갈라진 틈, 단조 겹침, 그리고 파열에 의해 일어나게 된다. 또한 침투 검사로 결합된 금속 사이에 접합 불량을 표시해 준다.
5) 침투 검사의 주요 단점은 결함이 표면에까지 열려야 한다는 것이다. 이러한 이유로서, 만약 문제의 부품이 자기를 띤 물질이면, 자분탐상검사 방법을 사용한다.
6) 침투 검사는 표면까지 열린 균열 부위로 침투하여 남아 있는 침투액에 의해 검사원이 결함을 분명하게 확인할 수 있도록 하는 방법이다.

5.3.4.1 장단점(Strengths and Weaknesses)

1) 장점
   ① 시험방법이 간단하고, 고도의 숙련이 요구되지 않는다.
   ② 제품의 크기, 형상 등에 크게 구애를 받지 않는다.
   ③ 국부적 시험이 가능하다.
   ④ 미세한 균열의 탐상도 가능하다.
   ⑤ 비교적 가격이 저렴하다.
   ⑥ 판독이 비교적 쉽다.
   ⑦ 철, 비철, 플라스틱 및 세라믹 등의 거의 모든 제품에 적용된다.

2) 단점
   ① 표면검사만 가능하며 표면에 열려진 불연속부만이 검사가 가능하다.
   ② 시험표면이 너무 거칠거나 다공성인 경우에는 탐상이 불가능하다.
   ③ 시험면이 침투액 등과 반응하여 손상을 입는 제품은 검사할 수 없다.
   ④ 주변환경 특히 온도에 민감하여 제약을 받는다.
   ⑤ 후처리가 종종 요구된다.

5.3.4.2 탐상하는 방법으로 침투액, 현상액, 유화제가 있다.

1) 침투액

액체침투검사에서 가장 중요한 역할을 하는 것이 침투액이다. 침투액이란 균열과 같은 표면까지 열린 미세한 균열에도 침투가 되어야 하는 재료이다. 침투액의 종류는 수세성 침투액, 후유화성 침투액, 용제제거성 침투액이 있다.

2) 현상제

현상액이란 결함 속에 적용된 침투액과 작용해서 육안으로 볼 수 있게 명암도를 증가시켜 결함의 관찰을 쉽게 하는 작용을 하며, 현상제은 미세한 분말로 구성되어 침투액이 적용되고 과잉 침투액이 제거된 후에 검사체 표면에 도포한다. 종류로는 건식현상제, 비수용성 습식현상제, 습식현상제가 있다.

3) 유화제

유화제는 침투력이 낮은 특성 때문에 결함 속으로 쉽게 침투하지 못하므로 불연속부에 있는 침투제는 쉽게 세척이 안 된다. 수세성 침투제에는 유화제가 섞여 있으므로 별도의 유화제 적용이 필요치 않으나, 침투제에 유화제가 섞여있지 않은 경우 과잉 침투제의 세척을 위해서는 유화처리가 필요하다.

5.3.4.3 액체침투방법의 기본적 처리 순서

검사체 표면 세척 → 침투액의 도포 → 유화제 또는 세제로서 침투액 제거 → 건조 → 현상액 도포 → 검사결과 해석 순으로 진행한다.

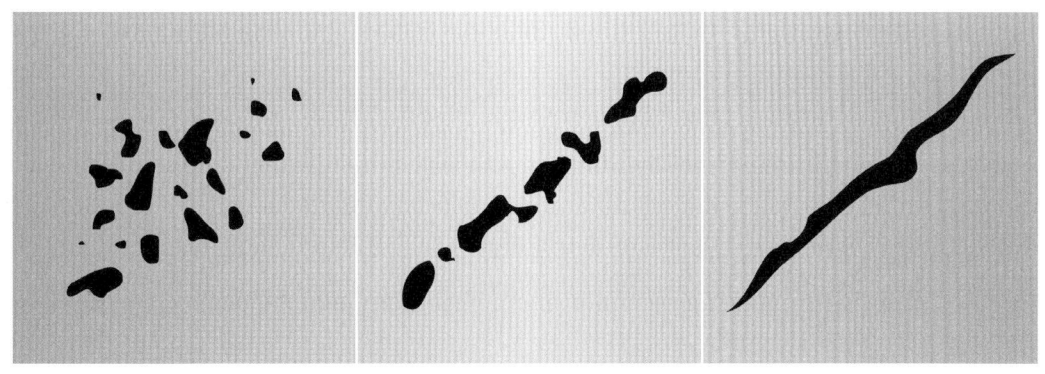

(a) Pits of porosity (b) Tight crack or partially welded lap (c) Crack or similar opening

▲ 그림 5-4 결함 형태

5.3.5 와전류 검사(Eddy Current Inspection : ET)

1) 와전류 검사는 코일을 이용하여 도체에 시각적으로 변화하는 자계(교류)를 걸면 도체에 발생한 와전류가 결함 등에 의해 변화하는 것을 이용하여 결함을 검출하는 비파괴시험 방법이다.

2) 이 검사방법은 구조재, 제트엔진 터빈 축, vane, 날개 외피, 휠의 볼트구멍, 점화플러그 보어 등의 열화 균열 효과적이다. 또한 화염, 과도한 열로 변형된 알루미늄 항공기의 수리를 위한

결함 탐지에도 사용된다.
3) 와전류 지시값은 동일 금속이 서로 다른 경도를 가질 때 나타난다. 손상이 있는 곳의 와전류 값과 손상 없는 곳에서의 와전류 값을 비교 측정한다. 이 값의 차이는 경도 차이를 나타낸다.
4) 항공기 제작공정에서는 와전류를 주조, 압출, 기계공작, 단조, 사출 부품을 검사하는 데 활용한다. 그림 5-5에서는 알루미늄 휠 반쪽 부분의 와전류탐상 작업을 보여주고 있다.

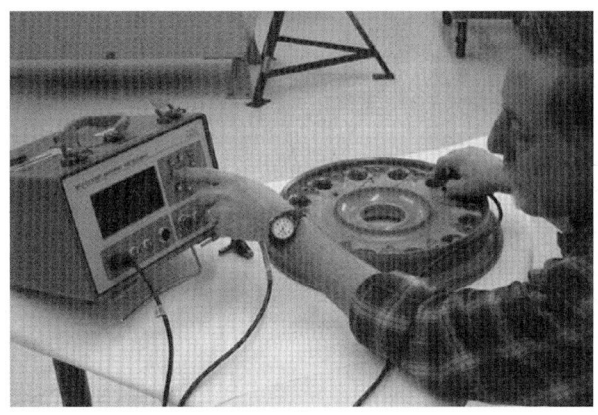

▲ 그림 5-5 와전류 검사 장면

5.3.6 초음파 검사(Ultrasonic Inspection : UT)

1) 초음파탐상기는 검사체의 한쪽 면에서 접근하여 검사체에 초음파를 전달하여 내부에 존재하는 불연속으로부터 반사한 초음파의 에너지량, 초음파의 진행 시간 등을 분석하여 불연속의 위치 및 크기를 정확히 알아내는 방법이다.
2) 세 가지의 기본적인 초음파 검사방법은 (1) 펄스반사법(pulse echo), (2) 투과법(through transmission), (3) 공진법(resonance)이 있다.

5.3.7 음향방출검사(Acoustic Emission Inspection)

1) 물체에 외력을 가하면 전위가 움직여 어느 점에서 수렴하거나 소성변형이 일어나게 되고 더 큰 힘을 받으면 균열이 발생한다.
2) 전자의 경우 외부로 방출되는 에너지는 작고 연속적이다. 후자의 경우는 변위 개방으로 큰 응력파가 방출되는데 주파수 범위가 50~10MHz 정도의 초음파로 방출되므로 이를 검출함으로써 내부의 변화를 검출하고 파괴를 예지할 수 있다.
3) 기체구조에 응력을 가하면 균열과 부식된 부위에서도 음파를 방사한다. 음향방출시험은 한번의 시험으로 구조물의 결함과 그 위치를 검출할 수 있다는 점에서 다른 비파괴검사보다 많은 장점을 갖고 있다.
4) 항공기 구조물의 복잡성으로 항공기에 음향방출시험의 적용은 실험기술과 결과 해석에 신중하고도 전문성을 필요로 한다.

5.3.8 자분탐상검사(Magnetic Particle Inspection : MT)

1) 자분탐상검사는 자성체로 된 검사체의 표면 및 표면 바로 밑의 결함을 자장을 걸어 자화시킨 후 자분을 적용하고, 누설자장으로 인해 형성된 자분 지시를 관찰하여 결함의 크기, 위치 및 형상 등을 검출하는 방법이다.
2) 이 방법은 비자성체에 적용할 수는 없다. 철강재료 등 강자성체를 자화하게 되면 많은 자속이 발생한다.
3) 자분을 뿌릴 경우 검사체의 표면에 자속을 가로지르는 결함이 있다면 누설자속에 들어간 자분은 자화되어 자극을 나타내는 작은 자석이 되며 자분 서로가 얽혀 결함부의 자극에 흡착한다.
4) 빠르게 회전하고, 왕복운동, 진동에 노출되고, 대단히 큰 응력을 받는 항공기 부품에서의 작은 결점은 종종 이 부품의 완전한 파손 원인이 되기도 한다. 자분탐상검사는 표면 위쪽에 또는 그 가까이에 위치한 결함의 신속한 탐지에 신뢰할 수 있는 방법이다.

5.3.8.1 기본절차(Basic Procedures)

자분탐상검사의 기본절차는 전 처리, 자화, 자분 적용, 지시의 관찰, 탈자, 기록 등으로 구분할 수 있다.

1) 전 처리(Pre-cleaning)

검사체의 표면 상태는 결과에 영향을 미치는 경우가 많으므로 검사체 표면에 있는 오물, 기름, 물기 등을 제거하는 과정을 말한다.

2) 자화 처리

3) 자분의 적용

자분탐상에 사용되는 자분은 무독성의 강자성체, 미세한 분말로 이동성이 좋아야 한다. 특히 검사면과의 가시성이 좋아야 한다. 자분은 건식 자분과 습식 자분이 있으며, 형광물질 여부에 따라 분류된다. 습식자분이 항공기 부품 검사에서 보편적으로 사용된다.

4) 탈자 방법

자분탐상검사 후에는 검사체의 잔류자장을 제거해야 한다. 특히 차후 공정이나 사용상에 잔류자기가 영향을 미치거나, 처음보다 낮은 전류로 다시 자화를 해야 할 때는 탈자를 해야 한다. 탈자는 적용된 자장의 세기보다 큰 값으로 자장의 방향을 교대로 반전시키면서 자장의 강도를 서서히 감소시켜 탈자시켜 주는 방법과 자장의 세기는 일정하게 유지시키고, 검사체 또는 코일을 자장 중에서 서서히 이격시켜 탈자시키는 방법이 있다.

5.3.8.2 결함 지시의 현상(Development of Indications)

1) 자기화 된 물질의 불연속(결함)이 표면까지 개방되고 이를 지시하는 매질(媒質), 즉 자성을 띤 물질을 표면에 적용할 수 있을 때, 누설자속에 들어간 매질인 자분은 자화되어 자극을 나타내는 작은 자석이 되며 자분 서로가 얽혀 결함 부위의 자극에 흡착하게 된다.

2) 부품에 있는 자기(磁氣)로 인해 표면에 뿌려진 자분은 결함 부위에 결함의 윤곽 형태로 점착하여 남게 된다.
3) 부품 표면으로 개방되지 않은 경우도 동일한 현상이 일어나지만, 이 경우는 누설자속의 양이 적으므로 자분의 응집이 적다.
4) 결함이 표면보다 훨씬 아래쪽에 존재하면, 누설자속 양은 거의 없어 자분의 응집 현상도 나타나지 않는다.

5.3.8.3 노출된 결함의 형태(Types of Discontinuities Disclosed)

1) 자분탐상시험으로 불연속 형태인 균열, 갈라진 틈(seam), 주름(lap과 cold shut 형태) 함유물, 쪼개진 금, 찢어진 곳, 관의 파열, 기공을 검출할 수 있다.
2) 균열, 쪼개진 금, 터짐, 찢어진 곳, 갈라진 틈, 기공, 관의 분리 현상은 금속의 파열로 형성된다. 금속의 주름은 제조 공정에서 형성된 주름이다. 함유물은 금속제조 열처리 시에 들어간 불순물에 의해 형성된 이물질이다. 함유물은 금속구조의 입자간 결합이나 용접을 방해하여 금속 구조의 연속성을 방해하는 결함이다.

5.3.8.4 자화방법(Magnetizing Methods)

1) 자화는 다음 사항을 고려하여 적정한 방법을 선택한다.
   ① 자장의 방향은 예상 결함 방향과 직각을 이루도록 한다.
   ② 자장의 방향은 검사면과 평행하도록 한다.
   ③ 검사면을 손상시킬 우려가 있으면 직접 통전하지 않는다.
   ④ 자화방법 및 자화 전류값, 자화시간
2) 자화를 위한 전류의 통전 시간은 전류를 통과시키는 방법에 따라 연속법과 잔류자기법이있다. 검사체의 자성 특성과 부품의 모양에 따라 연속법과 잔류자기법을 선택한다.
3) 연속검사법에서, 부품의 자화가 연속적으로 이루어지고 있는 동안, 즉 자속밀도가 최대로 유지되는 동안 자분이 적용된다. 이 방법은 실제로 원형자화 절차와 선형자화절차 모두에 이용하게 된다. 연속법이 검사체 표면 바로 밑에 있는 결함 검출에 효과적이어서 항공기 부품 검사에 활용된다.
4) 부품을 자화력을 제거한 후의 잔류자기를 이용하는 방법이 잔류자기 검사절차이다.

5.3.8.5 지시의 식별(Identification of Indications)

1) 현상의 특징을 평가하는 것이 매우 중요하다. 검사체의 지시 특성을 평가하는 것은 극히 중요하고, 때로는 증상만을 관찰하기가 곤란할 경우가 있다.
2) 지시의 특성으로써는 윤곽의 형태, 형성된 모양, 폭, 선명도 등이다. 표면에 노출된 균열은 쉽게 구별할 수 있다. 피로 균열, 열처리 균열, 용접과 주물에 있어서의 수축 균열, 그리고 연마 균열 등이 표면에 노출된 균열이다. 그림 5-6은 피로 균열의 예이다.

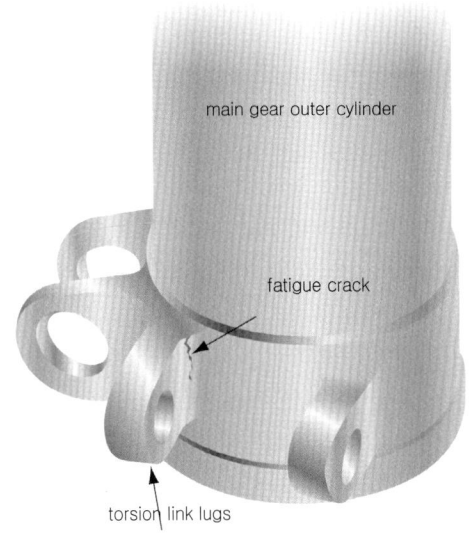

▲ 그림 5-6 착륙장치의 피로 균열

5.3.9 형광자분검사(Magnaglo Inspection)

1) 이 검사는 형광 미립자 용액을 사용하고 불가시광선(black light)을 비추어 검사한다. 검사 효율이 결함 내부에 침투한 형광 침투액의 효과로 아주 높다.
2) 이 방법은 치차 나사가 난 부품, 엔진 부품의 결점 검출에 효과적이다.
3) 사용되는 적갈색 액체가 형광자분이다. 검사 후, 부품은 자성을 없애야 하고, 세척용제로 헹구어준다.

5.3.9.1 지시매질(Indicating Mediums)

1) 자분탐상검사에 이용할 수 있는 매질은 습식과 건식이다. 이 매질의 역할은 검사체의 결함을 지시하는 것이다.
2) 검사체 표면에 이 매질에 의해 형성되는 특별한 지시는 중요하므로 일반적으로 습식에서는 검정색과 빨간색이고 건식에서는 검정, 빨강, 회색이다.
3) 매질은 높은 투자율(high-permeability)과 낮은 보자성(low-retentivity)을 가져야 한다. 높은 투자율은 자기에너지의 최소가 불연속으로 인한 누설자속이 매질을 응집시키는 것을 확실하게 하며, 낮은 보자성은 자석의 미립자의 움직임이 그들 자체를 자화하여 서로 끌어당기는 미립자에 의해 방해되지 않도록 한다.

5.3.9.2 탈자(Demagnetizing)

1) 검사 후에 잔류하는 영구자기를 부품에서 제거하는 작업이 탈자이다. 작동 기구에 남아 있는 자력은 줄밥, 연마, 칩 등을 끌어당겨 작업 시에 결함을 초래할 수도 있어 탈자를 확실하게 해야 한다.

2) 탈자가 안 된 부품에 미립자가 축적된다면 이 작동기구의 베어링이나 가공하는 물체에 스코어링과 같은 결함을 유발한다. 기체 부품은 그러한 미립자의 축척으로 계기에 영향을 미치지 않도록 탈자 시켜야 한다.
3) 항공기 부품에 대한 탈자 방법은 부품에 계속하여 자력선의 방향을 변경하면서, 동시에 자력의 세기도 점차적으로 감소시키는 방법이 주로 사용된다.

5.3.9.3 표준 탈자 방법(Standard Demagnetizing Practice)
1) 표준적 탈자 방법으로 교류 솔레노이드 코일을 사용한다. 부품이 솔레노이드의 교번자장(交番磁場)에서 멀어지면 부품의 잔류 자기는 점차 감소한다.
2) 탈자할 물체와 근사한 크기의 탈자기 탈자장치가 사용되어져야 한다. 탈자가 쉽지 않은 부품은 2~4번 이 장치의 안팎을 천천히 지나가게 해야 하고, 동시에 여러 방향으로 회전시켜야 한다.
3) 자력 제거에 효과적 절차는 자장의 강도에 떨어져서 부품을 천천히 움직이는 것이다. 탈자장치로부터 1~2feet까지 이격하여 머무르도록 한다.
4) 탈자장치에는 전류 제거를 천천히 하여 부품이 다시 자력을 갖지 않도록 한다.
5) 이동식 장치에서의 탈자는 부품에 교류를 가하여 점차적으로 전류값이 0이 될 때 충분히 탈자하는 것이다.

5.3.10 방사선투과검사(Radiographic Inspection : RT)
1) 방사선투과검사는 병원에서 X-선 검사로 우리 몸속의 이상 유무를 검사하는 것과 같이 금속이나 기타 재질에 대하여 방사선 및 필름을 이용하여 내부에 존재하는 불연속(결함)을 검출하는데 적용되고 있는 비파괴검사방법이다.
2) 이 기술은 최소의 분해나 분해 없이 기체구조와 엔진에서 흠결의 위치를 알아내기 위해 사용된다. 의심되는 부분을 장탈, 분해, 도색제 벗기기 등이 필요한 여타 비파괴검사방법과 크게 다른 것이다.
3) 방사선 위험으로 인하여, 집중적인 훈련을 받고, 자격 있는 방사선촬영기사 방사선 발생장치를 동작시킬 수가 있다. 세 가지 주요 단계는 (1) 준비와 검사할 물체를 방사선에 노출 (2) 필름의 처리(현상) (3) 방사선 사진의 해석이다.

5.3.10.1 준비와 노출(Preparation and Exposure)
1) 방사선 노출 정도를 결정하는 요인은 다음과 같다.
   ① 재료 두께와 밀도
   ② 물체의 모양과 크기
   ③ 탐지하고자 하는 결점의 종류
   ④ 방사선 발생 기계장치의 특성
   ⑤ 노출 거리
   ⑥ 노출 각
   ⑦ 필름 특성
   ⑧ 증감지(intensifying screen)의 종류
2) 장치의 정격 전압, 크기, 휴대성, 조작의 용이성, 노출특성은 완전하게 이해하고 있어야 한다.

5.3.10.2 필름현상(Film Processing)

X-선에 노출된 필름의 감광상태는 현상액, 화학용액, 산과 정착액(fixing bath) 적용, 뒤이어 깨끗한 물 세정을 연속하여 거치면 현상이 된다.

5.3.10.3 방사선 사진 해석(Radiographic Interpretation)

1) 품질보증 측면에서 볼 때, 방사선 사진의 해석은 이 검사 방법에서 매우 중요하다. 판단 실수가 비참한 결과를 만들어낼 수 있기 때문이다. 즉, 이 과정에서 구조물 또는 부품의 사용에 적합한지 부적합한지를 판단하기 때문이다.
2) 간과하거나 이해하지 못하거나, 또는 부적절하게 판단하는 믿을 없는 상황이나 결점은 방사선 촬영의 목적과 노력을 소멸시킬 수 있고, 항공기의 구조적 완전무결성을 위태롭게 하기 때문이다.
3) 해석은 매우 다양하고 복잡하다. 경험으로 볼때 방사선 사진 해석은 작업한 검사체 근처에서 실물을 보면서 해석하는 것이 직접 비교할 수도 있고, 표면 상태, 두께, 변동과 같은 징후를 판단할 수 있어서 많이 이용된다.

5.3.10.4 방사선 위험(Radiation Hazards)

1) 방사선에 피폭되면 인체에 장해가 생긴다는 것은 잘 알고 있는 사실이다. 따라서 방사선을 취급할 때에는 세심한 주의를 해야 한다.
2) X-선 발생장치는 전원을 끄면, X-선이 발생하지 않지만 감마선원은 방사선 방출을 중지할 수 없기 때문에 방사선 안전관리에 특히 신중을 기하지 않으면 안 된다.
3) X-선 장치와 방사성동위원소로부터 나온 방사선에 피폭된 살아 있는 세포 조직은 파괴된다. 이러한 사실은 장비 사용 시에 적절한 보호 조치를 필히 해야 함을 의미한다.
4) 방사선 발생장치 사용자는 항상 X-선 빔의 바깥쪽에 있어야 한다. 방사선이 지나가는 모든 물질은 변화된다. 이것은 살아있는 세포조직에서도 마찬가지이다.
5) 방사선이 신체의 분자에 부딪칠 때, 단지 소수의 전자를 몰아내는 것에 지나지 않지만, 그 양이 초과하면 돌이킬 수 없는 해를 입을 수 있다. 복잡한 조직이 방사선에 노출되었을 때, 손상의 정도는 변화된 신체 세포에 따른다.
6) 방사선이 침투된 신체의 중심에 있는 심장·뇌 등의 생명 유지에 절대 필요한 기관은 대부분 해치게 된다. 피부는 보통 방사선의 대부분을 흡수하고 방사선에 가장 빠른 반응을 나타낸다.
7) 만약, 전체의 신체가 방사선의 아주 많은 조사량에 노출되면 죽음에 이를 수도 있다. 방사선의 병리학적 영향의 형태와 심각도는 한꺼번에 받는 방사선의 양과 노출된 전체 신체의 비율에 따른다.
8) 작은 조사량은 짧은 기간 동안에 혈액장애와 소화기 장애의 원인이 될 수 있다. 더 많이 조사되면 백혈병과 암, 피부 손상, 탈모도 될 수가 있다.
9) 방사선 안전장치에 대해서는 정비안전관련 내용을 완전히 숙지하여야 한다.

SECTION 6 기체 취급

6.1 Station Number 구별

6.1.1 Station No. 및 Zone No. 의미와 용도

1) 항공기에서 여러 가지의 numbering system이 항공기 날개 프레임, 동체 벌크헤드, 또는 다른 구조부재의 특정한 위치를 용이하게 찾기 위하여 사용되고 있다.
2) 대부분의 제작사는 station에 의한 표시방식을 사용하고 있다. 예를 들어, 항공기의 기수를 zero station으로부터 inch로 측정한 거리에 따라 station을 정하고 있다. 그러므로 설계도(blueprint)에서 동체 프레임 station 137을 읽었다면, 이것은 항공기의 기수로부터 137 inch 뒤쪽에 있는 어느 특정한 프레임 위치를 말하는 것이다.
3) 어느 구조부재의 위치를 알아보기 전에 여러 가지의 응용된 제작사의 numbering system과 약어화된 명칭 또는 기호(symbol)를 재확인하는 것이 필요하다. 그것들은 항상 동일하지 않다. 다음에 열거하는 것이 제작사에 의해서 사용되고 있는 대표적인 위치 표시 명칭들이다.

6.1.2 Station No. 종류

1) Fuselage Station(Fus. Sta, or F.S)

그림 6-1과 같이, 기준점(reference datum)으로 알고 있는 영점(zero point)으로부터 inch로 표시된 Number이다. 기준점이란 항공기의 기수 또는 기수 근처의 어떤 가상적인 수직면을 말하며 여기서부터 수평 거리로서 측정되는 것이다. 주어진 지점까지의 거리란 항공기의 기수로

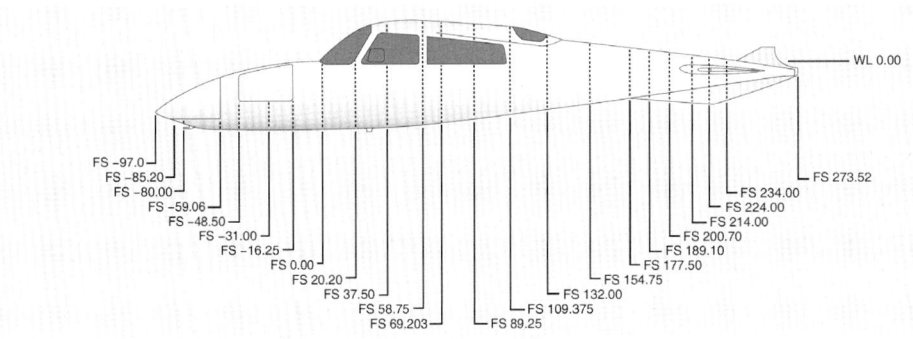

▲ 그림 6-1 fuselage station(Fus. Sta, or F.S)

부터 테일 콘의 중심까지 항공기를 따라 연장되어 있는 중심선에 따라 inch로 측정된 거리를 말한다. 일부 제작사는 fuselage station을 body station, 약어로 B.S라고 표시하기도 하며, mm 단위로 측정하기도 한다.

2) Buttock Line(Butt Line or B.L)
그림 6-2와 같이, 좌측 또는 우측 측정이 될 수 있도록 항공기의 중심을 따라 내려간 수직기준면(vertical reference plane)이다.

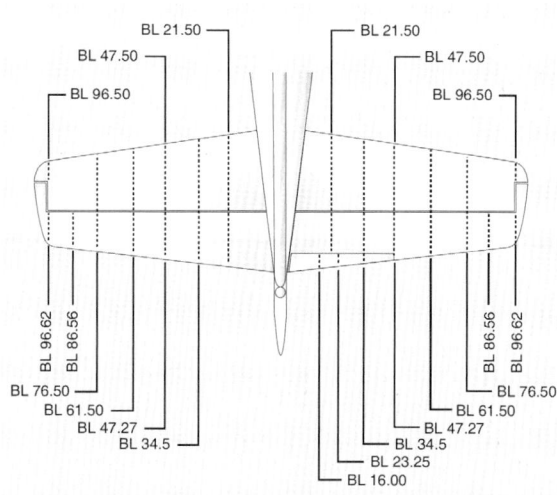

▲ 그림 6-2 수평 안정판 butt line

3) Water Line(W.L)
그림 6-3과 같이, 이것은 보통 Ground, 객실마루(cabin floor), 또는 기타 쉽게 기준이 되는 위치에 수평면으로부터 수직으로 측정한 높이를 inch로 표시한 것이다.

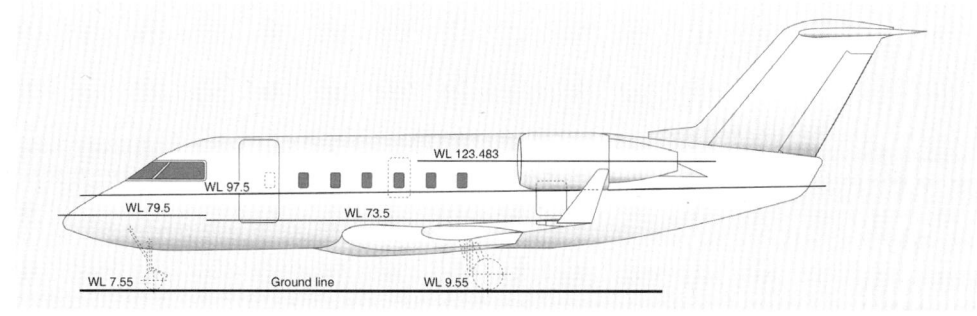

▲ 그림 6-3 water line

4) Aileron Station(A.S)

날개(wing)의 후방 빔(rear beam)에 직각으로 도움날개의 안쪽 앞전(inboard edge)으로부터 평행이 되게 바깥쪽(outboard)으로 측정한 거리를 말한다.

5) Flap Station(F.S)

플랩(flap)의 안쪽 앞전에서 바깥쪽으로 날개의 후방 빔에 직각이 되게 측정한 것을 말한다.

6) Nacelle Station(N.C or Nac, Sta.)

날개의 전방 날개보(front spar)의 앞쪽 또는 뒤쪽에서 이미 지정된 water line에 직각으로 측정한 거리를 말한다.

특히 대형 항공기에서는 다른 측정방법이 사용된다. 그림 6-4와 같이, 수평안정판 station (H.S.S), 수직안정판 station(V.S.S) 또는 동력장치장소(powerplant station, P.S.S) 등이 있다. 모든 경우에 있어서 어느 특정한 항공기의 어느 위치를 찾기 전에 제작사의 용어와 station location system을 참고해야 한다.

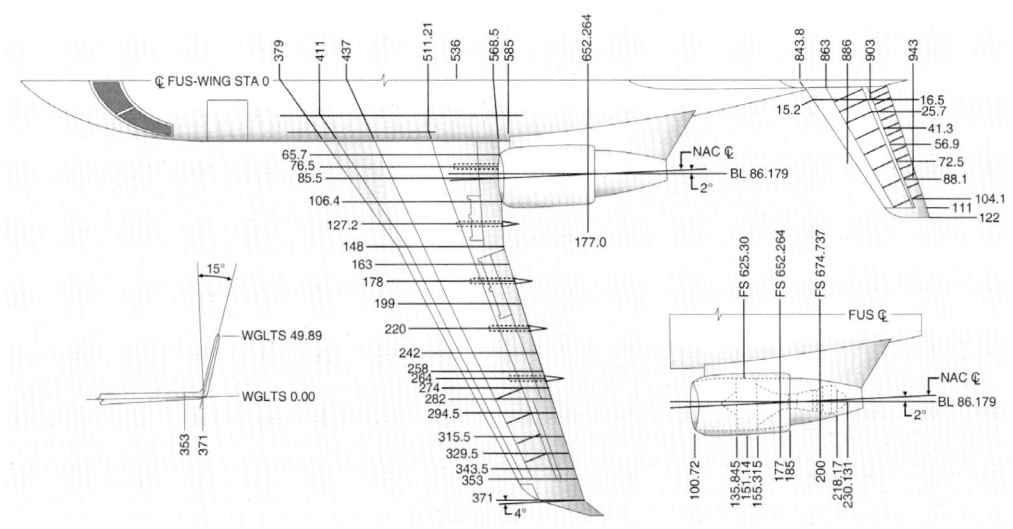

▲ 그림 6-4 wing station

7) 또 다른 방법은 운송용 항공기에서 항공기 구성품(component)의 위치를 식별하는 데 도움을 주기 위해 사용된다. 이것은 zone으로 항공기를 구분하는 것이 필요하다. 이들 큰 지역(area)과 주요 zone은 순차적으로 number가 매겨지는데, zone과 subzone으로 나뉜다. zone number 의 숫자(digit)는 구성 부분인 계통(system)의 위치와 형식을 나타내기 위해 지정된 것이며 색인되어 있다. 그림 6-5는 운송용 항공기에서 이들의 zone과 subzone을 보여준다.

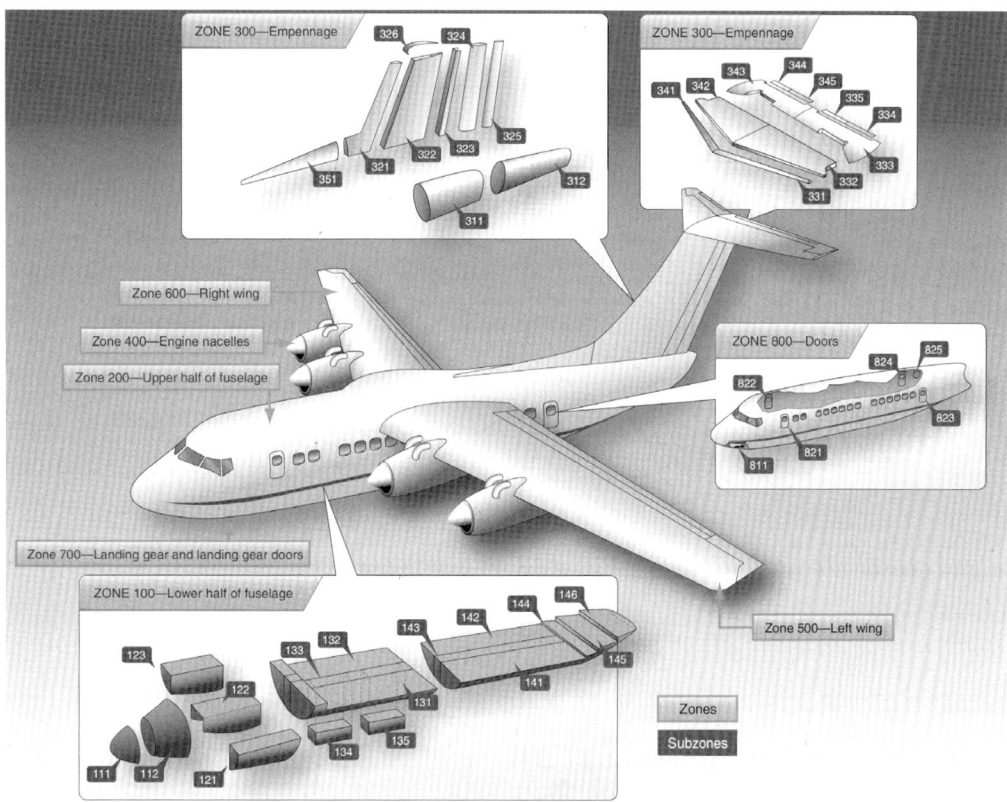

▲ 그림 6-5 대형 항공기 zones and subzone

6.1.3 Zone No. 의미와 용도

대형 항공기의 Zone 설정은 미국 항공 운송 협회(Air Transport Association of America)에서 ATA-100 Spec으로 규정하였다.

Major Zone은 다음과 같이 3자리 숫자로 식별된다.

① 100 : Lower half of the fuselage
② 200 : Upper half of the fuselage
③ 300 : Empennage
④ 400 : Power plant(Engine) & Nacelle Struts
⑤ 500 : Left Wing
⑥ 600 : Right Wing
⑦ 700 : Landing Gear & Landing Gear Doors
⑧ 800 : Doors

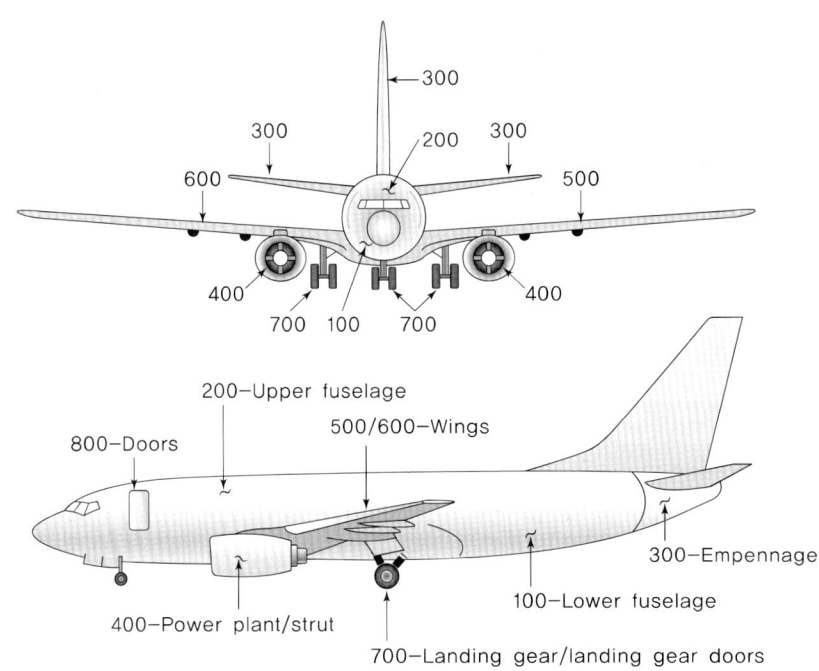

▲ 그림 6-6 B-737 항공기 Zone No.

6.1.4 액서스와 점검 패널(Access and Inspection Panels)

1) 항공기에 위치한 특정 구조물 또는 구성품이 어디에 있는지 알기 위해서 또는 필요한 점검 또는 정비를 수행하기 위한 지역에 접근하는 것이 필요하다. 이것을 손쉽게 하기 위해 액서스와 점검 패널은 대부분 항공기의 표면에 위치한다.
2) 개폐 및 잠금 방식에 따라 힌지/스크루(hinge/screw), 힌지/캠록(hinge/Cam Lock), 힌지/래치(hinge/latch)로 되어 있다. 또는 장탈할 수 있는 작은 패널은 점검과 서비싱(servicing)을 할 수 있다. 대형 패널과 도어(door)는 장탈과 장착뿐만 아니라 정비를 수행하기 위한 출입구로 사용된다.
3) 예를 들어, 날개 하부의 조종케이블 구성품을 확인하고 피팅에 윤활유를 바를 수 있도록 작은 패널이 많이 장착되어 있다. 여러 개의 드레인(drain)과 잭포인트(jack point)는 날개의 하부에 있다. 날개의 상부는 전형적으로 양력을 효과적으로 발생시키기 위한 층류를 유지할 수 있도록 매끄러운 표면을 갖추어야 하므로 약간의 액서스패널(access panel)을 갖추고 있다.
4) 항공기에서 패널과 도어는 확인을 위해 번호가 부여되어 있다. 대형 항공기 패널은 보통 패널번호에 구역과 보조구역 정보를 포함하는 순차적인 번호가 부여되어 있다. 항공기에서 좌측 또는 우측에 대한 지정은 패널번호에 나타나 있다. 이것은 "L" 또는 "R"로 할 수 있고 또는 항공기의 한쪽에 패널은 짝수로 다른 쪽은 홀수로 할 수 있다. 제작사 정비매뉴얼은 패널 넘버링 시스템을 제시하고, 다수의 도표를 수록하고 있다. 각각의 제작사는 자체 패널 넘버링 시스템을 개발할 수 있는 권한이 있다.

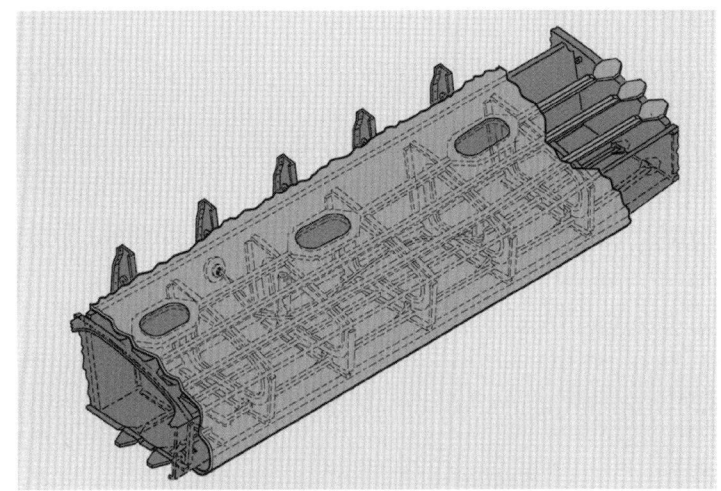

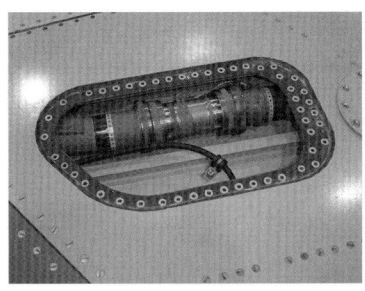

▲ 그림 6-7 항공기 날개의 일체형 연료탱크와 점검패널 장탈 상태

5) 대형 항공기에서 밟는 구역(walkway)은 날개의 앞전과 뒷전을 따라 위치한 중요한 구조부재와 구성품으로 작업자와 검사원의 안전한 접근을 위해 날개 상부에 설계되어 있다.
6) 바퀴 격실과 특별한 구성품 격실은 정비 접근성을 용이하게 하기 위해 수많은 구성품과 액세서리가 함께 모여 있는 곳에 설치한다.

6.2 잭 업(Jack Up)작업

6.2.1 자중(Empty Weight), Zero Fuel Weight, Payload의 관계

1) 최대 중량(Maximum Weight)

최대 중량은 항공기설계명세서 또는 형식증명자료집에 명기되어 있으며 항공기 중량에 대한 용어를 정리하면 다음과 같다.

① 최대 램프 중량(Maximum Ramp Weight)

최대 램프 중량은 항공기가 지상(ground)에 주기하고 있는 동안 적재할 수 있는 가장 무거운 중량이다. 최대 지상이동 중량(maximum taxi weight)이라고도 한다.

② 최대 이륙 중량(Maximum Takeoff Weight)
   최대 이륙 중량은 항공기가 이륙활주를 시작할 때 허용 가능한 최대 항공기 중량으로 가장 무거운 중량이다. 이 중량과 최대 램프 중량(maximum ramp weight) 사이의 차이는 이륙 이전에 지상 이동중 소모되는 연료의 중량과 같게 된다.

③ 최대 착륙 중량(Maximum Landing Weight)
   최대 착륙 중량은 항공기가 정상적으로 착륙할 수 있는 최대 중량이다. 대형 상업용 항공기는 최대 이륙 중량과 100,000 lb 이상 적다.

④ 최대 무연료 중량(Maximum Zero Fuel Weight)
   최대 무연료 중량은 처리할 수 있는 연료와 오일을 탑재하지 않은 상태로 승객, 화물을 최대로 실을 수 있는 중량으로 가장 무거운 중량(weight)이다.

2) 자중(Empty Weight)

항공기의 자중은 항공기에 장착되어 동작되는 모든 장비 중량을 포함한 항공기 자체의 중량이다. 기체(airframe), 동력장치(powerplant), 필요한 장비(equipment), 선택장비(optional equipment), 또는 특별장비(special equipment), 고정 발라스트(fixed ballast), 유압유, 잔류 연료와 잔류 오일의 중량을 포함한다. 잔류 연료와 잔류 오일은 그들이 연료관(fuel line), 오일관(oil line) 등 계통 내에 갇혀 있기 때문에 정상적으로 사용(배출)되지 못한 유체로 항공기 자중에 포함된다. 엔진윤활계통의 냉각을 위해 사용되는 연료량도 자중에 포함된다. 항공기 자중 용어에는 기본자중(basic empty weight), 허가자중(licensed empty weight), 표준자중(standard empty weight)이 있다. 기본자중은 엔진오일계통의 전용량이 포함되었을 때이고, 허가자중은 잔류 오일의 중량이 포함되었을 때로 1978년 이전에 인가 제작된 항공기에서 사용한다. 표준자중은 항공기제작사가 제공하는 값으로, 특정한 항공기에만 장착되는 항공기 구매 옵션 장비품의 중량이 포함되지 않은 항공기 자중이다.

3) 자중무게중심(Empty Weight Center of Gravity)

항공기 자중무게중심은 자중 조건에 있을 때 무게중심을 이룬 지점을 중심으로 평형을 이루게 된다. 항공기를 중량 측정을 하는 이유는 이 자중의 무게중심을 알기 위해서이다. 비행을 위해 항공기에 승객 탑승, 화물의 탑재, 장비 장착이나 장탈로 무게중심 변화를 계산하는 점검 등 중량과 평형 계산은 알고 있는 자중과 자중무게중심에서 시작된다.

4) 유용하중(Useful Load)과 유상하중(Payload)

항공기 이륙중량과 표준운항중량 간의 차이. 여기에는 유상하중, 유용한 연료 및 기타 운항용 물품에 포함되지 않은 유용한 액체들이 포함된다. 감항분류 카테고리를 2개로 인가 받은 항공기는 두 가지 유용하중이 있을 수 있다. 예를 들어 900 lb 자중 항공기가 감항분류 N의 최대중량이 1,750 lb이면, 850 lb의 유용하중을 가질 것이다. 감항분류 U로 운항할 때, 최대허용중량은 1,500 lb로, 유용하중은 600 lb로 감소한다. 유용하중은 연료, 자중에 포함되지 않는 액체(fluid), 승객, 수하물, 조종사, 부조종사, 그리고 승무원으로 구성된다. 엔진오일 중량이 유용하중으로 간주되는지 여부는 항공기가 인증될 때에 좌우되며 항공기설계명세서 또는 형식증명자료집에 명기되어 있다. 항공기의 유상하중(payload)은 연료를 포함하지 않는 것을 제외하면 유용하중과 유사하다.

5) 최소 연료(Minimum Fuel)

무게중심전방한계의 앞쪽에 모든 유용하중이 적재되고, 연료탱크가 무게중심전방한계 뒤쪽에 위치한 경우에는 연료량이 최소 연료이다. 최소 연료는 순항출력으로 30분 동안 비행에 필요한 양이다. 피스톤동력항공기에서 최소 연료는 엔진의 최대허용이륙(maximum except take-off, METO) 마력을 기반으로 계산된다. 엔진 METO 마력당 1/2 lb 연료가 소모된다. 이 연료량은 순항비행에서 피스톤엔진 1마력당, 1시간당, 1 lb의 연료를 연소시킬 것이라는 가정에 근거한 것이다. 현재 소형 항공기에 사용되는 피스톤 엔진은 더 효율적이지만, 그러나 최소 연료에 대한 기준은 여전히 동일하다.

$$최소 연료(lb) = \frac{엔진의\ 최대허용이륙\ 마력}{2}$$

전방 유해 상태점검이 500METO 마력을 가진 피스톤 동력식 쌍발 엔진에서 수행되었다면, 최소 연료는 250 lb가 된다. 터빈엔진 동력식 항공기에서 최소 연료는 엔진마력에 근거하지 않지만 수행된다면 항공기제작사는 최소 연료 정보를 제공한다.

6) 무부하 중량(Tare Weight)

항공기를 저울 위에 놓고 중량을 측정할 때에 항공기를 고정하는 보조 장치가 필요하다. 예를 들어, 항공기 꼬리날개쪽이 쳐진 항공기는 수평 자세를 확보하기 위해 잭(jack)으로 받쳐야 하고, 잭은 저울 위에 위치하게 된다. 잭의 중량이 항공기 중량에 포함되어 측정된다. 이 여분의 잭 중량을 무부하 중량이라 하고, 측정된 중량에서 제외하여야 정확한 항공기 중량이 측정된다. 무부하 중량의 예는 저울 위에 놓여있는 버팀목(wheel chock)과 착륙장치의 고정핀(ground lock pin) 등이다.

7) 기준선(RD : Reference Datum)

항공기 종축에 대한 거리 측정의 기준 점("0"의 위치) 기수 전면 또는 다른 어떤 지점에 위치

8) Arm

① 기준선으로부터 중량이 작용한 곳까지의 거리, inch 또는 mm로 나타낸다.
② 기준선 후방에 위치하면 (+), 전방에 위치하면 (-)

9) Moment : Arm × Weight(inch · pound, cm · kg)

10) 무게 중심(CG : Center of Gravity)

① 항공기에 작용하는 모든 무게가 한곳에 집중된 곳
② 완벽하게 균형을 이루어 고정될 수 있는 지점
③ 종적, 횡적, 수직적 위치를 갖는 3차원상의 한 지점

11) 평균 공력 시위(MAC : Mean Aerodynamic Chord)

① Airfoil의 평균 Chord
② 항공기 Manual에 명시되어 있다.

12) 중심 한계(CG Limit)
   ① 항공기가 이·착륙 및 비행 중 중심이 벗어나서는 안 되는 전·후방 고정 지점
   ② 전방 중심 한계와 후방 중심 한계가 있다.

13) 부적절한 부하상태
   ① 기수 중(Nose Heaviness) : 중심이 앞쪽에 치우친 상태
   ② 미부 중(Tail Heaviness) : 중심이 후방에 치우친 상태
   ③ 과부하(Over Loading) : 항공기 총 중량이 설계상의 최대중량을 초과한 상태로 실속 속도 증가, 이륙거리 증가 등 초래

14) 평형추(Ballast) : 항공기 Balance를 위해 항공기 내에 넣은 어떤 무게
   ① 임시 평형추 : 정확한 평형을 위해 임시로 장착하고 시험 중일 때
   ② 고정 평형추 : 시험비행 완료 후 완전 장착한 것

15) Scale Error : 중량 측정기 자체의 오차로 측정값에서 수정하여 중량 계산

6.2.2 중량과 평형 측정 장비(Weight and Balance Equipment)

6.2.2.1 저울(Scale)

1) 항공기 중량을 측정하는 저울에는 기계식과 전자식이 있다. 기계식 저울은 균형추와 스프링 등이 있으며, 기계적으로 동작된다. 전자식 저울은 로드 셀(load cell)이라고 부르며, 전기적으로 동작하는 것이다.
2) 경항공기 등 소형기는 기계적 저울로 중량측정을 한다. 전자식 저울은 착륙장치 아래에 놓고 측정하는 플랫폼형과 잭(jack)의 상부에 부착하는 잭 부착형이 있다.
3) 플랫폼 위에 착륙장치를 안착시키는 플랫폼형 저울은 내부에 중량을 감지하여 전기적 신호를 발생시키는 로드셀이 있다. 로드셀 내부에는 가해진 중량을 전기 저항으로 변환하는 전자그리드(electronic grid)가 있다.
4) 이 저항값은 케이블에 의해 지시계기로 연결되고, 지시계기는 저항의 변화량을 디지털 숫자로 지시한다. 그림 6-8은 플랫폼형 저울로 Piper Archer 항공기 중량을 측정하는 사진이다.

▲ 그림 6-8 전자 플랫폼 저울을 사용한 Piper Archer 항공기의 중량 측정

5) 그림 6-9는 Mooney M20 항공기 중량을 휴대용 플랫폼 저울로 측정하고 있다. 항공기 수평비행 자세 유지를 위해 노즈 타이어의 압력을 제거한 상태에 유의하라. 이 저울은 이동하기 쉽고 가정용 전기 또는 내장되어 있는 배터리로 작동한다.

▲ 그림 6-9 이동용 전자 플랫폼 저울을 사용한 Mooney M20 항공기의 중량 측정

6) 그림 6-10은 중량 측정기의 지시부이다. 전력공급 스위치, 중량의 단위 선택 스위치, Power On/Off 스위치가 있다. 색이 칠해진 노브(knob) 3개는 영점을 조정하는 전위차계로 항공기의 중량을 가하기 전에, 지시장치가 0을 나타낼 때까지 전위차계를 돌려준다.

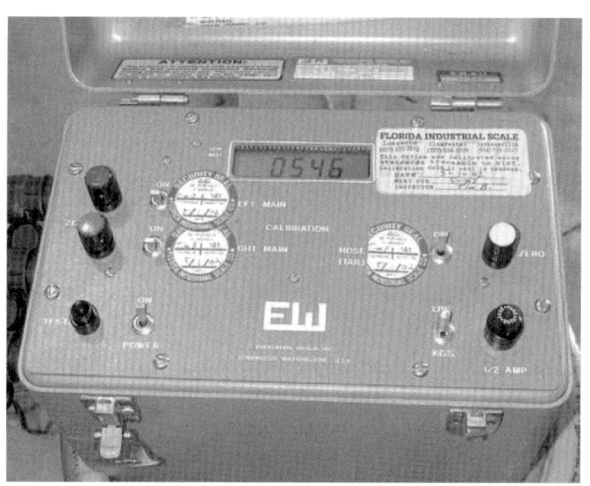

▲ 그림 6-10 Mooney M20 항공기 앞바퀴에서 측정된 중량을 시현시켜 주는 지시계

7) 그림 6-10의 지시값 546 lb는 Mooney 항공기 앞바퀴(nose wheel)에서 측정된 중량이다. Power On/Off 스위치 3개를 모두 켜면 항공기 총중량을 지시한다.

8) 두 번째 형태의 전자저울은 잭의 맨 위쪽에 로드 셀을 부착하는 형태이다. 잭 상부와 항공기 잭 패드(jack pad) 로드셀이 장착된다. 모든 로드셀은 지시계기로 전기케이블에 의해 연결된다. 이 저울의 장점은 항공기 수평을 잡기가 쉽다는 것이다.
9) 플랫폼 형태의 저울은 수평을 잡는 방법으로 항공기의 타이어 공기압력을 제거하거나 착륙장치 스트러트(landing gear strut)를 이용하여 수평을 잡는다.
10) 잭에 로드셀을 부착하여 중량을 측정할 때, 항공기 수평은 잭의 높이를 조정하면 된다[그림 6-11].

▲ 그림 6-11 로드셀을 장착한 잭 위의 비행기

6.2.2.2 수평측정기(Spirit Level)

1) 정확한 중량 측정값을 얻기 위해서는 항공기가 수평 비행자세에 있어야 한다. 항공기 수평 상태 확인에 사용하는 방법은 수평측정기로 수평 상태를 확인하는 것이다. 수평측정기는 작은 기포와 액체를 채운 유리관으로 되어 있다. 기포가 2개의 검은 선 사이에 중심으로 모아질 때, 수평 상태임을 나타낸다.
2) 그림 6-12는 수평측정기로 항공기 수평비행자세를 점검하고 있다. 이 수평 점검 위치는 항공기 형식증명자료집에서 구할 수 있으며, 표식(marking)이 있다.

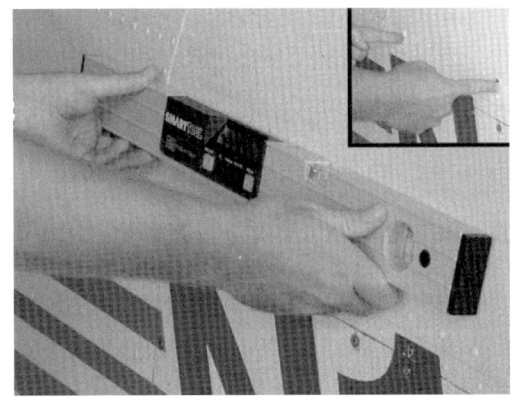

▲ 그림 6-12 Mooney M20 항공기에 사용되고 있는 수평측정기

6.2.2.3 측량추(Plumb Bob)

1) 측량추는 한쪽 끝이 무겁고 날카로운 원추형 추를 줄에 매단 형태이다. 줄을 항공기에 고정하고 추의 끝이 지면에 거의 닿을 정도로 늘어뜨린다면, 추 끝이 닿는 지점과 줄이 부착된 곳은 직각을 이룰 것이다.
2) 측량추를 이용하여 항공기의 기준선으로부터 주착륙 장치 바퀴축의 중심까지 거리를 측정하는 방법이 있다. 날개의 앞전이 기준점이었다면, 측량추를 앞전에서 내려뜨려 격납고 바닥에 표시를 하고 또 다른 측량추는 주 착륙 장치의 바퀴축 중심에서 내려뜨려 격납고 바닥에 표시를 한 후, 줄자로 2개 지점 사이의 거리를 측정하여 기준점에서부터 주 착륙장치까지의 거리를 구할 수 있다.
3) 측량추는 항공기를 수평을 유지하는 데 사용할 수 있다. 그림 6-13은 항공기 날개의 앞전에서 내려진 측량추이다.

▲ 그림 6-13 날개의 앞전에서 내려진 측량추

6.2.2.4 비중계(Hydrometer)

1) 항공기 연료탱크에 연료가 가득 찬 상태로 중량을 측정하는 경우에는 해당 연료를 산술적으로 저울의 지시중량에서 연료중량을 제외하여야 실제 항공기 중량이 될 것이다. 따라서 연료량을 중량으로 환산하여야 한다.
2) 항공용 가솔린(AVGas)의 표준 중량은 6.0 lb/gal, 제트연료는 6.7 lb/gal로 법적으로 정해져 있지만, 비중은 온도의 영향을 크게 받으므로 항상 이 표준 중량을 사용할 수는 없다. 예를 들어, 기온이 높은 여름철에 비중계로 측정한 AVGas 중량은 5.85~5.9 lb/gal 정도이다. 100gal의 연료를 탑재하고 중량이 측정되었다면 표준 중량으로 환산한 연료의 중량의 차이는 10~15 lb 정도이다.
3) 갤런당 연료의 중량은 비중계로 점검한다. lb/gal의 값을 지시한다.

6.2.3 웨잉작업(Weighing) 시 준비 및 안전절차

1) 정확한 중량 측정 및 무게중심을 찾으려면 철저한 준비를 요한다. 철저한 준비는 시간을 절약하고, 측정 오차를 방지한다. 중량 측정을 위한 장비는 다음과 같다.
   ① 저울, 기중기, 잭, 수평측정기
   ② 저울 위에서 항공기를 고정하는 블록, 받침대, 또는 모래주머니
   ③ 곧은 자, 수평측정기, 측량추, 분필, 그리고 줄자
   ④ 항공기설계명세서와 중량과 평형 계산 양식
   ⑤ 중량 측정은 공기 흐름이 없는 밀폐된 건물 속에서 시행해야 한다. 옥외에서의 측정은 바람과 습기의 영향이 없는 경우에만 가능하다.

2) 연료계통(Fuel System)

   항공기의 자중을 측정할 경우에 연료는 잔존연료 또는 사용할 수 없는 연료의 중량을 포함하여도 된다. 잔존연료는 다음의 세 가지 조건 중 한 가지 상태이다.
   ① 항공기 연료탱크 또는 연료관에 연료가 전혀 없는 상태
   ② 연료탱크나 연료관에 연료가 있는 상태로 측정
   ③ 연료탱크가 완전히 가득 찬 상태로 중량을 측정
   잔존연료의 중량을 계산할 수 있고, 항공기설계명세서 또는 형식증명서에 명시된 잔존연료량을 더해야 한다. 사용할 수 있는 연료 중량은 빼야 한다. 잭 부착형 로드셀 저울을 사용하는 경우에는 잭의 용량도 점검해야 한다.

3) 엔진 윤활유계통(Oil System)

   1978년 이후에 제작된 항공기의 형식증명서에는 엔진 윤활유 탱크가 가득 찬 상태에서의 윤활유 중량이 항공기 자중에 포함되었다. 항공기 중량 측정을 준비하는 단계에서 항공기 엔진 윤활유량을 점검하여 만충 상태로 서비스한다. 형식증명서에 잔존오일이 항공기 자중에 포함된 항공기라면, 다음의 두 가지 방법 중 한 가지를 적용해야 한다.
   ① 잔존오일양이 남을 때까지 엔진 오일을 배출한다.
   ② 엔진 윤활유량을 점검하여, 잔존오일양만 남기고 산술적으로 뺀다. 윤활유의 표준중량은 7.5 lb/gal(1.875 lb/qt)이다.

4) 기타 유체(Miscellaneous Fluids)

   항공기설계명세서 또는 제작사 사용 지침에 특별한 주석이 없다면, 작동유 리저버, 엔진의 정속구동장치 윤활유는 채워야 하고, 물탱크, 오물탱크는 완전히 비워야 한다.

5) 조종계통(Flight Controls)

   조종계통의 스포일러, 슬랫, 플랩, 회전익 항공기 회전날개의 위치는 제작사의 지침에 따라야 한다.

6) 기타 고려해야 할 사항(Other Considerations)

자중에 포함되도록 하는 장비나 물품이 해당 장소에 장착되어 있는지 항공기 상태 검사를 실시해야 한다.

① 비행 시에 정기적으로 갖추지 않는 물품은 제거해야 한다.
② 수하물실은 비어 있는 상태이어야 한다.
③ 점검 구, 점검 창, 점검 커버, 오일탱크 뚜껑, 연료탱크 뚜껑, 엔진 카울, 출입문, 비상구 문, 윈도우, 캐노피는 정상비행 상태의 위치에 있도록 한다.
④ 과도한 먼지, 윤활유, 그리스, 습기는 제거해야 한다.
⑤ 측정 작업 중에 구르거나 떨어지는 물건에 의해 항공기, 장비, 인명이 손상을 입지 않도록 유의한다.
⑥ 저울에 바퀴를 올려놓고 측정하는 경우에 사이드로드(side load)에 의한 오차 발생을 방지하도록 항공기 제동장치는 풀어 놓는다.
⑦ 모든 항공기는 수평 상태 확인 가능한 수준기 또는 러그 등이 있으므로 이를 참고하여 수평비행과 같은 상태에서 측정 작업이 실시되어야 한다.
⑧ 고정익 경항공기에서 가로축의 수평이 그다지 중요하지 않지만 세로축 수평은 유지된 상태이어야 한다.
⑨ 회전익 항공기는 가로, 세로 모두 수평 상태에서 작업이 이루어져야 한다.

6.2.4 Aircraft Jack-up

1) aircraft weight & balance 작업, landing gear의 작동 점검 또는 tire 교환 등과 같은 목적으로 항공기를 들어올리기 위한 작업으로 jacking point가 마련되어 있다.

2) Jack의 종류

① 삼각 받침 jack : 항공기 landing gear 관련 작업을 위하여 항공기를 완전히 들어 올리거나, weight & balance 작업 수행 시 사용된다.
② 단일 받침 jack : 항공기 tire, brake 교환 작업 시 한쪽 바퀴만 들어 올리고 작업할 때 사용된다.

3) Jack-Up 시 주의사항 및 절차

① jack은 단단하고 평평한 장소에서 최대 허용 풍속 24km/h 이하 조건에서 설치해야 한다.
② 항공기 동체 또는 날개 구조물의 정해진 위치에 jack pad를 장착하고 그 아래에 jack을 위치시킨다.
③ jack마다 동일한 하중이 걸리도록 수평을 유지하며, 서서히 들어 올려야 한다.
④ jack down 시 landing gear를 down lock 위치에 고정시킨 상태에서 수평을 유지하며, jack의 ram lock nut는 jack의 갑작스런 침하 사고를 방지해 준다.
⑤ jack 철수 전에 필요한 고정 장치와 안전장치를 설치해야 한다.

⑥ jack 작업 시에는 해당 기종 manual 절차를 철저히 준수하며, 항공기 또는 인명, 장비가 손상되지 않도록 주의를 기울여야 한다.
⑦ 적당한 삼각 받침 jack을 jack point 아래에 놓고 항공기를 들어 올릴 때 삐뚤어져 나가는 것을 방지하기 위해 정확하게 중심을 맞추어야 한다.
⑧ 항공기가 올려진 후 수행될 작업에 지장이 없도록 landing gear door가 jack에 닿지 않도록 주의해야 한다.
⑨ 항공기를 들어 올리는 데는 적어도 3곳의 primary jack point가 필요하다. 어떤 항공기는 3곳에서 들어 올려지고 있는 동안 항공기의 안전을 취하기 위해 추가로 stabilizing jacking을 필요로 하는 경우도 있다.
⑩ 대부분의 항공기는 jack point에 jack pad를 가지고 있다. 어떤 것들은 jack 작업에 앞서 적당한 곳에 bolt로 조여진 receptacle에 끼워진 removable jack pad가 있으며, 올바른 규격의 jack pad 및 jack fitting이 사용되어야 한다. jack pad의 기능은 항공기의 하중이 균일하게 분포되도록 하고 오목한 jack 봉과 볼록한 bearing 표면이 잘 물릴 수 있도록 한다.
⑪ 항공기를 들어 올릴 준비가 완료되면 각 jack마다 최소한 한 사람씩 있어야 한다. 항공기를 가능한 한 수평으로 유지시켜 어느 jack에 과부하가 걸리지 않도록 동시에 각 jack을 올려야 한다. leader가 항공기 앞에 서서 jack 작업자에게 지시를 하여 위와 같은 작업을 바르게 수행할 수 있도록 한다.
⑫ 대부분의 higher capacity jack이 부적절하게 retraction되는 것을 방지하기 위해 screw type safety collar를 보유하고 있으므로 항공기가 들어 올려지는 동안 safety collar는 screwed down 되어야 한다. jack 압력을 감소시키면서 항공기를 내리기 전에 모든 작업대, 장비 및 인원들이 피하도록 하고, landing gear를 내려 고정시키며, 그리고 모든 ground safety locking device를 안전하게 장착한다.
⑬ tire를 교환하거나 wheel bearing에 grease를 주입하기 위하여 단지 한 바퀴만 들어 올려야 할 경우에는 낮은 single-base jack을 사용한다. 들어올리기 전에 다른 바퀴들은 항공기가 움직이지 않도록 chock를 고여야 한다. 만일 항공기에 tail gear가 있을 경우에는 그것을 고정시키도록 한다.
⑭ 들어 올리는 바퀴는 딱딱한 표면과 닿지 않아 자유로울 정도로만 충분히 올린다.

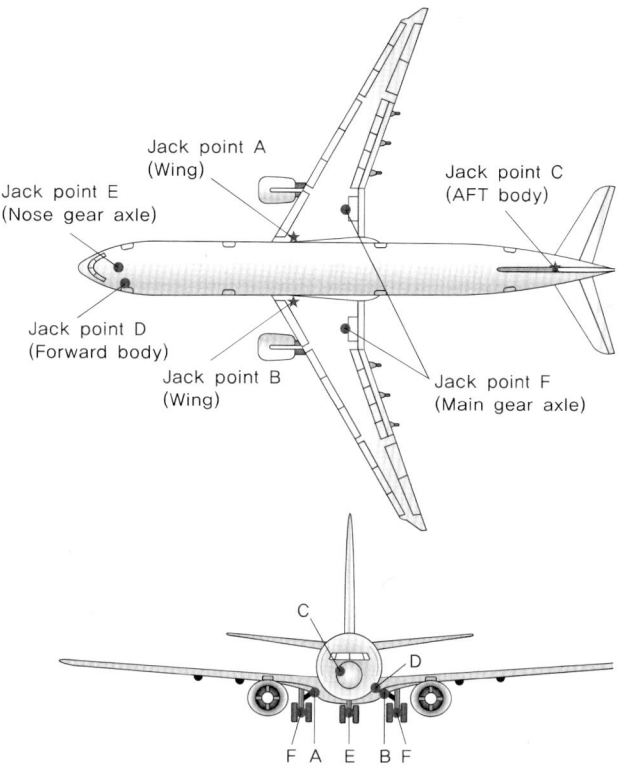

▲ 그림 6-14 B-737 Aircraft Jack-up Points

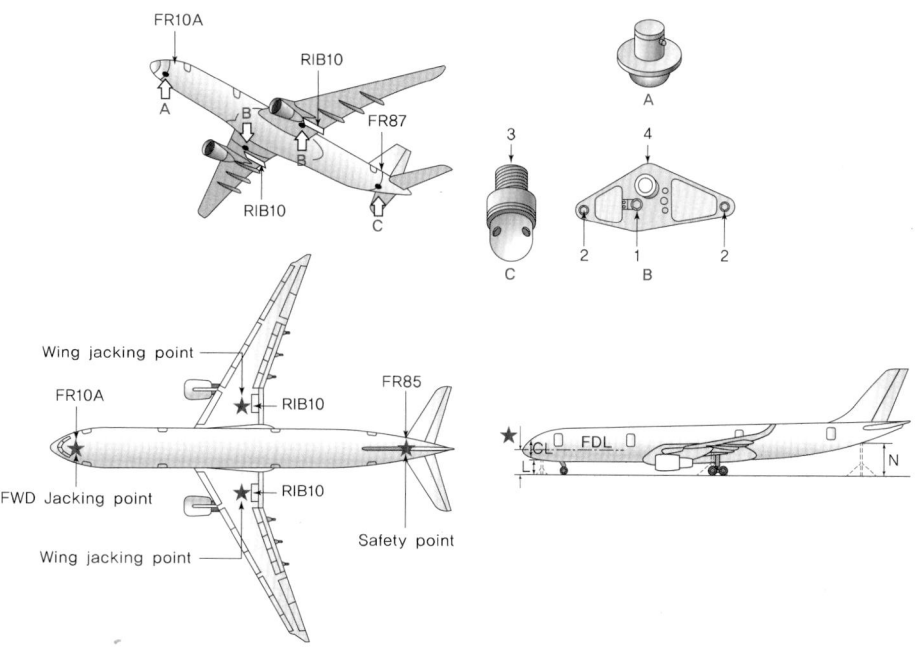

▲ 그림 6-15 A330 Aircraft Jack-up Points

6.3 무게중심(C.G)

6.3.1 무게중심 한계의 의미

6.3.1.1 중량측정점(Weighing Points)
1) 중량을 측정할 때 항공기의 중량이 저울로 전달되는 지점을 알아야 기준선으로부터의 거리를 정확히 산출할 수 있다.
2) 착륙장치가 3개인 경항공기를 플랫폼형 저울로 측정할 때 항공기 중량은 엑슬의 중심을 통해 전달된다. 잭에 저울을 부착하여 측정하는 경우는 잭 패드 중심부를 통해 전달된다.
3) 착륙 스키드를 가진 회전익 항공기의 경우는 이 중량점을 알기 위해 스키드와 저울 사이에 파이프를 삽입하고 측정한다. 이러한 조치가 없다면 저울의 상면 전체와 스키드가 접촉하여 하중 이동의 중심을 정확히 알 수 없을 뿐더러 기준선으로부터의 중량측정점까지의 거리도 알 수 없다.
4) 중량측정점까지의 거리를 알 수 없다면 이전 측정하였을 때의 기록을 확인하거나 실측을 하여야 한다.
5) 측량추를 기준점과 중량측정점 중심부에서 떨어뜨려 측정장소 바닥에 표식을 하고 거리를 재는 것이다. 그림 6-16은 세스나310 항공기의 앞바퀴 중심선에서 기준선까지 거리를 측정하고 있는 모습이다.

▲ 그림 6-16 세스나310 항공기 앞바퀴 암 측정

6.3.1.2 무게중심범위(C.G. Range)
1) 항공기 무게중심범위는 수평비행 상태에서 무게중심이 이 범위 안에 유지되어야 하는 한계로 전방한계와 후방한계로 구별된다.
2) 파이퍼 세네카 항공기의 형식증명서에 나타난 무게중심범위는 다음과 같다.

▼ 표 6-1 Piper Seneca 항공기 C.G 범위

CG Range : (Gear Extended)
S/N 34-E4, 34-7250001 through 34-7250214(See NOTE 3):   (+86.4 inch) to (+94.6 inch) at 4,000 lb   (+82.0 inch) to (+94.6 inch) at 3,400 lb   (+80.7 inch) to (+94.6 inch) at 2,780 lb   Straight line variation between points given.   Moment change due to gear retracting landing gear(-32 inch-lb)

① 이 항공기는 착륙장치가 접혀들어갔을 때(retracting landing gear) 총 모멘트가 32 inch-lb 감소된다고 명기되어 있다. 착륙장치가 들어갔을 때 무게중심의 변화를 알려면 탑재된 중량으로 나누면 된다.

② 항공기가 3,500 lb 중량이라면, 무게중심은 전방으로 32÷3,500=0.009 inch 이동된다. 항공기에 탑재된 중량이 증가할 때, 무게중심범위는 점점 더 작아진다. 전방한계는 뒤로, 후방한계는 동일하여 작아지는 것이다.

그림 6-17은 중량과 무게중심 간의 관계를 나타내는 무게중심영역도이다.

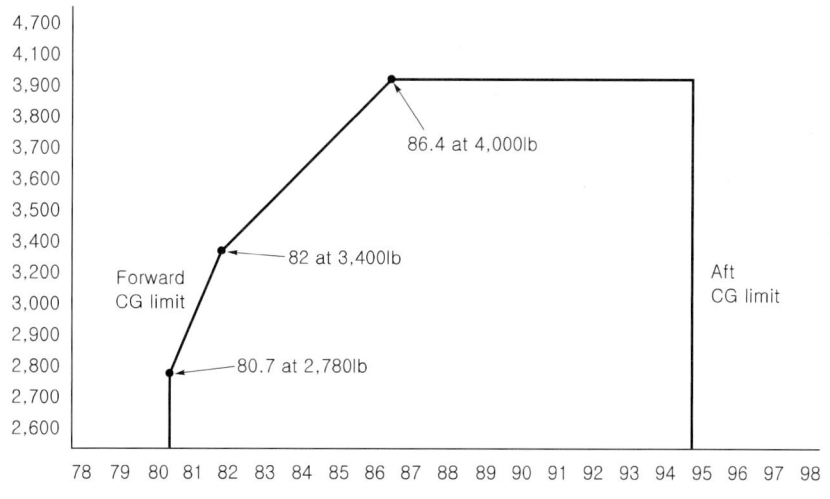

▲ 그림 6-17 Piper Seneca 항공기 C.G 범위

6.3.1.3 자중 무게중심범위(Empty Weight C.G Range)

일반적이지는 않지만, 회전익 항공기의 경우 자중상태에서 무게중심범위가 주어지는 경우도 있다. 범위가 매우 작고 사람과 연료 중량에 제한적인 경우에 적용된다. 만약 항공기의 자중 무게중심범위에서 표준 탑재를 한 경우에는 무게중심한계 이내에 무게중심이 있음을 알 수 있다. 항공기설계명세서 또는 형식증명서에 목록화되고, 적용되지 않았다면 "None"으로 표기된다.

6.3.1.4 운항 무게중심범위(Operating C.G Range)

무게중심한계를 갖는 항공기는 탑재되고 비행을 위한 준비로 운항조건을 확인하여야 한다. 항공기가 하나 이상의 감항분류로 인가된 형식증명을 갖고 있다면, 감항분류별 운항 무게중심 범위를 설정하고, 항공기 무게중심은 이 한계 내에 있어야 한다.

6.3.1.5 표준중량(Standard Weights used for Aircraft Weight and Balance)

중량과 평형에서 사용되는 표준중량은 다음과 같다.

▼ 표 6-2 중량과 평형 표준중량

1	Aviation Gasoline	6.0 lb/gal
2	Turbine Fuel	6.7 lb/gal
3	Lubricating Oil	7.5 lb/gal
4	Water	8.35 lb/gal
5	Crew and Passengers	170 lb per person

6.3.2 무게중심 산출작업(계산)

6.3.2.1 무게중심 부하 원칙

1) 기준선(DL)으로부터가 아닌 항공기 무게중심(C.G)으로부터 부하 품목까지의 거리가 항공기 무게중심에 대한 영향을 결정한다.
2) 어떤 품목의 이동에 의한 항공기 무게중심의 변경은 그 품목의 이동거리와 중량에 의해 직간접적으로 영향을 받는다.
3) 항공기 무게중심 전방에 어떤 품목이 장착될 경우 항공기 무게중심은 전방으로 이동한다.
4) 항공기 무게중심 전방에 어떤 품목이 장탈될 경우 항공기 무게중심은 후방으로 이동한다.
5) 어떤 품목이 전방으로 이동시 무게중심이 전방으로, 후방 이동 시 후방으로 이동한다.
6) 중량이 작은 품목이 먼 거리로 이동될 경우, 무거운 중량이 작은 거리로 이동한 만큼 항공기 무게중심에 영향을 받는다.

6.3.2.2 무게중심 계산

1) 무게중심은 기준선(RD)으로부터 inch 또는 mm 거리로 표시한다.
2) 각 지점의 무게를 측정하여 총무게를 구한다.
3) 기준선에서부터 각각의 무게 측정점까지 거리를 곱하여 모멘트를 구한 다음 합하여 총 모멘트를 구한다.
4) 구해진 총 모멘트를 총 무게로 나누어 무게중심의 위치를 구한다.
   → CG = Gross Moment / Gross Weight
5) MAC의 백분율(%)로 표시할 때는 다음 공식을 대입하여 구한다.

$$\% \, of \, \mathrm{MAC} = \frac{H-L}{C} \times 100$$

여기서, H = 기준선에서 무게 중심(CG)까지의 거리
L = 기준선(RD)에서 MAC의 앞전(L/E)까지의 거리
C = MAC의 길이

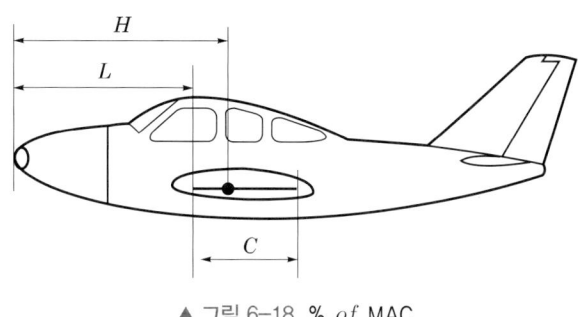

▲ 그림 6-18 % of MAC

예) 기준선에서 무게 중심(CG)까지의 거리(H) = 170 inch
기준선(RD)에서 MAC의 L/E까지의 거리(L) = 150 inch
MAC의 길이(C) = 80 inch일 때의 % MAC는?

풀이 (170-150) ÷ 80 × 100 = 25% MAC
즉, 무게중심의 위치가 평균 공력 시위의 25%에 위치

6.3.2.3 무게측정 예(Example Weighing of an Airplane)

1) 그림 6-19의 플랫폼 저울로 중량을 측정하고 있는 항공기 설계명세서의 중량 자료는 표 6-3과 같다.

▼ 표 6-3 항공기 설계명세서 목록

1	Aircraft Datum	Leading edge of the wing
2	Leveling Means	Two screws, left side of fuselage below window
3	Wheelbase	100 inch
4	Fuel Capacity	30 gal aviation gasoline at (+)95 inch
5	Unusable Fuel	6 lb at (+)98 inch
6	Oil Capacity	8 qt at (-)38 inch
7	Note 1	Empty weight includes unusable fuel and full oil
8	Left Main Scale Reading	650 lb
9	Right Main Scale Reading	640 lb
10	Nose Scale Reading	225 lb
11	Tare Weight	5 lb chocks on left main 5 lb chocks on right main 2.5 lb chocks on nose
12	During Weight	Fuel tanks full and oil full Hydrometer check on fuel shows 5.9 lb/gal

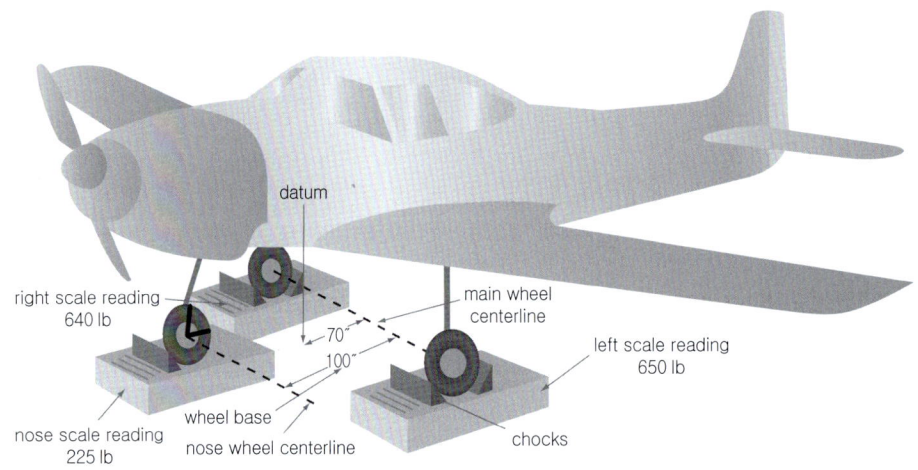

▲ 그림 6-19 무게 측정 비행기 실례

① 항공기는 가득찬 연료탱크로 중량을 재었으므로 연료 중량은 빼고, 사용할 수 없는 연료 중량은 더한다. 이 중량은 비중, 즉 5.9 lb/gal에 산정한다.
② 고임목 중량은 무부하중량으로 저울 지시값에서 빼야 한다.
③ 주륜 중심점은 기준선 뒤쪽 70 inch에 있기 때문에 거리는 +70 inch이다.
④ 전륜 거리는 -30 inch이다.

2) 항공기의 자중과 자중무게중심을 계산표는 표 6-4와 같고, 무게중심은 기준선의 뒤쪽 50.1 inch이다.

▼ 표 6-4 C.G. 계산

Item	Weight(lb)	Tare(lb)	Net Wt.(lb)	Arm(in)	Moment(in-lb)
Nose	225	-2.5	222.5	-30	-6,675
Left Main	650	-5	645	+70	45,150
Right Main	640	-5	635	+70	44,450
Subtotal	1,515	-12.5	1502.5		82,925
Fuel Total			-177	+95	-16,815
Fuel Unuse			+6	+98	588
Oil			Full		
Total			1331.5	+50.1	66,698

6.3.2.4 평형추 사용(The Use of Ballast)

1) 평형추는 평형을 얻기 위하여 항공기에 사용된다. 보통 무게중심 한계 이내로 무게중심이 위치하도록, 최소한의 중량으로 가능한 전방에서 먼 곳에 둔다.
2) 영구적 평형추는 장비 제거 또는 추가 장착에 대한 보상 중량으로 장착되어 오랜 기간 동안 항공기에 남아있는 평형추이다. 그것은 일반적으로 항공기 구조물에 볼트로 체결된 납봉이나 판(lead bar, lead plate)이다. 빨간색으로 "PERMANENT 평형추 -DO NOT REMOVE"라 명기되어 있다. 영구 평형추의 장착은 항공기 자중의 증가를 초래하고, 유용하중을 감소시킨다.

3) 임시평형추 또는 제거가 가능한 평형추는 변화하는 탑재 상태에 부합하기 위해 사용한다. 일반적으로 납탄주머니, 모래주머니 등이다. 임시 평형추는 "평형추 xx LBS. REMOVE REQUIRES WEIFGHT AND BALANCE CHECK."이라 명기되고, 수하물실에 싣는 것이 보통이다.
4) 평형추는 항상 인가된 장소에 위치하여야 하고, 적정하게 고정되어야 한다.
5) 영구 평형추를 항공기의 구조물에 장착하려면 그 장소가 사전에 승인된 평형추 장착을 위해 설계된 곳이어야 한다. 대개조 사항으로 감항당국의 승인을 받아야 한다.
6) 임시 평형추는 항공기가 난기류나 비정상적 비행 상태에서 쏟아지거나 이동되지 않게 고정한다.
7) 필요한 평형추 중량은 다음과 같이 구한다.

$$평형추\ 무게 = \frac{항공기\ 총\ 중량 \times (무게중심\ 한계\ 벗어난\ 거리)}{기준선에서\ 평형추\ 장착하는\ 장소까지의\ 거리}$$

예) 표 6-5와 같은 조건의 무게중심을 원하는 곳에 이동시킬 때, 평형추의 무게를 구하라.
① 표 6-5와 같은 조건의 항공기 무게중심이 0.6 inch만큼 한계를 벗어난 상태에서 항공기의 앞쪽에 임시평형추를 장착하게 된다.
② 이 평형추는 전방수하물실(기준선에서 39 inch)에 장착한다.

▼ 표 6-5 극단상태 점검

Item	Weight(lb)	Arm(in)	Moment(in-lb)
Empty Weight	1,850	+92.45	171032.5
Pilot	170	+88.00	14960.0
2 passengers	340	+105.00	35700.0
2 passengers	340	+125.00	42500.0
Baggage	100	+140.00	14000.0
Fuel	234	+102.00	23868.0
Total	3,034	+99.60	302060.5

풀이 ① 평형추 중량은 3,034 lbs(0.6 inch)/39 inch = 46.68 lb, 따라서 평형추의 무게는 47 lb이다.
② 표 6-6과 같이 평형추 장착 후의 무게중심은 후방한계 99 inch 이내인 98.96 inch이다.

▼ 표 6-6 평형추 계산

Item	Weight(lb)	Arm(inch)	Moment(in-lb)
Loaded Weight	3,034	+99.60	302060.6
Ballast	47	+60.00	2820.0
Total	3,081	+98.96	304880.5

8) 다른 방법으로 평형추 무게를 계산하는 방법은 다음과 같다.

$$평형추\ 무게 = 항공기\ 총\ 중량 \times \left[\frac{이동하고자\ 하는\ 무게중심 - 현재\ 무게중심}{평형추\ 장착위치 - 이동하고자\ 하는\ 무게중심}\right]$$

예) 다음과 같은 조건에서 평형추의 무게는 얼마인가?
① 항공기 총 중량 : 25,000 lb
② 이동하고자하는 무게중심 : 기준선에서 295.2 inch
③ 현재 무게중심 : 298.9 inch
④ 장착하여야 할 ballast 위치 : 기준선에서 22.09 inch

풀이 ① 평형추 $= 25,000 \times \left[\dfrac{295.2 - 298.9}{22.09 - 295.2} \right]$

$= 25,000 \times \left[\dfrac{-3.7}{-273.11} \right]$

$= 338 \, \text{lbs}$

② 계산 결과 기준선에서 22.09 inch 지점에 338 lb 평형추를 장착한다.
③ 그러면 무게중심은 298.9 inch 지점에서 295.2 inch 지점으로 이동한다.

■ 작업형-기체 취급(항공기 무게중심 측정)

문제 1) 다음과 같은 조건에서 무게 중심의 위치를 구하라.
가. 기준선에서부터 nose tire까지의 거리 : 120cm
나. 기준선에서부터 main tire까지의 거리 : 230cm
다. 무게 측정위치는 nose tire와 양쪽 main tire이다.
라. 측정 무게는 다음과 같다.
 ① nose tire : 112kg
 ② L/H main tire : 248kg
 ③ R/H main tire : 245kg
마. 측정시 무부하중량(tare weight)의 무게는 다음과 같다.
 ① nose tire : 2kg
 ② L/H main tire : 3kg
 ③ R/H main tire : 5kg

문제 2) 기준선에서 203cm 위치에 110kg의 무게를 추가하여 장착 시 무게중심의 위치는 어떻게 변화하는가?

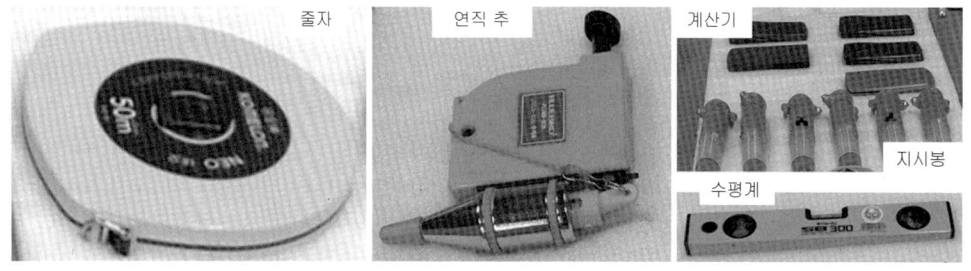

▲ 그림 6-20 항공기 무게중심 측정 공구

풀이 가. 각 지점에서 측정한 측정 무게에서 무부하중량을 뺀 수정 무게를 기록한다.
나. 각각의 수정 무게와 Arm을 곱한 값, 모멘트를 구하여 기록한다.

▼ 표 6-7 중량 측정 결과

위치	측정 Weight [kg]	수정 Weight [kg]	Arm [cm]	Moment [kg·cm]	비고
nose tire	112	110	120	13,200	
L/H main tire	248	245	230	56,350	
R/H main tire	245	240	230	55,200	
계	605	595		124,750	

다. 수정한 총 무게와 총 모멘트를 구하여 기록한다.
라. 총 모멘트를 총 무게로 나눈다.
  ① gross weight = 595kg
  ② gross moment = 124,750kg·cm

답 C·G = 209.67cm

풀이 가. 추가된 무게와 변경모멘트를 구한다.
  ① 추가 무게 : 110kg
  ② 추가 모멘트 : 110 × 203 = 22,330kg·cm
나. 추가된 무게와 모멘트값을 기존 무게와 모멘트값에 더하여 변경된 C.G를 구한다.
  ① new gross wight = 705kg
  ② new gross moment = 147,080kg·cm

답 new C·G = 208.62cm 따라서 C·G가 1.05cm(전방)으로 이동하였다.

▲ 평가 기준
  ① 무게 측정 계산작업에 대하여 숙지하고 있는가?
  ② 무게 측정 전 항공기의 평형상태를 확인하는가?
  ③ 지정된 곳에 기준선 설정을 바르게 하였는가?
  ④ 기준선에서 무게 측정지점까지 거리를 정확히 표시하였는가?
  ⑤ 연직 추를 매다는 위치는 정확하며 사용법을 아는가?
  ⑥ 주 바퀴 연결선은 평행이 되었는가?
  ⑦ 무게 측정표를 올바른 방법으로 기록하였으며 값은 맞는가?
  ⑧ 무게 측정작업에 필요한 준비작업에 대하여 정확히 하는가?
  ⑨ 안전 사항을 준수하고 주위 정리정돈 상태가 양호한가?

6.3.3 중량과 평형 기록(Weight and Balance Records)

1) 정비사는 항공기의 중량과 평형과 관련된 작업을 할 때 자중과 자중무게중심을 산출한다. 빈도는 낮지만 평형추가 필요한지, 극단 탑재상황에서 무게중심을 계산하기도 한다. 자중과 자중무게중심 계산은 실물로 중량을 측정하거나, 새로운 장비를 항공기에 장착한 후에 계산적으로 산출하기도 한다.
2) 감항당국은 비행안전을 위해 현재 상태의 항공기 자중과 자중무게중심을 알고 있는지 감독활동을 한다. 이것은 반드시 항공기 영구 보존 기록인 중량과 평형보고서에 포함되어야 한다.
3) 이 중량과 평형보고서는 비행하고 있는 항공기에 있어야 한다. 이 보고서의 형식은 규정하지 않지만 대부분 표 6-8과 같다. 이는 일반적인 형식의 양식으로 항공기별로 중량과 평형 산출란을 변경하여 사용하면 된다.

▼ 표 6-8 항공기 중량과 평형 보고서

Aircraft Weight and Balance Report
Results of Aircraft Weighing

Make _____   Model _____

Serial # _____   N# _____

Datum Location _____

Leveling Means _____

Scale Arms: Nose _____ Tail _____ Left Main _____ Right Main _____

Scale Weights: Nose _____ Tail _____ Left Main _____ Right Main _____

Tare Weights: Nose _____ Tail _____ Left Main _____ Right Main _____

Weight and Balance Calculation

Item	Scale (lb)	Tare Wt. (lb)	Net Wt. (lb)	Arm (inches)	Moment (in-lb)
Nose					
Tail					
Left Main					
Right Main					
Subtotal					
Fuel					
Oil					
Misc.					
Total					

Aircraft Current Empty Weight: _____

Aircraft Current Empty Weight CG: _____

Aircraft Maximum Weight: _____

Aircraft Useful Load: _____

Computed By: _____ (print name)

                _____ (signature)

Certificate #: _____ (A&P, Repair Station, etc.)

Date: _____

7 조종계통

7.1 주 조종장치(Aileron, Elevator, Rudder)

7.1.1 종류 및 기능

1) 현대 항공기의 flight control surface는 primary control surface와 secondary control surface로 구분되며 aileron, elevator, rudder는 primary surface로, trailing edge flap과 leading edge flap, spoiler와 stabilizer는 secondary surface로 구분된다.

2) control surface는 항공기의 종축(longitudinal axis), 횡축(lateral axis) 및 수직축(vertical axis)을 중심으로 하여 rolling, pitching, yawing을 하기 위하여 사용된다.

3) control surface를 작동시키기 위한 각종 lever, switch 및 control wheel 등은 조종석 내의 captain과 co-pilot석 중앙에 있는 control stand나 over-head panel, flight engineer panel에 마련되어 있다.

4) control surface의 작동은 과거 항공기는 cable과 mechanism에 의하여 surface를 직접 움직여 주었으나, 현대 항공기는 조종사의 힘을 덜어 주기 위하여 각 surface마다 hydraulic actuator(또는 hydraulic power control unit)를 장착하여 조종사의 작동 signal은 actuator의 control valve만 작동시키고 control valve에서 선택된 hydraulic pressure에 의하여 surface가 움직이도록 되어 있다.

5) mechanism으로 직접 작동 시에는 surface의 움직이는 각도에 따라 조종사가 air load를 직접 느낄 수 있으나 hydraulic pressure로 작동할 때는 조종사가 air load를 느끼지 못하므로 control mechanism에 feel unit(인위적 감지기)를 부착하여 surface 움직임에 대한 air load를 인위적으로 느끼게 한다.

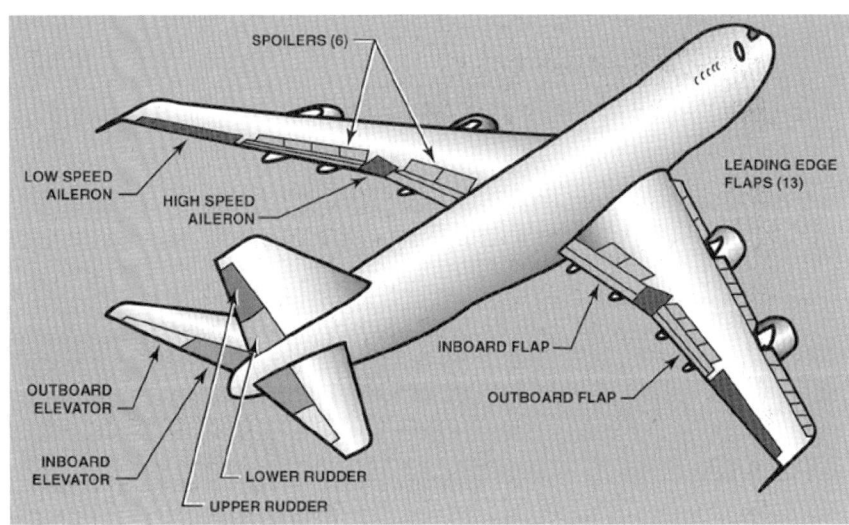

▲ 그림 7-1 보잉 747 항공기 Control Surface Location

6) flight control surface를 다음과 같이 7개의 section으로 구분하기도 한다.
   ① aileron control system(roll control)
   ② spoiler control system(roll & speed brake control)
   ③ elevator control system(pitch control)
   ④ rudder control system(yaw control)
   ⑤ stabilizer control system(pitch trim control)
   ⑥ trailing edge(T/E) flap control system
   ⑦ leading edge(L/E) flap control system

7.1.1.1 보잉 747 항공기 Aileron Control System(Roll Control)

1) 대형기에서 aileron은 각 wing의 wing rear spar에 4~6개의 hinge fitting에 의하여 in board와 out board로 분리, 장착되어 있다.
2) in B'D aileron은 어느 속도에서나 작동하지만 out B'D aileron은 저속(T/E flap이 down 상태)에서만 작동이 가능하고, 고속(T/E flap up 상태)에서는 lock-out mechanism에 의하여 중립 위치에 고정되어 작동되지 않는다.
3) aileron의 작동은 조종석 내에서 control wheel을 좌측 또는 우측으로 회전시키면 body cable을 통하여 trim centering and feel unit에 전달된다. 이렇게 전달된 cable signal은 TCF의 centering spring을 작동시켜 조종사에게 인위적 감지를 부여하며 out put quadrant를 통하여 wing cable을 작동시키게 된다.

4) wing cable은 in B'D aileron PCU control valve를 작동시키고 다시 out B'D aileron lock out mechanism에 연결된다. out B'D aileron lock out mechanism은 flap이 up되면 out B'D aileron을 중립 위치에 고정시키고 flap이 down될 때는 in B'D aileron과 out B'D aileron이 동시에 작동되도록 한다.
5) aileron system은 A/P 계통과 연결되어 있어, 비행조건에 따라 computer로부터 전기적 signal을 받아 작동하여 장시간 비행 시 조종사로 하여금 피로를 덜어줄 수 있도록 되어 있다.
6) 항공기가 수평 비행 시에 roll축에 대한 경사가 질 때에 사용하는 aileron trim system이 있어 조종석 내의 control stand에 있는 trim switch 또는 wheel을 동작시켜 비행자세를 수정할 수 있게 되어 있으며 이때 trim을 사용한 양은 control wheel 상부에 부착된 indicator로서 읽을 수 있다.

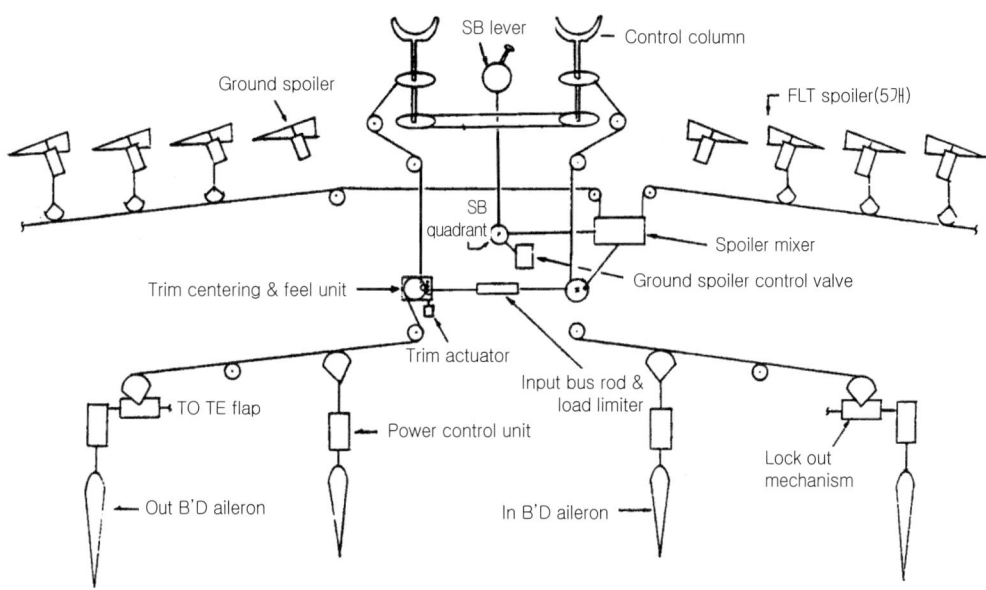

▲ 그림 7-2 보잉 747 항공기 Lateral Control System(Roll Control)

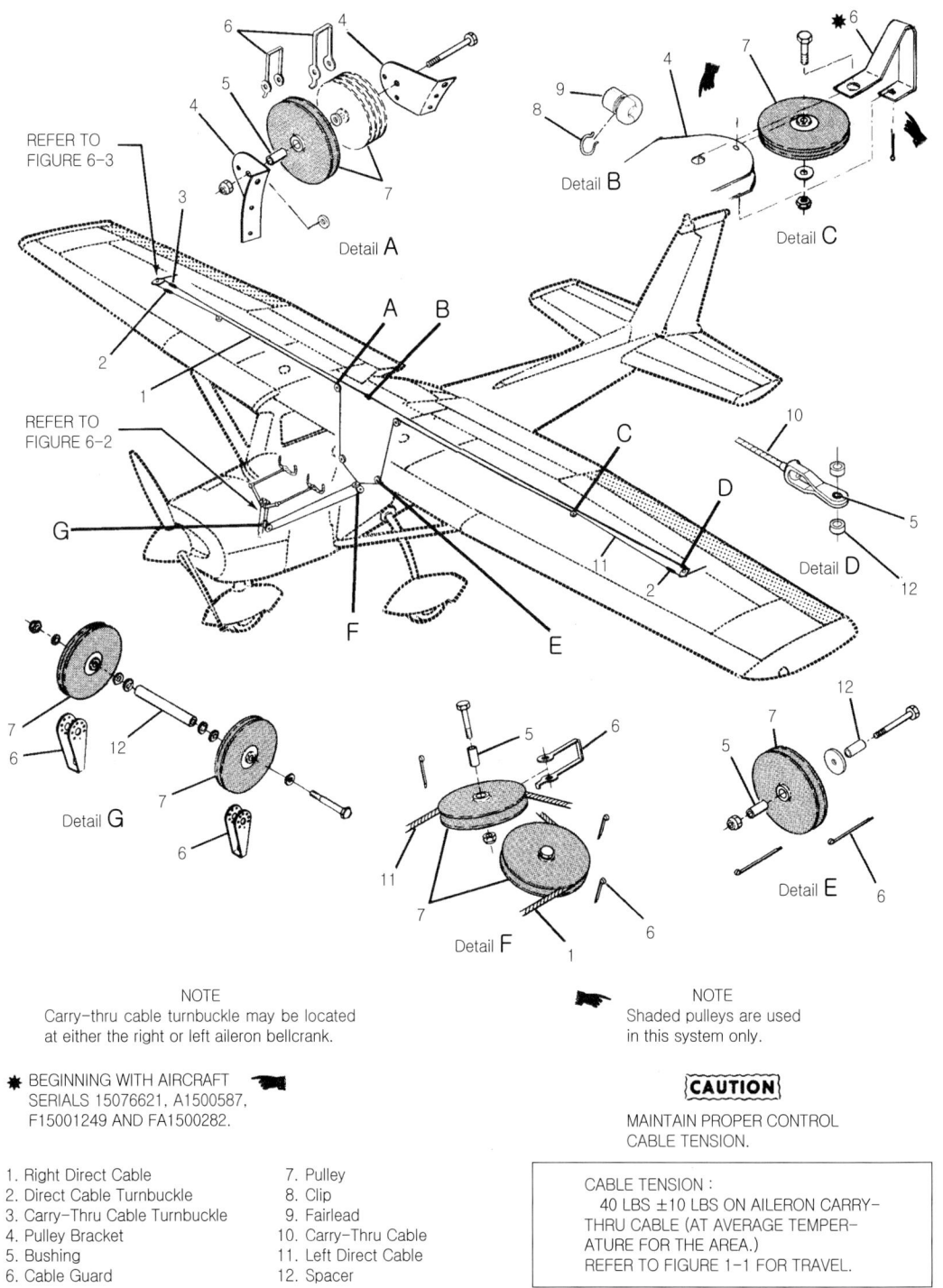

▲ 그림 7-3 Cessna-150 Aircraft Aileron Control System

7.1.1.2 보잉 747 항공기 Elevator Control System(Pitch Control)

1) elevator control system은 primary control surface로서 pitch축을 중심으로 항공기 pitching에 사용된다.
2) elevator는 pitch trim으로 사용하는 horizontal stabilizer rear spar에 hinge fitting으로 장착되어 있고 master fitting에는 hydraulic actuator rod end가 장착되어 있다.
3) 다음 그림은 elevator의 기계적인 방법에 의하여 elevator PCU에 전달되는 과정으로서 control column은 좌우측에 interconnect tube로 연결되어 있고 column quadrant로부터 각각의 cable이 rear quadrant에 연결되어 있다. 또한 rear quadrant에는 elevator feel unit가 장착되어 조종사에게 인위적 감지를 부여한다. 즉, feel unit는 elevator over control을 방지한다.
4) system의 구성은 control column, rear quadrant control rod, PCU와 elevator feel com- puter와 feel unit로 되어 있으나 control system과 PCU의 기능은 aileron system PCU 기능과 동일하다.

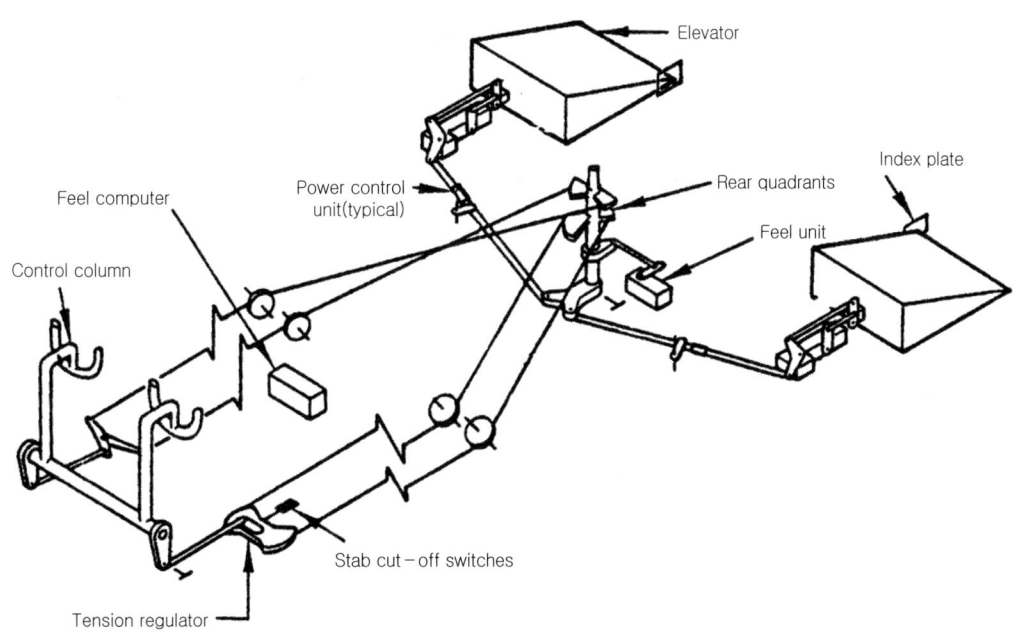

▲ 그림 7-4 보잉 747 항공기 Elevator Control System

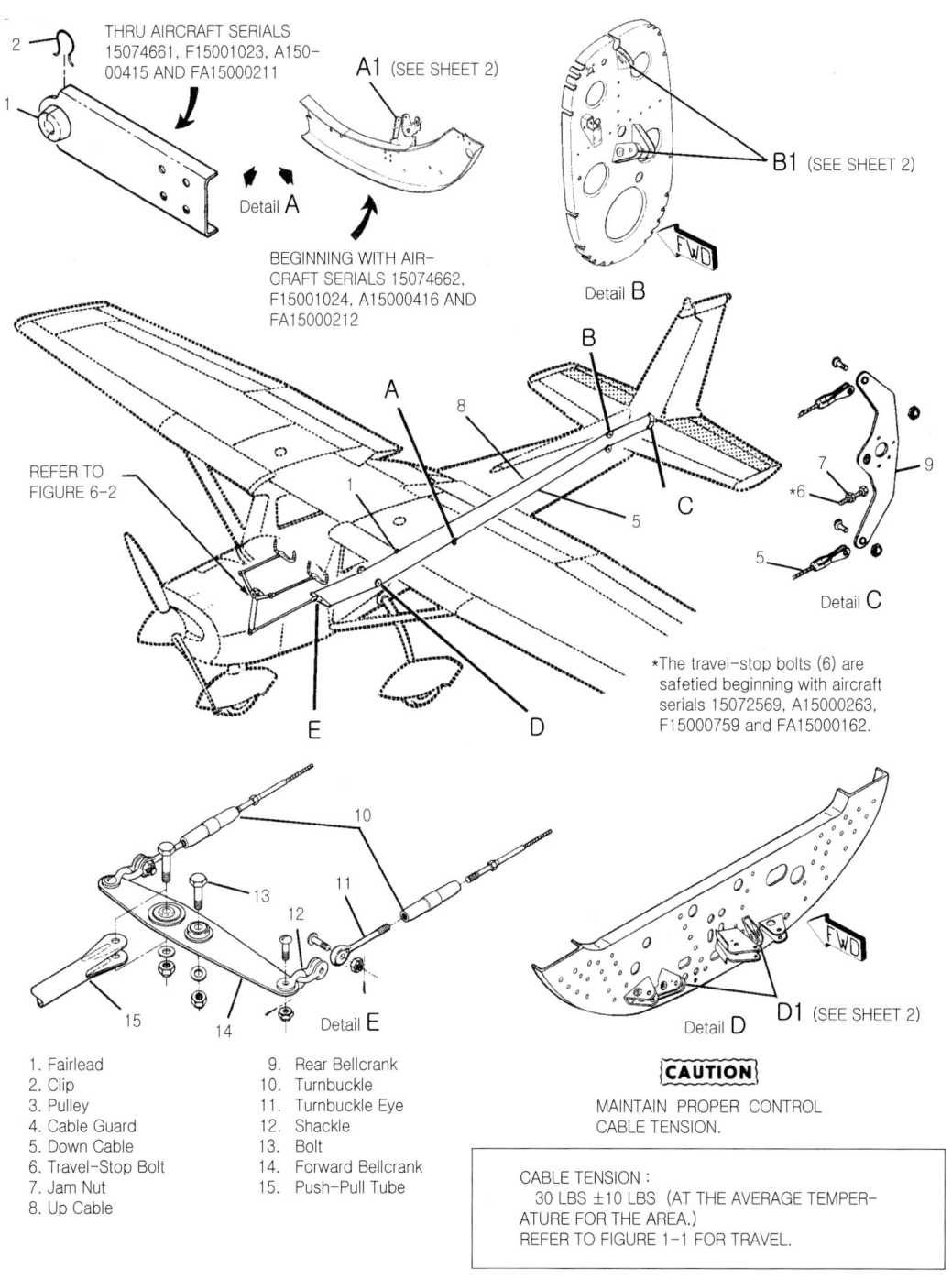

▲ 그림 7-5 Cessna-150 Aircraft Elevator Control System

7.1.1.3 보잉 747 항공기 Rudder Control System

1) rudder는 vertical fin rear spar에 장착되며 유압에 의하여 항공기 yaw control을 한다.
2) control system의 구성품 및 subsystem은 다음과 같다.
   ① rudder pedal assembly
   ② forward quadrant와 pedal steering mechanism
   ③ after quadrant와 TCF
   ④ rudder ratio changer control system
   ⑤ rudder power control unit
   ⑥ rudder trim system
   ⑦ yaw damper control system
3) 조종사가 pedal을 차면 그 움직임이 mechanism에 연결된 FWD quadrant로부터 body cable을 통해 after quadrant와 TCF에 전달된다. 이렇게 전달된 control signal은 control rod를 이용하여 ratio changer(variable position bellcrank)를 거치며 이 ratio changer에서 항공기 속도에 따라 rudder PCU의 input signal을 변화시켜 rudder의 작동 각도를 제한하여 항공기가 over control되지 않도록 한다.
4) rudder yaw damper system은 subsystem으로 AFCS에 의하여 작동하며 rudder PCU 내부에 yaw damper actuator가 있어 yaw damper computer로부터 electrical signal을 받아 작동하여 sweep back wing 항공기에서 발생하기 쉬운 dutch roll을 방지한다.
5) rudder의 forward quadrant에는 nose gear steering을 할 수 있는 pedal steering system이 마련되어 있어 항공기의 이·착륙 시 rudder pedal로 steering을 할 수 있도록 되어 있으며 이때의 steering 각도는 제한된다.

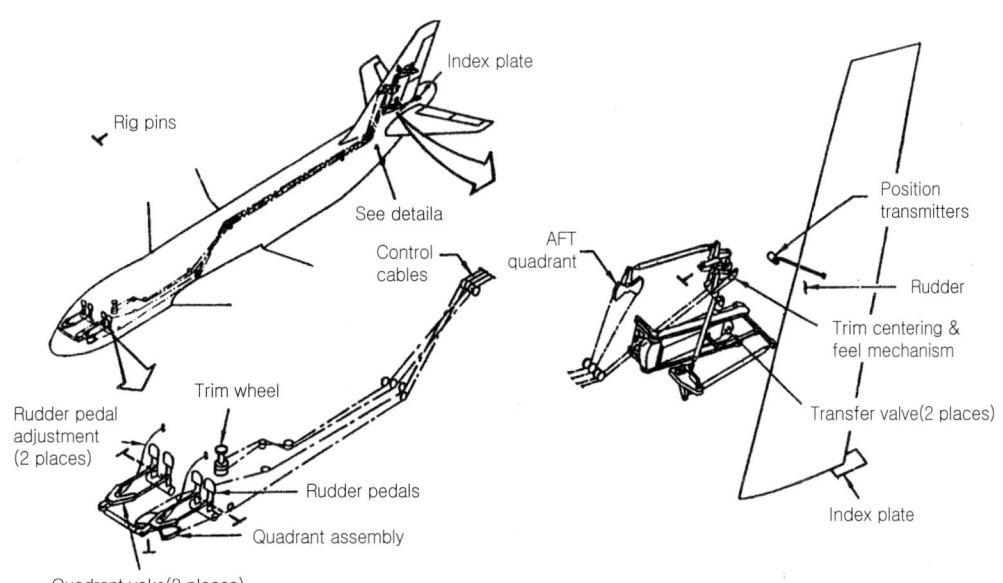

▲ 그림 7-6 보잉 747 항공기 Rudder Control Schematic

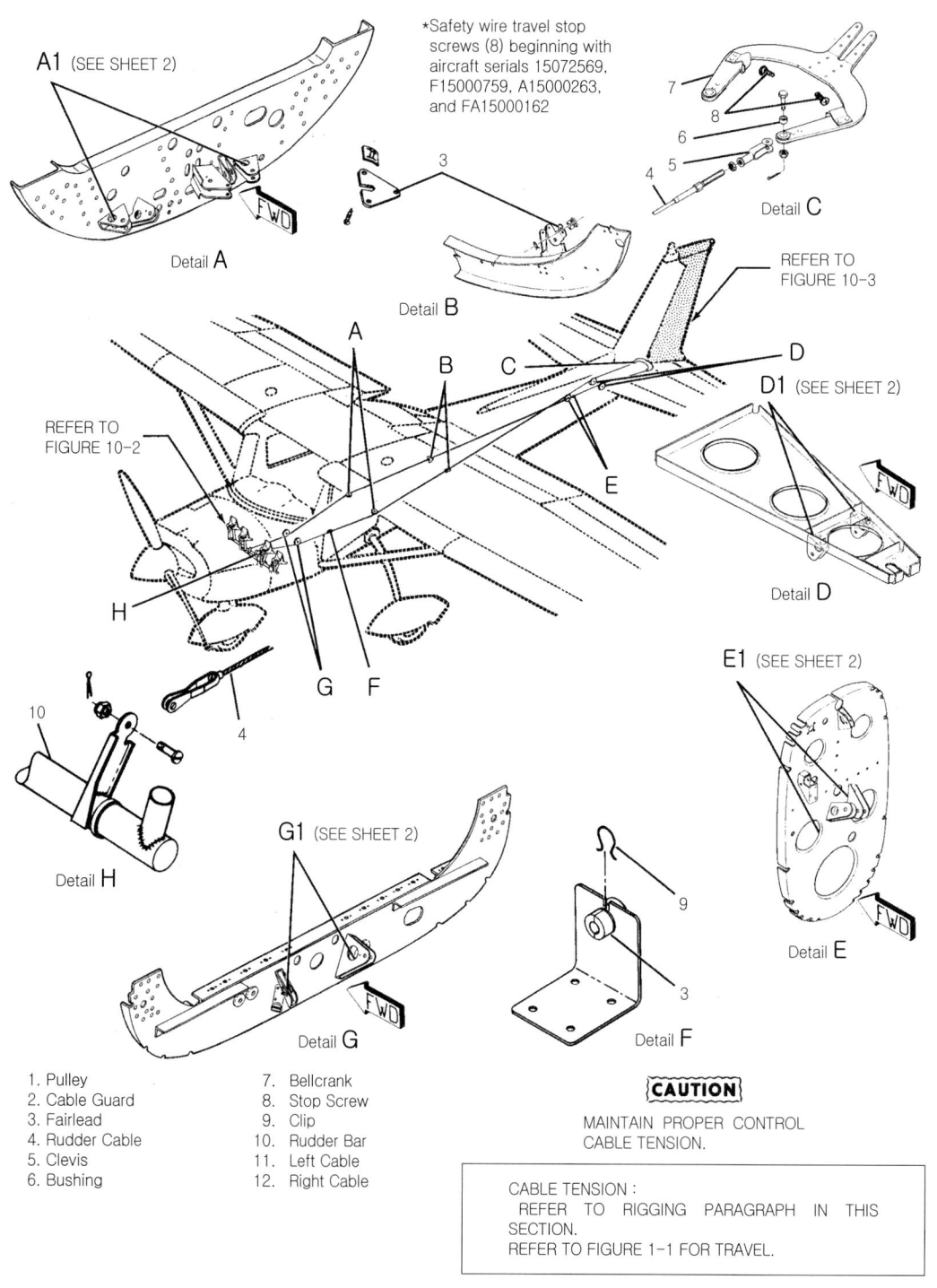

▲ 그림 7-7 Cessna-150 Aircraft Rudder Control System

7.1.2 조작 및 점검사항 확인

7.1.2.1 케이블의 세척과 검사(Cable Cleaning and Inspection)

항공기용 조종 케이블(control cable)이란 항공기의 시스템을 조작하기 위해 사용되는 와이어 로프(wire rope)를 말하며, 시스템을 움직이는 동력의 전달을 관리한다.

7.1.2.1.1 세척(Cleaning)

1) 고착되지 않은 녹(rust), 먼지(dust) 등은 마른 수건으로 닦아낸다. 또, 케이블의 바깥 면에 고착된 녹이나 먼지는 #300~#400 정도의 미세한 샌드페이퍼(sand paper)로 없앤다.
2) 케이블의 표면에 고착된 낡은 부식방지 윤활제는 케로신(kerosene)을 적신 깨끗한 수건으로 닦는다. 이 경우, 케로신이 너무 많으면 케이블 내부의 부식방지 윤활유가 스며나와 와이어 마모나 부식의 원인이 되므로 가능한 한 소량으로 해야 하며, 증기 그리스 제거(vapor degrease), 수증기 세척, 메틸 에틸 케톤(MEK) 또는 그 외의 용제를 사용할 경우에는 케이블 내부의 윤활유까지 제거해 버리기 때문에 사용해서는 안 된다. 세척을 한 경우는 세척 상태를 검시 후 곧바로 부식처리(corrosion control)를 실시한다. 그 외의 용제란 가솔린, 아세톤, 신나 등을 말한다.

7.1.2.1.2 와이어 절단(Wire Cut)

1) 케이블의 손상과 검사 방법에 대한 상세한 내용은 정비 매뉴얼을 참조해야 한다. 검사할 경우는 육안 검사(visual inspection)로 하지만, 미세한 점검은 확대경을 사용한다.
2) 와이어 절단이 발생하기 쉬운 곳은 케이블이 페어리드와 풀리 등을 통과하는 부분이다. 케이블을 깨끗한 천으로 문질러서 끊어진 가닥을 감지하고, 절단된 와이어가 발견되면 절단된 와이어 수에 따라 케이블을 교환하여야 하는데, 풀리, 롤러 혹은 드럼 주변에서 와이어 절단이 발견될 경우에는 케이블을 교환하여야 하며, 페어리드 혹은 압력 실이 통과되는 곳에서 발견될 경우에는 케이블 교환은 물론, 페어리드와 압력 실의 손상 여부도 검사하여야 한다.
  ① 조종 케이블이 위험구역(critical area)을 지나는 부분은 1가닥의 와이어만 절단되어도 케이블 조립체를 교환해야 한다. 위험구역이란 풀리, 페어리드 등과 연결부분(turn-buckle, terminal 등)에서 1feet 이내 부분, 다른 부품과 마찰되기 쉬운 부분 등이다.
  ② 기타 구역은 3가닥 이상 절단되면 케이블 조립체를 교환한다. 다만, 3가닥 이내일 때에는 정비 기록부에 기록하고 계속 관찰해야 한다.
  ③ 케이블의 피닝(Peening) : 케이블이 반복하여 페어리드 등에 부딪치면 피닝이라는 손상을 입는다. 이것의 가장 큰 원인은 케이블이 반복하여 무엇인가에 충돌하는 것이다. 그 결과, 케이블이 닿았던 곳만 마모에 의해 평평하게 되어 넓어지므로, 이것은 일련의 케이블에 대한 냉간 가공을 가해주는 것이 된다. 그러므로 와이어는 그 부분만 부분적으로 가공 경화를 일으키고 피로가 일어나는 상태가 된다. 이 피닝에 또 구부러짐이 일어나면 와이어의 절단이 빨라지는 결과가 된다.

7.1.2.1.3 마모(Wear)

1) 외부 마모

외부 마모는 보통, 풀리 등에 따라 케이블이 움직이는 거리의 범위로, 그리고 케이블의 한쪽에만 일어나는 일도 있다. 또 원주 전체에 걸리는 경우도 있다. 케이블 각각의 가닥과 각각의 와이어가 서로 융합하고 있는 것처럼 보일 때 외측 와이어가 40~50% 이상 마모된 것이 7×7케이블은 6개 이상, 7×19케이블은 12개 이상일 때에는 케이블을 교환한다. 마모는 구부러짐에 의한 케이블의 영향을 더 나쁘게 한다.

2) 내부 마모

외부 마모가 케이블의 바깥쪽 표면에 일어나는 것과 같이 같은 상태가 내부에도 일어나는 것이다. 특히 케이블이 풀리와 쿼드란트 등의 위를 지나는 부분에 현저하다. 이 상태는 케이블의 꼬인 와이어를 풀지 않으면 간단히 발견할 수 없다.

7.1.2.1.4 부식(Corrosion)

1) 풀리나 페어리드와 같이 마모를 일으키는 기체 부품에 접촉하고 있지 않은 부분에 와이어 조각이 있었을 때에는 어떤 케이블이라도 부식의 유무를 주의 깊게 검사한다. 이 상태는 보통 케이블의 표면에서는 분명하지 않으므로 케이블을 분리하여 외부 와이어의 부식에 대해서 바른 검사를 위해 구부려 보든지 조심스럽게 비틀어 내부 와이어(internal wire)의 부식 상태를 검사해야 하며 내부의 와이어에 부식이 있는 것은 모두 교환한다.

2) 내부 부식이 없다면 깨끗한 천으로 녹 및 부식을 솔벤트와 브러쉬를 사용하여 제거한 후, 마른 천 또는 압축 공기를 이용하여 솔벤트를 제거한 후 방식 윤활유를 케이블에 바른다.

7.1.2.1.5 킹크 케이블(Kink Cable)

와이어나 가닥이 굽어져 영구 변형되어 있는 상태를 말한다. 이 종류의 손상은 강도상, 조직상에도 유해하므로 교환한다.

▲ 그림 7-8 킹크 케이블(Kink Cable)

7.1.2.1.6 버드 케이지(Bird Cage)

버드 케이지는 그림 7-9처럼 비틀림 또는 와이어가 새장처럼 부푼 상태이다. 케이블 저장상태가 바르지 않을 때 발생하며, 케이블은 폐기되어야 한다.

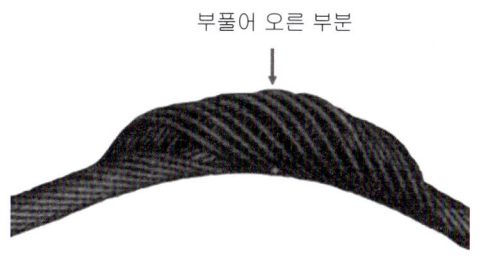

▲ 그림 7-9 버드 케이지

7.1.3 케이블 장력측정방법(Tension Measurement of Cable)

※ 4.2.1.1 케이블 장력측정방법(tension measurement of cable) 참조

7.2 보조조종장치(Flap, Slat, Spoiler, Tab)

7.2.1 보조 비행조종면(Secondary or Auxiliary Flight Control Surface) 종류 및 기능

항공기마다 몇 가지의 2차 또는 보조 비행조종면이 있다. 표 7-1에서는 대부분의 대형 항공기에서 찾아볼 수 있는 보조 비행조종면의 명칭, 장소, 그리고 기능의 목록이다.

▼ 표 7-1 2차 또는 보조 비행조종면

명 칭	위 치	기 능
플랩	날개의 내측 뒷전	• 양력 증가를 위해 날개 캠버를 증가시켜 저속비행 가능 • 단거리 이착륙을 위해 저속에서 조작 허용
트림 탭	1차 조종면의 뒷전	• 1차 조종면 작동에 필요한 힘 감소
밸런스 탭	1차 조종면의 뒷전	• 1차 조종면 작동에 필요한 힘 감소
안티 밸런스 탭	1차 조종면의 뒷전	• 1차 조종면의 효과와 조종력 증가
서보 탭	1차 조종면의 뒷전	• 1차 조종면을 움직이는 힘 제공 또는 보조
스포일러	날개 뒷전/날개 상부	• 양력 감소, 에어론 기능 증대
슬랫	날개 앞전 중간 외측	• 양력증가를 위해 날개 캠버를 증가시켜 저속비행 가능 • 단거리 이착륙을 위해 저속에서 조작 허용
슬롯	날개 앞전의 외부 도움날개의 전방	• 고받음각에서 공기가 날개의 상부 표면을 흐르게 한다. • 낮은 실속 속도와 저속에서의 조작을 제공
앞전 플랩	날개 앞전 내측	• 양력 증가 위해 날개 캠버를 증가시켜 저속비행가능 • 단거리 이착륙을 위해 저속에서 조작 허용

7.2.1.1 보잉 747 항공기 Spoiler Control System

1) 양쪽 wing의 상부 후방에 장착된 12개의 spoiler panel은 hydraulic pressure에 의하여 작동되며 통상적으로 그 번호는 좌측으로부터 정해진다.
2) panel은 통상 flight spoiler와 ground spoiler라고 불리는 2개의 group으로 구성되어 있다.
3) spoiler를 speed brake 기능으로 작동시키면 extend되어 wing 상부의 air flow를 방해, 항력을 증가시켜 활주거리를 단축 및 항공기 비행속도를 줄여주는 데 이용된다.
4) 비행 중 out B'D aileron이 고정된 상태에서 roll moment가 커지면 aileron이 up되는 쪽 wing의 spoiler가 aileron이 작동하는 rate에 따라 up되어 in B'D aileron을 보조하여 작동한다. 예를 들어 control wheel을 오른쪽으로 회전하면 오른쪽 aileron과 같이 오른쪽 spoiler가 up되어 오른쪽 wing을 내려가게 한다.

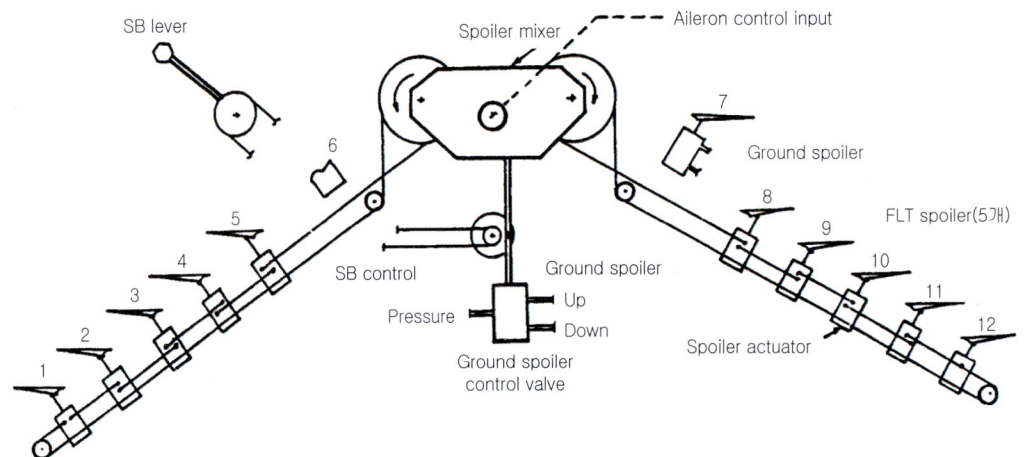

▲ 그림 7-10 보잉 747 항공기 Spoiler Control System

7.2.1.2 Lift Device(T/E Flap And L/E Flap)

1) lift device는 항공기의 이·착륙 시에 양력과 항력을 증가시키기 위한 것으로 trailing edge flap과 leading edge flap이 있다.

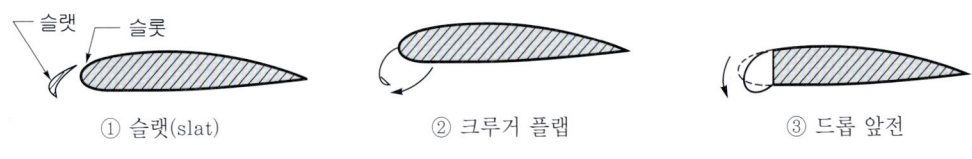

▲ 그림 7-11 Leading Edge Flap의 종류

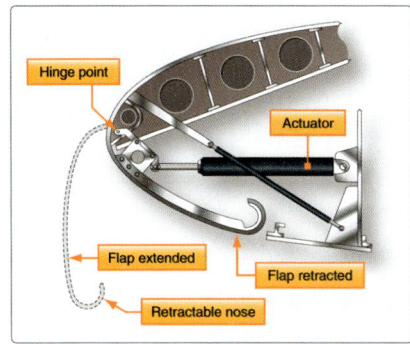 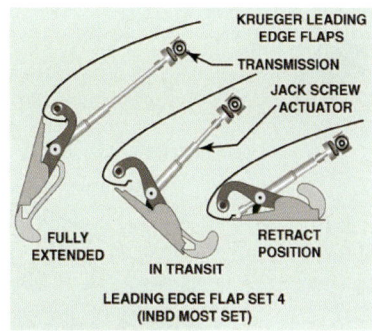

▲ 그림 7-12 보잉 737 항공기 크루거 플랩

2) 이러한 T/E flap과 L/E flap은 control stand에 있는 flap lever에 의하여 HYD' power로 작동하여 wing camber를 증가시킨다.

3) 대형 항공기의 flap은 in B'D flap과 out B'D flap으로 구분되어 있으며 하나의 control lever에 의하여 2개의 독립된 HYD' pressure로서 작동한다.

4) 또한 L/E flap은 T/E flap 작동 각도에 따라 sequence를 이루고 작동한다. 즉, T/E flap이 일정한 각도만큼 down되거나 up되면 이에 따라 L/E flap이 up 또는 down되며 항공기 종류에 따라 hydraulic power, pneumatic power 또는 electrical power로 작동된다.

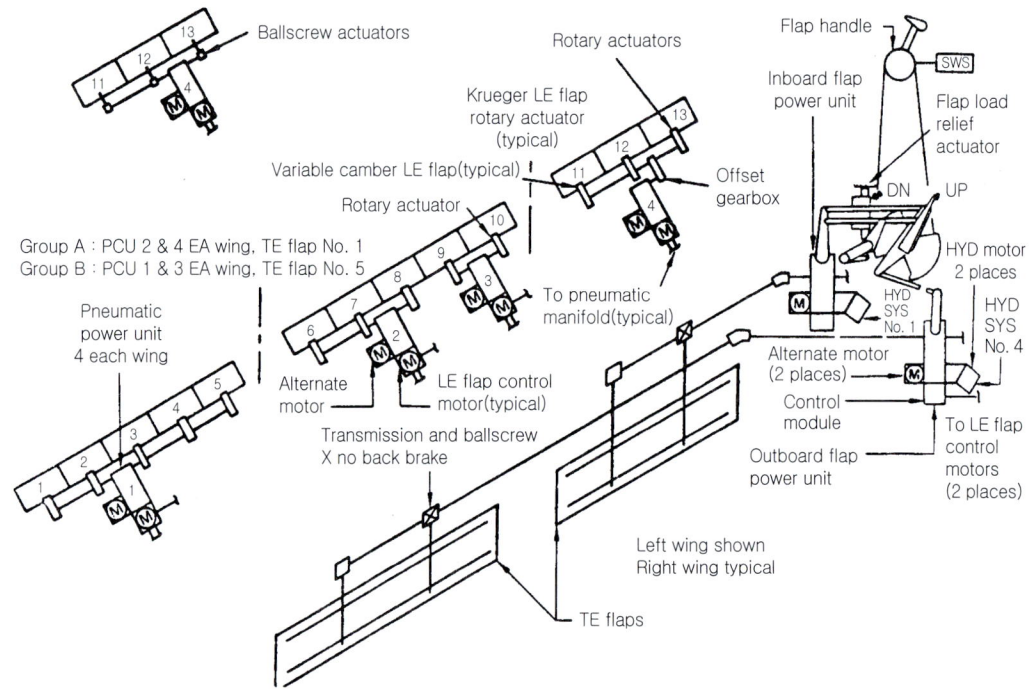

▲ 그림 7-13 보잉 747 항공기 Flap Control System

5) 고속 전투기 등과 같이 날개의 두께가 얇은 날개에서 주로 사용되는 형식으로, 날개의 앞전을 단순하게 밑으로 구부려서 캠버를 증가시키는 앞전 플랩, 즉 노스드롭 형식도 있다.
6) 그림 7-14에서는 F-5E 항공기 비행 속도와 플랩의 위치를 보여주고 있다.

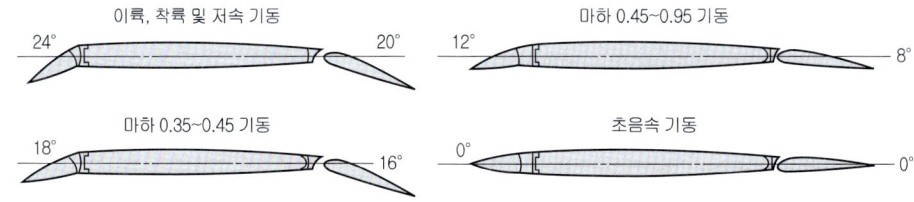

▲ 그림 7-14 F-5E 항공기 비행 속도별 Trailing Edge Flap과 Leading Edge Flap 위치

7.2.1.3. 탭(Tab)

1) 고속으로 비행 중 조종면에 대한 공기의 힘은 조종면을 움직이거나 편향된 위치에서 조종면을 유지하는 것을 어렵게 만든다.
2) 조종면도 유사한 이유로 너무 민감하게 된다. 여러 형태의 탭이 이들의 문제점을 보조하기 위해 사용된다. 표 7-2에서는 여러 가지 탭의 종류와 작동 영향을 요약하였다.

▼ 표 7-2 여러 종류의 탭과 기능

타입	작동방향 (조종면에 대해)	작동	영향
트림	반대	• 조종사에 의해 작동 • 독립된 연결 장치 사용	• 비행 중 움직임 없는 균형상태 • 비행 상태는 hand off로 유지
밸런스	반대	• 조종면 작동시킬 때 작동 • 조종면 연결 장치에 결합	• 조종사가 조종면 작동에 필요한 조종력 극복을 지원
서보	반대	• 조종 입력장치에 직접 연결 • 1차/백업 조종수단으로 작동 가능	• 수동으로 작동하기에 많은 힘이 요구되는 조종면을 공기역학적으로 위치
안티-밸런스 안티-서보	동일	• 조종 입력장치에 직접 연결	• 비행 조종면 위치 변경을 위해 조종사가 요구되는 조종력 증가 • 비행 조종이 둔감해진다.
스프링	반대	• 서보탭에 직접 연결되는 라인에 위치 • 고속 시 조종력 클 때 스프링이 보조	• 조종력 클 때 조종면 작동 가능 • 저속 비행에서는 동작하지 않음

7.2.1.4 보잉 747 항공기 Stabilizer Trim Control System(Pitch Control)

1) stabilizer trim은 항공기 pitch축에 대하여 pitch trim으로 사용하고 stabilizer center section 후방에 pivot bearing으로 지지되어 hydraulic power로 작동된다.
2) stabilizer assembly는 center section을 중심으로 왼쪽, 오른쪽 stabilizer가 bolt에 의하여 장착되어 있다.
3) stabilizer trim control 방법에는 manual, electrical, autopilot control 3가지가 있다.
4) 작동 각도는 항공기 중심선을 기준으로 stabilizer 기준선과 일치되었을 때를 중립으로 하여 항공기 nose down쪽보다 nose up쪽으로 더 많이 움직일 수 있도록 되어 있다.
5) stab. trim indication은 stab. center section leading edge에 연결된 위치를 cable로써 직접 control stand에 있는 indicator pointer를 회전시켜 stab. 위치를 읽을 수 있다. 또한 indicator 눈금에는 green band가 있으며 이 범위는 항공기 이륙 시 C·G 변화에 따른 stab. 위치의 범위를 표시한다.
6) system의 구성은 아래 그림과 같으며 작동 우선순위는 manual lever, electrical switch, A/P pitch trim 순으로 되어 있다.

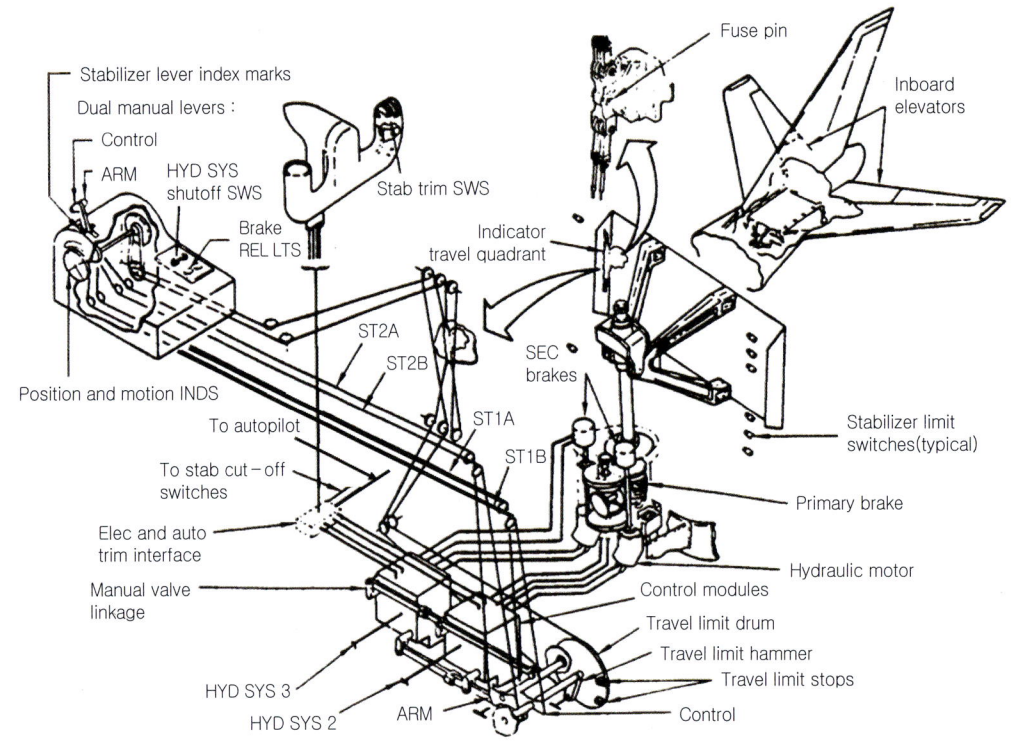

▲ 그림 7-15 보잉 747 항공기 Stabilizer Trim Control System

7.2.1.5 Take Off Warning System

1) take off warning system은 항공기가 이륙에 필요한 최적정의 위치에 있어야 함에도 control surface를 정하여 놓은 위치에 선택하지 않은 상태에서 engine throttle을 advance시켜 take off power로 set하면 warning horn이 작동하여 조종사에게 경고해 주는 계통이다.

2) 이 계통을 동작시키기 위한 sw는 throttle sw, speed brake retract sw, stab. green band limit sw, T/E flap take off position limit sw들이 있다.

3) system의 작동은 speed brake lever가 retract 위치에 있지 않던가, stab.의 위치가 green band를 벗어나 선택되었던지, T/E flap이 take off 위치 범위를 벗어나 있는 상태에서 engine throttle을 take off power로 선택하면 warning horn이 울리게 되고 horn은 surface의 위치를 바꾸어 주지 않는 한 정지시킬 수 없도록 되어 있다.

항공정비사

8 연료계통

8.1 연료 보급

8.1.1 연료량 확인 및 보급절차 체크

8.1.1.1 연료량 지시계통(Fuel Quantity Indicating System)

항공기 연료계통은 여러 가지의 지시기를 이용한다. 연료량(fuel quantity), 연료유량(fuel flow), 연료 압력(fuel pressor), 그리고 연료 온도는 대부분 항공기에서 모니터링된다. 또한, 밸브 위치 지시기와 여러 가지의 경고등(warning light), 그리고 알림장치(annunciator)가 사용된다.

모든 항공기 연료계통은 어떤 형태의 연료량계기(fuel quantity indicator)를 갖추어야 한다. 초기에는 전기를 필요로 하지 않는 간단한 연료량계기가 사용되었으며 오늘날까지도 사용하고 있다. 이런 직독식 지시기(direct-reading indicator)는 연료탱크가 조종석에 아주 가깝게 있는 경항공기 등에서 사용된다. 그 외 경항공기와 대형항공기는 전기식 기시기(electric indicator) 또는 전자 용량식 지시기(electronic capacitance-type indicator)가 사용된다.

1) 직독식 지시계(Direct-reading Indicator)

사이트 글라스(sight glass)는 탱크에 있는 연료량을 직접 눈으로 확인할 수 있게 노출된 투명 유리 또는 플라스틱 튜브이다. 조종사가 쉽게 읽을 수 있도록 갈론(gallon) 또는 연료 전체량이 분수로 나타나 있으며, 눈금 표시가 되어 있다.

그림 8-1과 같이, 일반적으로 더 정교한 기계식 연료량계기가 쓰인다. 연료면을 따라 움직이는 플로트(float)에 연동하는 기계장치를 설치해 계기 눈금판의 지침과 연결시켜 연료량을 지시하게 한다. 지침은 기어(gear)장치나 자기결합(magnetic coupling)에 의해 움직인다.

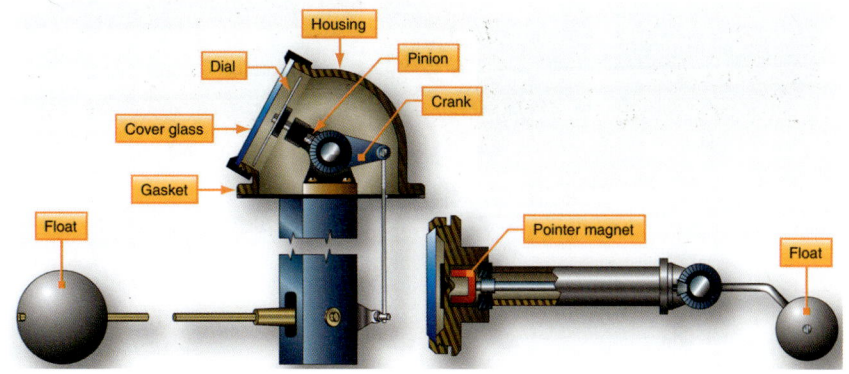

▲ 그림 8-1 간단한 기계식 연료량 계기

2) 전기식 연료량 계기(Electric Fuel Quantity Indicator)

그림 8-2와 같이, 전기식 연료량 계기는 최신 항공기에서 일반적으로 사용된다. 전기식 연료량 계기의 대부분은 직류(DC)로 작동하고 비율계형 지시기(ratiometer-type indicator)를 구동시키는 회로의 가변저항을 이용한다. 탱크에서 플로트의 움직임은 커넥팅 암(connecting arm)을 거쳐 가변저항기에 가동자(wiper)를 움직인다. 가변 저항기를 통해 흐르는 전류의 변화는 지시기(indicator)에 있는 코일을 통해 흐르는 전류를 변화시킨다. 이것은 지시 바늘을 움직이게 하는 자기장을 바꾼다. 지시 바늘은 교정식 눈금판(calibrated dial)에 상응하는 연료량을 지시한다.

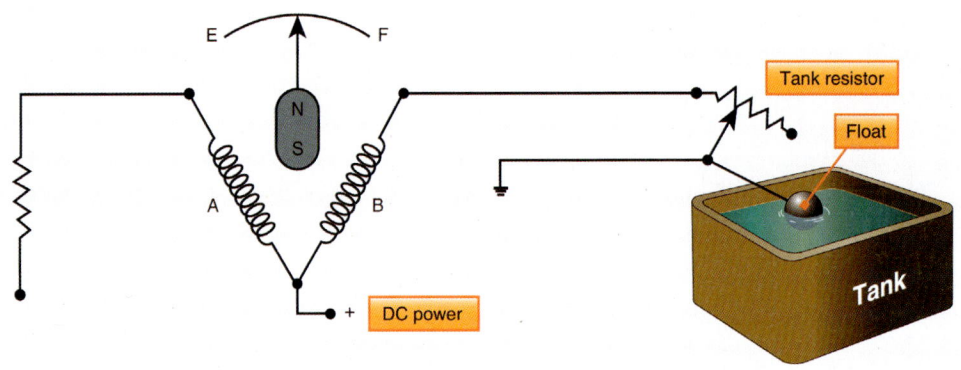

▲ 그림 8-2 가변 저항기를 사용한 직류 전기 연료량 계기

3) 디지털 지시기(Digital Indicator)

디지털 지시기는 탱크 유닛(tank unit)으로부터의 동일한 가변저항신호를 이용한다. 그림 8-3과 같이, 조종석 계기판에서 가변저항을 수치로 변환하여 지시된다. 자동화된 조종실을 갖는 항공기는 완전한 디지털 계측시스템(digital instrumentation system)에 의해 가변저항을 컴퓨터에서 처리하기 위한 디지털 신호로 변환하여 평면 스크린에 지시된다.

▲ 그림 8-3 디지털 연료량 게이지

4) 전자 용량식 지시기(Electronic Capacitance-type Indicator)

대형 항공기와 고성능 항공기는 전형적으로 전자식 연료량 시스템을 사용한다. 이 시스템은 여러 개의 가변용량 전송기(variable capacitance transmitter)가 탱크 바닥에 수직으로 장착되어 탱크에 적재된 연료 레벨을 측정하여 컴퓨터로 전송한다. 연료의 높이가 변화할 때, 각각의 탱크 유닛의 정전용량(capacitance)은 변화한다. 탱크에 있는 모든 프로브에 의해 전송된 정전용량은 컴퓨터에서 합계되고 서로 비교된다. 모든 프로브에서 전송된 전체 정전용량(capacitance)은 동일하게 유지되기 때문에 연료량 지시는 변동되지 않고 정확한 양을 지시한다.

축전기(capacitor)는 전기를 저장하는 장치이다. 탱크 안에 있는 연료의 높이에 따라 탱크 유닛의 내부는 그만큼의 연료와 나머지 공기로 채워지며, 연료와 공기의 비율에 따라 유전율에도 변화가 생긴다. 이러한 유전율의 변화로 연료량을 측정한다.

탱크 유닛의 정전용량을 측정하는 브리지 회로는 비교를 위해 기준 커패시터(reference capacitor)를 사용한다. 전압이 브리지에서 유도될 때, 탱크 유닛의 용량성 리액턴스(capacitive reactance)와 기준 커패시터는 동등하거나 다르게 된다. 두 정전용량의 차이가 무게(pound)로 환산되어 연료량으로 지시된다. 그림 8-4에서는 비교 브리지 회로의 특성을 보여준다.

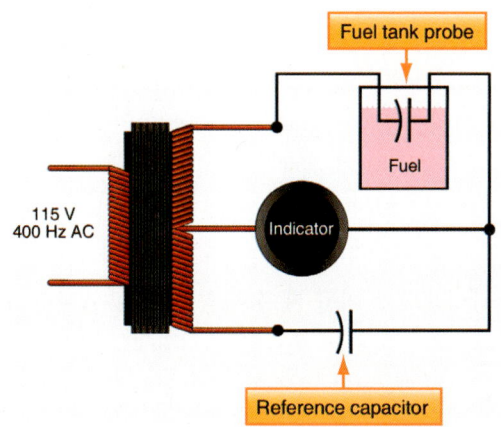

▲ 그림 8-4 연료계통의 브리지 회로

항상 연료에 잠기도록 탱크의 가장 낮은 곳에 장착된 보정장치(compensator unit)는 브리지 회로로 배선되어 있다. 그림 8-5와 같이, 연료 온도가 연료비중과 탱크 유닛의 정전용량(capacitance)에 영향을 주는 것을 감안하여 보정장치(compensator unit)는 연료의 온도변화를 반영하도록 전류흐름을 수정한다.

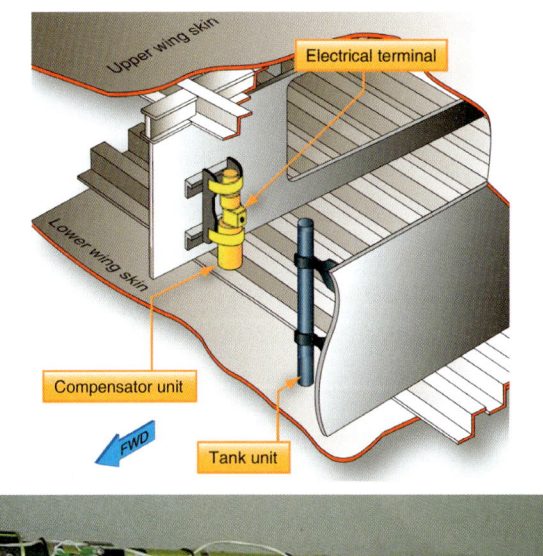

▲ 그림 8-5 연료탱크에 장착된 연료 보정장치와 탱크 Unit(capacitance probe)

5) 연료량 드립스틱(Drip Stick or Fuel Measuring Stick)

그림 8-6과 같이, 많은 항공기는 탑재된 연료량의 중복 확인을 위해, 또는 항공기가 전기 동력을 이용할 수 없을 때 연료량을 확인하기 위해 기계식 지시장치를 사용한다. 연료량 드립스틱은 각각의 탱크에 일정한 개수가 설치되어 있다. 드립스틱에 장착되어 있는 플로트는 항상 연료유면에 떠있고, 스틱(stick)은 플로트의 중심에 있는 구멍을 따라 자유롭게 움직이며, 스틱의 끝단에 있는 자성체가 플롯의 자성체와 일치될 때 움직임이 멈추게 된다. 측정 막대는 밑면을 누르고 회전시키면 탱크의 연료유면에 떠있는 플로트에 걸릴 때까지 밑으로 내려온다. 드립스틱의 밑으로 내려온 길이와 항공기 자세, 연료 비중을 측정하여 제작사에서 제공된 도표를 이용하여 각 탱크에 있는 연료량을 확인할 수 있다.

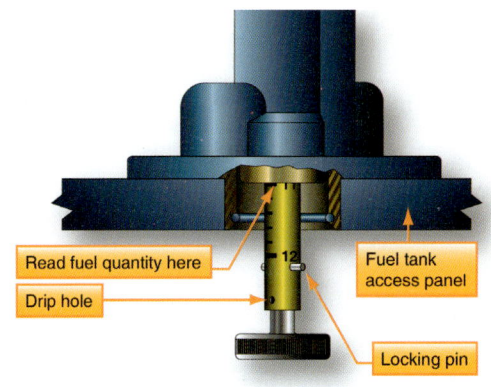

▲ 그림 8-6 연료탱크 하부에 장착된 연료량 드립스틱

8.1.1.2 연료유량계(Fuel Flowmeter)

1) 연료유량계는 실시간으로 엔진의 연료 사용량을 지시한다. 이것은 조종사가 엔진성능을 확인하고, 비행 계획을 계산하기 위해 사용한다. 항공기에 사용된 연료유량계의 종류는 사용되고 있는 엔진과 관련된 연료계통을 고려하여 정한다.

2) 연료의 무게는 온도에 따라 또는 터빈엔진에서 사용된 연료의 종류에 따라 변화하기 때문에 정확한 연료유량을 측정하는 데 복잡하다. 왕복엔진이 장착된 경항공기의 연료유량계는 연료의 부피를 측정하도록 고안되었다. 엔진으로 흐르는 연료의 실제무게는 단위체적당 연료의 평균중량의 추정에 기초한다.

3) 대형왕복엔진 연료계통은 엔진에 의해 소모된 연료의 체적을 측정하는 베인형 연료유량계(vane-type fuel flowmeter)를 사용한다. 연료유량장치는 일반적으로 엔진구동 연료펌프와 기화기 사이에 장착된다. 기화기로 가는 연료는 유량계(flowmeter)를 거쳐 지나간다. 그림 8-7과 같이, 내부에 교정스프링(calibrated spring)을 가지고 있는 유량계의 베인 축(vane shaft)은 연료 흐름률에 따라 회전량이 변한다. 회전량은 전송기에 의해 조종실에 있는 연료유량게이지(fuel flow gauge)의 바늘로 지시된다. 게이지의 눈금은 gallon per hour 또는 pound per hour로 눈금이 매겨져 있다. 유량계장치(flowmeter unit)를 거쳐 엔진으로 공급되는 연료는 유량계장치가 고장 나거나 정상적인 연료흐름이 방해될 때 relief valve에 의해 우회하여 흐르도록 되어 있다.

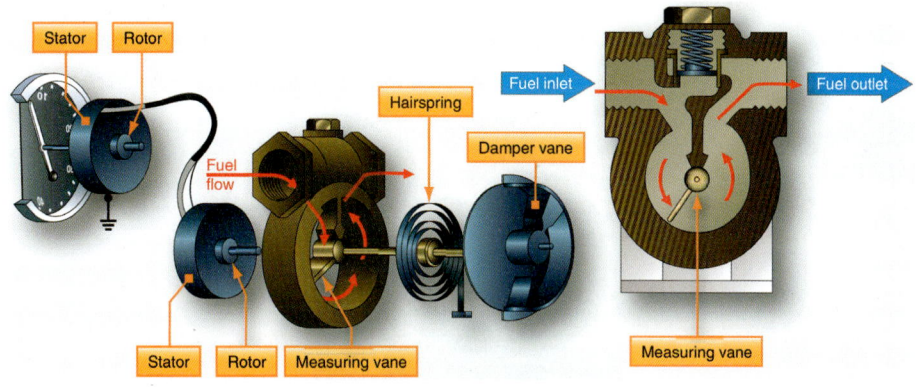

▲ 그림 8-7 베인형 연료유량계

4) 그림 8-8과 같이, 터빈엔진 항공기는 온도 변화와 연료 성분에 의해 변하는 연료 비중이 고려된 정교한 연료유량장치가 사용된다. 연료는 고정속도로 회전하는 원형 임펠러(impeller)에 의해 소용돌이친다. 유출량(outflow)은 임펠러의 하류부문의 터빈을 움직이며, 터빈에는 교정식 스프링(calibrated spring)이 연결되어 있다. 임펠러 모터는 고정비율로 연료를 소용돌이치게 하므로, 터빈의 움직인 변위량은 연료의 체적과 점성에 의해 변한다. 터빈의 움직인 변위량은 교류 동기장치(AC synchro system)를 통해 pound per hour로 눈금이 매겨진 조종석 연료유량계의 지시기에 바늘로 지시된다.

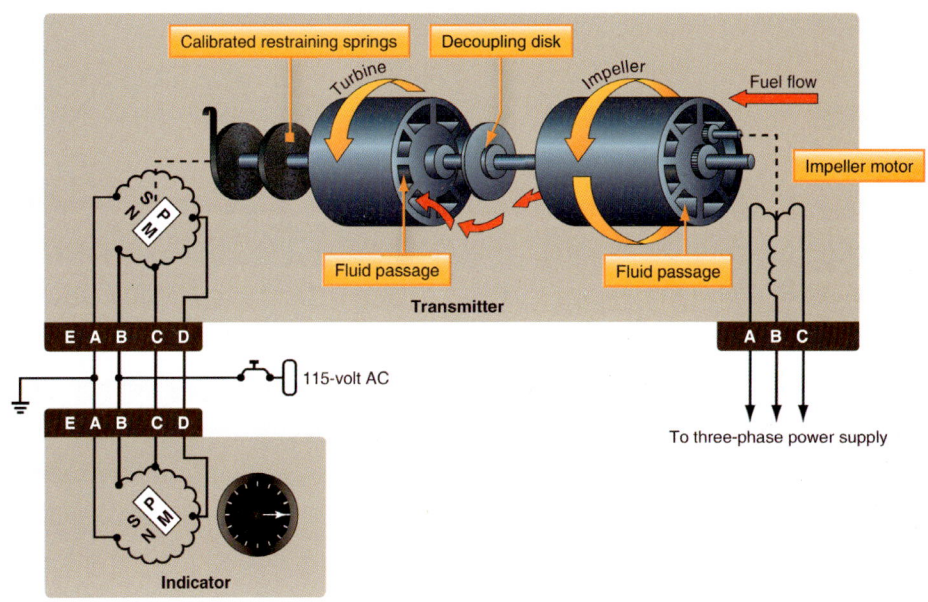

▲ 그림 8-8 부피식 연료유량계 지시계통

5) 정밀한 연료유량의 계산은 조종사로 하여금 현재 항공기 상태를 인지하게 해주며, 비행계획을 도와준다. 대부분 고성능 항공기는 사용된 전체 연료량, 항공기에 남아 있는 전체 잔류연료량, 전체운항거리, 현재의 대기속도로 비행할 때 남아 있는 비행시간, 연료 소비율 등과 같은 정보를 전자적으로 계산하고 나타내는 연료 통합기(fuel totalizer)를 갖고 있다. 그림 8-9와 같이, 연료계통 컴퓨터 중 일부는 위성항법장치(GPS) 위치정보가 통합되어 있다. 완전히 디지털화되어 있는 조종실을 가지고 있는 항공기는 컴퓨터에서 연료유량 자료를 처리하고, 조종사나 정비사에게 연료유량에 대한 관련 정보를 폭넓게 보여준다.

▲ 그림 8-9 현대식 연료처리 게이지

8.1.1.3 연료 온도 게이지(Fuel Temperature Gauge)

연료 온도의 모니터링은 연료 온도가 연료계통 중 특히 연료 필터에서 결빙될 만큼 낮을 때 조종사에게 이를 알려 준다. 많은 대형고성능 터빈항공기는 이 목적을 위해 주 연료탱크에 저항식 전기 연료온도 송신기(resistance-type electric fuel temperature sender)를 사용한다. 연료 온도는 전통적인 아날로그 게이지에 지시되거나 컴퓨터에서 처리되어 디지털 화면표시기에 표시된다. 연료 가열기(fuel heater)의 사용으로 낮은 연료 온도를 높일 수 있다. 연료유량 감지 정밀도에 영향을 주는 연료 온도 변화에 의한 점성의 차이는 마이크로 프로세서와 컴퓨터를 거쳐 수정된다.

8.1.1.4 연료 압력 게이지(Fuel Pressure Gauge)

연료압력의 모니터링은 연료계통의 관련 구성품의 기능불량에 대한 조기경보를 조종사에게 제공한다. 연료가 정상적으로 연료계량장치(fuel metering device)로 공급되는지 확인하는 것은 중요하다. 그림 8-10과 같이 왕복엔진 경항공기는 전형적으로 단순한 직독식 부르동관 압력계를 사용한다. 그것은 연료계량장치의 연료입구에 연결된 관이 조종석 계기판으로 연결되어 있다. 엔진을 시동할 때 사용하는 보조펌프(auxiliary pump)를 갖춘 항공기의 연료압력계는 엔진 시동이 완료될 때까지 보조펌프의 압력을 지시한다. 보조펌프가 off 되었을 때 게이지는 엔진구동펌프에 의해 발생한 연료압력을 지시한다.

그림 8-11과 같이, 더욱 복잡한 대형왕복엔진 항공기는 연료계량장치 입구의 연료압력과 공기압력을 비교하는 차압 연료압력계를 사용한다. 주로 벨로즈형 압력계(bellows-type pressure gauge)가 사용된다.

▲ 그림 8-10 전형적인 연료 게이지

▲ 그림 8-11 차압 연료 압력 게이지

8.1.1.5 압력 경고 신호(Pressure Warning Signal)

모든 항공기에는 어떤 상황에서든 조종사의 주의를 끌기 위해서 게이지 지시와 함께 시각 경고장치(visual warning device)와 가청 경고장치(audible warning device)를 사용한다. 연료 압력은 정상동작 범위에서 벗어날 때 경고신호가 울려야 하는 중요한 요인이다. 그림 8-12와 같이, 저 연료압력 경고등은 간단한 압력감지스위치를 사용하여 작동할 수 있다. 스위치의 접촉은 다이아프램(diaphragm)에 작용하는 연료압력이 불충분할 때 open되어 전류가 조종석에 있는 신호표시기 또는 경고등으로 흐르게 한다.

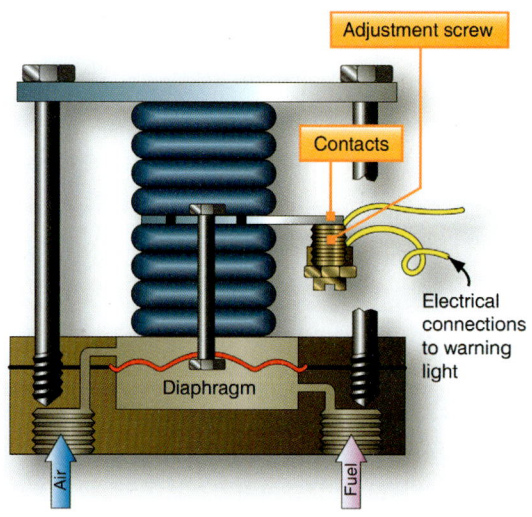

▲ 그림 8-12 저압력 경고 신호 스위치

그림 8-13과 같이, 대부분 터빈동력 항공기는 각각의 연료승압펌프의 배출구에 저압경고 스위치가 장착되어 있고 조종실의 각 펌프에 대한 신호 표시기는 일반적으로 조종실 연료 패널의 승압펌프 on/off 스위치에 또는 스위치에 인접하여 설치되어 있다.

▲ 그림 8-13 운송용 항공기 연료 판넬의 정압경고등

8.1.1.6 급유(Fueling)

1) 일반적으로 급유과정은 날개 위 급유(over-wing)와 압력급유(단일지점급유, single point refueling)의 두 가지 종류가 있다. 날개 위 급유는 날개 윗면 또는 동체에 탱크가 장착되었다면 동체의 윗면에 있는 주입구 마개(filler cap)를 열고 연료 보급노즐을 연료 주입구 안으로 삽입하여 탱크 안으로 주입한다. 이 과정은 자동차 연료탱크를 급유하는 과정과 유사하다.

2) 그림 8-14와 같이, 압력급유는 연료탱크 밑면의 앞쪽 또는 뒤쪽에 있는 연료 보급위치(fueling station)에 장착된 연료 보급 포트(port)로 가압급유노즐을 연결시켜 연료 트럭의 연료 펌프에 의해 가압된 연료를 탱크로 보급한다. 연료 보급위치에 장착된 게이지는 각 탱크의 연료량을 지시하며 원하는 연료량에 도달했는지 확인해야 한다.

▲ 그림 8-14 **압력식 단일지점 연료노즐 장착작업 및 노즐 장착상태**

3) 그림 8-15와 같이 각 탱크에 장착된 플로트 스위치(float switch)는 탱크가 가득 보급되었을 때 급유 밸브(fueling valve)를 닫히게 하여 연료 보급을 중단시키는 자동차단장치의 일부분이다.

▲ 그림 8-15 **연료탱크에 장착되는 플로트 스위치**

4) 연료 보급 시에는 예방 조치를 취해야 한다. 가장 중요한 것은 항공기에 적합한 연료를 보급하는 것이다. 사용되는 연료의 종류는 중력식 날개 위 급유 방식에서는 주입구 근처에, 압력급유 방식 항공기는 연료 보급위치에 게시되어 있다. 만약 사용하려는 연료에 어떤 문제점이 있다면, 기장, 전문가, 또는 제작사 정비매뉴얼, 제작사 운영매뉴얼에 따라 급유를 진행하기 전에 수정되어야 한다. 터빈엔진연료에 대한 날개 위 급유의 급유노즐은 가솔린을 사용하는 항공기의 연료 주입구에 들어갈 수 없도록 아주 커야 한다.

5) 날개 위에서 급유할 때는 주입구 주변을 깨끗하게 하고, 연료 노즐도 깨끗한지 확인해야 한다. 그림 8-16과 같이, 항공연료 노즐은 연료마개를 열기 전에 항공기에 접지되어야 하는 정전기 접지 선(bonding wire)을 갖추고 있다. 연료를 분사할 준비가 되면 마개를 열고, 주의깊게 주입구 안으로 노즐을 삽입한다. 연료 노즐은 탱크 밑면에 부딪칠 정도로 깊게 삽입하지 않는다.

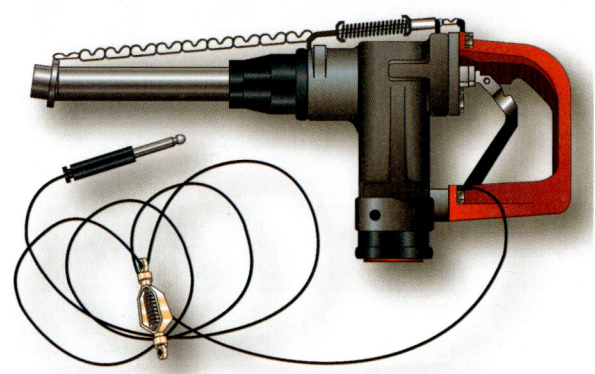

▲ 그림 8-16 AVGAS 연료 보급노즐과 지상접지선

▲ 그림 8-17 세스나 항공기 날개 위 연료 보급 장면

만약 일체형 연료탱크라면 탱크, 또는 항공기 외피를 움푹 들어가게 할 수도 있다. 무거운 연료 호스에 의해 기체 표면에 손상을 방지하기 위해 주의사항을 훈련한다. 그림 8-17과 같이, 어깨 위에 호스를 걸치거나 또는 페인트를 보호하기 위해 급유 매트(mat)를 사용한다.

6) 그림 8-18과 같이, 항공기 연료 주입구(receptacle)는 급유 밸브 어셈블리(fueling valve assembly)의 일부분이다. 연료 보급노즐을 적절하게 연결하여 고정시키면 플런저(plunger)가 연료가 밸브를 통해 주입될 수 있도록 항공기 밸브를 열어준다. 정상적으로 모든 탱크는 한 지점에서 연료가 보급될 수 있다. 항공기 연료계통에 있는 밸브는 연료가 적절하게 탱크 안으로 들어가도록 연료 보급소에서 제어된다. 연료 트럭의 급유펌프가 발생하는 압력은 연료를 주입하기 전에 항공기에 적합한 압력인지 확인한다. 압력 급유패널(pressure refueling panel)과 그들의 조작은 항공기에 따라 차이가 있으므로 급유 작업자는 각 급유패널(panel)의 정확한 사용법을 알고 사용해야 한다.

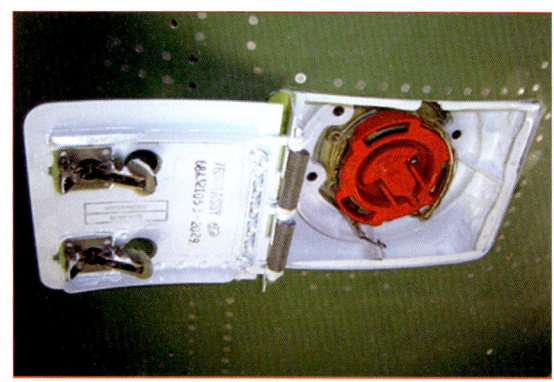

▲ 그림 8-18 항공기 연료 압력 급유구

7) 연료 트럭으로부터 연료를 보급할 때에는 예방조치가 취해져야 한다. 만약 트럭을 지속적으로 사용하지 않았다면, 모든 배수조(sump)는 트럭이 이동하기 전에 배출되어야 하고, 연료가 투명하고 깨끗한지 육안으로 검사해야 한다. 터빈연료는 만약 연료 트럭의 탱크가 방금 채워졌거나 트럭이 공항의 울퉁불퉁한 도로를 주행했다면 연료가 안정되도록 몇 시간 정도 기다려야 한다. 연료 트럭은 항공기로 천천히 접근해야 하며, 급유를 위한 위치로 맞추어 놓는다. 트럭은 날개에 나란히 그리고 가능하면 동체의 앞쪽에 주기되어야 한다. 항공기쪽으로의 역행은 피한다. 파킹 브레이크(parking brake)를 잡고 바퀴(wheel)를 고임목으로 고인(chock) 후 트럭에서 항공기로 정전기 접지선(bonding cable)을 연결한다. 이 케이블은 전형적으로 트럭에 설치된 릴(reel)에 감겨 있다.

8) 만약 급유지점(refuel point)이 지상에 서서 접근할 수 없다면 사다리를 사용한다. 만약 항공기의 날개 위에서 걸을 필요가 있다면 오직 지정된 구역에서만 가능하다.

9) 주입기 노즐은 중요하게 다루어져야 할 하나의 도구이다. 에이프런(apron)에 떨어뜨리거나 또는 끌리지 않아야 한다. 대부분 노즐에는 먼지 마개가 부착되어 있는데 실제 연료를 보급하는 동안에는 제거해야 하고 그다음 바로 잠가야 한다. 노즐은 연료의 오염을 방지하기 위해 깨끗해야 하며, 연료가 누출되면 안 된다. 연료 보급 시에 주입기 노즐은 주입구의 목 부분에 일정하게 접촉이 유지되도록 해야 한다. 연료 보급이 완료되면 모든 연료마개의 상태를 이중점검하고 접지선이 제거되었는지 확인한다.

8.1.1.7 배유(De-fueling)

1) 때때로 정비, 검사 또는 오염으로 인해 연료탱크의 연료를 제거해야 하는 경우가 생긴다. 또는 비행계획이 변경되어 배유가 필요하게 된다. 배유에 대한 안전절차는 급유 절차와 동일하다. 배유는 항상 격납고(hangar) 안이 아닌 외부에서 수행해야 한다. 소화기는 가까이에 비치해야 하고, 접지선을 설치해야 한다. 배유는 경험자에 의해 수행되어야 하며, 비경험자는 수행 전에 배유 절차에 대하여 점검해야 한다.

2) 기체구조의 손상을 방지하기 위해 연료 보급 시와 마찬가지로 배유 시에도 탱크에 따라 순서가 있다. 의심스러우면 제작사 정비매뉴얼, 제작사 운영매뉴얼을 참고한다.

3) 압력 연료 보급방식 항공기는 정상적으로 연료 주입구를 통해 연료를 배유한다. 배유 방법에는 두 가지 방법이 있다. 항공기의 탱크 내 승압펌프를 이용하여 밖으로 연료를 배유하는 압력(pressure) 배유와 연료 트럭의 펌프를 이용하여 연료를 밖으로 뽑아내는 흡입(suction) 배유가 있다. 그 외 날개 위로 연료를 보급하는 소형 항공기는 정상적으로 탱크 배수관(tank sump drain)을 통해 중력에 의해 배유하는데, 이 방법은 대형기에는 시간이 많이 걸려 비실용적이다.
4) 탱크에서 배유한 연료를 어떻게 처리해야 하는지는 몇 가지 절차에 따른다. 첫 번째, 만약 탱크가 연료 오염 또는 의심스러운 오염으로 인하여 배유되었다면 다른 연료와 혼합되지 않도록 격리된 용기에 저장되어야 한다. 두 번째, 제작사는 배유된 정상적인 연료를 재사용할 수 있는지 그리고 어떤 종류의 저장용기를 사용해야 하는지에 대한 필요조건을 명시한다. 무엇보다도, 항공기에서 제거된 연료는 어떤 다른 종류의 연료와 혼합되지 않아야 한다.
5) 대형 항공기는 정비 목적으로 배유가 필요할 때에는 배유 과정을 피하기 위해 정비를 요하는 탱크의 연료를 다른 탱크로 이송(transfer)시킬 수 있다.

8.1.1.8 급유나 배유 시 화재위험(Fire Hazard When Fueling or De-fueling)

1) 항공용 가솔린(AVGAS)과 터빈엔진연료의 가연성 성질 때문에 급유나 배유 시에 화재에 대한 예방 조치를 확실히 해야 한다. 격납고 안에서의 급유나 배유는 금하고, 급유 작업자가 입은 옷은 정전기를 발생시키는 나일론과 같은 합성섬유는 피하고 면직물(cotton)로 된 옷을 입어야 한다.
2) 화재를 유발하는 세 가지 조건 중 제어 가능한 것은 발화원(source of ignition)이다. 연료 보급 또는 배유 시에 항공기 주위에 발화원이 없도록 해야 하며, 어떤 전기장치도 작동해선 안 된다. 전파(radio)와 레이더(radar) 사용은 금지되어야 한다.
3) 엎지른 연료는 빠르게 기화하기 때문에 화재위험이 크다. 소량의 유출은 곧바로 닦아내고, 램프에 엎지른 연료를 쓸어 한곳으로 모으지 말아야 한다.
4) 급유 시나 배유 시에 class B 소화기를 가까운 곳에 비치하고, 연료작업자는 소화기가 어디에 있고 어떻게 사용하는지 정확하게 알아야 한다. 비상 시에 연료 트럭은 빨리 항공기로부터 멀리 이동할 수 있도록 항공기 주변의 정확한 위치에 주기되어야 한다.

8.1.2 항공유의 종류(Type of Aviation Fuel) 및 차이점

1) 각각의 항공기 엔진은 오직 제작사에 의해 명시된 연료를 사용해야 한다. 혼합 연료는 허용되지 않는다. 항공유의 종류에는 가솔린(gasoline) 또는 항공용 가솔린(AVGAS, aviation gasoline)이라고 알려진 왕복엔진 연료와 제트 연료(jet fuel) 또는 케로신(kerosene)이라고 알려진 터빈엔진 연료(Turbin-engine fuel) 두 가지가 있다.
2) 항공 연료의 특징은 다음과 같다.
   ① 발열량이 커야 하고, 휘발성이 좋으며 증기폐색(vapor lock)을 일으키지 않아야 한다.
   ② 안티 노킹(anti-knocking)값이 커야 한다.

③ 안정성이 좋아야 하고, 부식성이 적어야 한다.
④ 저온에 강해야 한다.

8.1.2.1 왕복엔진 연료(Reciprocating Engine Fuel- AVGAS)

왕복엔진은 AVGAS라고 알려진 가솔린을 사용한다. AVGAS는 휘발성이 큰 물질이고 극히 인화성 물질이다. 반면 터빈 연료는 인화점(flash point)이 높기 때문에 인화성이 상대적으로 낮은 케로신형 연료를 사용한다. 일부 항공기에서는 자동차에 사용되는 디젤엔진과 같은 왕복엔진을 장착하여 AVGAS가 아닌 터빈엔진 연료를 사용하기도 한다.

1) 휘발성(Volatility)

왕복엔진은 휘발성이 좋은 연료가 요구된다. 액체 가솔린은 엔진에서 연소가 잘 되도록 기화기에서 기화시켜야 한다. 저휘발성 연료는 느리게 기화되어 엔진시동을 힘들게 하며 불충분한 가속의 원인이 될 수 있다. 그러나 휘발성이 너무 높으면 이상폭발(detonation)과 증기폐색(vapor lock)의 원인이 될 수 있다.

AVGAS는 서로 다른 비등점(boiling point)과 휘발성을 갖는 여러 탄화수소 화합물의 혼합물이다.

2) 증기폐색(Vapor Lock)

연료관에서 가솔린의 증발에 의한 기포는 엔진으로 들어가는 가솔린의 양을 감소시키고 어떤 경우에는 엔진을 정지시키는 원인이 되기도 한다. 이러한 현상을 증기폐색이라 한다. 이것은 주로 엔진구동식 연료펌프를 갖춘 엔진에서 따뜻한 날에 발생한다. 이 경우, 액체연료는 조기에 기화하고 기화기로 액체 연료의 흐름을 차단한다.

항공기 가솔린은 100°F에서 5.5~7psi 사이의 증기압을 갖도록 정제된다. 증기폐색을 방지하기 위한 가장 일반적인 것이 액체연료에 압력을 가해 엔진으로 보내주는 연료탱크에 장착된 승압펌프(boost pump)의 사용이다.

3) 이상폭발(Detonation)

이상폭발은 왕복엔진의 실린더 내부에서 발생하는 폭발의 일종으로 실린더 내의 연료-공기 혼합기의 압력과 온도가 임계점을 초과하면 나타나는 폭발 현상이다. 실린더 내부에서 압력이 상승하면 불꽃이 실린더 헤드쪽으로 움직이고 이때 미연소된 연료-공기 혼합기가 폭발하면서 거의 순간적으로 에너지가 떨어지는 현상으로 실린더 헤드의 온도가 상승하고, 피스톤이나 헤드에 파손을 일으키는 원인이 되며, 이때에는 속도가 음속을 넘기 때문에 굉장한 소리가 난다. 이 소리를 노킹(knocking) 현상이라 한다.

4) 표면점화 및 조기점화(Surface Ignition and Pre-ignition)

표면점화는 조기점화라고 하며, 연소실 내부의 국부적 또는 전체 표면의 과열에 의하여 연료-공기 혼합기가 점화시기 이전에 연소를 시작하는 형태를 말하며, 이러한 현상은 일반적으로 점화플러그의 전극, 배기밸브의 과열 또는 탄소찌꺼기가 어떤 부품에 붙어 미세한 불씨를 가지고 있는 상태에서 흡입행정으로 새로운 혼합기가 들어올 때 발생한다. 그림 8-19와 같이, 반복되

▲ 그림 8-19 조기점화 또는 이상폭발에 의한 엔진 피스톤 손상 상태

는 조기점화는 중대한 엔진 손상과 엔진 고장의 원인이 될 수 있다. 정비사는 올바른 연료가 사용되고 있는지, 그리고 엔진은 올바르게 작동되고 있는지 확인해야 한다.

5) 옥탄과 성능지수(Octane and Performance Number Rating)

옥탄과 성능지수는 엔진 실린더 안으로 들어가는 연료 혼합기의 안티노크(anti-knock) 값이라 할 수 있다. 항공기 엔진에 사용하는 연료는 높은 출력을 내야 하기 때문에 폭발이 일어나지 않는 상태에서 최대의 출력을 얻기 위하여 높은 옥탄의 연료를 사용하게 된다.

항공연료의 등급은 grad 100/130과 같이 두 가지 숫자로 나타내며 첫 번째 숫자 100은 희박-혼합비 등급(lean-mixture rating)이고, 두 번째 숫자 130은 농후-혼합비 등급(rich-mixture rating)을 의미한다. 항공연료를 다른 등급으로 표시하는 방법은 100까지는 옥탄번호로 나타내고 있으며, 옥탄번호계통은 연료 속에 함유된 이소 옥탄(iso-octane/C_8H_{18})과 정 헵탄(normal heptane/C_7H_{16})의 혼합비율을 기초로 하고 있다. 어떤 연료의 이소 옥탄만으로 이루어진 표준 연료의 안티노크성을 옥탄 100으로 정하고, 정 헵탄 만으로 이루어진 표준연료의 안티노크성을 옥탄 0으로 하여 표준 연료 속의 이소 옥탄의 체적비율을 백분율로 표시한 것을 옥탄값이라 한다.

예로서 어떤 연료의 옥탄가가 97이라 할 때 이 연료 중에 이소옥탄이 97%가 혼합되었다는 것이 아니라 97%의 이소옥탄과 3%의 정 헵탄이 혼합된 시험연료가 표준연료의 노킹 압축비와 동일한 압축비에서 노킹이 발생했다면 이 연료를 옥탄가 97이라 한다.

연료의 성능지수란 어떤 엔진이 순수한 이소옥탄만으로 노킹 없이 100% 출력이 1,000마력이었다고 했을 경우에, 100옥탄의 연료를 사용했을 경우 노킹 발생 없이 1.3배의 출력(1,300마력)을 얻었다고 하면 이 연료는 성능지수 130의 연료라 할 수 있다.

이러한 항공 연료에는 연료성능지수를 증가시키기 위한 안티노크(anti-knock)제를 사용하며, 이 성분은 일반적으로 4에틸 납(TEL: tetraethyl lead)을 사용하고 있다. 그러나 납 성분이 인체에 미치는 영향이 크기 때문에 주의가 필요하다.

6) 연료의 식별(Fuel Identification)

항공기 제작사와 엔진 제작사는 각각의 항공기와 엔진에 대해 인가된 연료를 명시한다. 가솔린은 4에틸 납(lead)이 함유되었을 때에는 색으로 표시하도록 법으로 규정하고 있다. 등급 100의

납 성분이 적은(low-lead) 항공용 가솔린의 색은 청색이고, 납 성분이 많은(high-lead) 것은 녹색이다. 80/87 AVGAS는 사용되지 않으며, 82UL(unleaded) AVGAS는 보라색이다.
등급 115/145 AVGAS는 2차 세계대전 시에 대형, 고성능 왕복엔진을 위해 설계된 연료이다. 115/145의 가솔린을 사용하려면 먼저 사용하던 모든 호스를 교환해야 하고, 연료계통 및 엔진 연료계통의 부품을 flush해야 한다.
모든 등급(grade)의 제트연료는 무색이거나 담황색(straw color) 으로 AVGAS와 구별된다. 그림 8-20은 칼라코드 연료라벨(color-coded fuel labeling)의 예를 보여준다.

Fuel Type and Grade	Color of Fuel	Equipment Control Color	Pipe Banding and Marking	Refueler Decal
AVGAS 82UL	Purple	82UL AVGAS	AVGAS 82UL	82UL AVGAS
AVGAS 100	Green	100 AVGAS	AVGAS 100	100 AVGAS
AVGAS 100LL	Blue	100LL AVGAS	AVGAS 100LL	100LL AVGAS
JET A	Colorless or straw	JET A	JET A	JET A
JET A-1	Colorless or straw	JET A-1	JET A-1	JET A-1
JET B	Colorless or straw	JET B	JET B	JET B

▲ 그림 8-20 연료 관련 부품에 부착되는 라벨의 컬러코드

8.1.2.2 터빈엔진 연료(Turbin Engine Fuel)

터빈엔진을 장착한 항공기는 왕복항공기 엔진과 다른 연료를 사용한다. 일반적으로 제트 연료라고 알려진 터빈엔진 연료는 터빈엔진을 위해 설계되었고, 절대로 항공가솔린(AVGAS)과 혼합되거나 왕복항공기 엔진 연료계통에 사용되지 않아야 된다.
터빈엔진 연료의 특성은 항공 가솔린과 매우 다르다. 터빈엔진 연료는 AVGAS보다 아주 더 낮은 휘발성, 더 높은 비등점(boiling point)과 점성을 가지고 있는 탄화수소 화합물이다. 그림 8-21은 원유를 증류할 때의 과정을 보여준다. 제트연료로 제조되는 케로신 컷(kerosene cut-석유정제 등에 의한 유분)은 나프타(naphtha)나 가솔린 컷(gasoline cut)보다 더 높은 온도에서 만들어진다.

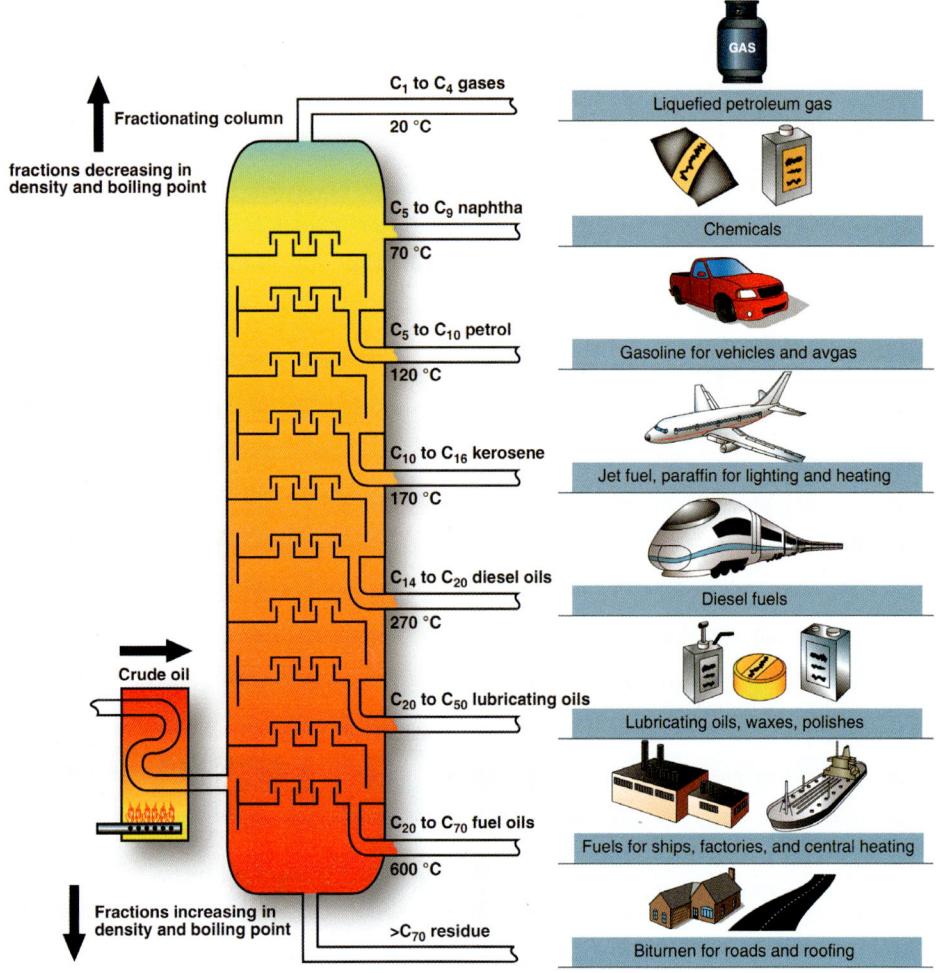

▲ 그림 8-21 원유 증류 과정

8.1.2.2.1 터빈엔진의 연료 종류(Turbine Engine Fuel Type)

기본적인 터빈엔진 연료 종류에는 JET A, JET A-1, JET B가 있다. JET A는 미국에서 가장 일반적으로 쓰인다. 전 세계적으로는 JET A-1이 가장 대중적이다. JET A와 JET A-1 모두 기능적으로 케로신(kerosine) 종류에서 증류된다. 이들은 저휘발성과 저증기압을 갖는다. 인화점(flash-point)은 110~150°F의 범위에 있다. JET A의 어는점은 -40°F이고, JET A-1은 -52.6°F에서 빙결된다. 대부분 엔진운영 매뉴얼은 JET A나 JET A-1의 사용을 허용한다.

세 번째 종류는 JET B이다. JET B는 기본적으로 케로신과 가솔린의 혼합물인 와이드-컷 연료(wide-cut fuel)이다. JET B의 휘발성과 증기압은 JET A와 AVGAS 사이에 있다. JET B는 어는점이 낮아(약 -58°F) 주로 알래스카와 캐나다에서 이용된다.

8.1.2.2.2 터빈엔진 연료의 문제점(Turbin Engine Fuel Issue)

터빈엔진 연료의 순도에 영향을 주는 요소는 물과 연료 속의 미생물(microbe)이다. 제트 연료에 있는 다량의 물은 미생물을 결집하게 하고, 성장하게 한다. 터빈엔진 연료는 항상 물을 함유하고 있기 때문에, 미생물 오염은 늘 위협적인 요소이다. 이들 미생물은 여과장치를 막히게 할 수 있고, 탱크의 도료(coating)를 부식시킬 수 있고, 그리고 연료의 질을 떨어트릴 수 있는 미생물 막을 형성한다. 그림 8-22와 같이, 연료에 미생물 제거제(biocide)를 추가하여 어느 정도 제어할 수 있다. 그러나 최상의 방법은 연료에 물의 함유를 최소화하는 것이다.

연료를 오랫동안 저장탱크에 놔두는 것은 피한다. 탱크 내에 고여 있는 물은 배수하고 배수된 물은 주기적으로 검사한다. 연료 취급절차와 연료계통 정비에 대한 제작사지침서를 따라야 한다.

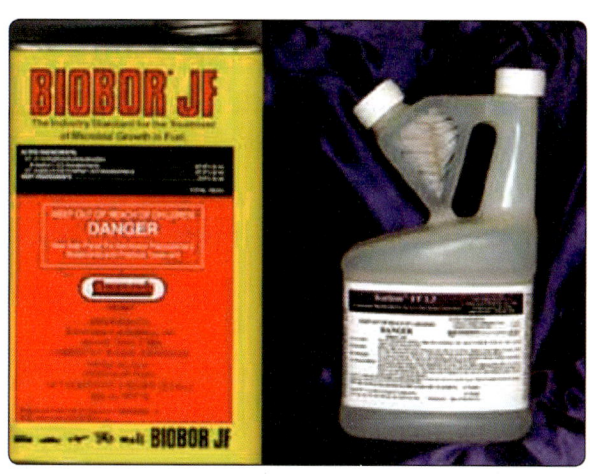

▲ 그림 8-22 제트 연료에 사용되는 미생물 제거제

8.2.1 연료탱크(Fuel Tank)의 구조, 종류

항공기 연료탱크에는 세 가지 기본적인 형태가 있는데, 경식 분리형 탱크(rigid removable tank), 부낭형 탱크(bladder tank), 그리고 일체형 연료탱크(integral fuel tank)이다. 탱크는 일반적으로 통기관(vent line)을 통하여 통풍이 되도록 제작된다. 연료탱크의 밑면에는 침전된 오염물질과 물을 배출하는 배수조(sump)가 있다. 그림 8-23과 같이, 배수조는 비행 전 walk-around 검사 시 불순물 및 물을 제거하기 위해 사용되는 배출 밸브를 갖추고 있다. 대부분 항공기 연료탱크 내에는 항공기의 자세 변화에 의한 연료의 자유로운 이동을 막기 위한 배플(baffle)이 장착되어 있다.

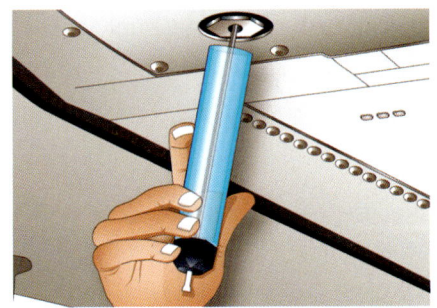

▲ 그림 8-23 연료탱크 배출 밸브에서의 Sump Drain

8.2.1.1 경식 분리형탱크(Rigid Removable Fuel Tank)

경식 탱크는 전형적으로 3003 또는 5052 알루미늄 합금 또는 스테인리스강을 용접하거나 리벳을 사용하여 제작된다. 기체구조에 끈으로 묶어 고정된다. 경식 분리형 연료탱크는 만약 탱크의 연료 누출이나 고장이 일어나면 장탈하여 수리할 수 있어 편리한 장점이 있다. 그림 8-24에서는 전형적인 경식 분리형 연료탱크의 주요부분을 보여준다.

그림 8-25에서는 수지(resin)와 복합재료(composite)로 조립된 초경량 항공기의 경식 분리형 연료탱크를 보여준다. 이런 종류의 탱크는 이음매가 없는 경량구조로, 앞으로 많이 사용될 것으로 예상된다.

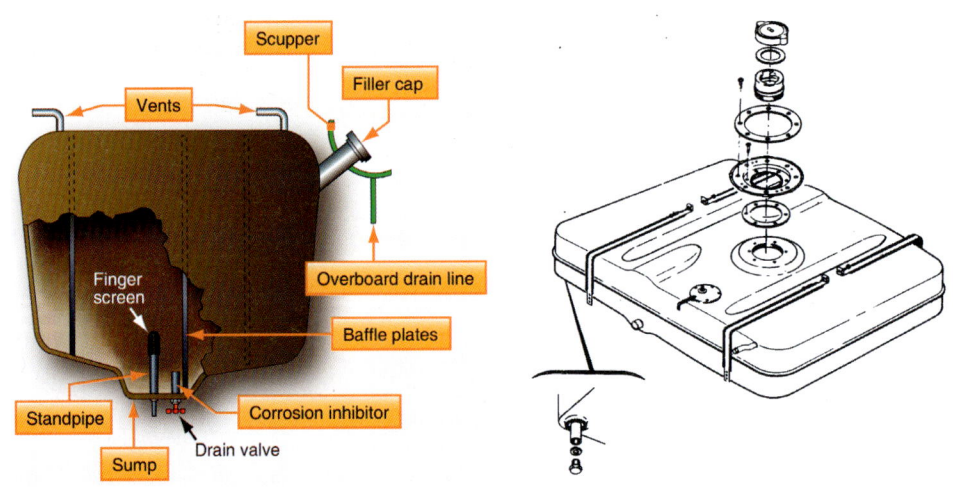

▲ 그림 8-24 경식 분리형 연료탱크

▲ 그림 8-25 초경량 항공기에 사용되는 복합재료 연료탱크

8.2.1.2 부낭형 탱크(Bladder Fuel Tank)

그림 8-26과 같이, 부낭형 탱크는 강화 열가소성 재료로 만들며 경식 탱크를 대신하여 사용되기도 한다. 이 탱크는 클립이나 다른 고정장치로 기체 구조물에 부착한다. 탱크는 장착 공간에서 매끄럽게 주름이 펴진 상태로 놓여야 한다. 특히 바닥면에 주름은 없어야 한다. 배수구 안에 연료 오염물질이 침전되는 원인이 되기 때문이다.

(a) 부낭형 탱크 장탈 상태

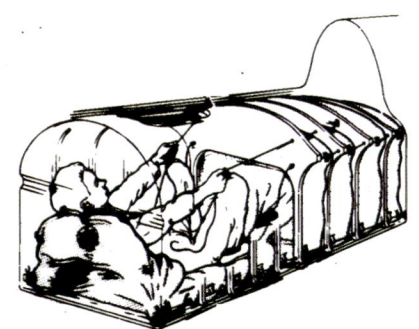

(b) 부낭형 연료탱크 장착 장면

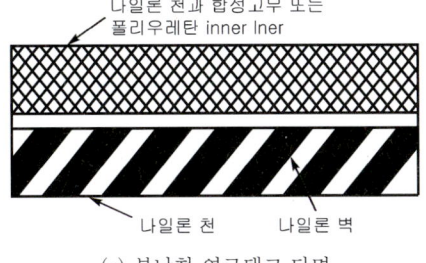

(c) 부낭형 연료탱크 단면

▲ 그림 8-26 항공기용 부낭형 연료탱크

부낭형 연료탱크는 모든 크기의 항공기에서 사용되며 튼튼하고 긴 수명을 갖고 있다. 부낭형 탱크에 누출이 발생하면 제작사지침서에 따라 누출 부위를 덧대어 수리할 수 있다. 탱크에 연료 없이 부낭형 탱크를 오랜 기간 동안 보관하기 위해서 깨끗한 엔진오일로 내부를 코팅하는 것이 일반적이다.

8.2.1.3 일체형 연료탱크(Integral Fuel Tank)

많은 운송용 항공기와 고성능 항공기는 날개 또는 동체 구조물의 일부분을 연료탱크로 사용하기 위해 밀봉제(sealant)로 밀봉되어 있다. 밀봉된 외판(skin)과 기체 구조물은 연료탱크의 용도를 위해 추가되는 구조물 없이 가장 넓은 공간을 마련한다. 즉, 기체구조(airframe structure) 내에 구성부분을 탱크로 사용하기 때문에 이를 일체형 연료탱크라고 부른다.

그림 8-27과 같이, 항공기의 자세변화로 인한 급격한 연료의 이동을 막기 위해 배플(baffle)을 필요로 한다. 배플 체크 밸브(baffle check valve)는 항공기 자세 변화에 관계없이 탱크의 낮은 부위에 장착된 연료펌프의 흡입구가 항상 연료에 잠겨 있게 해준다.

그림 8-28의 A와 같이, 일체형 연료탱크는 탱크와 연료량 지시 계통을 위한 구성품 및 탱크 내부의 장착된 다른 구성품의 검사와 수리를 위해 접근판(access panel)을 갖추고 있다. 대형 항공기는 정비사가 정비를 위해 접근판을 통해 탱크에 들어간다. 접근판은 O-링과 정전기 방지를 위해

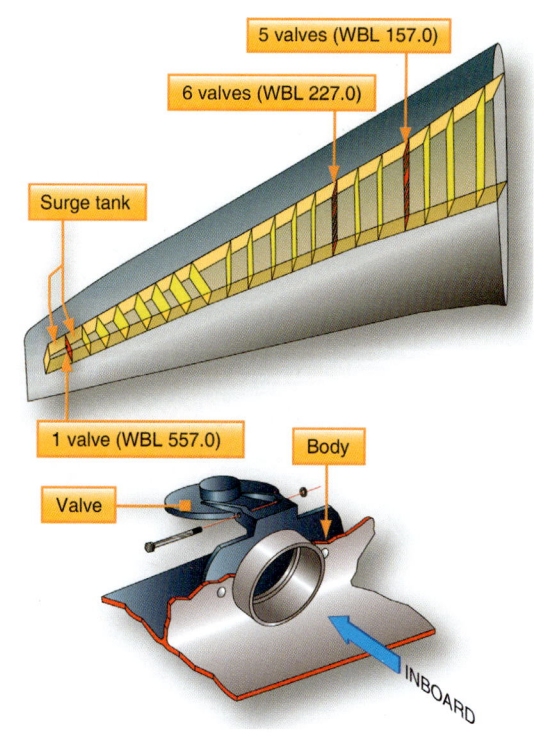

▲ 그림 8-27 배플 체크 밸브가 장착된 보잉 737 항공기 일체형 탱크

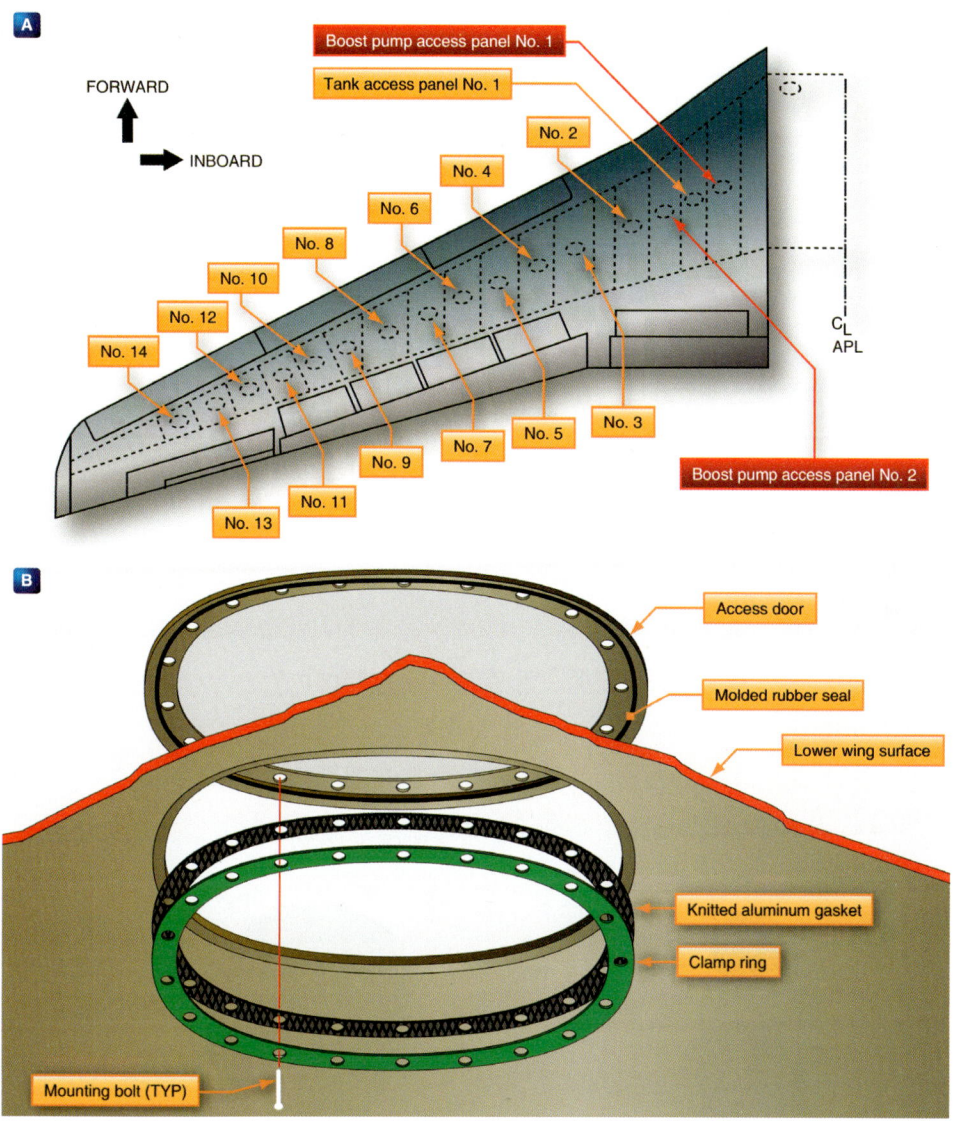

▲ 그림 8-28 B-737 항공기 연료탱크 점검패널 위치

알루미늄 개스킷(gasket)으로 각각 밀봉되어 있다. 그림 8-28의 B와 같이 바깥 클램프 링(clamp ring)은 스크루로 안쪽 패널(panel)에 장착된다.

일체형 연료탱크 내부를 정비하기 전에 탱크 내의 모든 연료는 비워야 하고 엄격한 안전절차를 따라야 한다. 연료증기는 탱크 밖으로 빼내야 하고(purging) 호흡장비를 사용해야 하며 탱크 밖에서 탱크 내부 작업자를 항상 관찰해야 한다.

8.2.2 누출(Leak) 시 처리 및 수리방법

8.2.2.1 누출과 결함의 위치(Location of Leaks and Defects)

연료계통에서 누출(leak) 또는 결함이 의심되면 근접육안검사를 실시해야 한다. 누출은 종종 2개의 연료관 또는 연료관과 구성요소의 연결지점에서 발견할 수 있다. 이따금 연료 누출은 연료탱크나 구성요소 자체 내부에서 일어난다. 새어 나오는 연료는 자국을 만들고 냄새를 유발한다. 가솔린은 색깔에 의해 육안으로 확인할 수 있다. 제트연료는 처음에는 탐지하기 어렵지만, 기화성이 낮아 다른 주변보다 많은 불순물과 먼지로 확인할 수 있다.

연료 증기가 있는 곳에서 연료가 새어나올 때 화재 또는 폭발의 잠재력이 있어 비행 전에 수리되어야 한다. 점화의 위험이 없는 외부누출에 대한 수리는 다음으로 미뤄질 수 있다. 그러나 누출의 근원을 알아야 하고, 악화될 가능성이 없는지 확인해야 하며 계속 감시하여야 한다. 연료 누출의 수리와 감항성이 유지되기 위한 필요조건은 항공기 제작사지침서를 따른다. 정밀육안검사로 결함을 확인할 수도 있다.

8.2.2.2 연료 누출의 분류(Fuel Leak Classification)

그림 8-29와 같이, 항공기 연료 누출에는 기본적으로 네 가지로 분류되는데, 분류 기준은 30분간 누출된 연료의 표면적이 사용된다. 면적이 직경으로 3/4 inch 이하의 누출을 얼룩(stain)이라고 말한다. 면적이 직경으로 $3/4 \sim 1\frac{1}{2}$ inch인 누출을 스며 나옴(seep)으로 분류한다. 많은 량이 스며 나옴(heavy seep)은 직경으로 $1\frac{1}{2} \sim 4$ inch 면적을 형성할 때이고, 흐르는 누출(running leak)은 실제로 항공기로부터 연료가 떨어지는 상태를 말한다.

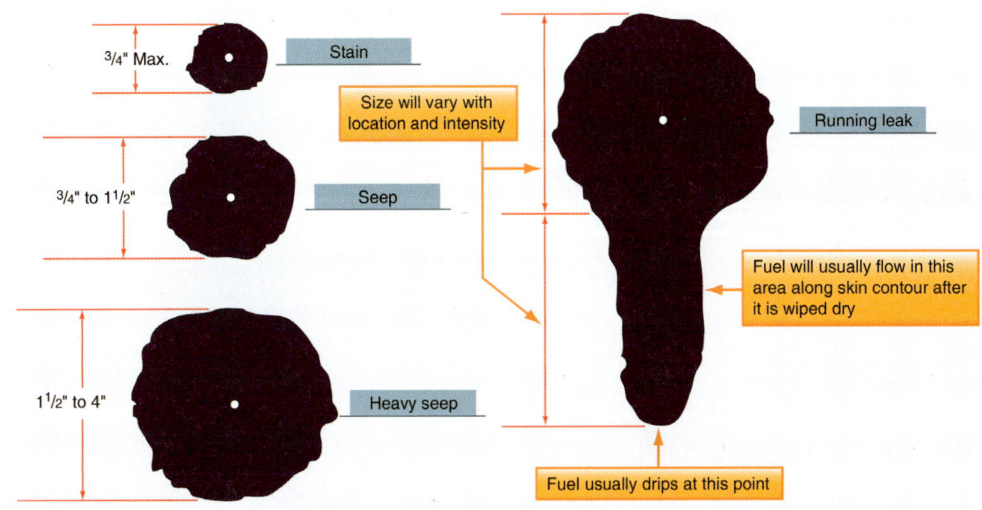

▲ 그림 8-29 **연료 누출의 분류**

8.2.2.3 개스킷, 시일 및 패킹의 교체(Replacement of Gasket, Seal, and Packing)

누출은 가끔 개스킷 또는 시일을 교체하여 수리할 수 있다. 또한, 연료계통의 구성요소를 교체하거나 재조립할 때에도 새로운 개스킷, 시일, 또는 패킹이 장착되어야 한다. 항상 매뉴얼에 표시된 정확한 부품번호(part number)로 교체를 하였는지 확인한다. 또한, 대부분 개스킷, 시일, 그리고 패킹은 제한된 유통기한(shelf life)을 갖는다. 오직 포장지에 날인된 사용기간(service life) 이내에 있는 경우에만 사용해야 한다.

원래의(old) 개스킷을 완전히 떼어내고, 모든 접합면을 깨끗이 하고 검사한다. 새로운 개스킷과 실에 흠이 없는지 검사한다. 세척절차와 교체 시에 어떠한 밀봉제를 바르는 것이 필요한지는 제작사지침서에 따른다. 개스킷과 실을 교체한 후 구성품을 장착할 때에는 장착 볼트들을 동일한 토크(torque)로 장착하여 개스킷 또는 시일이 손상되지 않도록 해야 한다.

8.2.2.4 연료탱크 수리(Fuel Tank Repair)

경식 분리형탱크, 부낭형 탱크, 또는 일체형 연료탱크(integral fuel tank) 등의 모든 연료탱크는 누출의 잠재성을 갖고 있다. 모든 종류의 탱크를 수리할 때에는 수리된 사항을 기록하고, 철저한 검사가 이루어져야 한다. 물과 미생물에 의해 발생하는 부식은 비록 그것이 누출의 원인이 아니더라도 탱크 수리 시에 확인되어야 하고 처리되어야 한다.

경식 분리형 탱크는 리벳이 사용되거나 용접이나 납땜이 사용될 수 있다. 누출은 접합부(seam)에서 나타날 수 있거나 또는 탱크의 다른 곳에서 생길 수 있다. 일반적으로 수리는 탱크의 구조와 기술적으로 조화되게 수행해야 한다.

심각하지 않은 연료의 스며나오는 누출(seepage)이 발생하는 일부 금속 연료탱크는 슬로싱 절차(sloshing procedure)로 수리할 수 있다. 인가된 슬로싱 화합물(sloshing compound)을 탱크에 쏟아부어 화합물이 탱크의 내부 표면을 덮도록 탱크를 움직인다. 그다음 불필요한 화합물은 따라내고 탱크에 있는 화합물을 명시된 시간 동안 경화시킨다. 탱크 접합부의 작은 틈새와 탱크의 간단한 수리는 이 방식으로 수리된다. 화합물은 일단 마르면 연료에 내성을 갖는다.

8.2.2.4.1 용접탱크(Welded Tank)

연료탱크는 강(steel)이나 용접할 수 있는 알루미늄으로 제작되는데, 수리를 위해 항공기에서 탱크를 떼어낸다. 탱크가 용접되기 전에 탱크에 남아있는 연료증기는 완전히 제거되어야 한다. 연료증기가 점화되어 폭발을 방지하기 위함이다. 탱크를 정화(purging)시키는 일반적인 방법에는 증기세척(steam cleaning), 뜨거운 물로 정화(hot water purging), 그리고 불활성가스 정화(inert gas purging)가 있다. 대부분 절차는 일정한 시기 동안 탱크를 증기, 물, 또는 가스로 가득 채우는 것이 필요하다. 탱크의 정화는 제작사의 절차를 따른다.

접합부 또는 손상된 부분이 용접된 후, 탱크 안에 떨어진 용제(flux)나 부스러기는 물 세척과 산 용액(acid solution)을 사용하여 완전히 제거해야 한다. 수리 후 누출점검(leak check)은 용접된 부위를 따라 두드려서 소리로 확인한다. 또는, 탱크를 일정한 공기로 가압하여 모든 접합부와 수리된 부분에 비누용제를 사용하여 누출점검을 수행한다. 거품형성은 공기가 새어나오는 것을 의미한다. 누출점검을 위한 공기압은 매우 낮으며, 1.5~3.5psi가 일반적이다. 탱크를 변형시킬 수 있거나 또는 손상시킬 수 있는 과도한 공기압을 방지하기 위해 정밀한 압력 조절기와 압력계를 사용한다. 대개 장착될 때 항공기 기체 구조물에 의해 지지되는 탱크는 가압 전에 기체에 지지시키거나 장착되어야 한다.

8.2.2.4.2 리벳탱크(Riveted Tank)

리벳이 있는 탱크(riveted tank)는 리벳을 사용하여 수리한다. 접합부와 리벳은 연료 누출을 없애기 위해 조립 시에 연료에 강한 화합물로 코팅(coating)한다. 이는 패치수리(patch repair) 시나, 또는 접합부에서 리벳을 교체하는 수리를 할 때 수행된다. 일부 심각하지 않은 누출수리는 단지 화합물을 덧대어 수리한다. 사용된 화합물은 열에 민감할 수 있으므로 뜨거운 물이나 증기로 정화할 때 일어날 수 있는 화합물의 퇴화를 방지하기 위해 불활성 가스 정화를 사용한다. 모든 수리는 감항성을 보증하기 위해 제작사지침서에 따라야 한다.

8.2.2.4.3 납땜탱크(Soldered Tank)

납땜(soldering)으로 조립된 턴플레이트(terneplate, 주석 1, 납 4 비율의 합금을 입힌 강판)로 된 항공기 연료탱크는 납땜으로 수리된다. 모든 패치(patch)는 손상 부위를 최소한으로 겹치게 해야 한다. 납땜할 때 사용된 용제(flux)는 용접탱크에서 사용되었던 것과 유사한 기법으로 수리 후 탱크에서 제거시켜야 한다. 수리 절차는 제작사지침서를 따른다.

8.2.2.4.4 부낭형 탱크(Bladder Tank)

부낭형 연료탱크의 연료 누출은 수리할 수 있다. 가장 흔히 이 탱크는 패치(patch), 접착제, 그리고 제작사에 의해 승인된 방법으로 패치를 대어 수리한다. 납땜탱크처럼 패치는 손상영역과 필요한 만큼의 겹쳐진 부분을 가져야 한다. 부낭을 완전히 관통한 손상은 내부패치뿐만 아니라 외부패치로 수리한다.

합성 부낭형 탱크는 제한된 사용기간(service life)을 갖는다. 부낭형 탱크는 보통 부낭재료의 건조와 균열(crack)을 방지하기 위해 항상 연료가 가득 차 있어야 한다. 일반적인 탱크의 보존과 수리에 대해서는 제작사지침서를 따른다.

8.2.2.4.5 일체형 탱크(Integral Tank)

일체형 탱크는 때때로 점검패널(access panel)에서 누출이 발생한다. 이때는 점검패널을 장탈하여 실을 교체할 수 있도록 점검패널이 장착된 연료탱크의 연료를 다른 탱크로 이송시켜야 한다. 점검패널을 장착할 때는 적절한 밀봉제(sealing compound)와 장착 볼트에 적정 토크가 필요하다.

일체형 탱크에서 다른 형태의 누출은 탱크접합부를 밀봉하기 위해 사용된 밀폐제(sealant)가 그것의 효능을 상실할 때 발생하며 이러한 누출은 누출의 위치를 찾는 데 어려움이 있고 더 많은 시간이 걸리기도 한다.

8.2.2.5 연료탱크 시험(Fuel Tank Test)

각각의 연료탱크는 진동, 관성력, 연료, 그리고 작동중 유발되는 구조하중으로 인한 고장 없이 잘 견딜 수 있어야 한다. 탱크 안쪽에 유연한 재료로 되어있는 연료탱크는 재료가 사용하는 연료에 대해 적당한 것인지를 입증해야 한다. 탱크의 총 가용용량(total usable capacity)은 적어도 30분 이상의 최대연속출력을 낼 수 있는 충분한 양이어야 한다. 각각의 일체형 연료탱크는 내부검사와 내부수리를 위한 용이함을 갖추어야 한다.

항공기 연료탱크는 비행의 모든 과정 중에 발생하는 힘에 견딜 수 있어야 한다. 여러 가지의 탱크시험기준이 있다. 주요 초점은 탱크가 언제든지 운영될 수 있도록 충분히 강한 것이고 여러 가지의 하중이 걸릴 때 변형되지 않아야 하며, 정상적으로 작동될 수 있는지 보장하는 것이다. 진동에도 누출이 없도록 진동에 강해야 한다. 탱크는 발생할 수 있는 임계조건에서 시험된다. 연료탱크를 지지하는 구조물은 비행 시에 또는 착륙할 때 발생할 수 있는 연료압력하중에 대한 임계하중을 고려하여 설계되어야 한다.

8.2.2.6 연료탱크 장착(Fuel Tank Installation)

연료탱크를 장착하는 데에는 여러 가지의 기준이 있다. 연료탱크와 엔진 방화벽 사이에는 적어도 1/2 inch의 여유 공간이 있어야 한다. 각각의 탱크는 비행기의 외부로 통기 및 배유가 되는 연료증기로부터 사람이 있는 공간과 격리되어야 한다. 여압하중은 탱크에 영향을 주지 말아야 한다. 각각의 탱크는 가연성 유동체 또는 가연성 증기의 축적을 방지하기 위해 환기되어야 하고 배출되어야 한다. 또한, 탱크에 인접한 공간도 환기되어야 하고 배출되어야 한다.

수많은 항공기는 금속 재질이 아닌 연료탱크를 갖고 있다. 부낭형 연료탱크는 조립하거나 장착할 때 기준이 있다. 금속탱크와 같이 각각의 탱크와 지지대 사이에 마찰(chafing)을 방지하기 위해 덧대어야 한다. 패딩(padding)은 연료의 흡수를 방지하도록 처리된 비흡수성이어야 한다. 그림 8-30과 같이, 부낭형 탱크에 인접한 표면은 매끄러워야 하고, 마모의 원인이 될 수 있는 돌출이 없어야 한다. 각각의 부낭형 탱크 격실(cell)의 증기 공간 내에는 어떠한 상황에서도 정압(positive pressure)이 걸려 있어야 한다.

각각의 연료탱크는 적어도 탱크용량에 2%의 팽창공간(expansion space)을 갖추어야 한다.

▲ 그림 8-30 부낭형 연료탱크 장착위치 작업 상태

8.2.2.7 연료탱크의 배수(Fuel Tank Sump)

오염이 안 된 연료를 엔진으로 공급하기 위한 첫째 조건은 연료탱크의 적절한 구조와 장착이다. 각각의 탱크는 정상적인 지상자세와 비행자세에서, 탱크 용량에 0.25%, 또는 1/16gallon의 연료를 배수할 수 있는 배수조(sump)를 갖추어야 한다. 정상 지상자세에서 각각의 연료탱크는 탱크 안에 고여 있는 물을 배수할 수 있어야 한다. 왕복엔진연료계통은 배수를 위해 접근하기 쉬운 침전물통을 갖추어야 한다. 그것의 용량은 탑재한 연료 20gallon당 1ounce의 부피이어야 한다. 정상 비행자세에서도 각각의 연료탱크 배출구는 탱크의 모든 구성품으로부터 생기는 물이 침전물통으로 배수될 수 있도록 위치되어야 한다.

8.2.2.8 연료탱크 주입기 연결부(Fuel Tank Filler Connection)

각각의 연료탱크 주입기 연결부(filler connection)는 규정된 요건에 따라 구분되어야 한다. 가솔린 연료만 사용하는 항공기는 직경 2.36 inch 이내의 주입구를 갖추어야 한다. 터빈연료항공기 주입구는 2.95 inch 이상이어야 한다. 보급 중 흘린 연료는 탱크 내부로 또는 비행기의 다른 부위로 들어가지 않아야 한다. 각각의 주입기 마개(filler cap)는 주입구로부터 연료가 새지 않도록 시일(seal)이 장착되어야 한다. 그러나 환기나 연료게이지로 가는 통로의 목적을 위해 연료탱크마개에는 작은 구멍이 있기도 하다. 연료 주입구 부위는 연료 보급 장비에 항공기를 전기적 접지(bonding)를 할 수 있어야 한다. 단, 가압연료 보급(pressure fueling) 주입구는 제외한다.

8.2.2.9 연료탱크 및 기화기 연료증기의 환기(Fuel Tank Vent and Carburetor vapor Vent)

적절한 연료흐름을 위해 각각의 연료탱크의 팽창 공간 윗부분은 환기되어야 한다. 통풍구는 얼음 또는 다른 이물질에 의해 막히지 않도록 위치하고 조립하여야 한다. 탱크의 내부와 외부 사이에 과도한 압력차를 신속하게 없애주도록 배출 용량을 고려해야 한다. 서로 연결된 배출구를 가지고 있는 탱크의 공기층 또한 서로 연결되어야 한다. 지상이나 또는 수평비행 시에 어떤 통기관(vent line)에서도 수분이 축적되어서는 안 된다.

연료탱크 통기구(vent)는 비행기가 1% 경사면을 갖는 주기장에서 어떤 방향으로 주기되어도 열팽창으로 인한 배출이 없도록 배치되어야 한다.

곡예부류 비행기(acrobatic category airplane)에서, 짧은 기간의 배면비행을 포함하는 곡예비행 시 연료의 과도한 손실은 방지되어야 한다. 곡예비행에서 정상비행으로 돌아왔을 때 통기구로부터 연료가 배출되어서는 안 된다.

8.2.2.10 연료탱크배출구(Fuel Tank Outlet)

연료탱크배출구나 승압펌프에는 연료 여과기가 있어야 한다. 왕복엔진항공기에서, 여과기는 8~16mesh/inch를 갖추어야 한다. 각각의 연료탱크배출구에 있는 여과기의 직경은 적어도 연료탱크 배출구 직경 이상이어야 한다. 여과기는 또한 검사와 청소를 위해 접근할 수 있어야 한다. 터빈엔진항공기 연료 여과기는 연료흐름을 제한시키거나 연료계통의 구성품을 손상시킬 수 있는 어떠한 이물질의 통과를 막아야 한다.

8.2.2.11 연료라인 및 피팅(Fuel Line and Fitting)

항공기 연료라인은 장소와 적용 조건에 따라 경식(rigid) 금속 튜브 또는 가요성(flexible) 호스로 나뉜다. 경식 금속 튜브는 알루미늄 합금으로 제작되며, army/navy(AN) 또는 military standard(MS) 피팅으로 연결된다. 그러나 파편(debris), 마모, 열에 의한 손상이 있을 수 있는 엔진 부위나 바퀴격실(wheel well) 내부의 연료라인은 스테인리스강 튜브를 사용하기도 한다.

그림 8-31과 같이, 가요성 호스(flexible fuel hose)는 강화 섬유 외장재(reinforcing fiber braid wrap)와 합성 고무 내장재(synthetic rubber interior)로 구성되어 있다. 그림 8-32와 같이, 일부 가요성 호스는 스테인리스강으로 짠(braided) 외면을 갖는다. 이러한 연료라인은 진동이 있는 부위에 사용된다.

▲ 그림 8-31 강화 섬유 외장재 가용성 호스

▲ 그림 8-32 스테인리스강 외장재 연료 호스

항공기 연료라인 피팅은 플레어 피팅(flared fitting)과 플레어리스 피팅(flareless fitting) 모두 사용된다. 피팅에서 누출을 방지하기 위해 과도하게 조이지(over-torqued) 않게 해야 한다.

호스는 비틀림 없이 장착되어야 하며, 모든 연료호스와 전기배선 사이에 일정한 간격이 유지되어야 한다. 연료라인에 전선을 절대로 고정시키면 안 된다. 간격 유지가 불가능할 경우는 항상 전기배선 아래쪽으로 연료라인이 위치하게 해야 한다.

금속 연료라인과 모든 항공기 연료계통 구성요소는 항공기 구조물에 정전기를 방지하도록 접지시키는 것이 필요하다. 특수한 완충제가 접합된 클램프(bonded cushion clamp)를 사용한 경식 연료라인을 그림 8-33에서 보여준 간격으로 고정시킨다.

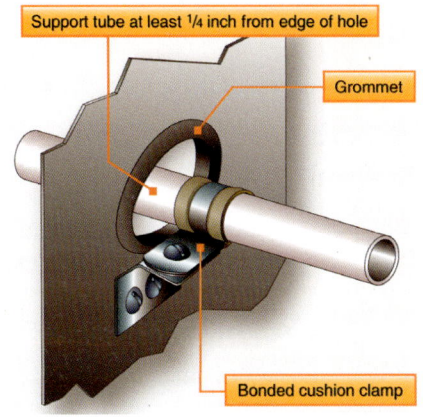

Tubing OD (inch)		Approximate distance between supports (inches)
1/8 to 3/16		9
1/4 to 5/16		12
3/8 to 1/2		16
5/8 to 3/4		22
7 to 1 1/4		30
1 1/2 to 2		40

▲ 그림 8-33 경식 금속 연료라인의 클램프 간격

8.2.3 탱크작업 시 안전 주의사항

8.2.3.1 연료계통의 오염 점검(Checking for Fuel System Contamination)

연료계통을 청결하게 유지하려면 먼저 오염의 일반적인 종류를 인지해야 한다. 물은 가장 일반적인 오염원이다. 고체입자, 계면활성제(surfactants), 그리고 미생물도 또한 일반적인 오염원이다. 인가되지 않은 다른 연료의 사용으로 인한 오염이 가장 나쁜 종류의 오염이다.

8.2.3.1.1 물(Water)

물은 연료 속으로 분해되거나 또는 연료와 함께 이동할 수 있다. 물이 섞인 연료는 혼탁해지기 때문에 탐지될 수 있다.

물은 응축상태를 거쳐 연료계통에 들어갈 수 있다. 연료탱크에 있는 액체 연료 위의 증기공간에 있는 수증기는 온도가 변화될 때 응축한다. 연료 속의 물은 시간이 지나면서 연료탱크의 밑바닥으로 내려가 비행 전에 배출시키는 배수조(sump) 안으로 가는데, 그렇게 되기까지는 어느 정도 시간이 걸린다.

만약 항공기가 정기적으로 비행하고 있고, 비행 후에 곧바로 연료를 보급했다면, 일상의 배수조 배출(sump drain) 시에 나오는 물 이외의 오염은 거의 없다. 연료탱크에 연료를 채운 상태로 장기간 주기되어 있던 항공기는 오염의 원인이 될 수 있다.

이미 물을 함유한 연료를 급유하는 동안 항공기 연료하중에 물이 포함될 수 있다. 만약 계속해서 물로 인한 문제가 발생한다면 연료 공급자를 교체하는 것도 필요하다. 결빙온도 이하의 연료는 녹을 때까지 배수조(sump) 안에서 침전하지 않는 얼음 형태로 부유되어 이동하는 물을 포함하게 된다. 이를 대비하여 연료탱크에 방빙 용액을 넣어 비행중 얼음의 상태로 여과장치를 막히게 하는 것을 방지한다.

연료 방빙 첨가제는 탱크 용량에 따라 권고된 양을 사용하도록 해야 한다. 연료 보급을 반복하면서 방빙 첨가제의 사용 레벨(level)이 불분명하게 될 수 있으므로 현장휴대용 시험기(field hand-field test unit)로 연료하중에 포함된 방빙 첨가제의 양을 점검할 수 있다.

엔진으로 공급되는 연료에 포함된 소량의 물은 보통 문제가 되지 않는다. 그러나 다량의 물은 엔진작동을 중단시킬 수 있다. 탱크에 침전된 물은 부식의 원인이 될 수 있다. 이것은 연료와 물의 경계면에 살고 있는 미생물에 의해 확대될 수 있다. 연료에 있는 많은 양의 물은 또한 연료량 프로브(fuel quantity probe)의 지시를 부정확하게 만드는 원인이 될 수 있다.

8.2.3.1.2 고체 입자 오염물(Solid Particle Contaminant)

연료에 용해되지 않는 고체입자가 일반적인 오염물질이다. 연료탱크가 열려 있을 때 불순물(dirt), 녹(rust), 먼지(dust), 금속입자 등이 탱크 안으로 들어갈 수 있다. 이런 오염물질들은 여과기에서 추출되며 일부는 배수조에 모인다. 연료탱크 내에는 잘려진 밀폐제(sealant), 필터 소자의 조각, 부식으로 인한 부스러기의 조각 또한 축적된다.

연료 안으로 고체 오염물질의 유입을 방지하는 것은 중요하다. 연료계통이 열려있을 때에는 언제나 이물질이 들어가지 않도록 조심해야 한다. 연료라인은 즉시 마개로 막아야 하며, 연료탱크 주입구 마개는 급유가 끝나면 바로 닫아야 한다.

거친 침전물은 육안으로 볼 수 있다. 그들이 시스템 여과장치를 통과하면 연료계량장치의 오리피스(orifice), 슬라이딩 밸브(sliding valve), 그리고 연료노즐이 막힐 수 있다. 고운 침전물은 실제로 개개의 입자는 볼 수 없다. 그들은 연료 속에서 아지랑이처럼 탐지되거나 또는 연료를 시험할 때 빛을 굴절시키게 한다. 연료조정장치와 계량장치에서는 거무스름한 셸락(shellac/니스를 만드는 데 쓰이는 천연수지)과 같은 자국으로 나타난다.

고체입자 오염의 허용 최대량은 왕복엔진 연료계통보다 터빈엔진 연료계통이 훨씬 적다. 필터 소자를 정기적으로 교체하는 것과 필터에 걸러진 고체입자를 조사하는 것이 특히 중요하다. 필터에서 금속입자의 발견은 필터의 상류부문에 있는 구성품의 결함을 알리는 신호일 수 있으므로 실험실 분석이 필요하다.

8.2.3.1.3 계면활성제(Surfactant)

계면활성제는 연료에서 자연히 일어나는 액체화학 오염물질이다. 그들은 또한 급유공정 또는 연료 취급공정 시에 유입될 수 있다. 이들 계면활성제는 보통 대용량일 때 짙은 갈색 액체로 나타난다. 그들은 심지어 비누 같은 농도를 갖게 된다. 적은 양의 계면활성제는 피할 수 없는 것이며 연료계통 기능에는 거의 영향이 없다. 다량의 계면활성제는 문제점을 일으킨다. 특히, 그들은 물과 연료 사이에 표면장력을 떨어뜨리고, 물과 심지어 작은 불순물이 배수조 안에 침전되지 않게 한다. 계면활성제는 필터 소자에 모여 필터의 기능을 떨어뜨리기도 한다.

8.2.3.1.4 미생물(Microorganism)

터빈엔진 연료에서 미생물의 존재는 중대한 문제점이다. 연료탱크에 있는 물과 연료의 경계에 있는 자유수(free water)에는 수백 종의 생물형태가 있다. 그들은 짙은 갈색, 회색, 적색 또는 검정색의 점액을 형성한다. 이 미생물은 빠르게 번식할 수 있으며 필터 소자와 연료량계기의 기능을 방해할 수 있다. 더군다나 연료탱크 표면과 접촉하는 끈적끈적한 물/미생물 층은 탱크의 전기분해부식(electrolytic corrosion)을 위한 매개물을 제공한다. 세균은 자유수에서 살고 연료를 먹고 살기 때문에, 가장 강력한 대책은 물이 연료에 축적되지 못하게 하는 것이다. 물이 없는 100% 연료는 있을 수 없다. 항공기를 급유하기 위해 사용된 연료비축탱크의 관리와 더불어, 배수조의 배출(sump drain)과 필터 교환은 항공기 연료탱크에 물이 축적될 가능성을 줄일 수 있다. 급유 때 연료에 살생물제(biocide)를 첨가하면 존재하는 미생물을 없애는 데 도움을 준다.

8.2.3.1.5 외부 연료로 인한 오염(Foreign Fuel Contamination)

그림 8-34와 같이, 항공기 엔진은 오직 적절한 연료를 사용해야 효과적으로 작동한다. 부적합한 연료의 사용으로 인한 오염은 항공기에 비참한 결과를 가져올 수 있다. 각각의 연료탱크 연료 주입구 또는 연료마개가 있는 주위에는 필요한 연료의 종류가 명확하게 표시되어 있다.

만약 잘못된 연료가 항공기에 들어간다면, 비행 전에 수정되어야 한다. 만약 연료펌프가 작동하기 전에 그리고 엔진이 시동되기 전에 발견되었다면, 부적당한 연료로 채워진 모든 탱크는 배유되어야 한다. 적합한 연료로 탱크와 관을 씻어 내고 그다음 적합한 연료로 탱크를 다시 채운다. 그러나 만약 엔진이 시동되거나 또는 시동이 시도된 후에 발견했다면, 절차는 더욱 심도있게 수행

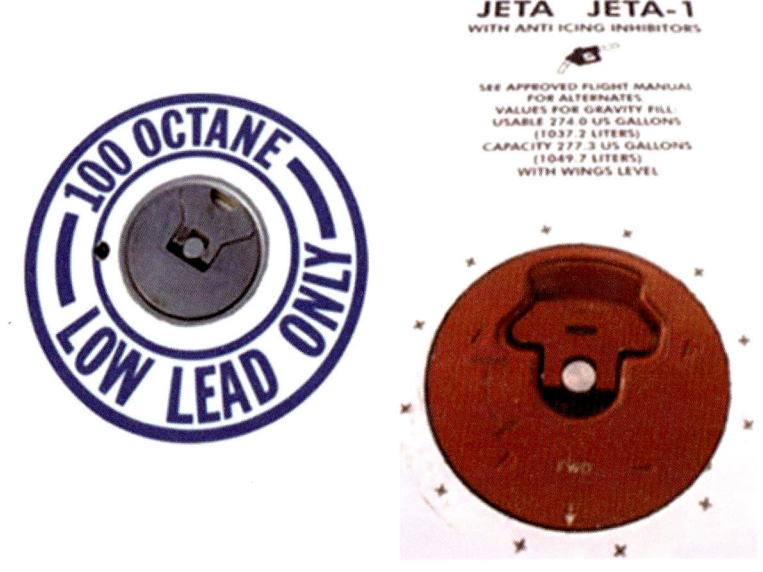

▲ 그림 8-34 연료 주입구의 사용 연료 표식

되어야 한다. 모든 연료관, 구성요소, 계량장치, 그리고 탱크를 포함하는 전체의 연료계통은 배유되어야 하고 씻어 내어야 한다. 만약 엔진이 작동되었다면, 압축시험이 이루어져야 하고 연소실과 피스톤은 보어스코프(borescope) 검사를 해야 한다. 엔진오일은 배출되어야 하고 모든 스크린과 필터는 손상 유무를 검사해야 한다. 모든 절차가 끝난 후에는 적합한 연료로 탱크를 채운 후, 비행 전에 완전한 엔진 작동 점검(full engine run-up check)을 수행해야 한다.

소량의 부적합한 연료의 유입으로 인해 오염된 연료는 육안 검사로는 확인하기 어렵고, 항공기 상태를 더욱 위험하게 만들 수 있다. 이런 실수를 인지하면 누구라도 항공기의 비행을 막아야 한다.

8.2.3.1.6 오염물의 탐지(Detection of Contaminant)

연료의 육안검사는 항상 깨끗하고 밝게 보여야 한다. 연료의 불투명함은 오염의 신호일 수 있고, 더욱 조사가 필요함을 의미한다. 급유할 때 정비사는 항상 급유의 공급원과 연료의 형태를 알고 있어야 한다. 오염이 의심스러우면 조사되어야 한다.

항공기 연료에 대한 여러 가지의 현장시험과 시험실 시험은 연료 오염을 밝히기 위해 수행될 수 있다. 수질오염(water contamination)에 대한 일반적인 현장시험은 연료탱크에서 뽑아낸 시료에 물에는 녹고 연료에는 녹지 않는 염료(dye)를 첨가해서 수행한다. 연료에 존재하는 물이 많으면 많을수록, 염료는 더 크게 흩어지고 시료를 물들인다.

상업적으로 이용할 수 있는 또 하나의 일반적인 시험 장치(test kit)는 연료시료의 함유량이 30ppm(parts per million) 이상의 물을 함유할 때 분홍색 또는 진홍색으로 색이 바뀌는 회색 화학약품 분말이다. 15ppm 시험은 터빈엔진 연료에 대해 사용할 수 있다.

모든 배수관으로부터 시료는 정기적으로 채취하고 검사해야 한다. 여과장치는 명시된 주기로 교환되어야 한다. 여과장치에서 발견된 입자는 입자의 성분을 확인하고 조사해야 한다.

8.2.3.2 탱크작업 시 주의사항

1) 수리하기 위해서는 연료를 다른 탱크로 이송시키거나, 연료 트럭으로 연료를 빼내야 한다. 수리를 위해 운송용 항공기의 대형 탱크에 들어갈 수도 있다. 제작사지침서에 따라 출입이 안전하도록 준비해야 한다.
2) 탱크를 건조해야 하며 위험한 연료 증기를 배출해야 한다. 그런 다음에 탱크 안이 안전한지를 가연성 가스표시기(combustible-gas indicator)로 점검해야 한다.
3) 정전기를 일으키지 않는 피복과 방독면을 착용한다.
4) 그림 8-35와 같이, 탱크 안에 있는 정비사를 보조하기 위해 탱크의 바깥쪽에 감시자가 배치되어야 한다.
5) 탱크 안은 항상 통풍이 되도록 연속적인 공기흐름을 만들어준다.
6) 표 8-1에서는 수리나 점검을 위해 탱크 안으로 들어 갈 때 지켜야 할 운송용 항공기의 정비매뉴얼에 있는 점검표를 보여준다. 세부적인 절차 또한 매뉴얼에 따른다.

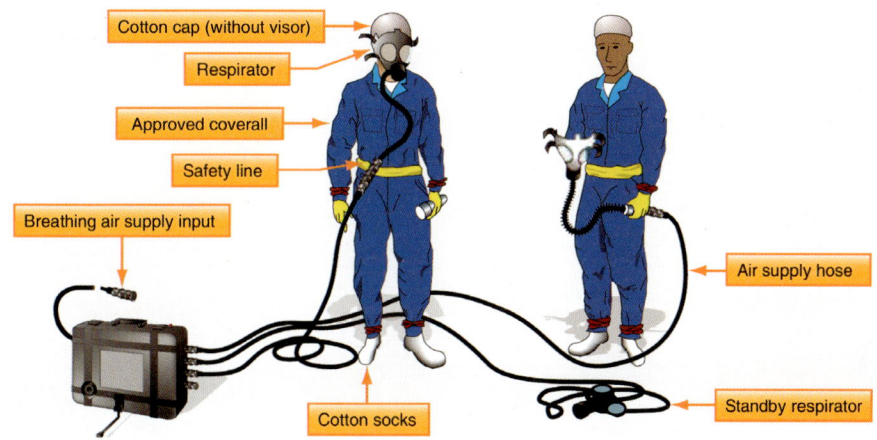

▲ 그림 8-35 방독면과 정전기 방지복 착용 모습

7) 누출의 위치가 확인되면, 탱크 내의 밀폐제를 제거하고 새로운 밀폐제를 발라야 한다. 밀폐제를 제거할 때는 비금속 스크래퍼(scraper)를 사용하고, 알루미늄 모직물(wool)을 사용하여 남아있는 밀폐제를 완전히 제거한다.
8) 권장된 솔벤트로 구역을 청소 후, 제작사가 인가한 새로운 밀폐제를 바른다. 탱크에 연료를 보급하기 전에 밀폐제의 경화시간(cure time)과 누출점검을 준수해야 한다.

8.2.3.3 화재위험(Fire Hazard)

1) 연료증기(fuel vapor), 공기, 그리고 발화원(source of ignition)은 연료 화재의 필요조건이다. 연료 작업이나 연료계통 구성요소를 작업할 때에는 정비사는 항상 화재 또는 폭발을 일으키는 요소를 제거해야 한다.

▼ 표 8-1 연료탱크 안으로 들어 갈 때 지켜야 할 운송용 항공기의 정비매뉴얼 점검표

연료가 마르지 않은 Fuel Cell 출입 전 그리고/또는 이전 작업조에 의해 시작된 Tank작업의 지속을 위한 작업할당 전에 본 Check List가 점검되어야 한다. Wet Fuel Cell 출입위치
건물 또는 지역 : _____ 구역 : _____ 항공기 : _____ Tank : _____ 작업조 : _____ 일시 : _____ 감독자 : _____

○ 1. 항공기 및 주변 장비의 적절한 접지 확인
○ 2. 작업구역 안전 및 경고 표지 설치 확인
○ 3. Boost Pump 스위치가 off, Circuit Breaker가 뽑히고 플래카드 설치 확인
○ 4. 항공기 전원 공급여부(Battery 분리, 외부 전원코드가 항공기로부터 분리되고 외부전원 Receptacle에 플래카드가 설치되었는가?)
○ 5. 통신 및 Radar 장비 Off(이격거리 기준 참조)
○ 6. Fuel Cell 출입 시 승인된 폭발방지 장비와 공구 사용(점검등, 송풍기, 압력 점검 장비 등)
○ 7. 적절한 인명 보호 장비를 포함한 열거된 요구사항이 확인된 후 제한된 공간 출입허가 승인 (최고 OSH 110 그레이드의 마스크, 승인된 작업복, 면 모자 및 발싸개 그리고 눈 보호용품
○ 8. 작업자의 트레이닝 기록과 모든 Wet Fuel Cell 출입 시 요구되는 로그시트 기록 여부
○ 9. 통풍장치의 사용 전 청결여부 확인
○ 10. 잔류 연료 제거를 위한 스폰지 유무 확인
○ 11. 사용되는 모든 플러그의 스트리머 부착 여부
○ 12. 모든 열린 Fuel Cell에 자동 환기장치 장착 여부
   Note: 환기시스템은 Fuel Cell에 열려져 있는 동안 항상 작동해야 한다. 환기시스템의 고장이나 현기증, 가려움 또는 과도한 악취와 같은 부작용이 인지된다면 모든 작업을 중지하고 Fuel Cell에서 철수해야 한다.
○ 13. 야전 정비사의 Cell 출입과 대기 관찰자는 유효한 "Fuel Cell Entry(연료 셀 출입)"자격카드를 소지해야 한다. 자격은 다음 훈련이 요구된다.
     – 항공기 제한구역 출입안전
     – 마스크의 사용과 정비
     – Wet Fuel Cell 출입
○ 14. 소방서 통지

계기지시 ○ 15. 산소지시값(%) : _____ 점검자 : _____ ○ 16. 연료 증발 수준값(ppm) : _____ 점검자 : _____ ○ 17. 인화성 가스 측정값(LEL) : _____ 점검자 : _____ 이로서 모든 출입 전 요구사항이 충족되었습니다. _____   _____   감독자 서명   일시

2) 작업영역 내의 모든 발화원 제거에 추가하여, 정전기에 대하여 주의하도록 교육되어야 한다. 정전기는 쉽게 연료증기를 발화시킬 수 있다. 연료라인을 통해 흐르는 연료의 움직임은 정전기 형성의 원인이 될 수 있다. 항상 작업영역을 평가하고, 잠재적인 정전기 발화원을 제거하기 위한 절차를 취해야 한다.
3) 항공용 가솔린(AVGAS)은 특히 휘발성이 강하다. AVGAS는 높은 증기압으로 인하여 빠르게 기화하고 아주 쉽게 발화될 수 있다.
4) 터빈엔진 연료는 휘발성이 덜 하지만 발화할 수 있다. 이것은 특히 가압된 연료호스나 더운 날에 고온의 엔진에서 연료가 새어나올 때 발화 가능성이 높다. 모든 상황에서 화재위험의 가능성을 대비하여 연료를 처리해야 한다.
5) 비어 있는 연료탱크는 점화와 폭발에 대한 극도의 잠재력을 갖는다. 비록 액체 연료가 제거되었어도 발화성 연료증기는 장기간 동안 남아있을 수 있다. 그러므로 수리가 시작되기 전에 연료탱크 안에 연료 증기를 배출하기 위한 공기정화(purging)는 반드시 필요하다.
6) 연료계통을 정비하거나 연료를 취급할 때에는 작업장 가까이에 소화기를 비치해야 한다. 연료화재는 전형적으로 이산화탄소 소화기(CO_2 fire extinguisher)로 끌 수 있다. 화염원에 소화기노즐을 겨누고 산소를 없애기 위해 쓰레질 동작(sweeping motion)으로 분사하여 화재를 진화한다. 연료에 대해 인가된 분말소화기도 사용할 수 있다. 분말소화기의 사용은 잔존물을 남기기 때문에 잔존물을 청소하는 데 많은 비용이 들 수도 있다. 물소화기는 화재를 더 키울 수 있어 사용하지 않는다.

9 유압계통

9.1 주요 부품의 교환작업

9.1.1 구성품의 장탈, 착 작업 시 안전 주의사항 준수 여부

1) 모든 공구와 작업대와 시험장비를 청결하고 먼지가 없는 상태로 유지한다.
2) 부분품을 장탈하거나 분해하는 동안 떨어지는 작동유를 맡을 수 있도록 적당한 용기를 준비한다.
3) 유압라인이나 fitting을 분해하기 전에 dry cleaning solvent로 해당 지역을 세척하라.
4) 조립하기 전에 모든 부분품들을 solvent로 dry cleaning 세척하라.
5) cleaning한 다음 완전히 말리고 해당 유압유로 윤활시켜라.
6) 모든 seal과 gasket은 재조립 중 새로운 seal과 gasket으로 교환해야 한다.
7) 모든 fitting과 line은 해당 항공기 정비매뉴얼에 의거하여 장착하고 조여 준다.
8) 모든 유압 공급 장비는 깨끗이 유지하고 양호한 작동상태를 유지한다.

9.1.2 작업실시 요령

9.1.2.1 O-링의 장착(O-ring installations)

1) 그림 9-1과 같이 O-링을 제거하거나 장착할 때는, O-링이 장착된 구성품의 표면에 긁힘이나 훼손 또는 O-링에 손상을 줄 수 있는 뾰족하거나 예리한 공구는 사용하지 말아야 한다.
2) O-링이 장착되는 부위는 오염으로부터 깨끗한지 확인해야 한다.
3) 새로운 O-링은 밀봉된 패키지에 보관되어 있어야 한다.
4) 장착하기 전에 O-링은 적절한 조명과 함께 4배율 확대경을 사용하여 흠이 있는지 검사해야 한다.
5) 장착 전에 깨끗한 유압유에 O-링을 담근 후 장착한다.
6) 장착 후에 O-링의 뒤틀림을 바로잡기 위해서는 그림 9-2와 같이 손가락으로 O-링을 서서히 굴린다.

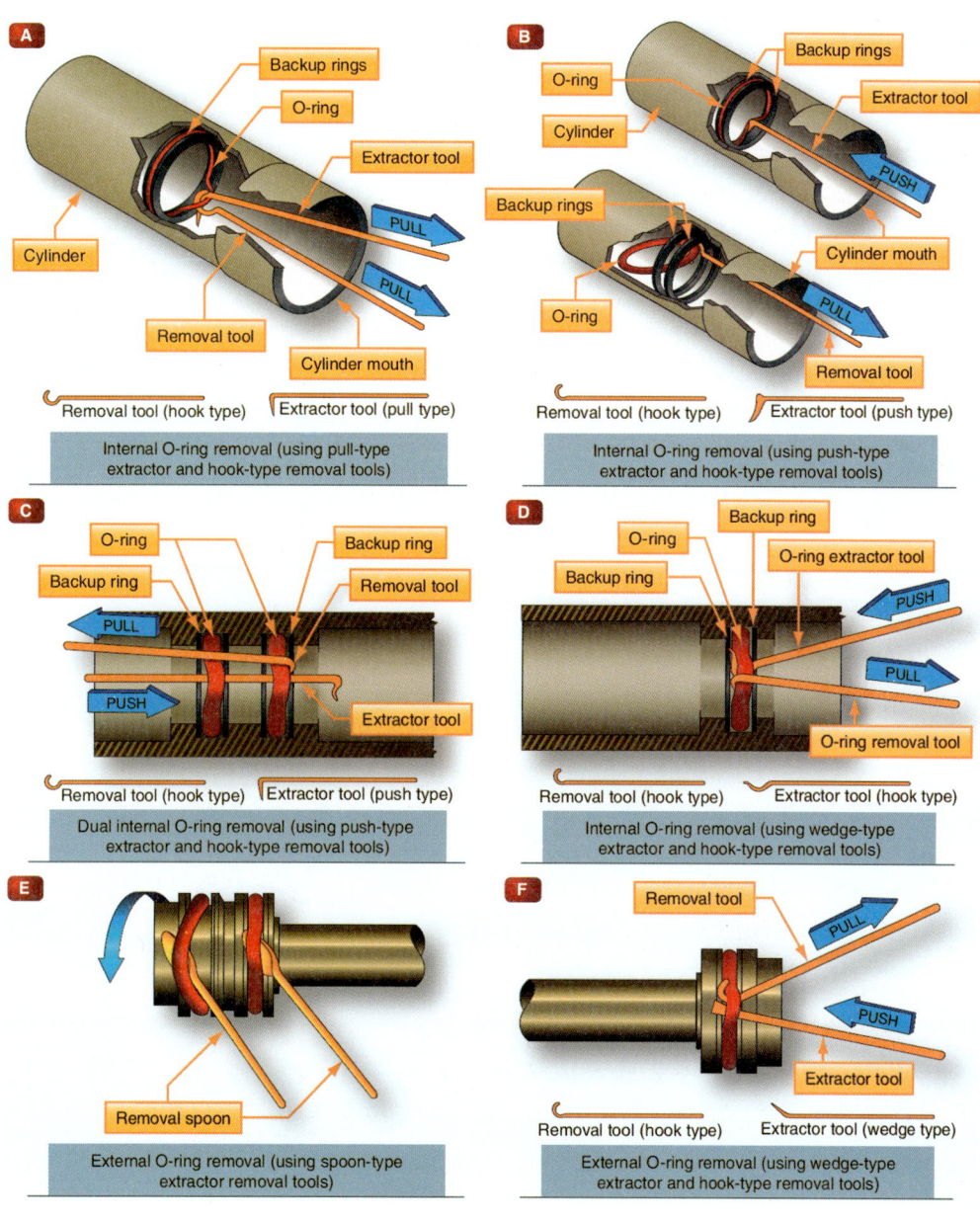

▲ 그림 9-1 O-링 장착 기법(1)

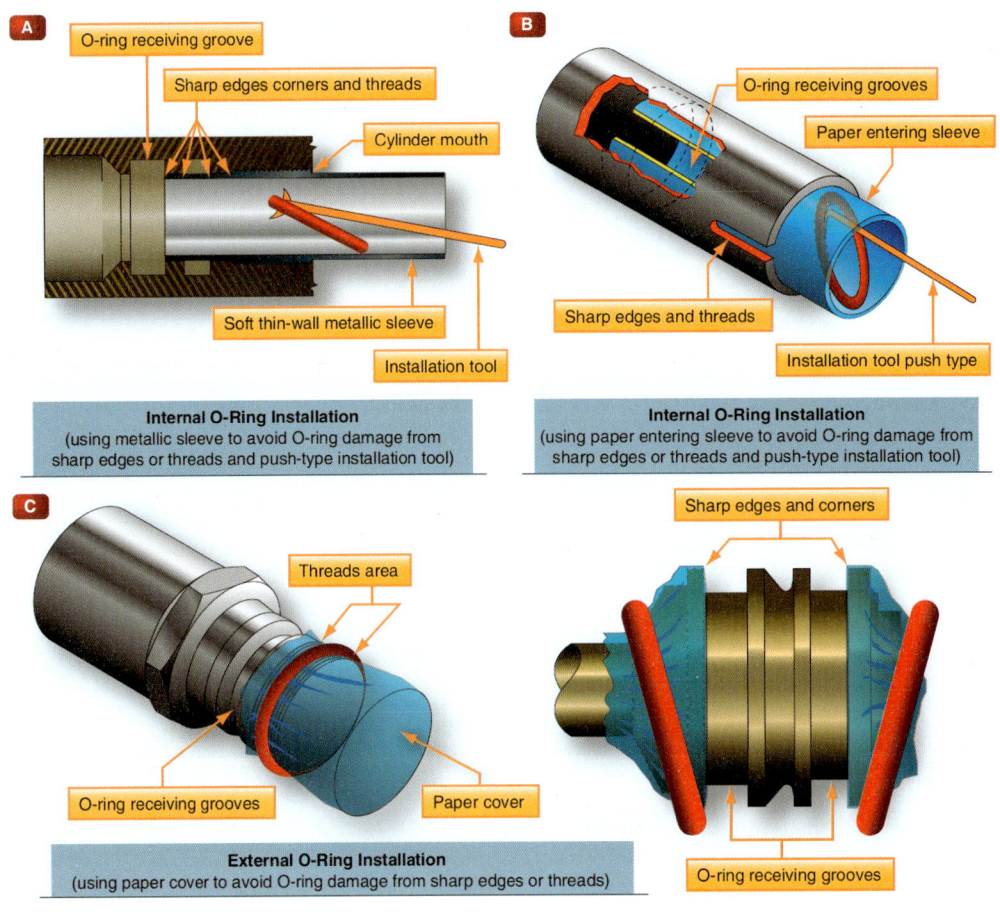

▲ 그림 9-2 O-링 장착 기법(2)

9.1.2.2 여과기의 정비(Maintenance of filters)

1) 필터의 정비는 비교적 쉽다. 주로 필터와 소자의 세정 또는 필터 세정과 소자의 교환으로 이뤄진다.
2) 미크론형 소자는 적용지침서에 따라 주기적으로 교체되어야 한다. 저장소 필터는 미크론형이기 때문에 주기적으로 교환되든지 세정을 해야 한다. 세정 시에는 정밀한 검사도 같이 이뤄져야 한다.
3) 필터 소자를 교환할 때, 필터 볼(bowl)에 압력이 없는지를 확인한다.
4) 교환 시 유압유가 눈에 접촉되지 않도록 방호복과 안면 보호대를 착용해야 한다.
5) 필터 소자를 교환 후 재조립 부위는 누유(leak check)검사를 해야 한다.
6) 펌프와 같은 주요 구성품이 고장났을 경우 고장 난 구성품뿐만 아니라 유압계통 내의 필터 소자도 교환해야 한다.

9.1.2.3 축압기 정비(Maintenance of accumulators)

1) 축압기 정비에는 검사(inspection), 소수리(minor repairs), 구성요소의 교체, 그리고 시험(test)이 있다.
2) 축압기 정비는 위험 요소가 있으므로 부상 및 항공기 손상을 방지하기 위해 준수 사항을 엄격히 따라야 한다.
3) 축압기는 분해하기 전에, 모든 공기압은 제거되어야 한다. 공기압을 제거할 때는 제작사지침서에 따라 공기밸브(air valve)를 작동시켜야 한다.

9.1.2.4 공압계통 정비(Pneumatic power system maintenance)

1) 공압계통의 정비는 보급하기(servicing), 고장 탐구하기(trouble shooting), 구성품의 장탈(remove)과 장착(installation), 그리고 작동시험하기(operation testing)로 이루어진다.
2) 공기압축기의 윤활유 유량의 레벨(level)은 제작사지침서에 따라서 매일 점검되어야 한다. 유면(oil level)은 육안게이지(sight gauge) 또는 dipstick으로 표시된다.
3) 압축기의 oil tank를 채울 때는 관련 사용지침서에 명시된 종류의 오일을 사용하고, 명시된 레벨까지만 채운다. 오일을 보급한 후 보급플러그(filler plug)는 적정값으로 토크를 해야 되고, 안전결선을 해야 한다.
4) 공압계통은 구성품과 공압관에 있는 오염, 습기, 또는 오일을 제거하기 위해 주기적으로 정화되어야 한다. 만약 과도한 양의 이물질, 특히 오일이 어떤 하나의 계통에서 나왔다면, 그 시스템을 구성하는 관과 구성품을 장탈하여 깨끗이 청소하거나 교체해야 한다.
5) 공압계통을 정화(purging)하고 모든 계통 구성품을 다시 연결한 후, 공기 보틀(bottle) 안에 축적된 습기 또는 불순물을 전부 배출해야 한다.
6) 출한 후, 질소 또는 깨끗하고 건조한 압축공기로 보급한다. 그다음 계통은 철저한 작동점검(operational check)과 누설(leak), 안전에 대한 검사를 실시해야 한다.

9.2 작동유 및 축압기(Accumulator) Air 보충

9.2.1 작동유의 종류 및 취급 요령

9.2.1.1 유압유의 종류(Types of Hydraulic Fluids)

정상적 계통운용(system operation)을 보전하고, 유압계통의 비금속 부품에서의 손상을 방지하기 위해, 알맞은 유압유를 사용하여야 한다. 유압계통에 유압유를 보충할 때 항공기제작사 정비매뉴얼(aircraft manufacturer's maintenance manual) 또는 저장용기(reservoir)에 부착되어 있는 사용설명 표지판(instruction plate) 또는 구성 부품상에 명시된 특정 종류(type)의 유압유를 사용해야 한다.

유압유의 세 가지 주요한 범주는 다음과 같다.

① 광물질(minerals)
② 폴리알파올레핀(polyalphaolefin)
③ 인산염에스테르(phosphate ester)

유압계통에 유압유를 보급할 때, 정비사는 정확한 범주의 유압유를 사용하고 있는지 확인해야 한다.

유압유는 서로 다른 종류의 유압유를 섞어 쓰면 안 된다. 예를 들어, 내화성 유압유인 MIL-H-83282에 MIL-H-5606를 혼합하면 비내화성 유압유가 되어 버린다.

9.2.1.1.1 광물질계 유압유(Mineral-Based Fluids)

1) 광물유성계(mineral oil-based) 유압유인 MIL-H-5606는 가장 오래 전부터 사용되어 왔다. 수많은 system에 사용되어 왔으며, 특히 화재위험이 비교적 적은 곳에 사용된다.
2) MIL-H-6083은 단순히 MIL-H-5606에 녹 억제 기능이 추가된 유압유로 서로 호환하여 사용할 수 있다. 대체로 제품제조업자는 MIL-H-6083을 유압부품에 넣는다.
3) 광물계 유압유인 MIL-H-5606은 석유에서 처리되어 제조된다. 그것은 침투유(penetrating oil)와 비슷한 냄새를 갖고 있으며 적색을 띠고 있다. 합성고무재질의 시일(seal)은 석유계 유압유와 함께 사용된다.

9.2.1.1.2 폴리알파올레핀계 유압유(Polyalphaolefin-Based Fluids)

1) MIL-H-83282는 MIL-H-5606의 인화성 특성을 극복하기 위해 1960년도에 개발된 내화성 경화 폴리알파올레핀계 유압유이다.
2) MIL-H-83282는 MIL-H-5606보다 상당히 더 큰 내화성을 갖고 있지만, 단점은 저온에서 고점성을 갖는다. 이 유압유의 사용은 대체로 -40°F까지로 제한된다. 그러나 그것은 MIL-H-5606과 같이 동일한 system에서 그리고 동일한 시일(seal), 개스킷(gasket), 호스와 함께 사용할 수 있다.
3) MIL-H-46170은 MIL-H-83282에 녹 억제 기능이 추가된 유압유이다. 소형 항공기는 대부분 MIL-H-5606을 사용하지만, 일부 항공기에서는 MIL-H-83282를 사용하기도 한다.

9.2.1.1.3 인산염에스테르 유압유(Phosphate Ester-Based Fluids[Skydrol])

1) 이 유압유는 대부분 상용 운송용 항공기에서 사용되고, 내화성이 뛰어나다. 2차 세계대전 이후 상용항공기에서 유압 브레이크의 화재가 증가하면서 내화성이 높은 유압유의 개발이 필요하게 되었다. 새롭게 디자인된 항공기의 성능을 충족시키기 위한 유압유의 점진적인 발전으로 기체 제작사는 그들의 성능에 맞는 새로운 종류의 유압유를 만들었다.
2) 오늘날 Type Ⅳ 유압유와 Type Ⅴ 유압유가 사용된다. Type Ⅳ 유압유는 밀도에 따라 두 가지로 분류되는데, Class Ⅰ 유압유는 저밀도이고 Class Ⅱ 유압유는 표준밀도이다. Class Ⅰ 유압유는 Class Ⅱ에 비해 무게경감의 이점이 있다. 현재 사용중인 Type Ⅳ 유압유에 부가하여, Type Ⅴ 유압유는 더 안정성이 높은 유압유이다. Type Ⅴ 유압유는 Type Ⅳ 유압유보다 고온에서 가수분해 및 산화로 인한 품질저하에 더 내성이 있다.

9.2.1.2 유압유의 혼합(Intermixing of Fluids)

성분 차이로 인하여, 석유계와 인산염에스테르계 유압유는 혼합하여 사용해서는 안 된다. 항공기 유압계통에 규격이 다른 종류의 유압유를 보급했다면, 곧바로 유압유를 빼내고 유압계통을 씻어내야 하며 제작사의 명세서(specification)에 따라 밀봉을 유지해야 한다.

9.2.1.3 항공기 재질과의 적합성(Compatibility with Aircraft Materials)

1) 스카이드롤(skydrol) 유압유에 적합하게 설계된 항공기 유압계통은 유압유가 올바르게 사용된다면, 사실상 결함이 없어야 한다. 스카이드롤은 monsantocompany의 등록상표이다.
2) 스카이드롤은 유압유가 오염 없이 유지되는 한 알루미늄, 은, 아연, 마그네슘, 카드뮴, 철, 스테인리스강(stainless steel), 동(bronze), 크로뮴(chromium) 등과 같은 일반적인 항공기 금속재질에 영향을 주지 않는다.
3) 스카이드롤 유압유의 인산염에스테르계로 인하여 비닐(vinyl) 성분, 니트로 셀룰로즈 래커(nitrocellulose lacquer), 유성페인트(oil-based paint), 리놀륨(linoleum), 그리고 아스팔트(asphalt)를 포함하는 열가소성수지는 스카이드롤 유압유에 의해 화학적으로 연수화(softened)될 수도 있다. 그러나 이 화학작용은 보통 순간적인 노출에서는 일어나지 않으며 유출이 있다면 바로 비누와 물로 깨끗이 닦아주면 손상을 막을 수 있다.
4) 스카이드롤 방염제인 페인트는 에폭시(epoxy)와 폴리우레탄(polyurethane)을 포함한다.
5) 오늘날 폴리우레탄은 스카이드롤 유압유에 내성이 강해 항공기 산업에 표준이 되고 있다.
6) 유압계통은 유압유에 적합하고 특별한 액세서리(accessory)의 사용을 필요로 한다. 적절한 시일(seal), 개스킷, 호스는 쓰이고 있는 유압유의 종류에 맞게 특별히 설계되어야 한다. 유압계통에 장착된 구성요소가 유압유에 적합한지를 보증하는 데 주의해야 한다. 개스킷, 시일, 그리고 호스가 교체될 때, 그들이 적절한 재료로 제작되었는지 보증되도록 확실하게 식별이 되어야 한다.
7) 스카이드롤 Type V 유압유는 천연섬유, 나일론, 폴리에스터를 포함하고 있는 합성물질에 적합하다. 네오프렌(neoprene) 또는 buna-N의 석유계유분(petroleum oil) 재질의 유압계통 시일은 스카이드롤과 조화되지 않으며 부틸고무(butyl rubber) 또는 에틸렌프로필렌(ethylene-propylene) 탄성중합체(elastomer)의 시일로 교체되어야 한다.

9.2.1.4 유압유의 오염(Hydraulic Fluid Contamination)

유압유가 오염되었을 때마다 유압계통의 고장은 피할 수 없다. 오염의 종류에 따라 간단한 기능불량 또는 구성요소의 완전한 파괴가 발생한다. 두 가지 일반적인 오염은 다음과 같다.

① 심형모래(core sand), 용접스패터(weld spatter), 기계가공 깎아낸 부스러기(machining chip), 그리고 녹(rust)과 같은 입자를 포함하는 연마제
② 시일(seal)과 다른 유기체부품으로부터 마모입자 또는 오일산화(oil oxidation)와 연한 입자의 결과로서 생기는 부산물을 포함하는 비연마제

9.2.1.5 오염에 대한 점검(Contamination check)

유압계통이 오염되었을 때, 또는 명시된 최고치 온도를 초과해서 유압 시스템이 작동되었을 때 유압계통의 점검은 이루어져야 한다. 대부분 유압계통에 있는 필터(filter)는 육안으로 볼 수 있는 이물질을 대부분 제거하도록 설계되었다. 그러나 유압유의 육안검사는 유압계통 전체의 오염 양을 판단하지 못한다. 유압계통에 있는 큰 입자의 불순물은 하나 또는 그 이상의 구성요소가 과도하게 닳고 있다는 지시이다. 결점이 있는 구성 요소를 찾아내기 위해서는 체계적 점검 과정이 필요하다. 저장소로 다시 돌아가는 유압유는 유압계통의 어떤 부품으로부터 불순물을 함유하게 된다. 구성요소의 결점을 판단하기 위해, 액체시료(liquid sample)는 저장소와 유압계통 내의 여러 곳에서 채취해야 한다. 시료는 특정한 유압계통에 적용하는 제작사지침서(manufacturer's instruction)에 의하여 채취되어야 한다. 일부 유압계통은 액체시료를 채취하기 위해 영구적으로 장착된 블리드 밸브(bleed valve)가 구비되어 있고, 시료를 채취하기 용이한 곳에 채취용 관(line)이 분리 설치되어 있다.

1) 시료 채취 일정(hydraulic sampling schedule)
   ① 정기 채취(routine sampling) : 각각의 유압계통은 적어도 1년에 한 번씩 또는 3,000flight hour, 또는 기체제작사(airframe manufacturer)가 제안할 때는 언제나 채취하여 검사해야 한다.
   ② 비계획 정비(unscheduled maintenance) : 기능 불량의 원인이 관련된 유압유로 판단될 때, 시료를 채취해야 한다.
   ③ 오염의 의심(suspicion of contamination) : 만약 오염이 의심된다면, 유압유는 정비절차(maintenance procedure)를 수행하기 이전 및 이후 모든 시료가 채취되어야 하고 오염이 되었다면 새로운 유압유로 교체해야 한다.

2) 시료 채취 절차(sampling procedure)
   ① 10~15분 동안 유압계통을 가압하고 작동시킨다. 작동하는 동안에 밸브의 작동을 위해 여러 가지의 비행 조종장치(flight control)를 작동시키면서 유압유를 순환시킨다.
   ② 유압계통을 정지시키고 감압한다.
   ③ 시료를 채취하기 전에, 항상 최소한 보호안경(safety glass)과 안전장갑(safety gloves)을 포함하는 적절한 개인용 보호장구를 착용해야한다.
   ④ 보푸라기가 없는 천(lint-free cloth)으로 시료 채취구 또는 관(tube)을 닦아낸다. 보푸라기를 발생시킬 수 있는 샵 타올(shop towel) 또는 종이제품은 시료를 오염시킬 수 있기 때문에 사용하지 않는다.
   ⑤ 저장소의 배수밸브(drain valve) 아래쪽에 폐기물용기(waste container)를 놓고 유압유가 안정되게 흘러나오도록 밸브를 열어준다.
   ⑥ 약 1pint(250mL)의 유압유를 배출시킨다. 이것은 시료 채취구에 있을지 모를 고착된 입자를 제거하기 위함이다.

⑦ 깨끗한 시료병(sample bottle)에 약간의 공간이 있을 정도로 시료를 채운 후 곧바로 마개를 채운다.
⑧ 배수밸브(drain valve)를 닫는다.
⑨ 항공사 이름(customer name), 항공기 종류(aircraft type), 항공기 등록번호(aircraft tail number), 시료가 채취된 유압계통 명칭, 그리고 시료 채취 날짜를 시료 채취 도구(sampling kit)에서 제공된 시료식별분류표시(sample identification label)에 기재한다. 그리고 정기 시료 채취인지, 오염이 의심되어 수행한 채취인지를 식별분류표시 아래쪽 비고란에 표시한다.
⑩ 빼낸 유압유를 보충하기 위해 저장소에 유압유를 보급한다.
⑪ 분석을 위해 실험실로 시료(sample)를 보낸다.

9.2.1.6 오염물 관리(Contamination control)

1) 필터(filter)는 유압계통이 정상적으로 작동하는 동안 오염문제의 적절한 처리를 제공한다. 유압계통으로 들어가는 오염원(contamination source)의 크기와 양의 제어는 장비를 정비하고 운용하는 사람의 책임이다. 그러므로 예방법은 정비, 수리, 보급운용 시에, 오염을 최소화하도록 취해져야 한다. 만약 시스템이 오염되었다면, 필터소자(filter element)를 장탈하여 청소하거나 교체해야 한다.

2) 오염을 관리하는 데 도움을 주는, 다음의 정비 및 사용절차는 항상 준수되어야 한다.
   ① 모든 공구와 작업영역, 즉 작업대와 시험 장비를 청결히 유지한다.
   ② 구성요소 장탈 및 분해절차중에 유출된 유압유를 받을 수 있도록 적당한 용기는 항상 구비되어 있어야 한다.
   ③ 유압관(hydraulic line) 또는 연결부(fitting)를 분리하기 이전에, 드라이클리닝용제(dry cleaning solvent)로 작업 부위를 깨끗이 청소한다.
   ④ 모든 유압관과 연결부(fitting)는 분리한 후 즉시 위를 덮거나 또는 마개를 해야 한다.
   ⑤ 유압계통 구성품을 조립하기 전에 인가된 드라이클리닝 용제로 모든 부품을 씻어낸다.
   ⑥ 드라이클리닝 용액으로 부품을 세척 후, 충분히 건조시키고 조립 전에 권고된 방부제(preservative) 또는 유압유로 윤활해 준다. 깨끗하고 보푸라기가 없는 천을 사용하여 부품을 닦아내고 건조시킨다.
   ⑦ 모든 시일(seal)과 개스킷은 재조립절차 시에 교체되어야 한다. 반드시 제작사에서 권고한 시일과 개스킷을 사용한다.
   ⑧ 모든 부품은 나사산의 금속 실버(metal silver)가 벗겨지지 않도록 주의하여 연결해야 한다. 모든 연결부(fitting)와 유압관은 적용된 기술지침서(technical instruction)에 따라 장착되어야 하고 규정된 토크를 가해야 한다.
   ⑨ 모든 유압 사용 장비(hydraulic servicing equipment)는 청결하고 양호한 작동상태로 유지되어야 한다.

3) 미립자오염과 화학물질오염 모두는 항공기 유압계통에 있는 구성요소의 성능과 수명에 지장을 준다.

4) 오염은 유압유의 보급 시 또는 정비 시 유압계통의 구성품을 교환/수리할 때, 마모된 실(seal)을 통해 유입된 불순물에 의해 일어난다. 유압계통에서 미립자오염을 막기 위해 필터는 각 유압계통의 압력관(pressure line), 회수관(return line), 그리고 펌프케이스(pump case) 배수관(drain line)에 장착된다.
5) 필터 등급은 여과할 수 있는 가장 작은 입자의 크기로 표시되며 micron단위를 사용한다. 필터의 교체주기는 제작사에 의해 정해지고 정비매뉴얼에 명시되어 있다.
6) 특정 교체 지침이 없는 경우, 필터소자(filter element)의 권고된 사용시간(service life)은 다음과 같다.
   ① 압력 필터(pressure filter) - 3,000hour
   ② 귀환 필터(return filter) - 1,500hour
   ③ 케이스 드레인 필터(case drain filter) - 600hour

9.2.1.7 유압계통의 세정(Flushing)

1) 유압필터의 검사 또는 유압유의 시료 채취 검사에서 유압유가 오염되었다고 판정되면 유압계통의 세정(flushing)이 필요하다. 세정은 제작사지침서에 의거하여 수행되어야 하지만, 세정의 대표적인 절차는 다음과 같다.
   ① 유압계통의 시험구(test port) 입구와 출구에 지상 장비(hydraulic test stand)를 연결한다. 지상 장비의 유압유가 청결한지, 항공기와 동일한 유압유인지를 확인한다.
   ② 유압계통 필터를 교환한다.
   ③ 유압계통을 거쳐 깨끗하고 여과된 유압유를 주입하고, 필터에서 오염이 발견되지 않을 때까지 모든 하부계통을 작동시킨다. 오염된 유압유와 filter는 폐기한다.
      NOTE 필터의 육안검사는 항상 효과적인 것은 아니다.
   ④ 지상 장비를 분리하고 배출구의 마개를 덮는다.
   ⑤ 저장소가 가득(full level) 또는 적정한 보급수준으로 채워졌는지를 확인한다.
2) 지상 장비에 있는 유압유는 세정작업(flushing operation)을 시작하기 전에 청결한지 반드시 점검해야 한다. 오염된 지상 장비의 사용은 항공기 유압시스템을 오염시킬 수 있다.

9.2.1.8 유압유의 취급 및 인체 영향(Health and Handling)

1) 스카이드롤 유압유는 성능첨가제와 혼합된 인산염에스테르계 유압유이다. 인산염에스테르는 양질의 용제(solvent)이며 피부의 지방성물질중의 일부를 용해시킨다. 유압유에 반복적으로 오랫동안 노출되면 피부염 또는 합병증을 일으켜, 건성 피부의 원인이 되게 한다. 스카이드롤 유압유는 피부의 가려움의 원인이 될 수 있지만 알러지성(allergic-type) 피부발진의 원인이 된다고 알려져 있지는 않다.
2) 유압유를 취급할 때에는 항상 적절한 보호 장갑과 보호안경을 사용한다. Skydrol/Hyjet 연무(mist) 또는 증기(vapor)에 노출 가능성이 있을 때는 유기물 증기와 유기물 연무를 막을 수 있는 방독면을 착용해야한다. 유압유의 섭취는 절대로 피해야 한다. 적은 양은 크게 위험하지는 않으나 과도하게 섭취했을 때에는 제작사지침에 따라야 하고, 의사의 치료가 필요하다.

9.2.2 작동유의 보충작업

9.2.2.1 저장소(Reservoirs)의 이해

1) 저장소는 유압계통을 위해 사용되는 유압유의 저장탱크이다. 저장소는 유압계통이 작동할 때 유압유를 공급해주며, 누출로 인한 유동체의 손실이 있을 때 다시 채울 수 있다. 저장소는 온도 변화에 의한 체적 증가, 축압기(accumulator) 및 피스톤의 작동 등으로 인한 유량의 증가도 다 수용할 수 있다.

2) 저장소는 또한 유압계통에 들어갈 수 있는 기포를 없애는 역할을 한다. 시스템 내의 이물질은 저장소에서 분리된다. 저장소 안의 배플(baffle) 또는 핀(fin)은 저장소 내의 유압유의 소용돌이를 막아준다. 유압유를 보급하는 동안 이물질의 유입을 방지하기 위하여 주입구에 여과기(strainer)를 장착한 저장소도 있다. 저장소 내에는 역중력(negative-G) 상태에서도 유압유가 펌프로 갈 수 있도록 내부 트랩(trap)을 갖추고 있다.

3) 대부분 항공기는 주 유압계통(main hydraulic system)이 고장났을 경우에 대신할 비상 유압계통(emergency hydraulic system)을 갖고 있다. 주 유압계통이나 비상 유압계통의 펌프는 동일한 저장소의 유압유를 사용하므로, 비상펌프(emergency pump)로의 유압유 공급관은 저장소의 밑바닥에 설치되어 있고, 주 유압계통 펌프는 바닥으로부터 일정한 높이에 있는 저수탑(standpipe)으로부터 유압유를 끌어들인다. 이렇게 함으로써 만일 주 유압계통의 유압유가 누출로 소실되어도 저수탑 높이만큼은 유압유가 남아 있게 되고 비상유압계통을 작동할 수 있게 한다.

4) 그림 9-3에서는 만약 저장소 유량이 저수탑보다 낮게 고갈되었을 경우 엔진구동펌프(engine-driven pump)가 더 이상 유압유를 빨아들일 수 없다는 것을 설명한다. 교류모터 구동펌프(ACMP, Alternating Current Motor-driven Pump)는 비상운전을 위해 유압유의 공급량을 갖는다.

9.2.2.2 저장소(Reservoirs)

1) 비가압식 저장소(Non-pressurized reservoirs)
   (1) 비가압식 저장소(non-pressurized reservoir)는 고고도로 비행하지 않거나 또는 저장소가 여압이 되는 부위에 장착되었거나, 설계상 격한 방향조종(maneuver)이 되지 않는 항공기에 사용된다.
   (2) 대부분 비가압식 저장소는 원통형 모양으로 외부의 틀(housing)은 부식에 강한 금속으로 제작된다. 필터소자(filter element)는 정상적으로 되돌아오는 유압유를 깨끗하게 하기 위해 저장소 내에 장착된다.
   (3) 일부 구형 항공기에 장착된 여과기 바이패스밸브(filter bypass valve)는 여과기가 막히게 될 경우에 유압유가 여과기를 우회하여 저장소로 가도록 한다. 보통 비가압식 저장소에는 유압유의 양을 나타내는 육안 게이지가 장착되어 있다. 일부 항공기에는 유량 전송기(quantity transmitter)를 이용해 조종실에서 유량을 확인할 수 있다. 그림 9-4는 전형적인 비가압식 저장소이다.

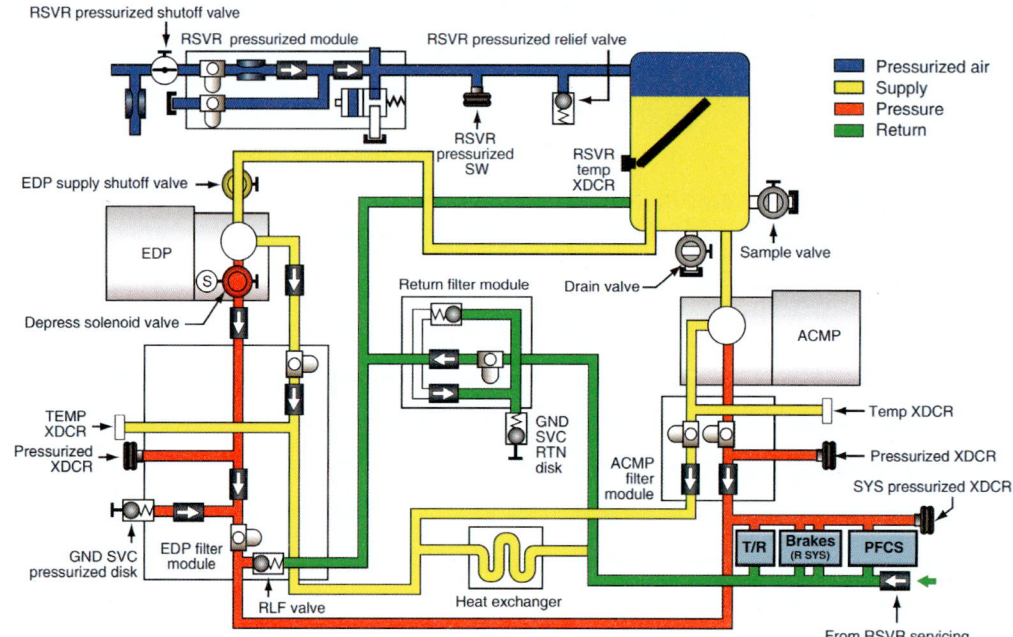

▲ 그림 9-3 유압 저장소 스탠드 파이프의 공급과 비상 작동 계통도

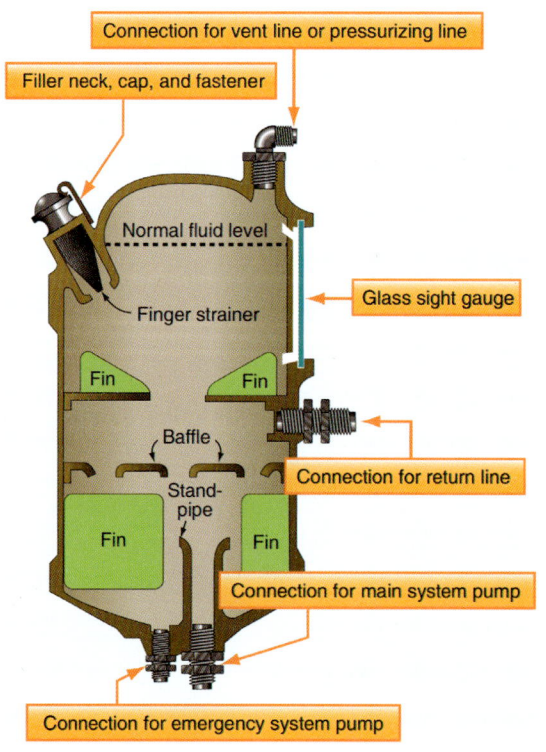

▲ 그림 9-4 비가압식 저장소

(4) 이 저장소는 용접된 몸체와 덮개(cover assembly)로 이루어져 있다. 비가압식 저장소는 유압유의 열팽창 및 주 유압계통으로부터 저장소로 돌아오는 유압유로 인해 약간 압력이 가해진다. 이 압력에 의해 유압유는 펌프의 흡입구로 원활하게 흐르게 된다.

(5) 저장소 계통은 압력릴리프밸브(pressure relief valve)와 진공릴리프밸브(vacuum relief valve)를 갖고 있다. 이런 밸브들의 목적은 저장소와 객실 사이의 차압(differential pressure)을 정상 범위로 유지해 주기 위함이다. 수동 공기 블리드밸브(manual air bleed valve)는 저장소의 압력을 배출시키기 위해 저장소의 맨 위에 장착되어 있다. 저장소에 유압유를 보급할 때나 유압 시스템 구성품을 교환할 때에는 반드시 이 밸브를 열어서 저장소 내의 압력을 빼줘야 한다.

2) 공기 가압식 저장소(Air-pressurized reservoirs)

(1) 그림 9-5와 그림 9-6과 같이, 공기 가압식 저장소는 수많은 상업 운송용 항공기에 사용된다. 대부분 저장소가 바퀴 칸(wheel well) 또는 항공기의 비여압 지역(non-pressurized area)에 장착되어 있어 고고도 비행 시 낮은 대기압으로 인해 펌프로의 유압유 흐름이 원활하지 못해 가압이 되어야 한다.

▲ 그림 9-5 공기 가압식 저장소

(2) 가압에 사용되는 공기압은 엔진 또는 APU에서 나오는 공기압을 이용한다. 저장소는 전형적으로 원통형 모양이며, 일반적으로 다음의 구성요소가 장착되어 있다.

① 저장소 압력릴리프밸브(Reservoir pressure relief valve) : 저장소가 과도하게 가압되는 것을 방지한다. 밸브는 미리 정해진 압력에서 열린다.

② 육안 창(Sight glasses) : 운항승무원과 정비사에게 저장소 내의 유량이 부족한지 또는 과한지를 알려준다.

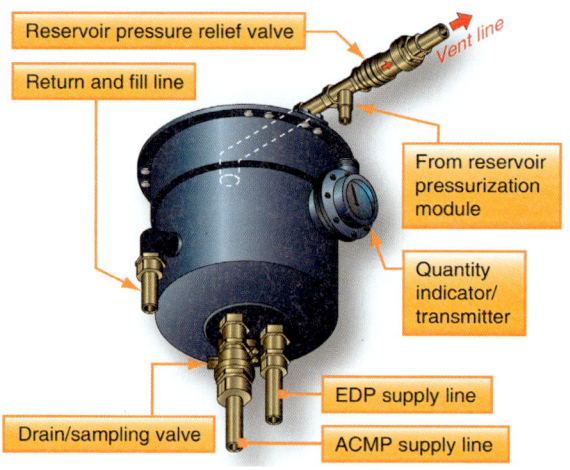

▲ 그림 9-6 공기 가압식 저장소 구성품

③ 저장소 시료채취 밸브(Reservoir sample valve) : 유압유의 시료(Sample)를 채취하기 위해 사용된다.
④ 저장소 배출 밸브(Reservoir drain valve) : 정비를 위해 저장소 밖으로 유압유를 배출시키기 위해 사용된다.
⑤ 저장소 온도 변환기(Reservoir temperature transducer) : 조종실에 유압유의 온도 정보를 준다(그림 9-7 참조).
⑥ 저장소 유량 전송기(Reservoir quantity transmitter) : 운항승무원이 비행하는 동안 유압유 양을 확인할 수 있도록 조종실에 유량을 전송한다(그림 9-7 참조).

(3) 그림 9-8은 저장소를 가압하는 데 필요한 구성품 일체(module)를 보여주며, 구성품들은 저장소 근처에 장착되어 있다. 구성품은 다음과 같이 구성되어 있다.
① 2개의 여과기(filter)

▲ 그림 9-7 온도 및 액량 감지기

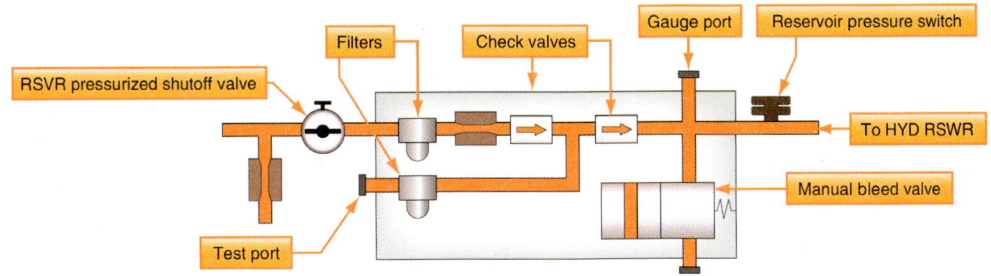

▲ 그림 9-8 **저장소 가압 구성품**(Reservoir pressurization module)

② 2개의 체크밸브(check valve)
③ 시험구(test port)
④ 수동블리드밸브(manual bleed valve)
⑤ 게이지공(gauge port)

(4) 수동블리드밸브는 구성품 일체(module)에 장착되어 있다. 유압계통의 구성품을 장·탈착할 때 저장소의 공기압을 빼기 위해 사용된다. 저장소 바깥 케이스(case)에 이 밸브를 작동시키는 작은 푸시 버튼(push button)이 있으며, 버튼을 누르고 있는 동안 저장소 가압공기는 외부로 배출된다. 가압공기가 배출될 때 유압유 일부도 배출되므로 안전을 위해 배출구 부위에 천 조각 등으로 배출되는 유압유를 모아야 한다. 유압유 분무(spray)는 인명피해의 원인이 될 수 있다.

3) 유압유 가압식 저장소(Fluid-pressurized reservoirs)
  (1) 일부 항공기 유압계통 저장소는 유압계통 압력에 의해 가압된다. 그림 9-9는 유압유 가압식 저장소의 개념을 설명한다.
  (2) 저장소는 5개의 포트(port)를 갖추고 있는데, 펌프부문포트(pump section port), 귀환포트(return port), 가압포트(pressurizing port), 외부 배유포트(overboard drain port), 그리고 브리드 포트(bleed port)이다. 유압유는 펌프부문포트를 통해 펌프로 공급된다.
  (3) 유압유는 귀환포트를 통해 유압계통으로부터 저장소로 되돌아간다. 펌프 압력은 가압구(pressurizing port)를 통해 저장소의 가압 실린더로 들어간다. 외부 배출구(overboard drain port)는 정비작업 등 저장소의 유압유 배출이 필요할 때 유압유가 배출되는 통로이다. 저장소에 유압유를 보급할 때 공기 없는 유압유가 브리드포트로 나올 때까지 보급한다.
  (4) 저장소 내 유압유 레벨(level)은 저장소 커버(cover)를 통해 움직이는 가압 실린더상에 지시 마크를 보고 확인할 수 있다. 3개의 레벨 표시가 있는데, 유압계통 압력이 0에서 full(full zero press), 유압계통이 가압될 때 full(full sys press), 그리고 보충(refill)이 표시되어 있다. 유압계통이 가압되거나, 비가압 시의 한계 유량 레벨이 표시되어 있다. 유압유를 보급할 때 한계 유량 레벨까지 보급한다.

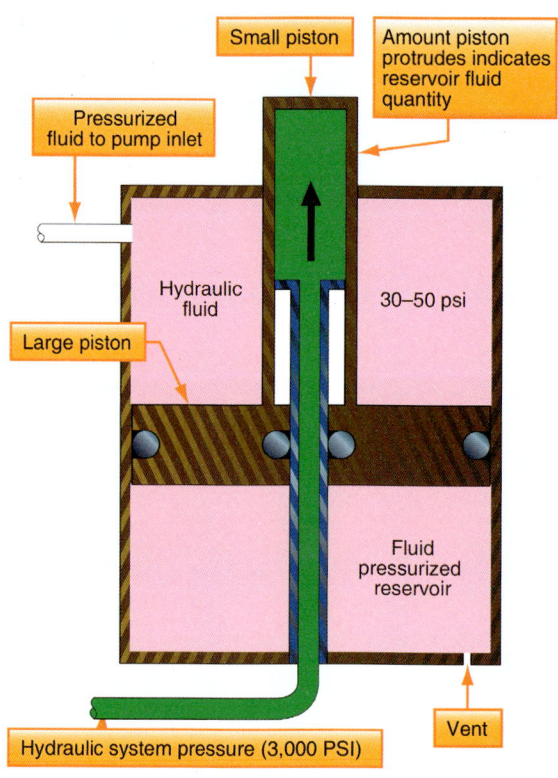

▲ 그림 9-9 유압유 가압식 저장소 작동 원리

9.2.2.3 저장소의 보급(Reservoir servicing)

1) 그림 9-10과 같이, 비가압식 저장소는 유압유를 저장소로 보급할 때 불순물을 걸러 주는 주입기 여과기(filler strainer)를 통해 저장소 안으로 직접 유압유를 보급할 수도 있으나 대부분 항공기는 저장소의 바닥에 있는 분리가 빠른 보급 포트(quick disconnect service port)를 통해 보급한다. 이 방법은 저장소의 오염을 많이 줄여준다.

2) 가압식 저장소를 사용하는 항공기는 별도의 지상 보급대(ground service station)에 장착되어 있는 하나의 보급 포트를 통해 모든 저장소를 보급한다.

3) 유압유 보급을 위해 장착된 별도의 핸드 펌프(hand pump)를 이용해 흡입관을 통해 용기(container)로부터 유압유를 저장소 안으로 주입한다. 부가하여 유압유 뮬(hydraulic mule) 또는 서빙 카트(serving cart)와 같은 외부 펌프를 이용하여 압력 충전구(pressure fill port)를 통해 보급할 수도 있다.

4) 핸드 펌프 또는 외부 펌프를 이용하여 보급할 때 불순물 유입을 막아주는 한 개의 여과기가 압력 충전구와 핸드 펌프 양쪽의 하류부문에 장착되어 있다.

5) 유압유를 보급할 때는 정비지침서를 따라야 하며, 유량 레벨을 점검할 때나 저장소에 유압유를 보급할 때에는 항공기의 자세 및 상태가 정비 매뉴얼에 명시된대로 유지되어야 한다. 그렇지

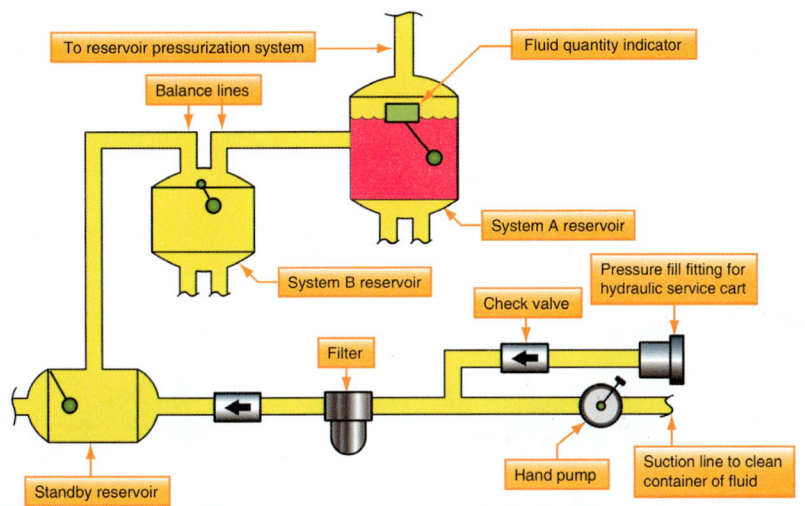

▲ 그림 9-10 보잉 737 항공기 지상 보급계통

않으면 저장소가 과보급될 수 있다. 이런 항공기의 상태(configuration)는 기종에 따라 서로 다를 수 있다. 아래 (6)의 내용은 대형 운송용 항공기의 유압유 보급지침서(service instruction) 이다.

6) 보급하기 전에 항상 다음을 확인한다.
   ① 스포일러(spoiler)는 작동되지 않아야 한다.
   ② 착륙장치(landing gear)는 down되어 있어야 한다.
   ③ 착륙장치 도어(door)는 close되어 있어야 한다.
   ④ 역추력장치(thrust reverser)는 작동되어 있지 않아야 한다.
   ⑤ 파킹 브레이크 축압기(parking brake accumulator)의 압력은 적어도 2,500psi을 유지해야 한다.

9.2.2.4 축압기(Accumulators)

1) 축압기는 대부분 합성고무 재질의 다이어프램(diaphragm)에 의해 2개의 공간으로 나누어진 강구(steel sphere)다. 위 공간(upper chamber)에는 계통압력의 유압유를 담고 있고, 반면에 아래쪽 공간(lower chamber)에는 가압된 질소(nitrogen) 또는 공기로 채워진다. 원통형(spherical type)은 고압 유압계통에서 사용된다. 많은 항공기는 유압계통에 여러 개의 축압기를 갖는다. 주 계통 축압기와 비상계통 축압기가 있게 된다. 또한 여러 가지의 하부계통에 위치한 보조축압기(auxiliary accumulator)가 있다.

2) 축압기의 기능은 다음과 같다.
   ① 구성품의 작동으로 발생하는 유압계통의 압력서지(pressure surge)를 완화시켜 준다.
   ② 몇 개의 구성품이 동시에 작동할 때 축압기의 저장된 압력으로 동력펌프를 보조하거나 또는 보충한다.
   ③ 펌프가 작동하지 않을 때 유압장치의 제한적인 작동을 위해 압력을 저장한다.

④ 구성품 내부에서 미세한 유압 누출이 있을 때 이를 보상해 주어 압력 스위치의 계속적인 작동을 막아준다.

3) 원통형(spherical type)

이 축압기는 그림 9-11과 같이 2개의 중공을 가지고 있는 철강으로 된 반구형 모양을 하고 있으며, 2개의 중공 사이에는 다이어프램으로 격리되어 있다.

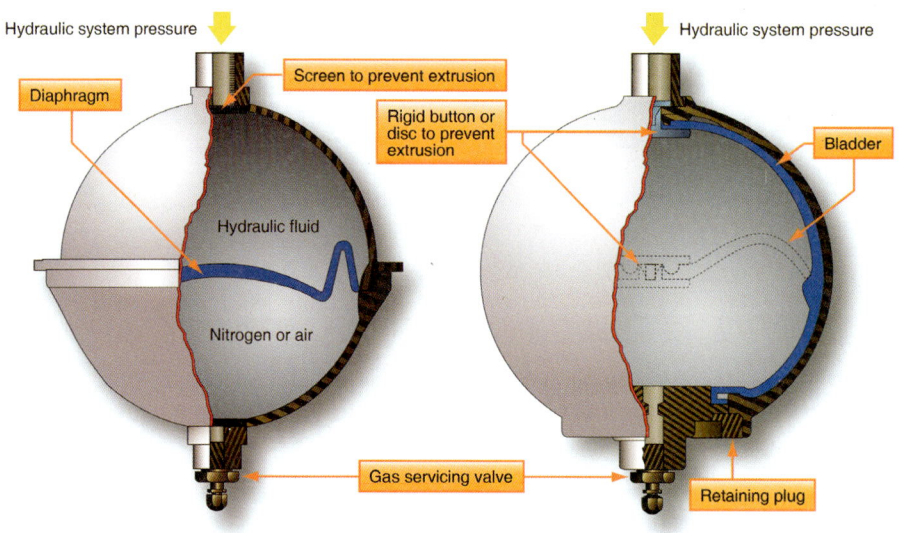

▲ 그림 9-11 원통형 축압기, 다이어프램형(좌측), 방광형(우측)

다이어프램의 아래 부분에 공기압(작동유압의 $\frac{1}{3}$ 압력, 예를 들면 작동유압이 3,000psi 일 때 1,000psi의 공기압)을 넣은 상태에서 유압이 작용하면 계통유압이 공기압력보다 높으므로 다이어프램을 밑으로 밀고 유압이 채워진다. 이때 공기압력은 유압과 같은 압력으로 된다. 이렇게 저장된 압력은 계통압력이 없는 상태에서 필요한 작동기의 선택밸브가 열리면 저장된 공기압력이 다이어프램에 작용하여 유압유를 공기압과 같은 힘으로 밀어내게 되고, 유압유는 압력이 만들어져 계통으로 공급되어 작동기를 움직이게 한다. 공기 압력이 정해진 값 이하로 떨어지면 아래쪽에 있는 가스보급밸브(gas servicing valve)를 통하여 보충할 수 있다.

4) 실린더형(Cylindrical type)

그림 9-12와 같이, 실린더형 축압기는 구형의 축압기에 비하여 구조가 간단하며 실용적이기 때문에 널리 사용되고 있다.

실린더형 축압기는 원통형의 실린더 안의 피스톤에 의하여 공기실과 유압실이 격리되어 있고 피스톤에는 2중으로 실이 장착되어 누설을 방지한다. 계통압력이 최대일 때 공기와 유압유의 체적비가 1:2의 비율로 저장된다. 축압기의 작동 방법은 위에서 설명한 구형 축압기와 동일하다.

▲ 그림 9-12 실린더 축압기

9.3 보잉-737 NG(Next Generation) 유압계통(Hydraulic System)

그림 9-13에서는 대형 항공기에 있는 유압계통 전체의 구성품을 보여준다.

보잉-737 NG 항공기는 3개의 3,000psi 유압계통을 갖추고 있는데, 계통 A(system A), 계통 B(system B), 그리고 standby이다. standby 계통은 만약 계통 A 또는 계통 B의 압력이 상실되었을 경우 사용된다. 유압계통은 다음의 항공기 계통에 동력을 공급한다.

① 비행 조종(Flight controls)
② 앞전(leading edge) flaps와 slat
③ 뒷전(Trailing edge) flaps
④ 착륙장치(landing gear)
⑤ 휠 브레이크(Wheel brakes)
⑥ 조향장치(Nose wheel steering)
⑦ 역추력장치(thrust reverser)
⑧ 자동 조종 장치(Auto-pilots)

9.3.1 저장소(Reservoir)

그림 9-14와 같이 계통 A, B, 그리고 standby 저장소는 바퀴칸(wheel well area)에 위치한다. 저장소는 가압모듈을 통해 공기압으로 가압된다. standby 계통 저장소의 가압 및 유압유 보급은 계통 B 저장소를 통한다. 저장소의 가압은 펌프로 유압유의 흐름을 원활하게 해준다. 저장소 안에는 엔진구동펌프 또는 관련된 관에서 누설이 발생할 때 모든 유압유의 소실을 방지하는 저수탑(standpipe)을 갖추고 있다. 엔진구동펌프는 저수탑을 통해 유압유를 흡입하고, 교류동력펌프(ACMP, AC Motor Pump)는 저장소의 밑바닥으로부터 유압유를 흡입한다.

Stabilizer Trim Motor

Stabilizer trim actuation on the aircraft is provided by two 3,000-psi, constant-displacement, nine-piston, bent-axis hydraulic motors. Each motor produces 77.3 in-lb torque at 2,250 psid with a rated speed of 2,700 rpm and an intermittent speed of 4,050 rpm. Displacement is 0.216 in^2/rev; weight is 3.9 lb.

Hydraulic Motor-Driven Generator

The hydraulic motor-driven generator (HMDG) is a servo-controlled, variable displacement, inline axis-piston hydraulic motor integrated with a three-stage, brushless generator. The HMDG is designed to maintain a steady state generator output frequency of 400 ±2V (at the point of regulation) over a rated electrical output range of 10kVA.

AC Motor Pump

Auxiliary power is provided by a 3,110-psi, 12-gpm, 8,000-rpm fluid-cooled motor pump. Some AC motor pumps feature a ceramic feed-through design. This protects the electrical wiring from being exposed to the caustic hydrauic fluid environment.

Leading Edge Slat Drive Motor

Leading edge slat actuation on the aircraft provided by one constant-displacement, nine-piston, bent-axis hydraulic motor. The motor produces 544.3 in-lb torque at 2,250 psid with a rated speed of 3,170 rpm and an intermittent speed of 4,755 rpm. Displacement is 1.52 in^2/rev; weight is 13.21 lb.

Emergency Passenger Door Actuator

Plays a critical role in safety; extends to open door when actuated by nitrogen gas pressure. Assembly reaches full extension in 2.75 to 4.16 seconds with output force of 2,507 to 2,830 lb.

Power Transfer Unit

The transfer of hydraulic power (but not fluid) between the left and right independent hydraulic system is accomplished with a nonreversible power transfer unit (PTU) that provides an alternate power source for the leading and trailing edge flaps and the landing gear, including nose gear steering, which are normally driven by the left hydraulic system. The PTU consists of a bent-axis hydraulic motor driving a fixed displacement, in-line pump. Rated speed is 3,900 rpm. Displacement of the pump is 1.39 in^2/rev and displacement of the motor is 1.52 in^2/rev. The unit weight is 35 lb.

Trailing Edge Flap Drive Motor

Trailing edge flap actuation is provided by one 3,000-psi, constant-displacement, nine-piston, bent-axis hydraulic motor. The motor produces 21.4 in-lb torque at 2,250 psid with a rated speed of 3,750 rpm and an intermittent speed of 5,660 rpm. Displacement is 0.596 in^2/rev; weight is 6.5 lb.

Ram Air Turbine Pump

A 3,025 psi in-line piston pump provides 20 gpm at 3,920 rpm, delivering hydraulic power for the priority flight control surfaces in the event both engines are lost or a total electrical power failure occurs. Displacement is 1.25 in^2/rev; weight is 15 lb.

Nose Wheel Steering System

Consists of a digital electronic controller, hydro-mechanical power unit, mounting collar, tiller, and rudder pedal positon sensors. The hydro-mechanical power unit (an integrated assembly) includes all the hydraulic valving, power amplification, actuation, and damping components.

Engine-Driven Pump

Hydraulic power for the left and right systems is supplied by two 48-gpm variable-displacement, 3,000-psi pressure compensated in-line pumps. Displacements 3.0 in^2/rev; weight is 40.1 lb.

▲ 그림 9-13 대형 항공기 유압계통

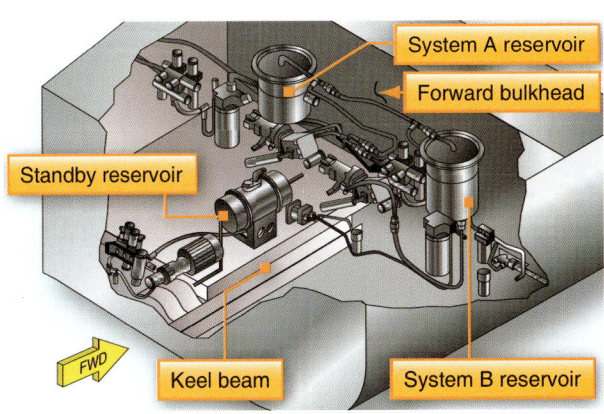

▲ 그림 9-14 보잉 737 항공기 유압 저장소

9.3.2 펌프(Pump)

항공기 유압계통은 1개 이상의 동력구동펌프(power-driven pump)를 갖고 있고, 엔진구동펌프(engine-driven pump)가 작동하지 못할 때 추가 장치로서 1개 이상의 예비펌프를 갖고 있다. 동력구동펌프는 에너지의 1차 공급원이고 엔진구동(engine-driven), 전기구동(electric motor-driven) 또는 공기구동(air-driven)펌프가 사용된다. 일반적으로 전기구동펌프와 공기구동펌프는 비상시나 지상 작동을 위해 사용된다. 일부 항공기는 RAT(Ram Air Turbine)를 장착하여 1차 공급원인 유압펌프가 고장 났을 경우 사용한다.

Boeing 737 항공기는 2개의 엔진구동펌프, 4개의 전기구동펌프, 2개의 공기구동펌프, 그리고 RAT에 의해 구동되는 유압펌프모터(hydraulic pump motor)를 갖춘 3개의 유압계통을 갖추고 있다.

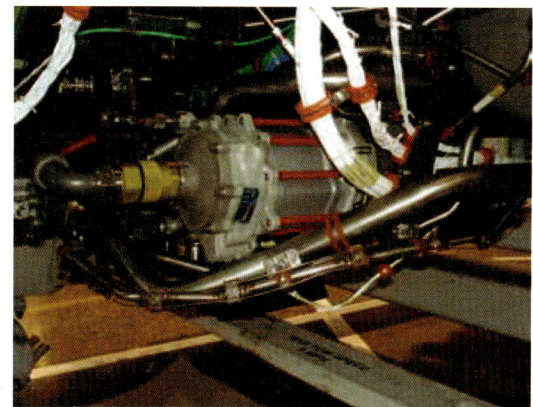 

▲ 그림 9-15 엔진구동펌프(좌측)와 전기구동펌프(우측)

현대 항공기에서 대부분 동력구동 유압펌프는 가변형(variable-delivery, compensator-controlled type)과 고정형(constant-delivery pump type)으로 나뉜다. 작동원리는 두 타입이 같다. 고정형 펌프는 작동 시 배출되는 유량이 일정하여 유량을 변화시키려면 회전수를 조절하여야 하나, 가변형은 작동 중에 회전수를 바꾸지 않고 행정을 조절하여 유량을 조절할 수 있다.

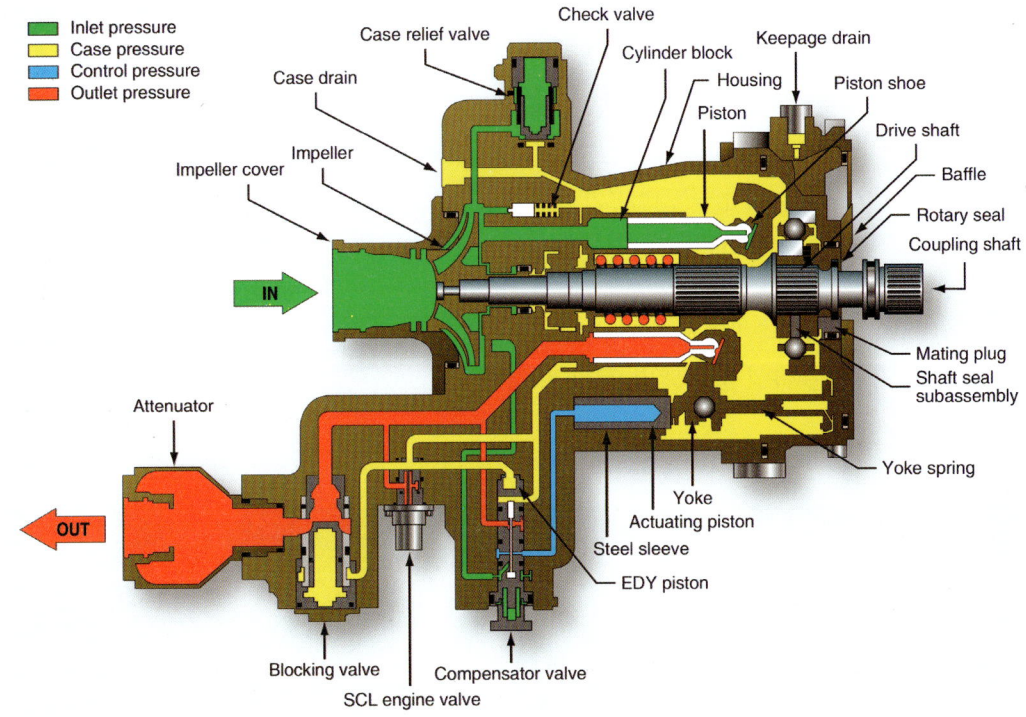

▲ 그림 9-16 가변형 피스톤식 유압펌프

9.3.3 여과기 모듈(Filter module)

여과기 모듈(filter module)은 유압유를 깨끗하게 하기 위해 압력관, 케이스 드레인 관(case drain line), 그리고 회수관(return line)에 장착되어 있다. 여과기 모듈에는 필터에 이물질이 있거나 교체가 필요할 때를 알려주는 튀어 나오는(pop out) 차압 지시기(differential pressure indicator)를 갖고 있다.

9.3.4 동력전달장치(Power Transfer Unit-PTU)

PTU의 목적은 계통 B 엔진구동펌프가 고장 시 auto-slat과 앞전 flap/slat을 정상적으로 작동시키기 위함이다. PTU는 유압모터와 유압펌프가 하나의 축으로 연결되어 있다. PTU는 계통 A의 압력을 이용해 유압모터를 가동시키면 계통 B의 유압유를 사용하는 유압펌프를 작동시켜 계통 B의 유압을 발생시킨다. PTU는 오직 동력만 전달하며 유압유를 이동시키지는 않는다. PTU는 다음의 조건 모두가 충족할 때 자동적으로 작동한다.

① 계통 B 엔진구동펌프의 압력이 한계 이하로 떨어질 때
② 항공기가 이륙했을(airborne) 때
③ Flap 레버의 위치가 15° 이하에서 up 사이에 있을 때

9.3.5 Standby 유압계통(Standby hydraulic system)

standby 유압계통은 계통 A 또는 계통 B 압력이 상실되었을 경우 사용되는 보조(backup) 장치이다. standby 계통은 수동 또는 자동으로 작동되는 하나의 교류동력펌프(ACMP, AC Motor Pump)에 의해 다음의 장치에 유압을 공급한다.

① 역추력장치(thrust reverser)
② 러더(rudder)
③ 앞전 flap과 slat(펼칠 때만 사용)
④ standby yaw damper

9.3.6 지시(Indication)

유압유가 과열(overheat)되면 조종실에 "OVHT"등과 "master caution"등이 들어오고, 계통 A 또는 계통 B의 유압이 낮으면 "LOW PRESS"등과 "master caution"등이 동시에 들어온다.

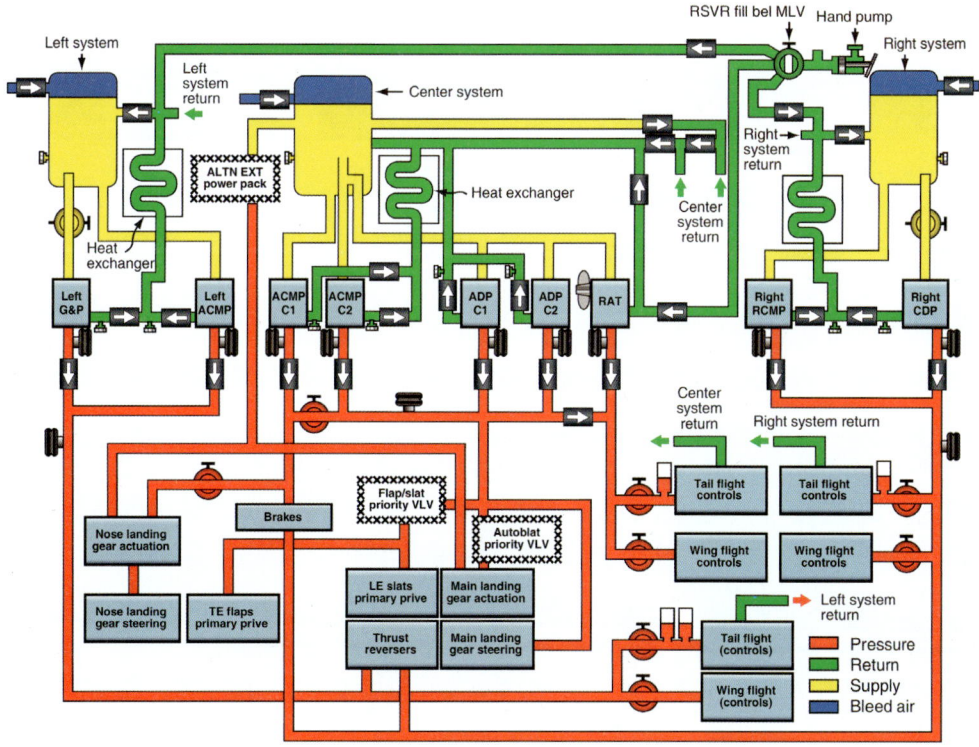

▲ 그림 9-17 보잉 737 항공기 유압계통

10 착륙장치계통 (Landing Gear System)

10.1 착륙장치

10.1.1 메인 스트럿(Main Strut or Oleo Cylinder)의 구조 및 작동원리

1) 그림 10-1에서와 같이, 삼륜식 착륙장치는 가장 일반적으로 사용되는 착륙장치의 배열이며, 주 착륙장치(main landing gear)와 앞 착륙장치(nose landing gear)를 갖추고 있다. 앞바퀴식 착륙장치(nose type landing gear)라고도 한다.

▲ 그림 10-1 삼륜식 착륙장치

2) 삼륜식 착륙장치는 다음과 같은 장점이 있어 대형항공기 및 소형항공기에 다양하게 사용된다.
   ① 보다 빠른 착륙속도에서 제동 시 전복의 위험 없이 큰 제동력을 사용할 수 있다.
   ② 착륙 및 지상 이동 시 조종사의 시계가 좋다.
   ③ 항공기의 무게 중심이 주 착륙장치의 앞에 있기 때문에 착륙 활주중 이상선회(ground-looping)의 위험이 없다.

3) 일부의 삼륜식 착륙장치를 갖는 항공기들은 앞바퀴에 지상활주에 필요한 조향장치가 설치되어 있지 않으므로 좌, 우 브레이크의 압력 차에 의해 방향을 조종한다. 그러나 거의 모든 항공기는 앞 착륙장치에 조향장치가 설치되어 있다. 경항공기에서 앞 착륙장치는 방향키페달(rudder pedal)로 기계연동장치(mechanism linkage)를 통해 조종된다. 대형항공기는 전형적으로 앞 착륙장치를 작동시키기 위해 유압동력(hydraulic power)을 활용한다.

4) 그림 10-2에서 보여준 것과 같이, 삼륜식 착륙장치 배열에서 주 착륙장치는 보강된 날개구조 또는 동체구조에 부착된다. 주 착륙장치에서 바퀴의 수와 위치는 다양하다. 대다수의 주 착륙장치는 2개 이상의 바퀴를 가지고 있다.

5) 바퀴의 수를 증가시키면 더 넓은 지역에 항공기의 무게를 분산 지지한다. 만약 1개의 타이어가 손상되어도 안전여유를 갖는다. 대형의 항공기는 각각의 주 착륙장치에 4개 이상의 바퀴 어셈블리를 사용하게 되며, 2개 이상의 바퀴가 착륙장치버팀대에 부착되었을 때 이 부착 부위를 보기(bogie)라고 부른다. 보기에 포함된 바퀴의 수는 항공기가 총 설계중량(gross design weight)

으로 착륙하기 위해 요구되는 활주로 표면의 지면 반력을 고려한다. 그림 10-2에서는 보잉 777 항공기의 트리플 보기 주 착륙장치를 보여준다.

6) 전륜식 착륙장치 배열은 수많은 부품의 조립품으로 이루어진다. 이들은 공기·오일 완충버팀대(air/oil shock strut), 기어정렬장치(gear alignment unit), 지지대(support), 접개들이 및 안전장치(retraction and safety device), 바퀴 및 브레이크어셈블리 등을 포함한다. 운송용 항공기의 주 착륙장치를 구성하는 수많은 부품의 명칭이 그림 10-3에 나타나 있다.

▲ 그림 10-2 이중형과 트리플 보기형 주 착륙장치

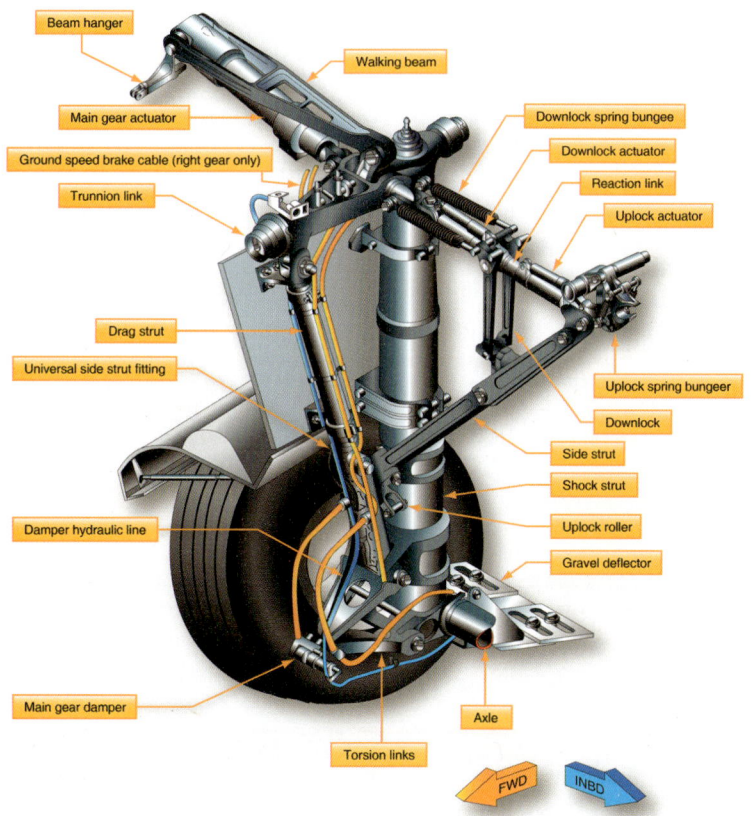

▲ 그림 10-3 보기형 착륙장치 구성품의 명칭

10.1.1.1 메인 스트럿(Main Strut or Oleo Cylinder)의 구조

1) 트러니언(Trunnion) : 전체 기어어셈블리를 움직이게 하는 베어링 면과 함께 상부버팀대실린더의 뻗어 나오는 구조의 고정부이다. 착륙장치가 접혀 들리거나 내려올 때 장착점을 기준으로 회전하도록 항공기 구조물에 부착한다.
2) Drag Strut : shock strut 전방과 후방을 지지한다.
3) Side Strut : upper side strut와 lower side strut으로 구분되며 shock strut을 가로로 지지하고 있다.
4) Jury Strut : side strut를 고정하는 역할을 한다. lock actuator에 의해 작동되며 gear의 up lock 혹은 down lock를 걸어 준다.
5) Walking Beam : gear actuator의 반작용 힘을 항공기 structure로 전달하여 감소시킨다.
6) Truck Beam : 전방과 후방에 axle이 장착된 tube 모양의 i형 steel beam으로 1개의 strut에 4개의 wheel을 장착하기 위해 마련되어 있다.
7) Truck Positioning Actuator(Trim Cylinder) : shock strut에 대해서 truck beam이 90°로 유지되도록 해주며 90°로 유지되지 않으면 landing gear lever가 up position으로 움직이지 못한다.
8) Gear Down Lock Actuator : gear의 down lock를 걸어주며 gear가 up될 때 down lock를 풀어 준다. lock mechanism에 의해서 over center lock이 걸린다.
9) Down Lock Bungee : hyd power 없이 gear를 자중으로 down시킬 때 spring 힘에 의해 down lock이 걸리도록 해준다.
10) Gear Actuator : landing gear selector valve에서 선택되어 오는 유압을 받아 gear를 up이나 down으로 작동시키며 각 작동 끝 부분에는 snubber가 장착되어 심한 충격을 방지한다.
11) Torsion Link(Torque Link)
    ① shock strut의 inner cylinder와 outer cylinder가 회전하는 것을 방지한다.
    ② torsion link를 분리하면 inner cylinder의 360° 회전이 가능하다.
    ③ torsion link의 위치에 따라 비행(inflight) 상태와 지상(ground) 상태를 지시해 준다.
    ④ ground control sw를 거쳐서 ground control relay를 작동시키므로 여러 가지 구성품의 작동에 변화를 가져온다.

10.1.1.2 공기·오일식 완충장치 또는 올레오 스트럿(Air/oil Shock Strut, Oleo Strut)

1) fluid와 압축된 질소에 의해 충격을 흡수하는 것을 oleo type strut라 한다.
2) inner cylinder와 outer cylinder로 구성되어 있고 upper bearing과 lower bearing에 의해서 지지된다.
3) 내부에는 hyd fluid와 질소로 충전되어 있다.
4) 이착륙 시 metering pin이 restrictor의 hole 크기를 작게 하여 fluid의 이동을 제한 충격을 완화시킨다.

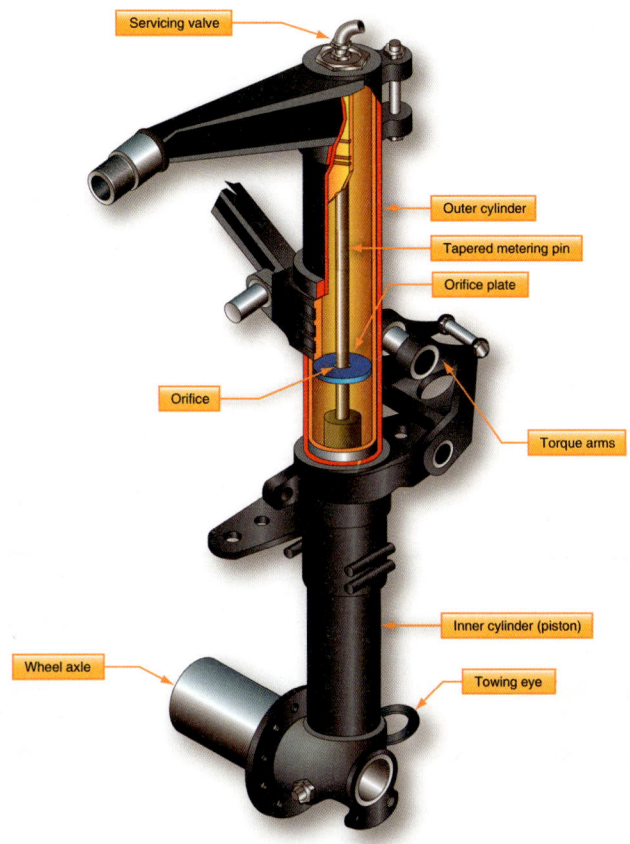

▲ 그림 10-4 미터링 핀 형식의 공기·오일식 완충장치

5) floating restricter ring에 의해서 늘어날 때는 서서히 늘어나고 이때 흡수한 에너지를 내 뿜는다.
6) 충격을 받을 때 처음에는 급히 줄어들고, 계속 줄어들면 저항을 받는다.
7) hyd fluid의 누설이 있을 때 shock strut을 장탈하지 않고 lower bearing에 장착된 scraper ring을 사용하여 누설을 방지할 수 있다.

10.1.2 작동유 보충시기 판정 및 보급방법

1) 완충버팀대의 정비
   ① 완충버팀대는 작동유의 보충과 버팀대의 팽창 길이에 대한 내용을 기록한 플레이트가 부착되는데 작동유의 주입구나 공기 주입 밸브 근처에 부착된다. 그것은 버팀대에 사용되는 작동유와 팽창 압력을 명시하고 있으며, 작동유의 보충 및 공기 주입 밸브를 통한 질소가스의 사용 전에 사용법을 숙지하는 것이 중요하다.

② 불충분한 작동유 또는 완충버팀대에 있는 불충분한 공기압은 압축행정 시 적절하게 충격을 완충하지 못하게 한다. 완충버팀대가 제 기능을 효과적으로 수행하기 위해서는 적정량의 작동유와 공기압이 유지되어야 한다.
③ 작동유를 적절하게 보급하기 위해 대부분의 완충버팀대는 공기를 배출하여 피스톤을 완전히 압축시킨 상태에서 상부 실린더에 작동유를 공급한다.
④ 완충버팀대 공기배출은 위험한 작업일 수 있다. 정비사는 완충버팀대 상부실린더의 꼭대기에서 찾아볼 수 있는 고압보급밸브의 작동에 완전히 익숙해야 한다.
⑤ 작동유면을 점검하기 위한 적절한 공기배출 방법에 대해 반드시 제작사 사용설명서를 참고한다. 그림 10-5에서는 고압공기밸브의 두 가지 일반적인 형식을 보여준다.

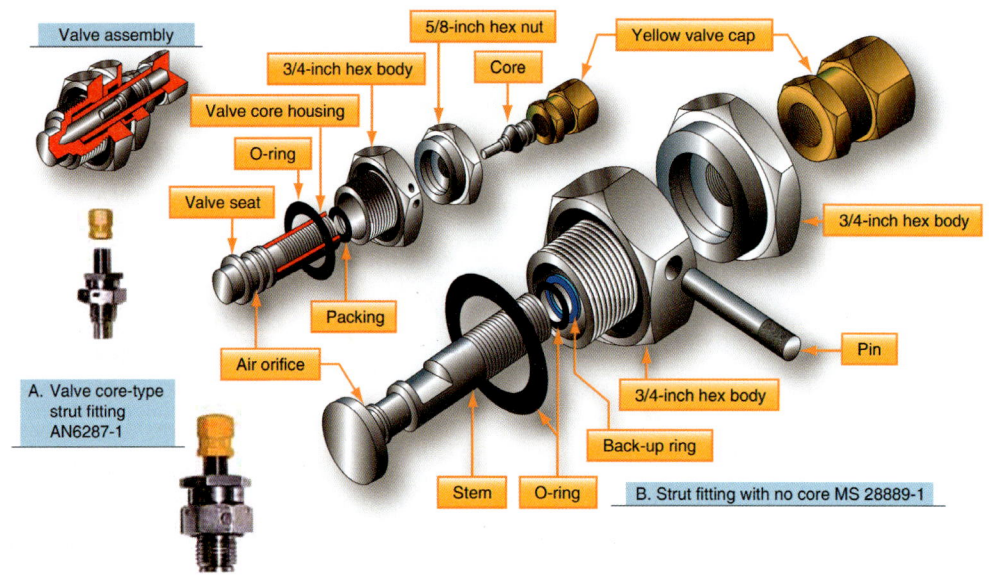

▲ 그림 10-5 고압공기밸브의 두 가지 일반적인 형식

2) 완충버팀대 압축공기(질소)의 배출 절차
 ① 정상적인 작동상태에 있게 한다. 주변의 모든 장애물을 치운다.
 ② 보급 플러그(filler plug) 주변의 먼지나 이물질을 깨끗이 닦는다.
 ③ 공기밸브에서 캡(cap)을 제거한다.
 ④ 스웨이블 헥스 너트(swivel hex nut)가 안전하게 조여져 있는지 검사한다.
 ⑤ 공기밸브(air valve)에 공기가 있으면 밸브를 눌러 공기를 빼낸다. 이 때 고압으로 인해 부상을 초래할 수 있으므로 한쪽으로 비켜서 작업을 한다.
 ⑥ 밸브 코어(valve core)를 장탈한다.
 ⑦ 스웨이블 헥스 너트(swivel hex nut)를 반 시계 방향으로 돌려 버팀대(strut)의 공기를 빼낸다.
 ⑧ 버팀대가 완전하게 압축되어 공기압력이 제거되었으면 밸브 어셈블리를 장탈한다.

3) 완충버팀대의 작동유 및 질소(건조 압축공기) 보급 절차

※ 그림 10-6의 보잉 727 항공기 완충버팀대 작동유 주입 차트 참조

① 제작사에서 권고하는 형식의 작동유를 공기 밸브(또는 oil charging valve)를 통해 거품이 나오지 않고 넘칠 때까지 보급한다. 이 때 inner cylinder는 완전히 압축된 상태에 있어야 한다.

② 착륙장치가 항공기의 무게를 지지하고 있는 상태에서(jack을 사용하지 않은 상태) 간격 "×"가 8.5 inch 이상 될 때까지 건조공기 또는 질소를 주입한다.

③ 버팀대의 공기압을 계기로 측정한다.

④ 아래의 작동유 주입 차트를 참조하여 측정된 공기압에 해당되는 올바른 "×" 간격을 결정한다.

⑤ 올바른 "×" 간격을 얻기 위해 건조 공기 또는 질소 주입을 더하거나 뺀다.

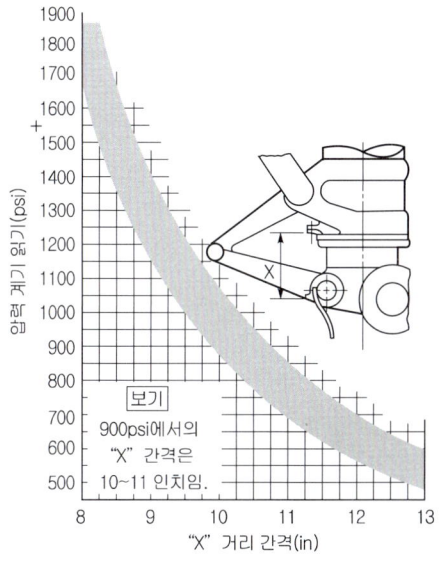

〈참고자료〉
- 완전히 압축된 스트럿의 길이 X : 6.00 in
- 완전히 팽창된 스트럿의 길이 X와 압력 : 20.00 in 285 psi ± 28 psi

▲ 그림 10-6 보잉 727 항공기 완충버팀대 작동유 주입 차트

10.2 제동계통(Brake System)

10.2.1 브레이크 점검(마모 및 작동유 누설)

항공기에 장착된 상태에서 브레이크의 검사와 서비싱이 요구된다. 제동장치는 제작사사용법설명서에 따라 검사되어야 한다. 일부 일반적인 검사항목은 브레이크라이닝 마모, 제동장치에 공기의 포함 여부와 작동유의 보급상태, 그리고 적절한 볼트 토크를 포함한다.

10.2.1.1 라이닝 마모(Lining Wear)

1) 브레이크의 검사에서 라이닝의 마모 검사방법 중 하나는 그림 10-7과 같이, 브레이크어셈블리 내장형마모지시기(built-in wear indicator) 핀을 측정한다. 일반적으로 노출된 핀 길이는 라이닝이 닳아질 때 줄어들고, 그리고 최소길이는 라이닝이 교체되어야 할 시기를 나타낸다. 주의할 점은 제작사마다 서로 다른 측정방법이 적용된다는 것이다.

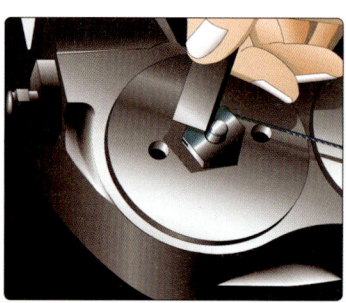

▲ 그림 10-7 브레이크라이닝의 마모 측정(goodyear)

2) 그림 10-8은 브레이크가 작동되었을 때 디스크와 브레이크하우징 사이의 간격을 측정한다. 라이닝이 닳았을 때, 이 간격이 커진다. 제작사 정비매뉴얼은 라이닝을 얼마의 간격에서 교체되어야 하는지를 명시한다.

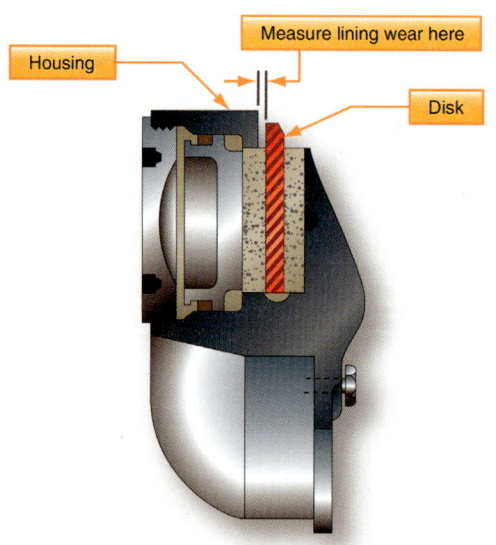

▲ 그림 10-8 브레이크 디스크와 하우징 사이 간격 측정

3) 그림 10-9와 같이, 멀티디스크 브레이크는 전형적으로 브레이크를 작동시켜서 압력판의 뒤쪽과 브레이크하우징 사이의 거리를 측정함으로써 라이닝 마모에 대해 점검한다. 한계를 넘어서 닳게 된 라이닝은 보통 교체를 위해 브레이크어셈블리를 장탈할 필요가 있다.

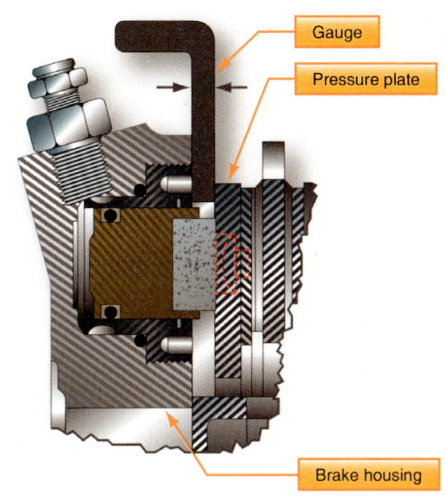

▲ 그림 10-9 브레이크하우징과 압력판 사이의 직경 측정

10.2.1.2 공기빼기(Air Bleeding)

제동장치 작동유에 발생한 기포는 브레이크 페달을 밟았을 때 스펀지를 밟는 것과 같은 느낌의 원인이 된다. 기포는 제작사사용법설명서에 따라 빼내어야 한다. 하향식의 중력공기빼기방법(gravity air bleeding method) 또는 상향식의 압력공기빼기방법(pressure air bleeding method) 중 한 가지로 공기를 빼낸다. 브레이크 페달에 스펀지 현상이 있거나 제동장치의 도관이 분리되었을 때에는 언제나 공기빼기 작업을 한다.

10.2.1.2.1 압력공기빼기방법(Pressure Air Bleeding Method)

1) 그림 10-10에서는 제동장치의 압력공기빼기에 사용되는 공구를 보여준다.

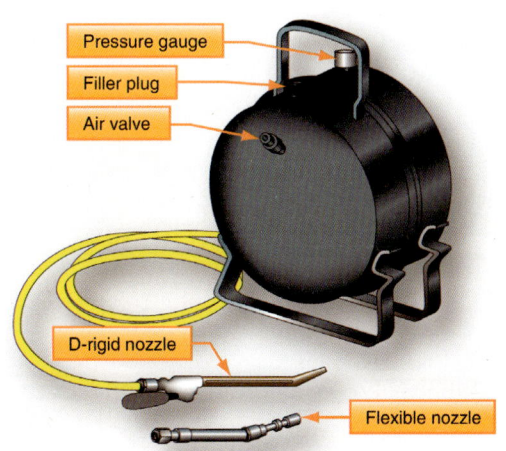

▲ 그림 10-10 브레이크공기빼기 공구

2) 그림 10-11에서는 압력공기빼기 작업을 보여준다. 우선 압력탱크와 브레이크어셈블리를 호스로 연결하고 브레이크 마스터실린더의 주입구와 작동유 저장소를 호스로 연결시킨다. 작동유 저장소로부터 배출되는 작동유를 담기에 충분한 수집용기를 준비하여 투명한 호스를 연결한다.
3) 브레이크어셈블리의 공기 배출구 열고 압력탱크의 작동유를 공급한다. 압력이 형성된 깨끗한 작동유나 브레이크어셈블리로부터 마스터실린더와 작동유 저장소를 지나 투명한 호스를 거쳐서 자동유 수집용기로 배출된다.
4) 투명한 호스를 통하여 배출되는 작동유에 기포가 보이지 않을 때 압력탱크의 배출밸브와 브레이크어셈블리 배출구 밸브를 닫고, 연결된 모든 호스를 제거한다.

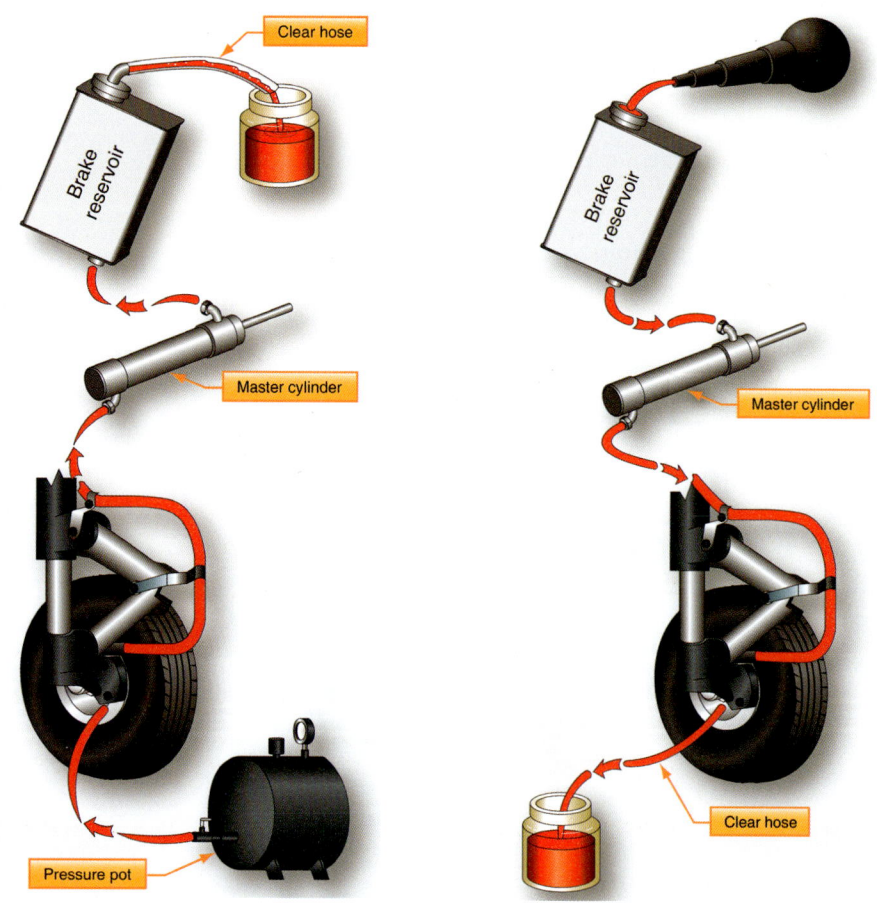

▲ 그림 10-11 **압력공기빼기(상향식)** ▲ 그림 10-12 **중력공기빼기(하향식)**

10.2.1.2.2 중력공기빼기방법(Gravity Air Bleeding Method)

1) 마스터실린더를 가지고 있는 브레이크는 또한 하향식으로부터 빼내는 중력공기빼기방법이 적용된다. 그림 10-12와 같이, 공기를 빼는 동안 작동유의 양이 부족해지지 않도록 항공기 브레이크 저장소에서 공급한다.

2) 투명한 호스는 브레이크어셈블리에서 공기빼기 배출구에 연결한다. 다른 쪽 끝단은 공기빼기과 정 시 배출된 작동유를 담기에 충분히 큰 용기에 있는 깨끗한 작동유에 연결한다.
3) 브레이크 페달을 밟아 브레이크어셈블리 공기빼기 배출구를 개방한다. 작동유가 배출된 후 페달이 밟혀진 상태로 공기빼기 배출구를 닫는다.
4) 브레이크 페달을 펌프질하여 마스터실린더에 압력을 가한 상태로 브레이크어셈블리의 공기빼기 배출구 밸브를 연다. 작동유가 투명한 호스를 통하여 수집용기로 배출된다.
5) 투명한 호스를 통하여 배출되는 작동유에 기포가 보이지 않을 때까지 이 과정을 반복한다.
6) 오염되지 않은 청결한 작동유만 사용하고, 공기빼기가 완료 된 후 적절한 작동상태와 누출에 대해 점검하고, 작동유가 정상적으로 보급되었는지 확인한다.

10.2.2 브레이크 작동점검

10.2.2.1 과열(Overheating)

1) 항공기 브레이크는 운동에너지를 열에너지로 변화시켜 항공기 속력을 늦추는 장치이다. 이때 발생하는 과도한 열은 브레이크 부품을 손상시킬 수 있다. 브레이크가 과열의 흔적을 보일 때, 항공기로부터 장탈하여 손상에 대해 검사하여야 한다. 항공기 이륙실패 시에도 브레이크를 장탈하여 검사해야한다.
2) 과열의 영향을 받은 브레이크는 고압 제동에서 고장을 발생시키는 원인이 되므로 항공기로부터 장탈하여 분해, 검사한다. 모든 시일은 교체되어야 하며, 브레이크 하우징(brake housing)은 정비매뉴얼에 의거 균열, 뒤틀림, 그리고 경도에 대해 점검되어야 한다. 제동원판(brake disc)은 뒤틀리지 않아야 하고, 그리고 표면처리는 손상되지 않아야 하며, 인접한 디스크와 접촉되지 않아야 한다. 재조립된 브레이크는 누설검사를 수행하고 항공기에 장착되기 전에 압력시험을 하여야 한다.

10.2.2.2 드레깅(Dragging)

브레이크 끌림은 브레이크 작동 기구의 결함에 의해 브레이크 페달을 밟은 후에 제동력을 제거하더라도 브레이크가 원상태로 회복이 잘 안 되는 현상이다. 이것은 과도한 라이닝 마모와 디스크에 손상으로 이끄는 과열의 원인이 될 수 있다.

10.2.2.3 그래빙(Grabbing)

제동판이나 브레이크 라이닝에 기름이 묻거나 오염 물질이 부착되어 제동상태가 원활하게 이루어지지 않고 거칠어지는 현상을 말한다.

10.2.2.4 페이딩(Fading)

브레이크 장치가 가열되어 브레이크 라이닝 등이 소손됨으로써 미끄러지는 상태가 발생하여 제동 효과가 감소되는 현상을 말한다.

10.2.2.5 타격음 또는 마찰음(Chattering or Squealing)

브레이크는 라이닝(lining)이 디스크를 따라 부드럽고 고르게 타고가지 않을 때 딱딱 부딪치는 소리가 나거나 마찰음을 낸다. 멀티브레이크 디스크의 정렬되지 않고 뒤틀린 디스크가 브레이크 작동 시 이러한 현상을 일으킨다. 타격음과 마찰음 같은 소음(noise)에 추가하여 발생하는 진동(vibration)은 제동장치와 착륙장치계통의 더 큰 손상의 원인이 될 수 있다.

10.3 항공기 타이어(Aircraft Tire)

10.3.1 타이어 종류 및 명칭

항공기 타이어는 튜브형 또는 튜브리스형이다. 타이어는 지상에 있는 동안 항공기의 무게를 지탱하고 제동과 정지를 위해 필요한 마찰을 제공한다. 타이어는 또한 착륙의 충격을 흡수할 뿐만 아니라 이륙과 착륙 후의 활주, 그리고 활주조작 시의 충격을 완화시키는 데 도움을 준다. 항공기 타이어는 정적응력과 동적응력의 다양성을 수용하고 광범위한 운전조건에서 신뢰할 수 있어야 한다.

10.3.1.1 형식(Type)

1) 항공기 타이어의 일반적인 분류는 미국타이어·림협회(united state tire and rim association)에 의해 분류된 3부분 명칭 타이어(three-part nomenclature tire), 즉 타이어 폭(section width)과 림(rim)의 직경 그리고 타이어 전제 직경에 의해서이다.
2) 타이어의 아홉 가지 형식이 있지만, 형식 Ⅰ, Ⅲ, Ⅶ, 그리고 Ⅷ은 여전히 생산중에 있다. 표 10-1은 타이어 형식별 사이즈 표시 및 사용 항공기이며, 그림 10-13은 타이어 형식별 사이즈 표시 방법을 보여준다.
3) 형식 Ⅷ 항공기 타이어는 3부 명칭 타이어로 알려져 있다. 아주 고압으로 팽창시켜지고 고성능 제트항공기에 사용된다. 전형적인 형식 Ⅷ 타이어는 비교적 낮은 윤곽을 갖고 있으며 고속과 고 하중에서 작동하는 능력이 있다. 모든 타이어 형식 중에서 가장 최신의 설계이다.
4) 3부 명칭은 전 타이어 직경, 타이어 폭, 그리고 림 직경이 타이어를 판정하기 위해 사용되는 형식 Ⅲ와 형식 Ⅶ 명칭의 조합이다. "×"와 "–" 부호는 지시어로서 동일한 각자의 위치에서 사용된다.
5) 3부 명칭이 형식 Ⅷ 타이어에서 사용되었을 때, 치수는 inch 또는 mm로 사용된다. 바이어스 타이어는 지정명칭에 따르고 레이디얼 타이어는 문자 R로서 "–"를 대체한다. 예를 들어, 30×8.8R15는 15 inch 바퀴 림에 설치하고자 하는 30 inch 타이어 직경, 8.8 inch 타이어 폭으로 된 형식 Ⅷ 레이디얼 항공기 타이어를 명시한다.

▼ 표 10-1 타이어 형식별 사이즈 표시 및 사용 항공기

형식	사이즈 표시	사용 항공기	비 고
I	inch로 전체 직경	• 구형 고정식 기어	
Ⅲ	타이어 폭과 림의 직경	• 160mph 이하 착륙 속도 • 저압의 경항공기	
Ⅶ	전체 직경×타이어 폭	• 제트항공기	
Ⅷ	타이어 직경×타이어 폭–림 직경	• 고성능 제트항공기	bias
	타이어 직경×타이어 폭 R 림 직경	• 최신 고속, 고하중 항공기	radial

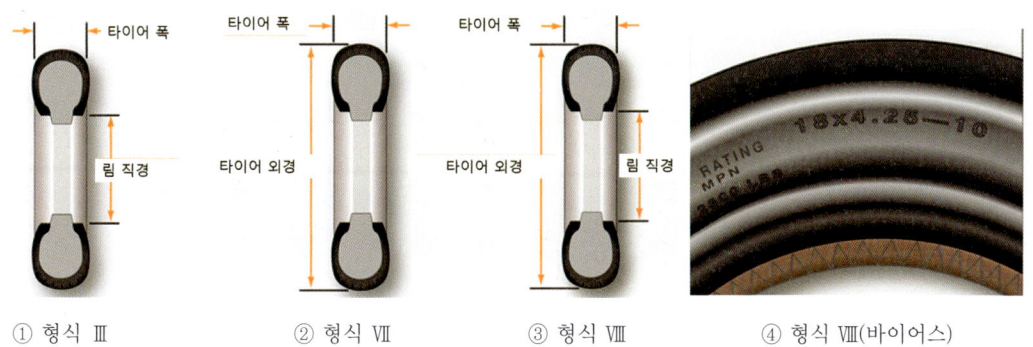

① 형식 Ⅲ　　② 형식 Ⅶ　　③ 형식 Ⅷ　　④ 형식 Ⅷ(바이어스)

▲ 그림 10-13 **타이어 사이즈 표시**

6) 조금 특별한 지시어는 항공기 타이어에서 찾을 수 있다. B가 식별자 이전에 나타났을 때, 타이어는 15°의 비드 테이퍼로서 60~70%의 타이어 폭 비율에 바퀴 림을 갖는다. H가 식별자 이전에 나타났을 때, 타이어는 오직 5°의 비드 테이퍼로서 타이어 폭비율에 60~70%의 바퀴 림을 갖는다.

10.3.1.2 플라이 등급(Ply Rating)

타이어플라이는 강도를 주기 위해 타이어 안으로 가로놓인 고무에 감싼 직물의 보강 층이다. 현재의 고 플라이 등급으로 된 타이어는 구조에서 사용된 플라이의 실제 수에 관계없이 중 하중을 견딜 수 있는 고강도를 가지고 있는 타이어이다.

10.3.1.3 튜브 형식과 튜브리스(Tube-type or Tubeles)

항공기 타이어는 튜브형 또는 튜브리스형이 있다. 튜브 없이 사용하고자 하는 타이어는 측벽에 "TUBELESS" 라고 표시하여야 한다.

10.3.1.4 바이어스 플라이 혹은 레이디얼(Bias Ply or Radial)

1) 그림 10-14와 같이, 항공기 타이어를 분류하는 또 다른 수단은 바이어스 타이어 또는 레이디얼 타이어이다. 타이어의 구조에서 사용된 플라이의 방향에 의해서 결정된다. 전통적인 항공기 타이어는 바이어스 플라이 타이어이다. 플라이는 타이어를 형성하거나 강도를 주기 위해 감싼다. 타이어의 회전의 방향에 대하여 플라이의 각도는 30~60° 사이에 교차하면서 변화를 준다.

▲ 그림 10-14 바이어스 플라이 타이어   ▲ 그림 10-15 레이디얼 타이어

그러므로 바이어스 타이어라고 부른다. 측벽이 엇갈림에 가로 놓인 직물 플라이로서 구부러질 때 유연성이 있다.

2) 그림 10-15와 같이, 일부 최신의 항공기 타이어는 레이디얼 타이어이다. 레이디얼 타이어에 있는 플라이는 타이어의 회전 방향에 90° 각도로 가로 놓인다. 이런 배치는 측벽과 회전 방향 대하여 수직으로 플라이의 비신축성섬유를 놓는다. 적은 변형으로 고 하중을 견디도록 하여 타이어에 강도를 증진시킨다.

10.3.1.5 타이어의 구조(Tire Construction)

항공기 타이어는 착륙 시의 큰 충격하중을 흡수해야 하고 오직 짧은 시간이라 하더라도 고속에서 작동할 수 있어야 한다.

타이어의 명칭은 그림 10-16을 참조한다.

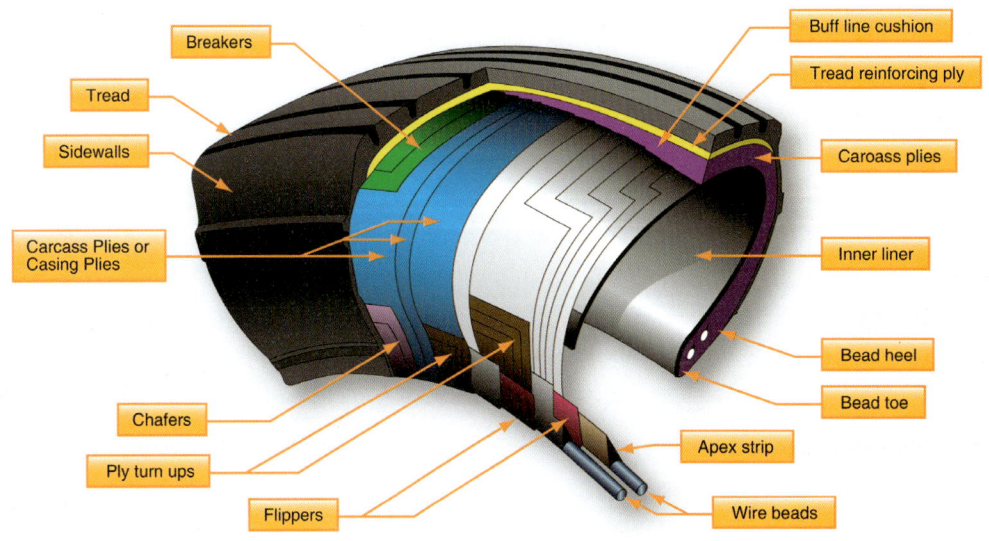

▲ 그림 10-16 항공기 타이어의 구조 명칭

1) 비드(Bead)

타이어 비드는 항공기 타이어의 중요한 부분이다. 타이어 뼈대를 정착시키고 바퀴 림에 타이어를 위해 필요한 크기로 된, 단단한 장착 면을 마련한다. 타이어 비드는 튼튼하고 전형적인 고무에 싸인 고강도 탄소강 전선다발로 제작된다. 1개, 2개, 또는 3개의 비드다발은 취급하기 위해 설계된 크기와 하중에 따라 타이어의 양쪽에서 찾아볼 수 있게 된다. 레이디얼 타이어는 타이어의 양쪽에 단일비드다발을 갖는다. 비드는 바퀴 림으로 충격하중과 편향력을 전달한다. 비드 토우는 타이어 중심선에 가장 가까운 곳이며, 비드 힐은 바퀴 림의 플랜지에 꼭 맞는다.

2) 카커스 플라이(Carcass Ply)

카커스 플라이 또는 타이어 외피플라이는 타이어 본체를 형성하기 위해 사용된다. 각각의 플라이는 2개 층의 고무 사이에 삽입된 직물, 보통 나일론으로 이루어진다. 플라이는 타이어 강도를 주기 위해 그리고 타이어의 뼈대 본체를 형성하기 위해 층으로 붙여진다. 각각의 플라이의 끝단은 플라이를 감아 붙인 부분을 형성하기 위해 타이어 양쪽 비드 주위를 감싸서 정착시킨다. 언급한 바와 같이, 플라이에 있는 섬유의 각도는 규정된 것처럼 바이어스 타이어 또는 레이디얼 타이어로 분류된다. 전형적으로 레이디얼 타이어는 바이어스 타이어보다 더 적은 플라이를 필요로 한다.

3) 트레드(Tread)

트레드는 지상과 접촉되도록 설계된 물을 흐르게 하는 면적(crown area)이다. 그것은 마모(wear), 마손(abrasion), 절단(cutting), 그리고 균열(cracking)에 견디도록 처방된 고무배합물(rubber compound)이다. 또한 열 축적을 방지하도록 만들었다. 가장 최신의 항공기 타이어는 타이어 리브를 만들어내는 완곡한 홈(circumferential groove)으로 형성되어 있다. 홈은 냉각성능을 제공하고 지표면에 점착을 증대하기 위해 습윤 상태에서 타이어 아래에서 물의 길을 여는 데 도움을 준다. 항공기 타이어 트레드의 종류는 그림 10-17과 같다.

① A : 리브 트레드(rib tread, 포장 활주로 사용)
② B : 다이아몬드 트레드(diamond tread, 비포장 활주로 사용가능)
③ C : 결합 트레드(combined tread, 모든 환경조건에서 사용 가능)
④ D : 매끄러운 트레드(smooth tread, 구형 저속항공기 사용)
⑤ E : 차인 타이어(chine tire, 제트 엔진 공기흡입구로 물 흡입 방지 위해 앞바퀴 사용)

▲ 그림 10-17 항공기 타이어 트레드 종류

4) 측벽(Sidewall)

항공기 타이어의 측벽은 카커스 플라이를 보호하도록 설계된 고무의 층이다. 그것은 타이어에 오존의 부정적 효과를 방지하도록 설계된 화합물을 함유하게 된다.

그림 10-18과 같이, 소량의 질소 또는 공기는 카커스 플라이 안으로 라이너를 통해 누설된다. 이 누설은 타이어의 하부 외측 벽에 있는 배출구(vent hole)를 통해 배출된다. 일반적으로 녹색 또는 백색 점(dot)의 페인트로서 표시되며, 지워지지 않도록 하여야 한다. 플라이에 갇힌 가스는 온도변화에 의하여 타이어를 팽창시킬 수 있으며, 이러한 현상은 플라이를 분리시킬 수 있으며, 결국 타이어를 약화시켜 타이어 파손의 원인이 될 수 있다. 튜브형 타이어는 또한 튜브와 타이어 사이에 갇힌 공기가 배출되는 측벽에 삼출구멍(seepage hole)을 가지고 있다.

▲ 그림 10-18 측벽 배출구 색체 표시

10.3.2 마모, 손상 점검 및 판정기준

10.3.2.1 트레드 깊이와 마모 패턴(Tread Depth and Wear Pattern)

그림 10-19와 같이, 마모된 타이어의 정도와 내구성을 판단할 때에는 모든 항공기에서 제작사 사용설명서를 따른다. 이 정보가 없을 때에 타이어 트레드 홈의 밑바닥에서 원주의 1/8 이상 마모된 타이어는 장탈하여야 한다. 만약 레이디얼 타이어에 보호 플라이이거나 바이어스 타이어에 보강 플라이가 타이어 원주의 1/8 이상에서 노출되었다면 타이어는 또한 장탈하여야 한다.

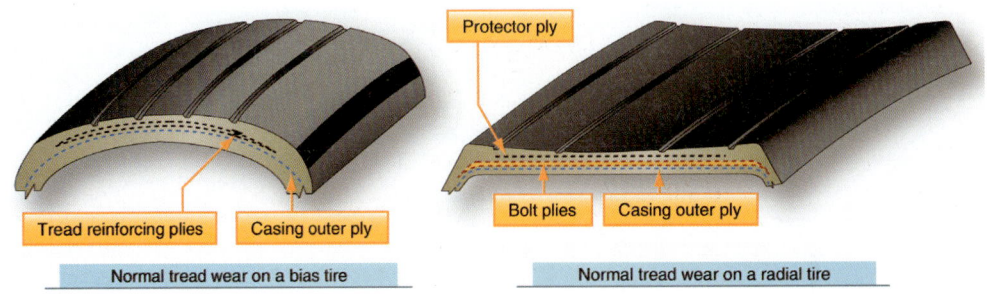

▲ 그림 10-19 타이어 정상 마모

10.3.2.2 트레드 손상(Tread Damage)

1) 그림 10-20과 같이, 항공기 타이어는 손상에 대해 검사되어져야 한다. 절단(cut), 흠집(bruise), 부풀어오름(bulge), 박힌 이물질(foreign object), 떨어진 부스러기(chipping), 그리고 다른 손상은 계속 사용 가능한 한계 이내에 있어야 한다. 모든 손상은 타이어의 공기가 빠지기 전에 또는 장탈 전에 분필 등으로 표시되어져야 한다.

▲ 그림 10-20 손상 부위 검사 표시

2) 타이어의 트레드에 박혀진 이물질은 트레드를 넘어 박혀지지 않았을 때 제거한다. 의심스러운 깊이의 물체는 타이어의 공기를 뺀 후 제거해야 한다. 무딘 송곳 또는 적당한 크기의 스크루드라이버로 트레드에 박힌 이물질을 제거한다. 제거했을 경우, 타이어가 사용할 수 있는지 판단하기 위해 남아있는 손상을 평가한다.

3) 이물질에 의해 발생된 라운드 홀은 만약 그것이 직경에서 단지 3/8 inch 이하라면 기준에 맞는 것이다. 바이어스 플라이 타이어의 타이어 외피 코드 바디 또는 레이디얼 타이어의 트레드 벨트 층을 관통하거나 또는 노출되어 박혀진 물체는 타이어로 하여금 감항성에 영향을 주므로 사용하지 않아야 한다. 절단이나 트레드 하부를 도려낸 것 같은 손상이 트레드 리브를 가로질러 연장되었다면 타이어 제거에 대한 원인이 된다.

4) 그림 10-21과 같이, 타이어의 플랫 스폿(flat spot)은 타이어가 회전하지 않는 상태로 활주로 지면과의 미끄러짐의 결과이다. 이것은 일반적으로 항공기가 이동하는 동안 제동할 때 발생한다. 만약 플랫 스폿 손상이 바이어스 타이어의 보강플라이 또는 레이디얼 타이어의 보호 플라이

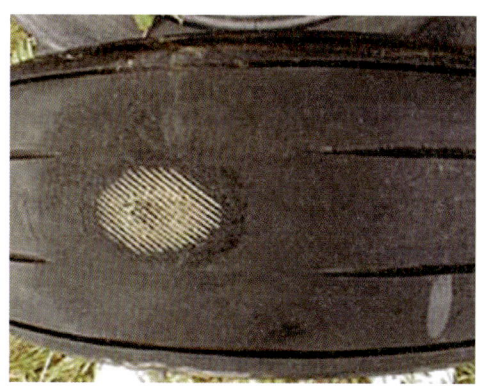

▲ 그림 10-21 착륙 시 과도한 브레이크로 발생한 플랫 스폿

를 노출시키지 않는다면 계속 사용이 가능하다. 그러나 만약 플랫 스폿으로 진동이 발생한다면 타이어는 장탈되어야 한다. 착륙 시 사용된 브레이크는 격심한 플랫 스폿의 원인이 될 수 있다. 그것은 또한 펑크의 원인이 될 수 있으므로 타이어는 교체되어야 한다.

5) 그림 10-22와 같이, 타이어 카커스에서의 트레드의 부풀어 오름 또는 분리는 곧바로 타이어 교체를 위한 원인이다.

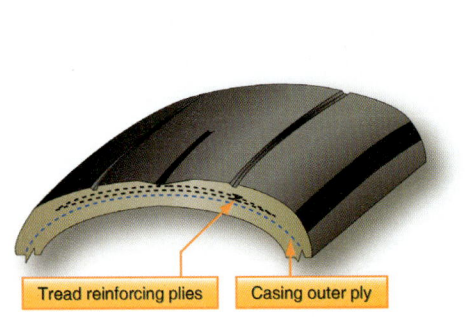 

▲ 그림 10-22 트레드의 부풀어오름과 분리

6) 그림 10-23과 같이, 홈이 있는 활주로(grooved runway)에서 타이어 트레드에 얕은 V형 절단을 발생하게 할 수 있다. 이들 절단은 타이어의 코어 물질에 손상을 시키지 않는 한 지속적인 사용을 허용한다. 트레드의 두꺼운 조각으로 하여금 벗겨지게 하는 깊은 V형 절단은 보강플라이 또는 보호 플라이의 1 inch^2 이상 노출되지 않아야 한다.

 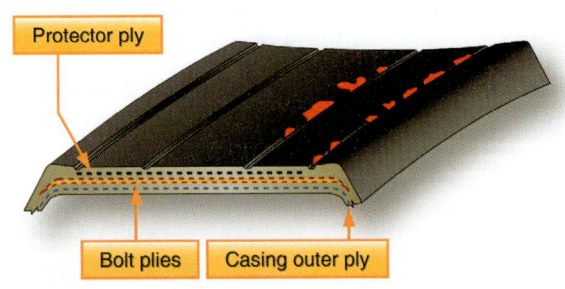

▲ 그림 10-23 홈이 있는 활주로에서의 트레드 절단   ▲ 그림 10-24 트레드 조각 떨어짐

7) 그림 10-24에서 보여준 것과 같이, 트레드의 조각 떨어짐 현상(chipping)은 때때로 트레드리브의 가장자리에서 발생한다. 이렇게 하여 상실된 소량의 고무는 허용할 수 있는 것이다. 보강플라이 또는 보호플라이의 1 inch^2 이상의 노출은 타이어의 제거에 대한 원인이다.

8) 그림 10-25와 같이, 항공기 타이어 트레드 홈에서의 균열은 만약 보강플라이 또는 보호 플라이의 1/4 inch 이상이 노출되었다면 대개 받아들일 수 있는 것은 아니다. 언젠가는 트레드 홈으로부터 전체로 트레드 하부의 잘려짐의 원인이 될 수 있다.

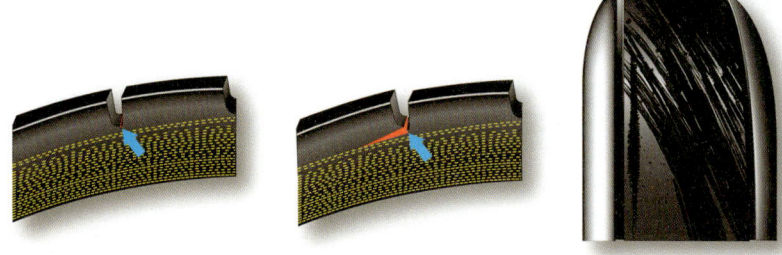

▲ 그림 10-25 트레드 홈의 균열과 하부 잘림

9) 오일, 작동유, 솔벤트, 그리고 다른 탄화수소물질은 타이어 고무를 오염시키고, 연하게 하며, 스펀지처럼 만든다. 오염된 타이어는 사용할 수 없다. 만약 어떠한 휘발성의 유체가 타이어와 접촉하고 있다면, 변성알코올에 뒤이어 비누와 물로써 씻어내는 것이 최선이다.

10) 착륙장치계통을 정비 시에는 타이어에 커버(cover)를 장착하여 해로운 유체와의 접촉으로부터 타이어를 보호한다. 타이어는 또한 오존과 기후로부터 퇴화의 영향을 받는다. 오랫동안 외부에 주기된 항공기 타이어는 자연으로부터 보호하기 위해 감싸주어야 한다.

10.3.2.3 측벽상태(Sidewall Condition)

1) 항공기 타이어 측벽의 주 기능은 타이어 카커스의 보호이다. 만약 측벽코드의 절단(cut), 홈(gouge), 걸림(snag), 또는 다른 손상이 있다면 타이어는 교체되어야 한다.
2) 측벽코드에 도달하지 않은 손상은 일반적으로 사용이 허용된다.
3) 측벽에서 완곡하게 갈라진 금(crack) 또는 갈라진 틈(slit)은 허용되지 않는 것이다.
4) 타이어 측벽에서 부풀어 오름(bulge)은 측벽 카커스플라이에서 얇은 조각으로 갈라짐(delamination)이 발생한 것이므로 타이어는 곧바로 장탈되어야 한다.
5) 기후 환경과 오존은 측벽의 균열과 금가기(checking)의 원인이 될 수 있다. 만약 이것이 측벽코드로 연장되었다면, 타이어는 장탈되어야 한다. 반면에 그림 10-26과 같은 측벽의 금가기는 타이어의 성능에 영향을 주지 않으므로 계속 사용이 가능하다.

▲ 그림 10-26 측벽의 균열과 금가기

10.3.3 압력 보충작업(사용 기체 종류)

1) 항공기 타이어는 압력이 조절된 질소 또는 건조공기를 보급한다. 타이어 공기압은 하중에 따라 그리고 항공기의 무게 측정과 함께 점검된다. 하중이 걸릴 때 대비 하중이 걸리지 않을 때의 압력지시는 4% 정도 변화할 수 있다. 즉, 160psi 공기압력으로 설계된 타이어에서 6.4psi 오차는 허용될 수 있다.
2) 타이어가 마찰할 때, 열은 발생하고 타이어 비드를 통한 바퀴 림뿐만 아니라 대기로 방출된다. 부적절하게 팽창한 항공기 타이어는 쉽게 눈에 보이지 않으며, 타이어 파손으로 이어질 수 있는 내면적 손상을 입을 수 있다. 착륙 과정에서 타이어파손은 매우 위험하다. 항공기 타이어는 유연하고 착륙의 충격을 흡수하도록 설계되었으나 충분하게 공기가 공급되지 않은 타이어는 타이어의 설계한계를 넘어서 눌리게 되고, 이것은 카커스 구조를 약화시켜 과도한 열 축적의 원인이 된다. 타이어 온도가 한계 이내로 유지되는지 확인하기 위해, 타이어 공기압은 매일 그리고 정기 운항항공기라면 매 비행 전에 적당한 압력여부를 점검하여야 한다.
3) 외기 온도의 변동은 타이어 공기압에 크게 영향을 준다. 타이어 공기압은 전형적으로 매 5°F의 온도변화마다 1%씩 변화한다. 항공기가 한곳의 환경에서 다른 환경으로 날아갔을 때, 외기 온도 차이가 클 수 있다. 그런 이유로, 정비사는 타이어 공기압이 조정되었는지 확인해야 한다. 예를 들어, 외기 온도가 100°F인 인천을 출발하는 정확한 타이어 공기압을 가지고 있는 항공기가 외기 온도가 50°F인 러시아에 도착한다면, 외기 온도에서 50°F 차이는 타이어 공기압에서 10% 감소로 나타난다. 그런 까닭에 인천에서 이륙 전에 타이어 공기압을 정비자료에서 제공된 허용한계를 넘어서지 않는 한 러시아의 온도에 맞도록 압력을 높게 보급하여 출발하도록 하여야 한다.
4) 타이어 공기압 점검은 비행 직후 높은 온도의 타이어가 외기 온도에 의해서 낮아지도록 착륙 후 3h 경과한 후 점검한다. 외기 온도 대한 정확한 타이어 공기압은 일반적으로 제작사 정비매뉴얼에 기록된 표 또는 그래프를 참조한다.
5) 그림 10-27과 같이 과열과 높게 팽창(over inflated)된 항공기 타이어는 불규칙하게 마모되고, 자주 교체하게 되며, 브레이크 작동 시 바퀴가 림에서 이탈될 가능성도 있다. 또한 측벽과 림의 손상과 함께 비드와 하부측벽 지역에 손상을 가져올 수도 있다.
6) 낮은 타이어 압력(under inflated)은 타이어를 과하게 눌리게 하여 타이어 본래의 형태를 손상시키고 심하면 타이어를 교체하여야 한다. 이중 바퀴 조립에서, 충분히 공기가 들어가지 않은 항공기 타이어는 다른쪽 타이어에도 영향을 주어 양쪽 다 교체되도록 한다.
7) 과팽창은 착지면(landing surface)에 마찰력을 감소시킨다. 계속된 과팽창은 빠르게 트레드를 마모시켜 타이어 사용횟수를 줄인다. 그것은 흠집(bruise), 절단(cutting), 충격손상(shock damage), 그리고 펑크(blowout)를 쉽게 유발한다.

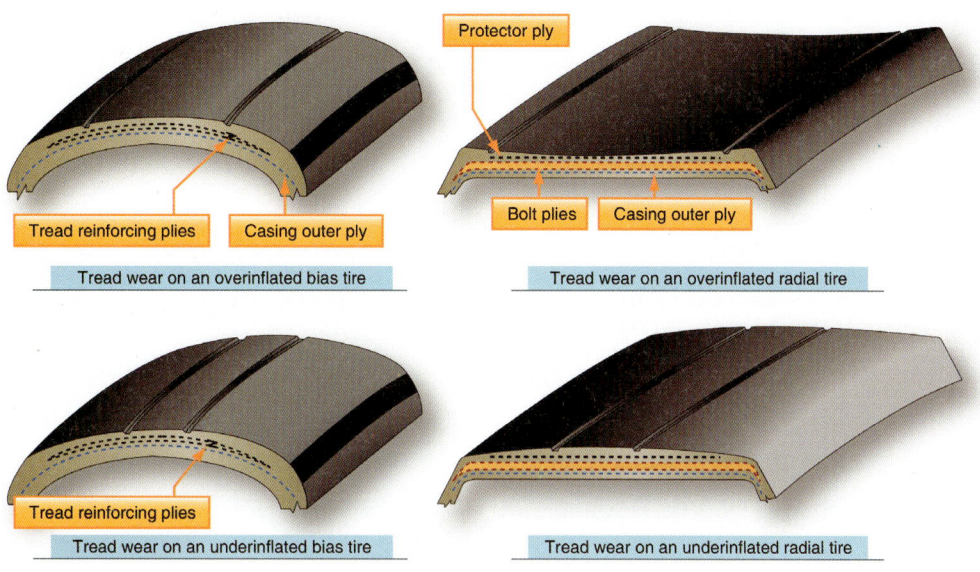

▲ 그림 10-27 과팽창과 저팽창으로 인한 트레드 마모의 예

10.3.4 타이어 저장(Tire Storage)

1) 그림 10-28과 같이 항공기 타이어는 항상 수직으로 저장되어야 한다. 타이어를 수평하게 눕힌 상태로 겹쳐쌓기는 권고되지 않는다. 트레드에 대해 최소 3~4 inch 평평한 정지 표면으로 된 타이어 보관대(rack)에 타이어를 저장하는 것이 타이어의 비틀어짐(distortion)을 피하는 이상적인 방법이다.
2) 만약 타이어의 가로 겹쳐쌓기가 필요하다면, 절대로 6개월 이상 가로로 겹쳐쌓지 않는다.
3) 만약 타이어 직경이 40 inch 이하라면 4개 타이어보다 높이 그리고 만약 타이어가 직경이 40 inch 이상이라면 3개의 타이어보다 높지 않도록 겹쳐쌓는다.

▲ 그림 10-28 타이어 보관대

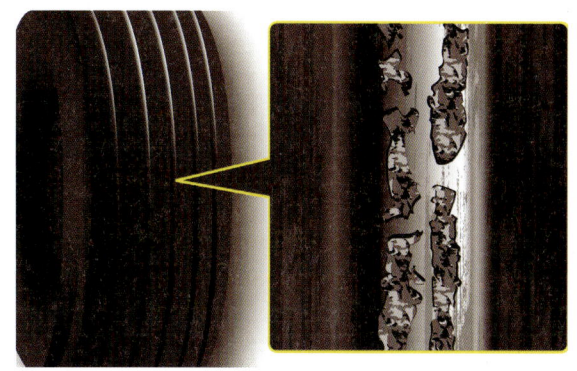

▲ 그림 10-29 타이어 홈에 생긴 오존 균열

4) 그림 10-29와 같이, 튀어나온 트레드는 또한 리브 홈을 압박하고 이 지역에서 오존공격으로 고무를 퇴화시킨다. 항공기 타이어를 저장하기 위한 이상적인 장소는 통풍이 잘되고, 이물질이 없으며, 서늘하고, 건조하고, 어두운 곳이다.
5) 항공기 타이어는 화학약품과 햇빛으로부터 퇴화의 경향이 있는 천연고무 화합물을 함유하고 있다. 오존(ozone)과 산소는 타이어 화합물의 퇴화의 원인이 된다. 타이어는 이들 가스로부터 지속적으로 떨어져서 저장되어야 한다.
6) 형광등, 수은등, 전동기, 배터리충전기, 전기용접장비, 발전기, 그리고 오존을 생산하는 유사한 공장설비는 항공기 타이어 근처에서 작동시키지 말아야 한다.
7) 조립되어 압력이 공급된 타이어는 오존공격으로부터 취약성을 줄이기 위해 작동압력보다 25% 적은 압력에서 저장될 수 있다. 나트륨등은 허용되며, 어두운 곳에서 항공기 타이어의 저장은 자외선등으로부터 퇴화를 최소화하기 위해 사용된다. 만약 이것이 불가능하다면, 오존 방벽을 형성하고 자외선 등에 노출을 최소로 하도록 어두운 폴리에틸렌 또는 종이로 감싼다.
8) 연료, 오일, 솔벤트와 같은 일반적인 탄화수소화학제품은 타이어와 접촉시키지 말아야 한다. 격납고 또는 작업장 바닥에 유출된 부분을 통과하여 타이어를 이동하는 것을 피하고 어떠한 타이어라도 만약 오염되었다면 곧바로 깨끗하게 세척하여야 한다. 고무화합물에 퇴화의 영향을 주는 수분으로부터 영향을 받지 않는 곳에 타이어를 저장한다.
9) 안전한 항공기 타이어의 저장을 위한 일반적인 온도범위는 32~104°F이다. 이 이하의 온도는 허용되지만 더 높은 온도는 피해야 한다.

추진계통

11.1 프로펠러

11.1.1 블레이더(Blader) 구조 및 수리방법

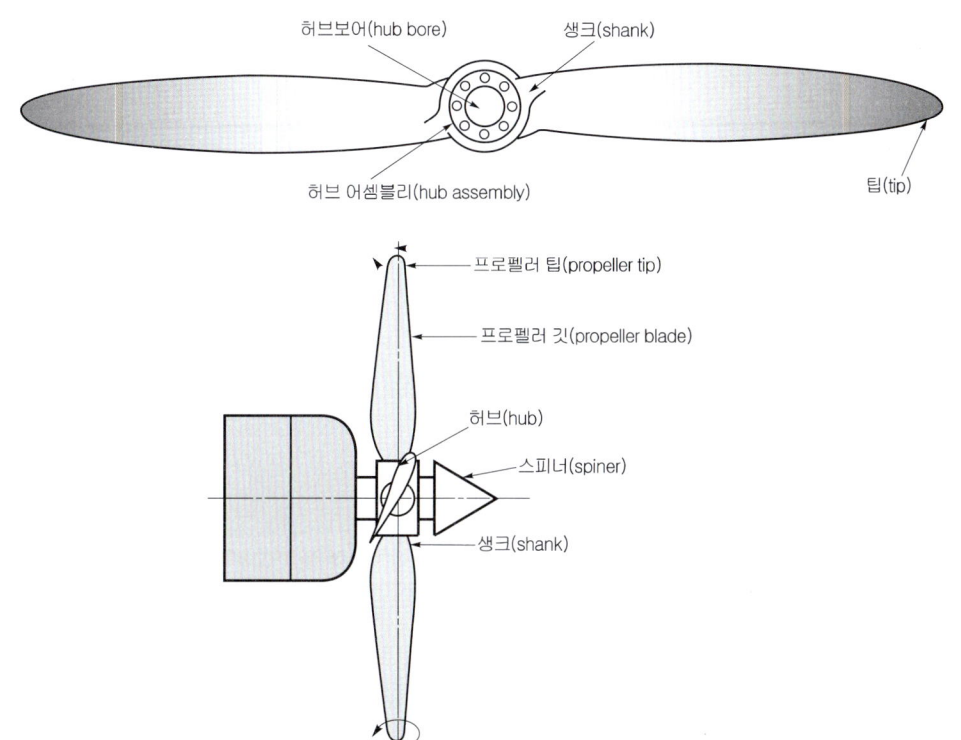

▲ 그림 11-1 프로펠러 구조

1) 프로펠러의 역할 : 기관으로부터 동력을 전달받아 회전함으로써 비행에 필요한 thrust(추력)를 발생시킨다.
2) 프로펠러의 구성 : hub(허브), shank(생크), blade(깃), 피치 조정 부분
3) 프로펠러 깃의 구조 : 프로펠러 깃은 길이방향으로 깃 생크(blade shank), 깃 끝(blade tip)으로 나누어진다.

4) Blade Shank(깃 섕크) : 깃의 뿌리부분으로 허브에 연결되며 추력이 발생되지 않는다.
5) Blade Tip(깃 끝) : 깃의 가장 끝 부분으로 반지름이 가장 크고, 특별한 색깔을 칠해 회전범위를 나타낸다.
6) Blade(깃) : 깃의 단면은 날개골(airfoil)과 같은 형태로 되어 있으며 날개에서는 양력이 비행방향에 수직으로 발생하나 프로펠러 깃은 비행방향과 같은 방향으로 양력을 발생시켜 추력을 얻는다.
7) Blade Back(깃 등) : 프로펠러 깃의 캠버(camber)로 된 면
8) Blade Face(깃 면) : 프로펠러 깃의 평평한 쪽
9) Blade Cuffs(깃 커프스) : 프로펠러의 출력을 증가시키기 위해 프로펠러 깃 끝에서부터 허브까지 전체가 날개골 모양을 유지하도록 한다.
10) 금속 피팅(Metal Fitting) : 깃 끝으로부터 깃의 앞전을 따라 금속을 입힌 것으로 깃 끝에 적당한 간격으로 정해진 크기의 3개의 구멍을 뚫어 금속과 목재 사이에 생기는 습기를 원심력에 의해 빠지게 한다.
11) 깃의 위치(Blade Station) : 허브의 중심으로부터 깃을 따라 위치를 표시한 것으로 일정한 간격으로 나누어 정한다. 이것은 일반적으로 허브의 중심에서 6 inch 간격으로 나누어 표시한다.
12) 깃 각(Blade Angle) : 프로펠러 회전면과 시위선이 이루는 각을 말한다. 깃각은 일정하지 않고 깃뿌리에서는 크고, 깃 끝으로 갈수록 작아진다. 보통 허브에서 75% 되는 지점의 깃각을 측정한다.
13) 피치각(유입각, Pitch Angle) : 비행속도와 깃의 선속도를 합하여 하나의 합성속도로 만든 이것과 회전면이 이루는 각을 말한다.
14) 브레이드 디스크(Blade Disk) : 브레이드의 회전으로 생기는 원을 말한다.

11.1.2 프로펠러 점검 및 정비(Propeller Inspection and Maintenance)

1) 프로펠러는 주기적으로 검사되어야 한다. 프로펠러 검사를 위한 점검 주기는 프로펠러 제조사에 의해 제시된다. 일반적으로 일일검사는 프로펠러 깃, 허브, 조정장치에 대한 육안점검과 다른 부품들이 안전하게 장착되었는지 등에 대한 일반적인 점검이다. 깃의 육안검사는 흠집(flaw) 또는 결점을 찾기 위해 매우 신중하게 수행해야 한다. 25시간, 50시간, 또는 100시간 등의 일정 시간마다 수행되는 검사는 다음의 육안점검을 포함한다.
   ① 깃, 스피너, 외부 표면에 과도한 오일 또는 그리스 흔적(grease deposit) 여부 점검
   ② 깃과 허브 부분의 손상 흔적 점검
   ③ 날개깃, 스피너, 허브의 찍힘, 긁힘, 흠집이 있는지 점검하며 필요하다면 확대경을 사용하여 검사
   ④ 스피너 또는 돔 외곽 셸이 나사못으로 꽉 조여 있는지 검사
   ⑤ 필요에 따라 윤활 및 오일 수준(oil level) 점검

2) 감항성 개선 명령(AD, airworthiness directive) 준수는 법률적으로 비행기 감항성을 유지하기 위해 필요하지만, 정비 회보(SB, service bulletin)를 수행하는 것도 중요하다. 감항성 개선 명령 준수와 정비 회보 수행을 포함하여, 프로펠러에서 수행된 모든 작업은 프로펠러 업무일지에 기록되어야 한다.
3) 특정한 프로펠러의 정비 정보는 제작사 사용설명서를 참고한다.

11.1.2.1 목재 프로펠러의 점검(Wood Propeller Inspection)

1) 목재 프로펠러는 감항성을 보장하기 위해 자주 검사되어야 한다. 균열, 파임, 뒤틀림, 접착제 손상, 박리 결함이 있는지 검사하고, 장착볼트가 풀려 프로펠러와 플랜지 사이에 목재의 탄화현상 같은 결함이 생겼는지 검사한다.
2) 깃에서 바깥쪽 방향으로 금속 슬리브에 근접한 목재부에 확장되는 균열이 있는지 검사한다. 균열은 나무나사의 끝단에서 발생하고 목재의 내부 균열로 나타난다. 헐거움, 벗겨짐, 납땜 이음의 분리, 풀린 스크루, 헐거워진 리벳, 깨진 곳, 균열, 침식, 부식과 같은 결함을 검사한다.
3) 금속제 앞전과 캡(cap) 사이가 분리되었는지 검사한다. 이 현상은 변색과 헐거워진 리벳으로 나타난다. 균열은 보통 날개깃의 앞전에서 시작된다.
4) 습기구멍이 열렸는지 검사한다. 직물 또는 플라스틱에서 나타나는 가는 선은 목재에 있는 갈라진 균열을 나타낸다. 프로펠러 깃의 뒷전의 접합, 분리, 또는 손상이 있는지 검사한다.

11.1.2.2 금속재 프로펠러의 점검(Metal Propeller Inspection)

1) 금속재 프로펠러와 깃의 예리한 찍힘, 절단, 그리고 긁힘 등은 응력의 집중으로 인한 피로파괴에 영향을 미친다. 스틸로 만든 깃은 육안검사나 형광침투검사, 또는 자분탐상검사 등으로 검사한다. 만약 스틸로 만든 깃에 엔진오일 또는 녹 방지 화합물이 발라져 있다면 육안검사가 용이하다. 앞전과 뒷전의 전 길이에 걸쳐 깃 생크에 홈(groove)이 있는지 모든 패임과 흠을 정밀하게 점검하기 위해 확대경으로 검사하여야 한다.
2) 회전속도계 검사는 전체의 프로펠러 검사 중 매우 중요한 검사이다. 회전속도계의 부정확한 작동은 제한된 엔진 작동과 높은 응력에 의한 손상을 초래하게 될 것이다. 이것은 깃 수명을 단축시킬 수 있으며 치명적인 손상을 발생시킬 수 있다. 만약 회전속도계가 부정확하면, 허용된 속도보다 훨씬 빠르게 회전할 수 있고 추가적인 응력이 발생한다. 엔진 회전속도계의 정밀도는 100시간 주기 검사 또는 1년 주기 검사 중에서 먼저 해당되는 시기에 점검하여야 한다. Hartzell 프로펠러는 ±10% rpm 이내로 정확하고 적절한 보정 주기를 갖는 회전속도계 사용을 권고한다.

11.1.2.3 알루미늄 프로펠러의 점검(Aluminum Propeller Inspection)

1) 알루미늄 프로펠러와 깃에 균열과 흠집이 있는지 주의하여 검사한다. 크기에 관계없이 가로 방향의 균열 또는 흠집은 허용되지 않는다. 앞전과 깃 면에 깊은 찍힘과 홈은 허용되지 않는다.
2) 프로펠러의 균열은 물감 침투액 또는 형광 침투액을 사용하여 검사한다. 검사에서 나타난 결함은 제작사의 기준을 참조한다.

11.1.2.4 복합소재 프로펠러의 점검(Composite Propeller Inspection)

1) 그림 11-2에서 보여 준 것과 같이, 복합재료 깃은 찍힘(nick), 홈, 자재의 손상, 침식, 균열과 접착 부위 결함, 그리고 낙뢰에 대한 육안검사가 필요하다. 복합소재로 된 깃은 금속 동전으로 해당 부위를 두드려 박리와 접착 부위 결함에 대해 검사한다.

2) 그림 11-3에서 보여 준 것과 같이 동전으로 두드렸을 때 만약 속이 빈 소리, 또는 맑지 않은 소리가 들린다면 접착 부위가 떨어졌거나 또는 박리를 예상할 수 있다. 커프(cuff)를 합체시킨 깃은 동전을 두드리면 다른 울림을 낸다. 소리의 혼동을 피하기 위해, 동전은 커프 구역과 깃, 그리고 커프와 깃 사이의 전이 지역을 각각 두드린다. 더 정밀한 검사가 필요할 때는 상배열검사(phased array inspection), 초음파탐상검사 등과 같은 비파괴검사를 수행한다.

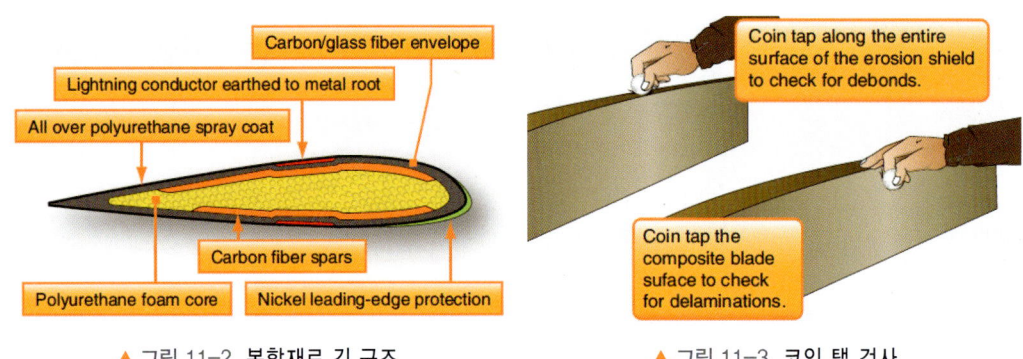

▲ 그림 11-2 복합재료 깃 구조   ▲ 그림 11-3 코인 탭 검사

3) 프로펠러의 수리는 소(小)수리로 제한된다. 인증된 작업자라도 프로펠러의 대(大)수리는 허용되지 않는다. 대수리는 인증된 프로펠러 수리 공장에서 이루어져야 한다.

11.1.2.5 프로펠러의 진동(Propeller Vibration)

1) 프로펠러의 진동은 원인이 너무 다양하여 고장탐구가 쉽지 않다. 만약 프로펠러에 균형, 각도 또는 궤도의 문제로 인해 진동이 발생한다면, 비록 진동의 강도가 회전수에 따라 변화한다고 할지라도, 진동은 전체 엔진 작동 범위에서 발생한다. 진동이 특정한 회전수에서, 예를 들어 2,200~2,350RPM과 같은 제한된 회전수 범위 내에서 일어난다면, 진동은 프로펠러 문제만이 아니라 엔진과 프로펠러의 부조화 문제로 인한 것이다.

2) 만약 프로펠러 진동이 의심되지만 확신할 수 없는데 이상적인 고장탐구 방법은 가능하다면 감항성이 입증된 프로펠러를 일시적으로 교환하여 항공기를 시험비행하는 것이다.

3) 깃의 흔들림은 진동 발생의 주원인이 아니다. 엔진이 작동중일 때, 원심력은 깃 베어링에 대해 약 30,000~40,000pound 정도로 단단히 깃을 잡아 준다. 객실의 진동은 가끔 크랭크축에 프로펠러 깃의 위치를 바꿔 개선될 수 있다. 프로펠러를 떼어내서 180° 회전시켜 다시 장착한다.

4) 프로펠러 스피너는 불균형의 원인일 수 있다. 스피너의 불균형은 엔진이 회전하는 스피너의 떨림으로 나타난다. 이 떨림은 보통 스피너 전방 지지대의 틈새, 균열된 스피너, 또는 변형된 스피너에 의해 발생한다.

5) 동력장치에 진동이 발생하였을 때, 엔진의 진동인지 또는 프로펠러의 진동인지 판단이 어렵다. 대부분의 경우에 진동의 원인은 엔진이 1,200~1,500RPM 범위에서 회전하는 동안 프로펠러 허브, 반구형 덮개, 또는 스피너를 주의 깊게 살펴보고 프로펠러 허브가 완전히 수평면에서 회전하는지 아닌지에 따라 판단할 수 있다. 만약 프로펠러 허브가 약간의 궤도상 흔들림이 보이면 진동은 보통 프로펠러에 의한 것이다. 만약 프로펠러 허브가 일정한 궤도로 회전하는 것이 보이지 않으면, 아마도 원인은 엔진 진동에 의한 것일 것이다.
6) 프로펠러 진동이 심한 진동의 원인일 때, 결함은 프로펠러 깃의 불균형, 궤도가 불일치한 깃, 또는 설정된 깃 각의 변화에 의해 발생한다. 진동의 원인이 무엇이든 프로펠러 깃 궤도를 점검하고, 저피치 깃각의 설정을 재점검한다. 만약 프로펠러 궤도와 낮은 깃 각의 설정이 모두 정상인데 프로펠러가 정적 및 동적으로 불균형하면 교환하거나 제작사의 허용범위 안에서 균형 작업을 다시 한다.

11.1.2.6 깃의 궤도 점검(Blade Tracking)

깃 궤도 점검(blade tracking)은 서로 비교하여 프로펠러 깃 끝의 위치가 회전면상에 있는지 검사하는 것이다. 깃 궤도 점검은 깃의 상대적 위치를 나타낼 뿐 실제 경로는 아니다. 깃은 가능한 한 모든 궤도가 서로 일치해야 한다. 같은 지점에서 궤도의 차이는 프로펠러 제작사에 의해 명시된 오차 허용범위를 초과해서는 안 되며 프로펠러의 깃 끝 궤도가 적정하도록 설계 및 제작되어야 한다.

다음은 일반적으로 사용하는 궤도 검사 방법이다.
1) 항공기가 움직일 수 없도록 받침목을 고인다.
2) 프로펠러를 돌리기에 수월하고 안전하도록 각 실린더에서 점화플러그를 각각 하나씩 장탈한다.
3) 깃 중 하나가 아래쪽으로 위치하도록 회전시킨다.
4) 그림 11-4에서 보여 준 것과 같이, 카울링에 지시 포인터가 접촉하거나 부착하도록 프로펠러 근처에 무거운 나무블록을 놓는다. 나무블록 지상과 프로펠러 끝 사이 간격보다 최소한 2 inch 이상 높아야 한다.

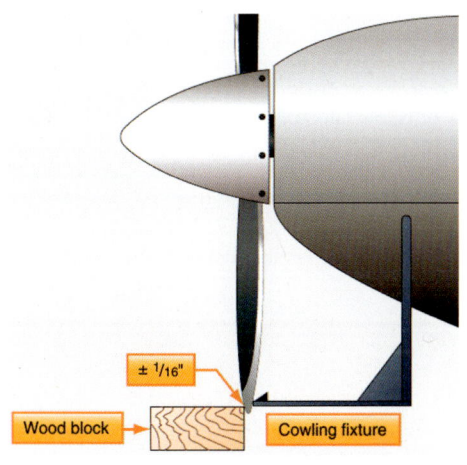

▲ 그림 11-4 프로펠러 깃 궤도 점검

5) 다음에 깃이 블록 또는 포인터에 동일한 지점을 접촉하면서 통과하여 궤도가 일치하는지를 판단하기 위해 천천히 프로펠러를 회전시킨다. 각 깃의 궤도는 반대쪽 깃 궤도와 ±1/16 inch 범위 이내에 있어야 한다.
6) 궤도가 이탈된 프로펠러는 구부러진 1개 이상의 프로펠러 깃, 구부러진 프로펠러플랜지, 또는 프로펠러 장착볼트의 과대토크나 과소토크가 원인일 것이다. 궤도 이탈된 프로펠러는 진동의 원인이 되고, 기체와 엔진에서 응력을 발생시키고, 프로펠러 조기 파손의 원인이 되게 한다.

11.1.2.7 깃 각의 점검과 조절(Checking and Adjusting Propeller Blade Angles)

1) 부적절한 깃 각 설정을 장착하는 동안에 발견하거나, 혹은 엔진 성능 점검 중 부적절한 깃 각 설정을 발견했을 때에는 다음의 기본 정비 지침에 따른다. 적용할 수 있는 제작사지침서에서 깃 각 설정과 깃 각이 점검된 위치는 알 수 있다.
2) 표면의 긁힘은 언젠가는 깃 파손을 초래하기 때문에 프로펠러 깃에 금속 바늘 같은 뾰족하고 날카로운 도구를 사용하면 안 된다. 그림 11-5에서 보여준 것과 같이, 만약 프로펠러가 항공기에서 장탈된 상태이면 벤치-탑(bench-top) 각도기를 사용한다.

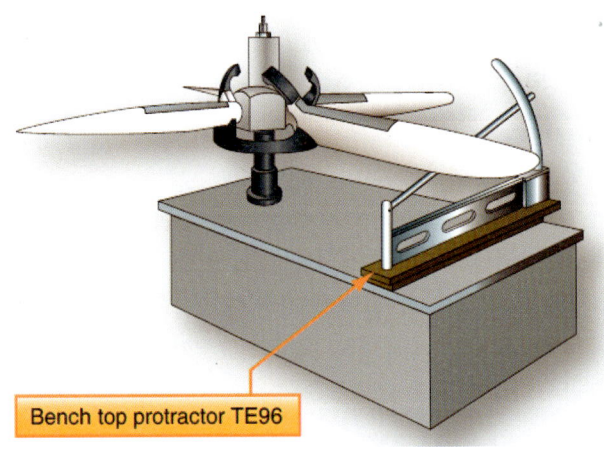

▲ 그림 11-5 벤치 탑 각도기 측정

3) 그림 11-6에서 보여 준 것과 같이, 프로펠러가 항공기에 장착된 상태이거나 나이프-에지 균형 검사대(knife-edge balancing stand)에 장치된 상태이면 깃 각을 점검하기 위해 휴대용 각도기를 사용한다.

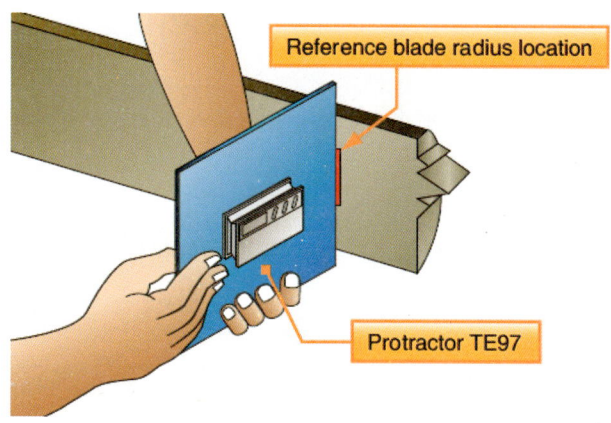

▲ 그림 11-6 휴대용 각도기 깃 각 측정

11.1.2.8 만능 프로펠러 각도기(Universal Propeller Protector)

만능 프로펠러 각도기는 프로펠러가 균형 검사대에 있거나, 또는 항공기 엔진에 장착된 상태에서 프로펠러 깃 각(blade angle)을 점검하기 위해 사용할 수 있다. 그림 11-7에서는 만능 프로펠러 각도기의 주요 부분과 조절 방법을 보여 준다. 다음은 엔진에 장착된 프로펠러에 각도기를 사용하는 법이다.

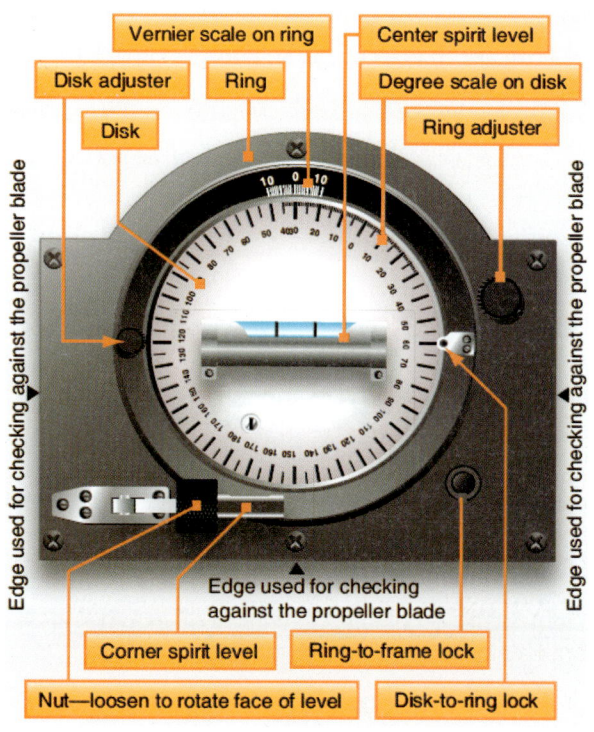

▲ 그림 11-7 만능 프로펠러 각도기

① 검사할 첫 번째 프로펠러를 깃의 앞전 위쪽으로 수평이 되게 돌린다.
② 각도기의 면에 직각으로 기포 수준기를 놓는다.
③ 원판(disk)을 링에 고정하기 전에 원판조정장치를 돌려서 각도 눈금(degree scale)과 아들자 눈금(vernier scale)을 일치시킨다.
④ 잠금장치는 스프링에 접속된 위치를 유지시켜준다.
⑤ 핀(pin)은 바깥쪽 방향으로 잡아당겨서 90° 돌리면 풀린다.
⑥ 프레임에서 잠긴 링을 풀고(오른나사로 된 나비너트) 링과 디스크의 '0'이 각도기의 꼭대기까지 링을 돌려준다.
⑦ 블록의 평편한 쪽이 회전면으로부터 어느 정도 기울어지는지를 판단하여 깃 각을 점검한다.
⑧ 우선, 각도기를 허브너트 끝에 수직으로 설치하거나 프로펠러 회전면의 인식이 편한 장소에 눕혀 놓는다.
⑨ 기포 수준기를 이용하여 각도기를 수직으로 유지하고 수평 위치일 때까지 링 조절장치를 돌린다. 이것은 프로펠러 회전면을 나타내는 지점에서 아들자 눈금의 '0'을 설정한다.
⑩ 이때 링과 프레임은 고정된다.
⑪ 각도기의 둥근 부분을 손으로 잡고 있는 동안, 디스크와 링을 연결해 주는 잠금장치를 풀어준다.
⑫ 제작사의 사용설명서에서 명시한 위치에 깃(먼저 적용한 가장자리의 반대쪽 가장자리)을 전방수직으로 놓는다.
⑬ 기포 수준기를 이용하여 각도기를 수직으로 유지하고 수평 위치일 때까지 링 조절기를 돌린다. 각도와 두 '0' 사이의 10등분 한 각도는 깃 각을 지시한다.
⑭ 깃 각을 결정할 때는, 아들자 눈금상의 '10' 지점이 각도 눈금상의 '9' 지점과 같다는 것을 기억하라.
⑮ 아들자 눈금(vernier scale)은 각도기 눈금 증가방향으로 증가한다.
⑯ 필요한 깃 조정 작업을 한 후, 바른 위치에 고정시킨다.
⑰ 프로펠러의 나머지 깃에 대해서도 같은 작업을 반복한다.

11.1.2.9 프로펠러의 균형 조절(Propeller Balancing)

항공기에서 프로펠러의 정적(static) 또는 동적(dynamic) 불균형은 진동을 초래한다.

1) 정적 불균형(static imbalance)은 프로펠러의 무게중심(CG, center of gravity)이 회전축(axis)과 일치하지 않을 때 일어난다.
2) 동적 불균형(dynamic unbalance)은 깃(blade) 또는 평형추(counterweight)와 같은, 프로펠러(propeller) 요소(element)의 무게중심(CG, center of gravity)이 회전면을 벗어났을 때 발생한다.
3) 엔진 크랭크축을 따라 프로펠러어셈블리의 길이는 프로펠러의 직경과 비교할 때 짧고, 프로펠러 회전 시 축에 대한 수직 평면상에 놓이도록 허브(hub)에 고정되기 때문에, 궤도 오차 허용범위

안에만 있다면 부적절한 질량 분배의 결과로서 일어나는 동적 불균형(dynamic unbalance)은 무시할 수 있다.
4) 공력학적 불균형(aerodynamic unbalance)은 깃의 추력이 동일하지 않을 때 일어난다. 이 불균형은 깃 외형의 점검과 깃 각 설정을 통해 크게 개선될 수 있다.

11.1.2.10 정적평형(Static Balancing)

그림 11-8에서 보여 준 것과 같이, 2개의 견고한 스틸 엣지(steel edge)를 가지고 있는 knife-edged test stand는 날(edge) 사이에 조립된 프로펠러가 자유롭게 회전할 수 있도록 설치되었다. knife-edged test stand는 실내에 설치하거나 공기의 영향을 받지 않는 곳에 설치하고, 심한 진동의 영향을 받지 않아야 한다.

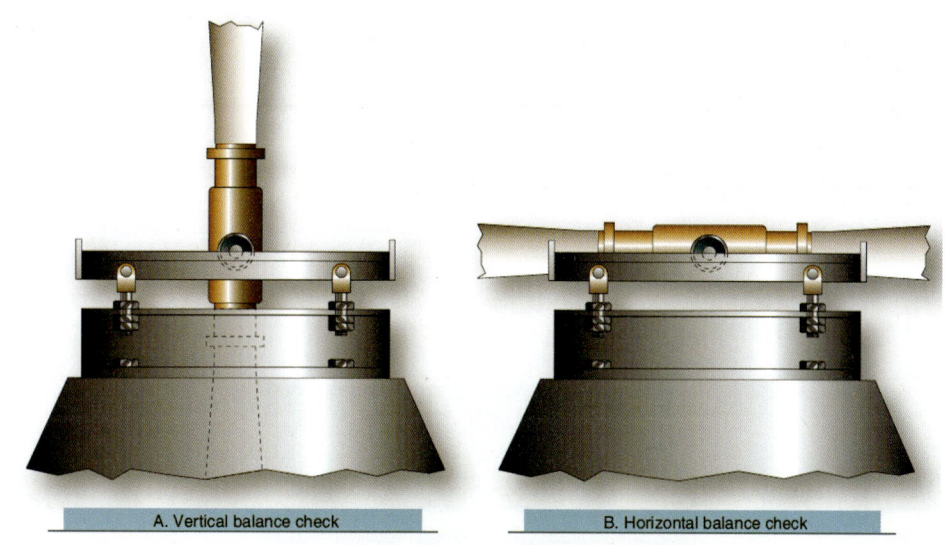

▲ 그림 11-8 2깃 프로펠러 평형 점검 위치

프로펠러어셈블리 평형 점검을 위한 표준방법(standard method)은 다음의 작동 순서로 한다.
① 프로펠러의 엔진축 구멍에 부싱(bushing)을 끼운다.
② 부싱을 통해 심축(arbor)을 삽입한다.
③ 심축의 끝단(end)이 평형스탠드(balance stand) 나이프 엣지(knife-edge) 위쪽에 지지되도록 프로펠러어셈블리(propeller assembly)를 놓는다. 프로펠러는 회전이 자유로워야 한다.
④ 만약 프로펠러가 정적으로 적절한 균형이 잡혔다면, 프로펠러는 놓인 위치를 유지한다.
⑤ 2깃 프로펠러를 점검할 때 먼저 깃을 수직 위치(vertical position)에서 점검한 다음, 수평위치(horizontal position)에서 점검한다.
⑥ 깃의 위치를 반대로 놓은 상태에서 수직 위치에서의 점검을 반복한다.

그림 11-9에서는 아래쪽 방향(downward) 수직위치(vertical position)에 놓인 각각의 깃으로서 3깃 식(three-bladed) 프로펠러어셈블리의 점검을 보여 준다.

프로펠러의 정적평형을 점검하는 동안, 모든 깃은 똑같은 깃 각에서 점검되어야 한다. 평형 점검을 진행하기 전에, 각각의 깃이 똑같은 깃 각으로 세팅되었는지 검사한다.

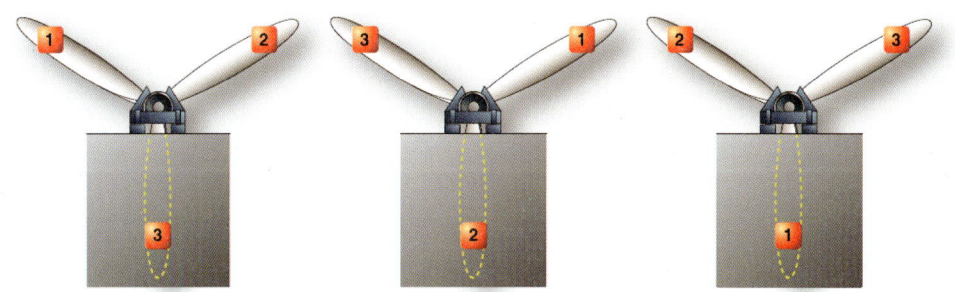

▲ 그림 11-9 3깃 프로펠러 평형 점검 위치

그림 11-10에서 보여 준 것과 같이, 프로펠러 제조사(propeller manufacturer)에 의해 특별히 언급된 것이 없다면 프로펠러어셈블리가 이전에 설명했던 어느 위치에서도 회전하려는 경향이 없어야 한다. 만약 프로펠러가 위에서 행했던 모든 위치에서 균형이 잡혔다면, 중간 위치에서도 완전히 균형이 잡혀야 한다. 필요하면 최초 위치에서 점검의 결과를 확인하기 위해 중간 위치에서도 평형에 대해 점검한다.

▲ 그림 11-10 정적 프로펠러 평형 점검

프로펠러어셈블리의 정적평형에 대해 점검한 후에도 회전하려는 경향(tendency)이 있을 때, 불균형(unbalance)을 제거하기 위해 추가 교정을 해도 된다.
① 프로펠러어셈블리 또는 주요 부분의 전체 무게가 허용한계 이하일 때 허용되는 장소에 영구적인 고정추(fixed weight)를 추가한다.
② 프로펠러어셈블리 또는 주요 부분(part)의 전체 무게가 허용한계와 똑같을 때 허용되는 장소(location)에서 추(weight)를 제거한다.
③ 프로펠러 불균형의 교정을 위한 추의 제거, 또는 추가의 장소는 프로펠러 제조사에서 결정한다.

11.1.2.11 동적평형(Dynamic Balancing)
1) 프로펠러와 스피너어셈블리의 진동을 줄이기 위해 분석 장비를 이용하여 동적평형을 맞출 수 있다.
2) 평형작업을 하기 전에 일부 항공기는 배선 계통이나 센서와 케이블 설치가 필요하다.
3) 추진 장치의 평형은 객실로 가는 진동과 소음의 전달을 실제적으로 감소시킬 수 있고, 항공기와 엔진 구성품에 대한 심각한 손상을 감소시킬 수 있다. 동적 불균형은 여러 종류의 불균형, 또는 공기역학적인 불균형에 의해 발생한다.
4) 동적평형작업은 오직 추진 장치의 외부 회전 구성품에 의한 많은 불균형에 의해 발생하는 진동을 줄인다. 만약 엔진 또는 항공기가 노후한 상태에 있다면, 평형작업으로 진동이 감소하지 않는다. 부품의 결함이나 마모, 또는 부품이 풀려 있을 경우에는 균형을 맞추기 어렵다.
5) 몇몇의 제조사는 동적 프로펠러 평형장비를 제작했는데, 그 장비 작동은 서로 다를 수 있다.
6) 전형적인 동적평형장치는 프로펠러에 가까운 엔진에 부착된 진동 감지기, 그리고 무게와 평형추의 장소를 계산하는 분석 장치로 이루어진다.

11.1.2.12 평형조절 절차(Balancing Procedure)
1) 최대 20Knot의 바람에 정면으로 항공기를 놓고 바퀴에 받침목을 고인다. 분석 장치를 장착하고, 낮은 순항 회전수로 엔진을 작동시켜 프로펠러를 회전시키면 동적 분석기는 각각의 깃의 위치에서 요구되는 평형추의 무게를 계산한다. 요구되는 무게의 평형추를 깃에 장착한 후, 진동 수준의 감소를 확인하기 위하여 엔진을 시운전한다. 이 과정은 만족스런 결과를 얻을 때까지 여러 번 반복한다.
2) 동적평형조절은 항상 평형 절차를 수행할 때 항공기 사용설명서와 프로펠러 사용설명서를 참고한다. 동적평형은 동적 불균형의 양과 위치를 정밀하게 파악하여 수행한다. 장착된 평형추의 수는 프로펠러 제조사에 의해 명시된 한도를 초과하면 안 된다. 프로펠러의 명세서에 추가하여 동적평형장비 제작사 설명서를 따른다.
3) 대부분의 장비는 회전수 감응을 위한 반사테이프를 감지하는 광학적 방법을 사용한다. 또한 초당 움직이는 거리로 진동을 감지하는 가속도계가 엔진에 설치되어 있다. 동적평형작업 전에 프로펠러를 육안검사 한다.

4) 새로운, 또는 오버홀된 프로펠러를 처음 시운전하면 깃과 스피너 돔의 내부 표면에서 소량의 그리스가 흩뿌려질 것이다. 깃 또는 스피너 돔 내부 표면의 그리스를 완전히 제거하기 위해 스토다드 솔벤트(stoddard solvent)를 사용한다. 프로펠러 깃에 그리스 누출의 흔적이 있는지 육안검사 한다. 또, 스피너 돔(spinner dome)의 내부 표면에 그리스 누출 흔적이 있는지 육안검사 한다. 만약 그리스 누출의 흔적이 없다면, 정비매뉴얼에 따라 프로펠러에 윤활 작업을 한다. 만약 그리스 누설이 발견되면 위치를 명확히 식별하고 윤활 및 동적평형작업 전에 수정해야 한다.
5) 동적평형작업 전에, 모든 평형추의 수와 위치를 기록한다. 정적평형작업은 오버홀 또는 대수리가 수행되었을 때 프로펠러 수리 시설에서 이루어진다.
6) 동일한 간격의 열두 곳에 평형추를 장착한다. 항공기용 10/32 또는 AN-3 형식(type) 스크루 또는 볼트를 사용하여 평형추를 장착한다.
7) 스피너 격벽에 부착된 평형추 스크루는 자동잠금너트나 너트플레이트 밖으로 최소 1개에서 최대 4개의 나사산이 나와 있어야 한다. 엔진 제작사 또는 기체 제작사가 특별히 허용한 것을 제외하고, Hartzell은 진동이 0.2ips 이하가 되도록 권고하고 있다. 반사테이프는 동적평형작업 완료 후 즉시 제거한다.
8) 동적 평형추의 수와 위치, 정적 평형추의 수와 위치의 변경사항은 프로펠러 업무일지에 기록한다.

11.1.2.13 프로펠러의 장탈 및 장착(Propeller Removal and Installation)

11.1.2.13.1 장탈(Removal)

프로펠러를 장탈 및 장착할 때에는 항상 제작사 사용설명서를 참조한다.
1) 스피너 장탈 절차에 따라 스피너 돔을 떼어낸다. 프로펠러 장착 스터드에서 안전결선을 제거한다.
2) 슬링(sling)으로 프로펠러를 지지한다. 만약 프로펠러를 재장착하고 동적으로 평형이 되었다면 동적 불균형 방지와 재장착 시의 편의를 위해 프로펠러허브와 엔진플랜지의 동일한 위치에 표시를 해 둔다.
3) 엔진 부싱(bushing)에서 4개의 장착 볼트를 푼다. 엔진 부싱으로부터 2개의 장착 너트와 부착된 스터드를 푼다. 만약 프로펠러를 오버홀 간격 중에 떼어냈다면 장착 스터드, 너트, 그리고 와셔는 손상 또는 부식되지 않았을 경우에 재사용한다.

> **CAUTION** 프로펠러 장착 스터드의 손상을 방지하기 위해 주의하여 슬링을 이용하여 플랜지로부터 프로펠러를 장탈한다.

4) 운반을 위해 보관대에 프로펠러를 놓는다.

11.1.2.13.2 장착(Installation)

1) 플랜지 프로펠러는 4 inch 원에 배치된 6개의 스터드를 갖고 있다. 그중 2개의 스터드는 엔진 크랭크축에서 프로펠러에 토크를 전달하고 프로펠러의 위치를 표시하여 장착된다. 이 두 스터드가 장착되어야 할 위치는 프로펠러 허브에 표시가 되어 있다.

2) 스피너 장착 전에 빨리 마르는 스토다드 솔벤트(stoddard solvent), 또는 메틸에틸케톤(MEK, methyl ethyl ketone)으로 엔진 플랜지와 프로펠러 플랜지를 세척한다.
3) 허브 내부에 있는 O-ring 홈에 O-ring을 장착한다. 프로펠러를 공장으로부터 수령할 때, O-ring은 보통 이미 장착되어 있다.
4) 엔진 플랜지에 프로펠러를 장착한다. 엔진 장착플랜지의 구멍과 프로펠러 플랜지의 맞춤 스터드가 일치되도록 한다. 프로펠러는 주어진 위치 또는 180° 회전 위치로 엔진 플랜지에 장착하게 된다. 정확한 위치는 엔진 사용설명서와 기체 사용설명서를 참조한다.

> **CAUTION** 장착 부품들은 장착플랜지의 과도한 예비하중을 방지하기 위해 깨끗하게 하고 건조시켜야 한다.

> **CAUTION** 허브 손상을 방지하기 위해 균등하게 너트를 조인다.

5) 스페이서(spacer)와 함께 프로펠러 장착용 너트를 건조하여 체결한다. 주어진 규정값으로 건조된 너트에 토크하고 만약 항공기 정비지침서에 규정되었다면 프로펠러 장착 플랜지의 뒤쪽에서 복선식으로 스터드를 안전결선한다.

11.1.3 프로펠러의 서비스 작업(Servicing Propellers)

프로펠러 유지와 보수는 세척, 윤활, 윤활유의 보충을 포함한다.

11.1.3.1 프로펠러 깃의 세척(Cleaning Propeller Blades)

1) 알루미늄과 강재 프로펠러 깃, 그리고 허브는 보통 솔 또는 헝겊을 사용하여 적절한 세척제와 함께 세척한다. 산성 또는 부식성이 있는 재료는 사용하지 않는다. 깃의 긁힘 등의 손상을 초래하는 동력 버퍼(power buffer), 강모(steel wool), 강철 솔(steel brush) 등은 사용하면 안 된다.
2) 만약 고광택이 필요하면 좋은 등급의 공업용 금속광택제를 사용할 수 있다. 광택 작업을 완료한 후 광택제의 흔적은 즉시 제거한다. 깃이 깨끗한 상태에서 엔진오일로 깨끗하게 피막을 입힌다.
3) 목재 프로펠러를 세척하기 위해서 솔 또는 헝겊, 그리고 따뜻한 물과 자극성이 없는 비누를 사용한다.
4) 어떤 재질의 프로펠러든지 만약 소금물에 접촉하였다면 소금이 완전히 제거될 때까지 깨끗한 물로 씻어 내고 엔진오일 또는 동등한 것으로 금속 부분에 피막을 입힌다.
5) 프로펠러 표면에서 그리스 또는 오일을 제거하기 위해 깨끗한 헝겊에 스토다드 솔벤트를 적셔서 주요 부분을 깨끗하게 닦아 낸다. 비부식성 비누액을 사용하여 프로펠러를 세척한다. 물로 충분히 헹구고 건조한다.

11.1.3.2 프로펠러 에어돔의 충전(Charging the Propeller Air Dome)

1) 다음은 일반적인 절차이므로 정확한 것은 항상 제작사의 사용설명서를 참조해야 한다. 프로펠러가 시동 록(start lock)에 위치되었는지, 적절하게 조절되었는지를 확인한 후 건조공기 또는 질소로 실린더를 충전한다.

2) 그림 11-11에서는 실린더에 있는 공기 충전 밸브를 보여 준다. 가능하면 질소를 충전하는 것을 권고하며, 정확한 충전 압력은 정확한 도표로 확인한다. 온도는 정확한 허브 공기압을 충전하기 위해 사용된다.

▲ 그림 11-11 프로펠러 공기 충전 밸브

11.1.3.3 프로펠러의 윤활(Propeller Lubrication)

1) 엔진오일로 조종되는 유압식 프로펠러와 일부 밀폐식 프로펠러는 윤활을 필요로 하지 않는다. 전기식 프로펠러는 허브 윤활과 피치변환구동장치에 오일과 그리스를 필요로 한다. 오일과 그리스 규격, 그리고 윤활 방법은 제작사 사용설명서에 설명되어 있다. 사례를 분석해 보면 어떤 모델(model)은 수분이 프로펠러 깃 베어링에 있는 경우도 있었다. 따라서 프로펠러 제작사의 주기적인 그리스 주입은 작동 부위의 적절한 윤활과 부식에 대한 보호를 위함이다.
2) 프로펠러에서 대부분의 결함은 외부 부식이 아니라 볼 수 없는 내부 부식이기 때문에 오버홀 기간 중에 반드시 점검해야 한다.
3) 프로펠러와 허브 사이에는 이질 금속 부식이 발생하고, 적절한 검사를 위해 분해를 해야만 한다. 과도한 부식은 깃과 허브의 강도를 심하게 감소시킬 수 있다. 심지어 외관상 심각하지 않은 부식이라도 검사할 때 깃과 허브에 손상으로 나타날 수 있다. 안전성에 영향을 미치기 때문에, 이 부분은 주의깊게 관찰해야 함을 명심해야 한다.
4) 부식 때문에 주기적인 윤활은 매우 중요하다. 프로펠러는 먼저 해당되는 100시간 또는 12개월을 초과하지 않는 시기에 윤활작업을 한다. 항공기가 높은 습도, 소금기와 같은 불리한 대기 조건에서 작동되거나 보관이 되면 윤활 주기는 6개월로 단축된다. Hartzell은 새것 또는 새롭게 오버홀된 프로펠러에서 원심력으로 그리스가 축적되거나 재분배되어 프로펠러의 불균형을 초래할 수 있기 때문에 첫번째 1~2시간의 작동 후에 윤활하는 것을 권장한다.
5) 그리스의 부족은 습기가 모일 수 있는 깃 베어링에서 발생할 수 있다. 그림 11-12에서처럼 엔진 쪽(engine-side) 허브 반쪽(hub half)에 장착된 실린더 쪽 허브 반쪽으로부터 윤활 피팅(fitting)을 장탈한다.

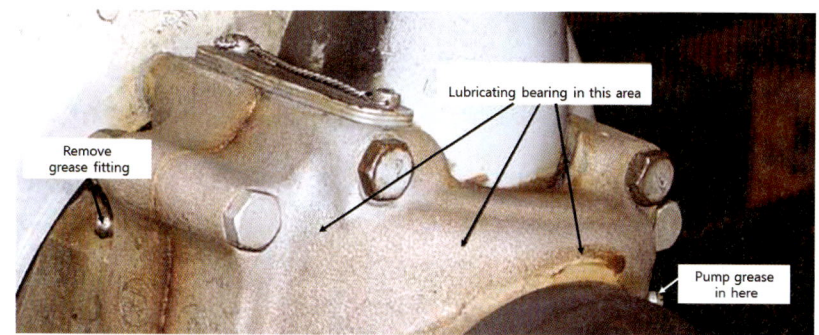

▲ 그림 11-12 프로펠러 베어링 윤활

6) 견인식 깃의 앞전 근처에 있는 피팅 또는 추진식 깃의 뒷전에 위치한 피팅 중 어느 쪽으로든 피팅이 제거된 구멍으로 그리스가 빠져나올 때까지 1 fluid once(30mL)를 보급한다.

NOTE 1 fluid once(30mL)는 수동식 그리스 건으로서 약 여섯 번 주입하는 것이다. 떼어낸 윤활 피팅을 다시 장착한 후 조인다. 각각의 윤활 피팅의 볼이 적절하게 안착되었는지를 확인한다. 윤활 피팅에 뚜껑을 장착한다. 제작사 사용설명서에 따라 부착된 압력피팅을 통해 그리스를 교체한다.

11.1.4 프로펠러 오버홀(Propeller Overhaul)

프로펠러 오버홀은 먼저 해당되는 최대시각(maximum hour) 또는 달력 시간(calendar time) 내에서 이루어져야 한다. 수령 즉시, 오버홀 과정 전체에 걸쳐서 프로펠러 구성 부분 관련 서류를 검토한다. 오버홀 과정에 함께 진행할 수 있는 감항성 개선 명령(AD), 현재의 명세서, 그리고 제작사의 정비회보(SB)를 검토한다. 일련번호를 반복 점검하고 프로펠러의 일반적인 상태에 관하여 작업지시서(work order)에 설명을 달아 준다. 구성 부분(unit)을 분해하고 세척할 때, 모든 관련된 주요 부분(part)에 대하여 예비검사를 수행한다.

11.1.4.1 허브(The Hub)

비철 허브 구성품의 페인트와 양극 처리된 피막을 제거하고, 액체침투탐상검사로 균열을 검사한다.

1) 식각(etch)하고, 헹구어내고, 건조시킨다.
2) 형광침투용액에 부품을 담가 놓는다.
3) 침투제에 흠뻑 적신 후 다시 헹구고 건조시킨다.
4) 표면에 균열 또는 결함을 포착하는 현상액을 뿌린다.
5) 자외선탐상검사를 하면 손상된 부위에는 침투제가 명확히 확인된다.
6) 특정 모델은 고응력 한계 지역 주위에 와전류검사를 할 필요도 있다.
7) 와전류탐상시험은 전도성 재료를 통해 전류를 통과시키는데, 균열이나 결함이 있으면 계량기 또는 모니터에 파동을 일으킨다.
8) 이 검사 방법은 눈에는 보이지 않는 재료의 표면 아래쪽에 있는 결함을 검출할 수 있다.

9) 자분탐상검사는 강재(steel) 부분에 있는 결함의 위치를 찾을 때 적용된다. 프로펠러의 강재 부분에 강력한 전류를 통과시키면 자화된다. 자화된 강재 부분에 형광산화철 분말의 용제를 분사하면, 분사된 용제 내의 입자가 불연속으로 정렬된다. 블랙라이트를 사용하여 검사하면 균열된 부분이 밝은 형광 선으로 나타난다.
10) 모든 응력 요인과 결함을 완전히 제거한 후, 깃 측정을 수행하고 깃 각각의 검사 결과를 기록한다. 프로펠러 깃의 균형을 맞추어서 조합하고 장기간 방식 처리를 위해 그들을 양극 처리하고 페인트를 칠한다.

11.1.4.2 프로펠러 재조립(Propeller Reassembly)

최종 조립 후에 정속 프로펠러의 적절한 작동과 깃각 전 범위에서 공기를 통과하는 회전에 의한 누설을 검사한 후, 정적평형검사를 수행한다.

11.1.5 프로펠러의 고장탐구(Troubleshooting Propellers)

11.1.5.1 난조(Hunting)와 서징(Surging)

난조(hunting)는 요구되는 속도 부근에서 엔진 회전속도가 주기적으로 변하는 특징이 있다. 서징은 엔진 속도가 큰 폭으로 증가 또는 감소하는 특성을 가지고, 한두 번 나타난 후 원래의 속도로 복귀한다.

만약 프로펠러가 난조되고 있다면, 다음을 점검해야한다.
1) 조속기
2) 연료제어장치
3) 상동기화장치(phase synchronizer) 또는 동기장치(synchronizer)

11.1.5.2 고도에 따른 엔진 속도 변화(Engine Speed Varies with Flight Attitude)

엔진 회전속도에서 작은 변화는 정상이다. 페더링이 되지 않는 프로펠러에서 항공기 속도가 증감하는 동안 엔진 회전속도의 증가는 다음의 경우에 발생할 수 있다.
1) 조속기가 프로펠러의 오일 체적을 증가시키지 못할 경우
2) 엔진 전달 베어링의 과도한 누설
3) 깃 베어링 또는 피치변환장치에서의 과도한 마찰

11.1.5.3 페더링 불능 또는 느려지는 페더링(Failure to Feather or Feathers Slowly)

페더링이 안 되거나 느릴 경우에는 자격을 갖춘 정비사가 다음 사항을 수행해야 한다.
1) 만약 공기 충전이 안 됐거나 충전도가 낮다면 정비지침서를 참조한다.
2) 프로펠러 조속기 조종 연결장치가 적절하게 작동하는지, 그리고 장착 상태, 리깅 등을 점검한다.
3) 조속기의 배출 기능을 점검한다.
4) 깃 베어링 또는 피치변환장치에서 과도한 마찰을 초래하는 잘못된 조절, 또는 내부 부식이 있는지 점검한다. 인가된 프로펠러 수리 시설에서 수행되어야 한다.

항공정비사

회전익 항공기계통

12.1 동체일반

12.1.1 주요 Station Number의 위치

[참조] 6.1 Station Number 구별
　　　　6.1.1 Station No. 및 Zone No.의 의미와 용도
회전익 항공기 위치표시는 그림 12-1을 참조한다.
- 기준선에서 Sta. No "0"이다.
- after jack fitting 지점의 290.15는 기준선에서 290.15 inch 후방이다.

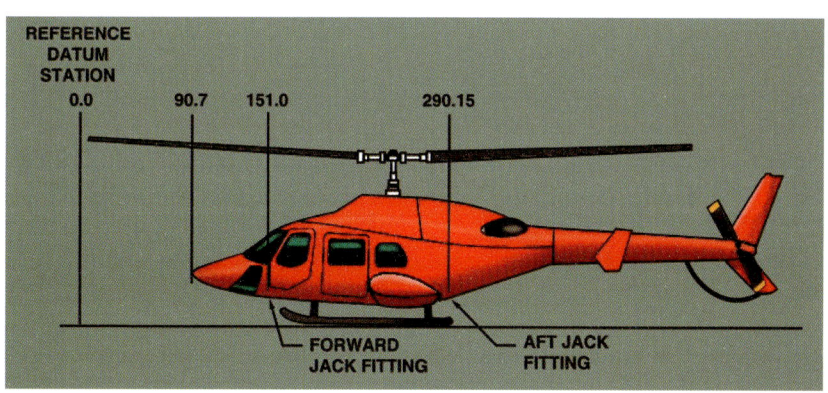

▲ 그림 12-1 회전익 항공기 Station No

12.1.2 잭킹(Jacking) 방법

12.1.2.1 잭킹 일반

1) 헬리콥터 잭 작업의 목적

　유압(기계)식 잭을 이용하여 헬리콥터 동체에 지정된 Point에 잭 작업을 수행하는 목적은 착륙장치의 교체, 기체의 무게측정을 위하여 수평을 잡기 위한 작업을 하기 위한 것이다.

2) 잭의 종류

　기계식과 유압식이 있다.

(a) 기계식

(b) 유압식

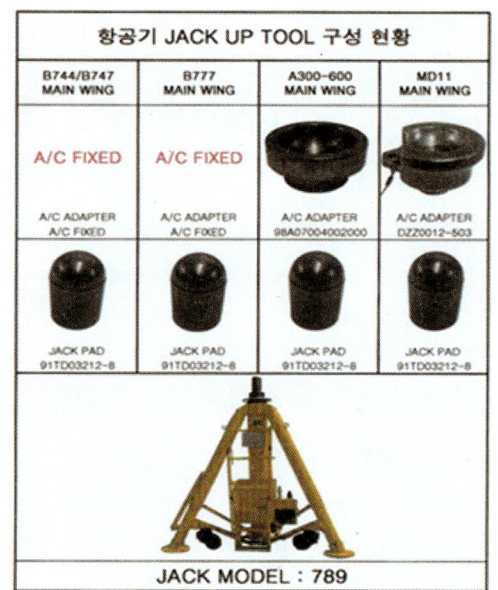

(c) 유압식 잭과 관련 공구

▲ 그림 12-2　잭의 종류와 Jack Pad

〈주의〉
- 잭으로 항공기를 올리거나 내리기 전에 항공기와 작업대, 시험 치구 등의 간격이 적절한 지 점검한다.
- 잭은 수평 자세로 유지하기 위해 3개의 잭을 동시에 작동시켜야 한다.

1. 재킹 브라켓
2. 와셔
3. 볼트
4. 재킹 브라켓
5. 와셔
6. 볼트
7. 트리포드 유압 잭 (tripid hydraulic jack)
8. 릴리프 밸브
9. 잠금링
10. 핸들
11. 잭 램(jack ram)
12. 잠금 나사
13. 소켓 조립체

▲ 그림 12-3　유압식 잭의 각부 명칭

12.1.2.2 잭작업 순서

1) 잭작업 시 안전 수칙
   ① 사용 전에 잭의 부하 용량을 검사하라.
   ② 사용 전에 잭의 작동 상태를 검사하라.
   ③ 잭이 위치할 장소는 평탄한 지면을 선택하라.
   ④ 실외에서 잭작업을 실시할 때는 제한 풍속을 반드시 확인하라.
   ⑤ 항공기 동체 및 날개 밑에 잭을 받칠 때는 동료들이 호흡을 맞추어 동시에 올리고 내리면서 한쪽으로 기울이지 않도록 균형을 유지하라.
   ⑥ 잭을 올릴 때 지면과 바퀴 밑 거리는 약 2 inch 정도 유지하라.

2) 한쪽 바퀴만의 잭작업하기
   ① 잭작업을 위하여 지정된 장소 혹은 헬리콥터의 무게를 지탱할 수 있는 편평한 장소에 선택하여 헬리콥터를 세운다.
   ② nose 혹은 tail 부분에만 잭작업을 수행할 경우, 바퀴회전·무게의 집중에 의한 사고발생 가능성을 배제하기 위하여 주 바퀴에 고임목을 설치한다.
   ③ 지정된 jack point에 사용이 인가된 잭을 설치하고 헬리콥터를 들어올린다.
   ④ 후속 정비작업(타이어 교체, 착륙장치의 교체)을 시행한다.
   ⑤ 작업이 완료되었으면 잭을 내려 헬리콥터를 원위치시킨다.

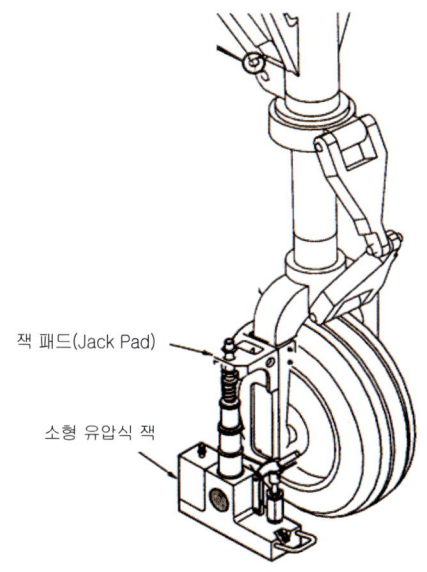

▲ 그림 12-4 한쪽 바퀴 잭작업

3) 헬리콥터 전체를 들어올리는 잭작업하기
   skid형 착륙장치의 교환이나 바퀴형 착륙장치를 가진 헬리콥터의 주 바퀴를 교환하는 작업, 헬리콥터의 weight & balance를 수행하기 위하여 헬리콥터 전체를 들어 올리는 잭작업을 수행한다.

① 잭작업을 위하여 지정된 장소 혹은 헬리콥터의 무게를 지탱할 수 있는 편평한 장소에 선택하여 헬리콥터를 세운다.
② 지정된 jack point에 사용이 인가된 잭을 설치하고 헬리콥터를 들어올린다.
③ 무게집중에 의한 사고발생을 방지하기 위하여 전·후, 좌·우 균형을 유지하여 잭의 상승속도를 조절한다.
④ 헬리콥터 외부에 부착된 수준기를 확인하여 잭의 상승속도를 제어한다.
⑤ 후속 작업(타이어 교체, 착륙장치의 교체, Weight & Balance)을 수행한다.
⑥ 작업이 완료되었으면 잭을 내려 헬리콥터를 원위치시킨다.

 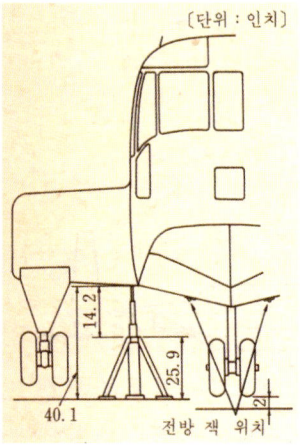

▲ 그림 12-5 헬리콥터 잭작업의 예

12.1.3 헬리콥터 무게중심 계산(Helicopter Weight & Balance)

1) 헬리콥터의 중량을 측정하여 무게중심 위치를 알고자 하는 경우에는 세로와 가로축 중량 측정 위치를 알아야 한다.
2) 세로축의 기준선 뒤쪽은 +거리로, 기준선의 앞쪽 위치는 −로 측정한다. 가로축 거리는 헬기 앞을 보고 butt line의 오른쪽 거리는 +이고, 왼쪽 거리는 −이다.
3) 헬리콥터는 수평적으로, 수직적으로 모두 평형상태이어야 한다. 수평측정기도 사용하지만 측량추가 주로 사용된다.
4) 벨 헬리콥터는 측량추를 부착하는 장소가 마련되어 있고, 바닥으로 내려트리도록 되어 있다. 가로축과 세로축에 의한 십자 형태로 되어 있으며, 측량추 원뿔 팁이 교차점을 가리키면 가로 세로 모두 수평상태이다. 측량추 팁이 이 지점 앞을 향하면 기수가 내려가 있다는 의미이고 왼쪽으로 치우치면 왼쪽이 낮다는 의미이다. 측량추 팁은 항상 낮은 지점으로 이동한다[그림 12-6].

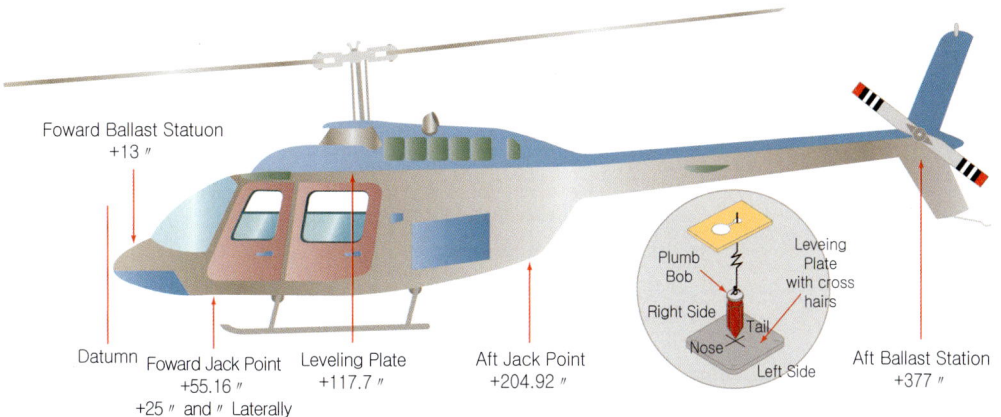

▲ 그림 12-6 벨 헬리콥터 기준선 및 중요지점 fuselage station

5) 이 헬리콥터는 3개의 잭 패드가 있는데, 앞쪽에 2개 그리고 뒤쪽에 1개이다. 잭 패드에 잭을 고정하고 잭 아래에 저울을 놓는다.
6) 헬리콥터의 수평을 유지하기 위해 측량추 팁이 정확하게 십자선의 중앙을 가리킬 때까지 잭의 높이를 조정한다.
7) 헬리콥터의 중량 측정의 예로, 표 12-1 벨 헬리콥터 설계명세서의 중량 측정 자료를 활용해 보자.

▼ 표 12-1 벨 헬리콥터 설계명세서의 중량 측정 자료

1	datum	55.16 inch forward of the front jack point centerline
2	leveling means	Plumb line from ceiling left rear cabin to index plate on floor
3	longitudinal CG limits	+106 inch to +111.4 inch at 3,200 lb +106 inch to +112.1 inch at 3,000 lb +106 inch to +112.4 inch at 2,900 lb +106 inch to +113.4 inch at 2,600 lb +106 inch to +114.2 inch at 2,350 lb +106 inch to +114.2 inch at 2,100 lb Straight line variation between points given
4	lateral CG limits	2.3 inch left to 3.0 inch right at longitudinal CG +106.0 inch 3.0 inch left to 4.0 inch right at longitudinal CG +108.0 inch to +114.2 inch Straight line variation between points given
5	fuel and oil	Empty weight includes unusable fuel and unusable oil
6	left front scale reading	650 lb
7	left front jack point	Longitudinal arm of +55.16 inch Lateral arm of −25 inch

8	right front scale reading	625 lb
9	right front jack point	Longitudinal arm of +55.16 inch Lateral arm of +25 inch
10	aft scale reading	710 lb
11	aft jack point	Longitudinal arm of +204.92 inch Lateral arm of 0.0 inch
12	notes	The helicopter was weighed with unusable fuel and oil. Electronic scale were used, which were zeroed with the jacks in place, so no tare weight needs to be accounted for.

▼ 표 12-2 벨 헬리콥터 C.G 계산

Longitudinal CG Calculation					
Item	Scale(lb)	Tare Wt. (ib)	Nt.Wt. (lb)	Arm (inches)	Moment (in-lb)
left front	650	0	650	+55.16	35,854.0
right front	625	0	625	+55.16	34,475.0
aft	710	0	710	+204.92	145,493.2
total	1,985		1,985	+108.73	215,822.2

Lateral CG Calculation					
Item	Scale(lb)	Tare Wt. (ib)	Nt.Wt. (lb)	Arm (inches)	Moment (in-lb)
left front	650	0	650	-25	-16,250
right front	625	0	625	+25	+15,625
aft	710	0	710	0	0
total	1,985		1,985	+.31	-625

8) 표 12-2에 가로, 세로 무게중심이 나타나 있다.
9) 자중은 1,985 lb, 세로 무게중심은 +108.73 inch, 가로 무게중심은 -0.31 inch이다.

12.1.4 동체(Fuselage)의 특징(구조 및 사용재료)

1) 헬리콥터 동체와 테일붐(tail boom)은 일반적으로 응력외피(stress skin) 설계의 트러스 구조 또는 세미모노코크 구조이다.
2) 기체 구조재료는 강(steel)과 알루미늄 관, 성형알루미늄이 사용되며, 외피는 알루미늄이 일반적으로 사용된다. 그리고 방화벽과 엔진바닥은 보통 스테인리스강이다.
3) 현대의 헬리콥터동체설계는 첨단복합재료를 사용한 모노코크 구조의 적용이 늘어나고 있다.
4) 헬리콥터 비행의 중요한 특징은 모노코크 형식의 계란모양으로 성형된 윈드실드(windshield)가 조종사에게 폭넓은 시야를 확보하여 준다는 것이다.
5) 윈드실드는 폴리카보네이트, 유리, 또는 특수아크릴 수지로 제작된다.

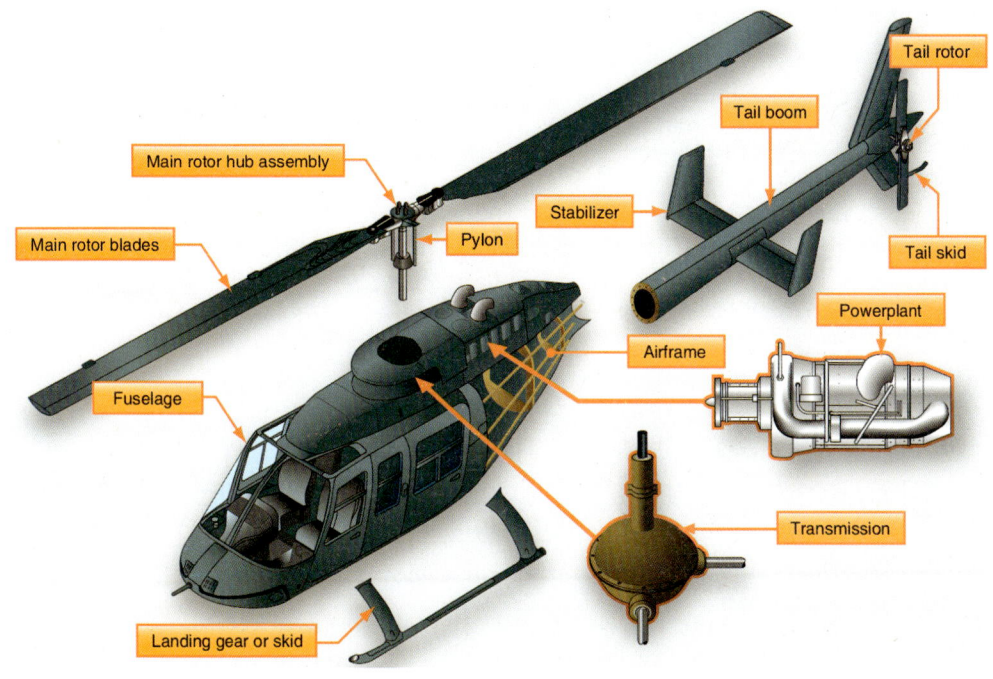

▲ 그림 12-7 헬리콥터 기체 구성

12.2 주회전 날개(Main Rotor)

12.2.1 Blade의 형상, 재질

12.2.1.1 헬리콥터 명칭과 기능 이해

1) Main Rotor : 양력(추력) 발생
2) Tail Rotor : torque 상쇄 및 방향 조종
3) Flapping Hinge
   ① 전진 깃과 후진 깃의 양력 차이로 발생하는 양력불균형에 의한 플래핑 현상이 기체에 전달되지 않도록 blade를 상, 하로 움직이도록 하여 항공역학적 불균형(aerodynamic unbalance) 해소
4) Lead-Lag Hinge
   ① 회전날개가 주기적으로 회전하면서 생기는 항력과 관성력에 기인한 lead-lag 현상이 기체에 전달되지 않도록 blade가 전, 후로 움직이도록 하여 기하학적 불균형(geometric unbalance) 해소
   ② 작동 유도 및 제한을 위한 damper가 장착되어 있다.

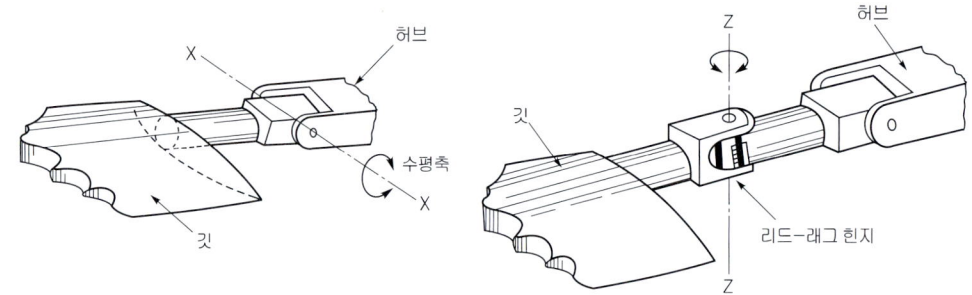

▲ 그림 12-8 플래핑 힌지와 리드-래그 힌지

5) Feathering Hinge : blade pitch 조절한다.
   * feathering : 비행중에 회전 경사판이 회전축에 대해 수직한 위치에 놓이면 깃의 피치각은 일정하게 되어 정지 비행 상태가 되지만, 회전 경사판이 경사지게 되면 깃의 피치각은 회전 날개가 1회전을 하는 동안 변화하게 된다. 피치가 변화하는 것을 페더링이라 부르며, 이 경우 회전 날개의 1회전 동안 한 번의 페더링 주기를 가지게 된다.
6) Hub : main rotor의 blade가 기관의 동력을 전달하는 회전축과 연결되는 부분
   * 설계요구 : 가벼운 무게, 작은 항력, 적은 비용, 긴 수명, 간단한 정비, 적은 부품 수, 적절한 조종력이 요구된다.
7) Rotor Disk : 회전날개의 회전면
8) Coning Angle(원추각) : 회전면과 원추의 모서리가 이루는 각
   * coning angle : 원심력과 양력의 합에 의해 결정

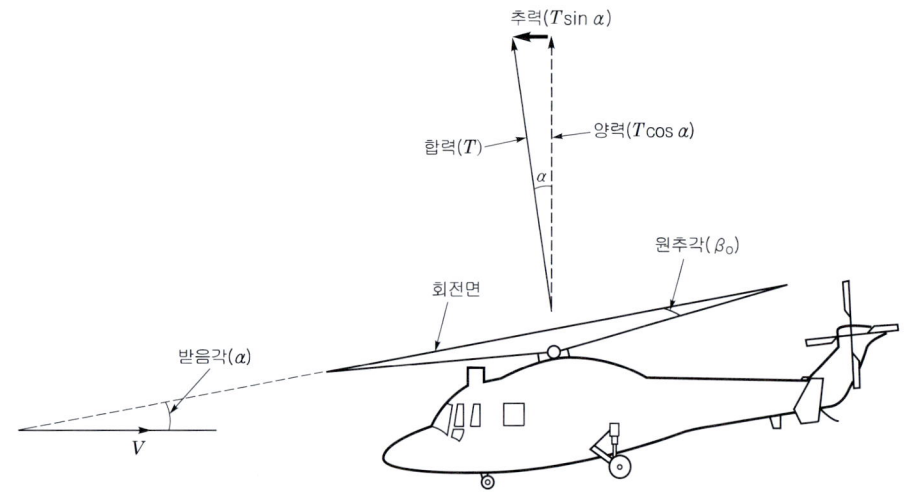

▲ 그림 12-9 회전날개 회전면과 원추각

9) Angle of Attack : 회전면과 helicopter의 진행방향에서의 상대풍이 이루는 각
10) 회전원판(Swashplate)
   ① main rotor hub 바로 아래에 위치

② blade에 pitch angle을 만들어 주는 기구
③ rotating swash plate와 stationary swash plate로 구성

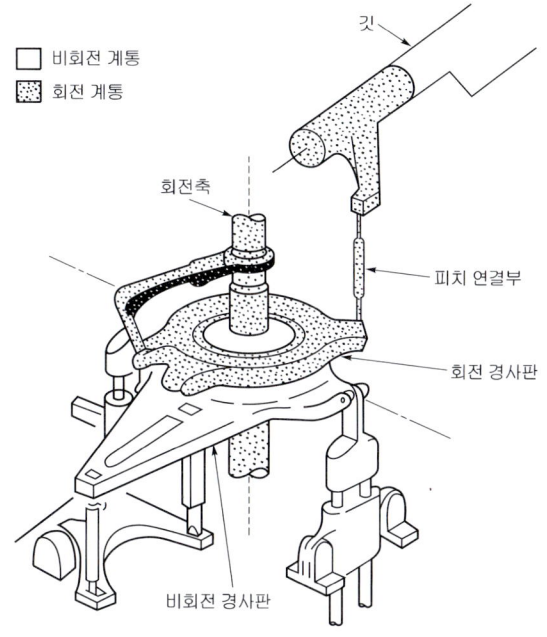

▲ 그림 12-10 회전원판(swashplate)

12.2.1.2 Main Rotor

* hovering 성능, 전진비행 성능, 저렴한 가격, 가벼운 무게, 적은 소음 및 적은 진동 보장 위해 main rotor 설계

1) Main Rotor 지름
   ① 정지비행 성능 : 지름이 클수록 양호
   ② 가벼운 무게 및 적은 비용 : 지름이 작을수록 양호
   ③ 설계자 목표 : 가장 작은 회전날개

2) Blade Tip Speed : 제한 깃 끝 속도 225m/sec(150m/sec 조용)

3) 깃의 면적
   ① 무게, 비용, hovering 위해 깃 면적은 작아야 한다.
   ② 고속 기동성 위해 깃 면적이 커야 한다.

4) 깃의 수 : 깃의 수에 의한 이점과 손해는 다른 변수들에 의한 것보다 작아 절충안으로 4개의 깃 선택

5) 깃의 비틀림 각

① hovering, 후퇴 깃 실속 지연을 위해 값이 커야 한다.

② 작은 진동, blade loading을 위해 작아야 한다.

6) 회전 방향 : 설계자의 습관에 의해 결정

7) 깃의 단면

① 전진 깃 : 작은 받음각에서 큰 항력 발산, 마하수, camber 작게

② 후진 깃 : 큰 실속각, 두껍고 camber 크게

12.2.1.3 Main Rotor Blade 재질

1) Steel Spar, Fabric Cover : 대부분의 초기 rotor blade

① spar : steel pipe

② rib : plywood(표면의 불규칙성)

③ skin : fabric(비행 시 뒤틀림 등의 단점)

2) Plywood-Covered Blade : thin plywood로 표면을 보완

① fabric cover의 단점 보완 습기 등 날씨에 영향 받음

3) All-Wood Blade : 제작이 단순, 형상이 정확

① 무거운 재질 : leading edge쪽

② 가벼운 나무(balsa) : trailing edge쪽

③ 상대적으로 무겁고, 습기에 약하고 쉽게 약화된다.

4) Metal Blade

① 인발 성형된 d-spar → leading edge

② V 형태의 판재 → trailing edge

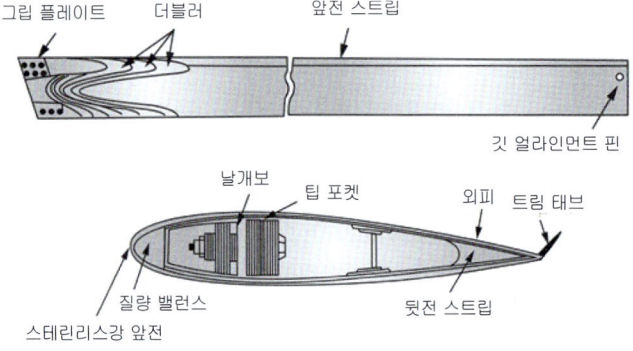

▲ 그림 12-11 main rotor blade 각부 명칭

5) 복합재료-Metal Blade : 신형 헬기
   ① 상하부 판재 → 복합재료
   ② spar와 leading edge → 금속

12.2.2 주요 점검사항 확인

main rotor는 헬리콥터에 양력을 발생시키고, 비행 조종 능력을 주는 장치로서, 작동 점검과 조절이 정확하게 이루어져야 한다.

1) 궤도 점검(Tracking)
   (1) 회전날개에서 주로 발생하는 진동 현상은 주회전 날개깃(main rotor blade)이 회전면의 궤도(track)를 벗어남으로써 발생되는 저주파수의 진동현상이다.
   (2) 일반적으로 수직 방향의 저주파수 진동으로 나타나는 이러한 진동 현상을 방지하기 위해서는 각각의 회전 날개깃이 회전면의 일정한 궤도를 따라 회전할 수 있도록 궤도 점검을 수행한다.
   (3) 궤도 점검을 하는 방법에는 두 가지 방법이 있다.
   ① 강철재나 알루미늄 재질의 깃대에 장착한 점검용 깃발(tracking flag)을 이용하는 방법
   ② 스트로브스코프를 이용하는 방법(stroboscope, 급속히 움직이는 물체를 정지한 것처럼 관측·촬영하는 장치)

2) 평형 점검
   (1) 헬리콥터에서 가로 방향의 저주파수 진동이 발생하면 주회전 날개의 평형상태가 이루어지지 않는 것을 의미하므로 평형 점검을 수행한다.
   (2) 평형 점검은 시행착오법이나 전자평형점검장비를 이용하여 수행한다.
   (3) 시행착오법은 결함이 의심되는 깃의 선단에 약 5cm 폭의 테이프를 부착하여 비행을 하면서 진동의 세기를 감지한다. 진동의 세기가 테이프 부착 전보다 감소하면 테이프의 부착력을 늘리면서 진동을 계속 추적한다.
   (4) 전자평형 점검장비를 이용하는 평형 점검은 궤도 점검에 사용되는 장비와 가속도계 및 전자평형기기를 이용하여 비행중에 수행한다.

3) 자동회전(Autorotation) 비행의 회전수 점검
   (1) 주회전 날개깃의 궤도 점검을 마친 후 또는 회전날개 회전수가 제한 범위를 넘어 선 경우에는 자동회전비행의 회전수를 점검할 필요가 있다.
   (2) 자동회전비행의 회전수를 점검하기 위해서는 실제적으로 자동회전비행을 하여야 하며, 자동회전비행중에 헬리콥터의 무게와 밀도 고도에 따른 안정된 자동회전비행의 회전수를 측정한다.
   (3) 이 때, 회전수가 헬리콥터의 무게와 고도에 해당하는 규정 범위를 벗어난 경우에는 동시피치 조종로드(collective pitch control rod)의 길이를 조절함으로써 회전수를 조정한다.

(4) 자동회전비행의 회전수를 감소시키려면 동시피치조종로드의 길이를 감소시키고, 회전수를 증가시키려면 조종로드의 길이를 증가시킨다.

12.3 조종장치(Pitch Control)

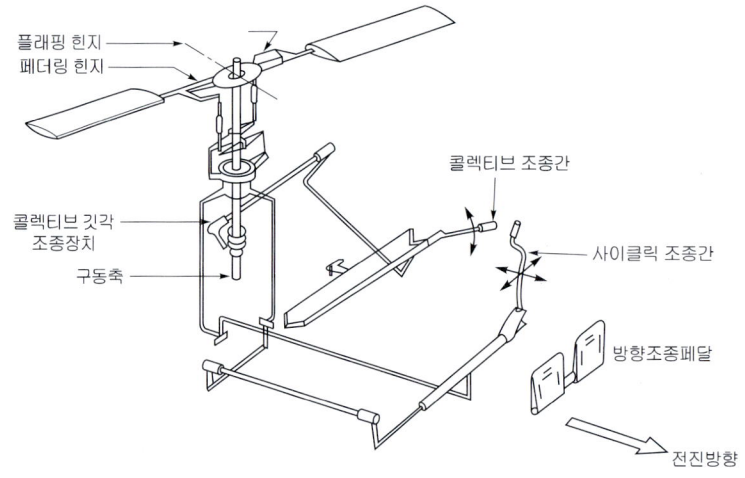

▲ 그림 12-12 헬리콥터 비행조종장치

12.3.1 Collective Pitch Control(상·하 조종)

collective pitch control lever 작동 → swashplate 상·하 조종 → blade pitch 조절 → 상승, 하강 조종

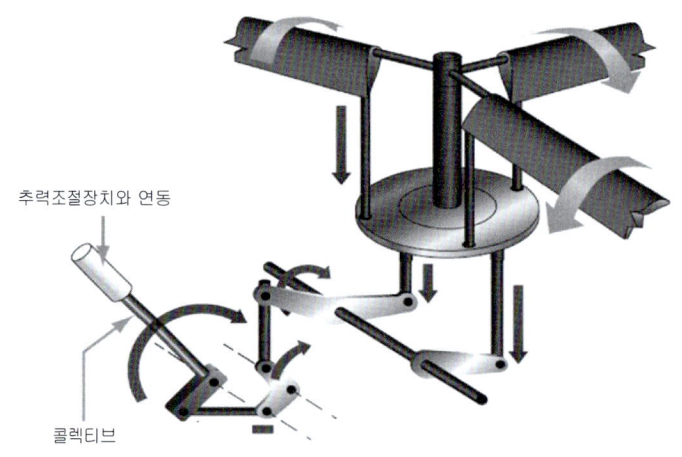

▲ 그림 12-13 collective pitch control(상·하 조종)

12.3.2 Cyclic Control(전·후, 좌·우 수평 조종)

cyclic pitch control lever 작동 → swashplate 경사 → 회전면 전·후, 좌·우 경사 → 전·후, 좌·우 조종

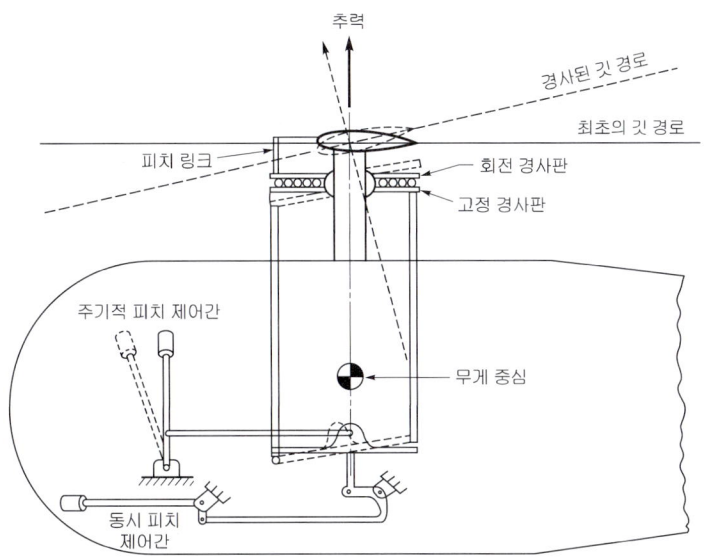

▲ 그림 12-14 cyclic control(전·후, 좌·우 수평 조종)

12.3.3 방향 조종(Yawing Motion)

방향 pedal 작동 → tail rotor pitch 변화 → 방향 조종

12.4 동력전달장치(Power Train)

12.4.1 엔진과 회전날개 구동방법

1) 중대형 헬리콥터에는 터보 샤프트(turbo shaft) 엔진이 장착되고 소형 헬리콥터에는 수직 대향형의 왕복엔진이 장착된다.
2) 헬리콥터의 동력전달 과정은 대부분 유사하게 제작된다. 그림 12-15는 시콜스키 H-76 계열 헬리콥터 동력전달과정이다.
3) 좌·우측 엔진의 회전력(20,900RPM)이 input module에 전달되면 input module에서 감속(5,750rpm)되어 main module에 전달된다.
4) main module에서 감속(258RPM)시킨 회전력이 main rotor를 회전시킨다.
5) main module에서 감속(4,116RPM)시킨 다른 동력은 intermediate gear box에 전달된다.
6) intermediate gear box에서 다시 감속(3,319RPM)시킨 회전동력은 tail gear box에 전달된다.
7) tail gear box에서 다시 감속(1,190RPM)시켜 tail rotor를 회전시킨다.

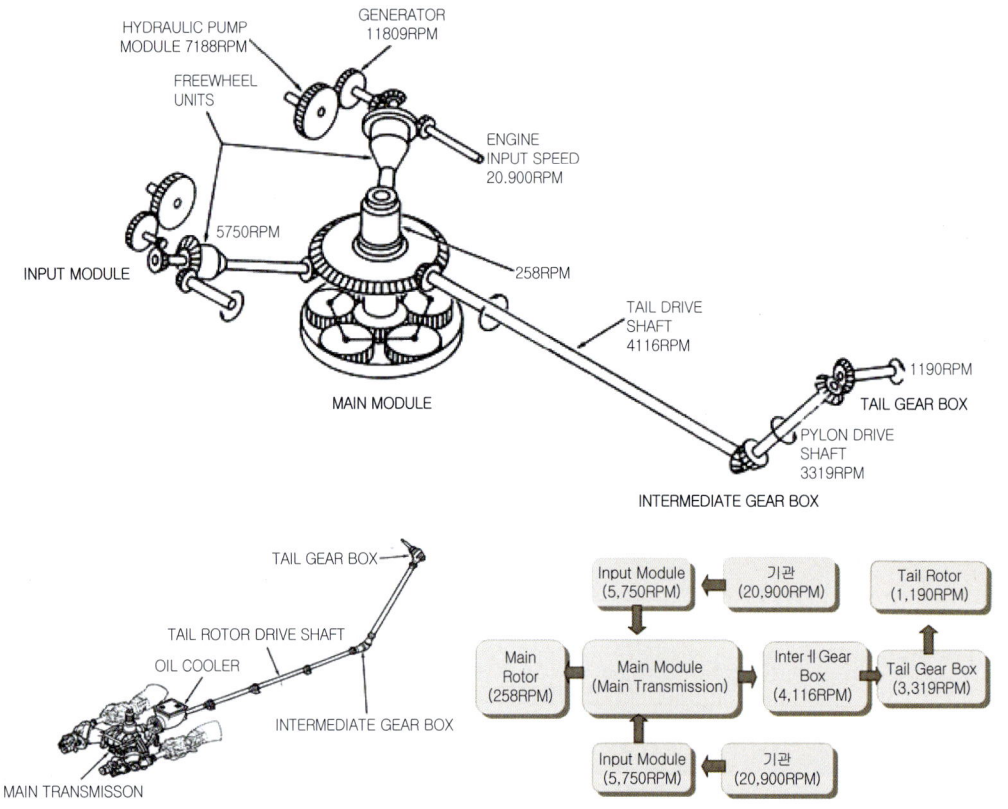

▲ 그림 12-15 시콜스키 S-76 계열 헬리콥터 동력전달 구조

12.4.1.1 정상비행과 자동회전(Normal Flight & Autorotation)

1) 자동회전이란, 회전날개의 축에 torque가 작용하지 않는 상태에서도 일정한 회전수를 유지하게 되는 것을 말한다. 자동회전하면서 하강하는 헬리콥터의 회전 날개에서는 헬리콥터의 무게와 같은 크기의 추력이 발생되어야 한다. 이 때 깃에 작용하는 항력에 의해 torque를 이겨내고, 회전속도를 유지하는 데 필요한 운동 에너지는 헬리콥터의 하강에 따르는 위치 에너지의 감소로써 충당이 된다.

2) 정지 배행 중인 경우, 자동회전하는 회전 날개에 발생되는 공기 역학적 힘을 그림 2-16(a)에 나타내었다.

3) 깃 요소 A는 자동회전 부분에, 깃 요소 B는 프로펠러 영역에 놓여 있으며, 각각 그림의 아래에 속도의 크기를 나타내었다.

4) 그림에서 깃 요소 A의 회전속도는 깃 요소 B의 회전 속도보다 느리지만 하강 속도는 같다. 따라서, 합성 속도에 의한 받음각은 깃 요소 A의 받음각 α_1이 깃 요소 B의 받음각 α_2보다 크게 된다.

5) 결과적으로, 깃 요소 A에서는 큰 양력계수가 작용하며, 이에 따른 양력 L_1과 항력 D_1의 합성력 R_1은 회전축에 대하여 경사지게 되어 전진하는 힘(autorotative force)을 발생시켜 이 힘으로 회전면이 가속된다.

6) 이와는 반대로, 회전날개의 반지름 방향으로 70% 바깥쪽 프로펠러 영역에 위치한 깃 요소 B에서는 받음각 α_2가 비교적 작아 깃 요소 A보다 작은 양력 계수 값을 가지게 된다.
7) 따라서, 깃 요소 B에 작용하는 양력 L_2와 항력 D_2의 합성력 R_2는 회전면에 대하여 안쪽으로 경사지게 되고, 회전면의 깃 끝쪽 부분을 감속시키게 하는 힘(anti-auto-rotative force)을 발생시킨다.
8) 다음, 회전 날개의 반지름의 25% 안쪽에서는 깃 요소가 최대 양력 계수를 발생시키는 받음각보다 큰 값으로 회전하므로 실속을 일으키게 된다. 따라서, 이 부분을 실속 영역이라 하며, 회전날개의 회전을 감속시키려는 작용을 한다.
9) 자동회전 중의 회전수는 그림 2-16(b)에 나타난 대로 자동회전을 시키는 힘과 이를 방해하는 힘이 서로 상쇄될 수 있을 때, 안정된 일정한 회전수를 가지게 된다. 만일, 돌풍 등의 외부 조건에 의해 자동회전 중인 회전날개의 회전수가 증가하게 되면 회전 속도는 증가하고, 하강률은 일정하므로 회전 날개의 받음각이 감소된다.

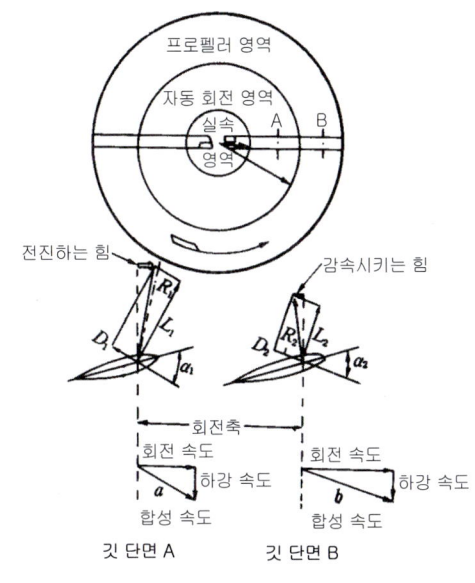

(a) 정지 비행 중의 자동회전

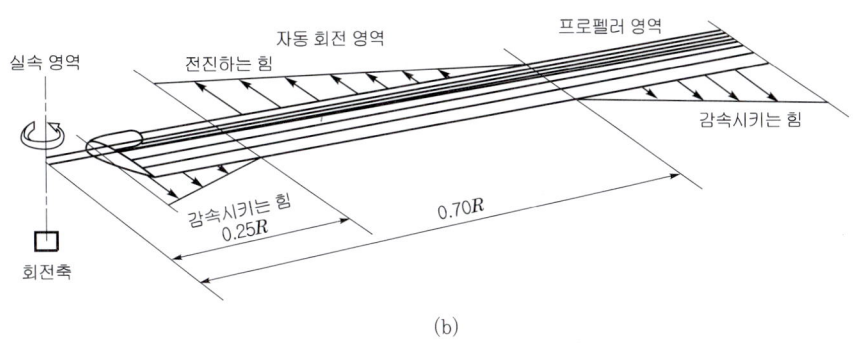

(b)

▲ 그림 12-16 자동회전 시 힘의 분포

10) 따라서, 각각의 깃 요소의 합성력은 자동회전시키는 힘을 감소시키므로 회전 날개의 회전수는 원래 상태로 되돌아가게 된다.
11) 반대로 회전 날개의 회전수가 감소하게 되면 각각의 깃 요소의 받음각은 증가하게 되고, 자동회전을 시키는 힘이 증가하게 되므로 감소한 회전수를 증가시켜 원래의 회전수로 돌아가게 한다.
12) 다음, 전진 속도가 있는 경우의 자동회전을 살펴보자. 전진 비행중의 자동회전에서는 전진 속도가 없는 경우에 비하여 하강률이 영향을 받는다.
13) 그림 12-17에 나타난 것처럼 깃 요소 C′에 위치한 깃에서는 하강 속도와 회전 속도와의 합성 속도에 의한 받음각이 크게 되어 깃을 회전시키는 힘을 발생시킨다. 이와 같은 2개의 서로 반대되는 힘이 평형을 이루게 되어야만 회전 날개의 회전수가 일정하게 되며, 자동회전 상태를 이룬다.

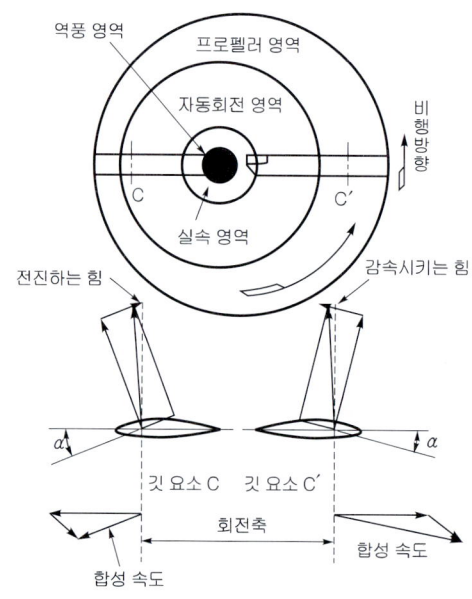

▲ 그림 12-17 전진 비행 중의 자동회전

14) 위에서 설명한 바와 같이 pitch를 일정하게 하고, 깃 요소의 받음각을 증가시키면 회전 날개의 회전수가 증가되고, 반대로 받음각을 감소시키면 회전 날개의 회전수가 감소한다.

12.4.2 동력전달장치 구조 및 주요 점검사항

1) 헬리콥터의 동력구동장치계통은 기관으로부터 나오는 출력을 주회전 날개와 꼬리 회전날개에 전달하는 계통으로서, 주로 회전력을 기계적으로 전달하는 동력전달장치이다.
2) 동력구동장치계통의 정비를 하기 위해서는 동력구동장치의 구성과 기능을 이해하고, 동력구동장치계통의 점검 및 작동 점검에 대한 정비 기술과 아울러 고장 탐구에 대한 정비 지식을 갖추어야 한다.

3) 동력구동장치의 점검은 일반적으로 변속기와 기어 박스 및 동력구동축으로 구분하여 실시되며, 변속기와 기어 박스의 경우에는 윤활유에 의한 점검을 위주로 하고, 동력구동축의 경우에는 육안 검사에 의한 기계적인 손상과 변형 및 부식 상태를 점검한다.
   (1) 변속기와 기어 박스
      ① 변속기와 기어 박스의 점검은 주로 윤활유와 연관된 것으로서, 윤활유의 누설 점검과 오염 상태의 점검 및 기어 박스 사용 점검 등으로 구분할 수 있다.
      ② 변속기와 기어 박스의 윤활유 누설 점검은 변속기나 기어 박스에 설치된 사이트 게이지에 의해 윤활유의 양을 검사함으로써 이루어진다. 윤활유의 누설량은 규정된 비행 시간마다 최대 위치 및 최소 위치 사이의 $\frac{1}{2}$ 이상이 감소되어서는 안 되며, 윤활유 누설이 지나친 경우에는 변속기와 기어 박스의 실을 점검하여 결함이 있는 실은 교환한다.
      ③ 윤활유의 오염 상태 점검은 윤활유 속에 포함된 금속입자의 양으로 측정한다. 과다한 금속입자에 의한 윤활유의 오염 상태는 경고 장치에 의해 확인되며, 윤활유 필터 혹은 자석 플러그에 의해 수집된 금속입자로 알 수 있다. 윤활유에 금속입자가 과다하게 포함된 경우에는 변속기나 기어 박스 내부에 손상이 있다는 징후이므로 금속입자의 형태, 양 및 성분을 분석하고, 변속기어나 기어 박스의 사용 내역 등을 검토하여 계통의 상태를 판정할 수 있으며, 필요한 경우에는 기어 박스의 사용 내용을 점검한다. 금속입자는 영구 자석, 납땜 인두, 농축된 염산 및 질산 등을 이용하여 성분을 구분할 수 있다. 영구 자석을 이용하여 철분을 분류하고, 주석과 납의 분말은 용융점을 이용하여 납땜 인두로 구분한다. 그리고 알루미늄 분말은 염산으로 구분하고, 구리와 황동 및 마그네슘 분말은 농축된 질산에 의해 식별한다.
      ④ 기어 박스의 사용 점검은 기어 박스의 내부 손상이 우려될 경우에 수행하는 점검으로서, 이 점검 역시 윤활유에 포함된 금속입자의 양을 분석하는 작업이다. 기어 박스 사용 점검을 하기 위해서, 먼저 기어 박스를 윤활유로 깨끗이 세척하여 금속입자를 검사하고, 헬리콥터를 최대 적재 하중으로 30분간 공중 정비 비행을 시킨 다음에 윤활유 스크린과 필터 및 자석 플러그를 점검한다. 이 때, 기어 박스의 윤활유를 배출시켜 수집된 금속입자를 점검하여 금속입자의 양이 증가하면 기어 박스를 교체하고, 양이 감소하면 세척한 후 다시 사용한다.
   (2) 동력구동축
      ① 동력구동축의 점검은 일반적으로 기계적인 손상과 변형 및 부식 상태에 대한 육안 점검을 하며, 필요에 따라 비파괴 검사를 통하여 균열 상태를 점검한다. 구동축의 균열은 어떠한 경우에도 허용될 수 없으며, 기계적인 손상 또는 표면의 가벼운 부식 현상도 한정된 범위 내에서 어느 정도 수정 작업을 하는 것 이외에는 수리할 수 없으므로 축을 교환한다. 특히, 기관 구동축은 기계적인 손상 이외에 과열에 의한 변색 등이 있는가를 점검하고, 장착고정 상태를 확인한 후에 그리스의 누설 상태 등을 점검한다.

② 주회전 날개 구동축은 높은 응력을 받는 축으로서 충격을 가해서는 안 되며, 충격에 의한 손상을 받는 경우에는 구동축을 교환하고, 구동축 양단의 스플라인의 마멸 상태를 점검하여 허용값 초과 여부를 점검한다.

③ 꼬리 회전 날개 구동축은 기계적인 손상의 허용 범위가 축의 위치에 따라 다르게 규정되어 있다. 이 구동축의 경우에는 특별히 굽힘과 비틀림에 대한 변형 상태를 주의 깊게 점검하고, 동적평형을 맞추기 위해 부착해 놓은 평형 스트립(balance strip)이 부분적으로 파손되었거나 떨어져 나간 경우에는 구동축을 교환한다.

④ 회전 날개가 제한 속도 이상으로 회전하였을 경우에는 동력구동축에 과도한 하중이 가해졌을 가능성이 있으므로, 과속 상태에 따라 동력구동축과 관련된 부품을 점검한다. 이러한 경우에는 동력구동축의 손상과 변형을 육안 검사하고, 구동축 커플링의 균열을 점검한다. 또한 꼬리 회전 날개 구동축의 경우에는 지지 브래킷을 점검하여 부착 볼트에 의해 나타날 수 있는 균열 등을 점검한다.

(3) 작동 점검 및 조절

① 동력구동장치계통의 점검을 통하여 결함을 발견하지 못하면 헬리콥터를 작동시키는 동안 불완전한 작동 상태를 초래한다. 이러한 불완전한 작동 상태는 고장의 가능성을 내포하게 된다. 그러므로 작동 점검은 불완전한 작동 상태를 파악하거나 정확한 고장의 원인을 밝혀내기 위하여 철저하게 수행되어야 한다.

② 동력구동장치계통의 부정확한 작동 상태는 주로 고주파수의 진동을 발생시키게 된다. 기본적으로 구동축의 불평형 상태 또는 베어링의 불량 상태가 진동의 원인이 되지만, 변속기로부터 발생되는 진동인 경우에는 원인이 매우 다양하다. 또, 기관 구동축의 동적 불평형 상태로 인하여 나타나는 진동은 쉽게 발견해 내기가 어려우며, 비정상적인 응력을 받는 상태 또는 마멸 상태에 의해 발생하는 진동은 기체에 흡수되어버리므로 작동 점검 시에 밝혀 내기가 매우 어렵다. 그러므로 기관 구동축의 진동에 대한 점검은 수시로 행해야 하지만, 구체적인 점검 방법은 풍부한 고장 탐구에 대한 지식에 따라야 한다.

③ 동력구동장치계통의 조절은 계통의 정렬상태(alignment)를 점검하고 수정하는 작업으로서, 동력구동장치를 장탈 및 장착한 경우에 수행한다. 또한 특정한 비행 시간이 경과된 후에도 부품의 마멸, 신장 및 비틀림에 대한 정렬 상태를 확인하기 위하여 수행한다. 이러한 조절 작업을 무시하는 경우에는 기체에 대한 심각한 손상과 진동을 초래하게 된다.

4) 고장 탐구

동력구동장치계통의 고장을 찾아내기 위해서는 계통 작동 상태와 구성 요소의 기능에 대한 정확한 지식이 있어야 하며, 헬리콥터의 작동에 따른 진동의 특성을 정확하게 규명할 수 있어야 한다. 동력구동장치계통의 일반적인 고장과 그에 대한 조치 사항을 변속기, 기어 박스 및 동력구동축으로 나누어 살펴보기로 한다.

(1) 변속기의 고장 탐구
　① 변속기의 고장 상태는 주로 윤활유와 관련이 있는 것으로서, 변속기의 윤활유 압력 계기의 지시값이 흔들리는 경우와 윤활유 압력 지시등이 켜지지 않는 경우 및 윤활유의 압력이 규정값보다 낮은 경우 등으로 구분할 수 있다.
　② 윤활유 압력의 지시가 흔들리는 경우에는 전기적 접속 상태가 헐겁거나 계기 및 변환기에 결함이 있음을 의미한다. 이 때에는 전기적 접속을 확실하게 하고, 계기 및 변환기가 고장이면 이를 교환한다. 그리고 압력 스위치의 결함에 의해서도 압력 지시가 흔들릴 수 있는데, 이 때에는 압력 스위치의 작동 상태를 멀티미터로 점검하여 이상이 있으면 교환한다.
　③ 윤활유 압력이 낮게 지시하는 경우에는 윤활유 섬프의 윤활유 수준이 낮거나 윤활유 펌프가 고장일 수 있으며, 그 밖에 방열기가 막혔을 수도 있다. 윤활유 섬프의 윤활유 수준이 낮을 경우에는 변속기에 윤활유를 공급하며, 윤활유 펌프가 고장이라고 생각되면 윤활유 펌프의 외부 도관을 분리하고, 압력 계기를 연결한 후 보조동력 장치를 작동시켜서 윤활유 압력을 점검하여 이상이 있으면 방열기를 교환한다.

(2) 기어 박스의 고장 탐구
　① 기어 박스에 고장이 생기면 주로 고주파수의 진동이 발생하여 기체를 통하여 전달된다. 이러한 고주파수의 진동을 발생하게 하는 원인으로는 장착 볼트의 헐거움, 기어 박스 베어링의 결함, 기어의 손상 및 기어의 불확실한 정렬상태 등이 있다.
　② 장착 볼트가 헐거운 경우에는 이를 점검하여 규정 토크값으로 고정시키고, 기어 박스의 베어링에 결함이 있는 경우에는 베어링의 과열 상태 또는 잡음을 측정하여 이상이 발견되면 기어 박스를 교환한다.
　③ 그리고 기어가 손상된 경우에는 잡음을 측정하여 이상이 있으면 기어 박스를 교환하고, 기어의 정렬 상태가 올바르지 못할 경우에는 잡음을 측정하여 이상이 있으면 기어 박스를 교환한다.

(3) 동력구동축의 고장 탐구
　① 동력구동축에 고장이 생기면 기어 박스의 경우와 마찬가지로 고주파수의 진동이 발생한다. 동력구동축에서 이러한 고주파수의 진동이 발생하는 원인에는 구동축의 부착 플랜지의 너트와 볼트의 헐거움, 구동축의 장착 상태의 불량, 구동축 및 구동축 커플링의 손상, 구동축의 불량한 평형 상태 및 지지 베어링의 결함 등이 있다.
　② 구동축의 부착 플랜지의 너트와 볼트가 헐거운 경우에는 이를 확인하여 규정된 토크값으로 죄어 주고, 구동축의 장착 상태가 올바르지 못한 경우에는 구동축을 점검하여 올바르게 장착해준다. 그리고 구동축 또는 구동축 커플링이 손상되었을 경우에는 구동축 및 구동축 커플링을 점검하여 이를 교환하고, 구동축의 평형 상태가 맞지 않는 경우에는 평형추의 탈락상태를 확인하여 이상이 있는 경우 베어링을 점검하고, 이를 교환한다.

12.5 꼬리날개(Tail Rotor, Anti-torque Rotor)

12.5.1 구조 및 기능

1) 헬리콥터 주 회전날개가 회전하면서 생기는 회전력은 반대방향으로 동체를 회전시키려 하는 힘, 즉 torque를 발생시킨다.
2) 그림 12-18과 같이, 테일붐과 꼬리날개, 또는 반-토크날개는 이 토크 효과를 상쇄시킨다.

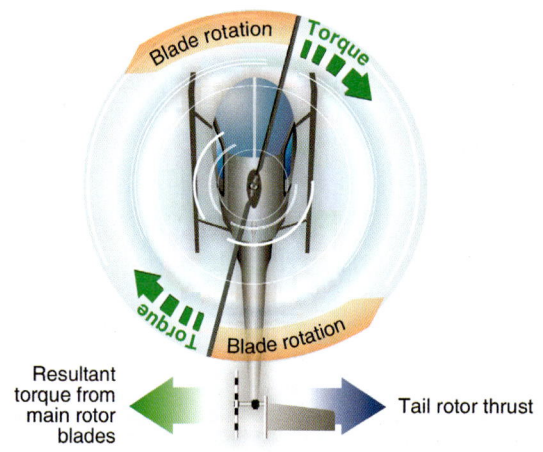

▲ 그림 12-18 주 회전날개의 회전력(torque)을 상쇄시키는 꼬리회전날개

3) 발로 페달을 조종하면 꼬리회전날개의 역-토크는 엔진동력레벨을 변화시킬 때 변조된다. 이것은 꼬리회전날개깃의 피치를 변경시킴으로써 이루어진다.
4) 이것은 번갈아 역-토크의 양이 변화되며, 항공기는 조종사가 헬리콥터가 향하는 방향으로 조종하는 것에 따라 수직축에 대해 회전할 수 있도록 빗놀이 운동(yawing motion)을 제공한다.

12.6 항공기 종류

12.6.1 헬리콥터 종류

1) Single Rotor Helicopter
   (1) main rotor와 tail rotor로 구성
   (2) tail rotor에 의해 torque 상쇄 및 pitch angle 변화로 방향 조종
   (3) 장점
      ① 양 rotor 사이의 길이가 길어 tail rotor의 동력이 적다.

▲ 그림 12-19 single rotor helicopter   ▲ 그림 12-20 co-axial contra-rotating rotor helicopter

② main rotor 1개로 조종 계통 단순 및 고장이 적다.
③ 조종성과 성능이 비교적 양호하고 가격이 싸다.
(4) 단점
① 동력의 일부를 tail rotor 구동에 사용
② tail rotor는 양력 발생에 도움이 안됨(uh-60p 양력 발생)
③ tail rotor 지상취급 불편 및 위험

2) Co-Axial Contra-rotating Rotor Type Helicopter
(1) 동축 위에 2개의 main rotor를 겹쳐서 반대방향으로 회전
(2) 장점
① torque를 서로 상쇄하여 조종성 양호 및 양력 증가
② 지면과 main rotor 간격이 커서 지상취급 시 안전
(3) 단점
① 조종기구 복잡
② 두 개의 rotor가 와류 상호작용으로 성능 저하 가능
③ 기체 높이 높아짐

3) Side by Side System Rotor Type Helicopter
(1) 헬리콥터 개발 초기의 형식
(2) 회전익과 고정익의 장점 활용한 tilt rotor기 개발

4) Tandem Rotor Type Helicopter
(1) 대형화에 적당
(2) 장점
① 세로 안정성 양호, 무게 중심의 이동 범위 커 대형화물 운반에 적합
② 단면적과 기체폭이 작다.
③ 구조적으로 간단

▲ 그림 12-21 side by side system rotor helicopter

▲ 그림 12-22 v-22 tilt rotor

▲ 그림 12-23 tandem rotor type helicopter

▲ 그림 12-24 tip jet rotor type helicopter

(3) 단점
  ① 동력 전달 기구 복잡
  ② 가로 안정성 불안정
  ③ 전, 후 rotor 회전 동조 장치 필요
  ④ 유도 손실 증가

5) Tip Jet Rotor Type Helicopter

  (1) main rotor blade tip에 ram jet engine을 장착하여 그 반동에 의해 main rotor 구동 → 고속용 helicopter에 적합
  (2) 장점
    ① torque 보상 장치 필요 없음
    ② 동력 전달 기구 필요 없음
    ③ 조종계통이 간단하고 동체 작게 제작 가능
  (3) 단점
    ① ram jet engine 회전 속도 제한으로 효율 저하
    ② 연료 소모율 커서 항속거리 제한
    ③ 열역학 및 소음 한계

12.6.2 No Rotor 항공기 등

1) 페네스트론(fenestron)은 실질적으로 수직파일론에 장착된 다량의 blade로 이루어진 팬(fan)으로 꼬리회전날개이다.
2) 그림 12-25와 같이, 주 회전날개에 의해 발생하는 토크에 반대하여 반대방향으로 추력을 발생시키는 원래의 꼬리회전날개와 같은 방법으로 작용한다.
3) NOTAR®(no tail rotor) 헬리콥터의 반토크 시스템(anti-torque system)은 테일붐에 장착된 회전날개를 볼 수가 없다. 대신에 엔진 구동식 가변 팬이 테일붐 안쪽에 위치해 있다.
4) NOTAR® 헬리콥터는 "테일 로터가 없는"을 뜻하는 약어이다. 주 회전날개의 속도가 변화될 때 NOTAR® 헬리콥터의 팬의 속도는 변화된다.

▲ 그림 12-25 페네스트론

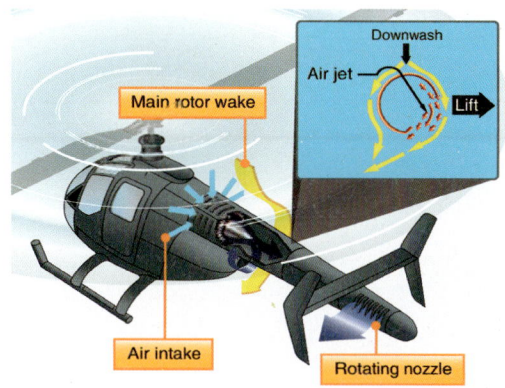

▲ 그림 12-26 NOTAR® 헬리콥터

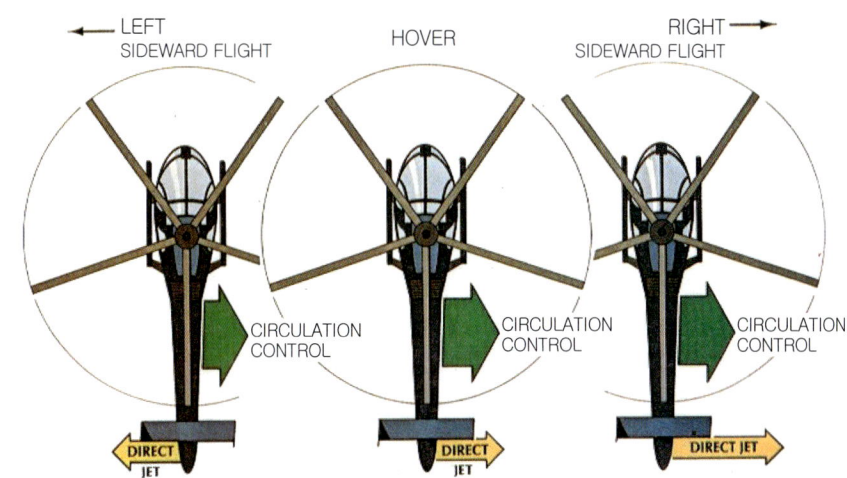

순환 조종 및 직접제트가 롤크방지 조종에 기여한다.

▲ 그림 12-27 notar 방향 조종

5) 공기는 번갈아 층류와 저압을 유발시키는 테일붐의 오른쪽을 끌어안도록 주 회전날개를 끌고 가는 테일붐의 오른쪽에 있는 2개의 긴 홈을 빠져나간다. 이 저압공기는 토크에 반대되는 힘이 주 회전날개에 의해 발생하도록 한다.
6) 추가로 팬으로부터 나오는 공기의 나머지는 공기가 분출되는 붐의 후방 왼쪽에서 배출시키기 위해 테일붐을 통해 보낸다.
7) 그림 12-26과 같이, 왼쪽으로 배출되는 공기력은 주 회전날개 토크를 상쇄시키기 위해 필요한 방향인 오른쪽으로 반작용이 일어나게 한다.

SECTION 13 발동기계통

13.1 왕복엔진

13.1.1 작동원리

1) 흡입행정(Intake Stroke)
   ① 흡기밸브 열리고 배기밸브 닫힌 상태
   ② 피스톤이 상사점에서 하사점으로 이동, 혼합기 실린더로 유입
   ③ 0 → 1과정, 정압과정(constant pressure process)

2) 압축행정(Compression Stroke)
   ① 흡기밸브와 배기밸브 모두 닫힌 상태
   ② 피스톤이 하사점에서 상사점으로 이동
   ③ 1 → 2과정, 단열과정, 등엔트로피 압축과정
   ④ 실린더 내부의 압력과 온도 상승

3) 동력행정(Power Stroke), 폭발 또는 팽창행정(Explosion, Expansion)
   ① spark plug 점화, 혼합기가 연소되며 급격한 온도, 압력 증가
   ② 피스톤이 상사점에서 하사점으로 이동, 유일한 엔진 구동 동력 발생
   ③ 2 → 3과정, 정적 과열과정
   ④ 3 → 4과정, 등엔트로피 팽창과정

4) 배기행정(Exhaust Stroke)
   ① 흡기밸브는 닫히고 배기밸브는 열린 상태
   ② 피스톤이 하사점에서 상사점으로 이동, 연소가스 배출
   ③ 1 → 0과정 : 실제과정, 엄밀하게 4 → 0과정
   ④ 4 → 1과정 : 오토사이클 과정

그림 13-1은 왕복엔진의 4행정을 나타낸다.

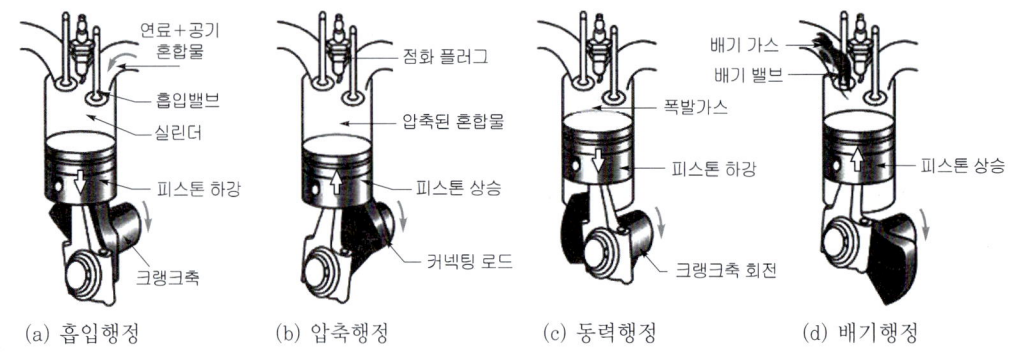

▲ 그림 13-1 왕복엔진 4행정

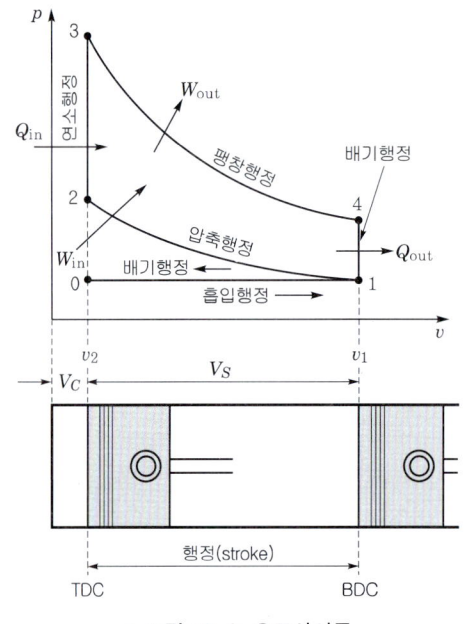

▲ 그림 13-2 오토사이클

13.1.2 주요 구성품 기능

13.1.2.1 점화장치 작업 및 작업안전사항 준수 여부

1) 축전지 점화계통

① 전원인 축전지가 사용되면, 점화코일로 승압시켜 혼합가스를 점화시킨다.

② 전압코일에서 승압된 전압이 각 실린더의 Spark Plud로 전달되어 점화된다.

2) Magneto 점화계통

① 외부 전원 필요 없이 engine의 회전으로 인해 고전압 및 저전압을 만들며 대부분 항공기 왕복엔진에 사용

② High Tension System : 1차 코일과 2차 코일의 감은수를 다르게 하여 전압을 발생 분배기를 통해 점화 plug로 전달

③ Low Tension System : 비행중 고압이 흐르는 회로를 짧게 해 점화정지의 절연체가 파괴되는 것을 방지하는 system으로 1차 코일이 두개가 있다.
④ 점화 스위치 : 점화계통의 조절과 시험을 하기 위하여 cockpit에 설치해 놓은 것
⑤ 분배기 : engine의 크랭크축에 기어로 연결 전압을 분배하는 역할
⑥ 점화 Plug : 실린더 헤드 양쪽에 장착되어 있어 혼합공기에 불꽃을 튀겨주는 것으로 점화 Plug의 극 간격을 정확히 조절해서 이상 폭발이 일어나지 않도록 한다.
  점화 plug는 자주 장탈하여 제작사의 매뉴얼에 의해 세척 및 간격을 조절해야 하며 장착 시 규정토크 값과 thread 보호를 위해 compound를 발라 준다.
⑦ Ignition Harness : 배전판에서 점화전까지의 고압 전선이므로 흔들거나, 너무 조이거나 심하게 굽히는 것을 피한다.
  * magneto가 작동 불능일 때는 회전 자식 자력이 약화, 1차 축전지 단락, 2차 코일의 접지 상태, 점화plug의 간격 등을 trouble shooting을 해야 한다.

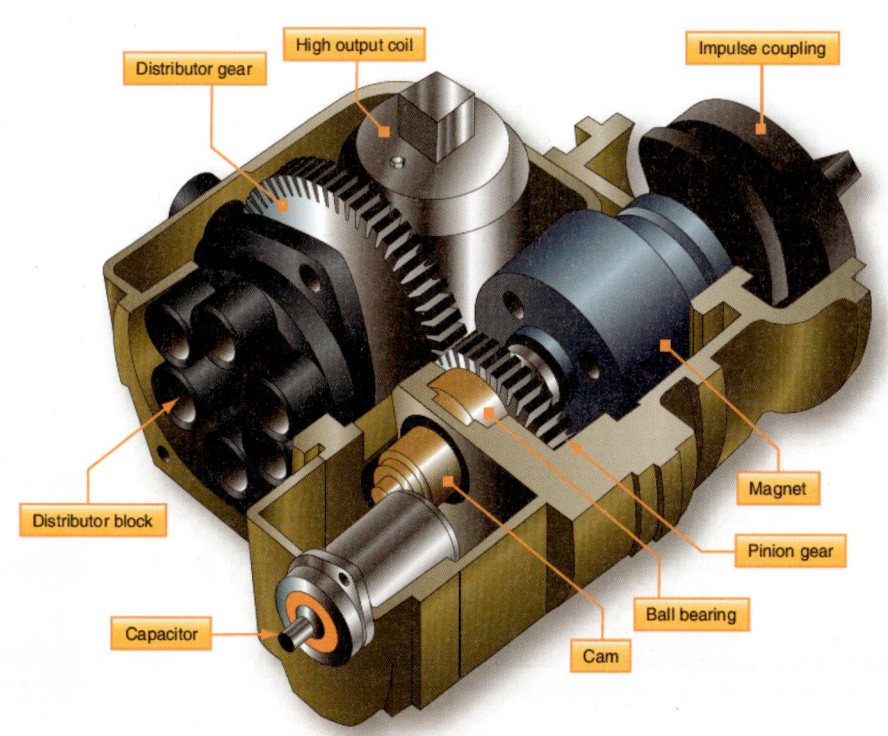

▲ 그림 13-3 마그네토 절단면

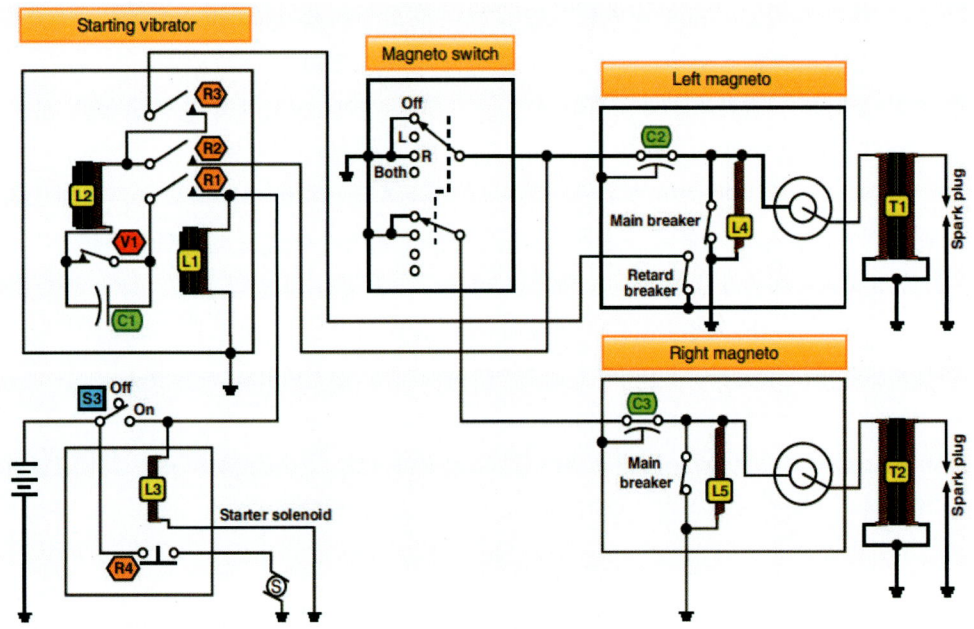

▲ 그림 13-4 저압 점화계통 도해도

13.1.2.2 윤활장치 점검(기능, 오일 점검 및 보충)

1) 일반

① 윤활계통의 목적은 작동되는 부품에 적절한 윤활과 냉각을 위하여 엔진에 알맞은 압력과 체적의 오일을 공급하는 것이다.

② 오일은 오일펌프에서 여러 통로를 통해 engine의 각 부분에 전달된다.

③ 오일은 그 기능을 다한 후에 다른 통로를 통해서 scavenge pump에 의해 탱크로 되돌아오는 순환과정이 반복된다.

2) 오일의 작용

(1) 항공기 엔진은 연속적으로 급변하는 환경에서 작동한다. 항공기 왕복엔진은 공랭식이며 작동 온도가 높기 때문에 자동차용 엔진오일과는 다소 다르다.

(2) 항공용 oil은 엔진의 윤활뿐만 아니라 프로펠러 기능을 돕기 위한 유압작용도 한다.

(3) 건조한 표면이 서로 맞닿아서 움직이면 쉽게 닳게 되고, 높은 열이 발생하게 될 것은 자명하다. 이러한 것을 방지하기 위하여 윤활유의 얇은 막은 표면 사이에 스며들게 되어 표면을 분리시켜서 현저하게 마찰을 줄이게 된다.

① 마찰감소 작용 : 양쪽 금속표면 사이에 오일은 각 면에 붙어서 서로 미끄러져서 움직이게 되고 금속 마찰을 오일의 내부 마찰로 바꾼다.

② 냉각 작용 : 엔진 내부를 순환하면서 부품에서 열을 흡수한다.

③ 기밀 작용 : 피스톤과 실린더 사이를 밀봉해서 가스 누출을 막는다.
④ 청정 작용 : 접촉면에서 금속 미분 등을 제거한다.
⑤ 방청 작용 : 부식되기 쉬운 금속 부품의 녹을 방지한다.
⑥ 완충 작용 : 금속면 사이의 충격 하중을 완충시킨다.

3) 윤활계통의 분류
① 윤활계통에는 wet sump system과 dry sump system의 2가지 형식이 있다.
② 전자는 crankcase의 바닥에 오일을 모으는 가장 간단한 계통으로 대향형 engine에 넓게 사용되고 있다. 단, 곡예비행과 같이 비행 자세가 변하는 비행에서는 오일을 저장하는 장소에 오일이 한쪽으로 치우치고 오일 펌프의 흡수에 지장이 생기는 경우가 있다.
③ 후자는 엔진 본체의 외부 오일 탱크에 오일을 저장하는 계통으로 비행 자세의 변화, 곡예비행 큰 중력 가속도에서도 정상적으로 윤활할 수 있다.

4) 윤활작용
① 오일은 oil sump 또는 오일 탱크에서 오일 펌프에 의해 흡입되어 가압되고 engines의 각 윤활 장소로 공급되며, 윤활의 기능을 달성한 오일은 scavenge pump에 의해서 퍼내져 오일 탱크로 돌아가든지, 중력으로 oil sump로 돌아간다.
② 조종석의 유압계와 유온계에 의해 engine으로 들어가는 오일의 압력과 온도를 지시한다. 유압은 oil pressure control valve에서 자동적으로 조절되고, 유온은 습식 계통에서는 오일 펌프의 후류에서, 건식 계통에서는 scavenge 펌프에서 오일 탱크로 돌아오는 도중에 있는 oil cooler에서 조정된다.
③ 오일 희석은 추운 날씨 시동 시에 오일의 점도를 내릴 목적으로 가솔린으로 오일을 묽게하기 위한 것으로, engine 정지 전에 가솔린을 혼합해서 점도를 내려둔다. 그 때문에 오일 온도가 내려가도 쉽게 시동할 수 있다. 그리고 오일 온도가 올라가면 오일 내의 가솔린은 크랭크 케이스에서 휘발하고 breather 구멍으로 배출되기 때문에 오일은 본래의 점도로 돌아와서 오일에 지장을 가져오지 않는다. 단, 현재의 대향형 engine에서는 오일 희석은 거의 사용되지 않는다.

5) 오일의 교환과 Metal Check
① 오일은 사용중에 가솔린의 찌꺼기, 산, 수분, 탄소, 먼지 혹은 금속 등으로 손상되어 윤활 기능을 잃어가고 있기 때문에 경험에 의해서 적당한 간격을 정해서 정기적인 교환을 하고 있다.
② 오일 중의 금속은 윤활 부품의 상황을 나타내고 정비상의 중요한 실마리를 준다. 금속의 점검을 metal check라고 한다.
③ 오일 또는 오일 필터 교환 시에 배출한 오일 및 분리된 filter의 element를 점검하고 metal check를 하는 것이 중요하다.
④ 금속이 발견된 경우는 engine 내부의 손상 우려가 높기 때문에 제작사의 repair manual에 의해 조사해야 한다.

6) 윤활계통의 정비
① 윤활계통을 점검하는 과정에서 윤활유가 불순물 등에 의해 오염되었을 경우에는 기관에서 윤활유를 완전히 배출시키고 새 윤활유로 바꾸어 준다.
② 윤활유의 탱크가 침전물이나 기타 불순물에 의해 부식되었거나 균열이 생겨 윤활유가 누설될 경우에는 탱크를 수리하거나 새것으로 교환한다.
③ 윤활유 탱크를 새것으로 교환하였을 경우에는 윤활유를 규정량만큼 채우고 약 2분 동안 기관을 작동시켜 계통 내 윤활유의 공급이 완전히 이루어진 다음에 윤활유의 양을 다시 확인하여 보충한다.
④ 윤활계통의 호스 및 튜브가 노후되었거나 누설이 있을 경우에는 새 것을 교환한다.
⑤ 윤활유의 오염 상태 및 기관 내부의 마멸이나 파손 여부를 검사하기 위하여 주기적으로 여과기를 점검하며, 기관이 일정시간 작동된 후에 윤활유를 기관에서 채취하여 윤활유 분광시험(Spectrometric Oil Analysis Program : SOAP)을 한다.
⑥ 여과기 또는 섬프로부터 윤활유를 주기적으로 받아내어 깨끗한 헝겊에 걸러서 철금속 입자가 검출되면 피스톤 링이나 밸브 스프링 및 베어링 등이 파손되었을 가능성이 있고, 주석의 금속입자가 발견되면 납땜한 곳이 열에 의하여 녹아 떨어져 나온 것일 수 있다.
⑦ 은분 입자인 경우에는 마스터 로드 시일(master rod seal)의 파손 또는 마멸이 예상되고, 구리의 입자인 경우에는 각종 부싱 및 밸브 가이드 부분의 마멸 또는 파손이 생긴 경우이다.
⑧ 알루미늄 합금 입자인 경우에는 피스톤 및 기관 내부의 결함 등이 있음을 의미한다.
⑨ 이상과 같은 여러 종류의 금속입자가 윤활유에서 발견되면 반드시 입자의 크기와 양에 따라 적절한 조치를 취해 주어야 한다.

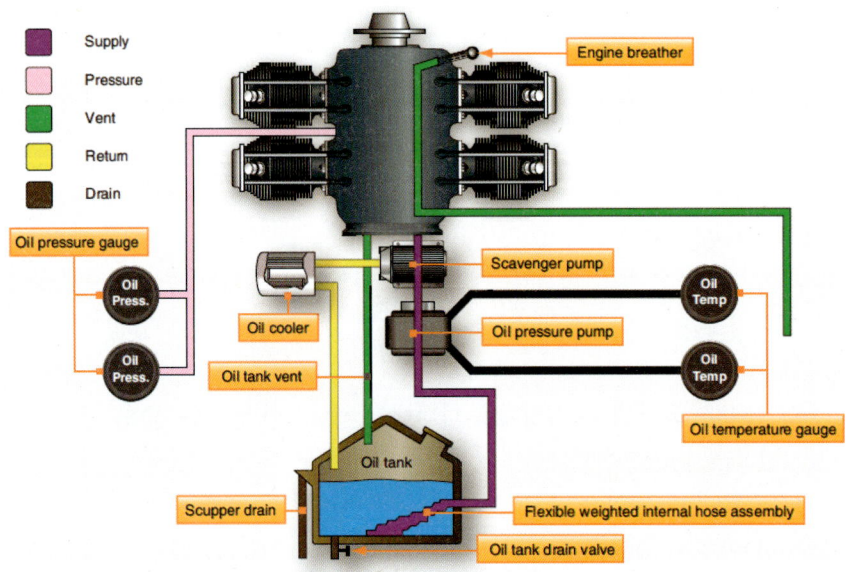

▲ 그림 13-5 오일계통 도해도

13.1.2.3 주요 지시계기 및 경고장치 이해

1) 회전계기(Tachometer : RPM 계기)

① 회전계기는 회전체의 회전수를 지시하는 계기로서, 항공기에서는 주로 기관축의 회전수를 측정하는 데 사용된다.

② 왕복 기관에서는 크랭크축의 회전수를 분당 회전수인 RPM(revolution per minute)으로 지시하고, 흡입 압력과 함께 기관의 성능곡선으로부터 기관의 출력을 구하는 데 사용된다. 그리고 가스 터빈 기관에서는 압축기의 회전수를 분당 최대 출력 회전수의 백분율(% RPM)로 나타낸다.

③ 이와 같이 회전축의 회전수를 지시하는 계기를 회전계(tachometer)라 한다. 이 계기에는 기계식과 전기식이 있으나, 현재는 소형 항공기를 제외하면 모두 전기식이다. 그리고 다발 항공기에서는 여러 기관들의 회전수가 동기되었는지를 지시해주는 동기계를 사용하기도 한다.

④ 전기식 회전계(electrical tachometer)의 대표적인 것으로는 동기 전동기식 회전계(synchronous motor type tachometer)가 있다. 기관에 의해 구동되는 3상 교류 발전기를 이용하는 것으로서, 그림 13-6과 같다.

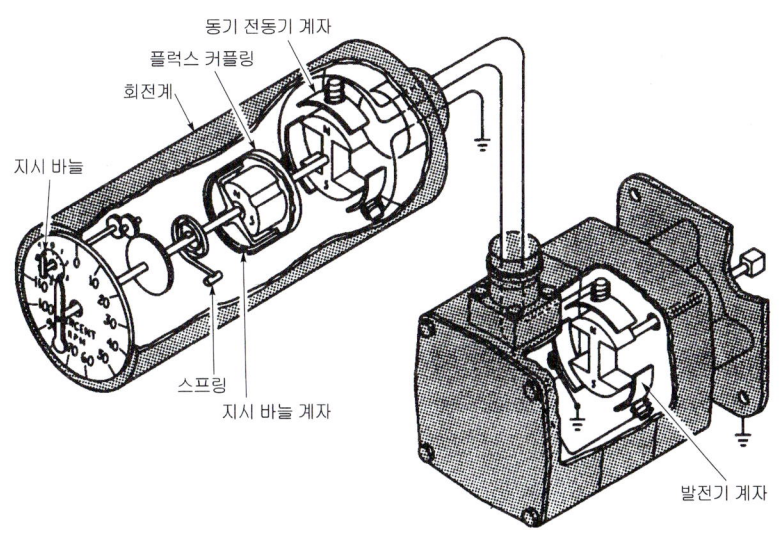

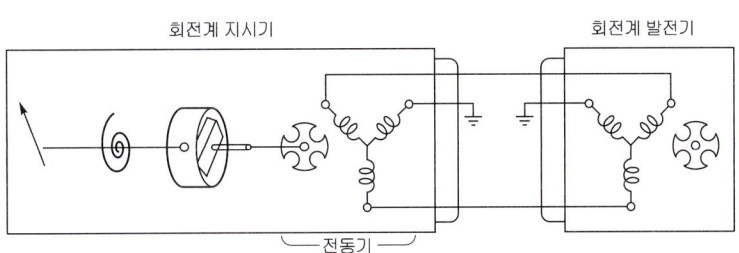

▲ 그림 13-6 회전계기(tachometer : RPM 계기)의 구조

2) 온도 계기

(1) 온도 계기는 항공기의 기관에 관련된 부분의 온도와 외기의 온도를 측정하는 것으로서, 항공기에서 사용되는 온도 단위는 섭씨[℃] 또는 화씨[℉]이다. 섭씨와 화씨 사이의 관계식은 F=9/5℃+32이다.

(2) 온도 계기의 종류에는 증기압식, 바이메탈식, 전기 저항식, 열전쌍식 등이 있다.

(3) 전기 저항식 온도계

① 전기 저항식 온도계는 외부 대기 온도, 기화기의 공기 온도, 윤활유 온도, 실린더 헤드온도 등의 측정에 사용된다.
온도에 따른 전기 저항의 변화가 비례 관계에 있어야 한다.
㉮ 저항값이 오랫동안 안정되어야 하고, 다른 외부 조건에 대하여 영향을 받지 않아야 한다.
㉯ 온도에 대한 저항값의 변화가 커야 한다.

② 이와 같은 필요조건을 만족시키는 재료로서는 백금, 순 니켈, 니켈-망간 합금과 코발트 등이 있으나, 항공 계기용으로는 백금의 값이 비싸기 때문에 일반적으로 니켈을 사용한다. 그러나 니켈은 고온에서 변태점이 있고 산화되기 때문에 사용 온도를 300℃ 이하로 제한하고 있다.

③ 일반적으로 항공기용 온도 측정 저항계는 그림 13-7과 같이 스템 감지식(stem sensitive type)이 사용된다. 외부공기의 온도를 측정하는 데 사용되는 저항은 두 가지가 있다. 하나는 0℃에서 50,000Ω의 저항값을 가지며, 다른 하나는 0℃에서 90.38Ω의 저항값을 가진다.

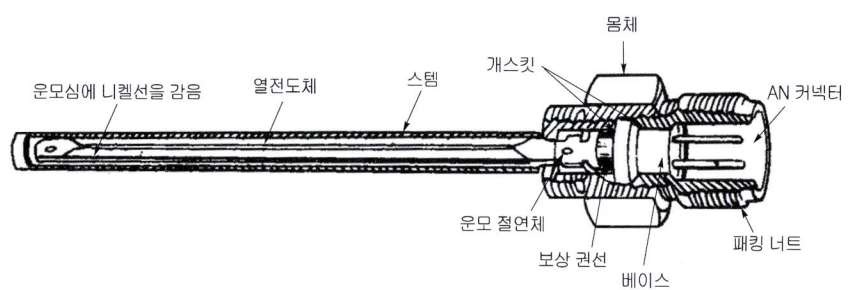

▲ 그림 13-7 스템 감지식(stem sensitive type) 온도 측정 저항계

(4) 열전쌍식(Thermocouple) 온도계

① 그림 13-8과 같이 2개의 다른 물질로 된 금속선의 양끝을 연결하여 접합점에 온도차가 생기게 하면, 이들 금속선에는 기전력이 발생하여 전류가 흐른다. 이때의 전류를 열전류라 하고, 금속선의 조합을 열전쌍(thermocouple)이라 하며, 열전류를 생기게 하는 기전력을 열기전력이라 한다.

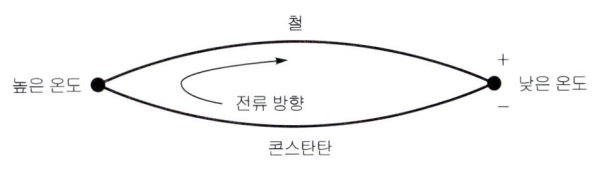

▲ 그림 13-8 thermocouple의 원리

② 열기전력은 두 금속의 종류와 접합점의 온도차에 의하여 정해지며, 선의 굵기나 접합점 이외의 온도 분포에는 영향을 받지 않는다. 즉, 두 금속의 종류와 한쪽의 접합점 온도가 일정할 때에는 열기전력은 다른 한쪽의 온도에 의해서만 정해진다.
③ 일반적으로, 열전쌍식 온도계는 왕복 기관에서는 실린더 헤드 온도를 측정하는 데 쓰이고, 제트 기관에서는 배기 가스 온도 측정에 사용된다. 재료는 크로멜-알루멜, 철-콘스탄탄과 구리-콘스탄탄이 사용되고 있다.

3) 윤활유 온도계
① 윤활유 온도계는 전기적 또는 기계적으로 작동되며, 전기 저항식 온도계가 많이 쓰인다.
② 전기 저항식 윤활유 온도계는 윤활유가 기관으로 들어가는 부분의 배관에 저항봉을 장착하여 이 저항봉의 온도에 따른 저항값에 의한 전류로서 윤활유의 온도를 측정한다.

4) 실린더 헤드 온도계
① 왕복 기관을 장착한 항공기의 실린더 중에서 가장 온도가 높은 실린더 헤드의 온도를 측정하며, 주로 열전쌍식 온도계가 사용된다.
② 열전쌍식 실린더 헤드 온도계는 실린더 헤드 부분, 일반적으로 점화 플러그 와셔에 장착한 열전쌍에 가해지는 온도에 의한 전류의 크기가 여기에 연결한 2개의 전선을 통하여 지시계에 전달되어 온도로 지시된다.

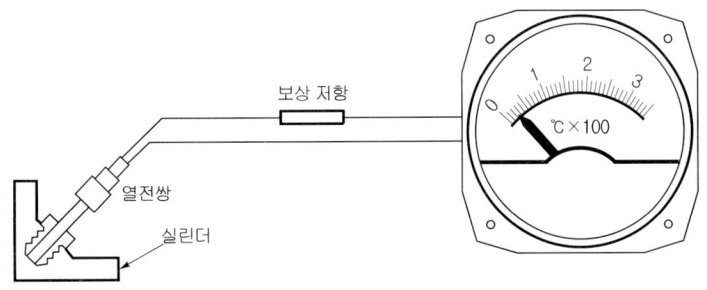

▲ 그림 13-9 열전쌍식 실린더 헤드 온도계

5) 압력 계기
(1) 현재, 항공기에 필요한 압력을 측정하는 단위로서 inHg와 PSI가 대표적으로 많이 사용되고 있다. 압력의 종류에는 절대 진공을 기준으로 측정하는 절대 압력(absolute pressure)과 대기압을 기준으로 측정하는 게이지 압력(gauge pressure)이 있다.

(2) 윤활유 압력계(Oil Pressure Indicator)
　① 기관의 마찰 부분을 윤활시키는 윤활유는 규정 압력을 유지해야 하는데, 윤활유의 압력이 규정 범위 내에 있다는 것은 윤활유가 기관의 각 부분을 정상적으로 순환하여 모든 베어링 부분을 충분히 윤활시키고 있음을 의미한다.
　② 만일 압력이 규정값 이하라면, 마찰 부분의 윤활이 충분하지 못하여 마찰 부분은 마찰열에 의하여 손상된다. 윤활유 압력계는 수치상으로 계통 내의 윤활유 압력값을 알려준다. 윤활유는 펌프에서 가압되어 릴리프 밸브를 통하여 압력이 조절되어 기관으로 공급되는데, 윤활유 압력계는 기관 입구 쪽의 압력을 지시한다.
　③ 윤활유 압력계는 윤활유의 압력과 대기 압력의 차인 게이지 압력을 나타내며, 이를 통하여 윤활유의 공급 상태를 알 수 있다. 윤활유의 압력은 높기 때문에, 대기 압력을 도입하지 않고 계기 주위의 공기 압력이 작용하도록 한다.
　④ 객실 내의 여압이 작용하더라도 외기 압력과의 차는 불과 5PSI 정도이고, 윤활유의 압력은 그것의 10~20배가 되기 때문에 오차는 무시한다.
　⑤ 윤활유 압력계는 보통 부르동관이 사용되는데, 관의 바깥쪽에는 대기압이, 안쪽에는 윤활유 압력이 작용하여 게이지 압력으로 나타낸다. 윤활유 압력계의 지시 범위는 0~200PSI 정도이다.

(3) 연료 압력계(Fuel Pressure Indicator)
　① 항공기에 사용되고 있는 연료 압력계는 각 기관의 연료계통 특성에 맞추어 설계되어 있으며, 그 형태는 여러 가지가 있다.
　② 연료 압력계는 비교적 저압을 측정하는 계기이므로, 다이어프램 또는 2개의 벨로스로 구성되어 있다. 벨로스는 다이어프램보다 더 큰 범위를 지시할 수 있는 장점이 있다.
　③ 또, 연료 압력계가 지시하는 압력은 기화기나 연료 조정 장치로 공급되는 연료의 게이지 압력과 흡입 공기 압력과의 압력차 등 항공기마다 다르다.
　④ 윤활유 압력계와 같이, 대형 항공기에서는 직독식보다 원격 지시식이 이용된다. 압력 분사식 기화기에서의 지시 범위는 0~25PSI 정도이고, 부자식 기화기에서는 0~10PSI 정도이다.

(4) 흡입 압력계(Manifold Pressure Indicator)
　① 왕복 기관에서 흡입 공기의 압력을 측정하는 계기가 흡입 압력계인데, 흔히 매니폴드 압력계(manifold pressure indicator)라고도 하며, 정속 프로펠러와 과급기를 갖춘 기관에서는 반드시 필요한 필수 계기이다. 낮은 고도에서는 초과 과급을 경고하고, 높은 고도를 비행할 때에는 기관의 출력 손실을 알린다.
　② 이 계기의 지시는 절대 압력으로서 inHg 단위로 표시되고, 그 값은 기관의 회전 속도, 스로틀의 열림 정도와 과급기의 특성에 따라 좌우된다.

(5) 작동유 압력계(Hydraulic Pressure Indicator)
　① 요즈음 항공기의 착륙 장치, 플랩, 스포일러, 브레이크 등의 작동 장치는 유압으로 되어 있는데, 작동유의 압력을 지시하는 계기로서 보통 부르동관으로 구성되어있다.

② 지시범위는 0~1,000, 0~2,000, 0~4,000 PSI 정도이며, 이 계기에 연결되는 배관은 고압이 작용하기 때문에 강도가 강해야 함과 동시에, 벽면의 두께가 충분한 것이어야 한다.

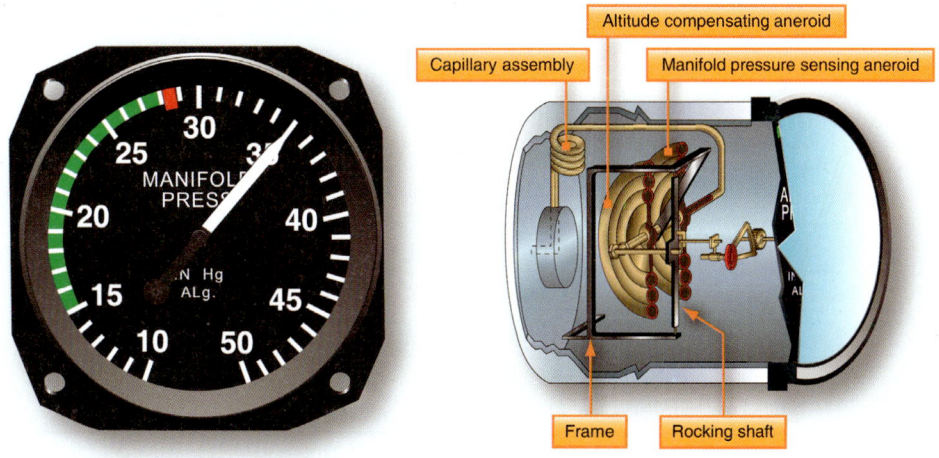

▲ 그림 13-10 매니폴드 압력계기

6) 액량계기 및 유량계기(Quantity Indicator & Flow Indicator)
   (1) 액량계기는 항공기에 탑재되는 연료, 윤활유, 작동유와 방빙액의 양을 부피나 무게로 측정하여 지시하는 계기로서, 액량을 부피로 나타낼 때에는 갤런(gallon)으로 표시하고, 무게로 나타낼 때에는 파운드(pound)로 표시한다.
   (2) 부피는 항공기의 고도와 외부 온도에 따라 그 영향이 심하므로, 무게 단위로 측정하여 표시하는 것이 높은 고도를 비행하는 항공기에서는 특히 유리하다.
   (3) 유량계기는 주로 연료탱크에서 기관으로 흐르는 연료의 유량을 시간당 부피 단위, 즉 GPH(gallon per hour : 3.79L/h), 또는 무게 단위 PPH(pound per hour : 0.45kg/h)로 지시하는 계기이다.
   (4) 액량계(quantity indicator)
      ① 액량 계기의 형식에는 직독식, 부자식, 전기 저항식, 전기 용량식 등이 있다. 일반적으로, 액면의 변화를 기준으로 하여 액량을 측정한다.

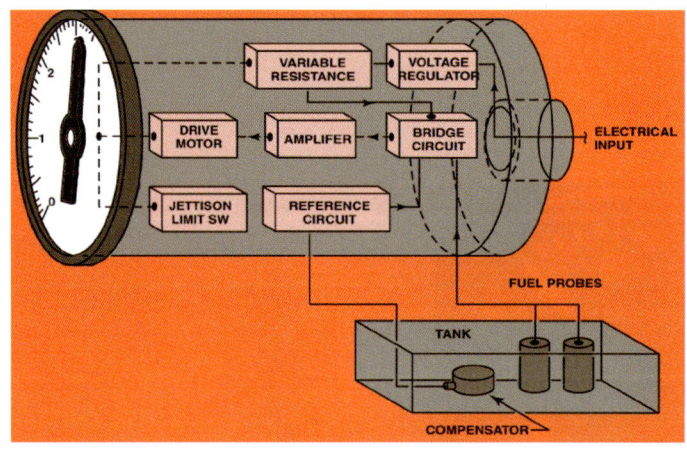

▲ 그림 13-11 전기 용량식 액량계

② 전기 용량식 액량계(Electric Capacitance Type)
㉮ 전기 용량식 액량계는 고공 비행하는 제트 항공기에 사용되는 것으로서, 연료의 양을 무게로 나타낸다.
㉯ 전기 용량식 액량계는 액체의 유전율과 공기의 유전율이 서로 다른 것을 이용함으로써 연료탱크 내의 축전기의 극판 사이의 연료의 높이에 따른 전기 용량으로 연료의 부피를 측정하고, 여기에 밀도를 곱하여 무게로 지시하는 것으로서, 그림 13-11과 같다.

(5) 연료 유량계(Fuel Flow Indicator)
① 기관이 1시간 동안 소모하는 연료의 양, 즉 기관에 공급되는 연료 파이프 내를 흐르는 유량률(rate of flow)을 부피의 단위 또는 무게의 단위로 지시한다.
② 이 계기는 오토신 또는 마그네신의 원리를 이용하여 원격으로 지시하는데, 그 종류에는 차압식과 베인, 동기 전동기식 유량계가 있다.
③ 동기 전동기식 유량계(Synchronous Motor Flow Indicator)
㉮ 동기 전동기식 유량계는 연료의 유량이 많은 제트 기관에 사용되는 질량 유량계로서, 연료에 일정한 각속도를 준다. 이 때의 각운동량을 측정하여 연료의 유량을 무게의 단위로 지시할 수 있다.
㉯ 동기 전동기식 유량계의 구조는 그림 13-12와 같으며, 이것의 작동 원리는 임펠러를 전기 전동기에 의하여 일정한 속도로 회전시키면 연료는 임펠러를 지나서 일정하게 각속도 운동을 하게 된다.
㉰ 이 때, 임펠러를 떠나는 연료의 각운동량은 회전 속도가 일정하므로 유량에만 비례하며, 이 각운동량을 가진 연료가 터빈을 지나면서 터빈에 회전력을 가해 준다.
㉱ 이 때의 회전력을 나선형 스프링의 힘과 평행시켜 터빈의 각변위량을 오토신이나 마그네신을 이용하여 지시계에 원격으로 전달한다.
㉲ 그러나 이 방법은 임펠러를 일정한 속도로 회전시켜야 하며, 전원의 주파수가 변동하면 유량의 지시 변화가 일어나기 때문에 전원이 정밀해야 한다.

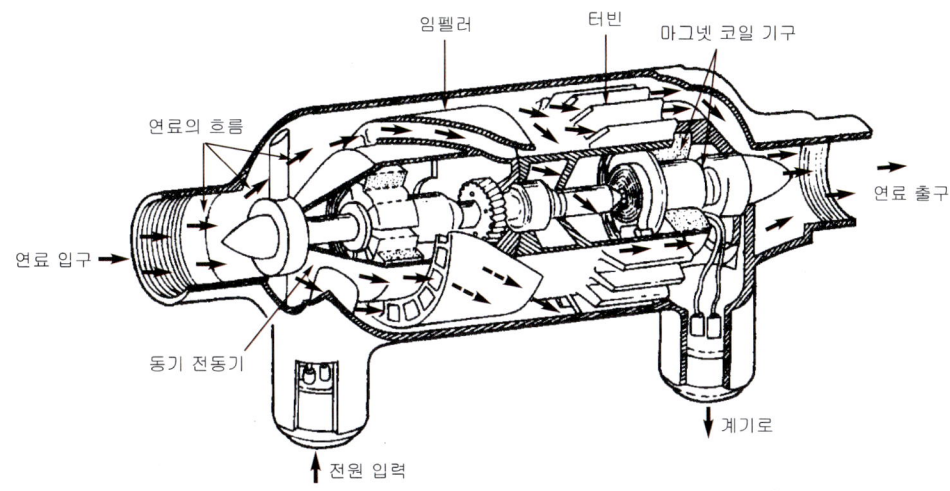

▲ 그림 13-12 동기 전동기식 유량계

13.1.2.4 연료계통 기능점검(점검, 고장탐구 등)

1) 항공기용 왕복 기관의 연료로는 항공 가솔린이 사용되는데, 항공 가솔린은 자동차 등에서 사용되는 왕복 기관용 가솔린과는 사용 조건과 요구되는 성질이 다르다. 그 특징은 발열량이 크고, 기화성이 좋으며, 증기 폐쇄(vapor lock)현상을 잘 일으키지 않고, 앤티노크성(antiknocking)이 높으며, 안전성도 높을 뿐 아니라 내식성이 좋다.
2) 항공기용 왕복 기관에서 연료계통은 일정한 압력하에서 필요한 양의 연료를 기화기 및 그 밖의 연료 조정계통에 공급한다. 소형, 저출력 항공기에서는 중력에 의한 연료 공급 방식이 이용되기도 하지만, 대부분의 항공기 기관은 연료 펌프의 압력에 의한 압력식 연료 공급 방식이 사용된다.
3) 항공기 종류에 따라 연료계통에는 상당한 차이가 있다. 그러나 일반적인 연료계통의 정비에는 기본적으로 연료계통의 점검과 정확한 작동을 확인할 수 있는 작동 점검 등이 포함된다.
4) 연료계통의 점검 사항에는 모든 부품에 대한 마멸, 손상 또는 누설 상태와 장착 상태, 그리고 계통의 오염 상태 등을 점검하는 것이 포함된다.
5) 계통 내에 누설이 있는 경우에는 연료 압력 및 연료량의 손실과 더불어 연료 공급이 불확실하게 되므로, 연료 부스터 펌프를 작동시켜 계통 내의 누설 상태를 점검한다. 연료 펌프의 기능 저하 및 누설이 있을 때에는 연료 펌프를 교환하고, 연료 호스의 결함으로 누설이 생길 경우에는 호스를 교환한다.

13.1.2.5 흡·배기계통

13.1.2.5.1 흡입계통

1) 캡 히트 : carburetor 결빙을 막기 위해 공기를 예열하는 것이다.
2) 조종실에서 cap heat lever를 조작하여 따뜻한 공기를 넣는다.
3) carburetor에 들어가는 공기의 온도(CAT, carburetor air temp)는 흡입 온도계에 지시
4) carburetor에서 각 cylinder로 혼합기를 분배하는 것은(연료분사 장치에서는 공기만, 연료는 cylinder에 직접 분사) 각 cylinder의 흡입관이나 양쪽 cylinder에 각각 연결된 intake manifold가 있어 거기에서 각 cylinder로 분배된다.

5) 흡입관은 4 cylinder, intake manifold는 6~8 cylinder
6) 연료를 잘 기화하고 공기와 충분하게 혼합시키는 것이 목적이다.
7) Balance Pipe : 좌·우 intake manifold 압력을 일정하게 하고 전체 cylinder로의 흐름량이 균일하게 되도록하는 것도 있다.

13.1.2.5.2 배기계통

1) 목적
   ① 배압을 높이지 않으면서 고온의 배기 가스를 완전하게, 안전하게 항공기 밖으로 배출해서 사람과 기체를 보호하는 것이다.
   ② 2차적인 목적은 흡기의 예열, 기내 난방, supercharging의 구동 등

2) 종류
   ① 각 cylinder 마다 별도로 된 각각의 배기관 : 중량이 가볍고 단일 cylinder이기 때문에 배기 가스에서 각 cylinder 연소상태 판정에 좋으나 소음이 크다.
   ② 집합 배기관(여러 cylinder 배기관이 하나로 합쳐진 배기관) : 적은 소음 효과, 기내 난방이나 supercharger의 구동에 이용 중량임, 무겁고 각 cylinder 배기가스 판정 불가

13.1.6.3 Supercharger

1) Supercharger의 목적
   ① 흡기 압력을 높여 흡입 공기 흐름량을 증가
   ② 고도 증가에 따른 공기밀도 감소에 의해 출력이 떨어지는 것을 방지
   ③ 비행기의 이륙이나 긴급 시에 일시적으로 큰 추력을 내는 데 이용

2) Supercharger의 형식
   ① centrifugal supercharger
   ② roots supercharger
   ③ vane supercharger
   ④ Gas 구동형 : 배기 gas turbin으로 구성되는 배기 구동형

3) Supercharger의 영향 및 이점
   ① supercharger는 연료의 기화를 촉진하므로 혼합기가 균질되어 각 실린더의 분배량도 일정하여 연료 소비율을 감소시킨다.
   ② supercharger에 의한 온도 상승으로 완전한 기화가 행해진다.
   ③ 급격한 온도 상승으로 인한 detonation을 방지하기 위해 inter cooler를 사용
   ④ 기어 구동형 supercharger는 마찰 손실이 증가하나 출력증가에 비해 미비하므로 기계효율이 좋다.
   ⑤ 엔진 중량의 2~3% 해당하는 supercharger를 장비하면 마력당 중량을 30~40% 낮출 수 있다.

13.2 터보제트 엔진(Turbo Jet Engine)

13.2.1 주요 구성품 및 기능(항공정비사 표준교재 『항공기 엔진』을 참고하여 상세한 내용 숙지)

1) 개요

항공기에 엔진을 장착하기 위해서는 engine mount를 비롯한 여러 장비품들로 구성된 QECA (quick engine change assembly) 또는 EBU(engine build-up unit)를 장착하여 기체에 장착된다.

2) Turbin Engine의 구분
   ① 공기 흡입구(air inlet)
   ② 압축기 부분(compressor section)
   ③ 연소실 부분(combustion section)
   ④ 터빈 부분(turbin section)
   ⑤ 배기 부분(exhaust section)
   ⑥ 보기 부분(accessory section)

3) Turbin Engine Terms
   (1) Gas Generator : 압축기, 연소실 및 turbin 부분을 gas generator 혹은 gas producer 라고 한다.
   (2) Core Engine : 압축기, 연소실, 및 turbin 부분, turbofan engine의 gas generator에서 fan section을 제외한 부분
   (3) Hot Section : 엔진 구조 내부에서 고온의 연소 가스에 직접 노출되는 부분을 hot section 즉, turbin 및 배기 부분
   (4) Cold Section : 공기 흡입구, fan, 압축기, 보기류, gearbox 부분
   (5) Nacelle/Cowling : inlet cowl, fan cowl, thrust reverser cowl, core cowl exhaust nozzle로 구성된다.
   (6) Engine Mount : 대부분의 mount는 engine 앞부분의 main frame(IMC)과 뒤쪽의 main frame(TEC)에 장착되어 pylon과 연결된다.
      ① Forward Engine Mount : fan Case, IMC(intermediate case)
      ② Rear Engine Mount : diffuser Case, TEC(turbin exhaust case)
         ㉮ diffuser case는 연소실을 지탱해주며 tec에 부착되어 rear engine mount에 연결되어 pylon에 장착된다.
         ㉯ TEC는 LPT와 turbin exhaust nozzle 사이에 있고 rear engine mount로 pylon에 장착된다.
   (7) Module Construction
      ① 최근의 engine은 구조상 여러 개의 기능 단위인 fan, compressure, combustion chamber, turbin, accessory 등이 서로 조합되어 하나의 본체를 이룬다.

② 이들은 서로 분리와 장착이 용이하도록 설계되어 있으며, 이러한 기능 단위를 모듈이라 한다.
③ 또한 엔진에 따라서는 EMU(engine maintenance unit)라는 세분화된 단위로 나누어진 구성을 적용하는 경우도 있다.
④ engine을 장탈하지 않고도 모듈 교환이 가능하므로 정비에 필요한 작업 시간과 시운전을 크게 줄일 수 있다.

(8) Eng Main Bearing
① turbin engine의 rotor축은 적절한 housing에 안치된 bearing에 의해 지지
② IMC : NO. 1(ball BRG), 1.5(ball BRG), 2(roller BRG) bearing 지지
③ Diffuser Case : NO. 3(roller BRG) bearing 지지
④ TEC : NO. 4(roller BRG) bearing 지지

4) Compressor Section
① 압축기의 1차적인 역할은 연소에 필요한 공기를 충분히 공급하는 일
② 압축기의 2차적인 역할은 엔진과 항공기에 여러 가지 목적을 위하여 bleed air를 공급하는 일이다.
③ turbin engine에서의 압축은 공기와 연료의 연소에 의한 열 energy가 turbin에서 기계적인 energy를 만들고 이것으로 압축기를 구동시켜서 압력(potential) energy로 바뀌게 한다.
④ turbin engine에서 사용되고 있는 압축기는 원심 압축기(centrifugal flow comp)와 축류 압축기(axial flow compressor)의 2종류로 크게 구분된다.

※ Compressor Stall
① 축류 압축기에서 압력비를 높이기 위해서 단수를 늘려 가면 점차 안전작동범위가 좁아져서 시동성과 가속성이 떨어지고 마침내 빈번히 실속현상을 일으키게 된다.
② 흡입공기의 절대속도가 느려지고 blade 회전속도가 빨라지면 받음각이 증가하여 실속이 일어난다.
③ 상대속도 vector와 airfoil chord line이 이루는 각이 공기의 받음각이다.
④ 축류압축기 실속의 원인은 유입공기 속도의 vector와 회전속도 vector 사이의 불균형이라고 할 수 있다.
⑤ 압축기에서 실속이 발생하면, 공기흐름속도가 너무 느려지거나 정체 또는 역류하여 큰 폭음과 함께 진동을 수반하며, EGT의 상승, RPM의 급격한 감소현상으로 감지된다.
⑥ 이는 순간적인 출력감소를 일으키고, turbine Rotor와 stator의 열 손상, 압축기 rotor blade의 파손 등으로 발전할 수 있다.
⑦ stall은 부분적인 현상, surge는 압축기 전체의 실속현상이다.

※ 축류 압축기 실속의 원인
① engine으로 유입공기 흐름의 난류
② 급격한 engine 가속과 감속에 의한 지나친 연료 흐름의 불균형

③ 오염되거나 손상된 압축기
④ 손상된 turbin 부품에 의한 압축기의 동력 손실
⑤ engine 회전속도가 설계 속도보다 높을 때
⑥ 유입공기 온도가 높을 때

※ compressor stall 방지구조
　① multi-spool engine
　② variable stator vane
　③ bleed valve

※ compressor operation line
　① surge margin graph
　② rpm을 일정하게 하고 공기 흐름량을 감소시켜 가면 압력비가 최대인 점에서 실속을 일으킨다.
　③ 이 실속 발생 전에 압축기 회전이 최대인 점들을 각 회전수에 대해 percent(%)로 환산하여 연결한 line을 압축기 operating line이라고 한다.
　④ operation line 상에서 특히 압축기 효율이 최고가 되는 구역을 설계점(design point)이라 부르며, 보통은 상용회전수(순항출력)가 이 설계점에 오도록 선정한다.
　⑤ 만일 항공기가 더 높은 고도에서 난류의 기상상태에 있고, 압축기가 오염된 상태에서 최고 효율보다 작게 작동한다면 operation point는 떨어지고 압력비가 떨어진다.
　⑥ 압축기내의 오염으로 인하여 surge line도 함께 내려가서 C점으로 가면 stall된다.
　⑦ 비행 중에 연료조정장치(FCU)나 EEC는 압력비, 공기흐름량과 RPM에 대한 parameter를 받아서 압축기가 항상 안전한 작동상태를 유지하게 한다.

5) Diffuser Section
　① diffuser는 확산구조로서 속도를 줄이고 압력을 상승시킨다. 또한, engine 전체에서 압력이 가장 높은 곳이다.
　② diffuser는 연소실로 들어가는 공기에 적절한 유입속도를 공급하는 동시에 속도 energy를 정압으로 변환시킨다.
　③ 즉, diffuser 입구와 출구의 전압력은 같지만 정압은 상승하고 동압은 낮아지는 것이다. 또한 빠른 속도의 공기에 의해 연소실 불꽃이 꺼지지 않게 한다.
　④ 이렇게 내려가는 공기의 속도는 M=0.35로 제한한다. 그 이유는 공기의 속도가 너무 떨어지면 난류에 의해 공기 흐름이 분리되는 공기 역학적 문제가 발생하기 때문이다.
　⑤ diffuser case에는 보통 연소실을 감싸고 있으며 bleed port와 BSI port들이 있고 ignition plugs와 fuel nozzle 등이 장치되어 있다.

6) Combustion Section
　(1) 연소가 이루어지면 연료에 열이 더해져서 가스의 체적이 증가하여 팽창하지만 흐름 영역은 변함없기 때문에 가스는 가속된다.

(2) 연소기는 outer casing, inner perporated liner, fuel injection sys', starting & ignition sys'으로 구분 연소기의 기능은 flowing air에 열 energy를 더해서 팽창시키고 가스를 가속시켜서 turbin으로 보낸다.
(3) 연소실에서는 연료의 연소에 의해 가스의 체적은 급격히 커지게 되지만, 연소실 체적은 고정되어 일정하므로 가스를 가속하는 현상이 일어난다.
(4) 대형 turbine engine의 대량의 공기와 연료에 연소는 3~4백만 BTU/HR의 에너지를 발생시킨다. 가장 중요한 것은 처음 연소가 시작되는 곳에서 화염이 불려나가지 않도록 낮은 속도를 유지하는 것이다. 또한, 유속이 낮으면 마찰에 의한 압력저하가 적어진다. 난류는 압력저하를 수반하지만 공기, 연료 혼합을 촉진시켜 신속한 연소가 이루어지게 한다.
(5) 연소실 내에서 화염이 지연되거나 공기의 흐름속도가 크면 화염이 turbin까지 들어가게 된다. 그러므로 정해진 공연비에 대하여 공기의 흐름속도가 클수록 연소실의 길이가 길어져야 한다는 것을 의미한다.
(6) 연소실에서 또 다른 중요한 문제는, 연소정지(flame-Out)이다. 연소실 입구의 압력과 온도가 낮고 유입공기의 속도가 높을 때 공연비 한계는 좁아지며 flame out이 원인이 된다.
(7) 연소실의 필요조건
   ① 연소효율이 높을 것
   ② 고공에서의 재 점화가 용이할 것
   ③ 압력손실이 적을 것
   ④ 출구 온도 분포가 균일할 것
   ⑤ 연소 부하율이 높을 것
   ⑥ 내구성이 우수할 것
   ⑦ 연소가 안정되고, flame-out이 일어나지 않을 것
   ⑧ 유해물질의 배출이 적을 것

7) Turbin Section
   (1) 터빈은 연소실에서 나온 고온, 고압의 가스의 운동 energy와 열 energy의 일부를 기계적 일로 바꾸어서 압축기와 engine 구도에 필요한 부분품을 구동시키게 된다.
   (2) 이 기계적 일로 변환되는 energy는 연소 가스에서 유출되는 energy의 약 60~80%이다.
   (3) 터빈이 갖추어야 할 요소
      ① 효율이 높아야 한다.
      ② 단(stage)당 팽창비가 커야 한다.
      ③ 신뢰성이 높고 수명이 길어야 한다.
      ④ 제작이 용이하고 가격이 싸야 한다.
      ⑤ 정비성이 좋아야 한다.

8) Turbin Exhaust Section
   ① exhaust section의 구성품들은 TEC, Tail Pipe 또는 exhaust nozzle을 포함한다.

② exhaust nozzle 내부의 exhaust plug(tail cone)이 장착되어 부드럽고 빠르게 배출 된다.
③ inlet wall과 outer wall은 hollow type strut에 의해서 welding되어 전체를 지지
④ 후부 main bearing(exhaust bearing) 및 그 지지 구조는 배기 가스가 직접 노출되지 않도록 fairing으로 덮여있다.
⑤ 배기 section은 stainless 강과 내열합금

9) Accessory Section
① 엔진 작동을 위한 시동장치, 점화계통, 연료펌프, 연료조절장치 (FCU)등 엔진 보기류 계통
② generator oil pump는 accessory drive gear box에 연결되어 구동한다.
③ oil main pump, scavenge pump, pressure regulating V/V, main filter, hydraulic pump, stater 등 포함
④ 고압압축기와 bevel gear로 연결되어 구동하며, 주조로 제작, Mg, Al 합금

10) Engine Main Bearing과 Seal
(1) Bearing 일반
① 2축의 축류형 압축기 engine에 사용되는 bearing은 각 축당 2개 이상이어야 하므로 최소 4개 이상 필요
② 보통 N1 축이 길어서 3개 이상으로 설계 : 총 main bearing은 5개
③ anti-friction ball bearing은 둥근 홈이 파진 inner와 outer race 사이에 다수의 ball이 cage 안에 들어있는 형태이다.
④ roller bearing의 inner, outer race는 평평하며 이들 사이에 roller가 위치한다.
(2) ball이나 roller bearing이 광범위하게 사용되는 이유
① 적은 회전 저항
② 일시적 높은 과부하에 강함
③ 회전되는 구성체에 정밀 배열 용이
④ 냉각, 윤활, 유지가 간단
⑤ 비교적 가격이 저렴
⑥ radial과 axial 방향으로 적용이 잘됨
⑦ 교환이 용이
⑧ 온도상승에 대한 저항이 크다.
⑨ 단점은 외부 물질에 대해 쉽게 손상되고, 예고 없이 고장이 생기는 경향이 있다.

13.2.1.1 구조 재료

1) Cold Section Material
① cold section의 case들은 작동온도가 낮고 높은 강도가 요구되지 않으므로 Al, Mg Alloy을 사용
② titanium alloy은 fan case fan blade, compressor blade, compressor disk 등 비교적

온도가 높고 고강도이면서 가벼운 재질특성이 요구되는 곳에 사용
③ Titan은 밀도가 낮고 강도가 강하며 부식에도 강하다. 무게는 강의 절반
④ 그러나 낮은 온도에서 타는 성질이 있으며 열전도성이 매우 낮다.
⑤ 특히 실속, bearing의 파괴 등에 의한 열이 전도되지 못하고 축적되어 쉽게 점화 온도에 이르게 된다.
⑥ 고압 압축기는 stainless steel, nickel-base alloy가 주로 사용
⑦ 복합재료인 epoxy 수지는 낮은 강도의 fan 부분의 case, inlet cone, starter shroud ring 등 경량화 요구 부분에 사용

2) Hot Section Material
  (1) 고온부의 고강도, 저중량 재료들
  (2) Super Alloy : 냉각할 경우 화씨 2600도, 안할 경우 화씨 2000도를 견딜 수 있다.
  (3) super alloy은 nickel, cobalt, chrome, titan, tungsten, carbon 등이 조합됨
  (4) forging, casting, plating 등의 전형적인 제작 공정 외에 새로운 공정으로는 powder metallargy, single crystal casting, plasma spraying 등
  (5) powder metallargy는 가루 형태의 super alloy을 고온 고압으로 압축시켜 고체 상태로 만든 것, 재료들 간의 경계가 없는 길고 얇은 결정체, creep에 매우 강함
  (6) 단결정 구조법(single crystal casting)은 단 하나의 조직을 갖는 형태로 주조 부식과 깨짐을 방지
  (7) Plasma Spray
    ① 내열피막(thermal barrier coating) ceramic 또는 al alloy으로 super alloy 혹은 titan 부품에 내열피막하는 것으로 표면장력을 높이고 부식을 방지
    ② metal powder에 고온을 가해 분사함으로써 부품의 표면에 달라붙도록 하는 방법
    ③ 부식, 침식 예방
    ④ 연소실 liner의 표면 부식은 liner 내부의 carbon이 쌓이는 원인이 되는데, 연소실 liner에 magnesium zirconte라는 coating으로 carbon 침식을 방지한다.
  (8) diffuser case와 turbin case들도 nickel alloy계 inconel로 만들어진다.
  (9) turbine vane과 disk는 cobalt-base alloy로 제작

13.2.2 점화장치작업 및 작업안전사항 준수여부

1) 점화계통 일반
  ① gas turbine 연소실 내에서 연료와 공기 혼합기의 점화는 ignition system의 전기 spark에 의해 행해진다.
  ② jet engine의 점화장치는 계속해서 작동하는 것이 아니라 시동 시 몇 초 동안만 점화 장치가 요구된다. 또한, jet engine의 점화계통은 고에너지, 고전압 계통의 점화장치를 요한다.
  ③ 점화계통은 engine마다 2중으로 장착되어 있다(fail safe)

④ 전원은 일반적으로 항공기 battery의 직류 28V 혹은 교류 115V, 400Hz가 사용되고 있다.
⑤ 점화계통은 engine 시동 및 비행 중에 flame out(연소 정지)이 생길 때의 재점화를 위해 사용되며, 일단 engine이 정상 운전 상태로 들어가면 곧 작동이 정지된다.
⑥ 이·착륙중과 icing(결빙) 기상 조건 및 악기류 속의 비행에서 연소 정지를 예방하기 위해 장시간 연속해서 사용된다.
⑦ 또한, 점화계통에는 intermittent duty(간헐적인 기능)로 사용에 시간적 제한이 있는 고에너지계통과 continuous duty(연속 작동)로 시간적 제한 없이 연속 사용할 수 있는 저에너지계통이 있다.

2) 점화계통의 실제 구조
① Ignition Exciter : ignition exciter는 점화 플러그에서 고온 고 에너지의 강력한 전기 불꽃을 튀게 하기 위해 항공기의 저 전원 전압을 고전압으로 변환하는 장치 ignition unit 이라고도 불리 운다.
② High Tension Lead : exciter와 점화 플러그를 접속하고 있는 고압전선인 high tension lead는 무선 방해와 사용중 접촉에 의한 마멸 단선을 막기 위해 shield cable을 사용하고 있다.
③ Igniter Plug(점화 플러그)

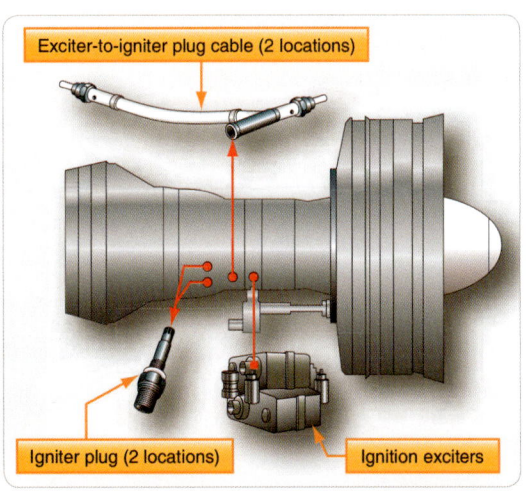

▲ 그림 13-13 터빈 엔진 점화계통 구성품

3) 점화계통의 작동
① B747-400 항공기의 점화 system 작동은 조종실의 overhead panel(p5)의 engine ignition module에 의해서 조절된다.
② 각 engine은 dual ignition system으로 이루어져 있고 독립적인 primary ac bus에 의해 power를 받는다.

③ 만약 정상적인 electric power가 문제가 있다면 standby power로 작동 전환된다.
④ ignition의 작동은 fuel switch를 "cut off" position에서 "RUN" 위치로 하면 ignition이 시작되고 N2 RPM 50(%)에서 자동으로 끝난다.

4) 터빈 점화계통 검사 및 정비(Turbine Ignition System Inspection and Maintenance)
  ⑴ 점화계통의 정비는 점화 장치, 점화 플러그, 도선 등의 상태를 점검하고, 이상이 있을 때에는 점화 장치를 기관에서 정탈하여 벤치 체크를 수행한다.
  ⑵ 점화계통의 도선이 벗겨졌든지 애자 등 절연 부분에서 누전이 있는가를 점검하며, 또 점화 플러그는 전극 및 절연 물질의 부식이나 소실 상태와 나사산에 파손 등의 결함이 있는지를 검사한다.
  ⑶ 전형적인 터빈엔진 점화계통의 정비는 근본적으로 검사, 시험, 고장탐구, 탈거, 그리고 장착으로 이루어진다.
    ① 검사(Inspection)
      ㉮ 점화도선 단자 검사에서, 세라믹 단자는 아킹, 탄소 축적, 그리고 균열에서 자유로워야 한다.
      ㉯ 그림 13-14에서 보여 주는 것과 같이, 그로밋 시일은 플래시오버와 탄소 축적에서 자유로워야한다.

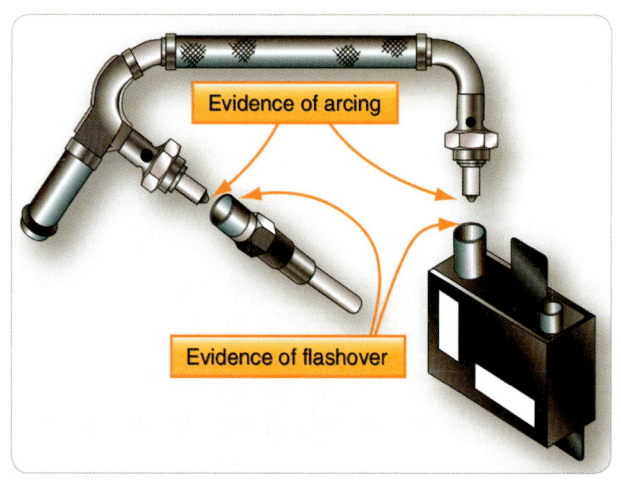

▲ 그림 13-14 Flashover inspection

      ㉰ 와이어 절연체는 절연체를 통한 아킹의 흔적 없이 유연성이 남아 있어야 한다.
      ㉱ 구성품 장착, 단락 또는 고전압 아킹, 그리고 연결부 풀림의 안전성에 대해 전체 계통을 검사한다.
    ② 계통의 작동 점검(Check System Operation) : 이그나이터는 엔진이 시동기에 의해 돌기 시작할 때, "딱, 딱" 하는 소리를 들음으로써 점검할 수 있다. 이그나이터는 또한 그것을 탈거하고 시동 사이클로 작동시켜 봐서 이그나이터를 건너뛰는 불꽃이 없다는 것으로 점검할 수 있다.

③ 수리(Repair) : 필요 시 조여주고 고정시키고 결함이 많은 구성 부분과 배선을 교체한다. 필요 시 고착시키고, 조여주고, 그리고 안전장치를 한다.

13.2.3 윤활장치 점검(기능, 오일 점검 및 보충)

13.2.3.1 Hot Tank System Oil 흐름도

1) Pratt & Whitney사에서 주로 사용

   ① air/oil heat exchanger의 위치에 따라 hot tank system과 cold tank system으로 구별하는 데 사용된 오일이 탱크로 돌아오는 line에 air/oil heat exchanger가 위치해 있으며, cold tank system은 탱크로 나와 공급되는 line에 air/oil heat exchanger가 위치해 탱크로 들어오는 oil이 뜨거울 경우 hot tank system이라고 한다.

2) Hot Tank System의 흐름도

   oil tank ⇒ main oil pump ⇒ air/oil heat exchanger ⇒ fuel oil cooler ⇒ last chance oil strainer ⇒ oil nozzle ⇒ bearing & gear ⇒ magnetic chip detector ⇒ scavenge pump ⇒ deaerator & deoiler ⇒ oil tank의 순이다.

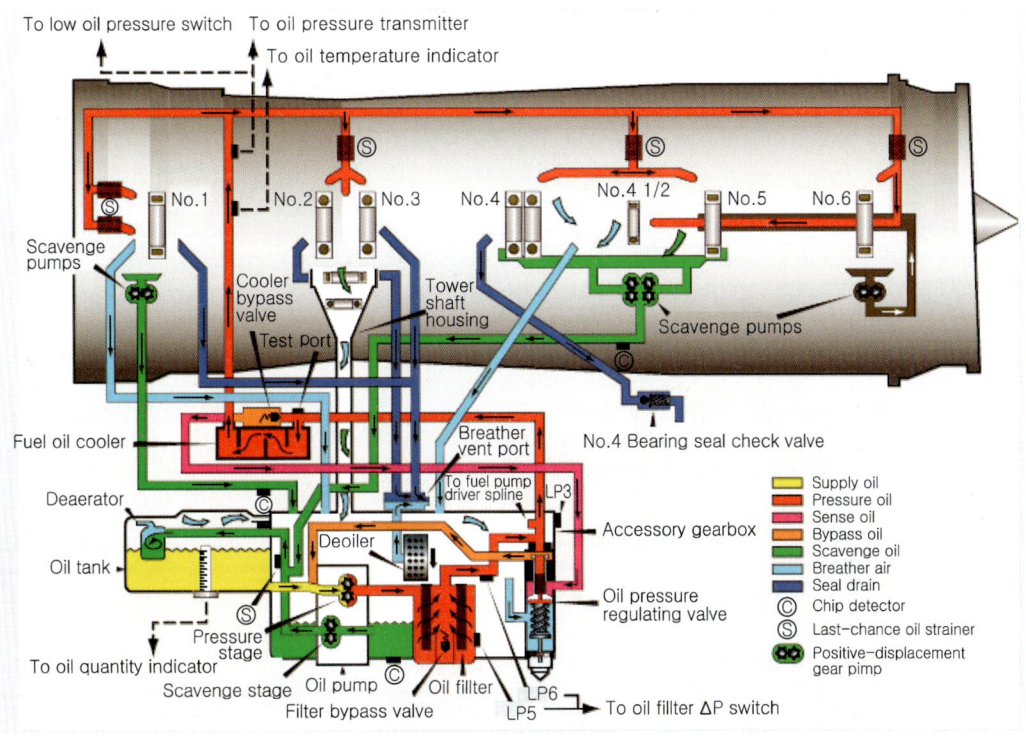

▲ 그림 13-15 터빈기관 건식 윤활계통

3) 구성품
① Main Oil Pump : 오일을 사용되는 곳으로 압송하는 역할
② Air/Oil Heat Exchanger : 오일이 지나가는 line에 차가운 air가 지나가는 line이 인접하여 뜨거운 오일을 차게 만들어 주는 역할

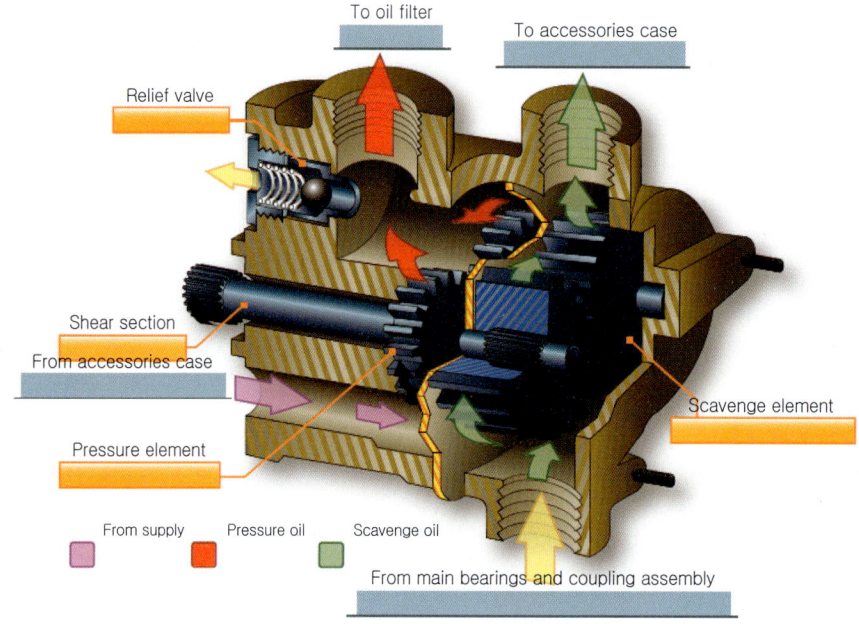

▲ 그림 13-16 기어타입 오일펌프 단면

③ Fuel Oil Cooler : fuel이 지나가는 line과 오일이 지나가는 line이 있어 서로 열교환을 한다. fuel은 잘 연소하기 위해 뜨거워야 하고, 오일은 냉각 및 윤활을 하기 위해 차가워야 하기 때문

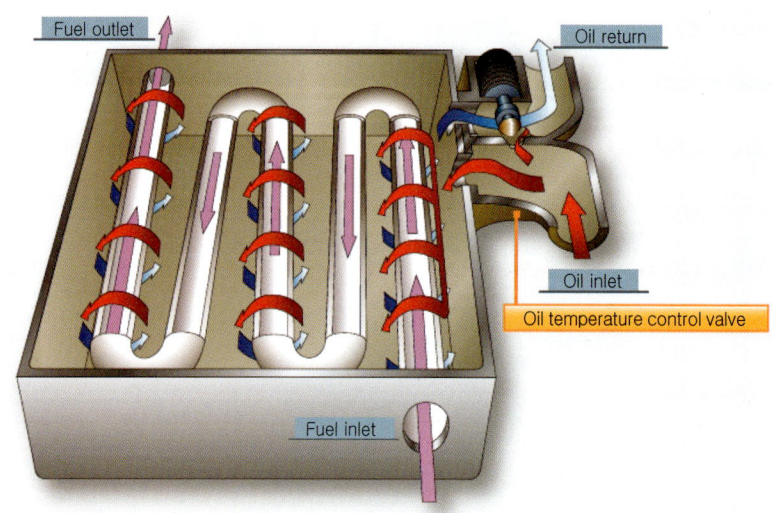

▲ 그림 13-17 연료 오일 열교환기 오일 쿨러

④ Last Chance Oil Strainer : 필터 역할
⑤ Oil Nozzle : 오일이 사용되는 곳에 정확하게 뿌려주는 역할
⑥ Magnetic Chip Detector : 오일이 사용되는 곳에 여러 가지 이유로 쇳가루를 탐지해 사용되는 곳에 이상 여부를 판단할 수 있다.
⑦ Deaerator & Deoiler : 사용되고 돌아오는 오일에 air와 오일을 걸러내어 압력을 유지시키는 역할

13.2.3.2 Cold Tank System

1) GE사에서 주로 사용
2) oil/fuel heat exchanger가 탱크로 돌아오기 바로 전, 즉 사용된 오일이 탱크로 돌아오기 전에 위치하고 있다. 흐름도는 비슷하고 단 oil/fuel heat exchanger의 위치가 hot tank system과 다르다는 점이다.

13.2.3.3 정비

1) 가스 터빈 기관의 윤활유계통의 점검은 구성품의 일일 점검 및 주기 점검 시에 수행되며, 점검 시에 윤활유의 오염 상태를 검사하여 이상이 있을 때에는 윤활유를 교환하고, 윤활유 필터에 침전물이나 불순물이 있으면 깨끗이 세척한 다음 필터의 파손 상태를 점검한다.
2) 필터의 상태가 재사용하기 어려우면 새것으로 교환한다.
3) 윤활유계통의 각종 밸브와 압력 펌프 및 배유 펌프의 기능을 점검하여 그 상태가 불량하면 이들을 기관에서 장탈한 후에 마멸 및 파손 상태 등을 검사한다.
4) 밸브나 펌프 등에 손상이 심하거나 수리가 불가능한 것은 교환한다.
5) 윤활유계통의 각종 연결관에서 누설이 있거나 노후되어 사용이 불가능한 부분은 교환하거나 수리한다.

13.2.4 주요 지시계기 및 경고장치 이해

13.2.4.1 주요 지시계기

1) 엔진압력비 지시계(Engine Pressure Ratio Indicator)
   ① 엔진압력비(EPR, engine pressure ratio)는 터보팬 엔진에 의해 발생되는 추력을 지시하는 수단이며 많은 항공기에서 이륙을 위한 출력을 설정하기 위해 사용된다.
   ② 이것은 터빈배기(Pt7)의 전압력을 엔진입구(Pt2)의 전압력으로 나눈 값이다.

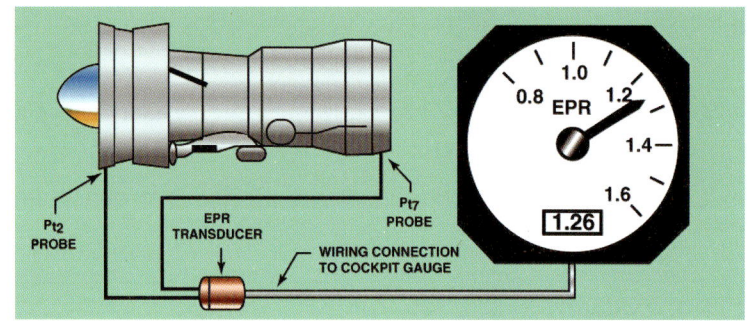

▲ 그림 13-18 엔진 압력비(EPR)

2) 토크미터(터보프롭 엔진)(Torque-meter, Turboprop Engines)
① 터보프롭 엔진에서 배기가스를 통한 제트 추진력에 의해 획득되는 추력은 엔진 전체 추진력의 10~15%이다. 따라서 터보프롭 엔진은 출력지시 수단으로 엔진압력비(EPR)을 사용하지 않는다.
② 터보프롭 엔진은 터빈 엔진의 동력터빈과 가스발생장치에 의해 회전하는 축에 가해지는 토크를 측정하기 위한 토크미터를 장착하고 있다.(그림 13-20 참고)
③ 토크미터는 동력을 설정하기 때문에 매우 중요하며 조종실에는 토크의 단위인 LB-FT 혹은 마력 백분율로 지시된다.

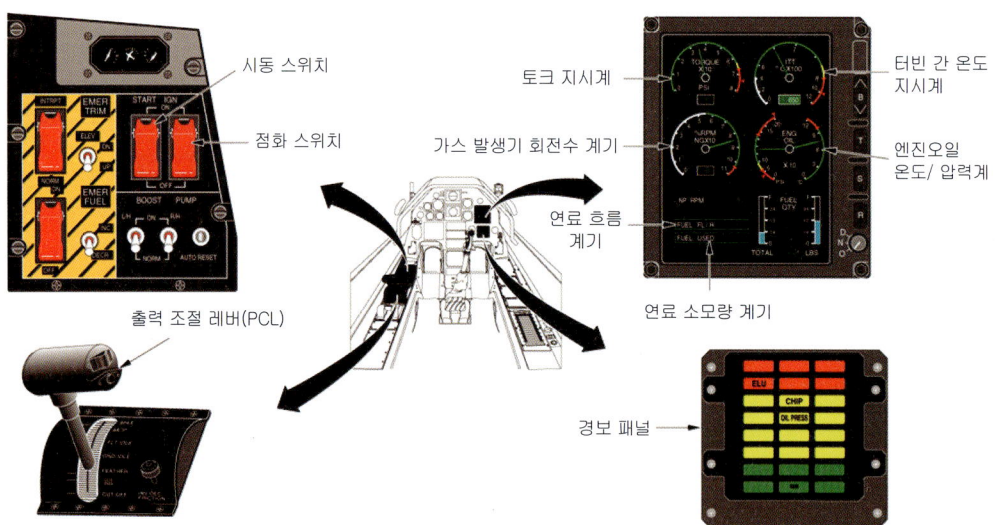

▲ 그림 13-19 엔진계기 구성도

   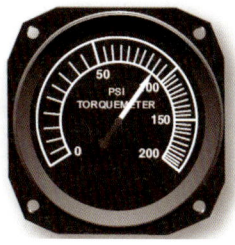

(a) 회전계　　　(b) 배기가스 온도계　　　(c) 연료 유량계　　　(d) 토크계

▲ 그림 13-20 가스터빈 엔진 계기 종류

3) 회전속도계(Tachometer)
   ① 가스터빈 엔진의 속도는 압축기와 터빈의 조합인 스풀의 회전수, 즉 분당회전속도[RPM]로 측정된다.
   ② 회전속도계는 회전수가 각기 다른 여러 종류의 엔진을 동일한 기준으로 비교하기 위해 보통 % RPM으로 보정된다.
   ③ 터보팬 엔진을 구성하는 두 개의 축, 즉 저압축과 고압축을 N1, N2로 표시하며 각 축의 분당회전수는 회전속도계에 지시되며 이를 통해 엔진의 회전상황을 확인한다.

4) 배기가스 온도계(Exhaust Gas Temperature Indicator)
   ① 엔진 운용 중 각 부위에서 감지되는 모든 온도는 엔진을 안전하게 운전하기 위한 제한조건일 뿐만 아니라 엔진의 운전상황 및 터빈의 기계적인 상태를 감시하는 데 사용된다.
   ② 실제로 제1단계 터빈 inlet guide vane으로 들어오는 가스의 온도는 엔진의 많은 파라미터 중에 가장 중요한 인자라고 간주된다.
   ③ 그러나 대부분의 엔진에서, 터빈입구 온도는 너무 높기 때문에 이를 직접 측정하는 것은 불가능하다.
   ④ 따라서 열전쌍을 온도가 비교적 낮은 터빈 출구에 장착하여 터빈입구 온도를 비교하여 측정한다.
   ⑤ 터빈 출구 주위에 일정한 간격으로 몇 개의 열전쌍을 장착하여 평균값을 조종실에 있는 배기가스 온도계에 나타낸다.

5) 연료유량계(Fuel-flow Indicator)
   ① 연료유량계는 연료조정장치를 통과하는 연료유량을 시간당 파운드(pound per hour) lb/hr 단위로 지시한다. 대형터빈 항공기는 부피보다 무게가 중요하기 때문에 주요 파라미터인 연료유량을 부피가 아닌 무게(lb/hr)로 측정한다.
   ② 연료유량을 이용하여 엔진의 연료 소모량 및 연료 잔류량을 계산하여 엔진 성능을 점검하는 수단으로도 사용되고 있다.

6) 엔진오일압력계(Engine Oil Pressure Indicator)
   ① 엔진 베어링 및 기어 등에 대한 불충분한 윤활과 냉각으로 발생될 수 있는 엔진 손상을 방지하기 위해 윤활이 필요한 중요한 부위에 공급되는 오일의 압력은 면밀히 감시되어야 한다.

② 오일 압력계는 일반적으로 엔진오일 펌프의 배출 압력을 나타낸다.

(a) 왕복엔진 오일 온도, 압력계기   (b) 가스터빈엔진 오일 압력계기

▲ 그림 13-21 왕복 및 가스터빈 앤진 오일 계기 비교

7) 엔진오일 온도계(Engine Oil Temperature Indicator)
   ① 엔진오일의 윤활 능력과 냉각 능력은 대부분 공급되는 오일의 양과 오일의 온도로부터 영향을 받는다. 따라서 오일의 윤활 능력 및 엔진오일냉각기의 올바른 작동 여부를 점검하기 위해 오일의 온도를 감시하는 것은 중요한 사항이다.

13.2.4.2 경고장치의 이해

1) 경고지시장치의 정비
   ① 항공기 경고지시장치는 사람의 생명에 관계되는 위급한 상태나 기계에 이상 또는 고장을 일으킬 수 있는 상태를 미리 예고하여 줌으로써 안전 운항을 돕는 장치이다. 경고지시장치는 가시적 신호 장치와 가청 신호 장치를 이용하여 승무원에게 위급한 상황을 알려준다. 이러한 경고지시장치에는 기계적 경고 지시장치, 압력 경고지시장치, 화재 및 연기 지시장치 등 각 분야에 대해 다양하게 활용하고 있다.
   ② 기계적 경고지시장치는 객실 및 화물실 도어의 개폐 상태의 경고, 기관 카울플랩의 위치에 대한 경고, 착륙 장치의 작동 상태에 대한 경고 등을 기계적인 기구를 통하여 마이스크로스 위치를 작동시킴으로써 경고 신호를 주는 장치이다.
   ③ 압력 경고지시장치는 윤활유 압력, 연료 압력 및 자이로에 이용되는 진공압이나 객실 여압 등이 안전 한계를 벗어나는 고장에 대해 경고 신호를 주는 장치로서, 압력에 민감한 수감 장치가 이용된다.
   ④ 화재나 연기 경고지시장치는 화재의 가능성이 있는 곳이나 화제에 이를 수 있는 연기 등에 대해 열 스위치, 열전쌍 및 연기감지기를 이용하여 경고 신호를 보내주는 장치이다.
   ⑤ 대부분의 경고지시장치는 각종 수감부의 감지 내용을 전기적 신호로 만들어 가시적 장치나 가청 장치를 작동시키도록 되어 있다.

2) 경고지시장치의 취급
   ① 기계적 경고지시장치는 기계적 기구를 통하여 마이크로 스위치가 정확하게 작동되도록, 항상 완전한 상태에 있도록 해야 하며, 압력 경고지시장치에 이용되는 솔레노이드는 손상을 입지 않도록 주의한다. 그리고 감지된 수감 내용을 전달하는 전기적 회로가 단락이나 단선되지 않도록 하고, 일반적인 전기계통의 취급 시 주의 사항에 유념한다.

3) 시험 및 작동 점검
   ① 기계적 경고 장치는 대부분 직류 계통이 이용된다. 이 장치의 작동 시험은 작동기를 전달기의 로터에 연결하여 작동되게 한 수 작동기에 의한 전달기의 움직임에 따라 경고 신호가 필요한 때에 정확히 경고지시계통에 전달되는가를 시험한다.
   ② 압력 경고지시장치의 경우는 솔레노이드가 스위치의 작동에 의해 전원이 가해지면 전기적으로 자화되어 플런저를 끌어당기고, 전원이 차단되면 원위치로 되돌아가는 상태를 시험하며, 경고가 필요한 때에 경고 회로를 형성할 수 있는가를 시험한다. 경고 장치의 대부분은 단순한 전기적 회로로 구성되므로, 일반적인 시험이나 작동 점검은 간단한 전기회로시험과 동일하다.

4) 고장탐구
   ① 경고지시장치의 고장은 대부분 수감부가 정확히 작동되지 못하거나 전기적 회로의 결함 및 경고지시장치인 전구나 벨 등의 결함 등으로 인한 것이다. 따라서, 경고 장치의 고장으로는, 경고가 필요한 경우에 경고 장치가 작동되지 않거나 정상 작동 중 경고 장치에 불이 들어오거나 벨이 울리는 경우 등이 있다. 그리고 전혀 경고장치가 작동되지 않는 경우도 있다.
   ② 대부분의 고장 원인은 수감부가 훼손되었거나 스위치가 고장 났든지, 회로가 단선이나 단락되었든지, 경고지시장치가 훼손된 경우로서, 고장이 났거나 훼손된 장치는 교환하고, 회로에 고장이 있는 경우는 고장 부분을 찾아 회로를 수리한다.

13.2.5 연료계통 기능(점검, 고장탐구 등)

1) Engine 연료계통 : engine의 출력은 조종사가 조작하는 throttle lever에 의하여 연료의 흐름량이 조절, 여러 가지 조건들을 감지해서 적당한 연료를 engine에 보급하는 기능을 한다.

2) 기본 Engine 연료계통의 흐름
   fuel pump ⇒ idg oil cooler ⇒ oil/fuel heat exchanger ⇒ servo fuel heater ⇒ hydro mechanical unit ⇒ fuel flow transmitter ⇒ fuel nozzle ⇒ 연소실에서 분사

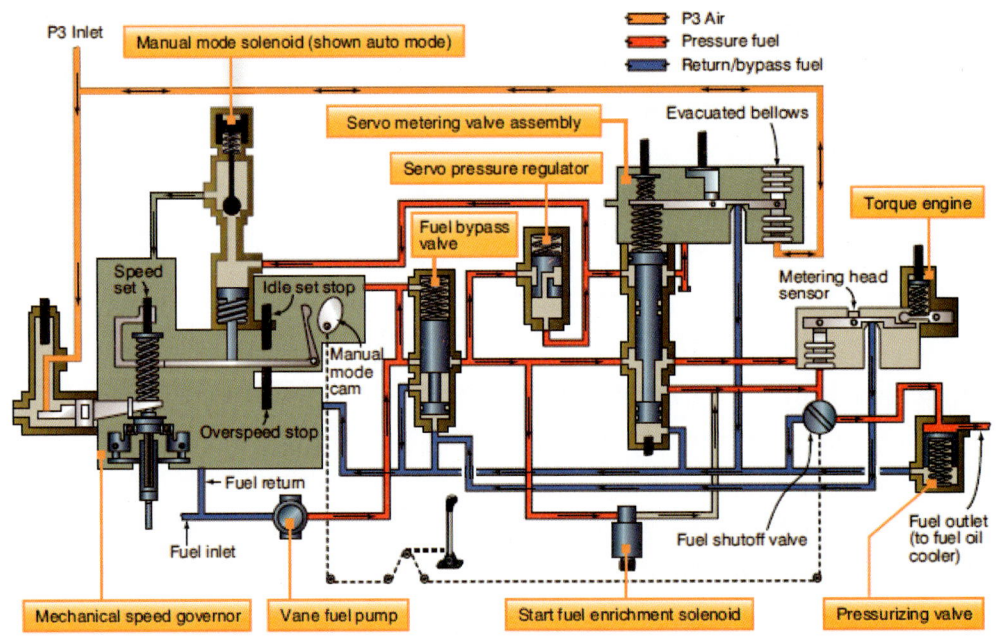

▲ 그림 13-22 연료 조종장치(hydro mechanical unit) 도해

3) 연료계통 구성품

(1) Fuel Pump : 일반적으로 주 연료 pump로는 centrifugal pump, gear pump 및 piston pump가 주로 사용되며, centrifugal pump의 impeller는 빠르게 회전하면서 연료를 gear pump로 보내 연료를 공급하는 기능을 한다.

▲ 그림 13-23 연료 펌프와 필터

(2) IDG Oil Cooler : 연료가 지나가는 line에 IDG oil이 지나가는 line이 있어 차가운 fuel이 IDG oil을 식혀주고 뜨거운 오일은 fuel을 따뜻하게 해줘 IDG oil은 냉각역할을 더 잘할 수 있고, fuel은 더 잘 연소할 수 있도록 서로 열 교환을 하는 기능을 한다.

(3) Fuel Heater : 연료의 온도를 높여서 fuel filter가 결빙되어서 막힘을 방지하는 역할을 한다. engine에 따라 오일을 사용 또는 bleed air가 fuel이 지나가는 line과 근접하게 있어 fuel을 heating시켜줌

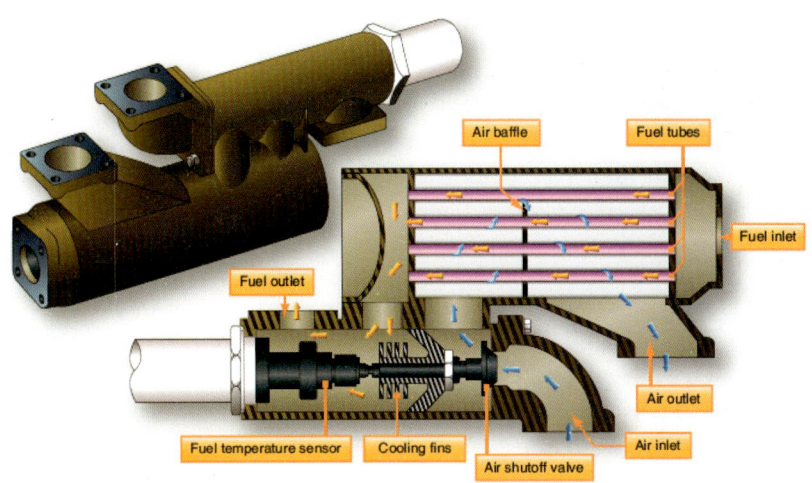

▲ 그림 13-24 연료 가열기

(4) Fuel Filter : engine에 사용된 fuel을 아무 오염물질 없이 engine에 사용할 수 있도록 여과해주는 역할을 한다.

(5) HMU(hydro-mechanical unit) : FCU(fuel control unit), 즉 연료 조절 장치 중의 하나로 유압-기계식으로 각종 필요연료가 얼마인지를 각종 sensor를 통해 감지 eex 또는 fadec으로부터 signal을 받아 연료를 조절하는 장치이다.

(6) Fuel Flow Transmitter : HMU로부터의 fuel flow를 산출하는 component로써 fuel flow를 계기판에 나타내는 역할을 한다.

▲ 그림 13-25 연료 흐름 전달기(fuel flow transmitter)

(7) Fuel Nozzle : fuel nozzle은 여러 가지 조건에서도 빠르고, 확실한 연소가 이루어지도록 연소실에 연소를 분사하는 장치이다.
　① 분무식 : fuel injection nozzle을 이용하여 연소실에 분사하는 방식이다. simplex type과 duplex type이 있는데, 대부분 duplex type을 사용하며 1차 연료가 nozzle 중심에서 분사되고 2차 연료는 바깥쪽에서 분사되는 형태이다. 1차 연료는 시동 시 점화에 용이하며 2차 연료는 균등한 연소를 얻을 수 있도록 되어 있다.

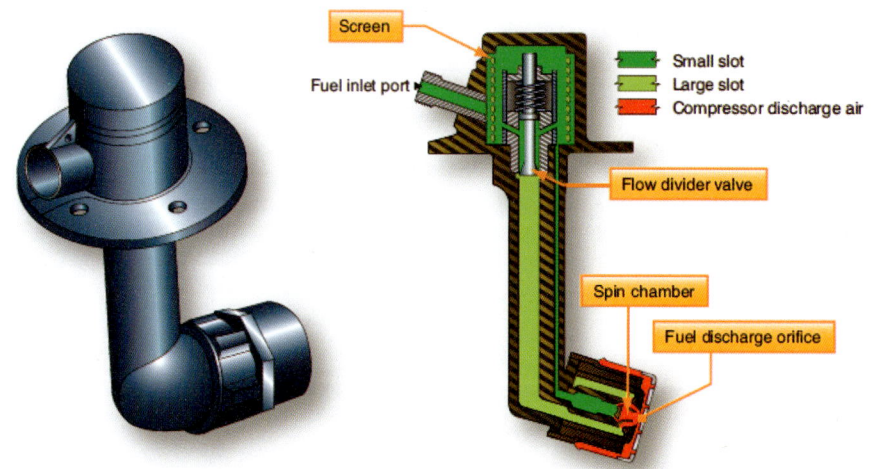

▲ 그림 13-26 **분무식 연료 노즐**(duplex)

② 증발식 : 연료가 1차 공기와 함께 증발관 속을 통과하는 동안에 가열 증발해서 연소실 내로 분사하는 방식

4) 정비

① 연료계통의 정비는 항공기의 종류와 형식에 따라 차이가 있으며, 일일 점검 및 정시 점검 시에 수행한다. 연료계통 내의 물이나 이물질 등은 배출 밸브를 통해 제거되고, 기관 작동시에 연료 압력과 연료 흐름 상태를 점검하고, 또 연료 펌프의 작동 상태, 연료계통 내의 누설 상태, 연료계통의 튜브 및 호스의 안전 상태, 연료 조절기의 작동 상태 및 연료 노즐의 분사 상태 등을 점검한다.

② 점검 결과 결함이 발견되면 교정하거나 또는 수리 조치하고, 계통 내의 압력이 비정상적일 경우에는 누설 점검을 실시하여 누설이 있을 때에는 해당 부위를 수리한다.

③ 연료 조정 장치는 구조적으로 상당히 복잡하고, 기관의 종류에 따라 형식이 다양하여 정비 방식도 서로 다르다. 연료 조절 장치의 조작 상태가 정상적이 아닐 때에는 연료 조정 장치를 교환한다. 연료 조정 장치를 교환하기 위하여 기관에서 장탈할 때에는 규정된 작업 절차를 따라야 하며, 연료 조정 장치를 교환한 다음에는 연료 조절 장치와 연료 조절계통의 리그 작업을 다시 한다.

④ 특히, 연료 분사 노즐은 연소실 안에서의 연료 분사 각도와 화염의 특성을 결정짓는 것이므로, 연소 가스의 온도 분포에도 중대한 영향을 끼친다. 따라서, 연료 분사 노즐의 상태가 좋지 않을 때에는 연소실 안으로 연료가 분사될 때 연료의 분사 각도가 달라지게되고, 이에 따라 연소실 내에서의 연소 상태가 달라지게 된다. 이 결과로 인하여 연소실에 손상을 입힐 수 있으며, 기관 출력에도 이상을 가져올 수가 있다. 그러므로 연료 분사 노즐을 검사할 때에는 노즐의 상태가 정상적인가를 확인한다.

⑤ 여압-배출 밸브는 연료 조절 장치와 연료 매니폴드 사이에 위치하여 연료의 흐름을 1차 연료와 2차 연료로 분리시키고, 기관이 정지할 때 매니폴드와 연료 분사 노즐에 남아 있는 연료를 방출하며, 연료 압력이 규정 한계에 도달할 때까지 연료의 흐름을 차단하는 역할을 한다. 이 경우에는 연소실 안에 있는 연료가 남아 있게 되면 과열 시동의 위험성이 있기 때문에 이 밸브를 점검하여 이상이 있을 때에는 교환한다.

13.2.6 흡입 및 공기흐름계통

1) Air Inlet
   ① 공기 흡입구는 eng가 필요로 하는 공기를 압축기로 공급해주는 동시에 고속으로 들어오는 공기의 속도를 감소시키면서 압력을 상승시킨다.
   ② 압축기로 들어가는 공기흐름은 난류(turbulence)가 없어야 하며, 압축비를 증가시켜 항공기 성능을 높일 수 있어야한다.
   ③ eng의 공기흡입구는 다수의 inlet guide vane이 설치된 air inlet case로 구성되어 있다. 이 inlet guide vane은 고정식과 variable stator type인 것이 있다.

2) Air Entrance 공기 흡입구
   ① 흡입계통은 엔진추력에 상당한 영향을 주므로 항상 일정하고 지속적인 공기 흐름이 형성되어야 하며 흡입구 duct는 가능한 최소의 항력이 발생할 수 있게 설계 되어야 한다.
   ② 또한 흡입계통은 압축기 실속이나 과도한 터빈 온도 상승을 방지하는 역할도 하며 항공기가 지상으로부터 초음속 비행까지 운항함에 있어 고도, 자세, 속도 등의 어떠한 변화에도 흡입계통의 효율은 커야만 한다.

▲ 그림 13-27 터빈엔진 공기 흡입구

▲ 그림 13-28 분할입구 덕트

   ③ 공기의 경계층이 얇아서 공기의 유동이 잘되도록 똑바르고, 내부 표면이 매끄럽게 설계되어야 하며 duct의 길이와 모양은 엔진의 장착 위치에 따라 결정된다.
   ④ 설계가 잘 된 공기 흡입구는 압축비를 증가시켜 항공기의 성능을 상당히 개선시킬 수 있다.

3) 공기의 양 결정요소
   ① 압축기 속도(RPM)
   ② 항공기 전진 속도(ram air effect)
   ③ 대기의 밀도

4) 아음속 흡입구(Subsonic Inlets)
   ① 사업용, 상업용 제트기에서 볼 수 있다.
   ② 흡입구 duct는 고정된 형태이고 확산형
   ③ 공기는 duct의 앞부분에서 확산(정압증가)되서 거의 일정한 압력으로 엔진 흡입구 fairing 또는 흡입구 중간을 지난 뒤 압축기로 간다. 이런 식으로 엔진은 난류가 최소이고 보다 균일한 압력의 공기를 받게 된다.

5) 초음속 흡입구(Supersonic Inlets)
   ① 수축 확산형 흡입 duct는 모든 초음속기에 필요
   ② C-D형 duct는 초음속에서 아음속으로 감소
   ③ 초음속 흐름의 공기는 압축성이어서 충격파 발생

6) Ram 압력 회복
   ① 가스터빈 엔진이 지상에서 작동할 때, 고속의 공기흐름으로 인해 흡입구 내에 부압이 생긴다. 항공기가 앞으로 전진하면 RAM 압력 회복이 일어난다.
   ② 대기압력이 14.7PSI라면 압축기 입구에서 압력은 14.7PSI보다 약간 떨어질 것이다. 그러나 항공기가 이륙을 위해 지상에서 앞으로 나아가면, 압력은 14.7PSI로 증가한다. 일반적으로 항공기 속도가 마하 0.1~0.2일 때이다.
   ③ 비행 중에 항공기 속도가 더 빨라지면 흡입구는 더 큰 램 압축을 발생
   ④ 엔진은 이 점을 이용해서 압축기의 압축비를 증가시키고, 보다 적은 연료를 소비하고 더 많은 추력을 얻는다.

7) 벨마우스 흡입구(Bellmouth Inlet)
   ① 수축형이고, 헬리콥터나 터보 프롭 항공기에서 사용
   ② 흡입구에 아주 얇은 경계층과 낮은 압력 손실을 제공
   ③ 이 흡입구는 큰 항력 계수를 만들지만, 높은 공력효율에 의해 이 흡입구의 저속도 항력이 상쇄

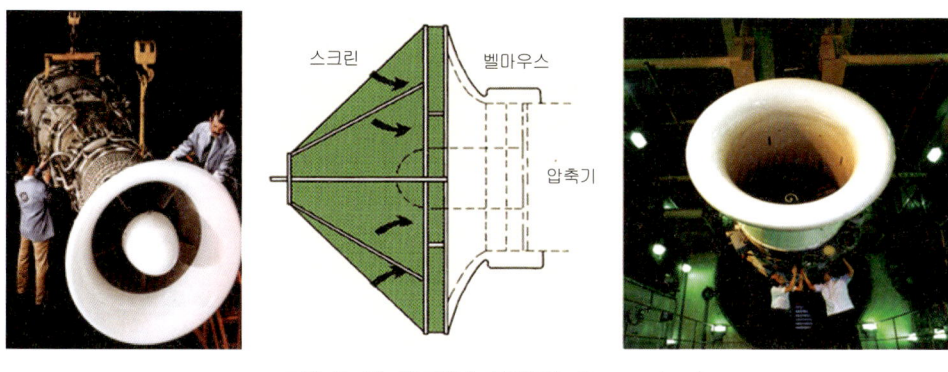

▲ 그림 13-29 벨마우스 흡입구(bellmouth inlet)

8) 흡입구 스크린(Inlet Screen)
   ① 공기 흡입 시 FOD가 흡입되는 것을 방지
   ② 잦은 고장과 스크린 자체의 이탈로 인한 IOD 발생 문제
   ③ FOD에 강한 blade 개발, 가변흡입구 등으로 대체

▲ 그림 13-30 터보프롭 엔진 공기 흡입구 스크린 장착

9) 엔진 흡입구 와류 분산기(Blow-away jet)
   ① 지상과 엔진 입구에서 와류 생성(지상과 엔진 사이가 가까워서 생기는 현상)
   ② engine intake 바로 밑에 위치하여 작동(GND에서만 작동)

▲ 그림 13-31 공기 흡입구 와류 발생장면

와류 분산기

▲ 그림 13-32 와류 분산기 위치와 와류에 의한 엔진 파손 상태

10) 공기 흐름계통

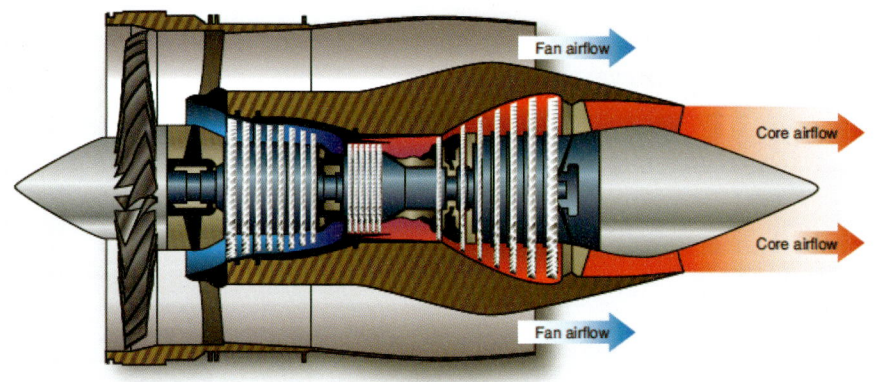

▲ 그림 13-33 팬과 배기관의 공기 흐름

11) 공기 흡입 부분의 정비

① 공기 흡입 부분은 가스 터빈 기관에서 기관이 작동할 때 공기가 흡인되는 부분으로서, 기관의 형태에 따라 확산형, 수축형 및 수축 확산형 등 여러 가지 형태로 되어 있다.
② 공기 흡입구는 비행 속도, 비행 상태 및 비행 고도에 따라 항상 일정하게 공기가 흡입되어야 하고 압축기 실속 또는 터빈 온도의 과도한 상승을 방지하는 등의 중요한 역할을 한다.
③ 공기 흡입부는 공기 흐름 상태에 장애요인이 될 수 있는 표면 또는 이음 부분의 거침 상태, 균열 및 파손 상태 등을 점검하고, 결함이 발견되면 상태에 따라 정비한다.
④ 가스 터빈 기관에서 공기 흡입부는 기관 작동 시 공기의 흡입력이 강하므로, 주위에 있는 외부 물질이 흡입되기가 쉽기 때문에 지상 작동 시에는 항상 주의를 기울여야 한다. 외부 물질이 흡입되어 압축기에 손상을 주게 되면 기관에 치명적인 고장을 일으키게 된다.
⑤ 그러므로 항공기의 공기 흡입 부분에 외부 물질의 흡입을 방지하는 스크린을 달아, 필요에 따라 열거나 닫을 수 있게 한다. 또, 고공에서 얼음이 얼어 그 조각이 압축기로 들어갈 위험이 있으므로 공기 압축기에서 압축된 뜨거운 공기를 공기 흡입 부분의 내부에 유입시켜 가열함으로써 얼음이 얼지 않도록 하는 방빙 장치가 공기 흡입 부분에 설치되어 있다.
⑥ 공기 흡입 부분을 정비할 때에는 방빙 장치계통은 물론이고, 스크린이 있는 기관에서는 스크린과 스크린의 작동계통도 점검한다.

13.2.7 Exhaust 및 Reserver 시스템

1) Exhaust System

① 터빈을 통과한 배기가스를 엔진 외부로 효율적으로 배출하기 위한 일련의 장치를 의미
② 배기 duct와 배기 노즐
③ 배기 duct의 후방에는 배기 노즐로 배출되기 이전에 배출 가스의 속도를 증가시키고 터빈으로부터 나오는 가스 흐름을 한곳에 모으고 직선화하여 외부로 배출함으로써 엔진의 추력을 증가시킨다.

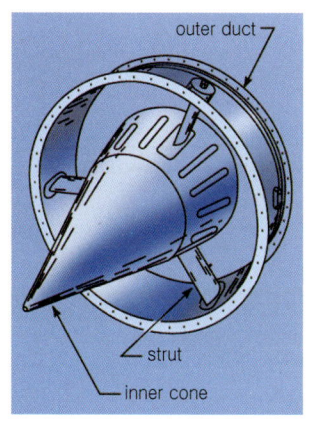 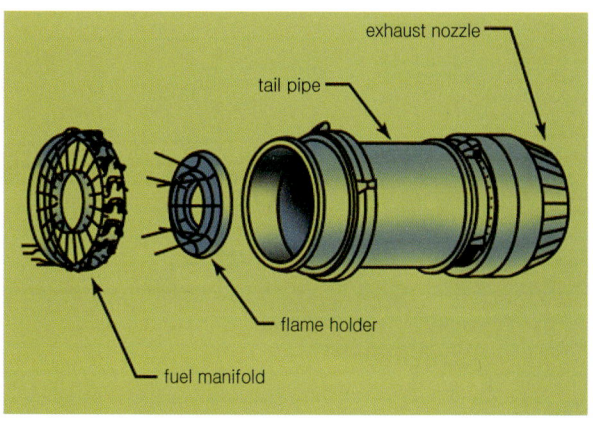

▲ 그림 13-34 터빈 엔진 배기계통

④ 원추형이나 실린더형의 형상
⑤ 터빈의 후반부에 tail cone과 strut를 포함
⑥ pressure probe(discharge pressure sensing), thermocouple(exhaust gas temperature)이 exhaust case에 장착

2) 수축형 배기 노즐(Convergent Exhaust Nozzle)
① 아음속 항공기용의 터보팬엔진, 터보 프롭 엔진에 사용
② 내부에는 원추형의 테일 콘이 장착되어 가스흐름통로 형성
③ 수축형 노즐에는 외부 압력과 노즐 내부 압력과의 비가 클수록 배기가스의 분출 속도는 빨라지지만 이 압력비가 약 1.9 정도가 되면 배기가스의 분출 속도는 음속에 달하고 그 이상 아무리 압력비가 증가하더라도 분출 속도는 일정하게 된다. 이같은 상태의 노즐을 choked nozzle이라 한다.

3) 수축-확산형 배기 노즐(Convergent-Divergent Exhaust Nozzle)
① 초음속 항공기에서 배기가스를 초음속으로 분출하기 위해 사용한다.
② 수축형 배기 노즐을 지나면서 압력의 감소, 가속도 에너지의 증가를 발생시킨다. 이렇게 해서 증가된 속도가 음속에 도달한 후, 확산형 노즐 부분을 통과할 때에는 초음속에 의한 압력 감소가 속도 에너지의 증가를 유발시킴으로써 duct 외부로 배출될 때에는 흡입 속도보다 속도가 증가한 분출 속도를 얻을 수 있다.
③ 가변 면적 배기 노즐(Variable Area Exhaust Nozzle) : 초음속 항공기에는 배기 노즐의 형상과 면적이 비행 속도와 엔진 출력에 맞추어 자동적으로 변화하는 가변 면적 배기 노즐이 사용된다.
④ Vectoring Exhaust Nozzle : 최근 전투기에 사용되고 있는 new type vectoring exhaust nozzle은 기존의 역추력 장치의 기능뿐만 아니라 배기가스의 배출 방향으로 조절함으로써 항공기의 기수를 상, 하로 움직임을 보완할 수 있는 장치로 일부 전투기의 배기계통에 이용되고 있다.

▲ 그림 13-35 가변 면적 배기 노즐

▲ 그림 13-36 vectoring exhaust nozzle

4) 역추력 장치(Trust Reverser)
① thrust reverser는 엔진 배기가스의 분출 방향을 역방향으로 변경하던가 또는 대부분 추력을 "0"으로 해서 기체의 제동력을 얻는 장치로 일반적으로 착륙후의 제동에 사용되고 있고 특히 접지(touch down)후의 항공기 속도가 빠른 시기에 효과가 있다.
② 그러나 항공기 속도가 늦어질 때까지 사용하면 배기가스가 엔진에 재흡입되어 reingestion stall을 일으키는 경우도 있다.

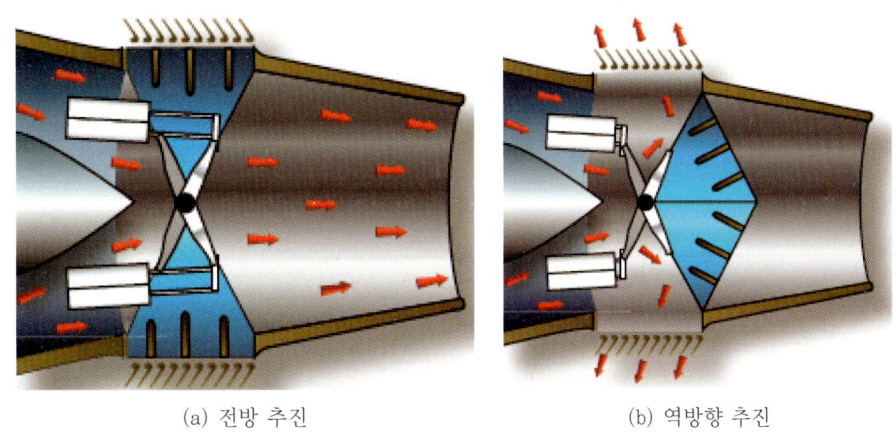

(a) 전방 추진   (b) 역방향 추진

▲ 그림 13-37 엔진 배기가스를 이용한 역추진 장치

③ 주로 fan reverser만을 장착
④ 동력으로는 엔진 bleed를 이용한 공기 압력식과 유압식이 사용되고 엔진 보기류 기어박스에서의 회전 동력을 직접 이용한 기계식도 있다.
⑤ 제트 항공기의 경우 역추력 장치에 따라 실제로 이용할 수 있는 역추력의 크기는 이륙 추력의 40~50% 정도다.

13.2.8 세척과 방부처리 절차

항공기의 세척과 부식처리는 정비 작업 중에서 기본적인 작업이지만, 즉각적인 피해의 결과가 나타나지 않기 때문에 소홀하게 취급하기 쉽다. 이것은 항공기의 수명에 가장 많은 영향을 끼치는 매우 중요한 정비요건이다. 모든 부품은 어느 경우에나 수리가 가능하고, 최악의 경우에는 새로운 부품으로 교환할 수 있지만, 항공기 기체 골격구조의 수리는 한계가 있으며, 어느 정도의 사용시간이 경과하면 더이상 수리나 구조 부재의 교환이 불가능하기 때문에, 항공기의 수명은 기체 골격구조의 수명과 일치한다. 따라서, 항공기 기체 골격구조는 오염되거나 부식되지 않는 최적의 상태로 항상 유지되어야 하므로, 세척과 부식처리는 기본적인 정비 중에서 단순하면서도 매우 중요한 정비사항이다.

1) 항공기 세척
   (1) 알칼리 세척법
      ① 세척 작업 시 위험성이 없으며, 세척효과가 좋기 때문에 광범위하게 활용되는 세척방법이다.
      ② 알카리세제(alkaline water base cleaning compound)는 농축 액체 세제와 분말 세제로 구분되는데, 이러한 세제는 독성과 인화성이 없으므로 페인트를 칠한 표면이나 무늬 표면을 변색시키거나 훼손시키지 않을 뿐만 아니라, 플라스틱 표면이나 고무제품에 대해서도 부작용을 일으키지 않는다.
      ③ 농축액체세제를 사용할 때의 혼합 비율은 세척 대상에 따라 달라진다.
      ④ 일반적인 표면을 세척할 때에는 세제와 물의 혼합비율을 1:7로 하고, 심하게 오염된 부위를 세척할 때에는 1:3으로 혼합한다.
      ⑤ 세척이 어려운 부위에는 희석을 하지 않고 농축 액체를 그대로 사용하기도 한다.
   (2) 솔벤트 세척법
      ① 솔벤트 세척법은 추운 날씨이거나 항공기가 심하게 오염되어 알카리 세척법으로 세척이 불가능할 경우 실시하는 세척법이다.
      ② 세척제로는 건식 세척용 솔벤트(dry cleaning solvent)를 사용하며, 주위 온도가 -6.7℃ 이하일 때에는 저온용 세제를 사용한다.
      ③ 건식 세척용 솔벤트는 산소와 혼합하면 고폭발성 혼합가스를 형성하므로 산소 저장탱크나 산소계통에는 사용하지 않는다.
      ④ 세척방법은 헝겊이나 스펀지에 솔벤트를 묻혀 세척 표면에 바르고, 약간의 시간이 지난 다음에 세척 표면을 잘 문지른다.
      ⑤ 이 때, 페인트를 칠한 표면이나 플라스틱, 전자장비 및 고무제품에 솔벤트를 너무 많이 칠하거나 솔벤트를 칠한 채 오랫동안 방치하면 그 부위가 손상을 입게 되므로 주의하여야 한다.
      ⑥ 솔벤트를 제거할 때에는 깨끗한 헝겊을 이용하여 닦아내며, 세척된 표면은 철저하게 건조시켜야 한다. 특히 기관이나 기관 격실(engine bay) 등의 장소에 있는 솔벤트는 송풍기나 저압력의 압축공기를 이용하여 증발시킬 수 있다.
2) 동력장치 세척(Powerplants Cleaning)
   ① 동력장치의 세척작업은 중요한 작업이며, 철저하게 수행하여야 한다. 공랭식 엔진의 그리스와 오염물질의 축적은 엔진 주위를 흐르는 공기의 냉각 효과를 차단하며 결함 발생 부분의 균열 및 결함을 감추는 역할을 한다.
   ② 엔진 세척작업을 할 경우에는 가능하면 카울을 오픈하거나 장탈하고 수행하여야 한다. 케로신 또는 솔벤트 스프레이를 이용하여 엔진 상부에서부터 엔진과 액세서리를 씻어내리며 일부 장소에서는 효과적인 세척작업을 위해 뻣뻣한 붓을 활용하기도 한다.
   ③ 로터 깃과 프로펠러를 세척하기 위해 깨끗한 물, 비누 그리고 승인된 세척용 솔벤트를 활용한다. 에칭(etching) 작업을 제외하고 가성의 물질은 프로펠러에 사용하면 안 된다.

④ 물 분사, 빗물 또는 공중의 부유물들은 프로펠러가 회전하는 동안 프로펠러 깃 앞의 전 부분을 때린다. 만약 적절한 예방 절차가 취해지지 않는다면 이곳에서 부식이 발생하고 급속하게 진행되어 패임 현상이 발생할 것이다.
⑤ 패인 곳은 앞전 부분이 부드러운 곡면이 만들어질 때까지 줄 작업으로 가공하는 사이 결함 부위의 사이즈가 커진다.
⑥ 철재 프로펠러 깃은 알루미늄 합금 깃보다 갈려나가는 현상과 부식에 대해 더 큰 저항력을 갖는다. 철재 프로펠러 깃은 매 비행 후 윤활유로 잘 닦아주고 관리해 준다면 오랫동안 동일하게 매끄러운 표면을 유지한다.
⑦ 산화의 위험이 있는 오일이 철재 프로펠러 깃에 발생한 균열(crack)에 남아있을 수 있기 때문에 주기적인 점검이 필요하고 이러한 결함은 쉽게 발견된다. 안전성을 고려해서 오일을 도포한 표면을 유지하는 것은 균열을 더욱 확실하게 구분할 수 있게 만든다.
⑧ 프로펠러 허브는 균열과 다른 결함을 발견하기 위해 주기적으로 점검하여야 한다. 허브가 깨끗하게 관리되지 않는다면 결함은 쉽게 발견할 수 없을 것이다. 철제 허브는 비누와 깨끗한 물, 그리고 인가된 클리닝 솔벤트를 헝겊 또는 브러쉬를 사용해 발라준다.
⑨ 도금 처리된 부분의 긁힘과 손상을 막기 위해 연마제와 공구의 사용은 피하도록 한다.
⑩ 고 광택이 요구되는 특별한 경우, 품질이 좋은 광택제의 사용을 권고한다. 광택 작업이 완료됨과 동시에 즉각적으로 잔여 광택제는 확실하게 제거되어야 하고 프로펠러 깃은 깨끗하게 닦은 후 엔진 오일을 발라 코팅시켜 준다.
⑪ 프로펠러의 부품들의 세척 후에는 남아있는 세척제를 즉시 완벽하게 제거하여야 한다.

3) 방부처리(Corrosion Control)

금속의 부식은 화학적인 작용이나 전기 화학적인 작용에 의한 금속의 노화 현상으로서, 금속의 표면에서 뿐만 아니라 내부에서도 발생할 수 있다. 금속으로 만든 부품에 부식이 발생되면 형태가 변화되고 재질이 약화되어, 부품이 손상되거나 파손될 우려가 있다.

부식의 형태는 금속에 따라 차이가 있는데, 알루미늄 합금과 마그네슘 합금의 부식은 회색 또는 흰색으로 된 분말 형태의 침전물을 남기며, 표면에 얽은 자국(pitting)과 식각(etching) 형태로 나타난다. 구리와 구리합금의 부식은 청록색의 피막을 형성하며, 철금속의 경우에는 붉은색의 녹이 슨다.

(1) 부식의 종류

① 표면부식(surface corrosion)은 금속 표면에 존재하는 수분에 의해 발생하는 부식으로서, 이 수분에 염분이나 오염물질이 함유되면 부식의 속도는 더욱 빨라진다. 이러한 부식은 식각이나 얼룩(staining) 혹은 얽은 자국의 형태로 나타난다.
② 동전기부식(galvanic corrosion, 이질금속 간 부식 : bimetal type corrosion, 이종금속 간 부식 : dissimilar metal corrosion)은 서로 다른 금속이 전해 물질에 노출될 때 전해작용에 의해 발생하는 부식이다. 이 부식은 두 금속 사이의 접촉면에 부식 퇴적물이 쌓이는 형태로 나타난다.

▲ 그림 13-38 표면부식

▲ 그림 13-39 동전기부식

③ 입자 간 부식(intergranular corrosion)은 주로 부적절한 열처리에 의해 발생되며, 항공기의 구조부재에 가장 큰 손상을 입히는 부식이다. 이 부식은 금속입자의 경계를 따라 진행이 되므로 초기 단계에서는 발견하기가 어려우나, 어느 정도 부식이 진행되면 부식된 부위가 부풀어오르며, 나뭇결 모양이나 섬유 조직의 형태로 나타난다. 이 부식은 비록 열처리가 잘 되었다고 하더라도 리벳 구멍으로부터 쉽게 시작되기도 한다.

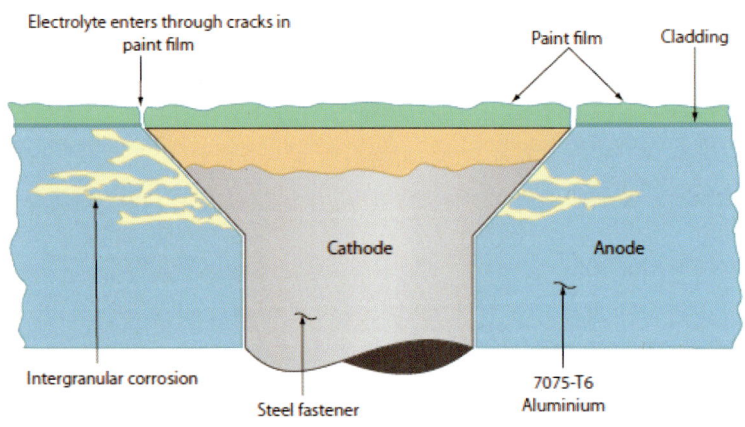

▲ 그림 13-40 입자 간 부식

④ 응력부식(stress corrosion)은 금속 재료가 인장 응력을 받거나 냉간 가공에 의한 내부 조직의 변화가 일어나 부식이 발생하는 것으로서, 주로 균열의 형태로 나타난다.
⑤ 마찰부식(fretting corrosion)은 두 금속 간의 접합면에서 미세한 부딪힘이 지속되는 상대운동에 의하여 발생하며 부식성의 침식에 의해 손상되는 형태로 나타난다. 마찰부식은 표면의 점식(pitting)과 가늘게 쪼개진 파편이 발생되는 특징을 가지고 있다.

▲ 그림 13-41 마찰부식

▲ 그림 13-42 터빈엔진 배기 부분

(2) 부식 발생이 쉬운 배기구 부분(Exhaust Trail Areas)
① 제트엔진이나 왕복엔진 모두 배기구 부분은 부식에 취약한 부분이며 배기가스 축적물로 인한 강한 부식 위험에 노출되어 있다.
② gap, seam, hinge, exhaust pipe 또는 nozzle 등이 포함되며 부식을 예방하기 위한 관심을 가져야 할 부분이다. 이러한 부분들은 구석구석 세밀한 점검을 위해서 점검창을 분리한 후 점검하여야 정확한 점검이 이루어질 수 있다.
③ 배기구로부터 떨어져 있는 꼬리쪽 동체 부분에 쌓인 배기가스 축적물들은 점검절차에서 제외되기 쉬우나 부식은 서서히 진행되어 큰 결함으로 나타날 수 있다는 사실을 기억하고 점검을 소홀하게 하지 않아야 한다.

(3) 부식 처리
① 부식이 생성된 경우에는 침식된 부위가 더 이상 확대되거나 손상을 받지 않도록 하기 위하여 신속히 부식을 제거하고, 적절한 방식의 조치를 강구한다. 먼저 부식된 부분을 세척하고, 도장된 부위를 벗겨 낸 다음에 부식 생성물을 철저하게 제거해야 한다.
② 부식이 완전히 제거되면 손상된 부분을 전기 도금이나 용융 금속을 분사시켜 원형을 재생하는 방법으로 부식 처리를 하거나, 화학적인 처리 방법에 의해 부식 처리를 해야 한다.
③ 화학적인 부식 처리 방법은 금속 표면에 내식성 피막을 형성시키는 방법으로서, 알루미늄의 경우에는 크롬산 용액으로 부식 처리를 하는 알로다인처리(alodine treatment)와 얇은 산화피막을 형성시키는 양극처리(anodizing) 등이 있다.
④ 마그네슘의 경우에도 크롬산용액으로 부식처리를 하는 다우처리(dow treatment)가 있으며, 철금속의 경우에는 산화물의 피막을 형성시키는 알카리 착색법(black oxidzing)과 인산염 피막을 형성시키는 파커라이징(parkerizing) 등이 있다.

13.2.9 보조동력장치계통(APU)의 기능과 작동

1) APU의 기능과 작동
① APU를 탑재하고 있는 항공기는 지상에서 엔진 또는 지상 장비의 보조 없이도 항공기에서 필요로 하는 동력을 확보할 수 있으며, 비행중 엔진 이상으로 충분한 동력을 얻지 못할 경

우 비행고도 제한 등의 조건이 있으나 APU를 작동함으로써 필요로 하는 동력을 확보할 수 있다.

② APU는 일반적으로 generator로부터 전력과 compressor로부터 bleed air를 각각의 항공기 electric power와 pneumatic power에 공급하며, 또한 hydraulic power는 전력 및 공압에 의해 유압펌프를 작동시켜 간접적으로 얻어진다. 이들 3종류의 동력에 의해 항공기 기내의 냉난방, 엔진의 시동 등 모든 장치 장비를 작동시키는 것이 가능하다.

③ APU는 일반적으로 동체 후방 및 landing gear bay에 장치하여 조종실에서 control되지만, 지상에서 APU 작동중 결함이 발생되어 정지시키고자 할 때 비상정지와 소화제의 사용은 지상 control panel에서도 가능하다.

2) 목적
 ① 비행중 엔진의 결함 시 APU가 보조
 ② 지상에서 정비 및 towing 시 지원

3) APU Gas Turbin Engine
 ① engine의 출력을 모두 축 출력으로 하여 compressor와 발전기를 구동
 ② engine의 회전속도는 항상 일정하게 설계(electric 주파수를 일정하게 하기 위해서)
 ③ load compressor는 pneumatic power를 위한 bleed air를 공급
 ④ EGT가 높아지거나 over speed의 경우 auto shut down
 ⑤ APU는 일정부분 이상 업무수행 불가, engine starting 시 bleed air가 필요할 때 generator의 힘을 끊어줄 수 있다.

4) Single Spool Type
 ① 특징 : compressor는 gas turbin engine의 compressor와 pneumatic power를 만드는 압축기의 두 가지 기능을 동시에 수행
 ② Power Control : 각종 부하에 따라 APU의 일정 회전수를 유지하도록 연료 흐름량을 조절
 ③ Electric Power : 일정 주파수의 electric power가 요구되기 때문에 100(±5%) RPM의 범위 내에서 구동되도록 조절
 ④ load control v/v로 pneumatic system에 약 48 PSI를 공급

5) Dual Spool Type
 ① variable turbin nozzle guide vane이 있고, 이 작동에 의해 회전속도(N1)를 조절한다.
 ② Elect Power : elect power는 축(N2)으로 구동되는 generator에 의해 공급된다.
 ③ 공기 동력원 : 압축공기는 저압 compressor로부터 bleed하여 공급한다.

13.2.10 엔진 손상관련 용어

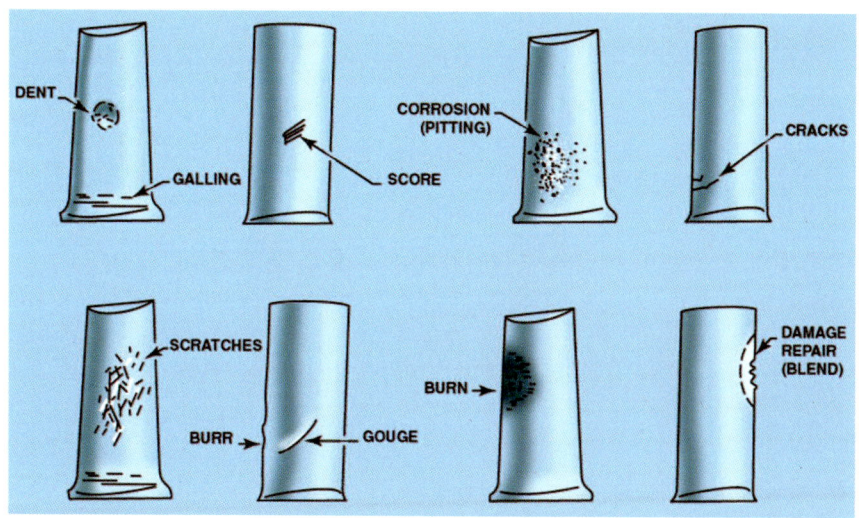

▲ 그림 13-43 turbine blade 손상

1) 구부러짐(Bow)

   깃의 끝이 구부러진 형태로서, 볼트, 너트, 돌 등 외부 물질의 유입에 의해 손상된 상태

2) 소손(Burning)

   국부적으로 색깔이 변했거나 심한 경우 재료가 떨어져 나간 형태로서, 과열에 의하여 손상된 상태

3) 마손(Burr)

   끝이 달아서 꺼칠꺼칠한 형태로서, 회전할 때 연마나 절삭에 의해 생긴 결함

4) 부식(Corrosion)

   표면이 움푹 팬 상태로서, 습기나 부식액에 의해 생긴 결함

5) 균열(Crack)

   부분적으로 갈라진 형태로서, 심한 충격이나 과부하 또는 과열이나 재료의 결함 등으로 생긴 손상 상태

6) 우그러짐(Dent)

   국부적으로 둥글게 우그러져 들어간 형태로서, 외부 물질에 부딪힘으로써 생긴 결함

7) 융착(Gall)

   접촉되어 있는 2개의 재료가 녹아서 다른 쪽에 눌어붙은 형태로서, 압력이 작용하는 부분의 심한 마찰에 의해서 생기는 결함

8) 가우징(Gouging)

재료가 찢어지거나 떨어져 없어진 상태로서, 비교적 큰 외부 물질에 부딪히거나 움직이는 두 물체가 서로 부딪혀서 생기는 결함

9) 신장(Growth)

길이가 늘어난 형태로서, 고온에서 원심력의 작용에 의하여 생기는 결함

10) 찍힘(Nick)

예리한 물체에 찍혀 표면이 예리하게 들어가거나 쪼개져 생긴 결함

11) 스코어(Score)

깊게 긁힌 형태로서, 표면이 예리한 물체와 닿았을 때 생기는 결함

12) 긁힘(Scratch)

좁게 긁힌 형태로서, 모래 등 작은 외부 물질의 유입에 의하여 생기는 결함

■ 작업형-발동기계통(피스톤 링 간격 측정 및 조절)

1. 소요 자재 및 공구
   ① 피스톤 링이 부착된 피스톤, 실린더 두께 게이지, 피스톤 링 게이지, 가는 평줄, 바이스, 피스톤 링 플라이어

2. 안전 및 유의사항
   ① 피스톤 링은 취성이 강하므로 떨어뜨리거나 부러지지 않도록 주의한다.
   ② 피스톤 링을 피스톤에서 떼어 내거나 피스톤에 끼울 때에는 반드시 피스톤 링 플라이어를 사용하고, 피스톤에 손상이 가지 않도록 해야 한다.
   ③ 피스톤 및 실린더를 다룰 때에는 떨어뜨리거나 손상을 입지 않도록 주의해야 한다.
   ④ 피스톤 및 실린더의 안쪽면을 마른 걸레로 깨끗이 닦아야 한다.
   ⑤ 피스톤 링을 빼냈다가 다시 끼울 때에는 반드시 원래의 위치에 원래의 방향(아래, 위)으로 끼워야 한다.

3. 실습 순서
   (1) 피스톤 링의 옆간극 측정
      ① 정비 지침서에서 각 피스톤 링의 옆간극(side clearance)의 크기를 찾아 기록해 둔다.
      ② 피스톤에서 링을 모두 빼낸 다음 피스톤 링과 피스톤 링이 들어갈 홈을 마른 걸레로 깨끗이 닦은 다음 다시 링을 끼운다.
      ③ 두께 게이지를 이용하여 피스톤 링 홈과 피스톤 링 사이의 간극을 측정하고 규정값과 비교한다. 이 때, 측정은 360° 방향 중 최소 4곳 이상에서 한다.
   (2) 피스톤 링의 끝 간격 측정
      ① 피스톤 링을 피스톤 링 게이지에 끼운다.
      ② 피스톤 링 게이지와 두께 게이지를 사용하여 피스톤 링의 끝 간격을 측정한다.
      ③ 피스톤 링 게이지가 없으면 피스톤 링이 없는 피스톤을 실린더에 끼운다.
      ④ 피스톤 링을 실린더의 플랜지에 밑에 끼운 다음, 피스톤을 밖으로 천천히 잡아당겨 피스톤 링이 실린더 벽에 수직이 되도록 한다.
      ⑤ 두께 게이지를 이용하여 피스톤 링의 끝 간격을 측정하고 규정값과 비교한다.

(3) 피스톤 링의 간극 조절

피스톤 링의 옆 간극이 규정값보다 클 때에는 피스톤 링을 교환하여야 하고, 규정값보다 작을 때에는 피스톤 링의 옆면을 래핑 콤파운드를 이용하여 래핑한다. 이 때, 피스톤 링은 지그에 고정하여 피스톤 이의 모든 면에 균일한 압력이 가해지도록 한다.

(4) 피스톤 링의 끝 간격 조절

피스톤 링의 끝 간극이 규정값보다 클 때에는 피스톤 링을 교환하여야 하고, 규정값보다 작을 때에는 피스톤 링의 끝을 가는 평줄과 바이스를 이용하여 조금씩 갈아낸다.

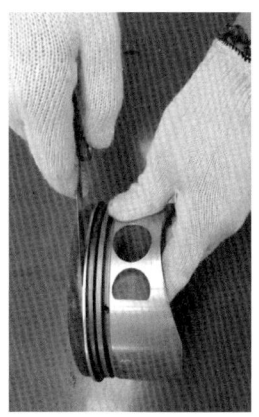  

▲ 그림 13-44 피스톤 링 옆간극 측정 ▲ 그림 13-45 피스톤 링 끝간극 측정 ▲ 그림 13-46 실린더 내경 측정

■ 작업형-발동기계통(실린더 내경 측정)

1. 소요 자재 및 공구
   ① 왕복기관 실린더, 실린더 보어 게이지 세트, 텔레스코핑 게이지, 내측 및 외측 마이크로미터, 샌드페이퍼(400번 이상), 일반 공구세트, 고무판이 덮인 작업대

2. 안전 및 유의 사항
   ① 실린더를 운반할 때에는 떨어뜨리지 않도록 주의해야 한다.
   ② 측정기구를 떨어뜨리지 않도록 주의해야 한다.
   ③ 측정기구를 사용할 때에는 무리한 힘을 주어서는 안 된다.
   ④ 측정기구를 정확한 방법으로 사용해야 한다.
   ⑤ 실린더 안쪽면을 깨끗이 닦아 오차가 생기지 않도록 해야 한다.
   ⑥ 측정기구는 사용 후 깨끗이 닦아서 보관한다.

3. 측정 작업 절차
   ① 실린더를 작업대에 위에 올려놓고 실린더 헤드가 아래로 가도록 세워 놓는다.
   ② 실린더 내면을 육안 검사하여 약간의 부식이나 긁힘이 있을 경우에는 고운 샌드페이퍼(400번 이상)로 갈아 낸 다음 걸레로 깨끗이 닦아 낸다.
   ③ 실린더의 스커트 부분에서 내측 마이크로미터와 텔레스코핑 게이지를 이용하여 안지름을 네 방향에서 측정하여 기록한다.
   ④ 측정한 측정값의 평균을 내어 표준 안지름을 구한다.
   ⑤ 실린더 보어 게이지를 실린더 스커트 부분에 넣고 게이지의 바닥을 실린더 벽에 밀착시킨 다음, 다이얼 게이지의 눈금판을 돌려 "0"점을 맞춘다.

⑥ 실린더 보어 게이지의 바닥을 실린더 벽에 밀착시킨 채로 게이지를 실린더 길이방향으로 움직이면서 정해 놓은 위치마다 바늘의 움직인 방향을 기록한다.
⑦ 실린더 게이지의 측정 방향을 45°씩 회전시켜 8번 측정하고 기록한다.
⑧ 아메스형 실린더 게이지로 측정할 수 없는 실린더 헤드 쪽 깊은 부분은 칼마형 실린더 게이지를 사용하여 안지름을 측정한다.
⑨ 위에서 기록한 측정값을 이용하여 실린더 길이 방향의 정해진 위치에서 진원에서 벗어난 값(out-of-roundness)을 계산한다.
⑩ 길이 방향으로 최대 안지름값과 표준 안지름을 비교하여 최대 마멸값을 구한다.
⑪ 위에서 구한 진원에서 벗어난 값, 즉 최대 마멸값을 오버홀 지침서에 규정된 값과 비교하고 오버사이즈를 정한다. 오버사이즈는 마멸에 의해 타원이 되었던 실린더를 보링 및 호닝에 의하여 진원으로 만들기 위해 깎아내야 할 값이다.

4. 관계 지식
① 실린더 동체가 질화처리(표면 경화) 또는 크롬 도금이 되었는지를 오버홀 지침서를 참고하여 실린더 벽을 연마한다.
② 질화처리된 실린더 동체는 0.254mm 이하의 오버사이즈로 연마하여 경화된 표면이 연마되지 않도록 한다.
③ 크롬 도금된 실린더 동체가 규정값 이상 마멸되었을 때에는 화학 처리로 도금을 벗겨 내고 표준 안지름으로 다시 도금 한다.
④ 기관을 처음 오버홀 할 때에는 보통 세척 후의 검사, 밸브의 연마와 래핑, 호닝에 의한 실린더 벽의 윤내기 정도이다.
⑤ 그러나 몇 번 오버홀을 한 실린더는 실린더 동체를 오버사이즈로 보링하거나 표준 안지름으로 만들기 위하여 크롬 도금한 뒤에 연마한다.
⑥ 오버사이즈 표지는 실린더 동체의 바깥 실린더 플랜지 바로 위에 색깔로 띠를 둘러 표시한다.
⑦ 표준 오버사이즈의 크기와 색깔의 표지는 다음과 같다.
  - 0.254mm(0.010 inch) : 초록색
  - 0.381mm(0.015 inch) : 노랑색
  - 0.508mm(0.020 inch) : 빨강색
  - 표준 크롬도금 : 주황색

14 항공기 취급

14.1 시운전 절차(Engine Run Up) → 터보팬 엔진(Turbofan Engine)

14.1.1 시동절차 개요 및 준비사항

14.1.1.1 Engine Run-up 중 접근 방법

1) 지상에서 engine run-up시 engine air intake 주위와 engine 후방의 exhaust gas 배출 부근에는 매우 위험하므로 함부로 접근하지 않아야 한다.
2) 저속 운전(Idle RPM) 시에만 허용된 부분으로 접근할 수 있다.
3) engine 외부 측면 또는 항공기 동체를 따라 안쪽 측면으로 접근한다.

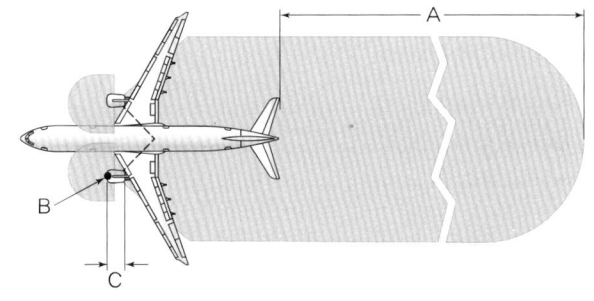
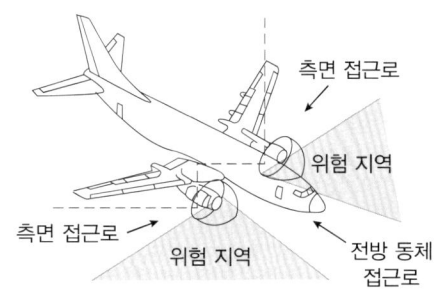

추력의 종류	A (배기 부분)	B (공기 흡입구)	C (엔진 측면)
완속 추력(idle power)	30m	2.7m	1.2m
이륙 추력(take-off power)	579m	4.0m	1.5m

▲ 그림 14-1 B-737 Aircraft Engine Run-up Hazard Area

14.1.1.2 안전 준수 사항

1) 항공기 해당 기종의 manual 절차를 준수한다.
2) engine starting 전에 fire warning 장치 및 소화기 계통 작동상태를 확인한다.
3) engine air intake 부분의 FOD(foreign object debris) 유무를 점검한다.
4) engine 내부 화재 시 fuel valve를 즉시 차단 후 dry motoring을 실시한다.
5) RPM, EGT, oil pressure, fuel flow 등의 지시값이 한계를 유지하는지 확인한다.
6) 지상 감시자의 위치를 확인하고, 상호 통신 수단(interphone 등)을 구축한다.

7) parking brake setting 및 tire에 chock를 설치한다.
8) 항공기의 무게중심이 주어진 범위 내에 있도록 한다.
9) 항공기 전체의 무게가 주어진 값 이상이 되도록 한다.
10) 최대 추력으로 운전하지 않는 다른 engine은 권고된 추력 이내로 작동한다.
11) ignition plug, borescope plug, hot section용 bolt 장착 시에는 anti-seizing compound를 바른다.
12) 화재 발생에 대비하여 소화기를 비치한다.
13) 항공기를 시동 장소에 주기시킬 때에는 기수를 바람 부는 방향으로 향하도록 위치시킨다.
14) oil tank와 starter 및 generator의 oil양이 충분한지 점검한다.

14.1.1.3 Engine Performance Indicator

1) N_1 RPM indicator : 저압 압축기의 백분율 회전속도, % RPM으로 지시
2) N_2 RPM indicator : 고압 압축기의 백분율 회전속도, % RPM으로 지시
3) fuel flow indicator : 연료 소모량 및 엔진 성능 상태 점검에 활용(kg/h 또는 PPH 단위로 지시)
4) EGT(exhaust gas temperature) indicator : thermocouple을 사용하여 turbine 출구 온도 지시
5) EPR(engine pressure ratio) indicator : compressure 흡입압력과 turbine 출구 압력의 비를 지시(엔진 추력 지시)
6) oil pressure indicator : oil pump의 배출 압력을 지시(oil 계통의 작동상태 판단 가능)
7) oil temperature indicator : oil pump inlet 부분의 oil 온도 지시(oil cooler의 작동상태 판단 가능)
8) fuel temperature indicator : fuel nozzle에 공급되는 연료의 온도 지시
9) engine vibration indicator : 엔진의 진동상태 지시(engine compressure 등의 정상 작동상태 판단 가능)

14.1.1.4 건식 모터링(Dry Motoring) 절차

1) 엔진 정비 후 또는 엔진의 결함 발생 시에 수행하며, 액체의 누설 여부 및 기능 점검을 위해 실시한다.
2) 습식 모터링 점검을 한 다음 연소실의 연료를 배출하기 위해 건식 모터링을 반드시 실시한다.
3) 시동 전 모든 안전 상태를 점검한다.
4) 항공기 기종별 차이가 있으나 일반적으로 다음과 같이 엔진 작동에 필요한 스위치 및 throttle lever를 위치시킨다.
   ① ignition s/w "off"
   ② fuel shut-off lever "off"
   ③ fuel booster pump "on"
   ④ throttle "idle"

5) 시동기를 작동하여 엔진 회전과 오일 압력(oil pressure)의 정상 지시를 위해 점검에 필요한 만큼 회전시킨다.
6) 시동기를 "off"하고 아래 사항을 점검한다.
   ① 엔진의 소음이 있는지 확인한다(만일, 금속이 닿는 마찰음이 들릴 경우 즉시 엔진을 정지시키고 원인을 찾아 수정작업을 실시한다).
   ② 연료 및 오일 계통의 각종 구성품과 연결부분에서 누설이 있는지 점검한다.
   ③ 오일량을 확인한다.

14.1.1.5 습식 모터링(Wet Motoring) 절차
1) 연료계통의 부분품 교환 작업 후 또는 연료계통의 고장탐구 작업에 필요한 점검이다.
2) 엔진 작동에 필요한 작동 절차는 건식 모터링과 동일하다.
3) 시동기를 작동하여 엔진이 약 10% RPM까지 상승하면 fuel shut-off lever를 "on"하고, fuel flow indicator를 확인한다.
4) 연료 흐름이 약 500~600 PPH 또는 약 60초간 엔진을 계속 모터링하면서 엔진 RPM을 주시한다.
5) fuel shut-off lever를 "off" 위치로 하고 연소실에서 연료가 완전히 증발될 때까지 최소 30초 이상 엔진을 회전시킨 다음 연료 흐름이 "0"으로 떨어지는 것을 확인한다.
6) 시동기를 끄고 건식 모터링 점검과 같이 엔진에서 소음이 나는지 확인한다.
7) 연료 및 오일 계통의 각종 구성품과 연결부분에서 누설이 있는지 점검한다.
8) 오일량을 확인한다.

14.1.2 시운전 실시(Starting a Turbofan Engine)
1) Preparation
   ① 항공기를 이물질이 없는 깨끗한 곳에 주기한다.
   ② 항공기의 모든 tire에 chock를 위치시킨다.
   ③ engine air intake의 아래와 주변과 turbine/fan의 배출구에 공구나 이물질이 없는지 점검한다.
   ④ 항공기에 전원(electrical power)을 공급한다.
   ⑤ 연료 탱크와 유압 탱크에 충분한 양의 연료와 유압유가 있는지 점검한다.
   ⑥ parking brake를 set(on) 시킨다.
   ⑦ oil tank와 starter 및 generator의 oil 양이 충분한지 점검한다.
   ⑧ thrust reverser와 cowl의 close 상태를 확인한다.
   ⑨ 조종실에 있는 엔진 작동 관련 lever 위치를 확인한다.
      ㉮ thrust lever : idle 위치
      ㉯ thrust reverser lever : stow 위치
      ㉰ starting lever : "cut-off" 위치

⑩ 엔진 시동관련 S/W들이 아래와 같이 제 위치에 있는지 점검한다.
 ㉮ battery s/w : "on"
 ㉯ 지상 전원 공급 s/w(지상 전원 사용 시) : "on"
 ㉰ fuel pump s/w : "off"
 ㉱ anti-icing s/w : "off"
 ㉲ HYD' pump s/w : "off"
⑪ 화재 경보장치와 소화계통이 정상적으로 작동하는지 시험한다.

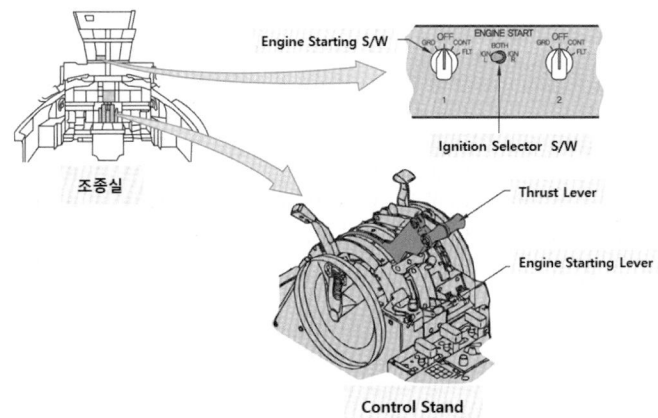

▲ 그림 14-2 Turbofan Engine Control Stand

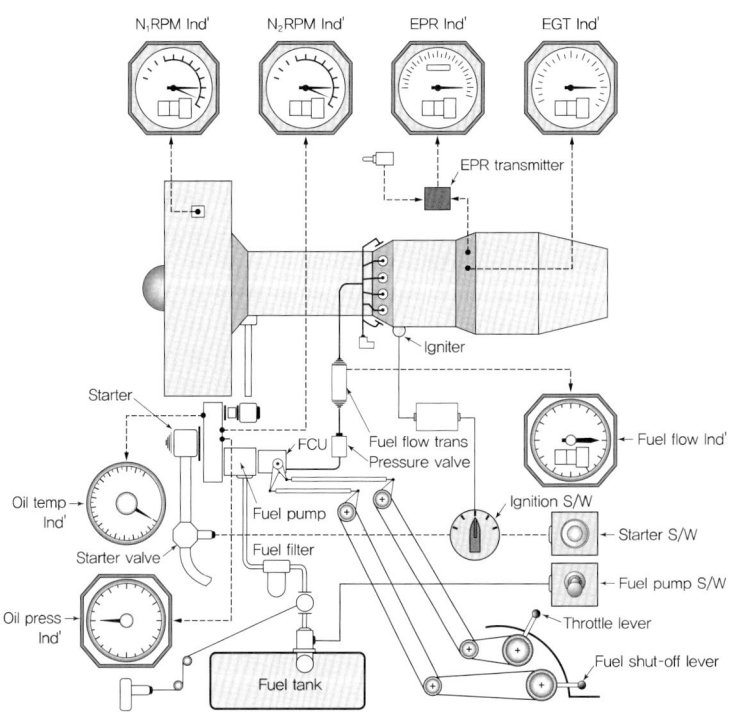

▲ 그림 14-3 Turbofan Engine Operating Schematic

2) Engine Run-up Procedure(APU 사용 시)

① APU를 시동한 후 pneumatic valve를 "open"하여 공기 압력이 30PSI 이상 되는지 확인한다.
② fuel pump와 HYD' pump s/w를 "on" 위치에 놓는다.
③ 점화 스위치(ignition s/w)를 원하는 위치(L, R 또는 BOTH)에 놓는다.
④ starter s/w를 "off" 위치에서 "GRD" 위치로 전환시키면, starter valve "open" light가 켜지면서 starter valve가 열리고, 동시에 APU로부터 starter valve로 공기가 들어간다.
⑤ N_2 RPM 계기가 회전을 시작하고, oil pressure가 서서히 증가하는지 확인한다.
⑥ N_2 회전속도가 25% RPM에 도달하면, starter lever를 "cut-off"에서 "idle" 위치에 놓고, fuel flow가 증가하면서 EGT가 상승하는지 확인한다.
⑦ 지상 감시자를 통해 N_1 회전자가 CCW(counter clock wise : 시계 반대 방향) 방향으로 회전하기 시작하는지 확인한다.
⑧ 이때부터 점화가 시작되는 시기이므로, 점화되기까지 LPC 회전속도 N_1, HPC 회전속도 N_2, EGT, oil pressure 및 fuel flow 계기를 관찰한다.
⑨ 2~3초 경과 후, 점화되는 순간부터 idle RPM까지 도달하는 동안에 각종 계기 지시 상태를 아래 표의 규정 범위 내에 있는지 관찰한다.

▼ 표 14-1 Turbofan Engine Run-up 시 각종 계기 정상 작동 범위

항 목	점화 시	저속(Idle) 시
EGT(배기 가스 온도)	725℃	450~650℃
N_1(저압 압축기 회전속도)	6%에서 상승	약 21.5%
N_2(고압 압축기 회전속도)	25%에서 상승	약 60%
Oil Pressure	약간씩 상승	13~35PSI
Fuel Flow	기관이 시동하는 동안 400~1,000PPH 유지	550~950PPH
Low Oil Pressure Warning Light	압력이 증가하면서 15PSI 부근에서 OFF	OFF
CSD Low Oil Pressure Warning Light	OFF	OFF
Oil Temperature	약간의 온도 상승	최고 160℃

※ 주기 : 위 표의 정상 작동 범위는 일부 특정 항공기 엔진 형식에 대한 내용으로 항공기 기종별 엔진 형식에 따라 차이가 있으므로 해당 항공기 Engine Manual 참고할 것

3) Engine Shut-down

① engine thrust lever를 idle에 위치시키고 최소 3분간 냉기 운전을 실시한다.
② APU를 시동하여 공기를 공급한다(이 절차는 engine 정지 도중 engine 내부에서 화재가 발생하면 dry motoring을 신속하게 수행하기 위한 준비과정이다).

③ starter lever를 "cut-off" 위치에 놓고 engine을 정지시키면 EGT, fuel flow는 급격하게 감소하고, N_1은 자연스럽게 감소하는지 점검한다.
④ fuel pump s/w를 "off" 위치에 놓는다.

14.1.3 시운전 도중 비상사태 발생(화재 등) 시 응급조치 방법

14.1.3.1 가스터빈 엔진 화재 시 조치사항(Ground Operation Engine Fire)

1) 만약 엔진 시동 시 엔진 화재가 일어나거나 화재 경고등이 켜지면 fuel cut-off lever를 "off" 위치로 이동시킨 후 엔진에서 화재가 소멸될 때까지 dry motoring을 계속한다.
2) 만약 dry motoring으로 화재를 진압할 수 없으면, 엔진이 dry motoring되는 동안 이산화탄소를 air inlet duct 안으로 방출시킨다.
3) 그래도 화재가 진압되지 않고 계속 이어진다면 모든 스위치를 안전한 위치로 놓고 항공기를 떠난 후 후속 조치를 취해야 한다.

14.1.3.2 왕복엔진 화재 진화(Extinguishing Engine Fires)

1) 어떠한 경우라도 화재감시원은 항공기 엔진이 시동되고 있는 동안에는 CO_2 소화기 옆에서 대기하여야 한다.
2) 화재감시원은 화재가 발생하면 화재진압을 위하여 엔진 공기흡입구를 향하여 CO_2를 분사할 수 있도록 엔진 흡입계통(induction system)에 대하여 잘 알고 있어야 한다.
3) 화재는 실린더에서 점화되고 있는 액체연료에서부터 엔진 배기계통(exhaust system)에 이르기까지 다양하게 일어날 수 있으므로 엔진이 정상적으로 회전되고 있을 때에도 분사될 수 있어야 한다.
4) 엔진 화재가 시동 중에 발생되었을 경우에는 엔진시동을 계속하여 불꽃을 불어내도록 하여야 한다.
5) 만약 엔진이 시동은 걸리지 않고 화재가 지속된다면 시동을 중지한다.
6) 화재감시원은 이용할 수 있는 장비를 사용하여 화재를 진화시켜야 하며, 시동 중 대기 상태에서 항상 안전사항을 관찰하여야 한다.

14.1.3.3 엔진의 비정상적인 작동

1) 성공적인 시동을 최초로 인지할 수 있는 방법은 배기가스 온도의 상승이며, 몇 가지 엔진의 비정상적인 작동을 소개하면 아래와 같다.
2) 과열 시동(hot start)은 엔진 시동 시 배기가스 온도가 허용한계치를 초과하는 현상을 말한다. 연료조정장치의 고장이나, 결빙, 그리고 압축기의 실속 등에 의한 압축공기 흐름의 이상에 의해 발생된다. 엔진시동 시 배기가스 온도의 증가를 면밀히 감시해야 하며 과열시동의 징후가 나타나거나 과열시동 발생 시 시동을 중단한다. 엔진제작사는 과열상태에 대해 초과된 시간과 초과된 온도의 관계에 따라 조치사항의 기준을 명시한다.

3) 결핍 시동(hung starting)은 엔진이 규정된 시간 안에 아이들 회전수까지 도달되지 못하고 낮은 회전수에 머물러 있는 현상을 말한다. 이 현상은 배기가스 온도가 계속 상승하기 때문에 허용한계온도 도달 전에 시동을 중단시켜야 한다.
4) 시동 불능(not start)은 엔진이 규정된 시간 안에, 엔진에 따라 다르지만 약 10초간 시동되지 못하는 것을 말한다. 이 현상은 엔진 회전수나 배기가스 온도가 상승하지 않는 것으로 판단할 수 있다. 시동 불능의 원인으로는 시동기의 고장, 점화계통의 고장, 연료조정장치의 고장, 연료흐름의 막힘 등을 꼽을 수 있다.

14.1.3.4 엔진 시동 실패(Engine will not Start)

1) 엔진이 규정된 제한시간 내에 시동되지 않는 경우를 말한다. 주요 원인들로는 엔진으로 들어가는 연료의 부족, 점화계통의 exciter 고장, 전력이 불충분하거나 전혀 공급되지 않는 경우 또는 부정확한 연료혼합기 등을 들 수 있다.
2) 시동실패의 경우에도 엔진은 정지되어야 한다.
3) 모든 불안정한 시동상태에서는 연료와 점화계통은 차단되어야 한다.
4) 엔진에 잔류된 연료를 제거하기 위하여 약 15초 동안 dry motoring을 실시하여야 한다.
5) 엔진을 dry motoring 할 수 없는 경우에는 재시동을 시도하기 전에 30초간 연료유출 기간을 두어야한다.

14.1.3.5 고장 탐구(Trouble Shooting)

고장 상태	고장 원인	수정 사항
시동 불능	1. 시동기 공기 밸브의 결함 2. 압축기 로터, 시동기, 기어박스 등의 고장 3. 오일압력 및 배유펌프의 고장 4. 연료공급 계통의 고장 5. FOD에 의한 손상 6. 주 베어링의 파손	1. 제작회사에서 발행한 엔진 작동교범을 참고하여 정상적으로 절차를 수행한다. 2. 시동기 계통과 기어박스를 점검하고 결함이 발견되면 수정한다. 3. 오일공급 및 귀유계통 점검하고 결함이 발견되면 수정한다. 4. 연료공급 계통 점검, 결함 발견 시 수정한다.
시동 시 엔진이 저속으로 회전하거나 가속이 늦을 때	1. 연료계통 S/W 결함 2. 시동기의 공기압 낮을 때 3. 공기 시동기 밸브의 고장 4. 압축기, Fan Blade Air Seal 결함 5. 엔진 내부의 고장	1. 연료계통 Selector S/W가 "ALERT" 위치에 있으면 "MAIN" 위치에 놓는다. 2. 시동기 공기압을 확인한다. 3. 가속 시간이 너무 빠르거나 느리지 않은지 가속 시간을 점검한다. 4. 압축기 부분 및 엔진 내부의 상태를 Borescope 검사한다.
Surge가 발생할 때	연료 조절기(FCU : Fuel Control Unit) 결함	1. FCU를 조절하고, 결함이 계속되면 교환한다. 2. 연료공급 계통 Vapor Lock 현상인지 점검한다.
엔진의 오일 압력이 낮을 때	1. 오일 펌프의 결함 2. 펌프 공급계통의 높은 저항 3. 오일탱크 안의 오일 부족 4. 오일계통 내의 오일 누설	정비 교범을 참고하여 결함 부품 교환 또는 오일을 보급한다.

고장 상태	고장 원인	수정 사항
엔진에 진동이 있을 때	1. 엔진 전체 진동 2. 엔진 전방 부분 진동 3. 엔진 후방 부분 진동	1. 기관의 장착상태를 확인한다. 2. Compressure Blade의 FOD 현상을 Borescope을 검사한다. 3. Turbine Blade의 IOD 및 열에 의한 손상 현상이 없는지 Borescope을 검사한다. 4. Compressure와 Turbine을 평형 검사한다. 5. 엔진의 진동은 엔진 수명뿐만 아니라 기체의 수명과도 관계가 있기 때문에 대단히 중요하다.
시동 시 연료가 흐르지 않을 때	1. Fuel Pump Shaft의 절단 또는 입구 막힘 2. Fuel Line의 Vaper Lock 3. Fuel Shut-off 계통의 고장 4. FCU의 고장	정비 교범을 참고하여 결함 부품 교환 또는 Fuel Line을 점검한다.
엔진 내부에 잡음이 있을 때	1. 부품 및 엔진 조립의 결함	엔진 내부에서 잡음(Noise)을 일으킬 수 있는 곳은 Compressor Rotor, Compressor Blade와 Casing Shroud, Bearing, Turbine Blade와 Casing Shroud이며, 잡음을 제거하기 위해서는 잡음의 원인이 되는 곳을 확실하게 규명하여 정비교범에 따라 교정한다.
배기가스온도(EGT)가 최대 한계를 넘을 때	1. EGT 계기의 결함 2. 최대 Motoring 속도가 낮을 때 3. 가변정익베인(Variable Stator Vane)의 Rigging 불량 4. 가변바이패스밸브(Variable By-pass Valve)의 부정확한 작동 5. 압축기 Rotor Blade 또는 Stator Vane의 손상 6. FCU의 결함에 의한 과도한 연료 흐름 7. Compressor Inlet Temperature Sensor의 고장	1. 배기 노즐이 너무 작은지 점검한다. 2. Thermocouple을 Jetcal Tester로 점검한다. 3. Turbine Shroud Ring 간격이 적절한지 점검한다. 4. 연소실 내부와 Transition Liner의 상태를 점검하고, Turbine Nozzle 면적이 너무 크지 않은지 점검한다. 5. Compressor Blade가 부식되었거나 오염되지 않았는지 점검한다. 6. 연료 공급량이 많은지 FCU를 점검한다. 7. Fuel Nozzle의 분사 상태를 점검한다.
엔진 회전속도의 변화가 심할 때	1. 회전계(RPM 계기)의 고장 2. Fuel Booster Pressure 불안정 시 3. Variable Stator Vane의 Rigging 불량 4. Variable By-pass Valve의 Schedule이 부정확할 때	정비교범을 참고하여 결함이 있는 부품은 교환하고 정확한 Rigging 및 Schedule을 확인한다.

14.1.4 시운전 종료 후 마무리 작업절차

1) engine 외부 상태를 점검하여 연결 fitting, bolt, nut의 loose 여부를 확인한다.
2) engine exhaust에 oil leakage 흔적을 점검한다.
3) heat exchanger 배출 plug를 떼어내고 fuel leakage 흔적을 점검한다.

4) oil 계통의 oil filter를 점검한다.
5) fuel line의 fuel filter를 점검한다.
6) magnetic chip detector를 점검한다.
7) 필요 시 compressor와 turbine 내부를 borescope 검사를 실시한다.
8) 각종 electric line, sensing line, fuel & oil line, pneumatic line 상태를 점검한다.

14.2 동절기 취급절차

14.2.1 제빙유 종류 및 취급 요령(주의사항)

1) 제빙액
   ① 제빙액의 사용은 지속시간, 공기역학적 성능, 그리고 재료적합성에 의해 허용되어야 한다. 또한, 제빙액의 색상은 표준화되어 있다.
   ② 일반적으로 글리콜(glycol)은 무색이며 Type-Ⅰ 제빙액은 오렌지, Type-Ⅱ 제빙액은 백색/엷은 황색, Type-Ⅳ 제빙액은 녹색이며 Type-Ⅲ 제빙액의 색상은 미정이다.

14.2.2 제빙유 사용법(지속시간, HOT, Holdover Time)

① 지속시간은 서리 또는 얼음의 생성과 눈의 축적을 방지할 수 있는 제빙·방빙액의 효능이 지속되는 예상시간이다. 표 14-2에서는 Type-Ⅳ 제빙액에 대한 지속시간표를 보여준다.

▼ 표 14-2 결빙 지속시간 지침(FAA Type-Ⅳ)

FAA Type IV 제빙 지속시간 지침									
OAT와 기상조건에 따른 SAE Type IV 혼합물의 예상 지속시간 지침									
CAUTION : 본 Table은 이륙계획을 위한 것이며 이륙전 점검 절차와 함께 적용되어야 한다.									
OAT		SAE Type IV농도/맑은 물 (vol.%/vol.%)	다양한 기상상태에 따른 대략적인 지속시간(시간:분)						
℃	°F		서리*	결빙성 안개	눈△	결빙성 이슬비**	가벼운 결빙성 비	차가운 비에 젖은 날개	기타*
0이하	32이상	100/0	18:00	1:05-2:15	0:35-1:05	0:40-1:10	0:25-0:40	0:10-0:50	
		75/25	6:00	1:05-1:45	0:30-1:05	0:35-0:50	0:15-0:30	0:05-0:35	
		50/50	4:00	0:15-0:35	0:05-0:20	0:10-0:20	0:05-0:10		CAUTION: 제빙 지속시간 지침 없음
0~-3	32~27	100/0	12:00	1:05-2:15	0:30-0:55	0:40-1:10	0:15-0:40	CAUTION: 출발확인을 위해 결빙 세척이 요구될 수 있다.	
		75/25	5:00	1:05-2:15	0:25-0:50	0:35-0:50	0:15-0:30		
		50/50	3:00	1:15-0:35	0:05-0:15	0:10-0:20	0:05-0:15		
-3~-14이하	27~7이하	100/0	12:00	0:20-0:50	0:20-0:40	**0:20-0:45	**0:10-0:25		
		75/25	5:00	0:25-0:50	0:15-0:25	**0:15-0:30	**0:10-0:20		

-14~-25이하	7~-13이하	100/0	12:00	0:15-0:40	0:15-0:30	
-25이하	-13이하	100/0				SAE type IV 액체의 어느점이 외기보다 최소 7 ℃(13 °F)이하이고 공기역학적인 허용기준을 충족할 때 -25 ℃(-13 °F)이하에서 사용할 수 있다. SAE type IV.액체가 사용불가 할 때는 SAE type I 사용을 검토하라.
℃ = Celsius 온도 °F = Fahrenheit 온도 OAT= 외부공기 온도 VOL = 부피		본 자료의 적용에 관한 책임은 사용자에게 있다. * 활동성 서리를 위한 항공기 보호에 적용되는 상황 ** -10℃(14°F) 이하에서는 제빙 지속시간을 위한 가이드라인이 없음 *** 결빙성 진눈깨비의 명확한 식별이 불가하면 가벼운 어름비의 제빙 지속시간을 적용하라. †† 눈알갱이, 싸락눈, 대설, 중간 또는 강한 어름비, 우박 △ 눈은 싸락눈을 포함한다. CAUTIONS: ● 강한 강수 또는 강한 수분함량과 같은 악천후 상황에서 지속시간은 줄어든다. ● 강풍 또는 엔진후류는 지속시간을 가장 낮은 시간 범위로 줄인다. ● 항공기 Skin 온도가 외부공기 온도보다 낮으면 지속시간이 감소할 수 있다.				

* 출처 Aviation Maintenance Technician Handbook-Airframe(2012)

14.2.3 제빙작업 필요성 및 절차(작업안전 수칙 등)

14.2.3.1 필요성

1) 강우 또는 강설과 고고도에서 장시간 비행 시 연료탱크의 서리생성 또는 눈 위를 활주 시 항공기 바퀴다리에 얼음이 존재할 수 있다. 항공기 이륙 이전에 날개, 비행 조종면, 프로펠러, 엔진 흡입구 또는 중요한 작동면에 결빙된 오염물질이 없어야 한다.

2) 항공기 외부에 얼음, 눈, 또는 서리가 끈끈하게 달라붙어 있으면 항공기 성능에 심각한 영향을 주게 된다. 날개골 표면 위에 교란된 공기흐름으로 양력이 감소하고 항공기 무게의 증가로 불평형상태가 발생한다. 또한, 항공기 작동 시 조종장치, 힌지, 밸브, 마이크로 스위치에 있는 습기의 결빙으로 인한 영향과 엔진 내부로의 얼음 흡입으로 인해 F.O.D(foreign object damage) 가능성이 있다.

3) 격납고 내에서 눈 또는 서리를 제거 후 건조 전에 영하의 온도에서 이동하면 재결빙된다. 따라서 흘러내린 물의 재결빙 방지 조치를 취해야 한다.

14.2.3.2 작업절차

1) 처리하기 가장 어려운 부착물은 외기 온도가 약간 빙점 이상일 때 많이 쌓인 젖은 눈이다. 이러한 눈은 부드러운 솔 또는 고무청소기(squeegee)로 제거되어져야 한다.

2) 눈에 의해 보이지 않는 안테나, 배출구(vent), 실속경고장치(stall warning device), 와류발생장치(vortex generator) 등에 손상을 피하도록 주의하여 사용한다.

3) 영하의 온도에서 적게 내린 마른눈(snow)은 가능하다면 불어날려 보내야 한다. 뜨거운 공기로 녹이면 녹은 물의 일부가 다시 얼어서 더 많은 작업을 필요로 하게 될 수 있다.

4) 보통의 또는 다량의 얼음과 잔류적설(residual snow deposit)은 제빙액(deicing fluid)으로 제거되어야 한다. 얼어붙은 얼음덩어리를 제거하기 위하여 무리하게 힘을 가하여 깨뜨리고 하지 않아야 한다.
5) 제빙작업의 완료 후, 비행에 안전한지를 확인하기 위해 항공기를 검사한다.
6) 모든 외부 표면은 잔류 눈 또는 잔류얼음의 징후에 대해, 특히 조종장치 틈(gap)과 조종장치 힌지(hinge) 부근에서 철저하게 검사하여야 한다.
7) 배수구(drain port)와 압력감지포트(pressure sensing port)에 대해 점검한다.
8) 쌓인 눈을 물리적으로 제거할 필요가 있을 때, 모든 돌출부위와 배출구(vent)가 손상되지 않았는지 검사하여야 한다.
9) 조종익면(control surface)은 작동범위에서 자유롭게 작동이 가능한지를 확인하기 위하여 움직여보아야 한다.
10) 착륙장치의 기계장치(mechanism), 도어와 칸(bay), 그리고 브레이크는 눈 또는 얼음이 부착되어 있지 않은지 검사되어야 하고 up-lock과 마이크로 스위치의 작동에 대해 검사되어야 한다.
11) 눈 또는 얼음은 터빈엔진공기흡입구에 들어갈 수 있으며 압축기 안에서 결빙될 수 있다. 만약 압축기가 이러한 이유로서 회전하지 않는다면, 회전이 자유로울 때까지 엔진을 통해 뜨거운 공기를 불어넣어야 한다.

14.2.4 표면 처리(세척과 방부처리) 절차

14.2.4.1 항공기 세척(Aircraft Cleaning)

1) 항공기를 세척하는 것과 깨끗한 상태로 유지하는 것은 엄청나게 중요하다. 항공기를 깨끗하게 유지하는 것은 더욱 정밀한 검사결과를 얻을 수 있고, 심지어 조종사가 결함 발생이 임박한 구성품의 결함을 탐지해내는 것이 가능하도록 한다. 진흙과 구리스로 덮혀 있는 금이 간 착륙장치 피팅을 쉽게 지나치게 되고, 오염된 스킨의 갈라진 금을 숨길 수 있으며, 먼지 또는 석질은 힌지 피팅을 심하게 마모시키는 원인이 된다.
2) 만약 항공기 동체 표면에 오염물질이 남아있다면 추가적인 무게 증가가 발생하고 비행속도를 감소시킬 것이다. 항공기 내부의 먼지들은 불편하고 위험한 요소로 작용 가능하다. 결정적인 순간에 그 먼지가 조종사의 눈 안으로 들어가면 조그마한 먼지 조각이지만 큰 사고를 유발할 수 있다. 가동부에 축적된 오염물과 그리스들로 만들어진 오염 알갱이들은 가동부의 과도한 마모 원인을 제공할 수 있다. 소금물은 노출된 금속에 심각한 부식 작용을 일으킬 수 있기 때문에 발견 즉시 제거하여야 한다.
3) 항공기 세척에 사용되도록 허가된 다양한 클리너들이 있지만 클리너는 제거하고자 하는 물질의 종류, 항공기의 내부 또는 외부 세척 등 다양한 환경에서 사용하고자 하는 목적이 달라질 수 있기 때문에 어떤 세척제로 한정짓기에는 비현실적이다.
4) 일반적으로 항공기에 사용되는 세척제는 솔벤트, 비누 그리고 합성세제 등이 있다. 이들은 정비교범에서 제시하는 것들을 사용하여야 한다.

5) 세척제는 경성세척제, 중성세척제로 구분하고 있으며 비누, 합성세제는 경성 세척제로 사용되고, 솔벤트와 유상액형 세척제(emulsion type cleaner)는 중성 세척제로 사용된다.
6) 비독성이며 불가연성인 경성 세척제는 어느 곳에서나 사용이 가능하다.
7) 알카라인 세척제(alkaline cleaner)는 리벳 작업된 판금 또는 점용접 된 판금의 겹쳐 이어진 부분에 남아있게 되면 부식의 원인이 되므로 중화시킬 수 있는 세척제가 사용되어야 한다.
8) 외부 세척(exterior cleaning)
   항공기 외부 세척 방법은 크게 세 가지가 있다.
   (1) 연마
      ① 연마는 수동연마와 기계연마로 더욱 세분화할 수 있다. 더럽혀진 형태와 크기, 그리고 최후에 요구되는 형세에 따라 사용하고자 하는 청소 방법을 결정한다.
      ② 연마는 항공기의 페인트를 칠하였거나 또는 페인트를 칠하지 않은 표면에 광택을 복원시키고 보통 표면의 세척이 종료된 후 수행한다. 또한 연마는 산화와 부식을 제거하는 방법으로도 사용된다. 광택제는 여러 가지 형태와 연마의 정도에 따라 이용 가능하며 그 적용은 정비교범을 따라 사용하는 것이 중요하다.
   (2) 습식 세척
      ① 습식 세척은 오일, 그리스 또는 탄소부착물 그리고 부식과 산화피막을 제외한 대부분의 오물을 제거한다. 세척 화합물은 보통 고압의 물 헹굼으로 사용되고 분사 또는 자루걸레로 사용한다. 알칼리인, 유제 클리너는 습식 방법에서 사용된다.
   (3) 건식 세척
      ① 건식 세척은 특별히 액체의 사용이 필요하지 않거나 먼지 오염물의 작은 축적을 제거하기 위해 사용한다. 이 방법은 특히 엔진 배기장치 부분에 있는 탄소, 그리스 또는 오일의 부착물을 제거하는 것에는 적합하지 않다. 건식 세척을 위해서는 스프레이, 자루걸레, 천 등이 활용된다.
9) 항공기 세척은 항공기 표면이 뜨거울 때 수행하면 표면에 얼룩이 남을 수 있으므로 가능하면 그늘진 곳에서 수행하도록 한다. 결함을 발생시키거나 수분이 침투할 수 있는 부분은 덮개를 장착하고 세척작업을 수행하여야 하며 특별히 pitot static port 부분은 주의를 요한다.
10) 무광의 페인트로 마무리된 radar, 조종석의 앞부분 등은 필요 이상으로 세척되지 않아야 하고 뻣뻣한 브러쉬나 거친 걸레로 문지르면 안 된다. 부드러운 스펀지나 성기게 짠 면직물을 이용한 손으로 문지르는 형태는 허용된다. 기름이나 배기가스의 오염물질로 얼룩진 부분은 석유를 원료로 한 솔벤트로 제거하고 표면에서 건조되는 것을 방지하기 위해 세척 후에는 곧바로 표면 헹굼 절차를 수행한다.
11) 플라스틱 표면에 비누와 물을 적용하기 전에 염분 부착물을 용해시키기 위해 깨끗한 물로 플라스틱 표면을 씻어내리고 먼지 입자를 씻어낸다. 플라스틱 표면은 되도록 손으로 비누와 물을 제거하도록 한다. 깨끗한 물로 헹구어 내고 섀미가죽 플라스틱 윈드쉴드에 사용되도록 설계된 합성물질의 수건 또는 탈지면으로 건조시킨다.

12) 부드럽고 약한 표면에 대해서는 긁힌 자국뿐만 아니라 표면에서 먼지 입자를 끌어당기는 정전기를 발생시키기 때문에 플라스틱을 마른 걸레로 닦지 않는다. 깨끗하고 축축한 섀미가죽으로 가볍게 두드리거나 서서히 빨아들임으로써 제거한다. 플라스틱 표면을 훼손하는 연마제 또는 다른 물질을 사용하지 않는다. 비누와 물에 젖은 섬유로 서서히 문질러 오일과 그리스를 제거한다.
13) 플라스틱을 부드럽게 하고 잔금이 발생하게 하는 원인이 되기 때문에 플라스틱에 아세톤, 벤젠, 4염화탄소(carbon tetrachloride), 락카, 시너, 윈도우클리너, 가솔린, 소화액 또는 제빙액을 사용하지 않는다.
14) 항공기 윈도우와 윈드실드는 항공기 제작사에서 추천하는 플라스틱 광택제를 적용하여 깨끗하게 마무리한다. 이 광택은 작은 표면의 긁은 자국을 최소로 할 수 있고 윈도우 표면에 쌓아올리는 정전하를 제지하는 데 도움이 될 것이다.
15) 항공기 타이어에는 오일, 유압유, 그리스 그리고 연료는 순한 비눗물로 씻어낸다. 세척 작업 동안에 씻겨내려갈 의심이 되는 그리스 피팅, 힌지 등에는 해당하는 윤활유를 보급해 준다.

14.2.4.2 표면 처리(Surface Preparation)

1) 철제 부품에 대한 표면 처리는 오염물, 오일, 그리스, 산화물 그리고 습기 등 모든 흔적을 제거하기 위해 세척 처리작업을 포함하고 있다. 세척 처리작업은 금속 표면의 마지막 마무리 작업 사이에 효과적인 표면 처리를 위하여 필요하며 기계적 세척과 화학적 세척으로 구분한다.
2) 기계적 세척은 다음과 같은 방법이 사용되는데, 와이어 브러쉬, 모래 분사(sandblasting) 또는 증기분사(vapor blasting) 방법이다. 화학적 세척 방법은 모재가 세척작업에 의해 벗겨지지 않기 때문에 기계적인 방법에 우선하여 선호된다. 현재 사용되는 여러 가지 화학적인 과정이 있고 재료, 이물질의 종류에 따라 세척액이 좌우된다.
3) 철 부품은 도금 전에 산화물, 녹 또는 다른 이물질을 제거하기 위해 묽은 산 용액으로 닦는다. 염산(muriatic acid)액 또는 황산액이 사용된다. 산세척 용액은 도자기 탱크에 보관하고 보통 증기코일로 가열한다. 산세척 후 전기도금 시키지 않는 부품은 산세척 용액으로부터 acid를 중화시키기 위해 석회조에 가라앉힌다.
4) 전해세정(electro-cleaning)은 그리스, 오일 또는 유기물질을 제거하기 위해 사용되며 또 다른 방법의 화학 세척 방법이다. 전해세정 과정에서 금속은 특수한 습윤제, 억제제 그리고 전기전도율을 마련하는 재료를 함유한 뜨거운 알칼라인(alkaline) 용액에 매단다. 그 다음 전기는 전기도금에서 사용되는 것과 유사한 방법으로 용액을 거쳐 지나간다. 알루미늄과 마그네슘 부품 또한 전해세정 방법이 일부 사용된다.
5) 연마제를 사용하는 분사 세척 방법은 얇은 알루미늄 판재 특히 알크레드에 적합하지 않고 steel grit은 알루미늄 또는 내부식성 금속에 사용하지 않는다.
6) 금속표면의 마무리에는 연한 가죽으로 닦기, 착색, 연마 등이 주로 사용된다. 연마, 연한 가죽으로 닦는 작업은 전기도금을 위해 금속표면을 준비할 때 사용되고 이 세 가지 방법은 금속표면의 광택 작업의 마무리를 필요로 할 때 사용된다.

14.2.4.3 항공기 부식 처리(Aircraft Corrosion Control)
14.2.4.3.1 화학적 처리(Chemical Treatments)
1) 양극산화처리(Anodizing)
   ① 양극산화처리, 아노다이징은 도금하지 않은 알루미늄 표면의 가장 일반적인 표면 처리 방법으로 Mil-C-5541E 또는 AMS-C-5541에 의거해서 특별하게 설계된 시설물에서 수행한다.
   ② 알루미늄 산화막을 형성하기 위해서 알루미늄 합금 판재 또는 주조물은 전해조(electrolytic bath) 안에 (+)극을 형성한다.
   ③ 알루미늄의 산화는 자연적으로 표면 보호 기능을 가지고 있으며, 아노다이징은 그 피막의 두께와 밀도를 증가시키는 역할을 한다. 사용 중에 산화 보호막이 손상되면 부분적인 표면 처리를 통해 복원할 수 있다. 항공정비사는 부식 제거를 위해 세척을 수행할 경우 산화 피막이 함께 제거되지 않도록 주의해야 한다.
   ④ 양극산화 처리된 피막의 코팅은 훌륭한 부식 방지기능을 제공한다. 피막 코팅은 부드럽고 쉽게 긁힐 수 있기 때문에 프라이머를 도포하기 전에 조심스럽게 다루어야 한다. 알루미늄 섬유, 알루미늄 산화물을 포함한 나일론 띠, 연마 수세미 또는 섬유 털 브러쉬는 아노다이징 처리된 표면의 세척을 위해 사용되며, 철제 와이어 브러쉬, 철 섬유 등의 사용은 금지하여야 한다. 반면에 아노다이징 처리된 표면은 다른 알루미늄의 마무리 작업과 동일한 방식을 적용한다.
   ⑤ 추가적으로 아노다이징 처리가 마무리되면 프라이머와 페인트 작업이 바로 진행되어야 한다. 양극산화 처리된 표면은 낮은 전도성 특징을 갖고 있으며, 본딩(bonding)의 연결이 필요할 경우 양극산화 피막을 제거하고 장착하여야 한다.
   ⑥ 알크레드 표면에 페인트 도포가 필요할 경우 알크레드 표면에 양극산화 처리를 하고 페인트 도포 작업을 함으로써 도료가 잘 달라붙도록 한다.

2) 알로다이징(Alodizing)
   ① 알로다이징은 내부식성과 페인트 접착성을 향상시키기 위한 간단한 화학처리 방법이며 이러한 편리성으로 인해 항공기 정비현장에서 빠르게 아노다이징을 대체하고 있다.
   ② 절차는 산성 또는 알칼리성 클리너로 세척하는 전처리 작업이 필요하다. 전처리 작업에 사용된 클리너는 10~15초 동안 깨끗한 물로 헹굼 처리한다. 완전히 행구고 난 후 Alodine®은 담그거나 뿌리거나 브러쉬하여 바른다.
   ③ 얇고 두꺼운 코팅의 정도는 구리 성분이 포함되지 않은 합금의 약한 무지개 빛깔에서부터 구리 성분이 포함된 합금에서 올리브그린색까지의 범위로 나타난다.
   ④ 알로다인 용액은 처음 15~30초 동안 냉수 또는 온수에 행구고 추가 10~15초 동안 Deoxylyte® Bath에서 헹군다. 이 Bath는 알칼리성을 중화시키고 얇은 알로다인 표면을 만들고 건조하기 위한 목적으로 사용된다.

3) 화학적 표면 처리와 억제제(Chemical Surface Treatment and Inhibitors)
   ① 알루미늄 합금과 마그네슘 합금은 다양한 방법의 표면처리를 통해 기본적으로 보호된다. 철 금속은 제작 작업동안 표면 처리가 된다. 대부분 표면 코팅 처리는 현장에서 실용적이지 않은 절차에 따라서만 복구할 수 있다. 그러나 보호막이 손상되어 부식이 발생된 부분은 다시 마무리 작업을 하기 전에 몇 가지 처리 절차를 필요로 한다.
   ② 표면처리용 화학제품의 용기에 붙여진 표식에는 그 성분이 가지고 있는 독성과 가연성에 대한 경고를 제공할 것이다. 그러나 그 표식에는 혼합 금기의 물질과 혼합된 경우 발생 가능한 위험까지 설명할 만큼 충분히 크지 못하다. 또한 물질안전보건자료(MSDS, material safety data sheet)를 참고하여야 한다.
   ③ 예를 들어 표면 처리에 사용되는 일부 화학제품은 만약 부주의로 페인트 희석제와 섞였다면 격렬하게 반응할 것이다. 화학적인 표면 처리제는 매우 주의깊게 취급되어야 하고 정확한 혼합 방법이 적용되어야 한다.

4) 크롬산 억제제(Chromic Acid Inhibitor)
   ① 소량의 황산으로 활성화 시킨 크롬산의 10%의 용액은 노출되었거나 부식된 알루미늄 표면 처리에 효과적이다. 크롬산 용액은 또한 마그네슘의 부식을 처리할 때에도 사용된다. 이러한 부식방지 처리는 포호피막을 복원시키는 데 도움이 된다.
   ② 부식 처리는 가능한 곧바로 페인트 마무리 절차가 수행되어야 하고, 크롬산 처리가 수행된 당일을 넘기지 말아야 한다.
   ③ 3산화크롬의 조각들은 강력한 산화성을 갖고 있는 산(Acid)이다. 이것은 유기용제와 다른 인화물로부터 멀리 보관되어야 한다. 크롬산을 정리하는 데 사용된 걸레도 완전한 세탁을 하거나 폐기한다.

5) 중크롬산나트륨(Sodium Dichromate Solution)
   알루미늄의 표면 처리를 위해 보다 작은 활동성의 약품은 중크롬산나트륨과 크롬산의 혼합물이다. 이혼합물의 크롬산 억제제보다 금속표면을 덜 부식시킬 것이다.

6) 화학물질의 표면 처리(Chemical Surface Treatment)
   다양한 공업용 활성화된 크롬산 화합물은 손상되었거나 부식된 알루미늄 표면의 현장에서의 처리를 위해 Specification Mil-C-5541하에서 이용할 수 있다. 사용된 스펀지 또는 헝겊은 건조시킨 후 가능한 화재의 위험을 피하기 위해 완전히 헹구어졌다는 사실을 확인하여야 한다.

14.2.4.3.2 부식방지 도색작업(Protective Paint Finishes)
완전한 페인트작업의 마무리는 금속표면과 부식성 물질의 사이에 가장 효과적인 방어벽 역할을 한다. 가장 보편적인 마무리는 catalyzed polyurethane enamel, waterborne polyurethane enamel과 two part epoxy paint이다. 휘발성 유기화합물의 발산에 관련된 새로운 규정이 시행됨으로써 waterborne paint system이 대중화되었다.

14.3 지상운전과 정비

14.3.1 항공기 견인(Towing) 일반절차

1) 그림 14-4와 같이 공항, 비행대기선(flight line) 및 격납고(hangar)로 대형 항공기를 이동시킬 때에는 일반적으로 "Tug"라고 부르는 견인트랙터(tow tractor)를 사용하여 견인한다.
2) 소형 항공기의 경우에는 짧은 거리를 이동할 때에는 손으로 밀어서 이동하기도 한다. 또한, 비행 대기선 부근에서 항공기의 유도는 반드시 유자격자에 의해 이루어져야 한다.
3) 항공기를 견인할 때 무모하게 서두르거나 소홀하게 수행할 경우에는 항공기를 손상시키거나 사람을 다치게 할 수 있다.
4) 다음 사항은 항공기 견인에 대한 일반적인 절차로서 개략적인 내용을 소개하고 있음으로 각각의 항공기 모델에 적합한 상세한 견인절차는 제작사 매뉴얼에 따라야 한다.
5) 항공기를 견인하기 전에 토우 바(tow bar)가 고장나거나 고리가 벗겨졌을 경우 제동장치(brake)를 작동할 수 있도록 유자격자를 조종석(cockpit)에 배치하여야 한다. 이러한 조치는 항공기를 정지시켜 항공기 손상 등의 사고를 방지할 수 있다.
6) 대부분 토우 바는 항공기에 연결하거나 분리하여 이동할 수 있도록 소형 바퀴(wheel)를 가지고 있다. 토우 바를 항공기에 연결하여 항공기를 움직이기 전에 손상 또는 연결 장치 등에 이상이 없는지 검사를 실시하여야 한다.

▲ 그림 14-4 항공기 견인 장면

7) 대부분 토우 바는 여러 유형의 항공기를 공통적으로 사용할 수 있도록 설계되어 있지만 일부 특별하게 제작된 토우 바는 특정한 항공기만 사용될 수 있도록 되어 있다. 이러한 토우 바는 일반적으로 항공기 제작사(aircraft manufacturer)에 의해 설계되고 조립된다.

8) 항공기를 견인할 때에는 견인차(towing vehicle)는 규정된 속도를 준수하고, 감시자를 배치하여 사주경계를 하도록 하여야 한다. 항공기를 정지시킬 때에는 견인차의 제동장치에만 의존해서 항공기를 멈추어서는 안 된다.
9) 조종석의 감시자는 견인차와 조화롭게 항공기 제동장치(brake)를 병행하여 사용하여야 한다.
10) 토우 바의 연결은 항공기 형식에 따라 다르다. 후륜(tail-wheel)이 장착된 항공기는 일반적으로 주 착륙장치(main landing gear)에 토우 바를 연결하여 전방으로 견인한다. 대부분의 경우 후륜 축(tailwheel axle)에 토우 바를 연결하여 항공기를 거꾸로 견인하는 것도 허용된다.
11) 후륜 항공기의 견인 시에는 꼬리바퀴 잠금 기계장치의 파손을 방지하기 위하여 후륜의 잠금장치를 풀어주어야 한다.
12) 전륜형 착륙장치(tricycle landing gear)가 장착된 항공기는 일반적으로 전륜 축(nose-wheel axle)에 토우 바를 연결하여 전방으로 견인한다.
13) 또한 견인 브라이들(towing bridle) 또는 특별히 설계된 견인 바를 주 착륙장치의 견인 러그(towing lug)에 연결하여 전방 또는 후방으로 견인하기도 한다. 이러한 방식의 견인은 항공기의 방향조종을 위해 앞바퀴에 조향 바(steering bar)를 부착하여야 한다.
14) 견인(towing) 조건이 좋을 때에는 최소한 6명 이상(소형기 4명 이상)이 견인 작업을 수행하며, 조건이 나쁠 때(안개 등 눈보라 시)에는 최소한 7명 이상(소형기 5명 이상)이 견인작업을 수행한다.
15) 다음의 견인 및 주기(parking) 절차는 전형적인 유형으로서 하나의 예를 든 것이며, 모든 유형에 적합한 것은 아니다. 그러므로 항공기 지상조업요원은 견인 항공기의 유형에 맞는 절차와 항공기 지상조업을 통제하는 현지의 운영기준을 충분히 숙지하여야 하며, 오직 유자격자만이 항공기 견인 팀(towing team)을 지휘해야 한다.
① 견인차(towing vehicle) 운전자는 안전한 방식으로 차량을 운전하고, 감시자의 비상정지 지시에 따라야 한다.
② 견인 감독자는 날개 감시자(wing walker)를 배치하여야 한다. 날개 감시자는 항공기의 경로에 있는 장해물로부터 적절한 여유 공간을 확보할 수 있는 위치에서 각 날개 끝에 배치되어야 한다.
③ 후방 감시자(tail walker)는 급회전이 요구되거나 항공기가 후방으로 진행할 경우에 배치한다.
④ 유자격자가 조종실의 좌석에 앉아서 항공기 견인을 감시하고 필요시 제동장치를 작동한다. 때에 따라 또 다른 유자격자를 배치하여 항공기 유압계통의 압력을 감시하게 하기도 한다.
⑤ 견인작업 감독자는 조향할 수 있는 앞바퀴를 갖춘 항공기에서 잠금 시저스(locking scissors)가 견인을 위한 충분한 회전고리라는 것을 검증해야 한다.
⑥ 잠금장치는 견인 바가 항공기에서 제거된 후 원래상태로 돌려져야 한다. 항공기에 배치된 사람은 견인바가 항공기에 부착되어 있을 때 앞바퀴를 조향시키거나 돌려서는 안 된다.
⑦ 어떤 일이 있어도 항공기의 앞바퀴와 견인차 사이에서 걷거나 타고 가는 행위는 어느 누구든지 허락해서는 안 될 뿐만 아니라 이동하는 항공기의 외부에 올라타거나 또는 견인차에 타서도 안 된다. 안전을 위하여 이동하는 항공기 또는 견인차에 타거나 내리는 것은 절대 용납될 수 없다.

⑧ 항공기의 견인속도는 감시 팀원들의 보행속도를 초과하면 안 된다. 항공기의 엔진은 항공기가 견인이 완료되어 자리를 잡을 때까지 작동시키지 않는다.
⑨ 항공기 제동계통은 견인작업 전에 점검되어야 한다. 제동장치에 결함이 있는 항공기는 오직 제동장치의 수리를 위해 견인되어야 하며, 비상시를 대비하여 고임목(chock)을 든 사람이 따라가야 한다. 고임목은 견인작업중에 발생하는 긴급한 상황에서 즉각적으로 이용될 수 있어야 한다.
⑩ 견인작업중에 발생 가능한 사람의 상해와 항공기 손상을 피하기 위해 출입구(entrance door)는 닫아야 하며, 사다리는 접어 넣고, 기어다운 잠금(gear down-lock)이 장치되어야 한다.
⑪ 어떤 항공기라도 견인하기 전에 모든 타이어와 착륙장치 버팀대(landing gear strut)가 적당하게 팽창되었는지 점검한다(착륙장치 버팀대의 팽창은 오버홀 또는 보관 시 제거한다).
⑫ 항공기를 움직일 때 급출발 급제동을 하지 않는다. 안전성을 증가시키기 위해 항공기 제동장치는 긴급한 경우를 제외하고 견인하는 동안에 절대로 작동시키지 말아야 하고, 위급신호는 견인 팀원 중 단 한 사람만이 하도록 하여야 한다.
⑬ 항공기는 반드시 지정된 장소에만 주기시켜야 한다. 일반적으로 주기된 항공기 열 사이에 간격은 화재 발생 같은 긴급한 상황에서 긴급 차량들이 즉각 출동할 수 있을 뿐만 아니라 장비나 자재의 이동이 자유로울 만큼 충분히 넓어야 한다.
⑭ 고임목(wheel chock)은 반드시 주기된 항공기의 주 착륙장치의 앞쪽과 뒤쪽에 고여야 한다.
⑮ 항공기가 주기되면, 내부 또는 외부의 조종 잠금장치를 사용해야 한다.
⑯ 항공기를 접지시키지 않고 격납고에 주기해서는 안 된다.

14.3.2 항공기 견인(Towing) 시 사용중인 활주로 횡단 시 관제탑에 알려야할 사항

활주로(runway) 또는 유도로(taxiway)를 횡단하여 항공기를 이동시킬 때에는 공항관제탑(airport control tower)과 교신하여 승인을 받은 후 이동한다.

14.3.3 항공기 시동 시 지상운영 Taxing의 일반절차 및 관련된 위험요소 방지절차

1) 항공기가 착륙하여 주기장으로 들어올 때는 항공기 조종사에게 정확한 유도를 제공해야 한다. 최근에 개항하는 신공항들은 대부분 시각주기유도시스템(visual docking guidance system : VDGS)이 설치되어 있어 인력에 의한 수신호를 사용하고 있지 않는 경우가 많다.
2) 그러나 아직도 많은 공항에서는 수신호에 의한 항공기 유도가 이루어지고 있고 VDGS가 설치된 공항이라 해도 비상상황에는 수신호에 의해 항공기를 유도해야 할 경우가 발생할 수 있으므로 국제민간항공기구(ICAO)의 표준 유도신호 동작을 정확히 숙지하고 있어야 한다.
3) 일반적인 통념상 승인된 조종사와 자격 있는 항공정비사만이 항공기를 시동, 시운전 및 유도(taxi)할 수 있다. 모든 유도조작은 해당지역의 규정에 준하여 수행되어야만 한다. 표 14-3은 항공기를 유도 조종하기 위해 관제탑(control tower)에서 사용하는 표준유도등화신호(standard taxi light signal)를 보여주고 있다.

▼ 표 14-3 표준 활주등 신호

Lights	Meaning
Flashing green	Cleared to taxi
Steady red	Stop
Flashing red	Taxi clera of runway in use
Flashing white	Return to starting point
Alternating red and green	Exercise extreme caution

14.3.4 항공기 시동 시 및 지상작동(Taxing 포함) 상황에서 표준 수신호 또는 지시봉(Light Wand) 신호의 사용 및 응답방법

1) 유도원의 표준위치는 항공기의 왼쪽 날개 끝 선상에서 약간 전방에 위치한다. 유도원이 항공기와 마주볼 때 항공기의 기수(nose)는 그의 왼쪽에 있어야 한다. 유도원은 조종사가 잘 볼 수 있도록 날개 끝 전방으로 충분히 떨어져 있어야 한다. 그다음 조종사가 모든 신호를 볼 수 있는지를 확실하게 시험해보고 조종사와 눈이 마주치면 조종사는 신호를 볼 수 있게 되는 것이다.
2) 유도원은 항공기의 조종사가 유도업무 담당자임을 알 수 있는 복장을 해야 하며, 주간에는 일광형광색 봉, 유도 봉 또는 유도장갑을 이용하고, 야간 또는 저 시정 상태에서는 발광유도 봉을 이용하여 신호를 하여야 한다.
3) 유도신호는 조종사가 잘 볼 수 있도록 조명 봉을 손에 들고 고정익항공기의 경우에는 항공기의 왼쪽에서 조종사가 가장 잘 볼 수 있는 위치에서, 헬리콥터는 조종사가 유도원을 가장 잘 볼 수 있는 위치에서 조종사와 마주 보며 실시한다.
4) 또한, 유도원은 다음의 신호를 사용하기 전에 항공기를 유도하려는 지역 내에 항공기와 충돌할 만한 물체가 있는지를 확인해야 한다.

※ 다음은 국제민간항공기구와 우리나라 표준항공기 유도신호(standard aircraft taxing signal)이다.

1. 항공기 안내(wing walker)	
	오른손의 막대를 위쪽을 향하게 한 채 머리 위로 들어 올리고, 왼손의 막대를 아래로 향하게 하면서 몸쪽으로 붙인다. • 날개감시자(wing walkers)가 항공기 입출항 시 조종사/유도사/견인차 운전자 등에게 보내는 신호

2. 출입문의 확인

양손의 막대를 위로 향하게 한 채 양팔을 쭉 펴서 머리 위로 올린다.
- 항공기가 입항할 때 입항 gate를 조종사에게 알려주기 위한 동작

3. 다음 유도원에게 이동 또는 관제기관으로부터 지시 받은 지역으로의 이동

양쪽 팔을 위로 올렸다가 내려 팔을 몸의 측면 바깥쪽으로 쭉 편 후 다음 유도원의 방향 또는 이동구역 방향으로 막대를 가리킨다.

4. 직진

팔꿈치를 구부려 막대를 가슴 높이에서 머리 높이까지 위아래로 움직인다.
- 항공기의 진행을 직진으로 유도하기 위한 동작으로 항공기 nose tire가 유도 line 위를 정확히 주행하고 있을 경우에 보내는 신호

5. 좌회전(조종사 기준)

오른팔과 막대를 몸쪽 측면으로 직각으로 세운 뒤 왼손으로 직진신호를 한다. 신호동작의 속도는 항공기의 회전속도를 알려준다.
- 항공기 nose tire가 유도 line을 벗어날 경우 조종사가 바라보는 방향을 기준으로 좌측 방향으로 진행하라는 신호

6. 우회전(조종사 기준)

왼팔과 막대를 몸쪽 측면으로 직각으로 세운 뒤 오른손으로 직진신호를 한다. 신호동작의 속도는 항공기의 회전속도를 알려준다.
- 6과 반대인 우측 방향으로 진행을 유도하는 신호이며 이때 움직이는 팔의 각도가 클수록 회전각도를 크게 주라는 신호

7. 정지	
	막대를 쥔 양쪽 팔을 몸쪽 측면에서 직각으로 뻗은 뒤 천천히 두 막대가 교차할 때까지 머리 위로 움직인다. • 정상적으로 stand에 진입한 후 정지 신호

8. 비상정지	
	빠르게 양쪽 팔과 막대를 머리 위로 뻗었다가 막대를 교차시킨다. • 항공기 진입 중 주변에 장애물과의 접촉이 우려되거나 다른 위험요인 인지될 경우 보내는 긴급정지신호. 화살표와 같이 반복적이고 빠르게 신호를 보내야 한다.

9. 브레이크 정렬	
	손바닥을 편 상태로 어깨 높이로 들어 올린다. 운항승무원을 응시한 채 주먹을 쥔다. 승무원으로부터 인지신호(엄지손가락을 올리는 신호)를 받기 전까지는 움직여서는 안 된다.

10. 브레이크 풀기	
	주먹을 쥐고 어깨 높이로 올린다. 운항승무원을 응시한 채 손을 편다. 승무원으로부터 인지신호(엄지손가락을 올리는 신호)를 받기 전까지는 움직여서는 안 된다.

11. 고임목 삽입	
	팔과 막대를 머리 위로 쭉 뻗는다. 막대가 서로 닿을 때까지 안쪽으로 막대를 움직인다. 비행승무원에게 인지표시를 반드시 수신하도록 한다.

12. 고임목 제거	
	팔과 막대를 머리 위로 쭉 뻗는다. 막대를 바깥쪽으로 움직인다. 비행승무원에게 인가받기 전까지 초크를 제거해서는 안 된다.

13. 엔진시동 걸기	
	오른팔을 머리 높이로 들면서 막대는 위를 향한다. 막대로 원 모양을 그리기 시작하면서 동시에 왼팔을 머리 높이로 들고 엔진시동 걸 위치를 가리킨다.

14. 엔진 정지	
	막대를 쥔 팔을 어깨 높이로 들어올려 왼쪽 어깨 위로 위치시킨 뒤 막대를 오른쪽·왼쪽 어깨로 목을 가로질러 움직인다.

15. 서행	
	허리부터 무릎 사이에서 위 아래로 막대를 움직이면서 뻗은 팔을 가볍게 툭툭 치는 동작으로 아래로 움직인다. • 항공기의 속도를 줄여 서서히 진입하라는 신호

16. 한쪽 엔진의 출력 감소	
	손바닥이 지면을 향하게 하여 두 팔을 내린 후, 출력을 감소시키려는 쪽의 손을 위아래로 흔든다.

17. 후진
 몸 앞 쪽의 허리높이에서 양팔을 앞쪽으로 빙글빙글 회전시킨다. 후진을 정지시키기 위해서는 신호 7 및 8을 사용한다.

18. 후진하면서 선회(후미 우측)
 왼팔은 아래쪽을 가리키며 오른팔은 머리 위로 수직으로 세웠다가 옆으로 수평 위치까지 내리는 동작을 반복한다.

19. 후진하면서 선회(후미 좌측)
 오른팔은 아래쪽을 가리키며 왼팔은 머리 위로 수직으로 세웠다가 옆으로 수평 위치까지 내리는 동작을 반복한다.

20. 긍정(Affirmative)/모든 것이 정상임(All Clear)
 오른팔을 머리높이로 들면서 막대를 위로 향한다. 손 모양은 엄지손가락을 치켜세운다. 왼팔은 무릎 옆쪽으로 붙인다.

21. 공중정지(Hover)-헬리콥터에만 적용
 양팔과 막대를 90° 측면으로 편다.

22. 상승-헬리콥터에만 적용	
	팔과 막대를 측면 수직으로 쭉 펴고 손바닥을 위로 향하면서 손을 위쪽으로 움직인다. 움직임의 속도는 상승률을 나타낸다.

23. 하강-헬리콥터에만 적용	
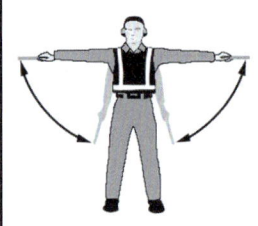	팔과 막대를 측면 수직으로 쭉 펴고 손바닥을 아래로 향하면서 손을 아래로 움직인다. 움직임의 속도는 강하율을 나타낸다.

24. 왼쪽으로 수평이동(조종사 기준)-헬리콥터에만 적용	
	팔을 오른쪽 측면 수직으로 뻗는다. 빗자루를 쓰는 동작으로 같은 방향으로 다른 쪽 팔을 이동시킨다.

25. 오른쪽으로 수평이동(조종사 기준)-헬리콥터에만 적용	
	팔을 왼쪽 측면 수직으로 뻗는다. 빗자루를 쓰는 동작으로 같은 방향으로 다른 쪽 팔을 이동시킨다.

26. 착륙-헬리콥터에만 적용	
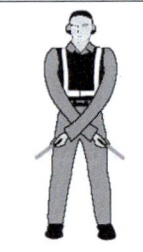	몸의 앞쪽에서 막대를 쥔 양팔을 아래쪽으로 교차시킨다.

27. 화재
 화재지역을 왼손으로 가리키면서 동시에 어깨와 무릎 사이의 높이에서 부채질 동작으로 오른손을 이동시킨다. 야간-막대를 사용하여 동일하게 움직인다.

28. 위치대기(stand-by)
 양팔과 막대를 측면에서 45° 아래로 뻗는다. 항공기의 다음 이동이 허가될 때까지 움직이지 않는다.

29. 항공기 출발
 오른손 또는 막대로 경례하는 신호를 한다. 항공기의 지상이동(taxi)이 시작될 때까지 비행승무원을 응시한다.

30. 조종장치를 손대지 말 것(기술적·업무적 통신신호)
 머리 위로 오른팔을 뻗고 주먹을 쥐거나 막대를 수평방향으로 쥔다. 왼팔은 무릎 옆에 붙인다.

31. 지상 전원공급 연결(기술적·업무적 통신신호)
 머리 위로 팔을 뻗어 왼손을 수평으로 손바닥이 보이도록 하고, 오른손의 손가락 끝이 왼손에 닿게 하여 "T"자 형태를 취한다. 밤에는 광채가 나는 막대 "T"를 사용할 수 있다.

32. 지상 전원공급 차단(기술적·업무적 통신신호)
 신호 25와 같이 한 후 오른손이 왼손에서 떨어지도록 한다. 비행승무원이 인가할 때까지 전원공급을 차단해서는 안 된다. 밤에는 광채가 나는 막대 "T"를 사용할 수 있다.

33. 부정(기술적·업무적 통신신호)
 오른팔을 어깨에서부터 90°로 곧게 뻗어 고정시키고, 막대를 지상 쪽으로 향하게 하거나 엄지손가락을 아래로 향하게 표시한다. 왼손은 무릎 옆에 붙인다.

34. 인터폰을 통한 통신의 구축(기술적·업무적 통신신호)
 몸에서부터 90°로 양팔을 뻗은 후, 양손이 두 귀를 컵 모양으로 가리도록 한다.

35 계단 열기·닫기
 오른팔을 측면에 붙이고 왼팔을 45° 머리 위로 올린다. 오른팔을 왼쪽 어깨 위쪽으로 쓸어 올리는 동작을 한다.

■ 작업형-항공기 취급(수신호)

1. 소요 자재
   ① 안전모, 귀마개(또는 헤드셋), 안전띠(형광), 지시봉 2개, 항공기 표준 수신호 모음 카드
2. 작업 착안 사항
   ① 유도원은 항공기의 조종사가 유도업무 담당자임을 알 수 있는 복장을 해야 한다.
   ② 유도원은 주간에는 일광형광색봉, 유도봉 또는 유도장갑을 이용하고, 야간 또는 저시정상태에서는 발광유도봉을 이용하여 신호를 하여야 한다.

③ 유도신호는 조종사가 잘 볼 수 있도록 조명봉을 손에 들고 다음의 위치에서 조종사와 마주 보며 실시한다.
   - 고정익 항공기의 경우에는 항공기의 왼쪽에서 조종사가 가장 잘 볼 수 있는 위치.
   - 헬리콥터의 경우에는 조종사가 유도원을 가장 잘 볼 수 있는 위치.
④ 유도원은 다음의 신호를 사용하기 전에 항공기를 유도하려는 지역 내에 항공기와 충돌할 만한 물체가 있는지를 확인해야 한다.
   - 항공기 유도원이 배트, 조명유도봉 또는 횃불을 드는 경우에도 관련 신호의 의미는 같다.
   - 항공기의 엔진번호는 항공기를 마주보고 있는 유도원의 위치를 기준으로 오른쪽에서부터 왼쪽으로 번호를 붙인다.
   - 주간에 시정이 양호한 경우에는 조명막대의 대체도구로 밝은 형광색의 유도봉이나 유도장갑을 사용할 수 있다.
⑤ 브레이크
   - 주먹을 쥐거나 손가락을 펴는 순간이 각각 브레이크를 걸거나 푸는 순간을 나타낸다.
   - 브레이크를 걸었을 경우 : 손가락을 펴고 양팔과 손을 얼굴 앞에 수평으로 올린 후 손가락을 편다.
   - 브레이크를 풀었을 경우 : 주먹을 쥐고 팔을 얼굴 앞에 수평으로 올린 후 손가락을 편다.
⑥ 고임목(chocks)
   - 고임목을 끼울 것 : 팔을 뻗고 손바닥을 바깥쪽으로 향하게 하며, 두 손을 안쪽으로 이동시켜 얼굴 앞에서 교차되게 한다.
   - 고임목을 뺄 것 : 두 손을 얼굴 앞에서 교차시키고 손바닥을 바깥쪽으로 향하게 하며, 두 팔을 바깥쪽으로 이동시킨다.
⑦ 엔진소동 준비완료
   - 시동시킬 엔진의 번호만큼 한쪽 손의 손가락을 들어올린다.

■ 작업형-항공기 취급(비행 전 점검)

1. 소요 자재 및 공구
   ① 안전모, 귀마개(또는 헤드셋), 안전띠(형광), 손전등, 목장갑, 클립보드(점검용)
2. 작업 착안 사항 및 평가 기준
   (1) 착안 사항
      ① 비행전 점검 시 필요한 안전 장구를 착용한다.
      ② 점검 매뉴얼의 점검항목 별 점검위치 및 점검내용을 완전하게 숙지한다.
      ③ 비행전 점검은 점검 매뉴얼에 정해진 순서대로 점검을 실시한다.
      ④ 점검항목별 점검위치를 정확히 확인하여 점검을 가장 효과적으로 수행할 수 있는 장소에서 점검을 실시한다.
      ⑤ 점검이 끝나면 관련 안전장구 및 비품을 정리정돈 한다.
   (2) 평가 기준 : 지상운전과 정비(항공기 비행 전 점검)
      ① 안전장구 착용상태는 적절한가?
      ② 점검 내용은 숙지하고 있는가?
      ③ 점검방향대로 점검하였는가?
      ④ 점검항목을 해당 점검확인 구역에서 정확히 확인하는가?

※ 세스나 150 항공기 비행 전 점검 CHECKLIST

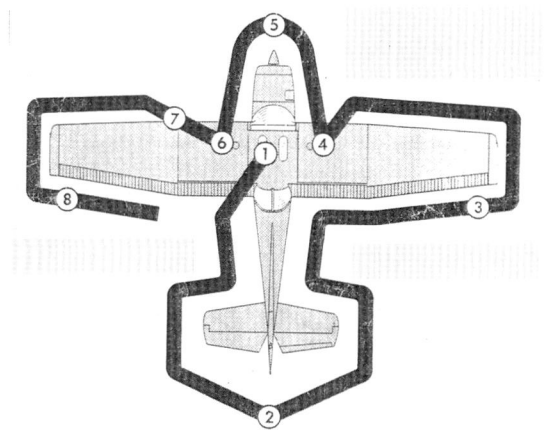

▲ 그림 14-5 세스나 150 항공기 비행 전 점검 순서

Note

Visually check aircraft for general condition during walkaround inspection. In cold weather, remove even small accumulations of frost, ice or snow from wing, tail and control surface. Also, make sure that control surfaces contain no internal accumulations of ice or debris. If night flight is planned, check operation of all lights, and make sure a flashlight is available.

CHECKLIST PROCEDURES

PREFLIGHT INSPECTION

① CABIN

    (1) Control Wheel Lock – REMOVE.

    (2) Ignition Switch – OFF.

    (3) Master switch – ON.

    (4) Fuel Quantity Indicators – CHECK QUANTITY.

    (5) Fuel Shutoff Valve – ON.

② EMPENNAGE

    (1) Rudder Gust Lock – REMOVE.

    (2) Tail Tie-Down – DISCONNECT.

    (3) Control Surfaces – CHECK freedom of movement and security.

③ RIGHT WING Trailing Edge

    (1) Aileron – CHECK freedom of movement and security.

④ RIGHT WING

    (1) Wing Tie-Down – DISCONNECT.

(2) Main Wheel Tire – CHECK for proper inflation.

(3) Before first flight of the day and after each reflueling, use sample cup and drain small quantity of fuel from fuel tank sump quick-drain valve to check for water, sediment, and proper fuel grade.

(4) Fuel Quantity – CHECK VISUALLY for desired level.

(5) Fuel Filler Cap – SECURE.

⑤ NOSE

(1) Engine Oil Level – CHECK, do not operate with less than four quarts. Fill to six quarts for extended flight.

(2) Before first flight of the day and after each reflueling, pull out strainer drain knob for about four seconds to clear fuel strainer of possible water and sediment. Check strainer drain closed. If water is observed, the fuel system may contain additional water, and further draining of the system at the strainer, fuel tank sumps, and fuel line draining plug will be necessary.

(3) Propeller and Spinner – CHECK for nicks and security.

(4) Carburetor Air Filter – CHECK for restriction by dust or other foreign matter.

(5) Landing Light(s) – CHECK for condition and cleanliness.

(6) Nose Wheel Strut and Tire – CHECK for proper inflation.

(7) Nose Tie-Down – DISCONNECT.

(8) Static Source Opening(left side or fuselage) – CHECK for stoppage.

⑥ LEFT WING

(1) Main Wheel Tire – CHECK for proper inflation.

(2) Before first flight of the day and after each reflueling, use sample cup and drain small quantity of fuel from fuel tank sump quick-drain valve to for water, sediment, and proper fuel grade.

(3) Fuel Quantity – CHECK VISUALLY for desired level.

(4) Fuel Filler Cap – SECURE.

⑦ LEFT WING Leading Edge

(1) Pitot Tube Cover – REMOVE and check opening for stoppage.

(2) Stall Warning Opening – CHECK for stoppage. To check the system, place a clean handkerchief over the vent opening and apply suction; a sound from warning horn will confirm system operation.

(3) Fuel Tank Vent Opening – CHECK for stoppage.

(4) Wing Tie-Down – DISCONNECT.

⑧ LEFT WING Trailing Edge

(1) Aileron – CHECK freedom of movement and security.

15 법규 및 규정

15.1 항공기 비치서류

15.1.1 감항증명 및 유효기간

항공안전법 제23조(감항증명 및 감항성 유지) ① 항공기가 감항성이 있다는 증명(이하 "감항증명"이라 한다)을 받으려는 자는 국토교통부령으로 정하는 바에 따라 국토교통부장관에게 감항증명을 신청하여야 한다.

② 감항증명은 대한민국 국적을 가진 항공기가 아니면 받을 수 없다. 다만, 국토교통부령으로 정하는 항공기의 경우에는 그러하지 아니하다.

③ 누구든지 다음 각 호의 어느 하나에 해당하는 감항증명을 받지 아니한 항공기를 운항하여서는 아니 된다.

1. 표준감항증명 : 해당 항공기가 형식증명 또는 형식증명승인에 따라 인가된 설계에 일치하게 제작되고 안전하게 운항할 수 있다고 판단되는 경우에 발급하는 증명
2. 특별감항증명 : 해당 항공기가 제한형식증명을 받았거나 항공기의 연구, 개발 등 국토교통부령으로 정하는 경우로서 항공기 제작자 또는 소유자등이 제시한 운용범위를 검토하여 안전하게 운항할 수 있다고 판단되는 경우에 발급하는 증명

④ 국토교통부장관은 제3항 각 호의 어느 하나에 해당하는 감항증명을 하는 경우 국토교통부령으로 정하는 바에 따라 해당 항공기의 설계, 제작과정, 완성 후의 상태와 비행성능에 대하여 검사하고 해당 항공기의 운용한계를 지정하여야 한다. 다만, 다음 각 호의 어느 하나에 해당하는 항공기의 경우에는 국토교통부령으로 정하는 바에 따라 검사의 일부를 생략할 수 있다.

1. 형식증명, 제한형식증명 또는 형식증명승인을 받은 항공기
2. 제작증명을 받은 자가 제작한 항공기
3. 항공기를 수출하는 외국정부로부터 감항성이 있다는 승인을 받아 수입하는 항공기

⑤ 감항증명의 유효기간은 1년으로 한다. 다만, 항공기의 형식 및 소유자등(제32조 제2항에 따른 위탁을 받은 자를 포함한다)의 감항성 유지능력 등을 고려하여 국토교통부령으로 정하는 바에 따라 유효기간을 연장할 수 있다.

⑥ 국토교통부장관은 제4항에 따른 검사 결과 항공기가 감항성이 있다고 판단되는 경우 국토교통부령으로 정하는 바에 따라 감항증명서를 발급하여야 한다.

⑦ 국토교통부장관은 다음 각 호의 어느 하나에 해당하는 경우에는 해당 항공기에 대한 감항증명을 취소하거나 6개월 이내의 기간을 정하여 그 효력의 정지를 명할 수 있다. 다만, 제1호에 해당하는 경우에는 감항증명을 취소하여야 한다.

1. 거짓이나 그 밖의 부정한 방법으로 감항증명을 받은 경우
2. 항공기가 감항증명 당시의 항공기기술기준에 적합하지 아니하게 된 경우

⑧ 항공기를 운항하려는 소유자등은 국토교통부령으로 정하는 바에 따라 그 항공기의 감항성을 유지하여야 한다.

⑨ 국토교통부장관은 제8항에 따라 소유자등이 해당 항공기의 감항성을 유지하는지를 수시로 검사하여야 하며, 항공기의 감항성 유지를 위하여 소유자 등에게 항공기 등, 장비품 또는 부품에 대한 정비 등에 관한 감항성 개선 또는 그 밖의 검사·정비 등을 명할 수 있다.

항공안전법 제24조(감항승인) ① 우리나라에서 제작, 운항 또는 정비등을 한 항공기등, 장비품 또는 부품을 타인에게 제공하려는 자는 국토교통부령으로 정하는 바에 따라 국토교통부장관의 감항승인을 받을 수 있다.

② 국토교통부장관은 제1항에 따른 감항승인을 할 때에는 해당 항공기등, 장비품 또는 부품이 항공기기술기준 또는 제27조 제1항에 따른 기술표준품의 형식승인기준에 적합하고, 안전하게 운용할 수 있다고 판단하는 경우에는 감항승인을 하여야 한다.

③ 국토교통부장관은 다음 각 호의 어느 하나에 해당하는 경우에는 제2항에 따른 감항승인을 취소하거나 6개월 이내의 기간을 정하여 그 효력의 정지를 명할 수 있다. 다만, 제1호에 해당하는 경우에는 그 감항승인을 취소하여야 한다.

1. 거짓이나 그 밖의 부정한 방법으로 감항승인을 받은 경우
2. 항공기 등, 장비품 또는 부품이 감항승인 당시의 항공기기술기준 또는 제27조 제1항에 따른 기술표준품의 형식승인기준에 적합하지 아니하게 된 경우

15.1.2 기타 비치서류

항공안전법 제52조(항공계기 등의 설치·탑재 및 운용 등) ① 항공기를 운항하려는 자 또는 소유자 등은 해당 항공기에 항공기 안전운항을 위하여 필요한 항공계기(航空計器), 장비, 서류, 구급용구 등(이하 "항공계기 등"이라 한다)을 설치하거나 탑재하여 운용하여야 한다. 이 경우 최대이륙중량이 600킬로그램 초과 5천700킬로그램 이하인 비행기에는 사고예방 및 안전운항에 필요한 장비를 추가로 설치할 수 있다.

② 제1항에 따라 항공계기 등을 설치하거나 탑재하여야 할 항공기, 항공계기 등의 종류, 설치·탑재기준 및 그 운용방법 등에 필요한 사항은 국토교통부령으로 정한다.

시행규칙 제113조(항공기에 탑재하는 서류) 법 제52조 제2항에 따라 항공기(활공기 및 법 제23조 제3항 제2호에 따른 특별감항증명을 받은 항공기는 제외한다)에는 다음 각 호의 서류를 탑재하여야 한다.

1. 항공기등록증명서
2. 감항증명서
3. 탑재용 항공일지
4. 운용한계 지정서 및 비행교범
5. 운항규정(별표 32에 따른 교범 중 훈련교범·위험물교범·사고절차교범·보안업무교범·항공기 탑재 및 처리 교범은 제외한다)

6. 항공운송사업의 운항증명서 사본(항공당국의 확인을 받은 것을 말한다) 및 운영기준 사본(국제 운송사업에 사용되는 항공기의 경우에는 영문으로 된 것을 포함한다)
7. 소음기준적합증명서
8. 각 운항승무원의 유효한 자격증명서 및 조종사의 비행기록에 관한 자료
9. 무선국 허가증명서(radio station license)
10. 탑승한 여객의 성명, 탑승지 및 목적지가 표시된 명부(passenger manifest)(항공운송사업용 항공기만 해당한다)
11. 해당 항공운송사업자가 발행하는 수송화물의 화물목록(cargo manifest)과 화물 운송장에 명시되어 있는 세부 화물신고서류(detailed declarations of the cargo)(항공운송사업용 항공기만 해당한다)
12. 해당 국가의 항공당국 간에 체결한 항공기 등의 감독 의무에 관한 이전협정서 사본(법 제5조에 따른 임대차 항공기의 경우만 해당한다)
13. 비행 전 및 각 비행단계에서 운항승무원이 사용해야 할 점검표
14. 그 밖에 국토교통부장관이 정하여 고시하는 서류

15.2 항공일지

15.2.1 중요 기록사항(시행규칙)

시행규칙 제108조(항공일지) ① 법 제52조 제2항에 따라 항공기를 운항하려는 자 또는 소유자등은 탑재용 항공일지, 지상 비치용 발동기 항공일지 및 지상 비치용 프로펠러 항공일지를 갖추어 두어야 한다. 다만, 활공기의 소유자등은 활공기용 항공일지를, 법 제102조 각 호의 어느 하나에 해당하는 항공기의 소유자등은 탑재용 항공일지를 갖춰 두어야 한다.
② 항공기의 소유자등은 항공기를 항공에 사용하거나 개조 또는 정비한 경우에는 지체 없이 다음 각 호의 구분에 따라 항공일지에 적어야 한다.
1. 탑재용 항공일지(법 제102조 각 호의 어느 하나에 해당하는 항공기는 제외한다)
    가. 항공기의 등록부호 및 등록 연월일
    나. 항공기의 종류·형식 및 형식증명번호
    다. 감항분류 및 감항증명번호
    라. 항공기의 제작자·제작번호 및 제작 연월일
    마. 발동기 및 프로펠러의 형식
    바. 비행에 관한 다음의 기록
        1) 비행연월일
        2) 승무원의 성명 및 업무
        3) 비행 목적 또는 편명
        4) 출발지 및 출발시각

5) 도착지 및 도착시각
   6) 비행시간
   7) 항공기의 비행안전에 영향을 미치는 사항
   8) 기장의 서명
 사. 제작 후의 총 비행시간과 오버홀을 한 항공기의 경우 최근의 오버홀 후의 총 비행시간
 아. 발동기 및 프로펠러의 장비교환에 관한 다음의 기록
   1) 장비교환의 연월일 및 장소
   2) 발동기 및 프로펠러의 부품번호 및 제작일련번호
   3) 장비가 교환된 위치 및 이유
 자. 수리·개조 또는 정비의 실시에 관한 다음의 기록
   1) 실시 연월일 및 장소
   2) 실시 이유, 수리·개조 또는 정비의 위치 및 교환 부품명
   3) 확인 연월일 및 확인자의 서명 또는 날인
2. 탑재용 항공일지(법 제102조 각 호의 어느 하나에 해당하는 항공기만 해당한다)
 가. 항공기의 등록부호·등록증번호 및 등록 연월일
 나. 비행에 관한 다음의 기록
   1) 비행연월일
   2) 승무원의 성명 및 업무
   3) 비행 목적 또는 항공기 편명
   4) 출발지 및 출발시각
   5) 도착지 및 도착시각
   6) 비행시간
   7) 항공기의 비행안전에 영향을 미치는 사항
   8) 기장의 서명
3. 지상 비치용 발동기 항공일지 및 지상 비치용 프로펠러 항공일지
 가. 발동기 또는 프로펠러의 형식
 나. 발동기 또는 프로펠러의 제작자·제작번호 및 제작 연월일
 다. 발동기 또는 프로펠러의 장비교환에 관한 다음의 기록
   1) 장비교환의 연월일 및 장소
   2) 장비가 교환된 항공기의 형식·등록부호 및 등록증번호
   3) 장비교환 이유
 라. 발동기 또는 프로펠러의 수리·개조 또는 정비의 실시에 관한 다음의 기록
   1) 실시 연월일 및 장소
   2) 실시 이유, 수리·개조 또는 정비의 위치 및 교환 부품명
   3) 확인 연월일 및 확인자의 서명 또는 날인
 마. 발동기 또는 프로펠러의 사용에 관한 다음의 기록
   1) 사용 연월일 및 시간

2) 제작 후의 총 사용시간 및 최근의 오버홀 후의 총 사용시간
4. 활공기용 항공일지
   가. 활공기의 등록부호·등록증번호 및 등록 연월일
   나. 활공기의 형식 및 형식증명번호
   다. 감항분류 및 감항증명번호
   라. 활공기의 제작자·제작번호 및 제작 연월일
   마. 비행에 관한 다음의 기록
      1) 비행 연월일
      2) 승무원의 성명
      3) 비행 목적
      4) 비행 구간 또는 장소
      5) 비행시간 또는 이·착륙횟수
      6) 활공기의 비행안전에 영향을 미치는 사항
      7) 기장의 서명
   바. 수리·개조 또는 정비의 실시에 관한 다음의 기록
      1) 실시 연월일 및 장소
      2) 실시 이유, 수리·개조 또는 정비의 위치 및 교환부품명
      3) 확인 연월일 및 확인자의 서명 또는 날인

15.2.2 비치장소

항공기를 운항할 때에 반드시 탑재용 항공일지를 Aircraft Cockpit Door Inside에 탑재하여야 한다.

15.3 정비규정

15.3.1 정비규정의 법적 근거

항공안전법 제93조(항공운송사업자의 운항규정 및 정비규정) ① 항공운송사업자는 운항을 시작하기 전까지 국토교통부령으로 정하는 바에 따라 항공기의 운항에 관한 운항규정 및 정비에 관한 정비규정을 마련하여 국토교통부장관의 인가를 받아야 한다. 다만, 운항규정 및 정비규정을 운항증명에 포함하여 운항증명을 받은 경우에는 그러하지 아니하다.

② 항공운송사업자는 제1항 본문에 따라 인가를 받은 운항규정 또는 정비규정을 변경하려는 경우에는 국토교통부령으로 정하는 바에 따라 국토교통부장관에게 신고하여야 한다. 다만, 최소장비목록, 승무원 훈련프로그램 등 국토교통부령으로 정하는 중요사항을 변경하려는 경우에는 국토교통부장관의 인가를 받아야 한다.

③ 국토교통부장관은 제1항 본문 또는 제2항 단서에 따라 인가하려는 경우에는 제77조 제1항에 따른 운항기술기준에 적합한지를 확인하여야 한다.

④ 국토교통부장관은 제1항 본문 또는 제2항 단서에 따라 인가하는 경우 조건 또는 기한을 붙이거나 조건 또는 기한을 변경할 수 있다. 다만, 그 조건 또는 기한은 공공의 이익 증진이나 인가의 시행에 필요한 최소한도의 것이어야 하며, 해당 항공운송사업자에게 부당한 의무를 부과하는 것이어서는 아니 된다.

⑤ 항공운송사업자는 제1항 본문 또는 제2항 단서에 따라 국토교통부장관의 인가를 받거나 제2항 본문에 따라 국토교통부장관에게 신고한 운항규정 또는 정비규정을 항공기의 운항 또는 정비에 관한 업무를 수행하는 종사자에게 제공하여야 한다. 이 경우 항공운송사업자와 항공기의 운항 또는 정비에 관한 업무를 수행하는 종사자는 운항규정 또는 정비규정을 준수하여야 한다.

15.3.2 기재사항의 개요

시행규칙 제266조(운항규정과 정비규정의 인가 등) ① 항공운송사업자는 법 제93조 제1항 본문에 따라 운항규정 또는 정비규정을 마련하거나 법 제93조 제2항 단서에 따라 인가받은 운항규정 또는 정비규정 중 제3항에 따른 중요사항을 변경하려는 경우에는 별지 제96호 서식의 운항규정 또는 정비규정 (변경)인가 신청서에 운항규정 또는 정비규정(변경의 경우에는 변경할 운항규정과 정비규정의 신·구내용 대비표)을 첨부하여 국토교통부장관 또는 지방항공청장에게 제출하여야 한다.

② 법 제93조 제1항에 따른 운항규정 및 정비규정에 포함되어야 할 사항은 다음 각 호와 같다.
1. 운항규정에 포함되어야 할 사항: 별표 36에 규정된 사항
2. 정비규정에 포함되어야 할 사항: 별표 37에 규정된 사항

③ 법 제93조 제2항 단서에서 "최소장비목록, 승무원 훈련프로그램 등 국토교통부령으로 정하는 중요사항"이란 다음 각 호의 사항을 말한다.
1. 운항규정의 경우: 별표 36 제1호 가목 6)·7)·38), 같은 호 나목9), 같은 호 다목3)·4) 및 같은 호 라목에 관한 사항과 별표 36 제2호 가목5)·6), 같은 호 나목7), 같은 호 다목3)·4) 및 같은 호 라목에 관한 사항
2. 정비규정의 경우: 별표 37에서 변경인가대상으로 정한 사항

④ 국토교통부장관 또는 지방항공청장은 제1항에 따른 운항규정 또는 정비규정 (변경)인가신청서를 접수받은 경우 법 제77조 제1항에 따른 운항기술기준에 적합한지의 여부를 확인 한 후 적합하다고 인정되면 그 규정을 인가하여야 한다.

시행규칙 제267조(운항규정과 정비규정의 신고) ① 법 제93조 제2항 본문에 따라 인가 받은 운항규정 또는 정비규정 중 제3항에 따른 중요사항 외의 사항을 변경하려는 경우에는 별지 제97호 서식의 운항규정 또는 정비규정 변경신고서에 변경된 운항규정 또는 정비규정과 신·구 내용 대비표를 첨부하여 국토교통부장관 또는 지방항공청장에게 신고하여야 한다.

② 국토교통부장관 또는 지방항공청장은 제1항에 따른 신고를 받은 날부터 10일 이내에 수리 여부 또는 수리 지연 사유를 통지하여야 한다. 이 경우 10일 이내에 수리 여부 또는 수리 지연 사유를 통지하지 아니하면 10일이 끝난 날의 다음 날에 신고가 수리된 것으로 본다.

[별표 37]

정비규정에 포함되어야 할 사항(제266조 제2항 제2호 관련)

내 용	항공운송사업	항공기사용사업	변경인가대상
1. 일반사항			
가. 관련 항공법규와 인가받은 운영기준의 내용을 준수한다는 설명	O	O	
나. 정비규정에 따른 정비 및 운용에 관한 지침을 준수하여야 한다는 설명	O	O	
다. 정비규정을 여러 권으로 분리할 경우, 각 권에 대한 목록, 적용 및 사용에 관한 설명	O	O	
라. 정비규정의 제·개정절차 및 책임자, 그리고 배포에 관한 사항	O	O	
마. 개정기록, 유효페이지 목록, 목차 및 각 페이지의 유효일자, 개정표시 등의 방법	O	O	
바. 정비규정에 사용되는 용어의 정의 및 약어	O	O	
사. 정비규정의 일부 내용이 법령과 다른 경우, 법령이 우선한다는 설명	O	O	
아. 정비규정의 적용을 받는 항공기 목록 및 운항형태	O	O	
자. 지속감항정비프로그램(CAMP)에 따라 정비 등을 수행하여야 한다는 설명	O		
2. 항공기를 정비하는 자의 직무와 정비조직			
가. 정비조직도와 부문별 책임관리자	O	O	
나. 정비업무에 관한 분장 및 책임	O	O	
다. 외부 정비조직에 관한 사항	O	O	
라. 항공기 정비에 종사하는 자의 자격기준 및 업무범위	O	O	O
마. 항공기 정비에 종사하는 자의 근무시간, 업무의 인수인계에 관한 설명	O	O	
바. 용접, 비파괴검사 등 특수업무 종사자, 정비확인자 및 검사원의 자격인정 기준과 업무한정	O	O	O
사. 용접, 비파괴검사 등 특수업무 종사자, 정비확인자 및 검사원의 임명 방법과 목록	O	O	
아. 취항 공항지점의 목록과 수행하는 정비에 관한 사항	O		
3. 정비에 종사하는 사람의 훈련방법			
가. 교육과정의 종류, 과정별 시간 및 실시 방법	O	O	O
나. 강사(교관)의 자격 기준 및 임명	O	O	O
다. 훈련자의 평가기준 및 방법	O	O	O
라. 위탁교육 시 위탁기관의 강사, 커리큘럼 등의 적절성 확인 방법	O	O	
마. 정비훈련 기록에 관한 사항	O	O	

내 용	항공운송사업	항공기사용사업	변경인가대상
4. 정비시설에 관한 사항			
가. 보유 또는 이용하려는 정비시설의 위치 및 수행하는 정비작업	O	O	
나. 각 정비시설별로 갖추어야 하는 설비 및 환경기준	O	O	
5. 항공기의 감항성을 유지하기 위한 정비프로그램			
가. 항공기 정비프로그램의 개발, 개정 및 적용 기준	O		O
나. 항공기, 엔진/APU, 장비품 등의 정비방식, 정비단계, 점검주기 등에 대한 프로그램(제작사에서 제공하는 경년항공기 안전강화 규정 및 기체구조 수리평가 프로그램을 포함한다)	O		O
다. 항공기, 엔진, 장비품 정비계획	O		
라. 비계획 정비 및 특별작업에 관한 사항	O		
마. 시한성 품목의 목록 및 한계에 관한 사항	O		O
바. 점검주기의 일시조정 기준	O		O
6. 항공기 검사프로그램			
가. 항공기 검사프로그램의 개정 및 적용 기준		O	O
나. 운용 항공기의 검사방식, 검사단계 및 시기(반복 주기를 포함한다)		O	
다. 항공기 형식별 검사단계별 점검표		O	
라. 시한성 품목의 목록 및 한계에 관한 사항		O	O
마. 점검주기의 일시조정 기준		O	O
7. 항공기 등의 품질관리 절차			
가. 항공기등, 장비품 및 부품의 품질관리 기준 및 방침	O	O	O
나. 항공기체, 추진계통 및 장비품의 신뢰성 관리 절차	O		O
다. 지속적인 분석 및 감시 시스템(CASS)과 품질심사에 관한 절차	O		
라. 필수검사항목 지정 및 검사 절차	O		O
마. 재확인 검사항목의 지정 및 검사 절차	O	O	O
바. 항공기 고장, 결함 및 부식 등에 대한 항공당국 및 제작사 보고 절차	O	O	
사. 정비프로그램의 유효성 및 효과분석 방법	O		
아. 정비작업의 면제 처리 및 예외 적용에 관한 사항	O		O
8. 항공기 등의 기술관리 절차			
가. 감항성 개선지시, 기술회보 등의 검토 및 수행 절차	O	O	
나. 기체구조수리평가프로그램	O		
다. 항공기 부식 예방 및 처리에 관한 사항	O	O	O

내 용	항공운송사업	항공기사용사업	변경인가대상
라. 대수리·개조의 수행절차, 기록 및 보고 절차	O	O	
마. 기술적 판단 기준 및 조치 절차	O		O
바. 기체구조 손상허용 기술 승인 절차	O		O
사. 중량 및 평형계측 절차	O	O	
아. 사고조사장비 운용 절차	O	O	
9. 항공기등, 장비품 및 부품의 정비방법 및 절차			
가. 수행하려는 정비의 범위	O	O	O
나. 수행된 정비 등의 확인 절차(비행 전 감항성 확인, 비상장비 작동가능 상태 확인 및 정비수행을 확인하는 자 등)	O	O	
다. 계약정비에 대한 평가, 계약 후 이행여부에 대한 심사절차	O	O	O
라. 계약정비를 하는 경우 정비확인에 대한 책임, 서명 및 확인절차	O	O	
마. 최소장비목록(MEL) 또는 외형변경목록(CDL) 적용기준 및 정비이월 절차(적용되는 경우에 한한다)	O	O	O
바. 제·방빙절차(적용되는 경우에 한한다)	O	O	
사. 지상조업 감독, 급유·급유량·연료품질관리 등 운항정비를 위한 절차	O	O	
아. 고도계 교정, 회항시간 연장운항(EDTO), 수직분리축소(RVSM), 정밀접근(CAT) 등 특정 사항에 따른 정비절차(적용되는 경우에 한한다)	O	O	
자. 발동기 시운전 절차	O	O	
차. 항공기 여압, 출발, 도착, 견인에 관한 사항	O	O	
카. 비행시험, 공수비행에 관한 기준 및 절차	O	O	O
10. 정비 매뉴얼, 기술문서 및 정비기록물의 관리방법			
가. 각종 정비 관련 규정의 배포, 개정 및 이용방법	O	O	
나. 전자교범 및 전자기록유지시스템(적용되는 경우에 한한다)	O		O
다. 탑재용항공일지, 비행일지, 정비일지 등의 정비기록 작성방법 및 관리절차	O	O	
라. 정비기록 문서의 관리책임 및 보존기간	O	O	O
마. 탑재용항공일지 서식 및 기록방법	O	O	O
바. 정비문서 및 각종 꼬리표의 서식 및 기록방법	O	O	
11. 자재, 장비 및 공구관리에 관한 사항			
가. 부품 임차, 공동사용, 교환, 유용에 관한 사항	O		O
나. 외부보관품목(External Stock) 관리에 관한 사항	O		

내 용	항공운송사업	항공기사용사업	변경인가대상
다. 정비측정장비 및 시험장비의 관리 절차	O	O	
라. 장비품, 부품의 수령·저장·반납 및 취급에 관한 절차	O	O	
마. 비인가부품·비인가의심부품의 판단 방법 및 보고 절차	O	O	
바. 구급용구 등의 관리 절차	O	O	
사. 정전기 민감 부품(ESDS)의 취급절차	O	O	
아. 장비 및 공구를 제작하여 사용하는 경우 승인 절차	O	O	
자. 위험물 취급 절차	O	O	
12. 안전 및 보안에 관한 사항			
가. 항공정비에 관한 안전관리절차	O	O	
나. 화재예방 등 지상안전을 유지하기 위한 방법	O	O	
다. 인적요인에 의한 안전관리방법	O	O	
라. 항공기 보안에 관한 사항	O	O	
13. 그 밖에 항공운송사업자 또는 항공기사용사업자가 필요하다고 판단하는 사항	O	O	

15.3.3 MEL, CDL

15.3.3.1 MEL(Minimum Equipment List)

1) MEL 제정 이유(목적)

현대의 운송용 항공기는 계통, 부분품, 계기, 통신전자장비 및 구조에 이르기까지 중요한 부분에는 이중으로 장치되어 있어, 어느 한 부분이 고장난 상태에서도 비행안전이 유지되고 신뢰성을 보장할 수 있도록 되어있기 때문에 최소구비장비목록(MEL)을 제정

2) MEL에서 제외되는 사항

MEL은 wing, rudder, engine, flap 및 L/G 등의 필수 불가결한 사항, 즉 감항성에 치명적인 영향을 미치는 사항 및 객실, 경미한 기체부품 등과 같이 감항성·안전성에 영향이 없는 사항은 MEL에서 제외

3) 출발의 결정

① 기장과 운항관리사 및 정비 확인자는 발생된 해당 결함에 대해 상호의사를 교환하여야 하며 고장범위가 본 기준에 만족하고 비행안전을 확보할 수 있다고 판단될 경우 다음과 같이 출발토록 조치한다.

② 정비책임자 또는 정비 확인자는 결함의 상황정도와 범위의 조치 사항들을 비행중 임무수행에 참고가 될 수 있도록 제한 정보를 기장 및 운항관리사에게 설명하여야 한다.

③ 기장과 운항관리사 및 정비책임자 또는 정비 확인자는 항공기에 대하여 모든 확인이 끝나면 당해 항공기의 비행안전에 대한 책임을 지며 본 기준에 만족할지라도 특수한 운항의 계약이나 예정항로 및 경유지의 특수 기상조건 또는 다수 고장의 중복으로 인하여 승무원에게 과도한 업무량을 주거나 비행안전에 영향을 미칠 것으로 예상되는 경우 해당 결함에 대하여 기장과 운항관리사 및 정비책임자는 상호 필요한 의견을 교환하여 기장의 요구대로 필요한 수정 조치를 취하여야 한다.

4) MEL상의 용어의 정의

① day operation(주간비행) : 일출 30분 전과 일몰 후 30분 사이에 이착륙이 행해지는 비행
② extended overwater Operation(해상비행) : 가장 가까운 해안선으로부터 50nautical Mile 이상 떨어진 거리의 해상을 비행하는 것
③ flight day(비행일) : 항공기가 출발한 시각부터 24시간이 경과한 시각까지
④ icing condition(빙결상태) : eng' 또는 A/C에 얼음이 형성될 수 있는 기상상태

15.3.3.2 CDL(Configuration Deviation List)

1) A/C를 운용함에 있어 항공기 외부 표피를 구성하고 있는 부분품(Access PNL, Cap, Fairing) 중 훼손 또는 일탈(Deviation) 상태로 운항할 수 있는 기준을 설정
2) 감항성을 유지하면서 정시성 준수를 목적으로 한다.

15.3.3.3 기타 정비 용어

1) 정비(Maintenance) : 정시에 안전하고 쾌적한 운항을 위하여 항공기 품질을 유지 또는 향상시키는 점검(inspection, check), service, cleaning, 수리 등의 작업을 총칭

2) 기체(Airframe) : 항공기에서 원동기 및 부분품을 제외한 부분으로서 기골과 제계통의 배관 및 배선 등

3) 기골(Structure) : 공중 및 지상에서 기체를 지지하여 공격적 외형을 형성하며 탑재물과 장비품 등을 수용하기 위한 공기력, 여압, 추력, 중량 등의 하중을 받는 골격을 말한다.

4) 원동기(Power Plant) : 엔진 교환 시 한 묶음으로 교환되는 부분으로서 엔진과 이에 장착된 장비품, 배관 및 배선 등을 말한다.

5) 장비품 : 항공기에 장착되는 부분품 및 부품을 총칭한다.

6) 부분품(Component) : 어느 정도 복잡한 기능이나 구조를 유지하고 있고 항공기에 대하여 장탈과 장착이 용이한 종합적인 장비품 accessory 및 unit을 말한다.

7) **부품(Part)** : 항공기의 일부분을 구성하고 있는 것으로서 특정 형태를 유지하고 있어 단독으로 장탈 또는 장착이 가능하나 분해하면 제작 시 부여된 본래 기능이 상실된다.

8) **사용한계(Time Limit, TL)** : HT(hard time)로 운용되는 장비품에 대한 한계 사용시간, 즉 감항성이 인정되는 기간 또는 사용시간을 말한다.

9) **수리(Repair)** : 고장이나 파손된 상태(강도, 구조, 성능)를 본래의 상태로 회복시키는 것을 말한다.

10) **표본점검(Sampling Inspection)** : 동일 형식의 항공기나 발동기 프로펠러 및 보기운용계수를 감안하여 표본수를 정하여 inspection함으로써 전량에 대하여 검사하는 데 필요한 인력, 물자, 시간의 소모를 줄이고 당해 형식의 신뢰도를 검토 판단하는 검사방법

11) **분해점검(Disassembly Check)** : 부분품을 운용자의 shop manual/ovhl manual에 명시된 허용 한계치 이내인가를 확인하기 위해 분해, 검사 및 점검을 하는 것

12) **비행시간(Time In Service/Flight Hour/Air Time, FH)**
   ① 항공기가 비행을 목적으로 이륙(바퀴가 떨어진 순간)부터 착륙(바퀴가 땅에 닿을 순간)할 때까지의 경과시간을 말하며 사용시간이라고도 한다.
   ② 정비요목에서 말하는 시간 간격 및 시기는 time in service로 기준 한다.
   ※ flight time/block time(BT): 항공기가 비행을 목적으로 ramp에서 자력으로 움직이기 시작한 순간부터 착륙하여 정지할 때까지의 경과 시간

13) **비행횟수(Flight Cycle/Landing Cycle/Aircraft Operating Cycle, FC)** : 항공기가 이륙하여 착륙을 완료하는 횟수를 말한다.

14) **시험비행(Test Flight, T/F)** : 실시한 작업의 결과에 대하여 감항성, 비행성능 등을 확인하기 위해서 행하는 비행을 말한다.
   ※ Flight Test : 구조 및 성능 등에 대하여 비행 중에 수행하는 시험을 말한다.

15) **Shop** : 기체로부터 분리된 상태로 있는 부분품의 정비작업을 행하는 장소(공장)을 말한다. 또는 정비의 단계로 표시하기 위하여 구분되는 경우도 있다.

16) **정비기지(Base)** : 정비 위해 설비 및 인원, 장비품 등을 충분히 갖추고 정시점검 이상의 정비작업을 수행할 수 있는 지점

17) **지점(Station)** : 항공기가 발착하는 곳으로서 비행편의 최초 출발지를 출발지점(originating station), 도중 기항지를 중간지점(through station), 도착지를 종착지점(destination station), 왕복편의 반환지점을 turn around station이라 한다.

15.3.4 기술도서
15.3.4.1 기술도서 이해
1) 개요

　기술도서란 항공기, engine 및 관련 장비를 운영, 정비, 유지하는 데 필요한 방법, 즉 모든 기술자료를 수록, 제시하여 항공기 또는 장비를 운영하는 operator로 하여금 보다 편리하고 정확한 가동 상태를 유지시키기 위하여 제작회사에서 발행하는 간행물을 말한다.

2) ATA Specification 100

① ATA란 air transportation association of america(미항공운송협회)의 약자로서, 이 협회에서 항공운송에 관한 여러 기준을 설정하는데, 기술자료의 기준 설정은 ATA specification 100에 수록되어 있다. 원래의 규격서는 ATA Spec 100이었고 최근에는 ATA Spec 2100이 전자 문서로서 개발되었다. 이들 두 가지 규격서는 ATA iSpec 2200이라고 부르는 하나의 문서로 통합 발전되었다.

② ATA Spec 100은 ATA engineering & maintenance committee에서 제작회사에서 발행하는 기술자료의 specification을 심의 및 결정하는 것으로서 1956년 6월 1일 제정되어 현재까지 이용되고 있으며 필요시 개정한다.

③ 목적: ATA 가맹 항공사가 항공기, 엔진 및 장비품의 제작회사에 대해 이의 유지 보수 및 운영에 관한 자료의 제공과 자료 발행 방법에 대해 공통 사양서를 사용할 것을 요구하는 것으로, 요약하면 다음과 같다.
첫째, 가맹 항공사의 공통 요구 사항을 명시하고
둘째, 자료의 범위, 편집 방법, 발행을 명시하며
셋째, 사용에 충분한 부수, 형태를 명시한다.

3) ATA Numbering System

① manual은 6개 문자와 - 로 구분된 3개 단위의 숫자를 사용하여 chapter, section, 그리고 subject로 나누어진다.

② 첫 번째와 두 번째 문자는 chapter 또는 주요 system으로 정의되며 ATA 규정에 의해 지정된다.

③ 3번째와 4번째 문자는 sub-system 또는 section으로 정의되면 또한 ATA 규정에 의해 지정된다.

④ 5번째와 6번째 문자는 unit 또는 subject로 정의되면 제작자에 의해 지정된다.

4) 기술도서의 번호부여(예)

```
35 - 54 - 23   → Chapter - Section - Subject
Page 1         → Page No
Aug. 31/17     → 발행 년 월 일
```

5) page들은 다음과 같이 지정된다.
   ① description and operation: 1 - 100
   ② troubleshooting: 101 - 200
   ③ maintenance practices: 201 - 300
   ④ servicing: 301 - 400
   ⑤ removal/installation: 401 - 500
   ⑥ adjustment/test: 501 - 600
   ⑦ inspection/check: 601 - 700
   ⑧ cleaning/painting: 701 - 800
   ⑨ approved repair: 801 - 900

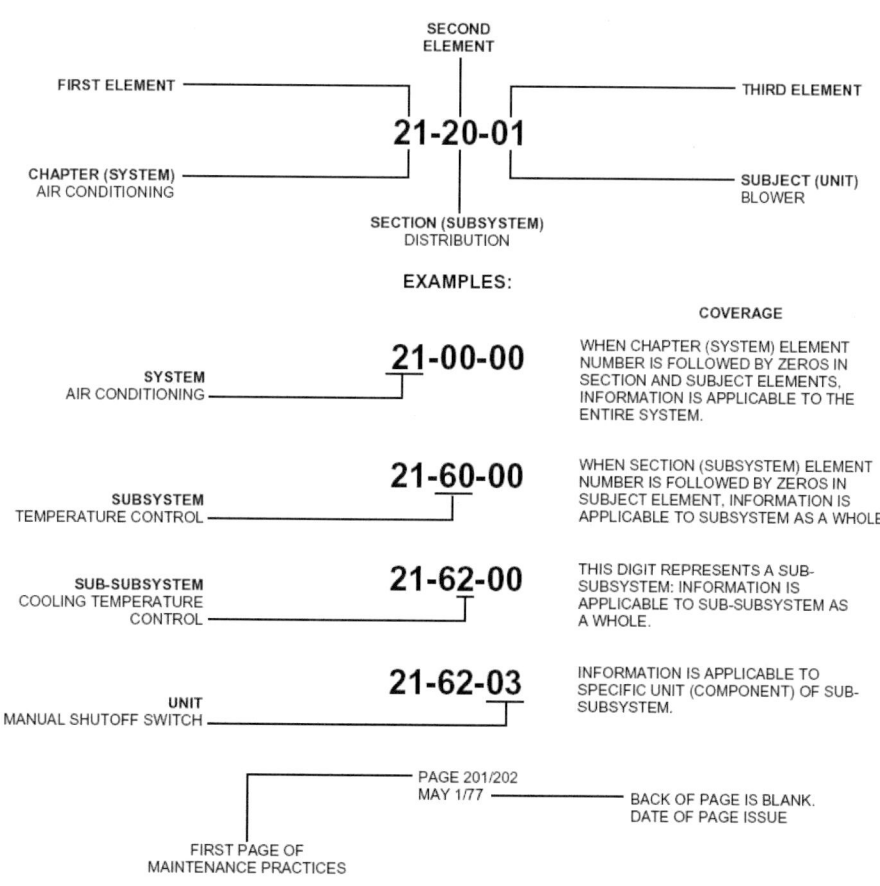

▲ 그림 15-1 ATA Numbering System

참고	ATA Number	ATA Chapter name
	AIRCRAFT GENERAL	
	ATA 05	TIME LIMITS/MAINTENANCE CHECKS
	ATA 06	DIMENSIONS AND AREAS
	ATA 07	LIFTING AND SHORING
	ATA 08	LEVELING AND WEIGHING
	ATA 09	TOWING AND TAXIING
	ATA 10	PARKING, MOORING, STORAGE AND RETURN TO SERVICE
	ATA 11	PLACARDS AND MARKINGS
	ATA 12	SERVICING - ROUTINE MAINTENANCE
	AIRFRAME SYSTEMS	
	ATA 20	STANDARD PRACTICES - AIRFRAME
	ATA 21	AIR CONDITIONING AND PRESSURIZATION
	ATA 22	AUTO FLIGHT
	ATA 23	COMMUNICATIONS
	ATA 24	ELECTRICAL POWER
	ATA 25	EQUIPMENT/FURNISHINGS
	ATA 26	FIRE PROTECTION
	ATA 27	FLIGHT CONTROLS
	ATA 28	FUEL
	ATA 29	HYDRAULIC POWER
	ATA 30	ICE AND RAIN PROTECTION
	ATA 31	INDICATING / RECORDING SYSTEM
	ATA 32	LANDING GEAR
	ATA 33	LIGHTS
	ATA 34	NAVIGATION
	ATA 35	OXYGEN
	ATA 36	PNEUMATIC
	ATA 37	VACUUM
	ATA 38	WATER/WASTE
	ATA 46	INFORMATION SYSTEMS
	ATA 49	AIRBORNE AUXILIARY POWER
	STRUCTURE	
	ATA 51	STANDARD PRACTICES AND STRUCTURES - GENERAL
	ATA 52	DOORS
	ATA 53	FUSELAGE
	ATA 54	NACELLES/PYLONS
	ATA 55	STABILIZERS
	ATA 56	WINDOWS
	ATA 57	WINGS
	POWER PLANT	
	ATA 71	POWER PLANT
	ATA 72	ENGINE
	ATA 73	ENGINE - FUEL AND CONTROL
	ATA 74	IGNITION
	ATA 75	BLEED AIR
	ATA 76	ENGINE CONTROLS

ATA 77	ENGINE INDICATING
ATA 78	EXHAUST
ATA 79	OIL
ATA 80	STARTING

15.3.4.2 기술도서의 종류

1) Aircraft Maintenance Manual(AMM) : 정비 교범

　line 또는 maintenance hanger 내에서 정상적으로 요구되는 항공기의 모든 system 및 장비에 대하여 정비하는 데 직접적으로 이용되는 manual이다.

　아래 그림은 Boeing-737 Aircraft Maintenance Manual(AMM)의 표지와 일부 내용이다.

737-600/700/800/900 MAINTENANCE MANUAL

LOCALIZER ANTENNA - REMOVAL/INSTALLATION

1. General
   A. This procedure has these tasks:
      (1) A removal of the localizer antenna
      (2) An installation of the localizer antenna.
   B. The localizer antenna is in the nose radome.

   TASK 34-31-31-000-801

2. Localizer Antenna Removal (Fig. 401)
   A. References
      (1) AMM TASK 53-52-00-000-801 p401, Nose Radome Removal
   B. Access
      (1) Location Zones
         (a) 111   Radome
         (b) 211   Flight Compartment - Left
         (c) 212   Flight Compartment - Right
   C. Removal Procedure

      SUBTASK 860-001
      (1) Open these circuit breakers and attach DO-NOT-CLOSE tags:
         (a) Circuit Breaker Panel, P6-1:
            1) 6A13   RADIO NAVIGATION MMR 2
         (b) Circuit Breaker Panel, P18-1:
            1) 18A2   RADIO NAVIGATION MMR 1

      SUBTASK 860-002

      WARNING: DO NOT OPERATE THE WEATHER RADAR SYSTEM WHILE YOU REMOVE THE LOCALIZER ANTENNA. IF THE WEATHER RADAR OPERATES, INJURY TO PERSONS CAN OCCUR.

      (2) Open the nose radome to get access to the localizer antenna [1] (AMM TASK 53-52-00-000-801 p401).

      SUBTASK 020-001
      (3) Remove the localizer antenna [1].
         (a) Remove the screws [2] that attach the localizer antenna [1] to the airplane structure.
         (b) Pull the localizer antenna [1] away from the airplane structure to get access to the electrical connectors [3].
         (c) Disconnect the electrical connectors [3].
         (d) Remove the localizer antenna [1].
         (e) Put protective covers on the electrical connectors [3].

EFFECTIVITY

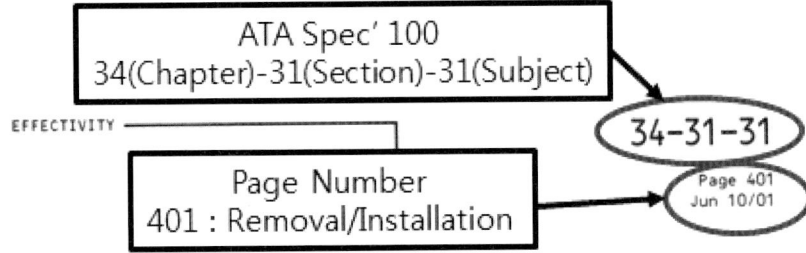

※ ATA Spec' 100에 의거한 Chapter No.와 Page No. 표시의 예

2) Wiring Diagram Manual(WDM) : 전기 배선도 교범

항공기 각 system에서 요구되는 전자 또는 전기 배선의 위치와 통과 지점 등을 표시한 재선도 등을 수록한 manual이다.

아래 그림은 Cessna-150 Aircraft Wing Flap System의 Wiring Diagram Manual이다.

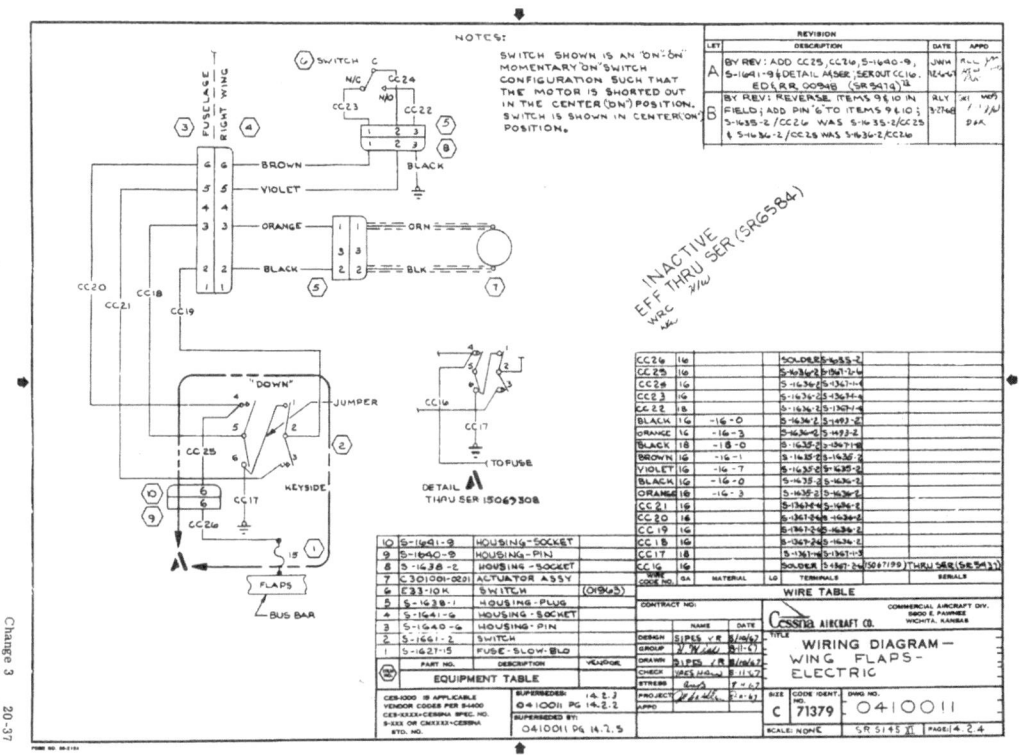

3) Component Maintenance Manual(CMM) or Overhaul Manual(OHM) : 오버홀교범

shop 작업자가 component에 대한 정비작업 수행 시 필요한 정비 기술 도서이다.

4) Aircraft Overhaul Manual

항공기 제작회사에서 제작한 기체 부분품에 대한 overhaul manual이며, 주로 landing gear, mechanical accessory 및 flight control system mechanism에 대한 것이 대부분으로 기종별로 ATA Chapter별, Part No. 순으로 철입되어 있다.

5) Vendor Overhaul Manual

vendor에서 설계, 제작한 component를 정비할 때 활용하는 manual이며, 항공사에서는 항공기 기종에 관계없이 ATA Chapter별 Part No. 순으로 철입되어 있다.

다음 그림은 Boeing-737 Aircraft Overhaul Manual(OHM)/Component Maintenance Manual(CMM)이다.

737

Overhaul Manual/Component Maintenance Manual

BOEING PROPRIETARY, CONFIDENTIAL, AND/OR TRADE SECRET
Copyright © 1989 The Boeing Company
Unpublished Work - All Rights Reserved

Boeing claims copyright in each page of this document only to the extent that the page contains copyrightable subject matter. Boeing also claims copyright in this document as a compilation and/or collective work.

This document includes proprietary information owned by The Boeing Company and/or one or more third parties. Treatment of the document and the information it contains is governed by contract with Boeing. For more information, contact The Boeing Company, P.O. Box 3707, Seattle, Washington 98124.

Boeing, the Boeing signature, the Boeing symbol, 707, 717, 727, 737, 747, 757, 767, 777, BBJ, DC-8, DC-9, DC-10, MD-10, MD-11, MD-80, MD-88, MD-90, and the red-white-and-blue Boeing livery are all trademarks owned by The Boeing Company; and no trademark license is granted in connection with this document unless provided in writing by Boeing.

DOCUMENT D6-17370

PUBLISHED BY BOEING COMMERCIAL AIRPLANES GROUP, SEATTLE, WASHINGTON, USA
● A DIVISION OF THE BOEING COMPANY ●
NOVEMBER 01, 1999

65-55731
DASH NUMBERS LIMITED

OVERHAUL MANUAL

CONTROL WHEEL STEERING AILERON DRUM ASSEMBLY

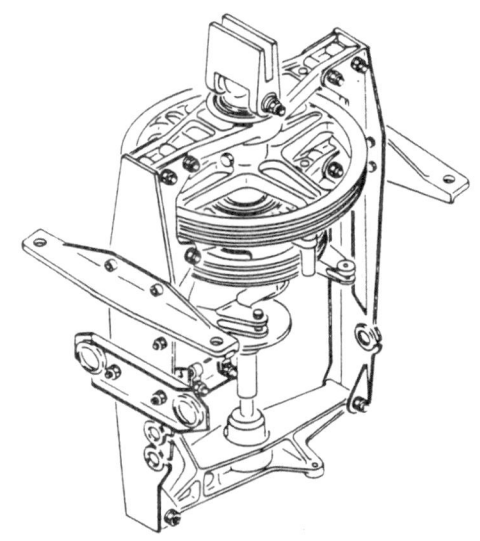

Control Wheel Steering Aileron Drum Assembly
Figure 1

1. DESCRIPTION AND OPERATION

   A. The control wheel steering aileron drum assembly includes the bus drum, aileron drum, shaft assemblies, fork assembly, cable assemblies, and supporting members. The drum assembly is located at the base of the captain's control column and transfers control wheel forces through cables to the aileron/spoiler power control units.

   B. Leading Particulars (Approximate)

   Width -- 9.5 inches
   Length -- 13.0 inches
   Height -- 17.0 inches
   Weight -- 9.5 pounds

Dec 5/87

27-16-09
Page 1

BOEING COMMERCIAL JET OVERHAUL MANUAL

65-55731
DASH NUMBERS LIMITED

2. <u>DISASSEMBLY</u> (Fig. 5)

   A. On assys 65-55731-21, -23, -62, -63, -65, remove spring (465), lockwires and cable assys (470 thru 480) from drum or spool (375) and pulley (485), if attached.

   B. On assys 65-55731-21, -23, -62, -63, -65, remove fasteners (490 thru 500) and remove pulley (485) from sensor (505). Remove fasteners (510, 515) and remove bracket assy from support (550), if attached.

   <u>NOTE</u>: Do not remove steel wire sleeve (530) from bracket (525) unless necessary for repair or replacement.

   C. Remove parts (5, 10) and remove fork (15) and spacers (35) from shaft (40). Remove bearing (30) from fork (20).

   <u>NOTE</u>: Do not remove bearing (25) from fork (20) unless necessary for repair or replacement.

   D. Remove parts (45 thru 165, 550 thru 580, if attached) and separate forward and aft ribs (190, 195) from bearing housing (200, 205) and bracket (210). Remove fasteners (175 thru 187) and guide (170) from forward rib (190).

   <u>NOTE</u>: Do not remove beams (430, 435) and grommets (440, 445) from ribs unless necessary for repair or replacement.

   E. Remove bearing housing (200) from shaft (40) and remove bearing (215) from housing.

   F. Remove fasteners (220 thru 230), slide bus drum (235) from shaft and remove cable assys (420, 425).

   G. Remove bearing housing (205) and spacer (240) from shaft (40) and remove bearing (215), parts (250 thru 260) and cable guards (245) from bearing housing.

   H. On all assys except 65-55731-70, remove fasteners (265 thru 275) and spacers (280) and separate shaft (40) from shaft assy (340). On assy 65-55731-70, remove pins (265) and separate shaft (40) from spool assy (340).

   I. Slide aileron drum (285) from shaft (40) and remove bearings (335) from drum. On all assys except 65-55731-21, -62, remove clip assy (290) by removing parts (310 thru 330). Remove parts (300 thru 320) from clip assy (290).

   J. Disassemble shaft assy (340, 69-46277-3) by removing parts (350, 360, 365). On shaft assys (340, 69-46277-4, -5, -6) remove parts (400 thru 415) from bracket (380). On spool assy (340, 69-78240-1) remove parts (400 thru 415) from bracket (380).

   <u>NOTE</u>: Do not remove rivets (355, 390), pin (370), or bushings (345) unless necessary for repair or replacement.

27-16-09
Page 2

Jun 5/90

6) Fault Reporting Manual(FRM)/Fault Isolation Manual(FIM)

운항 중 항공기에 발생한 fault에 대한 trouble shooting guide manual로서 항공기가 공항에 착륙하기 전에 fault 내용을 운항 승무원이 지상 정비 통제에 통보해 줌으로써 효율적인 고장탐구를 하여 turn around time을 단축하고 동시에 정시성과 감항성을 유지하기 위한 manual이다.

7) Structure Repair Manual(SRM) : 기체 구조 수리 교범

손상된 구조 부재의 허용 손상범위 수리자재, fastener 부재 식별, 수리 절차와 방법 등을 상세하게 기술한 교범이다.

8) Non Destructive Test Manual(NDT MNL)

항공기 structure 혹은 component의 손상여부를 조기에 발견하여 이로 인한 결정적인 손상초래를 미연에 방지함으로서 항공기 감항성을 유지하기 위한 각종 비파괴 검사 절차를 소개한다.

9) IPC(Illustrated Part Catalog) : 도해부품목록

항공사가 교환 가능한 항공기 part와 units를 식별, 신청, 확보, 저장 및 사용 시 이용할 수 있도록 항공기 제작회사에서 ATA Spec. 100을 근거로 발간한 것으로서, maintenance manual과 함께 필수적인 기술도서로서 정비 작업에 필요한 모든 part가 수록되어 있다.

다음 그림은 Boeing-737 Aircraft Illustrated Part Catalog이다.

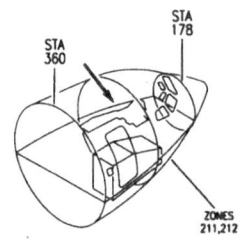
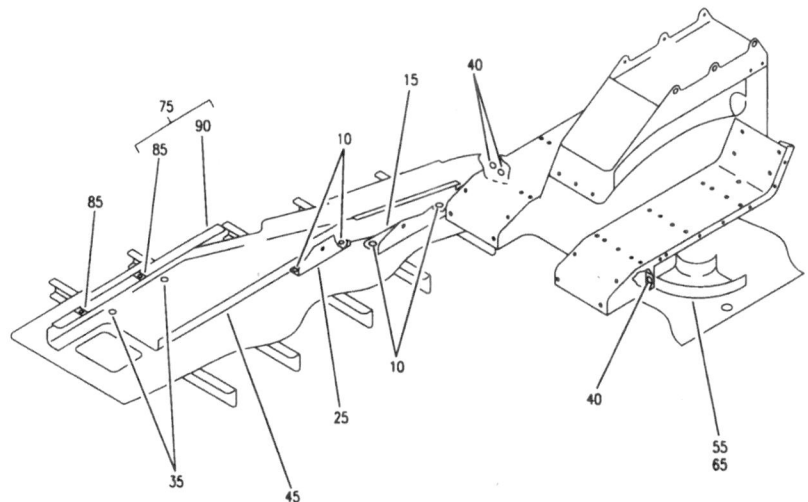

RACEWAY INSTL-FWD CONTROL CABIN FLOOR
FIGURE 6

25-11-51-06

BOEING 737-600/700/800/900 PARTS CATALOG (MAINTENANCE)

FIG ITEM	PART NUMBER	1234567 NOMENCLATURE	EFFECT FROM TO	UNITS PER ASSY
6		RACEWAY INSTL-FWD CONTROL CABIN FLOOR		
-1	232A1640-1	RACEWAY INSTL-FWD CONTROL CABIN FLOOR POSITION DATA: LH FOR NHA SEE: 25-10-00-03		RF
-5	232A1640-2	RACEWAY INSTL-FWD CONTROL CABIN FLOOR POSITION DATA: RH FOR NHA SEE: 25-10-00-03		RF
10	BACS12FA3K10	.SCREW		4
15	232A1652-21	.BRACKET- POSITION DATA: LH SIDE		1
15	232A1652-31	.BRACKET- POSITION DATA: LH SIDE		1
-20	232A1652-22	.BRACKET- POSITION DATA: RH SIDE		1
-20	232A1652-32	.BRACKET- POSITION DATA: RH SIDE		1
25	232A1652-29	.BRACKET- POSITION DATA: LH SIDE		1
-30	232A1652-30	.BRACKET- POSITION DATA: RH SIDE		1
35	BACS12FA3K8	.SCREW		2
40	BACS12FA3K6	.SCREW		3
45	232A1643-1	.TRAY- POSITION DATA: LH SIDE		1
-50	232A1643-2	.TRAY- POSITION DATA: RH SIDE		1
55	232A1643-3	.TRAY ASSY- POSITION DATA: LH SIDE		1
-60	232A1643-4	.TRAY ASSY- POSITION DATA: RH SIDE		1

MISSING ITEM NO. NOT APPLICABLE

- ITEM NOT ILLUSTRATED

BBJ

25-11-51-06

25-11-51
FIG. 6
PAGE 1
MAY 10/01

15.3.4.3 다음 CESSNA-150 Aircraft Maintenance Manual을 해석하시오.

150 SERIES

1969 THRU 1976

SERVICE MANUAL

LATEST CHANGED PAGES SUPERSEDE
THE SAME PAGES OF PREVIOUS DATE

Insert changed pages into basic
publication. Destroy superseded pages.

1 JULY 1972

CHANGE 3   15 JUNE 1975

D971C3-13-RAND-1600-7/75

11-10. REMOVAL. If the engine is to be placed in storage or returned to the manufacturer for overhaul, proper preparatory steps should be taken prior to beginning the removal procedure. Refer to Indefinite Storage in Section 2 for preparation of the engine for storage. The following engine removal procedure is based upon the engine being removed from the aircraft with the engine mount attached to the firewall and all engine hose and lines being disconnected at the firewall. The reason for engine removal will determine where components are to be disconnected.

NOTE

Tag each item disconnected to aid in identifying wires, hose, lines and control linkage when engine is being installed. Protect openings, exposed as a result of removing or disconnecting units, against entry of foreign material by installing covers or sealing with tape.

a. Place all cabin switches and fuel valves in the OFF position.
b. Remove engine cowlings. (See paragraph 11-3.)
c. Open battery circuit by disconnecting battery cable(s) at the battery. Insulate cable terminal(s) as a safety precaution.
d. Disconnect ignition switch primary ("P") leads at the magnetos.

WARNING

The magneto is in a SWITCH ON condition when the switch wire is disconnected. Ground the magneto points or remove the high tension outlet plate from the magneto or disconnect spark plug lead wires at spark plugs to prevent accidental firing when the propeller is rotated.

e. Drain engine oil from sump.
f. Remove propeller and spinner. (See Section 13.)

NOTE

During the following procedures, remove any clamps which secure controls, wires, hose, or lines to the engine, engine mount, or attached brackets, so that they will not interfere with removal of the engine. Omit any of the items which are not present on a particular engine installation.

g. Disconnect throttle and mixture control at carburetor. Pull these controls free of engine and engine mount, using care not to damage them by bending too sharply. Note position, size and number of attaching washers and spacers.
h. Disconnect carburetor heat control from arm on carburetor air intake housing assembly. Remove clamps and pull control aft clear of the engine.
i. Disconnect wires and cables as follows:

CAUTION

When disconnecting starter cable, do not permit starter terminal bolt to rotate. Rotation of the bolt could break the conductor between terminal and field coils causing the starter to be inoperative.

1. Starter electrical cable at starter.
2. Electrical wires and wire shielding ground at alternator.
3. Tachometer drive shaft at adapter on engine.
4. Remove all clamps attaching wires and cables to the engine or engine mount. Pull all wires and cables aft to clear the engine.
j. Disconnect and cap or plug lines and hose as follows:
1. Vacuum hose at firewall.

WARNING

Residual fuel and oil draining from disconnected lines and hose is a fire hazard. Use care to prevent accumulation of such fuel and oil when lines or hose are disconnected.

2. Oil pressure hose at firewall.
3. Oil temperature bulb at engine.
4. Primer line to engine at firewall.
5. Fuel hose to engine at fuel strainer on firewall.
6. Remove all clamps attaching lines and hose to engine or engine mount which interferes with engine removal from engine mount.

CAUTION

Attach a tail stand to the tail tie-down fitting before removing the engine. The loss of engine weight will allow the tail to drop. Do not raise engine higher than necessary when removing engine-to-mount bolts. Raising the engine too high places a strain on the attach bolts and hinders their removal.

k. Attach a hoist to the lifting lug on top of the engine and take up engine weight on hoist.
l. Remove bolts attaching engine-to-mount. Note direction of bolt installation and position and numbers of washers. Balance the engine by hand as the last of the bolts are removed. Remove ground straps at lower mount legs as bolts are removed.

CAUTION

Hoist engine slowly and ascertain that all items attaching engine and accessories to engine mount and airframe are disconnected.

m. Carefully guide disconnected components out of engine assembly.

11-10 장탈 엔진을 보관소에 저장하거나 오버홀 검사를 위해 제작업체에 반환해야 하는 경우, 장탈 절차를 시작하기 전에 적절한 준비 절차가 수행되어야 한다. 엔진 저장을 위해 Section 2의 무기한 저장 절차를 참조하라. 다음 엔진 장탈 절차는 엔진 마운트가 방화벽에 장착되고 모든 호스와 라인이 방화벽에서 분리된 항공기로부터 엔진이 장탈되는 것을 기반으로 한다. 엔진을 장탈하는 목적에 따라 연결된 구성 요소를 분리하는 위치가 결정된다.

NOTE

엔진을 장착할 때 전선, 호스, 라인 및 제어 연결장치를 식별하는 데 도움이 되도록 분리된 각 부품에 태그를 붙여라. 장탈 또는 분리로 인해 노출된 개구부에 마개를 장착하거나 테이프로 밀봉하여 이물질이 들어가지 않도록 보호하라.

a. 조종실의 모든 스위치와 연료밸브를 OFF에 위치시켜라.
b. 엔진 카울링을 장탈하라. (Paragraph 11-3 참조)
c. 배터리에서 배터리 케이블을 분리하여 회로를 개방하라. 안전 예방 조치로 케이블 단자를 절연시켜라.
d. 점화 스위치의 프라이머리 "P" 리드를 마그네토에서 분리하라.

WARNING

마그네토는 스위치 와이어가 연결되지 않은 상태에서 스위치 ON 상태에 있다. 마그네토 포인트를 접지하거나 마그네토에서 고압 출력 플레이트를 제거하거나 스파크 플러그에서 스파크 플러그 리드선을 분리하여 프로펠러가 회전할 때 우발적인 점화를 방지하라.

e. 섬프로부터 엔진오일을 배출하라.
f. 프로펠러와 스피너를 장탈하라. (Section 13 참조)

NOTE

다음 절차를 수행하는 동안 엔진의 장탈을 방해하지 않도록 엔진, 엔진 마운트 또는 부착된 브래킷의 컨트롤, 와이어, 호스 또는 라인을 고정하는 모든 클램프를 장탈하라. 특정 엔진 장착에 존재하지 않는 구성품의 절차는 생략하라.

g. 기화기에서 스로틀 및 혼합체 컨트롤 케이블을 분리하라. 너무 날카롭게 굽혀져 컨트롤 케이블이 손상되지 않도록 주의를 기울이며 컨트롤 케이블을 당겨서 엔진과 엔진 마운트에 방해되지 않도록 하라. 연결된 와셔와 스페이서의 위치, 크기 그리고 수량을 메모하라.
h. 기화기 공기입구 하우징 조립체의 암에서 기화기 열조절 케이블을 분리하라.
i 전선과 케이블을 다음의 순서대로 분리하라.

CAUTION

시동기 케이블을 분리할 때 시동기 단자 볼트가 회전하지 않도록 하라. 볼트의 회전은 단자와 계자 코일 사이의 도체를 손상시켜 시동기가 작동되지 않을 수 있다.

1. 시동기에서 시동기 전기 케이블
2. 교류 발전기에서 전기 전선 및 차폐 접지 전선
3. 엔진의 어댑터에서 회전계의 회전축
4. 엔진 또는 엔진 마운트에 연결된 전선 및 케이블의 모든 클램프를 장탈하라. 모든 와이어와 케이블을 후방으로 당겨 엔진 장탈을 방해하지 않도록 하라.

j. 다음과 같이 라인과 호스를 분리하고 마개 또는 플러그로 막아라.

1. 방화벽에서 진공 호스

WARNING

분리된 라인 및 호스에서 배출되는 잔여 연료 및 오일은 화재 위험이 있다. 라인이나 호스가 분리될 때 이러한 연료와 오일이 누적되지 않도록 주의하라.

2. 방화벽에 있는 오일 압력 호스
3. 엔진에서 오일 온도 측정부
4. 방화벽에 위치한 엔진 프라이머 라인
5. 방화벽의 연료 여과기에서 엔진에 연료 호스 연결
6. 엔진 마운트에서 엔진을 장탈하는 것을 방해하는 엔진 또는 엔진 마운트의 라인과 호스를 연결하는 모든 클램프를 장탈하라.

CAUTION

엔진을 장탈하기 전에 테일 타이다운 피팅에 스탠드를 설치하라. 엔진이 장탈되면 테일 섹션이 아래로 떨어질 수 있다. 엔진 마운트 볼트를 제거할 때 엔진을 필요한 높이 이상 올리지 마라. 엔진을 너무 높이 올리면 장착 볼트에 변형이 생겨 장탈이 어려워진다.

k. 호이스트를 엔진 상단의 리프팅 러그에 장착하고 호이스트로 엔진 중량을 지지하게 하라.
l. 엔진과 마운트를 연결하는 볼트를 장탈하라. 볼트 장착 방향 및 와셔의 위치와 수를 기록하라. 마지막 볼트가 장탈될 때 수동으로 엔진의 균형을 유지하라. 볼트를 장탈할 때 하부 마운트 러그에서 접지 스트랩을 장탈하라.

CAUTION

엔진을 천천히 들어올리고 엔진 및 액세서리를 엔진 마운트와 기체에 연결하는 모든 구성품이 분리되어 있는지 확인하라.

m. 분리된 구성품을 엔진 어셈블리 밖으로 조심스럽게 정리하라.

11-11. CLEANING. The engine may be cleaned with a suitable solvent, such as Stoddard solvent, or equivalent, then dried thoroughly.

> **CAUTION**
>
> Particular care should be given to electrical equipment before cleaning. Solvent should not be allowed to enter magnetos, starter, alternator, and the like. Hence, protect these components before saturating the engine with solvent. Cover any fuel, oil and air openings on the engine and accessories before washing the engine with solvent. Caustic cleaning solutions should be used cautiously and should always be properly neutralized after their use.

11-12. ACCESSORIES REMOVAL. Removal of engine accessories for overhaul or for engine replacement involves stripping the engine of parts, accessories, and components to reduce the engine assembly to the bare engine. During removal, carefully examine removed items and tag defective parts for repair or replacement with a new part.

> **NOTE**
>
> Items easily confused with similar items should be tagged to provide a means of identification when being installed on a new engine. All openings exposed by the removal of an item should be closed by installing a suitable cover or cap over the opening. This will prevent entry of foreign particles. If suitable covers are not available, tape may be used to cover the opening.

11-13. INSPECTION. For specific items to be inspected refer to engine manufacturer's manual.
 a. Visually inspect the engine for loose nuts, bolts, cracks and fin damage.
 b. Inspect baffles, baffle seals and brackets for cracks, deterioration and breakage.
 c. Inspect all hoses for internal swelling, chafing through protective plys, cuts, breaks, stiffness, damaged threads and loose connections. Excessive heat on hoses will cause them to become brittle and easily broken. Hoses and lines are most likely to crack or break near the end fittings and support points.
 d. Inspect for color bleaching of the end fittings or severe discoloration of the hoses.

> **NOTE**
>
> Avoid excessive flexing and sharp bends when examining hoses for stiffness.

 e. All flexible fluid carrying hoses in the engine compartment should be replaced at engine overhaul or every five years, whichever occurs first.
 f. For major engine repairs, refer to the manufacturer's overhaul and repair manual.

11-14. ENGINE BUILD-UP. Engine build-up consists of installation of parts, accessories and components to the basic engine to build-up an engine unit ready for installation on the aircraft. All safety wire, lockwashers, palnuts, elastic stop nuts, gaskets and rubber connections should be new parts.

11-15. INSTALLATION. Before installing the engine on the aircraft, install any items that were removed from the engine after it was removed from the aircraft.

> **NOTE**
>
> Remove all protective covers, plugs, caps and identification tags as each item is connected or installed.

 a. Hoist engine assembly to a point near the engine mount.
 b. Route controls, lines and hose in place as the engine is positioned near the engine mount.
 c. Install shock-mounts as shown in figure 11-2 and install engine-to-mount bolts. Be sure ground straps are in place at lower engine mount. Tighten engine-to-mount bolts to torque value shown in figure 11-2.
 d. Remove hoist and stand placed under tail tie-down fitting.
 e. Route throttle and mixture controls to the carburetor and connect, using washers and spacers as noted in step "g" of paragraph 11-10.

> **NOTE**
>
> Throughout the aircraft fuel system, from the tanks to the carburetor, use Never-Seez RAS-4, (Snap-On Tools Corporation, Kenosha, Wisconsin) or MIL-T-5544 thread compound as a thread lubricant or to seal a leaking connection. Apply compound to male fitting, omitting the first two threads. Always be sure that the compound, the residue of a previously used compound, or any other foreign material does not enter the fuel system.

 f. Connect lines and hose as follows:
  1. Fuel hose at fuel strainer on firewall.
  2. Primer line to engine at firewall.
  3. Oil temperature bulb at engine.
  4. Oil pressure hose at firewall.
  5. Install all clamps attaching lines and hose to engine, engine mount, or attached brackets.
 g. Connect wires and cables as follows:
  1. Electrical wires and wire shielding ground at alternator.

> **CAUTION**
>
> When connecting starter cable, do not permit starter terminal bolt to rotate. Rotation of the bolt could break the conductor between terminal and field coils causing the starter to be inoperative.

  2. Starter electrical cable at starter.

11-9

11-11 세척 엔진은 스토다드 솔벤트와 같이 적합한 솔벤트 또는 동등품으로 세척한 다음 완전히 건조시킨다.

> **CAUTION**

세척하기 전에 전기 장비에 특별한 주의를 기울여야 한다. 솔벤트는 마그네토, 시동기, 교류 발전기 등에 들어가서는 안 된다. 따라서 엔진이 솔벤트로 젖기 전에 이들 구성품을 보호하라. 엔진을 솔벤트로 세척 전에 엔진 및 액세서리의 연료, 오일 및 공기구멍을 밀폐시켜라. 부식성의 세정용액은 조심스럽게 사용해야 하며 사용 후에는 항상 적절하게 중화되어야 한다.

11-12 액세서리 장탈 오버홀 또는 엔진 교체를 위해 엔진 액세서리를 장탈하려면 엔진의 부품, 부속품 및 구성품을 장탈하여 엔진 조합체를 순수 엔진으로 줄여라. 장탈하는 동안 제거된 부품을 세심하게 검사하고 결함 부품을 새 부품으로 수리 또는 교체하도록 태그하라.

> **NOTE**

유사한 부품과 쉽게 혼동되는 부품에는 새 엔진에 장착될 때 식별 수단을 제공하도록 태그를 지정해야 한다. 부품의 제거로 인해 노출된 모든 개구부는 적절한 덮개 또는 마개를 사용하여 밀폐시켜야 한다. 이는 외부 물질의 침입을 방지한다. 적합한 덮개를 사용할 수 없다면 테이프를 사용하여 개구부를 막을 수 있다.

11-13 점검 특정 부품의 점검은 엔진 제조업체 매뉴얼을 참조하라.
a. 육안으로 너트, 볼트 및 균열, 핀 손상을 점검하라.
b. 배플, 배플 시일 및 브래킷의 균열, 품질저하 및 파손을 검사하라.
c. 모든 호스의 내부 팽창, 보호 플라이의 쓸림, 절단, 파손, 경화, 나사산의 손상 및 느슨한 연결 여부를 점검하라. 호스에 과도한 열이 가해지면 부서지기 쉽고 쉽게 부러진다. 호스 및 라인은 엔드 피팅 및 지지점 근처에서 균열 또는 파손될 가능성이 가장 크다.
d. 엔드 피팅의 색상 표백 또는 호스의 심한 변색 여부를 검사하라.

> **NOTE**

호스의 경화 여부를 검사할 때 과도한 굴곡과 날카로운 구부러짐을 피한다.
e. 엔진실의 모든 유연성 유체 이송 호스는 엔진 오버홀 검사 또는 매 5년 중 빠른 날짜에 교체해야 한다.
f. 엔진의 주요 수리에 대해서는 제조업체의 오버홀 검사 및 수리 매뉴얼을 참조하라.

11-14 엔진 조립 엔진 조립 절차는 항공기에 장착을 위해 기본 엔진에 부품, 액세서리 및 구성품을 장착하여 엔진 장치를 구축하는 것으로 구성된다. 모든 세이프티 와이어, 로크 와셔, 팔 너트, 엘라스틱 스톱 너트, 개스킷과 고무 연결 부품은 새로운 부품으로 교체되어야 한다.

11-15 장착 항공기에 엔진을 장착하기 전에 항공기에서 엔진을 장탈한 후 엔진으로부터 장탈된 모든 부품을 장착하라.

> **NOTE**

각 부품에 연결되거나 설치된 모든 보호덮개, 플러그, 캡 및 식별 태그를 제거하라.

a. 엔진 조립체를 엔진 마운트 근처의 지점까지 들어 올려라.
b. 엔진이 엔진 마운트 근처에 위치될 때 컨트롤 로드, 라인 및 호스를 제자리에 위치시켜라.
c. 그림 11-2와 같이 쇼크-마운트를 장착하고 엔진-마운트 볼트를 장착하라. 하부 엔진 마운트에 접지 스트랩이 제자리에 장착되었는지 확인하라. 그림 11-2의 토크값으로 엔진-마운트 볼트를 조여라.
d. 테일 타이다운 피팅 아래에 위치한 스탠드와 호이스트를 제거하라.
e. 스로틀 및 믹싱 컨트롤 케이블을 기화기에 위치시키고 Paragraph 11-10의 "g"단계에 명시된 바와 같이 와셔 및 스페이서를 사용하여 연결하라.

> **NOTE**

항공기 연료계통 전체, 연료탱크에서 기화기에 이르기까지, Never-Seez RAS-4(Snap-On Tools Corporation, Kenosha Wisconsin) 또는 MIL-T-5544 나사 컴파운드를 나사 윤활제로 사용하거나 누유 연결부의 밀폐를 위해 사용하라. 처음 두 개의 나사산을 생략하고 수나사 피팅에 컴파운드를 적용하라. 이전에 사용된 컴파운드 잔유물 및 다른 외부 물질이 연료 시스템에 들어가지 않도록 항상 확인하라.

f. 라인과 호스를 다음과 같이 연결한다.
1. 방화벽의 연료 여과기에서 연료 호스
2. 방화벽에서 엔진의 프라이머 라인
3. 엔진의 오일 온도 측정부
4. 방화벽에 있는 오일 압력 호스
5. 엔진, 엔진 마운트 또는 부착된 브래킷의 라인과 호스를 연결하는 모든 클램프를 장착하라.
g. 전선과 케이블을 다음과 같이 연결한다.
1. 교류 발전기에서 전기 전선 및 차폐 접지 전선

> **CAUTION**

시동기 케이블을 연결할 때 시동기 단자 볼트가 회전하지 못하도록 하라. 볼트의 회전은 단자와 계자 코일 사이의 도체를 손상시켜 시동기가 작동되지 않을 수 있다.

2. 시동기에서 시동기 전기 케이블

SECTION 16 감항증명

16.1 감항증명

16.1.1 항공법에서 정한 항공기

16.1.1.1 항공기 정의

항공안전법 제2조(정의) 이 법에서 사용하는 용어의 뜻은 다음과 같다.
 1. "항공기"란 공기의 반작용(지표면 또는 수면에 대한 공기의 반작용은 제외한다. 이하 같다)으로 뜰 수 있는 기기로서 최대이륙중량, 좌석 수 등 국토교통부령으로 정하는 기준에 해당하는 다음 각 목의 기기와 그 밖에 대통령령으로 정하는 기기를 말한다.
    가. 비행기
    나. 헬리콥터
    다. 비행선
    라. 활공기(滑空機)
 2. "경량항공기"란 항공기 외에 공기의 반작용으로 뜰 수 있는 기기로서 최대이륙중량, 좌석 수 등 국토교통부령으로 정하는 기준에 해당하는 비행기, 헬리콥터, 자이로플레인(gyroplane) 및 동력패러슈트(powered parachute) 등을 말한다.
 3. "초경량비행장치"란 항공기와 경량항공기 외에 공기의 반작용으로 뜰 수 있는 장치로서 자체중량, 좌석 수 등 국토교통부령으로 정하는 기준에 해당하는 동력비행장치, 행글라이더, 패러글라이더, 기구류 및 무인비행장치 등을 말한다.
 4. "국가기관 등 항공기"란 국가, 지방자치단체, 그 밖에 「공공기관의 운영에 관한 법률」에 따른 공공기관으로서 대통령령으로 정하는 공공기관(이하 "국가기관 등"이라 한다)이 소유하거나 임차(賃借)한 항공기로서 다음 각 목의 어느 하나에 해당하는 업무를 수행하기 위하여 사용되는 항공기를 말한다. 다만, 군용·경찰용·세관용 항공기는 제외한다.
    가. 재난·재해 등으로 인한 수색(搜索)·구조
    나. 산불의 진화 및 예방
    다. 응급환자의 후송 등 구조·구급활동
    라. 그 밖에 공공의 안녕과 질서유지를 위하여 필요한 업무
 5. "항공업무"란 다음 각 목의 어느 하나에 해당하는 업무를 말한다.
    가. 항공기의 운항(무선설비의 조작을 포함한다) 업무(제46조에 따른 항공기 조종연습은 제외한다)

나. 항공교통관제(무선설비의 조작을 포함한다) 업무(제47조에 따른 항공교통관제연습은 제외한다)
다. 항공기의 운항관리 업무
라. 정비·수리·개조(이하 "정비 등"이라 한다)된 항공기·발동기·프로펠러(이하 "항공기 등"이라 한다), 장비품 또는 부품에 대하여 안전하게 운용할 수 있는 성능(이하 "감항성"이라 한다)이 있는지를 확인하는 업무

시행규칙 제4조(경량항공기의 기준) 법 제2조 제2호에서 "최대이륙중량, 좌석 수 등 국토교통부령으로 정하는 기준에 해당하는 비행기, 헬리콥터, 자이로플레인(gyroplane) 및 동력패러슈트(powered parachute) 등"이란 법 제2조 제3호에 따른 초경량비행장치에 해당하지 아니하는 것으로서 다음 각 호의 기준을 모두 충족하는 비행기, 헬리콥터, 자이로플레인 및 동력패러슈트를 말한다.
1. 최대이륙중량이 600킬로그램(수상비행에 사용하는 경우에는 650킬로그램) 이하일 것
2. 최대 실속속도 또는 최소 정상비행속도가 45노트 이하일 것
3. 조종사 좌석을 포함한 탑승 좌석이 2개 이하일 것
4. 단발(單發) 왕복발동기를 장착할 것
5. 조종석은 여압(與壓)이 되지 아니할 것
6. 비행 중에 프로펠러의 각도를 조정할 수 없을 것
7. 고정된 착륙장치가 있을 것. 다만, 수상비행에 사용하는 경우에는 고정된 착륙장치 외에 접을 수 있는 착륙장치를 장착할 수 있다.

16.1.1.2 항공관계법 및 인증
1) 항공관계법은 항공의 안전과 규율 있는 행위를 마련하기 위해, 항공인의 특권(privilege)과 한계(limitation)를 정한 법과 규칙, 규정이다.
2) 항공기에서 수행되는 모든 업무는 항공관계법에 따라야하기 때문에, 이에 대한 지식은 정비 수행에 대단히 중요한 것이다.
3) 항공기 정비와 검사 프로그램도 이 항공법규에 의한 감항당국의 승인 사항이다.

16.1.2 감항검사 방법
항공안전법 제19조(항공기기술기준) 국토교통부장관은 항공기등, 장비품 또는 부품의 안전을 확보하기 위하여 다음 각 호의 사항을 포함한 기술상의 기준(이하 "항공기기술기준"이라 한다)을 정하여 고시하여야 한다.
1. 항공기등의 감항기준
2. 항공기등의 환경기준(배출가스 배출기준 및 소음기준을 포함한다)
3. 항공기등이 감항성을 유지하기 위한 기준
4. 항공기등, 장비품 또는 부품의 식별 표시 방법
5. 항공기등, 장비품 또는 부품의 인증절차

항공안전법 제23조(감항증명 및 감항성 유지)
☞ 15.1.1 감항증명 및 유효기간 참조

대 한 민 국
국토교통부
The Republic of Korea
Ministry of Land, Infrastructure and Transport

증명번호
Certificate No.

표준감항증명서

Certificate of Airworthiness(Standard)

1. 국적 및 등록기호 Nationality and registration marks	2. 항공기 제작자 및 항공기 형식 Manufacturer and manufacturer's designation of aircraft	3. 항공기 제작일련번호 Aircraft serial number
4. 운용분류 Operational category	5. 감항분류 Airworthiness category	

6. 이 증명서는 「국제민간항공협약」 및 대한민국 「항공안전법」 제23조에 따라 위의 항공기가 운용한계를 준수하여 정비하고 운항될 경우에만 감항성이 있음을 증명합니다.

This Certificate of Airworthiness is issued pursuant to the Convention on International Civil Aviation dated 7 December 1944 and Article 23 of Aviation Safety Act of the Republic of Korea in respect of the above-mentioned aircraft which is considered to be airworthy when maintained and operated in accordance with the foregoing and the pertinent operating limitations.

7. 발행연월일:
Date of issuance

국토교통부장관 또는 [직인]
지방항공청장

Minister of Ministry of Land, Infrastructure and Transport or
Administrator of ○○ Regional Office of Aviation

8. 유효기간 Validity period

☐ 부터   까지
From: To:

☐ 「항공안전법」 제23조에 따라 이 항공기의 감항증명은 정지 또는 특별히 제한되지 않는 한 계속 유효합니다.
Pursuant to Article 23 of Enforcement Regulation of Aviation Safety Act, this certificate shall remain in effect until suspended or restricted.

9. 검사관 및 확인날짜 Inspector and date
검사관(Inspector):   ○○○ [서명(Signature)]   날짜(Date):

▲ 그림 16-1 감항증명서 샘플

항공안전법 제24조(감항승인)
☞ 15.1.1 감항증명 및 유효기간 참조

항공안전법 제144조(감항증명을 받지 아니한 항공기 사용 등의 죄) 다음 각 호의 어느 하나에 해당하는 자는 3년 이하의 징역 또는 5천만원 이하의 벌금에 처한다.
1. 제23조 또는 제25조를 위반하여 감항증명 또는 소음기준적합증명을 받지 아니하거나 감항증명 또는 소음기준적합증명이 취소 또는 정지된 항공기를 운항한 자
2. 제27조 제3항을 위반하여 기술표준품형식승인을 받지 아니한 기술표준품을 제작·판매하거나 항공기등에 사용한 자
3. 제28조 제3항을 위반하여 부품등제작자증명을 받지 아니한 장비품 또는 부품을 제작·판매하거나 항공기 등 또는 장비품에 사용한 자
4. 제30조를 위반하여 수리·개조승인을 받지 아니한 항공기 등, 장비품 또는 부품을 운항 또는 항공기등에 사용한 자
5. 제32조 제1항을 위반하여 정비 등을 한 항공기 등, 장비품 또는 부품에 대하여 감항성을 확인받지 아니하고 운항 또는 항공기 등에 사용한 자

시행규칙 제35조(감항증명의 신청) ① 법 제23조 제1항에 따라 감항증명을 받으려는 자는 별지 제13호 서식의 항공기 표준감항증명 신청서 또는 별지 제14호 서식의 항공기 특별감항증명 신청서에 다음 각 호의 서류를 첨부하여 국토교통부장관 또는 지방항공청장에게 제출하여야 한다.
1. 비행교범
2. 정비교범
3. 그 밖에 감항증명과 관련하여 국토교통부장관이 필요하다고 인정하여 고시하는 서류

② 제1항 제1호에 따른 비행교범에는 다음 각 호의 사항이 포함되어야 한다.
1. 항공기의 종류·등급·형식 및 제원(諸元)에 관한 사항
2. 항공기 성능 및 운용한계에 관한 사항
3. 항공기 조작방법 등 그 밖에 국토교통부장관이 정하여 고시하는 사항

③ 제1항 제2호에 따른 정비교범에는 다음 각 호의 사항이 포함되어야 한다. 다만, 장비품·부품 등의 사용한계 등에 관한 사항은 정비교범 외에 별도로 발행할 수 있다.
1. 감항성 한계범위, 주기적 검사 방법 또는 요건, 장비품·부품 등의 사용한계 등에 관한 사항
2. 항공기 계통별 설명, 분해, 세척, 검사, 수리 및 조립절차, 성능점검 등에 관한 사항
3. 지상에서의 항공기 취급, 연료·오일 등의 보충, 세척 및 윤활 등에 관한 사항

시행규칙 제38조(감항증명을 위한 검사범위) 국토교통부장관 또는 지방항공청장이 법 제23조 제4항 각 호 외의 부분 본문에 따라 감항증명을 위한 검사를 하는 경우에는 해당 항공기의 설계·제작과정 및 완성 후의 상태와 비행성능이 항공기기술기준에 적합하고 안전하게 운항할 수 있는지 여부를 검사하여야 한다.

시행규칙 제39조(항공기의 운용한계 지정) ① 국토교통부장관 또는 지방항공청장은 법 제23조 제4항 각 호 외의 부분 본문에 따라 감항증명을 하는 경우에는 항공기기술기준에서 정한 항공기의 감항분류에 따라 다음 각 호의 사항에 대하여 항공기의 운용한계를 지정하여야 한다.

1. 속도에 관한 사항
2. 발동기 운용성능에 관한 사항
3. 중량 및 무게중심에 관한 사항
4. 고도에 관한 사항
5. 그 밖에 성능한계에 관한 사항

② 국토교통부장관 또는 지방항공청장은 제1항에 따라 운용한계를 지정하였을 때에는 별지 제18호 서식의 운용한계 지정서를 항공기의 소유자등에게 발급하여야 한다.

시행규칙 제40조(감항증명을 위한 검사의 일부 생략) 법 제23조 제4항 단서에 따라 감항증명을 할 때 생략할 수 있는 검사는 다음 각 호의 구분에 따른다.
1. 법 제20조 제2항에 따른 형식증명 또는 제한형식증명을 받은 항공기 : 설계에 대한 검사
2. 법 제21조 제1항에 따른 형식증명승인을 받은 항공기 : 설계에 대한 검사와 제작과정에 대한 검사
3. 법 제22조 제1항에 따른 제작증명을 받은 자가 제작한 항공기 : 제작과정에 대한 검사
4. 법 제23조 제4항 제3호에 따른 수입 항공기(신규로 생산되어 수입하는 완제기만 해당한다) : 비행성능에 대한 검사

시행규칙 제41조(감항증명의 유효기간을 연장할 수 있는 항공기) 법 제23조 제5항 단서에 따라 감항증명의 유효기간을 연장할 수 있는 항공기는 항공기의 감항성을 지속적으로 유지하기 위하여 국토교통부장관이 정하여 고시하는 정비방법에 따라 정비등이 이루어지는 항공기를 말한다.

시행규칙 제42조(감항증명서의 발급 등) ① 국토교통부장관 또는 지방항공청장은 법 제23조 제4항 각 호 외의 부분 본문에 따른 검사 결과 해당 항공기가 항공기기술기준에 적합한 경우에는 별지 제15호 서식의 표준감항증명서 또는 별지 제16호서식의 특별감항증명서를 신청인에게 발급하여야 한다.
② 항공기의 소유자등은 제1항에 따른 감항증명서를 잃어버렸거나 감항증명서가 못 쓰게 되어 재발급 받으려는 경우에는 별지 제17호서식의 표준·특별감항증명서 재발급 신청서를 국토교통부장관 또는 지방항공청장에게 제출하여야 한다.
③ 국토교통부장관 또는 지방항공청장은 제2항에 따른 재발급 신청서를 접수한 경우 해당 항공기에 대한 감항증명서의 발급기록을 확인한 후 재발급하여야 한다.

시행규칙 제43조(감항증명서의 반납) 국토교통부장관 또는 지방항공청장은 법 제23조 제7항에 따라 항공기에 대한 감항증명을 취소하거나 그 효력을 정지시킨 경우에는 지체 없이 항공기의 소유자등에게 해당 항공기의 감항증명서의 반납을 명하여야 한다.

시행규칙 제44조(항공기의 감항성 유지) 법 제23조 제8항에 따라 항공기를 운항하려는 소유자등은 다음 각 호의 방법에 따라 해당 항공기의 감항성을 유지하여야 한다.
1. 해당 항공기의 운용한계 범위에서 운항할 것
2. 제작사에서 제공하는 정비교범, 기술문서 또는 국토교통부장관이 정하여 고시하는 정비방법에 따라 정비 등을 수행할 것
3. 법 제23조 제9항에 따른 감항성 개선 또는 그 밖의 검사·정비 등의 명령에 따른 정비 등을 수행할 것

시행규칙 제45조(항공기등·장비품 또는 부품에 대한 감항성 개선 명령 등) ① 국토교통부장관은 법

제23조 제9항에 따라 소유자 등에게 항공기 등, 장비품 또는 부품에 대한 정비 등에 관한 감항성 개선을 명할 때에는 다음 각 호의 사항을 통보하여야 한다.
  1. 항공기등, 장비품 또는 부품의 형식 등 개선 대상
  2. 검사, 교환, 수리 · 개조 등을 하여야 할 시기 및 방법
  3. 그 밖에 검사, 교환, 수리 · 개조 등을 수행하는 데 필요한 기술자료
② 국토교통부장관은 법 제23조 제9항에 따라 소유자 등에게 검사 · 정비 등을 명할 때에는 다음 각 호의 사항을 통보하여야 한다.
1. 항공기등, 장비품 또는 부품의 형식 등 검사 대상
2. 검사 · 정비 등을 하여야 할 시기 및 방법
③ 제1항에 따른 감항성 개선 또는 제2항에 따른 검사 · 정비 등의 명령을 받은 소유자 등은 감항성 개선 또는 검사 · 정비 등을 완료한 후 이행결과를 국토교통부장관에게 보고하여야 한다.

시행규칙 제46조(감항승인의 신청) ① 법 제24조 제1항에 따라 감항승인을 받으려는 자는 다음 각 호의 구분에 따른 신청서를 국토교통부장관 또는 지방항공청장에게 제출하여야 한다.
  1. 항공기를 외국으로 수출하려는 경우 : 별지 제19호서식의 항공기 감항승인 신청서
  2. 발동기 · 프로펠러, 장비품 또는 부품을 타인에게 제공하려는 경우 : 별지 제20호서식의 부품 등의 감항승인 신청서
② 제1항에 따른 신청서에는 다음 각 호의 서류를 첨부하여야 한다.
  1. 항공기기술기준 또는 법 제27조 제1항에 따른 기술표준품형식승인기준(이하 "기술표준품형식승인기준"이라 한다)에 적합함을 입증하는 자료
  2. 정비교범(제작사가 발행한 것만 해당한다)
  3. 그 밖에 법 제23조 제9항에 따른 감항성개선 명령의 이행 결과 등 국토교통부장관이 정하여 고시하는 서류

시행규칙 제47조(감항승인을 위한 검사범위) 법 제24조 제2항에 따라 국토교통부장관 또는 지방항공청장이 감항승인을 할 때에는 해당 항공기등 · 장비품 또는 부품의 상태 및 성능이 항공기기술기준 또는 기술표준품형식승인기준에 적합한지를 검사하여야 한다.

시행규칙 제48조(감항승인서의 발급) 국토교통부장관 또는 지방항공청장은 법 제24조 제2항에 따른 감항승인을 위한 검사 결과 해당 항공기가 항공기기술기준에 적합하다고 인정하는 경우에는 별지 제21호 서식의 항공기 감항승인서를, 해당 발동기 · 프로펠러, 장비품 또는 부품이 항공기기술기준 또는 기술표준품형식승인기준에 적합하다고 인정하는 경우에는 별지 제22호 서식의 부품 등 감항승인서를 신청인에게 발급하여야 한다.

16.1.3 형식증명과 감항증명의 관계

16.1.3.1 형식증명서(Type Certificate Data Sheets, TC)

TC는 형식설계를 기술하고 적용된 법적 제한 사항이 기술되어 있다. 특정 모델 항공기의 제한 사항과 정보를 담고 있다. 형식증명에 대한 자세한 사항은 본서의 〈항공관계법〉의 장에 자세히 기술되어 있다.

항공정비사가 TC에서 얻을 수 있는 정보는 개략적으로 다음과 같다.

1) 형식증명 항공기에 사용된 모든 엔진의 모델
2) 최소 연료 등급
3) 매니폴드압력, 회전수, 마력 등 엔진 최대연속 정격, 이륙정격
4) 프로펠러 제작사, 모델, 사용한계, 프로펠러와 프로펠러·엔진(propeller-engine)의 운용한계 및 제한 사항
5) 대기속도(airspeed)
6) 최대탑재하중 상태에서 무게중심과 그 위치범위를 표기하고, 감항유별이 수송(T)인 항공기는 날개의 평균공력시위(MAC, mean aerodynamic chord)의 백분율(%)로 표기한다.
7) 자중무게중심(empty weight center of gravity) 범위
8) 기준점의 위치
9) 평형정보(leveling means)
10) 최대중량(maximum weight)
11) 좌석 수와 모멘트, 거리(arm)
12) 오일과 연료탑재량
13) 조종날개면의 움직임
14) 검사에 필요한 장비
15) 형식증명을 위한 필요한 추가적 특별한 장비
16) 필요한 플랜카드 자료

항공안전법 제20조(형식증명 등) ① 항공기 등의 설계에 관하여 국토교통부장관의 증명을 받으려는 자는 국토교통부령으로 정하는 바에 따라 국토교통부장관에게 제2항 각 호의 어느 하나에 따른 증명을 신청하여야 한다. 증명 받은 사항을 변경할 때에도 또한 같다.

② 국토교통부장관은 제1항에 따른 신청을 받은 경우 해당 항공기 등이 항공기기술기준 등에 적합한지를 검사한 후 다음 각 호의 구분에 따른 증명을 하여야 한다.

1. 해당 항공기 등의 설계가 항공기기술기준에 적합한 경우 : 형식증명
2. 신청인이 다음 각 목의 어느 하나에 해당하는 항공기의 설계가 해당 항공기의 업무와 관련된 항공기기술기준에 적합하고 신청인이 제시한 운용범위에서 안전하게 운항할 수 있음을 입증한 경우 : 제한형식증명
   가. 산불진화, 수색구조 등 국토교통부령으로 정하는 특정한 업무에 사용되는 항공기(나목의 항공기를 제외한다)
   나. 「군용항공기 비행안전성 인증에 관한 법률」 제4조 제5항 제1호에 따른 형식인증을 받아 제작된 항공기로서 산불진화, 수색구조 등 국토교통부령으로 정하는 특정한 업무를 수행하도록 개조된 항공기

③ 국토교통부장관은 제2항 제1호의 형식증명(이하 "형식증명"이라 한다) 또는 같은 항 제2호의 제한형식증명(이하 "제한형식증명"이라 한다)을 하는 경우 국토교통부령으로 정하는 바에 따라 형식증명서 또는 제한형식증명서를 발급하여야 한다.
④ 형식증명서 또는 제한형식증명서를 양도·양수하려는 자는 국토교통부령으로 정하는 바에 따라 국토교통부장관에게 양도사실을 보고하고 해당 증명서의 재발급을 신청하여야 한다.
⑤ 형식증명, 제한형식증명 또는 제21조에 따른 형식증명승인을 받은 항공기 등의 설계를 변경하기 위하여 부가적인 증명(이하 "부가형식증명"이라 한다)을 받으려는 자는 국토교통부령으로 정하는 바에 따라 국토교통부장관에게 부가형식증명을 신청하여야 한다.
⑥ 국토교통부장관은 부가형식증명을 하는 경우 국토교통부령으로 정하는 바에 따라 부가형식증명서를 발급하여야 한다.
⑦ 국토교통부장관은 다음 각 호의 어느 하나에 해당하는 경우 해당 항공기 등에 대한 형식증명, 제한형식증명 또는 부가형식증명을 취소하거나 6개월 이내의 기간을 정하여 그 효력의 정지를 명할 수 있다. 다만, 제1호에 해당하는 경우에는 형식증명, 제한형식증명 또는 부가형식증명을 취소하여야 한다.
1. 거짓이나 그 밖의 부정한 방법으로 형식증명, 제한형식증명 또는 부가형식증명을 받은 경우
2. 항공기 등이 형식증명, 제한형식증명 또는 부가형식증명 당시의 항공기기술기준 등에 적합하지 아니하게 된 경우

항공안전법 제21조(형식증명승인) ① 항공기 등의 설계에 관하여 외국정부로부터 형식증명을 받은 자가 해당 항공기 등에 대하여 항공기기술기준에 적합함을 승인(이하 "형식증명승인"이라 한다) 받으려는 경우 국토교통부령으로 정하는 바에 따라 항공기 등의 형식별로 국토교통부장관에게 형식증명승인을 신청하여야 한다. 다만, 다음 각 호의 어느 하나에 해당하는 항공기의 경우에는 장착된 발동기와 프로펠러를 포함하여 신청할 수 있다.
1. 최대이륙중량 5천700킬로그램 이하의 비행기
2. 최대이륙중량 3천175킬로그램 이하의 헬리콥터
② 제1항에도 불구하고 대한민국과 항공기 등의 감항성에 관한 항공안전협정을 체결한 국가로부터 형식증명을 받은 제1항 각 호의 항공기 및 그 항공기에 장착된 발동기와 프로펠러의 경우에는 제1항에 따른 형식증명승인을 받은 것으로 본다.
③ 국토교통부장관은 형식증명승인을 할 때에는 해당 항공기 등(제2항에 따라 형식증명승인을 받은 것으로 보는 항공기 및 그 항공기에 장착된 발동기와 프로펠러는 제외한다)이 항공기기술기준에 적합한지를 검사하여야 한다. 다만, 대한민국과 항공기 등의 감항성에 관한 항공안전협정을 체결한 국가로부터 형식증명을 받은 항공기 등에 대해서는 해당 협정에서 정하는 바에 따라 검사의 일부를 생략할 수 있다.
④ 국토교통부장관은 제3항에 따른 검사 결과 해당 항공기 등이 항공기기술기준에 적합하다고 인정하는 경우에는 국토교통부령으로 정하는 바에 따라 형식증명승인서를 발급하여야 한다.
⑤ 국토교통부장관은 형식증명 또는 형식증명승인을 받은 항공기 등으로서 외국정부로부터 그 설계에 관한 부가형식증명을 받은 사항이 있는 경우에는 국토교통부령으로 정하는 바에 따라 부가적인 형식증명승인(이하 "부가형식증명승인"이라 한다)을 할 수 있다.

⑥ 국토교통부장관은 부가형식증명승인을 할 때에는 해당 항공기 등이 항공기기술기준에 적합한지를 검사한 후 적합하다고 인정하는 경우에는 국토교통부령으로 정하는 바에 따라 부가형식증명승인서를 발급하여야 한다. 다만, 대한민국과 항공기 등의 감항성에 관한 항공안전협정을 체결한 국가로부터 부가형식증명을 받은 사항에 대해서는 해당 협정에서 정하는 바에 따라 검사의 일부를 생략할 수 있다.

⑦ 국토교통부장관은 다음 각 호의 어느 하나에 해당하는 경우에는 해당 항공기 등에 대한 형식증명승인 또는 부가형식증명승인을 취소하거나 6개월 이내의 기간을 정하여 그 효력의 정지를 명할 수 있다. 다만, 제1호에 해당하는 경우에는 형식증명승인 또는 부가형식증명승인을 취소하여야 한다.

1. 거짓이나 그 밖의 부정한 방법으로 형식증명승인 또는 부가형식증명승인을 받은 경우
2. 항공기 등이 형식증명승인 또는 부가형식증명승인 당시의 항공기기술기준에 적합하지 아니하게 된 경우

항공안전법 제22조(제작증명) ① 형식증명 또는 제한형식증명에 따라 인가된 설계에 일치하게 항공기 등을 제작할 수 있는 기술, 설비, 인력 및 품질관리체계 등을 갖추고 있음을 증명(이하 "제작증명"이라 한다)받으려는 자는 국토교통부령으로 정하는 바에 따라 국토교통부장관에게 제작증명을 신청하여야 한다.

② 국토교통부장관은 제1항에 따른 신청을 받은 경우 항공기 등을 제작하려는 자가 형식증명 또는 제한형식증명에 따라 인가된 설계에 일치하게 항공기 등을 제작할 수 있는 기술, 설비, 인력 및 품질관리체계 등을 갖추고 있는지를 검사하여야 한다.

③ 국토교통부장관은 제1항에 따라 제작증명을 하는 경우 국토교통부령으로 정하는 바에 따라 제작증명서를 발급하여야 한다. 이 경우 제작증명서는 타인에게 양도·양수할 수 없다.

④ 제작증명을 받은 자는 항공기 등, 장비품 또는 부품의 감항성에 영향을 미칠 수 있는 설비의 이전이나 증설 또는 품질관리체계의 변경 등 국토교통부령으로 정하는 사유가 발생하는 경우 이를 국토교통부장관에게 보고하여야 한다.

⑤ 국토교통부장관은 다음 각 호의 어느 하나에 해당하는 경우에는 제작증명을 취소하거나 6개월 이내의 기간을 정하여 그 효력의 정지를 명할 수 있다. 다만, 제1호에 해당하는 경우에는 제작증명을 취소하여야 한다.

1. 거짓이나 그 밖의 부정한 방법으로 제작증명을 받은 경우
2. 항공기 등이 제작증명 당시의 항공기기술기준에 적합하지 아니하게 된 경우

16.1.3.2 형식증명과 감항증명의 관계

1) **형식증명** : 항공기 등을 제작하려는 자에게 그 항공기 등의 설계에 관하여 국토교통부령으로 정하는 바에 따라 국토교통부장관이 발행하는 증명
2) **감항증명** : 항공기를 운영하는 자에게 항공기가 안전하게 비행할 수 있는 능력 즉, 감항성이 있다는 것을 국토교통부령으로 정하는 바에 따라 국토교통부장관이 발행하는 증명

16.2 감항성 개선지시(Airworthiness Directives, AD)

항공안전법 제94조(항공운송사업자에 대한 안전개선명령) 국토교통부장관은 항공운송의 안전을 위하여 필요하다고 인정되는 경우에는 항공운송사업자에게 다음 각 호의 사항을 명할 수 있다.
1. 항공기 및 그 밖의 시설의 개선
2. 항공에 관한 국제조약을 이행하기 위하여 필요한 사항
3. 그 밖에 항공기의 안전운항에 대한 방해 요소를 제거하기 위하여 필요한 사항

16.2.1 감항성 개선지시(AD)의 정의 및 법적 효력

1) 항공안전법 제94조에 의거 감항성 개선지시 발행
   (1) 감항 당국의 일차적인 안전 기능은 항공기, 엔진, 프로펠러에서 발견되는 불안전한 상태의 수정과 그러한 상황이 존재할 때 동일한 설계의 다른 항공기에도 존재하거나 전개될 것에 대비하여 필요한 조치를 요구하는 것이다. 불안전한 상태는 설계결함, 정비, 또는 다른 원인 때문에 존재하게 된다.
   (2) AD는 필요한 수정 행위를 요구하는 감항 당국의 행정명령이다. 항공기 제작회사의 감항 당국 및 항공기 운용 회사의 항공 감항 당국 등이 발행하는 문서로, 위험 요소가 발견된 항공기, 기관, 장비품의 계속 사용을 위하여 필요한 점검 및 조치, 운용상의 제한 조건 등을 포함하는 강제성 기술 지시 문서를 말한다.
   (3) AD는 항공기의 소유자를 포함하여 불안전한 상황과 관련이 있는 인원에게 정보를 주고, 항공기가 계속 운항할 수 있는 필요한 조치 사항을 규정하고 있다. AD는 법적으로 특별한 면제가 되는 경우를 제외하고 따라야 하므로 2가지 범주로 구분되는데,
   ① 접수 즉시 곧바로 긴급 수행을 요구하는 위급한 것과 ② 일정기간 내에 수행을 요하는 긴급한 것이 있다.
   (4) AD는 일회 수행으로 종료되는 것과 일정 주기로 반복적으로 검사를 수행하는 것이 있다. AD의 내용은 항공기, 엔진, 프로펠러, 기기의 형식과 일련번호가 기술되어 있다. 또한, 수행 시기, 기간, 개요, 수행절차, 수행방법이 기술된다.

2) 정비개선회보(SB, service bulletin)는 항공기 감항성 유지 및 안전성 확보, 신뢰도 개선 등을 위하여 항공기 및 엔진 등의 제작회사에서 발행하는 기술자료로 일반적으로 강제성이 없다.
   (1) 주요(mandatory, alert) SB는 제작회사에서 권고하는 수행시한 내에 수행하여야 하며, 해당 SB가 AD(감항성 개선지시)로 발행된 경우에는 AD 수행 시한을 준수하여야 한다.
   (2) 단, 항공기, 엔진 제작회사의 권고 또는 항공안전본부장이 인정하는 범위 내에서 수행 시한을 연장하거나 항공기의 감항성 및 안전성 유지에 지장이 없는 대체방법으로 전환할 수 있다.

16.2.2 처리결과 보고절차

1) AD 처리
   (1) 국토교통부 홈페이지에 공시하여 발행되는 AD를 확인 후, 접수하여 자사 보유 항공기, 엔진 또는 장비품이 해당되는지의 여부를 확인한 후 기술관리 시스템에 등록하여 처리한다.
   (2) AD의 수행은 AD에 명시되어 있는 수행시한 이내에 수행되어야 한다.
   (3) AD가 특정 정비기술회보(SB, service bulletin)의 수행을 명시한 경우에는 수행시한 이전에 해당 SB를 수행하여야 한다.
   (4) 반복적 검사 혹은 부품교환이 요구되는 SB를 수행하는 AD는 기존 정시점검 AD card로 전환하여 수행하도록 조치한다.

2) AD 수행 결과보고
   (1) 내부 보고 : 기술담당자는 일시점검 및 개조작업을 지시하는 AD의 모든 해당 항공기, 엔진 또는 장비품에 대한 작업이 완료된 후 조직 내 결재 절차를 거쳐 수행완료 보고한다.
   (2) 국토교통부 보고 : 기술담당자는 AD의 수행결과를 국토교통부 감항성 개선지시 결과보고 홈페이지를 통하여 보고한다.

3) AD 수행시기 연기 및 대체방법에 의한 수행
   특별한 사유로 인하여 수행시한 내에 AD 작업을 수행할 수 없는 경우에는 항공기, 엔진 및 장비품 제작회사의 권고 또는 대체방법에 대하여 국토교통부 장관의 승인을 얻은 후 그 수행시한을 연장하거나 대체방법으로 전환할 수 있다.

4) 국토교통부로부터 접수한 AD와 국토교통부로 보고한 문서는 항공기, 엔진 및 장비품이 폐기 또는 매각 시까지 보관하여야 한다.

	MOLIT AD :

대 한 민 국
국 토 교 통 부
Republic of Korea
Ministry of Infrastructure and Transport

감 항 성 개 선 지 시 서
Airworthiness Directive

이 감항성개선지시서(AD)는 「항공안전법」 제23조 및 ICAO 부속서 8에 따라 대한민국 국토교통부에서 항공기의 감항성을 지속적으로 확보하기 위해 해당 항공기 소유자 또는 운영자에게 발행하는 것으로서, 항공기 소유자 또는 운영자는 이 지시서의 요건들을 준수하여야 하며, 국토교통부장관의 인가를 받은 경우를 제외하고 본 지시서의 요건을 준수하지 않으면 그 누구도 해당 항공기를 운영할 수 없다.

This Airworthiness Directive is issued to registered owner(s) or operator(s) of aircraft to ensure the continuing Airworthiness of the aircraft by Ministry of Land, Infrastructure and Transport, Republic of Korea in accordance with Article 23 of Aviation Safety Act Implementation Regulations and the Annex 8 of the International Civil Aviation Organization's Convention. The registered owner or operator shall comply with requirements of the Airworthiness Directive.
No person may operate the aircraft to which an Airworthiness Directive applies, unless otherwise authorized by the Minister of Land, Infrastructure and Transport.

1. 개선지시 내용(Requirements of Airworthiness Directive):

2. 유효일자(Effective date):

20××.××.××

국 토 교 통 부 장 관
Minister of Ministry of Infrastructure and Transport
수신처(To):

비고(Remarks)

- 항공기 소유자등은 이 감항성개선지시서에 따라 수행한 후, 탑재용항공일지 등의 정비기록부에 수행사항에 관한 내용을 기록하여야 합니다.
- 대체수행방법을 적용하고자 할 경우에는 사전에 국토교통부장관의 지침을 받아야 합니다.
- 이 감항성개선지시서에 대하여 문의사항이 있거나 추가 자료가 필요할 때에는 국토교통부 항공기술과 (전화 044-201-4785, 팩스 044-201-5630, e-mail: aw division@korea.kr) 또는 항공기, 엔진, 프로펠러 및 장비품 등의 설계국가의 항공당국에 문의하기 바랍니다.

▲ 그림 16-2 **감항성개선지시서**

항공정비사

SECTION 17 벤치작업

17.1 기본 공구의 사용

17.1.1 공구 종류 및 용도

1) 공구의 정의
   ① 공구란 손으로 직접 사용하거나 손에 의해서 일을 하는 연장
   ② 그 대부분이 장비의 정비운용에 사용
   ③ 넓은 의미에서 공구의 정의 : 사람의 힘이 미치지 못하는 곳에 보다 큰 효과를 거둘 수 있도록 만들어진 도구

2) 항공 공구의 특성
   ① 소형 : 공구란 본질적으로 그 대상이 되는 구성품의 크기에 따라 아주 큰 것과 작은 소형으로 구분된다.
   ② 정밀 : 공구는 취급 하고자 하는 구성품의 정밀도에 따라 다르게 되므로 항공기의 구성품이 정밀하고 복잡하게 이루어진 만큼 공구 또한 아주 정밀하게 이루어져 있다.
   ③ 약함 : 공구가 소형이고 정밀하기 위해서는 약하다는 단점을 감수해야 한다. 그리고 항공 공구 중에는 유리가 부착된 공구, 날이 있는 공구 등이 있으므로 파손되기 쉽다.
   ④ 다수 : 어떠한 작업을 수행하고자 할 때 단일작업은 소수의 공구로 취급할 수 있으나 항공기는 앞에서 말했듯이 복잡하게 이루어져 있어 한 개의 공구로는 정비를 할 수 없으며, 일반적인 항공기 일반 공구는 약 150개의 공구로 구성되어 있다.

17.1.2 기본자세 및 사용법

1) 기본자세
   ① 공구를 가지고 장난을 해서는 절대 안 된다.
   ② 해당 작업에 맞는 공구를 사용하여 항공기와 장비에 손상이 가지 않도록 해야 한다.
   ③ pliers류 사용 시는 grip을 정확이 잡아야 하며 그렇지 않으면 미끄러져 다칠 수 있다.
   ④ 공구에 grease 또는 오일 등이 묻었을 경우 깨끗이 닦아서 사용해야 한다.
   ⑤ cutter류 사용 시 피 구조물로부터 본인 앞으로 절대 당기지 말아야 한다.
   ⑥ 작업이 끝났으면 반드시 잘 닦고 inventory 후 보관한다.

2) 수 공구(Hand Tool) 사용 시 주의사항
   ① 볼트와 너트를 죄거나 풀 때에는, 치수에 맞는 공구를 사용하여 머리 부분이 손상되지 않도록 하여야 한다.
   ② 볼트와 너트를 될 때, 처음에는 손으로 어느 정도 조인 다음, 렌치를 사용하여야 한다.
   ③ 각종 렌치를 사용할 때에는, 되도록 밀기보다는 당기는 방향으로 힘을 가하여야 하고, 작업 중 손을 다치지 않도록 주의하여야 한다.
   ④ 오픈 엔드 렌치나 조정 렌치를 사용할 때에는, 힘을 가하는 방향에 유의하여야 한다.
   ⑤ 익스텐션 바를 사용할 때에는, 한 손으로 바를 잡고 작업을 하여야 한다.
   ⑥ 사용한 공구는 반드시 제 자리에 놓은 다음, 다른 공구를 꺼내어 사용하여야 한다.
   ⑦ 토크 렌치를 사용할 때에는, 특별한 지시가 없는 한 볼트의 나사산에 절삭유를 사용하여서는 안 된다.
   ⑧ 토크값을 측정할 때에는, 바른 자세로 천천히 힘을 가해서 해야 한다.
   ⑨ 볼트나 너트가 어느 정도 죄어진 상태에서, 규정된 토크값으로 토크 렌치를 사용하여 죄어야 한다.
   ⑩ 규정된 토크값으로 조인 볼트나 너트에 안전 결선이나 고정 핀을 끼우기 위해서 볼트나 너트를 더 죄어서는 안 된다.
   ⑪ 측정 공구는 상자에 넣어서 깨끗하게 보관하여야 한다.
   ⑫ 정 작업을 할 때, 쇳조각이 튀어 다른 사람이 다치지 않도록 조심하여야 하고, 해머의 자루에 쐐기가 단단히 박혀 있는지를 확인하여야 한다.

3) 동력 공구 사용 시 주의 사항
   ① 드릴 작업을 하기 전에 반드시 센터 펀치작업을 해야 한다.
   ② 드릴 머신을 조작할 때에는 장갑을 끼어서는 안 된다.
   ③ 작업에 꼭 필요한 공구만 두도록 하고, 사용하기에 편리하도록 잘 정리되어 있어야 한다.

17.2 전자, 전기 벤치작업

17.2.1 배선작업 및 결함검사

1) 커넥터(Connector)
   (1) 항공기 전기회로나 장비 등을 쉽고 빠르게 장탈, 장착 및 정비하기 위하여 만들어진 것
   (2) 플러그(plug)와 리셉터클(receptacle)로 구성
   (3) 플러그의 핀(pin)이 리셉터클의 소켓(socket)에 끼워짐으로써 전기적으로 연결
   (4) 커넥터 취급 시 주의사항
       ① 수분의 응결로 인해 커넥터 내부에 부식 방지

② 방수용 젤리로 코팅하거나 방수용 커넥터를 사용
③ 커넥터를 사용하지 않을 경우에는 습기나 불순물의 침투를 막기 위해 커넥터 구멍을 핀이나 플러그를 끼워 둔다.
④ 나일론이나 플라스틱 재질로 만들어진 커넥터는 큰 강도나 방수가 요구되는 부분을 제외한 항공기 여러 부분에 걸쳐 광범위하게 사용한다.

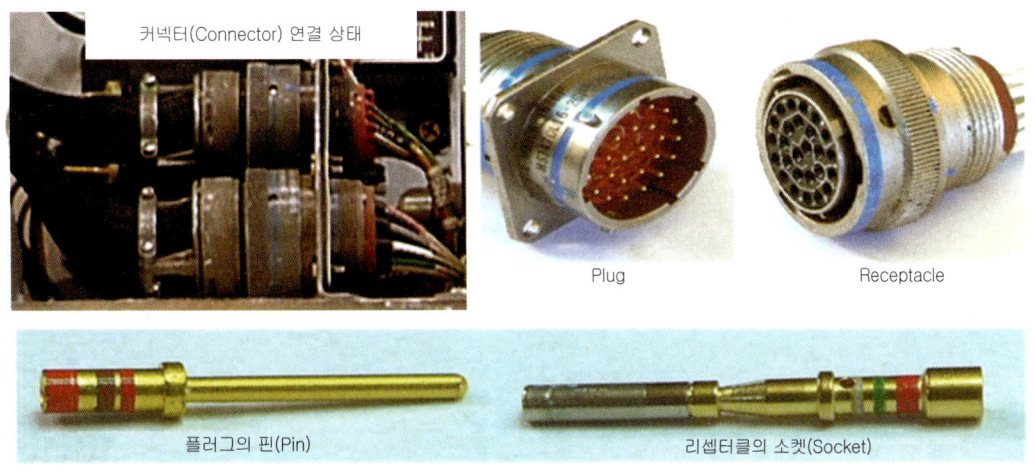

▲ 그림 17-1 커넥터의 구성

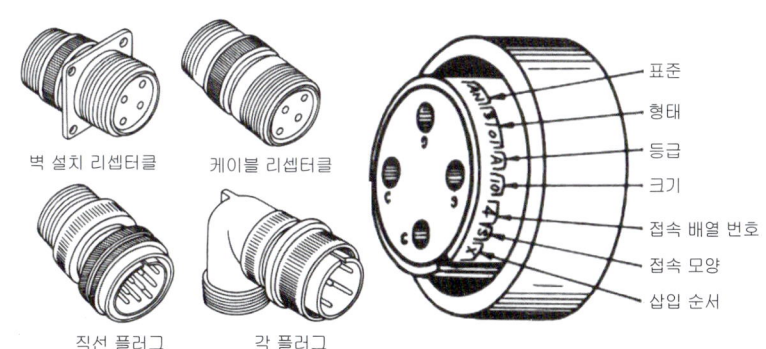

▲ 그림 17-2 커넥터의 종류 및 표시

2) 전선의 묶음
   ① 전선을 설치할 때는 전선의 묶음과 고정시키기 위한 크림핑 방법, 꼬인 전선과 맞이은 전선의 설치 및 전선의 구부림 등을 주의하여 설치해야 한다.
   ② 항공기 전선은 무게가 무거울 뿐만 아니라 길이가 길므로, 전선을 그룹별로 묶어 놓은 그룹 묶음을 하거나 전선 전체를 다발로 묶기도 한다.
   ③ 그림 17-3의 (a)는 전선 그룹과 다발의 표시기호를 나타낸 것이고, 그림 17-3의 (b)는 그룹 묶음과 다발 묶음의 구분을 나타낸 것이다.

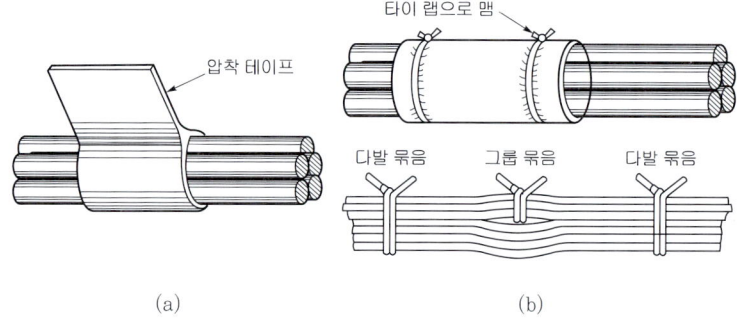

▲ 그림 17-3 전선의 다발 및 그룹 묶음

④ 전선의 처짐을 방지하기 위하여 클램핑을 하여 전선을 고정시켜야 한다.
⑤ 클램핑은 도출된 하드웨어에 그림 17-4와 같이 직접 하거나, 도출된 하드웨어가 적당한 것이 곁에 없을 경우에는 그림 17-5의 (a)와 같이 앵글 브래킷을 사용하기도 하며, 그림 17-5의 (b)와 같이 도관 구조에 클램핑하기도 한다.

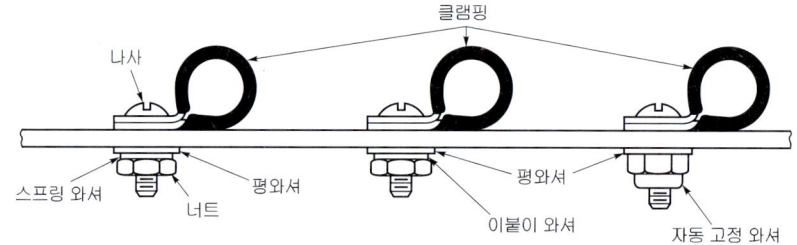

▲ 그림 17-4 도출된 하드웨어의 클램핑 모양

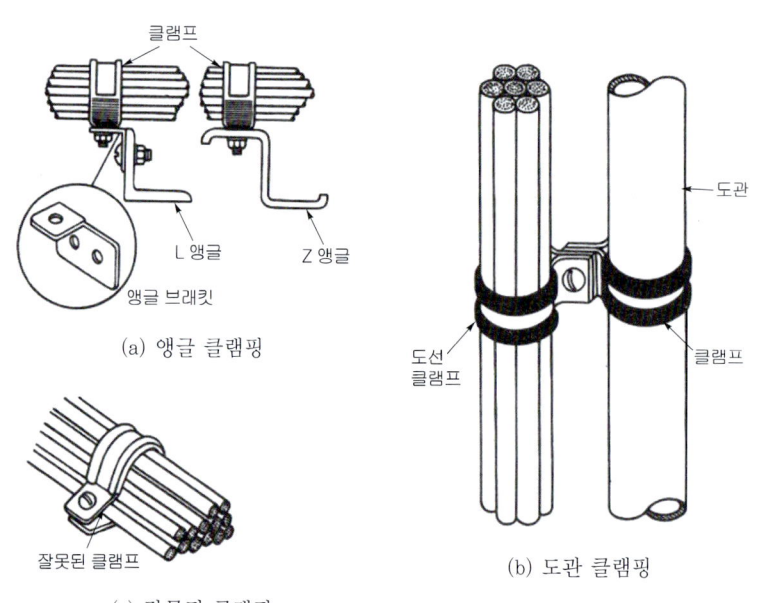

▲ 그림 17-5 앵글 및 도관 클램핑

⑥ 관 구조에 클램핑할 경우에는 고무 링을 사용하여 단단히 죄어야 한다.
⑦ 전선을 클램핑할 때에 주의하여야 할 점은, 그림 17-5의 (c)와 같이 전선이 클램프에 끼이도록 해서는 안 된다.
⑧ 클램핑하기가 어려울 때나 정비하기 편리하도록 하기 위하여 끈을 사용해서 졸라매기도 하는데, 그림 17-6의 (a)는 한 가닥으로 묶는 방법을 순서대로 나타낸 것이고, 그림 17-6의 (b)는 두 가닥으로 묶는 방법을 순서대로 나타낸 것이다.

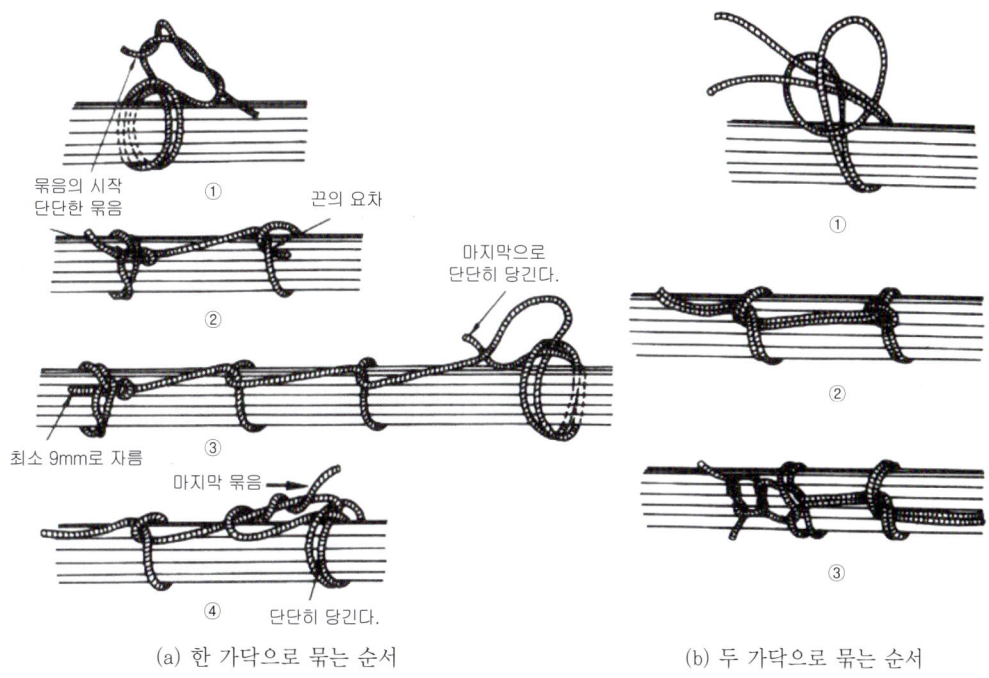

(a) 한 가닥으로 묶는 순서　　　(b) 두 가닥으로 묶는 순서

▲ 그림 17-6 끈으로 전선 다발을 묶는 순서

3) 꼬인 전선

자기 컴파스나 플럭스 밸브(flux valve)의 부근에 설치하는 전선과 3상 전력선, 또는 정비 지시서에 명기된 특정 전선은 꼬아서 사용한다.

4) 맞이은 전선(Spliced Connecting Wire)

다발 묶음 전선 중에서 한 가닥 또는 몇 가닥의 전선이 단선되었을 경우에는 그림 17-7과 같이 맞이음하여 사용하는데, 전선을 맞이음하여 사용할 때에는 다음 사항에 유의하여야 한다.
① 연결상태의 검사를 쉽게 할 수 있도록 한다.
② 다발의 무게가 무겁지 않도록 한다.
③ 맞이음 부분이 엇갈리도록 한다.
④ 맞이음 부분을 플라스틱으로 절연하도록 한다.
⑤ 전선이 최대 13cm 이상 처지지 않도록 한다.

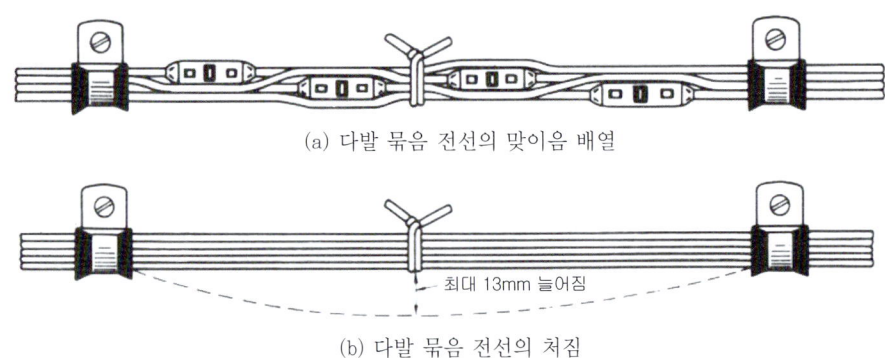

(a) 다발 묶음 전선의 맞이음 배열

(b) 다발 묶음 전선의 처짐

▲ 그림 17-7 다발 묶음 전선의 맞이음 배열 및 처짐

5) 전선의 구부림

① 그룹 묶음 전선이나 다발 묶음 전선을 구부릴 때에는 구부림의 곡률 반지름이 그룹 묶음 및 다발 묶음 전선의 바깥지름의 10배 이상이어야 하며, 다중선 고주파용의 경우에는 6배 이상 이고, 터미널 가까운 부분이나 지지대 가까운 부분에서는 보통 3배까지 허용한다.

② 특별한 경우에는 위의 규칙에 구애받지 않고 직각에 가깝게 구부릴 수도 있다. 특히, 전선을 구부릴 때에는 구부린 부분이 벗겨지지 않도록 주의하고, 구부린 부분이 돌출되었을 때에는 손상되기가 쉬우므로 이부분에 대한 전선의 보호에 유의해야 한다.

6) 기계적 손상에 대한 보호

① 그림 17-8과 같이, 항공기의 벌크헤드 등과 같은 구멍을 통과하는 전선의 다발은 구멍 테두리로부터 여유가 최소한 6.3mm 정도가 되도록 설치해야 한다.

② 만일, 부득이하여 이러한 여유를 줄 수가 없을 경우에는, 그림 17-9와 같이 그 주위에 나일론 또는 고무 밴드를 잘라 끼우고 접착제로 붙여주어야 한다.

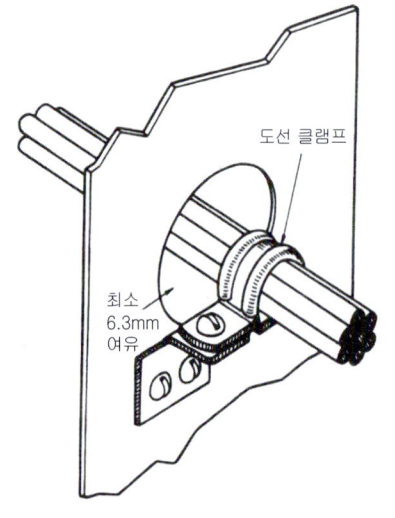

▲ 그림 17-8 벌크헤드 구멍 클램프

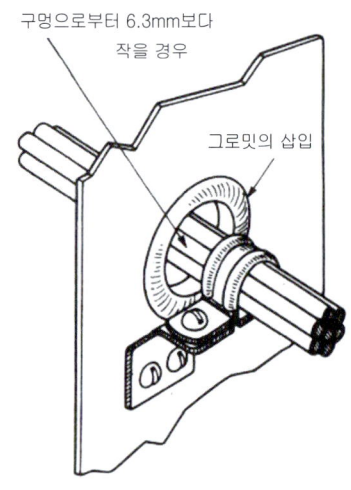

▲ 그림 17-9 그로밋 설치

7) 열에 대한 보호

온도가 올라가면 도선의 피복 절연상태가 저하할 뿐만 아니라, 절연체가 소실될 우려가 있으므로 높은 온도 부근을 통과해야 하는 전선은 석면이나 화이버 글라스 및 테프론 등과 같은 내고온성 재료로 피복하여 절연시켜야 한다.

8) 휘발성 용제 및 액체로부터의 보호
① 항공기의 전선 배치는 휘발성 용액이나 작동유 및 그 밖의 액체 등이 있는 곳을 통과해서는 안 된다.
② 부득이 액체 등에 잠길 염려나 액체 등이 침투할 우려가 있는 곳에 배치된 전선 다발은, 그림 17-10과 같이 전선의 외피에 플라스틱 튜브를 입히고 양 끝의 노즐 부분을 견고하게 잡아매야 한다.

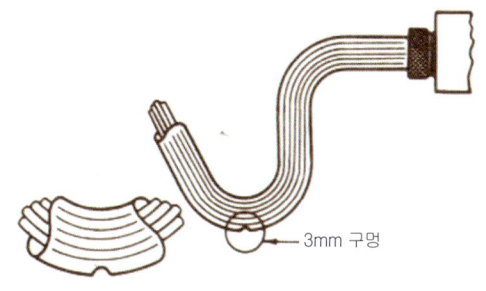

▲ 그림 17-10 튜브 밑의 배출 구멍

③ 그리고 튜브의 가장 낮은 곳을 택하여 3mm 정도의 구멍을 뚫어 주어 각종 액체로부터 전선을 보호해야 한다.
④ 특히, 도선이 항공기 배터리 밑 부분을 통과하도록 해서는 안 된다. 만약, 이 부분에 전선을 배치했을 경우에는 전해액 등에 의해 손상되는 상태를 수시로 점검하여, 손상되었거나 그 상태가 좋지 못한 경우에는 즉시 교환해 주어야 한다.

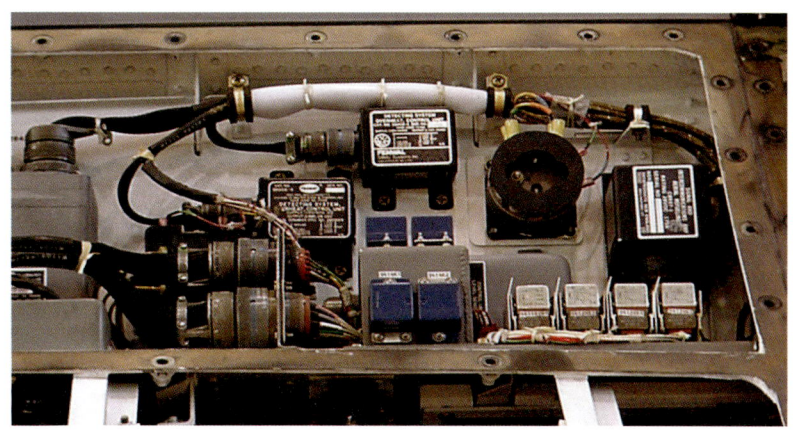

▲ 그림 17-11 항공기 전선의 양호한 장착상태

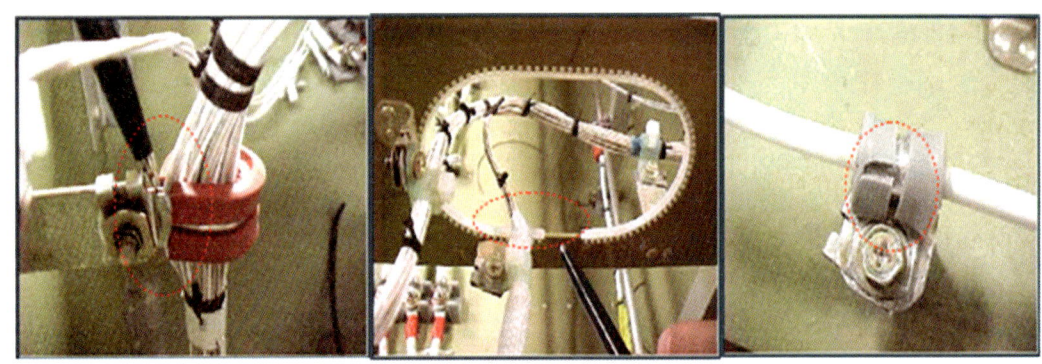

▲ 그림 17-12 항공기 전선 장착 불량 상태

▲ 그림 17-13 항공기 전선의 장착 불량 등으로 인한 손상상태

17.2.2 전기회로 스위치 및 전기회로 보호 장치

1) 전기회로(Electric Circuit)

① 그림 17-14의 (a)에서, 스위치를 닫으면 전류는 전지의 양극 a에서 꼬마전구 b, c를 거쳐 전지의 음극 d로 흐른다. 이와 같이, 전류가 흐르는 통로를 전기회로(electric circuit) 또는 회로(circuit)라 한다.

② 이 때, 전지와 같은 전기의 공급원을 전원(electric source)이라 하며, 꼬마구와 같이 전원으로부터 전류를 공급받고 있는 것을 부하(load)라고 한다. 이 전원과 부하 사이를 연결하는 전선 및 스위치에 의해 회로가 완성된다.

③ 그림 17-14 (b)는 기호를 사용하여 그림 17-14 (a)를 알아보기 쉽게 나타낸 전기회로도 (electric circuit diagram)이다.

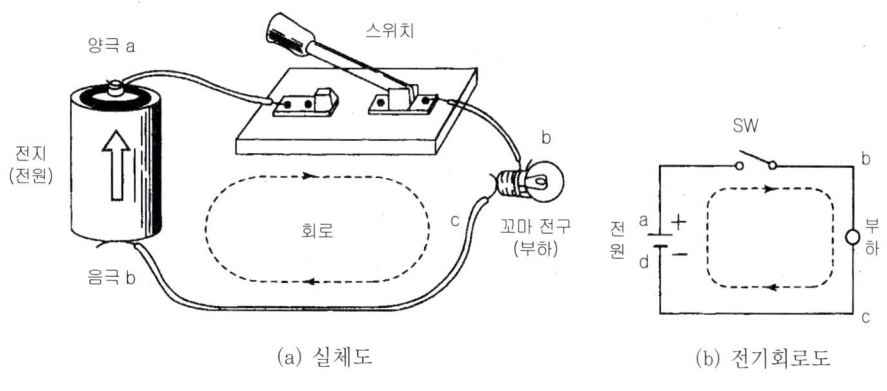

(a) 실체도   (b) 전기회로도

▲ 그림 17-14 **전기회로**

2) 전기 부호의 필요성
   ① 회로의 복잡성을 제거한다.
   ② 회로의 식별을 용이하게 한다.
   ③ 회로도 설계가 간단하다.

3) 전기 기초회로 부호(Electrical Symbol)
   전기회로의 부호는 그림 17-15와 같다.

17.2.2.1 회로제어장치

1) 스위치(Switch) : 항공기의 전기회로에 전류가 흐르게 하거나 멈추게 하며 또는 전류의 방향을 바꾸는 데 사용
   (1) 토글 스위치(Toggle Switch)
       ① 항공기에 가장 많이 사용
       ② 소형으로 조종실의 각종 조작 스위치로 사용
       ③ 수동 속도에 관계없이 내부 스프링에 의해 신속히 작동
       ④ 운동 부분이 공기에 노출되지 않도록 케이스로 보호
       ⑤ 정격 전류에 견딜 수 있어야 함

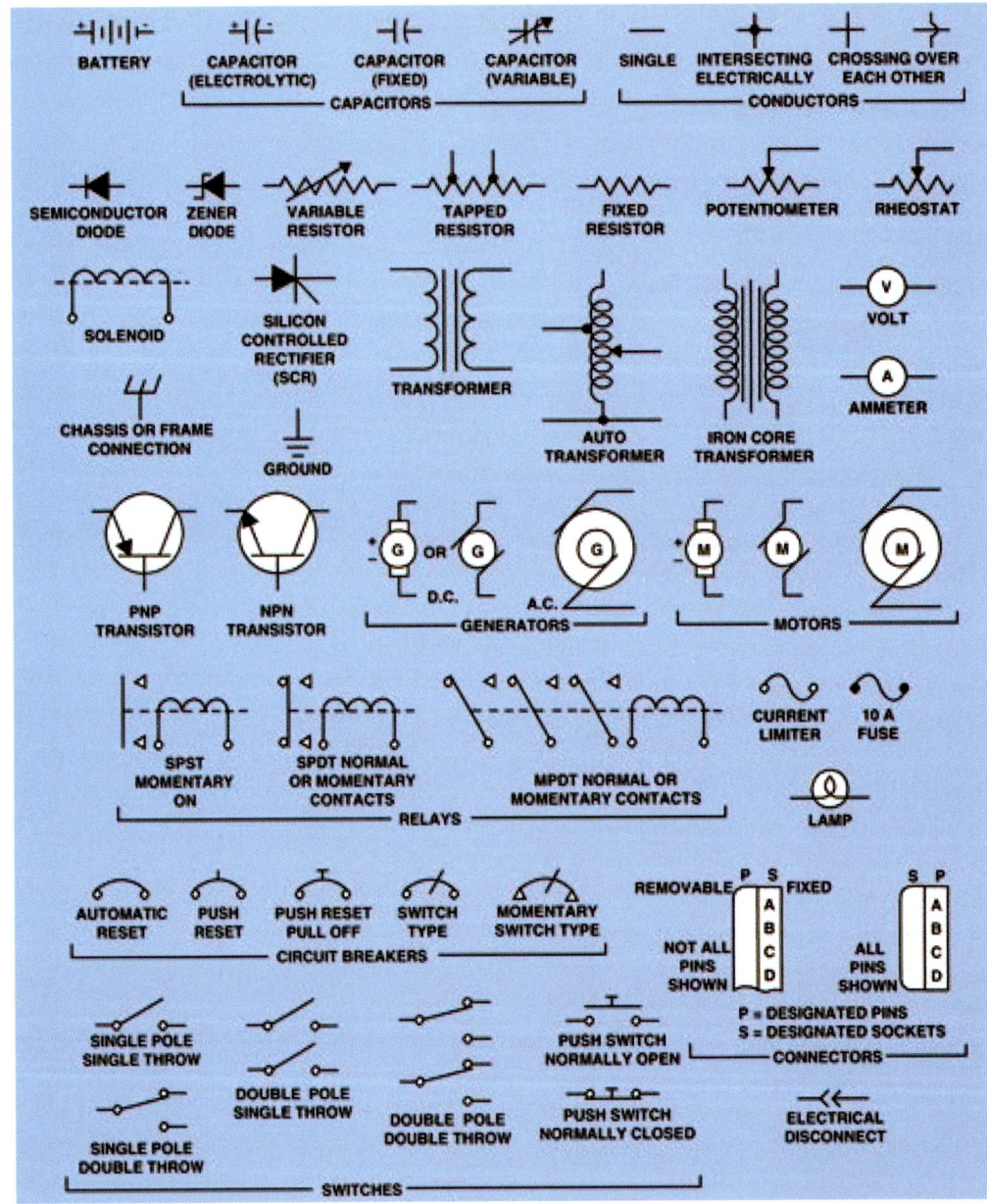

▲ 그림 17-15 전기회로 부호(electrical symbol)

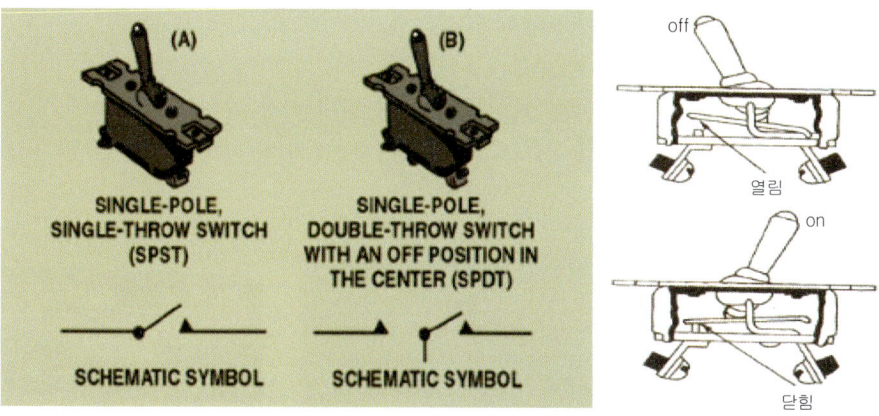

▲ 그림 17-16 toggle switch

(2) Push Button Switch
   ① push할 때 순간적으로 회로연결 및 차단
   ② 항공기 엔진 시동 및 지시, 경보용으로 사용
   ③ 해당 계통을 문자로 표시, 조종사 식별 용이

▲ 그림 17-17 Push Button Switch

(3) 회전 선택 스위치(Rotary Selector Switch)
   ① 수동으로 회전시켜 회로를 선택하는 회전 스위치
   ② 소정의 각도에 따라 축(shaft)이 회전하여 회로를 차단하고 연결
   ③ 주로 항공기 지원장비에 많이 사용(연료량 지시계 등에 사용)
(4) 슬라이드 스위치(Slide Switch) : 스위치를 슬라이드시킨 방향으로 접점이 연결된다.

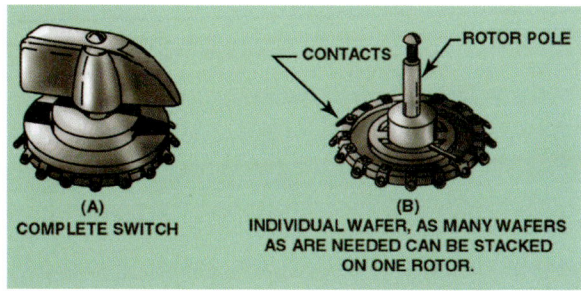

▲ 그림 17-18 rotary selector switch

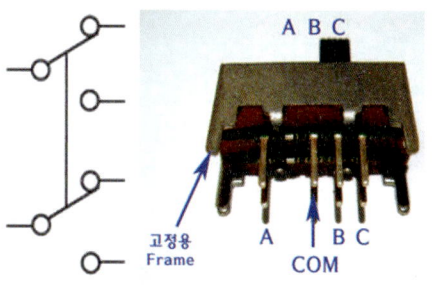

▲ 그림 17-19 slide switch

(5) Limit Switch(Micro Switch)
   ① 항공기 기계적 작동을 감지
   ② 기계의 순차적인 작동이나 지시 경고 회로에 널리 사용
   ③ 바퀴다리 계통이나 throttle, flap 계통 등에 많이 사용

▲ 그림 17-20 Limit Switch

(6) 근접 스위치(Proximity Switch)
   ① Micro S/W는 사용하기는 간편하나 약 10,000회 이상 사용 시 스프링에 피로 현상이 발생하여 작동 불능 상태 발생하며 이러한 문제 때문에 스위치와 피검출물과의 기계적 접촉을 없앤 구조의 스위치로 개발되었다.
   ② 승객의 출입문이나 화물칸의 문이 완전히 닫히지 않았을 때의 경고용 회로에 사용한다.

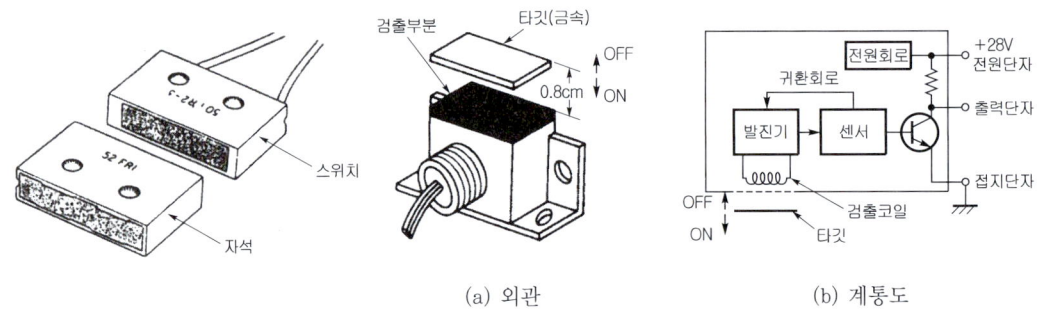

▲ 그림 17-21 proximity switch

2) 계전기(Relay)
   (1) 릴레이의 작동원리
      ① 전자석 현상(구리 전선에 전류를 흘렸을 때 자력이 생기는 현상)을 이용하여 릴레이를 작동시킨다.
      ② 자력에 의해 작동되는 pole에 회로를 연결하여 작은 전류로 큰 전류를 제어할 수 있도록 하는 역할이다. 즉, 도체(core)에 코일을 감고 전류를 흐르게 하여 자력선 범위에 스위치를 개폐하게 만든 것이 relay다.

(2) 릴레이의 기능
① 전기 신호를 입력으로 하고 그 출력으로 다른 전기 신호를 구동하는 부품이다.
② 접점과 그것에 접촉력을 동일하게 부여하는 접점 스프링과 전자석으로 구성되어 있다.
③ 스위치에 의하여 간접적으로 작동되며 큰 전류가 흐르는 회로를 적은 전류로 제어하기 위한 장치로 제어할 부분과 가장 가까운 전원 또는 버스 사이에 장착한다.

(3) 종류
① 고정 철심형 계전기, 운동 철심형 계전기

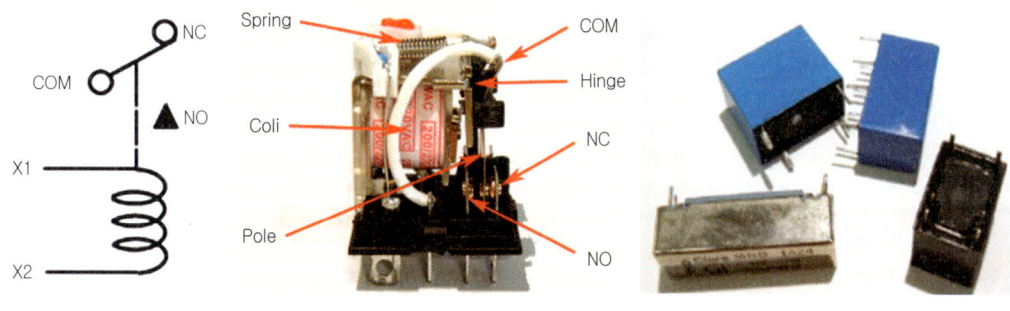

▲ 그림 17-22 릴레이

17.2.2.2 전기회로 보호장치

1) 개요
   ① 전류의 열작용을 이용하여 정격 이상의 전류가 흐르면 회로를 차단하는 부품으로 계통 내 회로를 보호하기 위해 사용
   ② circuit breaker, fuse, current limiter 등이 항공기에 사용

2) 회로차단기(Circuit Breaker)
   (1) 회로 내에 정격 이상의 전류가 흐를 때 회로가 열리게 하여 전류의 흐름을 차단
   (2) 과부하 해제 시 자동 또는 수동으로 reset 후 재사용
   (3) 종류
       ① 전자식 : 회로에 과도한 전류가 흐르면 코일에 의한 전자석의 자력이 강해져서 철편의 접점을 차단
       ② 열식 : 과전류에 의한 열 발생 시 바이메탈의 작용에 의하여 팽창계수가 다른 두 금속에 의해 접점을 차단
   (4) 퓨즈 대신에 많이 사용되며, 스위치 역할로 사용
   (5) 재접촉 방법에 따라 푸시형, 푸시풀형, 스위치형, 자동 재접점형으로 분류

▲ 그림 17-23 회로 차단기(circuit breaker)

3) 퓨즈(Fuse)
   ① 규정용량 이상으로 전류가 흐르면 줄(joule) 열에 의해 녹아 끊어지도록 함으로써 회로에 흐르는 전류를 차단시킨다.
   ② 재질 : 용해되기 쉬운 납이나 주석 등의 합금으로 제작한다.
   ③ 항공기에 사용되는 퓨즈는 합금을 유리봉 또는 자기 튜브(magnetic tube) 내부에 설치한 막대 퓨즈가 사용되며, 한번 녹으면 재사용이 불가능하므로 최근에는 회로를 많이 사용한다.
   ④ 항공기 내에서는 정격마다 사용수의 50%에 해당하는 예비 퓨즈를 준비하여야 한다.

▲ 그림 17-24 퓨즈

▲ 그림 17-25 전류제한기(current limiter)

4) 전류제한기(Current Limiter)
   ① fuse의 일종으로 볼 수 있으나 fuse와는 달리 녹아 끊어지는 부분이 동으로 구성
   ② 정격전류의 2배에서는 무한정 견디고 정격전류 4 ~ 5배에서는 갑자기 녹아 끊어짐
   ③ 초기 시동시 많은 전류가 소요되는 장비의 회로 보호용으로 사용
   ④ 열 보호장치(thermal protector) 또는 열 스위치(thermal switch)라고도 하는데, 전동기와 같이 과부하로 인하여 기기가 과열되면 자동으로 공급전류가 끊어지도록 하는 스위치이다.

17.2.3 전기회로의 전선규격 선택 시 고려사항

1) 도선(Wire) 일반
   ① 항공기용 전기 부품은, 전원에서 부하계통까지 전기가 흐르는 통로인 도선(wire)과, 케이블 터미널(cable terminal), 스플라이스(splice), 커넥터(connector)와 같은 연결 장치 및 과도한 전류의 흐름이나 열로부터 도선을 보호하는 회로 보호 장치 등으로 구성된다.

② 배선은 도선과 이런 장치들을 서로 연결하여 회로를 구성하는 것으로서, 올바른 취급을 하여 미리 고장 발생 원인을 줄여야 한다.

2) 도선의 규격

① 항공기 전기계통에 사용되는 도선은 구리나 구리 합금을 많이 사용하지만, 전도율보다 무게를 더 고려해야 할 때에는 알루미늄을 사용하기도 한다.
② 항공기에서 배선은 무게를 줄이기 위하여 단선 계통 방식(single wire system)을 사용하며, 양(+)의 선은 도선을 이용하고, 음(-)의 선은 기체의 구조재를 이용한다.
③ 도선의 규격은 미국 도선 규격(AWG : american wire gauge)으로 채택된 BS(brown & sharp) 도선 규격에 따른다.
④ 도선 규격에서는 가장 굵은 것인 4/0번(0000번)으로부터 가장 가는 것인 49번까지의 자연수를 사용한다.
⑤ 항공기의 배선에서는 2/0번(00번)부터 20번까지의 짝수 번의 도선만을 사용한다.
⑥ 도선 단면적의 크기 단위는 [cmil](circular mil)을 사용하는데, 이것은 도선의 지름을 1/1000 inch 단위로 환산하여 이 중 분자의 수치를 제곱한 것이다. 예를 들어, 도선의 지름이 0.025 inch인 도선을 [cmil]의 면적으로 환산할 경우, 0.25 inch는 25/1000 inch이고, 분자인 25를 제곱하면 625가 된다.
⑦ 따라서, 지름 0.025 inch인 도선의 면적은 625cmil이 된다. 도선의 굵기를 측정하기 위해서는 그림 17-26과 같은 와이어 게이지를 사용한다.

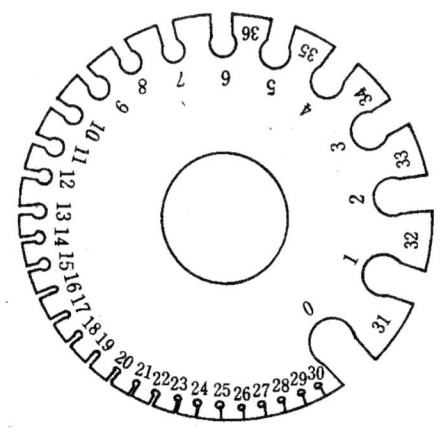

▲ 그림 17-26 와이어 게이지

3) 전선의 표시 방법

① 도선은 부호화 된 문자와 숫자를 사용하여 어느 계통에 사용되는가, 매뉴얼상의 회로도의 어느 것에 해당하는가, 도선의 굵기는 얼마인가를 식별할 수 있게 한다.

② 도선의 부호화 방법은 제작 회사에 따라 완전히 통일되어 있지는 않지만, 그림 17-27과 같이 계통 회로 부호, 회로도상의 대조 번호 및 도선의 규격 번호는 표시하는 방법이 거의 같다.
③ 도선의 크기를 색깔로도 표시하는데, 색깔로 표시할 때에는 거의 전체에 색을 입히거나, 명확한 띠 모양으로 색을 입혀 표시한다.

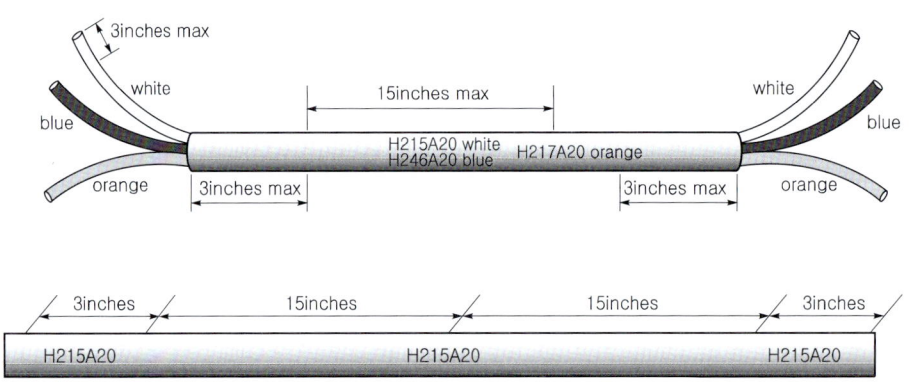

▲ 그림 17-27 전선의 표식방법

예) H215A20
① H : 계통회로 부호(난방, 환기계통)
② 215 : 회로도상의 대조번호
③ A : 도선의 분절문자
④ 20 : 도선의 규격번호

▼ 표 17-1 도선의 계통 부호

항공기 계통	부호	항공기 계통	부호
교류 전원(AC power)	X	난방, 환기(heationg & ventilation)	H
제빙, 방빙(de-icing & anti-icing)	D	점화(ignition)	J
기관 제어(engine control)	K	인버터 제어(invert control)	V
기관 계기(engine instrument)	E	조명(lighting)	L
비행 제어(flight control)	C	항법, 통신(navigation	R
비행 계기(flight instrument)	F	경고 장치(warning device)	W
연료, 오일(fuel & oil)	Q	전력(power)	P
접지(ground network)	N	기타(miscellaneous)	M

4) 도선의 선택

항공기에 도선을 배선할 때에는 굵기에 따른 도선 번호를 결정할 때 고려사항은 다음과 같다.
① 전류의 크기
② 도선에 흐르는 전류의 크기에 따른 주울열
③ 도선의 전압 강하

5) 도선의 점검
   ① 도선은 전기 부품과 부품을 서로 연결하여 전류가 흐르는 것으로서, 전기 기기와 연결할 경우와 도선과 도선끼리 접속해야 할 경우가 있다.
   ② 도선을 접속할 때에는 피복물을 벗겨야 하는데, 벗기는 방법으로는 절연체의 재질에 따라 차이가 있다. 절연물이 에나멜인 경우에는 샌드페이퍼로 문지르거나, 메틸 레이트 버너로 태운다.
   ③ 도선을 접속할 때에는 직접 도선을 접속해서 절연체로 감싸거나, 단자나 소켓, 플러그를 이용한다.
   ④ 도선이 접속되어 있는 부분은 그 접속 상태를 점검하여야 하는데, 이 때 잘못된 접속으로 인하여 도선이 서로 단선이나 단락, 접지되었는지를 점검한다.
   ⑤ 그리고 도선이 구부러진 곳에서는 절연 물질이 손상되지 않았는지를 점검해야 한다. 정비의 편리함이나 단자를 쉽게 교체하기 위하여, 또는 충격이나 진동을 흡수하기 위한 목적으로 도선을 늘어지게 설치한 곳에는 도선의 늘어짐이 정상인지를 점검해야 한다.
   ⑥ 돌출 표면에 도선이 접촉되어 있는 경우에는 도선의 피복이 손상되었는지를 점검해야 한다. 온도가 높은 곳을 통과하는 도선은 석면, 유리 섬유 및 테프론 등과 같은 내열성 재료로 절연 처리가 잘 되어 있는지를 점검해야 한다.
   ⑦ 연료, 윤활유, 산소계통 등을 지나는 도선은 화재 등의 위험이 있으므로, 충분한 거리를 유지하여야 한다.

6) 항공기용 전선 : 항공기용 표준 전선 AWG 20(American Wire Gage #20)
   ① Mil-W-5086
   ② Mil-W-25038 : 고온용 전선
   ③ Mil-W-22759/34
   ④ Mil-W-22759/6 : 고온용 전선
   ⑤ Mil-W-81381/12
   ⑥ Mil-W-7072 : 알루미늄 도체 전선

17.2.4 전기시스템 및 구성품의 작동상태 점검

17.2.4.1 발전기의 작동상태 점검

1) 발전기의 시험
   ① 발전기의 시험은 전기자 시험과 계자 시험으로 나누어서 회로의 단선과 단락을 시험한다.
   ② 전기자에 사용되는 모든 전도체는 절연을 위하여 니스를 칠하는데, 니스가 벗겨지거나 손상되면 전기자 철심의 일부분과 전도체가 접촉되는 절연 불량 현상이 일어난다. 이러한 절연 불량 상태를 검사하는 방법으로 고전위 시험이 있다. 고전위 시험은 110V와 220V의 교류 시험 램프의 한쪽 선을 전기자축에 연결하고, 다른 한쪽 끝은 몇 개의 정류자편에 교대로

접촉시켜 본다. 이 때, 시험 램프에 불이 들어오면 전기자의 일부분의 부품이 손상되어 회로가 단락되어 있음을 의미한다. 이 때 손상된 부품들은 골라내어 교환해 준다.

③ 단락 회로 시험으로는 그롤러 시험이 있는데, 이 시험은 그롤러 시험기의 V자형 연철심편 위에 전기자를 올려놓고 110V 또는 220V의 교류를 접속시킨다. 그리고 램프를 연결해 보면 정류자편의 코일이 양호한 것은 시험램프의 불이 밝으나, 단락된 부분에서는 시험램프의 불이 어둡거나 전혀 켜지지 않는다.

2) 직류발전 고장 탐구

① 직류발전기에서 가끔 발생하는 고장으로는 발전기의 출력 전압이 정상이 아니거나, 2개 이상의 발전기가 병렬 운전될 때 어느 한쪽의 발전기에서 출력이 나오지 않거나, 출력 전압의 증가가 적절하지 못한 경우 등이 있다.

② 발전기의 출력 전압이 너무 높은 경우 이에 대한 원인으로는 전압 조절기가 그 기능을 발휘하지 못하거나 전압계의 고장 등일 수가 있다.

③ 전압조절기 부분의 고장으로는 잘못된 조절, 저항 회로의 단락 및 단선, 카본 파일의 결함 및 접지 단자의 부정확한 접속 등이 있다. 발전기의 출력 전압이 너무 낮은 경우의 원인으로는 전압조절기의 부정확한 조절, 계자 회로의 잘못된 접속 및 전압 조절기의 조절용 저항의 불량 등이 있다.

④ 발전기의 출력 전압 변동이 심한 경우의 원인으로는 측정 전압계의 잘못된 연결, 전압 조절기의 불충분한 기능 및 발전기 브러시의 마멸이나 브러시 홀더의 역할이 잘못되어 브러시가 꽉 끼어 접촉되지 못한 상태 등을 들 수 있다.

⑤ 발전기 출력 전압이 나오지 않는 경우의 원인으로는 발전기 스위치 작동의 불량, 서로 바뀐 극성 및 회로의 단선이나 단락 등이 있다.

⑥ 발전기의 고장에 대한 수리는 그 원인을 정확히 파악하여, 회로의 접속이 잘못된 경우는 회로의 접속을 정확히 해 주고, 각종 부품이 고장일 때에는 해당 부품을 수리하거나 교환해 준다.

3) 교류발전기의 점검

① 교류발전기의 점검은 직류발전기와 비슷하다. 발전기의 청결 상태, 부품의 손상 여부 및 부식 정도를 점검하여 교환해야 할 부품은 교환하고 수리할 것은 수리한다. 또, 전기 접속 부분의 상태를 점검하며, 브러시가 있는 교류발전기는 직류발전기와 마찬가지로 브러시의 마멸 상태와 표면 상태를 점검한다.

② 특히, 공기 블라스트 튜브는 냉각 공기가 흡인되는 곳으로 외부 물질이나 다른 불순물들이 들어오면 발전기 내부의 손상을 초래하게 되고, 심하게 되면 발전기 전체를 훼손시켜 고장을 일으킬 수 있으므로 철저히 점검한다.

4) 교류발전기의 시험

① 교류발전기의 전기자 및 계자의 단선 시험과 단락 시험은 직류발전기의 시험과 같은 방법으로 수행한다.

② 교류발전기를 오버홀한 후에는 발전기의 단락 시험과 무부하 시험을 한다. 이 시험을 위해서는 교류 전류계, 회전계, 계자 조정기, 직류 전압계, 교류 전압계 및 주파수계가 동시에 이용된다. 무부하 시험은 발전기의 회전수 및 주파수에 따라 계자 전류와 단자 전압을 측정하여 무부하 특성 곡선을 그리게 된다. 이때 특성 곡선이 발전기 정격에 맞는가를 확인해야 한다.

5) 교류발전기의 고장탐구
  ① 교류발전기의 고장으로는 계자나 전기자 권선의 접지 상태가 잘못된 경우, 출력전압이 규정값에 이르지 못하는 경우, 작동중에 축전지가 충전이 되지 않거나 과충전되는 경우 등이 있다.
  ② 계자나 전기자 권선의 접지 상태를 저항계로 시험하여 측정한 저항값이 규정값에 들지 못하게 되면 계자나 전기자 권선의 접지 상태가 좋지 않거나 각 권선에 고장이 있는 것으로, 계자나 전기자를 교환해 준다.
  ③ 출력전압이 규정값에 이르지 못하는 경우는 전압 조절기 자체 결함이나 전압 조절기와 부하와의 연결에 결함이 있는 것을 의미한다. 전압 조절기 자체의 결함이라면 전압 조절기를 교환해 주고, 부하와 전압 조절기와의 연결이 잘못되었을 때에는 먼저 축전지의 상태를 검사한다.
  ④ 이 때, 축전지가 정상적인 상태일 경우에는 축전지와 전압 조절기에 잇는 축전지 연결 단자 사이에서 전압계로 출력 전압을 측정해 본다. 여기서, 출력 전압이 나타나게 되면 이 연결 단자나 그 부근 회로가 접지되어 있는 것을 의미하고, 출력 전압이 나타나지 않는 경우에는 전압 조절기 자체가 고장임을 의미하므로 전압 조절기를 교환해 준다.
  ⑤ 축전지가 충전되지 않는 경우에는 발전기와 전압 조절기 사이의 결선이 잘못되었거나 전압 조절기가 고장일 수 있다. 그리고 축전지가 과충전될 경우도 역시 전압 조절기가 고장이거나 전압 조절기의 조절이 잘못되었음을 의미한다.

6) 직류발전기 정비(DC Generator Maintenance)
  (1) 직류발전기 시스템의 점검 및 유지보수에 대한 다음 정보는 많은 다른 항공기 발전기시스템 때문에 사실상 일반적인 것이다. 아래 절차는 단지 이해를 돕기 위한 것이며, 항상 주어진 발전기 시스템에 적용할 수 있는 제작사 사용법설명서에 따른다. 일반적으로, 항공기에 장착된 발전기의 검사는 다음 항목을 포함해야 한다.
    ① 발전기 설치의 안전성
    ② 배선의 상태
    ③ 발전기에 있는 먼지와 오일(만약 오일이 있다면 엔진 오일실(oil seal)을 점검한다. 압축 공기로 먼지를 불어낸다.)
    ④ 발전기 브러시의 상태
    ⑤ 발전기 작동
    ⑥ 전압조절기 작동

(2) 그림 17-28과 같이, 브러시의 불꽃은 정류자편(commutator bar)과 접촉하는 유효브러시 면적을 빠르게 줄인다. 이러한 불꽃의 정도는 반드시 결정되어야 한다. 과도한 마모는 세부 검사와 여러 구성요소 교체의 근거가 된다.

▲ 그림 17-28 정류자와 브러시의 마모

(3) 그림 17-29와 같이, 제조사는 보통 슬립링 또는 정류자에 양호한 접촉을 만들지 않는 브러시의 안착을 위해 다음과 같은 절차를 권고한다.

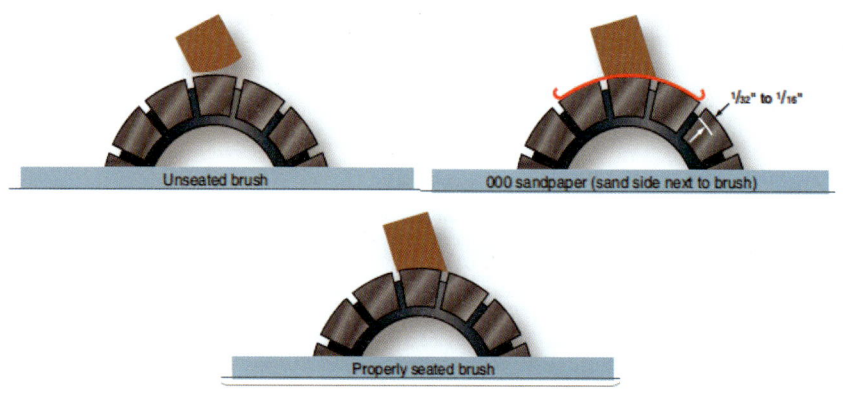

▲ 그림 17-29 샌드페이퍼 브러시 세척

(4) 탄소브러시의 거친 면으로, 브러시의 아래에 미세한 샌드페이퍼(sandpaper)의 길고 가느다란 조각의 삽입을 위해 브러시를 충분히 들어 올린다.

(5) 브러시의 가장자리가 둥글게 되는 것을 피하기 위해 슬립링 또는 정류자 표면에 가깝게 샌드페이퍼의 끝단을 유지하면서, 전기자 회전 방향으로 사포를 잡아당긴다. 출발점으로 다시 샌드페이퍼를 끌어당길 때, 브러시가 샌드페이퍼에 올라타지 않도록 브러시를 위로 올린다. 오직 회전 방향으로만 브러시를 사포로 닦는다. 브러시 사포 결과로 발생하는 탄소가루는 사포 작업 후에 발전기의 모든 주요 부분에서 철저히 세척되어야 한다.

(6) 발전기를 짧게 가동한 후, 사포 부스러기가 브러시에 끼워지지 않았는지 확인하기 위해 검사해야 한다. 금강사 천 또는 유사한 연마제는 이들이 브러시와 정류자편 사이에서 전호의 원인이 되는 도전재료를 함유하기 때문에, 어떤 경우에도 브러시를 안착이나 정류자를 매끄럽게 하기 위해 사용하지 않는다.
   - 브러시의 스프링 압력을 수정하는 것은 중요하다. 초과압력은 브러시의 신속한 마모의 원인이 된다. 그러나 너무 작은 압력은 브러시가 튀게 하여 불에 탄 표면과 움푹 들어간 표면이 발생하게 한다. 제조사에 의해 권고된 압력은 온스(ounce)로 눈금을 표시한 용수철저울의 사용하여 점검해야 한다. 일부 발전기에 브러시 스프링장력은 조절할 수 있다. 용수철저울은 브러시가 정류자에 가하는 압력을 측정하기 위해 사용한다.
(7) 유연한 저저항 접속용 구리줄은 큰 전류를 운반하는 통전브러시(current carrying brush)에 연결되고, 확실히 접속되어야 하며 자주 점검되어야 한다. 접속용 구리줄은 개조되거나 브러시의 자유운동을 제한하지 말아야 한다. 접속용 구리줄의 목적은 전기자에서 브러시를 통해 발전기의 외부회로로 전류를 전도하는 것이다.

17.2.4.2 전동기의 작동상태 점검

1) 직류 전동기의 정비
   ① 직류 전동기는 직류의 전기 에너지를 기계적 회전 에너지로 바꾸는 기계로서, 계자 권선과 전기자 권선의 연결 방법에 따라 직권형 전동기, 분권형 전동기 및 복권형 전동기가 있다.
   ② 직권형 전동기는 굵은 도선을 적게 감은 계자 권선이 전기자 권선과 직렬로 연결되어 있어 시동 시에 큰 토크값을 발생하므로 시동기 등에 많이 이용된다.
   ③ 분권형 전동기는 가는 도선을 많이 감는 계자 권선과 전기자 권선이 병렬로 연결되어 있다. 따라서, 분권형 전동기는 전동기의 회전 속도를 일정하게 유지하므로 일정 속도로 구동외어야 하는 인버터 등의 구동에 이용된다.
   ④ 복권형 전동기는 직권형과 분권형 전동기를 동시에 갖추어 놓은 전동기로서, 시동성과 동시에 일정한 회전 속도를 요구하는 장치의 구동에 이용된다.

2) 직류 전동기의 시험 및 점검
   ① 직류 전동기를 점검하기에 앞서 전동기에 의하여 구동되는 각종 장치들의 상태를 점검하여야 하고, 전동기의 전원 접속 상태를 검사한다. 전원의 접속 상태나 도선 등을 점검할 때에는 단자의 죔 상태, 알맞은 용량의 도선 사용, 퓨즈 및 각종 스위치 등의 상태를 확인한다.
   ② 전동기는 항상 청결을 유지하도록 하고, 나사 부분의 죔 상태가 확실한가를 점검해야 한다. 특히, 직류 전동기를 점검할 때에는 정류자 주변에 흑연 등의 탄소 가루나 먼지 등이 끼어 있는가를 확인하여 그것들을 마른 걸레로 닦아주어야 한다. 그리고 각종 배선 상태 등을 점검하고, 전동기 권선이 과부하로 인하여 타지 않았는가를 검사한다.
   ③ 브러시에 대한 브러시 스프링의 장력 검사나 브러시 길이의 측정 및 정류자와의 접촉상태의 검사는 직류발전기와 동일하다.

④ 직류 전동기를 시동하고자 할 때에는 전원 접속이 올바로 되었는가를 반드시 확인하여야 하며, 동시에 전동기의 회전 방향이 바로 되어 있는가를 조사한다.

⑤ 전동기의 운전중에는 과도한 진동이나 잡음 등이 발생하는가를 조사하여, 이러한 진동이나 잡음이 심하게 되면 전동기의 작동을 멈추고 그 원인을 조사한다. 그리고 작동중에 정류자에서 불꽃이 튀면서 타는 냄새나 연기가 나게 되면 바로 작동을 중지하고, 브러시 등의 접속 상태나 회로 및 회로 보호기기 등의 상태를 점검한다.

3) 직류 전동기의 고장탐구

① 직류 전동기에 이상이 있을 때에는 먼저 외부 전원 장치부터 조사해야 한다. 대개의 고장은 전동기의 전원 부분과 전동기에 의해 구동되는 기계 부분에서 일어난다. 전원 부분의 접속이 헐거워졌거나 배선이 잘못된 경우에는 전동기에 전압이 걸리지 않거나 전동기가 작동되지 않는다.

② 전동기를 조정하는 릴레이가 지속적으로 작동되면 전원의 전압이 낮거나 전동기에 과전류가 흐르고 있음을 의미하고, 전동기의 작동 속도가 너무 느린 경우에는 전동기 두동 부분의 윤활 상태가 나쁘거나 브러시의 상태가 양호하지 못하든지, 또는 브러시 스프링이 너무 약한 경우 등에서 오는 고장이며, 전동기가 작동중에 과열되는 경우는 전동기의 베어링 및 구동 부분의 윤활 상태가 좋지 못하거나 입력 전원이 너무 높든지, 또는 브러시의 심한 마멸 등에서 오는 고장일 수 있다.

③ 그리고 전동기가 운전 중에 심한 진동이나 소음이 발생하는 것은 베어링이나 구동축에 심하게 닳았거나, 전동기 마운트가 잘못 고정되어 느슨한 상태로 되었든지 파손되었을 수 있으며, 각종 구동 부품에 결함이 있거나 파손된 경우일 수도 있다.

4) 교류 전동기의 정비

① 교류 전동기는 직류 전동기에 비해 여러 가지 장점을 가지고 있으므로, 항공기에서는 대부분 교류 전동기가 이용된다. 더욱이 작동 중에 일정한 회전 속도를 유지할 수 있고, 제한된 범위 안에서 속도 조절이 가능하다.

② 교류 전동기에는 대표적으로 유도 전동기와 동기 전동기 등이 있다. 이 두 가지 전동기 모두 단상이나 다상의 교류로 작동이 가능하다. 단상 유도 전동기는 문을 열고 닫거나 냉각 장치의 개폐 등의 작은 힘으로 움직이는 곳에 사용된다.

③ 3상 유도 전동기는 시동 장치, 플랩의 작동, 착륙 장치의 작동 및 유압 발생 장치 등과 같이 큰 힘이 요구되는 곳에 사용된다. 단상 동기 전동기는 전기 시계 등과 같이 큰 힘으로 일정 속도의 회전이 요구되는 곳에 사용한다.

5) 교류 전동기의 시험 및 점검

① 교류 전동기의 일반적인 점검 사항은 직류 전동기와 비슷하다. 교류 전동기를 시동하기 전에 외부 전원의 접속상태나 축을 움직여 보아 축의 지지상태, 그리고 각종 베어링 부분의 윤활 상태 및 밸브의 장력상태 등을 점검한다.

② 전동기는 항상 청결을 유지하도록 하고, 나사 부분의 죔 상태가 확실한가를 점검한다.
③ 시동 때에는 시동방법에 따라 저항, 리액터 및 개폐기의 상태가 시동에 적합한가를 확인한다. 그리고 전원을 접속한 후 바로 회전 방향이 정상적인가를 확인하고, 전동기의 진동이나 잡음 등의 상태를 조사해야 한다. 특히 3상 유도 전동기의 운전중에는 과도한 진동과 잡음이 발생하는가를 주의 깊게 살펴야 한다.
④ 유도 전동기는 고정자와 회전자 사이의 간격이 비교적 좁기 때문에 이물질이 끼이게 되거나 축 진동에 의해서 회전자가 고정자에 접촉하는 일이 가끔 일어나므로, 회전자와 고정자 사이의 간격이 규정값인가를 점검한다.

6) 교류 전동기의 고장 탐구
① 교류 전동기의 고장 탐구와 수리 방법은 전동기의 종류에 따라 약간씩 다를 수가 있다. 그러나 일반적인 교류 전동기의 고장으로는, 전동기 속도가 규정값이 되지 못하거나, 혹은 전동기가 심한 진동이나 잡음을 발생하거나, 전동기가 과열 되는 경우 등이 있다.
② 전동기 속도가 느린 경우는 전동기에 부가되는 전압이 낮거나 배선이 잘못된 경우, 또는 운활 상태가 잘못된 고장이며, 전동기 속도가 빠른 경우는 전동기에 공급되는 전압이 너무 높거나 전동기의 계자 권선이 단락된 고장일 수 있다.
③ 작동중에 전동기가 심하게 진동하거나 잡음이 발생하는 것은 전동기 마운트가 파손되었거나 마운트 접속이 헐거워졌기 때문일 수 있으며, 전동기축이 평형을 이루지 못하고 휘어졌을 수 있고, 전동기 베어링이 과도하게 마멸되었을 수 있다.
④ 그리고 전동기가 작동중에 과열되는 경우는 전동기 베어링 부분의 윤활이 잘못되었거나, 공급 전압이 너무 높거나, 계자 권선이 단락되었거나, 브러시에 과도한 아크가 발생하는 고장일 수 있다.
⑤ 전동기에 전원이 공급되지 않아 전동기가 작동되지 않는 경우는, 전동기 내부 배선이 헐거워졌거나, 전동기 스위치가 불량이거나, 전기자나 계자 권선 회로가 단선되었거나, 브러시가 너무 마멸되었거나, 브러시 스프링의 장력이 규정값에 이르지 못하는 고장일 수 있다.
⑥ 전동기에 전류는 흐르고 있는데 전동기가 작동되지 않는 것은 전동기 회로가 단락되었거나 전동기에 과도한 부하가 걸리는 경우일 수 있다.

SECTION 18 계측작업

항공정비사

18.1 계측기 취급

18.1.1 국가 교정제도의 이해(법령, 단위계)

1) 개요
   ① 정밀측정분야 고도의 측정기술과 함께 국제표준(global standard)의 공인성적서 필요
   ② 시대적 요청에 의하여 법률 또는 국제표준관련기구에서 정한 국제기준에 적합한 인정기구가 해당기준(KS A17025, 1702)에 따라 품질시스템과 기술능력을 평가하여 특정분야에 대한 교정 및 시험, 검사 등을 공식적으로 승인하는 인정제도
   ③ 국내외적으로 신뢰성을 확보하고 상호인정협정을 통한 국제경쟁력 제고에 목적
   ④ 우리나라의 경우 국제교정기관 및 시험검사기관 인정제도를 기술표준원이 「국가표준기본법」에 따라 한국교정시험기관인정기구(KOLAS : korea laboratory accreditation scheme)를 두어 운영하고 있으며, KOLAS는 「국가표준기본법」 및 ISO/IEC Guide 58의 규정에 따라 교정기관 인정, 시험기관 인정, 검사기관 인정, 표준물질생산기관 인정업무를 수행하고 있다.

2) 교정제도의 의의

   측정기의 정밀·정확도를 지속적으로 유지시키기 위하여 정밀정확도가 더 높은 표준기와 주기적으로 교정을 실시하여 국가측정표준과의 소급성을 유지시킴으로써, 측정기의 계속사용, 마모, 내용연수 경과 및 사용환경 변화 등으로 발생할 수 있는 측정오차를 항시 허용공차 이내로 유지시키고, 제조공정에서 제품의 균질성과 성능을 보장하며 시험·연구기관에서 산출하는 측정결과의 대외 신뢰도를 확보하는 데 있다.

3) 교정제도의 필요성
   ① 계량 및 측정에 사용되는 계측기는 일정기간 사용하게 되면 환경사용빈도 내구성 등 여러 요인에 의해 부정확하게 되면 생산제품이 세계시장에서 인정받기 위해서는 정밀정확도 확보가 기본이다.
   ② 그러므로 계측기의 주기적인 교정 및 관리는 불량품 양산에 따른 추가비용 유발 및 음식료품 등의 실량부족, 각종기기제품의 잦은 고장 및 안전성미흡, 오진으로 인한 고통 및 의료추가 부담 등 우리 생활 곳곳에서 나타날 수 있는 피해를 사전에 예방하여준다.
   ③ 그러나 올바른 측정을 하기 위해서는 ① 정확한 측정기 보유 ② 적합한 측정환경 유지

③ 국가측정표준과 소급성 유지 ④ 측정불확도에 대한 이해 ⑤ 좋은 측정기술력 확보 등이 전제되어야 할 것이다.

4) 교정대상

국가교정기관지정제도운영요령 제3조 "국가표준기본법 제14조 규정에 의한 국가측정표준과 측정기기간의 소급성 제고를 위하여 측정기를 보유 또는 사용한 자는 주기적으로 해당 측정기를 교정하여야 하며, 이를 위하여 교정대상 및 적용범위를 자체규정으로 정하여 운용할 수 있다"고 규정되어 있다.

5) 교정주기

국가교정기관지정제도운영요령 제41조를 참조하면 "측정기를 보유 또는 사용하는 자는 자체적으로 교정주기를 정하여 운영함에 있어서 측정기의 정밀 정확도, 안정성, 사용목적, 환경 및 사용빈도 등을 감안하여 과학적이고 합리적으로 기준을 정하여야 한다. 다만, 자체적인 교정주기를 과학적이고 합리적으로 정할 수 없을 경우에는 기술표준원장이 별도로 고시하는 교정주기를 준용한다"라고 규정되어 있다.

18.1.1.1 항공분야 단위 이해

1) 접두(Prefixes) 단위

    (1) 접두 단위란 기본 단위의 몇 십배를 기호를 통해 간략히 하는 것이다. 접두어 단위로 1,000을 [kilo]로 1,000,000을 [mega]로 한 것이다.
    (2) 접두어를 표시하는 단위와 크기는 다음과 같다.
        ① 컴퓨터에 자주 쓰이는 HARD DISK 용량을 1.2G, 2.1G로 표현하는데, 1.2G는 12억 바이트, 2.1G는 21억 바이트를 기억한다는 의미다.
        ② 폭탄의 폭발력을 메가톤급으로 비교를 하는데, 대륙 간 탄도탄이 대개 1MEGATON의 위력을 갖는다. 즉 TNT 기준 100만ton의 폭파력과 같음을 의미한다. 이는 히로시마 원폭이 20Kton이므로 1Mton은 히로시마 원폭의 50배에 해당한다.
        ③ 거리를 계산할 때 먼 거리를 킬로미터를 쓴다. 길이의 기본단위가 미터(m)이므로 여기에 킬로미터라함은 1000m를 기본으로 한 것이다.
        ④ 보통 사무용 책상에서 쓰이는 자는 [cm] 단위인데, 1cm로 1/100이다. 길이 단위의 기본인 meter에서 1/100의 의미인 centimeter(cm)를 쓴 것이다.
        ⑤ 1mm를 비교할 때 1/10cm라 하는데 기본단위엔 meter를 기준으로 하면 1/1000m이다. 즉 milli로 1/1000을 의미한다.
    (3) 항상 기본 단위에서 비교되어야 한다. 기본 단위로 대개 알파벳 하나로 표시된다.

2) 단위의 차원

    ① D차원 : 점을 의미하며, 어떠한 단위도 적용되지 않는다.
    ② 1차원 : 선을 의미하며, 길이 단위인 cm, m, feet, mile 등이 적용
    ③ 2차원 : 면적을 의미하며, 면적단위인 제곱 개념과 평, 에이커 등이 적용된다.

④ 3차원 : 입체를 의미하며, 부피단위인 세제곱 개념과 cubic, cc, liter 단위들이 사용된다.

3) 거리 단위와 속도
  (1) 거리는 대개 길이 단위의 큰 개념을 말하는 것으로, 엄밀히 길이와 거리의 차이는 없다고 보아야 한다. 거리 단위로 다음과 같은 것이 사용된다.
    ① Km : 1천m를 1km라 한다. 활주로 길이는 대개 3km 정도, 즉 10리는 4km에 조금 못 미친다. 참고로 10리는 사람이 한 시간 동안 걷는 거리를 10리로 보았으며 보통 사람은 시속 4km로 걷는다.
    ② Mile : 대개 육상마일(status mile)을 의미하며 1609.344미터를 1mile로 한다. 대개 환산시에는 킬로미터에 1.6을 곱하여 쓴다. 1970년대에 유행한 6백만불의 사나이가 시속 60마일을 달린다고 되었을 때 킬로미터로 환산하면 약 100km이다.
    ③ NM : nautical mile은 흔히 해상마일이라 하고 항공기에 쓰이는 모든 거리 개념은 해상마일개념을 쓴다. 배의 속도를 나타낼 때 knot를 쓰는데, 바로 Nautical Mile을 초로 환산한 것이다. 1NM은 배의 항해에서 유래되었는데 지구 둘레를 1분(1/360°)거리로 환산한 것이다. 이는 각 위도, 경도마다 다르므로 International Nautical Mile인 1.852 km로 표준으로 정하였다. 즉, 지구 둘레는 360×60인 21,600NM이며 21,600×1.852를 하여 km로 환산하면 약 4만km가 산출되므로 지구 둘레는 4만km라 알면 될 것이다. 자동차가 10만km를 주행하였다면 지구를 두 바퀴 반을 돈 것이 된다.

4) 길이 직경 단위
  ① 항공기에 쓰이는 길이단위로 영국(또는 U.S.) 단위계인 inch와 feet가 주류를 이룬다. inch는 2.54cm이며 12 inch가 1feet이며 1feet는 약 30cm로 개념화되어 있다. 활주로 길이는 대개 9,000~10,000feet인데, 거의 3km와 비슷하다. inch는 사람 손가락 한 마디를 기준하였으며, 1feet는 발 1족장을 기준한 수치로, 옛 우리나라 단위계인 자와 촌과 근접한 개념이다.
  ② 공구로 인치공구와 밀리공구로 나누어지는데, 항공기는 주로 인치공구를 사용한다. 이는 렌치나 소켓 등과 같이 소형공구는 1/32 inch 단위로, 그 밖의 공구는 1/16 inch 단위로 제작되어 있음을 의미하며 밀리 공구는 1/10mm 단위로 제작되어 있다
  ③ 리벳이나 Bolt 등의 크기는 가장 대표적인 것이 직경과 길이이다. 직경은 1/32 inch 단위로 표시되며 길이는 1/16 inch 단위로 표시된다. 예를 들어 AN470AD-4-13이라는 fastener가 있다면 4/32 inch 직경에 13/16 inch 길이를 의미한다.
  ④ 길이를 측정하는 측정기로는 자와 마이크로미터, 버니어캘리버스가 사용된다.
  ⑤ 미터법과 인치법에서 유의할 점은 소수 단위 또는 분수법으로 표시한다는 점이다. 예를 들어 인치로 1/2 inch라 하고 미터법에서는 0.5cm라 표시하는 것이 일반화되어 있다.
  ⑥ 미터법은 전 세계 표준이며 1983년 10월에 「빛이 진공에서 299,792,458분의 1초 동안 진행한 거리를 1m라 한다」라고 제정하였다.

5) 무게(Weight)
   ① 항공기에 사용되는 무게 단위는 pound이다. pound는 대개 lb로 표기를 하며 반드시 소문자를 사용한다. kg과 환산하면 0.45kg으로 개략적으로 적은 양을 계산할 때는 0.5kg으로 환산해도 무방하다. 1kg은 2.2 lb로 환산할 수 있다.
   ② 무게와 부피의 상관관계로 대개 물(비중 1)을 기준으로 한다. 1 CUBIC meter, 즉 1m 입방체에 물이 가득 고이면 1ton이 되고, 이는 1,000kg에 해당한다.
   ③ 1L 우유 팩에 물을 채우면 그 물은 1kg이 된다. 1kg은 1000cc에 해당되며 1g은 1cc에 해당한다. $1cm^3$의 물은 1cc에 해당하고, 이는 1g에 해당한다.

6) 부피
   ① 항공기에서 상용되는 부피로 'gallon, half, quater, pint'가 사용된다.
   ② 1gallon은 1gal이라 표시하고 3.8L와 상응한다.
   ③ 1gallon은 가장 많이 사용되고 작은 통은 paint통이 1gal에 해당한다.
   ④ 1gallon = 2half = 4quater = 8pint
   ⑤ 1pint는 475mL와 같은데, 대개 캔 음료수가 500mL에 해당하므로 비슷하다고 볼 수 있을 것이다.
   ⑥ 항공기에는 액체의 양을 나타낼 때, 주로 gallon을 사용하며 크기로서 부피를 나타낼 때는 cubic inch를 쓴다. 1cubic inch는 약 0.4L에 해당하므로 1gal은 9.5cubic inch에 해당한다. 약 10cubic inch가 1gal이라 측정하면 된다.
   ⑦ 1drum은 대개 60gal에 해당하지만 가스 압력을 고려하여 55gal을 1drum으로 볼 수 있다.

7) 온도
   ① 항공기에서는 주로 [°F]를 표시하며 우리는 대개 [°C]에 익숙해져 있다. 요즈음 정비교범에는 [°F]를 우선하고 [°C]를 함께 부수적으로 표시한다.
   ② 국제 표준인 [°C]는 물의 어는점을 0°C, 끓는점을 100°C라 하여, 이를 100등분한 온도이다.
   ③ [°F]는 물의 어는점을 32°F, 끓는점을 212°F로 하여 이를 180등분한 온도이다. 비교 수치로 공식으로는 다음과 같다.
       F = 9/5 C + 32   C = 5/9 (F−32)
   ④ 화씨와 섭씨의 복잡한 비율 관계는 매우 비교하기가 어려운데, 체온이 화씨 100°F에 해당한다고 생각하고 나머지 물의 어는점과 끓는점인 32°F, 212°F와 비교하여 짐작한다.

8) 각도
   ① 원주 전체를 360°라 하고 이를 360등분한 것이 1°이다. 1°는 다시 1/60로 1분(1′), 다시 1/60을 1초(1″)로 쓰는 60진법을 도입하고 있다. 항공기에 있어서는 일반적인 각도를 쓰나 radian은 쓰이지 않는다.
   ② radian은 원의 반지름 길이와 동일한 호의 길이에 해당하므로 각도는 1rad이라 하고 (180/3.14)°이다.

9) 압력

(1) 항공기에서 사용되는 압력은 PSI를 사용하는데 'pound per square inch'의 약어이다. 즉 1평방 인치당 1파운드의 힘이 미친다는 의미이다.

(2) PSI는 매우 짐작하기 어려운 개념으로 추상적일 수 있는데, 항공기에 사용되는 압력은 대개 다음과 같다.

① 표준 대기압은 14.7psi이다.
② 항공기 유압은 3,000psi를 사용하는데, 이는 A4용지 면적에 약 10ton의 무게가 누르는 것과 같다.
③ 자동차 타이어는 35~45psi를 주입한다.
④ 타 수치와 비교되는 압력은 다음과 같다.
 - 물기둥 60cm 높이의 압력은 1psi와 비슷하다.
 - 수은 2 inch 높이의 압력은 1psi와 비슷하다.

10) 요약

항공기에 사용되는 단위는 표 18-1과 같다.

▼ 표 18-1 항공기 적용 주요 단위

항 목	기 호	항 목	기 호
가까운 거리	ft	연료 소비량	lb/h , gal/h
먼 거리	nautical mile	연료 흐름량	gallon/min
높이, 고도	ft	연 료 량	lbs, gallon
중 량	lbs	압 력	psi
항공기 위치	inch	부 피	gallon, cubic inch
속 도	mach, mph, knot	중 력	g
상 승 율	ft/min	소 리	dB
온 도	°F	회 전 수	rpm

18.1.2 유효기간의 확인

① 계측기의 교정주기는 각 계측기마다 상이하므로 반드시 계측기 사용설명서를 참고한다.
② 계측기의 일반적인 교정주기는 1년이며, 1년의 교정주기를 갖는 계측기는 반드시 1년마다 교정을 받아야 하며, 이상이 없는 계측기는 교정 필증을 받아 부착시켜야 한다. 교정필증이 없는 계측기는 정확하지 않으므로 사용해서는 안 된다.

18.1.3 계측기의 취급, 보호

① 취급상 가장 주의해야 할 것은 계측기에 손상을 주지 않는 것이다. 손상이 생기면 꼭 주위에 돌기부가 생기는데 이 상태로 측정을 하면 정확하게 측정하지 못한다.

② 손으로 계측기를 만지면 열이 전달되고 표면이 오염될 수 있으므로 반드시 장갑을 착용하고 측정해야 한다.
③ 측정기가 있는 곳 근처에 백열전등과 같은 열의 영향을 받을 수 있는 장치를 두지 않는다.
④ 떨어뜨리거나 부딪혀 측정 면에 손상이 생기지 않게 한다.
⑤ 먼지가 적고 건조한 실내에서 사용하도록 한다.
⑥ 목재 작업대, 천, 가죽 위에 취급하도록 한다.
⑦ 측정 면은 잘 세탁된 깨끗한 천이나 세무 가죽 등으로 닦아 사용한다.
⑧ 측정기기는 온도 변화에 민감하므로 측정 장소의 온도가 일정해야 한다.
⑨ 스핀들을 돌릴 때 무리한 힘을 가해서는 안 된다.
⑩ 측정기기를 정반 위에 놓을 때에는 조심하여 놓아야 한다. 특히, 바닥에 떨어뜨려서는 안 된다.
⑪ 사용 후에는 항상 깨끗이 닦아 나무 상자에 보관해야 하고, 앤빌(anvil)과 스핀들(spindle)이 밀착되지 않도록 해야 한다.
⑫ 마이크로미터를 취급할 때에는 특히 주의하여 손상되지 않도록 해야 한다.
⑬ 장기 보관 시에는 방청유를 헝겊에 묻혀서 각부(초경부분 제외)를 골고루 방청한다.
⑭ 보관/관리 시 준수할 사항은 가능한 전용 상자에 넣어 직사광선에 노출되지 않을 것, 습기가 적고 통풍이 잘되는 곳, 자성이 있는 물질이 없는 곳에 보관한다.

18.2 계측기 사용법

18.2.1 계측(부척)의 원리

그림 18-1은 버니어캘리퍼스와 마이크로미터 측정방법을 보여준다.

18.2.2 계측대상에 따른 선정 및 사용절차

18.2.2.1 계측대상에 따른 선정

1) 버니어캘리퍼스

① vernier calipers는 'calipers'와 'scale'을 조합한 것으로 외측 측정면에 피측정물을 물리고, 그것을 스케일에 맞추어 읽는데 이것을 측정턱(jaw)과 본턱눈금(scale) 및 버니어눈금(vernier scale)에 의해 한번에 정확히 치수를 측정할 수 있는 구조로 되어있다.
② 외경, 내경, 깊이 모두 측정 가능
③ 1/1000 inch의 이내에 정확성을 요구하는 측정물에 사용된다.
④ 측정물의 바깥치수의 측정은 버니어캘리퍼스의 Jaw를 측정물에 대해 직각방향으로 접촉시켜 각 면을 돌려가면서 측정한다.

버니어캘리퍼스		마이크로미터	
사 진	방 법	사 진	방 법

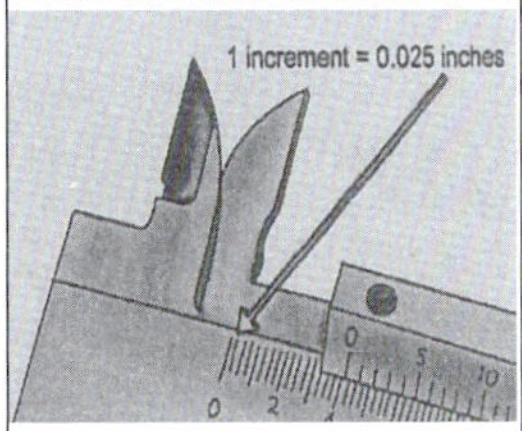	본자 1눈금의 단위 읽기
	* 1눈금 단위 :
	  0.025 inch
		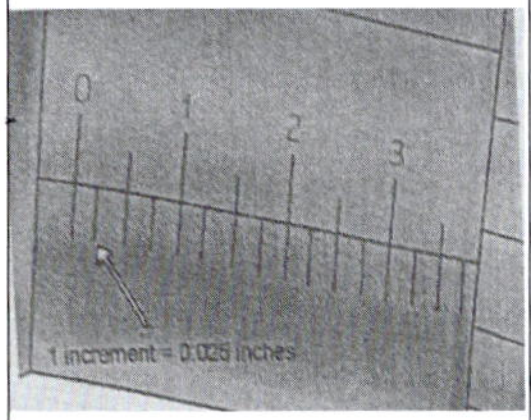	슬리브(sleeve) 1눈금의
			단위 읽기
			* 1눈금 단위 :
			  0.025 inch

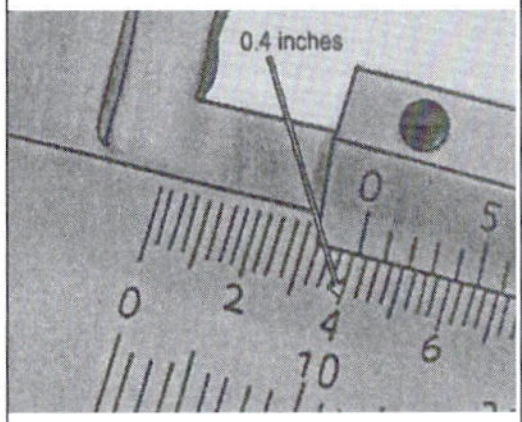	확인 가능한 본자 전체 눈금 읽기 * 예시 : 0.4 inch	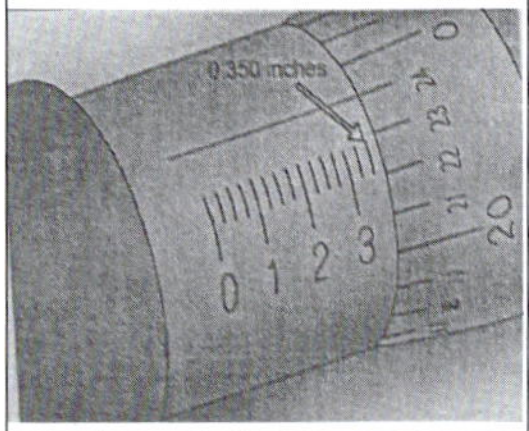	확인 가능한 슬리브 전체 눈금 읽기 * 예시 : 0.350 inch

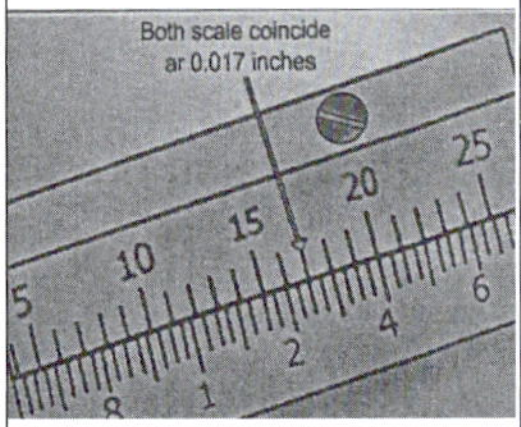	측정자 1눈금의 단위 읽기
	* 1눈금 단위 :
	  0.001 inch
		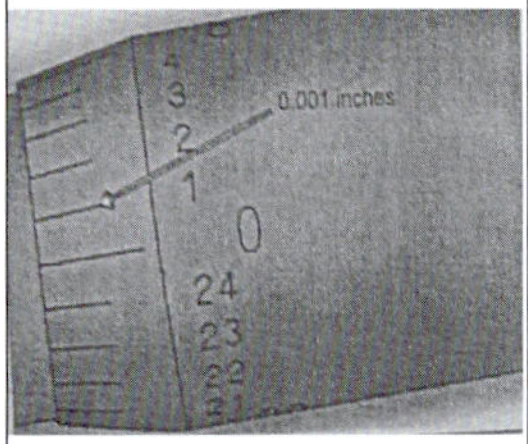	팀블(thimble) 1눈금의
			단위 읽기
			* 1눈금 단위 :
			  0.001 inch

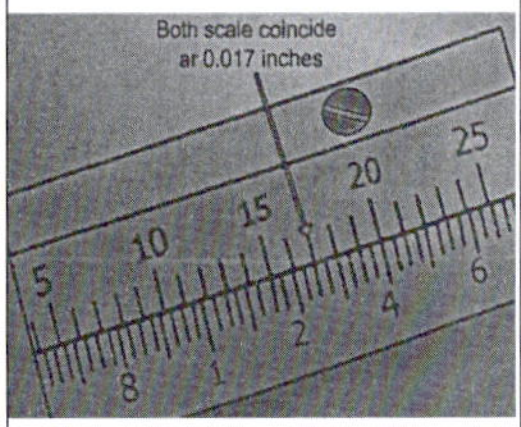	측정자 전체 눈금 읽기 * 예시 : 0.017 = 0.417 inch	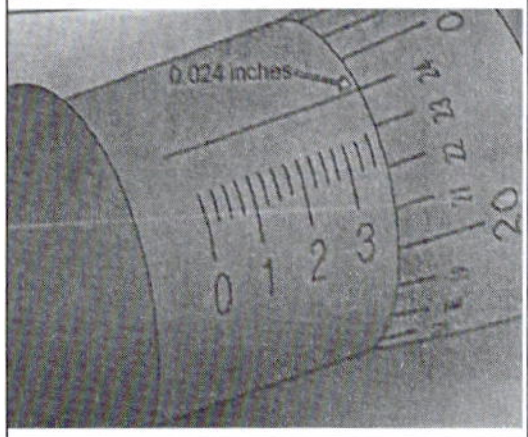	팀블 전체 눈금 읽기 * 예시 : 0.024 inch
정답 0.400 + 0.017 = 0.417 inch		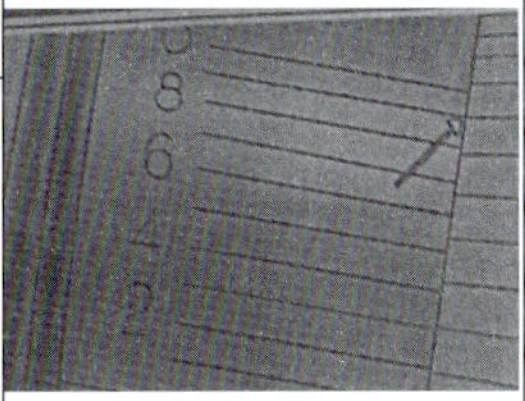	버니어(vernier) 눈금이 일치하는 선을 읽기 * 예시 : 0.0009 inch
		정답 0.350 + 0.024 + 0.0009 = 0.3749 inch	

▲ 그림 18-1 **버니어캘리퍼스와 마이크로미터 측정방법**

⑤ 측정물의 깊이를 측정할 때에는 한 손으로는 기준면을 측정물의 면에 밀착시키고, 다른 손의 엄지손가락과 집게손가락으로 아들자를 밀어 측정물의 바닥에 깊이 바가 가볍게 밀착되었을 때의 측정값을 기록한다. 이때에 버니어캘리퍼스는 기준면과 수직이어야 한다.
⑥ 내경의 측정은 버니어캘리퍼스의 측정면과 측정물의 측정면이 평행을 이루도록 접촉시켜 측정하고, 그 측정값을 기록한다. 내측면이 직선형일 경우에는 최소값, 원형일 경우에는 최대값이 정확한 측정값에 가깝다.

2) 마이크로미터
   ① "나사의 이동량은 회전각에 비례한다"는 원리를 이용한 측정기이다. 즉, 나사의 길이 변화를 나사의 회전각과 직경에 의해 확대하여 그 확대된 길이에 눈금을 붙여 미소의 길이 변화를 읽도록 한 측정기이다.
   ② 외경, 내경, 깊이 측정용이 있다.
   ③ 1/10000 inch 이내에 정확성을 요구하는 측정물에 사용된다.
   ④ 외경의 측정 : 평행면의 측정에는 면에 대해 spindle의 축선을 수직으로 하는 것이 중요하며 anvil과 spindle을 측정면에 일치시켜 측정력을 가한 후 최소 수치를 읽는다. 원통 외경의 측정에는 v 블록에 올려놓고 측정하는 것이 편리하며, spindle을 약간씩 움직이면서 원주방향의 최대점, 축방향의 최소점을 찾아 측정력을 가하고 측정값을 읽는다.
   ⑤ 내경의 측정 : micrometer의 측정면과 피측정면은 반드시 수직이 되어야 한다. 즉, 원주방향으로는 최대점을, 축방향으로는 최소점을 찾는 것이 다소 어렵다. 단체형 내측 micrometer는 rachet stop이 없기 때문에 영점을 확인할 때와 동일한 측정력을 가해야 한다. 측정력이 걸리는 경우는 손의 감각만으로 판단되므로 신중하게 측정을 가하지 않으면 안된다.
   ⑥ 깊이의 측정 : rod 교환형 micrometer는 같은 치수의 게이지블럭 2개를 이용하여 영점을 조정한다. 깊이 측정은 기준면의 한쪽만 접촉해서 측정해야 하는 경우에는 base가 뜨지 않도록 하는 것이 중요하다.

3) 다이얼게이지
   ① dial gage는 치수의 변화를 지침의 움직임으로 읽는 측정기이다.
   ② 일반적으로 spindle의 운동이 눈금판과 평행하게 움직이는 것을 spindle type dial gage라고 하며, spindle 대신에 lever가 측정자의 일부를 형성하여 지렛대 움직임을 기계적인 회전운동으로 움직인 양을 눈금판에 표시하는 lever type dial gage가 있다.
   ③ 진원 및 축(shaft)의 휨 등을 측정
   ④ 1/10000 inch까지 측정가능하며, 0.001 inch, 0.0001 inch, 0.0005 inch 등으로 분류된다.
   ⑤ 직접 측정 : 측정 기준면에서의 길이를 직접 측정하는 방법으로 측정 범위 내에 한하여 가능하다.
   ⑥ 비교 측정 : 측정물의 치수가 게이지의 측정 범위를 초과할 때 직접 측정을 할 수 없으므로 게이지 블록을 사용하여 게이지 블록과 측정물의 치수를 비교하는 측정방법이다.

18.2.2.2 마이크로미터 사용법

1) 사용 목적에 적합한 마이크로미터를 선택한다.
   ① 종류, 측정 범위, 정도 등을 잘 확인한다.
   ② 1~2 inch 측정용 마이크로미터로 측정물을 측정하였다면 측정값에 반드시 1 inch를 더하여 기록한다.

2) 과격한 충격을 주지 않도록 한다.
   ① 떨어뜨리거나 부딪치지 않도록 주의한다.
   ② 반동을 가하여 돌리지 않는다.

3) 사용 전 각 부위 먼지를 잘 닦아준다.
   ① 특히 spindle의 주위와 측정면을 잘 닦도록 한다.

4) 마이크로미터와 측정물을 최대한 실온에 가깝게 유지한다.
   ① 길이 100mm의 강온 10℃ 온도 변화에서 약 0.012mm 정도의 치수 변화가 발생한다.

5) 양쪽 측정면을 잘 닦는다.

6) 기점을 잘 닦는다.
   ① 라쳇스톱에 의해서 측정력을 강하여 양측면을 setting한다.
   ② 눈금은 정면에서(숫자의 10과 40이 동시에 크게 보이는 위치) 읽도록 한다.
   ③ 측정길이가 300mm 이상일 때에는 측정 시 자세와 같은 자세로 영점 setting하도록 한다.

7) 측정할 때에도 필히 라쳇스톱을 사용하도록 한다.

8) 스탠드에 고정할 때에는 프레임의 중앙부에 위치하도록 하고, 너무 강하게 프레임이 파손되지 않도록 주의한다.

9) 사용 후 각 부에 묻은 오물과 지문 등은 건조한 헝겊으로 잘 닦도록 한다.

18.2.3 측정치 기입 요령

① 버니어캘리퍼스 : Ex) 0.123 inch 이런 식으로 1/1000 inch 단위로 기입한다.
② 마이크로미터 : Ex) 0.1234 inch 이런 식으로 1/10000 inch 단위로 기입한다.
③ 다이얼게이지 : Ex) 0.001 inch, 0.0001 inch, 0.0005 inch 등으로 분류되며, 사용하는 다이얼게이지에 따라서 표기 방법이 다르다.

■ 작업형-계측작업

※ 버니어캘리퍼스, 마이크로미터, 다이얼게이지 측정작업을 실시하시오.

▲ 작업 착안 사항

1. 마이크로미터 측정작업 착안 사항
   (1) 사용 목적에 적합한 마이크로미터를 선택한다.
      ① 종류, 측정 범위, 정도 등을 잘 확인한다.
      ② 2~3 inch 마이크로미터를 선택하여 측정물을 측정한 후 측정값을 기록하기 전에 반드시 측정값에 1 inch를 더하여 측정한다.
   (2) 과격한 충격을 주지 않도록 한다.
      ① 떨어뜨리거나 부딪치지 않도록 주의한다.
      ② 반동을 가하여 돌리지 않는다.
   (3) 사용 전 각 부위 먼지를 잘 닦아준다.
      특히 spindle의 주위와 측정면을 잘 닦도록 한다.
   (4) 마이크로미터와 피측정물을 최대한 실온에 가깝게 유지한다.
      길이 100mm의 강온 10℃ 온도 변화에서 약 0.012mm 정도의 치수 변화가 발생한다.
   (5) 양쪽 측정면을 잘 닦는다.
   (6) 기점을 잘 닦는다.
      ① 라쳇스톱에 의해서 측정력을 강하여 양측면을 setting한다.
      ② 눈금은 정면에서(숫자의 10과 40이 동시에 크게 보이는 위치) 읽도록 한다.
      ③ 측정길이가 300mm 이상일 때에는 측정 시 자세와 같은 자세로 영점 setting하도록 한다.
   (7) 측정할 때에도 필히 라쳇스톱을 사용하도록 한다.
   (8) 스탠드에 고정할 때에는 프레임의 중앙부에 위치하도록 하고, 너무 강하게 프레임이 파손되지 않도록 주의한다.
   (9) 사용 후 각 부에 묻은 오물과 지문 등은 건조한 헝겊으로 잘 닦도록 한다.
   (10) 장기 보관 시에는 방청유를 헝겊에 묻혀서 각부(초경부분 제외)를 골고루 방청한다.
   (11) 보관/관리 시 준수사항
      ① 직사광선에 노출되지 않을 것
      ② 습기가 적고 통풍이 잘되는 곳
      ③ 자성이 있는 물질이 없는 곳
      ④ 양측 정면은 0.1~1mm 정도 간격을 띄워 보관할 것
      ⑤ clamp를 하지 말 것
      ⑥ 가능한 전용 상자에 보관할 것

2. 버니어캘리퍼스 측정작업 착안 사항
   ① 외경 측정 시에는 3회 이상 측정하여 평균값을 선택하는 것이 중요하며, 측정값은 소수 3자리(또는 4자리)까지 기록하라고 지시되어있으므로 측정하는 측정값을 평균값으로 기록한다.
   ② 측정값은 오차범위를 감안하고 계측공구 사용법을 정확하게 숙지한다.
   ③ 버니어캘리퍼스는 인치/미리 겸용이며, 그 외의 계측기는 인치 전용이다.
   ④ 측정물은 알루미늄 재질로 외부온도나 측정 시 손에 의한 열전달로 인해 늘어나거나 수축되는 상태에 따라 측정값의 오차 발생이 있을 수 있으므로 온도의 영향을 최소로 하도록 측정물을 손으로 오래 쥐고 있지 않도록 주의한다.
   ⑤ 준비되어 있는 장갑을 반드시 착용하고 측정작업을 실시한다.

3. 다이얼게이지 측정작업 착안사항
   ① 다이얼게이지로 측정물의 진원을 측정할 때는 다이얼게이지 스탠드에 V-블럭을 위치시키고 V-블럭 위에 측정물을 올려놓은 상태에서 회전시키면서 측정한다.
   ② 모든 측정기기들은 사용하기 전 영점조절(zero setting)을 반드시 수행한다.
   ③ 측정기기로 측정물을 정확하게 측정하기 위한 전제조건은 측정기기의 측정면과 측정물을 깨끗이 닦아낸 후 측정작업을 실시한다.
   ④ 측정할 때 측정기에 무리한 힘을 주지 않는다.
   ⑤ 측정기기 사용 후에는 마른 헝겊 등으로 깨끗이 닦아낸 후 보관함에 보관한다.

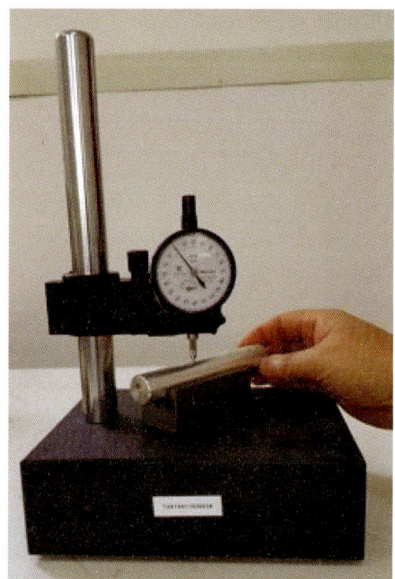

▲ 그림 18-2 다이얼게이지와 V-블록을 사용한 진원 측정 모습

▲ 평가 기준
   ① 버니어캘리퍼스 측정방법은 알고 있는가?
   ② 버니어캘리퍼스 외경을 측정할 수 있는가?
   ③ 소수 3자리까지 측정·평균하여 반올림 하는가?
   ④ 마이크로미터의 영점조절(zero setting)은 측정하기 전에 반드시 수행하는가?
   ⑤ 계측기의 취급에 주의를 기울이는가?
   ⑥ 작업 후 공구·장비의 정리 정돈은 잘 하였는가?

SECTION 19 전기전자작업

항공정비사

19.1 전기선작업

19.1.1 와이어 스트립(Wire Strip) 방법

1) Wire Stripping 조건
   ① conductor wire를 납땜하거나 crimp하기 전에 wire의 끝은 적절하게 절단하고 정확한 길이의 피복(insulation)을 제거한다.
   ② 먼저 wire 혹은 cable의 길이가 정확한지 확인한다.
   ③ wire와 cable은 말끔하게 직각으로 절단되어야 하며, wire는 피복이 벗겨지거나 변형이 되어서는 안 된다.
   ④ cutting 공구 날은 변형과 wire끝이 돌출되는 것을 방지하기 위해 nick으로부터 보호되어야 하며 예리해야 한다.
   ⑤ 승인된 cutting 공구를 사용, 사선 끝의 위치를 주목하여 항상 wire가 끊어지는 쪽으로 향해야 한다.
   ⑥ stripping을 위해 cutting 공구를 사용하지 말 것(wire를 손상되게 할 수도 있음)
   ⑦ 제거된 insulation의 길이는 중요하고, 정확한 길이는 사용된 termination의 길이와 termination hardware에 의해 달라진다.

2) Wire Stripping 절차
   ① strip하는 wire가 정확한지 확인한다.
   ② cutting plier(dykes)혹은 승인된 cutting 공구로 정확한 길이의 wire를 절단한다.

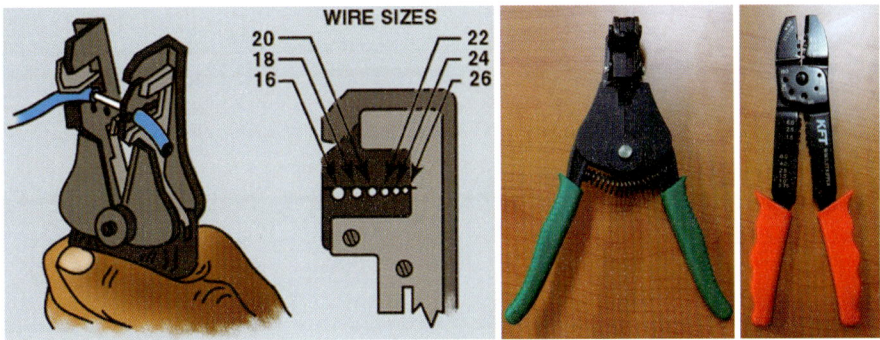

▲ 그림 19-1 와이어 스트리퍼

Ⅳ. 실기시험 표준서 해설 · 485

③ wire 끝으로부터 strip되는 insulation의 길이를 주의 깊게 측정한다.
④ 한 손으로 stripping 공구를 잡고, 다른 한 손으로는 strip되는 wire를 맞는 size cutting 구멍의 중앙에 삽입한다.
⑤ blade의 cutting 구멍은 wire gauge에 의해 숫자화됨
⑥ blade의 cutting edge에서 insulation이 제거될 때까지 cutting blade를 지나는 와이어 길이를 조절
⑦ cutting blade로 튀어나온 wire가 가능한 멀리 갈 수 있도록 handle을 조인다.
⑧ handle에 가한 압력을 release하면 stripper는 원위치로 되돌아간다.
⑨ stripper로부터 wire를 제거하고 insulation 절단이 깨끗하고 직각인지 확인 및 insulation이 제거되었는지 점검한다.

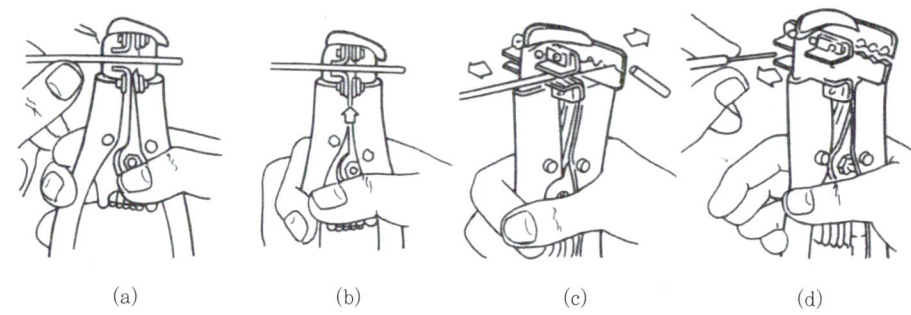

▲ 그림 19-2 와이어 스트리퍼를 사용한 wire stripping 절차

3) Shield Wire, Coaxial, Triaxial Cable Strip
① Wire/cable의 끝을 정확한 길이로 깨끗하고 직각이 되게 절단한다.
② 제거된 jacket을 주의깊게 측정한다.
③ razor knife(or 동등한 것)를 insulation에 직각이 되게 잡고, wire 둘레를 절단한다.
④ 서서히 wire를 구부려 razor knife(혹은 동등한)를 이용하여 동그랗게 jacket을 세로 방향으로 자르고 wire의 끝을 절단한다.
⑤ 제거된 끝을 서서히 비틀어 insulation을 제거한다.

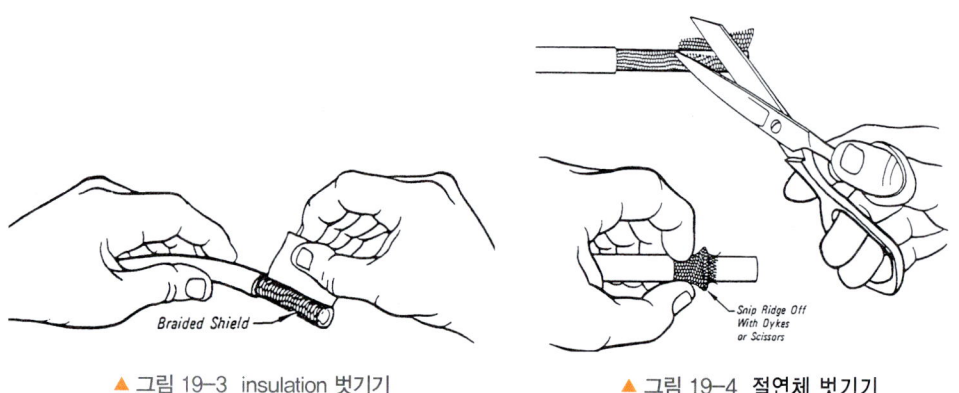

▲ 그림 19-3 insulation 벗기기   ▲ 그림 19-4 절연체 벗기기

⑥ shield strand가 cut, nicked 혹은 crush되지는 않았는지 strip된 끝을 확인한다.
⑦ shield를 다듬고, 다음 단계절연체가 손상되지 않도록 조심하여야 한다.
  - shield와 다음 절연체(insulation, dielectric, 혹은 inner shield jacket) 사이에 가위 아래쪽 tip을 집어넣어 작은 가위로 shield를 정돈, 정확한 길이로 shield 절단한다.
  - 한 손을 사용해서 jacket과 shield가 잘려지는 위치 사이의 braiding을 견고하게 잡아 다른 한 손은 잘려진 곳에서 shield braiding을 뒤로 밀어 봉우리를 제작한다.
⑧ 필요 시 dielectric 혹은 inner jacket으로부터 절단된 끝을 fanning하여 jacket 위로 shield를 뒤로 접고 그때에 shield braiding의 안쪽이 jacket 위로 가게 민다.
⑨ shield 내에 있는 절연체(insulation, dielectric 혹은 내부 jacket)의 손상 여부 점검한다.
  - 정돈한 shield braiding을 점검한다.
  - folded back braiding을 정확한 길이로 끝을 정돈한다.
  - 일자로 쭉 펴서 지저분한 부분을 다시 정돈한다.
⑩ 정확한 strip 길이를 위해 두 번째 절연체를 strip한다.
⑪ strip된 길이는 정확하고 손상은 되지 않았는지 내부 conductor를 점검한다.

19.1.2 납땜(Soldering) 방법

1) 납땜의 이해
  (1) 목 적
    ① 납땜은 금속의 용융점보다 낮은 온도에서 2개 이상의 금속을 서로 접합시키는 과정이다.
    ② 항공기에서의 목적은 전기, 전자장비와 전선의 접촉을 견고하게 하여 전류의 흐름을 용이하게 하기 위함이다.
    ③ soldering 후 요구되는 기계적, 전기적 특성에 충분히 만족되어야 한다.
  (2) 땜납의 종류
    ① 연 땜납 : 연 땜납은 은 및 기타 첨가제가 함유된 주석과 납으로 구성된 합금으로서 용융점이 700°F 이하
    ② 경 땜납 : Brazing(황동) 합금이라 불리는 경 땜납은 용융온도가 700 ~ 1,600°F
    ※ 항공기에는 서머커플 연결부에 사용되며 일반적으로는 사용하지 않음
  (3) 인두의 선택
    ① 인두의 목적은 땜납을 녹이는 데 있다.
    ② 가열용량이 과도한 인두를 사용하면 절연재가 녹거나 타버리며 가열용량이 작은 인두를 사용하면 땜납이 작업단품과 합금을 이루지 못하는 냉간 접합부가 된다.
    ③ 항공기 전기배선에는 일반적으로 60, 100, 200Watt 용량의 인두가 적당하다.
    ④ 소형 부분품을 납 땜 하는데 20 ~ 60Watt 용량의 펜형 인두가 적당하다.
  (4) Solder 접합의 특성
    ① 2개의 금속이 함께 soldering될 때 하나의 고체 금속같이 취급되는 계속적인 금속적 접합을 형성한다.

② 실제적으로 적어도 3개의 분리된 합금(기본금속, 기본금속과 solder, solder)으로 구성되었을지라도 soldering된 연결이 하나이고 완전히 금속의 한 부분이다.
③ soldering된 연결점의 영구성과 특성은 어떤 다른 물리적인 수단이다.

2) 납땜 준비
   (1) 인두의 팁이 거칠거나 불결하다면 인두의 전원을 차단하고 밝은 구리 색이 나타날 때까지 부드러운 줄로서 표면을 줄질한다.

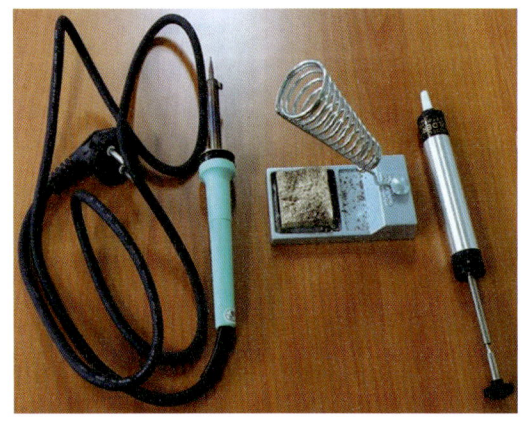

세척 전   세척 후

▲ 그림 19-5 **전기 인두와 인두 팁**

   (2) 인두를 가열하여 밝은 청회색이나 황동색으로 변할 때 땜납을 근접, 땜납이 녹아 인두 팁에 밝은 은색 코팅이 형성되도록 한다.
   (3) 산화방지를 위한 코팅이 되어있는 인두의 세척은 젖은 깨끗한 천으로 닦아내야 하며 팁이 패인 경우 팁을 교환한다.
   (4) 사용 시 작업 전에 인두 팁을 젖은 세척용 스펀지로 감싼 다음 돌려가며 닦아낸 후 석면패드로 세척한다.
      ※ 찌꺼기나 과도한 땜납방울을 제거하기 위해 인두를 절대 흔들거나 털어내어서는 안 되며 화재에 주의하고 피부에 닿지 않도록 주의해야 한다.

3) 와이어 준비
   (1) 와이어의 절연 피복은 스트리퍼(stripper)를 사용하여 제거한다.
   (2) 피복 제거 길이는 단자 종류, 최대 또는 최소 wrap(감싸기) 사용 여부 및 절연 간극의 길이에 따라 결정한다.
   (3) 최소 절연 간극은 와이어 직경(피복 포함한 지름) 길이이며 최대 절연 간극은 직경의 2배이다.

4) 가열 및 땜납 위치시키기
   (1) 금속과 인두 사이에 땜납을 위치시키고, 금속에 직접 인두를 고정시켜라, 인두가 아닌 접합부에서 땜납을 녹인다.

(2) 땜납을 녹이는 데 필요 이상의 시간으로 가열하지 않는다.
(3) 땜납 사용 시 접합부에 필요 이상의 땜납이 쌓이지 않게 하라. 땜납을 많이 붙이는 것보다 얇게 도금하는 것과 같은 방법으로 하는 것이 효과적이다.
(4) 인두를 접합부에 견고히 고정하지 않을 경우 납땜불량이 일어날 수 있다.

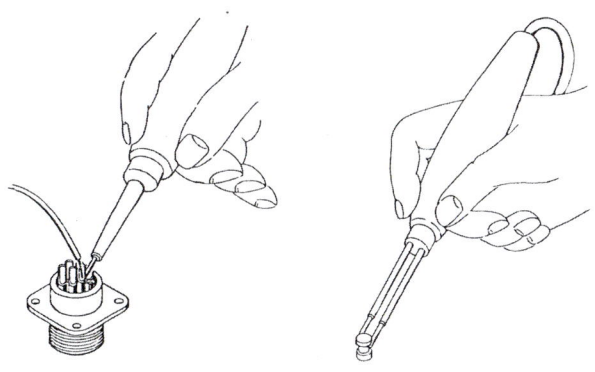

▲ 그림 19-6 전기인두 위치시키기

5) 납땜작업 절차
 (1) 일반적 납땜 절차
  ① 납땜할 부분을 깨끗이 닦고 전선의 피복(insulation)을 벗겨 기판 위에 올려놓는다.
  ② 인두의 끝 부분을 깨끗이 닦고 납을 올려놓는다.
  ③ 기판에 납이 흘러내리지 않을 정도로 인두의 끝 부분을 납땜할 기판의 접점에 놓는다.
  ④ 인두의 끝 부분에 있는 납을 접점에 옮긴다. 이때 2초 내에 작업을 하도록 하고, 기판 위에 전선이 지정된 위치에서 움직이지 않도록 한다.
  ⑤ 납땜한 부분에서 인두를 떼어낸다.
  ⑥ 납땜이 끝나면 인두를 인두 받침대에 올려놓는다.
  ⑦ 기판 납땜 작업을 끝낸 다음 검사를 하여 결과가 좋으면 스프레이로 코팅한다.
  ※ 경고 : 이소프로필렌 알콜 및 지방족 나프타는 가연성이며 눈, 피부 및 호흡기에 유독하므로 피부 및 눈과의 접촉을 피한다.
 (2) 납땜 연결부 검사
  ① 세척 후 각각의 납땜 연결부를 검사한다.
  ② 납땜 연결부는 전선 및 단자 사이에 양호한 오목한 필렛이 형성되어야 한다.
  ③ 과도한 납땜이 없어야 하며 피트(pit) 또는 기공이 없이 표면에 윤이 나야 한다.
  ④ 납땜 컵 및 커넥터 핀 이외의 모든 경우, 전선의 윤곽이 육안으로 관찰 가능하여야 하며 전선 끝단이 단자 치수를 초과하지 않아야 한다.

양이 적다　　　　　　　　　　　　　　　　　양이 많다

▲ 그림 19-7　Pb계와 Pb-free계 납땜량과 표면 상태

19.1.3 터미널 크림핑(Terminal Crimping) 방법

터미널에 의해 전선을 연결할 때에는, 터미널 크림핑 툴을 이용하여 다음과 같은 순서로 전선을 연결한다.

① 전선의 피복을 벗긴다.

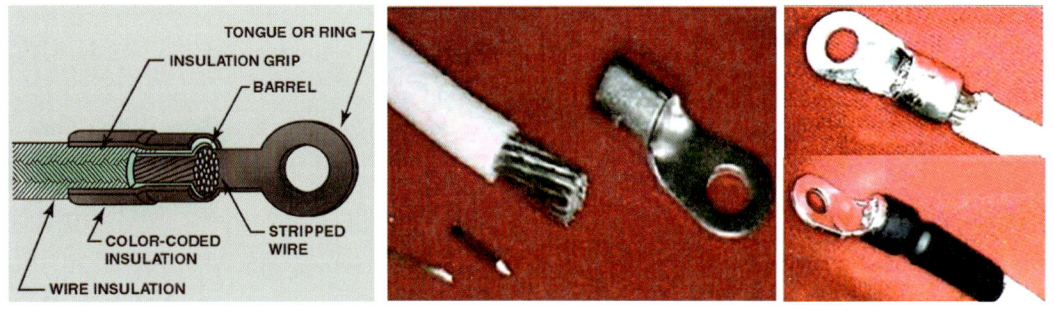

▲ 그림 19-8　터미널 구조와 크림핑 작업

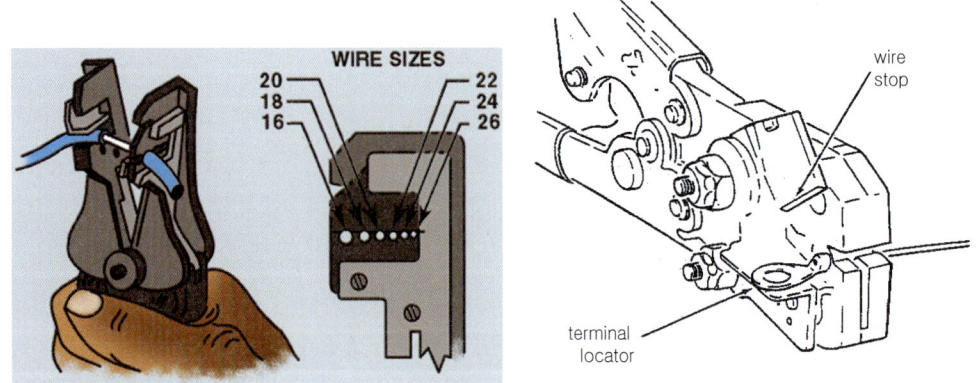

▲ 그림 19-9　wire stripping 및 terminal crimping

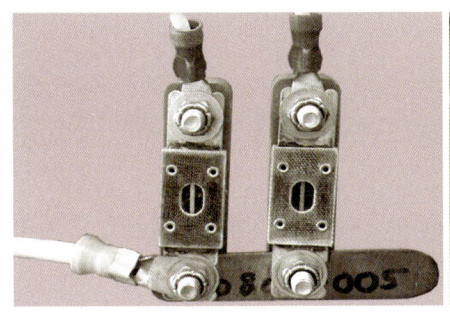 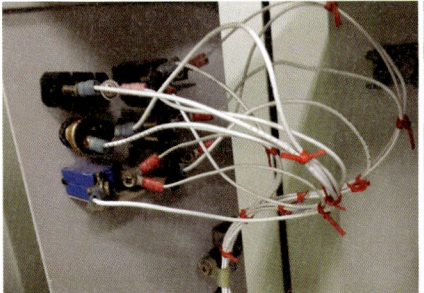 

▲ 그림 19-10 터미널 전선 장착 상태

② 터미널 크림핑 툴의 다이를 열어 놓는다.
③ 사용하고자 하는 터미널을 다이에 끼워넣는다.
④ 터미널 크림핑 툴의 래칫이 풀릴 때까지 힘껏 압착한다.

19.1.4 스플라이스(Splice) 크림핑(Crimping) 방법

스플라이스 크림핑 툴을 이용하여 다음과 같은 순서로 전선을 연결한다.
① 전선의 피복을 벗긴다.
② 스플라이스 크림핑 툴의 다이를 열어 놓는다.
③ 사용하고자 하는 스플라이스를 다이에 끼워 넣는다.
④ 스플라이스 양쪽의 전선 끝이 도체 정지점에 도달하였는지를 점검창을 통하여 확인한다.
⑤ 스플라이스 크림핑 공구를 사용하여 스플라이스 속에 가는 구리선이 고정되도록 양 끝을 압착한다.

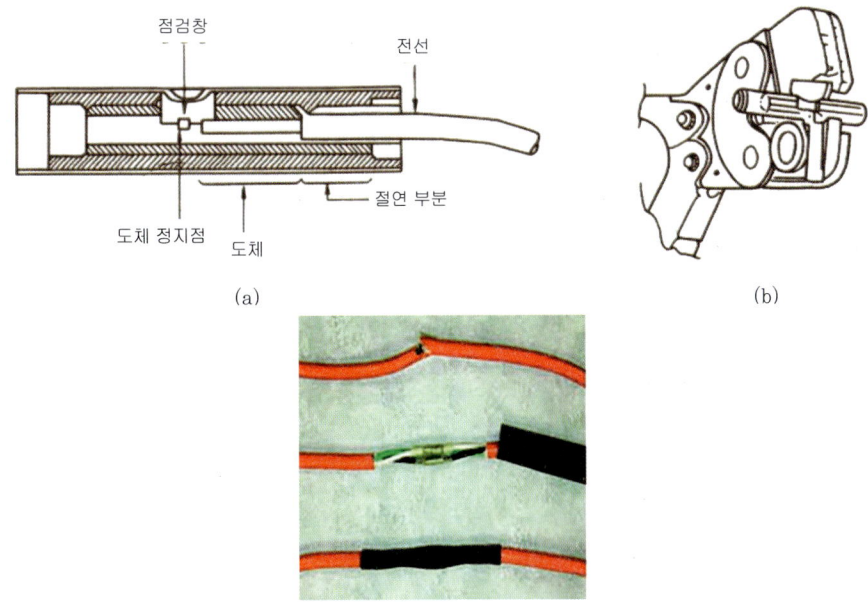

▲ 그림 19-11 전선의 스플라이스 연결법

19.1.5 전기회로 스위치 및 전기회로 보호장치 장착

1) 회로 보호장치 일반

   ① 회로 차단기뿐만 아니라 회로 보호장치들은 전원부에서 가까운 곳에 설치를 하여 회로를 보호한다.
   ② 항공기의 정전기는 다른 말로 마찰 전기라고도 불리우며, 물체 상에 정지한 상태로 대전되어 있는 전하를 말한다.
   ③ 정전기는 두 물체가 서로 접촉이나 분리하게 되면 그 경계면에서 전하의 이동이 생겨서 각각 물체에 같은 양의 과잉 양전하와 과잉 음전하, 즉 정전기가 발생하게 되는 것이다.
   ④ 항공기에서의 정전기 발생은 항공기가 구름 속을 비행할 때 수많은 구름입자가 항공기 전면에 부딪쳐 항공기에 높은 정전기를 발생시킨다.
   ⑤ 항공기가 구름 속을 비행할 때 항공기 앞부분에 발생하는 정전기는 10만에서 20만V까지 된다.

2) 정전기 방지 장치(Static Discharger)

   ① 항공기가 고속으로 비행하면서 항공기 앞부분에 발생한 전기 에너지는 날개끝이나 꼬리 끝 부위에 모이게 되는데 이 강력한 정전기는 항공기 통신 및 항법장치에 심한 잡음과 정전기 스파크를 발생시켜 항공기 운항에 큰 지장을 주게 된다.
   ② 이를 방지하기 위하여 저항성 소자로 된 정전기 방출 장치를 날개끝이나 꼬리 끝에 설치함으로써 이 정전기를 대기중으로 방출하여 항공기와 승객에게는 전혀 피해를 주지 않는 것이다.

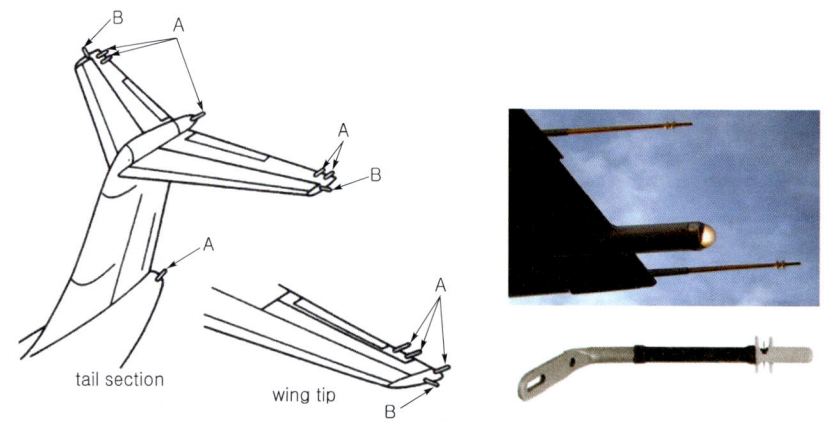

▲ 그림 19-12 정전기 방지 장치(static discharger) 장착 위치 및 형식

3) 본딩(Bonding)

   ① 2개 이상의 분리된 금속 구조물, 또는 기계적으로는 접합되어 있으나 전기적인 연결이 불충분한 금속 구조물을 전기적으로 완전히 연결시키는 장치이다.

② 본드선(bonding wire) 또는 본딩 점퍼(bond-ing jumper)는 기체 구조물 전체 전위를 일정하게 하여 정전기에 의한 무선수신기의 잡음 장해나 계기의 오차를 막는 역할

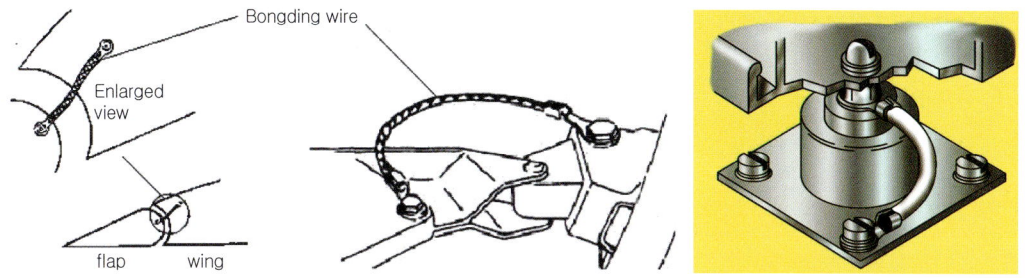

▲ 그림 19-13 본드선(bonding wire) 장착 상태

4) 전기회로의 구성 요소

① 전류(Electric Current) : 전하의 이동을 전류라 한다.
② 직류전류(Direct Current=DC) : 세기와 방향이 일정한 전류
③ 교류전류(Alternating Current=AC) : 세기와 방향이 주기적으로 변하는 전류
④ 전류의 단위 : 암페어(Ampere, A), 전류의 기호 : I
⑤ 1암페어 : 1쿨롱에 해당하는 전자가 회로 내를 1초 동안에 흐를 때의 전류
⑥ 1쿨롱(Coulomb) : 6.28×10^{18}개에 해당하는 전자의 전하량
⑦ 전기 저항(Electric Resistance) : 도체 내에서 전기의 흐름을 방해하는 성질을 저항이라 한다.
⑧ 저항의 단위 : 옴(Ohm, Ω), 저항의 기호 : R

5) 도체의 저항에 영향을 주는 요소

(1) 물질의 성질에 의한 것 : 최외각 전자수가 많을수록 전기가 잘 흐른다.
   ① 알루미늄은 구리보다 가볍고 가격이 싸기 때문에 항공기 도선으로 많이 사용
   ② 도선이 차지하는 무게때문에 알루미늄이 많이 사용
(2) 도체의 길이
   ① 길이가 길수록 저항이 증가한다.
   ② 같은 두께의 도체라도 길이가 2배이면 저항도 2배가 된다.
(3) 도체의 단면적
   ① 단면적이 작을수록 저항이 증가한다.
   ② 도체의 단면적을 배로 하면 저항은 반으로 감소한다.
(4) 온도 : 일반적인 모든 도체는 온도가 증가하면 저항이 증가한다.
   ① 서미스터・탄소(카본) : 온도가 상승하면 저항이 감소한다.
   ② 저항의 온도 계수 : 온도가 섭씨 0도에서 1도 상승할 때 저항 1Ω당 증가하는 양
   ※ 식) $R = \rho L/A$ (ρ : 도체의 고유저항, R : 도체의 저항, L : 길이, A : 단면적)

- 도체의 전기저항 : 도체의 저항(R)은 도체의 길이(L)에 비례하고 단면적(A)에 반비례

6) 기전력(전위차, 전압) : 두 지점의 전기적 에너지의 차이로 전류를 흐르게 하는 힘을 말한다.
   ① 전압의 단위 : 볼트(Volt, V), 전압의 기호 : V 또는 E
   ② 전자 및 전류의 흐름
      - 전자의 흐름 : 음(-)에서 양(+)으로 흐른다.
      - 전류의 흐름 : 양(+)에서 음(-)으로 흐른다.

7) 옴의 법칙(Ohm'S Law) : 어떤 회로에 흐르는 전류의 세기(I)는 전압(V)에 비례하고 저항(R)에 반비례한다.
   $I = \dfrac{V}{R}$ 여기서, I : 전류, V : 전압, R : 저항

8) 전력과 전력량(Power And Electric Energy)
   ① 전력(Electric Power) : 전력이란 1초 동안에 전기기구에 공급되는 전기에너지, 즉 전기가 단위시간에 할 수 있는 일
   ② 전력을 구하는 공식 : $P = VI = I^2R = \dfrac{V^2}{R}$ [W]
   ③ 전력의 단위 : W = J/S(와트), Kw(킬로와트)
   ④ 전력량(Electric Energy) : 일정한 전력이 어느 시간 동안 작용하여 사용한 전기의 양, 즉 어떤 시간 동안에 사용한 전기에너지의 양
   ⑤ 전력량 = 전력 × 시간[H]
   ⑥ 전력량의 단위 : Wh(와트시), Kwh(킬로와트시)
   ⑦ 전압과 전류의 양 단위(1Kw=1000W 1Hp=746W)

9) 저항(Resistor) : 가해진 전압에 대해서 일정한 전류가 흐르도록 만들어진 부품으로 흐르는 전류에 의해 주울열을 일으키는 부품
   (1) 전압을 다양하게 하기 위하여 전류 흐름을 제어하는데, 저항기는 전기적인 에너지를 열로 전환시켜 전압을 감소시킨다.
   (2) 정격값(Rated Value) : 저항에 표시된 저항값
   (3) 허용 오차(Allowable Error) : 저항이 가지고 있는 약간의 편차(± 10%)

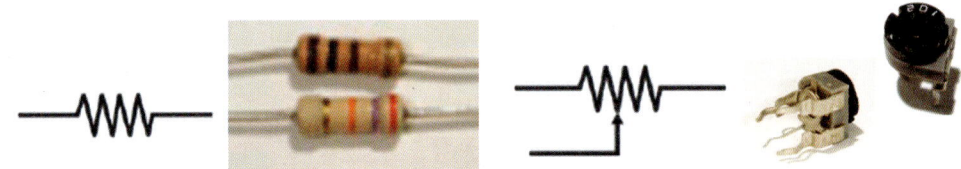

▲ 그림 19-14 고정저항과 가변저항

(4) 컬러 코드(Color Code) : 저항값과 허용오차를 색깔로 표시
① 첫번째 색상 : 10단위수의 저항값
② 두번째 색상 : 1 자리수의 저항값
③ 세번째 색상 : 10N 저항값
④ 네번째 색상 : 허용 오차

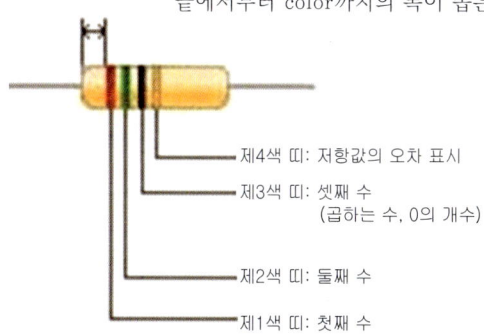

▲ 그림 19-15 저항 색채 표시 읽는 법

▼ 표 19-1 저항 컬러 코드

색상	제1밴드	제2밴드	제3밴드	제4밴드
검정(흑색)	0	0	10^0	
밤색(갈색)	1	1	10^1	±1%
빨강(적색)	2	2	10^2	±2%
오렌지(등색)	3	3	10^3	
노랑색(황색)	4	4	10^4	
초록색(녹색)	5	5	10^5	±0.5%
파랑색(청색)	6	6	10^6	±0.25%
보라색(자색)	7	7	10^7	±0.1%
회색	8	8	10^8	±0.05%
흰색(백색)	9	9	10^9	
금색			1/10	±5%
은색			1/100	±10%
무색				±20%

(5) 저항기 종류
① 고정식 저항기 : 작은 전류를 제어하는 데 사용한다.
② 조절식 및 가변 저항기 : 회로에 저항의 양을 변화시킬 필요가 있는 부분에 사용한다.

10) 변압기(Transformer)
① 전압을 승압하거나 강압해서 필요한 전압을 만들 수 있는 부품이다.

② 승강압된 AC(교류) 전압은 정류기(rectifier)를 통해서 DC(직류) 전원으로 공급되어 진다.
③ 입력단자(0V, 110V, 220V)와 출력단자 (0V, 3V, 6V, 9V, 12V)가 반대방향으로 표기되어 있어 필요한 전원을 연결한다.

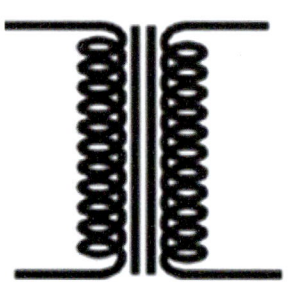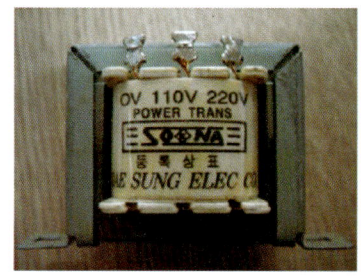

▲ 그림 19-16 변압기

11) 콘덴서(Condenser, Capacitor)
① 정전 용량을 얻기 위해 극히 얇은 유전체를 끼워 대전시킨 2장의 도체판으로 된 전기 부품이다.
② 일반적으로 콘덴서라고 불리는 축전기를 말한다.
③ 두 도체 사이의 공간에 전기장(electric field)를 모으는 역할을 한다.
④ 서로 다른 극성이 존재하며, lead가 긴 쪽이 양극(positive), 짧은 것이 음극(negative)이다.
⑤ lead가 같은 경우, 옆면의 띠에 음극 표시를 확인하면 된다.(극성이 없는 전해 콘덴서도 있다.)

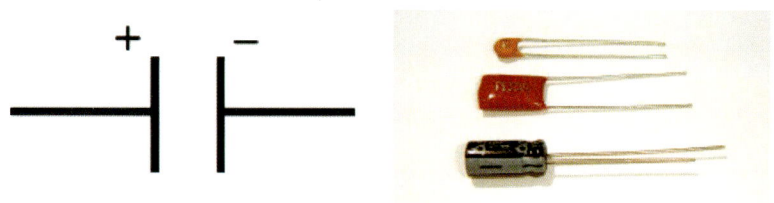

▲ 그림 19-17 콘덴서

12) 다이오드(Diode)
① 다양한 종류의 다이오드가 있으나, P-N junction으로 반도체 성질을 가지고 있는 다이오드가 많이 사용된다.
② 한쪽 방향으로만 전류를 흐르게 하는 특징을 가지고 있다.
③ 일반적인 다이오드는 검은색 띠를 가지고 있으며, 제너 다이오드는 붉은색에 검은 띠를 가진다.
④ 띠가 있는 부분은 cathode(N형 반도체), 없는 부분은 anode(P형 반도체)라 한다.
⑤ anode가 양극에 연결되어 있는 상태를 순방향, 반대로 연결되어 있는 상태를 역방향이라 한다.

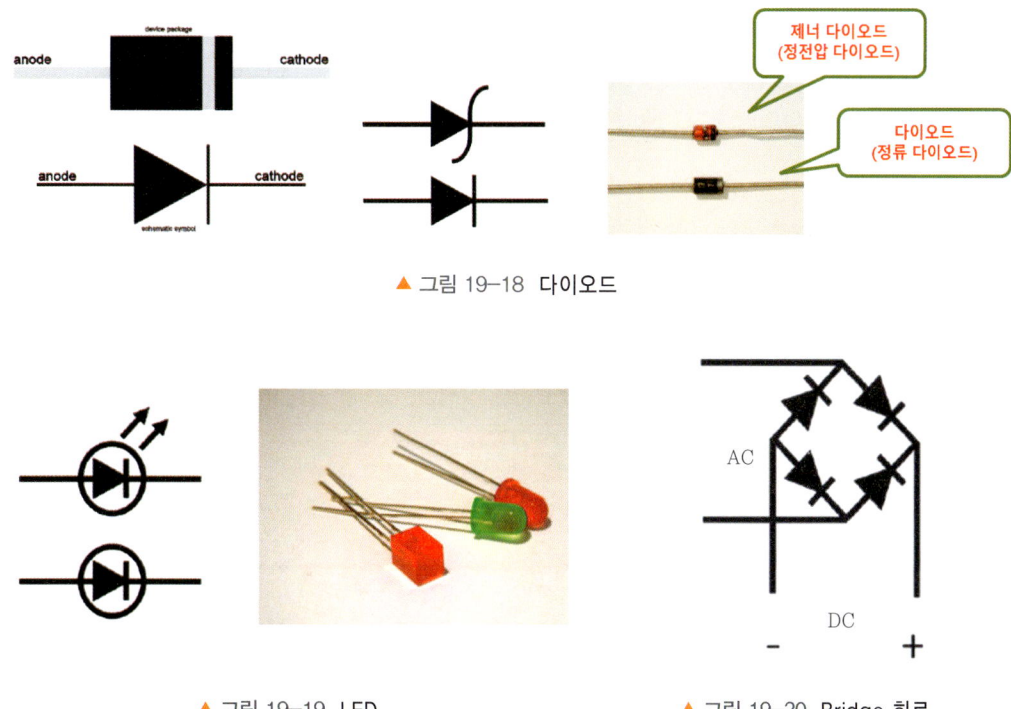

▲ 그림 19-18 다이오드

▲ 그림 19-19 LED

▲ 그림 19-20 Bridge 회로

13) LED(Light Emitting Diode)
   ① 발광다이오드로 불려지며, 전류를 이용하여 빛을 내는 다이오드의 한 종류이다.
   ② 양극과 음극의 서로 다른 극성이 있으므로 반드시 확인해야 한다.

14) Bridge 회로(Full Wave Rectifier)
   ① AC(교류)를 DC(직류)로 변환하는 整流회로에서 가장 많이 사용되는 전파정류 회로이다.
   ② 특별한 부품이 아닌 4개의 다이오드를 이용해서 회로를 구성한다.

15) 트랜지스터(Transistor)
   ① 가장 대표적인 반도체 부품으로 구조는 P-N junction diode 2개를 접합시켜 놓은 형태이며, 동작형태도 다이오드와 유사하다.
   ② 기본적인 전류의 흐름은 P→N이며, 접합방식에 따라 NPN과 PNP 2종류가 있다.
   ③ 외관은 검은색에 3개의 lead가 있고, 각각 emitter, base, collector라 한다.
   ④ 같은 종류라 해도 emitter, base, collector가 전부 다르기 때문에 반드시 multi-meter로 확인해야 한다.

▲ 그림 19-21 트랜지스터(transistor)

※ 트랜지스터 표시
예) <u>2</u> <u>S</u> <u>C</u> <u>1815</u> <u>A</u>
   ① ② ③   ④   ⑤

①의 숫자 : 반도체의 접합면수
             0 - 광트랜지스터, 광다이오드
             1 - 각종 다이오드, 정류기
             2 - 트랜지스터, 전기장 효과 트랜지스터
             3 - 전기장 효과 트랜지스터로 게이트가 2개 나온 것
②의 문자 : S는 반도체의 영어 이니셜
③의 문자 : 9개의 문자
             A - PNP형의 고주파용
             B - PNP형의 저주파용
             C - NPN형의 고주파용
             D - NPN형의 저주파용
             F - PNPN 사이리스터
             G - NPNP 사이리스터
             H - 단접합 트랜지스터
             J - P채널 전계 효과 트랜지스터
             K - N채널 전계 효과 트랜지스터
④의 숫자 : 등록 순서에 따른 번호(11번부터 시작)
⑤의 문자 : 일반적으로는 없으나, A ~ J까지 붙여 개량품을 나타낸다.

※ 트랜지스터의 장단점
① 장점 - 수명이 길고 내부 전력 손실이 적다.
          소형이고 경량이다.
          기계적으로 강하다.
          예열하지 않고 작동한다.
          내부 전압 강하가 매우 적다.
② 단점 - 온도 특성이 나쁘다. (적정 온도 이상에서 파괴)
          과대 전류/전압에 파손되기 쉽다.

19.2 솔리드 저항, 권선 등의 저항 측정

19.2.1 멀티미터(Multimeter) 사용법

19.2.1.1 아날로그형 멀티미터(Analog Type Multimeter) 사용법

1) 아날로그형 멀티미터 기능

(1) 전류, 전압 및 저항을 하나의 계기로 측정할 수 있는 다용도 측정기기를 멀티미터(multimeter)라 한다. 멀티미터는 제조 회사에 따라 그 형태와 기능에 약간의 차이가 있으며, 아날로그 방식(analog type)과 디지털 방식(digital type)이 있다.

(2) 그림 19-22는 아날로그형 멀티미터의 한 보기로서, 그 기능은 다음과 같다.

① 트랜지스터 검사 소켓으로서, 트랜지스터 검사 시 소켓에 표시된 각 극성 간의 정확한 위치에 시험할 트랜지스터의 극성을 맞출 때에 사용한다.

② 트랜지스터 판정 지시 장치로서, 적색과 녹색 램프로 되어 있어, 적색이 켜지면 정상의 PNP 트랜지스터이고, 녹색이 켜지면 정상의 NPN 트랜지스터이다. 2개의 램프가 점멸되면 측정 트랜지스터의 극성 간의 단선 상태를 알려주며, 둘 다 점멸되지 않을 때에는 컬렉터-이미터 간의 단락 상태를 뜻한다.

③ 입력 잭으로서 멀티미터의 플러그를 꽂는 곳이며, 검은색 플러그는 반드시 COM. 잭에 꽂아야 하고, 빨간색 플러그는 V·Ω·A 잭에 꽂아야 한다. 10A 잭도 10A 정도의 큰 전류를 측정할 때 플러그를 꽂아 사용한다.

④ 측정 범위 선택 스위치로서, 명확한 범위 선택을 해야 한다.

⑤ 0점 조절기로서, 저항계의 지시 바늘이 저항계 눈금의 0점에 정확히 오도록 조절한다.

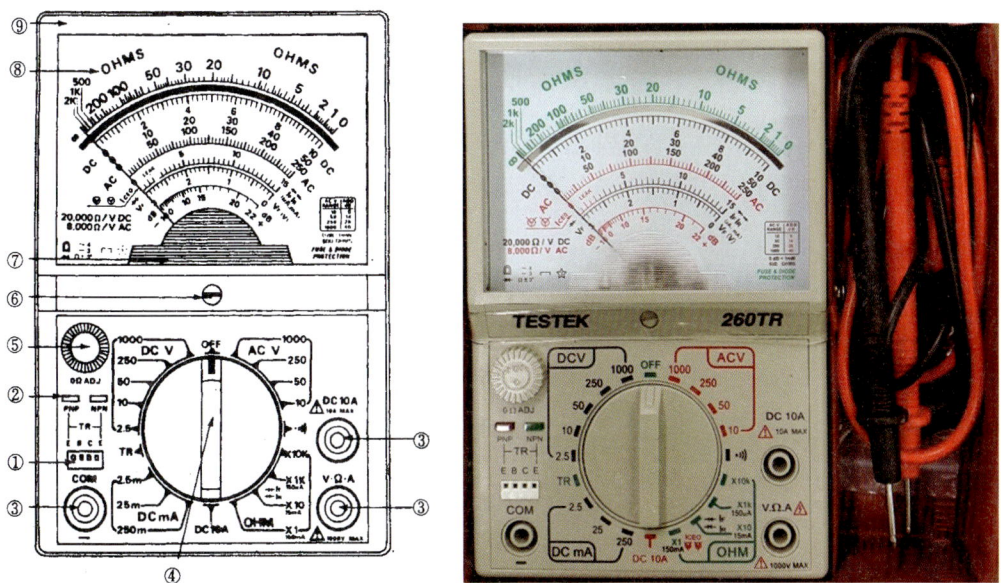

▲ 그림 19-22 아날로그형 멀티미터(analog type multimeter)

⑥ 0점 조절기로서, 측정 전에 반드시 지시 바늘이 왼쪽 0점에 있는지를 확인하고, 필요할 때에 조절해야 한다.
⑦ 계기의 특성을 표시한 것으로, 계기의 종류, 감도, 정밀도 등을 표시해놓은 것이다.
⑧ 눈금판이다.
⑨ 케이스이다.

(3) 이들 스위치는 측정 대상과 목적에 알맞게 조작해야 하고, 측정 범위를 바르게 선택함으로써 계기가 손상되지 않으며, 정확한 값을 측정할 수 있다.

2) 멀티미터 저항 측정법
① 전원이 제거되었는지를 확인한다.
② 저항의 대략적인 값을 추산하여, 저항 측정 범위를 정한다. (최대 예상 저항보다 더 높은 값으로 정한다.)
③ 멀티미터 도선을 터미널에 연결하고, 2개의 도선을 단락시킨 상태에서 0Ω 조정 노브를 이용하여 바늘을 눈금판의 0점에 일치시킨다.
④ 범위전환 스위치에 따른 측정값은 표 19-2와 같다.

▼ 표 19-2 저항 측정 범위

범위전환 스위치 위치	눈 금	측 정 값
1R	눈금판 가장 위쪽 ∞ ~ 0Ω	지시값이 측정값
100R		지시값을 100배 한다.
1000R		지시값을 1000배 한다.
10000R		지시값을 10000배 한다.

⑤ 저항 측정 범위가 작은 범위로 할수록 정밀한 값을 얻을 수 있다.
⑥ 테스터 선의 빨간선은 (+), 검은선은 (-) COM에 연결한다.
⑦ 아날로그 테스트의 경우, 테스터의 빨간선과 검은선을 서로 닿게 한 후, 영점을 조절한다.(디지털의 경우, 0Ω이 나오면 된다.)

3) 멀티미터의 직류전압 측정법
① 테스터 선의 빨간선은 (+), 검은선은 (-) COM에 연결한다.
② 전압의 대략적인 값을 추산하여, 전압 측정 범위를 정한다. (만약 추정할 수 없는 전압을 측정할 경우에는 먼저 전압 범위전환 스위치를 가장 높은 곳에 놓고 측정한 다음, 알맞은 범위를 선택하도록 한다.)
③ 범위전환 스위치에 따른 측정값은 표 19-3과 같다.

▼ 표 19-3 직류전압 측정 범위

범위전환 스위치 위치	눈 금	측 정 값
1,000V	0 ~ 10	지시값을 100배 한다.
500V	0 ~ 5	지시값을 100배 한다.
250V	0 ~ 25	지시값을 10배 한다.
50V	0 ~ 5	지시값을 10배 한다.
2.5V	0 ~ 25	지시값을 0.1배 한다.

4) 멀티미터 직류전류 측정법

① 전류의 대략적인 값을 추산하여, 전류 측정 범위를 정한다.(만약 추정할 수 없을 때에는 최대값부터 단계적으로 측정한다.)
② 측정하고자 하는 전류가 흐르는 지점을 끊은 후, 양단의 테스터의 빨간선 (+), 검은선(-)을 각각 연결한다.
③ 이 때, DCmA 전류의 경우, 반드시 전압이 높은 곳에 빨간선을 연결한다.(직류전류이므로 극성을 주의해야 한다.)
④ DC10A 전류 측정 시 빨간색 리드봉을 DC10A 단자에 접속하여 500mA Range에서 사용한다.
⑤ 범위전환 스위치에 따른 측정값은 표 19-4와 같다.

▼ 표 19-4 직류전류 측정 범위

범위전환 스위치 위치	눈 금	측정값
500mA	0 ~ 50	지시값을 100배 한다.
50mA	0 ~ 5	지시값을 100배 한다.
5mA	0 ~ 25	지시값을 10배 한다.

5) 교류전압 측정

① 멀티미터 도선을 터미널에 연결한다. 이때. 직류전압과 다르게 극성에 관계없이 연결하여도 된다.
② 범위전환 스위치를 교류전압의 알맞은 위치에 놓는다.(만약 추정할 수 없을 때는 최대값부터 단계적으로 측정한다.)
③ 범위전환 스위치에 따른 측정값은 표 19-5와 같다.

▼ 표 19-5 교류전압 측정 범위

범위전환 스위치 위치	눈 금	측 정 값
1,000V	0 ~ 10	지시값을 100배 한다.
250V	0 ~ 25	지시값을 10배 한다.
50V	0 ~ 5	지시값을 10배 한다.

6) 멀티미터 사용 시 주의사항
① 전류계는 측정하고자 하는 회로 요소와 직렬로 연결하고, 전압계는 병렬로 연결해야 한다.
② 전류계와 전압계를 사용할 때에는 측정 범위를 예상해야 하지만, 그렇지 못할 때에는 큰 측정 범위부터 시작하여 적합한 눈금에서 읽게 될 때까지 측정 범위를 낮추어간다. 바늘이 눈금판의 중앙 부근에 올 때 가장 정확한 값을 읽을 수 있다.
③ 전류계를 발전기나 축전지와 같은 전원에 연결하게 되면 전류계에는 저항값이 매우 작은 션트 저항이 있으므로, 강한 전류가 흐르게 되어 기기를 손상시킬 위험이 있다.
④ 저항이 큰 회로에 전압계를 사용할 때에는, 저항이 큰 전압계를 사용하여 계기의 션트 작용을 방지해야 한다.
⑤ 저항계는 사용할 때마다 0점 조절을 해야 하며, 측정할 요소의 저항값에 알맞은 눈금을 선택해야 한다. 일반적으로, 눈금판의 중앙에서 저항이 작은 쪽으로 읽을 수 있도록 해야 한다.
⑥ 저항계는 전원이 연결되어 있는 회로에 절대로 사용해서는 안 되며, 회로가 구성되어 있는 저항체는 적어도 한쪽 끝을 떼어 내어 다른 것과 병렬로 연결되어 있는 일이 없도록 해야 한다.

19.2.1.2 디지털형 멀티미터(DMM : Digital Type Multimeter) 사용법

1) 그림 19-23은 디지털 멀티미터를 이용하여 전압을 측정하는 방법을 나타낸 것이다.

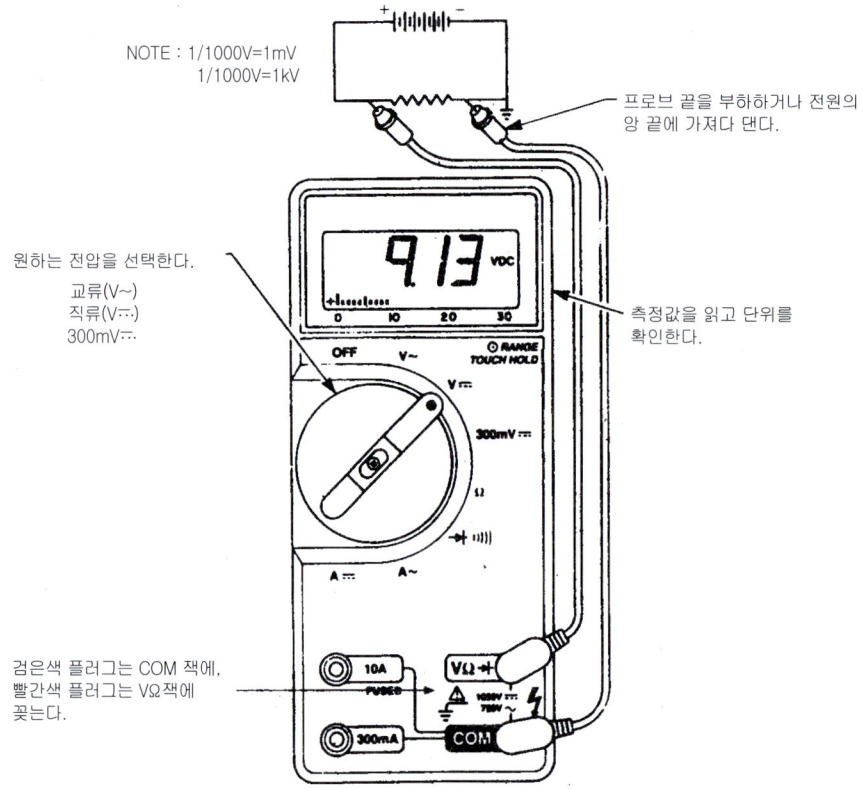

▲ 그림 19-23 DMM을 이용한 전압 측정

2) 그림 19-24는 디지털 멀티미터를 이용하여 저항을 측정하는 방법을 나타낸 것이다.

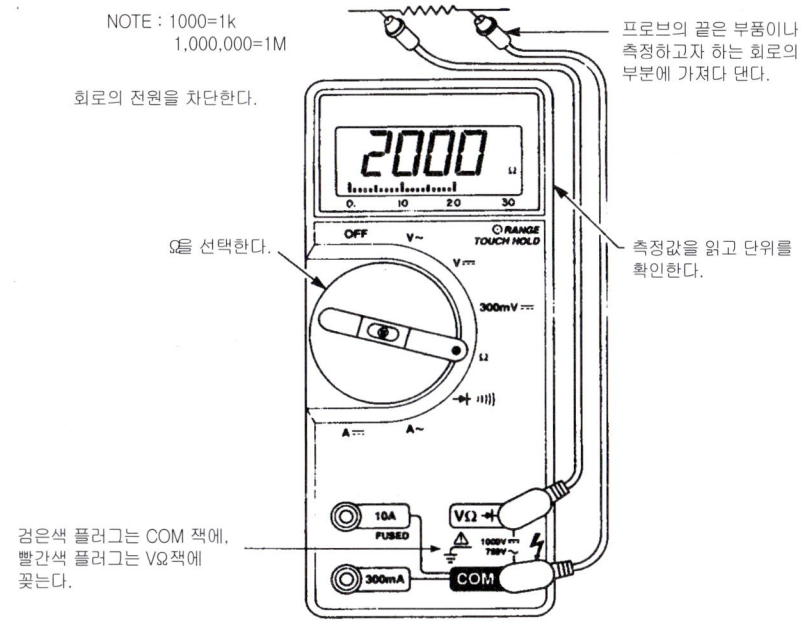

▲ 그림 19-24 DMM을 이용한 저항 측정

3) 그림 19-25는 디지털 멀티미터를 이용하여 전류를 측정하는 방법을 나타낸 것이다.

▲ 그림 19-25 DMM을 이용한 전류 측정

19.2.2 메가테스터(Megameter) 사용법

1) Measurement Setup
   ① ground-link connection
   ② test voltage 선택
   ③ set ∞ 조절
   ④ unknown의 연결

2) 측정 절차
   (1) 정확한 저항 배율 범위를 알고 있느냐의 여부에 따라, 둘의 하나의 측정방법이 이용된다.
   (2) 만일 그 범위를 모르면, 그것을 찾는 절차가 수행되어야만 한다.
   (3) 만일 주어진 범위에서 측정이 이루어진다면, 단락절차가 이용되어야만 한다.
   (4) 단락절차
       ① 기능 switch를 discharge에 놓는다.
       ② 배율 switch를 원하는 범위에 놓는다.
       ③ unknown +와 - terminal 사이에 unknown을 연결한다.
       ④ 기능 switch를 measure에 놓는다.
       ⑤ 그 unknown의 저항은 배율 switch 지시에 의해 배율된 계기지시 값이다. go-no-go check를 위해 계기 case에 masking tape로 제한선을 만드는 것이 종종 유용하다.

3) 충격 위험(Shock Hazard)
   ① Shock 가능성을 줄이기 위해 모든 주의가 취해져야 한다. 요구되는 전위에서 측정을 실행하기 위해 고전압이 terminal에 존재해야만 한다. 그래서 작동하는 사람은 수반된 위험을 인식해야만 한다.
   ② 단락회로 상태에서 megohmmeter에 의해 달라지는 전류는 거의 5Am이다. 5Am 전류는 대부분의 사람들에게는 치명적이지 않지만, 심장이 약한 사람에게는 치명적일 수 있다.
   ③ 사람을 통해 흐르는 실질적인 전류는 terminal과 접촉하는 몸 부위의 저항에 달려 있다. 이 저항은 300Ω 정도가 된다.
   ④ 세 개의 절연 binding posts의 어떠한 것이 단락 link의 위치에 따라 고전위에 있을 수 있다는 것을 주의하라.
   ⑤ capacitor가 시험될 때, 충전된 capacitor가 심장 박동과 인명에 치명적인 손상을 줄 수 있을 정도의 특히 위험한 상태가 된다.
   ⑥ 그 capacitor는 megohmmeter에 연결되기 전에 항상 shunt(분기 단락)되고, 기능 switch는 capacitor가 분리되기 전에 몇 초 동안 discharge에 놓여있어야만 한다.

19.2.3 휘스톤 브릿지(Wheatstone Bridge) 사용법

1) 휘스톤 브릿지의 이해
   (1) 4개의 저항 P, Q, R, X에 검류계 G를 접속하여 미지의 저항을 측정하기 위한 회로
   (2) 평형조건
       ① 검류계에 전류가 흐르지 않을 때가 전위의 평형상태
       ② 점 a-c와 a-d 사이의 전압 강하, 점 c-b와 d-b 사이의 전압 강하가 같아야 함

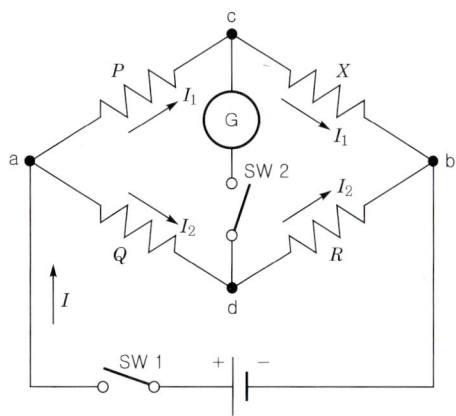

▲ 그림 19-26 휘스톤 브릿지 회로

2) 준비 단계
   ① 먼저 GA 버튼을 누르지 않은 상태에서 미터가 0을 지시하는가 확인한다. 만약 0이 아닐 때에는 미터의 0점 조정 나사를 조심스럽게 조정하여 지침이 0이 되도록 한다.
   ② EXT GA 단자가 확실히 쇼트되어 있는가 확인한다.(단, 자체 검류계에 의하여 측정시)
   ③ RX 단자 (X1, X2)에 측정할 저항을 확실하게 연결시킨다.

3) 측정 절차
   ① RX 단자에 접속된 미지의 저항 RX의 대략의 값에 의하여 multiply 다이얼을 설정한다.
   ② 측정변 다이얼을 1999로 일단 해 놓고 BA 푸시 버튼 스위치를 누르고 GA 푸시 버튼 스위치를 순간적으로 눌러보면서 검류계의 바늘이 흔들리는 방향을 본다.
   ③ 검류계 지시가 +일 때에는 측정변 다이얼의 값을 늘리면서 검류계 지시가 0이 되게 한다. 만약, 검류계 지시가 −일 때에는 측정변 다이얼의 값을 줄여서 검류계 지시가 0이 되도록 한다.
   ④ 측정변 다이얼을 가감하여 검류계 지시가 0이 될 때 구하는 저항값은 다음 식으로 표시된다.
   ⑤ RX = (측정변 다이얼 지시의 합) × (multiply 다이얼 지시) [Ω]
   ⑥ 측정이 끝나면 GA와 BA 푸시 버튼 스위치를 누르지 않은 상태로 반드시 되돌려 놓아야 한다.
   ⑦ 10Kw 이상의 저항을 측정하는 경우 본기의 검류계로서는 감도가 부족하다. 이때는 고감도 검류계를 외부 검류계(EXT GA) 단자에 연결하여 사용한다.

4) RX의 대략의 값을 구하는 법
   ① 만약 회로계(테스터, 옴계)가 없을 때 미지저항 RX의 값을 전혀 모를 때는 다음과 같이 대략의 값을 구한다.
   ② multiply 다이얼을 ①로 측정변 다이얼을 1,000으로 놓는다. BA 푸시 버튼 스위치를 누르고 GA 푸시 버튼 스위치를 순간적으로 누르면서 검류계가 +, - 어느 방향으로 가는 가 본다. 지침이 +측으로 가면 RX는 1,000Ω보다 큰 것이 된다.

19.3 ESDS 작업(ESDS : Electrostatic Discharge-Sensitive)

19.3.1 ESDS 부품 취급 요령 및 작업 시 주의사항

1) 정의 : 물체 간 정전기 차이에 의한 정전기 전하의 이동

2) ESD 발생 사례 : 번개, EMP(Electromagnetic Pulse)

3) ESD에 의한 전자부품의 영향
   ① 전자부품 성능 저하
   ② 전자부품의 전기적 특성 변경
   ③ 전자부품의 고장 초래

4) ESD 발생
   ① ESD는 트랜지스터, 저항, IC 및 다른 반도체 부품들의 고장·손실을 유발함
   ② 고밀도 직접회로는 ESD를 유발하는 행동(물체 마찰 또는 분리, 복사기 사용, 합성피복 사용 등)에 취약함
   ③ 최근의 전자부품은 25V 이하의 저 전압에도 영향 받음
   ④ 사람이 느낄 수 있는 정전기 전압은 3,500V 이상이므로, 무의식적인 인체활동으로 인한 정전기 발생으로 전자부품을 초래할 수 있음
   ⑤ 인체에 의한 정전기 방전 피해는 가장 빈번하게 발생되나, 다른 정전기 방전요인에 비해 쉽게 간과되거나 무시되고 있음
   ⑥ 부식은 정전기 방지·보호 시스템의 물리적·전기적 기능을 저하시킴
   ⑦ 주기적 세척 미수행 시 금속 산화물 생성 및 대기 오염물의 흡수, 먼지 등이 ESD 보호 시스템의 기능을 약화시킴

5) ESD에 의한 고장유형
   ① 간헐적 고장
   ② 완전 고장
   ③ 간헐적 결함 또는 잠재 고장

6) 강조/주의 사항
   ① ESD 부품 세척은 정전기가 차단된 장소(clean room)에서만 수행 가능
   ② 먼지 및 오염원이 차단된 clean room에 구비된 장비·자재들은 상호 혼용하여 작업 시 예상치 못한 정전기를 발생시킬 수 있음
   ③ latex 장갑(손가락용) 착용 후 플라스틱 상자를 마찰 시 6KV의 정전기를 발생
   ④ 손가락으로 플라스틱 상자 마찰 시 200V의 정전기를 발생시킴(일부 ESD 부품에 손상을 줄 수 있음)
   ⑤ clean room에서도 정전기 발생 가능성 존대
   ⑥ ESD 부품은 저장, 이동 및 작업 중에 정전기로부터 보호·차단되어야 함
   ⑦ ESD 부품은 비작업 시 정전기 보호 package에 보관되어야 함
   ⑧ 작업장에 플라스틱, 커피잔 및 사탕 포장지와 같은 정전기 위험물질을 비치해서는 안됨
   ⑨ 작업자 및 출입자는 합성섬유로 된 피복을 착용해서는 안됨
   ⑩ ESD 부품 작업 시 작업자는 면 소재의 긴소매의 정전기 방지용 작업복 또는 짧은 소매를 입어야 하며 플라스틱, 고무 또는 나일론 같은 물질을 소지해서는 안됨
   ⑪ 정전기로부터 항전부품들을 차단하고, 보관하기 위하여 ESD 부품을 이동, 저장 시에는 전도성 운반장비를 이용해야 함
   ⑫ 비전도성 물체들의 정전기 제거를 위해서는 정전기 중화 장비를 사용해야 하며, 이온화된 공기 송풍장비의 사용은 정전하를 중화시킴
   ⑬ ESDS decal이 붙어 있는 parts 또는 ESDS 부품이라고 판단되는 parts를 대상으로 작업을 하는 경우에는 해당 system의 remove/install 절차에 의거 electric power를 off시키고 ESDS decal이 붙은 채로 rack 또는 panel에서 LRU를 장탈·착한다.
   ⑭ 이때 electrical connector의 pin이 손가락 또는 다른 물건에 접촉되지 않도록 각별한 주의가 필요하다. conductive dust cap 또는 cover를 장탈 또는 장착한다. 장탈인 경우 즉시 conductive bag 또는 container에 넣는다.

7) ESD 분류별 전자부품
   ① Class 1 : Extremely Sensitive – Voltage ranges from 0 to 2KV
   ② Class 2 : Sensitive – Voltage ranges from 2kV to 4KV
   ③ Class 3 : Less Sensitive – Voltage ranges from 4kV to 16KV

8) ESD 취급 장비
   (1) Wrist Strap
      ① 작업자는 작업장 바닥 위를 단순히 걷는 동작만으로도 5,000V 이상의 정전기를 띠게 되고, 이렇게 발생된 5,000V 이상의 정전기는 어떠한 전자 제품에도 영향을 미치는 높은 정전기가 된다.
      ② 작업자 몸을 wrist strap으로 접지시키면 작업자의 몸 동작에 의해 계속적으로 발생되는

정전기에 대한 접지 통로를 제공해 주어 항상 2V 이하로 유지되게 해준다. 아울러 작업자의 안전을 위해 1Mw의 저항이 부착되어 있다.

(2) Floor Mat
① 작업대에 근접하는 인체로부터 정전기를 흘러 보내주는 역할을 함으로써 작업대에 놓여진 부품들을 보호해 주고, wrist strap 착용을 잊은 작업자로부터 발생되는 정전기 피해도 막아준다.

(3) Ionozed Air Blower
① 작업장에는 불가피하게 서류, 작업도면 혹은 작업자의 작업복 같은 정전기를 발생시키는 비도전체가 존재하게 된다. 비도전체에서 발생된 정전기를 중화시켜 주기 위해 계속적으로 균일하게 양과 음의 이온화된 일정한 속도의 공기를 방출해 준다. 일정한 속도의 이온화된 공기 흐름은 전자 부품들에 영향을 미치지 않는다.

(4) Table Mat
① 도전성 운반 상자 혹은 금속성의 여러 물체등도 접지가 되지 않는 상태에서는 정전기의 피해를 받을 수 있다. 도전성 운반상자, 차폐투명 bag 및 부품상자 등 mar 위에 놓여진 어떠한 물체로부터 발생된 정전기도 계속적으로 접지시켜 줌으로써, 정전기 방지에 대해 완벽한 작업대 표면을 제공해 준다. 또한 mat 위에 놓여진 모든 도전성 물체와 작업자를 같은 zero potential로 유지시켜 준다.

(5) Ground Cord
① Table Mar와 Floor Mar를 접지로 연결시켜주는 역할을 한다. 모든 접지선에는 작업의 안전을 위하여 1MΩ의 저항을 연결시켜 준다.

9) ESD 식별 표시

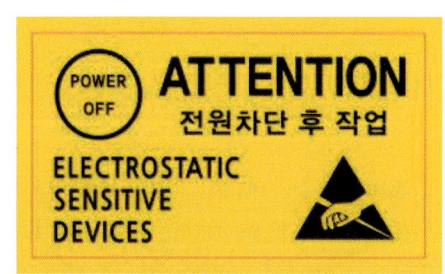

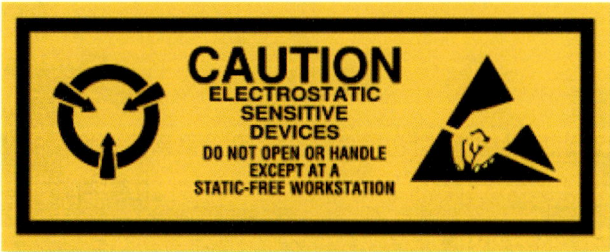

▲ 그림 19-27 ESD 식별 표시

19.3.2 항전장비/부품 취급 및 보관 절차

1) 일반 사항
   ① 선반이나 팔레트 부품을 보관하기 위해 쿠션 역할을 하는 폴리에틸렌 발포제(A-A-59135 또는 A-A-59136)를 사용함
   ② horse hair, 고무재질 스펀지 또는 유사한 자재를 사용해서는 안됨
   ③ 단기간 항전장비/부품을 충격으로부터 보호하기 위해 bubble wrap(PPP-C-795)을 사용함
   ④ 단기간 소형 전자부품이나 PCB를 습기나 오염으로부터 보호하기 위해 플라스틱 백(A-A-1799)을 사용함
   ⑤ 장기간 소형 전자부품을 습기 및 오염으로부터 보호하기 위해 증기 차단자재(MIL-PRF-131 Class 1) 및 단인 폴리프로필렌 패킹 발포제(PPP-C-1797)을 사용함

2) 항전부품 취급 및 보관 자재
   ① 단기 : 취급 시 → 충격완화재(PPP-C-795), 패킹 보관 시 → 플라스틱 백(A-A-1799)
   ② 장기 : 패킹 보관 시 → Barrier Material(MIL-PRF-131 Class 1)

3) 전기 커넥터 및 Waveguide
   ① 작업장 대기중에 존재하는 오염물질로부터 항전장비 및 부품의 오염을 막기 위해 플라스틱 보호형 덮개를 사용해야 함
   ② 만약 해당 항전부품 기술지시에 금속 cover에 관한 내용이 미 언급 시 전기 커넥터 및 wave guide를 SAE-AMS-T-22085 tape을 이용하여 보호해야 함

4) 습기건조제
   ① 항전장비 및 부품을 저장 또는 이동하기 위해 사용되는 포장용 상자에 습기건조제를 사용해야 함
   ② 습기건조제(MIL-D-3464, Type Ⅱ)는 습기를 흡수하고 상대습도를 낮추기 위해 사용함
   ③ 습기건조제 보관함이 파손 시 즉각적으로 항전장비 및 부품을 세척해야 함
   ④ 습기건조제 보관함은 파손되지 않을 정도로 내구성이 있어야 하며, 포장용 상자 또는 항전장비 내에서 움직이지 않도록 고정해야 함
   ⑤ 급격한 온도변화는 습기건조제의 작동을 방해함
   ⑥ 습기건조제가 포화상태에 도달 시 습기는 물로 응축됨

▲ 그림 19-28 안전·보건 표지의 종류와 형태

19.4 디지털 회로

19.4.1 아날로그 회로와의 차이

1) 아날로그 시스템(Analog System)
   (1) analog 신호, 즉 시간에 따라 연속적으로 변화하는 전류 또는 전압을 다루는 회로로서, 전류나 전압의 미세한 변화에도 반응을 일으킬 수 있다
   (2) 장점
      ① 현상 세계의 실제 신호를 받아 신호의 변화 없이 재현이 가능하다.
      ② 일반적으로 signal processing 기술이 간단하다.
      ③ analog 전송 시 상대적으로 좁은 대역폭으로 가능하다.
   (3) 단점
      ① 외부에서 발생된 noise에 대한 수정 방법이 없어 왜곡이 발생한다.
      ② data를 저장하는 데 어려움이 있다.

2) 디지털 시스템(Digital System)
   (1) 어떤 정보가 비연속적(discrete)인 값에 의해 표현되는 것을 의미한다. 예를 들어 10진법에서는 임의의 수를 0부터 9까지의 비연속적인 10가지 숫자만으로 표현한다.
   (2) 위와 같은 distal 정보를 처리하는 회로를 digital system이라고 하는데, digital system은 analog system과 같이 전류 또는 전압의 연속적인 변화에 반응하지 않고 신호의 변화가 각 숫자에 대응하는 값에 도달할 때에만 반응을 일으킨다.
   (3) 즉 digital 신호는 전압의 값으로 직접 나타낼 수는 없으며, 표현하려는 수의 값을 부호화하여 그 부호를 전압의 고저로 표현한다. 특히 digital은 전압의 고저 high voltage인지 low voltage이지만 판단하는 2진수만 사용하면 편리하게 표현할 수 있다.
   (4) 장점
      ① digital system은 설계가 쉽다. 전압과 전류의 정확한 값보다는, switching (on/off) 회로를 사용하기 때문에 high와 low상태만 생각하면 된다.
      ② 정보 저장이 쉽다. 정보를 오래도록 저장할 수 있는 switching 회로가 있다.
      ③ 동작을 쉽게 programming 할 수 있다. programming이라고 하는 저장된 지시어에 따라 동작하는 과정을 쉽게 설계할 수 있다.
      ④ digital 회로는 잡음에 덜 영향을 받는다. digital system에서는 high와 low 상태를 구별하기 때문에, 이 이하의 잡음성 전압은 시스템 전체에 영향을 주지 못한다.
      ⑤ 다중 신호 전송 및 처리가 가능하여 한 회선에 여러 신호를 전송할 수 있다. 즉, 항공기 무게를 감소시킬 수 있는 부과 효과를 가질 수 있다.
      ⑥ 회로 고장 탐구 시 computer화된 테스트 장비를 이용할 수 있다.

(5) 단점
　① 현상 세계는 analog이기 때문에 정확한 표현을 위해선 많은 data량이 필요하다.
　② 각 system에 대한 별도의 synchronization circuit이 필요하다.
　③ error detection/correction에 대한 정의가 별도로 필요하다.
　④ analog와 digital의 변환을 요구하며 고도의 signal processing 기술이 필요하다.

19.5 위치표시 경고계통

19.5.1 Anti-Skid 시스템 기본구성

1) 동력 브레이크를 가지고 있는 대형항공기는 미끄럼방지장치를 필요로 한다. 미끄러짐은 갑작스러운 타이어 폭발(blowout)로 항공기에 손상을 줄 수 있으며, 항공기 제어의 상실로 이어질 수 있다.
2) 미끄럼방지장치는 바퀴 미끄러짐을 탐지할 뿐만 아니라 자동적으로 유압계통 귀환 라인으로 가압브레이크압력을 잠깐씩 끊어 연결함으로써 바퀴의 브레이크피스톤에서 압력을 경감하여 바퀴를 회전하게 하고 미끄럼을 방지한다.
3) 항공기가 착륙한 후, 조종사는 방향키브레이크 페달에 전압력을 가하고 유지한다. 그때 미끄럼방지장치는 항공기의 속도가 약 20mph으로 떨어질 때까지 자동적으로 작용한다.
4) 미끄럼방지장치는 저속에서 지상 방향조종을 위해 수동제동 모드로 복귀한다.
5) 미끄럼방지장치는 대부분 세 가지의 중요한 형태의 구성요소를 갖고 있는데, 바퀴속도감지기(wheel speed sensor), 미끄럼방지제어밸브(anti-skid control valve), 그리고 제어장치(control unit)이다.

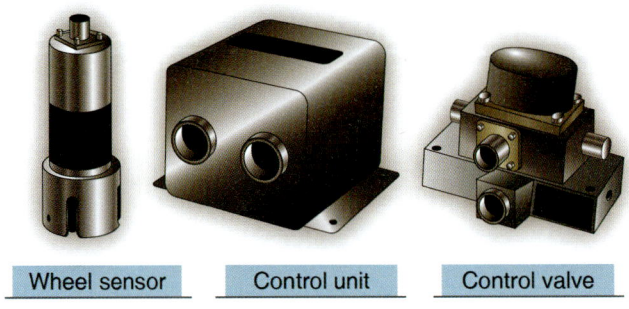

▲ 그림 19-29 바퀴속도감지기, 제어장치, 제어밸브

19.5.2 Landing Gear 위치/경고 시스템 기본 구성

1) 구성품
   ① gear down-lock sensor
   ② gear up-lock sensor
   ③ gear truck tilt sensor
   ④ landing gear door warning sensor

2) 착륙장치 위치지시계(Landing Gear Position Indicator)
   ① 착륙장치 위치지시기는 기어선택핸들(gear selector handle)에 인접한 계기판에 위치된다.
   ② 위치지시계는 기어위치 상태를 조종사에게 알려주기 위해 사용된다. 기어 위치지시를 위한 각각의 기어에 전용등(light)이 있다.
   ③ 착륙장치 위치에 대한 가장 일반적인 표시는 조명된 녹색등(green light)이다. 3개의 녹색등은 착륙장치가 안전하게 내림 잠금 되었음을 의미한다.
   ④ 전형적으로 모든 등이 꺼진 것은 기어가 올라갔고, 잠겼다는 것을 지시한다. 기어 이동중, 즉 기어가 올라가거나 내려가는중이거나 올림 잠금이나 내림 잠금되지 않았을 때에는 이발소표시(barber pole)를 일부 항공기에서 사용한다.
   ⑤ 다른 항공기에서는 작동중이거나 잠금되지 않은 상태일 때 기어 핸들에 적색등이 켜진다.
   ⑥ 일부 제조사는 착륙장치가 선택 핸들과 동일 위치에 있지 않을 때 기어불일치통고를 사용한다.
   ⑦ 많은 항공기는 기어 자체에 추가하여 기어도어 위치를 감시한다. 착륙장치지시계통의 완전한 설명에 대해서는 항공기 제작사매뉴얼 또는 조작매뉴얼을 참고한다.

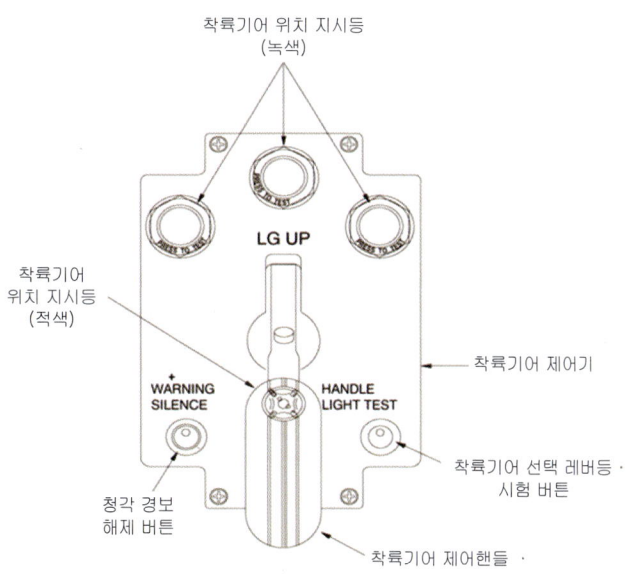

▲ 그림 19-30 착륙장치 선택 패널의 위치 지시등

■ 작업형-전기전자 작업

1. 기기의 저항을 Multimeter 및 Mega Ohmmeter를 이용하여 다음을 측정하시오.
   ※ 19.2.1 멀티미터(Multimeter) 사용법을 참고하시오
   ※ 19.2.2 메가테스터(Megameter) 사용법을 참고하시오.
   (1) 유도전동기의 권선 저항 및 절연저항을 측정하여 기록하시오.
   (2) 변압기 권선저항 및 절연저항을 측정하시오.
   (3) 공구 및 장비 등 주변 정리를 하시오.
   (4) 소요 자재 및 공구
      ① 메가 옴 미터 : 1개
      ② 멀티미터 : 1개
      ③ 유도전동기 : 1개
      ④ 트랜스포머(변압기) : 1개

   ▲ 평가 기준
   ① multimeter와 mega ohmmeter의 차이를 알고 있는가?
   ② multimeter와 mega ohmmeter의 scale을 조절할 수 있는가?
   ③ 절연측정 대상이, 깨끗하고 건조한 상태로 측정해야 하는지 설명할 수 있는가?
   ④ 유도전동기 및 변압기절연저항을 측정할 수 있는가?
   ⑤ 반도체 회로에 mega ohmmeter를 사용하면 안 되는 이유를 알고 있는가?
   ⑥ analog형 multimeter로 센서 종류를 측정하면 센서가 고장 나는 이유를 알고 있는가?
   ⑦ multimeter와 mega ohmmeter 취급 시 안전 유의사항을 올바르게 숙지하고 있는가?
   ⑧ 측정기 사용 후 주위 정리 정돈 상태가 양호한가?

2. R1, R2는 병렬로, R3는 R2에 직렬로 회로구성하고, 저항값과, 9V 전압을 걸었을 때 전류를 측정하시오. (소수 둘째자리까지 측정하여 반올림하여 첫 자리까지 기록할 것)

   가. 소요 자재 및 공구
   ① 아날로그 회로시험기(multimeter), 만능기판(bread-board) 1개
   ② 저항 3개, 건전지 9V 사각형 1개, 연결집게선(양쪽에 집게 달린 것 빨강1개, 검정1개), 점 프전선 0.6mm(약 20cm 길이)

   ▲ 작업 착안 사항 및 평가 기준
   (1) 착안 사항
      ① 만능기판에 점프전선을 연결할 때 끝단을 길게 스트립하여 멀티미터 체크 시 용이하도록 한다.
      ② 저항체크는 위험하지 않으나 전류, 전원 체크는 수행하기 전에 절차를 완전히 숙지한다.
         (멀티미터는 전류, 전원 체크 시 적절한 사용법을 모른다면 내부 쇼트로 고장 발생)
   (2) 평가 기준
      ① 회로 내 전자소자 측정 시 전원을 'OFF'해야 하는지 알고 있는가?
      ② 회로시험기 측정단자(red, black) 연결은 제대로 되어 있는가?
      ③ 저항 측정 전 ZERO SET(0Ω 조정)을 올바로 실시하고 있는가?
      ④ 저항 측정 시 측정치에 맞는 선택스위치를 선택 및 눈금을 배율에 맞게 읽고 있는가?
      ⑤ 직렬회로의 저항/전류값을 바르게 측정하였는가?
      ⑥ 병렬회로의 저항/전류값을 바르게 측정하였는가?
      ⑦ 직병렬회로의 저항/전류값을 바르게 측정하였는가?
      ⑧ 회로시험기 사용 후 주위 정리정돈 상태가 양호한가?

SECTION 20 공기조화계통

항공정비사

20.1 냉·난방 시스템 개요(Aircondition System)

20.1.1 공기순환기(Air Cycle Machine)의 작동원리

1) 공기순환식 공기조화는 항공기 객실에 압력을 가하기 위하여 엔진추출공기를 사용한다. 엔진 압축기추출공기는 냉각절차 없이 객실에서 사용되기에 너무 뜨겁다. 그래서 추출공기를 공기순환계통으로 유입시켜 램공기(ram air)로 냉각시키기 위해 열교환기(heat exchanger)를 경유하게 한다.
2) 이렇게 냉각된 추출공기는 공기순환장치 내부로 유입되게 된다. 거기에서 1차 냉각된 공기를 압축하여 냉각시키는 2차 열교환기로 유로를 형성시키는데, 2차 냉각 역시 램공기에 의해 냉각된다. 2차 냉각된 추출공기는 팽창터빈을 경유하여 더욱 더 냉각된다.
3) 그 다음, 수분 제거 과정을 거쳐 최종 온도 조정을 위해 엔진에서 바로 추출된 공기와 혼합된다. 이렇게 최종 온도 조절된 공기는 공기분배장치를 통해 객실로 보낸다.

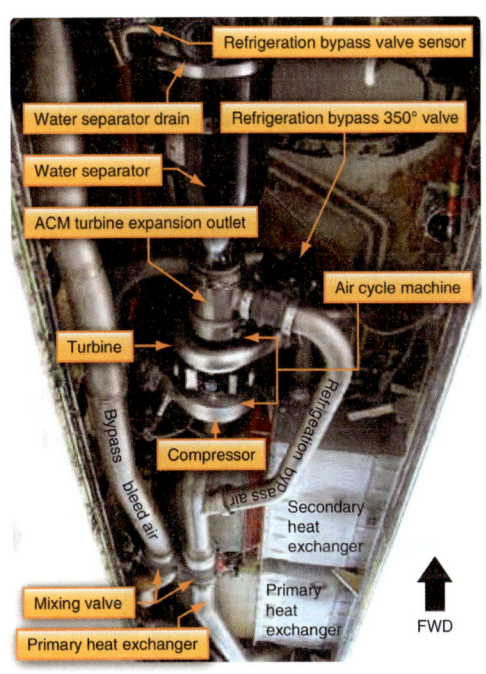

▲ 그림 20-1 보잉 737 항공기 공기순환계통

4) 공기순환과정에서 각각의 구성품의 작동을 세부적으로 확인하여, 객실 사용을 위해 조절된 추출 공기가 어떻게 전개되는지 확인할 수 있다. 그림 20-1과 그림 20-2에서는 보잉 737 항공기의 공기순환계통과 계통도를 나타내었다.

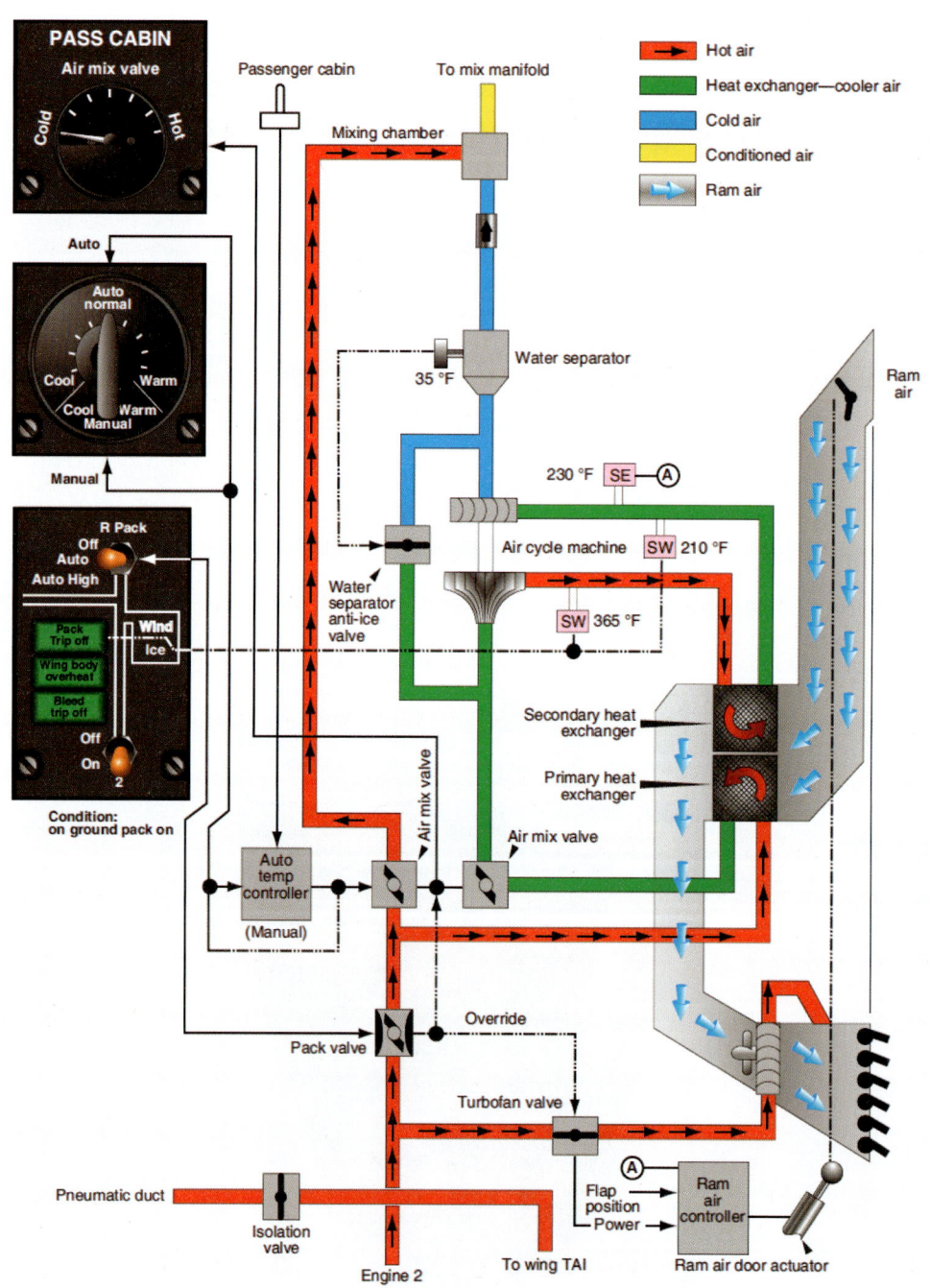

▲ 그림 20-2 보잉 737 항공기 공기순환계통도

20.1.1.1 구성품 작동(Component Operation)

1) 팩밸브(Pack Valve)
   ① 팩밸브는 공기압 다기관(manifold)으로부터 공기순환식 공기조화계통 내부로 추출공기를 조절하는 밸브이며 조종석에 있는 공기조화패널 스위치의 작동에 의해 제어된다.
   ② 대부분 팩밸브는 전기적 또는 공기압으로 제어되는 방식이다. 또한 그림 20-3과 같이 팩밸브는 공기순환식 공기조화계통이 설계상 요구되는 온도와 압력의 공기 체적을 공급하도록 열리고, 닫히고, 그리고 조절한다. 과열 또는 다른 비정상 상황으로 공기조화 패키지가 정지가 요구될 때, 팩밸브가 닫히도록 신호를 보낸다.

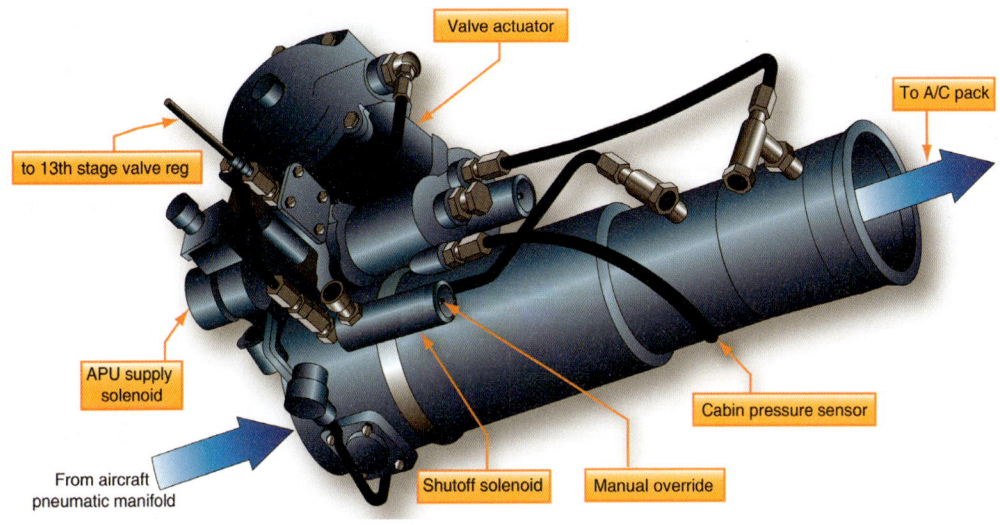

▲ 그림 20-3 팩밸브

2) 추출공기 바이패스(Bleed Air Bypass)
   ① 공급된 공기 중 일부는 공기순환식 공기조화계통을 우회하여 계통에 공급되어 최종 온도를 조절한다.
   ② 따뜻한 우회공기는 객실로 제공되는 공기가 쾌적한 온도가 되도록 공기순환방식에 의해 생성된 냉각공기와 혼합되며 자동온도 제어기의 요구조건에 부합하도록 혼합밸브에 의해 제어된다. 또한 수동 모드에서 객실 온도조절기에 의해 수동으로 제어할 수 있다.

3) 1차 열교환기(Primary Heat Exchanger)
   ① 공기순환계통을 거쳐 지나가도록 독립적으로 제공된 따뜻한 공기는 우선 그림 20-4와 같은 1차 열교환기를 통과하는데, 그것은 자동차의 방열기(radiator)와 유사한 방식으로 냉각 작용을 한다.

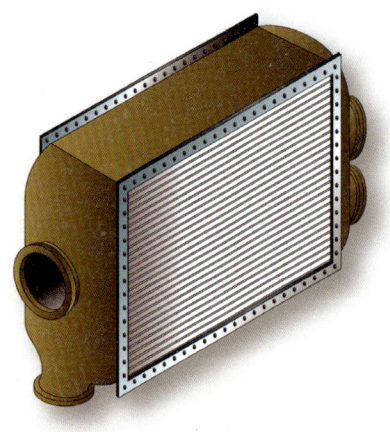
▲ 그림 20-4 1, 2차 열교환기

▲ 그림 20-5 램공기를 조절하는 도어

② 계통 내부에 공기의 온도를 낮추기 위해, 램공기(ram air)의 제어된 흐름은 교환기 외부 그리고 교환기 내부를 통과하여 덕트로 연결된다. 팬에 의해 강제로 유입된 공기는 항공기가 지상에서 정지되어 있을 때에도 열교환이 가능하도록 한다.

③ 그림 20-5와 같이 비행 중 램공기 도어는 날개플랩의 위치에 따라 교환기로 유입되는 램공기 흐름을 증가시키거나 또는 감소시키도록 조절된다. 플랩이 펼쳐져 항공기가 저속으로 비행 시에 도어는 열려 요구되는 공기의 양을 보충해 주고 플랩이 수축되어 고속으로 비행 시에는 도어는 교환기로 제공되는 램공기의 양을 줄여 요구되는 공기의 양을 조절한다.

4) 냉각 터빈장치, 또는 2차 열교환기(Refrigeration Turbine Unit Or Air Cycle Machine And Secondary Heat Exchanger)

① 그림 20-6과 같이 공기순환식 공기조화계통의 핵심은 공기순환장치로 알려진 냉각터빈장치이다. 공기순환장치는 터빈에 의해 구동되며 공동축으로 연결된 압축기로 구성된다.

② 계통 공기는 1차 열교환기로부터 공기순환장치의 압축기 내부로 유입된다. 공기가 압축되었을 때 공기의 온도는 올라가는데, 이때 가열된 공기를 2차 열교환기로 보낸다.

③ 공기순환장치에서 압축된 공기의 상승된 온도를 램공기를 이용하여 열에너지를 쉽게 전환시킨다.

④ 공기순환장치 압축기로부터 가압된 냉각계통공기는 2차 열교환기를 빠져나와 공기순환장치의 터빈으로 향한다.

⑤ 공기순환장치 터빈의 회전자 깃(rotor blade)의 피치각(pitch angle)은 공기가 터빈을 거쳐 지나가고 터빈을 구동시킬 때 공기를 빠르게 확산시켜 더 많은 에너지를 추출해낸다.

⑥ 터빈을 통과하여 더욱 냉각된 공기는 공기순환장치 출구에서 팽창된다. 열과 운동의 복합에너지는 처음에는 터빈을 구동하고 그다음 터빈 출구에서 팽창하며 결빙에 근접하도록 계통 공기온도를 낮춤으로써 상실된다.

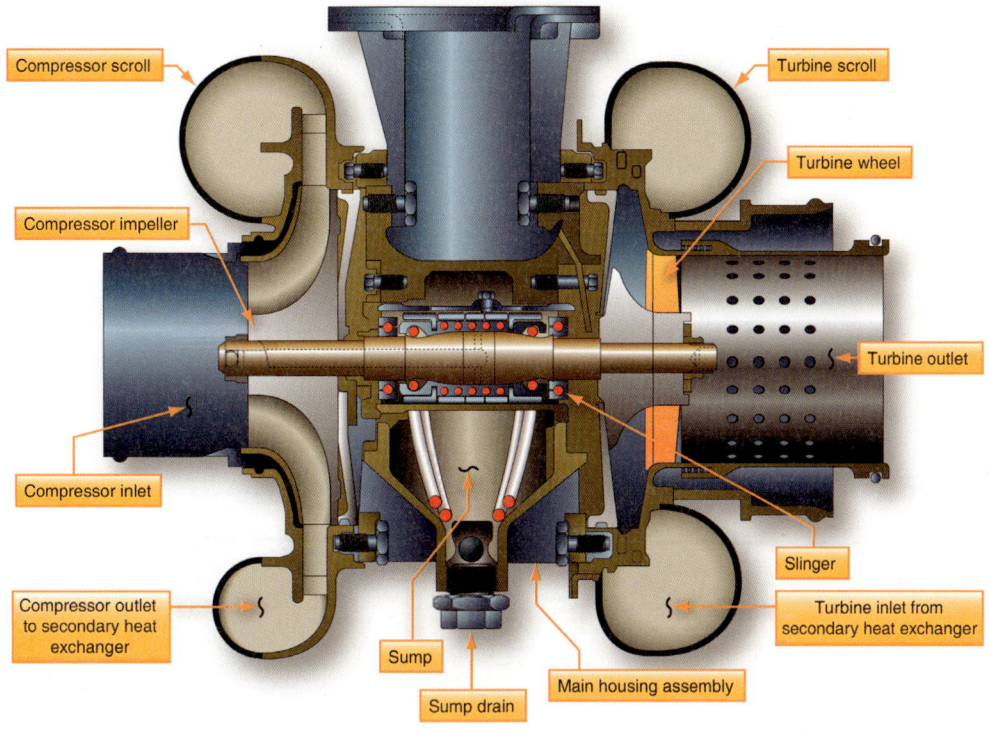

▲ 그림 20-6 냉각 터빈의(ACM)의 단면도

5) 수분 분리기(Water Separator)
   ① 공기가 항공기 객실로 보내기 전에 수분 분리기는 포화공기로부터 수분을 제거하기 위해 사용된다.
   ② 분리기는 회전동력 없이 작동하는데, 공기순환장치로부터 공급된 연무가 낀 공기가 양말모양의 유수 분리장치(coalescer)을 통해 강제 유입되고 이때 연무가 응축되어 물방울이 형성된다. 분리기 나선형 내부구조물은 공기와 수분을 소용돌이치게 하여 수분은 분리기의 옆쪽에 모이고 아래쪽으로 흘러 외부로 배출되고 반면에 건조공기는 통과된다.

6) 냉각 바이패스밸브(Refrigeration Bypass Valve)
   ① 공기순환장치 터빈 내부에 있는 공기는 팽창하고 냉각된다. 공기가 너무 차가워져서 수분 분리기에서 분리된 수분을 결빙시켜 공기흐름을 억제하거나 또는 막을 수 있다.

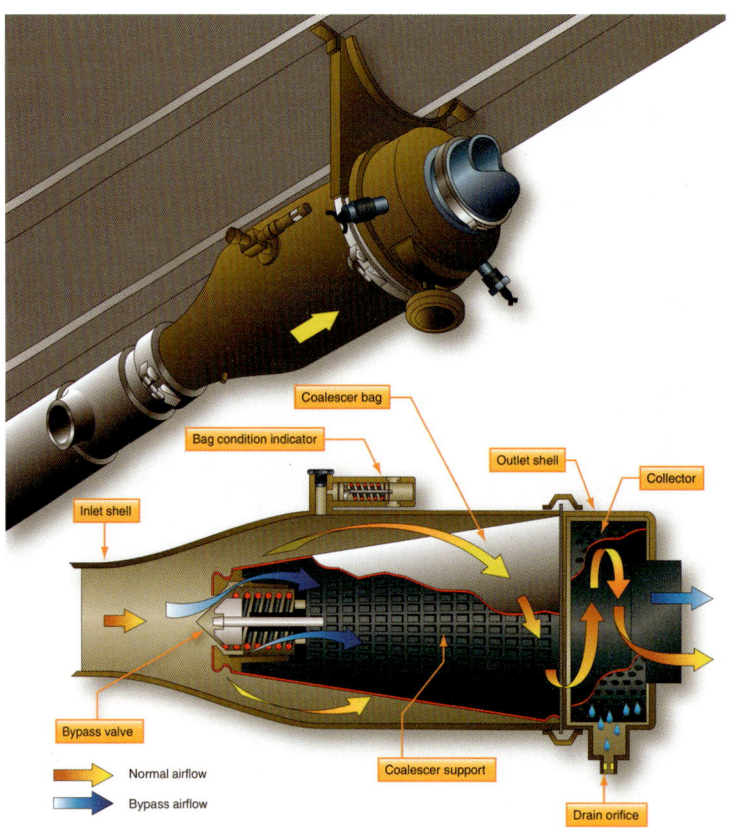

▲ 그림 20-7 수분 분리기 내부 모습

② 수분 분리기에 위치한 온도감지기는 공기가 결빙온도 이상에서 흐르도록 유지해주는 냉각 바이패스밸브를 제어하며 온도제어밸브(temperature valve), 35° 밸브, 방빙밸브 등으로 불린다. 열렸을 때 공기순환장치 주위에 따뜻한 공기를 우회시킨다. 우회된 공기는 수분 분리기의 바로 상류부문, 팽창도관으로 이입되어 공기를 가열시킨다.

③ 냉각 바이패스밸브는 공기가 수분 분리기를 거쳐 지나갈 때 결빙하지 않도록 공기순환장치 방출공기의 온도를 조절한다.

④ 모든 공기순환식 공기조화계통은 추출공기로부터 열에너지를 제거하기 위해 팽창터빈과 함께 적어도 하나의 램공기 열교환기와 공기순환장치를 사용한다. 그러나 개별 항공기마다 조금씩 차이는 있을 수 있다. 그림 20-8에서는 DC-10 항공기 공기조화계통을 보여준다.

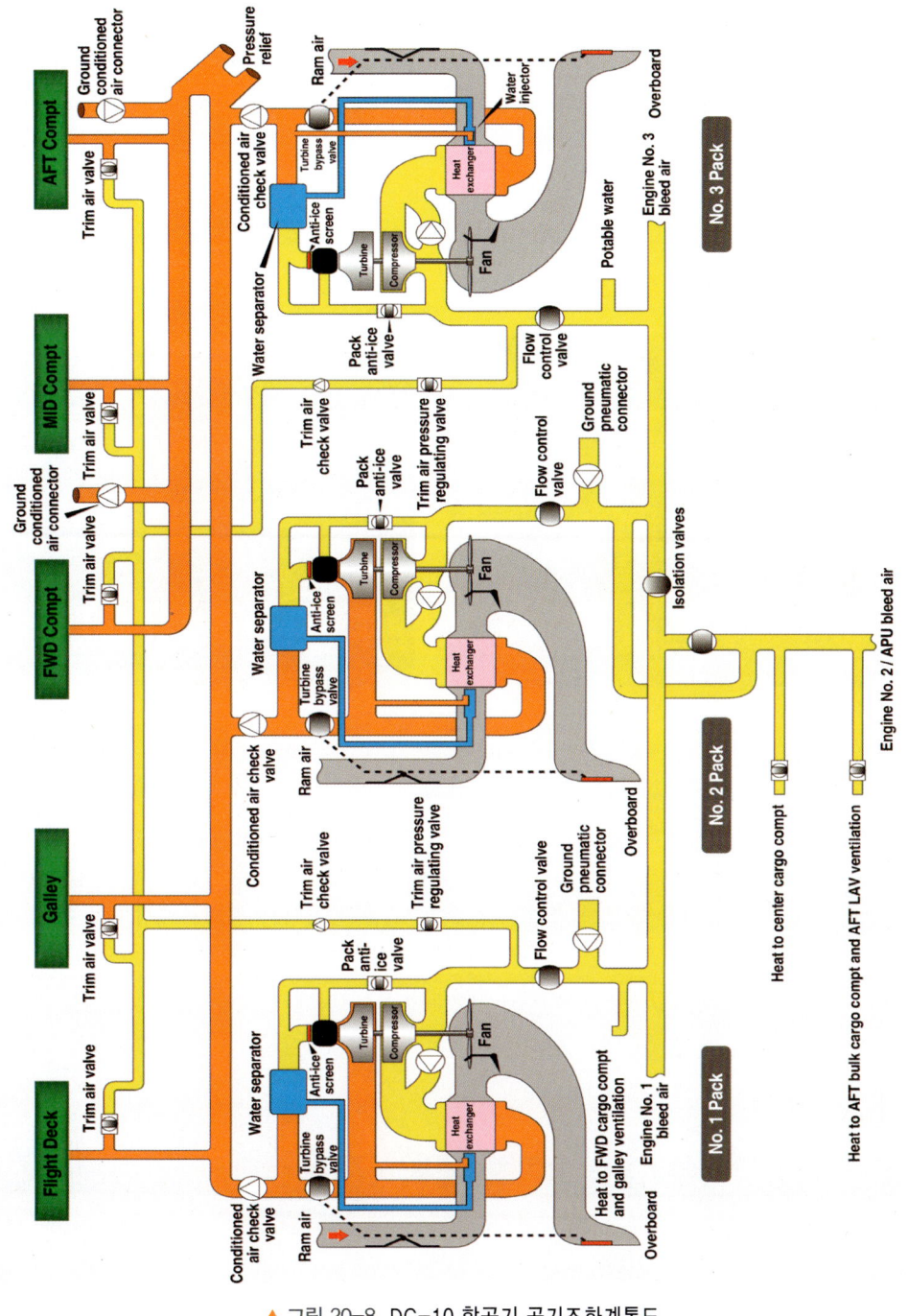

▲ 그림 20-8 DC-10 항공기 공기조화계통도

20.1.2 객실온도 제어계통(Cabin Temperature Control System)

1) 대부분 객실온도 제어계통은 유사한 방식으로 작동한다. 온도는 객실, 조종석, 조화공기덕트, 그리고 분배공기덕트에서 감지되어 전자 장비실에 위치한 온도 제어기 또는 온도 제어 조절기로 입력된다.

그림 20-9와 같이, 조종석에 있는 온도선택기는 요구되는 온도를 입력하기 위해 조정할 수 있다. 온도 제어기는 설정온도 입력과 함께 여러 가지의 감지기로부터 수신된 실제온도신호를 비교한다.

▲ 그림 20-9 온도 제어 패널

① 선택된 모드에 대한 회로논리는 이들 입력신호를 처리하고 출력신호는 공기순환식 공기조화계통에 있는 밸브로 보낸다.
② 생산된 냉각공기와 공기순환식 냉각과정을 우회한 따뜻한 추출공기를 혼합하여 온도제어기로부터 신호에 상응하여 밸브를 조절하고 온도 조절된 공기는 공기분배장치를 통해 객실로 보낸다.
③ 그림 20-10은 보잉 777 항공기 온도 제어계통을 나타낸다.

20.2 냉동장치(증기순환 공기조화계통, Vapor Cycle Air Conditioning)

20.2.1 주요 부품의 구성 및 기능

1) 증기순환식 공기조화계통은 터빈항공기가 아니면서 공기조화계통을 갖추고 있는 대부분 항공기에 사용된다. 증기순환방식은 여압을 제외한 오직 객실 냉각만을 시킨다. 만약 증기순환식 공기조화계통을 갖추고 있는 항공기가 여압된다면, 그것은 이전에 여압 부분에서 설명했던 공급원 중 하나를 별도로 사용하고 있다.

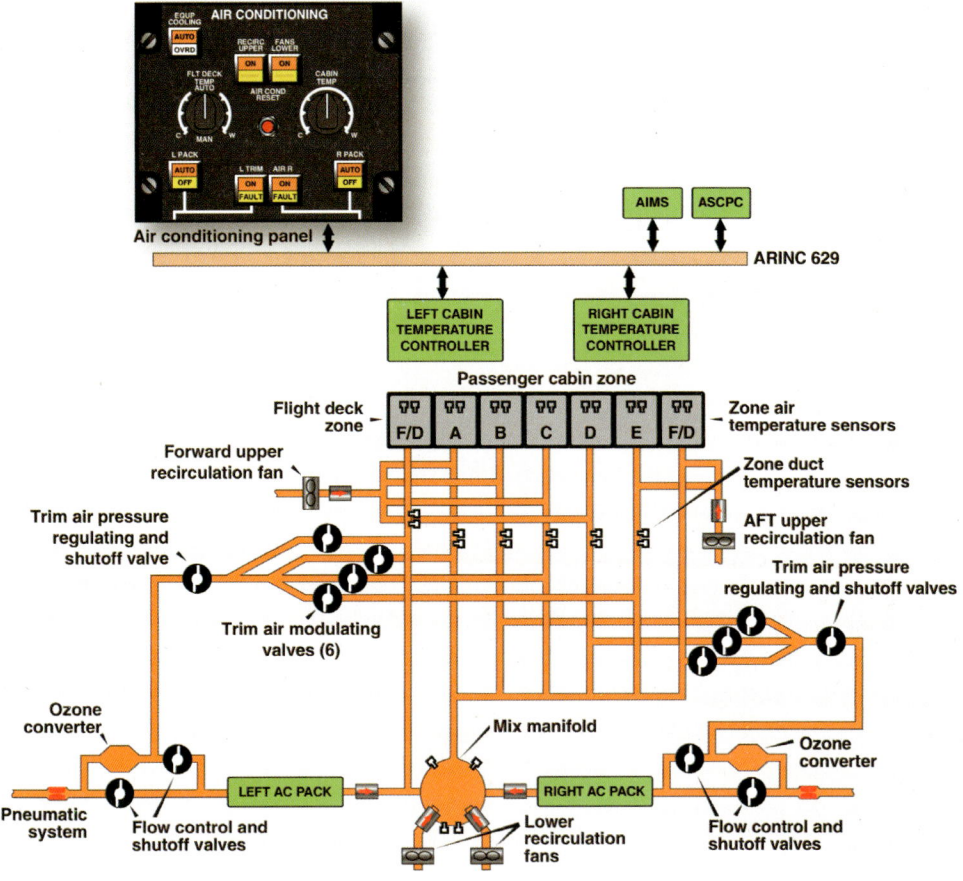

▲ 그림 20-10 보잉 777 항공기 온도 제어계통도

2) 냉각 이론(Theory of Refrigeration)
① 그림 20-11과 같이 에너지는 생성되거나 또는 소멸할 수도 있지만 변환되거나 이동할 수 있다. 이것이 바로 증기순환식 공기조화의 기본 원리이다.
② 객실공기의 열에너지는 액체냉매로 이동되고 추가적인 에너지로 인하여, 액체는 증기로 변환하여 증기는 다시 압축되고 뜨겁게 가열된다.
③ 이렇게 압축 가열된 뜨거운 증기냉매는 외부공기에서 열에너지를 전환시킨다. 그런 다음, 냉매는 액체로 다시 냉각 응축되어, 에너지 이동의 순환을 반복하기 위해 객실로 되돌아 간다.

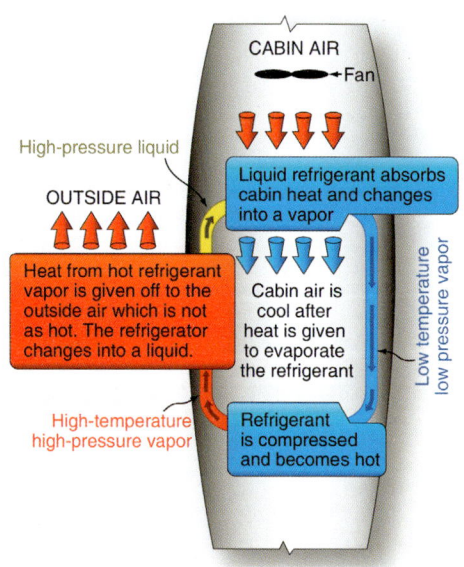

▲ 그림 20-11 증기 순환 공기조화계통 공기 흐름

3) 기본적인 증기 순환(Basic Vapor Cycle)
   ① 그림 20-12와 같이 증기 순환식 공기조화계통은 냉매가 다양한 배관과 구성품을 통해 순환되는 폐쇄계통이며 목적은 항공기 객실로부터 열을 제거하기 위함이다. 순환하는 동안에, 냉매의 상태가 변화한다. 이렇게 잠열을 이용하여, 항공기 객실의 뜨거운 공기는 냉각공기로 대체된다.
   ② 먼저 R134a 냉매는 여과되어 리시버 드라이어(receiver dryer)라고 알려진 저장소에서 압력하에 액체 형태로 저장된다. 이 액체는 리시버 드라이어로부터 배관을 거쳐 팽창밸브로 흐른다.
   ③ 밸브 내부의 작은 오리피스(orifice) 형태에 의해 제한된 냉매는 대부분 차단되는데, 압력하에 있기 때문에 냉매의 일부는 오리피스를 통해 압송된다. 밸브의 배관 하류 부문에서 압송된 냉매는 분무된 조그마한(tiny) 물방울 형태로 존재한다.
   ④ 증발기라고 부르는 방열기 어셈블리(radiator-type assembly)에 배관이 감겨져 있으며 증발기의 표면에 객실공기를 불어주기 위한 팬이 위치한다. 팬이 작동할 때, 액체에서 증기로 상태를 변화하는데, 이때 객실공기의 열은 냉매에 의해 흡수된다. 팬에 의해 공급된 공기가 증발기를 통과하면서 상당히 많은 양의 열을 흡수하여 객실의 온도를 낮춘다. 증발기를 빠져나온 기화된 냉매는 압축기로 흡입되어 냉매의 압력과 온도는 증가한다.

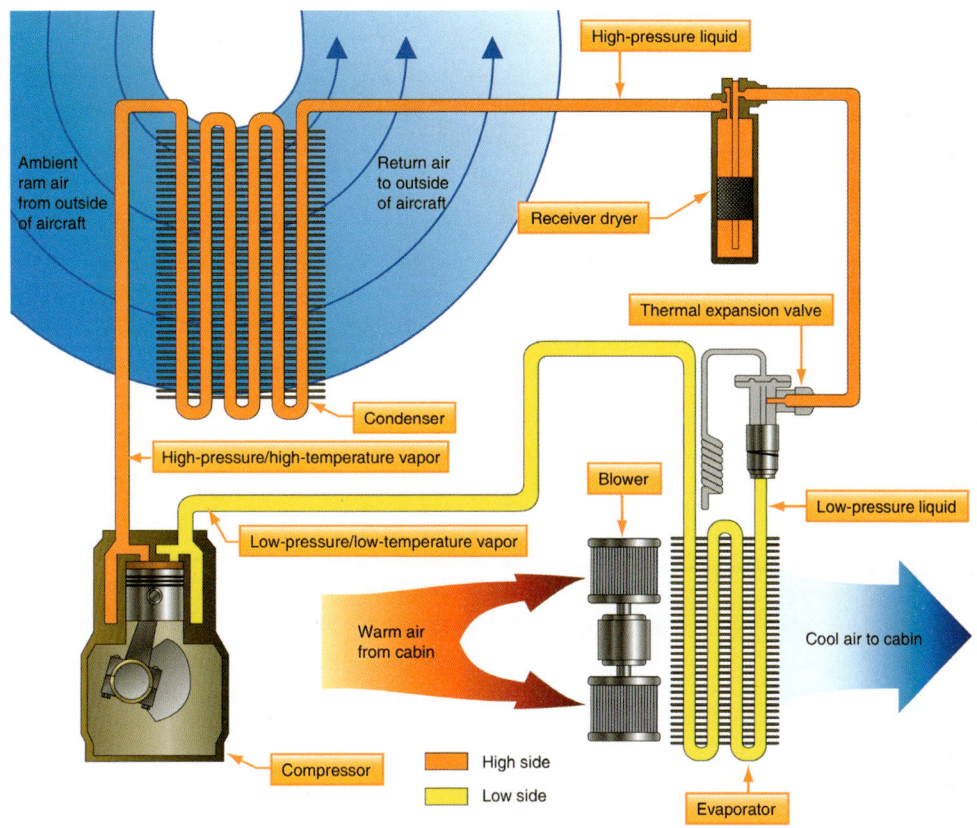

▲ 그림 20-12 기본 증기순환 공기조화계통

⑤ 고온, 고압 가스냉매는 배관을 통해 응축기로 흐른다. 응축기는 열전달을 용이하게 하기 위해 핀이 부착되고 길이가 긴 배관이며 방열기의 역할을 한다. 차가운 외기가 응축기로 향하게 된다. 내부 냉매의 온도가 외기의 온도보다 높기 때문에 열이 냉매에서 외기로 전달된다. 발산된 열은 냉매를 냉각시키고 원래의 고압 액체로 냉매를 응축시킨다. 마지막으로 냉매는 배관을 통해 흘러 리시버 드라이어로 귀유되며 증기순환을 완료하게 된다.
⑥ 증기순환식 공기조화계통에서 두 가지 진영이 있다. 한쪽 진영은 온도가 낮아 열을 받아들이고 다른 한쪽 진영은 온도가 높아 열을 준다. 낮은 것과 높은 것은 냉매의 온도와 압력에 관련되어 있다. 압축기와 팽창밸브는 계통의 낮은 편 진영에 속한다. 낮은 편 진영에 있는 냉매는 저압, 저온도의 특성을 가지며 높은 쪽 진영의 냉매는 고압, 고온을 가지게 된다.

20.2.2 냉각수 종류 및 취급 요령(보관, 보충)

1) 냉매(Refrigerant)
① 여러 해 동안에 디클로로디플루오로메탄(dichlorodifluoromethane, R12)은 항공기 증기순환식 공기조화계통에 사용되었던 표준냉매였으며, 이들 계통 중 일부는 오늘날까지도 사용되고 있다.

▲ 그림 20-13 소형 R134a 냉매

② R12는 환경에 부정적 효과를 갖는다고 알려져 있는데, 특히 R12는 지구의 보호오존층을 손상시킨다. 그래서 환경에 더욱 안전한, 그림 20-13과 같이 테트라플루오로에탄(tetra-fluoroethane, R134a)으로 대체되었다.

③ 하지만 R12와 R134a가 혼합되어 사용되는 것은 금기시되어 있다. 또한, 어떤 냉매라도 다른 냉매로 설계된 계통에서 사용되어서도 안 된다. 호스와 실 같은, 부드러운 성분의 손상이 발생할 수 있으며 누출 또는 기능불량의 원인이 될 수 있다.

④ 증기순환식 공기조화계통을 보급하기 위해 명시된 냉매를 사용한다. R12와 R134a는 아주 유사하게 반응하고 따라서 R134a 증기순환식 공기조화계통과 구성품의 설명은 또한 R12 계통과 구성품에 적용할 수 있다.

⑤ R134a는 할로겐화합물(halogen compound, CF_3CFH_2)이며 약 $-15°F$의 비등점을 갖는다.

⑥ 소량을 흡입하는 것은 유독하지는 않다. 그러나 산소를 대치하기 때문에 많은 양을 흡입하면 질식할 수 있다.

⑦ 듀폰사(Dupont Company) 소유권의 상표명인 Freon®(프레온)이라고 주로 부른다.

⑧ 냉매를 취급할 때에는 반드시 주의를 기울여야 한다. 저비등점 때문에 액체냉매는 표준 대기온도와 대기압에서 격렬하게 끓는다. 비등하면서 빠르게 모든 주위에 물질로부터 열에너지를 흡수한다.

⑨ 만약 피부에 묻는다면, 냉각으로 인한 화상의 결과를 초래할 수 있으며 만약 사람의 눈에 들어가면 조직손상의 결과를 초래할 수 있다. 그렇게 때문에 장갑과 피부 보호복뿐만 아니라 작업 전에 반드시 안전보호안경을 착용해야 한다.

2) 육안 점검(Visual Inspection)

① 증기순환방식의 모든 구성품은 안전한 장착 여부를 점검해야 한다. 어떠한 손상, 조정불량, 또는 누출의 시각적인 징후에 대해 주의를 기울여야 한다. 그림 20-14와 같이, 응축기와 증발기 핀은 깨끗하고 막히지 않았는지, 그리고 충격으로 인해 접혀지지 않았는지 확인 점검을 해야 한다.

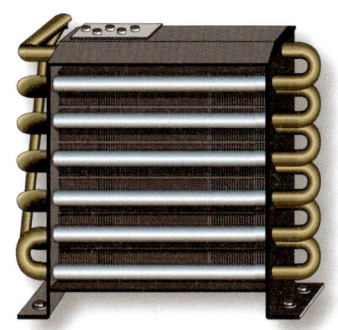

▲ 그림 20-14 응축기

② 핀을 통과하는 오염물로 인해 정체된 공기흐름은 냉매의 효율적인 열교환을 방해할 수 있기 때문에 요구된다면 물세척이 수행되어야 한다.

③ 응축기는 덕트로 연결되어 외기로부터 램공기를 직접 받아들이기 때문에 공기흐름을 제한하게 되는 부스러기의 유무를 점검해야 하며 힌지가 장착된 구성품은 안전성과 마모 여부를 점검해야 한다. 응축기는 공기를 끌어당기기 위한 팬을 갖고 있는데, 지상작동 시에 팬의 정확한 작동 여부를 점검해야 한다.

④ 증발기 출구에 단단히 고정된 팽창밸브에서 모세관 온도귀환센서를 확인한다. 또한, 계통에 장착되어 있다면, 압력 센서와 온도조절 센서(thermostat sensor)의 안전성 여부를 점검한다.

⑤ 증발기는 외부에 결빙되지 않아야 하는데 결빙이 있으면 따뜻한 객실공기와 냉매 간에 원활한 열교환을 방해한다. 송풍기는 자유롭게 회전하는지 점검해야 한다. 계통에 따라, 냉각스위치 위치의 선택에 의해 회전 속도가 변화되어야 하며 증기순환식 공기조화계통의 외부의 결빙 생성은 원인이 규명되고 결함이 수정되어야 한다.

⑥ 압축기의 안전성과 정열은 중요한 점검항목이므로 철저히 점검하여야 한다. 벨트에 의해 구동되는 압축기는 적절한 벨트장력 여부를 확인해야 한다. 벨트의 상태 점검과 장력 점검을 위해 제작사 자료를 참고하라.

3) 누출시험(Leak Test)

① 증기순환식 공기조화계통에서 누출은 명백히 고장 탐구되고 수리되어야 한다. 누출의 가장 명백한 징후는 냉매 감소이다.

② 계통이 작동하고 있는 동안에 리시버 드라이어의 싸이트 글라스(sight glass)에 거품이 생성되어 있는 것은 더 많은 냉매가 필요하다는 것을 지시한다. 증기순환방식은 정상적으로 매년 소량의 냉매가 유실된다는 것을 주목해야 한다. 그러나 연간 유실되는 양이 한도 이내라면 별도의 정비행위가 요구되지 않는다.

③ 누출 위치를 알아내기 위해 계통 누설검출방법을 사용할 수 있으며 냉매가 완전히 누설되었다면 냉매의 부분적인 충전이 요구된다. 약 50psi의 냉매는 고압에서 저압으로 누설되는 압력을 점검하는 데 충분하다.

④ 증기순환식 공기조화계통에서 냉매가 모두 유실되었을 때 공기가 계통 내부에 유입된다. 또한, 공기에 함유된 수분 역시 계통으로 들어가게 된다. 따라서 계통의 수분 제거가 요구된다.

4) 정비사 자격(Technician Certification)

미환경보호청(EPA, environmental protection agency)은 현재의 규정을 준수하여 안전을 확보하기 위해 증기순환식공기조화계통의 냉매와 장비를 취급하는 정비사에게 자격을 요구한다. 항공정비사는 자격을 갖추었거나 또는 이 작업을 전문으로 다루는 작업장(shop)에 증기순환식 공기조화계통 작업을 위탁할 수 있다.

20.3 여압조절장치(Cabin Pressure Control System)

20.3.1 주요 부품의 구성 및 작동원리

20.3.1.1 터빈엔진 항공기(Turbine Engine Aircraft)

1) 오염되지 않은 엔진의 압축기에서 추출된 공기(engine compressor bleed air)는 객실여압을 위한 공기의 주공급원이다. 엔진출력생산을 위한 공기의 체적이 다소 감소되지만, 연소를 위해 압축된 공기와 비교해 여압을 위해 사용되는 공기의 양은 비교적 적다. 그러나 여압을 위해 사용하는 공기는 최소화되어야 한다.

2) 소형터빈 항공기는 주로 제트펌프(jet pump) 흐름배율기(flow multiplier)를 사용한다. 그림 20-15에서 보듯이 이 유형의 이점은 작동부분이 없다는 것이고, 단점은 이 방식으로 가압할 수 있는 공간의 체적이 비교적 작다는 것이다.

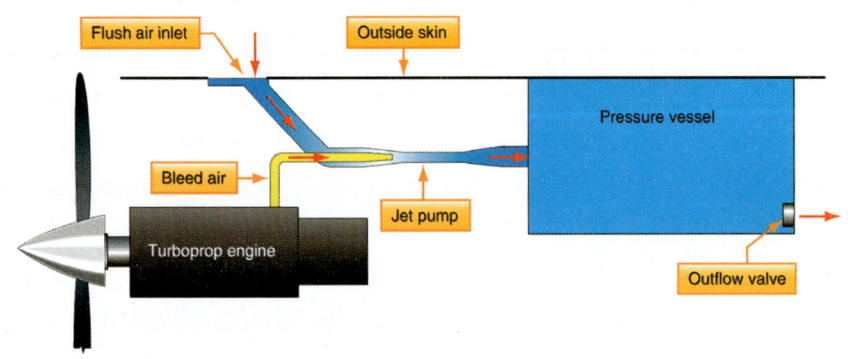

▲ 그림 20-15 소형터빈 항공기에 사용되는 제트펌프

3) 그림 20-16과 같이, 터빈엔진 압축기 추출공기를 이용하여 항공기를 가압시키는 또 다른 방법은 외기 공기흡입구를 갖춘 독자적인 압축기가 추출공기를 이용하여 가동시키는 것이다.

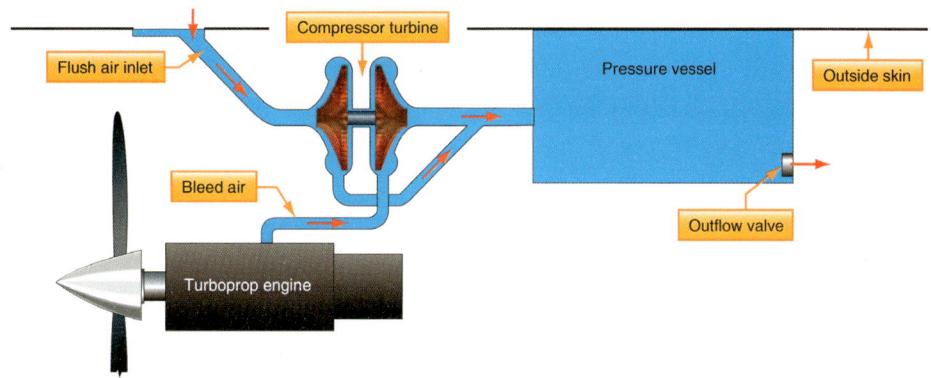

▲ 그림 20-16 대부분의 터보프롭 항공기 여압장치에 적용되는 터빈 압축기

4) 그림 20-17과 같이, 터빈 항공기를 가압하는 가장 일반적인 방법은 공기순환식 공기조화계통이다. 추출공기는 열교환기, 압축기, 그리고 팽창터빈을 포함하는 계통을 거쳐 사용되고, 객실여압과 가압되는 공기의 온도는 정밀하게 제어된다.

▲ 그림 20-17 상업용 제트기에 사용되는 공기순환식 공기조화장치

20.3.1.2 여압 방식(Pressurization Mode)

1) 항공기 객실여압은 두 가지 작동방식에 의해 제어할 수 있다.
   ① 첫 번째는 변화하는 고도에도 불구하고 일정한 압력으로 객실고도를 유지하는 등압방식(isobaric mode)이다.
   ② 두 번째 방식은 항공기 고도변경에 관계없이, 객실 내부에 공기압과 외기압 사이에 지속적인 차압을 유지하여 객실압력을 제어하는 정차동방식(constant differential mode)이다.

2) 여압 작동(Pressurization Operation)
   ① 대부분 여압제어장치를 위한 작동 모드는 정상 모드와 자동 모드가 있으며 예비 모드 또한 선택할 수 있다. 예비 모드에서 역시 다른 입력, 예비제어기, 또는 예비 유출밸브 작동으로서 여압의 자동제어가 가능하다. 수동 모드는 일반적으로 자동 모드와 예비 모드가 고장 났을

때 사용한다. 이것은 승무원이 직접 계통에 따라 공기압제어 또는 전기제어를 통해 유출밸브의 위치를 선택한다.

② 비행을 하는 동안 모든 스위치와 라이트 등이 여압 구성품의 작동과 일치하는 것이 필수적이다. 착륙장치에 부착된 WOW(weight-on-wheel) 스위치와 스로틀 위치스위치는 수많은 여압제어장치의 필수적인 입력 요소이다.

③ 지상작동 시 그리고 이륙에 앞서, WOW 스위치는 일반적으로 항공기가 이륙할 때까지 여압 안전밸브의 위치를 열림 위치로 제어한다. 최신의 계통에서, WOW 스위치는 모든 여압 구성품의 위치와 작동을 번갈아 제어하는, 여압제어기로 입력을 제공하게 된다. 어떤 계통에서는 WOW 스위치는 안전밸브 또는 공압공급원밸브(pneumatic source valve)를 바로 제어하게 한다.

④ 스로틀 위치스위치는 객실이 비여압에서 여압으로 매끄럽게 이동하도록 사용한다. WOW 스위치가 지상에서 닫히고 스로틀이 점진적으로 전진되었을 때 유출밸브가 부분적으로 닫히게 되고 여압이 시작된다. 이륙 이후 여압 스케줄은 유출밸브가 완전히 닫히도록 요구된다.

⑤ 비행중 여압제어기는 자동적으로 항공기가 착륙할 때까지 여압 구성품의 작동 순서를 제어한다. WOW 스위치가 착륙으로 다시 접속할 때, 안전밸브는 열린다. 일부 항공기에서 유출밸브는 자동 여압모드에서 지상에서도 여압이 가능하게 한다. 계통의 작동점검은 수동 모드에서 수행한다. 이것은 정비사가 조종석 판넬에서 모든 밸브의 위치를 제어하게 한다.

20.3.1.3 주요 부품

1) 객실압력제어기(Cabin Pressure Controller)

   ① 그림 20-18과 같이, 객실압력제어기는 객실공기압을 제어하기 위해 사용되는 장치이다. 구형 항공기는 객실압력을 제어하기 위해 공기압을 사용한다. 요구되는 객실압력, 객실고도 변화율, 그리고 기압 설정은 조종석에 있는 여압패널의 압력제어기로 조절한다.

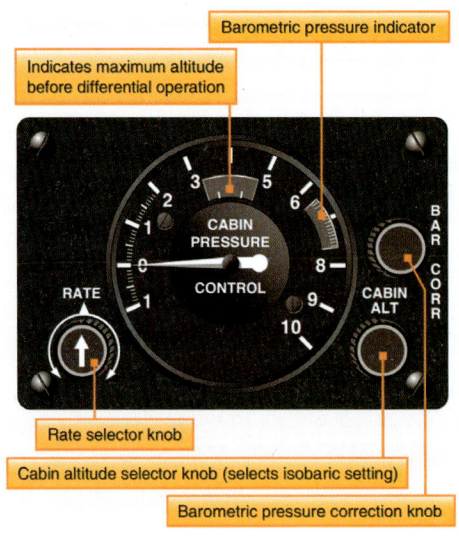

▲ 그림 20-18 여압계통의 객실압력제어기

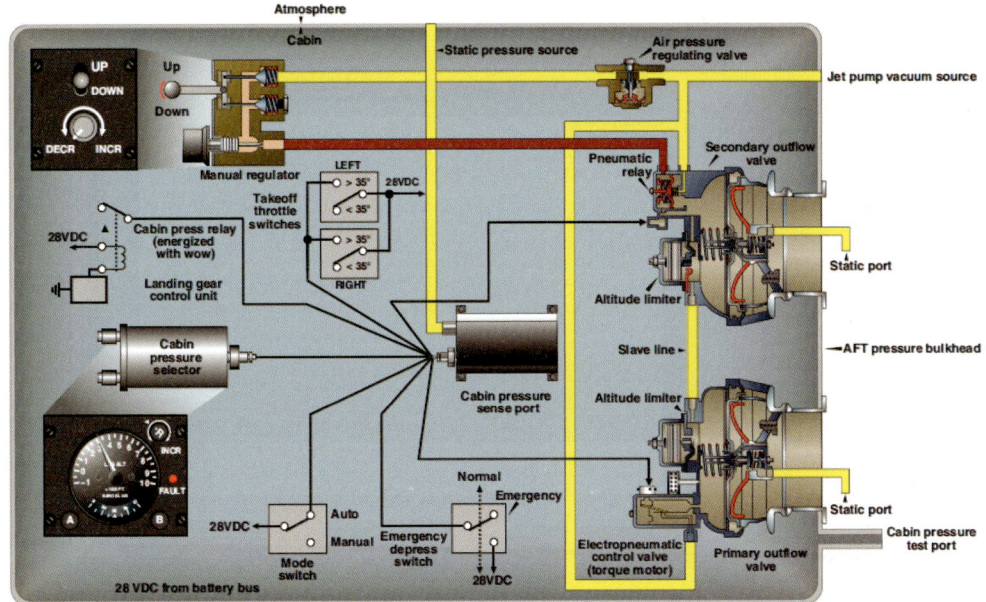

▲ 그림 20-19 소형 여객기와 상업용 제트기의 여압제어계통

② 그림 20-19와 같이, 객실압력과 주위압력은 다른 압력값으로 입력된다. 이 정보를 사용하는 컴퓨터인 제어기는 여러 가지 비행 단계에 대한 여압 논리를 제공한다.

③ 많은 소형 운송용과 사업용 제트기에서, 제어기의 전기출력신호는 일차 유출 밸브(primary outflow valve)에 있는 토크모터를 가동시킨다. 여압 스케줄을 유지하기 위해 밸브의 위치를 정하고 밸브를 통해 공기압 공기흐름을 조정한다.

④ 그림 20-20과 같이 대부분 운송용 항공기에서 2개의 객실압력제어기 또는 여분의 회로를 구비한 1개의 제어기가 사용되는데 전자장비실에 위치해 있고 패널선택기로부터 전기입력뿐만 아니라 주위압력 입력과 객실압력을 입력을 받는다.

⑤ 비행고도와 착륙장고도 정보는 여압제어패널에서 승무원이 직접 선택한다. 객실고도, 상승률, 그리고 기압은 내장논리회로(built-in logic), 그리고 대기자료컴퓨터(ADC, air data computer)와 비행관리시스템(FMS, flight management system)이 함께 교신을 통해 자동적으로 제어한다. 제어기는 정보를 처리하고 유출밸브를 직접 작동시키는 전동기로 전기신호를 보내준다.

⑥ 모든 여압계통은 자동제어보다 우선시되는 수동모드를 갖추고 있다. 이것은 비행중 또는 정비 시에 지상에서 사용 가능한데 여압제어패널에서 수동 모드를 선택하여 수동 모드로 작동 가능하다. 각각의 스위치는 객실압력을 제어하기 위해 유출밸브의 open 또는 close 위치 선택이 가능하다. 그림 20-20에서는 스위치뿐만 아니라 밸브의 위치를 지시하는 작은 계기를 보여준다.

▲ 그림 20-20 B-737항공기 여압 패널

2) 객실압력조절기 및 유출밸브(Cabin Air Pressure Regulator and Outflow Valve)
   ① 객실여압 제어는 객실에서 빠져나가는 공기를 조절하여 수행된다. 그림 20-21과 같이 객실 유출밸브는 객실 기압을 안정시키기 위해 열거나 닫히게 하고 또는 조정된다. 일부 유출밸브는 압력조절과 밸브기계장치를 포함하고 있다.
   ② 압력조정기계장치는 또한 독자적인 장치로 구성되어 있다. 그림 20-22와 같이, 대부분 운송용 항공기는 객실공기압제어기로부터 보내온 신호를 이용하며 전기적으로 동작하고 원거리에서 압력조절기 역할을 수행하는 유출밸브를 갖추고 있다.

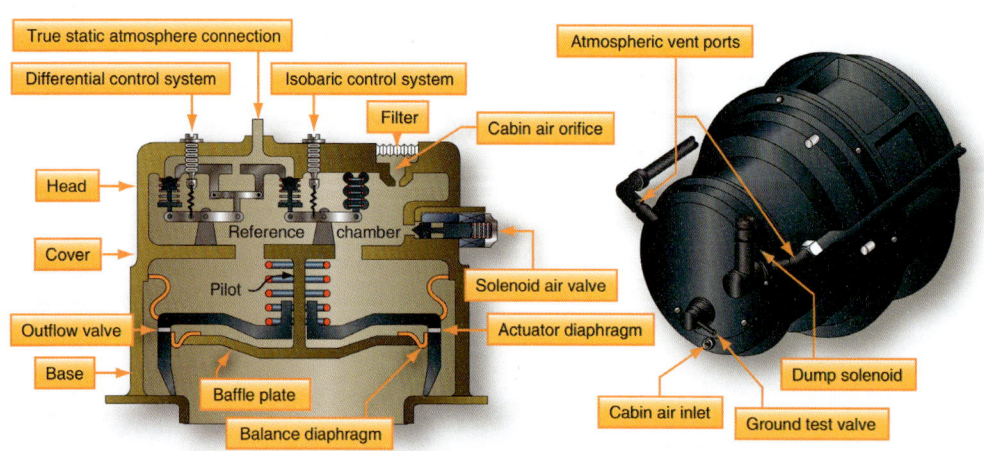

▲ 그림 20-21 객실 여압조절 및 유출밸브

▲ 그림 20-22 운송용 항공기의 유출밸브

▲ 그림 20-23 보잉 737 항공기에 장착된 2개의 여압안전밸브

3) 객실 공기압력 안전밸브 작동(Cabin Air Pressure Safety Valve Operation)
   ① 항공기 여압계통은 오작동 또는 작동 불가 시 구조물손상과 인명의 상해를 방지하기 위한 다양한 백업기능을 포함한다. 과여압(over-pressurization)을 방지하기 위한 수단은 항공기의 구조건전성을 보장한다.
   ② 객실공기 안전밸브는 미리 정해진 차압 발생 시 열리도록 설정된 압력릴리프밸브이며 공기가 설계제한(design limitation)을 초과하는 내부압력을 초과하는 것을 방지하기 위해 객실 외부로 배출된다. 그림 20-23에서는 대형 운송용 항공기에서 객실공기 안전밸브를 보여준다. 대부분 항공기에서, 안전밸브는 8~10psid에서 열리도록 설정된다.

③ 또한, 객실 고도제한기는 객실 내에 압력이 정상객실고도범위 이하로 떨어졌을 때 유출밸브를 닫는다.

④ 부압릴리프밸브(negative pressure relief valve)는 항공기 외부에 기압이 객실공기압을 초과하지 않도록 하기 위해 가압된다. 일부 항공기는 여압덤프밸브(pressurization dump valve)를 갖추고 있다. 이들은 기본적으로 조종석에 있는 스위치에 의해 자동 또는 수동으로 작동되는 안전밸브이며 보통 비정상 상태 또는 정비 요구 시, 또는 비상사태에서 객실로부터 공기압을 신속하게 제거하기 위해 사용된다.

⑤ 비상여압 방식은 일부 항공기에서 사용된다. 공기조화팩(air conditioning pack)이 고장 났을 때 또는 비상여압이 선택되었을 때 밸브가 열린다.

4) 공기 분배(Air Distribution)

① 가압된 항공기에서 객실공기의 분배는 그림 20-24에서와 같이 여압원에서부터 객실 내부와 전체에 걸쳐서 배관된 공기덕트에 의해 관리한다. 일반적으로, 공기는 천정에 배관되어 천정 배출구로부터 방출되고 순환되어 바닥배출구로 빠져나간다.

② 그다음 공기는 화물칸과 바닥 부분 아래쪽을 통과하여 후방으로 흘러 후방압력격벽(aft pressure bulkhead) 주위에 설치된 유출밸브를 통과하여 외부로 나간다. 공기의 흐름은 거의 감지할 수 없다.

③ 배관은 항공기와 계통설계에 따라 객실 바닥 아래쪽과 객실 벽과 천장 패널 뒤쪽에 감춰져 있다. 공기분배장치(air distribution system)의 구성품은 여압 공기공급원, 환기공기, 온도 트림공기들을 선택하는 밸브뿐만 아니라 인라인 팬(in-line fan)과 객실 일부의 흐름을 증진하기 위한 제트펌프(jet pump)가 있다.

④ 온도센서, 과열스위치, 그리고 체크밸브 또한 구성품이며 공통적으로 사용되는 품목이다.

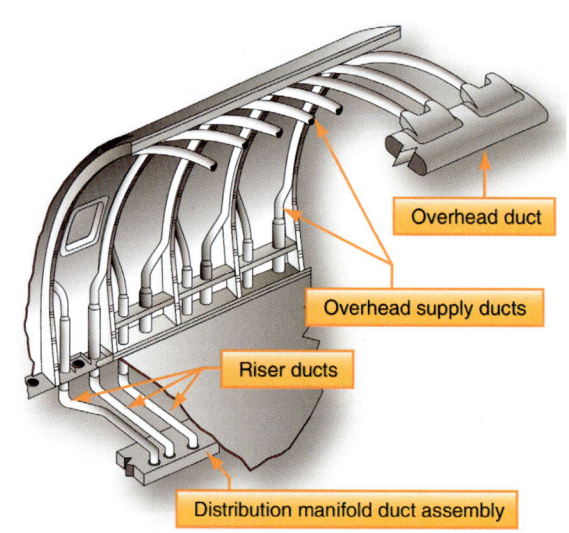

▲ 그림 20-24 공기가 분산 공급되는 중앙식 다기관

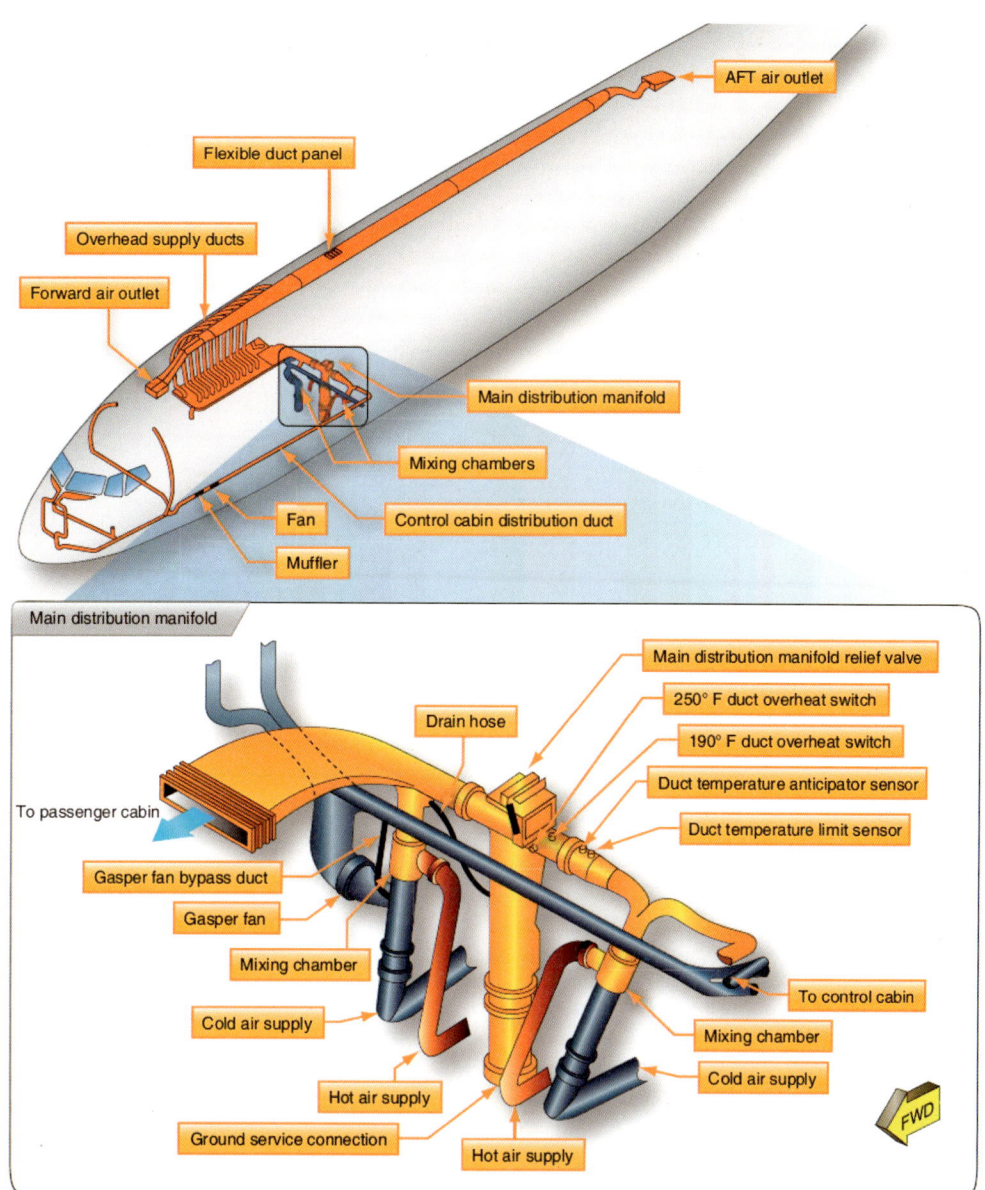

▲ 그림 20-25 보잉 737 항공기 공기 분배계통

20.3.2 지시계통 및 경고장치

1) 여압계기(Pressurization Gauge)
   ① 대부분 여압계통은 객실고도계(cabin altimeter), 객실상승속도계(cabin rate of climb indicator) 또는 승강계(vertical speed indicator), 그리고 객실차압계(cabin differential pressure indicator)에 관한 경고(warning), 주의(alert), 그리고 권고(advise) 사항을 라이트를 시현시켜 승무원에게 알려준다.

② 이 라이트들은 단독으로 지시하거나 2개 이상 게이지의 기능이 합쳐져서 시현될 수 있다. 때로는 다른 위치에 있기도 하지만 일반적으로 여압패널에 위치한다.
③ 그림 20-26은 객실고도계, 승강계, 객실차압계가 함께 내장된 여압계기이다.
④ 그림 20-27에서와 같이 현대의 항공기는 엔진표시 및 승무원경고장치(EICAS, engine indicating and crew alerting system) 또는 전자집중식 항공기감시장치(ECAM, electronic centralized aircraft monitoring system)와 같은 액정화면 시현으로 된 디지털 항공기 지시계통을 가지고 있어서 여압패널에는 계기가 없다.
⑤ 그중 환경제어시스템(ECS, environmental control system) 페이지에서는 계통에 필요한 정보를 시현해 준다. 논리회로(logic)의 사용으로 인해 여압계통의 작동은 단순화 및 자동화되었다. 그러나 객실여압패널은 수동제어를 위해 조종석에 있다.

▲ 그림 20-26 객실고도계, 승강계, 객실차압계가 함께 내장된 여압계기

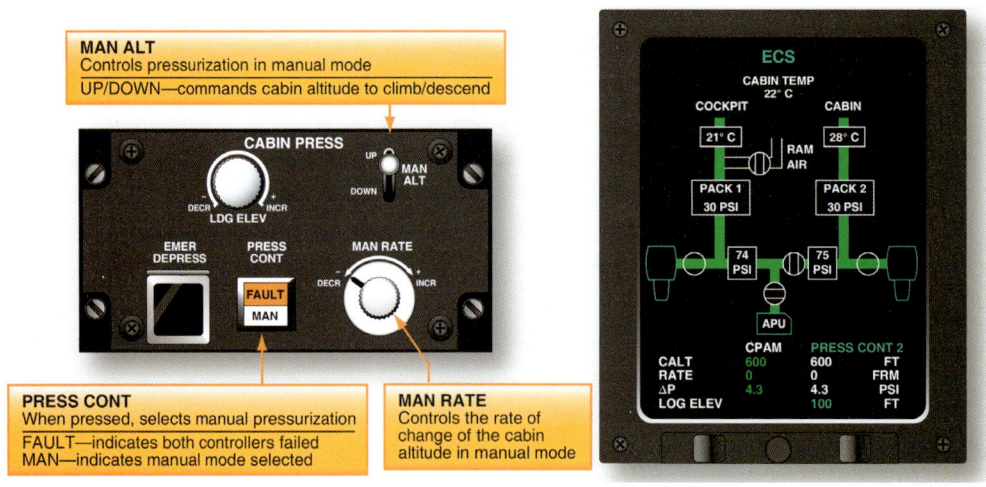

▲ 그림 20-27 환경제어계통 패널과 함께 위치한 여압패널

2) 경고장치
   ① cabin pressure가 10,000Ft 이상일 때에는 EICAS에 "cabin altitude"라는 warning MSG를 나타내고, 알람이 울리면서 Master Warning Light가 들어온다.
   ② pressure controller가 fail되면, EICAS에 "cabin alt auto"라는 caution MSG를 나타내고, 알람이 울리면서 master caution light가 들어온다.

21 객실계통

21.1 장비 현황[조종실, 객실, 주방(Galley), 화장실(Lavatory), 화물실]

21.1.1 Seat의 구조물 명칭

1) 조종실
   (1) 항공기의 중추기관이 되는 부분이며, 기계와 인간의 접촉부분이다.
   (2) 인체공학적으로 효율적으로 설계되어 있다.
   (3) Control Panel
      ① 조작 및 감시 빈도가 높은 control panel은 가장 조작하기 쉬운 곳에 배치되어 있다.
      ② 항법장치, 자동조종장치, 통신장치, 엔진시동장치, 방빙 및 제빙 계통, 연료계통, 유압계통, 전기계통, 공기조절 및 여압계통, APU 계통의 판넬이 있다.

2) Seat
   (1) 조종실 Seat
      ① captain seat, first officer seat, observer seat가 있다.
      ② pilot seat는 전후, 상하, 회전, recline의 조작을 할 수 있다.
   (2) 객실 Seat
      ① 승객용, lounge용, attendant용이 있다.
      ② 객실용 seat는 floor에 설치된 track상에 고정되고 용도에 따라 pitch를 정할 수 있고, seat belt는 허리용뿐이다.
      ③ jump seat : 접개식 보조석으로 출입구 가까이 있는 객실 승무원용 좌석

3) Galley
   ① 승객에게 식사나 음식물을 제공하기 위한 기내장치이다.
   ② 육류를 재가열하여 익히는 high temp oven, 물수건용 oven, coffee maker, water boiler, 냉장고, 음료 보온용 container, 음식물 보관 container 등이 있다.

4) 화장실(Lavatory)
   ① 화장실 설치 시 좌석수를 고려하여, 적절한 수와 배치가 이루어진다.
   ② 장거리에서는 30 ~ 40석, 중거리에서는 40 ~ 50석, 단거리에서는 50 ~ 60석당 1개소로 화장실을 설치하고, 그 배치도 특정의 화장실에 승객이 집중하지 않게 고려되어 있다.

5) 화물실
   (1) forward 및 after cargo는 passenger cabin floor 밑에 위치하고 있다.
   (2) ULD의 loading 및 unloading을 위한 전기적으로 작동하는 cargo handling system과 restraining system이 있다.
   (3) ULD(Unit Load Devices)
       ① Cargo/Baggage Container : full size container의 폭은 화물실 전체의 폭과 같으며, 대형의 화물을 적재하는 데 사용한다. half size는 승객들의 baggage와 소형화물 수송에 사용한다.
       ② Cargo Pallet : 화물실 바닥에 pallet retention hardware들이 장비되어 있을 때에만 화물을 적재할 수 있다.
   (4) Cargo Conveyance System
       ① Ball Transfer Panel(Ball Mat) : cargo door bay 바닥과 container와의 마찰저항을 최소로 하여 화물의 가로 방향과 길이방향의 이동을 용이하게 해준다.
       ② Roller Track : 길이방향의 이동만이 요구되는 장소에 roller tray의 열을 평행으로 장착하여 container 바닥과의 마찰저항을 감소시킬 수 있다.
       ③ Power Drive Unit : 전기 모터와 gear box로 구성되어 있으며 화물을 이동시키는 힘을 발생시킨다.

21.1.2 PSS & PSU(Passenger Service System & Passenger Service Unit) 기능

1) PSS는 승객의 reading light 및 승객이 attendant를 부르는 call을 말한다. 승객은 각자 좌석 팔걸이에 장착되어 있는 seat control box의 reading light switch 및 call button에 의하여 조작할 수 있다.
2) PSU는 비행중 승객이 사용할 수 있는 장치로서 reading light, attendant call light, emergency oxygen mask, air outlet 등을 말한다.

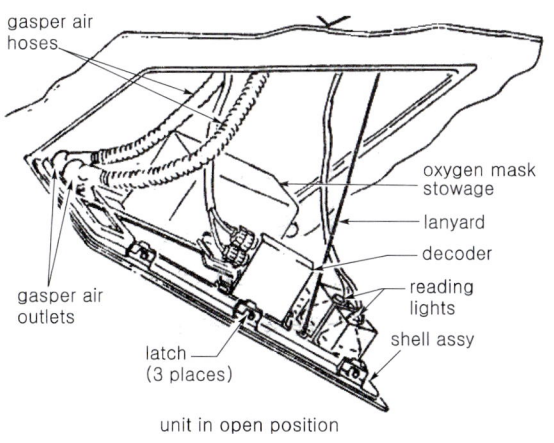

▲ 그림 21-1 PSU(Passenger Service Unit)

21.1.3 Emergency Equipment

1) 개요
   ① 사고가 발생했을 때 승객과 승무원이 무사히 탈출하고 구출되는 것을 돕기 위한 장비품이다.
   ② 긴급 불시착 시에 탈출을 돕는 escape slide, rope, 도끼, 휴대용 확성기
   ③ 수면 위 불시착에 대비하여 life raft, life vest, 조난 위치를 알리는 전파발신장치, 발화 신호장치, 승객의 부상을 치료하는 구급약품 등이 기내에 탑재되어 있다.

2) Descent Device
   ① 조종실 천장부근의 격리된 stowage holder 내에 저장되어 있다.
   ② 이 device들은 fright crew들이 escape slide를 사용하지 못하는 조건이 될 때 비상으로 탈출하는 설비이다.
   ③ descent중에 발생하는 속도의 증가는 device 내의 braking action을 증가시켜 서서히 내려올 수 있도록 되어 있다.

3) Emergency Escape Slide
   ① 긴급 불시착했을 때 승객과 승무원을 안전하게 신속히 기체 밖으로 탈출시키기 위한 장치이다.
   ② 이러한 slide는 법규에서 정해진 90초 이내에 전원이 탈출을 가능케 하기 위하여, 비상구를 열면 동시에 고압의 nitrogen gas에 의해 10초 내에 자동적으로 전개, 팽창하여 미끄럼대의 형태로 되게 설계되어 있다.

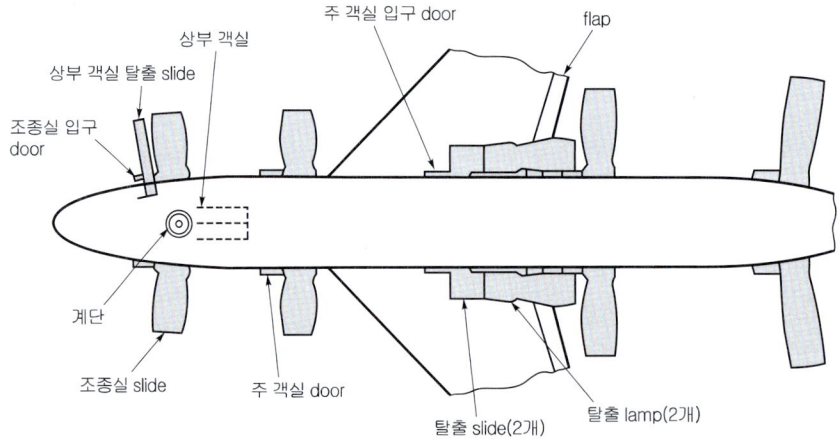

▲ 그림 21-2 B-747 항공기 emergency escape slide

4) Emergency Signal Equipment
   ① 표류중에 소재를 알려주는 것으로 백색광탄, 적생광탄, power megaphone, radio beacon이 장비되어 있다.

② radio beacon은 보통 비닐커버로 포장되어 있는데 커버를 떼어내어 해수를 띄우면 자동적으로 안테나가 퍼져서 전파법에 정해진 2종류의 조난 주파수(121.5와 243Mz)의 전파를 발생한다.

5) Life Saving Equipment
  ① life vest : 개인용 구명조끼로 의자 밑에 한 개씩 장착되어 있고 내장되어 있는 압축공기 또는 입으로 공기를 불어넣어 팽창시킬 수 있다.
  ② life raft : 수면에 긴급 불시착 했을 때 투하하여 압축가스로 팽창시켜 탑승자를 수용하고 표류하기 위한 것으로 여기에는 비상용 식량, 바닷물을 담수로 만드는 장치, 약품, 비상신호 장비 등이 내장되어 있고, 강우나 직사광선을 피하기 위한 천장도 부착되어 있다. 현재 주로 사용하고 있는 것은 25인승이지만 slide가 life raft로 되는 것도 있다.
  ③ First Aid Kit : 긴급 불시착 시에 사용하는 약품이나 응급치료 용구를 작은 금속제 트렁크에 넣을 것으로 내용물은 법규에 자세히 규정되어 있으며, 탑재 수량은 승객 수에 따라 정해져 있다.
  ④ Emergency Light : 야간에 불시착 했을 때 기내·외를 밝혀주는 비상용 조명, 비상전원에 의해 작동할 수 있게 되어 있으며, 밝기는 책을 읽을 수 있을 정도이고 최고 10분 이상 들어올 수 있게 되어 있다.

21.1.4 객실 여압 시스템과 시스템 구성품의 검사
  ※ 20.3 여압 조절장치 참조

22 화재탐지 및 소화계통

22.1 화재탐지 및 경고장치(Fire Detection And Warning System)

22.1.1 종류 및 작동원리

22.1.1.1 화재감지계통(Fire Protection System)의 이해

1) 화재감지 일반

(1) 화재 또는 과열상태를 탐지하기 위해서, 탐지기는 감시하고자 하는 여러 방면의 지역에 놓인다. 화재는 다음에 열거하는 한 가지 이상을 사용하여 왕복엔진항공기와 소형 터보 프롭 항공기에서 탐지된다.
  ① 과열 탐지기(overheat detector)
  ② 온도 상승비율 탐지기(rate-of-temperature-rise detector)
  ③ 화염 검출기(flame detector)
  ④ 조종사에 의한 관찰

(2) 대부분 대형 터빈엔진 항공기의 완벽한 항공기 화재방지계통은 몇몇 다른 탐지방법을 병용한다.
  ① 온도비율 탐지기(rate of temperature detectors)
  ② 방열수감 탐지기(radiation sensing detectors)
  ③ 연기탐지기(smoke detectors)
  ④ 과열 탐지기(overheat detectors)
  ⑤ 일산화탄소 탐지기(carbon monoxide detectors)
  ⑥ 가연혼합물 탐지기(combustible mixture detectors)
  ⑦ 섬유광학 탐지기(fiber-optic detectors)
  ⑧ 승무원 또는 승객에 의한 관찰

(3) 화재(fire)의 빠른 탐지를 위해 가장 일반적으로 사용된 감지기의 형식은 상승비율, 광센서, 공기압루프, 그리고 전기저항장치가 있다.

2) 과열과 화재방지계통의 요구사항

(1) 현대 항공기에 화재방지계통은 화재감지의 제1차적인 방법으로서 승무요원에 의한 관찰에 의지하지 않는다. 화재탐지기에는 여러 가지 내화성 재료를 사용하고 있으나 다음과 같은 기능 및 성능이 요구된다.

① 지상 또는 비행중에 거짓 작동이나 경고가 울리지 말 것
② 화재가 발생했을 때 발생장소를 정확하고 신속하게 표시할 것
③ 화재가 진행중일 때는 계속 작동할 것
④ 화재가 꺼진 후에는 즉시 작동을 중지할 것
⑤ 화재의 재발생일 때 똑같은 방법에 의하여 작동할 것
⑥ 조종실에서 화재감지계통의 시험을 할 수 있을 것
⑦ 외부 물질에 대한 내구성이 있을 것
⑧ 무게가 가볍고 설치가 용이할 것
⑨ 항공기 전원계통으로부터 직접 전원을 공급받고,
⑩ 화재를 지시하지 않을 때 전기소모가 적을 것
⑪ 화재탐지는 각 구역마다 독립된 계통을 설치할 것
⑫ 화재발생 시에 조종실에 경고음과 경고등이 동시에 작동할 것

22.1.1.2 화재감지계통(Fire Protection System) 종류

화재탐지계통에는 여러 가지 형태가 있으나 일반적으로 널리 사용하는 것은 열 스위치, 펜웰 스폿 감지기, 열전쌍 감지계통과 연속적인 루프 감지계통이 있다.

1) 열 스위치 계통(thermal switch system)
 ① 열 스위치장치는 작동을 제어하는 항공기 전력계통과 열 스위치에 의해 전압을 가하는 1개 이상의 등(light)을 갖춘다.
 ② 열 스위치는 어떤 정해진 온도에서 전기회로를 완성하는 열 감지장치이다. 그림 22-1과 같이 열 스위치는 서로 병렬로 연결되지만 표시등과는 직렬로 연결된다.
 ③ 만약 온도가 회로의 어떤 하나의 구간에서 설정값 이상으로 상승한다면, 화재상태 또는 과열상태를 지시하기 위해 등 회로를 완성하는 열 스위치는 닫힌다.
 ④ 정해진 수의 열 스위치가 요구되지는 않고, 정확한 수는 보통 항공기제작사에 의해서 결정된다. 일부 장치에서, 모든 온도 탐지기는 하나의 등에 연결되는데, 다른 장치에서, 각각의 표시등(indicator light)에 대해 하나의 열 스위치가 있게 된다.
 ⑤ 경고등은 push-to-test등(light)이다. 전구는 보조시험회로를 구성하기 위해서 안으로 전구를 누름으로써 시험한다.
 ⑥ 그림 22-1에서는 시험릴레이를 포함한 회로를 보여준다. 보여준 위치에 있는 릴레이접점으로서, 열 스위치로부터 경고등까지 전류흐름에 대한 2개의 가능한 경로가 있다. 이것은 부가적인 안전특성이다. 시험릴레이에 전압을 가하는 직렬회로를 완성하고 모든 배선과 백열전구를 점검한다. 또한 그림 22-1의 회로에 포함된 것은 어둡게 하는 계전기이다. 어둡게 하는 계전기에 전압을 가하면 회로는 등(light)과 직렬로 연결된 저항기를 포함시키도록 변경되었다. 일부 장치에서 몇 개의 회로는 어둡게 하는 계전기를 통하여 배선되고, 모든 경고등(warning light)은 동시에 흐려지게 된다.

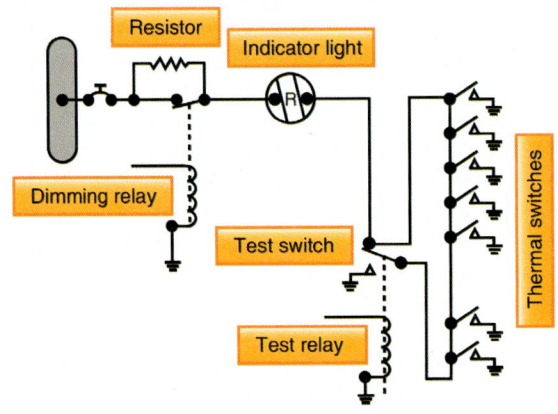

▲ 그림 22-1 열 스위치 화재감지계통 회로

2) 열전쌍계통(Thermocouple Systems)
   (1) 열전쌍은 온도의 상승 비율에 의존하고 서서히 엔진 과열 또는 단락이 전개될 때 경고를 주지 않는다. 이 계통은 계전기 박스, 경고등, 그리고 열전쌍으로 이루어진다. 이들 유닛의 배선방식은 다음의 회로로 나누어지게 된다.
   ① 탐지기회로(detector circuit)
   ② 경보회로(alarm circuit)
   ③ 시험회로(test circuit)
   (2) 그림 22-2에서는 이들 회로를 보여준다. 릴레이 박스에는 2개의 릴레이, 즉 감도릴레이와 종속릴레이, 그리고 열 시험 장치를 포함한다. 이러한 박스는 잠재적인방화구역의 수에 따르는, 1개부터 8개의 동일한 회로를 포함하게 된다.
   (3) 릴레이는 경고등을 제어한다. 반면, 열전쌍은 릴레이의 작동을 제어한다. 이 회로는 서로 직렬로 몇 개의 열전쌍과 감도릴레이로 이루어진다.

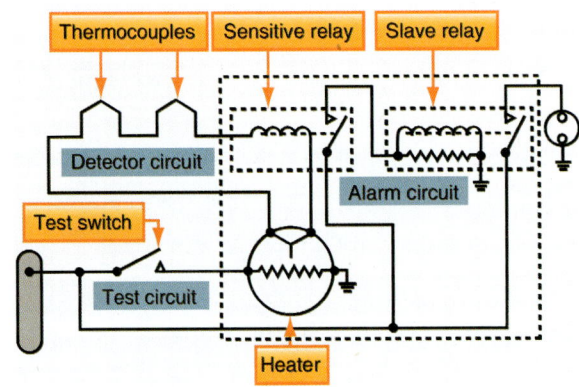

▲ 그림 22-2 열전쌍 화재경고계통 회로

(4) 열전쌍은 크로멜과 콘스탄탄과 같은 2개의 이종금속으로 조립된다. 이 금속이 접합되고 화재의 열에 노출된 지점은 열 접점이라고 부른다. 또한, 2개의 절연 블록 사이에 단열공기층으로 둘러싸인 기준접점이 있다.

(5) 금속 틀 열 접점에 공기의 자유이동을 막힘없이 기계적인 보호를 주도록 열전쌍을 에워싼다. 만약 온도가 빠르게 상승한다면, 열전쌍은 기준접점과 열 접점 사이에 온도차이 때문에 전압을 생산한다. 만약 양쪽 접점이 같은 비율로 가열된다면, 결과로서 전압은 발생하지 않는다.

(6) 엔진 작동에서 완만한 온도의 상승으로, 양쪽 접점은 동일 비율로 뜨거워지므로 주어진 경고신호는 없다. 그러나 만약 화재가 발생한다면, 열 접점은 기준 접점보다 빠르게 더 뜨거워지고, 발생한 열기전력은 전류를 탐지기회로 내로 흐르게 한다.

(7) 전류가 4mA보다 더 크면 언제든, 감도릴레이는 닫힌다. 이것은 항공기 전력계통으로부터 종속릴레이의 코일까지 회로를 완성한다. 그다음 종속릴레이는 닫히고, 시각적인 화재경고를 제공하기 위해 경고등으로 회로를 연결한다.

(8) 개개의 탐지기회로에서 사용된 열전쌍의 총수는 방화구역의 크기와 보통 5Ω을 초과하지 않는, 총 회로저항에 의존한다. 그림 22-2와 같이, 회로는 2개의 저항기를 갖는다. 종속릴레이의 단자를 가로질러 연결된 저항기는 종속릴레이의 접촉점을 가로질러 아크를 방지하기 위해 코일의 자기유도 전압을 흡수한다. 종속릴레이의 접점은 만약 아킹이 발생한다면 그들은 타버리거나 붙어버린다.

(9) 감도릴레이가 열릴 때, 종속릴레이에 회로는 차단되고 그것의 코일 주위에 자기장은 붕괴한다. 그때 코일은 코일단자를 가로질러 저항기를 상대로 자기유도를 통해 전압을 얻지만, 감도릴레이접점에서 아킹을 배제하는 이 전압의 결과로서 어떤 전류흐름을 위한 경로가 있다.

3) 연속루프계통(Continuous-Loop Systems)

(1) 거의 독점적으로 운송용 항공기는 동력장치와 바퀴실 보호를 위해 연속열수감부(continuous thermal sensing element)를 사용한다. 이들 계통은 우수한 감지성능과 적용범위를 제공하고, 그리고 최신의 터보팬 엔진의 가혹한 환경에서 견디기 위해 증명된 견고성을 갖춘다.

(2) 연속 루프 탐지기 또는 수감 장치는 스폿 형식 온도검출기의 어떤 형태보다 더 많은 화재위험지역의 완전한 적용범위를 가능케 한다.

(3) 광범위하게 사용되는 두 가지 형식의 연속 루프 계통은 kidde와 fenwal 시스템과 같은, 서미스터형탐지기(thermistor-type detector)이고, lindberg 시스템과 같은 공기압 탐지기이다. 또한 lindberg 시스템은 systron-donner로 알려져 있고 최근에는 meggitt 안전계통으로도 알려져 있다.

① 펜웰 시스템(Fenwal system)

㉠ 그림 22-3과 같이 fenwal 시스템은 열에 민감한 공융염제와 니켈 와이어 중심 도선으로 채워진 가느다란 인코넬 관(inconel tube, 니켈 80%, 크롬 14%, 철 6%로 이루어진 고온·부식에 강한 합금의 상품명)을 사용한다.

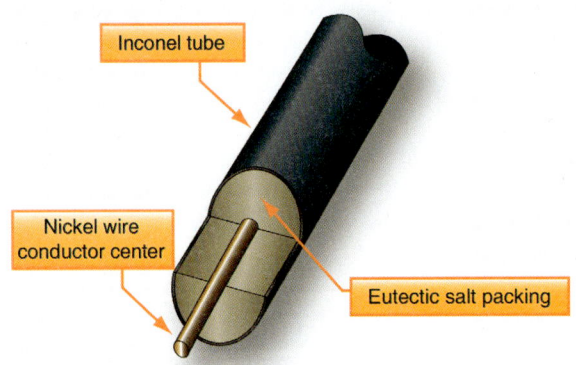

▲ 그림 22-3 펜웰 시스템(fenwal system) 감지 구성요소

- ⓝ 이들 수감부(sensing element)의 길이는 제어장치에 직렬로 연결되어 있다. 수감부는 동일하거나 다양한 길이의 것이며, 전력공급원으로부터 직접 작동하는 제어장치는 수감부에 적은 전압을 가한다. 과열상태가 수감부 길이를 따라 어느 지점에서 일어날 때, 외부덮개와 중심도선(center conductor) 사이에 전류를 흐르게 함으로써 수감부 내에 공융염제의 저항은 급격하게 떨어진다.
- ⓓ 이 전류흐름은 출력릴레이를 작동시키고, 경보를 작동시키기 위해 신호를 발생하는 제어장치에 의해 감지된다. 화재가 소화되었거나 또는 임계온도가 설정값 아래로 내려가졌을 때, fenwal계통은 자동적으로 대기 경계로 되돌아가고, 차후의 화재상황 또는 과열상태를 탐지하기 위해 준비한다.
- ㉑ fenwal계통은 루프회로를 고용하도록 배선하였다. 이 경우에 개방회로가 발생하면 system은 화재 또는 과열을 계속 신호한다. 만약 여러 곳에서 개방회로가 발생하면 오직 끊김 사이에 구간은 작동하지 않게 된다.

② 키드 시스템(Kidde system)
- ㉮ 그림 22-4와 같이 kidde 연속 루프 계통에서 인코넬 관에 끼워 넣어진 2개의 전선은 서미스터(thermistor) 핵심재료로 채워졌다. 2개의 전기도체는 중심부의 길이를 통과한다.
- ㉯ 하나의 도체는 관으로 접지접속을 갖고, 다른 하나의 도체는 화재탐지제어장치에 연결한다. 중심부의 온도가 상승할 때, 접지로 전기저항은 감소한다. 화재탐지제어장치는 이 저항을 감시한다. 만약 저항이 과열 설정값으로 감소한다면 과열 지시는 조종실에서 나타난다.
- ㉰ 전형적으로 10sec 시간지연 릴레이는 과열 지시를 위해 짜넣었다. 만약 저항이 화재 설정값 이하로 감소한다면, 화재경고가 일어난다. 화재 또는 과열상태가 지나갔을 때, 핵심재료의 저항은 재가동값으로 증가하고 조종실 지시는 사라진다.

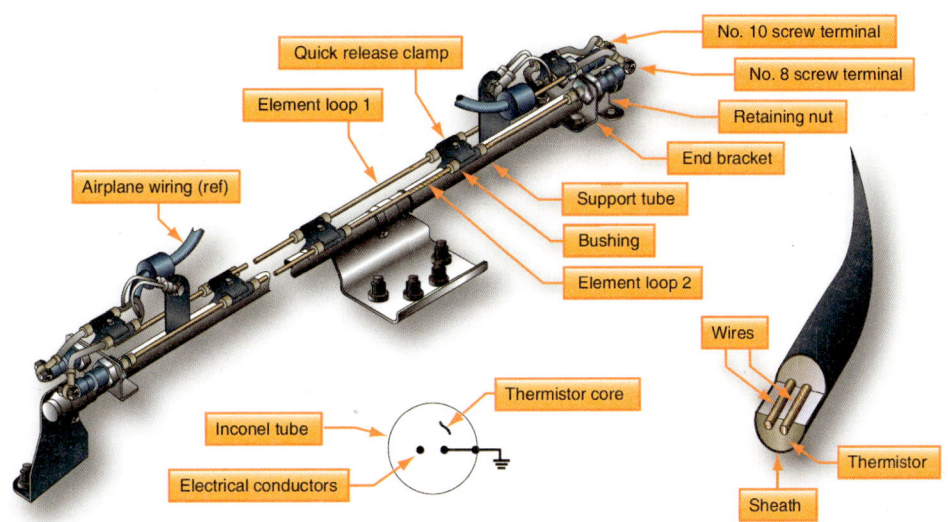

▲ 그림 22-4 키드 연속 루프계통(kidde continuous-loop system)

㉣ 저항의 변화율은 전기의 단락 또는 화재를 나타낸다. 저항은 화재로 인한 것보다 전기의 단락으로 인한 것이 더 빠르게 감소한다. 일부 항공기에서 화재감지와 과열감지에 추가하여 키드 연속 루프계통(kidde continuous-loop system)은 항공기운항감시 장치 (AIMS, aircraft in-flight monitoring system)의 비행기상황감시기능(airplane condition monitoring function)으로 나셀온도자료(nacelle temperature data)를 제공할 수 있다.

22.1.2 계통(Cartridge, Circuit) 점검방법 체크

1) 연속루프계통의 수감부는 다음 사항에 대해 검사하여야 한다.
   ① 검사 판, 카울 패널, 또는 엔진구성부분 사이에 뭉그러지기 또는 압착하기에 의해 일으켜진 균열 또는 부서진 구간
   ② 카울링, 액세서리, 또는 구조부재의 마찰에 의해 발생된 마모
   ③ 스폿 감지기 단자를 단락시키게 하는 안전결선 조각이나 또는 다른 금속입자
   ④ 오일에 노출로부터 부드러워지게 된 또는 과도한 열에 의해 경화되게 된 마운트 클램프에 있는 고무 그로밋의 상태
   ⑤ 그림 22-5와 같이 수감부 구간에서 움푹 팬 곳과 꼬임, 수감부 직경에 한도, 허용할 수 있는 움푹 팬 곳과 꼬임, 그리고 배관윤곽의 부드러움 정도는 제조자에 의해서 명시된다. 응력은 배관 파손의 원인이 될 수 있는 것을 제공하게 되기 때문에 어떤 기준에 맞는 움푹 팬 곳과 꼬임이라도 똑바로 만들려고 시도하지 않는다.

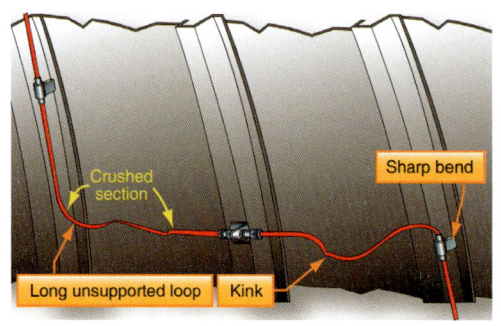
▲ 그림 22-5 감지 구성요소 결함

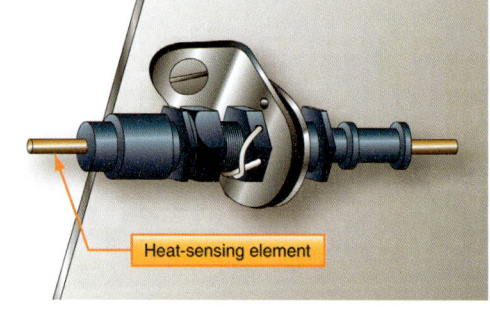
▲ 그림 22-6 연결 피팅 장착상태

⑥ 그림 22-6과 같이 수감부의 끝단에서 너트는 죄임과 안전결선에 대해 검사되어야 한다. 풀린 너트는 제작사 사용법설명서에 의해 명시된 값으로 다시 토크되어야 한다. 수감부 접합의 일부 형식은 구리분쇄 개스킷의 사용을 필요로 한다. 이런 개스킷은 언제나 연결이 분리되었을 때 교체되어야 한다.

⑦ 만약 감싸진 연성의 도선이 사용되었다면, 그들은 외부편조의 닳아 풀어지게 된 것에 대해 검사되어야 한다. 편조외장은 내부절연선을 둘러싸는 보호덮개 내에 수많은 가는 금속가닥이 포장된 것이다. 케이블의 연속적 구부리기 또는 거친 취급은 특히 연결기 근처에 이들 가는 전선을 끊어지게 할 수 있다.

⑧ 그림 22-7과 같이 수감부 돌리기와 고정시키기는 신중히 검사되어야 한다. 긴 지탱되지 않은 구간은 파손의 원인이 될 수 있는 과도한 진동을 가능케 하게 한다. 보통 약 8~10 inch, 곧은 도관의 클램프 사이에 간격은 각각의 제작사에 의해 명시된다. 연결부 끝단에서 첫 번째 지지 크램프는 보통 끝단 연결부 조립으로부터 4~6 inch에 위치한다. 대개의 경우, 1 inch의 곧은 도관은 굽힘이 시작되기 전에 모든 연결부로부터 지속되고, 그리고 3 inch의 최적 굽힘 반지름은 정상적으로 고수하는 것이다.

⑨ 카울 지주와 수감부 사이의 간섭은 마멸의 원인이 될 수 있다. 이 간섭은 수감부를 닳아 해짐과 단락의 원인이 되게 한다.

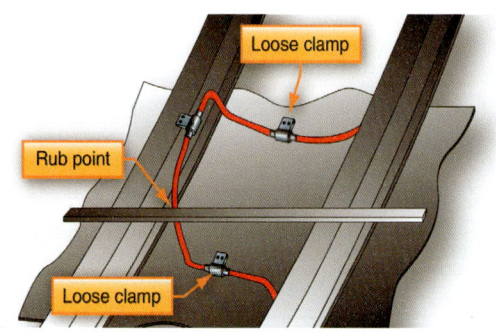
▲ 그림 22-7 접촉에 의한 마찰 위험 부분

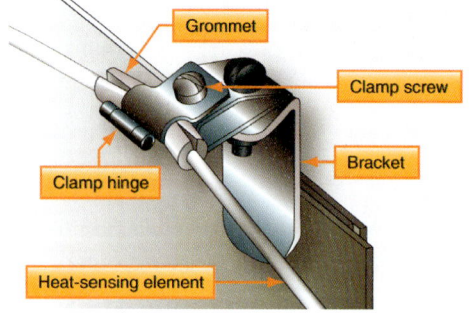
▲ 그림 22-8 화재 감지 루프클램프 점검

⑩ 그림 22-8과 같이 그로밋은 양쪽 끝단이 그것의 클램프에 중심에 두도록 수감부에 장착된다. 그로밋의 갈라진 끝단은 가장 가까운 굽힘의 바깥으로 향하게 해야 한다. 클램프와 그로밋은 잇기 편하게 수감부를 고정시켜야 한다.

2) 용기의 압력 체크(Container Pressure Check)
   ① 소화용기는 압력이 규정된 최저한계와 최고한계 사이에 있는지 판단하기 위해 주기적으로 점검된다.
   ② 외기온도에 따라 압력의 변화는 또한 규정된 한계 범위에 들어가야 한다.
   ③ 그림 22-9에서는 최대와 최소 게이지 지시치를 규정하는 압력-온도 곡선 도표의 전형적인 것이다. 만약 압력이 도표의 범위에 들어가지 않는다면, 소화용기는 교체된다.

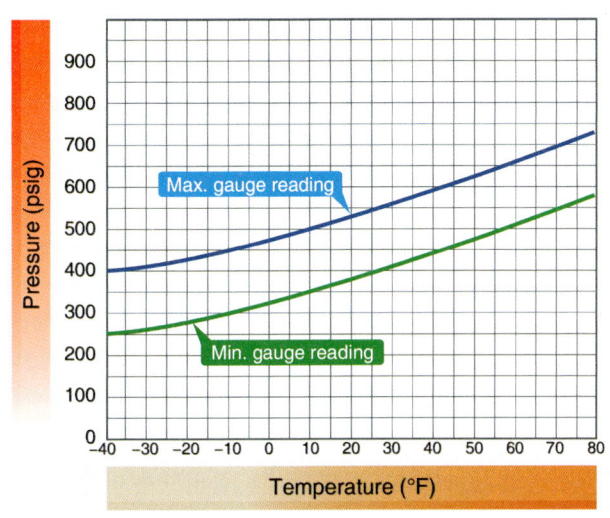

▲ 그림 22-9 소화용기 압력-온도 곡선 도표

3) 방출 카트리지(Discharge Cartridge)
   ① 소화기 방출 카트리지의 사용기간은 보통 카트리지의 면에 놓인 제조일자 스탬프에서 계산된다. 제작사에 의해 권고된 카트리지 사용기간은 연도별로 표시된다.
   ② 카트리지는 약 5년 이상 이용할 수 있다. 방출 카트리지의 만기되지 않은 사용기간을 결정하기 위해, 보통 소화용기로부터 장탈될 수 있는 플러그 바디로부터 전기도선과 방출 관을 분리하는 것이 필요하다.

4) 용액용기(Agent Container)
   ① 그림 22-10과 같이 카트리지와 배출밸브의 교환은 주의를 해야 한다. 대부분 새로운 소화용기는 분해된 그들의 카트리지와 배출밸브에 의해 이뤄진다.
   ② 항공기 장착 전에 카트리지는 배출밸브에 적절하게 조립되어야 하고 밸브는 패킹 링 개스킷에 의하여 조이는 스위블 너트로 용기에 연결된다.

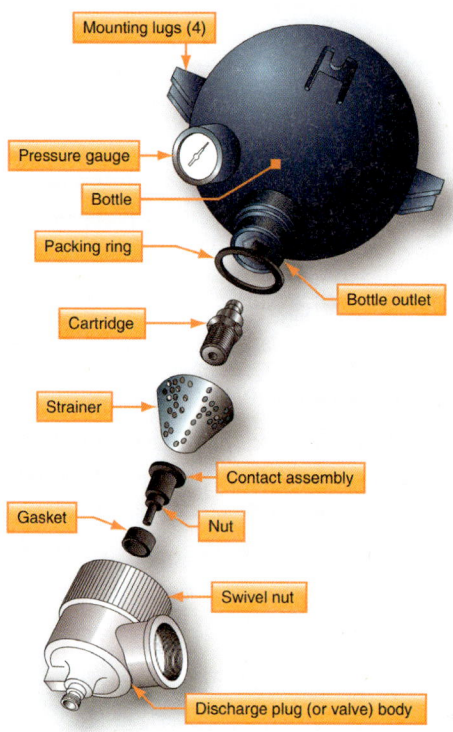

▲ 그림 22-10 소화용기 구성용품

③ 만약 카트리지가 어떤 이유로 배출밸브로부터 장탈된다면, 그것은 접점의 돌출부 거리가 각각의 유닛에 의하여 변하기 때문에, 다른 배출밸브어셈블리를 사용해서는 안 된다. 그러므로 연속성은 만약 긴 접점의 톱니모양으로 만들어진 플러그가 더 짧은 접점으로 배출밸브에 장착되면 안 된다.
④ 실제로 정비를 수행할 때, 항상 적용할 수 있는 정비매뉴얼과 특정한 항공기에 관련된 간행물(publication)을 참고한다.

22.2 소화기계통(Fire Extinguisher/Bottle)

22.2.1 종류(A, B, C) 및 용도구분

1) 화재의 종류

국제화재방지협회(NFPA, national fire protection association) Standard 10, 휴대용소화기에 정의된 것처럼, 기내에서 일어나는 것이 가능하다고 생각되는 화재의 등급은 다음과 같다.
① A급 화재(Class A Fire) : 기본적으로 목재, 직물, 종이, 고무제품, 그리고 플라스틱과 같은, 통상의 가연재료에 발생하는 화재

② B급 화재(Class B Fire) : 가연성액체, 석유계 오일, 그리스, 타르, 유성도료, 락카, 솔벤트, 알코올, 그리고 인화성가스에서 발생하는 유류 화재
③ C급 화재(Class C Fire) : 비전도성인 소화용재의 사용이 중요한 곳에서 전압을 가한 전기장치에서 발생하는 전기 화재
④ D급 화재(Class D Fire) : 마그네슘, 티타늄, 지르코늄, 나트륨, 리튬, 그리고 포타슘과 같은 가연성 금속에서 발생하는 금속 화재

2) 화재 구역(Fire Zone)
(1) 동력장치실은 그들을 통하여 공기흐름에 따라 구역으로 분류된다.
① A급 구역(Class A Zone) : 유사하게 형체를 이룬 장애물의 규칙적인 배열을 지나간 대량의 공기흐름 지역. 왕복엔진의 동력 부분은 보통 이 형식의 것이다.
② B급 구역(Class B Zone) : 공기역학적으로 결점 없는 장애물을 지난 대량의 공기흐름 지역. 이 형식에 포함된 것은 열교환기 덕트, 배기매니폴드 보호덮개이고, 그리고 카울링 또는 다른 마감의 안쪽 지역의 매끄럽고, 오목한 곳을 자유로이 출입할 수 있는 것, 그리고 누설된 인화성물질이 적절히 배출되는 곳이다. 터빈엔진실은 만약 엔진 표면이 공기역학적으로 결점 없는 것이라면 이 부류로서 고려하여야 하고, 모든 기체구조 동체는 공기역학적으로 결점 없는 접합면을 만들어내기 위해 내화라이너로써 감싼다.
③ C급 구역(Class C Zone) : 비교적 느린 공기흐름의 지역. 동력부문으로부터 격리된 엔진액세서리 구성부분은 이 형식의 구역의 예이다.
④ D급 구역(Class D Zone) : 아주 적거나 또는 거의 공기흐름이 없는 지역. 이 지역은 약간의 환기가 마련된 날개 구성품들과 바퀴실을 포함한다.
⑤ X급 구역(Class X Zone) : 대량의 공기흐름의 지역과 매우 까다로운 소화제의 균일분포를 만드는 색다른 구조의 지역. 대형 구조모형 사이에 깊이 우묵 들어 간 곳을 만든 공간과 오목한 곳을 포함하는 지역은 이 형식의 것이다. 시험은 Class A 구역에 대한 것에 2배의 것으로 소화제가 요구된다.
(2) 동력장치 장착은 몇몇의 계획된 방화구역을 갖는다. ① 엔진동력 부문, ② 엔진액세서리 부문, ③ 왕복엔진을 제외한, 엔진동력부문과 엔진액세서리 부문 사이에 장치된 격리가 없는 완전한 동력장치실, ④ APU compartment, ⑤ 연료연소가열기와 다른 연소장치설비, ⑥ 터빈엔진의 압축기부문과 액세서리부문, ⑦ 가연성유동체 또는 인화성가스를 운반하는 line 또는 구성요소를 포함하는 터빈엔진설비의 압축기, 터빈, 그리고 배기관 section이다. 그림 22-11에서는 대형 터보팬엔진에 대한 화재방지를 보여준다.
(3) 엔진과 나셀지역에 추가하여, 다발기에 다른 지역은 화재탐지계통과 화재방지계통으로 장치된다. 이들 지역은 수화물실, 화장실, APU, 연소가열기설비, 그리고 다른 위험지역을 포함한다. 이들 지역에 대한 화재방지의 검토는 엔진화재방지로 한정된 이 부분에서 다루지 않는다.

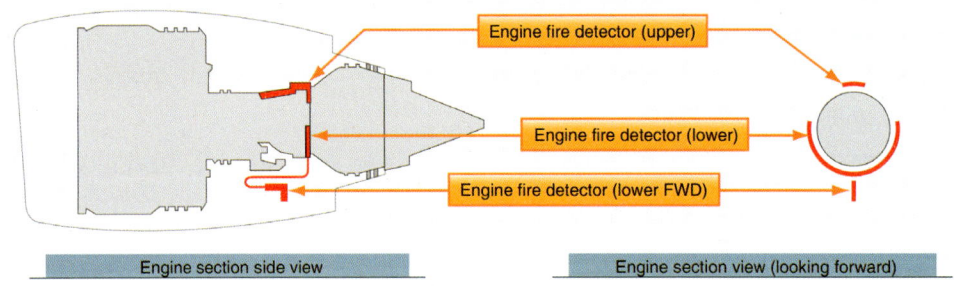

▲ 그림 22-11 대형 터보 팬 엔진화재 구역

3) 소화용제와 휴대용 소화기(Extinguishing Agents And Portable Fire Extinguisher)
   ① 조종실에서 사용을 위한 휴대용 소화기를 적어도 한 손에 쥐고 쓸 수 있는 것이 있어야 한다.
   ② 6명 이상 30명 미만의 비행기 객실에서 편리하게 위치된, 한 손에 쥐고 쓸 수 있는 소화기가 있어야 한다.
   ③ 조종실에서 사용을 위한 각각의 소화기는 유독가스 농도의 위험을 최소로 하도록 설계되어야 한다.
   ④ 표 22-1에서는 운송용 항공기에 대해 손에 쥐고 쓸 수 있는 소화기인, 휴대용의 수를 보여 준다.

▼ 표 22-1 운송용 항공기에 비치하여야 할 휴대용 소화기 수량

Passenger capacoty	No. of extinguishers
7 through 30	1
31 through 60	2
61 through 200	3
201 through 300	4
301 through 400	5
401 through 500	6
501 through 600	7
601 through 700	8

4) 소화액의 종류
   (1) 할로겐화 탄화수소(Halogenated Hydrocarbon)
      ① 할로겐화 탄화수소, 즉 할론(halon)은 민간 운송용 항공기에서 사용된 실질적으로 유일한 소화제였다. 그러나 할론은 오존층 파괴와 지구온난화 화학제품이고, 그것의 생산은 산업별협정에 의해 금지되었다.
      ② 비록 할론 취급은 전 세계 중 일부에서 금지되었지만, 항공기산업은 언제든지 운영할 수 있도록 정비된 그리고 화재안전성 요건 때문에 면제를 인가되었다. 할론은 그것이 광범위한 항공기 환경조건을 넘어 단위무게당 아주 효과적인 것이기 때문에 민간 항공기산업

에서 소화제의 선택을 가져왔다. 그것은 찌꺼기가 없는 깨끗한 소화제이고, 전기 작용으로 부전도의 것이고, 그리고 비교적 낮은 유독성이다.

③ 할론의 두 가지 형식은 항공기산업에서 쓰이는데, 할론 1301($CBrF_3$) 완전한 충만제(flooding agent)와 할론 1211($CBrClF_2$) 흐름제이다. Class A, B, 또는 C 화재는 할론으로 적당히 억제된다. 그러나 Class D 화재에는 할론을 사용할 수 없다. 할론은 뜨거운 금속에 활발하게 반응을 나타내게 한다.

④ 할론이 여전히 사용되고 화재의 등급에 대해 적합한 소화제인 반면에, 이들 오존층 파괴제의 제품은 제한되었다. 비록 규정되지 않았지만, 사용되었을 때 할론의 대체 소화기로서 교체를 고려해야 한다. 할론 대체제는 할론-카본 HCFC Blend B, HFC-227ea, 그리고 HFC-236fa를 함유하는 예정 일자에 준수하는 것으로 알려졌다.

(2) 비활성 냉각가스(Inert Cold Gas)

① 이산화탄소는 효과적인 소화제이다. 그것은 가장 자주 엔진 또는 APU 화재와 같은, 항공기의 외부에서 화재를 진화하기 위해 램프에서 이용할 수 있는 소화기로 사용된다.

② CO_2는 수년 동안 가연성액체 화재와 전기장치를 포함하는 화재에 사용되었다. 그것은 불연성의 것이고 대부분 물질을 상대로 반응을 일으키지 않는다. 그것은 질소의 가압충전이 system에 부동 장치를 추가하게 하는 아주 추운 기후를 제외하고, 저장기에서 방출을 위해 자체 압력을 마련한다.

③ 정상적으로, CO_2는 가스이지만 그것은 압축과 냉각에 의해 쉽게 액화시킨다. 액화 이후, CO_2는 액체와 가스로 밀폐용기에 남아 있다. 그다음 CO_2가 대기로 방출되었을 때, 액체의 대부분은 가스로 팽창한다. 증발 시 가스에 의해 흡수된 열은 -110°F로 잔여액체를 차게 하고, 그리고 흰색고체, 드라이아이스 스노우로 분할하게 한다.

④ 연소면 위에 공기에 대체하는 그리고 질식대기를 유지하는 능력을 주는 이산화탄소는 공기만큼 무거운 것에 약 1.5배이다. CO_2는 그것이 연소가 더 이상 후원되지 않도록 공기를 희박하게 하고 산소함유량을 줄이기 때문에 주로 소화제로서 유용한 것이다. 어떤 조건에서, 약간의 냉각효과는 또한 실현된다. CO_2는 단지 약한 독성으로 간주되지만, 그러나 만약 희생자가 20~30min 동안 소화 농도에서 CO_2를 호흡하도록 허락한다면 질식에 의해 무의식과 죽음의 원인이 될 수 있다.

⑤ CO_2는 일부 항공기 paint에서 사용된 질산섬유소와 같은, 자체의 산소 공급량을 함유한 화학제품을 수반하는 화재에 소화제로서 유용한 것은 아니다. 또한, 마그네슘과 티타늄을 수반하는 화재는 CO_2에 의해 소화될 수 없다.

(3) 건조분말소화제(Dry Powder)

① class A, B, 또는 C 화재는 분말소화제에 의해 억제될 수 있다. 오직 모든 목적, 즉 class A, B, C급의 분말소화약제 소화기는 일 인산암모늄(mono-ammonium phosphate)을 함유한다. 모든 다른 분말소화약제는 오직 class B, CU.S-UL 내화정격을 갖는다.

② 건조분말화학소화기(dry powder chemical extinguisher)는 Class A, B, 그리고 C 화재에 가장 좋게 억제하지만, 그러나 그들의 사용은 나머지의 찌꺼기로 인하여 제한된다.

(4) 물 소화제(Water)
① A급 형식 화재는 그것의 발화온도 이하로 냉각시키는 데 가장 효과적이다.

22.2.2 유효기간 확인 및 사용방법 체크

1) 화재 소화장치의 장착(Installed Fire Extinguishing System)

 운송용 항공기는 다음의 장소에 고정식 소화계통을 갖춘다.
 ① 터빈엔진실(turbine engine compartment)
 ② APU 격실
 ③ 화물과 수화물 격실
 ④ 화장실

2) 엔진 소화계통(Engine Fire Extinguishing System)

 ① 그림 22-12와 같이, 14 CFR part 23하에 인증된 근거리 도시 간 왕복여객기는 최소한으로, 한 번 발사 소화계통을 갖추는 것이 요구된다.
 ② 14 CFR part 25하에 인증된 모든 운송용 범주 항공기는 적당한 소화제 농도를 마련한 것과 각각 2개의 방출을 갖추는 것이 요구된다.
 ③ 개개의 한 번 발사(one-shot) 소화계통은 APU, 연소가열기, 그리고 다른 연소 장비를 위해 사용하게 된다. 각각의 "other"라고 명명된 방화구역에 대해, 2개의 방출, 즉 2번 발사장치는 적당한 소화제 농도를 마련하여 각각에 장치되어야 한다.

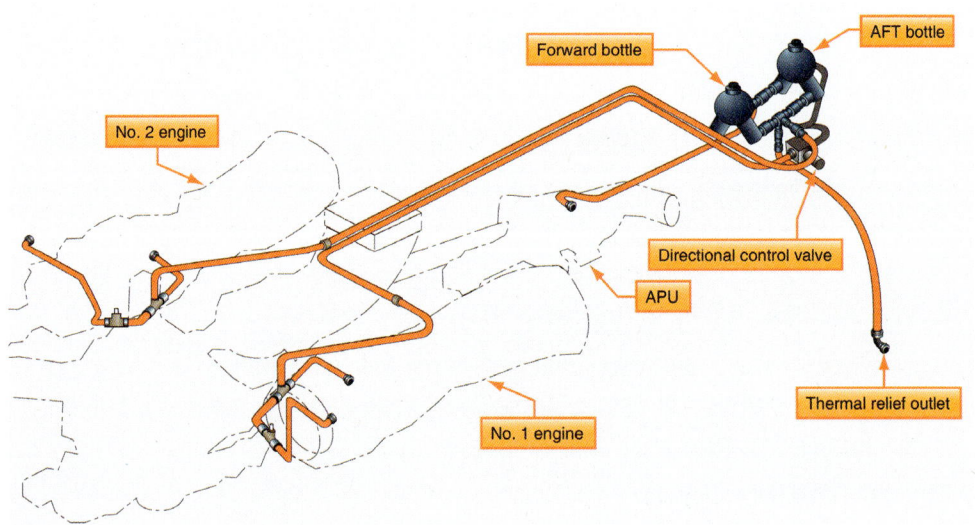

▲ 그림 22-12 항공기 화재 소화계통

3) 소화용제(Fire Extinguishing Agent)
   ① 대부분 엔진 화재와 화물실 화재방지계통에 사용된 고정식 소화기장치는 연소를 후원하지 않는 불활성가스로서 대기를 희박하게 하도록 설계된다.
   ② 수많은 시스템은 소화제를 살포하기 위해 구멍 난 배관 또는 방출노즐을 사용한다. 고 유량 장치는 1~2sec에 소화제의 양을 운반하기 위해 열린 tube를 사용한다.
   ③ 오늘날까지 계속 사용되는 가장 일반적인 소화제로 그것의 효과적인 진화작업 능력과 비교적 저독성(low-toxicity), 즉 UL 등급의 그룹 6이기 때문에 할론 1301을 사용한다.
   ④ 비부식성의(noncorrosive) 할론 1301은 그것이 접촉한 재료에 영향을 주지 않고 방출되었을 때 대청소를 필요로 하지 않는다. 할론 1301은 사업용 항공기를 위한 현재의 소화제이지만, 대체품은 개발중에 있다. 할론 1301은 그것이 오존층을 고갈시키기 때문에 더 이상 생산될 수 없다.
   ⑤ 할론 1301은 적당한 대체품이 개발될 때까지 사용될 것이다. 일부 군용기는 HCL-25를 사용하고 미연방항공청(FAA)은 사업용 항공기에 사용을 위해 HCL-125를 시험중에 있다.

4) 터빈기관의 지상방화계통(Turbine Engine Ground Fire Protection)
   ① 많은 항공기 시스템은 여러 가지 격실의 외판에 있는 스프링 작동식 또는 돌출 점검 도어를 압축기, 배기관, 또는 연소실에 신속한 접근을 위해 마련된다. 엔진 정지 또는 잘못된 시동 시에 일어나는 내부의 엔진 배기관 화재는 시동기를 갖춘 엔진을 감시하여 불어 꺼질(blown out) 수 있다.
   ② 가동 중인 엔진은 동일한 결과를 완수하기 위해 정격속도에서 가속될 수 있다. 만약 화재가 지속된다면, 소화제는 배기관 안으로 향하게 될 수 있다.
   ③ CO_2의 과도한 사용, 또는 냉각효과를 갖는 다른 소화제가 터빈에 터빈 틀을 수축시킬 수 있고 엔진으로 하여금 붕괴하게 한다는 것을 기억해야 한다.

5) 소화용기(Container)
   ① 그림 22-13과 같이, 소화기 용기, 즉 HRD 통은 액체할로겐화 소화제와 가압가스, 즉 질소를 저장한다. 그들은 정상적으로 스테인리스 스틸로 제조되며, 설계고려사항에 따라 티타늄을 함유한 교체재료도 이용할 수 있는 것이다. 용기는 또한 다양한 용량으로 이용할 수 있다.
   ② 미국 운수부(DOT) 명세서 또는 면제에 의거 생산된다. 대부분 항공기 용기는 가능한 가장 가벼운 무게를 마련하는 설계로서 구의 형태이다. 그러나 원통형은 공간제한이 요인인 곳에서 이용할 수 있는 것이다. 각각의 용기는 만약 과도한 온도에 노출될 경우 용기압력이 용기 시험압력 초과를 방지하는 온도·압력감지 안전 릴리프 다이어프램을 짜 넣는다.

▲ 그림 22-13 소화용기 장착 상태(HRD bottle)

6) 배출밸브(Discharge Valve)
   ① 그림 22-14와 같이, 배출밸브는 용기에 장착된다. 카트리지(squib)와 단단하지 못한 디스크 형태의 밸브는 배출밸브어셈블리의 출구에 장착된다. 솔레노이드식 또는 수동식 시트 형태의 밸브를 갖춘 특별한 어셈블리도 이용할 수 있다.
   ② 카트리지 디스크 릴리스기법의 두 가지 형식이 사용된다. 표준의 발사식은 분절식 폐쇄디스크를 파열하기 위해 폭발에너지에 의해 구동되는 금속의 작은 덩어리를 사용한다. 고온 또는 밀폐된 장치에서 직접폭발 충돌식 카트리지는 압축 응력식 내식강 다이어프램을 파열하기 위해 파쇄충격을 가하는 데 사용한다. 대부분 용기는 방출에 따른 재단장을 쉽게 하는 전통적인 금속개스킷 봉인을 사용한다.

▲ 그림 22-14 배출밸브(좌측)와 카트리지(우측)

7) 압력지시계(Pressure Indication)
   ① 그림 22-15와 같이 다양한 징후는 소화기의 소화제 충전상태를 입증하는 데 활용된다. 간단히 눈에 보이는 지시 게이지는 전형적으로 내진동인 헬리컬 버든 타입 지시계를 이용할 수 있는 것이다.
   ② 방출 표시기에 대한 필요를 미리 배제하는 조합게이지 스위치는 실제의 용기 압력을 시각적으로 지시하고, 만약 용기 압력이 상실되었다면 전기신호를 준다.

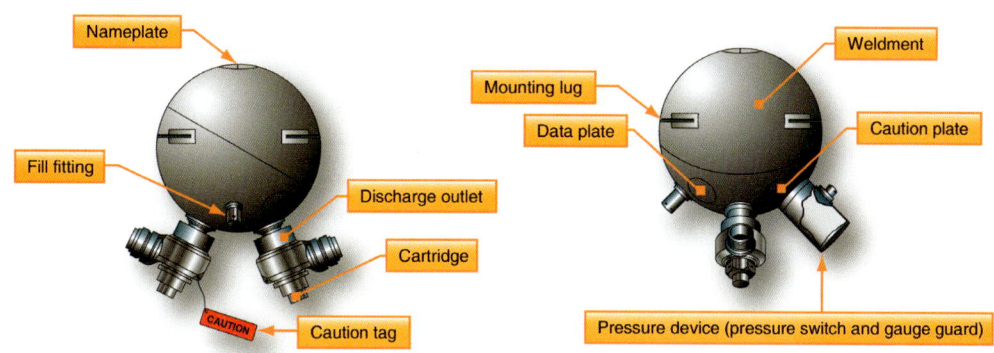

▲ 그림 22-15 소화용기(HRD bottle)

③ 지상 점검할 수 있는 다이어프램형 저압스위치는 일반적으로 밀폐된 용기에 사용된다. Kidde 시스템은 밀폐된 기준 챔버를 사용함으로써 온도와 함께 용기 압력 변이를 추적하는 온도보상형 압력스위치를 갖추고 있다.

8) 두 방향 체크밸브(Two-way Check Valve)
① 그림 22-16과 같이 경량의 알루미늄 또는 스틸로 제작된 두 방향 체크밸브의 상품을 이용할 수 있다. 이들 밸브는 남겨둔 용기에 소화기, 소화제가 이전의 비어진 주 용기 안으로의 역류를 방지하는 이중 발사 장치에서 요구된다. 두 방향체크밸브는 MS33514 또는 MS33656 피팅으로 장착된다.

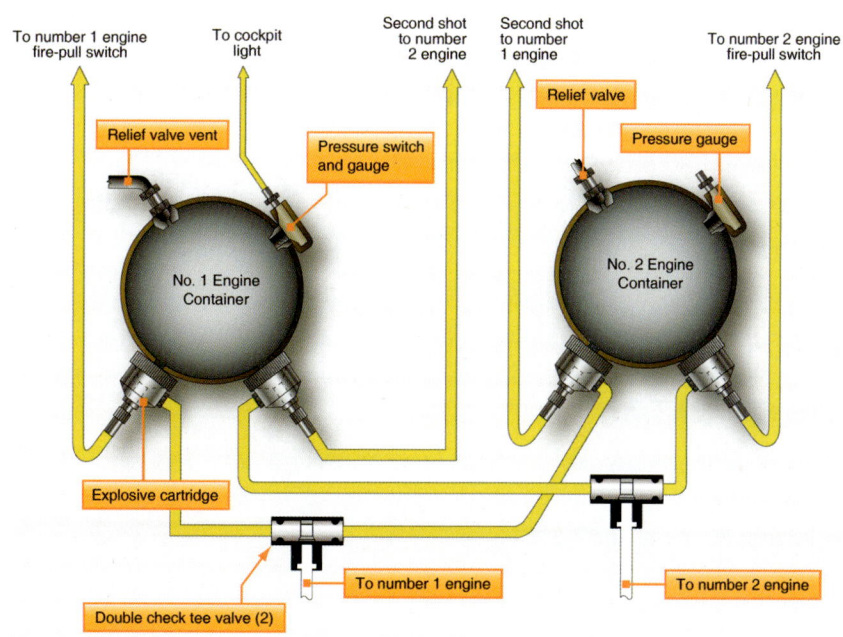

▲ 그림 22-16 소화용기 도해(HRD bottle)

9) 방출지시계(Discharge Indicator)

그림 22-17과 같이, 방출표시기는 소화계통에 용기 방출의 눈에 보이는 흔적을 나타낸다. 표시기의 두 가지 종류가 설비될 수 있는데, 서멀과 방출이다. 양쪽 형식은 항공기와 외판 설치를 위해 설계된다.

▲ 그림 22-17 방출지시계

10) 열 방출표시기[Thermal Discharge Indicator(Red Disk)]
① 열 방출표시기는 화재 용기 릴리프 피팅에 연결되고 용기 함유량(contents)이 과도한 열로 인하여 용기 밖으로 방출되었을 때 보이도록 적색 디스크를 밀어낸다.
② 소화제는 디스크가 분출할 때 열려 있는 쪽을 통해 방출된다. 이것은 소화용기가 다음 비행 이전에 교체되도록 요구하는 지시를 운항승무원과 정비사에게 제공한다.

11) 황색 디스크 방출지시계(Yellow Disk Discharge Indicator)
① 만약 운항승무원이 소화장치를 작동시킨다면, yellow disk는 항공기 동체의 외판으로부터 밀어내게 된다.
② 이것은 소화계통이 운항승무원에 의해 작동되었다는 것을 정비사에게 지시하는 것이고, 소화용기가 다음 비행 이전에 교체되어야 한다.

12) 화재스위치(Fire Switch)
① 그림 22-18과 같이, 엔진과 APU 화재스위치는 전형적으로 조종실에 중심 상부 패널 또는 중앙 콘솔에 장착된다.
② 엔진 화재스위치가 작동되었을 때, 다음과 같은 일이 일어나는데, 엔진은 연료조정장치 차단 때문에 정치하고, 엔진은 항공기계통으로부터 격리되고, 소화계통이 작동된다.
③ 일부 항공기는 계통을 작동시키기 위해 끌어당겨지고 돌려지는 것을 필요로 하는 화재스위치를 사용하지만, 반면에 다른 스위치는 안전장치를 갖춘 누름형 스위치를 사용한다.

④ 화재스위치의 우발적인 활성화를 방지하기 위해, 오직 화재가 감지되었을 때 화재스위치를 풀어놓는 안전장치가 장착된다.

▲ 그림 22-18 조종실 중심 상부 패널에 위치한 엔진 및 APU 소화스위치

SECTION 23 산소계통

항공정비사

23.1 산소장치작업(Crew, Passenger, Portable Oxy' Bottle)

23.1.1 주요 구성품의 위치

1) 승무원 산소계통(Crew Oxygen System)
   ① crew oxygen system은 cockpit의 pilot과 observers에게 산소를 제공한다.
   ② 고압산소 실린더로부터 각 flight crew station의 console에 장착된 산소마스크 보관함으로 산소가 공급된다.
   ③ 하나 또는 두 개의 고정된 산소 실린더가 cockpit 또는 fuselage에 내장되어 있고 각 실린더에 pressure regulator가 장착되어 있다.
   ④ 실린더 압력이 비정상적으로 올라갈 때 작동되는 overpressure safety system이 있어서 safety port(green disk)를 통해서 항공기 밖으로 산소를 배출시킨다.
   ⑤ 산소마스크는 cockpit 내 좌석수대로 구비되어 있고 쉽고 빠르게 착용할 수 있는 quick-donning mask로서 microphone이 연결되어 있다.
   ⑥ 최신 항공기에는 full-face mask가 설치되어 있는데 crew가 산소를 사용할 경우에는 mask의 red grip을 쥐고 보관함에서 꺼내면 자동으로 팽창되어 머리에 딱 들어맞게 된다.
   ⑦ mask에 달려 있는 regulator는 normal과 100%, 그리고 emergency position이 있다.

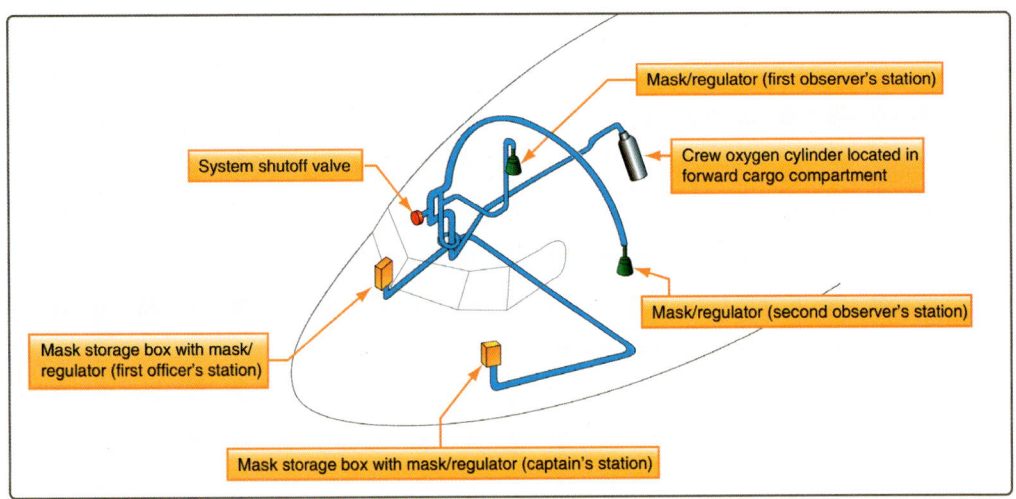

▲ 그림 23-1 운송 범주 항공기의 수요 흐름 산소구성품의 위치

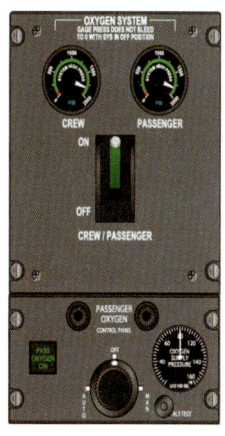 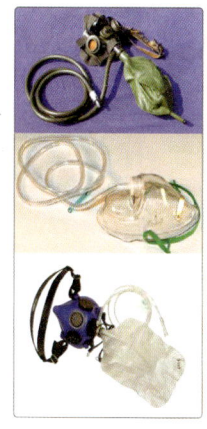 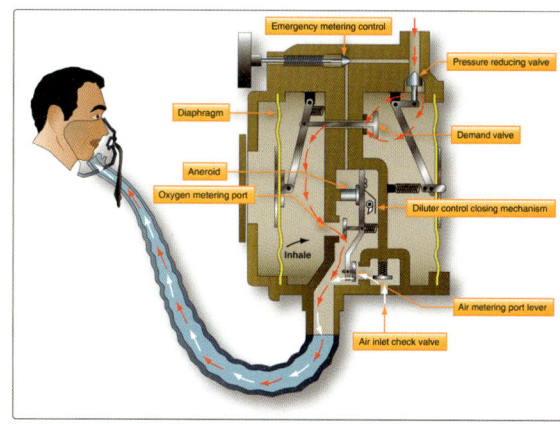

▲ 그림 23-2 승무원 산소계통 구성품

2) 승객 산소계통(Passenger Oxygen System)

승객 산소계통은 fixed cylinder에 저장되어 있던 산소가 승객실의 PSU(Passenger Service Unit) 내에 있는 mask를 통하여 공급되는 계통과 승객실 PSU에 내장되어 있는 oxygen generator[화학 또는 고체 산소(chemical or solid oxygen)]에서 생성된 산소를 mask를 통하여 공급하는 계통으로 구분한다.

(1) Fixed Cylinder System

① crew oxygen system과 동일하지만 용량이 크다.

② 그림 23-3과 같이 지정된 공간에 oxygen cylinder가 장착되어 객실(cabin)로 산소를 공급한다.

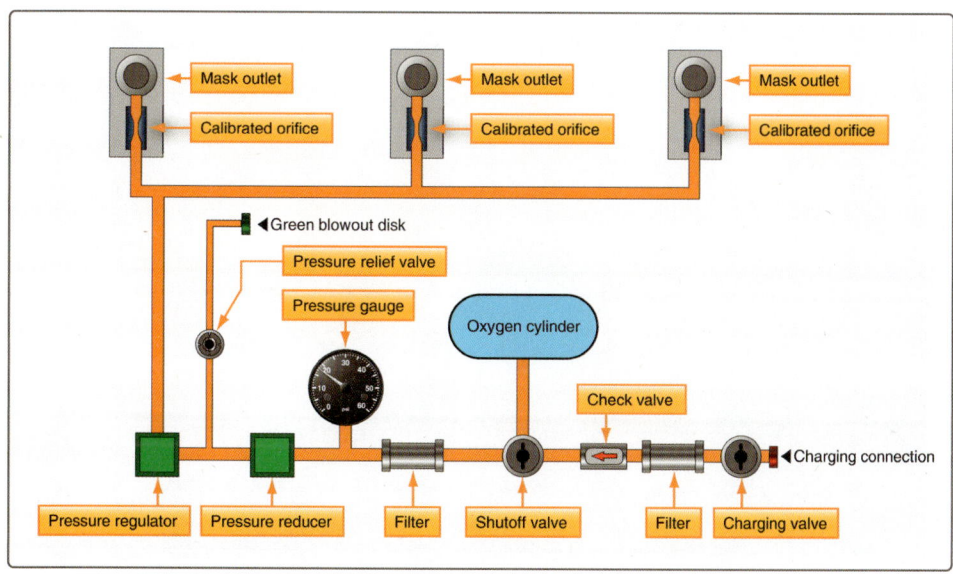

▲ 그림 23-3 중소형 항공기에 장착된 연속 흐름 산소계통

▲ 그림 23-4 Fixed Oxygen Cylinder와 항공기에서 장탈하는 모습

(2) 화학 또는 고체산소(Chemical or Solid Oxygen), 산소발생기(Oxygen Generator)
① 염소산나트륨(sodium chlorate)은 독특한 특성이 있는데 점화되었을 때 연소하면서 산소를 발생시킨다.
② 생성된 산소는 필터에 의해 걸러져 호스를 통해 마스크로 이송되어 사용자에 의해 흡입된다.
③ 고체산소 캔들(candle)은 활성화될 때 발생하는 열을 제어하기 위해 격리된 스테인리스 강 하우징(housing) 내부에 포장된 염소산나트륨 덩어리로 구성된다.
④ 스프링 작동식 점화핀 점화방식과 유도전기 고열 전기점화방식이 있으며 일단 점화가 되면 고체염소 산소발생기는 소화시킬 수 없고 일반적으로 10~20분 동안 호흡할 수 있는 산소를 발생시킨다.
⑤ 그림 23-5는 화학식 산소발생기의 장착위치를 나타낸다.
⑥ 그림 23-6은 고체산소 캔들과 점화된 후의 내부 모습, 그리고 PSU에서 마스크가 내려온 장면이다.

▲ 그림 23-5 항공기 Passenger Oxygen System 산소발생기(oxygen generator) 위치

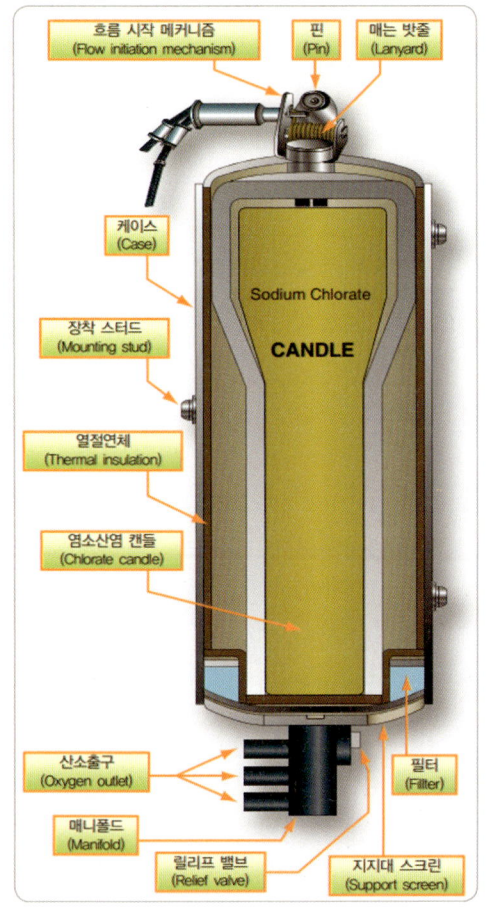

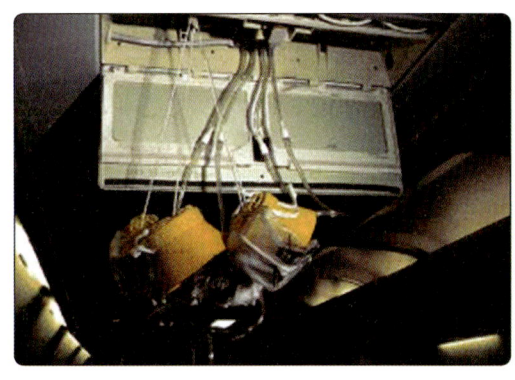

▲ 그림 23-6 고체산소 캔들과 사용 후의 내부 모습, 그리고 PSU에서 마스크가 내려온 장면

3) 산소공급계통(Oxygen Supply System)
   ① cabin depressurization 발생 시 객실의 모든 사람에게 산소를 제공하기 위하여 객실고도가 14,000ft 이상 되면 자동으로 oxygen mask가 떨어지며 자동으로 pre-recording된 cabin announcement가 방송된다.
   ② 또한 cockpit에는 oxygen mask를 drop시킬 수 있는 스위치가 있다.
   ③ oxygen mask는 객실 내 모든 좌석과 화장실에 drop되어 객실 승무원 및 모든 승객들이 사용할 수 있도록 비치되어 있고, drop된 상태에서 잡아당겨서 머리에 쓰면 산소가 공급되는데 만일 잡아당기지 않은 상태에서(승객이 서서 있는 경우) 쓰면 산소가 공급되지 않는다.

4) 이동용 산소장비(Portable Oxygen Equipment)
   ① portable oxygen equipment는 cabin pressure가 낮은 경우에 flight crew와 cabin attendant에게 산소를 공급하고 승객에게는 구급용으로 사용된다.
   ② 그림 23-7은 이동용 산소장비를 나타낸다.

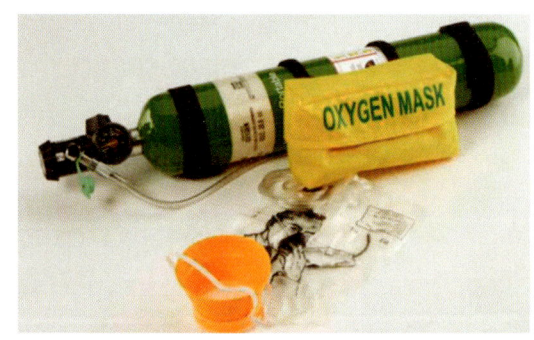

▲ 그림 23-7 이동용 산소장비

23.1.2 취급상의 주의사항(Safety Precaution)

1) 순수산소 자체 또는 그 주위에서 작업할 때는 주의를 기울여야 하는데 순수산소는 쉽게, 격렬하게 그리고 폭발적으로 다른 물질과 결합한다. 그래서 순수산소와 석유제품 사이에 일정한 거리를 유지하는 것이 아주 중요하다.
2) 산소계통의 정비 시에는 적당한 소화기를 준비해야 하며 저지선을 치고 "금연"("No Smoking") 표지판을 붙여놓는다. 모든 공구와 보급용 장비는 청결해야 하고 점검 시에는 항공기 전원을 Off해야 한다.
3) 산소계통을 취급할 때는 안전을 위해 작업장 주위를 청결하게 유지해야 한다. 깨끗하고 그리스가 묻지 않은 손과 의복을 착용하고 작업을 수행하며, 깨끗한 공구를 사용해야 한다.
4) 작업구역에서 최소 50ft 이내에서는 절대로 금연하고 개방된 화염이 없어야 한다.
5) 산소실린더, 계통 구성품, 또는 배관을 작업할 때 항상 엔드캡(end cap)과 보호용 마개(protective plug)를 사용해야 하며 접착테이프(adhesive tape)를 사용해서는 안 된다.
6) 산소실린더는 석유제품 또는 열원으로부터 이격된 거리에, 격납고 안의 정해진 구역에, 시원하고 환기가 잘되는 구역에 저장해야 한다.
7) 산소공급실린더의 압력이 완전히 계통으로부터 배출될 때까지 정비작업을 수행해서는 안 되며 피팅은 잔류압력이 완전히 사라지도록 천천히 나사를 풀어야 한다.
8) 정비사는 항상 산소계통의 모든 shutoff valve를 천천히 열어야 한다.
9) 모든 산소계통 배관은 작동부위, 전기배선, 그리고 다른 유체 라인으로부터 적어도 2in의 여유공간이 있어야 하며, 산소를 가열할 수 있는 뜨거운 덕트(hot duct)와 열원으로부터 적당한 여유공간이 있어야 한다.
10) 정비를 위해 계통이 열릴 때마다 압력점검과 누설점검이 수행되어야 하며 산소계통을 위해 특별히 인가된 것이 아니라면 윤활제·밀봉재·세제 등을 사용하지 말아야 한다.

23.1.2.1 산소계통 정화작업(Oxygen System Purging)

1) oxygen cylinder의 산소압력이 2시간 이상 완전히 배출 또는 계통의 오염이 의심된다면 정화작업을 수행한다.
2) 산소계통 오염의 주요 원인은 습기이다.

① 추운 날씨에는 호흡용 산소에 존재하는 소량의 습기만으로도 응축된다.
② 반복 충전으로 인해 응축할 정도의 습기가 유입된다.
③ 열린 계통은 유입된 공기로부터 습기가 포함되어 유입된다.
④ 충전장치의 덤프(dump), 불충분한 재충전절차 또한 계통 수분을 유입시킨다.
3) 산소계통의 정비, 재충전, 정화작업을 수행 시에는 제작사의 사용설명서를 참조한다.
4) 계통 내에 응축되는 수분을 완전히 제거하는 것은 불가능하므로 주기적으로 정화작업이 요구된다.
5) 정화작업 시 질소 또는 건조한 공기가 사용된다.
6) 최종 정화작업 시에는 순수산소를 사용하여 정화작업을 수행한다.

23.1.2.2 산소계통의 점검과 정비(Inspection and Maintenance)

1) 마스크와 호스 점검(Mask and Hose Inspection)
   ① 세척 시 다양한 무알코올 중성세제와 살균제를 사용한다.
   ② 방연마스크(smoke mask)는 운송용 항공기에서 주로 사용한다.
   ③ 방연마스크에는 고정식 마이크로폰(microphone)이 장착되어 있으며, 일부 휴대용 산소장치와 연결되어 있다.
2) 튜브(Tube), 밸브(Valve) 및 피팅(Fitting) 교환작업
   ① 오염방지를 위해 청결하게 작업해야 하며 적합한 밀폐제(sealant)를 사용한다.
   ② 새 튜브를 세척할 때는 트리클로로에틸렌(trichloroethylene), 아세톤(acetone)을 사용한다.
   ③ 세척 후 튜브를 장착하기 전에 완전히 건조시킨다.
3) 산소의 화재 또는 폭발 방지작업(Preventing of Oxygen Fire or Explosion)
   ① 순수산소는 쉽게, 격렬하게, 그리고 폭발적으로 다른 물질과 결합한다. 그러므로 석유제품과 격리시킨다.
   ② 정비작업 시 적당한 소화기를 준비한다.
   ③ 저지선을 치고 "금연"("No Smoking") 표지판을 설치한다.
   ④ 모든 공구와 보급용 장비는 청결해야 하고 점검 시에는 항공기 전원을 Off한다.

23.1.3. 사용처

1) 산소계통 이해
   ① 대기는 체적상으로 약 21%의 산소, 78%의 질소, 그리고 1%의 다른 가스들로 구성되어 있으며, 이러한 가스들 중에 산소는 가장 중요하다.
   ② 고도가 증가함에 따라 공기는 희박해지고 압력은 감소하며, 이 결과로 생명유지의 기능으로써 이용할 수 있는 산소의 양이 감소된다.
   ③ 현대 여객기나 수송기는 통상 8,000ft 이하의 객실압력을 유지하면서 고고도를 비행하는데, 항공기의 고도가 증가되면 공기가 희박해지므로 항공기에 탑승하고 있는 승무원과 승

객이 지상에서 호흡하는 것과 같은 상태로 만들어주기 위해서 객실 내에 여압을 가해주고 있다.

④ 정상적인 비행상태에서는 별도의 산소 공급이 필요치 않으나, 객실여압장치가 고장 날 경우를 대비하여 산소를 공급해 줄 산소장치와 휴대용 비상산소장비(portable oxygen equipment)가 준비되어 있다.

2) 기체산소(Gaseous Oxygen)

(1) 산소는 정상대기온도와 정상대기압에서 무색·무취·무미 가스이며 비등점(boiling point)인 −183℃에서 액체로 전환된다. 산소 또는 오존을 형성하는 것을 제외하고 산소 자체는 자신들과 결합하지 않기 때문에 연소되지 않는다. 그러나 순수산소는 석유제품과 격렬하게 결합하여 심각한 위험을 일으킨다.

(2) 그림 23-4와 같이 순수기체산소는 일반적으로 녹색으로 도색된 고압실린더에 저장되어 운반된다. 정비사는 연소 방지를 위해 연료, 오일, 그리고 그리스로부터 순수산소를 멀리 보관해야 한다. 용기에 저장된 모든 산소가 동일한 것은 아니다.

(3) 비행사의 호흡용 산소는 수분의 포함 여부를 시험하는데, 이것은 밸브와 조절기의 작은 통로에서 결빙의 가능성을 방지하기 위해 수행된다.

(4) 항공기는 때로는 결빙(icing)의 가능성을 증가시키는 영하의 온도에서 운영된다. 수분의 함량은 산소 1L당 최대 0.02mL 이하이어야 한다.

(5) 비행사의 호흡용 산소는 산소실린더에 "Aviator's Breathing Oxygen"이라고 명확히 표시되어야 한다.

(6) 항공기 기체산소의 생산은 대부분 공기의 액화 처리를 거쳐 생성되는데, 온도와 압력 조절을 통해 공기에 있는 질소를 증발시켜 대부분 순수산소만을 남기게 된다. 또한, 산소는 물의 전기분해에 의해서 생산되는데, 물속에 전류를 흐르게 하면 수소(hydrogen)로부터 산소를 분리시킨다.

(7) 또 다른 기체산소 생성방법은 분자여과기의 사용을 통하여 공기에서 질소와 산소를 분리함으로써 생성되는데, 얇은 막(membrane)은 공기로부터 순수산소를 제외한 질소와 다른 가스들을 걸러낸다.

(8) 탑재용 산소발생장치(OBOGS, Onboard Oxygen Generating Systems)는 일부 군용기에서 사용되고 있으며 민간 항공기에서도 사용될 예정이다.

(9) 항공기 고압 기체산소계통은 다음과 같이 구성되어 있다.

① 기체구조에 설치된 산소 실린더에는 고압 기체산소(약 1,800psi)가 저장된다.

② 고압 기체산소는 감압밸브에서 저압(약 450psi 이하)으로 압력이 감소되어 조종실에 있는 산소조절기로 공급된다.

③ 산소조절기에서 승무원이 요구하는 압력으로 감압되어 마스크로 공급된다.

④ 산소조절기(oxygen regulator)
일반적으로 사용자의 허파 호흡량에 따라 요구되는 산소량만큼 공급시켜 주며 고도에 따라 마스크 밖의 공기압력보다 높은 산소압력으로 사용자에게 산소를 공급해 준다.

산소조절기의 구성품은 다음과 같다.
㉮ 산소압력계기(oxygen pressure gage)
   계통 내 최고 보충 압력을 표시하고 있다. 산소가 소모되면 압력은 떨어진다. 즉, 저장용기에 남아 있는 산소압력을 지시하여 준다.

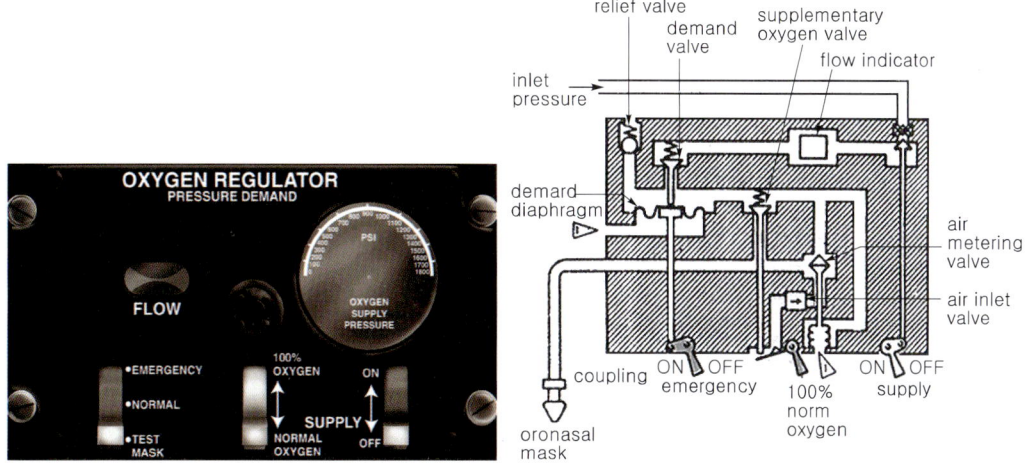

(a) 산소조절기 스위치 패널   (b) 산소조절기 내부 구조

▲ 그림 23-8 산소조절기(Oxygen Regulator)

㉯ 산소흐름 지시계(oxygen flow indicator)
   blinker type으로 산소조절기를 통해서 마스크에 공급되는 산소의 상태를 지시한다. 즉, 조종사가 산소마스크를 착용하고 산소를 흡입 시에는 백색판이 되고, 발산(exhalation) 시에는 흑색판이 된다.
㉰ 조작 레버
   – 공급 레버(supply lever)
     'On' 위치에서 산소가 공급되고 'Off' 위치에서 산소가 차단된다.
   – 희석 레버(diluter lever)
     'NORMAL OXY' 위치에 놓으면 조종석 공기와 저장용기의 산소를 혼합하여 사용하는데 고도 32,000ft 이상에서는 100%의 산소만 마스크에 공급되도록 조절하게 된다. '100% OXY' 위치에 놓으면 항공기의 고도에 관계없이 마스크에 일정한 압력으로 100% 산소만을 공급하게 된다.
   – 비상 레버(emergency lever)
     'NORMAL' 위치에 놓으면 마스크에 일정한 압력으로 산소가 공급된다. 'TEST MASK' 위치에 놓으면 산소가 계속 나온다. 이것은 산소가 마스크에 공급되는 가를 시험하기 위해 사용된다. 'EMERG' 위치에 놓을 때는 정상계통 고장 시 비상선으로 사용자에게 공급한다.

3) 액체산소(LOX, Liquid Oxygen)
   (1) 액체산소는 엷은 파랑색(pale blue)을 띠고 투명한 액체이다. 기체산소를 −183℃ 이하로 온도를 낮추거나 추가적으로 고압을 가해 액체로 만들 수 있다.
   (2) 액체산소는 사이가 진공인 이중병(dewar bottle)이라는 특수한 용기에서 생성되며 액체산소를 저장하고 운반하는 데 사용된다. 그림 23-9와 같이 저온에서 액체산소를 보관하도록 진공 이중벽식 절연설계 용기이다.

▲ 그림 23-9 군용기에 사용되는 액체산소 용기

   (3) 액체산소 1L가 기체산소 798L로 확산되기 때문에 기체산소에 비해 작은 저장공간이 요구된다는 장점이 있으나 액체산소 취급의 난해함과 운용비용으로 민간 항공기에서는 기체산소를 보편적으로 사용한다. 그러나 일부 군용기에서는 액체산소를 사용한다.

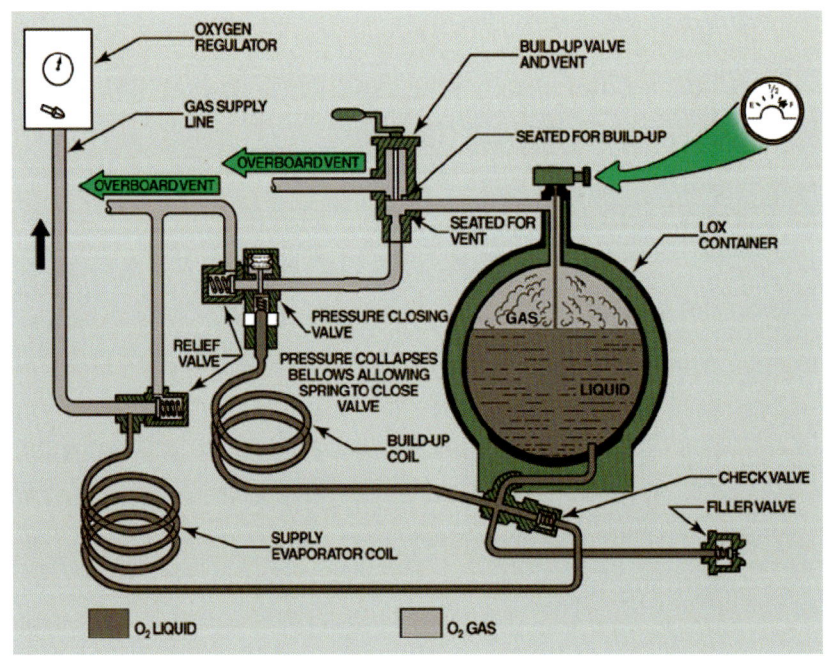

▲ 그림 23-10 항공기 액체산소계통(aircraft liquid oxygen system)

(4) 그림 23-10은 군용 전투기의 액체산소계통(liquid oxygen system)을 보여준다.
   ① 공급밸브를 통하여 보급된 액체산소는 용기(container)에 저장된다.
   ② 용기는 전환기(converter)라고 명명하며, 기체로 전환하여 계통으로 공급된다.
   ③ 액체산소는 이송되면서 주위 온도의 영향으로 기화되면서 압력이 계속 상승한다.
   ④ close valve는 계통 정상 압력이 되기 전까지 close되어 산소 공급을 차단한다.
   ⑤ 계통 정상압력 이상으로 압력이 상승하면 relief valve를 통하여 기체 밖으로 배출시킨다.
   ⑥ build-up coil을 거치면서 완벽한 기체산소로 기화되어 산소조절기(oxygen regulator)로 공급된다.
   ⑦ 산소조절기에서 조종사의 마스크로 조절된 산소가 공급된다(산소조절기의 기능은 일반적으로 기체산소계통과 동일하다).

4) 화학식 또는 고체산소(산소발생기, Oxygen Generator)
   (1) 그림 23-11의 화학식 산소발생기는 여압이 되는 항공기의 예비 산소장치로서 사용되며 동일한 양의 기체산소장치 저장탱크 무게의 1/3 정도를 차지한다.
   (2) 염소산나트륨의 화학식 산소발생기는 유통기한이 길어서 예비 산소 형태로서 사용이 가능하며 400°F 이하에서 비활성이며 사용 또는 유효기간이 도달할 때까지 정비와 검사로 계속 저장할 수 있다.
   (3) 산소발생기는 한 번 사용하면 교체하여야 하기 때문에 비용을 크게 증가시킬 수 있다. 더욱이 화학적 산소 캔들은 위험물질로 특별한 주의를 기울여야 하며 이동 시 적절하게 포장되어야 하고 점화장치는 불활성화시켜야 한다.

▲ 그림 23-11 화학식 산소발생기(Oxygen Generator)

▲ 그림 23-12 탑재용 산소발생장치

5) 탑재용 산소발생장치(OBOGS, Onboard Oxygen Generating Systems)
   (1) 공기에서 다른 가스로부터 산소를 분리시키는 분자여과방법(molecular sieve method)은 지상뿐만 아니라 비행 중에도 적용되는데, 무게가 비교적 가볍고 산소공급을 위해 지상지원업무를 경감시켜준다.
   (2) 그림 23-12와 같은 탑재용 산소발생장치가 신형 군용기에서 사용되며 터빈엔진으로부터 공급된 추출공기가 체(sieve)를 거쳐 호흡용 산소를 분리시킨다. 분리된 산소 중 일부는 체의 정화를 위해 질소와 다른 잔류가스를 날려버린다.

SECTION 24 동결방지계통

항공정비사

24.1 시스템 개요[날개 방빙 시스템, 엔진 방(제)빙 시스템, 프로펠러 방(제)빙 시스템]

24.1.1 방·제빙하고 있는 장소와 그 열원 등

1) 방빙장치(anti-icing equipment)는 결빙 조건에 들어가기 전에 작동되어 얼음이 형성되는 것을 방지하는 것으로, 결빙을 방지할 정도로 가열하여 물이 흘러가도록 하는 방식과 가열에 의해 수분을 완전히 증발시키는 방식이 있다.
2) 제빙장치(de-icing equipment)는 날개와 안정판 앞전 등에 축적된 얼음을 제거하도록 하는 방식이다.
3) 결빙형성을 방지하거나 또는 제어하기 위한 몇 가지 수단은 다음과 같이 현대의 항공기에 사용된다.
   ① 뜨거운 공기를 사용한 표면 가열
   ② 발열소자(heating element)를 사용한 가열
   ③ 일반적인 방식인 팽창식 부트(inflatable boot)를 활용한 제빙
   ④ 화학물질 처리(chemical application)
4) 표 24-1에서는 항공기 위치별 결빙 제어 방식의 종류를 나타내었다.

▼ 표 24-1 항공기 위치별 결빙 제어 방식의 종류

결빙 위치	제어 방법
날개 앞전	열공압식, 열전기식, 화학약품식 방빙 / 공기식제빙
수직안정판 및 수평안정판 앞전	열공압식, 열전기식 방빙 / 공기식제빙
윈드실드, 창	열공압식, 열전기식, 화학약품식 방빙
가열기 및 엔진 공기 흡입구	열공압식, 열전기식 방빙
피토 정압관 및 공기자료 감지기	열전기식 방빙
프로펠러 깃 앞전과 스피너	열전기식, 화학약품식 방빙
기화기	열공압식, 화학약품식 방빙
화장실 배출 및 이동용 물 배관	열전기식 방빙

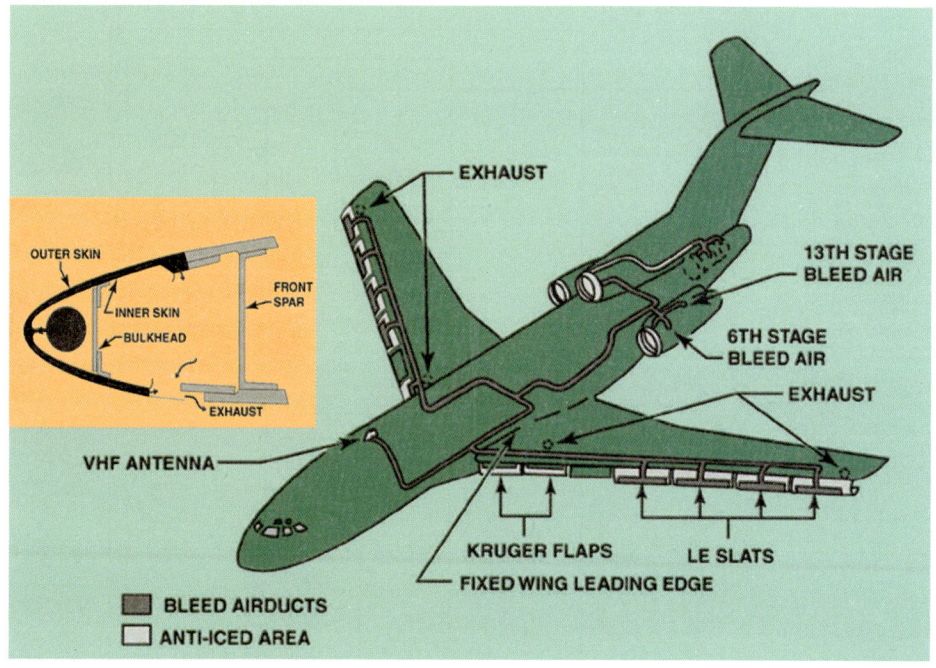

▲ 그림 24-1 항공기 날개 앞전과 엔진 방빙장치 예

24.1.2 작동시기(언제, 왜)

1) 날개 방빙 제어장치(Wing Anticing Contol System)
   (1) 날개 방빙계통은 날개골 및 카울 결빙 탐지계통(ACIPS) 컴퓨터 카드에 의해 제어된다. ACIPS 컴퓨터 카드는 양쪽 날개 방빙밸브를 제어한다. 날개 방빙밸브의 선택된 위치는 추출공기 온도와 고도가 변화할 때 변경된다.
   (2) 좌측과 우측 밸브는 동등하게 양쪽 날개를 가열하기 위해 동시에 작동한다. 이것은 결빙조건에서 공기역학적으로 안정된 비행자세를 유지시킨다.
   (3) 날개 방빙 압력센서는 날개 방빙밸브 제어와 위치표시를 위해 날개 방빙 ACIPS 컴퓨터 카드로 피드백 정보를 제공한다. 만약 어느 압력센서 하나라도 고장이 난다면, WAI ACIPS 컴퓨터 카드는 완전히 열리거나 또는 완전히 닫히도록 해당 날개 방빙밸브를 설정해 준다. 만약 어느 한쪽 밸브에서 결함이 발생하면, 날개 방빙 컴퓨터 카드는 다른 쪽 밸브를 닫는다.

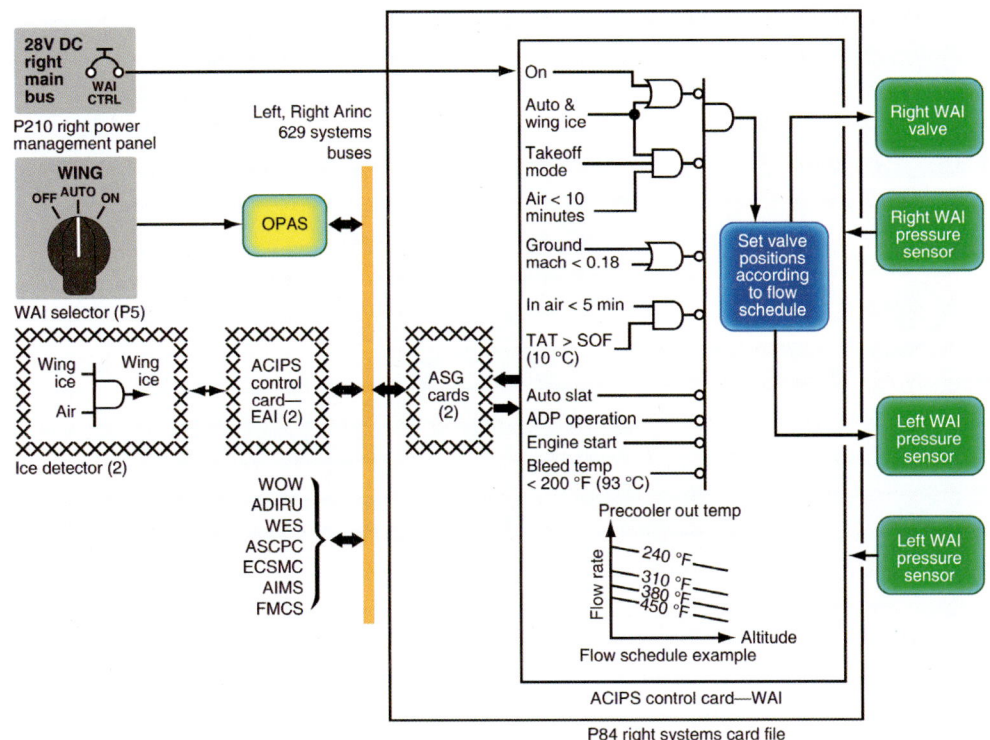

▲ 그림 24-2 날개 방빙계통 회로도

(4) 그림 24-2와 같이, 날개 방빙계통을 위한 1개의 선택기(selector)가 있다. 선택기는 AUTO, ON, 그리고 OFF 이렇게 세 가지 선택 모드를 가지고 있는데, 선택기가 AUTO 모드로 선택되면 날개 방빙 ACIPS 컴퓨터 카드는 결빙탐지기가 얼음을 감지할 때 날개 방빙밸브를 열도록 신호를 보낸다.

(5) 밸브는 결빙탐지기가 더이상 얼음을 감지하지 않을 때 3분 지연 후에 닫힌다. 시간지연은 간헐적인 결빙조건 시에 빈번한 ON/OFF 반복을 방지한다.

(6) 선택기가 ON 모드에 있으면 날개 방빙밸브는 열리고 선택기가 OFF 모드에서는 날개 방빙밸브는 닫힌다. 날개 방빙밸브에 대한 작동모드는 다른 설정에 의해 제한될 수 있다.

(7) 작동모드는 다음 조건 중 모두가 발생하면 제한된다.
  ① AUTO 모드가 선택되었을 때
  ② 이륙 모드가 선택되었을 때
  ③ 비행기가 10분 이하로 공중에 있을 때

(8) AUTO 또는 ON 선택 시, 작동모드는 아래의 조건 중 하나라도 발생하면 제한된다.
  ① 비행기가 지상에 있을 때(BIT 점검의 시작)
  ② 기체표면온도(TAT, total air temperature)가 50°F(10℃) 이상이고 이륙 이후 5분 이내
  ③ 자동슬랫 작동

④ 공기구동유압펌프 작동
⑤ 엔진시동
⑥ 추출공기 온도가 200°F(93℃) 이하일 때

2) 날개 방빙 지시장치(WAI Indication System)
   (1) 항공기 승무원은 탑재 컴퓨터 정비 페이지에서 날개 방빙계통을 식별할 수 있으며 아래와 같은 정보가 시현된다.
   ① WING MANIFOLD PRESS – psig 단위의 공압덕트압력
   ② VALVE – 날개 방빙밸브 열림, 닫힘, 또는 중간 위치
   ③ AIR PRESS – psig 단위의 날개 방빙밸브 하류의 압력
   ④ AIR FLOW – ppm(pound per minute) 단위의 날개 방빙밸브를 통과하는 공기의 흐름양

3) 날개 방빙계통 BITE 시험기(WAI system BITE(built-in test equipment) test)
   (1) 날개 방빙 ACIPS 컴퓨터 카드에 있는 BITE 회로는 지속적으로 날개 방빙계통을 감시한다. 항공기 운항에 영향을 주는 결함은 상태메시지를 시현시켜 준다.
   (2) 그 외의 일상적인 결함은 중앙정비컴퓨터계통(CMCS, central maintenance computer system) 정비메시지를 시현시킨다. WAI ACIPS 컴퓨터 카드의 BITE는 파워업 점검과 정기점검을 수행한다.
   (3) 운항에 영향을 주는 결함은 상태메시지를 시현시켜 주고 그 외의 결함은 중앙정비컴퓨터계통(CMCS)에서 정비메시지를 시현시켜 준다.
   (4) 파워업 점검은 카드에 전원이 공급되면 시작된다. BITE 점검은 하드웨어와 소프트웨어 성능 그리고 밸브와 압력센서 상호작용 점검을 수행한다.
   (5) 정기점검은 아래의 조건일 때 실행된다.
   ① 비행기가 1~5분 사이에 지상에 있었을 때
   ② 날개 방빙 선택기가 AUTO 또는 ON으로 선택 시
   ③ 공기구동유압펌프가 지속적으로 작동할 때
   ④ 추출압력이 날개방빙밸브를 열기에 충분할 때
   ⑤ 최근 정기점검이 수행 후 24시간 경과 시
   ⑥ 점검 시에 날개 방빙밸브는 열림과 닫힘을 반복하며 밸브 작동불량을 감지한다.

24.1.3 동압(Pitot) 및 정압(Static)계통, 결빙방지계통검사

1) pitot tube의 입구에 얼음이 형성되는 것을 막기 위해서 pitot tube는 그 내부에 heating element를 가지고 있고, 조종석에 있는 스위치로 전원 공급을 컨트롤 할 수 있다.
2) 지상에서 pitot tube를 점검할 때에는 운행 중이 아닌 경우에는 오랫동안 작동시키지 않게 주의하여야 한다.

3) heating element는 그 기능 점검이 이루어져야 하는데, 이는 전원이 공급됐을 때 pitot tube 앞부분이 뜨거워지는지를 통해 알 수 있다.
4) 회로에 전류계가 설치되어 있다면 heater의 작동은 전류 소비량을 확인하여 알 수 있다.

24.1.4 전기 윈드실드(Wind Shield) 작동 점검

24.1.4.1 윈드실드 결빙 제어계통

1) 윈드실드에서 얼음, 서리, 그리고 연무가 없는 상태를 유지하기 위해 창문 방빙계통, 서리제거장치, 그리고 연무제거장치가 이용된다. 항공기에 따라 전기식, 공압식, 또는 화학식계통이 장착된다.

2) 전열식(Electric)
   ① 고성능 항공기와 운송용 항공기 윈드실드는 전형적으로 얇은 겹유리(laminated glass), 폴리카보네이트(polycarbonate), 또는 이와 유사한 적층재료로 제작된다. 일반적으로 성능특성 개선을 위해 투명비닐합판이 포함된다.
   ② 적층판은 방풍장치가 광범위한 온도와 압력에 견딜 수 있는 강도와 내충격성을 가지게 한다. 또한, 순항속도에서 4pound(약 1.8kg)의 조류 충돌의 충격을 극복해야 한다.
   ③ 얼음, 서리, 그리고 연무로부터 깨끗한 윈드실드를 유지하기 위해 적층구조는 유리층 사이에 전열소자(electric heating element)를 장착한다. 저항선(resistance wire) 또는 투명전도재료(transparent conductive material)의 형태인 소자는 창문 층(window ply) 중 하나로 사용된다.
   ④ 충분한 가열을 보장하기 위해서 발열소자는 외부 유리판의 안쪽에 위치한다. 윈드실드는 전형적으로 접착제의 사용 없이 압력과 열의 적용으로서 함께 접착된다. 그림 24-3에서는 일반적인 운송용항공기 윈드실드에 있는 유리와 비닐 층을 보여준다.
   ⑤ 저항선 또는 성층전도피막이 사용된 항공기 창문가열계통은 전원을 공급하기 위한 변압기와 허용한도 이내에서 작동온도를 유지하기 위해 창열제어장치(window heat control unit)와 서미스터(thermistor) 같은 귀환 장치(feedback mechanism)를 갖추고 있다.

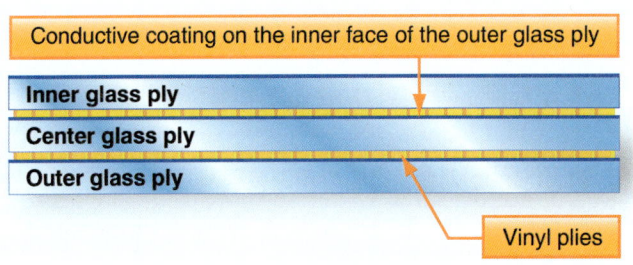

▲ 그림 24-3 운송용 항공기 윈드실드 단면

3) 공압식(Pneumatic)

일부 구형 항공기의 적층 윈드실드에 뜨거운 공기의 흐름이 유리 사이로 흐르게 하여 온도 유지와 서리를 제거한다. 공기의 공급원은 엔진 추출공기 또는 환경조절계통으로부터 조절된 공기를 사용하며 자동차에서 사용하는 것과 유사하다.

4) 화학식(Chemical)

화학식 방빙계통은 대개 소형 항공기에 적용한다. 이 유형의 방빙은 윈드실드에 사용되며 윈드실드 외부 노즐(nozzle)을 통해 분무된다. 화학약품은 이미 형성된 윈드실드의 얼음을 제빙할 수 있다. 계통은 액체탱크, 펌프, 조절밸브, 필터, 그리고 경감밸브를 갖추고 있다. 그림 24-4에서는 항공기 윈드실드에 화학약품의 도포를 위한 분사도관(spray tube)을 보여준다.

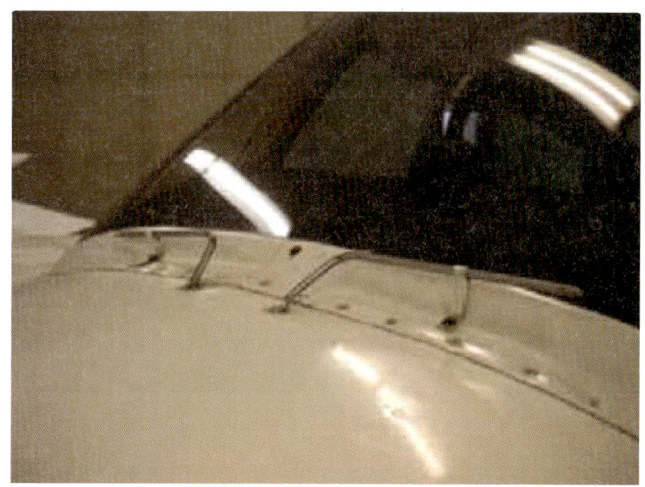

▲ 그림 24-4 화학약품 제빙 분사 튜브도관

24.1.4.2 전기 윈드실드(Wind Shield) 작동 점검

1) windshield나 그 밖의 window glass 다층 구조의 일층에 투명한 전도성의 피막을 넣어 이것에 전류를 흐르게 하고 그 발열 작동으로 가열한다.
2) 온도 감지기는 glass 구조 내부에 삽입하거나 glass 표면에 밀착시켜 glass의 온도 조절이나 overheat을 막는다.
3) control switch에는 off, low, high의 위치가 있으며, low, high 위치에서는 다음 2가지 기능이 있다.
    (1) 전력 조절 방식
        ① 인가전압의 높고 낮음과 전류의 많고 적음에 따라 glass에 공급하는 전력의 고저를 선택하는 방식이다.
        ② 항공기 외부 온도가 낮거나 심한 결빙상태로 될 때 high 상태가 된다. 그러나 glass의 조절된 온도 유지는 선택위치에 관계없이 거의 일정(약 35℃)하다.

(2) 온도 조절 방식
① 유리의 조절 유지된 온도의 고저를 선택하는 방법으로써, high일 때는 약 50℃, Low일 때는 30℃ 정도의 2단계로 된다.
② 유리의 구조가 곡면으로 되어 있고, 대형화, 또 다층화되고 있기 때문에 열응력에 의한 파손이 많다.
③ 이것을 막고 anti-icing 효과를 향상시키기 위하여 스위치를 ON하였을 때, 공급 전력을 자동적으로 서서히 증가시키고, 또 유리의 온도에 따라 공급전력을 조절할 수 있는 기능을 가지게 하고 있다.

24.1.5 Pneumatic de-icing boot 정비 및 수리

1) 제빙부트 구성과 장착(Construction and of Deice Boots)
   ① 그림 24-5와 같이 제빙장치부츠는 부드럽고, 유연한 고무, 또는 고무 천(fabric)으로 만들어지고 관모양의 공기 셀(air cell)을 가지고 있다.
   ② 외부층은 환경 요소와 수많은 화학약품에 의한 변질을 방지하기 위해 전도성 네오프렌(conductive neoprene, 합성고무의 일종)으로 제작된다.
   ③ 정전기전하의 제거를 위해 전도성표면을 부착하여 무선설비의 전파방해간섭을 제거한다.
   ④ 현대 항공기에서 제빙부트는 날개와 꼬리 표면의 앞전에 접착제로 접착된다.
   ⑤ 뒷전에 장착되는 부트는 매끄러운 에어포일을 형성하기 위해 테이퍼 형태를 가지고 있다.
   ⑥ 제빙부트 공기 셀(air cell)은 비틀리지 않는 유연호스에 의해서 계통 압력 라인과 진공 라인에 연결된다.

2) 고무 제빙부트계통 점검(Inspection of Rubber Deicer Boot Systems)
   (1) 정비는 항공기 모델에 따라 상이하므로 제작사 사용설명서를 따라야 한다. 일반적으로 정비는 작동점검(operational check), 조정(adjustment), 고장탐구(trouble shooting), 그리고 검사(inspection)로 구성된다.

▲ 그림 24-5 제빙부트의 팽창(좌측) 및 수축(우측)

(2) 작동점검은 그림 24-6과 같이 항공기 엔진의 작동 또는 외부공기의 공급으로 수행된다. 대부분의 계통은 지상점검이 가능하도록 테스트 플러그(test plug)를 가지고 있다.
(3) 점검 시 인증된 테스트 압력을 초과하지 않는지 확인해야 하며 점검 전 진공식 계기의 작동 여부를 확인해야 한다. 만약 게이지 중 어떤 하나가 작동한다면 1개 이상의 체크밸브가 닫히지 않아 계기를 통하여 역류 현상이 일어나고 있음을 나타낸다.
(4) 점검 시 팽창순서가 항공기 정비매뉴얼에서 지시한 순서와 일치하는지 점검하고 몇 번의 완전한 순환을 통하여 계통의 작동시간을 점검한다. 또한 부트의 수축은 그다음 팽창 이전에 완료되는지 관찰해야 한다.
(5) 조정이 요구되는 작업의 예는 조종 케이블 링케이지, 계통 압력 릴리프밸브와 진공 릴리프밸브, 즉 흡입 릴리프밸브 등이 있으며 세부절차는 해당 항공기 정비매뉴얼에 따른다.
(6) 주요 결함은 표 24-2에서 나열하고 있으며 결함내용, 원인, 그리고 수정작업으로 구성되고 고장탐구를 위해 필요 시 작동점검이 요구된다.

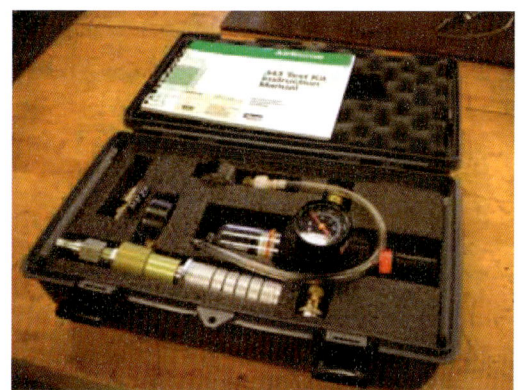 

▲ 그림 24-6 시험 장비(좌측) 및 시험 장비를 경항공기에 장착하는 장면

▼ 표 24-2 날개 제빙계통의 고장탐구

결함	원인 (343 시험장비로 식별)	수정 작업
부트가 팽창되지 않음	• 회로차단기 열림	• 회로차단기 리셋
	• 팽창밸브 결함 – 솔레노이드 부작동 1. 솔레노이드 전압 부적합 2. 솔레노이드 공기 배출 막힘 3. 플런저(plunger) 작동 불가 – 다이어프램 안착 불가 1. 다이어프램 중심 하부 리벳에 위치하는 배출 제한기(orifice) 막힘 2. 다이어프램 시일 주변 오염 3. 다이어프램 파손	• 팽창밸브 점검 – 솔레노이드 부작동 1. 전기계통 수정작업 2. 알콜세척 또는 교환 3. 알콜세척 또는 교환 – 다이어프램 안착 불가 1. 직경 0.01 inch 와이어와 알코올 이용한 세척 2. 무딘 도구와 알콜 이용한 세척 3. 밸브 교환
	• 2단계 조절기 제빙 제어기 밸브의 두 가지 결함	• 지시에 의거하여 밸브 세척 또는 교환
	• 체크밸브 결함	• 체크 밸브 교환
	• 릴레이 작동 불가	• 전기선 점검 또는 릴레이 교환
	• 부트계통 누설	• 요구에 따라 수리
부트가 느리게 팽창	• 도관 막힘 또는 분리	• 도관 점검 및 교환
	• 공기펌프 용량 부족	• 공기펌프 교환
	• 하나 이상의 제빙제어밸브 불량	• 밸브 조립품 세척 또는 교환
	• 수축밸브 완전 닫힘 안됨	• 밸브 조립품 세척 또는 교환
	• 수축밸브의 볼 체크밸브 부작동	• 체크밸브 세척 또는 수축밸브 교환
	• 계통 또는 부트 누설	• 요구에 따라 수리
계통이 반복되지 않음	• 계통 압력이 압력스위치를 작동하기 위한 압력에 도달하지 못함	• 제빙제어밸브 세척 또는 교환 • 제빙밸브 세척 또는 교환
	• 계통 또는 부트 누설	• 요구에 따른 수리 또는 호스 연결 조임 상태 확인
	• 수축밸브 압력스위치 작동 불능	• 스위치 교환
느린 수축	• 진공 약함	• 요구에 따른 수리
	• 수축밸브 결함(흡입 게이지의 일시적인 감소로 인지)	• 밸브 조립품 세척 또는 교환
부트압착을 위한 진공 불량	• 수축밸브 또는 제빙밸브 오작동	• 밸브 조립품 세척 또는 교환
	• 계통 또는 부트 누설	• 요구에 따른 수리
부트가 수축 안됨 (팽창은 가능)	• 수축밸브 결함	• 밸브 점검 후 교환
항공기 상승 시 부트 팽창	• 부트 압착을 위한 진공력 부작동	• 수축밸브의 볼 체크밸브 작동 점검
	• 진공된 좌석을 통과하는 도관의 풀림 또는 분리	• 진공 도관의 풀림 또는 분리 점검 및 수리

① 비행 전 점검(preflight inspection)에서 제빙장치계통의 절단(cut), 찢어짐(tear), 변질(deterioration), 구멍 뚫림(puncture), 그리고 안전상태(security)를 점검하고, 계획정비(scheduled inspection)에서는 비행 전 점검 항목에 추가하여 부츠의 균열(crack) 여부를 세밀하게 점검해야 한다.
② 사용하지 않을 때 적절한 보관과 아래의 절차를 준수하여 제빙장치의 사용수명이 연장되도록 한다.
　㉮ 제빙장치 위에서 연료호스를 끌지 않는다.
　㉯ 가솔린, 오일, 윤활유, 오물, 그리고 기타 변질물질이 없도록 유지한다.
　㉰ 제빙장치 위에 공구를 올려놓거나 정비용 장비를 기대어 놓지 않는다.
　㉱ 마멸 또는 변질이 발견되었을 때 신속하게 제빙장치를 수리하거나 또는 표면재처리를 수행한다.
　㉲ 미사용 보관 시 종이 또는 천막으로 제빙장치를 포장한다.
③ 제빙장치계통에서 실제 작업은 세척, 표면재처리, 그리고 수리로 이루어진다. 세척은 항공기 세척 시 연성 비누와 물을 사용하고 윤활유와 오일은 비누와 물을 이용하여 세척 후 나프타(naphtha)와 같은, 세척제로 제거한다.
④ 마멸로 인해 표면재처리 요구 시 전도성 네오프렌 접합제를 사용하고 세부절차는 제작사 항공기 정비매뉴얼에 따른다.

24.1.6 프로펠러 제빙계통(Propeller Deice System)

1) 프로펠러 앞전, cuff, 그리고 spinner의 얼음 생성은 동력장치계통의 효율을 감소시키므로 이를 방지하기 위해 전기식 제빙계통과 화학식제빙계통을 사용한다.
2) 전열식 프로펠러 제빙계통(Electrothermal Propeller Deice System)
① 그림 24-7과 같이 대부분 항공기에 장착된 전기식 프로펠러 제빙계통은 프로펠러의 깃에서 전기가열식 부트에 의해 제빙된다.
② 견고하게 접착된 부트는 스피너 벌크헤드에 슬립링(slip ring)과 브러시 조립품(brush assembly)으로부터 전류를 공급받으며 슬립링은 제빙부트로 전류를 보낸다. 프로펠러의 원심력과 분사기류는 가열된 블레이드로부터 떨어지는 얼음입자를 날려버린다.

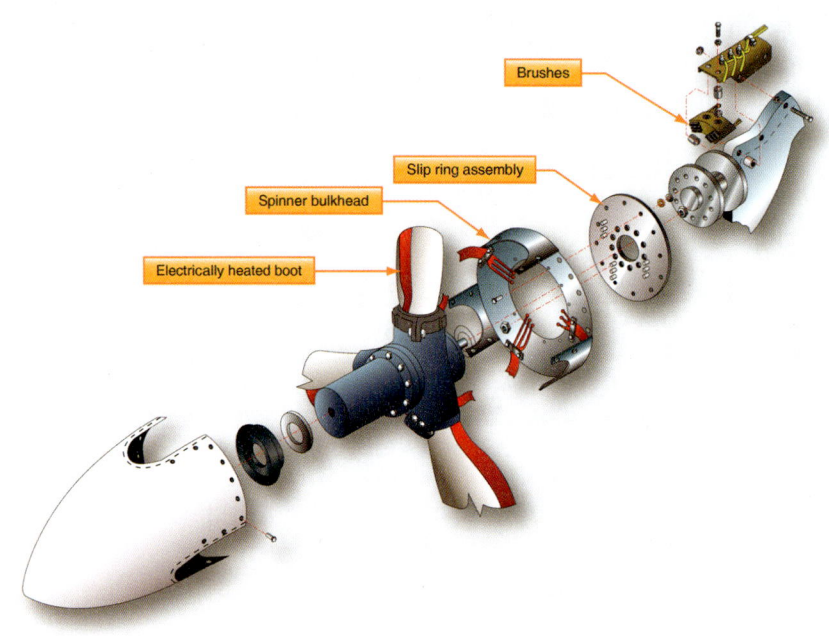

▲ 그림 24-7 전열식 프로펠러 제빙계통 구성품

3) 화학식 프로펠러 제빙(Chemical Propeller Deice)
   ① 일부 항공기 특히 단발 운송용 항공기는 프로펠러의 제빙을 위해 화학식 제빙계통을 사용한다. 얼음은 일반적으로 날개에서 형성되기 전에 프로펠러에 먼저 형성된다.
   ② 글리콜계(glycol-based, 글리세린과 에틸알코올과의 중간물질) 부동액이 소형 전기구동펌프에 의해 탱크로부터 미세여과기(micro-filter)를 거쳐 프로펠러 허브에 분사된다.
   ③ 화학식 프로펠러 제빙계통은 독립적인 계통으로 구성되거나 삼출계통(weeping system)과 같이 사용되기도 한다.

24.1.7. 제우 제어계통(Rain Control System)

1) 윈드실드 와이퍼 계통(Windshield Wiper Systems)
   전기식 윈드실드 와이퍼 계통에서 와이퍼 블레이드(wiper blade)는 항공기의 전기계통으로부터 전원을 받는 전기모터에 의해서 작동한다. 일부 항공기에서, 만약 한 개의 계통이 고장 나더라도 깨끗한 시야를 확보하기 위해 조종사와 부조종사의 윈드실드 와이퍼가 분리된 계통에 의해 작동한다. 각각의 윈드실드 와이퍼 조립체는 와이퍼, 와이퍼 암(arm), 그리고 와이퍼 모터/컨버터(converter)로 이루어져 있다. 대부분의 항공기 윈드실드 계통은 전기 모터를 이용한다.

2) 화학적 강우 차단(Chemical Rain Repellent)
   화학식 강우 차단계통은 조종석에 있는 스위치에 의해서 화학 발수제가 뿌려진다. 화학식 강우 발수계통은 희석되지 않은 차단제가 창문에 뿌려지기 때문에 건조한 상태의 창문에 적용되면 시야를 방해한다. 건조한 날씨 또는 아주 약한 비에서 적용된 강우차단제의 잔존물은 항공기 외피의 오염 또는 경미한 부식의 원인이 될 수 있다. 이것을 방지하기 위하여 차단제 또는 잔존물은 신속하고 완전하게 물로 제거되어야 한다. 차단제가 뿌려진 후에 차단제 피막은 계속적인 강우와의 충돌로 서서히 차단효과가 저하되기 때문에 주기적인 재도포가 요구된다.

3) 공압 제우계통(Pneumatic Rain Removal Systems)

강우 제거장치는 윈드실드 결빙을 제어하고 윈드실드 위에 가열공기의 흐름을 향하게 하여 강우를 제거한다. 이 가열공기는 두 가지 기능을 제공하는데, ① 공기가 빗방울을 작은 입자로 쪼개어 날려버리고, ② 따뜻한 공기는 결빙을 방지하기 위해 윈드실드를 가열한다. 공기는 전기식 송풍기로 생산하거나 엔진 추출 공기가 사용된다.

4) 윈드실드 표면 밀폐 코팅(Windshield Surface Seal Coating)

일부 항공기는 윈드실드 외부에 소수성 코팅(hydrophobic coating)이라고 부르는 표면 밀폐 코팅을 한다. 소수성이라는 용어는 물을 튀기는 또는 흡수하지 않는 것을 의미한다. 윈드실드 소수성 코팅은 큰 비가 내려도 운항승무원에게 우수한 시야를 제공한다. 대부분 신형 항공기의 윈드실드는 표면이 밀폐 코팅 처리되어 있다.

24.1.8 엔진 방빙 시스템

1) 왕복 Engine의 Anti-Icing

   (1) 왕복 엔진에서 결빙되는 부분은 float type carburetor 및 induction이다.
   (2) 착륙을 위해 고도를 낮추는 경우처럼 스로틀 밸브가 부분적으로 닫힐 때 유로가 좁아져서 유속이 증가되고 압력은 감소되어 수증기 기화가 일어나고 주변 온도가 내려간다.

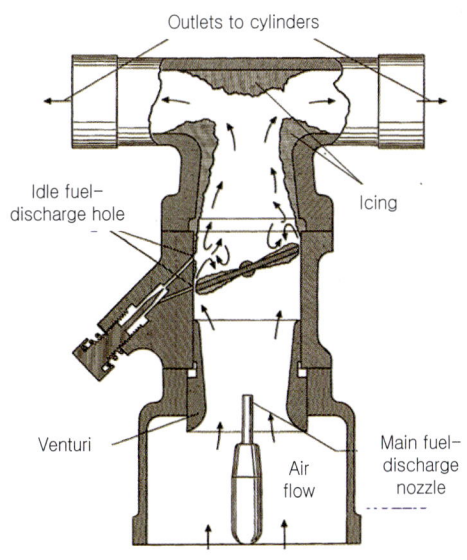

▲ 그림 24-8 왕복엔진 기화기(Carburetor) 결빙

(3) 부자식 기화기(Float Type Carburetor) 빙결 형성
    ① 연료가 기화기 벤투리 부근의 저압력부에 방출될 때 증발이 빠르다.
    ② 연료의 빠른 증발은 벤투리부의 공기, 벽, 수증기를 식힌다.
    ③ 기화기가 32°F 이하로 낮아지면 얼음 형성
(4) 결빙 방지 대책
    ① 오일 냉각기(oil cooler) 장착→오일 온도 냉각 및 기화기 유입공기 온도 상승
    ② 압력 분사식 기화기(pressure injection carburetor) 장착
    ③ 직접 연료 분사장치(fuel injection system) 장착

2) Gas Turbine Engine의 Anti-Icing
   ① axial flow gas turbine engine은 compressor 입구 부분에 있는 IGV(inlet guide vane)와 그 가운데 있는 nose dome이 결빙되어 공기 역학적 변형, 유효면적의 감소, 결빙 박리에 의한 손상 등이 발생하며 엔진 출력이 저하된다.
   ② 이것을 방지하기 위하여 thermal anti-ice을 행하고 있다.
   ③ 고온 공기는 엔진 compressor에서 추출한 것을 이용하며 가열에 사용된 gas turbine engine은 air intake만을 anti-icing하고 compressor는 anti-icing하지 않는다.

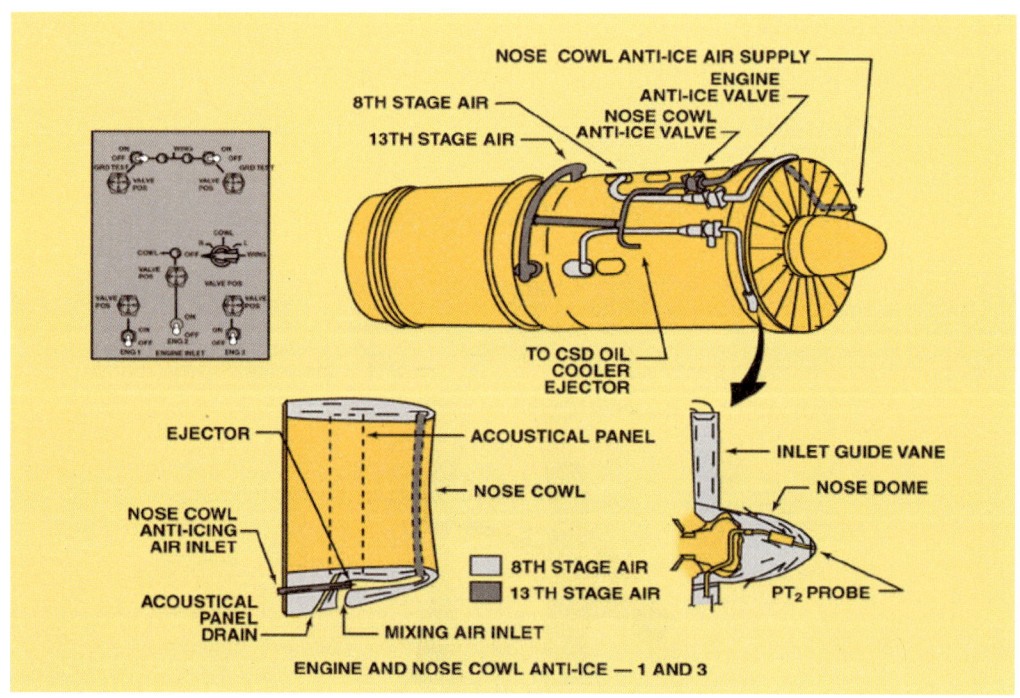

▲ 그림 24-9 가스터빈 기관 방빙장치

항공정비사

SECTION 25 통신항법계통

25.1 통신장치(HF, VHF, UHF)

25.1.1 사용처 및 조작방법

25.1.1.1 HF 통신장치

1) 기능

① 주로 해상 원거리 통신에 사용되며 국내 항공로에서 사용되는 VHF 통신장치의 2차적인 통신수단이며 주로 국제 항공 등의 원거리 통신에 사용된다.

② 이 송·수신 장치는 2~25MHz의 범위에서 최고 144채널까지 수용할 수 있는 서보 동조 방식의 A_1, A_2 겸용 송·수신 장치이다.

③ 송·수신에도 국부 발진신호를 이중 주파수 변환시킨 회로방식을 채용하고, 1.75~3.5MHz 주파수 범위의 국부 발진기 출력을 이용하며 2~25MHz 범위의 주파수를 얻는다.

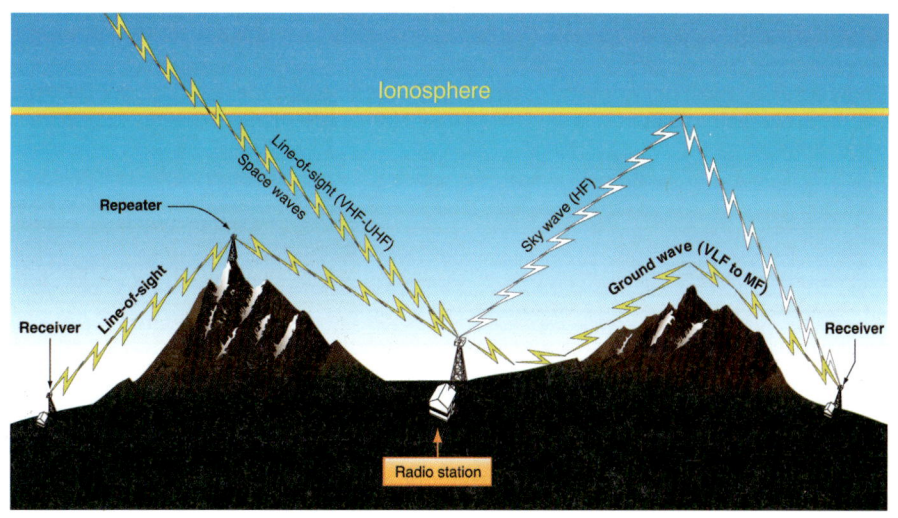

▲ 그림 25-1 HF 전파(radio wave)

2) 특징

(1) High Frequency 대역

① 일반 : 3~30MHz

② 항공 : 2~25MHz

(2) E층(100km)을 통과하고, F층(200~250km)에서 반사
(3) 밤과 낮의 영향이 없이 원거리에 전파되어 원거리 통신이 가능

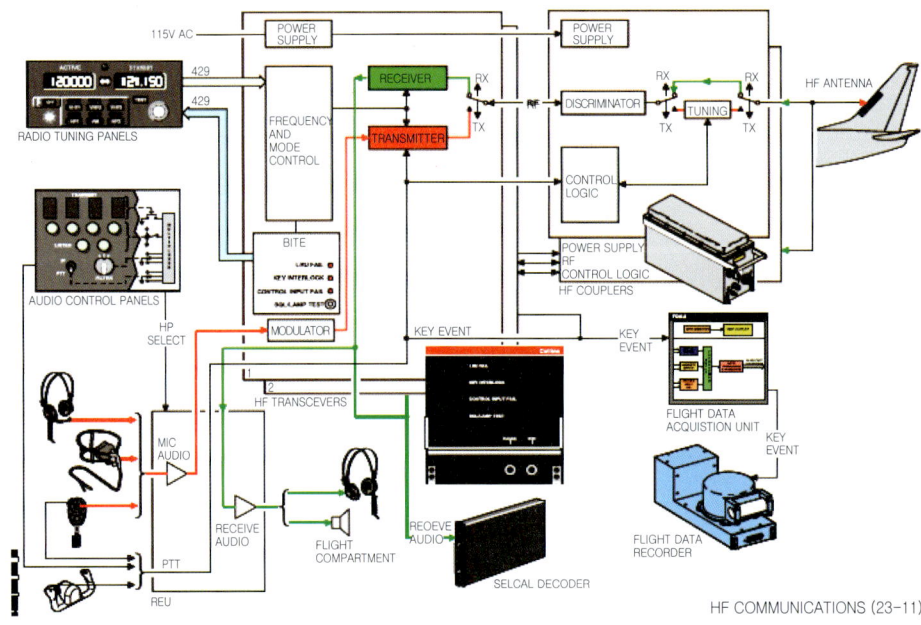

▲ 그림 25-2 보잉 737NG HF 통신계통

25.1.1.2 VHF(초단파) 통신장치

1) 기능

조정패널, 송·수신기, 안테나로 구성되며 118.0~13.6MHz의 VHF대역을 사용한 근거리 통신장치이다. 국내선 및 공항 주변에서의 통신 연락을 대부분 VHF 통신장치이다.

▲ 그림 25-3 VHF 관련 장비인 RCP(radio control panel)

2) 특징

(1) 주파수 대역
   ① 일반 : 30~300MHz
   ② 항공 : 108.8~136.9MHz (주로 118MHz 사용)
(2) 가시거리 통신에만 유효
(3) 단거리 통신장치(항공기와 무선국, 항공기와 항공기 간의 통신)

3) 안테나
   ① 송수신 겸용
   ② 중요한 통신 장치는 2~3개를 설치한다. ⇒ fail safe
   ③ blade type antenna 사용

4) VHF 통신 장치의 구성요소
   (1) Transceiver : A.M 방식
       ① transmitter : 광대역 증폭기에 의한 비동조형
       ② receiver : single super heterodyne 방식
   (2) controller
   (3) antenna(ant coupler가 없다)
   (4) 송수신 방식 : PTT(push-to-talk) 방식

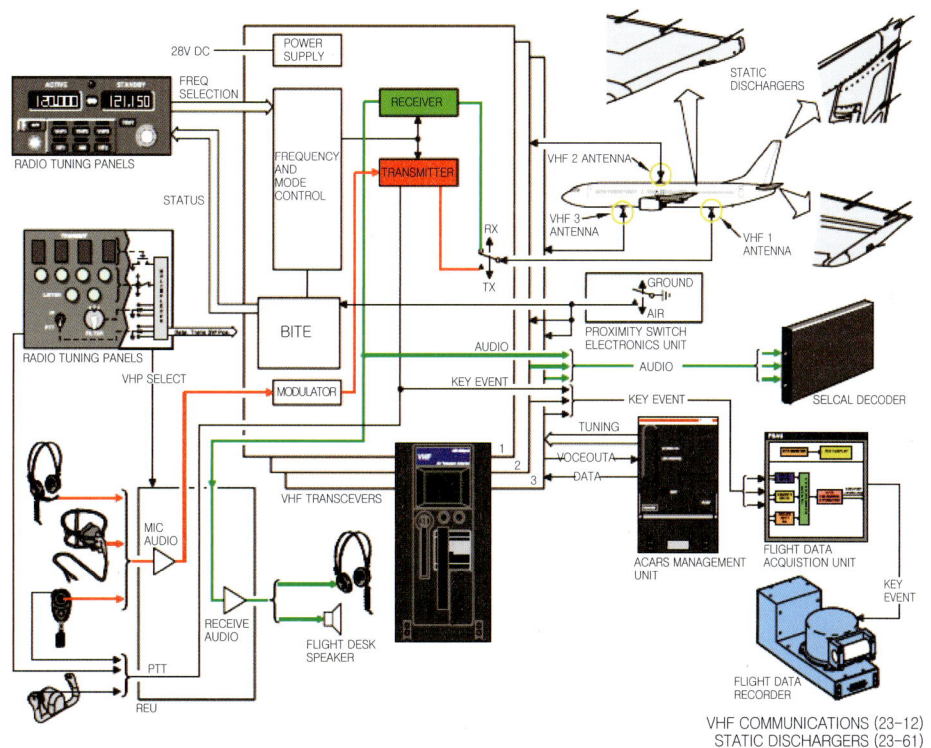

▲ 그림 25-4 보잉 737NG VHF 통신계통

25.1.1.3 UHF 통신장치

1) 225~400MHz의 주파수 범위에서 A_3 전파의 단일 통화방식(SSB방식)에 의해 항공기와 지상국 또는 항공기 상호간의 통신에 사용하고 있으며 군용 항공기에 한정하여 사용하고 있다.
2) UHF는 가시거리 내로 한정되어 근거리용으로 사용한다.

25.1.1.4 위성통신장치

1) 위성통신의 기초
   (1) 위성통신의 장점
      ① 장거리 광역통신에 적합하여 통신거리 및 지형에 관계없이 전송 품질이 우수하다
      ② 대용량의 통신이 가능하고 신뢰성이 높다.
   (2) 위성의 분류
      ① 기능에 따른 분류
         ㉮ 수동 위성 : 지상중계방식의 무급전 방식과 그 기능이 같은 위성
         ㉯ 능동 위성 : 전파를 수신하여 증폭하고 주파수 변환을 하여 재방사하는 중계 기능을 가지는 위성
      ② 위성 고도에 따른 분류
         ㉮ 저궤도 위성 : 지상에서 수백~수천 km 상공에 쏘아 올려 수 시간마다 지구를 일주하게 하는 위성
         ㉯ 정지 위성 : 적도 상공의 36,000km의 궤도에 쏘아 올린 위성으로서 위성의 공전주기가 지구의 자전주기와 같게 제어되는 위성
      ③ 용도에 따른 분류: 통신위성, 방송위성, 해상위성, 기상위성, 지구관측위성
   (3) 궤도 조건과 배치방식에 따른 위성 통신방식
      ① 랜덤 위성방식(random satellite system) : 지구 상공을 수백~수천 km의 궤도상을 수 시간의 주기로 선회하는 위성방식으로 기상이나 해양관측에 이용된다.
      ② 위상 위성방식(phased satellite system) : 지구 상공에 등 간격으로 여러 개의 위성을 배치하고 지구국은 안테나를 사용하여 차례로 위성을 추적하여 상시 통신망을 확보하는 방식
      ③ 정지 위성방식(stationary satellite system) : 적도 상공 35,789km의 원 궤도에 쏘아 올려진 3개의 위성에 의하여 상시 통신망을 확보하는 통신방식으로 현재 많이 사용된다.

25.1.1.5 그 밖의 통신장치

1) 운항 승무원 상호간 통화 장치(Flight Interphone System)
   조종실에서 운항 승무원 상호간의 통화 연락을 위해 각종 통신이나 음성신호를 각 운항 승무원석에 배분하는 통화 장치
   ① 서로 간섭받지 않고 각각 승무원석에서 자유롭게 선택하여 송신/청취
   ② 통화 우선순위 : captain → first officer(copilot) → first observer(FLT Engineer)

2) 승무원 상호간 통화장치(Service Interphone System)
   비행중에는 조종실과 객실 승무원석 및 갤리(galley) 간의 통화 연락을, 지상에서는 조종실과 정비, 점검상 필요한 기체 외부와의 통화 연락하기 위한 장치

3) 조종실 인터폰 장치(Cabin Interphone System)
   조종실과 객실 승무원석 및 각 배치로 나누어진 객실 승무원 상호간에 통화 연락하기 위한 장치

4) 기내방송장치(Passenger Address System)

조종실 및 객실 승무원석에서 승객에게 필요한 정보를 방송하기 위한 기내장치

① 승객에게 영화, 오락프로그램 제공이나 비행기 위치 등을 표시
② 좌석에 채널선택기로 선택한 프로그램을 이어폰으로 청취(기내방송우선권)

5) 오락 프로그램 제공장치(Passenger Entertainment System)

승객에게 영화, 오락 등 오락프로그램을 제공하는 장치

25.1.2 법적 규제에 대한 지식

25.1.2.1 항공교통업무기준

1) 항공안전법(2017년 3월 시행)

항공안전법 제83조(항공교통업무의 제공 등) ① 국토교통부장관 또는 항공교통업무증명을 받은 자는 비행장, 공항, 관제권 또는 관제구에서 항공기 또는 경량항공기 등에 항공교통관제 업무를 제공할 수 있다.

② 국토교통부장관 또는 항공교통업무증명을 받은 자는 비행정보구역에서 항공기 또는 경량항공기의 안전하고 효율적인 운항을 위하여 비행장, 공항 및 항행안전시설의 운용 상태 등 항공기 또는 경량항공기의 운항과 관련된 조언 및 정보를 조종사 또는 관련 기관 등에 제공할 수 있다.

③ 국토교통부장관 또는 항공교통업무증명을 받은 자는 비행정보구역에서 수색·구조를 필요로 하는 항공기 또는 경량항공기에 관한 정보를 조종사 또는 관련 기관 등에 제공할 수 있다.

④ 제1항부터 제3항까지의 규정에 따라 국토교통부장관 또는 항공교통업무증명을 받은 자가 하는 업무(이하 "항공교통업무"라 한다)의 제공 영역, 대상, 내용, 절차 등에 필요한 사항은 국토교통부령으로 정한다.

항공안전법 제84조(항공교통관제 업무 지시의 준수) ① 비행장, 공항, 관제권 또는 관제구에서 항공기를 이동·이륙·착륙시키거나 비행하려는 자는 국토교통부장관 또는 항공교통업무증명을 받은 자가 지시하는 이동·이륙·착륙의 순서 및 시기와 비행의 방법에 따라야 한다.

② 비행장 또는 공항의 이동지역에서 차량의 운행, 비행장 또는 공항의 유지·보수, 그 밖의 업무를 수행하는 자는 항공교통의 안전을 위하여 국토교통부장관 또는 항공교통업무증명을 받은 자의 지시에 따라야 한다.

항공안전법 제89조(항공정보의 제공 등) ① 국토교통부장관은 항공기 운항의 안전성·정규성 및 효율성을 확보하기 위하여 필요한 정보(이하 "항공정보"라 한다)를 비행정보구역에서 비행하는 사람 등에게 제공하여야 한다.

② 국토교통부장관은 항공로, 항행안전시설, 비행장, 공항, 관제권 등 항공기 운항에 필요한 정보가 표시된 지도(이하 "항공지도"라 한다)를 발간(發刊)하여야 한다.

③ 제1항 및 제2항에서 규정한 사항 외에 항공정보 또는 항공지도의 내용, 제공방법, 측정단위 등에 필요한 사항은 국토교통부령으로 정한다.

2) 항공교통업무기준(Standards for Air Traffic Services)-(국토교통부 고시 제2016-794호)

제1조(목적, Objectives) 이 기준은 항공법에 따른 항공교통업무의 수행을 위한 안전기준을 정함을 목적으로 한다.

제2조(적용범위, Applicability) 이 기준은 항행업무 규제기관인 국토교통부 항공정책실(항행안전팀) 및 다음 각 호의 항공교통업무제공자, 항공교통업무지원자 및 항공기 운영자에게 적용한다.

1. 항공교통업무제공자(Service Provider)
   가. 항공교통업무 집행총괄부서(Authority) : 국토교통부 소속의 항공교통업무기관을 총괄하는 국토교통부 항공정책실(항공관제과)
   나. 항공교통업무기관(Authority) : 항공교통업무시설을 관리하는 서울지방항공청(관제통신국), 부산지방항공청(항공관제국), 항공교통센터(관제과), 김포항공관리사무소(관제통신과), 제주항공관리사무소(항공관제과), 공항출장소, 인천국제공항공사(운항관리처), ㈜대한항공(운항훈련원)
   다. 항공교통업무시설(Unit or Facility) : 항공교통업무를 수행하는 다음 각 호의 시설
      1) 항공교통관제업무시설 : 지역관제소, 접근관제소(도착관제실 포함), 관제탑(계류장관제소 포함)
      2) 비행정보업무시설 : 비행정보실, 항공교통흐름관리센터, 항공교통흐름관리석, 항공교통업무보고취급소
      3) 경보업무시설 : 비행정보실, 항공수색구조지원센터, 경보소
2. 항공교통업무지원자(Assistant) : 항공교통업무시설 및 장비의 설치, 유지 및 보수를 담당하는 인천국제공항공사, 한국공항공사, 비행장(공항) 설치·운영자 등
3. 항공기 운영자(Operator) : 항공기 운항에 종사하는 사람, 단체 또는 기업

제2조의 2(적용규정, Applied Regulations) ① 항공교통업무제공자는 이 기준에서 정하지 아니한 사항에 대하여는 다음 각 호의 규정을 준용할 수 있다.
1. 「국제민간항공조약」 및 같은 조약의 부속서에서 채택된 표준과 방식
2. 국제민간항공기구(ICAO)에서 발행한 항공교통업무 관련 규정
3. 그 밖에 항공교통업무 등을 수행하는 데 필요하다고 항행업무 규제기관이 인정하는 규정
② 항공교통업무제공자는 이 기준에 위반되지 않게 항공교통업무 수행에 필요한 운영규정 등을 정하여 사용할 수 있다.

25.1.2.2 항공교통 업무 국제기구

1) ITU(국제전기통신연합 : International Telecommunication Union)
   국제전기통신조약 : 각 나라의 주파수와 사용목적을 정함

2) ICAO(국제민간항공기구 : International Civil Aviation Organization)
   ※ 국제민간항공조약의 제 10부속(Annex 10)
   항공통신과 항공무선항법 원조시설의 표준과 운용방식
   ① VHF(초단파) 통신 시스템

② HF(단파) 통신 시스템
③ SELCAL(selective calling system: 선택 호출 장치)
④ ADF(자동방향탐지기), NDB(무지향성 라디오 비컨)
⑤ VOR(초단파 전방위식 무선 표시)
⑥ ILS(계기 착륙 장치)
⑦ DME(거리 측정 장치)
⑧ SSR(2차 감시 레이더), ATC transponder
⑨ PAR(정측 진입 레이더)
⑩ LORAN-C

3) 항공기 탑재 장비의 기술 기준 → 호환성
　(1) RTCA(미국항공무선기술위원회 : Radio Technical Commission for America)
　(2) ARINC(Aeronautical Radio Inc.)
　　① 기상레이더
　　② 전파 고도계
　　③ 비행 제어 컴퓨터 시스템
　　④ 추력 제어 시스템
　　⑤ 관성 기준 시스템, 관성 항법 시스템
　　⑥ 에어 데이터 시스템

25.1.3 부분품 교환 작업

※ 항공기 기종과 각 부분품의 종류에 따라 작업절차가 상이하므로 부분품 교환 작업 시 제작사의 정비교범을 참고한다.

1) 정비작업 시 안전사항
　(1) 작업 전
　　① 작업을 시작하기 전에 브리핑(briefing)을 통하여 오류가 발생될 수 있는 요인 또는 실수를 유발할 수 있는 요인들을 작업자들에게 정보를 제공해야 한다.
　　② 브리핑 시 내가 경험했던 사례를 동료 작업자들에게 제공하여 발생될 수 있는 오류를 피해야 한다.
　(2) 작업 중
　　크로스 체크(cross check), 이중 점검(double check) 등을 통하여 작업중에 나타나는 오류를 검출하여 제거하여야 한다.
　(3) 작업 마무리 단계
　　① 기능 및 누설점검(function & leak check) 등을 통하여, 장·탈착에 발생할 수 있는 오류를 최종 확인한다.
　　② 공구 재고조사를 실시하여 작업 마무리 단계에서 발생될 수 있는 실수를 최소화하여야 한다.

2) 항공기 부분품 교환작업

※ Boeing 737 Aircraft Maintenance Manual Part Ⅱ Practices and Procedures 내용 중 Localizer Antenna - Removal / Installation

737-600/700/800/900

Aircraft Maintenance Manual
Part II
Practices and Procedures

Boeing Business Jet

BOEING PROPRIETARY, CONFIDENTIAL, AND/OR TRADE SECRET
Copyright © 1998 The Boeing Company
Unpublished Work - All Rights Reserved

Boeing claims copyright in each page of this document only to the extent that the page contains copyrightable subject matter. Boeing also claims copyright in this document as a compilation and/or collective work.

This document includes proprietary information owned by The Boeing Company and/or one or more third parties. Treatment of the document and the information it contains is governed by contract with Boeing. For more information, contact The Boeing Company, P.O. Box 3707, Seattle, Washington 98124.

Boeing, the Boeing signature, the Boeing symbol, 707, 717, 727, 737, 747, 757, 767, 777, BBJ, DC-8, DC-9, DC-10, MD-10, MD-11, MD-80, MD-88, MD-90, and the red-white-and-blue Boeing livery are all trademarks owned by The Boeing Company; and no trademark license is granted in connection with this document unless provided in writing by Boeing.

DOCUMENT D633A101-BBJ

ORIGINAL ISSUE DATE: FEBRUARY 05, 1998

PUBLISHED BY BOEING COMMERCIAL AIRPLANES GROUP, SEATTLE, WASHINGTON, USA
● A DIVISION OF THE BOEING COMPANY ●
OCTOBER 10, 1999

737-600/700/800/900
MAINTENANCE MANUAL

LOCALIZER ANTENNA - REMOVAL/INSTALLATION

1. General
   A. This procedure has these tasks:
      (1) A removal of the localizer antenna
      (2) An installation of the localizer antenna.
   B. The localizer antenna is in the nose radome.

   TASK 34-31-31-000-801

2. Localizer Antenna Removal (Fig. 401)
   A. References
      (1) AMM TASK 53-52-00-000-801 p401, Nose Radome Removal
   B. Access
      (1) Location Zones
         (a) 111   Radome
         (b) 211   Flight Compartment - Left
         (c) 212   Flight Compartment - Right
   C. Removal Procedure

      SUBTASK 860-001
      (1) Open these circuit breakers and attach DO-NOT-CLOSE tags:
         (a) Circuit Breaker Panel, P6-1:
            1) 6A13   RADIO NAVIGATION MMR 2
         (b) Circuit Breaker Panel, P18-1:
            1) 18A2   RADIO NAVIGATION MMR 1

      SUBTASK 860-002

      WARNING: DO NOT OPERATE THE WEATHER RADAR SYSTEM WHILE YOU REMOVE THE
                LOCALIZER ANTENNA. IF THE WEATHER RADAR OPERATES, INJURY TO
                PERSONS CAN OCCUR.

      (2) Open the nose radome to get access to the localizer antenna [1]
          (AMM TASK 53-52-00-000-801 p401).

      SUBTASK 020-001
      (3) Remove the localizer antenna [1].
         (a) Remove the screws [2] that attach the localizer antenna [1] to
             the airplane structure.
         (b) Pull the localizer antenna [1] away from the airplane structure
             to get access to the electrical connectors [3].
         (c) Disconnect the electrical connectors [3].
         (d) Remove the localizer antenna [1].
         (e) Put protective covers on the electrical connectors [3].

EFFECTIVITY
ALL

D633A101-BBJ

34-31-31

Page 401
Jun 10/01

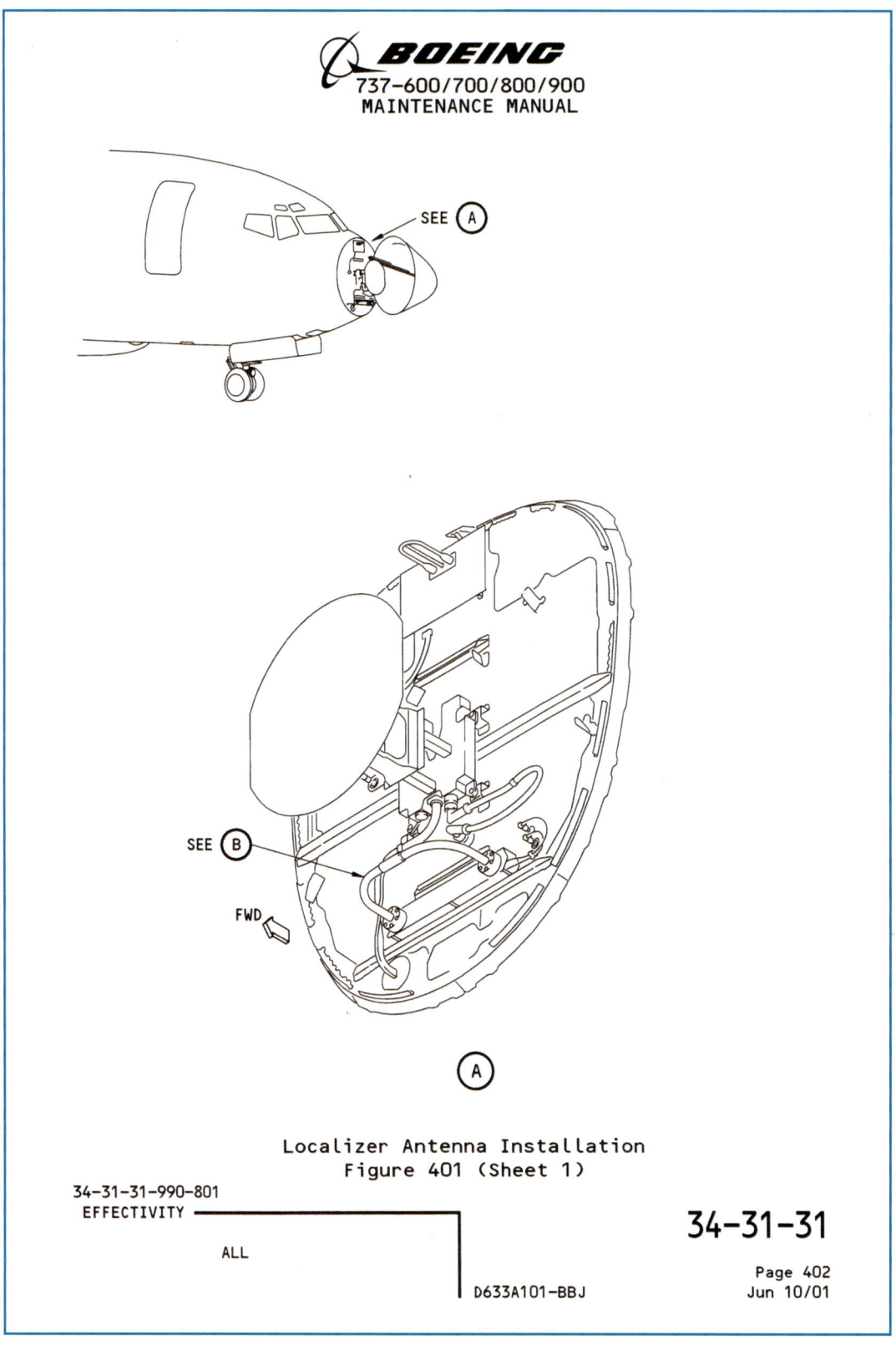

Localizer Antenna Installation
Figure 401 (Sheet 1)

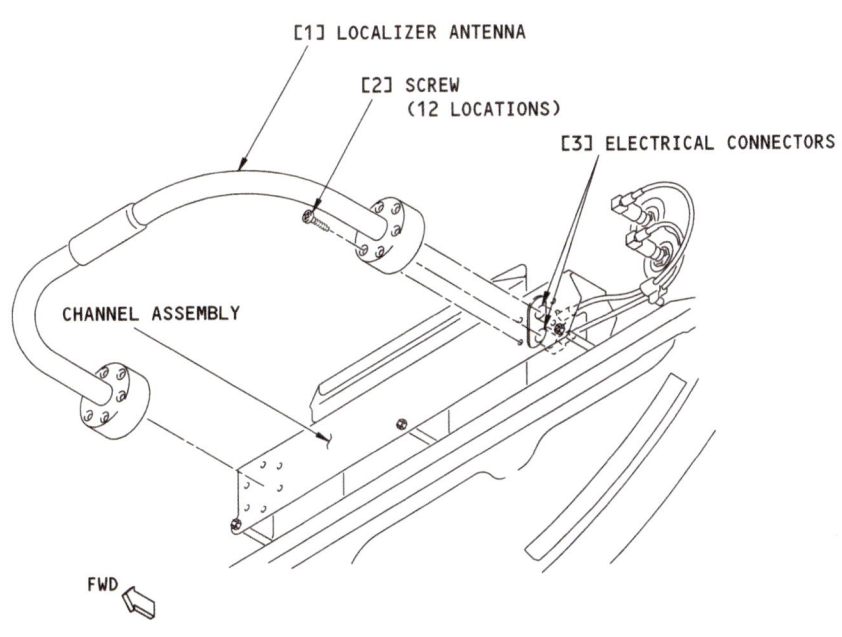

Localizer Antenna Installation
Figure 401 (Sheet 2)

TASK 34-31-31-400-801

3. <u>Localizer Antenna Installation</u> (Fig. 401)
   A. General
      (1) The installation task has an installation test. The installation test makes sure that the localizer antenna operates correctly.
   B. References
      (1) AMM TASK 20-10-34-110-802 p701, Clean Bare, Clad, or Plated Metal with Solvent
      (2) AMM TASK 34-21-00-820-801 p201, Air Data Inertial Reference System - Alignment from the FMC CDU
      (3) AMM TASK 34-21-00-820-802 p201, Air Data Inertial Reference System - Alignment from the ISDU
      (4) AMM TASK 51-21-41-370-802 p701, Apply Alodine 600, 1200 or 1200S Solution
      (5) AMM TASK 51-21-91-620-802 p701, Apply the Corrosion Inhibiting Compound
      (6) AMM TASK 53-52-00-000-801 p401, Nose Radome Removal
      (7) AMM TASK 53-52-00-400-801 p401, Nose Radome Installation
      (8) SWPM 20-20-00
   C. Equipment
      (1) Test (or alternative tool)
         (a) NAV-402AP-2 Test Set - VOR/ILS, RAMP (recommended)
             IFR Americas, Inc. (Vendor Code 51190)
             10200 W. York St., Wichita KS 67215-8935
         (b) 402AP-110 Test Set - VOR/ILS, RAMP (alternative)
             IFR Americas, Inc. (Vendor Code 51190)
             10200 W. York St., Wichita KS 67215-8935
         (c) T-30D Test Set - VOR/ILS, RAMP (alternative)
             Tel-Instrument Electronics Corp. (Vendor Code 92606)
             728 Garden Street, Carlstadt NJ 07072-1621
   D. Consumable Materials
      (1) A00247 Sealant, Pressure and Environmental-Chromate Type - BMS5-95
      (2) B00083 Solvent, Aliphatic naphtha (for acrylic plastics) - TT-N-95, Type II
      (3) C00259 Primer, Chemical and solvent resistant finish, epoxy resin - BMS10-11, Type I
      (4) G00034 Cloth, Process Cleaning Absorbent Wiper (cheesecloth, gauze) - BMS15-5
   E. Parts

AMM		NOMENCLATURE	IPC		
FIG	ITEM		SUBJECT	FIG	ITEM
401	1	Antenna	34-31-31	01	05

EFFECTIVITY

ALL

34-31-31

737-600/700/800/900 MAINTENANCE MANUAL

```
   F.  Access
       (1) Location Zones
           (a)  111   Radome
           (b)  211   Flight Compartment - Left
           (c)  212   Flight Compartment - Right
   G.  Installation Procedure

           SUBTASK 860-003
       (1) Make sure that these circuit breakers are open:
           (a)  Circuit Breaker Panel, P6-1:
                1)  6A13    RADIO NAVIGATION MMR 2
           (b)  Circuit Breaker Panel, P18-1:
                1)  18A2    RADIO NAVIGATION MMR 1

           SUBTASK 860-004

   WARNING:   DO NOT OPERATE THE WEATHER RADAR SYSTEM WHILE YOU INSTALL THE
              LOCALIZER ANTENNA.  IF THE WEATHER RADAR OPERATES, INJURY TO
              PERSONS CAN OCCUR.

       (2) Open the nose radome to get access to the localizer antenna [1]
           (AMM TASK 53-52-00-000-801 p401).

           SUBTASK 100-001
       (3) Clean the mating surfaces of the localizer antenna [1] and the
           airplane structure.  To clean the mating surfaces, do this task:
           Clean Bare, Clad, or Plated Metal with Solvent
           (AMM TASK 20-10-34-110-802 p701).
           (a)  Apply solvent, TT-N-95, Type II to the mating surfaces of the
                localizer antenna [1] and the airplane structure with a cloth,
                BMS15-5.
           (b)  Use a clean cloth, BMS15-5, and clean the mating surfaces
                again.
           (c)  Do these two steps until the mating surfaces are bright, clean
                and dry.

           SUBTASK 620-001
       (4) If the airplane surface has corrosion or other damage, do these
           steps to prepare the airplane mating surface:
           (a)  Apply a layer of coating, Alodine 1200 to the airplane mating
                surface.  To apply the coating, do this task:  Apply Alodine
                600, 1200 or 1200S Solution (AMM TASK 51-21-41-370-802 p701).
           (b)  Apply a layer of primer, BMS10-11, Type I to the screw holes.
           (c)  Allow the primer, BMS10-11, Type I to dry before you install
                the screws [2].

           SUBTASK 860-005
       (5) Apply a layer of sealant, BMS5-95, to the airplane and antenna
           mating surfaces.  To apply the compound, do this task:  Apply the
           Corrosion Inhibiting Compound (AMM TASK 51-21-91-620-802 p701).
```

EFFECTIVITY
ALL

34-31-31

Page 405
Feb 10/02

D633A101-BBJ

SUBTASK 420-001
(6) Install the localizer antenna [1]:
   (a) Remove the protective covers from the electrical connectors [3].
   (b) Apply sealant, BMS5-95, to the threads of the screws [2].
   (c) Connect the coaxial connectors [3] to the localizer antenna [1].
   (d) Align the localizer antenna [1] to the screw holes that hold the localizer antenna [1] to the airplane structure.
   (e) Install the screws [2] that attach the localizer antenna [1] to the airplane structure.

SUBTASK 760-001
(7) Do a check of the resistance between the localizer antenna [1] and the airplane structure (SWPM 20-20-00).
   (a) Make sure the resistance is not more than 0.001 ohms.

SUBTASK 410-001
(8) Close the nose radome (AMM TASK 53-52-00-400-801 p401).

SUBTASK 860-006
(9) Remove the DO-NOT-CLOSE tags and close these circuit breakers:
   (a) Circuit Breaker Panel, P6-1:
      1) 6A13   RADIO NAVIGATION MMR 2
   (b) Circuit Breaker Panel, P18-1:
      1) 18A2   RADIO NAVIGATION MMR 1

H. Installation Test

SUBTASK 710-001
(1) Do these steps to prepare for the installation test:
   (a) Set the VHF NAV switch on the instrument switching module to the NORMAL position.
   (b) Set the SOURCE switch on the instrument switching module to the AUTO position.
   (c) Set the mode selector on the captain's and the first officer's EFIS control panel to the APP position.
   (d) Set the captain's and the first officer's course select controls on the DFCS mode control panel to the same course as the airplane heading.
   (e) Set a frequency of 108.1 MHz on the navigation control panels.

      NOTE: To set the frequency, turn the frequency selector until the frequency shows in the STANDBY window. Then push the TFR button. The frequency will show in the ACTIVE display.

EFFECTIVITY
ALL

34-31-31

D633A101-BBJ

Page 406
Jun 10/01

737-600/700/800/900
MAINTENANCE MANUAL

(f) Make sure the air data inertial reference unit (ADIRU) is aligned and in the NAV mode. To align it, do this task: Air Data Inertial Reference System - Alignment from the FMC CDU (AMM TASK 34-21-00-820-801 p201) or
Air Data Inertial Reference System - Alignment from the ISDU (AMM TASK 34-21-00-820-802 p201).

SUBTASK 860-007
(2) Put the test set, NAV-402AP-2, near the front of the airplane and a minimum of 6 feet from the forward localizer antenna.

SUBTASK 860-008
(3) Set the F/D switches on the DFCS mode control panel to the ON position.

SUBTASK 860-009
(4) Push the APP switch on the DFCS mode control panel.

SUBTASK 710-002
(5) Use the test set, NAV-402AP-2, to supply an ILS localizer signal that follows to the tail (VOR) antenna:

   OUTPUT LEVEL   -60 dBm

   DEFLECTION   Right 1 Dot (0.0775 DDM)

   FREQUENCY   108.1 MHz

   (a) Make sure the localizer deviation bars on the captain's and the first officer's displays show one dot right.

SUBTASK 860-010
(6) Set the F/D switches on the DFCS mode control panel to the OFF position.

25.1.4 항공기에 장착된 안테나의 위치 및 확인

※ 주파수가 낮을수록 안테나는 크다.

1) 무지향성 안테나
   모든 방향을 균일하게 전파를 송수신 - 통신용 수직안테나

2) 지향성 안테나
   특정 방향으로만 송수신하는 안테나 - ADF의 루프안테나

3) 스캐닝 안테나(Scanning Antenna)
   예민한 지향성을 가진 안테나를 회전이나 왕복운동으로 넓은 범위 탐지

4) 플러시형(Flush Type) 안테나
   기체 내부에 안테나 내장

5) 와이어 안테나(Wire Antenna)
   저속기에서 장파, 중파, 단파용으로 기체 외부에 장착

6) 로드 안테나(Rod Antenna)
   ① 경비행기에서 좋은 성능발휘, 기계적 압력으로 고속기 부적당
   ② 송수신 시 전 방향 서비스를 위해 수직형태 설계

7) 수평비 안테나
   ① 토끼 귀 모양으로 된 TV안테나와 유사
   ② 완전하게 단일방향으로 만들 수 없는 결점
   ③ 저속항공기 적합

8) 블레이드 안테나(Blade Antenna)
   ① 수직축은 통신목적을 위한 수직안테나, 항업비 안테나는 꼭대기의 뒤로 벌어진 수평구조 포함
   ② 공기저항 최소로 설계, 유리 섬유구조의 밀폐된 매질
   ③ ATC 트랜스폰더, DME, VHF안테나

9) 접시형 안테나(Parabolic Antenna)
   ① 지향성이 높은 예리한 전자파 빔 생산
   ② 레이더, 기상레이더 사용

10) 슬롯 안테나
    ① 접시형 안테나의 여진용, 항공기용 레이더 복사기로 사용
    ② 활공각 시설(glideslope) 수신용 안테나. 길이 $\lambda/2$

11) 나팔형 안테나 : 전파고도계 사용

12) 원통형 안테나 : 마커비컨

13) 탐침형(Probe) : 단파(HF)통신

14) 다이플 안테나 : VOR, LOC

15) 안테나 길이
   ① HF 안테나 길이 = $\lambda/4$
   ② VHF 안테나 길이 = $\lambda/2$

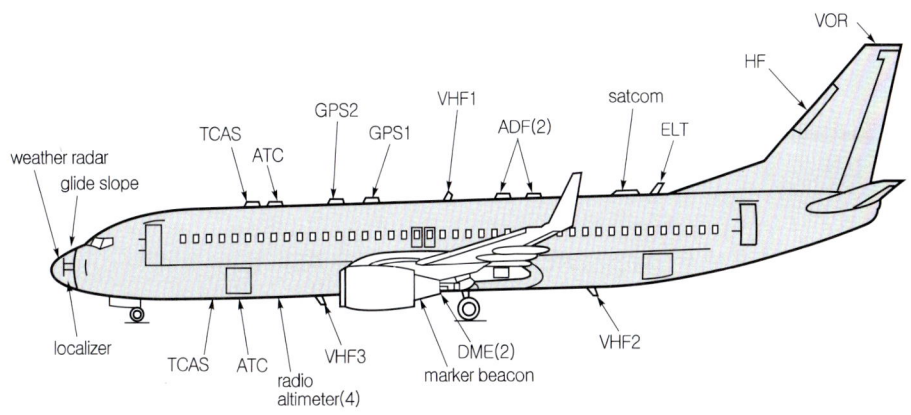

▲ 그림 25-5 항공기에 장착된 안테나의 위치(보잉 737)

25.2 항법장치(ADF, VOR, DME, ILS/GS, INS/GPS)

25.2.1 작동원리

1) 항법이란?
   (1) 항법의 정의
      이동체가 어떤 지점에서 다른 지점으로 이동하는 경우에 현재 위치, 이동 방위, 시각을 알리는 방법
   (2) 항법의 종류
      ① 지문항법 : 조종사가 해안선이나 철도노선을 보며 비행하는 항법
      ② 추측항법 : 이미 알고 있는 지점에서 방위와 거리를 풍향과 풍속을 고려하여 계산한 후 목적지의 도달시점을 추측하는 항법
      ③ 무선항법 : 전파의 직진성 및 전파의 전파속도가 일정한 것을 이용한 항법장치

(3) 항법의 분류
   ① 단거리 비행장치 : ADF(자동항법 탐지기), VOR(전방향 표지시설), DME(거리 측정시설), TACAN(전술 항행 장치)
   ② 장거리 비행장치 : LORAN(쌍곡선 항법장치), OMEGA, INS(관성항법장치), DOPPLER radar
   ③ 기타 : radio altimeter(전파고도계), weather radar(기상레이더)
      ㉮ 지상 무선국이 필요한 장치 : ADF, VOR, DME, TACAN, LORAN, OMEGA
      ㉯ 지상 무선국이 필요 없는 장치 : INS, DOPPLER radar
(4) 무선항법시스템
   ① 무선항법은 지상의 무선항법 지원 시설로부터 송신되는 전파를 이용하여 항공기의 운항에 필요한 자신의 위치, 방위, 거리 등의 정보를 획득하는 방법이다. 이러한 목적의 장치로는 무지향성 전파탐지 신호(NDB : non directional radio beacon), 자동방향탐지기(ADF : automatic direction finder), 초단파 전 방향 무선표식(VOR : VHF omni-directional range), 거리측정장치(DME : distance measuring equipment), 계기착륙시스템(ILS : instrument landing system) 등이 있다.
   ② NDB/ADF 항법시스템은 가장 오래 전부터 이용되고 있는 것으로서 무지향성(non-directional) 안테나를 가지는 일종의 전파 등대인 NDB국과 이 전파를 수신하여 NDB로서의 방향을 알아내는 자동방향 탐지기(ADF)가 사용된다. 그리고 VOR은 지상의 VOR국으로부터 VHF 전파를 수신하여 항공기의 자방위(magnetic direction)를 알게 되는 방법이다.
   ③ DME는 항공기가 송신한 질문 전파에 대한 응답전파를 지상의 DME국으로부터 받아 전파 지연 시간으로부터 해당 거리를 계산하는 방법이다. 보통 VOR국과 DME국은 함께 설치되어 VOR/DME라고 부르며 방향과 거리를 함께 알 수 있도록 한다.
(5) 관성항법시스템
   지상의 항행 지원시설이 없는 곳을 비행하는 경우 기내의 자이로를 이용하여 현재 위치와 방향을 스스로 계산하여 비행하는 방법으로서 자율항법이라고도 부른다. 이러한 관성항법을 사용하면 태평양과 같이 지상의 항행지원 시설이 없는 곳에서도 비행경로에 따라 정확하게 비행할 수 있다.
(6) 위성항법시스템
   자동차용 내비게이션과 같이 위성에 의한 전 세계측위 시스템인 GPS(global positioning system)를 이용하여 자신의 위치를 측정하는 방법으로서 차세대 항법시스템으로 활용될 것이다. 항공기의 경우 자동차와 달리 3차원의 위치 정보가 필요하므로 4개 이상의 GPS 위성을 이용하여 자신의 위치 및 고도를 인식한다.
(7) 계기착륙시스템
   비행에서 가장 어려운 착륙과정을 지원하기 위하여 활주로부터의 착륙유도 전파를 사용하는 시스템이다.

2) 항법의 기초지식(Background knowledge of Navigation)

(1) 노티칼 마일(NM : Nautical Mile)과 노트(Knot)

적도 주변을 360등분한 도(degree)에 대하여 다시 60등분한 분(minute)의 거리를 1NM이라고 한다. 지구의 적도상 원주의 길이가 2만 4,901마일(4만km)이므로, 이것을 360×60으로 나누면, 1 NM은 1.15마일(1,852m)이 된다. 그리고 Knot는 시간당 1NM의 속도를 의미하며 1knot는 1.15마일/hour(1,852m/hour)이다(참고로 1mile/h 속도는 0.868knot이다. 1mile = 1.6km).

(2) 대기속도(Air Speed)/대지속도(Ground Speed)

항공기를 600 mph로 600마일을 비행할 경우 실제 비행시간은 바람의 영향에 의해 1시간보다 길어질 수도 있고 단축될 수도 있다. 따라서 항공기의 속도는 지면에 대한 항공기의 속도인 대지속도와 대기 중에서의 항공기 속도인 대기속도로 구분된다. 항공기가 뒷바람의 영향을 받으면, 대지속도는 증가할 것이다. 즉, 대기속도보다 대지속도가 증가한다. 반면에 앞바람의 영향을 받으면 대지속도<대기속도가 된다. 미국을 갈 때와 한국으로 돌아올 때의 비행시간 차가 2~3시간 나는 것도 바로 항로상의 제트기류 때문이다(1mile = 1.6km).

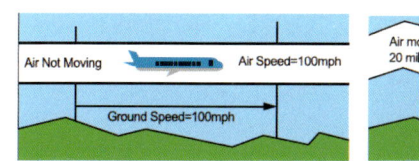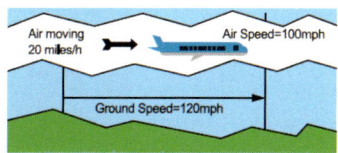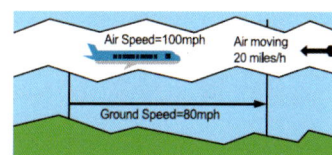

▲ 그림 25-6 대기속도와 대지속도

(3) 진북(True North)/자북(Magnetic North)

① 항공지도는 우리가 흔히 보는 지도에 표기된 북극을 의미하는 진북(true north)을 기준으로 작성된다. 즉, 진북은 지구의 자전축에 있으며 이 축의 연장선에는 북극성(polaris)이 있는 지리적인 기준점이다.

② 하지만 지구 자기장에 의해 실제 나침반이 가리키는 북극을 자북(magnetic north)이라고 하며, 실제로는 진북 기준으로 작성된 지도의(81.5°N, 111.4°W)에 있는 캐나다의 북해에 있으며, 진북과는 950km 정도 떨어져 있다.

③ 이러한 실제 나침반의 방향과 지도상의 진북 방향의 각도 차이를 자기 편각(magnetic variation) 또는 magnetic declination이라고 한다. 따라서 지도에 표시된 진북 방향으로 이동하기 위하여 나침반이 가리키는 자북 방향으로 걸으면 실제 목적지와 다른 장소에 도착하는 거리오차가 발생할 수 있다.

④ 이러한 것을 보정하기 위하여, 자신의 나침반을 자기 편각(magnetic declination)만큼 보정해야 한다. 항공지도에는 이러한 자기 편각이 표기되어 있는데, 극지방에 가까울수록 크다.

⑤ 편각을 수정하려면, 즉 진북에서 자북으로 변환하거나 차트상의 코스에서 나침의 방위각을 구하려면 편각서(west variation)의 경우 진북 방위각에 편각을 더하고, 편각동(east variation)의 경우는 진북 방위각에서 편각을 감하면 된다.

<간략 요약>

① 진북 : 북극점이 있는 지리학적 북쪽 방향이다.
② 자북 : 나침반이 지시하는 북쪽 방향이다.
③ 도북 : 지도상의 북쪽 방향이다.
④ 자편각 : 자북과 진북의 차이를 말한다.
⑤ 도자각 : 도북과 자북의 차이를 말한다.
⑥ 도편각 : 도북과 진북의 차이를 말한다.

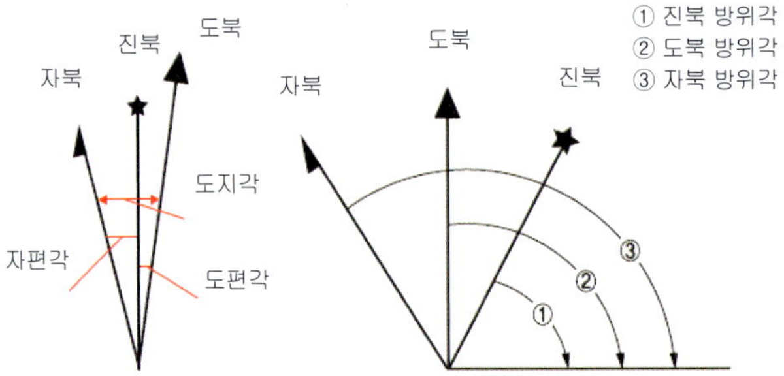

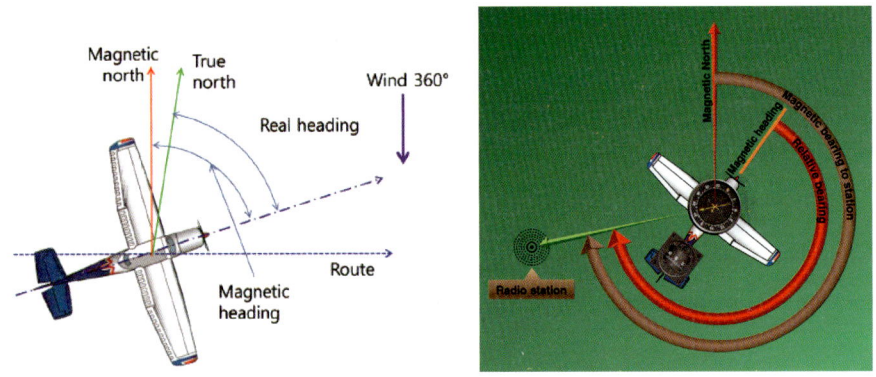

▲ 그림 25-7 진북, 자북, 도북

▲ 그림 25-8 자방위(magnetic heading)와 상대방위(relative bearing)

ⓒ 예를 들어 비행하고자 하는 코스가 0° 이고 편각이 "13° W"일 때 실제 조종사가 비행하여야 할 나침반의 방위각(자북 방위각)은 13° (0+13=13)이다.

(4) 방위

① 기수방위(heading) 또는 자방위(magnetic heading)
  나침반에 의한 자북 기준의 기수 방위각이다.

② 상대방위(relative bearing)
  ㉮ 기수에서 보이는 무지향성 전파탐지 신호(NDB : Non-Directional Radio Beacon)와 같은 무선표식 장치의 방향을 시계방향으로 측정한 방위각이다.
  ㉯ 자동방향탐지기(ADF : automatic eirectional finder) 계기바늘이 가리키는 방위각이다.

③ 방위(bearing) 또는 자침방위(magnetic bearing)
  항공기 입장에서 해당 무선표식 장치의 위치를 자북기준 시계방향으로 측정한 방위각이다. 이 자침방위(magnetic bearing)는 상대방위(relative bearing)와 기수 자방위(magnetic heading)를 더한 값으로 계산할 수 있다.

  자침방위(magnetic bearing) = 상대방위(relative bearing) + 기수 자방위(magnetic heading)

④ 진행방향(course)

기수 방위값으로 표시한 비행경로이다.

⑤ 방사선 또는 전파방위각(radial or reciprocal bearing)

무선표시 장치 입장에서 항공기의 위치를 자북 기준 시계방향으로 측정한 방위각이다. 이 방위는 기수의 진행방향과 무관하다. reciprocal bearing각은 magnetic bearing의 반대값으로서 Magnetic bearing각에 180°를 더하거나 뺀 값이다.

⑥ 무지향성 전파탐지 신호(NDB : Non-Directional radio Beacon)

NDB는 광범위하게 사용된 최초의 전자항법 시설을 말한다. NDB국은 160~415kHz의 장중파를 360° 전 방향으로 송신하여 항공기의 자동방향 탐지기(ADF : automatic rirection finder)의 지침이 NDB 국의 방향을 가리키도록 하는 일종의 전파등대이며 통달거리는 20~330km 정도이다. 항공 지도에는 NDB의 위치와 주파수가 기재되어 있으며 국내 항공로는 이러한 NDB들을 연결하고 있다. 통달거리는 25 NM급의 공항에 설치된 NDB는 Homing beacon 또는 Homer라고 하는데 이것은 공항으로의 방향을 지시한다. 유사한 기능의 VOR장비로 대치되고 있으나 VOR보다는 원거리를 지원하기 때문에 보조용으로 유효하다.

(5) 전파

① 시간에 따라 변화하는 전기장은 자기장을 유도하고, 시간에 따라 변하는 자기장은 전기장을 유도하는데, 이 전기장과 자기장이 서로 90도를 이루면서 서로가 서로를 유도하여 소멸되지 않고 멀리까지 전달되어 나가는 것이 전자파이다.

② 시간에 따라 그 양과 변화량이 모두 변하는 전기장과 자기장은 서로 상대방을 유도할 수 있다. 이와 같은 원리로 서로를 유도하면서 잘 소멸되지 않고 퍼져나가는 것이 전자파이다(이래서 직류에서는 자기장만 나올 뿐, 전자파는 나오지 않는다).

③ 전자파의 전기장과 자기장은 모두 사인파의 모양을 하고 있으며, 전파의 진행방향에 모두 직각이고, 자기들끼리도 서로 직각을 이루면서 서로 유도한다. 전기장(electric field)과 자기장(magnetic field)으로 이루어지는 일종의 유동에너지로서, 파장이 0.1mm 이상인 전자기파(electromagnetic wave)이다.

④ 1979년 전파의 정의는 「현재 인공적으로 유도됨이 없이 공간을 전파하는 3,000GHz(3THz) 이하의 전자기파」로 규정되었다.

⑤ 안테나로부터 자유공간 속에 발사되는 전파는 빛과 마찬가지로 직진한다. 전기장과 자기장은 서로 같은 위상으로 직교하며, 파면은 전파의 진행방향과 직각이다.

⑥ 단파(HF)대 이하의 전파는 전리층과 지표면 사이에서 반사를 되풀이하면서 수천 km의 원거리에까지 전달되므로 선박·항공기·지상의 고정통신과 국제방송 등에 이용된다.

⑦ 초단파(VHF)대는 송신안테나에서 바라보이는 범위가 아니면 통신할 수 없으므로 일정 지역 내의 이동통신이나 텔레비전 방송·FM방송 등에 이용된다.

⑧ 마이크로파대는 반사경 안테나에 의해 전파를 한 방향으로 집중해 송신할 수 있으므로, 산꼭대기나 높은 탑 위에 안테나를 장치한 중계소를 수십 km 간격으로 설치해 텔레비전·다중전화의 원거리 중계에 이용한다(파장이 1mm~1m).
⑨ 전파는 전자파가 공중에 전달되어 퍼지는 성질이며, 주파수가 10kHz에서 3,000GHz(3THz)까지의 전자파 파장(파의 길이)은 빛의 속도를 주파수로 나눈 값이다.

(6) 주파수
① 주파수 : 1초 동안 반복되는 사이클의 수

$$f = \frac{P \cdot N}{120} (P : 자극수, \ N : \text{rpm}) \quad f = \frac{1}{T}$$

② 주파수 범위

▼ 표 25-1 주파수 범위

명칭	주파수 범위	사용처
초장파(VLF)	30kHz 이하(100~10km)	오메가항법
장파(LF)	30~300kHz(10~1km)	ADF, 로란C
중파(MF)	300~3MHz(1km~100m)	ADF(AM라디오), 로란A
단파(HF)	3~30MHz(100m~10m)	HF통신(HAM)
초단파(VHF)	30~300MHz(10m~1m)	FM라디오, VOR, VHF통신, LOC, 마커비컨
극초단파(UHF)	300~3,000MHz(1m~10cm)	UHF통신, G/S, ATC, TCAS, DME, TACAN
극극초단파(SHF)	3~30GHz(10cm~1cm)	도플러 레이더, 기상레이더, 전파고도계
초극초단파(EHF)	30~300GHz(1cm~1mm)	우주통신

- 초장파(VLF), 장파(LF), 중파(MF)는 전리층 E층에서 단파(HF)는 F층에서 반사
- 초단파(VHF)대와 그 이상은 전리층을 뚫고나가 반사하지 않음

③ 전파의 전달방식
  ㉮ 지상파
    ⓐ 지표파 : 지표면을 따라 전파(근거리 : VLF, LF, MF, HF)
    ⓑ 직접파 : 송신안테나에서 수신안테나로 직진함(근거리 : VHF, UHF, SHF)
    ⓒ 지표반사파 : 지표에서 반사되어 수신안테나에 도달함(근거리 : VHF, UHF)
  ㉯ 공간파 : 공중으로 발사된 전파가 전리층 또는 대류권에 의해 반사, 굴절되어 전파됨. 대류권파를 포함(원거리 : VLF, LF, MF, HF, 원거리 대류권파 : VHF, UHF, SHF)

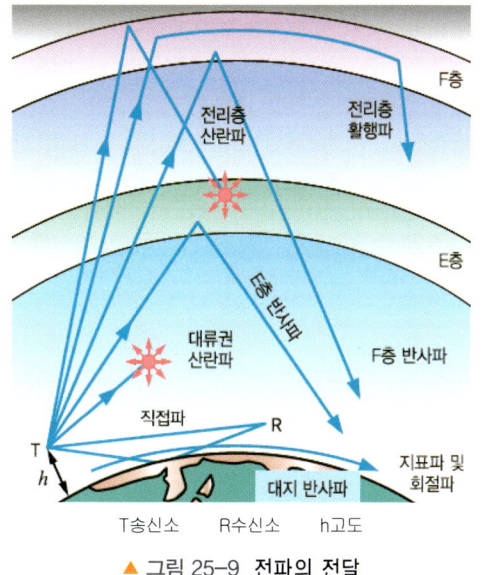

▲ 그림 25-9 전파의 전달

(7) 송신기(Transmitter)

송신기는 주파수가 높은 전류를 만들어 내는 장치이다. 이 교류전류를 안테나에 흐르게 하면 그 교류전류와 같은 파형을 한 전파가 공간으로 나간다. 이때 단지 정현파(sine wave)의 교류전류를 안테나에 흘려도 전파는 나가지만, 이것만으로는 전파에 정보가 포함되어 있지 않아 통신장치라 말할 수 없다. 모든 무선 송신장치는 먼저 어떤 높은 주파수의 정현파 전류를 만들고 이 정현파 전류를 그대로 안테나에 흐르게 하는 것이 아니라, 정보를 포함한 신호로 변화시킨다(변조). 이 변조된 교류전류를 증폭시켜 안테나로 보낸다.

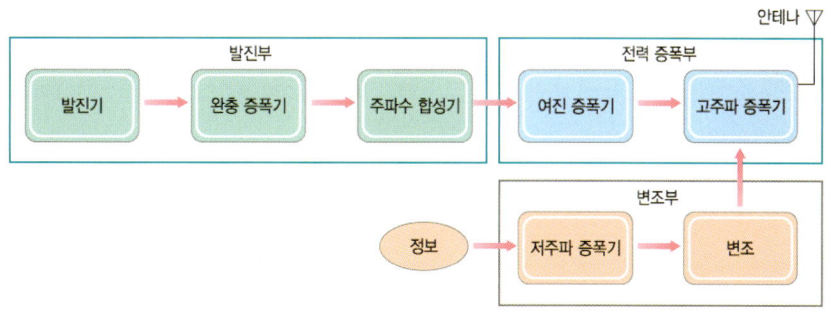

▲ 그림 25-10 전파 송신기 도표

(8) 수신기

① 공중에 날고 있는 전파를 수신하려면, 먼저 금속막대 또는 도선(안테나)이 필요하다. 전파는 말하자면 전계(electric field)와 자계(magnetic field)가 일체된 힘으로, 둘 중에 하나를 이용한다. 전계를 이용하려면 금속막대를 전계의 힘의 방향에 놓으면 이 힘이 금

속막대 속의 자유전자에 작용하여 움직이게 한다. 이렇게 하여 금속막대에 전류가 흐르게 되는 것이다.

② 한편 자계 부분에서 받으려면 금속막대를 루프로 하여 코일처럼 만들어 두면 전파 속의 자계 변화에 따라 전자 유도의 원리에 의해 코일에 기전력, 즉 전계가 발생한다. 그 결과, 이 전계의 힘으로 루프에 전류가 흐르는 것이다. 전파를 받는 안테나 형태에는 현재 여러 가지가 있으며, 기본적으로 두 가지 형식으로 크게 나눌 수 있다. 그런데 공간에 날아다니는 전파에는 여러 가지 주파수의 전파가 섞여있다.

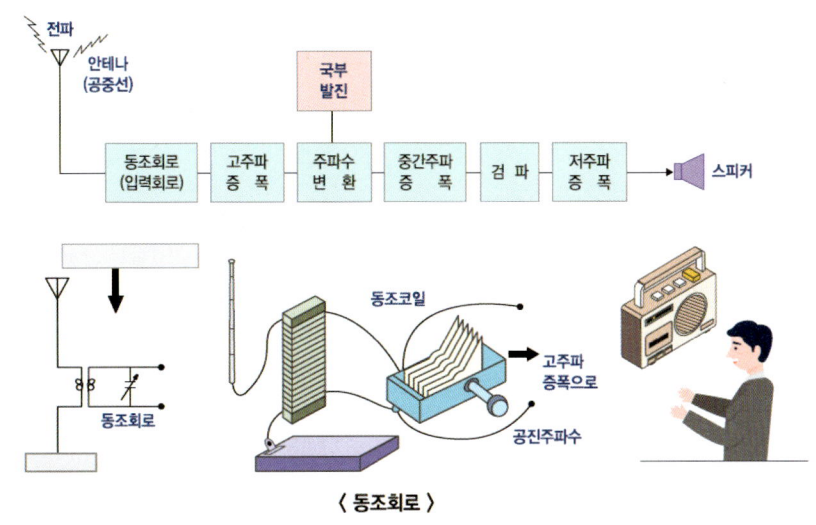

▲ 그림 25-11 고감도 수신기 도표

25.2.2 용도

25.2.2.1 초단파 전방향 무선표지장치(VOR : Very high frequency Omni-Directional Range) Navigation System

1) 초단파 전방향 무선표지장치(VOR) 개요(Introduction of VOR)

　(1) 자동방향탐지기(ADF : automatic direction finder)를 장착한 항공기는 기수를 기준으로 무지향성 전파탐지 신호(NDB : non directional radio beacon)와의 상대방위(relative bearing)만을 알 수 있다. 따라서 서로 다른 방향으로 진행하는 항공기가 동일한 각도를 지시하는 문제점이 있다. 즉, 나침반 없이 ADF만으로는 NDB에 대한 자북방위를 알 수 없다.

　(2) 이러한 문제점을 해결하기 위하여 자북 방위각 정보를 무지향성 초단파(VHF) 안테나로 송신하는 무선표식 장치가 VOR 지상국이다. 즉, ADF와 VOR의 차이점은 ADF가 기수 방향에 대한 NDB국과의 상대방위(relative bearing)만을 얻을 수 있는데 비해 VOR은 기수방향과 상관없이 항공기 입장에서 VOR 지상국이 위치한 곳에 대한 자침방위(magnetic bearing)각

을 알 수 있다는 점이다. 특히 VOR은 NDB보다 정확도가 높아 계기비행 항공기는 의무적으로 VOR 수신기를 탑재하고 있으며,

(3) VOR Ground Station으로부터 방위전파를 발사하여 항공기에 비행방향을 지시하게 하는 무선항행시설이다. VOR 지상국은 자북을 기준으로 방위정보를 000degrees부터 359degrees 까지 방사한다.

(4) VOR에 할당된 주파수는 108.00~117.95MHz이고 이 주파수에는 30Hz로 변조된 기준(reference), 가변(variable) 신호와 음성 및 Morse Code(station identification)가 포함된다. 가변신호는 AM으로 변조된 VOR 주파수에 포함되어 있고, 30Hz의 기준신호는 FM 변조된 9960Hz subcarrier에 포함되어 있다.

(5) VOR 주파수에 포함된 기준신호는 전 방향으로 발사되며 가변신호는 cardioid antenna radiation pattern으로 발사되어 관측자의 위치에 따라 위상이 다르다. VOR 지상국은 CVOR(Conventional VOR : 기준위상은 FM 변조, 가변위상은 AM 변조)과 DVOR(Doppler VOR: 기준위상은 AM 변조, 가변위상은 FM 변조)이 있다.

2) VOR 원리(Principle of VOR)

(1) 등대에 있는 2개의 램프 중 직진성이 있는 빨간색 램프(variable signal)는 초당 30회전을 하고, 초록색 램프(reference signal)는 빨간색 램프가 북쪽에 위치했을 때만 전방위로 반짝인다. 비행할 때 반짝하는 초록빛 불빛을 본 후 회전하는 빨간색 불빛을 1/60초 뒤에 봤다면 해당 등대로부터 남쪽에 있음을 알 수 있다.

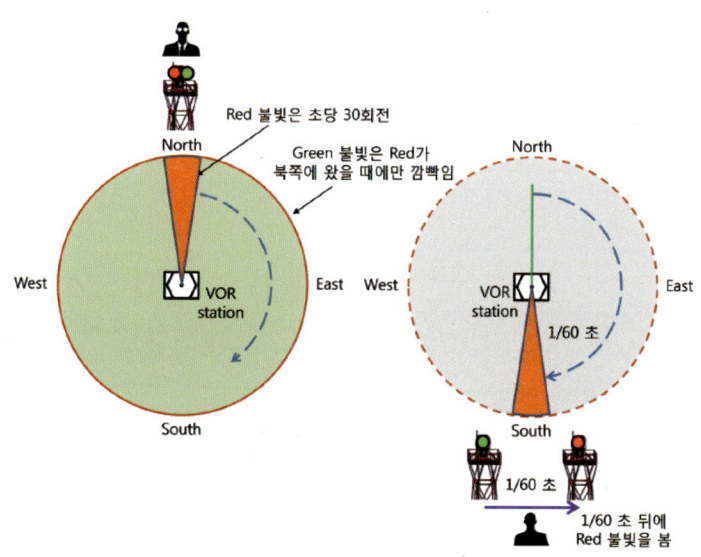

▲ 그림 25-12 VOR 원리

(2) 이러한 원리를 이용한 VOR은 불빛 대신에 무선 신호를 사용하여 기준 신호와 가변 신호 간의 위상차를 기반으로 국 방위각을 알 수 있도록 하는 장치이다.

(3) VOR 송신국은 빨간색 불빛에 해당하는 가변신호를 초당 30회전하는 지향성 안테나로부터 송신한다. 또한 초록색 불빛에 해당하는 기준신호도 전방위로 송신되는데, 이 신호는 지향성 안테나가 정북에 위치할 때 양의 최대 진폭을 갖고 정남에 위치할 때에는 음의 최대 진폭을 가지는 30Hz sine파이다.

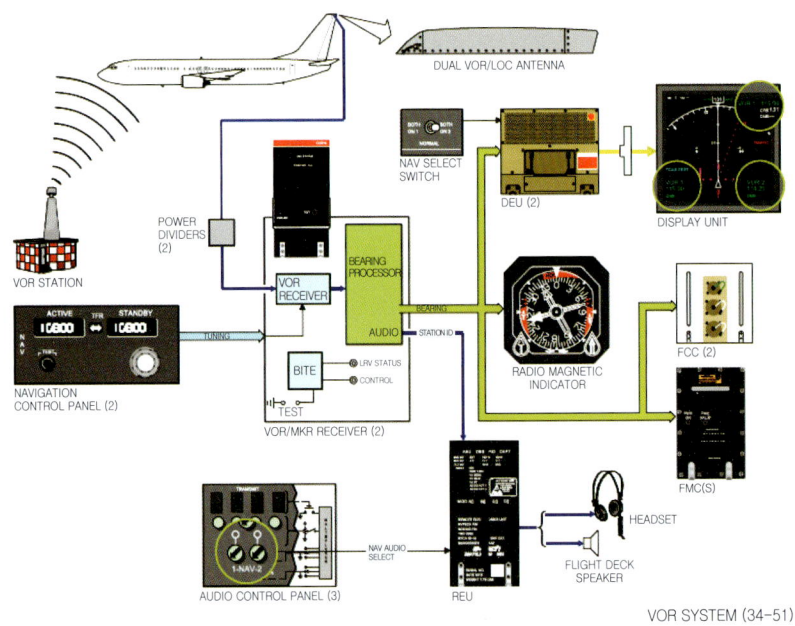

▲ 그림 25-13 VOR 계통

3) VOR 자료 표시(VOR data display)

VOR data가 navigation display(ND)에 지시되려면 EFIS control panel에서 VOR mode를 선택하고 NAV control panel에서 VOR 주파수를 입력하여야 한다.

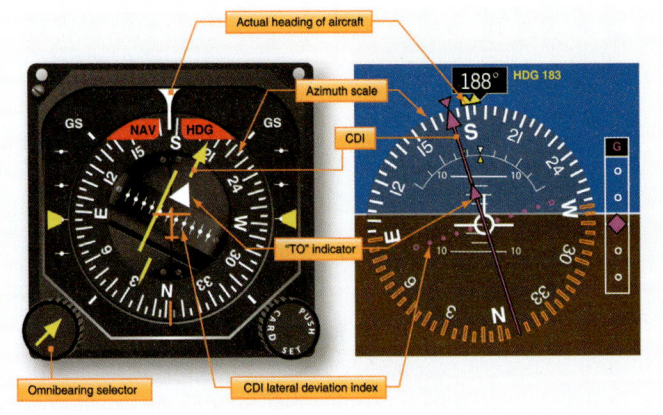

▲ 그림 25-14 VOR 계기

25.2.2.2 자동방향탐지기(ADF : Automatic Direction Finder)

1) 개요-1(Introduction-1)
   (1) 자동방향탐지기(ADF)는 지상에 설치한 무지향성 무선표지 신호(NDB: non directional radio beacon)로부터 송신되는 전파를 항공기에 장착된 ADF 장비로 수신하여 전파의 도래 방향을 계기에 지시한다.
   (2) 전파는 직진하는 특성을 갖고 있으므로 8자형 지향성을 가진 루프 안테나(loop antenna)와 무지향성의 센스 안테나(sense antenna)로 수신하여 이들을 합성하면 전파의 도래 방향에서 수신 출력이 최소로 되어 지상국의 방위를 알아내어 지상국의 방향을 지시한다. ADF 주파수의 범위는 190~1750kHz(commercial AM radio stations : 540~1,620kHz, non-directional beacon : 190~535kHz)이다.

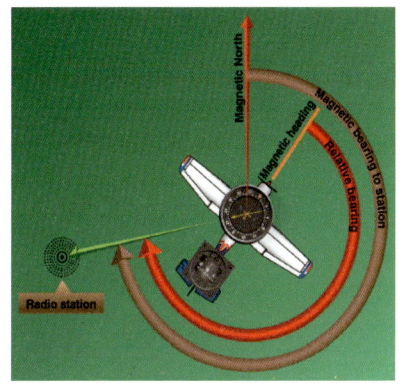 

▲ 그림 25-15 ADF 방향 지시와 ADF 계기

2) 개요-2(Introduction-2)
   (1) 전자파의 직진성을 이용하여 항공기의 루프 안테나(loop antenna)를 이용하여 전파를 수신하고 도래 방향을 파악하여 항공기의 기체 축을 기준으로 항공기와 선택한 전파 송신 지상국과의 상대방위(relative bearing)를 찾게 된다. 이때 지상국으로 이용되는 설비는 ADF용으로 구축한 NDB국 또는 일반 중파 방송국이 이용된다.
   (2) 특히, 지상 NDB국은 190~1,750kHz 대역의 주파수를 사용하여 주로 이동체의 방향탐지기(direction finder)에 신호를 제공하는 것으로 지상에 설치된 안테나로부터 360° 전 방향으로 전파를 송신한다.
   (3) 1,020Hz 또는 400Hz로 진폭 변조(AM, amplitude modulation)하고, 전파 송신 지상국을 식별하기 위하여 톤(Tone) 형식으로 국제모스 코드(international morse code)로 알파벳 2 또는 3문자를 함께 30초에 3회 이상 균일 간격으로 송신하게 된다. 이렇게 송신된 전파가 항공기 루프 안테나와 수평을 이룰 때 수신 전계 강도(field strength)가 최대가 되는 8자형의 안테나 전파 패턴을 이루게 된다.

3) 자동방향탐지기(ADF) 시스템 구성(Configuration of ADF)

(1) 자동방향탐지기 조정패널(ADF control panel)은 주파수를 선택하여 ADF 수신기를 조율(tune)시키고, 수신기는 지상 ADF국에 대한 방위정보를 수신한다.

(2) ADF Bearing은 무선 자방위 지시계(RMI : radio magnetic indicator) 혹은 항법정보 표시기(ND : navigation display)에 지시되고, 또한 음성관리장치(AMU : audio management unit)를 통하여 헤드폰에 전달되어 선택된 방송국의 방송이나 NDB국의 비컨 음을 들을 수 있다.

(3) ADF 안테나는 센스 안테나(전기장 에너지 수신) 1개와 루프 안테나(자기장 에너지 수신) 2개로 구성된다.

(4) 수신된 신호세기(signal strength)는 항공기 위치와 관계가 있으며 2개의 루프 안테나는 90도 차이 나게 장착하고, 신호세기는 지상국 방향과 항공기 진행방향(heading)과 관계된 sine과 cosine 함수로 된다.

(5) 루프와 센스안테나로 전달된 sine 및 cosine과 sine 신호를 ADF 수신기로 전달되고 상대방위(relative bearing)를 계산하여 RMIs와 NDs에 디스플레이시킨다.

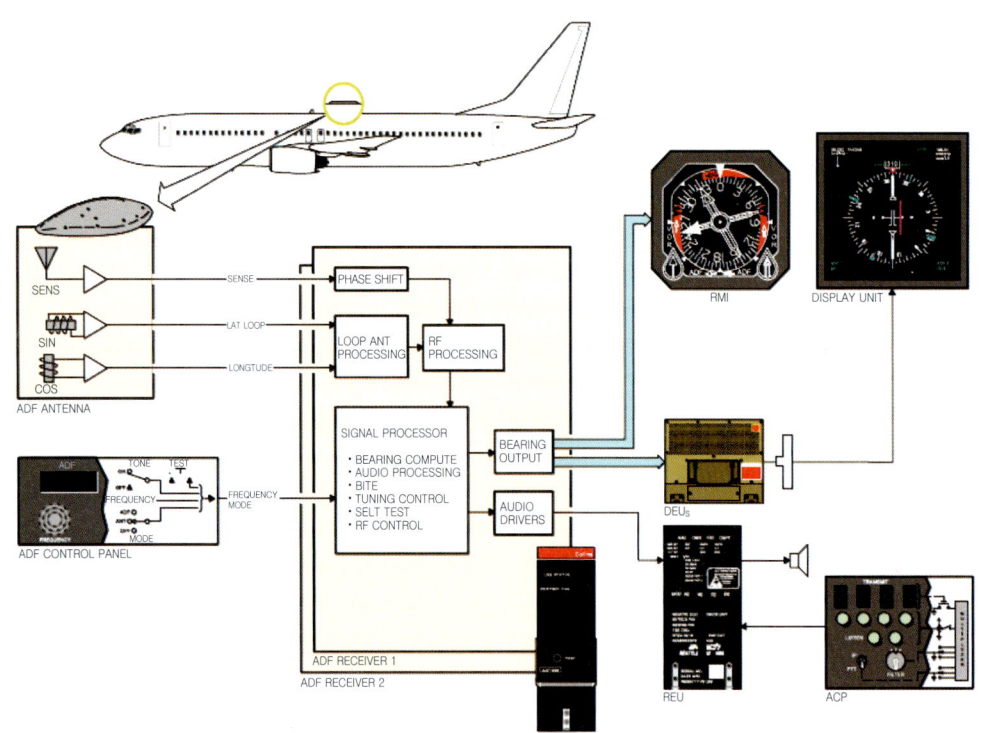

▲ 그림 25-16 ADF 계통

25.2.2.3 계기착륙장치(ILS : Instrument Landing System)

1) 계기착륙장치(ILS)는 시정(visibility)이 불충분할 때 항공기를 착륙시키기 위해 사용된다. ILS는 항공기가 활주로에 안전하게 착륙할 수 있도록 수평(lateral) 및 수직(vertical) 위치데이터(position data)를 제공하고 방위각시설(localizer)과 활공각 시설(glide slope) 지상국으로부터 발사된 신호를 항공기에서는 계기착륙수신기(ILS receiver), VOR/ILS 수신기 혹은 멀티모드 수신기(MMR : multimode receiver)에서 수신한다.

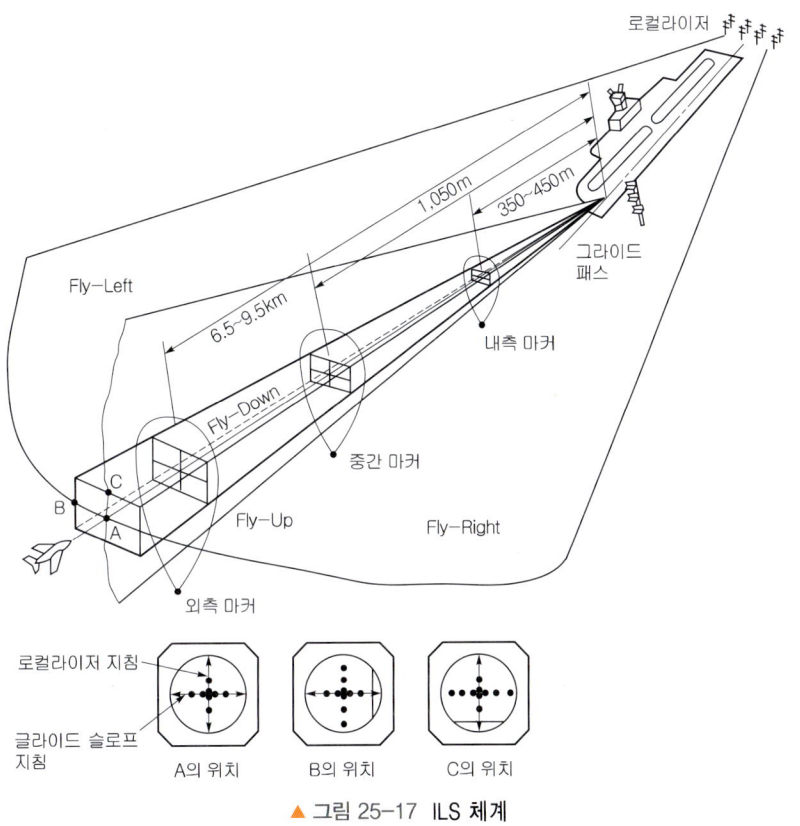

▲ 그림 25-17 ILS 체계

2) 방위각 시설(Localizer)

(1) 로컬라이저 원리

① localizer 전파는 활주로의 진입방향에 있는 middle marker와 outer marker쪽으로 발사되며, 반대방향으로도 전파가 발사된다. 진입측 전파를 전방 진행방향(front course), 반대쪽을 후방 진행방향(back course)이라 부른다.

② localizer는 2,000ft의 고도에서 최저 25노티칼 마일(NM)까지 빔(beam)이 전달될 수 있도록 전파를 발사한다.

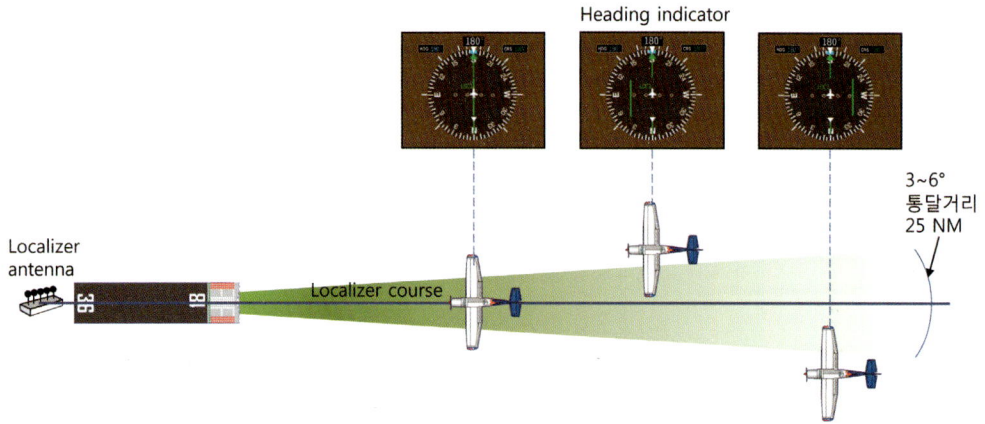

▲ 그림 25-18 **로컬라이저 지시**

③ 진행방향(Course)의 폭은 보통 3~6°로서 활주로 끝단(TH : hreshold)에서 700ft이고 주파수의 범위는 108.10~111.975MHz이다.

④ 항공기상의 계기에는 지상송신기에서 나오는 좌우 주파수(90Hz, 150Hz)의 변조성분에 따른 전계의 강약차이에 의하여 localizer 지시계가 좌우로 움직이므로 조종사는 항공기를 활주로 중앙에 위치시킬 수 있다(50kHz 단위의 40개 채널 사용).

(2) 로칼라이저(Localizer) 시스템의 작동(Operation of Localizer system)

활주 중심선 제공용 지향성 초단파(VHF) 전파를 발사하는 지상 시스템은 항공기 입장에서 활주로 방면 우측에 150Hz의 변조 성분이 우세한 신호를 방사하는 반면에 좌측에는 90Hz의 변조 성분이 우세한 지향성 신호를 방사한다. 조종사는 우측을 blue sector, 좌측을 yellow sector라고 부른다. 오른쪽 안테나는 150Hz 신호와 반대 위상의 90Hz 신호를 송신하며, 왼쪽 안테나는 이것과 반대로 정위상의 90Hz 신호와 반대위상의 150Hz 신호를 송신한다. 즉, 좌우의 안테나 간에 위상이 다르다. 이러한 위상의 신호들이 합성되면 다음과 같이 활주로 중심선에 null(no signal or zero)을 만들게 된다. 따라서 항공기의 로컬라이저 수신기의 수신신호의 세기가 0이 되면 활주로 중심선에 위치하였다고 판단할 수 있다. 또한 중심선에서 오른쪽에 항공기가 위치하면 정위상의 150Hz 성분과 90Hz 성분 중 150Hz의 신호성분이 더 커지므로 이를 계기판에 표시한다.

항공기 수신부 구조는 그림 25-19와 같으며, 입력된 90Hz와 150Hz 신호 성분의 진폭에 따른 정류된 전압의 크기가 동일하면 0이 된다. 만약 90Hz나 150Hz 성분의 신호가 세다면 그 차이에 따라 표시바늘을 움직이게 한다.

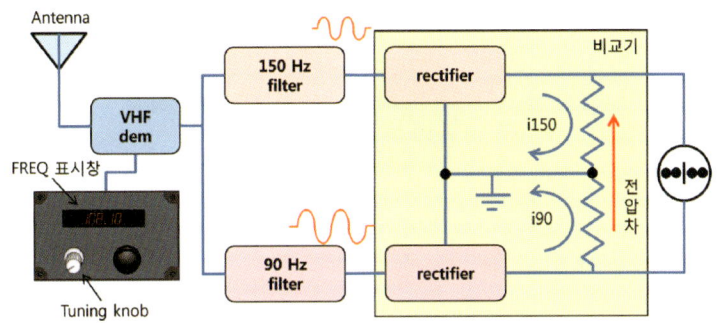

▲ 그림 25-19 로컬라이저 수신기 기본원리

3) 활공각 시설(Glideslope)

▲ 그림 25-20 비행 코스 편차 지시

지상 glideslope 송신기는 전파를 발사하여 활주로에 착륙하기 위하여 접근 중인 항공기에 안전한 착륙 각도인 약 3°의 활공각 정보를 제공하며 활주로 진입단으로부터 750~1,250ft 내측에, 활주로 중심선으로부터 400~600ft 옆으로 떨어진 위치에 설치된다. glideslope 주파수 범위는 UHF 328.6~335.4MHz이며 ILS 주파수(localizer 주파수)를 선택 시 자동으로 선택된다. 지상 glideslope 송신기에서 발사되는 주파수도 localizer와 같이 course(강하로)의 하측에는 150Hz, 상측은 90Hz로 변조되는 지향성 전파를 발사하며 항공기상의 수신기는 두 변조성분에 따른 전계의 강약차이에 의하여 glideslope 지시계가 상하로 움직이게 하여 적절한 강하 각도를 알려주어 항공기가 안전하게 착륙할 수 있도록 한다.

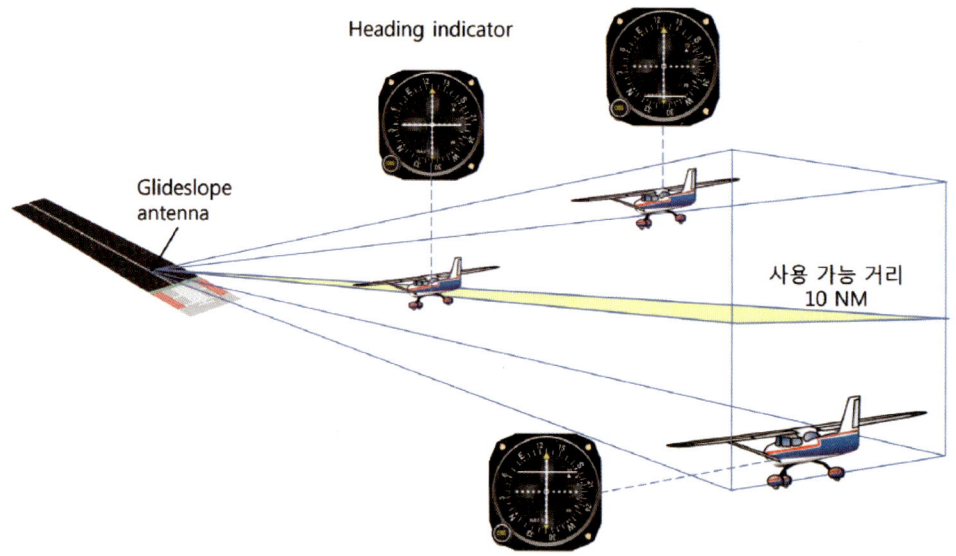

▲ 그림 25-21 글라이드 슬로프 지시

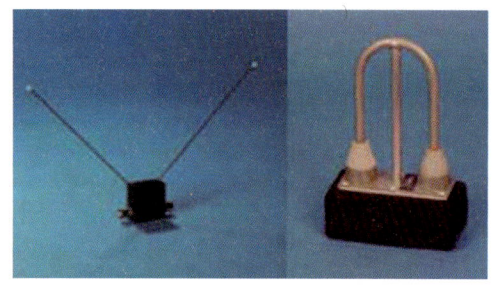

▲ 그림 25-22 글라이드슬로프 안테나

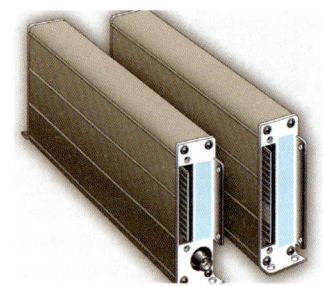

▲ 그림 25-23 ILS 수신기((receiver)

4) 마커 비컨(Marker Beacons)

활주로 중심 연장선상의 일정한 지점에 설치하여 착륙하는 항공기에 수직상공으로 역원추형의 75MHz의 초단파(VHF) 전파를 발사하여 진입로상의 일정한 통과지점에 대한 위치정보를 제공하는 시설로 마커 비컨의 지상국은 outer marker, middle marker, inner marker가 있다.

(1) Outer Marker

정밀계기 접근이 이루어지는 front course 방향으로 설치하고 공항으로부터 4~7노티칼 마일(NM)되는 지점에 400Hz로 변조되는 전파를 발사한다. 매초 2회씩 Morse 신호의 Dash(-)음을 연속 발사하여 조종사가 이를 듣고 계기접근(instrument approach)에서 이 지점을 확인할 수 있게 하며 "OM" lamp에 blue(파란색)등이 점멸된다.

▲ 그림 25-24 마커비컨 패널의 다양한 표시등

(2) Middle Marker

활주로 진입단으로부터 약 3,500feet의 전방에 설치하고 1,300Hz로 변조되는 전파를 발사하는데, 매초 2회씩 Morse 신호의 dash와 dot음을 연속 발사하여 조종사가 이를 듣고 계기접근(instrument approach)에서 이 지점을 확인할 수 있고, "MM" lamp에 amber(호박색)등이 점멸된다.

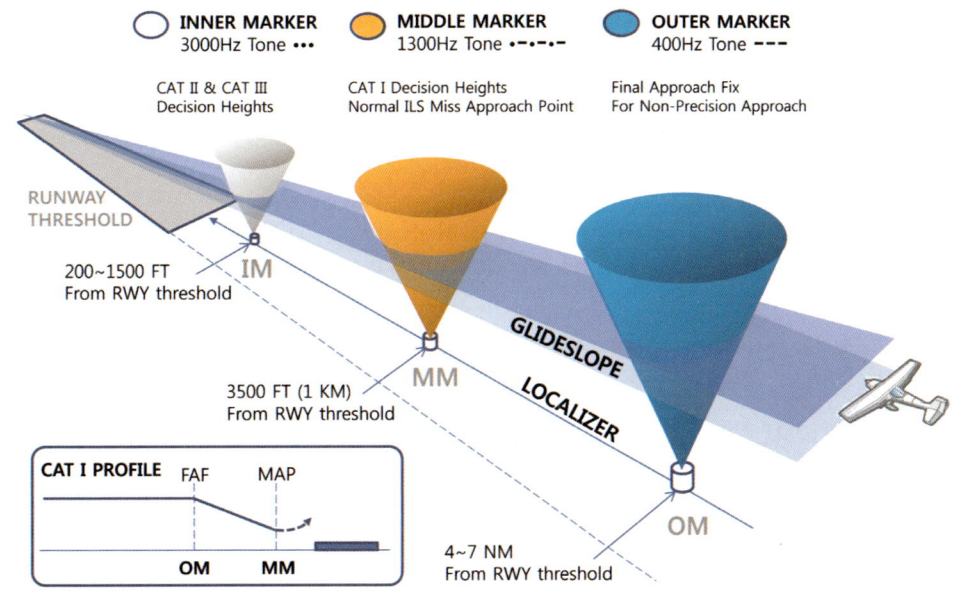

▲ 그림 25-25 항공기 위치와 마커비컨 표시등

(3) Inner Marker

middle marker와 활주로 접근 단 사이에 설치되고 3,000Hz로 변조되는 전파를 발사하는데 매초 6회씩 Morse 신호의 dot음을 연속 발사하며(6dot/초) 주로 category II로 운영되는 공항에는 설치하고 있다. "IM" lamp에 white(흰색)등이 점멸됨으로써 inner marker의 통과를 확인할 수 있다.

▲ 그림 25-26 ILS 시험장치

(4) 계기착륙장치(ILS) 항법장비는 그림 25-26의 시험장치(test unit)로 시험할 수 있으며, localizer, glideslope, 그리고 마커 비컨(marker beacon) 수신기가 정상적으로 작동을 확인하기 위해 사용한다.

25.2.2.4 거리 측정 장비(DME : Distance Measuring Equipment)

1) 거리 측정 장비(DME)는 항행중인 항공기에 연속적으로 거리정보를 제공하는 항행보조방식 중의 하나로서 VOR 및 localizer 무선기지국과 같이 설치된다. VOR을 수신하는 항공기는 방위와 DME에 의하여 거리를 파악해서 자기의 위치를 정확히 결정할 수 있다.

2) DME 주파수는 항공기에서 VOR 및 ILS주파수 선택 시 주파수 1,025~1,150MHz로 송신하면 지상국에서는 50μsec 후에 주파수 UHF 960~1,215MHz로 항공기에 응답하면 항공기의 수신기는 전파의 왕복시간을 계산하여 거리를 계산한다. DME의 최대 탐지 거리는 399.99노티컬 마일(NM)이다.

3) 항공기의 거리 측정 장비 호출기(DME interrogator)가 송신하는 질문 펄스는 일정한 주기 내에서 미리 정해진 랜덤 패턴 형태로 구성된 2개의 펄스로 구성된 펄스 쌍이다. 이렇게 2개의 펄스(3μsec 폭, 12μsec 간격)를 보내는 것은 간섭이나 잡음에 의한 손실을 예방하기 위함이다. 이것을 수신한 지상 거리 측정 장비 자동응답기(DME transponder)는 50μsec 시간 이후에 다른 주파수로 응답한다.

4) 지상 DME는 해당 항공기뿐만 아니라 다른 항공기로부터의 질문 펄스에 대한 응답도 동일한 채널로 수행하므로 여러 개의 펄스가 동시에 해당 항공기에 수신될 수 있다. 질문한 항공기는 처음에는 거리를 모르므로 어떤 펄스가 나의 응답인지 알 수 없다. 따라서 일단 가장 짧은 시간

T에 도착한 펄스를 선택한다. 이후, 각 질문 펄스에 대하여 T시간 지연된 시간 주변에 자신이 송신한 펄스에 대한 응답이 있는지 검사한다. 만약 없다면 시간 T를 조금 늘리면서 자신의 응답 펄스를 찾는다.

5) 이 과정을 항적모드(track mode)라고 한다. 이후 질문 펄스에 대한 응답 펄스를 70% 이상 찾으면, T를 고정하고 DME 표시기(indicator)에 T를 거리로 환산하여 표시한다. 이후 항공기의 이동 속도에 맞추어 펄스를 잊어버리지 않도록 T를 조금씩 가변하면서 거리를 표시하는 항적모드(track mode)에서 작동하며, 계기판에는 "LOCK-ON"으로 표시되면서 DME 지상국까지의 거리가 표시된다.

6) 참고로 지상 DME국의 식별자 신호도 VOR국처럼 약 30초마다 1번씩 모스부호 형태로 송신되어 조종사는 자신이 선택한 지상국을 식별할 수 있다.

▲ 그림 25-27 DME 지상 위치

▲ 그림 25-28 항공기 장착 DME 안테나

7) 대부분의 경우에 DME 안테나는 블레이드 안테나(blade antenna)로 동체 중심선의 하면(underside)에 설치되어 전파를 송신 및 수신한다.

8) 그림 25-29와 같이 DME는 송신기 안테나에서 항공기까지의 경사거리를 나타낸다.

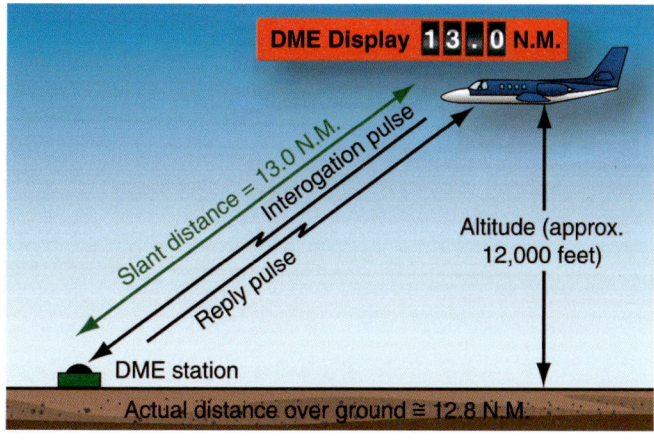

▲ 그림 25-29 DME 경사거리

25.2.2.5 지역항법(RNAV : Area Navigation)

1) 지역항법(RNAV : area navigation)은 VOR국(station) 또는 무지향성 전파탐지 신호(NDB : non directional beacon)와 같은, 항행보조기기(navigational aids)의 직접 특정지역상공통과(over flight) 없이 point A에서 Point B까지 효율적인 항법을 위해 사용된다.

2) 즉, 항공기가 지상 항행시설인 VOR, VORTAC와 VOR/DME국 유효 범위 내 또는 자체 항법장비인 위성항법장치(GPS : global positioning system), 관성항법장치(IRS : inertial reference system), 그리고 비행관리장치(FMS : flight management system) 능력 범위 내 또는 이 두 가지를 조합한 방법을 사용하여 계획된 비행경로로 비행이 가능하게 한다.

3) 그림 25-30에서는 공항 A에서 공항 B까지 비행의 지역항법(RNAV) 항로를 보여준다. VOR/DME와 VORTAC 기지는 실제의 지상국이라기보다는 목적지까지 비행하는 데 가상의 중간지점이라 볼 수 있으며, 공항 A에서 공항 B까지 직행노선(direct route)으로 비행하는 데 도움을 준다.

4) 즉, 2개 이상의 VOR/DME국을 활용하여 기준 항공로에 평행한 여러 개의 항공로를 설정하는 항법을 지역항법(RNAV)이라 하며, VOR/DME만을 사용하여 기존 항로에 평행되는 RNAV용 항공로를 계산하는 것은 조종사에게 어려움이 있으므로 이를 지원하는 비행관리컴퓨터(FMC: flight management computer)에 의해 항로가 자동 계산된다. VOR/DME가 지원되지 않는 대양상에서는 관성항법장치(IRS)가 RNAV 계산 시 활용된다.

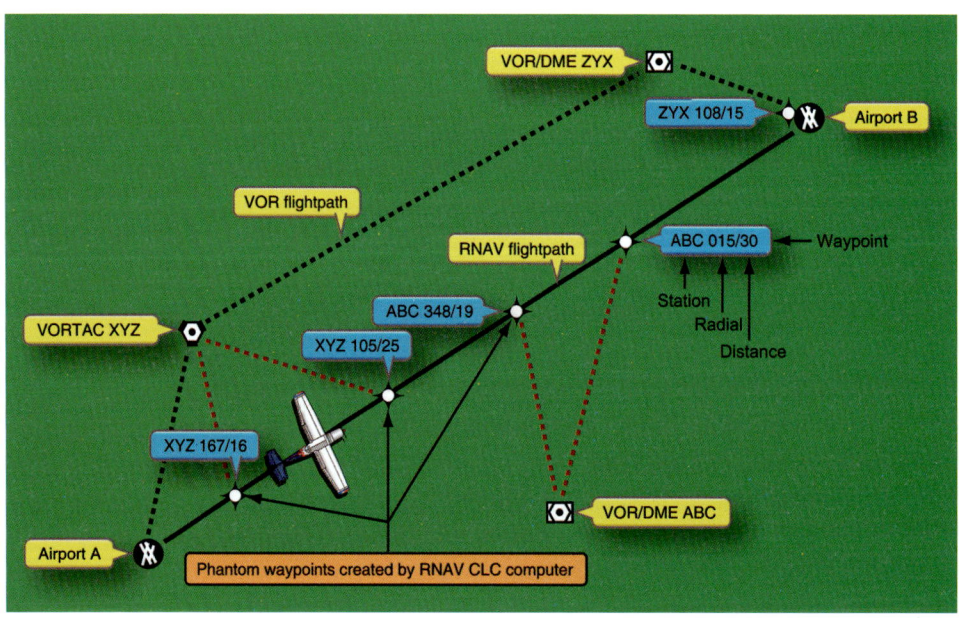

▲ 그림 25-30 항공기 코스 편차 지시

5) 이렇게 RNAV를 사용하면 여러 개의 VOR/DME국을 직선으로 연결한 항로 대신에 몇 개의 VOR/DME국을 무시한 단축된 직선 비행도 가능한 유연한 비행경로를 선택할 수 있어 비행거리도 단축할 수 있다.

25.2.2.6 비행관리시스템(FMS : Flight Management System)

1) 비행관리시스템(FMS)은 조종사가 설정한 비행계획에 의거 최적의 연료 소비량과 소요 시간으로 비행할 수 있도록 관성기준항법장치(IRS : inertial reference system) 및 에어데이터 컴퓨터(ADC : air data computer) 등으로부터 수집되는 동적인 비행정보와 항법데이터베이스(NDB : navigation data base)에 저장되어 있는 중간지점(way point) 및 이착륙 절차 등과 같은 고정 정보를 활용하여 최적화된 속도, 상승률, 경로, 추력 등을 계산한다.

2) 계산된 내용을 바탕으로 FMS는 자동비행방향 지시시스템(AFDS : autopilot flight director system)이나 엔진의 자동추력시스템(auto throttle system)에게 자세 제어 및 추력 제어를 수행시켜 자동비행이 가능하도록 한다.

3) 제어지시장비(CDU: control display unit)는 FMC가 처리한 항행 데이터나 엔진 회전수 등의 내용을 조종사에게 보여주는 디스플레이 기능과 조종사가 FMC에 명령할 때 사용하는 입력 기능을 제공한다.

▲ 그림 25-31 FMC 제어지시장비(CDU, Control Display Unit)

4) 다양한 FMC의 기능 중에서 수평항법(LNAV : lateral navigation) 및 수직항법(VNAV : vertical navigation)은 다음과 같다.

(1) 수평항법(LNAV)

FMC의 LNAV 기능은 수평방향의 비행경로를 제어한다. FMC는 전세계의 공항, 지상의 무선 항법 지원시설, 경로에 관련된 모든 정보가 저장되어 있는 항법 데이터베이스(NDB : navigation data base)라고 부르는 데이터베이스를 가지고 있기 때문에 조종사는 원하는 비행경로만 단순히 입력하면 된다. 이 경로는 보통 출발 시에 설정하지만 비행중 변경도 가능하다. 일단 비행경로가 선택되면 현재의 위치로부터 다음의 지정한 경로 점(waypoint)까지의 비행경로가 FMC에서 자동으로 계산된다. 비행 중 FMC는 현재의 위치와 설정된 비행경로를 비교하여 차이가 있다면 수평 위치 제어를 수행하는 신호를 자동조종장치(FCC : flight control computer)에 보내어 FCC로 하여금 방향타를 조작하여 비행경로를 조종할 수 있다. 이를 위하여 FMC는 자신의 현재 위치를 정확하게 알고 있어야 하므로 관성항법장치(IRS)로부터의 정보나 무선항법지원 시설로부터 수신되는 항법 정보를 참조한다.

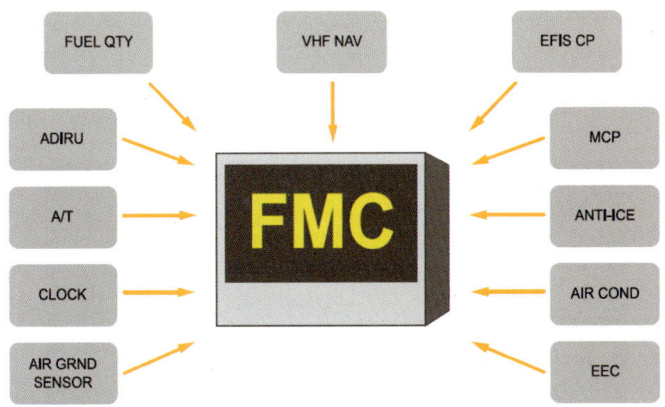

▲ 그림 25-32 FMC 입력 자료

(2) 수직항법(VNAV)

FMC의 VNAV 기능은 연료 절약을 위한 가장 효율적인 수직방향의 비행경로를 제어한다. FMC는 출발 전에 항공기의 무게, 연료량, 엔진의 성능 등의 데이터를 수집하여 비행 계획에 따른 각 waypoint에서의 속도 및 고도 제한 사항을 고려하여 기종과 장착엔진에 적합한 최적 속도나 승강률에 따른 추력값을 계산한다. 비행중에도 비행고도, 무게, 풍향, 풍속 등의 데이터를 참조하여 최적의 속도나 추력을 계산한다. 또한 비행시간, 비행거리에 따른 연료 소모량의 예측이나 최적 비행 고도의 계산, 진입속도의 계산 등의 운항에 필요한 다양한 계산을 수행하여 목표치에 따른 상승각 정보를 FCC에 전달하여 승강타를 제어하도록 한다. 동시에 자동추력시스템(auto throttle system)을 이용하여 엔진의 추력을 제어한다.

25.2.2.7 관성항법시스템(INS : Inertial Navigation System)

1) 관성항법장치(INS : inertial navigation system)는 관성 센서라 불리는 자이로스코프와 가속도계에 의해 운반체의 회전 각속도와 선형 가속도를 측정하고 이들 출력을 이용하여 외부의 도움 없이 기준 항법 좌표계에 대한 운반체의 현재 위치, 속도 및 자세정보를 제공해준다. 따라서 INS는 외부로부터 신호교란이나 신호감지를 피할 수 있고 날씨와 시간제한 등에 전혀 구애를 받지 않는다.

2) INS는 관성센서를 외부의 회전 운동으로부터 물리적으로 격리시키는 안정화된 플랫폼에 장착하는 짐벌형 관성항법장치(gimbaled INS)와 동체에 직접 관성센서를 견고하게 장착하고 항법컴퓨터에서 수학적으로 정의한 가상의 해석적인 플랫폼에서 항법정보를 계산하는 스트랩 다운 관성항법장치(strap down INS)로 나눌 수 있다.

3) INS 모드선택패널(MCP : Mode Selector Panel)

(1) 정렬(Align)

수평(leveling)과 자이로 컴퍼스(gyro compassing)를 시작하고 항공기는 안정적이어야 한다. 제어 디스플레이 장치(CDU: Control Display Unit)에서 STS button을 선택하여 상태를 확인할 수 있고 leveling이 시작되면 숫자 90에서 gyro compassing이 완료되면 0으로 변한다.

(2) 항법준비(READY NAV)

수평(leveling)/정렬(align) 과정이 끝나면 green ready nav light가 켜지고 항법 준비가 완료된 것을 지시한다.

(3) 대기(SBY: Standby)

전력(electric power)이 시스템에 공급되고 정확히 위도/경도를 입력해야 한다.

(4) 항법(NAV)

항공기가 이동할 수 있고 항법이 가능하다.

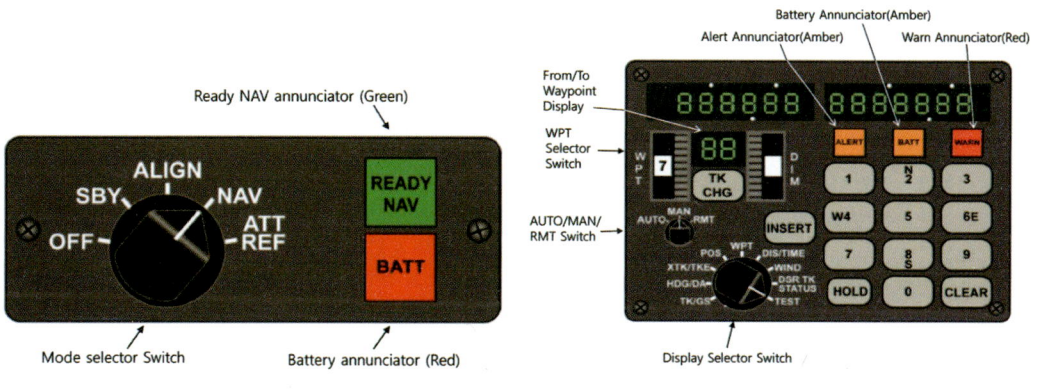

▲ 그림 25-33 INS 모드 선택 패널(MSP)   ▲ 그림 25-34 INS 제어 표시장치(CDU)

4) INS 제어 디스플레이장치(CDU: Control Display Unit)

INS는 진북(true north)을 지시하고 항적(track), 편위(drift), 지상 속도(ground speed) 및 현재 위치(present position) 정보 등을 계산한다. INS는 대기 자료 컴퓨터(ADC : air data computer)로부터 진대기속도(true airspeed)의 정보를 받아 풍속(wind velocity)을 계산한다.

25.2.2.8 관성기준항법시스템(IRS : Inertial Reference System)

1) 최신의 관성항법장치(INS)는 관성기준항법장치(IRS)로 알려져 있다. 3개의 링 레이저 자이로(RLG : ring laser gyro)는 구형 INS Platform 시스템에 있는 기계식 자이로(mechanical gyro)를 대체한다. RLG는 세차운동(precession)과 다른 기계식 자이로의 결점을 제거시킬 수 있으며, 또한 솔리드 스테이트 가속도계(solid-state accelerometer)의 사용으로 정밀도를 증대시킨다.

2) 가속도계와 자이로 출력은 항공기 위치의 연속적인 계산을 위해 컴퓨터로 입력된다. 가장 최신의 관성기준항법장치는 인공위성을 이용한 위성항법장치(GPS)이다. GPS는 그 자체로서 아주 정밀하여 IRS와 결합하였을 때, 가장 정밀한 항법계통 중 하나가 될 수 있다.

3) GPS는 오차수정을 위해 IRS 컴퓨터로 지속적인 데이터를 제공한다. 최근의 전자기술로 INS/IRS 항공전자장비의 크기와 무게를 줄였다. 그림 25-35에서는 각 면에서 약 6 inch의 길이인 최신의 Micro-IRS Unit을 보여준다.

4) 링 레이저 자이로(RLG : ring laser gyro)를 사용하는 관성기준시스템 IRU(inertial reference unit)는 보잉767에 최초로 탑재되었으며, 보잉 737NG, 보잉777은 이 IRU와 ADC(air data computer)를 하나의 ADIRU(air data inertial reference unit)에 통합하고 있다.

5) 빔1과 빔2의 일주 경로 거리가 같다. 그러나 자이로가 오른쪽으로 회전했을 때 도착점은 A점에서 B점에 이동된다. 이 경우 A점을 출발한 빔1의 거리는 자이로가 정지된 경우보다 길어지지만, 거꾸로 빔2의 거리는 짧아진다. 이 결과 레이저광의 주파수 차이가 발생한다. 이 주파수

▲ 그림 25-35 최신의 Micro-IRS 장치

차이는 간섭계에 의해 측정되며 이러한 간섭의 정도는 자이로의 각 속도에 비례하는 특성을 가진다.

25.2.2.9 항공교통관제시스템(ATC : Air Traffic Control System)

1) 전파에너지(radio energy)는 지향성 안테나에서 발사되어 어느 목표물에 부딪히면 에너지의 일부가 되돌아 나오는 반사파가 생기고 이 반사파를 수신, 검파한다. 즉, 전파의 왕복시간과 안테나의 지향특성에 의해 목표물의 위치(방위 및 거리)를 측정하며 전파가 지상 안테나에서 전 방향으로 발사되고 수신되는 것은 그 소요시간이 거리에 비례하므로 목표물의 방위(bearing)로 위치확인과 동시에 거리도 알 수 있게 된다. 이와 같은 원리를 이용하여 목표물을 탐지하는 것을 1차 감시레이더(PSR : primary surveillance radar)라 한다.

2) 2차 감시레이더(SSR : secondary surveillance radar)는 지상설비인 질문기(interrogator)로부터 질문신호를 발사하면 항공기의 트랜스폰더가 질문신호에 대응하는 응답신호를 지상설비로 반송하는 시스템이다. SSR 시스템은 지상국으로부터 1,030MHz의 질문에 대하여 트랜스폰더가 일제히 1,090MHz로 응답한다. 즉, SSR 트랜스폰더에서는 일괄질문(all call)에 대하여 Mode A(식별코드)/C(고도정보) 응답을 보내어 지상관제사는 항공기의 방위, 거리, 식별코드 및 고도를 알 수 있게 되어 항공기를 쉽게 구별할 수 있게 한다. 그러나 교통량이 많은 공역에서는 응답 펄스가 공간에서 중첩되어 간섭의 우려가 있으므로 Mode-S의 기술을 적용하면 24 bits에 해당하는 항공기의 고유 어드레스를 부여하고 Mode S 지상국과 Mode S가 장착된 각 항공기에 개별 질문이 가능하게 되어 1:1의 데이터링크를 구성함으로써 기존 SSR의 단점을 보완한다.

3) SSR 기능은 1차 감시 레이더의 정보를 보완하여 관제사의 업무를 크게 감소시킬 수 있을 뿐만 아니라, 실제 ATC 운영에 있어 관제 용량과 안전도를 증가시킬 수 있다.

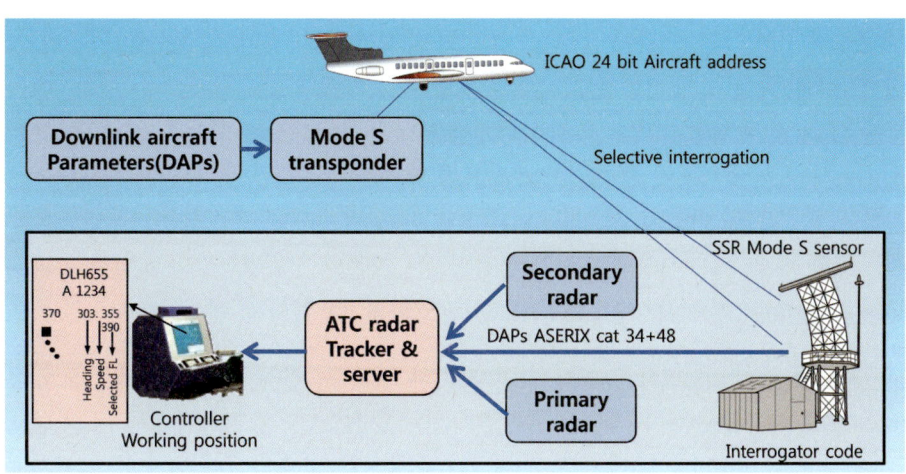

▲ 그림 25-36 2차 감시레이더(SSR)

4) 현재 유럽의 대다수 국가를 포함하는 Euro-Control 회원국과 미국의 교통량이 많은 공항과 항로에는 4,096부호를 사용하는 트랜스폰더와 고도 부호화기(decoder)를 의무적으로 탑재하고 운항하고 있다. 이에, 실제 모든 국제선 항공기가 탑재하고 있으므로 항공 교통량의 증가에 따르는 SSR 운용에 많은 문제점이 나타나기 시작했다. 이러한 문제점들은 SSR 시스템의 근본적인 문제들로 앞서 지적했듯이, 모든 항공기가 단 두 개의 송·수신 주파수만으로 질의, 응답을 하는 위험 요소를 내재하고 있었다.

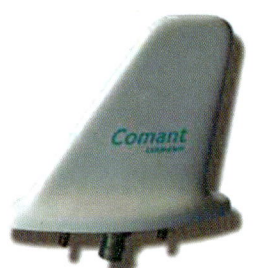 

▲ 그림 25-37 항공기 레이더 송수신 안테나

5) 이러한 한계 사항들로 인하여 기존 SSR 성능개선 방안이 마련되었다. SSR 성능개선 방안으로 첫째, 기존의 SSR에 모노펄스(mono-pulse) 기법을 도입하는 것이며, 두 번째는 바로 SSR 모드 S, 즉 선택적 어드레싱 기법을 도입하는 것이다. 모노펄스 기법의 가장 큰 장점은 기존의 SSR 장비의 변형 없이도 지상국에서 모노펄스 기법을 이용함으로써 방위각 측정의 정확도를 대폭 개선시킬 수 있으며 이로 인하여 혼신을 감소시키며, 주파수 이용효율을 높일 수 있다. 이는 기존 SSR의 여러 가지 문제점들을 모두 개선할 수 있는 근본적인 해결책은 될 수 없으나 교통량 증가에 따른 포화상태를 상당기간 지연시킬 수 있다.

6) 한편, 선택적 어드레싱, 즉 SSR 모드 S 기법은 기존의 방식과 가장 큰 차이는 항공기가 개별적으로 호출되어 질의, 응답기능을 수행할 수 있다는 점이다. 항공기 질문기 안테나 빔 영역 내에 있으면 질문기는 어떤 항공기에 언제 질문할 것인가를 자체적으로 선택할 수 있다. 이러한 기능을 할 수 있는 것은 항공기마다 고유의 어드레스가 부여됨으로써 가능한데 SSR 모드 S는 24 bits를 사용하여 서로 다른 1,600만 개의 코드를 부여할 수 있으므로 동일한 코드의 반복사용이 불가능하여 혼신을 방지할 수 있으며, 기존 ATC에서 발생하던 각종 오류 및 단점들을 극복할 수 있다. 또한, SSR 모드 S의 두드러진 장점으로는 기존의 전송주파수와 동일한 주파수를 사용함으로써 현존하는 SSR 시스템(모드 A, C)과 호환될 수 있다는 점이다.

7) 이로 인하여 탑재장비의 별다른 변화 없이 기존의 모드 A, C의 기능으로 SSR 모드 S 질문기(interrogator)의 서비스를 제공받을 수 있다. 즉, SSR 모드 S 지상국에서 전 기변호출(all-call) 시에는 ICAO Annex 10에 규정된 형식(기존의 SSR 호출방식)으로 모든 항공기에 대하여 호출함으로써 모드 A, C 및 모드 S를 탑재한 항공기에도 이에 응답이 가능하며, 마찬가지로 기존의 모드 A, C 지상국에서의 호출에 대해서도 모드 S를 탑재한 항공기도 응답이 가능하다.

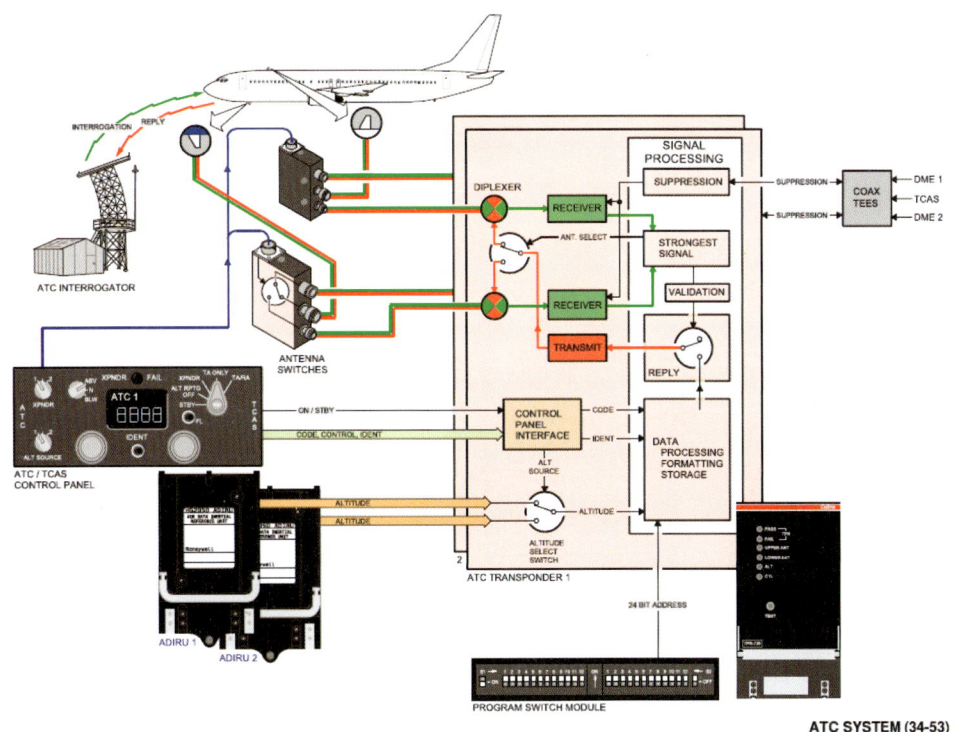

▲ 그림 25-38 ATC 계통

8) 송수신기의 시험 및 검사(Test and Inspection of Transponder)

그림 25-39와 같이, code of federal regulation(CFR) part 91의 title 14, section 91.413은 관제공역(controlled airspace) 내에서 비행하는 항공기에 모든 트랜스폰더는 24개월마다 14 CFR part 43, appendix F에 의거 검사 및 시험하게 된다.

격납고 또는 주기장에서 트랜스폰더의 작동은 질문과 응답신호로부터 영향을 받으므로 지상 작동 시에 부주의한 부호(code) 선택을 피하기 위해 OFF 또는 스탠바이 모드(standby mode)에서

▲ 그림 25-39 송수신기 시험장치

시험한다. code 7500은 납치사태(hijack situation)에서 사용되고 code 7600과 Code 7700은 비상용(emergency use)을 위해 확보되어 있기 때문에 선택 시 주의해야 한다.

25.2.3 자이로(Gyro) 원리

1) 기계식 자이로(Mechanical Gyros)

 (1) 가장 일반적이면서도 중요한 비행계기인 비행자세계, 방향 지시계, 경사선회계는 자이로가 주요 구성품이다. 이들 계기가 어떻게 작동하는지 이해하려면 자이로의 원리와 자이로 전원에 대한 지식이 필요하다.

 (2) 그림 25-40(a) 사진의 기계식 자이로는 팽이와 같이 회전하는 휠(wheel) 또는 회전자(rotor)로 구성되어 있다. 이를 1축 자이로라고 할 수 있으며 이 회전자는 휠이 베어링을 사이에 두고 축과 연결되어 있어서 고속으로 회전이 가능하다.

 (3) 자이로 어셈블리(gyro assembly)는 축이 1개 이상 구성되어 있으며 이들 축과 휠은 서로 다른 형태로 구성과 장착이 가능하여 2개 이상 회전축이 서로 90도 직각으로 연결되어 자이로가 회전이 가능하다. 이는 항공기가 비행하면서 자이로 축이 변하거나 움직여도 내부의 자이로는 직각 또는 수평을 유지하면서 회전하게 되어 있다.

 (4) 그림 25-40(b)와 같이, 자유로운 회전을 위해 회전자를 일시 지지하는 축은 지지고리(supporting ring)에 우선 설치된다. 만약 브라켓(bracket)이 회전축이 부착된 곳에서 지지고리(supporting ring) 주위에 90°로 부착되어 있다면 지지고리와 자이로는 360° 모두 자유롭게 움직일 수 있다. 이렇게 장착이 된 회전자를 전속자이로(captive gyro)라 흔히들 말한다.

 (5) 그림 25-40(c)와 같이 2개의 회전축이 서로 직각으로 연결되어 있지만 자이로는 단지 하나의 축을 중심으로 회전할 수 있다. 지지고리는 외부 링(outer ring) 안쪽에 설치될 수 있다. 베어링 지지점(bearing point)은 회전축이 부착된 곳에 지지고리 주위에 90°인 브라켓(bracket)과 같은 지점이다. 이 외부링(outer ring)에 브라켓을 부착함으로써 자이로가 자이로 회전 시에 2개의 평면에서 회전이 가능해졌다. 이들은 자이로의 회전축에 직각으로 되어 있다.

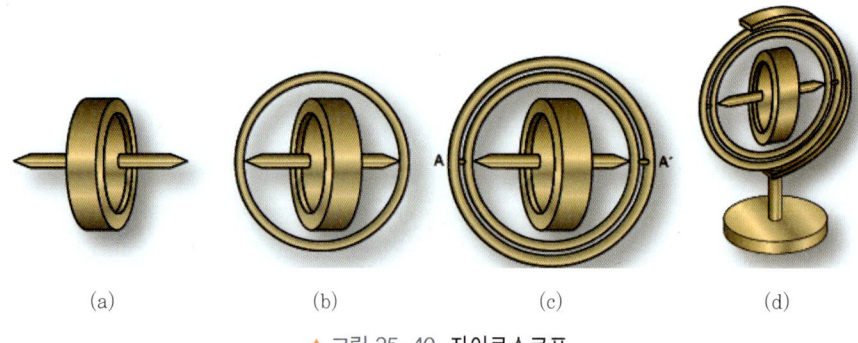

(a)　　　　(b)　　　　(c)　　　　(d)

▲ 그림 25-40 자이로스코프

(6) 그림 25-40(d)와 같이, 설치된 브라켓에 더하여 2개의 링(ring)을 설치한 자이로 어셈블리는 자이로의 회전축에 모두 수직으로 연결되어 있는 2개의 축을 중심으로 회전하는 것이 자유롭기 때문에 이를 자유 자이로(free gyro)라고 말한다. 결과적으로, 안쪽에 설치된 회전하는 자이로를 갖춘 지지고리는 외부의 링 안쪽에서 360°를 선회하는 것이 자유로운 것이다.

(7) 즉, 항공기가 어떠한 비행을 하더라도 내부의 회전자인 자이로는 항시 수직 또는 수평의 자세를 유지할 것이다. 자이로의 회전자가 만일 회전하지 않으면 자이로는 특별한 특성을 갖고 있지 않는 그냥 단순히 설치된 휠(wheel)이다.

2) 자이로의 특성

(1) 강직성(Rigidity)

자이로 강직성 또는 우주에 대한 강직성(rigidity)이라고도 부른다. 이것은 자유자이로(free gyro)가 3개의 회전축으로 연결되어 항공기 어느 위치에 어떻게 장착되어 있든 관계없이 내부 자이로는 회전을 계속하는 한 일정한 방향을 향해서 넘어지거나 기울어지지 않고 유지하고 있는 성질을 말한다. 즉, 수직 자이로는 수직 자세에서 수평 자이로는 수평 자세로 외부에 힘을 가하지 않은 이상 계속 유지하려는 성질을 의미한다. 자이로의 다음 몇 가지 설계 요소에 의해 강직성이 정해진다.

① 무게(Weight)

자이로 휠이 같은 크기라면 무게가 클수록 강직성이 크고 쉽게 기울어지지 않는다.

② 각속도(Angular Velocity)

회전속도가 클수록 강직성이 더 커지고 또한 기울어지는 힘에 대한 저항력이 커진다.

③ 무게가 집중되는 곳의 회전반경

무게가 집중되는 곳의 회전반경은 주요 무게가 자이로의 테(rim) 근처에 집중될 때 고속으로 회전하는 질량으로부터 얻는다.

④ 베어링 마찰(Bearing Friction)

베어링의 어떠한 마찰이든 자이로에 편향력(deflecting force)을 증가시킨다. 베어링마찰이 적을수록 편향력을 최소로 할 수 있다. 우주공간에 강직성을 유지하는 자이로의 특성은 자이로를 사용하고 있는 항공기 비행 자세계 및 방향 지시계 등에서 이용되고 있다.

▲ 그림 25-41 자이로 강직성

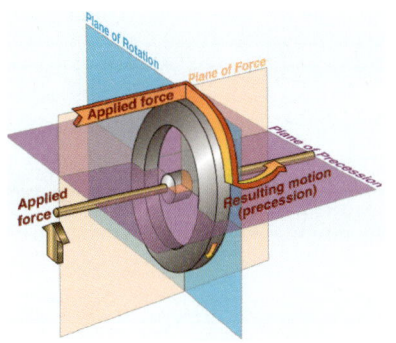

▲ 그림 25-42 자이로 선행성

(2) 세차운동(Precession) 또는 선행성

자이로의 두 번째 중요한 특성은 세차운동 또는 선행성이다. 또한 섭동성이라고도 한다. 자이로가 회전하는 동안 자이로의 수평축에 외부 힘을 가하게 되면 독특한 현상이 발생한다. 이때 자이로는 가해진 힘에 저항이 생기면서 수평축에 대해 가한 힘에 반응하기보다는 수직축에 대해 반응하여 움직인다. 다른 말로 하면 회전하는 자이로의 축에 가해진 힘은 축으로 하여금 경사지도록 하지 않고 오히려 자이로는 자이로 회전자의 회전 방향으로 90°로 더 지난 점에서 반응한다. 그림 25-42와 같이 현재 자이로가 회전하고 있을 때 한 지점에서 힘을 가할 때(applied force) 바로 힘이 가해지는 방향으로 자이로 측이 기울기보다는 계속 회전하면서 90°를 더 회전하는 위치에서 기울어진다. 이처럼 자이로의 제어로 예상할 수 있는 세차운동(precession)은 2축 자이로 구성으로 경사선회계에서 이용한다.

25.2.4 위성통신의 원리(위성항법시스템, GPS : Global Positioning System)

1) GPS는 인공위성에서 발사한 전파를 수신하여 관측점까지 소요시간을 측정함으로써 위치를 구하는 체계이다. 즉, 4개 이상의 위성을 이용하면 3차원적인 위치를 측정할 수 있다.

2) GPS는 1970년대 미 국방성이 군사목적으로 이용하기 위해 개발되었고 1980년대부터 GPS 신호 C/A(coarse/acquisition) 코드를 민간인이 사용할 수 있도록 개방되었으며 전 세계 어디에서나 전천후, 24시간 측위가 가능하고 위치 정확도는 수평 약 100m, 수직 150m이다.

3) GPS시스템은 위성, 이성을 관제하는 지상 관제설비, GPS수신기로 구성된다. 최소 24개의 GPS위성은 적도와 55도로 경사각을 가지고, 경도상에 60도 간격으로 6개의 궤도에, 각 궤도마다 4~5개의 위성이 11시간 58분의 공전 주기로 지구 표면으로부터 약 2만 200km의 상공에서 작동하고 있다.

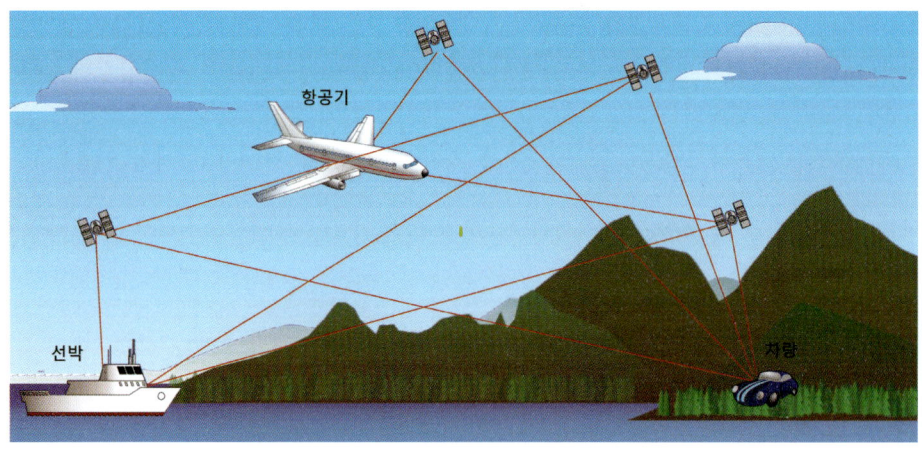

▲ 그림 25-43 GPS 적용

4) 따라서 지구상 어디에서나 세시움이나 루비디움 원자시계가 탑재된 4개 이상의 위성을 수신할 수 있다. 구소련에서 개발된 전역위성항법시스템(GLONASS : Global Navigation Satellite System) 유럽의 GALILEO 위성이 미국의 GPS와 같은 장치이다. 이 모든 항법시스템을 통칭하여 전역위성항법시스템(GNSS : Global Navigation Satellite System)으로 통칭하고 있다.

5) 항공기에서 위치(위도/경도/고도)와 위성과 수신기간의 시간차를 계산하기 최소 4개의 위성을 수신하여야 한다.

25.2.4.1 전역위성항법시스템(GNSS : Global Navigation Satellite System)

1) GNSS는 미국의 GPS(1973년 개발착수)나 러시아의 GLONASS(1982년 위성발사) 등과 같이 전역 위성항법 시스템으로서 지상의 수신기에서는 최소한 4개 이상의 위성에서 신호를 받아 100m 이내의 위치정보와 나노-초 단위의 시각을 파악가능 위성의 위치와 항법정보(위성시계, 전리층 모델, 위성궤도 변수, 위성상태 등)를 기반으로 사용자의 현재 위치를 계산한다. 즉, 위성에서 발사되는 신호가 수신기에 도달하는 데 걸리는 전파지연 시간을 측정하여, 수신기에서 위성까지의 거리를 구하고, 삼각법으로 사용자의 현재 위치를 계산한다.

2) 위성 부문(Space Segment)

고도 2만 200km 상공에서 경사각 55° 인 6개 궤도면에 24개 위성이 12시간의 주기로 지구 주위를 회전하며 각 위성은 L1(1,575.42MHz)과 L2(1,227.6MHz) 2개의 L밴드 반송 주파수에 코드와 항법데이터를 전송한다. C/A(coarse/acquisition)코드 주파수는 1.023MHz이며, L1 반송파에 실려 송신되고, P(precise)코드 주파수는 10.23MHz로서 L1, L2 반송파 모두에 실려 송신된다. C/A와 P코드 신호에는 위치 측정에 필요한 자료인 위성 ID 코드, 위성의 송신, 송신 시간, 위성주기속도, 위성상태 등이 포함된다. 현재 L1은 P코드(precise code) 및 C/A코드(coarse/acquisition)를, L2는 P코드만 반송한다.

3) 관제 부문(Control Segment)

관제 부문은 세계 각지에 널리 분포해 있는 여러 관제국을 통해 GPS 위성을 추적하고 감시함으로써 가능한 정확하게 위성의 위치를 추정하며, 여러 가지 보정 정보를 위성에 송신한다. 각 위성은 이렇게 설정된 보정 정보를 항법 데이터의 한 부분으로서 사용자에게 전송한다. GPS 위성 관제국은 5개의 감시 기지국, 4개의 지상 안테나 송신국, 그리고 운영관제국으로 구성되어 있다.

4) 사용자 부문(User Segment)

사용자 부문은 위성 신호를 수신하여 위치를 계산하는 위성항법 수신기와 이를 응용하여 각각의 특정한 목적을 달성하기 위해 개발된 다양한 장치로 구성된다. 항공기, 선박 및 지상의 자동차와 같이 사용자 부문의 다양한 활용을 나타내고 있다. 위성 항법수신기는 위성으로부터 수신한 항법 데이터를 사용하여 사용자의 위치 및 속도를 계산한다. 수신기에 연결되는 안테나는 자체의 증폭기를 가지고 있으며, 고주파부를 거친 안테나 신호는 중간주파수로 변환된다. 중간주파

▲ 그림 25-44 GPS 장치

수로부터 위성 신호를 복조하여 메시지, 의사 거리(pseudo range) 등의 정보로 만들어 마이크로프로세서로 계산한다. 수신기에서 하나의 위성 신호만 추적하면 그 위성으로부터 다른 위성들의 상대적인 위치에 관한 정보를 얻을 수 있으므로 짧은 시간 내에 모든 가시 위성 신호를 추적할 수 있다. 위성 신호를 수신하여 계산한 위치 및 속도 정보는 기본적으로 이동체 항법 및 추적에 이용된다.

25.2.4.2 위성항법시스템(GPS)의 위치 측정(Positioning of GPS)

1) 위성항법시스템(GPS)의 위치측정 원리는 현재의 위치에서 보낸 시각이 기록된 위성 신호를 수신한 후 전파도달 시간을 측정하면 해당 위성과 수신기가 있는 현재 위치 간의 거리를 측정할 수 있으며, 이를 3개의 위성으로부터 동시에 수신하게 되면 그 교차점에 3차원(위도, 경도, 고도의 3차원 위치측정)의 자신의 현재 위치가 되는 원리이다.

2) 이를 위해 GPS는 위성이 지구 중심에 관한 자기위치를 지구고정 좌표시스템으로 송신하고, 또한 신호 송신시간, 주기속도, 위성상태 신호 등을 송신한다. 수신기는 궤도에서 거리 측정에 가장 유리한 위성 간 거리가 상대적으로 가장 먼 4개의 위성을 선택하여 선택된 위성의 항법신호를 수신한다. 수신기 부분은 위성으로부터 신호를 수신하여 현재 위치를 측정하는 장비로서 수신기에서 위성까지의 거리는 위성에서 송신된 신호가 수신기에 전달되는 데 소요되는 시간을 측정하여 여기에 전파속도를 곱함으로써 측정된다.

3) 위성과 수신기는 동일한 신호를 동시에 발생하고 수신기는 수신기 신호와 위성으로부터 수신된 신호를 비교하여 시차를 구한다. 이때, 위성과 수신기는 정확한 시간을 측정할 수 있는 시계가 각각에 장착되어야 한다. GPS 수신기는 수신된 항법신호를 이용하여 수신기와 각 위성 사이의 거리를 계산하여 위치를 구한다.

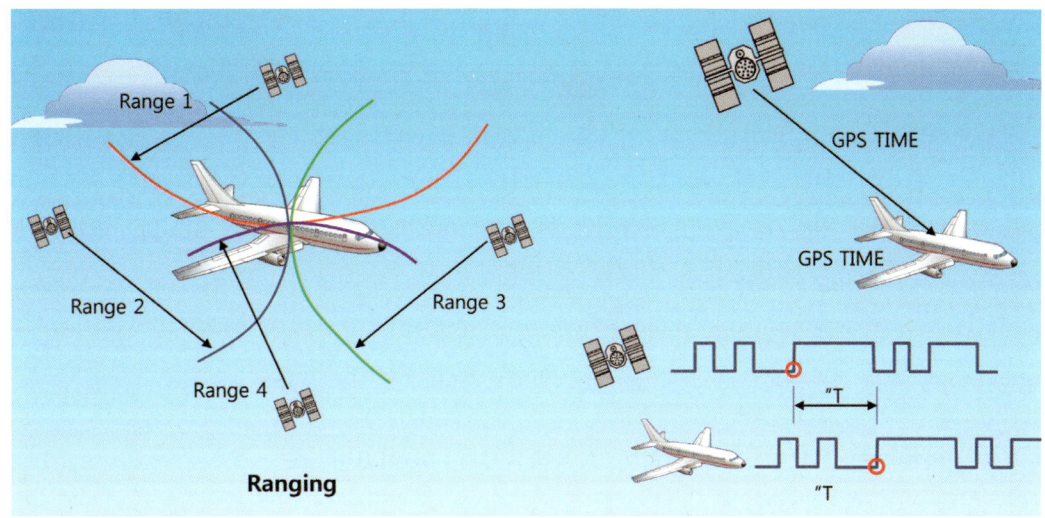

▲ 그림 25-45 항공기 위치 계산

25.2.4.3 광역보정 위성항법장치(WAAS: Wide Area Augmentation System)

1) 항공기 항행을 위한 GPS의 정밀도를 높이기 위해, 광역보정 위성항법장치(WAAS : wide area augmentation system)가 개발되었다. 그것은 GPS신호를 수신하고 항공기로 수정정보를 전송하는 약 25개의 정확한 측정이 가능한 지상국으로 이루어져 있다. 그림 25-46에서는 WAAS 구성요소와 운영의 전체 개요를 보여준다.

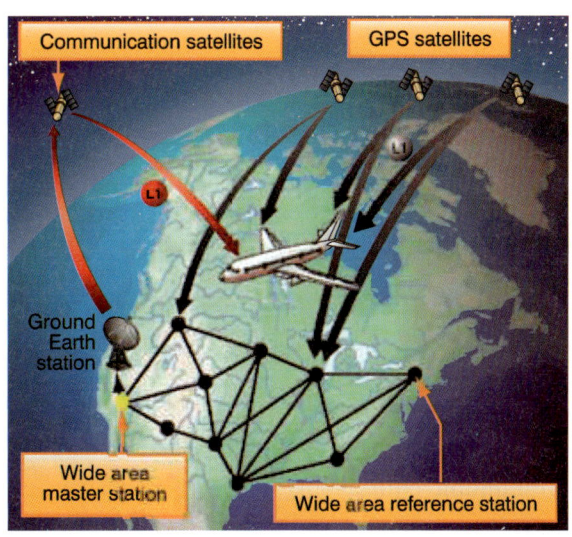

▲ 그림 25-46 WAAS 구성요소와 운영의 전체 개요

2) WAAS 지상국은 GPS 신호와 2개의 중앙지상국에서 보낸 위치오차를 수신한다. 시간과 위치정보를 분석하여 수정된 명령을 정지궤도에 있는 통신위성으로 보낸다.

3) 위성은 WAAS가 GPS위성으로부터 수신된 위치정보를 GPS 수신기가 수정할 수 있도록 GPS-like 신호를 전파한다. 또한, WAAS는 GPS 수신기가 WAAS를 사용할 수 있게 한다. 만약 설비가 되어 있다면, 항공기는 어떤 지상접근장비(ground based approach equipment) 없이도 수천 개의 공항에서 정밀접근을 수행할 수 있다.

4) WAAS는 항공기가 정밀접근 수행 시 항공기와 항공기 간의 간격을 줄일 수 있다. WAAS system은 수평 및 수직으로 1~3m 정도 위치오차를 줄일 수 있다.

25.2.5 일반적으로 사용되는 통신/항법 시스템 안테나 확인방법
☞ 25.1.4 항공기에 장착된 안테나의 위치 및 확인 참조

25.2.6 충돌 방지등과 위치 지시등의 검사 및 점검
25.2.6.1 항공기 외부등
항공기 외부등(exterior lights)으로는 위치등(position light), 충돌 방지등(anticollision light), 착륙등(landing light), 그리고 유도등(taxi light)은 항공기 외부등(exterior light)의 일반적인 예이다. 일부 조명은 야간운용을 위해 요구된다. 날개 검사등(wing inspection light)과 같은 외부 등은 전문비행운용(specialized flight operation)에 큰 이점이 된다.

1) 위치등(Position Lights)
① 야간에 항공기 운영은 미연방규정집(CFR, code of federal regulations)의 Title 14에 명기된 최소한의 요구사항에 합당하는 위치등(position light)을 갖추고 있어야 한다.
② 위치등의 한 조는 1개의 적색, 1개의 녹색, 그리고 1개의 흰색등으로 이루어진다.
③ 녹색등 장치(green light unit)는 항상 오른쪽 날개의 맨 끝에 설치된다.
④ 적색등 장치는 왼쪽 날개에 동일한 위치에 설치된다.
⑤ 흰색등 장치는 보통 항공기의 후미에서 광각(wide angle)을 통해 분명히 볼 수 있는 위치인 수직안정판(vertical stabilizer)에 위치한다. 위치등은 항해등(navigation light)이라고도 부른다.
⑥ 모든 회로는 퓨즈 또는 회로차단기로 보호되며, 많은 회로는 섬광장치(flashing equipment)와 조광장치(dimming equipment)를 포함한다.

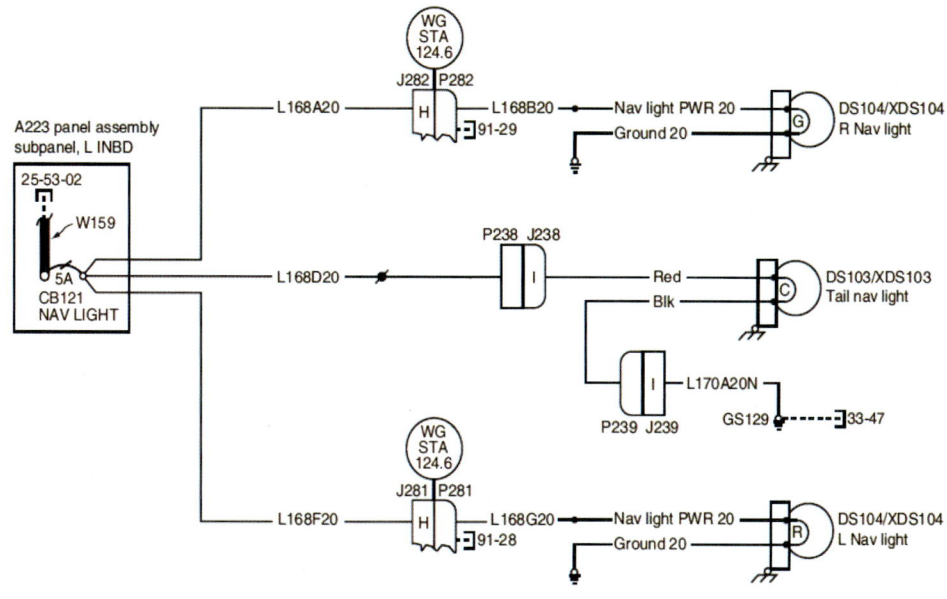

▲ 그림 25-47 항법등계통 도해도

⑦ 점멸장치(flasher unit)는 거의 경량항공기의 위치등회로소자(position light circuitry)에 포함되지 않으며 소형쌍발항공기에 사용된다.
⑧ 전통적인 위치등은 백열전구(incandescent light bulb)를 사용한다. 발광다이오드등(LED light)은 선명함과 적은 전력소비, 신뢰성 등의 장점이 있으며 이로 인해 최신 항공기에 도입되었다.

2) 충돌 방지등(Anti-Collision Lights)
① 충돌 방지등계통은 하나 이상의 등으로 이루어진다. 충돌 방지등 장치는 보통 승무원의 시각에 영향을 주지 않으면서 위치등의 가시도(visibility)를 떨어뜨리지 않는 장소에 동체 또는 꼬리의 꼭대기에 장착된 빔등(beam light)을 회전시키고 있다.
② 대형운송형 항공기는 항공기의 꼭대기와 밑바닥에 충돌 방지등(anti-collision light)을 사용한다.
③ 충돌 방지등장치(anti-collision light unit)는 보통 전동기에 의해 작동되는 1개 또는 2개의 회전등(rotating light)으로 이루어진다. 등은 고정되지만 돌출 붉은 유리(red glass)를 내부의 회전반사경 아래에 설치된다. 반사경은 전호(arc)가 있는 상태에서 회전하고 그 결과로 일어나는 섬광률(flash rate)은 분당 40~60cycle이다.
④ 최신의 항공기설계는 발광다이오드유형(LED-type)의 충돌 방지등을 사용한다. 충돌 방지등은 특히 과밀지역에서 다른 항공기에 경고하기 위한 안전등(safety light)이다.
⑤ 백색 섬광등(white strobe light)은 또한 일반적인 충돌 방지등의 두 번째 유형이다. 보통 날개끝(wing tip)에 그리고 미부 말단에 설치된 섬광등(strobe light)은 백색광(white light)

의 매우 밝은 간헐적 섬광(intermittent flash)을 만들어낸다. 빛은 커패시터의 고전압방전 (high-voltage discharge)에 의해 생기게 한다.

⑥ 전용 전원함(dedicated power pack)은 커패시터를 수용하고 밀봉식 제논 충전관(sealed xenon-filled tube)으로 전압을 공급한다.

3) 착륙등과 유도등(Landing and Taxi Lights)

① 착륙등은 야간착륙 시에 활주로를 비추기 위하여 항공기에 장착된다. 이 등은 매우 강력하며 조명의 최대 도달거리(maximum range)를 제공하는 각도로 포물면 반사장치(parabolic reflector)에 의해 전달된다.

② 소형 항공기의 착륙등은 보통 양쪽 날개의 리딩에지(leading edge)의 중간에 위치하거나 항공기 표면 안에 유선형으로 되어 있다. 대형 운송용범주 항공기에서 착륙등은 보통 날개의 리딩에지에 위치한다.

③ 각각의 등은 릴레이에 의해 제어되거나 전기회로에 직접 연결될 수 있다. 그림 25-48과 같이, 일부 항공기에서 착륙등은 유도등과 동일한 지역에 설치된다. 밀봉된 빔(beam), 할로겐 (halogen), 또는 고강도 제논방전등(high-intensity xenon discharge lamp)이 사용된다.

④ 유도등은 활주로, 유도로(taxi strip)로부터, 또는 격납고구역(hangar area)으로 항공기를 유도 또는 견인하는 동안 지상에 조명을 제공하도록 설계되었다. 유도등은 착륙등에 필요한 조명의 정도를 제공하도록 설계되지는 않았다.

⑤ 세바퀴 착륙장치(tricycle landing gear)를 가지고 있는 항공기에서, 단일등형 유도등(single taxi light) 또는 다등형유도등(multiple taxi light)은 전방착륙장치(nose landing gear)의 비조향부분(non-steerable part)에 설치된다.

⑥ 이들은 항공기 앞쪽에 직접 조명을 그리고 항공기 경로의 오른쪽과 왼쪽으로 조명을 제공하기 위해 항공기의 중심선에 비스듬한 각도로 적당한 장소에 위치한다. 일부 항공기에서, 양수유도등(dual taxi light)은 동일한 회로에 의해 제어되는 날개끝 가장 바깥쪽을 표시하는 등(clearance light)에 의해 보완된다. 유도등은 또한 날개 리딩에지(wing leading edge)의 오목한 구역에 설치되고, 가끔 고정식착륙등(fixed landing light)과 함께 동일한 지역에 설치된다.

⑦ 대부분 소형 항공기가 유도등을 갖추고 있지 않지만, 활주운전(taxiing operation) 상태에서 빛을 비추기 위해 착륙등을 사용한다. 아직도 다른 항공기는 유도를 위해 줄어든 조명을 제공하기 위해 착륙등회로(landing light circuit)에 조광저항기(dimming resistor)를 이용한다.

⑧ 일부 대형 항공기는 노즈 레이돔(nose radome)의 후미, 항공기의 아랫면에 위치한 다른 유도등을 갖추고 있다. 주 유도등에서 별도 스위치로서 작동되는 이 등은 항공기 기수의 앞쪽과 바로 아래쪽에 가까운 지역을 비춘다.

▲ 그림 25-48 활주등

4) 날개 검사등(Wing Inspection Lights)
   ① 일부 항공기는 비행 중에 날개 앞전 구역의 결빙과 일반상황의 관찰을 가능케 하도록 비추는 날개 검사등을 갖추고 있다. 이러한 조명등은 야간에 비행하는 동안에 날개 앞전에 결빙형성의 육안탐지를 가능케 한다.
   ② 이들은 보통 조종석에 있는 ON/OFF 토글스위치(toggle switch)에 의해 릴레이를 통해 제어된다. 일부 날개 검사등 계통(wing inspection light system)은 때때로 카울(cowl), 플랩 또는 착륙장치와 같은 인접지역을 비추는 나셀등(nacelle light)이라고 부르는 추가의 등을 포함하거나 또는 추가의 등으로 보완된다. 이들은 대개 동일한 형태의 등이고 동일한 회로에 의해 제어된다.

5) 로고등(Logo Light)
   수직 꼬리날개의 양면에 그려져 있는 항공사 표지를 승객들이 보기 쉽게 조명하기 위한 등이다.

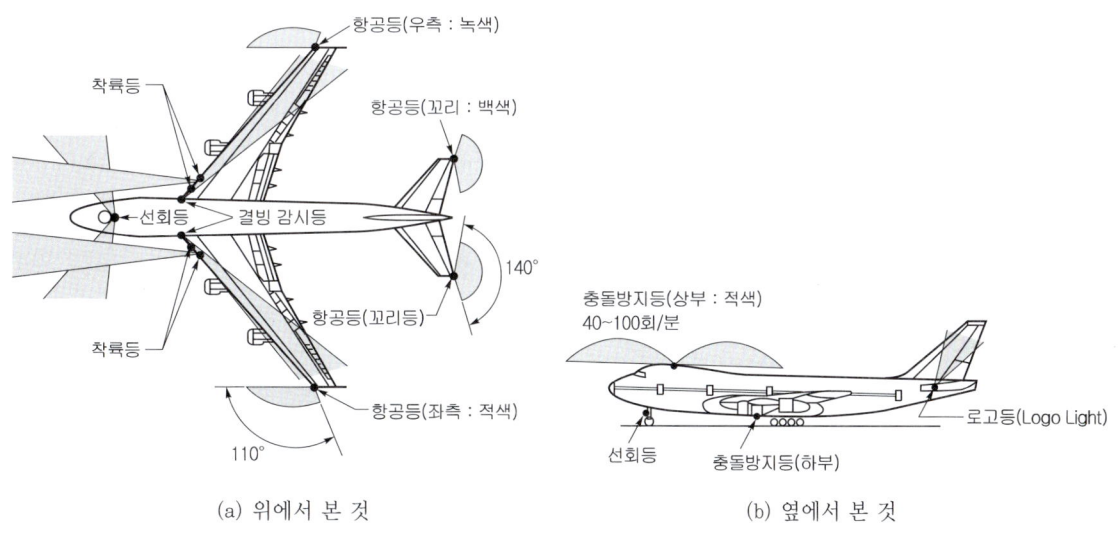

(a) 위에서 본 것   (b) 옆에서 본 것

▲ 그림 25-49 항공기 외부 조명

6) 화물취급 구역등(Cargo Handling Area Light)

화물 탑재 시 편리하도록 항공기의 측면에서 화물을 싣는 입구를 비추는 등이다.

25.2.6.2 공중충돌경보장치(TCAS : Traffic Alert and Collision Avoidance System)

1) 공중충돌경보장치(TCAS)는 ATC 트랜스폰더가 장착된 항공기로부터 안전 간격을 유지하도록 해주고 TCAS 컴퓨터는 지상 ATC와 독립적으로 작동한다. TCAS는 ATC 트랜스폰더가 장착된 항공기에 질문신호를 보내면 상대방의 항공기에서 응답신호를 이용하여 거리, 방위, 고도를 계산한다. 만일 상대방의 항공기에서 고도정보를 수신하지 못하면 상대기의 위치를 파악하지 못한다.

2) TCAS는 두 종류로 나뉜다. 하나는 TCAS I인데, 선택된 거리 이내에서 비행하고 있는 모든 항공기의 비행 방향과 상대 고도를 지시한다. 색깔이 다른 기호를 사용하여 위협의 가능성 정도를 구분하는데, 이것이 공중충돌회피장치의 접근경보(TA : traffic advisory)에 해당한다. 조종사가 접근 경보를 들으면 위험 공역으로 들어오는 항공기를 확인해야 하며, 고도를 300ft까지 상승시킬 수 있다. TCAS I은 해법을 제시하지 않지만 적합한 조작을 취할 수 있는 중요한 정보를 제공한다. 즉, 거리와 고도 평가 기준에 의해 수평거리를 유지하기 위한 방법을 제시한다.

3) 더욱 복잡한 TCAS II는 교통상황의 표시와 함께 필요한 때에는 조종사에게 회피지시(resolution advisory)를 내린다. 각 항공기의 코스를 상승, 하강 및 수평비행 등으로 구분한다.

4) TCAS II는 조종사가 다른 비행기를 피하기 위한 회피 기동으로 "상승" 또는 "하강"이라는 지시를 내린다. 두 항공기가 모두 TCAS II를 탑재하고 있다면 각각의 컴퓨터는 서로 상충되지 않는 회피지시를 낸다.

5) TCAS II는 침입기의 거리, 방위 및 고도를 결정하기 위하여 1,030MHz 전파를 전 방향으로 질문 메시지를 송신하여 침입기의 응답기로 보낸다. 일정한 지연시간이 경과한 후 침입기의 응답기는 질문에 대한 메시지를 1,090MHz로 응답한다.

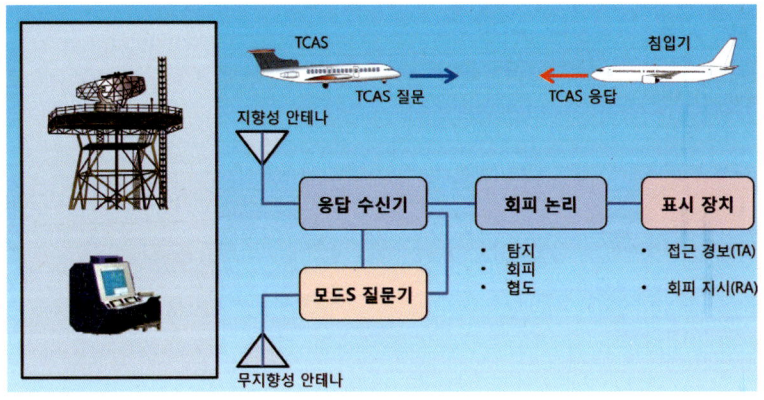

▲ 그림 25-50 공중충돌경보장치(TCAS)

6) 질문 전송과 응답 접수까지의 경과 시간은 침입기의 거리를 나타낸다. 침입기의 방위는 공중 충돌회피 장치의 방향성 안테나를 이용한다. 안테나 내부는 4개의 수동형 안테나 소자로 구성되어 각 안테나 소자 간 위상 차이로 침입기의 상대 방위를 인식한다.

7) 침입기의 응답기는 대기 자료 컴퓨터(ADC : air data computer)로부터 기압 고도를 수신하여 자료를 규격화시키고, 이를 응답신호에 포함하여 송출하기 때문에 침입기의 고도를 알 수 있다. 수집된 주변의 교통상황에서 TCAS가 침입기의 거리, 방위, 고도자료를 사용하여 침입기의 상대적인 위치, 접근율, 수직속도를 반복적으로 계산하여, 침입기의 예상비행 경로와 자기항공기의 예상비행 경로를 계산한다. 만일 위협이 된다면 충돌을 회피하기 위해 필요한 수직축 조작을 결정한다.

8) 기본적으로 TCAS 컴퓨터, SSR Mode S 트랜스폰더, 제어 패널, 표시기 및 안테나로 등으로 구성되며, 침입기가 감지되면 침입기에 대한 상대고도, 방위, 접근율 등을 계산하여 충돌지점을 산출한 후, 침입기가 충돌 약 35~45초 전으로 진입하는 경우인 경계 영역에서는 접근경보(TA)를 충돌 약 20~30초 전인 경고영역에 진입 시에는 침입경보(RA)를 각각 발령하여 침입기에 대한 표시(simbol), 색깔, 상대고도, 방위, 하강/상승률 등을 계기에 표시해주고, 조종사에게 항공기 충돌회피 정보(항공기 상승/하강률)를 제공해주는 공중충돌 방지장치이다.

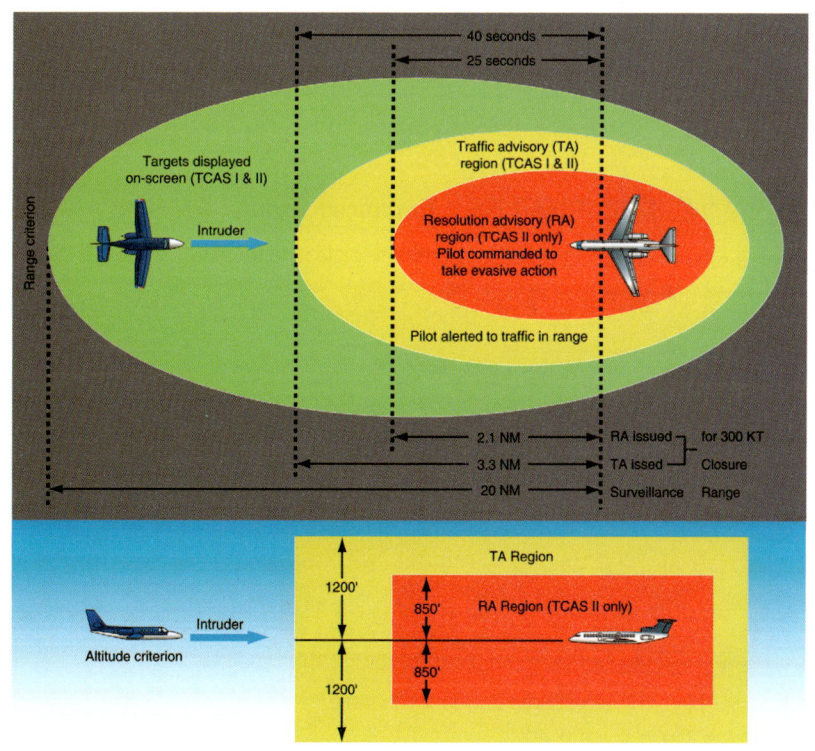

▲ 그림 25-51 공중충돌경보장치(TCAS)의 접근경보(TA) 회피 지시(RA)

9) 그림 25-52는 TCAS Self Test 시 화면에 디스플레이되는 패턴을 보여준다.

- RA Symbol : 3시 방향, 2NM 거리, 200ft Above
- TA Symbol : 9시 방향, 2NM 거리, 200ft Below
- Proximate Traffic Symbol : 1시 방향, 3.6NM 거리, 1000ft Below
- Other Traffic Symbol(Non Threat Intruder) : 11시 방향, 3.6NM 거리, 1000ft Above

▲ 그림 25-52 TCAS 시험시 화면 표시

10) 그림 25-53은 보잉 767용 TCAS/ATC 제어 패널이다.

▲ 그림 25-53 보잉 767 항공기 TCAS/ATC 제어 패널

25.2.6.3 신형 지상접근 경보장치(EGPWS : Enhanced Ground Proximity Warning System)

1) 지상접근 경보장치(GPWS)는 항공기가 지면에 이상접근, 즉 강하율 과도, 착륙 지형이 아닌 상태에 착륙을 시도할 때 등 지표면에 접근하여 위험한 상태에 달할 때 조종사에게 알려주기 위한 경보 장치이다.

2) 전파고도를 이용한 고도 계산을 기준으로 경보정보를 컴퓨터의 표시 계기에 나타내고 동시에 스피커로부터 음성으로 'PULL UP, PULL UP' 등의 경고를 하는 기능이나 전단풍(windshear) 검출기능이 추가되어 있다.

3) EGPWS는 항공기가 지상으로 과도하게 접근 시 조종사에게 시각 및 청각 경고를 제공하고 지형이 화면(TAD : terrain awareness and display)에 보여주어 지상충돌 가능성을 방지하여 주며 아래의 기능을 갖는다.
  ① Mode 1 : 강하율 과도(excessive descent rate)
  ② Mode 2 : 지표 접근율 과도(excessive terrain closure rate)
  ③ Mode 3 : 이륙 후 고도 감소 과도(altitude loss after take off)
  ④ Mode 4 : 착륙하지 않았으나 고도 부족(unsafe terrain clearence)

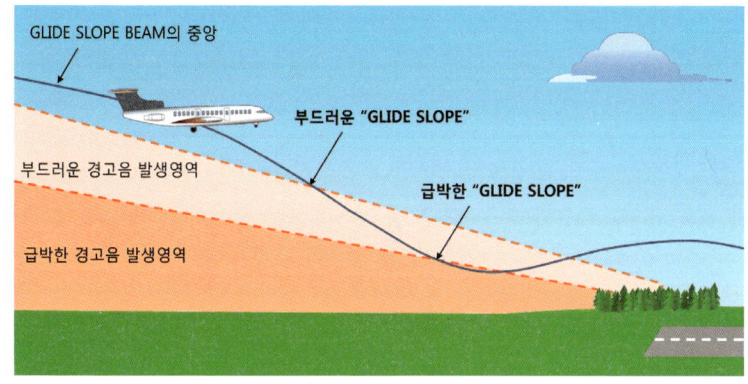

▲ 그림 25-54 Mode 5 경고

⑤ Mode 5 : 착륙 경로 중 아래로 벗어난 편이 과도(excessive deviation below glideslope)
⑥ Mode 6 : 전파 고도의 음성 기능/경사각 과도(altitude callout/bank angle)
⑦ Mode 7 : 전단풍 검출 기능(windshear warning detection)

4) 또한, 기존의 GPWS의 기능에 기능을 보강한 새로운 지상 경고장치인 EGPWS도 개발되어 사용되고 있는데, 이는 항로의 지형을 데이터베이스에 입력해 놓고 계산된 항공기 위치와 데이터베이스에 있는 지형의 위치를 상호 비교하여 그 지형에 충돌이 예상되면 경고음을 발생하는 성능이 향상된 기능을 지닌다.

5) 예상 충돌시점으로부터 60초 전에 'CAUTION TERRAIN' 그리고 40초 전에는 'TERRAIN AHEAD PULL UP'이라는 경보가 주어지며, 이러한 지형을 기상레이더의 화면이나 항법정보표시기(ND : navigation display) 화면에 충돌 예상시간 및 거리를 모양과 색상을 다르게 표현하여 시각적으로 보여준다.

25.2.6.4 기상레이더(Weather Radar)

1) 기상레이더는 조종사에 대해 비행 전방의 기상상태를 지시기에 알려주는 장치로서, 안전 비행을 하기 위한 것이다. 항공기는 비행중 악천후를 만날 가능성이 있고, 특히 폭풍권이나 발달된 비, 구름, 돌풍(wind shear) 등은 매우 위험하다. 비행중 만약 이러한 악천후를 만난 경우는 멀리 우회하거나 고도를 변경해야 하며, 이들 기상변화와 그 위치를 육안으로 탐지한다는 것은 주간이라도 곤란하고 특히 야간에는 더 한층 불가능하다. 따라서 진로의 기상 상황을 계속 관찰하면서 안전 비행을 가능하게 하는 기상레이더의 중요성은 더 높아지고 있다.

2) 원리는 구름이나 비에 대해 반사되기 쉬운 주파수대(X-밴드)인 9,375MHz를 이용하며 안테나에서 발사된 펄스가 전파상의 물체(비나 구름)와 충돌하면 비나 구름 중의 수분의 밀도 또는 습도에 따라 레이더 전파의 반사 현상이 달라진다. 이 반사파를 수신 증폭하여 그것을 지시기에 표시되며 영상은 예를 들어 반사파가 강할수록 밝아지고 반사파가 약할 때는 어둡게 표시된다. 반사파의 세기를 처리하여 색으로 표시한다.

3) 기상레이더에 사용하고 있는 주파수는 X-밴드(주파수 9,375MHz)와 C-밴드(주파수 5,400 MHz) 대역을 주로 사용하고 있다. 강우량이 많을 때는 C-밴드가 감쇄가 작기 때문에 악천후 영역의 전방에 강우지역이 있는 경우에는 더욱 우수하다.

4) 한편 전방에 강우지역 면적이 크지 않는 경우나 강우량이 적은 구름의 경우에는 X-밴드의 경우가 유효거리가 길어서 더 우수하다. 안테나의 직경이 일정한 경우에 빔의 폭은 주파수에 반비례하기 때문에 C-밴드보다는 X-밴드의 경우가 빔 폭이 좁아져 방위 분해능이 커지므로 비구름이나 천둥구름의 징조를 정확히 알 수 있다.

5) 기상레이더의 신호는 반사파의 강도에 따라 다른 색상으로 나타낸다. 반사파의 강도 순서에 따라 적, 황, 녹, 흑으로 표시되며 난기류는 붉은 자색으로 표시된다.

6) 기상레이더의 지시 방식으로서는 과거에는 계획 위치 표시(PPI: plan position indication) 지시방식이 사용되었으나, 대부분 최근 디지털 항공기에서는 항법정보 표시기(ND : navigation display)의 기상레이더 화면에 칼라로 디스플레이한다.

7) 그림 25-56은 gain을 조정하여 레이더의 범위를 제어할 수 있고, 모드(mode) 선택 및 테스트가 가능한 기상레이더 제어판(weather radar control panel)이다.

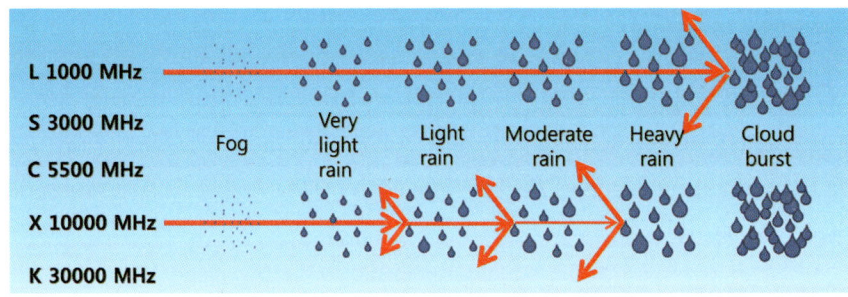

▲ 그림 25-55 수분량에 따른 주파수 특성

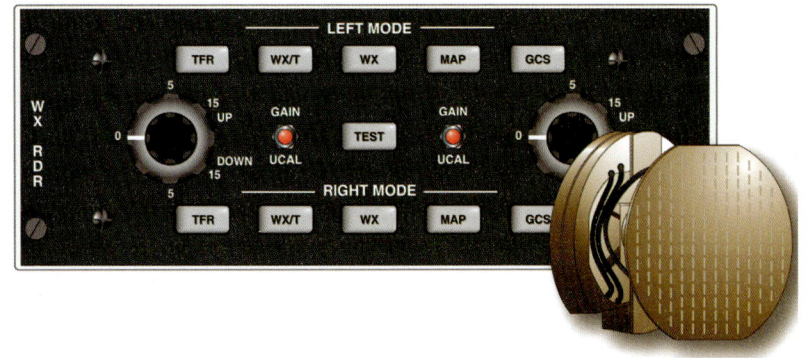

▲ 그림 25-56 기상레이더 제어판

8) 기상레이더 시스템의 정비나 작동은 특별한 주의 사항들을 숙지한 정비사에 의해 수행되어야 한다. 안테나를 덮고 있는 레이돔(radome)은 오직 무선신호(radio signal)가 방해받지 않고 통과될 수 있도록 승인된 페인트로 칠해야 한다. 수많은 레이돔은 낙뢰(lightning strike)와 정전기(static)를 전도시키도록 접지 스트립(grounding strip)을 갖고 있다. 레이더를 작동할 때 제작사 사용설명서를 숙지하는 것이 중요하며, 레이더에서 방출되는 높은 에너지의 방사에 의해 눈, 고환(testes) 등 신체적 손상을 입을 수 있다. 그러므로 송신레이더의 안테나를 바라보지 않고, 격납고에서는 레이더 작동을 하지 말아야 한다. 추가로, 레이더의 작동 시 건물을 향하지 말아야 하며, 또한 재급유 시에도 작동하면 안 된다. 레이더 장치는 오직 유자격만이 정비할 수 있고 작동시킬 수 있다.

26 전기조명계통

26.1 전원장치(AC, DC) 전력 시스템(Power Systems)

26.1.1 전원의 구분과 특징, 발생원리

1) 전력시스템 일반

① 많은 항공기는 교류전기시스템(AC electrical system)뿐만 아니라 직류전기시스템도 사용한다. 전형적인 교류전기시스템은 교류기(발전기), 교류기를 위한 조절시스템, 교류전력배전버스(AC power distribution bus), 그리고 관련되어 있는 퓨즈와 배선을 포함한다. 교류전기시스템을 언급할 때 "교류기"와 "발전기"는 종종 같은 의미로 혼용하여 사용된다. 이 장에서는 "교류발전기"라는 용어를 사용한다.

② 교류전력시스템은 현대적인 항공기에서 더 인기를 얻고 있다. 경량항공기는 직류를 사용하여 대부분 전기시스템을 작동시키려는 경향이 있어, 직류배터리는 예비전력원(backup power source)으로서 쉽게 역할을 수행할 수 있다. 일부 현대의 경량항공기는 또한 작은 교류시스템을 사용한다. 이 경우에, 경량항공기는 이 시스템에서 필요한 교류를 생산하기 위해 교류변환장치(AC inverter)를 이용한다.

▲ 그림 26-1 인버터

③ 적은 양의 교류가 특정한 시스템에 요구되는 경우, 일반적으로 변환장치가 사용된다. 변환장치는 또한 교류발전기를 사용하는 항공기에서 예비전력원으로 사용된다. 그림 26-1에서는 현대의 항공기에서 사용하는 일반적인 변환장치를 보여준다.

④ 현대의 변환장치는 직류전력을 교류전력으로 전환하는 솔리드스테이트장치이다. 변환장치 내에 전자회로소자는 아주 복잡하다. 그러나 변환장치는 간단하게 직류전력을 사용하는 장

치이며, 교류배전버스(AC distribution bus)로 전원을 공급한다. 많은 변환장치는 26V 교류뿐만 아니라 115V 교류 모두를 공급한다. 항공기는 한 가지 전압을 사용하거나 동시에 모두를 사용하도록 설계될 수 있다. 만약 두 가지 전압이 사용된다면, 전원은 독립된 26V와 115V 교류버스에 배전되어야 한다.

2) 교류발전기(AC Alternators)
① 교류발전기는 많은 양의 전력을 사용하는 항공기에서 찾아볼 수 있다. 실질적으로 Boeing 757 또는 Airbus A-380과 같은, 모든 운송용범주 항공기(transport category aircraft)는 각각의 엔진에 의해 가동되는 한 개씩의 교류발전기를 사용한다. 이들 항공기는 또한 보조 동력장치(APU, auxiliary power unit)에 의해 구동되는 보조 교류발전기(auxiliary AC alternator)를 갖고 있다.
② 대부분의 경우, 운송용범주 항공기는 교류변환장치 또는 램에어터빈(RAT, ram-air turbine)에 의해 구동되는 소형 교류발전기와 같이, 적어도 1개 이상의 교류예비전력원(AC backup power source)을 갖추고 있다.
③ 교류발전기는 3상교류출력(three-phase AC output)을 생산한다. 교류기의 각각의 회전마다, 장치는 3개의 분리된 전압을 생산한다. 전압에 대한 사인파는 120°씩 나누어졌다. 이 파형은 내면적으로 직류교류기에 의해 생산되는 것과 유사하지만, 이 경우 교류발전기는 전압을 정류하지 않으며 이 발전기의 출력은 교류이다.
④ 현대의 교류발전기는 브러시 또는 슬립링을 이용하지 않고 종종 브러시 없는 교류발전기(brushless AC alternator)라고 부른다. 이 무브러시 설계는 대단히 신뢰성이 있고 아주 적은 유지보수를 필요로 한다. 브러시 없는 교류기에서, 교류기의 회전자로 들어가고 나오는 에너지는 자기에너지를 이용하여 전송된다. 다시 말해서, 고정자에서 회전자로 가는 에너지는 자속에너지(magnetic flux energy)과 전자기유도의 과정을 이용하여 전송된다. 그림 26-2에서는 전형적인 대형항공기 교류발전기를 보여준다.

▲ 그림 26-2 대형항공기 AC 발전기(alternator)

⑤ 그림 26-3과 같이, 브러시 없는 교류기는 실질적으로 3개의 발전기를 포함하고 있는데, 전기자와 영구자석계자(permanent magnet field)의 여자발전기(exciter generator), 전기자권선과 계자권선의 부여자발전기(pilot exciter generator), 그리고 전기자권선과 계자권선의 주 교류발전기(main AC alternator)이다. 브러시의 필요성은 이들 3개의 별개의 발전기 조합을 사용하여 없어진다.

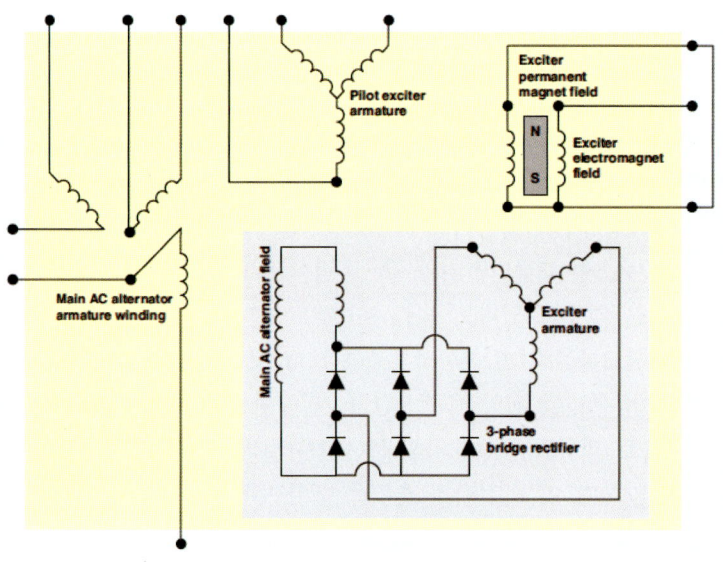

▲ 그림 26-3 AC 발전기 도해도

⑥ 여자발전기는 영구자석과 2개의 전자석으로 제작된 고정자계(stationary field)를 가지고 있는 소형교류발전기이다. 여자전기자(exciter armature)는 3상이고 회전자축에 설치된다. 여자전기자 출력은 정류되고 부여자계(pilot exciter field)와 주 발전기계자로 보내진다.

⑦ 부여자계는 발전기의 회전자축에 장착되고 주 발전기 계자와 직렬로 연결된다. 부여자전기자는 어셈블리의 고정부분에 장착된다. 부여자전기자의 교류출력은 정류되고 조절되는 발전기 제어회로(generator control circuitry)에 공급되고, 그다음 여자기 계자권선으로 보내게 된다. 여자기 계자로 보내진 전류는 주 교류발전기를 위해 전압조절을 한다. 만약 더 큰 교류발전기 출력이 필요하면, 여자계(exciter field)로 더 많은 전류를 보내고 적은 출력이 필요하면, 여자계로 더 적은 전류를 보낸다.

⑧ 요약하면, 여자영구자석과 전기자는 발전과정을 시작하고, 여자전기자의 출력은 정류되고 부여자계로 보내진다. 부여자계는 자기장을 만들어내고 전자기유도를 통해 부여자전기자에서 전력을 유도한다. 부여자전기자의 출력은 주 발전기제어장치(main alternator control unit)로 보내지고 그다음 여자계로 되돌려 보내진다. 회전자가 계속 돌아가면서 주 교류발전기 계자는 전자기유도를 이용하여, 주 발전기 전기자에서 전력을 발생시킨다. 주 교류전기자

(main AC armature)의 출력은 3상교류이며 여러 가지의 전기부하에 동력을 공급하기 위해 사용한다.

⑨ 일부 교류기는 교류기의 내부부품을 통해 오일을 순환시켜 냉각한다. 냉각을 위해 사용된 오일은 정속구동장치어셈블리(constant speed drive assembly)에 공급되고 때론 외부 오일냉각기어셈블리(oil cooler assembly)에 의해 냉각된다.

⑩ 발전기와 정속구동장치어셈블리를 연결하는 플랜지(flange)에 위치된 배출구는 발전기와 정속구동장치 사이에 오일흐름을 가능하게 한다. 일반적으로 이오일 레벨은 중요한 것이고 정기적으로 점검한다.

3) 교류기의 구동(Alternator Drive)

① 그림 26-4에 보이는 장치는 자동구동장치(automatic drive mechanism)와 결합된 교류기어셈블리(alternator assembly)를 포함하고 있다. 자동구동은 교류기가 일정한 400Hz 교류출력을 유지하게 하는 교류기의 회전속도를 제어한다.

② 모든 교류발전기는 범위 내에서 교류전압의 주파수를 유지하기 위해 특정 [rpm]으로 회전해야 한다.

③ 항공기 교류발전기는 약 400Hz의 주파수를 생성한다. 만약 주파수가 이 값에서 10% 이상 벗어나면, 전기시스템은 정확하게 작동되지 않는다. 정속구동장치(CSD, constant speed drive)라고 부르는 장치는 400Hz 주파수를 보장하기 위해 교류기가 정확한 속도의 회전을 보장하기 위해 사용된다.

④ 정속구동장치는 독립적인 장치이거나 교류발전기 틀안에 장착할 수 있다. 정속구동장치와 교류기가 하나의 장치 안에 포함되었을 때, 어셈블리는 통합구동발전기(IDG, integrated drive generator)라고 부른다.

⑤ 정속구동장치는 현대의 자동차에서 확인되는 자동변속기와 유사한 유압장치(hydraulic unit)이다. 차량의 속도를 일정하게 유지하면서, 자동차의 엔진 [rpm]을 변화시킬 수 있다. 이것은 항공기 교류발전기에서 일어나는 동일한 과정이다.

⑥ 항공기 엔진이 속도를 변화시켜도, 교류기 속도는 일정하게 유지된다. 그림 26-4에서는 전형적인 유압식구동장치(hydraulic-type drive)를 보여준다. 이 장치는 전기적으로 또는 기계적으로 제어될 수 있다.

⑦ 현대 항공기는 전자시스템을 쓴다. 정속구동장치는 엔진공회전수(engine idle rpm)의 약간 이상에서, 최대엔진회전수(maximum engine rpm)에서 작동할 때까지 교류기가 동일한 주파수를 생성하는 것을 가능케 한다.

⑧ 유압변속장치(hydraulic transmission)는 교류발전기와 항공기 엔진 사이에 설치된다. 유압유 또는 엔진오일은 교류기를 가동시키기 위해 정속출력속도(constant output speed)를 만드는, 유압변속장치를 작동시키기 위해 사용한다.

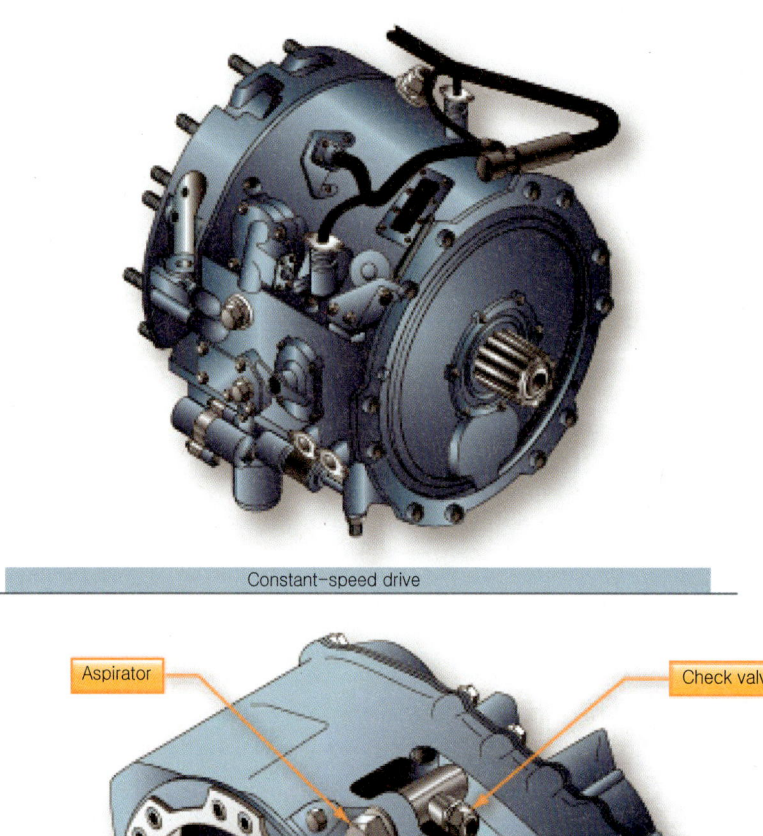

▲ 그림 26-4 정속구동장치(위), 통합구동발전기 (아래)

⑨ 그림 26-5의 정속구동장치 절단면에서와 같이, 일부의 경우 이 동일한 오일은 교류기를 냉각하기 위해 사용된다. 입력구동축(input drive shaft)은 항공기 엔진기어케이스(engine gear case)에 의해 동력이 공급된다. 변속장치의 반대쪽 끝단에서, 출력구동축(output drive shaft)은 교류기의 구동축에 맞물리게 한다.

⑩ 정속구동장치는 유압펌프어셈블리(hydraulic pump assembly), 기계적속도조종장치(mechanical speed control), 그리고 유압구동장치(hydraulic drive)를 사용한다. 엔진회전수는 유압펌프(hydraulic pump)를 구동하고, 유압구동장치는 교류기를 돌린다. 속도제어장치(speed control unit)는 출력속도를 제어하기 위해 유압을 조정하는 경사판(wobble plate)으로 구성된다.

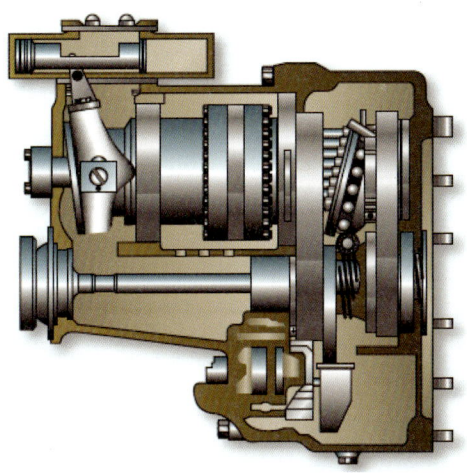

▲ 그림 26-5 유압 정속구동장치

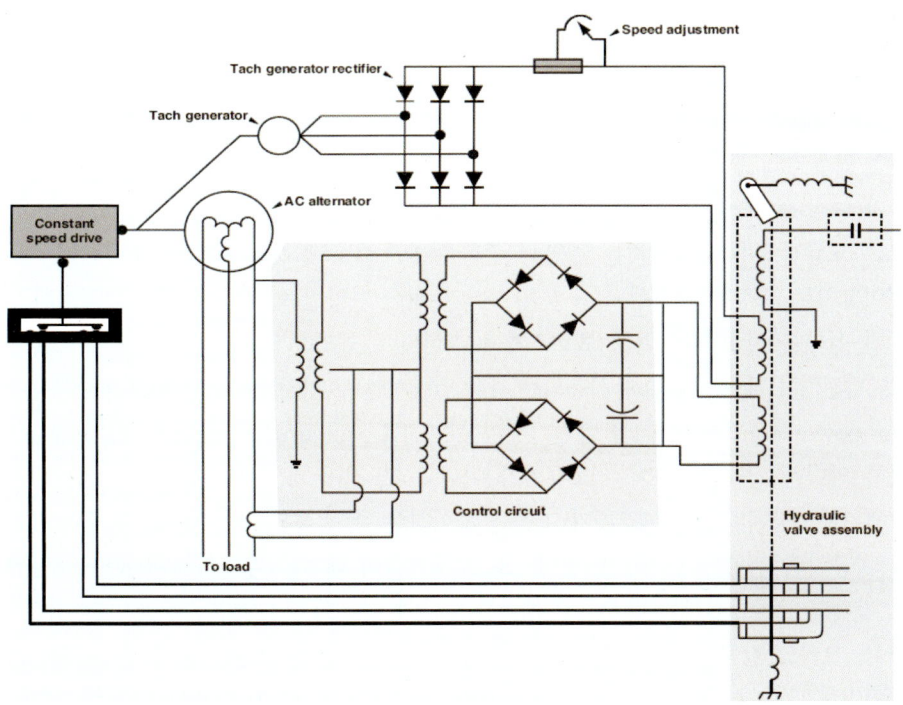

▲ 그림 26-6 속도 조종 회로

⑪ 그림 26-6에서는 교류기 속도를 제어하기 위해 사용된 전형적인 전기회로를 보여준다. 회로는 정속구동장치에서 찾아볼 수 있는 유압어셈블리(hydraulic assembly)를 제어한다. 그림과 같이, 교류기 입력속도는 회전계용발전기(tachometer generator)에 의해 감시된다. 회전계용발전기신호는 정류되어 밸브어셈블리(valve assembly)로 보내진다. 밸브어셈블리는 밸브를 작동시키는 3개의 전자기코일(electromagnetic coil)을 포함하고 있다. 또한 교류발전기 출력은 유압 밸브어셈블리에 전력을 공급하는 제어회로를 통해 보내진다. 3개의 전자석에 의해 발생된 힘의 균형으로, 밸브어셈블리는 자동변속기(automatic transmission)를 통해 유동체의 흐름을 제어하고 교류발전기의 속도를 제어한다.

⑫ 교류발전기는 만약 그 교류기가 정속으로 회전하는 엔진에 의해 직접 구동된다면 또한 일정한 400Hz을 생산한다는 것에 주목해야 한다. 수많은 항공기에서, 보조 동력장치는 일정한 rpm으로 작동한다. 이들 보조 동력장치에 의해서 가동되는 교류발전기는 일반적으로 엔진에 의해 직접 구동되고, 그래서 규정된 정속구동장치가 없다. 이 장치들의 경우, 보조 동력장치 엔진제어는 교류기 출력주파수를 감시한다. 만약 교류기 출력주파수가 400Hz에서 바뀌면, 보조 동력장치 속도제어는 한도 이내로 교류기 출력을 유지하기 위해 엔진회전수를 조정한다.

4) 교류기 제어 시스템(AC Alternators Control Systems)
① 교류발전기를 사용하는 현대 항공기는 일반적으로 항공기 전체에 걸쳐 교류전력의 조절을 위해 사용하는 컴퓨터식제어장치를 장비격실(equipment bay)에 위치시킨다.
② 대형운송용범주 항공기에서 찾아볼 수 있는 교류발전기는 수백 명의 승객을 수송하도록 설계되었기 때문에, 이 발전기의 제어시스템은 시스템고장일 경우에 안전을 대비하는 여분의 컴퓨터를 항상 갖춘다. 직류시스템과는 달리, 교류시스템은 교류기의 출력주파수가 한도 이내로 유지되도록 해야 한다.
③ 만약 교류기의 주파수가 400Hz에서 변하거나, 또는 동일한 버스에 연결된 2개 이상의 교류기가 이상(out-of-phase)이라면, 시스템에서 손상이 발생한다.
④ 모든 교류발전기 제어장치는 전압과 주파수 모두를 조절하는 회로를 포함한다. 또한 이들 제어장치는 특정한 시스템 고장을 탐지하기 위한 다양한 인자를 감시하고 전기시스템의 완전한 상태를 보장하기 위한 보호조치를 취한다.
⑤ 교류발전기를 제어하기 위해 사용되는 가장 일반적인 두 가지 장치는 버스전원제어장치(BPCU, bus power control unit)와 발전기제어장치(GCU, generator control unit)이다. 이 경우, 비록 의미는 같지만, 용어는 교류기가 아니고 "발전기"가 사용된다.
⑥ 발전기제어장치(GCU)는 교류기 기능을 제어하는 주 컴퓨터이다. 버스전원제어장치(BPCU)는 항공기의 전역에 위치된 배전버스로 교류전력의 배전을 제어하는 컴퓨터이다. 일반적으로 각각의 교류발전기를 감시하고 제어하기 위해 사용되는 1개씩의 발전기제어장치(GCU)가 있고, 그리고 항공기에 1개 이상의 버스전원제어장치(BPCU)가 있을 수 있다. 버스전원제어장치(BPCU)는 이 장의 후반에 설명되지만, 버스전원제어장치(BPCU)는 현대의 항공기에서 교류를 제어하기 위해 발전기제어장치(GCU)와 함께 일한다는 것에 주목해야 한다.

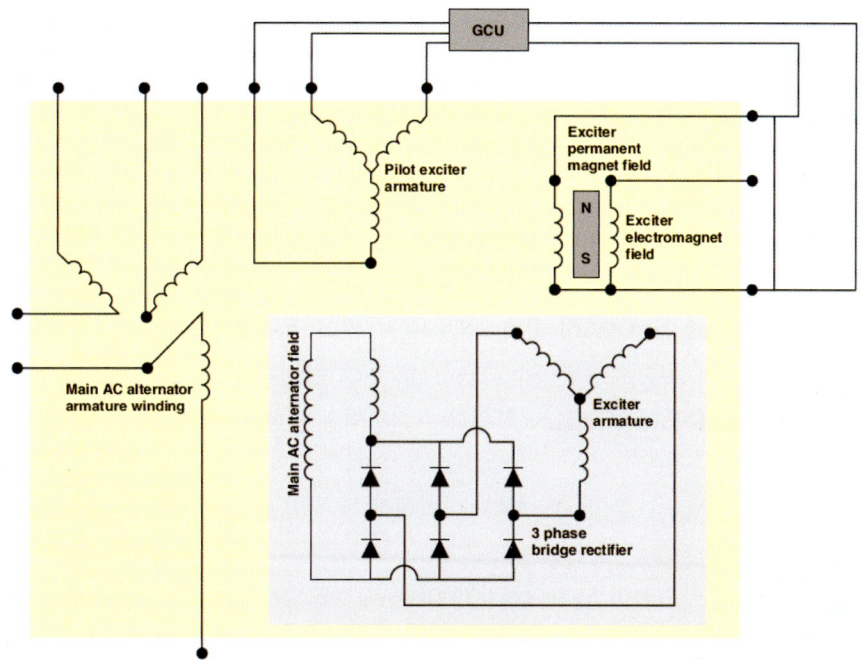

▲ 그림 26-7 GCU 도해도

⑦ 전형적인 발전기제어장치(GCU)는 교류기가 일반적으로 115 ~ 120V 사이에서, 정전압을 유지하도록 보장한다. 발전기제어장치(GCU)는 교류기의 최대전력출력(maximum power output)이 절대로 초과되지 않도록 한다.

⑧ 발전기제어장치(GCU)는 교류기 고장인 경우에 고장검출과 회로보호 기능을 제공한다. 발전기제어장치(GCU)는 교류주파수를 감시하고 만약 교류기가 400Hz를 유지하면, 출력을 보장한다. 전압조절의 기본방법은 모든 교류기 시스템에서 찾아볼 수 있는 것과 유사한 것인데, 교류기의 출력은 자기장의 강도를 변화시켜 제어된다.

⑨ 그림 26-7과 같이, 발전기제어장치(GCU)는 교류기 출력전압을 제어하기 위해 브러시 없는 교류기(brushless alternator) 내에 여자계 자기력을 제어한다. 주파수는 발전기제어장치(GCU)에 의해 감시된 신호와 함께 정속구동장치의 유압장치에 의해 제어된다.

⑩ 또한 발전기 제어장치(GCU)는 교류발전기의 작동과 정지를 위해서도 이용된다. 조종사가 교류발전기를 조작하면, 발전기제어장치(GCU)는 전압과 주파수가 한도 이내에 있는지 확인하기 위해 교류기의 출력을 감시한다. 만약 발전기제어장치(GCU)가 교류기의 출력을 만족하면, 발전기 제어장치(GCU)는 적합한 교류배전버스에 교류기를 연결시키는 전기접점으로 신호를 보내준다. 종종 발전기차단기(GB, generator breaker)라고 부르는, 접촉기(contactors)는 기본적으로 한조의 대형 접점을 제어하는 전자기식 솔레노이드(electromagnetic solenoid)이다.

⑪ 대형 접점은 대부분의 교류발전기에 의해 생산된 많은 양의 전류를 취급하기 위해 필요한 것이다. 이 접촉기는 발전기제어장치(GCU)가 교류기 출력에서 결함을 탐지할 경우 작동되는데, 이 경우에 접촉기는 버스로부터 교류기를 분리한다.

26.1.2 발전기의 주파수 조정장치(Constant-Speed Drive : CSD)

(1) 교류발전기는 직류발전기처럼 항공기 engine에 곧장 연결되어 있지는 않다.
(2) 교류발전기에서 교류를 받아서 움직이는 여러 가지 전기 장치들이 규정된 주파수와 정해진 전압에서 동작하게끔 설계되어 있기 때문에 발전기의 속도는 반드시 일정해야만 한다. 그러나 항공기 engine의 속도는 변동한다. 그러므로 어떤 발전기들은 engine의 교류발전기 사이에 놓여 있는 CSD를 통해서 engine에 의하여 회전되고 있다. 대표적인 유압형(hydraulic type)의 CSD이다.
(3) CSD는 전기적으로나 유압 중 하나에 의해서 조정되는 유압전동장치(hydraulic transmission)이다.
(4) CSD 조립장치는 입력이 2,800~9,000rpm일 때 출력이 6,000rpm을 내게 되어 있다. engine 속도에 의해 정해지는 입력이 6,000rpm보다 작다면, 규정된 출력을 내기 위하여 CSD는 속도를 증가시킨다.
(5) 이렇게 속도를 올리는 것을 과 운전(over drive)이라고 한다. 과 운전 상태란 자동차 엔진의 경우 60mph의 속도에서도 45mph로 달리는 보통 주행 시와 같은 속도로 엔진이 회전하는 것이다.
(6) 항공기에서도 같은 원리와 같은 방법으로 적용된다. CSD는 항공기의 순항 시나 이륙 시의 rpm, 즉 엔진 Idle rpm보다 약간 높은 값의 주파수를 교류발전기에서 만들어 내게 한다.
(7) CSD로 들어가는 입력이 6,000rpm이라면 나오는 속도도 같을 것이다. 이는 직 회전(straight drive)이라 하며 자동차의 high gear와 마찬가지로 비교될 수 있다.
(8) 그러나 입력 속도가 6,000rpm보다 크면 출력을 6,000rpm으로 만들기 위해서 속도를 줄여야 한다.
(9) 이를 under drive라고 하는데, 이는 자동차의 low gear와 비교할 수 있다.
⑩ 엔진 RPM이 크기 때문에 원하는 교류발전기의 속도를 내기 위해서는 큰 입력이 감속된다. CSD에 의한 조성의 결과로 출력 주파수는 무부하 시 420cps에서 최대 부하일 때 400cps까지 변한다.
⑪ 교류 전원 방식에서는 교류발전기를 일정한 속도로 구동시키기 위해 엔진과 발전기의 중간에 정속구동장치(constant speed drive)가 설치되어 있다.
　① 정속구동장치는 엔진의 회전수가 변해도 발전기를 규정된 회전수로 구동시키는 장치로서 발전기의 주파수를 400Hz로 유지시킨다.
　② 발전기의 출력 전압은 3상 neutral point ground(중성점 접지식) 115/200V이고, 항공기에 400Hz를 사용하는 것은 전기기계나 변압기 등을 만들 때 철심이나 구리선 등이 일반 전원의 1/6~1/8 inch 정도면 되고 중량도 가볍기 때문이다.

③ 보잉 747항공기의 엔진에는 CSD를 매개로 brushless 공냉 60KVA인 발전기를 1대씩 모두 4대를 갖추고 단독 운전, 병렬운전이 가능하며 또한, A.C Bus에 electrical power 공급이 이루어진다.

④ integrated drive generator(구동장치 내장형 교류발전기)
  ㉮ 지금까지는 교류발전기를 일정한 속도로 구동시키기 위해 엔진과 발전기의 중간에 CSD(정속 구동 장치)가 사용된다.
  ㉯ 보잉 747-400항공기 등에서는 정속구동장치가 하나로 되어 있으며 integrated drive generator(IDG) type 교류발전기가 사용되어지며, 이것은 중량경감과 신뢰성 향상을 꾀한 것으로 앞으로는 이 발전기가 주류를 이루게 될 것이다.

26.1.3 윤활유 보충작업

1) D.C Motor
  ① 지시가 있을 때에만 윤활유를 공급한다.
  ② 현대 항공기의 motor의 대부분은 완전분해 점검까지는 윤활유 공급을 하지 않아도 되도록 되어있다.
  ③ 지시서에 따라 motor에 의해 구동되는 기계부분을 점검하고 윤활유를 공급한다.

2) A.C Motor
  ① 교류 Motor의 분해 및 수리는 매우 간단하다. bearing의 윤활유는 주어야 되는 것과 주지 않아도 되는 것이 있다.
  ② 밀폐형이라면 생산할 때 윤활유가 미리 들어가 있어 그 후에는 윤활유가 필요하지 않다. 주의 할 것은 coil에 기름이 묻지 않도록 해야 한다. 온도는 단 하나의 동작 한계조건이 된다.
  ③ 가장 좋은 방법은 손으로 만지지 못할 정도면 안전도를 넘었다는 것으로 알면 된다. 온도 이외에 소리가 중요한 고장 발견의 지침이 된다.
  ④ 적당한 운전이라면 "웅~"하는 소리만 들리지만 과부하가 걸리면 덜덜거린다.
  ⑤ 3상 Motor에서는 한 coil이 끊어지면 회전이 늦어지고 소리가 커진다. 쿵쿵거리면 전기자 coil이 끊어졌거나 회전축이 정 가운데 위치하지 않았거나 bearing이 닳은 것이다.
  ⑥ 모든 교류 motor의 분해 및 수리는 제작회사의 지시에 따라야 한다.

3) 구동장치 내장형 교류발전기(IDG, Integrated Drive Generator)
  일반적으로 교류발전기를 일정한 속도로 구동시키기 위해 엔진과 발전기의 중간에 CSD가 사용되었다. 최근에는 CSD와 발전기가 하나로 되어 있는 Integrated Drive Generator Type 교류발전기가 사용되는데, 중량경감과 신뢰성이 향상되어 사용이 점차 확대되고 있는 추세이다. 윤활유 보충 작업은 다음과 같이 실시한다.
  ① IDG에 oil을 보급하기 전에 압력을 제거한다.
  ② IDG의 overflow coupling cover를 장탈한다.
  ③ container에 drain hose를 넣어라.

④ 약간의 oil을 사용하여 adapter와 oil drain horse를 연결하라.
⑤ 눈 보호 장구 및 장갑을 착용하고 hot oil로 인한 손상에 주의하며 oil을 drain 한다.
⑥ drain plug를 장탈 후 packing을 제거한다.
⑦ scavenge filter를 교환하다(이때 dry motoring이나 oil servicing하지 않아야 한다).
⑧ 보급하는 oil의 색과 같을 때까지 oil을 약 1~1.5gallon(4~6L)보급한다.
⑨ new packing으로 교환 후 drain plug을 장착한다.

26.2 배터리 취급

26.2.1 배터리 용액 점검 및 보충 작업

1) 배터리 검사(Battery Maintenance)

배터리 검사절차와 정비절차는 화학공학의 유형과 물리적구성의 종류에 따라 변한다. 항상 배터리 제조사 인가절차를 따른다.

① 배터리의 수명과 나이를 판정하기 위해, 배터리에서 배터리의 장착일자를 기록한다. 배터리 정상점검 시에 배터리 나이는 항공기정비일지 또는 작업장정비일지에 상세히 기록되어야 한다.

② 황산납배터리 활력의 상태는 배기식 배터리의 경우에 지속적인 정기점검에 의해, 온도와 같은 환경요인에 의해, 그리고 배선과 커넥터의 부식 또는 분말염의 축적에 의한 흔적과 같은 검사에서 관찰된 전해액 누출에 의해 판정된다. 만약 배터리가 외부누출의 흔적 없이, 재보급을 필요로 한다면, 배터리, 배터리충전장치의 상태 불량이나 과충전 상황을 나타낼 수 있다.

③ 전해액의 무게와 맑은 물의 무게를 비교하는 황산납배터리 전해액의 비중을 결정하기 위해, 액체비중계를 사용한다. 전해액이 뽑아내어졌던 곳의 셀로 되돌아갔는지를 확인한다. 0.050 이상의 비중 차이가 배터리의 셀 사이에 존재한다면 배터리는 유효수명이 거의 다 됨을 의미하며 교체를 고려하여야 한다. 전해액 높이는 증류수의 보충으로 조정되며 전해액은 보충하지 않는다.

④ 배터리 충전상태는 배터리를 충전하기와 방전하기의 누적효과에 의해 결정된다. 정상 전기충전시스템에서, 항공기 발전기 또는 교류기는 60~90분의 비행 시 완전충전하여 배터리를 복원시킨다.

⑤ 적절한 기계적 무결성은 어떤 물리적 손상의 유무뿐만 아니라 하드웨어의 정확한 장착과 배터리가 적절한 연결이 되었을 때 보증된다. 필요한 경우, 배터리와 배터리격실 통기장치 튜브, 니플(nipple), 그리고 부착물은 폭발가스의 잠재적 축적을 방지하는 수단을 마련하고, 그리고 주기적으로 그들이 안전하게 연결되었는지, 정비교범의 장착절차에 따라 올바른 방향에 놓였는지를 확인하기 위해 점검되어야 한다. 항상 배터리 시스템이 명시된 성능을 발휘하는 능력을 제공할 수 있도록 특정 항공기와 배터리 시스템에 대하여 정해진 절차를 따른다.

2) 배터리와 충전기 특성(Battery and Charger Characteristics)

그림 26-8과 같이, 정보는 일반적인 항공기 배터리와 배터리충전기 유형의 특성으로 사용자가 숙지할 수 있도록 제공된다. 제품은 기술의 서로 다른 적용으로 인하여 설명과 다를 수 있다. 특정 성능자료에 대해서는 제조사에 문의하라.

▲ 그림 26-8 battery charger

(1) 황산납 배터리(Lead-acid Batteries)

① 배기식 황산납 배터리(lead-acid vented battery)는 두 가지 볼트(volt)의 공칭셀전압(nominal cell voltage)을 갖고 있다. 배터리는 개개의 셀을 떼어놓을 수 없도록 조립된다. 정상점검에서 과충전으로 인한 물손실을 대체하기 위해 물의 보충이 필요할 때가 있다. 완전히 충전된 배터리는 재충전을 할 수 없다. 밀봉식 황산납 배터리는 배기식 황산납 배터리와 거의 유사하지만, 물 보충을 필요로 하지 않는다.

> **NOTE** 정확히 점검되지 않는 한 충전기에 황산납배터리를 절대로 연결하지 않는다.

② 황산납 배터리는 경제적이고 광범위하게 적용되지만, 다른 유형의 동등한 성능 배터리에 비해 무겁다. 황산납 배터리는 높은 방전율과 저온에서도 높은 성능을 가진다. 일정시간 동안 높은 방전율을 유지하면 일반적으로 배터리가 단락되어, 셀 판을 휘게 한다. 배터리의 전해액은 적당한 비중을 갖고 있고, 충전상태는 액체비중계로 점검할 수 있다.

③ 황산납 배터리는 보통 조절된 직류전압원에 의해 충전된다. 이것이 재충전의 초기 부분에서 충전이 최대로 축적되게 한다.

(2) 니켈카드뮴 배터리(NiCd Batteries)

① 배기식 니켈카드뮴 배터리는 1.2V 공칭셀 전압을 갖고 있다. 때때로 증류수의 첨가는 정상사용 중 과충전으로 인한 물손실을 대체하기 위해 요구된다.

② 고장은 보통 셀이 단락되거나 약화된 경우에 발생한다. 셀을 교체하게 되면, 배터리의 수명은 5년 이상 연장될 수 있다. 완전방전은 이런 유형의 배터리에 해가 되지 않는다.

③ 밀봉식 니켈카드뮴 배터리는 대부분 배기식 니켈카드뮴 배터리와 유사하지만, 대개 물의 보충을 필요로 하지 않는다. 0V로 배터리의 완전 방전은 1개의 이상의 셀에 비가역적 손상을 일으킬 수 있고, 저용량의 결과로 결국 배터리 고장으로 이어진다.

④ 니켈카드뮴 배터리의 충전상태는 수산화칼륨 전해액의 비중 측정으로 알 수 없다. 전해액 비중은 충전상태에서 변화하지 않는다. 니켈카드뮴 배터리의 충전상태를 결정하기 위한 정확한 방법은 오직 니켈카드뮴 배터리 충전기와 제작사 사용법설명서를 따르는 방전에 의해 측정된다. 배터리가 완전 충전되고 2시간 이상 기다린 후, 필요하다면 증류수 또는 탈염수를 사용하여 유체면(fluid level)을 조정한다.

⑤ 유체면은 충전상태에서 변하기 때문에 배터리가 항공기에 장착되었을 때는 물을 절대로 보충하지 않아야 한다. 배터리의 과도한 충전은 충전중 전해액 분출의 원인이 된다. 이것은 셀 연결부의 부식, 배터리의 자체방전, 전해액 농도의 희석, 셀 배출구의 막힘, 그리고 우발적인 셀 파열의 원인이 된다.

⑥ 니켈카드뮴 셀 전압이 부온도계수를 갖기 때문에 정전류 배터리 충전기는 일반적으로 니켈카드뮴 배터리를 위해 제공된다. 정전압 충전원인 니켈카드뮴 배터리에 단락된 셀이 존재하면, 항공기에서 배터리 파괴와 과도한 충전으로 인한 과열, 열폭주 등을 일으킬 수 있다. 펄스 전류(pulsed-current) 배터리 충전기는 때때로 니켈카드뮴 배터리를 위해 제공되기도 한다.

CAUTION 시험과 정비 시에 배터리에 대한 적절한 충전절차를 사용하는 것은 중요하다. 회복순환(reconditioning cycle)과 충전순환(charging cycle)을 위한 이 충전체제(charging regime)는 항공기 제작사에 의해 한정되며 반드시 준수하여야 한다.

3) 항공기 배터리 검사(Aircraft Battery Inspection)

항공기 배터리 검사는 다음 항목으로 이루어진다.

① 배터리 상태와 안전을 위해 배터리 썸프자(sump jar)와 라인(line)을 검사한다.
② 부식(corrosion), 점식(pitting), 전호(arcing), 그리고 불탄 흔적(burn)에 대해 배터리 단자와 신속분리플러그 그리고 핀(pin)을 검사한다. 필요 시 깨끗하게 한다.
③ 제한, 품질저하, 그리고 안전을 위해 배터리 배수관과 통풍관을 검사한다.
④ 정기 비행 전 검사절차와 비행 후 검사절차는 물리적 손상, 풀린 접속, 그리고 전해액 상실의 흔적에 대한 관찰을 포함시켜야 한다.

4) 환기장치(Ventilation Systems)

① 현대의 비행기는 배터리 환기장치를 갖추고 있다. 환기장치는 화재위험을 줄이기 위해 기체 부분에 손상을 배제시키기 위해 배터리로부터 가스와 산성연무를 제거한다. 공기는 통풍관을 통해 비행기 외부에 공기흡입구로부터 배터리케이스의 내부로 운반된다.
② 공기, 배터리 가스, 산성연무는 배터리의 맨 위를 통과한 후 다른 튜브를 통과하여 배터리 썸프(sump)로 운반된다.

③ 이 썸프는 최소 1pint 용량의 유리병 또는 플라스틱 통이다. 병에는 물과 5%의 중탄산나트륨의 용액으로 포화된 약 1 inch 두께의 펠트 패드(felt pad)가 있다. 썸프로 연무를 운반하는 튜브는 Felt Pad의 약 1/4 정도까지 병 안으로 이어진다.
④ overboard discharge tube는 썸프병의 위에서 비행기 바깥 지점까지 이어진다. 이 튜브의 출구는 비행기가 운항중에 있을 때는 언제나 튜브에 부압(negative pressure)이 있도록 설계되어 있다.
⑤ 이것은 썸프에서 배터리의 상부를 거쳐 비행기 바깥쪽으로 연속적인 공기의 흐름을 확보하는 데 도움이 된다.
⑥ 썸프 안으로 들어가는 산성연무는 수산화나트륨용액의 작용으로 중화되며, 항공기 금속외판의 부식과 직물면(fabric surface)의 손상을 방지한다.

5) 장착 연습(Installation Practices)
① 외부 표면 : 항공기에 장착 이전에 배터리의 외부 표면을 깨끗하게 한다.
② 황산납 배터리 교체 : 황산납 배터리를 니켈카드뮴 배터리로 교체할 때, 배터리 온도감시장치 또는 전류감시장치를 장착한다. 배터리 박스 또는 배터리 격실을 중화시키고 물로 완전히 세척하고 건조시킨다. 비행매뉴얼 부록에도 니켈카드뮴 배터리 장착에 대해 명문화되어 있어야 한다. 산잔기(acid residue)는 알칼리성의 것이 황산납 배터리에서 하는 것처럼, 니켈카드뮴 배터리의 적절한 작용에 유해할 수 있다.
③ 배터리 환기 : 배터리 연무와 가스는 폭발성혼합물 또는 오염된 격실의 원인이 되고 적절한 환기로 분산되어야 한다. 환기장치는 가끔 배터리 케이스를 통해 신선한 공기로 세척하거나 안전한 외기방출지점으로 분출하도록 램압력(ram pressure)을 이용한다. 배기장치 차동압력은 항상 양의 수치여야 하며 권고된 최소값과 최대값 사이를 유지해야 한다. 라인(line) 설치는 자유로운 기류가 갇히거나 방해하는 배터리 범람유동체 또는 응축이 없도록 한다.
④ 배터리 섬프자(Battery Sump Jar) : 배터리 섬프자의 장착은 배터리 전해액 범람을 처리하기 위해 환기장치에 합체되게 한다. 섬프자는 적절히 설계되어야 하며 적당한 중화제를 사용해야 한다. 섬프자는 오직 배터리 환기장치의 배출측에 위치되어야 한다.
⑤ 배터리 장착 : 항공기에 배터리를 장착할 때, 배터리 단자의 부주의한 단락을 방지하기 위해 조심하도록 한다. 프레임, 외피와 다른 서브시스템, 항공전자기기, 전선, 연료 등과 같은 항공기 구조물에 중대한 손상은 전기에너지의 높은 방전에 달려 있다. 이 상황은 대부분 장착하는 동안 단자기둥(terminal posts)을 절연시켜 피할 수 있다. 배터리를 제거하기 위해 우선 접지도선(grounding lead)을 분리하고, 그다음 양극도선(positive lead)을 분리한다. 장착 시 배터리의 전극의 단락 위험성을 최소화하기 위해 배터리의 접지도선을 마지막으로 연결한다.
⑥ 배터리 죔쇠장치(Battery Hold Down Device) : 배터리 죔쇠장치가 단단한지 확인하라. 그러나 배터리의 내부단락의 원인이 되는 배터리를 뒤틀리게 하는 초과압력이 가해지도록 너무 단단히 조여서는 안 된다.

⑦ 신속분리형 배터리 : 만약 배터리 도선의 교차를 막는 신속분리형(quick-disconnect type) 배터리 커넥터(battery connector)를 사용하지 않았다면, 항공기 배선이 적당한 배터리 단자에 연결되었는지 확인한다. 전기시스템에서 극의 뒤바뀜은 배터리와 다른 전기부품에 심각한 피해를 입힐 수 있다. 배터리 케이블 접속이 전호와 고저항 접속 방지를 위해 단단히 연결되었는지 확인한다.

6) 고장탐구(Troubleshooting)

표 26-1에서는 고장탐구 도표를 보여준다.

▼ 표 26-1 니켈 카드뮴 배터리 고장탐구

결함	가능요인	수정작업
cell 간 connector 또는 배터리 connector 변색 또는 그을림	연결부의 이물질 느슨한 연결 부적절한 부품의 접촉	부품세척 : 필요 시 교환 해당 torque 값을 사용한 하드웨어의 조임 부품들의 적절한 접촉 여부 점검
배터리 케이스 또는 커버의 변형	다음의 원인에 의한 파열 - 건조한 cell - 충전장치 결함 - 고압충전 - vent cap의 막힘 - cell 간 connector의 느슨함	배터리 방전 및 분해 손상 부품의 교환과 수리
명백한 용량 감소	항공기에서 전위차에 의해 지속 충전 시 아주 일반적임 온도, 충전율, 자체방전율 등의 차이로 인한 cell 간의 불균형을 일반적으로 지시한다.	이러한 상태의 해소가 배터리 용량 회복
	전해액의 수준이 너무 낮음 배터리 불완전충전	충전, 전해액 수준 조절, 항공기 볼트 조절기 점검, 괜찮으면 점검주기 감소
작동 완전 불능	단선, 계전기 작동 불능, 부적절한 리셉터클 연결과 같은 배터리가 장착된 장비회로의 불완전한 연결	외부회로의 점검 및 수정
	배터리 터미널 커넥터의 느슨함 또는 불완전한 cell 간 연결	세척과 적절한 토크값을 사용한 하드웨어 조임
	circuit 분리 또는 cell의 건조	결함 cell 교환

▼ 표 26-1 (계속)

결함	가능요인	수정작업
전해액의 과도한 분출	고압충전 고온충전 전해액 과보급	배터리 세척, 충전 그리고 전해액 수준 조절
	밴트캡 손상 또는 풀림	배터리 세척, 밴트캡의 조임 또는 교환과 전해액 조절
	cell과 seal 손상	모든 cell을 0볼트로 방전, 배터리 세척, 결함 cell 교환 후 충전과 전해액을 조절
충전 후 하나 이상의 셀이 요구전압인 1.55볼트 승압 실패	완전충전 불가 셀로판 분리기 손상	방전 후 재충전, 만약 cell이 계속 1.55볼트로 승압되지 않거나 승압된 후 떨어진다면 cell을 분리하여 교환하라
셀 케이스와 커버의 변형	과충전, 과방전, 또는 내부단락으로 인한 cell 과열	배터리 방전 후 분해하여 결함 cell 교환후 재충전
	밴트캡 막힘 배터리 과열	밴트캡 교환 변압 조절기 점검 : 배터리 방전 후 분해하여 케이스와 커버 그리고 결함 부품 교환
cell 케이스 내부에 외부물질	산성으로 오염되거나 불순물이 썩인 물의 첨가를 통해 유입	배터리 방전 후 분해하여 결함 cell 교환 후 재충전
빈번한 수분의 생성	cell 균형 불량	배터리 수리
	"O"링 또는 밴트캡 손상	손상부품 교환
	cell 누액	배터리 방전 후 분해하여 결함 Cell 교환 후 재충전
	과충전	전압 조절기 조절
하드웨어 상부의 부식	산성 배출 또는 외부의 부식환경	부품교환, 배터리가 청결하게 보관되고 부식환경에서 멀리 보관되어야 한다.

26.3 비상등

26.3.1 비상등의 종류 및 위치

1) Emergency Light

   항공기에는 보통 출입구 외에 비상 탈출구가 설치되어 있다. 이 출입구 및 탈출구의 위치는 exit sign으로 표시된다.

2) Ceiling & Entryway Emergency Light

   emergency exit path를 따라 항공기에서 탈출할 때 crew와 승객에게 통로를 조명해 준다.

3) Door-Mounted(Slide) Emergency Light

   각 passenger compartment door의 안쪽에 장착되어 있으며 door를 open했을 때 emergency evacuation slide area를 조명한다.

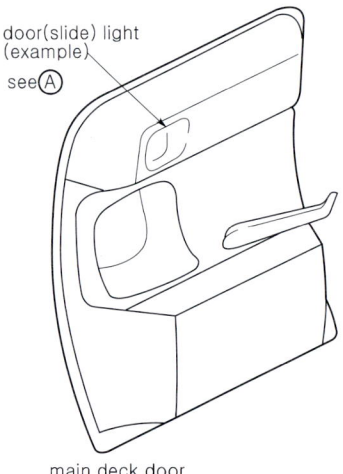

▲ 그림 26-9 door-mounted(slide) emergency light

4) Over-Wing Emergency Light

   emergency condition 시 over-wing exit path를 조명한다.

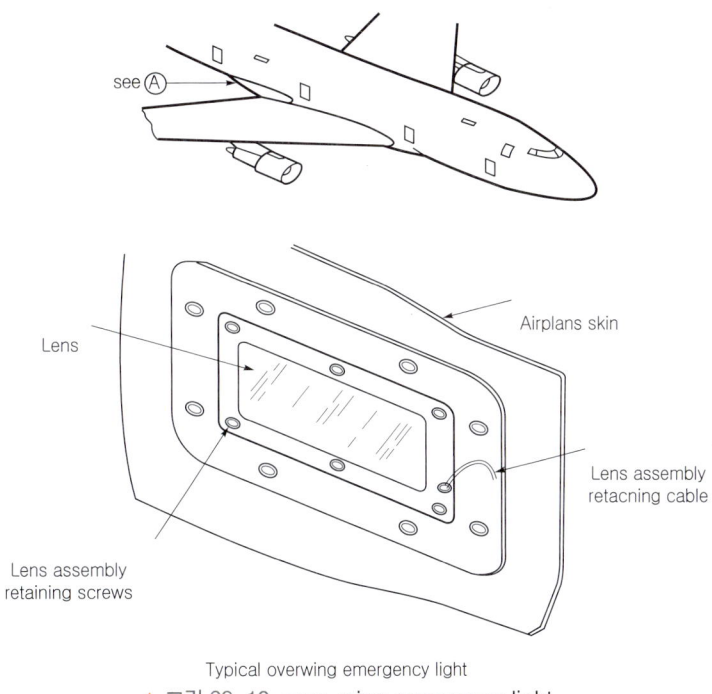

▲ 그림 26-10 over-wing emergency light

5) Door Frame Mounted Light

항공기 door frame의 top에 장착되어 door sill을 조명한다.

6) Exit Sign

각 door 상부 또는 근처, 통로 위의 천장 등에 장착되어 emergency egress path를 알려 준다.

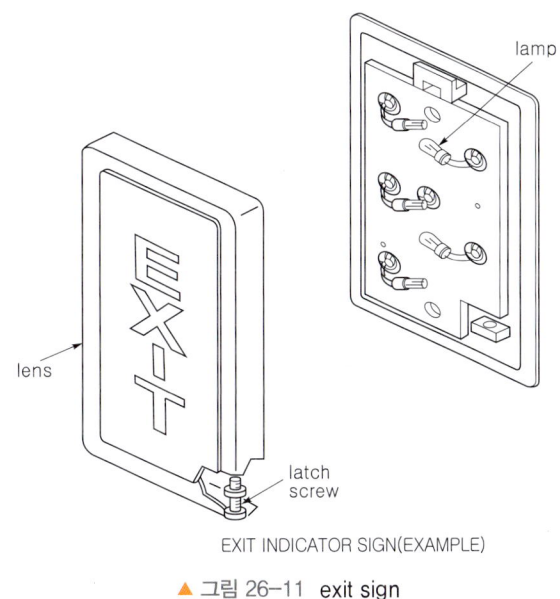

▲ 그림 26-11 exit sign

7) Floor Proximity Light

floor proximity light는 main upper deck aisles를 따라 floor track에 장착된 aisle locator, stairway를 따라 장착된 exit locator light, 각 door 근처에 장착된 exit indicator로 구성되어 있다.

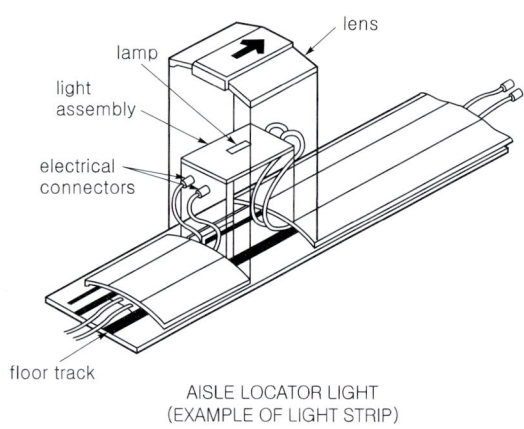

▲ 그림 26-12 floor proximity light

SECTION 27 전자계기계통

항공정비사

27.1 전자계기류 취급

27.1.1 전자계기류 종류(Type)

27.1.1.1 전자식 계기 소개
전자식 계기계통은 미국 보잉사 제작 비행기 계통과 유럽 에어버스사 제작 비행기 계통과의 기능은 동일하거나 비슷한데 용어 및 명칭이 다르다.

1) 전자식 계기계통 명명 및 구성

최신 항공기의 첨단 조종실의 기본적인 전자계기계통이든 종합계기계통이든 계기계통은 기본적으로 6개의 화면장치로 구성이 되어 있고, 기본적으로 2명의 조종사가 조종을 할 수 있도록 되어 있다.

① 에어버스사 항공기 - 전자계기계통(EIS, Electronic Instrument System)
   - EIS = EFIS + ECAM
     전자계기계통(EIS)은 전자식 비행계기계통(EFIS) 및 전자식 중앙항공기 감시계통(ECAM)으로 구성

② 보잉사 항공기 - 종합계기계통(IDS, Integrated Display System)
   - IDS = EFIS + EICAS
     여러 아날로그 계기들을 6개의 화면으로 종합했다고 해서 종합계기계통(IDS)이라고 하고 그 후 다른 기종에서는 CDS(B 737), PDS(B 777)이라고 명명

③ 구성은 전자식 비행계기계통(EFIS)과 엔진계기 및 승무원 경고장치(EICAS)로 구성되어 있으며 에어버스사 ECAM과 보잉사의 EICAS는 같은 계기와 기능을 담당하고 있다.

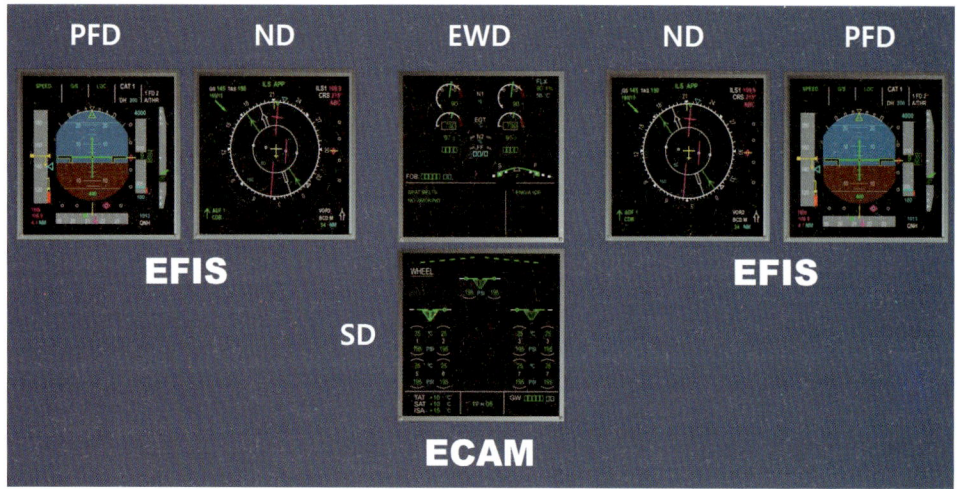

▲ 그림 27-1 에어버스 A330 항공기 EIS(electronic instrument system)

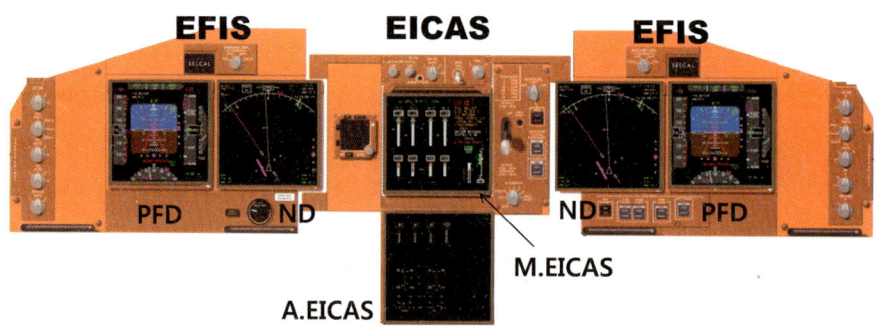

▲ 그림 27-2 보잉 747 항공기 IDS(integrated display system)

2) 세부 계통 구성
   ① EFIS – PFD + ND
   ② ECAM – EWD + SD
   ③ EICAS – Main EICAS + Aux EICAS(or Upper EICAS, Lower EICAS)

3) 용어정리
   ① EFIS – electronic flight instrument system(전자식 비행계기계통)
   ② ECAM – electronic centralized airplane monitoring(전자중앙항공기 감시계통)
     – 에어버스사의 전자중앙항공기 감시계통(ECAM)은 보잉사 항공기의 엔진 & 경고 계기 (EICAS)와 동일
   ③ EICAS – engine indicating and crew alerting system(엔진계기 및 조종사 경고계통)

④ PFD - primary flight display(주(主)비행계기)
  - 전자식 비행계기계통(EFIS)의 주비행계기(PFD)는 기능이나 지시가 양쪽 모두 거의 같다. 대기속도계, 고도계, 승강계, 비행자세계, 방향 지시계, 자동조종모드상태들을 실시간으로 지시한다.
⑤ ND - navigation display(항법계기)
  - 항법계기(ND)는 위성항법, 관성항법, 무선항법 등 관련 항법자료를 4개 모드에 따라 지시하고 있다.
⑥ SD - system display(기타 계통계기 - 여러 계통 지시)
  - SD와 Aux EICAS는 아래 그림 27-3과 같이 2차 엔진 파라미터부터 각각의 계통인 객실 냉난방, 전기, 연료, 작동유 및 공압, 비행조종계통 등 여러 계통 상태를 실시간으로 시놉틱(synoptic : 개요그림) 형태로 보여주는 기능은 같다.
⑦ EWD - engine & warning display(엔진 및 경고 계기)
  - 에어버스사의 엔진 및 경고 계기(EWD)는 보잉사의 Main EICAS와 마찬가지로 주요 엔진 파라미터 그리고 조종사에게 계통 결함상태를 중요 등급에 따라 지시하고 조종사가 취해야 할 안전 조치 사항 등을 지시한다.

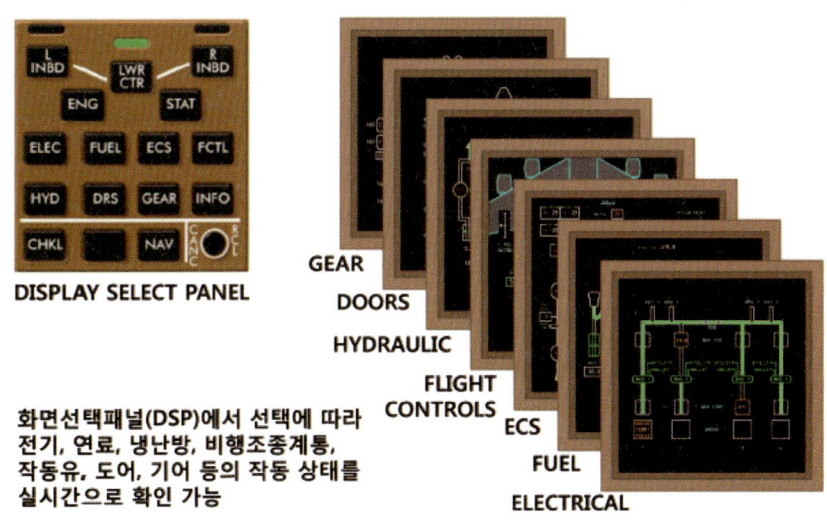

▲ 그림 27-3 보잉 747 항공기 Aux EICAS

⑧ IDS - integrated display system(종합계기계통)
⑨ EIS - electronic instrument system(전자계기계통)

27.1.1.2 전자식 계기 종류
1) 전자식 자세 지시계(Electronic Attitude Director Indicator(EADI))
  ① 전자식 자세 지시계는 자세계와 전기식 자세 지시계의 향상된 변형이다. 항공기의 비행자세

를 지시하는 것 외에도 컴퓨터가 비행지시하는 명령 바가 나타나고 추가하여 다수의 다른 상황의 비행매개변수(flight parameter)를 지시한다.
② 항공기가 계기착륙계통(ILS)으로 착륙 시 자세 지시계기의 명령 바(command bar)가 추가로 지시한다.
③ 자동 조종계통과 항법계통과 같은 작동중인 비행 상태를 지시한다.

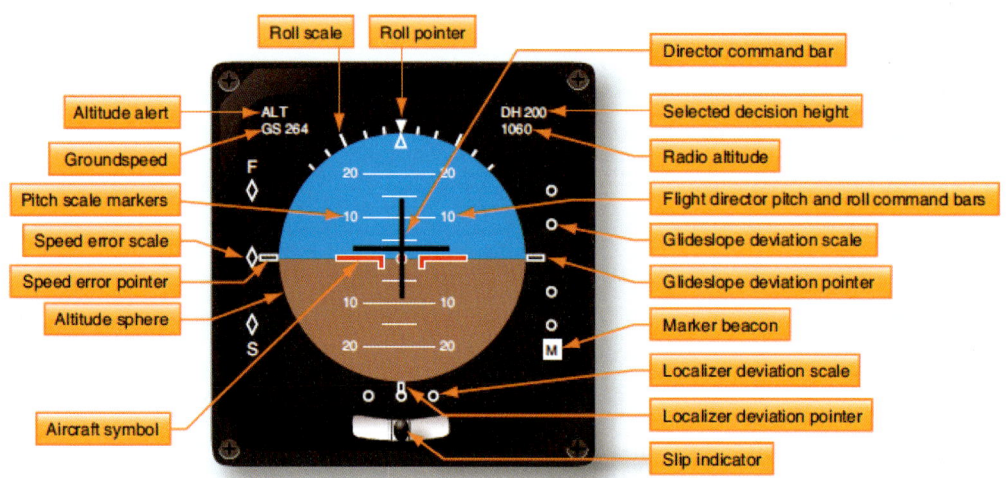

▲ 그림 27-4 **전자식 자세 지시계(EADI)**

④ 전자식 수평 자세 지시계(EHSI, electronic horizontal situation indicator) 가까이에 위치를 잡으면서 비행에 가장 중요한 항공기 비행자세와 비행방향을 지시한다.

2) 전자식 방향 지시계(EHSI, Electronic Horizontal Situation Indicator)
   (1) 전자식 수평 자세 지시계라는 이름으로는 이해하기가 어려워 실제 기능인 방향 지시계인 전자식 자세 지시계로 통용한다.
   (2) 즉, 한 화면에 항공기 기수방향, 비행경로방향 및 관련 항법자료를 기준으로 지시하는데, 결국은 비행 방향을 최종 지시하는 것이다.
   (3) 자이로 방향 지시계(gyroscopic direction indicator) 또는 정침의(DG)에서 태동한 자세 지시계(HSI, horizontal situation indicator)의 발전된 변형이다. 자세 지시계(HSI)는 항공기의 기수 방향(heading)을 지시하는 것 외에도 2개의 서로 다른 항법보조장치(navigational aids) 방위를 지시하는 바늘이 통합되어 있다.
   (4) 이에 전자식 방향 지시계는 자세 지시계보다 더 많은 유용한 항법관련 정보를 지시한다. 그림 27-5의 그림처럼 비행관리컴퓨터(FMC, flight management computer)와 화면표시제어기(CDU, control display unit)와 함께 전자식 방향 지시계는 4가지의 기본 항법지시모드인 비행계획모드(PLAN-mode), 지도모드(MAPmode), VOR모드(VOR - mode), 그리고 계기착륙 모드(ILS-mode - approach mode)별로 자세한 정보를 나타내고 있다.

▲ 그림 27-5 보잉 항공기 IDS(navigation display(ND) modes)

① 비행계획모드(PLAN-mode)는 입력한 비행계획서대로 확정한 비행지도를 보여준다. 이것은 보통 각각의 비행구획(flight segment)과 도착지(destination) 공항(airport)정보뿐만 아니라 설정된 모든 항법보조장비(navigational aids)를 포함해서 지시한다. 대체적으로 전체 비행계획 지도를 볼 수 있고 전체 비행구간중에 현재의 위치를 한눈에 볼 수 있다.

② 지도모드(MAP-mode)는 상세한 이동지도배경(moving map background)에 맞추어 현재 항공기 비행 상태를 보여준다. 활성화 또는 비활성화인 항법보조장비(navigational aids)를 보여줄 뿐만 아니라 다른 공항과 중간지점을 보여준다. 기상레이더(weather radar) 정보를 배경으로 보이도록 선택할 수도 있다. 일부 자세 지시계(HSI)에 공중충돌방지계통(TCAS, traffic alert and collision avoidance system)이 통합되었을 때 항공기 근처교통량(air traffic) 상태를 묘사한다. 표준적인 비행방향지시계와 달리 전자식 자세 지시계(EHSI)는 전체가 아닌 해당되는 윗부분의 계기만을 보여준다.

그림 27-6과 같이, 사용 중인 모드(mode)와 선택한 모드의 특징을 지시하고 있다. 예를 들어 다음 중간지점(waypoint)까지의 거리와 도착시간, 공항표지(airport designator), 풍향과 풍속 등과 같은 다른 적절한 정보를 제공한다. 계통 제작사와 항공기 형식에 따라 약간씩 지시 차이가 나기도 하나 거의 동일하거나 비슷한 정보를 제공한다.

③ 전자식비행방향지시계의 VOR 모드(VOR mode) 지시는 한 비행구획을 지나는 동안 선택한 초단파전방향무선표지(VOR, very high frequency omnidirectional range) 또는 활성 중인 다른 항법시설(navigational station)에 전통적인 초점을 맞추고 있음을 보여주고 있다. 전체 나침도(compass rose - 방향계 계기 눈금판이 360도를 지시하게끔 원형으로 전개), 전통적인 횡편위(lateral deviation) 바늘, 출발지/도착지 정보(to/from information), 비행기수방향(heading), 그리고 거리정보가 기본적으로 지시되고 있다.

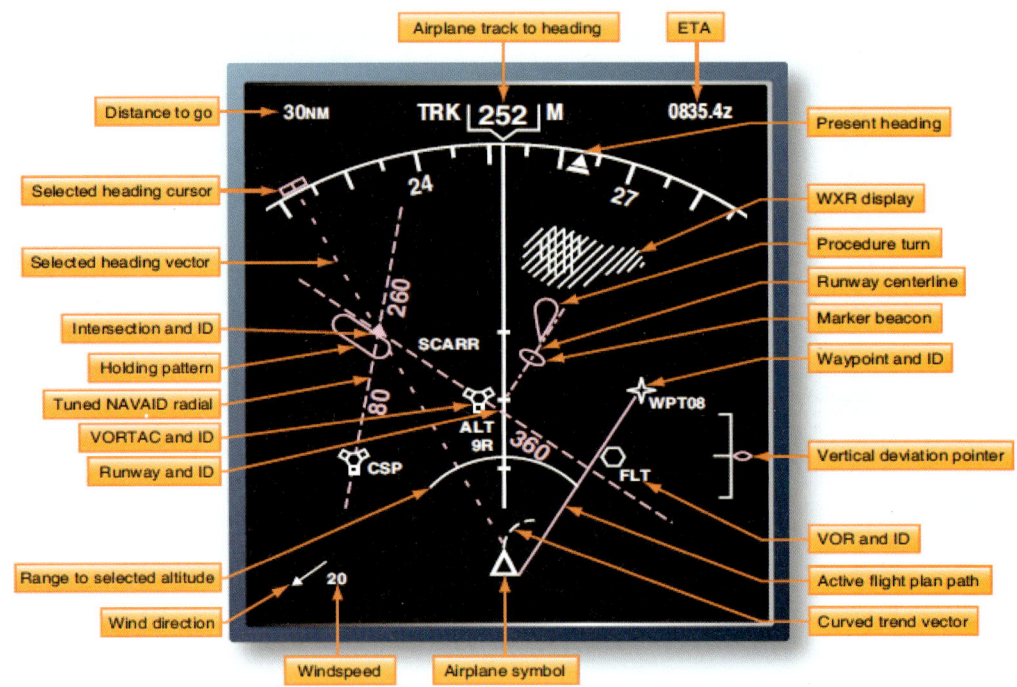

▲ 그림 27-6 EHSI 운항 안내

④ 그림 27-7과 같이, 전자식 자세 지시계의 계기착륙모드(ILS – mode)는 계기착륙장치 진입용 보조설비(approach aids)와 관계하여 항공기가 선택된 활주로에 진입할 때 글라이드 슬롭의 최상의 활공 각(보통 3도) 및 로컬라이저의 활주로 중앙으로의 유도 상태를 동시에 지시한다. 이 정보를 지시함으로써 조종사는 별도의 인쇄된 공항진입정보책자를 참고할 필요 없이 오직 이 계기의 지시를 보고도 정확하고 안전한 착륙에 집중할 수 있다.

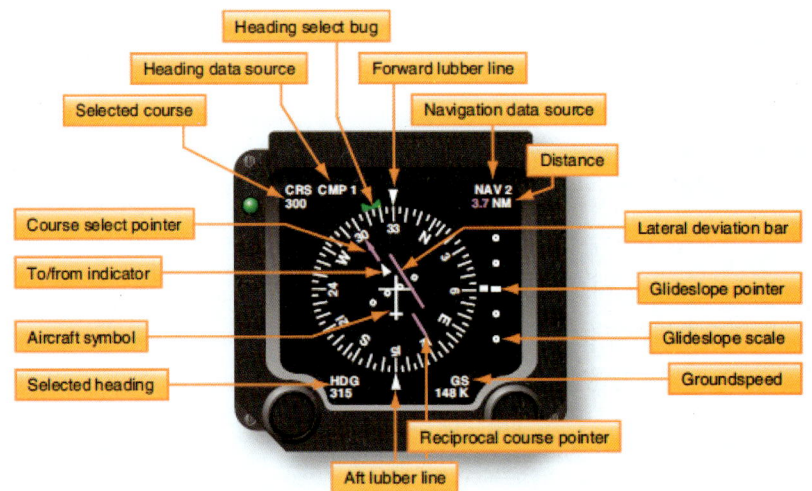

▲ 그림 27-7 EHSI(approach and VOR mode)

27.1.1.3 전자식 비행정보계통(Electronic Flight Information Systems)

1) 최첨단 조종식인 "글래스 칵핏(glass cockpit)"은 액정화면에 여러 계기들을 지시하는 조종석을 의미하는 용어이다. 또한, 개개의 기계식게이지를 대체하는 컴퓨터 연출식 영상(computer-produced image)의 기법 사용을 의미하기도 한다.
2) 인간의 능력을 넘어서 운용되고 있는 항공기의 부분품 및 처리과정을 컴퓨터들과 컴퓨터장치가 대신 감시하여 조종사로 하여금 업무부담의 긴장을 풀어주어 이로서 결국은 안전운항을 하게 한다.
3) 그 외에도 컴퓨터화된 전자식비행계기계통(EFIS)은 추가적인 장점들을 갖고 있다. 이계통은 반도체 부분품 사용으로 신뢰도가 훨씬 향상되었다. 또한 마이크로프로세서(microprocessors), 데이터버스(data bus)와 액정화면(LCD)의 채택으로 공간이 생기고 무게를 절감시키고 있다.
4) 전자식 비행계기계통(EFIS, Electronic Flight Instrument System)
   ① 비행계기가 최초로 컴퓨터기술을 채택하여 다기능표시가 가능한 평면 화면(MFD, multi-functional display)을 활용하였다.
   ② 이 말은 한 화면에 한 가지 계통만을 지시하는 것이 아니라 선택에 따라서 여러 계통의 화면을 지시한다는 것이다. 아래 그림 27-8을 보면 전자식 비행계기계통(EFIS)은 계기판 배열 기준이 되는 티(Basic T)자 배열에서 중앙에 있는 2개의 화면장치(DU)를 작동시키기 위해 각자의 전용 신호발생기(SGU, signal generator unit : 컴퓨터의 그래픽카드와 같은 역할 담당)가 작동한다.
   ③ 기계전기식인 비행 자세계와 정침의인 자세 지시계 대신 전자식 자세지시계와 자세 지시계를 지시하기 위해 최초로 음극선관(CRT)이 사용되었다. 이렇게 향상된 계기는 아직은 기계식 및 전기식으로 제한된 통합방식으로 작동되었다. 그래도 아직 항법정보 통합결과와 많은 계기들을 주시해야 하는 조종사 업무량 감소로 비행안전이 향상됨으로써 전자식 자세지시계(EADI)와 전자식 자세 지시계(EHSI) 기술은 아주 매력 있는 것이다.

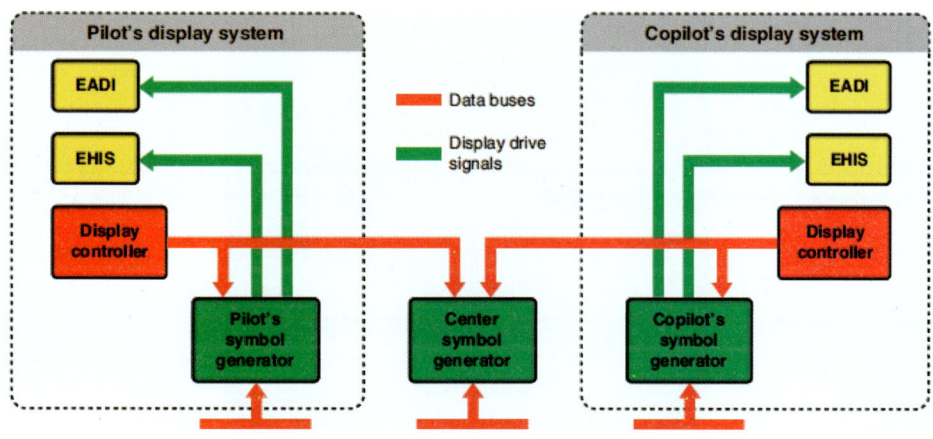

▲ 그림 27-8 전자식 비행계기계통(EFIS)

④ 그림 27-9에서 보듯이 초기 전자식 비행계기계통(EFIS)은 아날로그기술로 이루어졌지만 그 후 새로운 모델은 디지털기술로 이루어졌다. 신호발생기(SGU)가 비행자세 및 항법장비로부터 정보를 받아서 처리한다. 화면표시제어기(display controller)를 통해서 조종사는 여러 가지의 모드(mode) 또는 보고자 하는 화면과 특별정보를 선택할 수 있다. 주조종사 및 부조종사 전용의 신호발생기계통이 준비되어 있고 세 번째 보조신호발생기(backup symbol generator)는 비상용으로 2개의 신호발생기 중 1개가 고장이 났을 경우 대체용으로 이용할 수 있도록 설계된 것이다.

⑤ 그림 27-9의 비행자세 지시계(ADI)와 자세 지시계(HSI) 정보의 전자식 묘사(electronic depiction)는 전자식 비행계기계통의 핵심이다. 이와 같이 기존 아날로그 계기를 훨씬 뛰어넘게 커진 크기와 표시능력은 더 많은 비행계기자료의 통합을 가능하게 하였다. 항공기 대기속도계가 수직막대형으로 비행 자세계 좌측에서 지시하는 것은 아날로그 기본 티 배열에 자세계 및 속도계 배치와 같다. 마찬가지로 비행 자세계 오른쪽에는 항공기 비행 고도계와 승강계가 배치되어 지시하고 있다. 대부분 전자비행계기계통인 전자자세지시계(EADI) 화면표시는 보통 선회지시계(turn coordinator)의 부분인 경사계(inclinometer)를 포함하기 때문에, 기본적인 전체 비행계기들은 모두 전자식 비행계기계통(EFIS) 화면표시기에서 지시하고 있다.

⑥ 상기 전자식 비행계기계통 화면의 내용을 잠깐 확인해보면 상부에 작동중인 자동조종모드(Lnav. Vnav)가 표시되고 있고 좌측부터 보면 대기 속도계가 279노트(knot) 및 마하계가 0.708을 지시하고 있으며 비행자세계 및 비행지시계가 수평 상태를 지시하고 있다.

⑦ 바로 우측에 고도계가 현재 2만 8,000피트를 지시하고 고도 기압치는 29.92 inHg로 표준대기압을 선택했고 그 오른쪽에 승강계가 현재 수평상태를 지시하고 있다. 하단에 비행 기수 방향이 40도 방향임을 지시하고 추가로 비행자료관리계통 No.1이 작동중이고 지상보조항법

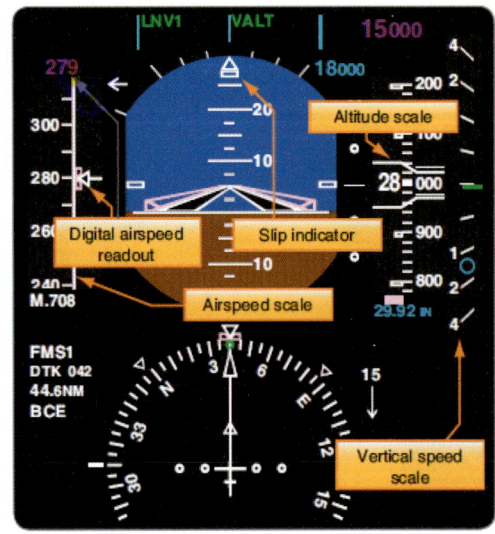

▲ 그림 27-9 EFIS

시설까지 44.6NM 거리를 표기하고 있으며 한 화면에 주요 비행계기들을 통합적으로 지시하고 있다.

5) 전자중앙항공기감시계통(ECAM, Electronic Centralized Aircraft Monitor)
   ① 전자중앙항공기감시계통은 에어버스사(Air Bus) 항공기에서 보잉사 EICAS와 동일하게 사용하는 용어이다. 비행하는 항공기에서 조종사의 주 업무는 비행계기와 항공기의 바깥쪽 상태를 지속적으로 감시하는 것이다.
   ② 추가해서 엔진계통과 다른 항공기계통의 적절한 작동상태를 주의 깊게 관찰하는 것이다. 이를 어느 정도 해결하고 보조하기 위한 전자중앙항공기감시계통(ECAM)이 설계 및 제작 장착되었다.
   ③ 이 계통의 기본적인 개념은 조종사의 감시임무를 대신 자동적으로 실행하는 것이다. 결함이 발생하거나 어떤 문제가 탐지되면 청각적으로 들을 수 있도록 소리를 만들어서 조종사가 들을 수 있도록 하고 조종사 눈에 보이도록 시각적으로 경고등을 켜서 보여주고 엔진 및 경고화면(EWD)에 결함내용을 텍스트 메시지로 표시를 해줄 뿐만 아니라 결함이나 문제 대비 조종사가 취해야 할 조치사항들을 알려주고 그 조치 후 어떤 현상이 발생할 것인지도 알려준다.
   ④ 아래 사진에서 보면 작동유 B 계통 레저버가 과열 결함이 발생(HYD B RSVR OVHT)하였음을 알려주고 조치사항으로는 No.2 엔진 B 펌프(pump)를 off하라는 것이다. 이 계통이 자동적으로 시스템 감시를 수행하므로 조종사는 문제점이 발생할 때까지는 항공기를 조종하는 데 좀 더 자유롭다.
   ⑤ 초기에 에어버스 항공기 A300-600에 장착된 이 계통은 항공기 몇몇 계통을 감시하여 지시하였다.

▲ 그림 27-10 에어버스 330 항공기 엔진 경고 표시(EWD)

⑥ 엔진매개변수(parameter)는 아직까지는 아날로그계기방식으로 조종석에서 계기별로 지시하였다. 물론 후에 향상된 계기는 엔진계기까지 통합하여 지시하였다. 이 지시계통은 작동 중 열이 많이 발생하는 등 신뢰성이 좋지 않은 2개의 음극선관(CRT) 화면을 사용하였지만 최근 항공기에서는 전기소모량이 적고 신뢰성이 좋은 액정화면(LCD)을 사용한다.

⑦ 2개의 화면 중 왼쪽 또는 위쪽 화면은 계통 상태 정보와 결함 경고(warning)를 지시하는데, 이것은 점검표 형식(checklist format)으로 이루어졌다. 오른쪽 또는 아래쪽 화면은 주요계통 감시화면(primary monitor)으로 관련 계통의 시놉틱(synoptic : 계통 작동 상태를 그림으로 묘사)으로 표시한다.

⑧ 전자중앙항공기감시계통(ECAM)은 전용 신호발생기(SGU)에 의해 동력이 공급된다. 항공기 각 계통의 자료는 2개의 비행경고컴퓨터(FWC)로 보낸다. 그리고 아날로그자료는 먼저 계통자료아날로그변환기(SDAC, system data analog converter)로 보내어 디지털로 변환한 뒤 비행경고컴퓨터(FWC)로 보낸다. 이 경고컴퓨터가 수집 및 감시한 결과 자료를 신호발생기에 보내 정보를 처리하여 최종적으로 그림, 메시지 등으로 화면장치에 구현한다.

⑨ 이 계통은 네 가지의 기본적인 지시 모드가 있는데 지시 모드에 따라 지시하는 방식이 다음과 같다. 그 네 가지 모드는 비행단계(flight phase), 충고(advisory), 결함(failure), 수동(manual mode)으로 구성되어 있다.

 ㉮ 비행단계 모드(Flight Phase Mode)
  ㉠ 이 모드가 정상비행을 하면서 비행 모드가 변경될 때마다 내정된 정보(defaulted display)를 지시하는 모드이다. 비행단계(flight phase)는 다음과 같다.
  ㉡ 비행 전(preflight), 이륙(takeoff), 상승(climb), 순항(cruise), 하강(descent), 진입(approach), 그리고 착륙 후(post landing)로 구성되어 있다. 즉, 비행 단계별로 관련된 계통 작동상태를 표시한다. 예를 들어 이륙 단계일 때는 엔진계통이 중요하니 엔진 관련 2차 매개변수 및 관련 정보들을 표시하여 조종사로 하여금 참고하도록 한다.

 ㉯ 충고(advisory) 모드
  ㉠ 어느 계통이 정상상태에서 아직 결함상태까지는 아니더라도 정상에서 벗어나고 있을 때 지시하는 모드이다. 예를 들어 전기 계통의 발전기의 윤활유 온도가 정상에서 조금

▲ 그림 27-11 ECAM 패널

씩 벗어나서 상승하고 있으나 아직 결함상태에 도달하기 전 조종사한테 "현재 전기발전기의 온도가 정상을 벗어나고 있다"라는 충고를 보내면서 계속 주의 깊게 감시하라고 해당 전기 시놉틱 페이지(synoptic page)를 자동으로 표시하도록(pop-out)하여 보여주고 있다.

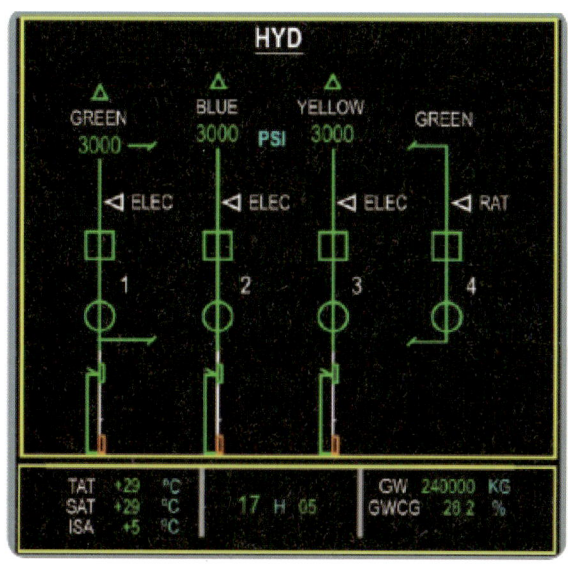

▲ 그림 27-12 유압계통 표시

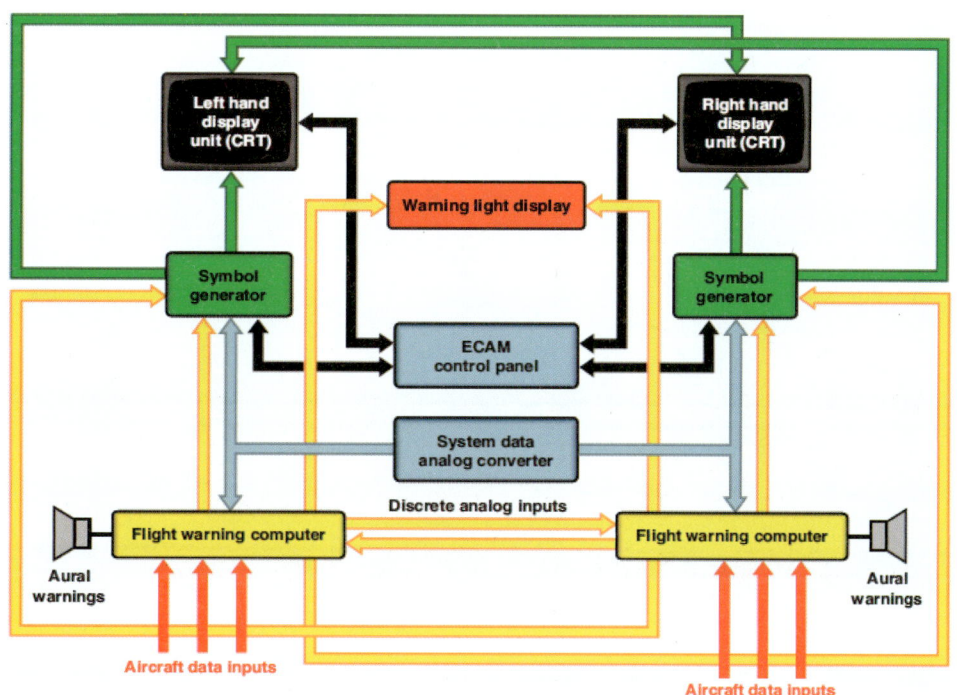

▲ 그림 27-13 전자중앙 항공기 감시계통(ECAM)

㉔ 결함모드(Failure)
   ㉠ 항공기계통에 결함이 발생하면 결함 경고 메시지가 엔진경고계기(EICAS or EWD)에 텍스트로 경고 메시지를 표시하고 관련 계통이 자동으로 표시하면서 결함부위를 시놉틱 페이지(synoptic page)로 관련 계통 구성도(system schematic)를 표시한다. 충고모드와 같이 결함이 발생하면 앞서 어떤 페이지가 선택되어 있더라도 우선 결함관련 화면이 자동으로 나타난다. 이는 또한 결함의 중요도나 긴급성, 그리고 경고, 주의에 따라 색깔별로 부호화(color coding)해서 화면에 나타난다.

㉕ 수동모드(Manual)
   ㉠ 비행 중 확인하고 싶은 계통이 있을 때 화면제어패널(DCP, display control panel)을 통해서 해당 페이지 버튼을 수동으로 작동하게 되면 언제든지 선택된 화면을 표시할 수 있다.
   ㉡ 비행 중 유압계통(HYD)작동 상태를 보고 싶어서 상기 화면제어패널에서 "HYD"라는 버튼을 누르게 되면 계통계기화면(SD)에 유압 계통 화면이 아래와 같이 보여준다.

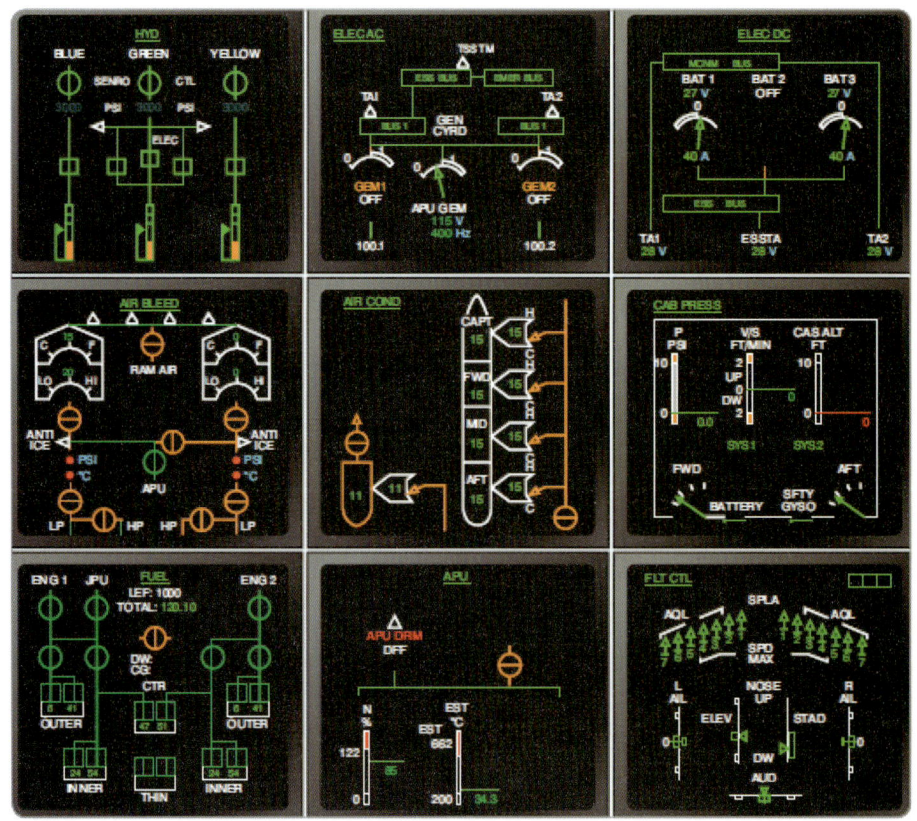

▲ 그림 27-14 전자중앙 항공기 감시계통(ECAM) 수동 모드

⑩ 전자중앙항공기감시계통(ECAM)의 비행경고컴퓨터(FWC) 및 신호발생기(SGU) 등 구성품들은 시험기능이 내장(BITE)되어 있어 처음 엔진을 시동할 때마다 자체시험하고 스스로 계통을 진단한다.

⑪ 정비용 패널에서 정비사는 계통의 결함경고지시 및 계통 작동시험을 실시한다. BITE 원어는 bulit-in test equipment로서 일종의 시험장비가 주요 전자 구성품에 내장되어 있는 것이다. 이것은 자체 컴퓨터자신뿐만 아니라 연결된 항공기의 다른 계통까지도 감시하고 진단하고 시험할 수 있는 장치이다.

⑫ 비행경고 컴퓨터로 들어가는 모든 항공기 계통의 입력들은 이 정비 패널에서 시험될 뿐만 아니라 계통아날로그변환기(SDAC)의 입력과 출력도 모두 시험된다. 어떠한 개별 계통의 결함(system fault)도 경고화면표시기(EWD)에 텍스트메시지로 만들어져 리스트화된다.

⑬ 그림 27-15에서 보여준 것과 같이 비행경고 컴퓨터와 신호발생기의 결함은 상기 정비패널(maintenance panel)에 연결되어 시험이 가능하다. 전자중앙항공기감시(ECAM)와 관련 계통을 시험할 때 자세한 절차나 주의 사항은 제작사교범(manufacturer's guidelines)에 따른다.

6) 엔진계기 및 승무원경고계통(Engine Indicating and Crew Alerting System(EICAS))
① 엔진계기 및 승무원 경보계통(EICAS)은 전자중앙 항공기감시계통(ECAM)과 같은 동일한 기능을 수행한다. ECAM이 에어버스 항공기에서 사용하는 용어이고, EICAS는 보잉사 항공기에서 사용하는 용어로 동일한 기능이다.

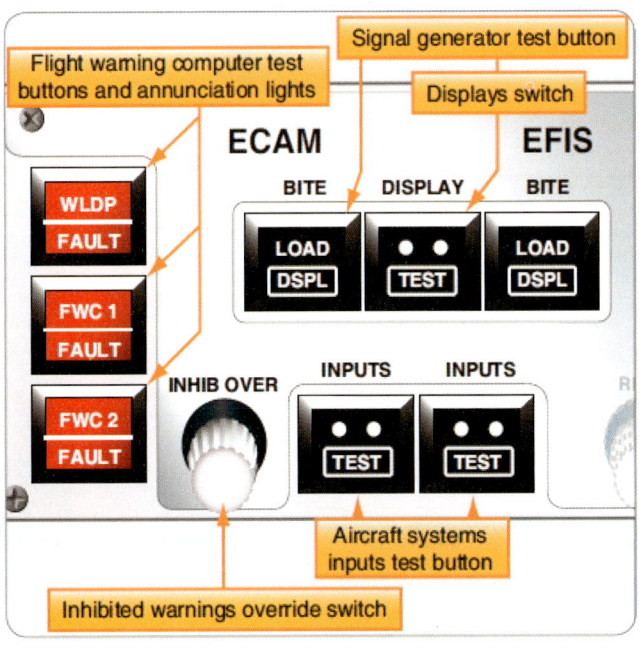

▲ 그림 27-15 ECAM 주 패널

② 목표는 조종사를 위해 여전히 항공기 계통을 감시하는 것이다. 모든 엔진계기 및 승무원경보계통(EICAS)은 엔진의 주요 파라미터, 즉 EPR, EGT, N1 RPM, Fuel Flow 등뿐만 아니라 객실압력 및 냉난방계통, 전기계통, 비행조종계통, 연료계통, 작동유계통의 상태를 시놉틱 그림으로 계통의 개략도로 표시하고 있다. ECAM과 같이 어느 한계통의 결함이 발생하면 자동으로 튀어나와 Aux EICAS 화면에 표시되고 수동으로 제어판넬에서 언제든지 지시하게 하여 화면을 볼 수 있다.

③ 그림 27-16과 같이 엔진계기 및 승무원경보장치(EICAS)는 화면선택패널(DSP, display select panel), 2개의 화면장치(two DU), 2개의 컴퓨터로 구성되어 있다. 2개의 화면장치는 하나의 컴퓨터에서 정보를 받고 나머지 하나의 컴퓨터는 대기용으로 하나가 고장 나서 더 이상 작동을 못할 것을 대비해 추가 설치되었다.

④ 이 계통은 항공기 대부분 계통으로부터 디지털 입력과 아날로그 입력은 끊임없이 받아들여 계속 감시한다. 결함이 발생하거나 정상에서 벗어나고 있으면 중요도 및 긴급도 주요 등급에

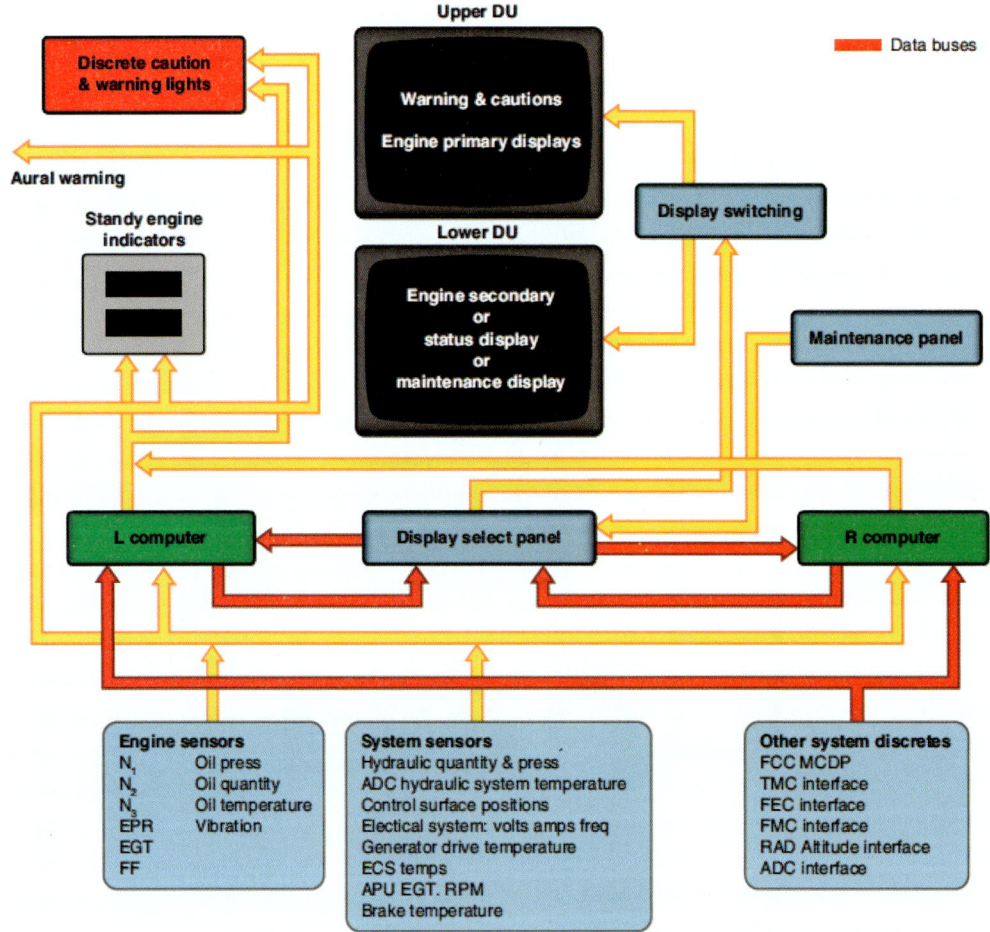

▲ 그림 27-16 엔진계기 및 승무원 경고계통(EICAS) 계통도

따라 주의등(caution light)과 경고등(warning light)뿐만 아니라 조종석 실내 스피커를 통해서 음성가청음(aural tone)까지도 함께 작동하고 조종석 계기판 전면에 경고(warning) 또는 주의(caution) 또는 충고(advisory)에 따라 적색등 또는 황색등을 켜서 조종사로 하여금 주의를 기울이도록 한다.

⑤ 2개의 화면 중 상부에 장착된 엔진계기 및 승무원 정보계통(EICAS)은 주요엔진매개변수(parameter)인 엔진압축비(EPR), 저압축 회전계(N1), 엔진배기가스온도(EGT) 등을 지시한다. 그리고 주의, 충고, 경고 급에 관련된 결함정보를 색깔별로 등급별로 상위에서부터 표시한다. 2차 엔진매개변수와 비엔진계통 상태는 하부화면(bottom screen)에 지시한다.

⑥ 그림 27-17과 같이, 엔진계기 및 승무원 경보장치(EICAS)의 계통과 주요 구성품들은 내부에 내장시험장비(BITE)가 설치되어 있어서 전원을 받자마자 자체 시험 및 상호 연결되어 있는 계통까지도 시험하고 정비 패널(maintenance panel)은 항공기정비사가 지상에서 시험 및 고장탐구를 할 때 사용하도록 준비된 정비용 패널이다.

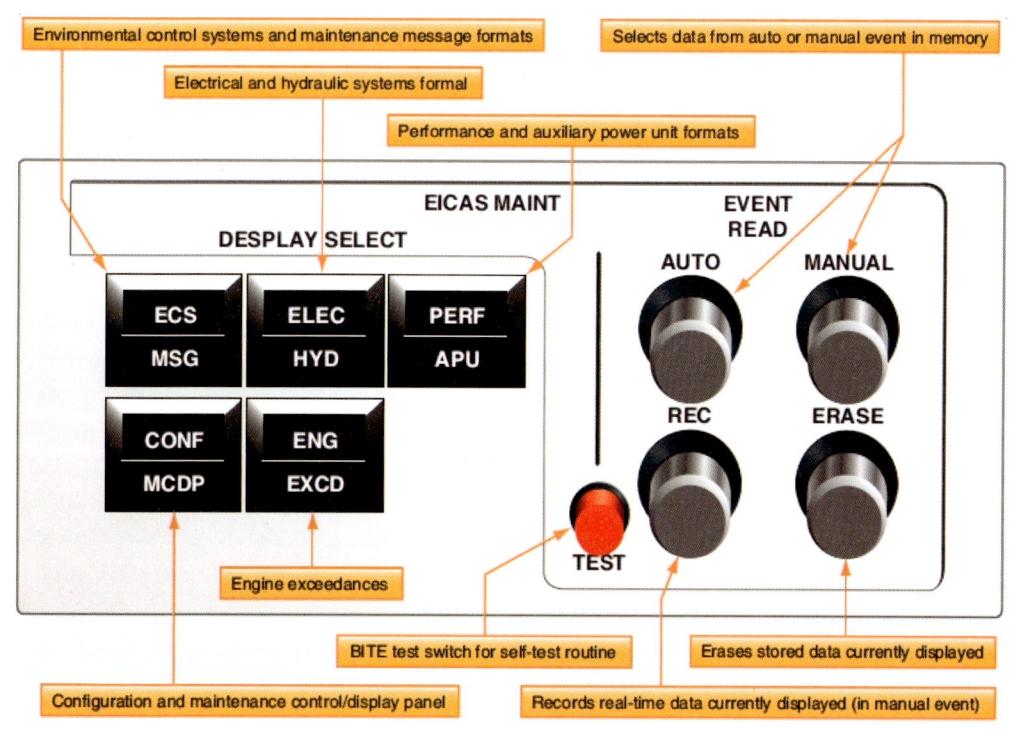

▲ 그림 27-17 EICAS 정비 조종 패널

27.1.1.4 경고 및 주의(Warning and Cautions)

결함에 따라 레벨을 미리 정하여 조종사에게 결함 정보를 주고 조종사가 그 결함에 맞는 조치를 취하도록 도와주는 계통이 비행경고계통이다. 제작사나 항공기 형식에 따라 약간씩 다르지만 이곳에서 에어버스사 A330계열의 계통을 중심으로 소개한다.

결함의 긴급도에 따라 다음과 같이 레벨(level)을 나눈다.

① 레벨 1 - 충고급(advisory)
② 레벨 2 - 주의급(caution)
③ 가장 긴급한 상황인 레벨 3 - 경고급(warning)으로 나눌 수 있다.
결함 정보를 제공하는 방법은 대체적으로 3가지 방법으로 한다.
① 오디오(경고음을 청각적으로)
② 비디오(경고등을 시각적으로)
③ 텍스트 메시지(문장으로)
제공할 때 레벨에 따라 다양한 소리로, 다양한 색깔 라이트(color light) 그리고 텍스트(문장으로)도 색깔별로 구분해서 통보한다. 전통적으로 충고급 결함과 주의급 결함은 황색으로 그리고, 경고급 결함은 적색으로 표식을 한다. 다음 레벨별로 간단히 정리하면 다음과 같다.

1) 호출 표시장치(Annunciator Systems)
   ① 호출 표시장치(annunciator system : 결함이 발생하면 조종사의 주의를 끌도록 라이트를 켜준다. 일명 호출 표시기라고도 한다.) 계기들은 두 가지 목적으로 장착되는데, 하나는 현재 상황을 실시간으로 나타내기 위한 것으로, 즉 계통이 ON, OFF 또는 정상 작동 또는 OPEN 또는 CLOSE 등을 나타내고 다른 하나는 비정상적인 상황, 즉 결함이 발생하면 결함 상태를 알려주는 것이다. 표준화된 색깔은 시각메시지로 신속하게 식별하는 데 사용된다. 예를 들어 초록색(color green)은 정상 상황을 지시한다.

결합레벨(LEVEL)	경고등 & 경고음	텍스트 메시지(TEXT)
 LEVEL 1 Alert advisory "WITHOUT ATTENTION GETTERS"	No light & No sound	
 LEVEL 2 Cautions "WITH ATTENTION GETTERS"	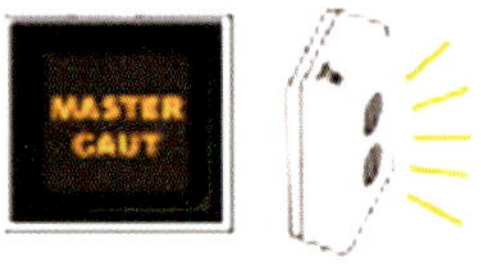 MASTER CAUT	
 LEVEL 3 Warnings (HIGHEST PRIORITY)	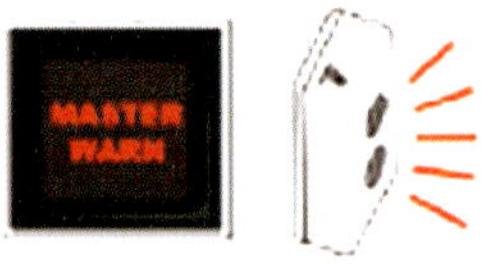 MASTER WARN	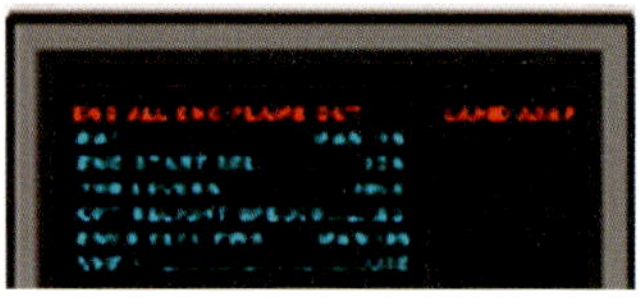

▲ 그림 27-18 호출 표시장치

② 황색(yellow)은 좀 더 감시가 필요하고 주의가 필요한 상황(serious condition)을 나타낼 때 사용하는 색깔이다. 적색(Red)은 심각한 결함이나 상황을 지시하는 경고 색깔이다. 계기판이든지 또는 별도의 시각경고장치(visual warning system)이든지 간에 이들의 색으로 조종사에게 신속한 시선을 끌어들여 정보를 제시하는 것이다.

③ 조종석 계기 가까이에 개별적인 경고등 또는 일반적으로 여러 가지의 계통을 동시에 지시하는 집단적 표시방식이 계기판 중앙에 위치하는 것이 일반적이다. 각각의 경고등에 계통이름 또는 상태등(status light)이 새겨져 있어서 라이트가 켜졌을 때 어느 계통이 문제가 있는지 신속 분명하게 판단하도록 한다. 좀 더 복잡한 대형 항공기에서는 여러 계통과 많은 컴퓨터들의 작동상태를 계속적으로 감시 및 확인해야 한다.

④ 이에 따라 중앙경고장치(CWS, centralized warning system)는 여러 가지 계통과 많은 컴퓨터들의 결함의 상태를 단순화하여 조직적인 방법으로 주요한 결함 순서대로 긴급도에 따라 우선순위를 두어 지시하게끔 개발되었다.

⑤ 계기판 한 부분에 단일 호출 표시장치 패널(annunciator panel)을 장착시켜서 경고를 알려줄 수도 있다. 그림 27-19와 같이 아날로그 항공기 경고 장치는 항공기 형식, 제작사 선택 사항 및 계통들의 장착 상태에 따라 다르게 배치되기도 한다. 전자비행계기장치(EFIS)에서는 항공기 비행조종과 감시능력의 일부분으로 등급에 따라 주의(caution) 충고(advisory) 메시지와 경고(warning) 메시지의 호출표시정보를 제공하는 것을 보여주고 있다. 전자계기 계통에서는 경고표시를 위해 주요화면표시장치(primary display)가 준비되어 있어 결함 및 경고에 대해 텍스트(본문 문장)로 표현하여 전달하는 일정한 화면이 준비되어 있다.

▲ 그림 27-19 중앙 아날로그 표시 패널

⑥ 마스터 주의등(master caution light)은 호출표시기(annunciator)에서 결함에 대한 내용을 텍스트(text, 본문 내용)로 표시하는 것 외에 중대한 상황(critical situation)을 승무원의 주의를 끌기 위해 황색 불을 켜서 작동된다. 이들 마스터 주의등은 대부분 계통과 전기적으로 연결 배선되어서 관련 계통 또는 주요 구성품 중 어느 것이라도 주의를 요할 정도의 결함이 발생하면 승무원의 주의를 끌기 위해 언제나 조명한다. 일단 경고 또는 주의등이 조명하여 인지하게 되면 조종사는 마스터 주의등을 off할 수 있다.

 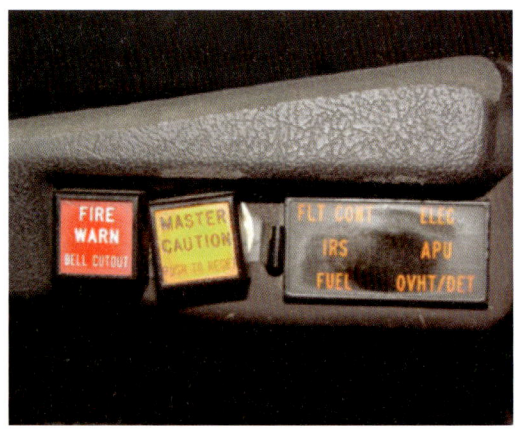

▲ 그림 27-20 마스터 주의등(master caution light)과 호출 표시기(annunciator)

⑦ 그림 27-20과 같이 주의등이 작동된 상태에서 이를 취소(cancelling)하는 것은 해당 스위치를 누르면 라이트는 off가 된다. 그러나 관련 계통의 결함이 계속 활성화되어 있으면, 즉 초기의 결함이 수정되기 전까지는 마스터 주의등이 재작동된다. 누름시험(PTT. press to test)이 전체 결함 주의 표시계통을 시험할 수 있는데, 이 누름 시험스위치(PTT)를 누르면 전체 경고 또는 주의등의 작동상태를 볼 수 있다.

⑧ 마스터 주의등을 누르면 모든 마스터 주의회로에 회로소자와 램프에 실제 전류를 가해져서 결함상태 확인 계기의 작동 여부를 확인할 수 있다. 가끔 이 시험은 이 계통에서 내부의 백열 전구를 교체하기 위한 정비 때에도 필요하다.

2) 경고음계통(Aural Warning Systems)

① 항공기 경보음계통(AWS. aural warning system)은 전광식 신호표시 계통(illuminated annunciator system), 즉 경고등(warning light)과 함께 운영된다. 이 경고음 계통은 계통에 결함이 발생하면 들을 수 있는 소리로 조종사 주의를 끌기위해 마스터 경고등과 함께 작동한다.

② 여러 계통의 결함을 구분하여 결함 중요도나 긴급도에 따라 소리도 여러 가지 톤으로 그리고 소리음도 다양하게 구분하여 조종사에게 울린다. 예를 들어 접개들이식 착륙장치(retractable landing gear)를 갖춘 항공기가 만일에 착륙장치가 접어지지 않거나 완전히 펼쳐지지 않은 불안전상태가 되면 승무원에게 경보를 알리기 위해 경고음장치(aural warning system)를 사용한다.

③ 만일 엔진 추력조절기(throttle)가 속력을 늦게 조절한 상태에서 착륙장치가 내림 작동이 안 되고 아직도 잠금 상황에 있다면 항공기가 불완전한 상태이기에 이 상태를 알리기 위해 벨이 작동한다.

④ 엔진이나 보조동력장치 또는 항공기 다른 계통 등에 화재가 발생하면 벨소리가 심하게 작동 되고 또한 경고등도 번쩍이면서 계속 경고 계통을 작동시킨다. 긴급 상황이 되면 소리로 그리고 불빛으로 조종사에게 계속 경고를 알려준다.

⑤ 일반적인 운송용 항공기에서 보면 다음 사항에서 음성신호로서 조종사에게 경보를 발하는 경보장치를 갖추고 있는데 비정상이륙(abnormal takeoff), 비정상착륙, 비정상여압상태, 비정상마하대기속도조건, 엔진 또는 휠웰(Wheel Well) 화재 발생, 승무원호출(crew call system), 공중충돌방지계통 등 여러 계통에서 계통별에 따라 소리와 라이트로 경고계통이 작동한다.
⑥ 표 27-1을 보면 경고 발생 단계, 경고계통, 경고신호, 경고원인 및 경고신호 수정에 대한 정보를 정리하였다. 많은 항공기에 공통 상황이지만 항공기 형식별로 조금씩 다를 수도 있다.

▼ 표 27-1 항공기 청각 경고

항공기 청각 경고의 예시				
운영 단계	경고계통	경고 신호	경고신호 활성원인	수정 조치
이륙	비행조종	간헐적인 혼	다음과 같은 상황에서 throttle의 전진 1. speed broke down 2. flap이 이륙범위에 있지 않을 때 3. 보조동력장치 배기구 door open 4. 수평안전판이 이륙위치에 있지 않을 때	항공기 이륙상태로 적절히 조절
비행중	속도 경고	찰칵	속도한계 초과	항공기 감속
비행중	여압	간헐적인 혼	특정고도에서 좌석압력이 대기압과 동등하게 되었을 때	상태수정
착륙	바퀴다리 계통	지속적인 혼	flap이 완전히 up 이하에서 throttle이 아이들로 내려졌을 때 바퀴다리가 다운되어 잠기지 않았을 때	flap up하고 throttle 상승
상시	화재경고 계통	지속적인 벨	엔진, 나셀, 주바퀴실, 앞바퀴실, 보조엔진 또는 화재경고 계통이 설치된 구역 중 한 곳에서 화재 또는 과열상태 화재경고 계통이 점검될 때	1. 화재감지 작동되는 구역에서 열을 감소시켜라. 2. 화재감지 벨정지 스위치 또는 보조엔진 정지 스위치를 눌러서 신호를 정지시켜라.
상시	통신계통 ATA 2300	높은차임	기장의 호출 버튼이 전방 외부 전원판넬 또는 후방 객실 승무원 판넬에서 눌려질 때	버튼을 해제하라 : 만약 버튼이 눌려져 고정되었다면 버튼을 당겨서 빼내라.

3) 시계(Clocks)

① 시계(clock)라고 하든지 크로노미터(chronometer, 천문·항해용 정밀시계)라고 부르든지 간에, 미항공연방국(FAA-approved) 규정에 시간 표시기는 계기비행규칙 인증(IFR, instrument flight rulecertified)조건에서 항공기의 조종석에서 필수품이다.
② 조종사는 시간대응(time maneuver)용이든 항행 목적을 위해서든 비행중 시계를 이용한다. 조종석에서 시계는 보통 비행계기 그룹근처 또는 선회지시계(turn coordinator) 근처에 장착된다. 이 시계는 시간, 분, 초 단위로 지시한다.

③ 그림 27-21과 같이 기계식 8일시계(mechanical 8-day clock)는 수동으로 한 번 태엽을 감아주면 전원 없이도 8일 동안 작동하며 오랫동안 항공기 시간 관리의 표준장치(standard aircraft timekeeping device)로 역할을 해 왔다. 이 기계식시계는 사용목적에 맞게 신뢰성이 좋고 정밀하고 정확하다. 일부 기계식 항공기시계(mechanical aircraft clock)는 푸시버튼(pushbutton)을 작동하면 경과시간(ET. elapsed time)을 측정할 수 있는 기능도 있다.

④ 전기계통과 전자기술 발달되면서 이전 기계식시계보다 신뢰성 있고 비상용 대체 기능이 있는 (backup) 전기・전자식으로 작동하는 시계가 기계식시계를 대신하고 있다.

⑤ 물론 전기식시계 또한 경과시간을 측정할 수 있는 기능을 갖춘 아날로그시계이다. 이 시계는 축전기(battery) 또는 배터리버스(battery bus)에 배선이 연결될 수도 있어 전기식 시계는 항공기 계통에 전원 공급에 문제가 발생해도 전원이 축전기(batter)에 연결되어 있어 작동은 계속될 수 있도록 설계되어 있다.

⑥ 그림 27-22와 같이 최근 항공기의 시계는 발광다이오드(LED)로 표시하는 디지털전자식시계(digital electronic clock)를 사용하고 있다. 이 시계는 가동부(moving part)가 없어서 고장이 적고 소비전력이 적고 신뢰도가 높은 장점이 있다. 또한 매우 정밀하다. 반도체 기술을 이용한 이런 전자식시계는 더욱 많은 기능이 있어서 경과시간(ET), 이륙(takeoff)하자마자 비행시간을 자동적으로 계산하는 기능, 스톱워치(stop watch)기능 및 기억저장 기능 등이 있다.

▲ 그림 7-21 **기계식시계(8-day aircraft clock)**

 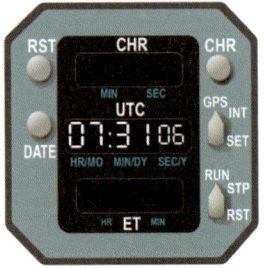

▲ 그림 27-22 **항공기 전자시계**

⑦ 심지어 일부 전자식 시계는 온도와 날짜 등도 지시한다. 비록 항공기의 전기계통과 연결되어 전기적으로 작동하지만 전자식디지털시계는 내부에 자체 비상 축전지가 내장되어 있어 항공기 전원이 끊어지는 결함이 발생해도 한참 동안은 자체 내 축전지로 전원을 공급을 공급하게 되어 시계는 정상적으로 계속 작동되도록 설계되어 있다.

⑧ 현대의 최첨단 평판화면표시장치(flat panel display)를 이용한 디지털 컴퓨터식 계기장치(digital computerized instrument system)를 갖춘 항공기에서는 컴퓨터의 내부시계 또는 위성항법장치 시계는 보통 주(主)비행표시화면(primary flight display)에서 디지털 시간으로 정보를 제공하고 있다. 비록 항공기에 전원이 없는 상태에서도 시계의 전원은 축전지(battery)에 연결되어 있고 위성항법계통에서 우주시간을 계속 연계 확인하여 정확한 시간을 제공하고 있다. 시계전면에 있는 버튼(button)이나 스위치를 이용하여 시각, 연월일 등 날짜 등 여러 가지 기능 등을 선택하여 지시할 수 있다.

27.1.2 전자계기 장·탈착 및 취급 시 주의사항 준수 여부

27.1.2.1 계기곽(케이스) 및 취급(Instrument Housings and Handling)

1) 항공기 계기 케이스(계기곽. housing)는 계기의 내부 구성품들의 작동을 보호하고 성능을 보강하기 위하여 여러 가지의 재료가 사용된다. 계기케이스는 한 조각 또는 여러 조각으로 구성된다. 계기 케이스 재료로는 알루미늄 합금, 마그네슘합금, 강(steel), 철, 그리고 플라스틱 모두 일반적으로 사용되는 것들이다.

2) 전기식 계기는 보통 내부 전류 흐름에 의해 발생되는 전자기(electromagnetic) 자속을 억제하기 위해 강철 또는 철 합금 케이스를 사용한다.

3) 계기케이스 외부는 겉보기에는 견고해 보여도 모든 계기들 특히 아날로그 기계식 계기류는 내부에 정교하게 균형 잡힌 추, 베어링, 톱니 등 여러 가지 연결 장치들이 서로 맞물려서 유지하고 있어서 특별한 주의로 취급하여야 하고 절대로 떨어뜨려서는 안 된다.

4) 계기 케이스는 특별히 기밀(airtight)되어 있는데 이 기밀 상태가 고장 나면 계기 내부의 정상적인 성능 및 감항성을 보장하기가 어렵다.

5) 계기마다 특성과 구성품이 다르지만 어떤 계기의 배출구 특히 동·정압계통 계기등의 배출구는 절대 바람으로 불어넣으면 안 되고 계기가 실제로 조종석에 장착되기 전까지 외부 물질 진입에 따른 손상(FOD : 외부물질로 인한 손상)을 예방하기 위해 적당한 마개로 막아야(plug in) 한다.

6) 자이로의 모든 계기들은 계기판에 장착될 때까지 고정 노브(case knob)를 당겨서 계기 내부의 자이로 등 움직이는 기계들을 고정시켜야한다.

7) 계기 케이스 겉에 적혀있는 모든 주의 사항을 준수하고 장찰, 장착, 포장, 운송, 선적할 때 적절한 취급을 위한 제작사에서 발행한 교범을 잘 따라야한다.

27.1.2.2 계기 장착 및 계기 색깔 표시(Instrument Installation and Markings)

1) 계기판(Instrument Panels)

① 계기판들은 보통 알루미늄 합금 판(aluminum alloy sheet)으로 제작되고 무광택의 어두운 페인트 색으로 칠해진다. 계기판은 정비할 때 접근이 쉽도록 계기의 뒤쪽으로 서브 계기판(sub-panel)이 장착되기도 한다.

② 이 계기판들은 보통 저주파이면서도 높은 진폭의 충격(high-amplitude shock)을 흡수하기 위한 충격흡수장치(shock observer)가 설계되어 있다. 계기판 충격흡수장치는 수직진동과 수평진동의 대부분을 흡수하지만 미세한 진동 상황에서도 계기의 작동은 계속되어야 한다.

③ 그림 27-23을 보면 계기판과 항공기 동체가 서로 다른 이질 금속이기에 본딩 스트랩(bonding strap; 항공기의 이질금속접촉 간의 전기적인 전위차를 없애기 위해 연결하는 전도체)을 장착하여 계기판과 항공기 기체 사이에 연결하여 전기적 연속성을 유지하여야 한다.

④ 계기판용 충격흡수 장착대(shock-mount)의 형태와 구성 수는 계기판의 무게에 따라 결정된다. 충격흡수마운트 계기판은 모든 방향으로 자유롭게 움직일 수 있도록 장착이 되어야 하고 지지구조에 서로 부딪치는 것을 피할 수 있도록 충분한 간격을 유지해야 한다.

⑤ 계기판과의 적절한 간격유지가 불가할 때에는 주기적으로 계기판의 장착대가 느슨하게 장착되었는지 파손 여부 및 자재의 변형의 악화 여부 등을 검사하여야 한다.

⑥ 구형 항공기에서 계기판 배치는 외관상 일정치 않았던 것 같다. 계기비행의 출현으로 항공기 밖의 수평선 또는 지면 등 외부기준 없이 계기만을 보면서 비행할 때 매우 중요한 것이 비행계기들이고 이들의 배치가 상당히 중요한 것이 되었다.

⑦ 그림 27-24를 보면 계기판에서 계기들의 장착 배열은 비행계기용 기본 티(T) 배열이 채택되었다. 전자식비행계기장치(EFIS)와 디지털 조종석화면표시(digital cockpit display)계통에

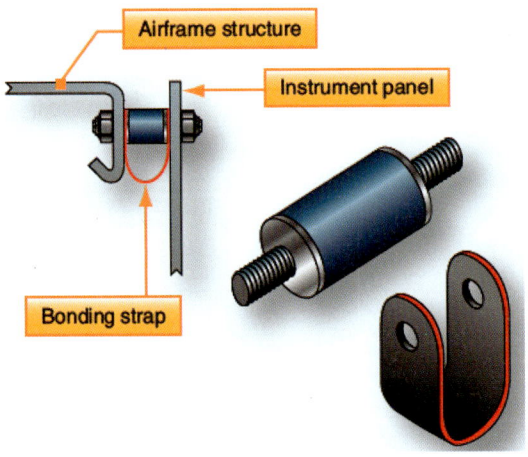

▲ 그림 27-23 계기판 충격 마운트

▲ 그림 27-24 조종실 계기 장착 위치

서도 보면 기본적으로 계기 기본 배열인 기본 T 배열을 유지하였다. 비행계기와 기본 T 배열은 조종사와 부조종사의 좌석의 바로 정면에 위치하고 있다. 일부 경항공기는 왼쪽 좌석의 정면, 즉 조종사전면에 단일 세트로 비행계기를 배열시키고 있기도 하다.

⑧ 최신의 항공기에 와서는 전자비행계기장치와 디지털 비행정보장치는 계기판의 다양하고 복잡한 계기들의 혼란을 줄이고 양쪽 운항승무요원이 모든 계기들에 접근을 쉽게 하도록 배치하였다. 제어가 가능한 화면표시판은 많은 정보를 제공하면서도 공간을 차지하기보다는 정상이나 관련이 없는 계기는 잠시 보이지 않고 있다가 필요할 때만 해당 페이지를 선택하여 필요정보를 볼 수 있도록 해서 많은 공간도 절약할 수 있게 되었다.

2) 계기 장착(Instrument Mounting)

계기를 장착하는 방식은 크게 3가지 방식으로 장착한다. 장착 방법은 다음과 같이 전방 장착식(front mounted), 후방 장착식(rear mounted) 및 클램프 장착식(clamp mounted)으로 나눌 수 있다.

① 전방 장착식(front mount)

계기의 가장자리(flange - 계기 앞면에서 유리를 계기 케이스에 부착시키는 베젤이 있고 이를 다시 계기판에 장착을 할 수 있도록 나사 연결이 되도록 만들어진 것)가 있는 계기로 계기판 앞에서부터 계기를 넣고 장착 나사로 계기를 계기판에 장착하는 방식이다. 장착나사 - 계기 베젤 - 장착대 및 장착대 뒤쪽에 있는 너트플레이트로 최종 연결이 된다. 대체적으로 계기판 장착용 구멍(hole)에는 너트 플레이트(nut plate)가 이미 장착되어 있어 장착나사를 장착하면 자동 잠금(self-locking)이 된다. 이는 계기들의 유리를 감싸고 있는 베젤(bezel)들이 앞으로 튀어나와 있는 형태이다.

② 후방 장착식(rear mount)

계기의 가장자리(flange)가 있는 계기로 전방장착식과 반대로 계기판 뒤에 계기를 장착하는 방식으로 계기판, 계기, 너트 배열로 되어 장착된다. 이는 계기판에 계기의 베젤이 보이지 않고 튀어 나와 있는 부분을 없앤 방식이다. 장탈, 장착 정비가 어려운 방식이다.

③ 클램프 장착식

계기들 중 가장자리가 없는(flangeless) 엔진 계기류 같은 원형 계기들은 계기케이스를 고정시키기 위해 원형으로 된 특별한 클램프(clamp)가 계기판 뒷면에 이미 영구적으로 고착시켜 둔 상태. 계기는 정면에서 클램프가 연결된 계기판 구멍으로 미끄러지게 집어넣고 바로 계기 옆 계기판에 장착된 클램프(clamp)의 장착 나사를 돌리게 되면 클램프가 조여지면서 계기를 계기판에 고정시키는 방식이다. 장착, 장탈 정비가 쉽고 다만 자칫하면 계기가 원형이라 계기눈금이 기울어지게 장착이 될 수도 있어서 장착할 때 주의해야 한다. 어떠한 방식으로 계기가 장착되더라도 항공기 착륙의 충격 내내 견뎌야 하고 또한 다른 계기와 접촉되지 않아야 한다. 계기판의 제한된 공간 때문에 계기들 사이의 간격이 좁다.

3) 계기 전원 요구 조건(Instrument Power Requirements)

① 대부분 항공기 계기 작동을 위해 전원이 필요하다. 심지어 비전기식 계기일지라도 내부 조명 때문에 전기가 필요하다.

② 항공기 발전기는 그 한계성 때문에 많은 양의 전기보다 일정량의 전기만을 생산한다. 항공기의 전기는 항공기에 탑재된 계기류, 여러 가지의 컴퓨터 또는 부품들, 무선장비 및 다른 계통의 장비들의 소요되는 전기부하에 따라 발전기가 결정된다.

③ 항공기의 소요 전기량은 발전기의 발전용량을 넘어서는 안 된다. 항공기에서 계기를 포함하는 모든 전기장치는 자체 고유의 전력소요량(power rating)을 갖고 있다. 이들은 구성부분품들을 정확하게 작동시키기 위해 필요한 전압이 얼마인지 그리고 얼마의 용량에서 작동되는지 보여주고 있다.

④ 항공기에 어떤 구성품을 장착하기 전에는 반드시 이 구성품의 전기 소모량을 검사하여야 한다. 항공기 제작사가 의도한 범위 내에 모든 구성품들의 모든 부하를 담당할 수 있는 전기계통을 운영하려면 어떤 구성품을 교환할 때는 동일한 전력소요량을 갖는 것과 교환하는 것이 중요하다.

⑤ 새로운 부품을 추가로 장착하거나 기존 것과 전류 소모량이 다른 것을 장착하는 경우에는 반드시 부하 점검(load check)을 하여야 한다. 이것은 근본적으로 전기 계통이 항공기에 장착된 모든 전기소비장치를 공급할 수 있는지 확인하는 것이 지상 작동점검 중 하나이다. 이 점검을 어떻게 수행하는지는 제작사교범에 따른다.

⑥ 최근 대형 항공기의 전기 계통 중 발전, 배전 및 부하 조정을 간단히 정리해보면 다음과 같다. 대체적으로 항공기는 교류 115V 400Hz 3phase 발전기를 통해서 항공기별로 약 90KVA에서 120KVA 정도 발전을 하고 이 교류를 티알유(TRU : Transformer Rectifier

Unit - 변압정류장치)가 직류로 바꾸어 공급한다. 대체적으로 계기용 전기인 26VAC 400Hz와 조명등용 교류 5V 등은 115VAC를 변압기로 감압시켜 사용한다.

4) 계기의 범위 표시(Instrument Range Markings)
   (1) 많은 계기는 어떤 계통 또는 구성품이 안전하게 정상적인 작동 범위 내에 있는지 아니면 원하지 않는 상황에서 작동하는지를 한눈에 즉시 판단하기 위해 눈금판에 색깔 표식을 한다. 이는 눈금을 정확하게 읽지 않더라도 신속한 상황 판단을 할 수 있도록 하기 위함이다.
   (2) 이러한 색깔 표시는 형식증명 자료시트(type certificate data sheet)에 있는 항공기 정비교범에 따라 계기 제작사에 의해 계기에 색깔 표식을 한다. 이 계기들의 작동한계 등을 설명하는 자료는 항공기 제작사 작동 교범(OM : manufacturer's operating manual)과 정비교범(MM : maintenance manual)에서도 찾아볼 수 있다. 때때로 항공기 정비사는 계기에 색깔 표식이 되어 있지 않으면 정비교범을 보고 직접 표식을 하여야 한다.
   (3) 계기를 정확하게 그리고 오직 승인 및 확인된 자료에 맞게 색깔 표식을 하는 것이 중요하다. 색깔 표식은 페인트 또는 데칼(decal)로 계기의 덮개유리(cover glass)에 한다. 항공기의 운용한계, 경고와 경계범위 또는 정상범위 등을 표식하며 그 종류는 다음과 같다.
      ① 적색방사선(Red Radial Line) : 최대 및 최소 운용한계를 나타내며 이 범위를 벗어나는 것은 극히 비정상적 위험한 상황이며 이를 벗어난 운용은 피해야 한다.
      ② 황색호선(Yellow Arc) : 황색호선의 의미는 계기가 현재는 안전운용범위를 조금씩 벗어나고 있거나 초과금지까지의 경계로서 주의를 요하는 것이다. 적당한 조치를 취하지 않으면 위험범위인 적색선 쪽으로 넘을 수 있는 것으로 주의가 필요한 범위이다.
      ③ 녹색호선(Green Arc) : 정상 작동 범위 즉 계속 운전 범위를 나타내는 것으로 순항 운용 범위를 의미한다.
      ④ 청색호선(Blue Arc) : 청색호선은 기화기를 장비한 왕복엔진과 관련된 엔진 계기들에 표시하는 색으로 흡기압력계(manifold pressure indicator), 엔진회전계기(tachometer), 기통 두 온도계(cylinder head temperature indicator) 등에 표시한다. 연료와 공기 혼합비가 오토 린(auto-lean)일 때의 상용안전운용범위를 나타낸다.
      ⑤ 백색호선(White Arc)
         ㉮ 백색 호선은 대기 속도계에 표시하는 색이다.
         ㉯ 플랩을 조작할 수 있는 속도 범위를 표시한다.
         ㉰ 최대착륙무게(MLW)에 대해 플랩 내리고 비행가능한 최대속도 하한점을 표시한다.
         ㉱ 플랩을 내리더라도 항공기 구조 강도상에 무리가 없는 플랩내림최대속도(maximum flap down speed) 상한점을 표시한다.
      ⑥ 백색 방사선(White Radial Line) : 백색 방사선은 유리 미끄러짐 표시(white slippage mark)이다. 계기의 유리와 케이스에 걸쳐서 표시한다. 만일 베젤(bezel) 속 계기 유리 자체가 잘못되어 돌아가버린 경우 색깔표시와 계기 눈금이 서로 맞지 않게 된다. 유리 자체가 돌아갔는지 확인할 수 있는 방법으로 유리와 계기 플랜지에 걸쳐서 백색 페인트로

▲ 그림 27-25 항공기 속도계 범위 표시

백색 선을 표식해 놓고 유리 자체가 계기 눈금과 일치하는지 아니면 일치하지 않은지 판단하도록 한다.

그림 27-25와 표 27-2와 같이 표시하는 색깔은 적색(red), 황색(yellow), 녹색(green), 청색(blue) 그리고 백색(white)으로서 사용된다. 그리고 표식(marking)은 호형(arc)과 방사상선(radial line)의 형태로 계기 눈금판 위 바로 유리에 표시한다.

27.1.2.3 계기 및 계기계통 정비(Maintenance of Instruments and Instrument Systems)

1) 계기 정비일반

① 계기 또는 부분품(LRU) 내부 정비는 부분품을 분해하고 조립하여야 하는 공장정비로서 라인 정비사가 수행할 권한과 의무는 없다. 이 공장정비는 적절하게 정비를 수행하기 위해 필요한 특수 장비들을 갖춘 시설에서 수행되어야 한다.

② 계기의 전문교육을 수료하고 폭넓은 지식을 갖춘 한정자격증(rating)을 갖춘 특기 정비사가 일반적으로 수리인가증명(repair station certification)을 보유한 작업장에서 이런 형태의 작업을 수행하여야 한다.

③ 그러나 면허를 받은 기체정비사나 A&P 정비사는 계기와 계기계통에 관련된 다양한 정비 및 시험 수행의 책임이 있다. 이러한 계기장착, 장탈, 검사, 고장탐구 그리고 기능점검 등은 면허를 가진 정비사들에 의해서 바로 현장에서 모두 수행된다. 또한, 어떤 정비가 요구되고 있는지 이들의 필요조건을 부합하기 위해서 승인된 절차를 어떻게 접근하는지 아는 것도 기체 자격을 소지한 정비사의 책임이다.

④ 계기와 계기계통에서 필요한 모든 정비사항을 기술한 것이 아니기 때문에 항공기 정비업무에 직접 적용 시에는 항공기 제작사 또는 계기 제조사의 승인된 정비문서에 자세히 나와 있으니 참고한다.

2) 계기의 장탈

① 먼저 장탈할 계기 장착 방식을 파악한다.

② 항공기에 전원상태, 유압 연결 상태, 다른 계통의 작업진행상태 등을 점검하고 불필요한 전원 및 작동유 등을 차단하여 계기계통과 격리시킨다.

③ 장탈할 계기의 명칭, 부품번호, 일련번호, 장탈 위치 등을 기록한다.

▼ 표 27-2 항공기 계기 범위 표시

계기	표시 범위	계기	표시 범위
속도 지시계		오일 온도 계기	
백색 호선	플랩 작동 범위	녹색 호선	정상 작동 범위
하부	플랩 다운 스톨 속도	노랑색 호선	경계 범위
상부	플랩 다운 시 최대속도	빨간색 방사선	최대 그리고/또는 최소 허용 오일 온도
녹색 호선	정상 작동 범위	회전 속도계(왕복 엔진)	
하부	플랩 업 스톨 속도	녹색 호선	정상 작동 범위
상부	악기류 시 최대속도	노랑색 호선	경계 범위
파랑색 방사선	Single 엔진 작동 시 최적 상승률 속도	빨간색 호선	제한 작동 범위
		빨간색 방사선	최대 허용 회전속도
노랑색 호선	기골 경고 구역	회전 속도계(터빈 엔진)	
하부	악기류 시 최대속도	녹색 호선	정상 작동 범위
상부	초과 금지속도	노랑색 호선	경계 범위
빨간색 방사선	초과 금지속도	빨간색 방사선	최대 허용 회전속도
기화기 온도계기		회전 속도계(헬리콥터)	
그린호	정상 작동 범위	엔진 회전 속도계	
노란호	기화기 결빙이 자주 발생하는 범위	녹색 호선	정상 작동 범위
		노랑색 호선	경계 범위
빨간 방사선	최대 허용 흡입구 온도	빨간색 방사선	최대 허용 회전속도
실린더 헤드 온도계기		회전 속도계(로터)	
녹색 호선	정상 작동 범위	녹색 호선	정상 작동 범위
노랑색 호선	제한된 시간동안 허용된 작동	빨간색 방사선	Power-off 작동상태를 위한 최대 및 최소 로터 회전속도
빨간색 방사선	초과 금지온도		
다기관 압력계기		토크 지시계	
녹색 호선	정상 작동 범위	녹색 호선	정상 작동 범위
노랑색 호선	경계 범위	노랑색 호선	경계 범위
빨간색 방사선	다기관 최대 허용 절대압력	빨간색 방사선	최대허용 토크 압력
연료압력계기		배기가스 온도 지시계(터빈 엔진)	
녹색 호선	정상 작동 범위	녹색 호선	정상 작동 범위
노랑색 호선	경계 범위	노랑색 호선	경계 범위
빨간색 방사선	최대 그리고/또는 최소 허용 연료 압력	빨간색 방사선	최대허용 가스온도
오일 압력 계기		가스 생성 N1 회전 속도계 (터보샤프트 헬리콥터)	
녹색 호선	정상 작동 범위	녹색 호선	정상 작동 범위
노랑색 호선	경계 범위	노랑색 호선	경계 범위
빨간색 방사선	최대 그리고/또는 최소 허용 오일 압력	빨간색 방사선	최대허용 회전속도

④ 장탈할 계기와 연결된 배선 플러그(connector plug), 배관 등은 다시 연결할 때 혼동되지 않게 꼬리표(tag)를 달아 표식을 해둔다.
⑤ 계기의 배관, 배선을 장탈 하고 해당되는 전용 캡(cap)이나 플러그(plug)로 막는다. 준비가 안되었다면 비닐 등을 사용하여 이물질이나 외부침투가 없도록 조치한다.
⑥ 장탈한다.
⑦ 장탈한 계기는 사용불능 꼬리표(unserviceable tag)에 결함 사항 등을 기록하고 꼬리표를 계기와 함께 부착한다.
⑧ 외부충격 및 정전기방지조치를 취한 후 전용 케이스에 넣어서 운반한다.

3) 계기의 장착(Indicator Installation)

계기를 장착할 때는 반드시 사용가능한 품목인지 꼬리표를 보고 확인한 후 장탈 순서의 반대로 장착한다. 대략적인 장착 순서는 다음과 같다.
① 사용가능 여부를 확인하고 장탈한 계기와 동일한 것인지 확인한다.
② 항공기 전기나 유압 등은 차단되었는지 확인한다. 배관 및 배선을 확인하고 캡이나 플러그가 있으면 제거하고 장탈 역순으로 장착한다.
③ 배선 및 배관 연결 후 뒤틀림이 없는지 제대로 조여져 있는지 확인한다.
④ 장착이 완료되면 해당 전원이나 동력원을 공급하고 작동 시험을 한다.
⑤ 시험이 끝나면 항공기를 원상 복구시킨다.

상기 계기의 장탈 및 장착 그리고 작동 시험은 해당 정비교범에 기술한 내용대로 하는 것이 무엇보다 앞서며 중요한 사항으로 제시한 절차와 주의 사항에 따라 작업을 수행하여야 한다.

4) 배관의 식별

배관들은 계통별로 또는 작동유, 연료, 물, 동·정압관 등과 같이 압력종류에 따라 여러 배관들이 있기에 점검 및 정비하는 동안 혼동을 피하는 것이 중요하다. 혼돈을 최소화하기 위해 일정한 양식대로 계통별로 색깔 표시(color marking)를 하였다. 동·정압 계기 계통 관련 배관이나 호스도 색깔 표시가 되어 있으며 색깔 표시는 착색테이프가 이용된다.

5) 회전계 정비(Tachometer Maintenance)

회전속도계 점검은 느슨해진 유리 상태, 눈금표식 상태 불량, 또는 느슨해진 계기 바늘에 대해 점검되어야 한다. 계기를 가볍게 두드려서 두드리기 전과 후 바늘의 차이는 약 ±15rpm을 초과해서는 안 된다. 이 값은 계기 제조사에서 지정한 공차에 좌우된다. 회전계용 발전기와 계기 모두는 기계식 및 전기식으로 연결 여부를 점검해야 한다. 상세한 정비절차를 위해 제작사사용법교범을 항상 고려하여야 한다. 전기식 회전속도계를 장착한 엔진이 공회전 상태(idle rpm)에서 가동 중에 있을 때 회전속도계의 계기눈금이 흔들리면서 낮게 지시한다. 이것은 동기전동기(synchronous motor)가 회전계용 발전기 출력과 동조하지 않는다는 것을 표시하는 것이다. 엔진회전속도가 증가될 때 전동기는 회전수와 동기화되어 정확히 회전수를 지시해야 된다. 동기화(synchronization)가 이루어지는 회전수는 회전속도계계통의 설계에 따라 다르다. 만약 계기 바늘이 이 동기값(synchronizing value) 이상인 속도에서 발진한다면 총 발진은 허용오차를 초과하지 않도록 한다. 계기 바늘 발진은 유연케이블 특성 때문에 또한 기계식 지시계통에서 발생할 수 있다. 구동축(drive shaft)은 휘핑(whipping – 잡아채는 현상)을 예방하기 위해 주기적으로 다시 고착시켜야 한다. 기계식 계기를 장착할 때, 유연케이블이 계기판 뒤쪽에서 정확한 간격을 유지하고 있는지 확인하여야 한다. 구동장치를 어떤 방향으로 돌리기 위해 필요한 어떤 굴곡이라도 그것이 패널에 고착될 때 계기에 변형(strain)의 원인이 되지 않아야 한다. 구동장치에서 심한 굴곡을 피해야 한다. 부적절하게 장착된 구동장치는 계기가 지시를 못하거나 부정확한 지시의 원인이 된다.

6) 나침반 정비 및 보정(Magnetic Compass Maintenance and Compensation)

나침반(magnetic compass)은 반복적인 설정(setting)이 필요 없고 전원이 필요하지 않은 간단한 계기이다. 그래서 최소의 정비 정도만 필요하지만 이 계기는 매우 정교하고 자력선에 의해 작동하는 계기라 검사 시에 일반계기계통과 다르게 신중히 취급하여야 한다. 다음 항목들은 보통 검사에 포함된다.

① 나침반계기는 항공기 비행방향과 계기의 눈금이 맞는지 확인하고 필요하면 다시 보정해야 한다.
② 나침반 내부의 가동부(moving part)는 쉽게 움직여야 한다.
③ 나침반계기는 진동방지장치 위에 정확히 장착되어 있어야 하고 그 어떤 금속 물질 일부라도 접촉되어서는 안 된다.
④ 나침반계기는 내부에 케로신인 유동체로 채워져야 한다. 이 유동체에는 어떠한 기포(bubble) 라도 담고 있지 않아야 하며 또한 물질 변경 등 악화되어서는 안 된다.
⑤ 눈금은 읽기 쉬운 것이어야 하고 조명이 잘 되어야 한다.

그림 27-26과 같이 나침반 자기편차는 조종석에 있는 철제재료와 주변 전기 구성품 작동으로 발생하는 전자기 방해(electromagnetic interference)에 의해서 만들어지는 오차이다. 자기편차는 나침반을 스윙(swing)시키면서 보정자석을 조정함으로써 줄일 수 있다. 이 교정 작업을 어떻게 수행하는지의 예는 다음에서 제시하였다. 그리고 보정 작업 결과는 조종석에 있는 나침반 근처에 배치된 나침반보정카드(compass correction card)에 기록하여 보관하고 추후 비행 시 계기의 지시치가 오차가 있을 때 참고한다.

▲ 그림 27-26 **나침반과 수정 카드**

자차 수정을 위해 나침반을 스윙(compass swing)하는 방법은 여러 가지가 있다. 지상에서 수행하는 방법과 비행 중 공중에서 수행하는 방법이 있다. 다음에 설명하는 것은 지상에서 수행하는 대표적인 방법이다. 나침반을 스윙하는 방법과 스윙빈도수에 대해서는 항공기 제작사사용법 교범에 따른다. 자차 수정은 보통 비행누적시간 또는 일정한 시간 간격으로 이루어진다. 그리고 대체적으로 대수리나 중정비(heavy maintenance)를 수행하고 나서 수행하기도 하고 새로운 무선(radio)장비 또는 전기식 작동 구성품이 나침반 주위 즉 조종석에 추가 장착이 되었을 때 나침반에 영향을 주기 때문에 오차가 발생하게 되고 이를 수정하기 위해 수행한다.

자차 수정을 위한 나침반 스윙(compass swing)과 절차의 목록은 FAA AC 43.13-1에서 찾아볼 수 있다. 그림 27-27에서 보여준 것과 같이 나침반을 스윙(swing)하기 위해 나침반 로즈(compass rose)가 필요하다. 대부분 공항에서는 교통량이 적고 정비하기에 좋은 지역 타막(tarmac, 포장용 아스팔트 응고제, 상표명) 위에 페인트로 북쪽을 중심으로 동서남북 사방팔방 표식을 한 나침반 로즈가 준비되어 있다. 나침반 주위 지하를 포함하여 나침반 로스지역은 전자기교란(electromagnetic disturbance)의 어떤 가능성이 없어야 하며 아니면 아예 그곳으로부터 멀리 떨어져 있어야 하고 자차 수정을 하는 동안 어떤 철제 물건 또는 대형 장비의 소거가 이루어져야 한다. 자차 수정을 위해 항공기는 수평 자세를 유지하여야 한다. 항공기를 나침반스윙(나침반 로즈에서 항공기를 회전시키면서 4방위에 일치시키는 것)을 하려면 외부에서 엔진 구동중인 항공기를 끌고 회전해야 한다. 보통 항공기 뒤쪽에서 토잉(towing)을 하게 되는데, 목재나 알루미늄 또는 다른 비철재료로 된 토잉 바(towing bar)를 항공기 동체후방에 연결하여 수행한다. 항공기 내부 및 화물칸 추가로 적재된 화물들은 나침반에 영향을 주지 말아야 한다. 보통 비행중 장착되어 있거나 사용하는 장비들은 탑재된 상태로 비행조건을 갖추고 엔진 또한 작동하고 있어야 한다.

자차 수정을 위해 나침반을 스윙할 때 기본적인 개념은 미리 나침반 로즈에 표시된 남북(north-south)반경과 동서(east-west) 반경 표시에 항공기를 일치시켜 나침반과의 편차를 우선 기록하는 것이다. 그다음 편차를 없애기 위해 나침반의 전면하부에 장착되어 있는 보정자석을 조절한다. 조절할 때 사용하는 공구는 비철 스크루드라이버이며 이공구로 나침반의 보정자석을

▲ 그림 27-27 Compass Rose & Swing on airport ramp

조절하여 나침반 로즈와 나침반 지시수치와 맞추어 나가는 것으로 시작한다. 북쪽을 향하는 N-S 반경에 항공기의 세로축을 일직선으로 맞춘다. 편차가 없이 정상이라면 나침반 지시가 0°가 되지만 오차가 나면 정확히 0°가 되도록 N-S 보정스크루를 조정한다. 그 다음 동쪽을 향하는 E-W 반경에 항공기의 세로축을 일직선으로 맞춘다. 나침반 지시가 90°가 되도록 E-W 보정자석을 조절한다. 바로 남쪽을 향하는 N-S 반경과 일직선으로 맞춰지도록 항공기를 이동한다. 만약 나침반이 180°를 지시한다면, 항공기가 정북 또는 정남을 향하고 있는 동안 편차가 없는 것이지만 이것은 보기 드문 일이다. 남향지시가 무엇을 지시하더라도 180°에서 편차를 없애기 위해 편차의 1/2을 보정하기 위해서 N-S 보정스크루를 조절한다. E-W 반경에서 서쪽으로 항공기를 향하도록 하여 그리고 270°에서 서향 편차를 없애기 위해 차이 값의 1/2 정도로 E-W 보정자석을 조절한다.

이 작업이 완성되면 N-S쪽으로 다시 항공기를 돌리고 지시를 기록한다. 최대 허용 범위는 10°이다. 10°를 벗어나게 되면 여러 번의 나침반 수정을 통해서 아니면 편차에 영향을 주는 작업을 수정해서 조정한다. 그리고 나침반 로즈에서 매 30° 방위마다 항공기를 일직선으로 맞추고 나침반 보정카드에서 각각의 지시 값을 기록한다. 30°마다 기록한 기록카드에 수행날짜 및 작업자 서명하고 조종석에 비치하여 비행중 참고하도록 한다.

7) 진공계통정비(Vacuum System Maintenance)

진공 자이로계기에 나타난 지시 오차의 의미는 설계한 흡인한도(design suction limit) 내에서 작동하도록 하는 진공장치를 방해하는 어떤 요소의 결과일 수 있다. 또한 이 지시 오차는 계기 내에서 발생하는 어떤 마찰, 닳아진 부품, 또는 부러진 부분품으로 인해 오차를 일으킬 수도 있다. 설계 속도에서 자이로의 자유회전을 방해하는 동력원은 과도한 세차운동(precession)을 일으키고 또한 계기의 고장으로 연결되는 결과일 것이다. 항공기 정비사는 진공계통 기능불량의 예방 또는 유지보수 정비에 책임이 있다. 예방 및 정비에는 필터 세척 또는 교체, 진공 압력 점검 또는 정비, 진공펌프 또는 계기장탈 또는 교환 작업 등으로 이루어진다. 표 27-3은 진공계통 고장 및 원인, 고장탐구 및 작업방법에 대한 설명이다.

8) 액정표시장치(LCD Display Screens)

액정표시장치 기술을 활용하는 전자식 계기계통(electronic instrument system)과 디지털 계기계통(digital instrument system)으로 표시화면(display screen)에 대한 특별한 관심을 갖게 한다. 예를 들어 반사방지코팅(coating) 사용은 섬광을 줄이고 화면표시기가 더 잘 보이게 하는 역할을 한다. 이런 반사방지코팅은 사람의 피부의 기름기(oil) 또는 암모니아 같은 것이 함유된 세척제를 사용함으로써 품질을 악화시킬 수 있다. 최첨단 조종석에서 액정표시화면장치를 깨끗하게 유지 관리하는 것은 정비사의 매우 중요한 일이다. 세척할 때는 깨끗한(clean) 린트 프리천(lint-free cloth ; 보푸라기 없는 천)과 반사방지 코팅 물질에 안전하다고 권고한 또는 제작사에서 권고한 세제를 사용하는 것이 중요하다.

▼ 표 27-3 진공계통 고장탐구

결함 및 가능 원인	탐구 절차	수정
진공압력 부족 또는 없음		
진공게이지 결함	다른 엔진계통의 게이지 점검	결함 진공게이지 교환
진공 relief 밸브 조절 부정확	밸브 조절 확인	정확한 최종 조절
진공 relief 밸브 역방향 장착	육안 점검	relief 밸브 정방향 장착
연결라인 균열	육안 점검	라인 교환
라인 혼선	육안 점검	라인 정확히 장착
진공라인의 막힘	라인의 함몰 여부 점검	라인을 세척 및 점검하고 필요시 결함 부품 교환
진공펌프 고장	장탈 후 점검	결함 펌프 교환
진공 조절밸브 조절 부정확	밸브 조절 및 압력 표기	정확한 압력값 조절
진공 relief 밸브 오염	세척 및 relief 밸브 조절	조절 실패 시 밸브 교환
2. 과도한 진공압력		
relief 밸브의 부정확한 조절		relief 밸브의 정확한 조절
진공게이지 부정확	게이지 교정점검	결함 게이지 교환
3. gyro horizon bar 반응 안함		
계기 속박	육안 점검	계기 속박 제거
계기 필터 오염	필터 점검	세척 또는 필요에 따라 교환
불충분한 진공	진공압력 점검	relief 밸브를 적당한 압력값으로 조절
계기 마모 또는 불결함		계기 교환
4. turn and bank 지시기 반응 안함		
계기 진공압력 공급 안됨	라인 및 진공계통 점검	라인 및 구성품의 세척 및 교환
계기 필터 막힘	육안 점검	필터 교환
계기 결함	계기의 적절한 기능여부 점검	결함 계기 교환
5. turn and bank 지침 진동		
계기 결함	계기의 적절한 기능여부 점검	결함 계기 교환

27.2 동정압(pitot-static tube) 계통

27.2.1 계통 점검 수행 및 점검 내용 체크(고도계 시험(Altimeter Tests))

1) 항공기를 계기비행규칙(IFR, instrument flight rule) 하에서 운용하고자 할 때 고도계의 정확성이 그 무엇보다 중요하다. 정확한 고도계 지시 여부를 확인하기 위해서 고도계시험(test)은 24개월 이내에 주기적으로 수행해야 한다.

2) 연방규정코드 타이틀 14(14 CFR, Title 14 of the Code of Federal Regulation) part 91, section 91.411은 이 시험뿐만 아니라 피토정압계통과 자동기압고도보고계통(automatic pressure altitude reporting system)의 시험까지 요구하고 있다.

3) 자격증을 갖고 있는 기체 또는 A&P 정비사는 고도계검사를 수행할 권한은 없지만 제작사 또는 인가된 수리인가업자 아니면 avionics 특기작업자에 의해서 정확하게 수행한다는 것은 알고 있어야 점검 시기가 도래하면 작업의뢰 등을 하여 항공기를 계속 감항성을 유지하도록 적법하게 관리해야 한다.

4) 계기의 배관 또는 동·정압관 연결 작업
정확한 측정 및 지시를 위해선 배관의 정확한 연결이 중요하다. 방진 계기판을 지나 장착된 배관은 방진계기판이 항공기 기체 구조와 상대운동을 한다. 이에 기인하는 배관의 풀림 또는 느슨해짐과 깨짐 등을 피하기 위해 기체의 일부분에서부터 계기까지는 유연호스(flexible hose)로 연결하는데, 연결 후 호스의 장착 상태를 레이션(lay line)으로 확인한다. 유연호스를 사용할 수 없는 경우에는 스테인리스 관이나 동관 등을 코일 모양으로 하여 계기와 연결하여 충격 등에 의한 풀림 등을 방지한다.

27.2.2 누설 확인 작업(동·정압계통 정비 및 시험)

1) 항공기가 우기에 비구름 속으로 비행하는 경우 공기 중에 있는 수분이나 습기가 동·정압계통(pitot-static system) 안으로 들어올 수 있다. 이때 들어와 고인 물은 동·정압비행계기 지시에 부정확하거나 오차의 원인이 될 수 있다. 특히 고였던 물이 만약 비행 중에 고공에서 얼어버리면 심각한 문제가 나타난다. 이는 계속해서 항공기 대기 속도계, 고도계, 승강계, 마하계 및 다른 조종계통에 심각한 문제를 일으킨다.

2) 가능한 침투 방지 및 해결을 위해 많은 계통들이 정비 시에 어떤 습기나 물이라도 제거하기 위해 계통에서 제일 낮은 지점에 배수관(drain)이 설치되어 있다. 이를 주기적으로 배수를 시키면서 관리하여야 한다. 배수관이 없는 항공기에서는 주기적으로 건조한 압축공기 또는 질소로 동·정압관을 통해 불어낸다. 이 작업을 수행하기 전에 반드시 동·정압 계기들을 분리하고 항시 계기 끝단에서 동압과 정압의 배출구 쪽으로 불어낸다. 이 절차대로 작업한 다음에 누설점검을 수행하여야 한다.

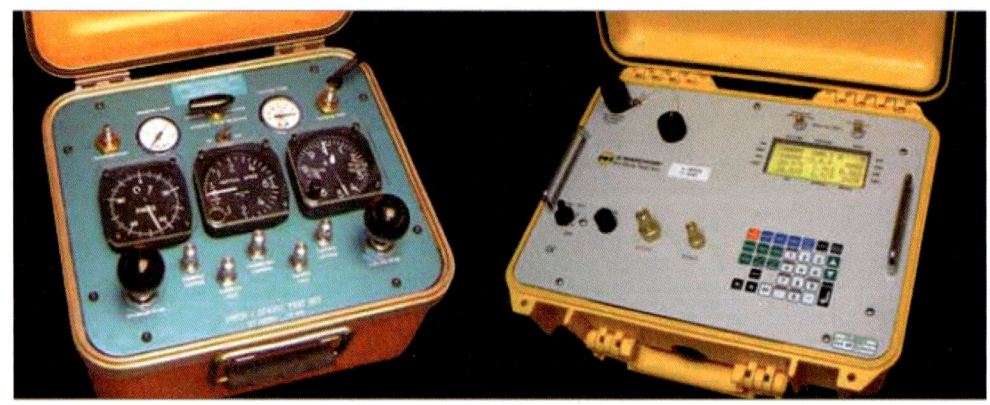

▲ 그림 27-28 아날로그(좌측)와 디지털(우측) 동·정압계통 시험장비

3) 배수관을 갖춘 계통은 누설점검 필요 없이 물을 배출시킬 수 있다. 작업완료 후에 항공기 정비사는 배수관이 닫혀졌는지를 승인된 정비절차에 부합되게 안전하게 장착되어 있는지를 확인해야 한다.
4) 항공기 동·정압계통의 구성품 및 부품의 장탈 및 장착 후 그리고 기능불량이 예상될 때 누설시험을 해야 된다. 계기비행규칙(IFR) 인가를 받은 항공기라면 24개월마다 시험하여야 한다.
5) 그림 27-28과 같이 동·정압 누설검사의 방법은 항공기 형식 및 동·정압계통, 그리고 시험장비에 좌우된다. 본질적으로 시험장치가 정압공 끝단에서 정압계통으로 연결되고 압력은 고도계에서 1,000feet를 지시하는 데 필요한 양만큼 계통에서 압력이 줄어든다.
6) 그다음 계통은 밀봉하고 1분 동안 누설 여부를 관찰한다. 최대 허용치가 100feet 이하이다. 만약 100feet 이상 누설된다면 고장탐구, 즉 누설부위를 찾을 때까지 체계적인 점검을 수행하여야 한다.
7) 대부분 누설은 부속품 연결 부위에서 일어난다. 동·정압계통의 동압부분은 유사한 방식으로 점검된다. 모든 동·정압계통을 점검을 수행할 때 제작사사용법 교범에 따른다.
8) 모든 경우 동·정압 시험장비의 압력 및 진공압력은 항공기 계기 손상을 피하기 위해 천천히 압력을 가하거나 빼내야 한다.
9) 동·정압계통 누설점검 장비는 내부에 내장된 고도계가 있다. 이것은 정압계통 점검을 수행하는 동안 항공기의 고도계와 기능상 상호 비교검토를 하는 데 사용한다. 누설시험이 완료되면 모든 계통이 정상비행형태로 되돌아갔는지 반드시 확인한다.
10) 누설을 점검하는 동안 여러 부분을 필연적으로 차단했던 것 그리고 분리했던 것, 그리고 관련 플러그, 어댑터(adapter), 접착테이프 등을 다시 한 번 점검하고 확인하는 것이 중요하다.

27.2.3 Vacuum/pressure, 전기적으로 작동하는 계기의 동력 시스템 검사 고장탐구

1) 계기의 배선 연결을 계기포스트에 터미널을 가진 배선을 와셔(washer)와 너트(nut)를 이용하여

접속하는 방식과 계기자체에 리셉터클(receptacle)이 준비되어 항공기 계통의 플러그(plug)와 연결하는 방식 등이 있다.
2) 항공기의 전기 배선은 단선 방식(single)이다. 항공기의 구성품의 전원은 단선을 통해서 + 전원을 연결하고 항공기 본체를 접속하여 - 전원을 연결하는 방식이다. 그래서 항공기 부분품의 작동전원의 연결은 + 전원선이 전원으로부터 연결이 되지만 - 선은 항공기 기체를 이용해서 가까이에서 접지를 시켜서 사용하여 흔히들 단선방식이라 한다.
3) 앞서 설명하였듯이 계통의 - 전원이 연결되는 부위인 항공기 본체가 이질 금속으로 연결되어있어 전위차를 없애기 위한 본딩(bonding) 연결이 중요하다. 본딩을 할 경우에 특히 중요한 것은 전해부식인데 이를 방지하기 위해 본드 선을 접속할 경우 재료의 구성이 중요하므로 정비교범대로 본딩 작업 및 점검을 수행한다.

27.3 고도계와 속도계

1) 고도계
   (1) pitot-static tube를 통해 들어오는 정압으로 diaphragm 수축의 변화를 감지하고 이 압력에 상당하는 양만큼의 기계적 수축변화를 가져와 확대부인 gear를 통해 바늘에 전달한다.
   (2) 고도계의 규정
      ① QNH Setting(True Altitude)
         고도 14,000feet 이하의 비행에서 항공기가 출발지의 QNH로 setting하여 출발하고 비행도중 관제탑 등에서 보내진 기압정보에 따라서 QNH setting을 수정하면서 비행
      ② QNE Setting(Pressure Altitude)
         항상 기압 setting을 1기압 29.92in. hg로 하고 모든 항공기가 표준 대기압과 고도 관계에 기초하여 고도를 정하는 방식. 14,000feet 이상에서 적용
      ③ QFE Setting(Absolute Altitude)
         활주로 상에서 고도계가 OFF를 지시하는 것으로, 도중 착륙 없이 같은 비행장으로 되돌아오는 단거리 비행의 경우

2) 속도계(Air Speed Indicator)
   (1) 전압을 피토관으로부터 diaphragm의 내측에 작용하도록 하고 정압 P를 diaphragm의 내측인 계기 case 내부에 작용하도록 하여 그 차압에 의해 diaphragm이 팽창되는 변위를 나타내는 것
   (2) Air Speed의 종류
      ① IAS(Indicated Airspeed)
         pitot tube를 통해 바로 연결되어 지시되는 지시 대기 속도 고도에 따라 공기의 밀도가 다르므로 대기속도 또한 고도에 따라 다르게 된다.

② CAS(Calibrated Airspeed) : 기계적으로 교정
IAS를 기준으로 pitot tube를 장착 position error를 수정한 airspeed 보통 static port 에서 항공기의 air flow의 변화에 의함
고속/저속에서 error 심함
③ EAS(Equivalent Airspeed) : CAS를 기준으로 공기의 압축성을 보상한 속도
④ TAS(True Airspeed)
SSEC(static source error correction)을 수행한 airspeed
PFD(mcp/fcu)에 display되는 airspeed
⑤ Mach : CAS에서 음속과의 비를 나타낸 것으로 고고도에서 속도를 조절
⑥ Ground Airspeed : 바람의 속도를 고려해서 나타내는 airspeed
⑦ VSI(Vertical Speed Indicator)
고도 상승 시 외부 압력이 diaphragm에 들어오게 되어 수축된다. 계기 내의 기압보다 낮기 때문에 시간이 흐르면서 diaphragm의 조그만 구멍을 통해서 외부와 압력이 같아 지면서 팽창된다.
이처럼 상승이나 하강 시 diaphragm의 수축이나 팽창의 정도를 표시해서 나타낸다.

AIRCRAFT MAINTENANCE

V 과년도 구술평가 종합

전기계통 구술평가

01 전기를 공부하는 데 있어서 가장 기본적으로 알아두어야 할 법칙은?
　해설　옴의 법칙(Ohm's Law) $I = E/R$

02 옴의 법칙의 I, E, R은 각각 무엇을 뜻하는가?
　해설　I = 전류(Current), E = 전압(Voltage), R = 저항(Resistance)

03 전기의 힘을 어디로부터 생기는가?
　해설　발전기(Generator), 배터리(Battery), 빛(Photoelectric)

04 전기의 회로는 무엇을 포함하고 있는가?
　해설　우선 전기의 원천, 즉 전원이 있어야 하고 또 전류를 전달하는 도선(전선), 그리고 이 전류를 사용하는 부하(모터나 전구 같은 것)가 있어야 한다.

05 카본 파일이 사용되는 기기는?
　해설　전압 조절기(Voltage Regulator)

06 전기에서 인덕턴스(Inductance)란 무엇을 말하는가?
　해설　A.C 회로에서 코일에 유도된 전압을 말한다. 이 전압은 A.C회로 자체 내의 전압과 반대 작용을 한다.

07 임피던스(Impedance)란 무엇을 말하는가?
　해설　임피던스란 A.C 회로에서 저항, 인덕턴스, 그리고 커패시턴스(Capacitance)를 모두 합한 것을 뜻한다.

08 커패시터(Capacitor)의 역할은 무엇인가?
　해설　전기를 축적해 놓는다.

09 A.C회로에서 커패시턴스(Capacitance)를 나타내는 요소는?
　해설　커패시터(Capacitor)

10 킬로와트(Kilowatt)는 몇 와트인가?

해설 1,000Watt

11 D.C 회로에서 전력을 측정하는 기준 단위는?

해설 와트(Watt)

12 변류기의 기능은?

해설 변압기의 일종으로서 교류 전원 공급 계통에서 발전기의 도선 전류를 감지하여 도선 전류에 따라서 송전 전류를 조절하는 장치이다.

13 D.C 회로에서 저항이 변하지 않은 상태에서 전압이 높아졌다면 전류는 어떤 영향이 있겠는가?

해설 전류가 높아진다.

14 황산납 배터리의 그리드(Grid) 재료는?

해설 납과 10% 안티몬

15 전기선(Electrical Wire)에 아무런 표시가 되어 있지 않을 경우 사이즈를 알아내는 방법은?

해설 와이어 게이지로 재본다.

16 변압기(Transformer)의 기능은?

해설 전압의 전기적 에너지를 다른 전압의 전기적 에너지로 바꾸어주는 장치로서 전압을 올리거나 전압을 내려준다. 변압기는 전기적으로 직접 연결되어있지 않은 2개의 코일이 감겨 있는 철심으로 구성된다.

17 회로 차단기(Circuit Breaker)의 역할은 무엇인가?

해설 전선에 감당치 못할 만큼의 과전류가 들어왔을 때 차단시켜 회로를 보호하고 전선 화재를 예방한다.

18 배터리의 용량 표시는?

해설 배터리의 용량은 AH(Ampere-Hour)로 나타내는데, 이것은 배터리가 공급하는 전류값에 공급할 수 있는 총 시간을 곱한 것이다. 배터리의 용량 검사를 할 때에는 배터리에 부하를 걸어 수행하든지 실제 사용 중에 수행할 수 있다. 일반적으로 항공기의 배터리는 5시간 방전율이 적용되며 반드시 이 검사를 완료한 후에는 배터리를 재충전 해준다.

19 배터리 실(Compartment)의 부식을 막기 위한 방법은?

해설 부식 방지 페인트를 칠한다.

20 니켈 카드뮴(Nickel Cadmium) 배터리의 충전량을 알아보는 데 비중계(Hydrometer)를 쓸 수 없다. 이유는?

해설 니켈 카드뮴(Nickel Cadmium) 배터리의 전해액의 비중은 충전량과 별로 비례하지 않기 때문이다.

21 니켈 카드뮴(Nickel Cadmium) 배터리에 물을 보충할 때의 주의사항은?

해설 광물질이 포함되어 있지 않은 순수한 물이나 증류수를 보충하며 배터리가 완전히 충전된 후 3~4시간 이내에는 물을 보충해서는 안 된다.

22 배터리의 충전법을 설명하라.

해설 배터리를 충전하는 방법으로는 정전류 충전법과 정전압 충전법이 있다.
    가. 정전류 충전법 : 전류를 일정하게 유지하면서 충전하는 방법으로, 한 충전지에 여러 배터리를 동시에 충전할 때는 각 배터리를 직렬로 연결한다. 정전류 충전법에서 최대 충전율은 일반적으로 배터리 용량의 10% 정도로 잡고 있다. 충전기의 전원은 220V나 110V를 사용한다.
    나. 정전압 충전법 : 전압을 일정하게 유지하면서 충전하는 방법이다. 충전기와 배터리는 병렬로 연결한다. 배터리로 공급되는 전압은 강하를 고려하여 12V 배터리의 경우는 14V이고 24V 배터리의 경우는 28V이다.

23 니켈-카드뮴 배터리에서 물은 언제 사용하나?

해설 완전 충전 시

24 전자기 유도(Electromagnetic Induction)란 무엇인가?

해설 자석의 힘으로 전압을 만들어내는 것을 말한다.

25 비중계(Hydrometer)를 사용할 경우 온도는 어느 정도가 적합한가?

해설 70~90°F 사이에서 하는 것이 좋다.

26 전류의 열작용과 가장 관계있는 법칙은?

해설 줄의 법칙

27 항공기용 니켈-카드뮴 배터리의 구조는?

해설 니켈-카드뮴 배터리는 수산화칼륨(KOH) 용액을 전해액으로 하는 알칼리 배터리의 일종이다. 니켈-카드뮴 배터리는 충전 및 방전 시의 화학반응에 전해액인 수산화칼륨 용액이 촉매제의 역할만 하므로 황산납 배터리와는 달리 충전 및 방전 시에 그 비중의 변화는 없다. 따라서 니켈-카드뮴 배터리 용량의 약 90% 정도까지 방전되어도 일정한 전압 특성을 유지한다.
니켈-카드뮴 배터리의 전해액과 황산납 배터리의 전해액은 화학적인 성질이 서로 반대이므로 두 배터리를 동시에 취급해서는 안 되며 모든 용기나 사용 도구도 같이 사용할 수 없다.

28 황산납 배터리(Lead-Acid Battery)의 비중을 알아보기 위해 사용되는 기구는?

  해설 비중계(Hydrometer)

29 완전히 충전된 황산납 배터리의 전해액 비중을 측정할 때 어느 정도가 정상인가?

  해설 1.275~1.300

30 3상 발전기에 있어서 A상에서의 색깔은?

  해설 적색

31 항공기용 황산납 배터리의 구조는?

  해설 황산납 배터리는 산화납인 양극판과 납으로 된 음극판에 전해액인 황산을 첨가함으로써 이들이 화학 반응을 일으킬 때 얻어지는 기전력을 이용하는 배터리이다. 황산납 배터리의 충전 및 방전 시의 화학 반응에 의해 전해액의 비중에 변화를 가져오므로 황산납 배터리의 충전 및 방전 상태는 비중으로 알 수 있다.

32 24V의 황산납 배터리에는 몇 개의 셀(Cell)이 포함되어 있는가?

  해설 하나의 셀이 2V를 갖고 있기 때문에 합계 12개의 셀이 포함되어 있다.

33 D.C 전기 회로의 세 가지 타입은?

  해설 직렬(Series Circuit), 병렬(Parallel Circuit), 직렬 병렬(Series-Parallel)

34 비행기의 위치등(Position Light)은 어디에 위치하며 각기 무슨 색으로 되어 있는가?

  해설 오른쪽 날개 끝에 청색등, 왼쪽 날개 끝에 적색등, 그리고 뒤쪽에서 볼 때 보이도록 백색등이 설치된다.

35 시동 시 전원 극성을 반대로 놓으면?

  해설 회전방향에는 변화 없다.

36 항공기 전원으로 A.C가 D.C보다 나은 점은 무엇인가?

  해설 A.C 시스템에서는 변압기를 사용해서 쉽게 전압을 높이고 낮출 수가 있다. 높은 전압과 낮은 전류를 사용함으로써 전선의 사이즈를 줄이고 동시에 무게도 절감한다.

37 A.C 모터의 속도가 느리다면 이유는?

  해설 전압이 너무 낮거나 내부의 연결이 제대로 되지 않았거나 베어링이 잘 윤활되지 않았다.

38 현대 항공기에 가장 많이 쓰이는 배터리는?

  해설 니켈 카드뮴 배터리

39 A.C 모터가 너무 빨리 회전한다면 이유는?

해설 전압이 너무 높거나 모터의 계자 권선(Field Winding)이 합선되었기 때문이다.

40 비행기의 전기 시스템에 하나의 모터를 추가한다면 추가하기 전에 검토해야 할 것은?

해설 전기선, 회로 보호 시스템들이 이 추가된 모터를 감당할 수 있는지 검토한다.

41 케이블 번들(Cable Bundle : 여러 개의 선을 하나로 묶은 것)을 받쳐주기 위한 도관(Conduit)의 크기는 어떻게 정하는가?

해설 도관의 안지름이 케이블 번들의 바깥지름보다 25% 크게 한다.

42 인버터(Inverter)의 기능은?

해설 정류기(Rectifier)와는 반대로 직류를 교류로 바꾸어주는 장치이다. 인버터는 주 전원이 직류인 항공기에서 교류를 얻기 위해서 사용되고, 교류가 극 전원인 경우에는 비상 교류 전원으로 사용된다.

43 전기스위치를 선택할 때 사용될 전류보다 더 높은 전류 용량의 스위치를 쓰는 이유는?

해설 선이 연결되는 순간 갑작스럽게 들어오는 전류로부터 스위치가 타는 것을 방지하기 위하여

44 전기회로에서 가장 많이 일어나는 세 가지 결함은 무엇인가?

해설 선의 연결이 제대로 안되었다든지 끊어진 것(Open Circuit), 연결되지 않아야 할 것들이 연결된 것(Short Circuit), 전원이 너무 약한 것(Low Power)

45 정류기(Rectifier)의 기능은 무엇인가?

해설 교류 발전기가 주전원인 항공기에서의 직류 전원은 정류기를 통하여 교류를 정류하여 얻는다. 이 경우 직류 전원은 배터리의 충전 및 직류 전원을 필요로 하는 계기등의 작동에 이용된다.

46 발전기의 정격과 기능은 어디에 쓰여 있는가?

해설 Name Plate에 찍혀 있다.

47 정속 구동 장치(Constant Speed Drive)의 기능은?

해설 정속 구동 장치는 항공기 엔진의 구동축과 발전기 사이에 장착되어 엔진의 회전수에 관계없이 항상 일정한 회전수를 발전기 축에 전달하게 한다. 따라서 엔진의 회전수에 관계없이 일정한 출력 주파수를 내게 하는 장치이다. 그리고 교류 발전기가 병렬 운전할 때에 각 발전기에 부하를 균일하게 분담시켜 주는 역할도 한다.

48 D.C Motor는 어느 부분으로 나뉘어져 있는가?

해설 회전자(Armature), 필드(Field), 브러시(Brush), 프레임(Frame)

49 24V Battery에 연결된 항공기 발전기의 모선전압은?

해설 28V

50 직류 발전기의 종류는?

해설 직류 발전기는 계자 권선과 외부 회로인 부하와의 연결 방법에 따라 다음과 같이 분류한다.
가. 직권형 직류 발전기 : 계자 권선과 부하가 직렬로 연결되어 부하의 증가에 따라 출력 전압이 증가하므로 시동성이 좋다.
나. 분권형 직류 발전기 : 계자 권선이 부하와 병렬로 연결되어 있기 때문에 부하의 변화에 관계없이 출력전압을 일정하게 유지할 수 있다.
다. 복권형 발전기 : 직권형과 분권형을 동시에 가지는 직류 발전기로서 두 가지의 직류 발전기의 장점을 살려 일반적으로 많이 이용되는 직류 발전기이다.

51 교류 발전기(Alternator)의 주파수는 엔진의 속도와 상관없이 어떻게 하여 변하지 않는가?

해설 CSD(Constant Speed Drive)를 엔진과 교류 발전기 사이에 설치함으로써

52 역전류 차단기의 역할은?

해설 역전류 차단기는 발전기가 고장이 났거나 출력 전압이 너무 낮아 전류가 배터리에서 발전기로 역류되는 것을 방지하는 기기이다.

53 터빈 엔진에 많이 쓰이는 스타터 제너레이터(Starter-Generator)란 무엇인가?

해설 한 시스템 안에서 시동 시에는 스타터와 시동 후에는 제너레이터 구실을 다하는 것이다.

54 전선의 온도가 증가하면 전류의 크기는 일반적으로 어떻게 되는가?

해설 감소한다.

55 동기 회전자식 회전계에서 A, B를 서로 바꾸면 일어나는 현상은?

해설 반대로 지시한다.

56 가동 코일의 눈금은?

해설 균등 눈금 가동 코일형 : 가동 코일형의 회전각은 전류의 크기에 비례한다.

57 직렬저항 3개와 Amperemeter를 직렬로 연결 시 Amperemeter가 2A로 지시한다면 회로에 흐르는 총 전류는?

해설 2A

58 오실로스코프로 측정하지 못하는 것은?

해설 코일의 Q

59 동기 회전실 로터(Rotor)는?

　해설　영구자석

60 Ω/V란?

　해설　1V당 내부 저항을 의미

61 전기 용량식에서 최단부를 지시하는 이유는?

　해설　Tank Capacitor의 Short

62 테스터(Tester)로 측정 시 지시치는?

　해설　실효값 지시

63 교류 저항의 단위는?

　해설　임피던스

64 R, L, C 회로에 DC 24V를 가하면?

　해설　C의 양단에 24V가 걸린다. C는 직류를 흘리지 못하고 C의 양단이 Open된 것과 같다.

65 10KΩ/VDC의 계기를 사용하여 최대 눈금이 10mA를 지시하는 직류 전류계를 만드는 데 필요한 분류 저항의 값은?

　해설　111.1Ω

66 회로에서 SW Open할 때 불꽃이 튀는 이유는?

　해설　역 기전력 때문에

67 Static Discharger를 설치한 이유는?

　해설　항공기에 축적된 정전기를 방출하여 통신 장애를 방지하기 위해

68 Wheatstone Bridge의 Lead Line이 Cut되면?

　해설　최대 지시, 저항식 온도계에 대부분 휘스톤 브리지가 사용된다.

69 전류계의 확대 시 사용되는 것은?

　해설　분류기

70 50AH를 시간당 10A를 소모한다면 몇 시간 사용하는가?

　해설　5시간

71 전력의 공식은?

> 해설 $P = E^2/R$

72 서미스터의 온도가 올라가면 저항은?

> 해설 저항은 감소한다.

73 완전히 충전된 Lead-Acid Battery의 전해액(Electrolyte) 비중을 측정할 때 어느 정도가 정상인가?

> 해설 1.275~1.300

74 비행기의 전기선 Size를 선택할 때 염두해야 할 점은?

> 해설 Power Loss(Power 손실), Voltage Drop(전압 강하), Current-Carrying Ability(얼마만큼의 전류를 전달할 수 있는가)

75 비행기에서 A.C가 D.C보다 나은 점은 무엇인가?

> 해설 A.C 시스템에서는 V는 Transformer(변압기)를 사용해서 쉽게 높이고 낮출 수가 있다. 높은 전압과 낮은 전류를 사용함으로써 전기선의 사이즈를 줄이고 동시에 무게도 절감한다.

76 Generator의 Brush에서 Arcing(스파크가 일어나는 것)이 심할 때 무엇을 의심해야 하는가?

> 해설 Commutator가 더럽거나 원 모양에서 벗어났을 때, 또는 Brush 스프링이 약해졌을 때

계기계통 구술평가

01 피토-정압(Pitot-Static) 계통과 연관된 세 개의 계기는?
해설 속도계(대기속도계 Airspeed Indicator), 고도계(Altimeter), 승강계(Vertical Speed Indicator)

02 피토-정압(Pitot-Static) 계통과 연관된 부품을 바꿨을 때 어떠한 점검이 필요한가?
해설 누출검사(Leak Test)

03 부르돈관(Bourdon Tube)이란?
해설 고압인 오일, 작동유, 연료 등의 압력을 수감하는 요소로 부르돈관을 사용한다. 부르돈관은 압력을 받으면 외부로 팽창하려는 변위가 생긴다. 이 변위를 기어로 연결하여 전달용 동기 계통의 회전축을 회전시키게 된다.

04 열전대식(Thermocouple Type) 실린더 헤드 온도계의 연결선을 끊어내면 그 지시치는?
해설 계기 주위의 온도를 지시한다.

05 자이로스코프(Gyroscopic) 계기는 어떤 동력원으로 작동되는가?
해설 Vacuum, Electricity, Air Pressure

06 계기의 범위 표시(Range Marking)는 어디에 표시되어 있는가?
해설 계기의 유리(Cover Glass) 둘레

07 비행기가 선회를 할 때 전기 자이로 로터(Rotor)가 기우는 것을 무엇이라 하는가?
해설 자이로 세차성(선행성 Gyroscopic Precession)

08 비행기 계기에 범위를 표시하는 것은 무엇을 기준으로 하는 가?
해설 항공기 명세표(Aircraft Specification) 또는 TCDS(Type Certificate Data Sheet)

09 계기에 범위 표시 외에 또 한가지 표시해야 할 것은?
해설 인덱스 마크(Index Mark) : 덮개 유리(Cover Glass)가 비틀려 돌아갔을 때 이를 알 수 있게 한다.

10 싱크로 타입 원격 지시계통(Synchro Type Remote Indication System)이란 무엇인가?

해설 부분의 움직임, 예를 들어 랜딩기어의 위치, 플랩의 위치를 전기 시스템을 사용하여 계기로 읽을 수 있도록 하는 시스템이다. 주로 제일 많이 쓰이는 종류는 오도신(Autosyn), 셀신(Selsyn) 그리고 마그네신(Magnesyn) 등이 있다.

11 왕복 엔진 크랭크 샤프트(Crankshaft)의 회전 속도를 나타내는 계기는?

해설 타코미타(Tachometer)

12 전기식 회전계에 사용되는 지시계는?

해설 동기 전동기(Synchronous Motor)

13 마그네틱 컴퍼스(Magnetic Compass)는 액체로 채워져 있으며 거품이 있거나 색깔이 변하면 안 된다. 액체를 쓰는 목적은 무엇인가?

해설 컴퍼스가 이리저리 흔들리는 것을 줄이기 위하여, 즉 Damping 역할

14 승강계란?

해설 고도의 변화에 다른 대기압의 변화를 이용한 것이다.

15 여압 장치가 있는 항공기의 설계 순항 고도에서 객실 고도는 대략 얼마인가?

해설 8,000피트

16 연료 탱크 안의 연료량을 전자 시스템으로 알 수 있는 방법은?

해설 커패시터형 연료량 시스템(Capacitor Type Fuel Quantity System)으로 알 수 있다.

17 컴퍼스 스윙(Compass Swing)이란 무엇인가?

해설 컴퍼스의 남북 또는 동서를 조절하여 줌으로써 비행기 자체 내에서 발산되는 자장의 힘으로 영향 받는 것을 최대한 줄인다.

18 엔진이 꺼져 있는 상태에서 매니폴드 압력 게이지(Manifold Pressure Gage)는 무엇을 나타내는가?

해설 현재의 대기압력

19 터빈 엔진의 EGT(Exhaust Gas Temperature)를 계기에 전달하는 데 이용되는 것은?

해설 서모커플(Thermocouple) 시스템

20 고도계를 QNE 방식으로 조정하면 어느 고도를 가리키는가?

해설 기압고도(압력고도)

21 표준 해면 기압에 맞추어진 상태에서 고도는 어떤 고도인가?
　해설　기압고도(압력고도)

22 동압과 정압을 동시에 사용하는 계기는?
　해설　속도계(대기속도계)

23 계기의 색표지 중 황색 호선의 의미는?
　해설　경계, 주의, 경고범위

24 왕복 엔진에서 실린더 헤드 온도계, 회전계 및 흡입 압력계와 같은 엔진 계기에 표시하는 것으로 안전 운용 범위를 표시하는 계기의 색 표시는?
　해설　푸른색 호선(청색 호선)

25 여압 장치가 되어 있는 항공기에서 객실 고도는 무엇에 제한을 받는가?
　해설　기체 구조의 강도

26 속도계(대기속도계)는 어떻게 작동하는가?
　해설　전압과 정압의 차를 이용한다.

27 열전대식 온도계에서 내부 온도를 보상해주는 것은?
　해설　Negative 저항

28 VMO Pointer란?
　해설　Maximum Allowable Airspeed(Max Operating Point) 항공기가 안전하게 최대로 날 수 있는 속도이다. 무게, 고도에 다르다.

29 기압식 고도계의 주요 오차는?
　해설　탄성 오차

30 가동 철편형에서 Spring 탄성에 대한 오차는?
　해설　온도 오차

31 승강계의 Pin Hole이 적으면?
　해설　예민하고 지연 시간이 길다. 온도가 높을 때는 모세관의 Pin Hole을 좁혀 공기의 흐름을 방해한다.

32 경사 선회계의 선회율은?

> **해설** 선회 중 1폭이 떨어져 있으면 1 Needle Turn이고 360° 선회 시 2분 소요 혹은 4분 소요

33 열전대는 무엇을 이용한 것인가?

> **해설** Seebeck Effect : 재질이 서로 다른 열전대 소자로 폐회로를 만들고 두 접합 점 사이에 온도차를 두면 폐회로에 기전력이 발생한다.

34 Slaving Torque Motor의 역할은?

> **해설** Flux Valve와 Flux Valve Synchro가 동조될 때까지 방향 자이로의 수직축에 섭동(선행성)에 의한 회전을 준다.

35 계기의 구비요건은?

> **해설** 정확성, 경량, 소형, 내구성

36 분압기와 관계 있는 전압계는?

> **해설** 정전형 전압계

37 열전대형 전류계의 특징은?

> **해설** 파형 오차가 없고 주파수 특성이 좋고 직·교류의 실효값 지시

38 기압 고도계의 내부 센서는?

> **해설** Aneroid 대기속도계는 Diaphragm, 마하계는 Diaphragm과 Aneroid 사용

39 정류형 계기의 지시는?

> **해설** 실효값(정류형은 다이오드가 브리지 모양으로 되어 있으며, 보통 가동 코일형 계기에 내장, 전압 눈금은 거의 평등 눈금에 가깝고 교류에 사용한다.)

40 Vibrator의 목적은?

> **해설** 마찰 오차 제거

41 탄성 압력계의 수감 부로는 어떤 종류가 있는가?

> **해설** 다이아프램, 벨로우, 부르돈관

42 절대고도란?

> **해설** 항공기로부터 그 당시의 지형까지의 거리 QFE, Radio Altimeter의 지시값과 같다.

43 방진 Mount의 역할은?
  해설 진동과 충격 방지

44 전류계 내의 저항에 흐르는 작은 전류를 측정하는 장비는?
  해설 Milliammeter

45 자이로의 강직성을 증가시키기 위한 방법은?
  해설 로터를 무겁게, RPM 증가, 외부 모멘트 증가

46 자이로의 편류 오차를 수정하는 것은?
  해설 Flux Valve

47 RPM Indicator의 지시는?
  해설 Tachometer Generator에 의해 지시

48 압력 계기의 Vent Hole의 목적은?
  해설 계기 주위 객실 기압을 적용

49 Standby Compass의 최대 허용 오차는?
  해설 ±10°

50 해면 기압 보정이란?
  해설 QNH 그 당시의 해면 기압을 기압 눈금에 Set하는 방식으로 진고도(True Altitude)를 지시한다.

51 송수신부가 Y 결선으로 이루어진 것은?
  해설 Autosyn

52 EGT 측정 시 사용되는 열전대의 재질은?
  해설 알루멜-크로멜

53 3축 자이로를 이용한 것은?
  해설 DG(Directional Gyro)와 GH(Gyro Horizon)

54 최대·최소 운용 한계의 표시는?
  해설 적색 방사선

55 Bimetal의 재질은?
해설 철과 황동

56 교류전원을 필요로 하지 않는 것은?
해설 Desyn

57 마그네신(Magnesyn)과 오토신(Autosyn)은?
해설 마그네신은 영구자석, 오토신은 전자석

58 자이로의 강직성이란?
해설 외력이 가해지지 않는 한 일정한 방향을 유지하려는 자이로의 성질

59 승강계에서 Pin Hole의 구멍이 작아지면?
해설 민감하고 지시 지연 시간이 길다.

60 승강계의 지시 지연을 수정한 방식의 승강계는?
해설 IVSI(Instantaneous Vertical Speed Indicator)

61 전기 저항식 온도계의 전원이 감소하면?
해설 원칙적으로 변화 없다.

62 오토신의 전원이 차단되면?
해설 그 당시 제자리 지시

63 HSI는?
해설 방향 지시계(Horizontal Situation Indicator)

64 진공관 전압계는 무엇을 이용한 것인가?
해설 검파 작용을 이용

65 선회계는 무엇을 지시하는가?
해설 선회 각속도

66 경사 선회계는 어떤 성질을 이용한 것인가?
해설 섭동성(선행성)

67 HSI의 지시는?

　해설　방향, 위치, 희망 코스

68 전기 저항계에서 회로가 단선되면?

　해설　최상 지시

69 지자기를 탐지하여 전기적 신호로 변환하는 것은?

　해설　Flux Valve

70 EICAS?

　해설　엔진 지시계통, 경보 및 경고등을 Display(Engine Indicating And Crew Alerting System)

71 PFD란?

　해설　기존 항공기의 ADI 기능을 Display하는 것으로써 항공기의 자세, 속도, 고도, ILS 관련 정보를 Display(Primary Flight Display)하는 것이다.

72 계기의 색표지 중 적색 방사선의 의미는?

　해설　최대 · 최소 운용 한계 범위

73 Static Pressure를 감지하는 Port는 항공기의 동체를 중심으로 양쪽에 연결되어 있는데, 그 이유는?

　해설　선회 시 오차를 줄이기 위해

74 차동 싱크로(Synchro)의 역할은?

　해설　수신부와 송신부의 변위 차를 지시한다.

75 ADI의 지시는?

　해설　자세를 지시하며 Flight Director를 지시(Attitude Director Indicator)

76 일정 고도까지의 온도는?

　해설　$T℃ = T_0 - 0.0065H(T_0=15℃, H=고도)$

77 Pitot Tube가 누설되면 속도계의 지시는?

　해설　적게 지시한다.

78 표준 대기압 상태에서 0.7Mach는 몇 Knots인가?

　해설　436Knots

79 전기 계기들의 Armature의 흔들림에 의한 손상을 방지하기 위한 보관 방법은?

해설 입력의 두 단자를 굵은 도선으로 연결하여 보관한다.

80 계기의 색 표시(Color Marking)의 목적은?

해설 운용 한계, 경고, 경계 등을 표시한다. 승무원의 신속한 상황판단을 위하여 Dial이나 유리면 위에 색채로 표시한다.(최저·최대 운용 한계, 경계, 경고, 상용 안전 운용 범위 등)

항공정비사

유압계통 구술평가

01 작동유가 "밀폐된 용기에 채워진 유체에 가해진 압력은 모든 방향으로 감소됨 없이 동등하게 전달된다"는 원리는?

해설 파스칼의 법칙

02 유압의 특징을 설명하라.

해설 가. 유압계통의 중량에 비해서 큰 힘과 동력이 얻어지고 조절하기 쉽다.
나. 작동 또는 조작 시, 운동 방향의 조절이 용이하고 반응 속도도 빠르다.
다. 운동 속도의 조절 범위가 크고 무단 변속을 할 수 있다.
라. 원격 조정(Remote Control)이 용이하다.
마. 과부하에 대해서도 안전성이 높다.
바. 회로구성이 간단하다.
사. 한편 이 장치에는 다음과 같은 단점이 있다.
아. 작동액이 누출(Leak)되면 기능이 저하될 수 있다.
자. 기계적 가동부가 마모하여 성능을 저하시키고 작동유를 오염시킨다.
차. 작동액의 온도 상승에 따른 점성의 변화, 구조 부분의 변형 등에의해서 조절 정밀도가 감소되기 쉽다.
카. 파이프(Pipe) 등의 접속 부분에서 작동유가 누출되기 쉽고 작동액이 연소되는 위험이 있으며 정비시 시간이 많이 소모된다.

03 유압의 이점은 무엇인가?

해설 가. 작은 힘으로 큰 힘을 얻는다. 유압 재크를 상상해 보라.
나. 작동부분의 운동방향 전환이 용이하다.
다. 중량이 가볍다.
라. 힘 전달이 용이하다.

04 유관 내에서 정류와 와류를 설명하라.

해설 작동유가 도관 내를 흐를 때는 표면과 마찰로 인하여 저항이 생긴다. 이것은 힘 손실을 가져오는 원인이 되는 것이다. 유관 내에서의 작동유 흐름은 정류와 와류로 흐르게 되는데, 유관 내에 작동유가 흐르기 시작할 때는 정류(일정한 흐름)로 흐르지만, 속도가 한계점을 지나면 와류로 바뀌어 흐르게 된다.
유관이 유선형 통로가 유지되지 않으면 작동유는 유관벽과 마찰 저항이 크게 되므로 힘 손실을 가져온다. 그러기 때문에 기술자가 항공기 유압계통을 설계할 때는 다음 사항을 고려해야 한다. 즉, 일의 양, 일에 소요되는 힘, 유관의 종류 선택, 유관의 치수, 작동유의 비중 및 점도 등을 고려해야 한다.

05 작동 유압이 오리피스나 제한기 및 벤츄리를 통하여 흐를 때 어떤 현상이 생기는가?

해설 오리피스 제한기 및 벤츄리에서의 작동유 흐름 저항은 큰 통로에서 좁은 통로로 바꿔져 흐를 때와 작동유의 흐름 속도가 증가 될 때 와류가 발생되기 때문에 생기는 것이다. 벤츄리에서 작동유가 흐를 때는 돌연히 유체 흐름이 바꿔지지 않으므로 저항이 없으며 또한 와류로 흐르지 않기 때문에 힘 손실도 적은 것이다.

유체가 벤츄리를 통할 때는 속도가 증가되고 압력은 반면에 감소된다. 이 원리는 항공기 유압 저장통의 여압장치로 이용되고 있다.

또한 작동유가 오리피스와 제한기를 통하여 흐를 때는 유량이 제한되고 힘이 감소된다. 그러기 때문에 항공기의 작동계통(예 : 바퀴다리 혹은 속도제동기)중 속도 운동을 하는 기계장치 작동유 유선에는 오리피스나 제한기를 설치하여 작동속도를 감소시켜 기계장치의 파손을 방지한다.

06 유로 내에 흐르는 작동유의 압력손실에 영향을 주는 요소에 대하여 설명하라.

해설
가. 점도가 낮은 작동유일수록 압력손실이 증가한다.
나. 관의 직경과 길이 : 지름이 큰관보다 작은관이 압력손실이 크고, 작동유가 흐르는 거리가 길수록 압력손실이 증가한다.
다. 흐름속도 : 흐름속도가 증가할수록 압력손실이 증가한다.
라. 층류와 난류 : 층류보다 난류가 압력손실이 크다.
마. 오리피스 : 단면이 급격히 작아지는 오리피스를 통과하면 속도 증가로 압력손실이 증가한다.

07 작동유 중 인화점이 높고 내화학성이 커 많은 항공기에 주로 사용하는 작동유는?

해설 합성작동유

합성작동유는 스카이드롤(민항공기용)과 MIL-H-83282(군항공기용)가 있으며 스카이드롤의 규격은 MIL-H-8466으로서 불연성이 강하고 윤활성이 양호하며 작동 온도 범위(-65~255 °F)가 넓고 내식성이 크므로 광물성에 비해 많은 장점을 갖추고 있다. 이 액체는 엷은 자색(등급이 다른 것은 Green 또는 Amber)으로 착색되어 있다. 그러나 스카이드롤은 대기 중의 수분에 오염되기 쉽고 용기는 꼭 맞게 밀봉해야 하는 등 단점이 있다. 이 액체는 염화물 (Polyvinyl Chloride)을 부식시키고 절연을 손상시키기 때문에 전선 위에 누출시켜서는 안 된다. 또 에폭시(Epoxy) 또는 폴리우레탄(Polyurethane) 이외의 항공기용 마무리 페인트(Paint)를 부풀게 한다. 이 액체를 사용하는 계통에는 부틸, 실리콘 고무(Silicone Rubber) 또는 테프론 시일(Teflon Seal)을 사용해야 하며 세척은 트리클로로에틸렌(Trichloroethylene)을 이용한다.

스카이드롤은 350°F(176.7℃) 이상의 온도에서는 분해되어 티타늄 등을 부식시키므로 이 액체가 기체를 오염시키는 것을 피해야 만 한다. 또 인체에 대해서는 강한 자극성이 있고 피부에 묻은 경우는 비누로 세척한다. 특히 눈에 들어갔을 때에는 즉시 물에 세척하고 의사의 치료를 받아야 한다.

화재방지 합성작동유 MIL-H-83282는 점성향상제 첨가물이 없는 한 등급의 합성 탄화수소를 포함하며 -40℃~135℃(-40°F~275°F)의 범위에서 각종 유압계통에 사용된다. 대부분의 USAF(United States Air-Force) 항공기는 MIL-H-5606(광물성 작동유) 대신에 MIL-H-83282로 전환하여 사용하고 있다.

08 어떤 장비가 고무시실(Plain Rubber Seal)을 사용했을 때 사용해야 할 작동유는?

> **해설** 식물성유
> 식물성 작동유는 피마자유(Castor Oil)와 알콜을 혼합한 것으로 청색으로 착색. 이 액체는 천연 고무 시일이 사용 가능하고 계통을 알콜로 세척할 수 있다. 가연성이므로 고온에서는 사용할 수 없다. 이 작동유는 점도에 따라 두 가지 등급으로 나누어지는데 그 식별은 다음과 같다. MIL-H-7644C 겨울용, MIL-H-7644A 여름용 오늘날 항공기나 장비의 유압계통에는 식물성 작동유를 사용치 않는다. 왜냐하면 사용온도 범위내에서 물리적 변화가 일어나 찌꺼기가 생기기 때문에 유압 부분품의 고장을 빈번히 발생되게 한다.

09 유압계통에서 압력조절기(Pressure Regulator)의 기능은?

> **해설** 압력조절기는 정량펌프의 과부하를 풀어주는 것이다. 계통의 압력이 설정된 최대값에 달하면 압력조절기가 열리고 동력 펌프에서 방출된 작동유를 저장통으로 되돌린다. 계통 압력이 최저값까지 내려갈 경우는 압력조절기가 닫히고 동력 펌프에서 방출된 작동유는 계통으로 보내진다.

10 유압계통에서 축압기(Accumulator)란 무엇인가?

> **해설** 가. 압력 유체의 형태로 에너지를 축적하고 압력 매니폴드 내를 고압으로 유지하며 최고 부하 시에 동력 펌프를 도와 일시적으로 작동유를 공급한다.
> 나. 동력 펌프가 고장난 경우에 일정량의 압력 작동유를 작동장치에 공급한다.
> 다. 동력 펌프가 방출한 작동유의 맥동에 의해 생겨난 압력 서어징을 완화시킨다.
> 라. 각 계통이 작동했을 때 작동유의 압력 서어징을 흡수한다.
> 마. 압력 조절기가 과도로 단속되는 것을 마곡 펌프나 압력조절기의 마모를 적게 한다.
> 바. 펌프에서 작동 부분까지의 거리가 긴 경우, 작동부분에 가까운 어큐뮬레이터가 일시적으로 국부적인 압력 감소를 막고 반응이 양호하게 한다.

11 유압계통에서 핸드 펌프(수동펌프)란 무엇인가?

> **해설** 항공기의 유압계통은 모두 수동펌프를 갖추고 있다. 이것의 첫 번째 목적은 동력 펌프가 고장난 경우에 비상용 펌프로써 유압계통을 작동시키고 두 번째는 유압계통을 지상에서 시험하는 경우, 다른 동력원을 이용하지 않고 계통을 작동시키기 위해서이다. 수동펌프는 전부 수동으로 왕복운동을 하게 하는 피스톤형의 펌프가 있고 싱글 액션 펌프와 더블 액션 펌프의 2종류로 크게 나뉜다. 싱글 액션 펌프는 피스톤의 한 방향의 행정만으로 작동유가 움직이고 더블액션 펌프는 양 행정으로 작동유가 움직인다. 항공기 유압계통에는 효율이 좋은 더블 액션 펌프가 많이 사용되고 있다. 이밖에 피스톤 이동식 수동펌프가 있다.

12 유압계통의 작동원리는?

> **해설** 유압계통의 작동원리는 "밀폐된 용기 내에 있는 액체의 어느 일부에 가해진 힘은 어느 곳에나 그대로 전달되고 힘의 방향은 작용면에 직각이다"라는 파스칼의 원리에 두고 있다.

13 비행기 유압 시스템에 사용하는 작동유의 종류를 선택하는 방법은?

> **해설** 정비교범(Maintenance Manual) 또는 작동유 리저버(Fluid Reservoir)에 쓰여 있다.

14 비행기 유압 시스템에 맞지 않는 작동유를 사용했다면 어떤 결과를 초래할 수 있는가?

> **해설** 시일(Seal)이 녹거나 경화되거나 하여 시스템 전체의 손상을 초래할 수 있다.

15 고압유계통의 배관을 할 경우 굽혀진 부분의 외경은 관의 직경에 비해서 대체로 어느 정도 이상 되어야 하는가?

> **해설** 75%

16 패킹의 재질에는 어떤 것이 있는가?

> **해설** 식물성 작동유에 사용되는 천연 고무와 광물성 작동유에 사용되는 네오프렌(Neoprene) 합성고무, 부틸(Butyl) 합성고무 등이 있으며 어떤 작동유에는 테프론(Teflon)을 사용한다.

17 패킹과 개스킷의 차이점은?

> **해설** 패킹은 움직이는 부품 사이에 밀폐용으로 사용하고 개스킷은 고정된 부품 사이의 밀폐용으로 사용한다. 또한 시일은 고정되거나 움직이는 부품과 부품 사이의 틈을 밀폐시키는 데 사용

18 호스에 기계적인 로드(Load)가 발생할 경우 일반적으로 장착하면 안 된다. 연성호스를 장착할 때는 압력을 가하고 발생할 수 있는 길이 변화를 보상하기 위한 방법은?

> **해설** 연성호스에 압력이 가해지면 길이가 수축하고 직경이 확장된다. 모든 연성 호스를 과도한 열기로부터 보호하기 위하여 영향을 받지 않도록 튜브 위치를 조정 하거나 튜브 주변에 슈라우드(Shroud)를 장착한다. 그리고 장착시 총길이의 5~8%의 여유를 준다.

19 개스킷(Gasket)의 재질에는 어떤 것이 있는가?

> **해설** 개스킷의 재질로는 배기 계통 등의 고열에 견디는 데 쓰이는 석면과 점화플러그에 쓰이는 구리, 엔진 크랭크 케이스와 보기류의 거친면, 팽창과 수축으로 인하여 공간이 불균일해지거나 변하는 곳에 쓰이는 코르크, 그리고 압축성의 개스킷이 필요한 데 쓰이는 고무 등이 있다. 고무는 가솔린이나 오일이 접하는 면에는 쓰이지 않는다.

20 축압기에 공기를 보급할 경우는 언제인가?

> **해설** 계통에 압력이 없을 때

21 여과기(Filter)에 이 물질이 끼어 작동유가 통과하지 못할 경우 어떻게 되는가?

> **해설** By-Pass Valve를 통하여 필터를 우회하여 흐른다.

22 유압라인을 잠시 분리시켰을 때 해야 할 일은?

> **해설** 공기가 통하지 않도록 즉시 뚜껑을 씌워준다.

23 광물성 작동유(Mineral Base Fluid)는 무슨 색깔인가?
   해설 적색(Red)

24 현대 항공기 유압장치에 쓰이는 유압 작동유의 세가지 종류는?
   해설 식물성(Vegetable Base), 광물성(Mineral Base), 합성유(Phosphate Ester Base)

25 고유압계통에 축압기를 두는 이유는?
   해설 모든 고유압계통에 적절한 유압을 유지시키기 위해

26 백업링(Back Up Ring)의 역할은?
   해설 O링은 1,500psi 이상의 압력에서는 찌그러지므로 이를 방지하기 위하여 백업링(테프론)을 사용한다. 압력이 한쪽 방향으로 작용하면 한쪽만 장착하고 양쪽 방향으로 교대로 작용하면 양쪽에 장착한다. V링은 왕복하는 피스톤인 경우에 2벌을 장착한다.

27 유압 호스의 저장 기한은?
   해설 4년

28 뉴메틱 시스템을 종종 퍼지(Purge) 해야 하는 이유는?
   해설 수분이나 오염된 것을 제거하기 위하여

29 시일(Seal)의 저장 기간은?
   해설 시일은 과열되거나 강한 바람, 습기와 먼지 등이 없고 서늘하고 건조한 어두운 곳에 저장하며 5년 이상의 저장은 금지한다.

30 축압기의 역할은?
   해설 축압기는 여러 가지 유압기계 장치가 동시에 작동할 때 펌프를 돕고 펌프가 작동하지 않을 때 유압 기계 장치의 작동을 돕는다. 그리고 유압계통의 압력 파동을 완화시켜주며 계통의 최소 허용 누출량을 보충해준다. 종류에는 다이아프램형 축압기, 블래더형 축압기, 피스톤형 축압기 등이 있다.

31 대형 항공기의 착륙 완충장치의 오레오 스트러트는 접지 시 충격에 대한 완충 효율은 얼마인가?
   해설 75%

32 유압 리저버를 가압하는 방법은 어떤 것들이 있는가?
   해설 기체 내의 여압계통으로부터 공기를 끌어오는 것이 있고 또 엔진의 압축기의 공기를 이용하는 방법이 있다.

33 압력조절기의 역할은?

해설 압력조절기는 표시된 최고와 최소의 압력 범위에서 계통의 작동 압력을 자동적으로 유지시켜준다. 즉, 펌프는 계속적으로 작동되기 때문에 계통내의 압력이 너무 높아질 때 압력을 작동유 탱크로 귀환시키도록 설치된다.

34 고압 계통의 액츄에이터(Actuator)의 작동 소요 시간은?

해설 펌프 용량에 반비례한다. 펌프의 회전속도가 클수록 짧다.

35 밀폐된 유압(Closed Hydraulic) 시스템 내의 언로딩 밸브(Unloading Valve)의 역할은 무엇인가?

해설 시스템이 유압이 필요치 않을 때 펌프에서 리저버로 작동유가 다시 되돌아가도록 하는 밸브이며 압력 조절기(Pressure Regulator) 역할을 하기도 한다.

36 압력 릴리프 밸브의 역할은?

해설 압력 릴리프 밸브는 압력이 제한되어 있는 유압계통이 제한압력 이상으로 상승하는 것을 방지하는데 사용하도록 설계된 것이다. 즉, 항공기 유압계통의 압력이 규정값 이상으로 상승하는 경우 유압부품 또는 튜브가 파손되는 것을 방지하기 위하여 유압을 귀환튜브로 귀환시키는 작용을 한다.

37 리저버의 스탠드 파이프(Stand Pipe)의 역할은?

해설 동력 펌프 고장 시에 수동펌프에 이용될 예비량을 저장한다.

38 날개 플랩 오버로드 밸브(Wing Flap Overload Valve)의 역할은 무엇인가?

해설 빠른 속도의 비행 상태에서 플랩이 내려갔을 때, 구조적으로 손상시키는 것을 방지하는 밸브이다.

39 첵크 밸브(Check Valve)의 기능은?

해설 첵크 밸브는 한쪽 방향으로는 자유롭게 흐를 수 있으나 반대쪽 방향으로는 유량을 제한하거나 차단하도록 하는 밸브이다. 작동은 기계적인 것과 완전 자동되는 것이 있다.

40 시퀀스 밸브(Sequence Valve)의 기능은?

해설 시퀀스 밸브는 2개 이상의 엑츄에이터를 정해진 순서에 따라 작동되도록 유압을 공급하기 위한 밸브로서 타이밍 밸브(Timing Valve)라고도 한다. 한 엑츄에이터가 작동을 완료하면 이 밸브가 열려 다음의 다른 엑츄에이터가 작동되도록 해 준다.

41 셔틀 밸브(Shuttle Valve)의 기능을 설명하시오.

해설 정상 유압동력계통에 고장이 발생하였을 경우에 비상 계통을 사용할 수 있도록 해주는 밸브이다. 계통 내의 유압이 정상인 경우에는 작동유가 정상 동력계통으로부터 입구로 들어와 출구를 통하여 엑츄에이터에 공급된다. 정상 동력계통에 고장이 발생하여 계통 내 유압이 낮아지면 비상 입구에 연결된 비상용 유압이나 공기압에 의하여 셔틀이 왼쪽으로 밀린다. 따라서 밸브는 정상 흐름 입구를 막아주어 비상계통의 유압이나 공기압이 정상계통으로 들어가는 것을 방지하고 출구를 통하여 계통이 작동되도록 한다.

42 유압 퓨즈(Hydraulic Fuse)의 기능은?

　해설　유압 퓨즈는 어떤 부분에서 작동유가 누설되는 경우 전체 유압계통의 작동유의 누설을 방지하는 부품이다. 전기퓨즈와 같은 원리로 규정값보다 많은 양의 작동유가 퓨즈를 통해 지나가면 유압 퓨즈가 차단되어 흐름을 방지한다. 따라서 유압 퓨즈를 유량 측정 퓨즈라고도 한다.

43 Nose Landing Gear Shock Strut의 Centering Cam의 목적과 Towing 시 고려하여야할 사항은?

　해설　Centering Cam은 항공기 이륙 후 Nose Landing Gear가 동체 안쪽으로 Retract 시 방향을 유지하여 안전하게 바퀴실로 들어가게 하는 장치이며, 지상에서 항공기를 Towing하기 위하여 Towing Towbar를 Nose Landing Gear에 연결하기 전에 반드시 Nose Landing Gear가 자유로이 움직일 수 있도록 고정장치를 풀어주어야 한다.

44 Hose와 Tube의 차이점

　해설　Hose는 움직임이 있거나 진동이 있는 곳에 설치, 크기는 내경으로 표시, 5~8% 여유를 준다. Tube는 진동이 따르지 않는 고정부분에 사용되며 크기는 외경으로 표시한다. 일반적으로 Tube와 Hose Clamp 장착간격은 24 inch이다.

45 Tube의 두께를 측정하는 방법은 무엇인가?

　해설　금속 Tube는 1 inch를 16등분한 분수의 분자로 바깥지름의 치수를 나타낸 자. 예를 들어 6번 Tube는 바깥지름이 6/16 inch이고 8번 Tube는 8/16 inch인 Tube이다.

46 Packing Part의 포장지에 새겨진 글자의 뜻은?

　해설　예를 들어, 포장지에 "MFG Date 2Q08"가 표시되어 있다면, 제작일자가 08년 2/4분기, Rubber 제품의 유효기간은 MFG Date를 기준으로 약 24개월 이다.

47 Thermal Relief Valve의 목적 및 기능은?

　해설　Hydraulic Actuator와 Selector Valve 사이에 장착되어 Fluid의 열팽창으로 인한 Over Pressure Build Up시 Line 파멸 방지를 위해 Pressure Relief 시켜주는 Valve이다.

48 Anti Skid System에 대해서 설명하시오

　해설　착륙 후 Brake를 밟았을 때 Tire가 지면으로부터 미끄러져 기체가 한쪽방향으로 미끄러짐을 방지하며, Tire 손상 및 제동효과를 극대화시킴

49 Brake의 종류와 장점

　해설　Independent Brake System, Power Brake Control System, Power Booster Brake System Assy, Single Disk Brake, Multiple Disk Brake, Segmented Rotor, Expander Tube

50 Brake Air Bleeding 후 Reset시켜주어야 할 Component는?

　해설　Hydraulic Fuse

51 Brake Bleed System의 기능은?

> 해설 계통 내의 공기를 Bleeding해서 제거한다. 작동 시 Sponge 현상 방지

52 Landing Gear System 작동 시 Flow Sequence는 무엇인가?

> 해설 Down 시에는 Up Lock Release 후 Door Open하여 Landing Gear Down 한 후 Down Lock 된 후 Door Close되도록 한다. Up 시에는 Down Lock Release 후 Door Open하여 Landing Gear Up한 후 Up Lock된 후 Door Close되도록 한다.

53 Landing Gear가 우발적으로 Retract 되는 것을 방지하기 위해 마련된 장치는 무엇인가?

> 해설 Safety Switch와 Ground Lock

54 Landing Gear Sys에 대하여 설명하라.

> 해설 Landing 시 Aircraft에 가해지는 충격에너지 흡수, 지상에서 Aircraft를 이동, Aircraft지지

55 Landing Gear Up 조건은?

> 해설 Ground에서 떨어져 있고 Down Lock가 Release 되어야 한다. 그리고 Landing Gear Lever Up

56 Oleo Type Shock Strut에 Hydraulic 보급시 Charging 상태를 확인하는 방법은?

> 해설 Over Flow

57 Shimmy Damper란?

> 해설 이륙, 착륙, 지상활주 중 Nose Wheel에 발생되는 불규칙한 진동을 흡수하는 장치로서 피스톤형, 베인형, 노스 휠 파워스티어링과 함께 작동되는 3가지 Type이다.

58 Shimmy Damper에 이상이 생겼을 때 어느 곳을 우선적으로 Inspection하여야 하는가?

> 해설 Damper Assy 주변의 작동유 누설여부, Reservoir내 작동유의 양이 적절한지 여부, Cam Assy의 Binding 흔적, 마모, Loose된 것, Broken Part등의 유무 여부

59 Strut 완충방식에 대하여 설명하라

> 해설 가. 고무완충방식 : 충격흡수를 위해 고무끈의 다발을 이용 고무의 탄성으로 충격흡수
> 나. 평판 스프링식 : 탄성매체를 통해 에너지를 받았다 되돌렸다하며 충격완화
> 다. 공유압식(올레오식) : 공기의 압축성과 작동유가 오리피스를 이동하는 양을 제한하여 충격 흡수

SECTION 4 항공전자 요점 정리

01 지상파의 종류
　　가. 직접파(Directed Wave)
　　나. 대지반사파(Reflected Wave)
　　다. 지표파 (Surface Wave)
　　라. 회절파(Diffracted Wave)

02 와이어 안테나는 결빙을 방지하기 위해 비행 중 20° 각도를 넘지 않도록 설치하여야 하며 진동강도가 크므로 기계적 형태가 변형되지 않도록 해야 한다.

03 통신장치
　　가. HF 통신장치
　　　　1) VHF 통신장치의 2차 통신수단이며 주로 국제 항공로 등의 원거리 통신에 사용
　　　　2) 사용주파수 범위는 3~30MHz
　　나. VHF 통신장치
　　　　1) 국내항공로 등의 근거리 통신에 사용
　　　　2) 사용주파수 범위는 30~300MHz이며, 항공통신 주파수 범위는 118~136.975MHz
　　다. 주파수의 종류
　　　　1) VLF : 초장파(3~30kHz)
　　　　2) LF : 장파(30~300kHz)
　　　　3) MF : 중파(300kHz~3MHz)
　　　　4) HF : 단파(3~30MHz)
　　　　5) VHF : 초단파(30~300MHz)
　　　　6) UHF : 극초단파(30MHz~3GHz)
　　　　7) SHF : 마이크로파(3~30GHz)
　　　　8) EHF : 밀리파(30~300GHz), 서브밀리파(300GHz~3THz)

04 HF전파는 전리층의 반사로 원거리 까지 전달되는 성질이 있으나 Noise나 Facing이 많다

05 전파의 전달방식은 초단파를 이용하기 때문에 전리층을 통과 우주공간으로 전파되므로 직접파 또는 지표반사파 이용 단거리 통신에 이용되며 전리층 변화에 의한 잡음이 없는 장점이 있다.

06 HF 전파에서는 파장에 이용되는 안테나가 매우 크지만 항공기 구조와 구속성 때문에 큰 안테나를 장착하지 못하고 작은 안테나가 사용되지만 주파수의 적정한 Matching이 이루어 지도록 자동적으로 작동하는 Antenna Coupler가 장착되어 있다.

07 VHF 통신장치는 조정패널, 송수신기, 안테나로 구성되어 있다

08 통화장치의 종류
　가. 운항승무원 통화장치(Flight Interphone System) : 조종실 내에서 운항 승무원 상호간의 통화 연락을 위해 각종 통신이나 음성신호를 각 운항 승무원석에 배분한다.
　나. 승무원 상호간 통화 장치(Service Interphone System) : 비행중에는 조종실과 객실 승무원 및 갤리(Galley) 간의 통화연락을 지상에서는 조종실과 정비 및 점검상 필요한 기체 외부와의 통화 연락을 하기 위한 장치이다.
　다. 객실 통화장치(Cabin Interphone System) : 조종실과 객실 승무원석 및 각 배치로 나누어진 객실 승무원 상호간의 통화 연락을 하기 위해 설치한 장치이다

09 항법장치는 시각과 청각으로 나타내는 각종장치 등을 통하여 방위 거리 등을 측정하고 비행기의 위치를 알아내어 목적지까지의 비행경로를 구하기 위하여 또는 진입 선회 등의 경우에 비행기의 정확한 자세를 알아서 올바로 비행하기 위하여 사용되는 보조시설이다

10 항법의 목적은 항공기 위치의 확인, 침로의 확인, 도착 예정시간의 산출

11 기내방송(Passenger Address)의 우선순위
　가. 운항 승무원(Flight Crew)의 기내방송
　나. 객실 승무원(Cabin Crew)의 기내방송
　다. 재생장치에 의한 음성방송(Auto-Announcement)
　라. 기내음악 (Boarding Music)

12 항법장비, 장치 = INS, TACAN, DME, LORAN, ADF,
　가. INS(Inertial Navigation System)
　　1) 관성항법 장치로 자기 위치를 감지하는 장치이다
　　2) 잠수함, 미사일, 항공기 등에 장착하여 자기의 위치를 감지하여 목적지까지 유도하기 위한 장치이다.
　　3) 동작원리는 자이로스코프 방위 기준을 정하고, 가속도계를 이용하여 이동 변위를 구한다. 처음 있던 위치를 입력하면 이동해도 자기의 위치와 속도를 항상 계산해 파악할 수 있다. 악천후나 전파 방해의 영향을 받지 않는다고 하는 장점을 가지지만 긴 거리를 이동하면 오차가 누적되어 커지므로 GPS나 액티브 레이더유도 등에 의한 보정을 더해 사용하는 것이 보통이다

4) 자이로스코프(gyroscope)는 방향의 측정 또는 유지에 사용되는 기구로, 각 운동량 보존 법칙에 근거한다. 자이로스코프는 축이 어느 방향으로든지 놓일 수 있는 회전하는 바퀴이다. 자이로스코프가 빠르게 회전할 때에는, 외부에서 토크(torque; 회전우력)가 주어졌을 때 그 방향이 회전에 의한 각 운동량에 의해 회전하지 않을 때보다 훨씬 적게 변화하게 된다. 자이로스코프는 짐벌(수평 유지 장치)에 놓이게 되므로 외부의 토크는 최소화되며, 장착된 받침이 움직이더라도 그 방향은 거의 고정되게 된다.

나. TACAN(Tactical Air Navigation)
   1) 군용 항공기의 항법 시스템이다. 항공기에게 지상 기지국으로부터의 거리 및 각도를 제공한다.
   2) 민간 항공기에 동일한 정보를 제공하는 VOR/DME 보다 정밀한 시스템이다. VORTAC 기지국에서는 TACAN 시스템의 DME 부분을 민간 항공기용으로 사용이 가능하다.
   3) 항공기의 항행을 원조하기 위하여 항로상의 어느 한 지점에 VOR과 TACAN을 함께 설치한 무선표지시설로서, 민항기는 VOR로부터 방위각 정보를 얻고 TACAN으로부터 거리 정보를 얻으며, 군용기는 TACAN만을 이용하여 방위각 및 거리 정보를 모두 얻는다. 한국공항공단에서 운영하고 있는 안양, 강원, 부산, 포항, 제주, 대구, 양주 등의 항공무선표지소가 이에 해당한다.

13 항법 정보를 획득하기 위한 기본정보는 기수방향, 현재 위치, 항공기 자세 등이다.

14 위성항법 장치

가. GPS(Global Position System)
나. INMARSAT(International Marine Satellite Organization)
다. GLONASS(Global Navigation Satellite system)
라. Galileo(GNSS Global Navigation Satellite system)

15 관성항법장치의 특징

가. 완전한 자립항법장치로서 지상보조시설이 필요 없다.
나. 항법 데이터(위치, 방위, 자세, 거리) 등이 연속적으로 얻어진다.
다. 조종사가 조작할 수 있으므로 항법 시에 필요하지 않다.

16 적분기는 측정된 가속도를 항공기의 위치 정보로 변환하기 위하여 가속도 정보를 처리해서 속도 정보를 알아내고 또 속도 정보로부터 비행거리를 얻어내는 장치이다.

17 자동방향 탐지기(Automatic Direction Finder)

가. 지상에 설치된 NDB국으로부터 송신되는 전파를 항공기에 장착된 자동 방향탐지기로 수신하여 전파도래 방향을 계기에 지시하는 것이다.
나. 사용주파수의 범위는 190~1750KHz가 (중파)이용되고 그 이상의 주파수에는 기상예보도 취할 수 있다.

18 VOR : VHF Omni- Directional Range

19 VOR(VHF Omni- Directional Range)
　가. 지상국 VOR국을 중심으로 360° 전 방향에 대해 비행방향을 항공기에 지시한다. (절대방위)
　나. 사용주파수는 108~118MHz(초단파)를 사용하므로 LF/MF 대의 ADF보다 정확한 방위를 얻을 수 있다.
　다. 항공기에서는 무선자기지시계(Radio Magnetic Indicator)나 수평상태 지시계(Horizontal Situation Indicator)에 표지국의 방위와 그 국에 가까워졌는지 멀어졌는지 또는 코스의 이탈이 나타난다.

20 DME(Distance Measuring Equipment)
　가. 거리측정장치로서 VOR Station으로부터 거리의 정보를 항해중인 항공기에 연속적으로 제공하는 항행 보조 방식 중의 하나로 통상 VOR과 병설되어 지상에 설치되어 유효거리 내의 항공기는 VOR에 의하여 방위를 DME에 의하여 거리를 파악해서 자기의 위치를 정확히 결정할 수 있다.
　나. 항공기로부터 송신주파수 1025~1150MHz 펄스 전파로 송신하면 지상 Station에서는 960~1251MHz 펄스를 항공기에 보내준다.
　다. 기상장치는 질문 펄스를 발사한 후 응답펄스가 수신될 때까지 시간을 측정하여 거리를 구하여 지시계기에 나타낸다.

21 무선자기지시계(Radio Magnetic indicator)
　가. 무선자기지시계는 자북방향에 대해 VOR 신호 방향과의 각도 및 항공기의 방위각을 나타내준다.
　나. 두 개의 지침을 사용하여 하나는 VOR의 방향을 또 하나는 ADF의 방향을 나타낸다.

22 계기착륙장치(ILS : Instrument Landing System)
　가. 착륙을 위해서는 진행방향뿐만 아니라 비행자세 및 활강제어를 위한 정확한 정보를 제공해야 한다. 항로비행 중에 사용하는 고도계는 착륙정보에 필요한 저고도 측정기로는 부적합하다. 시정이 불량한 경우의 착륙을 위해서는 수평 및 수직 제어를 위한 전자적 착륙 시스템의 도움이 필요하다. 이와 같은 기능을 하는 착륙시스템이 계기 착륙장치이다.
　나. ILS는 수평위치를 알려주는 즉 하강비행각을 표시해주는 글라이더 슬로프(glide Slope), 거리를 표시해주는 마커비컨(Marker Beacon)으로 구성된다.
　다. ILS 지시기는 러컬라이저와 글라이드 패스의 CROSS POINTER를 사용하고 그 교점이 착륙코스를 지시하고 중심으로 부터의 움직임이 편위의 크기를 나타낸다.
　라. 계기착륙장치의 로컬라이저의 역할은 "비행장의 활주로 중심선에 대하여 정확히 수평편의 방위를 지시하는 장치이다"
　마. 로컬라이저의 수신기에는 90Hz와 150Hz 변조와 레벨을 비교하여 코스를 구한다.(변조란 주파수가 높은 일정 진폭의 반송파(搬送波)를 주파수가 낮은 신호파에 따라, 그 진폭·주파수 또는 위상 등을 변화시키는 것)

바. 착륙시설 중 Back Beam이 있어 반대편 활주로 착륙 시에는 Localizer Back Beam만 이용하여 착륙한다.
사. 비행장의 활주로 중심선에 대하여 정확한 수평면 의 방위를 지시하는 장치로 시상국에서 Carrier Frequency 108.10~111.90MHz에 수평면 지향성을 가진 두 개의 변조주파수 Beam을 발사하여 이것을 항공기의 Localizer 수신기에서 90Hz, 150Hz 수신 진입중인 항공기가 어떤 위치관계가 있는가를 나타내주는 장치
아. 글라이드 슬로프(Glide Slope)는 계기착륙 조작중에 활주로에 대하여 적정한 강하각을 유지하기 위하여 수직방향의 유도를 위한 것이다.
자. 글라이드 슬로프 수신기 : VHF 항법용 수신장치에서 ILS 주파수를 선택할 때 동시에 글라이드 슬로프 주파수가 선택되도록 되어 있다.

23 SELCAL System(Selective Calling system)

가. 지상에서 항공기를 호출하기 위한 장치
나. HF, VHF 통신장치를 사용
다. 한 목적의 항공기에 코드를 송신하면 그것을 수신한 항공기 중에서 지정된 코드와 일치하는 항공기에만 조종실 내에 램프를 점등시킴과 동시에 차임을 작동시켜 조종사에게 지상국에서 호출하고 있다는 것을 알린다.
라. 현재 항공기에는 지상을 호출하는 장비는 별도로 장착되어 있지 않다. 즉 지상에서 항공기를 호출하기 위한 장치이다
마. SELCAL SYSTEM 장비
   * SELCAL CONTROL PANEL
   * DUAL DECODER
   * AURAL WARNING DEVICE UNIT

24 YAWING DAMPER System

가. 터치롤(Dutch Roll)방지와 균형선회(Turn Coordination)를 위해서 방향타(Rudder)를 제어하는 자동조종장치를 말한다.
나. 감지기는 레이트 자이로(Rate Gyro)가 사용되며 편요 가속도(Yaw Rate)의 전기적 출력을 증폭하여 서보모터를 동작시켜 기계적인 움직임으로 변환시킨다.

25 전파고도계(Radio Altimeter)

가. 비행중인 항공기로부터 지상에 전파를 발사하여 그 반사파가 되돌아오기까지 소요된 시간을 측정하여 고도를 알아내는 장치
나. 항공기에 사용되는 고도계는 기압고도계 와 전파고도계가 있는데 전파고도계는 항공기에서 전파를 대지를 향해 발사하고 이 전파가 대지에 반사되어 돌아오는 신호를 처리함으로써 항공기와 대지 사이의 절대고도를 측정하는 장치이다.
다. 고도가 낮으면 펄스가 겹쳐서 정확한 측정이 곤란하기 때문에 비교적 높은 고도에서는 펄스 고도계가 사용되고 낮은 고도에서는 FM형 고도계가 사용된다.
라. 저도고용에는 FM형 절대고도계가 사용되며 측정범위는 0~2500feet이다.

26 기상레이더(Weather Radar)

민간항공기에 의무적으로 장착되어 있는 기상 레이더는 조종사에게 비행전방의 기상상태를 지시기(CRT)에 알려주는 장치로서 안전비행을 하기 위한 것이다.

항공기용 기상레이더는 구름이나 비에 반사되기 쉬운 주파수대인 9375MHz(X-Band)를 이용한다.

27 비행자료 기록장치(Flight Data Recorder)

항공기의 상태(기수방위, 속도, 고도 등)를 기록하는 것이다. 이 장치는 이륙을 위해 활주를 시작한때부터 착륙해서 활주를 끝날 때 까지 항상 작동시켜 놓아야 한다.

FDR은 엷은 금속성 테이프를 사용하고 사고 발생시점부터 거슬러 올라가 25시간 전까지의 기록을 남기도록 하고 있다.

28 ATC(Air Traffic Control)

ATC는 항공관제계통의 항공기 탑재부분의 장치로서 지상 Station의 Radar Antenna로부터 질문 주파수 1090MHz의 신호를 받아 이를 자동적으로 응답주파수 1090MHz로 부호화된 신호를 응답해 주어 지상의 Radar Scope 상에 구별된 목표물로 나타나게 해줌으로써 지상관제사가 쉽게 식별할 수 있게 하는 장비이다.

또, 항공기 기압고도 의 정보를 송신할 수 있어 관제사가 항공기 고도를 동시에 알 수 있게 하고 기종, 편명, 위치, 진행방향 속도까지 식별한다.

29 항공기 충돌 방지장치(Traffic Collision Avoidance System, TCAS)

TCAS는 항공기의 접근을 탐지하고 조종사에게 그 항공기의 위치 정보나 충돌을 피하기 위한 회피 정보를 제공하는 장치이다.

TCAS에서 침입하는 항공기의 고도를 알려주는 장치는 ATC Transponder이다.

30 서보유닛(SERVO UNIT)

컴퓨터로부터 조타신호를 기계출력으로 변환하는 부분으로 자동조종 컴퓨터나 빗놀이 댐퍼컴퓨터에 의해 구동되고 도움날개, 승강키, 방향키와 수평안전판을 움직인다.

최근의 대형 항공기에서는 유압서보가 많이 사용되고 있다.

31 INS의 특징은 출발 전에 항법장비내의 컴퓨터에 출발지의 위도와 경도를 기억시켜 두고 여기에 동서남북의 이동거리를 계산하여 더하면 연속하여 항공기의 현재 위치를 구할 수 있다.

32 VOR에 사용되고 있는 전파는 초단파(VHF)이며 주파수는 108.117.95MHz이다. 초단파는 이른파 즉 직접파를 사용하므로 고도를 높이면 멀리까지 도달한다.

33 PSS(Passenger Service System)

승객에게 Service하기 위한 장치이며 승객 좌석에서 Attendant Call Switch, Reading Light Switch를 작동시켰을 때, Attendant Call Light Control 및 Individual Reading Light

Control을 위한 System이다. 승객이 좌석에서 Call Switch를 작동했을 때 Master Call Light 가 들어온다.

34 LRRA(Low Lange Radio Altimeter)

전파가 발사되어 수신될 때까지 소요된 시간에 얼마만큼 발사주파수가 변화하였는지를 주파수 계산기로 계산하여 그 값으로 지시계로 고도 표시를 한다.
즉 고도계산은 송신된 주파수가 지면에 반사되어 수신될 때에 송신되는 주파수의 주파수 차이를 이용한다.

35 LRRA(Low Lange Radio Altimeter)

전파고도계로서 물체에 부딪혀서 반사되는 성질을 이용하여 절대고도를 측정하기 위한 항공계기의 일종으로 항공기에서 전현파를 주파수 변조, 대지를 향하여 발사하고, 그 대지 반사파를 항공기에서 수신하여 항공계기에 지시하는 것

36 다음의 항법장치는 Ground의 항법 보조시설의 도움 없이 독립적으로 작동되어 항공기 위치 정보를 공급하며 여기에 포함되는 것은 다음과 같다.
　가. INS(Inertial Navigation System)
　나. Weather Radar
　다. GPWS(Ground Proximity Warning System)
　라. Radio Altimeter

37 DME는 거리측정장치로서 VOR Station으로부터 거리의 정보를 항행중인 항공기에 연속적으로 제공하는 항행보조방식 중의 하나로서 통상 VOR과 병설하여 지상에 설치되며 유효거리 내의 항공기는 VOR에 의하여 방위를 DME에 의하여 거리를 파악해서 자기의 위치를 정확히 결정할 수 있다.

38 INS(Inertial Navigation System) 관선항법 장치의 구성
　가. 가속도계 : 이동에 의해 생기는 동서, 남북, 상하의 가속도 검출
　나. 자이로스코프 : 가속도계를 올바른 자세로 유지
　다. 전자회로 : 가속도의 출력을 적분하여 이동속도를 구하고 다시 한 번 적분하여 이동거리를 구함

39 Cockpit Voice Recorder는 항공기 추락 시 혹은 기타 중대사고 시 원인규명을 위하여 조종실 승무원의 통신내용 및 대담내용 그리고 조종실 내 제반 Warning 등을 녹음하는 장비이다.
　가. 조종실 승무원의 통화내용을 녹음한다.
　나. Tape는 30분 Endless Type이며 4개의 Channel을 갖고 있다.
　다. 조종실 내 제반 Warning 상황을 녹음한다.

40 GPWS는 항공기가 지상의 지형에 대해 위험한 상태에 직면하는가 또는 그 가능성이 있는가를 자동적으로 검출하여 감시하는 장치

41 Weather Radar는 주변에 사람, 격납고, 건물, 유류보급항공기가 100m 이내에 있을 때 작동하지 말아야 한다.

42 자동비행 조정장치의 목적
가. 항공기의 신뢰성과 안정성 향상
나. 장거리 비행에서 오는 조종사 업무 경감
다. 경제성(연료) 향상

43 고도경보장치(Altitude Alert System)
지정된 비행고도를 충실하게 유지하기 위해 개발된 장치로 관제탑에서 비행고도가 지정될 때마다 수동으로 고도경보컴퓨터에 고도를 설정하고 그 고도를 접근하였을 때 또는 그 고도에서 이탈했을 때 경고등과 경고음을 작동시켜 조종사에게 주의를 촉구하는 장치이다.

44 ATC(Air Traffic Control) 자동응답장치(Transponder)
항공관제 계통의 항공기 탑재부분의 장치로서 지상 Station의 Radar Antenna로부터 질문 전파주파수 1030MHz의 신호를 받아 이를 자동적으로 응답주파수 1090MHz에 부호화된 신호를 응답해주어 지상관제사가 항공기를 쉽게 식별할 수 있게 하는 장치

45 FMS(Flight Management System)의 주요 기능
가. 조종사의 Work Load가 현저히 감소한다.
나. 자동항법의 실현에 의해 Human Error 위험성이 감소하고 비행 안정성이 향상된다.
다. Computer 제어에 의해 연료효율이 가장 좋은 경제적인 운항이 가능하다.

46 에어데이터 컴퓨터 기능
가. Static Pressure를 받아 Altitude를 산출한다.
나. Pitot Static Pressure를 받아 Airspeed를 산출한다.
다. Altitude와 Airspeed Signal 이용하여 Mach Signal을 산출한다.
라. Mach Signal과 Temperature Signal을 결합하여 True Airspeed와 Static Air Temperature를 산출한다.

47 자동비행장치는 항공기 신뢰성과 안정성 향상, 장거리 비행에 따른 조종사 업무 경감, 경제성(연료 절약) 향상 등의 목적이 있다.

48 Stall Warning System
항공기가 실속상태에 들어가기 전에 Flap Down에 비해 받음각이 너무 커 조종사에게 실속속도에 접근하는 것을 조종간에 진동을 주어 알려주는 장치이다.

과년도 항공정비사 구술문제 정리

01 MEL에 대하여 설명하시오.

> 해설 가. Minimum Equipment List
> 나. 항공기의 중요한 부분에는 이중으로 장착되어 있어 어느 한 부분이 고장난 상태에서 비행 안전이 유지되고 신뢰성을 보장 할 수 있도록 되어 있기 때문에 최소구비장비목록을 제정하였다.
> 다. 목적 : 안전성과 정시성을 지키기 위해 경미한 결함이나 감항성에 영향이 없는 보기 및 장비교환을 수행할 수 있도록 함

02 Weight & Balance에 대하여 설명하시오.

> 해설 가. 항공기가 가장 효율 좋은 비행을 하기 위함(연료 절감)
> 나. 근본적인 목적은 안전에 있으며 2차적인 목적은 효과적인 비행을 하는 데 있다.

03 Auto Pilot의 장점에 대하여 설명하시오.

> 해설 가. 항공기의 신뢰성과 안전성 향상
> 나. 장거리 비행에서 오는 조종사의 업무부담 경감
> 다. 경제성 향상

04 객실여압의 이유에 대하여 설명하시오.

> 해설 가. 저산소증을 방지하고 승무원 및 승객에 쾌적성과 안락감을 주는 데 있다.
> 나. 산소 결핍증은 10,000feet 이상의 고도에서 장시간 머물게 되면 정신적, 육체적으로 시행착오를 일으키는 현상

05 정비규정에 대하여 설명하시오.

> 해설 가. 항공기에 대한 정비기준, 방법 및 관리절차를 규정하고 이를 준수함으로써 항공운송의 안전과 정시성 확보에 있다.
> 나. 정비규정 제정 : 항공운송 사업자
> 다. 정비규정 인가 : 국토교통부장관

06 정비 방식의 종류에 대하여 설명하시오.

> 해설 가. Hard Time(HT) : 장비품을 일정한 주기로 항공기에서 장탈하여 정비하거나 폐기하는 정비기법
> 나. OC(On Condition) : 기체, 원동기 및 장비품을 일정한 주기로 점검하여 다음 주기까지 감항성을 유지할 수 있다고 판단되면 계속 사용하고 발견된 결함에 대하여 수리 또는 교환하는 정비기법
> 다. CM(Condition Monitoring) : System이나 장비품의 고장을 분석하여 그 원인을 제거하기 위한 적절한 조치를 취함으로서 항공기의 감항성을 유지하도록 하는 정비기법

07 CDL(Configuration Deviation List)에 대하여 설명하시오.

> 해설 A/C를 운용함에 있어 항공기 외부 표피를 구성하고 있는 부분품(Access PNL, Cap, Fairing) 중 훼손 또는 Deactivation 상태로 운항할 수 있는 기준을 설정하여 정시성 준수를 목적으로 한다.

08 Tire Pressure를 Check하는 이유에 대하여 설명하시오.

> 해설 가. Trade의 고른 마모와 저 팽창과 과팽창에서 오는 Tire의 손상 및 Wheel의 손상방지를 위해 매일 1회 이상 점검해야 한다.
> 나. 비행 후에는 2~3시간 지난 후에 Check한다.
> 다. 적절한 Flexing을 보장하고 온도 상승을 최소로 하며 Tire의 수명을 연장시키고 과도한 Trade마모를 방지한다.

09 ISI(Internal Structure Inspection)에 대하여 설명하시오.

> 해설 감항성에 1차적인 영향을 미칠 수 있는 기체 구조를 중심으로 검사하여 A/C의 감항성을 유지하기 위한 기체 내부구조에 대한 Sampling Inspection을 말한다.

10 EHM(Eng' Heavy Maintenance)에 대하여 설명하시오.

> 해설 Eng을 정기적으로 기체로부터 Removal하여 공장에서 분해 검사하는 것으로서 필요에 따라서 Sampling Insp' Program을 병행해서 실시할 수 있다.

11 Turbo Fan Engine 구조에 대하여 설명하시오.

> 해설 가. Compressor, Combustion Chamber, Turbine, Nozzle, G/B
> 나. 아음속에서는 추진 효율이 좋고 연료소비율이 낮다. 소음이 작다.
> 다. FCU(Fuel Cont' Unit) : 모든 기관 작동조건에 대응하여 공급되는 연료유량을 적절하게 제어하는 장치
> 라. Source : PLA(PWR Lever Angle), CLA(Condition Motor Lever Angle), N2 RPM, CIT(Comp Inlet Temp), CDP(Comp Discharge Press'),
> 마. Pressurized & Drain Valve
> 　1) 1, 2차 연료 분리
> 　2) 주 연료장치에 충분한 압력이 걸릴 때까지 연료 흐름 차단
> 　3) Eng 정지 시 Fuel Manifold 및 Nozzle에 남아 있는 Fuel Drain

12 Brake System Air Bleeding에 대하여 설명하시오.

해설 가. 압력공기빼기방법(Pressure Air Bleeding Method) → 상향식
1) 압력탱크로부터의 호스는 브레이크어셈블리에서 공기빼기 배출구에 부착된다. 투명한 호스는 만약 그것이 저장소(reservoir)에 연결시킨다면 항공기 브레이크액 저장소에 또는 마스터실린더에 배출구에 부착된다.
2) 이 호스의 다른 쪽 끝단은 호스의 끝단을 감싸는 깨끗한 브레이크액의 공급으로서 수집 용기에 놓인다. 브레이크어셈블리 공기빼기 배출구는 열려진다. 그다음 공기 없는 순수한 작동유가 제동장치에 들어가게 하는 압력탱크호스에 밸브가 열린다.
3) 갇힌 공기를 담고 있는 작동유는 저장소의 배출구에 부착된 호스를 통해 방출된다. 투명한 호스를 통해 기포가 보이지 않을 때 공기빼기 배출구와 압력탱크 차단은 밸브는 닫히고 압력탱크호스는 제거되며, 저장소에서 호스도 제거된다.

나. 중력공기빼기방법(Gravity Air Bleeding Method) → 하향식
1) 마스터실린더를 가지고 있는 브레이크는 하향식으로부터 빼내는 중력공기빼기방법이 적용된다. 추가의 작동유는 공기를 빼는 동안 양이 부족해지지 않도록 항공기 브레이크 저장소에서 공급한다.
2) 투명한 호스는 브레이크어셈블리에서 공기빼기 배출구에 연결된다. 다른 쪽 끝단은 공기빼기과정 시에 배출된 작동유를 담기에 충분히 큰 용기에 있는 깨끗한 작동유에 잠긴다.
3) 브레이크 페달을 밟아 브레이크어셈블리 공기빼기 배출구를 개방한다. 마스터실린더에 있는 피스톤은 블리드 호스의 밖으로, 그리고 용기 안으로 공기·작동유 혼합물을 밀어내는 실린더의 끝단에서 멀리 이동한다.
4) 페달이 계속 밟혀진 상태로 공기빼기 배출구를 닫는다. 마스터실린더에 있는 피스톤의 앞에 저장소로부터 더 많은 작동유를 공급하기 위해 브레이크 페달을 펌프작용을 한다.
5) 페달을 밟은 상태로 유지하고, 그리고 브레이크어셈블리에 공기빼기 배출구를 연다. 더 많은 작동유와 공기는 호스를 통해 용기 안으로 배출된다. 호스를 통해 브레이크에 존재하는 작동유가 어떠한 공기라도 더 이상 함유하고 있지 않을 때까지 이 과정을 반복한다.
6) 공기빼기 배출구 피팅을 조여주고 저장소가 적절한 높이로 채워졌는지 확인한다. 브레이크 공기빼기 시에는 저유기와 공기빼기탱크에 가득 채워져 있어야 한다.
7) 오염되지 않은 청결한 작동유만 사용하고, 공기빼기가 완료된 후 적절한 작동상태와 누출에 대해 점검하고, 작동유가 정상적으로 보급되었는지 확인한다.

13 Rivet 종류에 대하여 설명하시오.

해설 가. 1100(A) : No Mark
나. 2117(AD) : Dimple
다. 2017(D) : Raised Dot → Ice Box Rivet
라. 2024(DD) : Raised Double Dash
마. 5056(B) : Raised Cross

14 Generator에 대하여 설명하시오.

해설 가. 직류발전기 : 자계가 고정 도선이 운동하며 Field Assembly, Armature Assembly, Brush Assembly로 구성

나. 교류발전기 : 도선이 고정 자계가 운동하며, Field Assembly, Armature Assembly로 구성
다. 기전력 발생 : 자장(Magnetic Field) 내에서 운동하는 도선은 자력선을 차단함으로써 그 도선에 유도 기전력이 발생. 기전력은 Coil의 권수, 자력의 세기, 회전속도에 비례한다.

15 A/C Structure에 대하여 설명하시오.

해설 가. Truss 구조 : Pratt Truss, Warren Truss
나. Monocoque 구조
다. Semimonocoque 구조

16 Advanced Composite Material에 대하여 설명하시오.

해설 Aramid(Kevlar, Nomex), Carbon Graphite, Boron, Ceramic

17 계기 종류에 대하여 설명하시오.

해설 가. FLT Instrument : 고도계, 속도계, 승강계, 선회경사계, 자이로 수평지시계 등
나. Eng Instrument : 회전계, 흡입압력계, 연료압력계, 윤활유압력계, 연료유량계
다. NAV Instrument : 나침판, 원격지시식 나침판, 대기온도계, 전파고도계, ADF, VOR, DME, INS, 등
라. 기타 계기 : 전압계, 전류계, 연료량계, 객실고도계, 산소압력계 등

18 Fire Detecter에 대하여 설명하시오.

해설 가. 구성 : 탐지회로, 경고회로, 시험회로
나. Fenwall Type(금속의 열팽창율을 이용)
 1) Jet & Reciprocating Eng에 관계없이 광범위하게 사용
 2) Stainless Steel관 Case속에 열팽창율이 낮은 Ni-Fe 합금철판 2개를 마주보게 휘어서 Spring 장력을 준 후 중앙점에 접합점을 두되 1개는 (+)의 단자와 연결시키고 다른 하나는 GND시킨다.
 3) 온도가 상승하면 Stainless Tube가 팽창하여 두 철판간의 간격이 좁아져 조절된 온도에 도달되면 회로가 형성되어 Warning을 줌
다. Edison식 : 이질 금속 간의 연전능력을 이용한 것
라. Continuous Loop Fire Detector
 1) Kidde Continuous Type : 2EA의 Wire가 Inconel Tube에 들어있으며 Thermistor Material에 둘러 싸여 있다. Thermistor는 절대온도에서는 높은 전기저항을 갖고 있어 두 Wire 사이의 절연을 파괴함으로써 두 Wire를 도통시킨다.
 2) Grayiner Continuous Loop Type : 1EA의 Wire가 Stainless Steel Tube 내에 들어있으며 Sensitive De-Electric Core로 둘러 싸여 있다. 이 Core의 특성은 Thermistor의 특성과 거의 비슷하다.
 3) Penwal Loop Type : Wire가 Stainless Tube 내에 들어 있으며 Entetic Salt에 적셔져 있고 Stainless Ceramic Core로 둘러 싸여 있다. Ambient Temp가 상승하면 이 두 물질이 화학적 반응을 일으키고 이로 말미암아 전기 저항이 갑자기 낮아져 절연이 파괴된다.

마. Lindberg(Responder) Fire Detector
　　1) 분리된 Element가 들어 있는 Stainless Tube로 구성
　　2) 정해진 온도에서 작동될 수 있게 Gas가 들어 있고 밀봉되어 있다가 온도가 상승하면 Gas는 팽창하여 Tube내에 압력을 증가시키고 이 압력을 기계적으로 Responder Unit 내에 있는 Diaphragm을 작동시킨다.
바. Smoke Detector
　　1) Photoelectric Smoke Detector : Smoke가 Detector 내로 들어가 공기 중에 5~10% Smoke가 축척되면 Smoke 입자가 Photoelectric Cell로 빛을 굴절시킴으로써 Detector Amp에 Signal을 보내게 된다.
　　2) Ionization Smoke Detector : Radio Active Americium 241(방사선 물질)이 있으며 Detector내의 Chamber에 Smoke Gas가 유입되면 방사선 물질에 의해 이온화 된 입자의 무게가 무거워 전류의 흐름이 감소하여 Smoke Signal이 발생한다.
사. Thermal Switch OVHT Detector
　　일정한 온도에서 전기회로를 구성시켜주는 Heat Sensitive Unit이며 주로 Wing L/E Wing Strut Area에 Overheat Protection을 해준다.

19 Anti-Icing Area에 대하여 설명하시오.

　　해설　가. Wing Leading Edge
　　　　　나. Eng' Nose Cowl
　　　　　다. Pitot- Static Port
　　　　　라. Windshield

20 Propeller Feathering System에 대하여 설명하시오.

　　해설　Controllable Propeller로 Pitch Angle을 바꿀 수 있는 Mechanism을 갖고 있어서 PWR OFF Propeller에 최소의 Wind Milling 효과를 만들게 한다. Eng' 고장 시 Propeller Drag를 최소로 한다.

21 Turbine Cooling Method에 대하여 설명하시오.

　　해설　가. 대류 냉각 : Hollowed Type의 내부로 Cooling Air가 지나감에 따라 냉각되며 가장 많이 사용
　　　　　나. 충돌 냉각 : Turbine Blade 내부에 작은 공기통로를 설치하여 이 통로에서 Turbine BLD의 앞쪽 빈 쪽을 향하여 공기를 충돌시켜 BLD를 Cooling, Blade Or Nozzle의 Leading Edge 부분의 Cooling에 사용
　　　　　다. 공기막 냉각 : 작은 구멍을 뚫어서 여기로 Cooling Air를 나오게 함으로써 엷은 공기막을 형성시켜 고온의 Gas가 직접표면에 닿는 것을 막아준다.
　　　　　라. 침출냉각 : Blade를 다공성 재료로 만들고 내부에서 차가운 공기가 스며 나오게 함으로써 냉각하는 방법

22 Booster Pump 목적에 대하여 설명하시오.

　　해설　Tank의 연료를 Engine으로 압송, 고공에서 일어나는 Vapor Lock 현상을 방지

23 Vent System에 대하여 설명하시오.

> **해설** 연료 보급 중 Tank 내부에 걸리는 정압이나 연료가 Eng'에서 소모될 때 걸리는 부압을 제거시켜 Tank Structure를 보호하기 위함

24 Dump System에 대하여 설명하시오.

> **해설** 비상시 항공기 중량을 최대착륙 중량 이내로 감소시키기 위해 연료의 일부를 대기중으로 방출시키는 System, 규정상 10,000feet 상공에서 45분간 비행 및 1회의 이착륙을 수행할 수 있는 연료량을 남기게 된다.

25 Ultra Sonic에 대하여 설명하시오.

> **해설** 초음파를 통과시켜 갔다 오는데 걸리는 시간차로서 결함을 찾아내는 방법으로서 철, 비철금속 모두 사용 가능하다.

26 Thermal Relief V/V에 대하여 설명하시오.

> **해설** 가. 유압 온도가 높아짐에 따라 압력이 증가하므로 Component가 손상을 입는 것을 방지하는 V/V
> 나. 장치의 작동에 요구하는 압력보다 높게 조절되어 있어서 정상적인 작동을 방해하지는 않는다.
> 다. Fluid은 온도팽창에 의한 초과 Press를 조절한다.

27 Packing과 Gasket에 대하여 설명하시오.

> **해설** Packing은 움직이는 부분 Sealing, Gasket은 고정된 부분 Sealing

28 Reservoir 가압 이유에 대하여 설명하시오.

> **해설** Hyd' Fluid의 흐름을 원활히 하여 Pump Inlet에 Cavitation을 방지하며 Tank에 거품이 생기는 것을 방지함

29 EDP(Engine Driven Pump)에 대하여 설명하시오.

> **해설** 기계적인 Energy를 압력energy로 변환

30 Actuator에 대하여 설명하시오.

> **해설** 압력 Energy를 기계적인 힘, 운동으로 변환시키는 장치

31 Accumulator에 대하여 설명하시오.

> **해설** 가. 비상유압을 저장하며 Hyd' Sys'의 Press' Surge를 흡수한다.
> 나. Diaphragm Type : 1500psi 이하
> 다. Bladder Type : High Press에 사용
> 라. Piston Type : High Press용, 장착 공간 감소

32 Priority V/V에 대하여 설명하시오.

해설 어느 한 계통에 작동 우선순위를 주기 위하여 계통의 압력이 정상 압력보다 낮아질 때, 다른 계통을 차단시켜주기 위하여 사용

33 Hyd' Fuse에 대하여 설명하시오.

해설 Hyd' Press' Line 파손시 Hyd' Flow 차단하고, Flow양에 의해에 작동되는 Type과 Press' Drop에 의해 작동되는 2가지가 있다.

34 Sequence V/V에 대하여 설명하시오.

해설 작동 순서에 따라 작동될 수 있게 해주는 V/V

35 Shuttle V/V에 대하여 설명하시오.

해설 정상적인 유압 출력원이 끊어지고 비상 출력원을 연결해주는 V/V

36 Eng' Trim은 어느 때, 어떻게 하는지 대하여 설명하시오.

해설 가. Eng' 교환 시, FCU 교환 시, T/R 교환 시, Tail Pipe Or Exhaust Case 교환 시, Exhaust Mixer 교환 시
　　나. 무풍, 무습도, 정풍상태에서 Electric, Hyd', Pneu Power

37 Bonding Wire에 대하여 설명하시오.

해설 가. 두 물체 간의 전위차를 없애주며, Current Return Path를 제공하고 정전기 축적을 막는다.
　　나. Radio의 잡음을 제거한다.

38 Static Discharger에 대하여 설명하시오.

해설 정전기를 대기 중으로 방출하여 정전기에 의한 장비 및 사람을 보호한다.

39 Jacking 시 주의사항에 대하여 설명하시오.

해설 가. 항공기가 허용된 Gross Weight 범위 내에 있는지 확인
　　나. GRD Lock 할 것
　　다. 항공기를 풍향에 정대하여 위치시킬 것
　　라. Packing Brake를 풀고 Wheel Chock를 제거할 것
　　마. Lift 할 때는 반듯이 Primary Jack를 사용하여 Lift할 것

40 A/C Station에 대하여 설명하시오.

해설 가. Body Station(B. S) : 동체의 세로축에 대한 위치 표시
　　나. Buttock Line(B. L) : 기체 중심을 기준으로 좌, 우를 구분하여 표시
　　다. Water Line(W. L) : 기체 밑부분에서 위 방향의 위치 표시

라. Wing Station(W.S) : L/E 연장선과 BL "O"와 만나는 점부터 시작
마. Wing Buttock Line(W.B.L) : BL "O"에서부터 측정한 거리, BL = "O", WBL = "O"

41 Scavenge Pump 용량이 큰 이유에 대하여 설명하시오.

해설 Return되는 Oil은 열에 의해 용량이 커지고 거품 등이 섞여서

42 TSFC에 대하여 설명하시오.

해설 가. 단위 추력당 1시간당 연료소비량을 추력연료 소비율이라 하며 TSFC로 나타낸다.
나. BFCS : 시간당 연소되는 연료의 무게를 엔진에 의해서 발생되는 마력으로 나눔
다. SFC : 마력당, 시간당 소모되는 연료의 양

43 FCU Computing Signal에 대하여 설명하시오.

해설 가. Rpm(N2)
나. CDP(Comp' Discharge Press')
다. PLA(Power Lever Angle)
라. T2(CIT)(Comp' Inlet Temp)

44 Hot Start(과열시동)에 대하여 설명하시오.

해설 가. 시동 시 배기가스 온도가 규정된 한계 값 이상으로 증가하는 현상.
나. F.C.U의 고장, 연료라인의 빙결, 압축기 입구 부에서의 공기 흐름의 제한
※ Hung Start(결핍시동) : 시동이 시작된 후 기관의 회전수가 완속 회전수까지 증가하지 않고 시동기에 공급되는 동력이 불충분 할 때 이보다 낮은 회전수에 머물러 있는 현상
※ No Start(시동불능) : 기관이 규정된 시간 안에 시동되지 않는 현상, F.C.U나 그 밖의 부분의 고장

45 Fuel Nozzle에 대하여 설명하시오.

해설 가. 증발식과 분무식이 있다.
나. 분무식
1) 단식 노즐은 구조가 간단하다는 이점은 있으나, 대형엔진에서는 큰 연료 압력과 공기 흐름의 변화에 따라 충분하게 분사시켜 주지 못하므로 현용 Eng'에는 별로 사용하지 않는다.
2) 복식 노즐은 One Inlet를 통해서 Fuel이 들어와 1,2차로 분배되어 분사된다.
 - CF엔진 : Flow Divider V/V에서 분배된다.
 - PW 엔진 : P/D V/V에서 분배되어 Two Inlet Line을 통해서 들어온다.
3) 1차 연료는 넓은 각도로 분사되어 시동이 용이하게 하며 Idle과 엔진 가속 시에도 계속 분사된다.
4) 2차 연료는 비교적 좁은 각도로 분사되며, High Power 시 연소실 벽에 직접 닿지 않도록 분사된다.

46 Tire 규격에 대하여 설명하시오.

해설 가. 항공기 타이어의 일반적인 분류는 미국타이어·림협회(united state tire and rim association)에 의해 분류된 3부분명칭타이어(three-part nomenclature tire), 즉 타이어 폭(section width)과 림(rim)의 직경 그리고 타이어 전제 직경에 의해서이다.

나. 타이어의 아홉 가지 형식이 있지만, 형식 Ⅰ, Ⅲ, Ⅶ, 그리고 Ⅷ는 여전히 생산 중에 있다. 아래의 표는 타이어 형식별 사이즈 표시 및 사용 항공기이며, 그림은 타이어 형식별 사이즈 표시 방법을 보여준다.

▼ [표] 타이어 형식별 사이즈 표시 및 사용 항공기

형식	사이즈 표시	사용 항공기	비 고
Ⅰ	inch로 전체 직경	• 구형 고정식 기어	
Ⅲ	타이어 폭과 림의 직경	• 160mph 이하 착륙 속도 • 저압의 경항공기	
Ⅶ	전체직경×타이어 폭	• 제트 항공기	
Ⅷ	타이어직경×타이어 폭-림 직경	• 고성능 제트항공기	bias
	타이어직경×타이어 폭 R림 직경	• 최신 고속, 고하중 항공기	radial

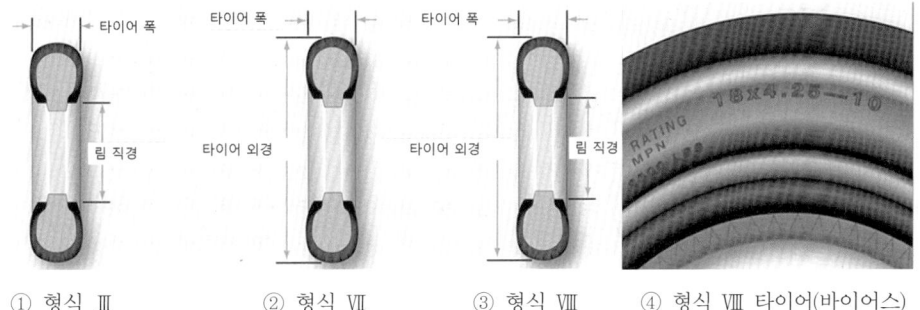

① 형식 Ⅲ   ② 형식 Ⅶ   ③ 형식 Ⅷ   ④ 형식 Ⅷ 타이어(바이어스)

▲ 타이어 사이즈 표시

다. 형식 Ⅷ 항공기 타이어는 3부 명칭 타이어로 알려져 있다. 아주 고압으로서 팽창시켜지고 고성능제트항공기에 사용된다. 형식 Ⅷ 타이어는 비교적 낮은 윤곽을 갖고 있으며 고속과 고 하중에서 작동하는 능력이 있다. 모든 타이어 형식 중에서 가장 최신의 설계이다.

라. 3부 명칭은 전 타이어직경, 타이어 폭, 그리고 림 직경이 타이어를 판정하기 위해 사용되는 형식 Ⅲ와 형식 Ⅶ 명칭의 조합이다. ×와 "-" 부호는 지시어로서 동일한 각자의 위치에서 사용된다.

마. 3부 명칭이 형식 Ⅷ 타이어에서 사용되었을 때, 치수는 inch 또는 mm로 사용된다. 바이어스타이어는 지정명칭에 따르고 레이디얼타이어는 문자 R로서 "-"를 대체한다. 예를 들어, 30×8.8R15는 15 inch 바퀴 림에 설치하고자 하는, 30 inch 타이어 직경, 8.8 inch 타이어 폭으로 된 형식 Ⅷ 레이디얼 항공기 타이어를 명시한다.

바. 조금 특별한 지시어는 항공기 타이어에서 찾아보게 된다. B가 식별자 이전에 나타났을 때, 타이어는 15°의 비드 테이퍼로서 60~70%의 타이어 폭 비율에 바퀴 림을 갖는다.

사. H가 식별자 이전에 나타났을 때, 타이어는 오직 5°의 비드 테이퍼로서 타이어 폭비율에 60~70%의 바퀴 림을 갖는다.

아. 형식 Ⅷ 타이어 사이즈 표식 예
 30 × 11.50 - 14.5
 외경   폭   림 직경

47 Ply Rating 대하여 설명하시오.

　　해설　천연섬유의 겹수 대신 이와 대등한 강도를 갖는 Ply Rating으로 표시

48 Operation Test 대하여 설명하시오.

　　해설　System이나 Component를 측정기 등을 사용하지 않고 자체의 작동방법으로 그 상태를 확인하는 방법
　　　　※ Function Test : System Component가 그 기능을 계속 유지하고 있는가를 측정기 등을 사용하여 Test하는 방법

49 Honey Comb 특징 대하여 설명하시오.

　　해설　가. 가볍다.
　　　　나. 강도, 강성이 크다.
　　　　다. 응력집중이 없다.
　　　　라. 대류현상이 없다.
　　　　마. 불연성이다.
　　　　바. Flat 표면을 얻을 수 있다.

50 항공기 정비교범 Numbering System에 대하여 설명하시오.

　　해설　다음과 같이 구성되어 있다.
　　　　예) 35 － 54 － 23　　　　Chapter － Section － Subject
　　　　　　　Page 1　　　　　　　　　　　Page No
　　　　　　Aug. 31/93　　　　　　　　　발행 년월일

51 Page Numbering System에 대하여 설명하시오.

　　해설　 1 － 99 : Description & Operation
　　　　　101 － 199 : Trouble Shooting
　　　　　201 － 299 : Maintenance Practice
　　　　　301 － 399 : Servicing
　　　　　401 － 499 : Rmv & Install
　　　　　501 － 599 : Adj / Test
　　　　　601 － 699 : Insp' / Chk
　　　　　701 － 799 : Cleaning / Painting
　　　　　801 － 899 : Approved Repair

52 Caution에 대하여 설명하시오.

　　해설　장비나 항공기가 손상되는 것을 방지하기 위하여 엄격히 지켜야 할 방법과 절차를 제시할 때 사용
　　　　※ Warning : 인체의 손상 또는 사망을 방지하기 위하여 엄격히 지켜야할 방법, 절차 또는 Limit를 제시할 때 사용

53 볼트 그립의 선정 절차에 대하여 설명하시오.

해설 가. Grip의 길이와 같거나 조금 긴 것을 택하고 나사가 결합부재에 걸리지 않게 장착한다.
나. 두께가 0.094 inch 보다 작을 때는 나사는 판재 내로 들어가서는 안 된다.
다. 두께가 0.094 inch 보다 클 때는 나사는 판재 내로 2개까지 허용한다.
라. 전단력이 가해지는 결합부에는 나사 한 개라도 걸려서는 안 된다.

54 Lock Washer에 대하여 설명하시오.

해설 Self Lock Nut, Castle Nut가 사용될 수 없는 경우에 적용되며 Screw나 큰 토크가 걸리지 않는 볼트와 함께 사용된다.

55 다음 용어에 대하여 설명하시오.

해설 가. PSIA(pound per square inch absolute : 절대압력
나. PSIG(gauge) : 게이지 압력
다. PSID(differential) : 차압력

56 모터의 구성에 대하여 설명하시오.

해설 Armature, Field, Brush

57 Tire 보관 방법에 대하여 설명하시오.

해설 가. 습기와 오존은 피한다.
나. 연료와 솔벤트와 접촉하지 않도록 한다.
다. 암실에서 저장
라. 가능하면 세워서 저장

58 타이어를 발전기와 같이 보관하면 안 되는 이유는?

해설 오존을 발생시킨다. 고무의 수명을 단축시킨다.

59 Relief Hole에 대하여 설명하시오.

해설 두 개 이상의 굴곡이 교차하는 장소는 안쪽굴곡 접선의 교점에 응력이 집중하여 교점에 균열이 일어난다. 따라서 굴곡 가공에 앞서서 응력 집중현상이 일어나는 교점에 응력제거 구멍을 뚫는다.

60 유압유의 종류에 대하여 설명하시오.

해설 가. 식물성유
1) 아주까리 기름과 알콜의 혼합물, 알콜 냄새가 나고 청색이다.
2) 부식성이 있고 산화성이 크다.
3) Natural Rubber Seal 사용

나. 광물성유
  1) 원유로부터 뽑아내며 오일 냄새와 비슷, Red Color
  2) 윤활성이 양호하며 거품이 잘 일어나지 않는다.
  3) 연소성이 있다. 합성고무 Seal 사용
다. 합성유
  1) 낮은 온도에서 작동하는 특성과 적은 부식성을 갖고 있다.
  2) 화학작용으로 페인트나 고무제품을 손상시킬 수 있고, 독성이 있어 눈에 들어가거나 피부에 묻지 않도록 할 것, 자주색
  3) Butyl Rubber Seal 사용

61 Oleo Strut에 대하여 설명하시오.

해설 Strut가 압축되고 있는 동안은 오리피스는 작동유의 흐름을 제한해서 피스톤이 밖의 실린더 속으로 움직이는 속도를 감소시켜 착륙충격을 감소시키는 완충장치이다.
위 챔버의 공기는 비행기의 전체 무게를 스트러트 공기에 의해 지지할 수 있는 점까지 압축된다.

62 EDP원리에 대하여 설명하시오.

해설 엔진 G/B에 연결되어 작동되며 기계적인 에너지를 압력 에너지로 변환시키는 장치

63 Alclad에 대하여 설명하시오.

해설 판이 알루미늄 합금코어에 순수 알루미늄의 층을 양쪽에 각각 5.5% 깊이로 코팅한다.
그 이유는 코어의 부식을 방지하기 위한 것이다.

64 Wing의 구조에 대하여 설명하시오.

해설 가. Spar : 굽힘과 비틀림 하중을 담당
나. Rib : 공기 역학적 특성을 결정
다. Stiffener : Skin과 Rib를 접합시키는 부재
라. Skin : 전단 하중을 담당

65 화재의 종류 및 소화기에 대하여 설명하시오.

해설 가. A급 화재 : 목재화재, 물 및 CO_2 소화기
나. B급 화재 : 유류화재, CO_2
다. C급 화재 : 전기화재, CO_2, Dry Chemical
라. D급 화재 : 금속 화재

66 Fail Safe구조에 대하여 설명하시오.

해설 하나의 주 구조가 피로로 파괴되거나 일부분이 파괴된 후라도 남은 구조에 의해 그 항공기의 특성에 불리한 영향을 끼치지 않도록 설계된 구조

67 비행조종계통 Tab의 종류에 대하여 설명하시오.

> **해설** 가. Trim Tab : 조종면의 힌지 모멘트를 감소시켜 조종력을 0으로 조종해주는 역할
> 나. Balance Tab : 조종면의 움직임에 비례하여 작동, 서로 반대로 움직이기 때문에 조종력이 경감
> 다. Servo Tab : Tab만 움직여 주위에 생기는 모멘트로 비행조종면을 작동시켜 조종력 경감

68 A.D.F(Automatic Direction Finder)에 대하여 설명하시오.

> **해설** 지상에 설치된 무지향성 무선 표식국으로부터의 송신되는 전파를 항공기에 장착된 ADF장비로 수신하여 전파의 도래방향을 계기상에 지시하는 것이다.
> 현재의 위치를 알 수 있고 기상 정보도 청취할 수 있다.

69 Wind Shield 방법 및 Rain Protection에 대하여 설명하시오.

> **해설** 가. Electric으로 Window가 가열해서 결빙 및 김이 서리는 것을 방지
> 나. Wiper용액을 Window에 분사 물방울이 퍼지는 것을 방울지게 하며 공개에 의해 굴러가게 해줌으로써 Wiper Load 경감 및 시야를 맑게 유지

70 Reinforcing Fiber에 대하여 설명하시오.

> **해설** 화이버 글래스, 아리미드(케블러), 카본/그라파이트, 보론, 세라믹

71 추력에 영향을 미치는 요소에 대하여 설명하시오.

> **해설** 대기온도, 대기압력, 가속, 고도

72 Fuel Control 하는 것은에 대하여 설명하시오.

> **해설** Bleed V/V Eng' Vane, Thrust

73 Eng' Control에 대하여 설명하시오.

> **해설** 왕복 Eng → Air Control, Jet Eng → Fuel Control

74 Thrust Reverser 작동조건에 대하여 설명하시오.

> **해설** 가. 항공기가 지상에 있을 때 (Landing Gear Touch Down)
> 나. Power Lever Idle Position
> 다. Thrust Reverser Lever를 Reverser Position으로 당겼을 때

75 After Fire에 대하여 설명하시오.

> **해설** 혼합되지 않은 연료가 실린더를 통해 배기 밸브로 나가면서 점화되어 불꽃이 배기관 밖으로 보이는 현상(농후한 혼합비가 원인)
> ※ Back Fire : 불꽃의 전파 속도가 느리기 때문에 일어나는 현상으로 Intake로서 전화되는 현상(희박한 혼합비가 원인)
> ※ Kick Back : 조기 점화로 연소압력이 역방향으로 Crank Shaft를 회전시키는 현상

76 Hot Start에 대하여 설명하시오.

해설 시동 시 EGT가 규정치 이상 상승하는 현상으로 F.C.U 고장, Fuel Line 빙결 및 압축기 입구 공기 흐름 제한 등의 원인에 의해 발생한다.
※ Hung Start : 시동 후 Idle RPM에 도달하지 않고 이보다 낮은 RPM에 있는 현상으로 이때 EGT는 계속 상승하며, Starter에 공급되는 동력의 불충분이 원인이 된다.
※ No Start : Eng' 이 시간 내에 시동되지 않는 것을 말한다. RPM과 EGT가 상승하지 않는 것으로 판단. FCU 등이 원인

77 항공기에 사용하는 연료의 종류에 대하여 설명하시오.

해설 ※ 왕복엔진 항공기 연료
왕복엔진 항공기에 사용되는 항공연료는 4에틸납(lead)이 함유되었을 때에는 색으로 표시하도록 법으로 규정하고 있다.
① AV-GAS 100LL: 등급 100의 납 성분이 적은(low-lead) 항공용 가솔린으로 청색이다.
② AV-GAS 100: 납 성분이 많은 항공용 가솔린으로 녹색이다.
③ AV-GAS 80/87은 사용되지 않으며, AV-GAS 82UL(unleaded)은 보라색이다.
※ 가스터빈엔진 항공기 연료
① 기본적인 가스터빈엔진 연료 종류에는 JET A, JET A-1, JET B가 있다.
② JET A는 미국에서 가장 일반적으로 쓰인다. 전 세계적으로는 JET A-1이 가장 대중적이다.
③ JET A와 JET A-1 모두 기능적으로 케로신(kerosine) 종류에서 증류된다. 이들은 저휘발성과 저증기압을 갖는다. 인화점(flash-point)은 110~150°F의 범위에 있다. JET A의 어는점은 -40°F이고, JET A-1은 -52.6°F에서 빙결된다.
④ JET B는 기본적으로 케로신과 가솔린의 혼합물인 와이드-컷 연료(wide-cut fuel)이다. JET B의 휘발성과 증기압은 JET A와 AVGAS 사이에 있다. JET B는 어는점이 낮아(약 -58°F) 주로 알래스카와 캐나다에서 이용된다.

78 Switch에 대하여 설명하시오.

해설 가. Knife SW
나. Rotary SW
다. Toggle SW
라. Plunger SW : Limit SW, Mechanical Warning SW
마. Press SW : Cut-Out, Cut-In되는 SW로 자동압력 조절기나 경고 장치에 사용

79 비파괴 검사의 장점에 대하여 설명하시오.

해설 가. 파괴 또는 분해하지 않고 할 수 있다(원가절감)
나. 검사 결과가 객관적이고 정확하다(신뢰성)
다. Sampling방법이 아니고 전체를 검사하기 용이하다.

80 다음 용어에 대하여 설명하시오.

해설 가. MGIW : GRD에서 이동할 수 있는 최대중량
나. MTOGW : Taxing, Holding 등에 사용된 연료를 뺀 무게

다. DLW : 착륙이 허용될 수 있는 최대 중량
라. ZFW : Payload + Operating Empty Weight(쓸 수 없는 Fuel, Oil 포함)
마. OEW : MEW + 운항에 필요한 Item을 더한 무게
바. MEW : 항공기 순수한 자체 무게. 의자, 장비들이 포함

81 Voltage Regulator에 대하여 설명하시오.

해설 전압조절기로서 Engine rpm 변화에 따른 출력전압 변화와 부하변화에 따른 단자 전압 변동을 수정하여 항상 발전기 출력을 일정하게 유지시키려는 장치

82 Compressor Stall 원인에 대하여 설명하시오.

해설 가. 압축기 출구 압력이 너무 높을 때
나. Chock현상 발생 시
다. 압축기 입구의 공기온도가 높을 때
라. Comp가 F.O.D되었을 때, 더러울 때

83 Battery에 대하여 설명하시오.

해설 가. 황산 Battery : 단위 Cell당 Normal Voltage 1.75V, 비중 1.275~1.300
나. Ni-Cd Battery : 1.2~1.25V, 비중 1.190~1.210

84 부식방지에 대하여 설명하시오.

해설 적당한 세척, 주기적 윤활, 세밀한 검사

85 Multi - Meter 취급시 주의사항에 대하여 설명하시오.

해설 가. Volt Meter, Am Meter는 극성을 고려해야 한다.
나. 측정하고자 하는 대략 값을 미리 고려해야 한다.
다. Ohm Meter로서 전류가 흐르고 있는 저항을 측정해서는 안 된다.
라. Volt Meter는 회로에 병렬, AM Meter는 회로에 직렬로 연결한다.

86 V-n 선도에 대하여 설명하시오.

해설 구조 역학적으로 안전한 비행조작 범위를 지정하는 것으로 항공기 제작자에 대하여 구조 역학적으로 안전하게 하중을 담당하도록 설계 제작하라는 것이고 다른 하나는 항공기 운용자에 대하여 허용 비행 범위를 제시하는 것이다.

87 Weight Balance 절차에 대하여 설명하시오.

해설 가. 항공기 세척
나. Hanger에 넣어서 문을 닫고 평평한 곳에 위치
다. 온도를 일정하게 하고 Fuel, Oil Drain 장비를 Warm-Up하고 나서 Zero-Setting
라. Jack에 Cell(Level Kit)을 장착하고 Jacking

88 기체 Bonding의 목적에 대하여 설명하시오.

해설 가. 동의의 힌지가 전도에 의한 응축 방지
나. 단일선 전기회로에 여유를 준다.
다. 이질금속 간 전압차를 없앤다.

89 항공기 내·외부에 작용하는 응력에 대하여 설명하시오.

해설 가. 외부 : 양력, 중력, 추력, 항력
나. 내부 : 인장력, 압축력, 전단 굽힘, 비틀림

90 Wing 구조 부재의 담당 응력에 대하여 설명하시오.

해설 가. 인장, 압축 : Spar와 Stiffener
나. 굽힘 : Spar
다. Torsion : Rib
라. 전단 : Skin

91 부식의 형태에 대하여 설명하시오.

해설 가. 표면 부식(Surface Corrosion)
　　1) 세척용 화학약품 등의 화학작용에 의해 발생
　　2) 연마된 금속표면에는 흐르게 나타나나 만일 방치하면 금속표면에 Pit가 남게 된다.
나. Pitting Corrosion
　　1) Al합금이나 Mg합금 그리고 Stainless Steel의 표면에 발생하는 보통의 부식
　　2) 최초에는 백색 또는 회색을 띤 부식 생성물로서 나타나고 다음에 부식 생성물이 Pit 내에 침적하게 된다.
　　3) 금속 조직 내의 다른 성분간에 기전력이 발생하기 때문에 일어난다.
다. Inter-Granular Corrosion(입자간 부식)
　　1) 합금의 입자 경계를 따라 생기는 침식이며 보통 합금 구조에 있어 균질성 결여에 기인
　　2) 표면에 보이는 흔적이 없이 존재하며 대단히 심한 입자 간 부식은 때때로 금속의 표면에서 떨어진다.
　　3) 초기단계에서는 탐지하기 어렵고 Ultrasonic 및 Eddy Current 사용
라. Stress Corrosion(응력 부식) : 인장응력과 부식이 동시에 작용하므로 일어난다.

92 Tire Pressure CHK 이유에 대하여 설명하시오.

해설 가. Trade의 고른 마모와 저팽창과 과팽창에서 오는 Tire의 손상 및 Wheel의 손상 방지를 위해 매일 1회 이상 점검하여야 한다.
나. 비행 후에는 2~3시간 지난 후에 CHK
다. 적절한 Flexing을 보장하고 오도 상승을 최소로 하며 타이어의 수명을 연장시키고 과도한 트래드 마모를 방지한다.

93 Eng' Stall 방지책에 대하여 설명하시오.

해설 가. Multi Spool 구조 : 설계 압력비를 실속 영역으로 접근시킬 수 있기 때문에 결국 높은 효율 및 압력비를 얻을 수 있다.

나. VSV(Variable Stator Vane) : Compressor의 IGV 및 Stator Vane의 Angle의 변할 수 있게 만들어 놓음으로써 공기 흐름의 방향과 속도를 조정하여 항상 일정하게 Rotor BLD의 받음각을 유지시켜준다.

다. Bleed V/V : Eng'이 저속으로 회전할 때 이 V/V가 자동으로 열리어서 압축공기의 일부를 외부로 배출함으로써 배출되는 공기량만큼 유입 공기의 속도가 증가하여 BLD의 받음각이 감소하므로 실속을 방지한다.

94 FCU Input Signal에 대하여 설명하시오.

해설   PLA(Pwr Lever Angle), CLA(Condition Motor Lever Angle), PAMP(Ambient Press'), CDP(Comp' Discharge Press), N2 RPM, CIT(Comp' Inlet Temp') EGT(Exhaust Gas Temp')

95 Pneumatic과 Hyd 차이점에 대하여 설명하시오.

해설   가. Pneumatic
1) 폭발 위험성이 있다.
2) 압축성이다.
3) 산소포함 기밀유지가 어렵다.
4) 비순환작동, 열과 압력 Energy가 있다.

나. Hydraulic
1) 폭발 위험성이 없다.
2) 비압축성이다.

96 Key Washer에 대하여 설명하시오.

해설   가. 오직 1회만 사용 가능
나. Eng'이나 진동이 극심한 부위에 사용된다.
다. Tap Type과 Cup Type이 있다.

97 Brazing Welding에 대하여 설명하시오.

해설   모재를 녹이지 않고 용접봉만 녹여서 접합하는 용접.

98 Shimmy Damper에 대하여 설명하시오.

해설   이착륙중에 Nose Wheel의 이상 진동을 막는다.

99 Logic 판독에 대하여 설명하시오.

해설   가. AND Gate
나. OR Gate
다. NAND Gate
라. NOR Gat

100 Gauge Vibration(마찰오차)에 대하여 설명하시오.

> **해설** 가동부의 미끄럼 조인트간의 마찰저항에 의한 것으로 보석 Brg을 사용함으로써 감소시킬 수 있고 이 오차를 엔진으로부터 오는 기체 진동이 이를 해소시키는 데 좋은 효과를 준다.
> 제트기에서는 엔진 진동이 거의 없어 마찰에 의한 마찰오차의 해소 목적으로 특정한 계기에 Vibrator를 단다.(고도계)

101 백색호선에 대하여 설명하시오.

> **해설** 대기속도계에 사용되는 색표식으로써 최대 착륙 하중 시의 실속속도에서 Flap을 내릴 수 있는 속도까지의 범위, 수치가 작은 하한점이 실속속도이고 수치가 큰 상한점이 Flap을 내리더라도 강도상 문제가 없는 Flap 내림 최대속도이다.

102 Honeycomb Insp' 종류에 대하여 설명하시오.

> **해설** 시각검사, 습기검사, 시일검사, Coin 검사, X-Ray검사.

103 Torque Tube, Torque Link, Shimmy Damper란 무엇인가?

> **해설** 가. Torque Tube : 각운동 혹은 회전운동을 전달하는 부품
> 나. Torque Link : L/G Inner Cylinder와 Outer Cylinder를 잡아주며 Steering 시 회전력을 전달하는 부품
> 다. Shimmy Damper : 활주 중 항공기의 이상 진동현상을 완충시켜 주는 부품

104 Yaw Damper의 기능에 대하여 설명하시오.

> **해설** Dutch Roll에 들어가지 않게 자동적으로 Rudder를 움직여 보정하는 기능
> 1) Turn Coordination, 2) Dutch Roll Damping, 3) One Eng Failure

105 Boost Pump 기능 및 고장 시 Fuel Flow계통에 대하여 설명하시오.

> **해설** 가. 기능 : Press에 의해 탱크로부터 엔진으로 연료를 공급하고 Defueling, Transfer 시에도 사용
> 나. Flow : Pump ⇒ Discharge Check Valve ⇒ Eng Fuel S/O/V ⇒ Eng Pump

106 Boost Pump의 Type과 역할에 대하여 설명하시오.

> **해설** 115V AC Motor에 의해 구동되는 Centrifugal Type Pump로서 Tank Fuel을 Press로 엔진계통에 연결시킨다.

107 Cross Feed란 무엇인가?

> **해설** 연료 탱크에서 다른 엔진으로 연료를 공급하는 것으로 Cross Feed Valve를 통해 이루어진다.

108 Dump Sys의 필요성에 대하여 설명하시오.

> **해설** 비행중 일부의 연료를 신속히 대기 중으로 방출시켜 항공기 중량을 최대착륙 중량 이내로 감소시키기 위함이다.

109 연료계통에서 볼 수 있는 Indicating의 종류에 대하여 설명하시오.

해설 Elect' Capacitance Type, Master, Repeater Ind'

110 Fuel Cross Feed와 Transfer의 차이점에 대하여 설명하시오.

해설 Cross Feed : Tank → Eng Fuel Supply, Transfer : Tank → Tank Fuel Supply

111 Fuel Drain하는 이유에 대하여 설명하시오.

해설 Skin 부식과 부정확한 연료량을 지시하는 원인이 되는 Tank 하면의 수분을 제거

112 Fuel Performance Numbering에 대하여 설명하시오.

해설 Fuel의 Anti-Knock성(제폭성)을 나타내는 Octane가 100을 퍼포먼스가 100으로 정하고 여기에 4 Ethyl Lead를 첨가하여 제폭성능을 향상시킨 값

113 Fuel Pump 구성품에 대하여 설명하시오.

해설 Impeller, Motor, Pump Housing,

114 Fuel Pump 중 원심력 Pump의 장점에 대하여 설명하시오.

해설 Positive Displacement Pump가 아니므로 Relief V/V가 불필요.

115 Fuel Tank Sump Drain Valve의 목적에 대하여 설명하시오.

해설 Fuel Sample 채취, Tank 내 수분이나 오염물질 제거, Defuel 후에 남아있는 모든 연료 제거

116 Jet Engine Fuel의 첨가제에 대하여 설명하시오.

해설 방빙제, 미생물 성장 억제제

117 Max T/O Weight가 Max L/D Weight 보다 105% 크다면 연료장치에서 요구되는 것은?

해설 Fuel Jettision(Dump) System

118 Mesuring Stick을 이용하여 Fuel Qty Check 참고해야할 AMM의 Chapter는?

해설 ATA Chapter 12

119 Gyro의 종류와 성질에 대하여 설명하시오.

해설 선회계 : 섭동성
방향자이로 지시계(정침의) 및 자이로 수평지시계(인공수평의)는 강직성과 섭동성을 모두 이용

120 Pitot Tube Heating 고장시 발생하는 결함에 대하여 설명하시오.

> 해설 Pitot Tube에 Icing이 생김으로써 관련 Air Speed 계기, Air Data Computer, 여압계통, Auto Pilot 등에 고장

121 Pitot-Static Probe의 역할, 기능, 원리에 대하여 설명하시오.

> 해설 가. 역할 : 정확한 Pitot Pressure를 얻게 한다.
> 나. 기능 : 대기로부터 Pitot Pressure와 Static Pressure를 Sensing
> 다. 원리 : 베르누이 정리를 이용한 동압 계산

122 Static Port가 동체 양면에 있는 이유에 대하여 설명하시오.

> 해설 선회 시에도 정압의 변동이 없기 때문에 지시에 오차 유발이 없다.

123 A300-600 항공기에서 Nose Landing Gear Tire를 T/O 후 정지시키는 방법에 대하여 설명하시오.

> 해설 N/L/G W/W 안의 L/G Brake Band와의 마찰에 의해 정지됨.

124 Accumulator의 원리 및 용도에 대하여 설명하시오.

> 해설 두 부분으로 나누어진 밀폐된 통으로 위쪽은 작동유, 아래쪽은 공기로 채워져 있으며 계통내의 Pressure Surge를 완화하고 많은 계통 작동 시 Power Pump로 보조하며 Pump가 작동하지 않을 때 압력상태의 예비 작동유를 저장하고 계통 누설 시 작동유를 공급한다.

125 Anti Skid Brake와 Auto Brake에 대하여 설명하시오.

> 해설 Anti Skid Brake : Hyd' Brake Sys'에 의해서 Brake에 작용하는 유압을 제한 Wheel이 Skidding 되는 것을 방지

126 Anti Skid Sys' 중 2가지 Protection 기능에 대하여 설명하시오.

> 해설 가. Locked Wheel Protection : Wheel이 Lock되었을 때 Brake를 Release,
> 나. Hydroplane/Touch Down Protection : Brake를 밟아도 착륙 접근하는 동안 Brake가 작동하는 것을 방지. 항공기가 활주로에 닿을 때 Wheel이 Lock되는 것을 방지

127 Brake의 종류 및 장점에 대해 설명하시오.

> 해설 가. 유압계통에 의한 분류
> ① Independent Brake Sys'
> ② Power Control Sys'
> ③ Power Boost Brake Sys'
> 나. 형식에 의한 분류
> ① Signal Disk Brake
> ② Multiple Disk Brake
> ③ Segment Rotor
> ④ Expander Tube

128 Brake Air Bleeding 후 Reset 시켜주어야 할 Component에 대하여 설명하시오.
   해설 Hydraulic Fuse

129 Brake Bleed Sys' 역할(기능)에 대하여 설명하시오.
   해설 계통내의 공기를 Bleeding 해서 제거한다. 작동 시 Sponge 현상 방지

130 항공기 Tire에 산소대신 질소를 쓰는 이유에 대하여 설명하시오.
   해설 Brake의 Heat에 의한 Tire의 폭발을 방지하기 위해 Tire Pressure의 보급은 -20°F(29℃)의 포화습도량 이내의 습도를 함유한 Dry Nitrogen 사용

131 항공기에서 짝을 이루는 2개의 Tire 압력이 30% 이상 차이가 나는 경우는?
   해설 5 PSI 차이날 경우 Flight Log 기록

132 L/G Sys' 작동 시 Flow Sequence에 대하여 설명하시오.
   해설 가. Down : Up Lock Release → Door Open → L/G Down → Down Lock → Door Close
   나. Up : Down Lock Release → Door Open → L/G Up → Up Lock → Door Close

133 L/G가 우발적으로 Retract 되는 것을 방지하기 위해 마련된 장치는?
   해설 Safety S/W & Ground Lock

134 L/G Shock Strut의 Air Service 절차를 설명하시오.
   해설 가. Filler Plug 주변 이물질 제거
   나. Air V/V에서 Cap 제거
   다. Swivel 육각너트가 조여 졌는지 점검
   라. 만약 Air V/V Core가 있으면 V/V Core를 눌러서 공기를 빼낸다.
   마. V/V Core를 장탈
   바. Swivel Nut를 CCW로 돌려 스트러트 공기를 빼낸다.
   사. 작동유를 Air V/V를 통해 Bleeding을 실시한다.

135 Landing Gear Shock Strut의 작동원리를 자세히 설명하시오.
   해설 착륙시 아래서 위로 충격하중이 작용하여 바깥쪽 실린더가 위로 움직일 때 작동유가 압축되어 작은 오리피스를 통해 작동유가 이용되지만 오리피스가 작동유의 유출량은 제한하고 공기실에 침투한 작동유가 공기를 압축하여 충격에너지를 흡수한다.

136 Landing Gear Sys의 기능에 대하여 설명하시오.
   해설 가. Landing 시 A/C에 가해지는 충격 에너지를 완충장치가 흡수
   나. 지상 활주 시 제동장치에 의한 속도 감소 및 정지
   다. 지상 활주 시 조향장치에 의한 방향 전환
   라. 지상에서 항공기 지지

137 Landing Gear Up 조건에 대하여 설명하시오.

　　해설　GND에서 떨어져있고 Down Lock가 Release 되어야 한다. L/G Lever Up

138 Oleo Strut에 대하여 설명하시오.

　　해설　Tapered Metering Pin과 Orifice Hole에 의해 Oil의 흐름량을 조절하여 충격을 흡수, 충격을 받을 때는 압축속도가 점진적으로 감소하게 조절되어 있다.

139 Oleo Type Shock Strut에 Hyd 보급 시 Charging 상태를 확인하는 방법에 대하여 설명하시오.

　　해설　Over Flow

140 Shimmy Damper에 대하여 설명하시오.

　　해설　이륙, 착륙, 지상활주 중 Nose Wheel에 발생되는 불규칙한 진동을 흡수하는 장치로서 피스톤형, 베인형, 노스 휠 파워 스트어링과 함께 작동되는 3가지 Type이 있다.

141 Shimmy Damper에 이상이 생겼을 때 어느 곳을 우선적으로 검사하여야 하나?

　　해설　Damper Assy 주변의 작동유 누설여부, Reservoir내 작동유의 양이 적절한지 여부, Cam Assy의 Binding 흔적, 마모, Loose 된 것, Broken Part 등의 유무 여부

142 Strut의 완충방식에 대하여 설명하라.

　　해설　가. 고무 완충방식 : 충격흡수를 위해 고무 끈의 다발을 이용 고무의 탄성으로 충격 흡수
　　　　나. 평판 스프링식 : 탄성매체를 통해 에너지를 받았다 되돌렸다 하며 충격완화
　　　　다. 공유압식 : 공기의 압축성과 작동유가 오리피스를 이동하는 양을 제한하여 충격흡수

143 Tire에 표시된 44 – 19 – 22 숫자가 의미하는 뜻에 대하여 설명하시오.

　　해설　가. 정상 압력상태하에서의 타이어의 직경 : 44 inch
　　　　나. 타이어 폭 : 19 inch
　　　　다. Rim의 직경 : 22 inch

144 타이어가 과압력 및 저압력 시 발생하는 문제에 대하여 설명하시오.

　　해설　타이어의 이상마모 발생, 과압력 시 Thread의 중앙부분이 마모되고, 저압력 시 Side Wall의 마모가 심하다.

145 타이어 교환 시 최대 Jacking 높이 얼마인가?

　　해설　2 inch 기준이며, Wind Condition 등 Abnormal 상태에서는 AMM Chapter 7 참조

146 타이어 교환 시 브레이크를 잡아주나, 풀어주나 만약 풀어준다면 그 이유에 대하여 설명하시오.

　　해설　브레이크를 풀어준다. 교환된 타이어의 원활한 장착을 위해

147 타이어에 그리스가 묻었을 경우 조치사항에 대하여 설명하시오.

해설 화학적으로 고무를 급속히 파괴시키기 때문에 만약 그리스나 오일이 묻게 되면 즉시 중성 세제와 더운물로 세척한다.

148 Wheel에서 Thermal Fuse가 녹으면 일어나는 현상과 조치사항에 대하여 설명하시오.

해설 타이어의 과도한 압력이 빠져나간다. 타이어는 분리하며, Fuse를 교환하여야 함

149 항공기의 좌, 우, 미등 색상에 대하여 설명하시오.

해설 좌 – 적색, 우 – 청색, 미 – 백색

150 Marker Beacon에 대하여 설명하시오.

해설 착륙 시 착륙대와 항공기 간의 거리를 신호로 유도하여 착륙을 돕는 장치

151 항법장치의 구성품 및 역할에 대하여 설명하시오.

해설 항법장치 중 중요한 3가지는 1) 항공기 위치 확인 2) 침로 결정 3) 도착예정 시간의 산출로서, 대표적인 장비는 INS이다.

152 DME의 약자 및 기능에 대하여 설명하시오.

해설 Distance Measuring Equipment, 항공기에서 지상국으로 질문전파를 송신하면 지상국은 질문전파를 수신 후 응답전파를 항공기로 송신하여 전파가 송신 후 수신까지의 시간을 2로 나누어 항공기가 지상국으로부터 떨어진 거리를 산출할 수 있다.

153 DME 안테나 위치에 대하여 설명하시오.

해설 동체하부

154 Gyro의 동력원에 대하여 설명하시오.

해설 가. 공기구동식
나. 전기구동식
  1) Ball식 직립장치
  2) 와전류식 직립장치(Eddy Current Type)
  3) 진자식 직립장치(Pendulum Type)
  4) 수준기식 직립장치(Liquid Level Type)

155 Low Range Radio Altimeter에 대하여 설명하시오.

해설 대지고도를 측정하는 전파고도계로써 주로 항공기 착륙 시 사용한다. 물체에 부딪쳐서 반사성질을 이용하여 절대고도를 측정하며, 2,500feet 이하에서만 사용한다.

156 산소계통 작업 시 주의사항에 대하여 설명하시오.

해설 Oil, Grease와 격리, 유기물질로부터 격리, S/O/V 천천히 개폐, Part 교환 시 Leak Test, 불꽃과 고온물질 및 Spark를 멀리할 것, 항공기 내에서 Recharge 하지 말 것, 저장시 직사광선 피할 것, 공병은 50psi 이상의 압력으로 저장, Air나 물이 들어가는 것을 방지

157 Oxygen Mask가 떨어지는 고도는?

해설 14,000feet

158 Eng High Rpm에서 A/C PNEU' Air는 어디서 얻는가?

해설 Low Stage(8 TH Air)

159 Pneumatic Duct의 Water Separator의 목적에 대하여 설명하시오.

해설 Air에 포함되어 있는 수분을 걸러내는 장치로, ACM Down Stream에 장착되어 원심력에 의해 수분을 걸러냄

160 신기종 항공기의 CMC(Central Maintenance Computer) 기능에 대하여 설명하시오.

해설 가. 각종 Sys의 Test를 수행할 수 있으며, 결함을 Monitoring하고 필요 시 출력하여 볼 수 있다.
　　나. Fault의 종류에는
　　　　1) Present Leg Fault
　　　　2) Existing Fault
　　　　3) Fault History

161 최신 APU(B747-400, A300-600 APU)의 Load Compressor 기능에 대하여 설명하시오.

해설 Pneumatic Power만 공급하며, 별도의 Compressor임

162 APU Compressor에서 주로 적용되는 Type에 대하여 설명하시오.

해설 Centrifugal Type, 단수가 적고 압축비가 높으며 F.O.D.에 강하다.

163 APU의 설치목적 및 기능에 대하여 설명하시오.

해설 가. 지상에서 항공기 엔진을 작동하지 않은 상태에서 항공기에 필요한 동력을 공급
　　나. 요구에 따라 자동으로 작동
　　다. 일정 RPM 유지로 전기 주파수를 유지
　　라. 결함 발생으로 인한 APU Damage 가능성이 있을 때 Auto S/D됨

164 동체의 길이방향 구조재, 가로방향 구조재에 대하여 설명하시오.

해설 가. 길이방향 구조재
　　　　1) 동체의 모양을 형성
　　　　2) 부피하중 담당(인장, 압축하중 담당)
　　　　3) Longeron, Stringer

나. 가로방향 구조재
   1) 동체의 비틀림응력 담당
   2) 동체가 받는 집중하중을 외피에 분산
   3) Bulkhead, Ring 또는 Frame, Former

165 비행 시 Wing이 받는 응력에 대하여 설명하시오.
  해설 Tension, Compression, Bending, Shear

166 항공기가 비행중 여압동체의 차압(ΔP)에 대하여 설명하시오.
  해설 가. 소형 항공기 : 4~6PSID
        나. 대형 항공기 : 6~9.5PSID

167 현대 항공기의 구조에 대하여 설명하시오.
  해설 Pressurized 구조

168 Fail Safe 구조의 종류에 대하여 설명하시오.
  해설 Redundant Structure, Double Structure, Back-Up Structure, Load Dropping Structure

169 Keel Beam에 대하여 설명하시오.
  해설 L/G Box 부분의 보강재로써 Wing에 걸리는 Bending Moment를 담당

170 Seal의 겉표지에 새겨진 내용에 대하여 설명하시오.
  해설 가. P/N : Part No
        나. Composition : Seal의 실제구성 재질
        다. Cure Date : 사용 가능 기간 표시.
        라. MFD Date : 제조일자
        마. Bendor : 제작사

171 Semi-Monocoque Structure의 구조부재(Stringer, Skin 등) 및 기능에 대하여 설명하시오.
  해설 가. Bulkhead, Former : 동체의 비틀림 방지, 동체가 받는 하중을 외피에 골고루 분산
        나. Longeron : 부피하중 담당
        다. Stiffener : 항공기 동체의 비틀림 방지
        라. Skin : 항공기 동체의 하중을 일부 담당
        마. Stringer : Longeron의 보강재, 동체의 모양형성. 인장, 압축하중 담당

172 Multi-Meter 취급시 주의사항에 대하여 설명하시오.
  해설 가. 전류/전압 측정 시에는 +, -극성에 맞게 유의할 것
        나. 적색 Test Lead(+), Common 단자(-)극에 연결할 것

다. 전류, 전압, 저항 중 사용목적에 맞게 Needle을 맞춘 후 사용 할 것(잘못 사용 시 Fuse Out 또는 기기의 결함 유발)
라. AC 측정 시에는 기기의 파손을 방지하기 위해 항상 Max Range에 Set 할 것

173 정속 Prop'에서 Feathering에 대하여 설명하시오.

해설 다발 항공기가 비행중 엔진이 고장 나거나 엔진을 정지시켜야 될 때 필요하며 프로펠러의 풍차 작용으로 고장난 엔진이 계속 회전하는 것을 방지하며, 프로펠러를 페더링함으로써 프로펠러가 받는 저항이 적으며 날개와 미부의 공기흐름의 교란을 적게 하는 이점이 있다.

174 항공기에 RTV가 묻은 경우 처리방법에 대하여 설명하시오.

해설 굳기 전에 비눗물 세척 후 Cleaning, 굳은 후에는 Soft한 재질의 Tool로 Skin에 Scratch가 생기지 않게 긁어냄

175 쇠톱에서의 용도와 선별기준에 대하여 설명하시오.

해설 가. 쇠톱날의 2가지 기준
  1) All-Hard Blade : 황동, 공구강, 주철 및 단면적이 큰 재료절단
  2) Flexible Blade(잇날 부위만 경화처리) : 속이 빈 재료나 단면적이 작은 재료
나. Pitch
  1) 14 Pitch : 기계 구조용강, 냉간 압연강, 일반구조용강
  2) 18 Pitch : Al 판재나 각재

176 Al 줄 작업 시 줄의 날이 거친 것과 연한 것 중 어느 것을 사용하는가? 줄 작업 중에 낀 Al 가루는 무엇으로 제거하는가?

해설 거친 것 사용, Wire Brush로 제거

177 Torque Wrench 사용법과 연장했을 때 계산방법에 대하여 설명하시오.

해설 가. Limit Type(Click Type) : 손잡이의 Lock를 풀고 손잡이 부분에 있는 Torque치에 Set 후 다시 Lock을 걸고 Torque 를 주면 Set Torque치에 도달 시 "딸각" 소리 남
나. Dial Type : Red 지침 "0" Set, Yellow를 원하는 Torque Set 후 Torque를 가하면 두 지침 일치시 2-3초 정지했다가 원위치
다. 연장공구 사용시 계산방법 : 토크렌치의 지시값은 실제 토크값 곱하기 토크 렌치 아암 길이 값을 토크렌치 아암 길이 더하기 연장길이 값으로 나누면 된다.

178 Pig Tail에 대하여 설명하시오.

해설 Safety Wire 작업 후 마지막 꼬은 끝을 볼트 끝에 바짝 붙여서, 잘라낸 와이어 끝에 다치거나 작업복 등이 걸리지 않도록 한다. 마지막 꼬은 줄은 길이는 1/4~1/2 inch, 꼬은 수는 3~5번 이다.

179 Ramp 내에서의 금기사항은 어느 규정에 나와 있는가?

해설 정비업무 규칙 "안전"

180 Repair의 정의를 간단히 설명하시오.

해설 고장이나 파손된 상태(강도, 구조성능)를 본래의 상태로 회복시키는 것

181 T.R.P의 Full Name에 대하여 설명하시오.

해설 Time Regulated Part(HT를 적용)

182 Starter의 종류에 대하여 설명하시오.

해설 가. Pneumatic Starter : 현재의 대부분의 대형항공기에서 쓰임, 가볍다, 공기압이 필요
나. Electric Starter : 무게가 무겁다.
다. Starter Generator : 엔진 시동 시 Starter, 정상 작동 시 Generator로 사용

183 각종 정비방식의 종류 및 의미하는 내용에 대하여 설명하시오.

해설 가. A Check : 운항에 직접 관련빈도가 높은 정비 단계로서 항공기 내·외부 Walk-Around Insp'
나. B Check : A Check + 항공기 내, 외부 육안검사, 특정 구성품의 상태점검 또는 작동점검
다. C Check : A Check + B Check + 제한된 범위 내에서 구조 및 제 계통의 검사, 작동점검, 계획된 보기교환

184 항공기 비치서류에 대하여 설명하시오.

해설 MEL, Procedure Manual, CDL, 항공기 중량 원부, 항공일지, 구급용구 기록부

185 정비규정에 수록되어야 할 내용에 대하여 설명하시오.

해설 용어정리, 직무범위, 정비방식, 부분품의 예비품 대상한계, 정비위탁, 검사, 기록 및 보고, 안전(구급용구, 지상안전)훈련, ETOPS, MEL, CDL

186 정비규정은 누가 만드는가?

해설 국토교통부 장관의 인가를 받아 기술부문 기술정책팀에서 제정 및 개정

187 정비에 사용되는 시간계산에 대하여 설명하시오.

해설 비행시간(Time In SVC, Flight Hour, Air Time) : 비행을 목적으로 이륙부터 착륙까지의 경과시간을 말하며 사용시간이라고도 한다.

188 Block Time, Flight Time에 대하여 설명하시오.

해설 항공기가 비행을 목적으로 Ramp에서 자력으로 움직이기 시작한 순간부터 착륙하여 정지할 때까지의 경과시간

189 항공기 도입 시 가장 먼저 받아야 하는 증명에 대하여 설명하시오.
> 해설 감항증명서, 등록증명서, 운용한계 지정서, 소음기준 적합증명서, 무선국 허가증

190 Flap의 종류에 대하여 설명하시오.
> 해설
> 가. Plain Flap
> 나. Split Flap
> 다. Slotted Flap
> 라. Flower Flap

191 Hose와 Tube의 직경 측정 방법에 대하여 설명하시오.
> 해설 보통 버니어 켈리퍼스를 사용하여 Hose는 내경, Tube는 외경을 측정한다.

192 공중에서 왼쪽으로 Bank 시 조절방법에 대하여 설명하시오.
> 해설 항공기가 왼쪽으로 Bank한다면 왼쪽 날개의 양력이 적기 때문이므로 Trim하여 왼쪽 날개의 양력을 증가시키거나 오른쪽 날개의 양력을 감소시키거나 하여 조절한다. 고정 Tab을 장착하거나 또는 Aileron의 Trim을 행한다.

193 Cable의 Tension 조절에 대하여 설명하시오.
> 해설 정비교범에 나와 있는 방법으로 온도에 따라 Tension을 조절한다. Tension의 조절은 Cable에 있는 Turn Buckle로 조절하고 Cable의 Tension은 Tension Meter로 측정한다.

194 가스터빈 기관 Starter의 종류에 대하여 설명하시오.
> 해설 가스터빈의 시동은 외부 동력을 이용하여 압축기를 회전시킴으로써 연소실에 필요한 공기를 연소실에 보내서 일단 연소가 시작된 후에는 엔진이 자립회전 속도에 이를 때까지 압축기의 회전 속도를 높이는 역할을 한다.
> 가. 전기식 시동기(Electric Starter) : 전기식 시동계통에 형식이 있다. 하나는 시동 목적으로만 이용되는 전동기식(Electric Motor Type)이며, 다른 하나는 엔진이 정상 자립속도에 달하면 발전기 역할을 하는 시동기 발전기식(Starter Generator Type)이다.
> 나. 공기식 시동기(Pneumatic Starter) : 공기식 시동기는 항공장비의 무게를 감소시키기 위해서 설계된 것으로 이 시동기는 같은 동력을 내는 전기식 시동기에 비하여 무게가 1/4 밖에 안 된다.
> 다. 공기 충돌식 시동기(Air-Impingement Starter) : 이 형식은 공기유입 Duct만 가지고 있기 때문에 시동기 중 가장 간단한 형식이라고 할 수 있다. 작동중인 엔진이나 지상동력 장치로부터 공급된 공기는 Check Valve를 통하여 Turbine Blade나 원심압축기로 유도된다.
> 라. 카트리지형 시동기(Cartridge Starter) : 비상 시 화약이나 특수한 액체연료를 이용하여 그 연소가스에 의해 시동기를 구동시키는 형식도 있으나 최근에는 거의 사용되지 않는다.

195 날개에서 쳐든각을 주는 이유에 대하여 설명하시오.
> 해설 가로축이 길어지므로 가로안전성이 좋아진다.

196 복엽기 중앙부분을 Rigging하는 데 있어서 기계적인 방법에 있어서 고려해야 할 사항은?

해설 대칭을 점검하기 위해 비틀림과 투사각에 대한 지시서에 의한다.

197 날개의 비틀림 측정에 대하여 설명하시오.

해설 날개 꼭대기의 전연과 맨 끝의 전연 사이의 수평거리를 측정한다.

198 Blind Rivet에 대하여 설명하시오.

해설 몇 개의 Rivet의 고장이 감항성에 크게 악영향을 줄지도 모르는 장소에는 이러한 Rivet을 사용해서는 안 된다. 종류에는 Cherry Rivet, Rivnut, 폭발형 Rivet 등이 있다.

199 Cable이 사용 한계치 내에서 절단되었다면?

해설 납땜하여 사용할 수 있다.

200 Cable 절단장비(Swaging Tool)에서 Swaging 절차에 대하여 설명하시오.

해설 가. 원하는 Cable 길이에 해당하는 곳에 Marking Tape를 감아 그 Tape 끝까지 Cable을 Swaging Barrel 속에 삽입한다. 이 Tape는 중요한 기준이므로 잘 붙여야하며 강도 100% 보장한다.
나. 끝난 후 Tape가 말랐는지 여부 확인
다. Swaging 끝난 후 Go-No-Go Gage로 Check
라. Tape 점검 후 결합부와 Cable에 빨간 Paint Marking 하여 매 점검 시 주의해본다.

201 Turn Buckle에 안전선을 감는 방법에 대하여 설명하시오.

해설 가. 복선식 : 1/8 inch 이상 Cable
나. 단선식 : 1/16~3/32 inch Cable

202 Cable Crack을 측정(점검)하려 한다. 어느 위치에서 하나?

해설 Pulley 부분에서 3 inch 이상 떨어진 곳

203 Temperature Control Valve의 기능에 대하여 설명하시오.

해설 더운 공기와 찬 공기의 혼합

204 Stud Bolt가 부러졌을 때의 조치방법에 대하여 설명하시오.

해설 가. Punch로 Bolt 중앙부분에 표시를 하고
나. Drill로 뚫은 다음에
다. Extractor 장비로 빼낸다. 보통 볼트는 Easy-Out 장비로 뺀다.

205 Cabin Temp' Control System 구성에 대하여 설명하시오.

해설 가. Cabin Temp' Pick Up(Thermistor)
　　 나. Manual Temp' Selector
　　 다. Electric Regulator(Temp' Regulator)
　　 라. Temp' Regulator는 객실 온도 조정장치이고 조종석에 4개의 S/W가 있으며, 이것은 OFF, AUTO, MAN COLD, MAN HOT이다.

206 항공기 감항성 개선지시(AD, Airworthiness Directive)에 대하여 설명하시오.

해설 감항성에 매우 중대한 결함에 대하여 강제로 작업을 지시하는 문서

207 Sweep Back Wing의 단점에 대하여 설명하시오.

해설 익단 실속이 잘 일어남

208 Bleed Air의 사용처에 대하여 설명하시오.

해설 가. Air Condition계통
　　 나. 계기(Gyro)
　　 다. 유압(Shock 방지)
　　 라. Anti-Icing System
　　 마. Turbine Section Cooling
　　 바. Main Fuel Regulator
　　 사. Balance Chamber에 Air 공급

209 Moment에 대하여 설명하시오.

해설 축이나 점 주위에 운동을 일으키는 경향이나 그 크기, 모멘트 = 길이 × 무게

210 Paint 시 Spray Gun의 사용방법에 대하여 설명하시오.

해설 표면에서 6~10 inch 떨어져서 우측에 위치시키고 수평으로 이동시키면서 뿌리며 Charging Air는 40~80psi가 되어야 하며 사용공기 압력은 5~15psi이다.

211 Rivet의 "G"는 무엇인가?

해설 Grip은 두께이며, 판이 두 겹일 경우 두 겹의 두께

212 턴버클의 Thread가 몇 개 이상 나오지 않아야 하는가?

해설 3개

213 제한하중(Limit Load)에 대하여 설명하시오.

해설 이 하중이 몇 번 반복해서 걸려도 기체의 구조부분에 영구변형이 생기지 않는 하중을 말한다.

214 Self Locking Nut의 종류에 대하여 설명하시오.

해설 가. 전 금속형(All-Metal Type) : 두부에 홈을 파서 약간 오므려 직경을 작게 한 것과 두부를 전원이 아닌 타원형으로 한 것이 있다.
나. 화이버(Fiber) 또는 나이론(Nylon)형
1) 사용가능 횟수는 Fiber 15회, Nylon 200회 정도
2) 250°F(121℃) 이하의 온도에서만 사용 가능
3) 볼트가 너트의 칼라를 지나서 나와야 할 길이는 보통 1/32 inch 또는 한 개 이상의 나사

215 앵커 너트에 대하여 설명하시오.

해설 알루미늄 합금으로 되어 있으며 항공기 구조부에 점검창을 낼 때 고정장치로 사용

216 Battery에서 거품이 나왔다. 그 이유에 대하여 설명하시오.

해설 과전압(충전 시 과충전하여 전해액이 끓어서)

217 L/G 주기검사 시 장탈 할 때 먼저 할 일에 대하여 설명하시오.

해설 공기를 뺀다. 장착 후에는 Air Breeding 한다.

218 연료 사용 순서에 대하여 설명하시오.

해설 Center Tank → Inboard Tank → Outboard Tank 순으로 함

219 Fuel Flow의 단위에 대하여 설명하시오.

해설 PPH(Pound Per Hour)

220 연료량 측정방법에 대하여 설명하시오.

해설 가. 경항공기 : 1) Sight Glass Gage, 2) Dip Stick, 3) Float Type
나. 대형항공기 : 원격지시방식 사용
1) Electric Tele Gage, 2) Desyn식 액량계, 3) Electric Capacitance식 액량계

221 항공기 엔진 Motoring 이유에 대하여 설명하시오.

해설 연료계통 및 오일계통을 분리 작업했을 때 계통 내에 공기가 차므로 Air Locking을 방지하기 위하여 엔진을 공회전 시켜 공기를 빼내고 또한 계통 내에 오일이나 연료가 고인 것을 제거하기 위해서도 Motoring한다.

222 항공기의 Wing 면적 증가 시 효과에 대하여 설명하시오.

해설 양력 발생이 증가하고 또한 종횡비가 크다면 유도항력이 작아진다.

223 기체의 종 방향의 동적 안정에 대하여 설명하시오.

   해설 중심을 기준으로 해서 Pitching이 나타났을 때 자동적(진동)으로 복원하는 성질

224 Dorsal Fin의 목적에 대하여 설명하시오.

   해설 가로안정을 돕는다. 즉, Side Slip을 방지

225 공력 평형장치에서 Frise Balance에 대하여 설명하시오.

   해설 Aileron에만 사용. Frise Aileron이란, 힌지 축 선상으로부터 훨씬 앞으로 앞전(Leading Edge)이 나온 도움날개의 일종으로 도움날개의 뒷전이 올라갈 경우, 앞전은 날개의 아랫면 밑으로 내려와서 항력을 생기게 하고 비행기의 빗놀이(Yawing) 운동을 방지해 주는 역할을 함.

226 Trim Condition에 대하여 설명하시오.

   해설 Pitch Moment가 받음각에 대하여 변하지 않는다.
   * Cm Cg = 0 인 상태

227 Cross Effect에 대하여 설명하시오.

   해설 가로안정과 방향안정의 복합적인 것

228 Tube의 Dent나 Scratch의 허용범위에 대하여 설명하시오.

   해설 가. Nick, Scratch : Tube 재질 두께의 10% 이내
   나. Dent : Tube 외경의 20% 이내
   다. Bending 부분의 Flat : Tube 외경의 25% 이내

229 Slat에 대하여 설명하시오.

   해설 날개의 앞전을 따라 움직이는 가동 보조 Air Foil, 정상 비행 시에는 앞전에 붙어 있다가 비행기가 어떤 받음각에 도달할 때 날개의 앞전에서 떨어지게 된다.

230 Slot에 대하여 설명하시오.

   해설 날개와 Slat 또는 날개와 도움날개 사이에 만든 공간으로 날개 주위의 공기 흐름을 원활하게 하여 실속각을 높일 목적으로 사용됨.

231 Line Disconnect의 목적에 대하여 설명하시오.

   해설 가. 엔진이나 Power Pump를 교환 할 때 계통내의 유체를 전부 Drain시키지 않기 위해서 펌프의 앞, 뒤에 장착한다.
   나. 장탈과 장착을 쉽게 하기 위해서

232 Shot Peening에 대하여 설명하시오.

> **해설** 모래나 단단한 입자로서 강도 표면을 때려서 표면경화를 일으키게 하고 피로강도를 증가시키는 방법

233 High-Shear Rivet에 대하여 설명하시오.

> **해설** 조종면의 Hinge 연결부에 사용해선 안됨.

234 Tare Weight에 대하여 설명하시오.

> **해설** 가. Weight & Balance Check 시 측정되는 기본품목 이외의 무게가 포함된 무게 값.
> 나. Chock, Sling, Jack 등의 무게가 포함되었다면 그 무게값을 말한다.
> 다. Tare Weight는 항공기의 실제 무게를 얻기 위해 제외된다.

235 항공기 Size의 전체적인 구분 단위에 대하여 설명하시오.

> **해설** 인치 inch(일부 유럽이나 아시아 제작 항공기 mm 단위 사용)

236 Water Drain Fuel Strainer의 장착위치에 대하여 설명하시오.

> **해설** 연료 Tank의 가장 낮은 지점

237 Check Valve의 역할 및 기능에 대하여 설명하시오.

> **해설** 계통의 유체를 한쪽 방향으로만 흐르도록 만들어진 밸브로서 계통의 압력 유지와 역류 방지

238 다이체크(Dye Check)란 무엇이며 절차에 대하여 설명하시오.

> **해설** 가. 금속의 표면 손상이나 균열을 점검하기 위하여 몇 가지 종류의 염색 침투제(Dye Penetrant)가 사용된다.
> 나. 그 사용법은 제작자의 직접요령에 따라야 한다.
> 다. 다이체크는 첫째 표면의 먼지, 그리스 등을 완전히 세척하는데서 시작한다. 그러기 위하여 기포세척 또는 휘발성액을 사용하는 것이 좋다.
> 라. 세척제는 휘발성 액체라야만 침투제의 침입을 방해하지 않는다. 모래분사 세척은 좋지 않다.
> 마. 침투제를 칠한 후 최소한 2~15분 후에 현상제(Developer)를 균일하게 바른 다음 균열을 조사한다.

239 양극처리(Anodizing)에 대하여 설명하시오.

> **해설** 금속표면에 전해적 산화피막을 형성시키는 방법을 말한다. 즉 희박한 전해질 수용액 중에서 "Oh"가 방전되니까 양극의 금속면이 수산화물 내지 산화물로 변화하여 부동태화해 버린다. 이러한 현상을 양극산화라 하여 Al을 이렇게 처리하면 부식에 대한 저항이 강해질뿐더러 페인트 칠하기에 좋은 표면이 된다.

240 항공기 장기 보관 시 LOX Tank에 LOX를 완전히 Drain시키지 않고 LOX가 있는 상태로 Valve를 꼭 잠궈두는 이유에 대하여 설명하시오.

해설 항공기 LOX Tank의 LOX를 완전히 Drain시키면 LOX Tank 내에 습기나 외부물질 등이 침투하기 때문에 이런 현상을 방지하기 위해 LOX를 보유한 상태 저장

241 전기 배선 시 연료탱크와 교차될 때 배선방법에 대하여 설명하시오.

해설 전선 간에 아크가 일어나는 경우에는 중대한 화재의 원인이 된다. 따라서 기름, 휘발유, 알콜, 작동유 등의 배관 또는 그 기기 등으로부터 전선을 안전하게 분리시켜 배선하여야한다. 만일 분리가 불가능한 경우에는 그러한 인화성 배관의 상부에 전선을 배선하고 크램프로 구조재에 잘 결박시켜 놓아야한다. 여하한 경우에도 전선을 인화성 배관에 크램핑 해서는 안 된다.

242 연료탱크의 Cap 표시내용에 대하여 설명하시오.

해설 연료탱크의 Cap에는 연료의 등급 및 용량이 적혀있다.

243 Quick Disconnect의 목적에 대하여 설명하시오.

해설 Quick Disconnect는 배관이나 Rod에서 정비 시 수시로 분리하는 곳에 사용되며 장탈·착을 쉽게 빨리 하고 또한 분리 시 연료나 오일 및 작동유 등의 누설(Leaking)을 방지하는 데 목적이 있다.

244 인코넬(Inconel)과 Stainless Steel의 구별방법에 대하여 설명하시오.

해설 염산을 부품에 한 방울 정도 떨어뜨려 1분쯤 후에 물로 씻어내면 인코넬(Inconel)은 이상이 없고 Stainless Steel는 발포현상이 일어난다.

245 Screw의 종류에 대하여 설명하시오.

해설 일반적으로 스크류는 볼트보다 저급 재질이며 나사가 헐겁고 스크류 드라이버를 사용하도록 두부가 되어 있고 그립에 해당하는 명확한 부분이 없는 점이다.
가. 구조용 스크류(Structural Screw) : 재질은 볼트와 같으나 표준볼트와는 두부의 모양만 다르다.
나. 자동나사 스크류(Self-Tapping Screw) : 식별판(Name Plate) 같은 소형 장착물을 붙이는 데 또는 비 구조부분의 조립을 영구적으로 접합하는 데 또는 리벳 작업 시 판을 임시로 고정시키는 데 사용
다. 기계용 스크류(Machine Screw) : 경미한 구조장치의 Cap Screw로서 사용

246 Pin의 종류에 대하여 설명하시오.

해설 가. Taper Pin
나. 납작머리 핀(Plate Head Pin)
다. Cotter Pin

247 Turnbuckle의 역할에 대하여 설명하시오.
　해설 Cable Tension 조절

248 Datum Line에 대하여 설명하시오.
　해설 보통 기수에 잡고 임의로 정하나 Manual에 정한대로 따른다.

249 Relief Valve의 목적에 대하여 설명하시오.
　해설 Relief Valve는 펌프의 뒤쪽에 있으며 계통의 압력이 규정치 이상이 되면 펌프 앞쪽으로 압력을 뺀다.

250 Control Cable의 방향전환은 무엇으로 하는가?
　해설 Pulley

251 장력을 측정하는 기구에 대하여 설명하시오.
　해설 Tension Meter, C-8 Type와 T-5 Type가 있다.

252 C.G.가 한계범위를 벗어나 뒤쪽으로 이동했을 경우 항공기가 비행중 나타나는 영향 및 조치사항은?
　해설 기수가 상승하여 실속 등의 영향이 있으며 동체앞쪽에 하중을, 즉 Moment를 증가시켜 준다.

253 Weight & Balance Check시 Balance를 맞추기 위해 A/C의 특정부분에 가하는 하중을 무엇이라 하는가?
　해설 Ballast

254 C.G.에 대하여 설명하시오.
　해설 Center of Gravity로서 A/C의 무게중심을 말함

255 Rivet의 종류 및 사용처에 대하여 설명하시오.
　해설
　가. 둥근머리 리벳(Round Head Rivet) : AN 430으로서 강도가 크기 때문에 기체 내, 외부 구조부에 사용된다.
　나. 납작머리 리벳(Flat Head Rivet) : AN 442로서 구조부분의 사정이 둥근머리 리벳을 허용할 수 없는 곳에 사용
　다. 블레지어머리 리벳(Brazier Head Rivet) : AN 445로서 공기저항을 적게 받기 때문에 기체 외부에 사용
　라. 유니버설 리벳(Universal Head Rivet) : AN 470으로서 기체 내, 외부 구조부에 사용되며, 납작둥근머리 리벳과 공기저항이 같고 인장강도는 둥근머리 리벳과 같다.
　마. 접시머리 리벳(Counter Sunk Rivet) : AN 425(78°), 426(100°)으로서 공기역학 상 평평하게 만들어야 하는 기체 외부에 사용

256 Rivet의 재질에 의한 분류에 대하여 설명하시오.

해설 가. A 17 St(2117), 기호 AD : 항공기 구조부에 일반적으로 많이 사용하며, 머리에 오목점이 하나있다
　　　나. 17 ST(2017), 기호 D : 열처리 후 사용 가능(Ice Box Rivet), 머리에 하나의 볼록점이 있다.
　　　다. 24 ST(2024), 기호 DD – 열처리 후 사용 가능(Ice Box Rivet), 머리에 두 개의 볼록 대쉬 기호가 있다.
　　　라. 2S(1100), 기호 A : 순수 Al Rivet이며 2S, 3S, 및 52S와 같은 연한 Al 합금 부품으로 된 비구조용 리벳으로 사용된다. 머리에 표식이 없다.

257 항공기가 직선 비행중 자꾸 좌측으로 기수가 틀어지려고 할 때의 조치사항에 대하여 설명하시오.

해설 Rudder를 좌측으로 Tab을 달아 준다.

258 좌측 연료계통 내의 연료를 우측날개의 연료탱크로 옮길 때의 조치사항에 대하여 설명하시오.

해설 Cross Feed Selector Valve 사용

259 Bolt Head의 유형 및 사용 내용에 대하여 설명하시오.

해설 그림 또는 볼트 실물을 보고 재질과 사용처 설명

260 날개에 생기는 얼음 제거 장치에 대하여 설명하시오.

해설 De-Icing System으로서 Leading Edge에 고무로 공기실을 만들고 여기에 압축공기를 파동적으로 보내 고무의 팽창과 수축으로 얼음이 깨지도록 하는 장치이다.

261 Static Discharger란 무엇인가?

해설 정전기의 첨단 방전으로 조종면과 날개 간의 전위차를 없애 동전위가 되게 한다.

262 De-Booster에 대하여 설명하시오.

해설 압력 하강기(Brake 계통에 사용)

263 공기 흡입구의 Anti-Icing에 대하여 설명하시오.

해설 Compressor Bleed Air(Hot Air)

264 Air Starter의 장점에 대하여 설명하시오.

해설 Electrical Starter보다 무게가 1/4 가볍다. 이 Air Turbine Starter는 항공장비의 중량을 감소하기 위하여 고안된 것으로 이 공기 터빈 시동기는 터빈부 감속기어 장치와 자동연결 및 분리 장치 등으로 구성된다.

265 엔진 Flame Out이란 무엇인가?

해설 Flame Out이란 연소정지로서 엔진이 꺼지는 것을 말한다.

266 Vapor Lock에 대하여 설명하시오.

　해설　연료나 오일 또는 작동유의 계통에 Air가 차서 유체의 흐름을 막거나 흐름이 불충분하여 작동이 불량한 상태를 말하며 연료에서는 JP-3가 이런 현상의 발생율이 높아 엔진 연소정지현상을 초래하므로 낮은 증기압 특성을 갖도록 연료를 개량하여 JP-8이 생산됨

267 Selector Valve의 종류에 대하여 설명하시오.

　해설　가. Manually Engaged & Manually Disengaged Selector Valve
　　　　　　　- 손으로만 작동 및 차단하는 방식
　　　　나. Manually Engaged & Pressure Disengaged Selector Valve
　　　　　　　- 손으로 작동하고 압력으로 조정하는 방식
　　　　다. Variable Restriction Pressure Control Selector Valve
　　　　　　　- 압력으로만 자동 및 조정하는 방식

268 튜브 색깔 식별법에 대하여 설명하시오.

　해설　가. 연료 - Red, 　나. 윤활유 - Yellow, 　다. 유압 - Blue+Yellow+Blue,
　　　　라. 산소 - Green, 　마. 냉각액 - Blue, 　바. 전기 - Brown+Orange,
　　　　사. 물분사 - Red+Gray+Red, 　아. De Icing - Red+White

269 Tube의 Bending 방법에 대하여 설명하시오.

　해설　가. 수동식이나 튜브 굴곡기(Bender)가 특별한 굽히기 작업에 유효하지 않고 부적합할 때에는 튜브 속에 금속혼합물이나 모래를 충진제(Filler)로 사용함으로써 굽히기를 용이하게 할 수 있다.
　　　　나. 이 방법을 쓸 때에는 튜브를 요구길이 보다 약간 길게 자른다. 여분의 길이는 양쪽 끝에 나무로 만든 Plug를 끼우기 위한 것이다. 금속관으로 양쪽을 땜질할 수도 있다.
　　　　다. 양끝을 막은 후에는 규정한 반지름의 성형블록(Forming Block)으로 관을 굽힌다.
　　　　라. 보통 충진제에서 모래 대신 가용합금을 사용하는데 이 방법은 160°F에 녹는 가용합금을 뜨거운 물속에 있는 튜브에 채우고 합금 충진한 관을 물에서 꺼내어 냉각시켜 합금을 굳게 하고 굴곡기로 굽힌다.

270 Balancing Diaphragm식 연료압력계의 Vent가 막혔을 때 결과에 대하여 설명하시오.

　해설　고도가 높아짐에 따라 Fuel Pressure가 점차 증가한다.

271 Normal Over Speed Condition 때 Fly Weight에 대하여 설명하시오.

　해설　Fly Weight는 회전수가 증가함에 따라 원심력에 의해 벌어지면서 축에 붙어 있는 Pilot Valve를 끌어올려서 Over Speed되는 것을 방지한다.

272 Al을 대기중에서 부식방지를 위해 취하는 방법에 대하여 설명하시오.

　해설　전기화학 처리에 의한 산화 Al 도금, 또는 순수 알루미늄을 입힘

273 Titanium의 재질, 무게, 사용처에 대하여 설명하시오.

해설 가. 비중이 4.5로서 Al보다 무거우나 Steel의 1/2 정도이다.
　　　나. 용융점이 높다(1,730℃), Steel은 1,400℃이며, Al은 약 600℃이다.
　　　다. 티타늄의 최대 장점은 백금정도의 내식성이 있다는 것으로 Stainless보다 양호한 내식성을 나타냄. 단점으로는 생산 단가가 비싸다.

274 자기무게(Empty Weight)에 대하여 설명하시오.

해설 비행기 중량계산에 기준이 되는 무게로서 고정 Ballast, 사용불능의 연료, 배출불능의 윤활유, 발동기, 냉각액 전량, 유압계통 작동유 전량을 포함하고 유상하중, 항공기 승무원, 배출가능연료 및 윤활유 등의 중량을 포함하지 않는다.(항공기의 작동행위에 영향을 주지 않는 항공기 설계상에 주어진 공학상의 정의 : 빈 무게)

275 MAC에 대하여 설명하시오.

해설 Mean Aerodynamic Chord로서 큰 날개의 공기역학적 특성을 대표하는 부분의 시위를 공력평균시위(MAC)라 한다.

276 Hi Shear Rivet에 대하여 설명하시오.

해설 고전단 응력 리벳을 말하며 Pin Rivet이라고도 하며 특수 리벳으로 분류된다.

277 리벳의 직경은 두께의 몇 배가되어야 하나?

해설 3배, D=3T

278 고공에서 항공기가 지나간 뒤 흰줄이 생기는 이유에 대하여 설명하시오.

해설 고공에서 차가운 공기 중의 수증기가 비행기에서 배출되는 뜨거운 배기가스와 부딪혀 응결하는 현상으로 비행운이라 한다.

279 항공기 부식방지에 대하여 설명하시오.

해설 가. 적당한 세척과 철저한 주기적 윤활
　　　나. 보호계통의 고장이나 부식을 위한 세밀한 검사와 위험스런 페인트 면적의 수정과 신속한 처리
　　　다. 완충을 자유롭게 Drain 구멍을 유지하고 연료 탱크에서 매일 Drain 시킬 것
　　　라. 노출된 부분을 매일 닦고 적당한 환풍을 시키고 항공기에 부딪히는 모든 물을 잘 닦아낼 것
　　　마. 항공기를 주기 시에는 Cover를 필히 장착할 것

280 원심봉이 휘었다면 무엇으로 측정하는가?

해설 Dial Gage

281 항공기에서 Trim에 대하여 설명하시오.

　해설　항공기가 직선 비행 중에 외부의 교란을 받았을 경우 주 조종장치가 항공자세를 바로잡는 중립 위치를 자동적으로 찾도록 비행기에 주어지는 조건

282 항공기 Landing Gear Shock Proof 장치에 대하여 설명하시오.

　해설　Landing Gear는 착륙 중 항공기의 접지 수직속도 성분에 의한 운동에너지를 흡수함으로써 항공기 구조에 작용하는 하중을 설계착륙하중배수 이내가 되도록 한다. Landing Gear의 완충장치에는
　　가. 고무 완충식(Rubbeer Absorber) : 완충효율 약 50%
　　나. 평판 스프링식(Plate Spring) : 완충효율 약 50%
　　다. 공기 압력식(Air Pressure) : 완충효율 약 47%
　　라. 공기 오일식(Oleo Type) : 완충효율 약 80%

283 조종 케이블의 절단이 쉽게 생기는 부분은?

　해설　Pulley 부근

284 18 - 8 Stainless Steel의 성분에 대하여 설명하시오.

　해설　18% : Cr, 8% : Ni, 71% : Fe

285 연료탱크의 용량 결정에 대하여 설명하시오.

　해설　제작자가 정한다. 연료 용량과 등급은 Filler Cap이나 그 부근에 명시한다.

286 무게 측정시 표준중량은 어떻게 결정하는가?

　해설　가. Aviation Gasoline : 6.0 lb/gal
　　나. Turbine Fuel : 6.7 lb/gal
　　다. Lubricating Oil : 7.5 lb/gal
　　라. Water : 8.35 lb/gal
　　마. Crew and Passengers : 170 lb per person

287 금속의 접합방법에 대하여 설명하시오.

　해설　용접, Riveting, Bolt-Nut

288 By-Metal에 대하여 설명하시오.

　해설　온도 보상장치로서 열팽창계수가 서로 다른 두 개의 이질금속판을 서로 맞붙혀서 온도 변화에 따른 팽창차이로 휘는 변위가 달라지는데 그때의 휜 변위로서 이용한다.
　　가. Fe - Brass 조합
　　나. Inval - Brass 조합(-50~200℃)
　　다. Monel - Ni 조합(200~500℃)

289 Nut의 종류에 대하여 설명하시오.

> 해설 가. 자동고정너트(Self Locking Nut) - AN 365
> 나. 성너트(Castle Nut) - AN 310
> 다. 평너트(Plain Nut) - AN 315
> 라. 체크너트(Check Nut) - AN 316
> 마. 나비너트(Wing Nut) - AN 350

290 미국에서 새로운 케이블을 사들여왔다. 이것을 제작하는 방식에 대하여 설명하시오.

> 해설 Swaging Tool로 제작

291 Pitot Tube가 막혔다면 그 결과에 대하여 설명하시오.

> 해설 Pitot의 동정압계통이 작동하지 못하므로 속도계, 승강계, 고도계가 작동 못함

292 비중 측정공구에 대하여 설명하시오.

> 해설 Hydrometer

293 상반각(Diheadral)에 대하여 설명하시오.

> 해설 항공기의 부근에 있어서 날개의 평면과 수평면과의 사이 각, 특히 윗쪽으로 쳐든각을 말한다.

294 용접의 종류에 대하여 설명하시오.

> 해설 가. 용접 : 접합부에 열을 가하여 용융상태의 금속이 녹아 서로 용접하는 방법
> 　　　1) 전기 아크 용접 : 전기 아크에서 방열된 열로 용접부의 용융에 사용되는 용접
> 　　　2) 가스 용접 : 산소와 아세틸렌 또는 수소의 혼합가스를 연소시킴으로써 고온의 열을 얻음
> 나. 압접 : 용접 표면을 플라스틱상태 또는 반 용융상태까지만 가열 후 접합
> 　　　1) 단접(Forge Welding)
> 　　　2) 전기저항용접 : 점 용접(Spot Welding), 심 용접(Seam Welding)
> 다. 땜납
> 　　　1) 경납땜 : 용융점이 450℃ 이상(Brazing)
> 　　　2) 연납땜 : 용융점이 450℃ 이하(Soldering)

295 Elevator 수리 후 떨림 현상의 원인에 대하여 설명하시오.

> 해설 Rigging 불량

296 글라이더에서 날개의 길이를 길게 하는 이유에 대하여 설명하시오.

> 해설 날개의 가로세로비를 크게 하여 유도항력을 감소시켜 양력을 많이 얻기 위함이다.

297 2017과 2024의 다른 점은 무엇인가?

해설 　가. 2017 : Al 92%, Mg 0.2~0.75%, Mn 0.4~1.0%, Cu 3.5~4.5%
　　　　　2017은 강도가 크고 열처리가 가능하다. 독일인이 발명하였으며 구조상 강도부재에 널리 사용된다.
　　　나. 2024 : Al 92%, Mg 0.3~0.9%, Mn 1.25~1.75%, Cu 3.30~4.9%
　　　　　2024는 미국에서 2017을 개량하여 발달시킨 합금으로 경량으로 열처리 가능한 고 강도를 가지고 있다. 각종 응력에 강하고 전단응력, 인장응력이 탁월하여 기체 제 1차 구조부재의 외판 Frame 및 장착부의 Head Ware(Rivet, Screw) 등에 사용된다.

298 Fuel Strainer의 장착 위치에 대하여 설명하시오.

해설 　가. 연료탱크의 밑바닥
　　　나. 계통의 가장 낮은 곳
　　　다. 기화기 입구의 여과기
　　　라. 연료계통에 외부물질이 들어오는 것을 방지하기 위하여 연료 여과망(Fuel Strainer, Fuel Filter)을 설치할 필요가 있는데, 여과기는 보통 3군데 위치한다.

참고문헌

1. 항공정비사 표준교재, 항공정비 일반, 국토교통부 자격관리과, 2015.
2. 항공정비사 표준교재, 항공기 기체, 국토교통부 자격관리과, 2015.
3. 항공정비사 표준교재, 항공기 엔진, 국토교통부 자격관리과, 2015.
4. 항공정비사 표준교재, 항공기 전자전기계기, 국토교통부 자격관리과, 2015.
5. 항공정비사 표준교재, 항공법규, 국토교통부 자격관리과, 2015.
6. 교육인적자원부, 항공기 기체, 대한교과서주식회사, 2007.
7. 교육부, 항공기 기관, 대한교과서주식회사, 1992.
8. 교육인적자원부, 항공기 장비, 대한교과서주식회사, 2007.
9. 교육인적자원부, 항공기 전자장치, 대한교과서주식회사, 2003.
10. 교육부, 항공기 정비, 대한교과서주식회사, 1992.
11. Maintenance Manual Cessna 150 series, 1972.
12. BOEING 737 Aircraft Maintenance Manual, 1999.
13. www.law.go.kr(국가법령정보센터) 항공안전법(시행 2020. 2. 28.)
14. www.law.go.kr(국가법령정보센터) 항공안전법시행규칙(시행 2020. 2. 28.)
15. www.airforce.mil.kr(공군자료실)

MEMO

항공정비사 실기 표준서 해설

2017. 6. 24. 초 판 1쇄 발행
2018. 9. 20. 개정증보 1판 1쇄 발행
2023. 3. 8. 개정증보 2판 4쇄 발행

지은이 | 이형진
펴낸이 | 이종춘
펴낸곳 | (주)도서출판 성안당

주소 | 04032 서울시 마포구 양화로 127 첨단빌딩 3층(출판기획 R&D 센터)
     | 10881 경기도 파주시 문발로 112 파주 출판 문화도시(제작 및 물류)
전화 | 02) 3142-0036
     | 031) 950-6300
팩스 | 031) 955-0510
등록 | 1973. 2. 1. 제406-2005-000046호
출판사 홈페이지 | www.cyber.co.kr
ISBN | 978-89-315-3782-6 (13550)
정가 | 39,000원

이 책을 만든 사람들
책임 | 최옥현
진행 | 이희영
전산편집 | 전채영
표지 디자인 | 박원석
홍보 | 김계향, 유미나, 이준영, 정단비
국제부 | 이선민, 조혜란
마케팅 | 구본철, 차정욱, 오영일, 나진호, 강호묵
마케팅 지원 | 장상범
제작 | 김유석

이 책의 어느 부분도 저작권자나 (주)도서출판 성안당 발행인의 승인 문서 없이 일부 또는 전부를 사진 복사나 디스크 복사 및 기타 정보 재생 시스템을 비롯하여 현재 알려지거나 향후 발명될 어떤 전기적, 기계적 또는 다른 수단을 통해 복사하거나 재생하거나 이용할 수 없음.

※ 잘못된 책은 바꾸어 드립니다.